燃气输配工程学

Gas Transportation & Distribution

严铭卿　宓亢琪　等著

中国建筑工业出版社

图书在版编目（CIP）数据

燃气输配工程学/严铭卿，宓亢琪等著.
—北京：中国建筑工业出版社，2014.6
ISBN 978-7-112-16610-7

Ⅰ.①燃… Ⅱ.①严… ②宓… Ⅲ.①煤气输配 Ⅳ.①TU996.6

中国版本图书馆 CIP 数据核字（2014）第 055052 号

　　本书内容包括燃气输配系统的工艺原理、系统构成、主要设备、材料及其工程与设计方法、安全管理模式等；含有城镇燃气、燃气的物理和热力性质、燃气负荷、储存、输配、燃气管网水力计算和分析等章节；还含有燃气管网优化与可靠性、燃气泄漏与燃气安全性评价、燃气输配测控与信息系统、燃气规划与工程文件等章节；另设立压缩天然气、液化天然气、液化石油气章节；特设输气管道一章，将长输管道纳入燃气输配专业范围。

　　本书力求有所创新，给出了一系列属于原创性的、适用于本专业的概念、定律、定理、计算公式、数学模型和分析方法。

　　本书定位为燃气输配工程学高级教程和专著。读者对象为城镇燃气、石油与天然气领域的高校本科生、研究生、科研设计工程技术人员、项目规划与技术管理人员。

责任编辑：胡明安
责任设计：董建平
责任校对：李美娜　刘　钰

燃气输配工程学
Gas Transportation & Distribution
严铭卿　宓亢琪　等著

*

中国建筑工业出版社出版、发行（北京西郊百万庄）
各地新华书店、建筑书店经销
北京楠竹文化发展有限公司制版
北京云浩印刷有限责任公司印刷

*

开本：787×1092 毫米　1/16　印张：55　字数：1370 千字
2014 年 9 月第一版　　2014 年 9 月第一次印刷
定价：**150.00** 元
ISBN 978-7-112-16610-7
（25434）

前　言

我国高等学校设立燃气工程专业或专业方向已超过 50 年，伴随着国家燃气事业的发展变化，开设燃气专业或方向的学校由 20 世纪 50 年代的几所，增加至今天的 30 余所，迄今为止已经培养了近万名包括博士生、硕士生在内的毕业生。但是，与国家的经济社会发展，特别是改革开放以来的连续翻番发展不相适应，与国家能源供需规模、石油天然气工业的迅猛增长不相匹配；燃气专业人才培养规模和包括教材在内的专业体系建设都极大地落后于需要。这是启动本书工作的背景。

本书的撰写，不能脱离对已有燃气输配工程经验和科技成果的继承，也需要对国外进展和邻近专业的借鉴。它们构成了本书内容的一个基本面。同时，本书尽可能充实新内容，进行深入讲解，探索扩展专业范围。从而努力实现一种创作。

马克思说，一门科学，只有成功地应用数学时，才算真正发展了。对燃气输配工程学科同样可以认为，需要努力运用数学工具，尽可能将专业从工程和工艺技术经验层面提升其理论高度，然后得以运用获得的规律性，解释客观存在、预测新的事实和指导新的实践。本书将反映作者对这一方式的努力追求。

本书完全不同于已在国内延续使用的教材。不局限于从用气定额、不均匀系数等简单数据规定到日调峰储量计算，从城镇管网压力分类、布置原则、管网设计参数到定常流动管网手工水力平差，从管网敷设知识到关于管网工程的简单经济比较等十分限定且较为初等的内容。本书对上述每一部分都作了内容扩展、理论深化和系统重构，形成了城镇燃气、燃气的物理和热力性质、燃气负荷、燃气储存、燃气输配、燃气管网水力计算和分析等章节。新辟了燃气管网优化与可靠性、燃气泄漏与燃气安全性评价、燃气输配测控与调度管理、燃气规划与工程文件等章节。分别就压缩天然气、液化天然气、液化石油气设立章节。特别单设输气管道一章，将长输管道纳入燃气输配专业范围。

本书力求有所创新，尽力充实内容，反映专业的新技术、新工艺和新的工程发展方向；深入探讨专业技术的本质联系和内部规律。它们体现在本书给出了一系列属于原创性的、适用于本专业的概念、定律、定理、计算公式、数学模型和分析方法。

这些表明，我们正在致力于提高专业的科学水平，以重构燃气专业学科体系。为高校本科生提供一本可用于充实提高的教材，为研究生提供一本新学习阶段的基础教程，为科研设计人员提供一本更新知识、夯实基础、扩展视野的有益参考的著作。

下面分别就各章作提要的介绍。

第 1 章，对燃气的多种气源类型进行概括的列举，并对每种气源着重指出其特性。各种燃气是燃气输配的处置对象，了解其特性是非常必要的。在本章特别简述了新涌现的页岩气、煤层气内容。通过对其认知，能够感受到燃气专业有着持续发展的广阔前景。

第 2 章，对燃气物性内容除全面依次讲解各物性参数外，特别增加了对状态方程的深入一步的知识。概述了对应态原理，以了解表明分子作用层次的参数如偏心因子等与宏观物性如压力、比容、黏度等的关系，以及有助于对物性预测和状态方程式的实质的解读。本章除包含传统经典的内容外，还引入了新的进展，例如关于黏度的新预测方法，经过实践应用的燃气混合安全性定律，工程适用的液化石油气露点直接计算公式等。

第 3 章，关于燃气负荷，除传统的关于定额和不均匀系数等定义和表达式外，增加了燃气用气负荷参数和指标的意义、性质、分类以及制定方法等深入的内容，其中，着重阐述了燃气负荷模型分类的实质。反映燃气工程技术发展的需要，用一定篇幅讲解了燃气用气负荷预测的内容。特别讨论了具有重要意义的燃气用气负荷中长期预测方法。从而构筑了燃气用气负荷的知识系统。这也是燃气输配工程技术提升科技内涵的标志性的一个方面。

燃气用气负荷预测应用了数理统计和预测学丰富的内容，本章并未将它们加以全面引述，而是着重指出针对燃气输配工程应用实际的概念、原理和方法要点。例如，关于制定用气定额、小时计算流量的数理统计方法，多项式拟合模型，建立燃气负荷变化函数的傅里叶级数逼近方法，负荷的回归分析方法等内容的有针对性的处理。

第 4 章，考虑到燃气专业读者在天然气为主导气源的工程环境下，必须对输气管道有全面的、基本的了解，在工作有所涉及的情况下能很快展开。本章篇幅主要参考现有天然气输气管道书籍，对内容进行提炼和整理综合。重点讲述了天然气输气管道工艺设计，输气管道设计参数的优化模型。特别较详细介绍了关于压气站和透平式压缩机特性和调节方法，压气站和管道联合工作的分析以及压气站运行优化等内容。对其核心内容输气管道不定常流动分析，将在第 7 章讲解。

第 5 章，关于燃气储存，传统书籍限于讲述各种燃气储罐方面的知识。本书对内容进行了全新扩展和深化。首先提出从储存功能和目的的不同对储存进行分类，梳理了储存的工程概念；宏观论述了国家天然气储备和关于三级储存的储存系统结构，向读者展示关于燃气储存问题更广的视野。然后分类讲述各种储存方式。作者在 1996 年提出地下储气库的数值模拟课题并相继合作指导博士研究生完成枯竭油气田、含水层、盐穴三种类型地下储气库的数值模拟学位论文，从而将燃气输配专业研究拓展到新的领域。本章就三种储气库类型分别详细推导了解析解法、扼要介绍了有限元法，以及建立了洞穴型地下储气库热力分析基本模型和求解的有限差分法。以此通过对孔隙地层型和洞穴型地下储气库的渗流或热力学原理的表述，以期读者对这一类工程设施本质有较深入的了解。

第 6 章，本章与第 4 章、第 5 章同是本书的基本章节。在本章首先重点分析讲解了城镇燃气管网系统的压力分级问题。这表明本书作者不限于一般地叙述压力级制规定，而是从设施的全系统层面，将其作为根本技术决策问题阐述其实质。

本章全面地讲述了各级管网的结构，门站、调压站工艺，调压计量设备，管道布置，阀门配置，管道材质，阀门类型，管道防腐层和阴极保护以及城镇区域管道工程。对于新出现的质量流量计原理，较详细地作了介绍。

同时，介绍了具有合理性且便于实用的借助回归分析方法建立的城镇燃气管网运行调度模型；特别分析了天然气压力能，列出其表达式并简要介绍其利用方向。

在管网的结构中，阀门配置十分重要，关系到安全性和经济性。不论中外，阀门配置设计一直是经验性的。本章讲解了关于阀门配置的全新内容，既有对工程实际的指导意义，也表明对长期依赖于经验的问题，需要并可以上升到理论层面加以解决。其结果也有利于相关工程科技问题的分析研究。

第7章，管道中燃气流动和燃气管网水力分析是本学科的核心内容之一。有鉴于此，本章内容从管道中燃气流动运动方程、连续性方程及状态方程开始，从源头起步推导了管道中燃气流动基本方程（偏微分方程）及其实用简化公式。还从源头推导了定常流动高中压管道、低压管道实用公式以及输气管道设计计算公式。详细讲解了按定常流动考虑的城镇燃气管网水力计算方法和设计参数问题。讲授了不定常流动基本方程的解析法和数值法的基本原理和求解步骤；并且超越传统的方式，细致讲解了燃气流动问题的定解条件类型及定解条件的具体形式。分别通过4类典型高中压管道不定常流动问题，完整且清晰地讲解原理及解题过程，并结合算例以帮助理解。包括：燃气输气管道末段实际边界条件问题的基于分离变量法的特征函数展开法；结合管道放散问题的拉氏积分变换法；有分气、变管径枝状管道的克兰克-尼尔松格式有限差方法以及适于一般管道计算的特征线法。

最后，完整讲解了考虑温度变化的以方程组形式给出的定常流动方程组龙格-库达法，枝状管道不定常流动方程的有限差分方程组牛顿迭代法等经典解法。通过掌握本章全面而系统的内容，作者希望燃气输配专业的读者能打下关于燃气管道流动问题的坚实理论基础，并掌握计算原理和实用方法。

第8章，讲授关于燃气工程分析的两项内容：燃气管网优化和燃气管网供气可靠性。与各种流体网络一样，燃气管网的各构成管段通过配置互相联系在一起，即管段的流量及压降都是互相联系在一起的，亦即管网水力工况的全局性。对于燃气管网优化的研究一般是在优化方法上的探讨和应用。本章介绍了分属两类的典型方法：熟知的拉格朗日乘数法，遗传算法优化法。还推荐了作者提出的综合优化方法。在可靠性部分概述了可靠性基本概念，推导了燃气管网供气可靠性评价模型和基于水力计算的供气可靠度计算方法，因而提供了燃气管网供气可靠性评价实用途径。

第9章，压缩天然气。为提高天然气的储运效率发展了压缩天然气的供气方式。在系统的设施中为适应高压和利用高压这一技术特征，工艺流程上有压缩、干燥以及储存分区、充储气顺序优先工艺、加热降压、压力能利用等基本工艺过程。本章除对这一类型工程技术系统作较详细讲解，还重点论述了充储气顺序优先工艺，以及关于储存分区、加热降压的基本原理。由于焦耳-汤姆逊效应对燃气生产和输配工艺具有基本的意义，结合加热降压工艺问题严格推导了基于焦耳-汤姆逊效应的节流温度计算公式。

第10章，首先讲述液化天然气的液化工艺原理，介绍了关于其液化工艺的完整知识（净化、液化流程），特别总结了其液化热力学过程的工艺要点；分别列举了级联式液化流程、混合工质制冷剂液化流程和带膨胀机液化流程。接着讲述其储运内容。然后讲述该系统的终端站以及极可能与终端站相邻而建的液化天然气冷能利用设施工艺，气化①站以及加气站。考虑到对燃气输配专业，液化天然气是比较新的内容，因此在每一工艺部分都较详细地介绍了相关设备。液化天然气冷能是一种量大且品位高的能量。液化天然气冷能利用符合节能减排和发展低碳经济的大方向。在本章中用较大篇幅讲解了液化天然气冷能利用基本流程和类型，涉及液化天然气冷能发电、空分、冷藏和空调、破碎等各种利用

---

① 物质由液态转化为气态的过程一般叫作"汽化"，但 GB 50028—2006《城镇燃气设计规范》中用"气化"一词，本书依此用词。

途径。

第 11 章，包括液化石油气工程的工艺和工程，但侧重于工艺原理。依次涉及管道输送优化、卸车过程、储罐储存压力状况、低温储存参数优化、自然气化、强制气化过程，管道供气凝结，引射混合，容器过量灌装分析等。考虑到燃气引射器对本专业是一种有基本意义的设备形式，在本章给出了基于自由射流模型的详细推导。对于被认为非常重要且难于求解的液化石油气容器过量灌装危险分析也给出了完整的推导。通过学习本章的内容，读者应能深入领会到液化石油气工程技术的理论内涵。

第 12 章，燃气系统及其应用的安全应得到首要的关注。本章从燃气泄漏、扩散物理现象进行基本的讲述。全程推导了输气管道大裂口燃气连续泄漏计算模型。全面讲解了燃气火灾、爆炸与中毒的物理特性和危害。然后简明扼要地讲解了燃气输配系统风险评价含义、基本过程、定性和定量方法（概率风险评价）以及模糊综合评价方法等内容。从而提供了关于燃气安全技术管理的系统方法。

第 13 章，在燃气输配的工程实际中已经广泛采用基于监控和数据采集的测控系统以及管理信息系统和地理信息系统。由于其基本内容属于计算机和信息领域，在一般的专业教材中难于表达，因而缺乏适合于燃气专业人员的书籍文献。但这一新技术内容已成为燃气输配工程专业的重要组成部分，读者有必要对其有基本的概念和较完整系统的知识。本书特别按照燃气输配专业人员可以理解、能够运用的方式撰写了本章内容。

第 14 章，实际经验表明，在燃气规划与工程文件编制中，存在一些对于这些工作的作用、意义、特点、主要内容和重点等的模糊认识。有必要充分说明究竟，使燃气规划与工程文件编制工作走到正确的轨道上来。本书通过本章阐述了一系列观点并就如何开展工作提出指导性意见。

本书由严铭卿，宓亢琪等撰写。参加者有来自全国、设有燃气相关专业高校的教师们（按姓名笔画及所在学校）：马红艳（西南石油大学），田贯三、宋永明、李兴泉（山东建筑大学），玉建军、刘凤国、全志利、李军、严铭卿（天津城建大学），冯良、周伟国、秦朝葵（同济大学），石玉美、林文胜、顾安忠（上海交通大学），孔川（四川大学），宓亢琪、管延文（华中科技大学），侯根富（福建工程学院），徐文东、解东来（华南理工大学），张兴梅、苗艳姝、展长虹（哈尔滨工业大学），唐建峰（中国石油大学〈华东〉），黄小美、彭世尼（重庆大学），郭揆常（华东理工大学），黎光华（北京建筑大学），潘嵩（北京工业大学）。书稿由严铭卿，宓亢琪进行统编。

试图全面概括一个专业基本内容的著述是一项难度较大的工作，既需要经历对知识的长时间积累，又需要持续地保持对新事物的追求以及深入的思考。我们已经做到何种程度，应通过本书的系统安排、内容取舍和充实性，以及讲解深度和理论高度等方面反映出来。

爱因斯坦认为"追求客观真理和知识是人的最高和永恒的目标"。作者以为，这既是我们应有的为人做事的态度，又与我们社会倡导的人生观是意义相通的。编写本书也是意在践行这种信念。

本书的出版得力于中国建筑工业出版社胡明安、姚荣华、刘慈慰等编审的宝贵支持与帮助；刘慈慰一直为我们的三部书稿进行编审，他所展现的严谨工作态度和学识修养得到我们一致的赞赏。在本书出版之际，我应当对他们表示真诚的谢意。

　　在编写本书时，我不禁回忆起就读于哈尔滨工业大学当时的一批年轻且优秀的老师们，他们兢兢业业，人品正直，充满革命激情，表现了中国新一代教师的敬业与奉献精神，有如秦兰仪，刘谔夫，谢培青，赵学端，盛昌源，吴元炜，廉乐明，郭骏，陈琰存，朱德懋，陈荣林，陈秀，刘牟尼，丁潍坚等等老师。我愿借本书出版的机会，提及曾经为新中国高等教育事业做出贡献的卓越的一辈，谨表对他们的敬意，并殷切期望本书读者新一代的传承与超越。

严铭卿

2013.10 北京

目　录

第1章 城镇燃气

城镇燃气是由多种气体成分组成的混合气体[①]，其气体成分有可燃气体和不可燃气体。可燃气体成分有碳氢化合物（如甲烷、乙烷、乙烯、丙烷、丙烯、丁烷、丁烯等烃类可燃气体）、氢和一氧化碳，不可燃气体成分有二氧化碳、氮、氧等。

1.1 燃气气源种类及特性

燃气有多种分类方法，可按照燃气生成的原因（或来源）、热值、燃烧特性等进行分类。根据燃气生成的原因（或来源）可分为天然气、人工燃气、液态燃气和生物质燃气四大类。

1.1.1 天然气

天然气是指通过生物化学作用及地质变质作用，在不同的地质条件下生成、运移，并于一定压力下储集在地质构造中的可燃气体。天然气的主要成分是甲烷，另外还含有其他一些可燃和不可燃气体。

天然气开采后需经降压、分离、净化（脱硫、脱水），才能作为城镇燃气的气源。根据目前的勘探、开采及开发、应用技术等，天然气可分为常规天然气和非常规天然气。

1. 常规天然气

常规天然气是指在目前的技术经济条件下能够作为资源进行大规模开采和利用的天然气，根据形成条件不同，常规天然气通常包括气田气（或称纯天然气）、油田伴生气和凝析气田气。

气田气是指产自天然气气藏的纯天然气，甲烷含量一般在90%以上，还含有少量的二氧化碳、硫化氢、氮和微量的氦、氖、氢等气体，其低热值约为36MJ/m^3。

油田伴生气是指与石油共生的、在油气藏中与石油以相平衡共存的天然气，包括气顶气和溶解气两类。气顶气是不溶于石油的气体，为了保持石油开采过程中必要的油井压力，一般不采出气顶气。溶解气是指溶解在石油中的气体，在开采石油时，溶解气会伴随石油一起被开采出来。油田伴生气的特征是乙烷和乙烷以上的烃类含量一般较高，其低热值约为45MJ/m^3。

[①] 本书中气体计量单位用立方米（m^3），计量条件有两种：一是在压力为一个大气压（101325Pa），温度为0℃的条件，即标准状态下，称标准立方米（Normal Cubic Meter），简称标方；另一种是在压力为101325Pa，温度为20℃的条件，即基准状态下，称基准立方米（Standard Cubic Meter），简称基方。本书除非注明，都指标方，不另加符号。

凝析气田气是一种深层的富天然气，深层储气层的温度和压力较高，$C_1 \sim C_{10}$ 的烷烃[①]混合物为单相气态，由凝析气田开采出来后，温度、压力降低，原来单相气态的烷烃混合物中的一部分转为液态，在地面进行气液分离，液体称气田凝析油，气体称凝析气田气。凝析气田气，除含大量的甲烷外，戊烷及戊烷以上的烃类含量较高，含有煤油和汽油的成分，其低热值约为 $48MJ/m^3$。

常规天然气根据其组分可分为干气和湿气或贫气和富气，也可分为酸性天然气和净气等。

① 干气是指每立方米井口流出物中，C_5 以上烃类液体含量低于 $13.5cm^3$ 的天然气；

② 湿气是指每立方米井口流出物中，C_5 以上烃类液体含量超过 $13.5cm^3$ 的天然气；

③ 富气是指每立方米井口流出物中，C_3 及以上烃类按液态计含量超过 $94cm^3$ 的天然气；

④ 贫气是指每立方米井口流出物中，C_3 及以上烃类按液态计含量低于 $94cm^3$ 的天然气；

⑤ 酸性天然气是指每立方米井口流出物中，含硫量大于 $1g$ 的天然气。

⑥ 净气是指每立方米井口流出物中，含硫量小于 $1g$ 的天然气。

我国有着比较丰富的常规天然气资源，分布比较广泛。根据新一轮油气资源评价的结果，我国的天然气资源主要分布在陆上西部的塔里木、鄂尔多斯、四川、柴达木、准噶尔盆地，东部的松辽、渤海湾盆地，以及东部近海海域的渤海、莺-琼盆地、东海和南海。目前前 9 个盆地远景资源量达 46TCM（即 $10^{12}m^3$，Tera Cubic Meter 的缩写），占全国天然气资源总量的 82%。

2. 非常规天然气

非常规天然气是指在现有的技术经济条件下还未能大范围地开发、利用的天然气资源，通常指页岩气、煤层气（包括矿井气）、天然气水合物等。近年来，非常规天然气的开发和利用已经越来越引起人们的重视，我国也启动了勘探、开发工作。

（1）页岩气

页岩气（Shale Gas），是指从页岩层中开采出来的天然气。其主体位于暗色泥页岩或高碳泥页岩中，以吸附或游离状态为主要存在方式，是一种重要的非常规天然气。页岩气的主要成分是烷烃，其中甲烷占绝大多数，另有少量的乙烷、丙烷和丁烷。

近年来，随着社会对清洁能源需求的不断扩大、天然气价格的不断上涨、对页岩气成藏条件认识的不断深化、钻井工艺的不断进步，页岩气在非常规天然气中异军突起，成为全球非常规油气资源勘探开发的新亮点。

页岩气的形成和富集有着自身的特点，往往分布在盆地内厚度较大、分布广的页岩烃源岩地层中。根据 2011 年 4 月 5 日美国 EIA 公布的数据，全球页岩气可采资源量为 187TCM，我国为 36TCM，约占全球的 20%，排名世界第一，美国为 24TCM，排名第二。国内公布的初步勘探结果显示，我国页岩气可采资源量约在 31TCM，与常规天然气相当。根据初步勘察，我国页岩气资源主要分布在四川盆地、鄂尔多斯盆地、渤海湾盆地、松辽

---

① 对于碳氢化合物，有时可只用其中的碳原子（C）数表示。如丙烷（C_3H_8）、丙烯（C_3H_6）可统称为 C_3，正戊烷（$n-C_5H_{10}$）、异戊烷（$i-C_5H_{10}$）可统称为 C_5。

盆地、吐哈盆地、江汉盆地、塔里木盆地、准噶尔盆地。从地质储层来看，既有海相页岩也有陆相页岩。

与常规天然气相比，页岩气开发具有开采寿命长和生产周期长的优点，同时也具有勘探开发技术难度大和资金投入较大的劣势。虽然美国、我国以及世界上其他一些国家和地区很早就已经发现并研究页岩气，但是由于一直受困于页岩气开发和利用的高成本，即相对于常规天然气开发的成本居高不下，页岩气在世界范围内的发展和利用一直步履蹒跚。直到进入21世纪，在天然气需求不断扩大，而常规天然气产量却不断减少的背景下，页岩气开发技术在美国相继取得重大突破；水平钻井技术和水力压裂技术的应用，终于使得页岩气开发成本大大降低，页岩气的开发在美国取得了突飞猛进。

我国虽然有着世界第一的页岩气可采资源量，但相对于美国、加拿大等国，气藏条件复杂，开采成本明显高于北美，据统计，我国开凿页岩气水平井的费用大约在4000～5000万元/口，也有高至7000万元/口，而北美地区的平均成本折算为人民币一般在2500～3000万元/口。

自2009年开始，我国陆续组织国内能源公司、行业组织、学术机构多次开展了有关页岩气的国际国内学术研讨会，就页岩气的资源基础、勘探开发技术以及可持续发展进行了探讨。2010年以来，在我国南方海相页岩地层、鄂尔多斯盆地和四川盆地中生界陆相页岩地层的地质勘查相继取得突破，展现出页岩气开发的良好前景。2011年12月，经国务院批准，页岩气成为我国第172个独立矿种，国家对页岩气实行一级管理。迄今为止，国内三大石油公司均已开展了页岩气勘探开发的相关工作。

总体来说，页岩气是未来提高我国能源自给率，缓解能源对外依存度、推动节能减排的重要途径。但我国页岩气开发起步较晚，目前正处于资源调查和先导性实验等初始阶段，对页岩气的认识更多停留在对成藏机理、渗流机理、富集规律以及页岩地质特性、分布预测等理论方面的探索上。同时页岩气在我国的开发面临着很多目前还难以解决的问题和风险，如地质条件复杂、技术手段相对落后、勘探和技术资金投入风险较大等。

根据我国《天然气发展"十二五"规划》，"十二五"期间重点开展全国页岩气资源潜力调查与评价，优选一批页岩气远景区和有利目标区。页岩气勘探开发以四川、重庆、贵州、湖南、湖北、云南为重点，建设长宁、威远、昭通、富顺-永川、鄂西渝东、川西-阆中、川东北、延安等19个页岩气勘探开发区，初步实现页岩气规模化商业性生产。

（2）煤层气与矿井气

煤层气（Coal Bed Methane，CBM）也称煤田气，是成煤过程中伴生的可燃气体，经过漫长的地质时期，煤层气大部分已逸散至大气中，在合适地质构造中保留下来的只是其中的一小部分，以游离状态和吸附状态赋存于煤层及其围岩的孔隙中，其主要成分是甲烷，同时含有二氧化碳、氢气及少量氧气、乙烷、乙烯、一氧化碳、氮气和硫化氢等气体，低热值约为40MJ/m³。

矿井气（又称矿井瓦斯）是煤层气的次生气，在煤的开采过程中，煤层气涌出与井巷空气相混合成为矿井气，矿井气的主要成分是甲烷（30%～50%）、氮气（30%～55%）、氧气（7%～14%）及二氧化碳等。在地下井巷中的矿井气必须及时合理地排除或抽取，否则会造成井巷操作人员窒息、死亡，还可能引起爆炸，即人们常说的矿井"瓦斯爆炸"。

如果在开发煤矿矿床的前期，先将其中的煤层气开采出来，不但可以提高瓦斯事故防范水平，大大减少煤矿事故发生和人员伤亡，还可利用煤层气这一优质高效清洁能源，具有一举多得的功效。其开发利用有突出的经济和社会效益。特别是在目前国际能源局势趋紧的情况下，煤层气的开发利用日益受到世界各国的重视。

我国煤层气资源丰富，蕴藏量约36TCM，居世界第三位，主要分布在华北和西北地区。其中，95%的煤层气资源分布在晋陕内蒙古、新疆、冀豫皖和云贵川渝等四个含气区，其中晋陕内蒙古含气区煤层气资源量占全国煤层气总资源量的50%左右。我国将煤层气开发列入了能源发展规划，并制定了具体的实施措施，为煤层气的产业化发展提供了良好的契机。

（3）天然气水合物

天然气水合物（Natural Gas Hydrate，NGH），又称笼形包合物（Clathrate），是在一定条件（合适的温度、压力、气体饱和度、水的盐度、pH值等）下由水和天然气组成的类冰的、非化学计量的、笼形结晶化合物。它可用 $M \cdot nH_2O$ 来表示，M 代表水合物中的气体分子，n 为水合指数（也就是水分子数）。天然气成分中的 CH_4、C_2H_6、C_3H_8、C_4H_{10} 等同系物，以及 CO_2、N_2、H_2S 等可单种或多种与水形成天然气水合物。

形成天然气水合物的主要气体为甲烷，甲烷分子含量超过99%的天然气水合物通常被称为甲烷水合物（Methane Hydrate）。每立方米天然气水合物可分解、释放出 $160 \sim 180m^3$ 天然气。天然气水合物多呈白色或浅灰色晶体，外貌类似冰雪，可以像酒精块一样被点燃，故俗称为"可燃冰"、"气冰"或"固体瓦斯"。

天然气水合物作为未来的潜在能源，是公认的地球上尚未开发的最大新型能源，具有分布广泛、资源量大、埋藏浅、能量密度高、洁净等特点。

天然气水合物在自然界广泛分布在大陆、岛屿的斜坡地带、活动和被动大陆边缘的隆起处、极地大陆架以及海洋和一些内陆湖的深水环境中。在地球上大约有27%的陆地是可以形成天然气水合物的潜在地区，而在世界大洋水域中约有90%的面积也属这样的潜在区域。在全世界范围内，已发现的天然气水合物主要存在于北极地区的永久冻土区和海底、陆坡、陆基及海沟中。有资料报道，现已探明的天然气水合物储量相当于全球非再生化石能源（煤、石油、天然气及油页岩等）总储量的2.84倍。由于天然气水合物具有非渗透性，它常常可以作为其下层游离天然气的封盖层。因此，加上天然气水合物储层下的游离气体量，估计这种非常规天然气的储量可能还会更大些。如果能证明这些预计属实的话，天然气水合物将成为一种丰富而重要的未来能源。天然气水合物作为一种诱人的未来能源已经引起了许多国家的重视和研究。

我国石油、天然气部门也已经开展了对天然气水合物勘探、开发技术的研究。目前，我国在南海西沙海槽等海区已相继探测到大量天然气水合物。据估计，在我国南海海底发现的这种蕴含巨大能源的矿藏总量，占到中国石油总储量的一半。2009年9月我国在青藏高原首次发现了在陆域上的可燃冰，使我国成为继加拿大、美国之后，在陆域上通过国家计划钻探发现可燃冰的第三个国家，据粗略的估算，其远景资源量至少有 350×10^8 吨油当量。因此，天然气水合物有望成为21世纪天然气能源中又一支重要的力量。

科学家还发现，在许多天体中也存在天然气水合物。天文学家和行星学家已经认识到在巨大的外层天体（土星和天王星）及其卫星中存在着天然气水合物。另外，天然气水合物还可能存在于包括哈雷彗星在内的彗星头部。

3. 天然气的应用特点

在一定时期、一定生产力水平下，人类可利用的自然资源总是有限和稀缺的。天然气与石油、煤炭一样，属于不可再生的耗竭性资源。合理地综合利用天然气，才能充分有效地发挥天然气资源的作用。

随着科学技术的发展，天然气的应用几乎覆盖了民用及商业、交通和所有的工业部门。

（1）天然气是一种优质的矿物资源。天然气不仅是很好的清洁燃料，而且是应用广泛的化工原料。当天然气作为燃料使用时，与煤、石油等常规一次能源相比，具有燃烧热值高、清洁、安全、易于运输与储存、经济性好等特点。

（2）天然气是一种高效、安全的能源。天然气是具有较高品位的一次能源，热值高，燃烧时最高温度可达 2000℃ 以上。

使用天然气可以改善能源结构、减少煤炭运输量、减轻大气污染、保护生态环境；可以改善居民生活条件，缩短家务劳动时间，减少固体燃料及废渣的堆放和运输量。在某些工业生产中使用天然气，可以明显提高产品的质量及产量，提高生产过程的自动化程度和劳动生产率，进而取得良好的经济效益。由于天然气洁净度高、燃烧稳定、燃烧效率高，火焰容易控制，因此，在使用过程中具有电、热或其他燃料无法替代的优势。无论用于工业、发电、燃气透平机、内燃机，还是用作民用燃料都是非常理想的。

（3）天然气资源量丰富。我国常规和非常规天然气资源储量比较丰富，但资源质量及勘探程度不很高，加之我国人口众多，人均能源占有量相对比较低。

（4）天然气勘探、开发成本低。天然气勘探、开采系统基建投资少、建设工期短、见效快，新建的气井一般当年即可投产。据有关资料介绍，按标准燃料计算，天然气的生产成本是石油的 25%，煤炭的 5% ~ 15%。

（5）使用天然气，环境效益显著。燃气是城镇优质能源的重要组成部分，其中天然气更是城镇燃气的理想气源。提高城镇燃气利用水平，对改善大气质量有重要意义。

1.1.2 人工燃气

以固体燃料或石油系产品为原料，经各种热加工制得的可燃气体称为人工燃气。按生产方式不同主要有干馏煤气、气化煤气和油制气等。

1. 干馏煤气

煤的干馏是指固体燃料煤在隔绝空气条件下被加热分解成气、液、固三相产品的过程。利用焦炉、连续式直立炭化炉（又称伍德炉）或立箱炉等对煤进行干馏所获得的气体产品称为干馏煤气。

按照干馏最终温度的不同，煤的干馏一般分为三类：低温干馏，干馏温度为 500 ~ 700℃；中温干馏，干馏温度为 700 ~ 900℃；高温干馏，干馏温度为 1000℃ 左右。低温、中温干馏产品为干馏煤气、煤焦油和半焦（又称兰炭），高温干馏产品为干馏煤气、煤焦油和焦炭。

干馏煤气的主要成分为氢气、甲烷和一氧化碳等，低热值为 17MJ/m³ 左右，干馏煤气的产气率为 300 ~ 500m³/t 煤。干馏煤气的生产历史较长，在我国曾是城镇燃气的主要气源之一，目前仍有不少城市作为主要气源。

2. 气化煤气

固体燃料在高温或同时高压条件下与气化剂（空气或氧气、水蒸气等）发生化学反应，制得的可燃气体称为气化煤气。气化煤气按气化剂的不同，通常分为混合发生炉煤气、水煤气、蒸汽-氧气煤气等。气化煤气适合作为人工燃气厂的辅助（加热）或掺混用气源，如作为城市主要气源，必须采取有效措施，使煤气组分中的一氧化碳含量和煤气热值等达到现行人工燃气国家标准。

（1）混合发生炉煤气

混合发生炉煤气是在高温条件下，通过固体燃料与气化剂（空气和水蒸气）发生物理化学反应，制得的气体燃料。其低热值约为 $5.4MJ/m^3$，主要可燃成分为一氧化碳和氢气，一氧化碳含量约为27%，惰性成分氮气含量在50%以上。

（2）水煤气

水煤气是在高温条件下，通过固体燃料与气化剂（水蒸气）发生物理化学反应，制得的气体燃料。其组成中氢含量约为50%，一氧化碳含量约30%以上，低热值约 $11MJ/m^3$。

（3）蒸汽–氧气煤气

以煤为原料，以纯氧和水蒸气为气化剂，在 $2.0 \sim 3.0MPa$ 的压力下，制得的气化煤气，称为蒸汽–氧气煤气。其组成中氢含量超过70%，且含有相当数量的甲烷（15%以上），低热值约为 $15MJ/m^3$。

（4）煤制代用天然气

煤制代用天然气的工艺包括：加压煤气化、空气分离、部分变换、净化（低温甲醇洗）、甲烷化五个单元，生产以甲烷为主要成分的代用天然气（Substitute Natural Gas，SNG），也称为人工合成天然气（Synthesis Natural Gas，SNG）。我国首个大型代用天然气示范工程，已于2012年在内蒙古赤峰市克什克腾旗建成，建厂投资约 $270 \sim 300$ 亿元。项目设有3条生产线，共48台鲁奇加压气化炉，45开3备，生产能力 $40 \times 10^8 m^3/a$，消耗原料煤 $1423.80 \times 10^4 t/a$，消耗燃料煤 $402.144 \times 10^4 t/a$，折合 $1000m^3$ 天然气消耗水量 6.75t。煤制天然气的能量效率高，是有效、洁净的煤炭利用方式，也是煤制能源产品的最优生产方式。

3. 油制气

油制气是将石油原油或其加工产品经热裂解（或催化裂解、部分氧化、加氢裂解）制得的气态燃料。油制气的主要原料为原油、石脑油（直馏汽油）及重油，由于重油价格较低，因而多用重油制气。

重油催化裂解法制气在我国应用比较普遍，制气温度 $750 \sim 850℃$，操作压力为常压，产气率 $800 \sim 1200m^3/t$ 油，制得的燃气成分中氢的含量较多，还含有甲烷和一氧化碳，低热值约为 $17 \sim 25MJ/m^3$，制气过程中会产生焦油和粗苯，需要净化回收。

油制气既可作为城镇燃气的基本气源，又可作为城镇燃气供应高峰的调峰气源。

1.1.3　液态燃气

1. 液化石油气

液化石油气（Liquified Petroleum Gas，LPG）可以从油田或气田的开采中获得，称为天然石油气；也可以在石油炼制加工过程中作为副产品提取，称为炼厂石油气。

液化石油气是以丙烷、丁烷、丙烯、丁烯（习惯称 C_3、C_4）为主要成分的烃类混合物。这些烃类临界温度较高，临界压力较低，沸点较低，在常温常压下呈气态，当压力升高或温度降低时，很容易转变为液态。液态液化石油气密度大约是气态液化石油气密度的250 倍，因而气态液化石油气被液化后体积缩小为原体积的1/250。常温条件下液态液化石油气各组分的相对密度约为 0.5 ~ 0.6，因此液化石油气中的水分会沉积在容器的底部。气态液化石油气的相对密度约为 1.5 ~ 2.5，一旦泄漏会往低洼处流动或滞存，不容易挥发与扩散。液化石油气的爆炸限为 1.5% ~ 9.5%。

液化石油气中还含有少量烃类杂质（C_2 及 C_5、C_6）、硫化物和水分。在使用液化石油气时，不能气化的成分会残留在液化石油气容器中，被称为残液；C_5、C_6 由于在常温下不易气化而成为残液的主要成分。

气态液化石油气低热值约为 92 ~ 121MJ/m^3，液态液化石油气的低热值约为 45 ~ 46MJ/kg。

向用户供应液化石油气的方式，通常采用瓶装汽车运输或槽车运输，也可以在气化站气化后通过管道输送给用户，或在混气站气化后与一定比例空气混合，作为可与管道天然气互换的气源，通过管道供应。液化石油气作为城镇燃气具有投资省、设备简单、供应方式灵活、建设速度快的特点，随着我国石油工业的发展，液化石油气已成为城镇燃气的重要气源之一。

2. 轻烃燃气

轻烃（C_5、C_6）来源于石油开采、炼制与石油化工。作为副产物，粗略估算有原油加工量的 5%。若加以适当利用，其产量可以在城镇燃气能源构成中占有一定的地位。

将 C_5、C_6 这类液态轻烃通过气化器气化并与一定比例的空气混合得到轻烃燃气，然后通过管道供应给用户。

轻烃燃气中 C_5、C_6 的体积浓度受爆炸上限高与露点高两端条件限制，其适于应用的'浓度窗口'较窄。由于露点高，限制了输送压力，从而往往需要使气源点靠近用气区设置，对其更需强调设施和系统的安全性。

但是，若以 C_5 生产轻烃燃气，若要求露点为 -10℃ 左右，则可考虑采用中压输送方式，扩大轻烃燃气的供应规模。

轻烃燃气是一种城镇燃气的补充气源或辅助气源。已经制定了用于生产城镇燃气的轻烃行业标准。

1.1.4 生物质燃气

以生物质为原料制得的可燃气体，称为生物质燃气。可再生的生物质资源来源广泛，可以来源于农业资源、家禽粪便、生活污水、工业有机废水以及城市有机固体废弃物。

常见的生物质燃气生产途径有两种：（1）利用物理化学转化技术，将生物质通过热解气化（或干馏）转化为低热值或中热值燃气，可以作为民用或工业用燃料，也可以直接用于发电；（2）采用生物化学转换技术，在一定温度、湿度、酸碱度和厌氧条件下，经过微生物的厌氧发酵，将各种生物质转化为可燃气体（沼气）。沼气的组分中甲烷的含量约为60%，二氧化碳约为 35%，此外还含有氢气和一氧化碳等气体，低热值约为 21MJ/m^3。

由于沼气属于可再生能源，发酵原料是取之不尽用之不竭的有机物质，沼气池固形残余物还可用作肥料。沼气生产实现的生态平衡具有显著的环保效益，在全国范围内特别是各中小城镇和农村得到了广泛的推广应用。

1.1.5　各种燃气组分与热值

典型的天然气、液化石油气和人工燃气的组分及低热值见表1-1-1。

各种燃气平均组分及低热值（273.15 K、101325 Pa）　　　　表1-1-1

种　　类		燃气成分体积分数（干成分）%									低热值（kJ/m³）
		CH_4	C_3H_8	C_4H_{10}	C_mH_n	CO	H_2	CO_2	O_2	N_2	
1	天然气										
(1)	纯天然气	98	0.3	0.3	0.4					1.0	36216
(2)	油田伴生气	81.7	6.2	4.86	4.94			0.3	0.2	1.8	45470
(3)	凝析气田气	74.3	6.75	1.87	14.91			1.62		0.55	48360
(4)	矿井气	52.4						4.6	7.0	36.0	18841
2	液化石油气（概略值）		50	50							108438
3	人工燃气										
1)	固体燃料干馏煤气										
(1)	焦炉煤气	27			2	6	56	3	1	5	18254
(2)	连续式直立碳化炉煤气	18			1.7	17	56	5	0.3	2	16161
(3)	立箱炉煤气	25				9.5	55	6	0.5	4	16119
2)	固体燃料气化煤气										
(1)	压力气化煤气	18			0.7	18	56	3	0.3	4	15410
(2)	水煤气	1.2				34.4	52	8.2	0.2	4.0	10380
(3)	发生炉煤气	1.8		0.4		30.4	8.4	2.4	0.2	56.4	5900
3)	油制气										
(1)	重油蓄热热裂解气	28.5			32.17	2.68	31.51	2.13	0.62	2.39	42161
(2)	重油蓄热催化热裂解气	16.5			5	17.3	46.5	7.0	1.0	6.7	17543
4)	高炉煤气	0.3				28	2.7	10.5		58.5	3936
5)	掺混气										
(1)	焦炉气掺混高炉气	18.7			2	9.3	50.6	4.7	0.7	14.0	15062
(2)	液化石油气混空气		15	35					10.5	39.5	57230
6)	沼气（生物质气）	60				少量	少量	35	少量		21771

1.2　城镇燃气的质量要求

1.2.1　城镇燃气的基本要求

并非所有可燃气体都可以作为城镇燃气，城镇燃气质量指标应符合下列要求：

（1）燃气的热值要高。若采用热值较低的燃气，会导致燃气储存、输配等设施的金属消耗量及投资增加。作为城镇燃气的低热值应符合我国《城镇燃气设计规范》GB50028 的规定。

（2）燃气毒性要小。在人工燃气成分中含有相当数量的一氧化碳，是一种危害人体健康的有毒气体，对城镇燃气中的一氧化碳含量应严格控制在10%（体积分数）以下。

（3）燃气中的杂质成分要少。燃气中的杂质有可能影响燃气的正常供应。

1.2.2 人工燃气的质量要求

未经净化的人工燃气中的杂质较多，主要有以下几种：

（1）焦油和灰尘。人工燃气中通常含有焦油和灰尘，当含量较高时，容易积聚在煤气厂出厂管道的阀门和管道内，还有一部分焦油、灰尘以气态形式伴随燃气输送到中压管网，会凝结在压送机缸体、调压器阀体、管道弯管等处，造成压送机咬缸、阀体关闭失灵、管道阻塞等故障。

（2）硫化物。人工燃气中的硫化物主要是硫化氢（H_2S），此外还有硫醇（CH_3SH、C_2H_5SH）、二硫化碳（CS_2）等。硫化氢是一种有臭鸡蛋气味的无色气体，当硫化氢在空气中的浓度达到0.3%（体积分数）以上时，会使人中毒，危及生命。硫化氢对管道、设备有较强的腐蚀性，特别是在高温、高压以及燃气中含有水分时，对设备和管道的腐蚀会加剧。

硫化氢燃烧时生成的二氧化硫（SO_2），常温下为无色有刺激性气味的有毒气体，对人的眼睛和呼吸道黏膜有强烈的刺激作用。二氧化硫还具有腐蚀性，能使灶具及其火孔等部位腐蚀。

（3）氨。干馏煤气中含有的氨成分对管道和设备有腐蚀作用，氨燃烧后会产生一氧化氮、二氧化氮等有害气体，影响人体健康并严重污染环境。

（4）萘。干馏煤气中含有的萘成分具有从气态直接变成固态的"凝华"性质。干馏煤气从气源厂向管网输送时，如果没有达到净化标准，气态的萘伴随燃气输出，在温度降低到低于此萘含量的饱和温度时，气态的萘将发生"凝华"，固态萘会沉积在燃气管道中，使管道流通截面减小，甚至造成管道堵塞。

人工燃气质量指标应符合现行国家标准《人工煤气》GB13612 的规定。具体见表1-2-1。

人工燃气技术要求及试验方法		表1-2-1
项目	质量指标	试验方法
低热值[a]（MJ/m³） 一类气[b] 二类气[b]	>14 >10	GB/T 12206 GB/T 12206
燃烧特性指数[c]波动范围应符合	GB/T 13611	
杂质 焦油和灰尘（mg/m³） 硫化氢（mg/m³） 氨（mg/m³） 萘[d]（mg/m³）	<10 <20 <50 $<50 \times 10^2/P$（冬天） $<100 \times 10^2/P$（夏天）	GB/T 12208 GB/T 12211 GB/T 12210 GB/T 12209.1

项目	质量指标	试验方法
含氧量$^{e)}$（体积分数）（%） 　一类气 　二类气	<2 <1	GB/T10410.1 或化学试验方法 GB/T10410.1 或化学试验方法
一氧化碳量$^{f)}$（体积分数）（%）	<10	GB/T10410.1 或化学试验方法

a) 本标准煤气体积（m³）指在 101.325 kPa，15℃状态下的体积。

b) 一类气为煤干馏气；二类气为煤气化气、油气化气（包括液化石油气及天然气改制）。

c) 燃烧特性指数：华白数（W）、燃烧势（CP）。

d) 萘系指萘和它的同系物 α-甲基萘及 β甲基萘。在确保煤气中萘不析出的前提下，各地区可以根据当地城市燃气管道埋设处的土壤温度规定本地区煤气中含萘指标，并报标准审批部门批准实施。但管道输气点绝对压力（p）小于 202.65 kPa 时，压力（p）因素可不参加计算。

e) 含氧量系指制气厂生产过程中所要求的指标。

f) 对二类气或掺有二类气的一类气，其一氧化碳含量应小于 20%（体积分数）。

1.2.3　天然气的质量要求

由地层采出的天然气通常除含有水蒸气外，还含有一些酸性气体，如硫化氢（H_2S）、硫化羰（COS）、硫醇（RSH）等硫化物和二氧化碳（CO_2）等。

如果天然气中的水分超过一定的含量，在一定温度压力条件下，水能与烃类气体生成水合物，水合物在聚集状态下是一种白色的结晶体，使管道的流通截面减小，甚至堵塞管线、阀件和设备。

作为城镇燃气的天然气热值、总硫和硫化氢含量、水露点指标应符合现行国家标准《天然气》GB17820 的一类气或二类气的规定。具体见表 1-2-2：

天然气的技术指标　　　　　　　　　　　　　　　　　　表 1-2-2

项目	一类	二类	三类
高位发热值（MJ/m³）		>31.4	
总硫（以硫计）（mg/m³）	≤100	≤200	≤460
硫化氢（mg/m³）	≤6	≤20	≤460
二氧化碳（%）（V/V）		≤3.0	
水露点（℃）	在天然气交接点的压力和温度条件下，天然气的水露点应比环境温度低5℃		

注：1. 本标准中气体体积的标准参比条件是 101.325 kPa，20℃。

2. 本标准实施之前建立的天然气输送管道，在天然气交接点的压力和温度条件下，天然气中应无游离水。无游离水是指天然气经机械分离设备分不出游离水。

1.2.4　液化石油气的质量要求

（1）硫分。液化石油气中如含有硫化氢和有机硫，会造成运输、储存和气化设备的腐蚀。硫化氢的燃烧产物 SO_2，也是强腐蚀性气体。

（2）水分。水和水蒸气能与液态和气态的 C_2、C_3 和 C_4 生成结晶水合物。水合物易在液化石油气容器底部形成，会使容器与吹扫管、排液管及液位计的接口管堵塞。水蒸气还能加剧 O_2、H_2S 和 SO_2 对管道、阀件及燃气用具的腐蚀。特别是水蒸气冷凝，并在管道和管件内表面形成水膜时腐蚀更为严重。通常要求液化石油气中不能含有游离水。

（3）二烯烃。从炼油厂获得的液化石油气中，可能含有二烯烃，它能聚合成分子量高达 4×10^5 的胶状固体聚合物。在气体中，当温度大于 $60 \sim 75℃$ 时即开始强烈的聚合。在液态碳氢化合物中，丁二烯的强烈聚合反应在 $40 \sim 60℃$ 时就开始了。当气化含有二烯烃的液化石油气时，在气化装置的加热面上，可能生成固体聚合物，使气化装置在很短时间内就不能正常工作。

（4）乙烷和乙烯。由于乙烷和乙烯的饱和蒸气压高于丙烷和丙烯的饱和蒸气压，而液化石油气容器的设计压力大多是按纯丙烷的物理性质考虑的，因此液化石油气中乙烷和乙烯含量应该予以限制。

（5）残液。液化石油气残液量大会增加用户更换气瓶的次数，增加运输量，C_5 和 C_5 以上的组分是液化石油气残液的主要成分，因而对其含量应加以限制。

我国《城镇燃气设计规范》GB50028 规定，液化石油气质量指标应符合现行国家标准《油气田液化石油气》GB9052.1 或《液化石油气》GB11174 的规定。

1.2.5　燃气的加臭

城镇燃气是易燃易爆的气体，其中人工燃气因含有一氧化碳而具有毒性。如果在燃气管道施工和维护过程中存在质量问题或使用不当，容易造成漏气，有引起爆炸、着火和人身中毒的危险。因此，城镇燃气应具有可以察觉的臭味，当发生燃气漏气时能被人们及时发现。

干馏煤气、油制气和液化石油气多数含有硫化物，一般都具有臭味，不含有硫化物的天然气本身不具有刺激性气味。对于不具有刺激性气味的燃气，必须在加臭后才能输入燃气管网。

我国《城镇燃气设计规范》GB50028 规定，燃气中加臭剂的最小量应符合下列规定：

（1）无毒燃气泄漏到空气中，达到爆炸下限的 20% 时，应能察觉；

（2）有毒燃气泄漏到空气中，达到对人体允许的有害浓度时，应能察觉；

（3）对于以一氧化碳为有毒成分的燃气，空气中一氧化碳含量达到 0.02%（体积分数）时，应能察觉。

参考文献

[1] 高福烨主编. 燃气制造工艺学 [M]. 北京：中国建筑工业出版社，1995.

[2] 严铭卿，宓亢琪，黎光华. 天然气输配技术 [M]. 北京：化学工业出版社，2006.

[3] 杜金虎，杨华，徐春春等. 关于中国页岩气勘探开发工作的思考 [J]. 天然气工业，2011，31 (5)：6-8.

[4] 米华英，胡明，冯振东等. 我国页岩气资源现状及勘探前景 [J]. 复杂油气藏，2010 (12)：10-13.

[5] 王兰生，廖仕孟，陈更生等. 中国页岩气勘探开发面临的问题与对策 [J]. 天然气工业，2011，31 (12)：119-122.

[6] 孙茂远，范志强. 中国煤层气开发利用现状及产业化战略选择 [J]. 天然气工业，2007，27 (3)：1-5.

[7] 张洪涛，张海启，祝有海. 中国天然气水合物调查研究现状及其进展 [J]. 中国地质，2007，

12：953-961.

[8] 赵震. 轻烃燃气发生装置的研究（工学硕士学位论文）[D]. 哈尔滨：哈尔滨建筑大学，1998.

[9] 汪家铭. 煤制天然气发展概况与市场前景 [J]. 化工管理，2009，08：32-37.

[10] 张胜卫，徐杰. 轻烃燃气输配系统技术分析 [J]. 上海煤气. 2002. 01：19-23.

第2章 燃气的物理和热力性质

2.1 单一气体的物理特性

单一气体的物理特性是计算各种混合燃气特性的基础数据。燃气中常见的单一气体在标准状态下的主要物理热力特性值列于表2-1-1和表2-1-2中。

某些低级烃的基本性质 [101325 Pa、273.15 K]   表2-1-1

气 体	甲烷	乙烷	乙烯	丙烷	丙烯	正丁烷	异丁烷	丁烯	正戊烷
分子式	CH_4	C_2H_6	C_2H_4	C_3H_8	C_3H_6	C_4H_{10}	C_4H_{10}	C_4H_8	C_5H_{12}
分子量 M	16.0430	30.0700	28.0540	44.0970	42.0810	58.1240	58.1240	56.1080	72.1510
摩尔体积 V_M (m^3/kmol)	22.3621	22.1872	22.2567	21.9362	21.990	21.5036	21.5977	21.6067	20.891
密度 ρ (kg/m^3)	0.7174	1.3553	1.2605	2.0102	1.9136	2.7030	2.6912	2.5968	3.4537
比密度 Δ_* (空气=1)	0.5548	1.048	0.9748	1.554	1.479	2.090	2.081	2.008	2.671
气体常数 R [J/(kg·K)]	517.1	273.7	294.3	184.5	193.8	137.2	137.8	148.2	107.3
临界参数									
临界温度 T_c (K)	191.05	305.45	282.95	368.85	364.75	425.95	407.15	419.59	470.35
临界压力 p_c (MPa)	4.6407	4.8839	5.3398	4.3975	4.7623	3.6173	3.6578	4.020	3.3437
临界密度 ρ_c (kg/m^3)	162	210	220	226	232	225	221	234	232
热值									
高热值 H_h (MJ/m^3)	39.842	70.351	63.438	101.266	93.667	133.886	133.048	125.847	169.377
低热值 H_l (MJ/m^3)	35.902	64.397	59.477	93.240	87.667	123.649	122.853	117.695	156.733
爆炸极限									
爆炸上限 L_h (体积%)	15.0	13.0	34.0	9.5	11.7	8.5	8.5	10	8.3
爆炸下限 L_l (体积%)	5.0	2.9	2.7	2.1	2.0	1.5	1.8	1.6	1.4
黏度									
动力黏度 $\mu \times 10^6$ (Pa·s)	10.393	8.600	9.316	7.502	7.649	6.835	6.875	8.937	6.355
运动黏度 $\nu \times 10^6$ (m^2/s)	14.50	6.41	7.46	3.81	3.99	2.53	2.556	3.433	1.85

续表

气　体	甲烷	乙烷	乙烯	丙烷	丙烯	正丁烷	异丁烷	丁烯	正戊烷
无因次系数 C	164	252	225	278	321	377	368	329	383
沸点 t（℃）	−161.49	−88	−103.68	−42.05	−47.72	−0.50	−11.72	−6.25	36.06
定压比热 c_p [kJ/(m³·K)]	1.545	2.244	1.888	2.960	2.675	4.130	4.2941	3.871	5.127
绝热指数 k	1.309	1.198	1.258	1.161	1.170	1.144	1.144	1.146	1.121
导热系数 λ [W/(m·K)]	0.03024	0.01861	0.0164	0.01512	0.01467	0.01349	0.01434	0.01742	0.01212

某些气体的基本性质 [273.15 K、101325 Pa]　　　　表 2-1-2

气　体	一氧化碳	氢	氮	氧	二氧化碳	硫化氢	空气	水蒸气
分子式	CO	H_2	N_2	O_2	CO_2	H_2S		H_2O
分子量 M	28.0104	2.0160	28.014	31.9988	44.0098	34.076	28.966	18.0154
摩尔体积 V_M（m³/kmol）	22.3984	22.427	22.403	22.3923	22.2601	22.1802	22.4003	21.629
密度 ρ（kg/m³）	1.2506	0.0899	1.2504	1.4291	1.9771	1.5363	1.2931	0.833
气体常数 R [J/(kg·K)]	296.63	412.664	296.66	259.585	188.74	241.45	286.867	445.357
临界参数								
临界温度 T_c（K）	133.0	33.30	126.2	154.8	304.2	373.55	132.5	647.3
临界压力 p_c（MPa）	3.4957	1.2970	3.3944	5.0764	7.3866	8.890	3.7663	22.1193
临界密度 ρ_c（kg/m³）	300.86	31.015	310.91	430.09	468.19	349.00	320.07	321.70
热值								
高热值 H_h（MJ/m³）	12.636	12.745				25.348		
低热值 H_l（MJ/m³）	12.636	10.786				23.368		
爆炸极限								
爆炸上限 L_h（体积%）	74.2	75.9				45.5		
爆炸下限 L_l（体积%）	12.5	4.0				4.3		
黏度								
动力黏度 $\mu \times 10^6$（Pa·s）	16.573	8.355	16.671	19.417	14.023	11.670	17.162	8.434
运动黏度 $\nu \times 10^6$（m²/s）	13.30	93.0	13.30	13.60	7.09	7.63	13.40	10.12
无因次系数 C	104	81.7	112	131	266		122	
沸点 t（℃）	−191.48	−252.75	−195.78	−182.98	−78.20[①]	−60.30	−192.00	
定压比热 c_p [kJ/(m³·K)]	1.302	1.298	1.302	1.315	1.620	1.557	1.306	1.491
绝热指数 k	1.403	1.407	1.402	1.400	1.304	1.320	1.401	1.335
导热系数 λ [W/(m·K)]	0.0230	0.2163	0.02489	0.250	0.01372	0.01314	0.02489	0.01617

①升华。

2.2 质量成分和体积成分

2.2.1 混合物组分的表示方法

2.2.1.1 混合气体的成分

混合气体的成分有三种表示方法：体积成分（又称容积成分）、质量成分和摩尔成分。表示成分可以用小数，也可以用百分数。但要注意在计算中表示的一致性。

（1）体积成分

体积成分是指混合气体中各组分的分体积与混合气体的总体积之比，即

$$r_1 = \frac{V_1}{V}; r_2 = \frac{V_2}{V} \cdots r_n = \frac{V_n}{V} \qquad (2-2-1)$$

混合气体的总体积等于各组分的分体积之和，即

$$V = V_1 + V_2 + \cdots + V_n \qquad (2-2-2)$$

$$\therefore \qquad r_1 + r_2 + \cdots + r_n = \sum_1^n r_i = 1 \qquad (2-2-3)$$

式中　V_1，$V_2 \cdots V_n$——混合气体各组分的分体积，m^3；

　　　r_1，$r_2 \cdots r_n$——混合气体各组分的体积成分，以 r_i 表示任一组分；

　　　n——混合气体的组分数；

　　　V——混合气体总体积，m^3。

（2）质量成分

质量成分是指混合气体中各组分的质量与混合气体的总质量之比，即：

$$g_1 = \frac{G_1}{G}; g_2 = \frac{G_2}{G} \cdots g_n = \frac{G_n}{G} \qquad (2-2-4)$$

混合气体的总质量等于各组分质量之和，即

$$G = G_1 + G_2 + \cdots + G_n \qquad (2-2-5)$$

$$g_1 + g_2 + \cdots + g_n = \sum_1^n g_i = 1 \qquad (2-2-6)$$

式中　G_1，$G_2 \cdots G_n$——各组分的质量；

　　　g_1，$g_2 \cdots g_n$——混合气体各组分的质量成分；

　　　G——混合气体总质量。

（3）摩尔成分

摩尔成分（也称分子成分）是指各组分摩尔数与混合气体的摩尔数之比，即：

$$m_1 = \frac{N_1}{N}; m_2 = \frac{N_2}{N} \cdots m_n = \frac{N_n}{N} \qquad (2-2-7)$$

混合气体的总摩尔数等于各组分摩尔数之和，即：

$$N = N_1 + N_2 + \cdots + N_n \qquad (2-2-8)$$

$$\therefore \qquad m_1 + m_2 + \cdots + m_n = \sum_1^n m_i = 1 \qquad (2-2-9)$$

式中　N_1，$N_2 \cdots N_n$——各组分的摩尔数；

15

N——混合气体的摩尔数；

m_1，$m_2 \cdots m_n$——各组分的摩尔成分。

由式（2-2-1）已知，体积成分为：

$$r_i = \frac{V_i}{V} \qquad i = 1,2 \cdots n \qquad (2-2-10)$$

显然

$$r_i = \frac{V_{M_i} \cdot N_i}{V_M \cdot N} \qquad i = 1,2 \cdots n \qquad (2-2-11)$$

上式中 V_{M_i} 是各单一气体摩尔体积，而 V_M 则是混合气体的平均摩尔体积，由于在同温同压下，1 摩尔任何气体的体积大致相等（见表 2-1-1 与表 2-1-2），因此：

$$r_i = \frac{V_i}{V} \cong \frac{N_i}{N} = m_i \, i = 1,2 \cdots n \qquad (2-2-12)$$

由式（2-2-12）可知，气体的摩尔成分在数值上近似等于体积成分。

2.2.1.2　混合液体的成分

混合液体成分的表示方法与混合气体相同，用体积成分 y_i、质量成分 g_i 和摩尔成分 x_i 三种方法表示。但混合液体的体积成分与摩尔成分不相等。

2.2.2　混合物组分的换算

2.2.2.1　混合气体组分的换算

由混合气体的体积（或摩尔）成分换算为质量成分的计算公式：

$$g_i = \frac{r_i M_i}{\sum\limits_1^n r_i M_i} \qquad i = 1,2 \cdots n \qquad (2-2-13)$$

由混合气体的质量成分换算为体积（或摩尔）成分的计算公式：

$$r_i = \frac{g_i / M_i}{\sum\limits_1^n g_i / M_i} \qquad i = 1,2 \cdots n \qquad (2-2-14)$$

式中　g_1，$g_2 \cdots g_n$——混合气体各组分的质量成分；

r_1，$r_2 \cdots r_n$——混合气体各组分的体积成分；

M_1，$M_2 \cdots M_n$——混合气体各组分的分子量。

2.2.2.2　混合液体组分的换算

（1）由混合液体的体积成分换算为质量成分的计算公式：

$$g_{yi} = \frac{y_i \rho_i}{\sum\limits_1^n y_i \rho_i} \qquad i = 1,2 \cdots n \qquad (2-2-15)$$

（2）由混合液体的质量成分换算为摩尔成分的计算公式：

$$x_i = \frac{g_{yi} / M_i}{\sum\limits_1^n g_{yi} / M_i} \qquad i = 1,2 \cdots n \qquad (2-2-16)$$

（3）由混合液体的质量成分换算为体积成分的计算公式：

$$y_i = \frac{g_{yi}/\rho_i}{\sum\limits_{1}^{n} g_{yi}/\rho_i} \qquad i = 1,2\cdots n \qquad (2-2-17)$$

式中　g_{yi}，$g_{yi}\cdots g_{yn}$——混合液体各组分的质量成分；

　　　y_1，$y_2\cdots y_n$——混合液体各组分的体积成分；

　　　x_1，$x_2\cdots x_n$——混合液体各组分的摩尔成分；

　　　ρ_1，$\rho_2\cdots\rho_n$——混合液体各组分的密度；

　　　M_1，$M_2\cdots M_n$——混合液体各组分的分子量；

　　　　　　　n——混合液体的组分数。

2.3 密　　度

单位体积的物质所具有的质量称为这种物质的密度，一般采用符号 ρ 表示。气体的相对密度是指气体的密度与标准状态下空气密度的比值（也称气体的比重）；液体的相对密度是指液体的密度与标准状态下水密度的比值（也称液体的比重）。

2.3.1 平均分子量

（1）混合气体的平均分子量的计算公式：

$$M = r_1 M_1 + r_2 M_2 + \cdots + r_n M_n \qquad (2-3-1)$$

式中　M——混合气体平均分子量。

（2）混合液体平均分子量的计算公式：

$$M = x_1 M_1 + x_2 M_2 + \cdots + x_n M_n \qquad (2-3-2)$$

式中　M——混合液体平均分子量。

2.3.2 平均密度和相对密度

2.3.2.1 混合气体平均密度和相对密度的计算公式

$$\rho = \frac{M}{V_{\mathrm{M}}} \qquad (2-3-3)$$

$$\Delta_* = \frac{\rho}{1.239} = \frac{M}{1.239 V_{\mathrm{M}}} \qquad (2-3-4)$$

式中　ρ——混合气体平均密度，kg/m^3；

　　V_{M}——混合气体平均摩尔体积，$m^3/kmol$；

　　Δ_*——混合气体相对密度，在燃气文献中又采用符号 S 或 γ_g，空气为1；

　1.293——标准状态下空气的密度，kg/m^3。

对于由双原子气体和甲烷组成的混合气体，标准状态下的 V_{M} 可取 $22.4 m^3/kmol$，而对于由其他碳氢化合物组成的混合气体，则取 $22 m^3/kmol$。若要精确计算，可采用下式：

$$V_{\mathrm{M}} = r_1 V_{\mathrm{M}_1} + r_2 V_{\mathrm{M}_2} + \cdots + r_n V_{\mathrm{M}_n} \qquad (2-3-5)$$

式中　V_{M_1}、$V_{\mathrm{M}_2}\cdots V_{\mathrm{M}_n}$——混合气体各组分的摩尔体积，$m^3/kmol$。

混合气体平均密度还可根据单一气体密度及体积成分按下式计算：

$$\rho = r_1\rho_1 + r_2\rho_2 + \cdots + r_n\rho_n \tag{2-3-6}$$

式中　ρ_1，$\rho_2 \cdots \rho_n$——混合气体各组分的密度，kg/m^3；

　　　　ρ——混合气体的平均密度，kg/m^3。

燃气通常含有水蒸气，则湿燃气密度可按下式计算：

$$\rho^w = (\rho + d)\frac{0.833}{0.833 + d} \tag{2-3-7}$$

式中　ρ^w——湿燃气密度，kg/m^3；

　　　　ρ——干燃气密度，kg/m^3；

　　　　d——水蒸气含量，kg/m^3干燃气；

　　0.833——水蒸气密度，kg/m^3。

干、湿燃气体积成分按下式换算：

$$r_i^w = kr_i \tag{2-3-8}$$

$$k = \frac{0.833}{0.833 + d}$$

式中　r_i^w——湿燃气体积成分；

　　　　k——换算系数。

三类燃气的密度和相对密度变化范围（即平均密度和平均相对密度）列于表 2-3-1。

三类燃气的密度和相对密度　　　　　　　　　表 2-3-1

燃气种类	密度（kg/m^3）	相对密度
天然气	0.75~0.8	0.58~0.62
焦炉煤气	0.4~0.5	0.3~0.4
气态液化石油气	1.9~2.5	1.5~2.0

由表 2-3-1 可知，天然气、焦炉煤气都比空气轻，而气态液化石油气约比空气重一倍。在常温下，液态液化石油气的密度是 $500kg/m^3$ 左右，约为水的一半。

[例 2-3-1]　已知混合气体的体积成分为 $r_{C_2H_6} = 4\%$，$r_{C_3H_8} = 75\%$，$r_{C_4H_{10}} = 20\%$，$r_{C_5H_{12}} = 1\%$。求混合气体平均分子量、平均密度和相对密度。

[解]　由表 2-1-1 查得各组分分子量为 $M_{C_2H_6} = 30.070$，$M_{C_3H_8} = 44.097$，$M_{C_4H_{10}} =$ 58.124，$M_{C_5H_{12}} = 72.151$。按式（2-3-1）求混合气体平均分子量：

$$M = \sum r_i M_i = \frac{1}{100}(4 \times 30.070 + 75 \times 44.097 + 20 \times 58.124 + 1 \times 72.151) = 46.62$$

由各组分密度，按式（2-3-6）求混合气体平均密度：

$$\rho = \sum r_i\rho_i = \frac{1}{100}(4 \times 1.355 + 75 \times 2.010 + 20 \times 2.703 + 1 \times 3.454) = 2.137kg/m^3$$

按式（2-3-4）求混合气体相对密度：

$$\Delta_* = \gamma_g = S = \frac{\rho}{1.293} = \frac{2.137}{1.293} = 1.653$$

[例 2-3-2]　已知干燃气的体积成分为 $r_{CO_2} = 1.9\%$，$r_{C_mH_n} = 3.9\%$（按 C_3H_6 计算），$r_{O_2} = 0.4\%$，$r_{CO} = 6.3\%$，$r_{H_2} = 54.4\%$，$r_{CH_4} = 31.5\%$，$r_{N_2} = 1.6\%$，含湿量 $d = 0.002kg/m^3$，

求湿燃气的体积成分及其平均密度。

[解] 计算湿燃气的体积成分。首先确定换算系数 k：

$$k = \frac{0.833}{0.833 + d} = \frac{0.833}{0.833 + 0.002} = 0.9976$$

按式（2-3-8）求湿燃气的体积成分：

$$r_{CO_2}^w = k r_{CO_2} = 0.9976 \times 1.9 = 1.895\%$$

依次可得：$r_{C_mH_n}^w = 3.891\%$，$r_{O_2}^w = 0.399\%$，$r_{CO}^w = 6.285\%$，$r_{H_2}^w = 54.270\%$，$r_{CH_4}^w =$
31.424%，$r_{N_2}^w = 1.596\%$，

而 $r_{H_2O}^w = \frac{d}{0.883} k = \frac{100 \times 0.002}{0.833} \times 0.9976 = 0.240\%$

计算湿燃气的平均密度。首先确定干燃气的平均密度：

$$\rho = \sum r_i \rho_i = \frac{1}{100} \times (1.9 \times 1.9771 + 3.9 \times 1.9136$$
$$+ 0.4 \times 1.4291 + 6.3 \times 1.2506 + 54.4 \times 0.0899 + 31.5 \times 0.7174$$
$$+ 1.6 \times 1.2504) = 0.492 kg/Nm^3$$

按式（2-3-7）求湿燃气的密度：

$$\rho^w = (\rho + d) \frac{0.833}{0.833 + d} = (0.492 + 0.002) \frac{0.833}{0.833 + 0.002} = 0.493 kg/m^3$$

2.3.2.2 混合液体平均密度与相对密度的计算公式

$$\rho_y = \sum_1^n y_i \rho_{yi} \qquad (2-3-9)$$

$$\gamma = \frac{\rho_y}{1000} \qquad (2-3-10)$$

式中 ρ_{y1}，$\rho_{y2} \cdots \rho_{yn}$——混合液体各组分的密度，$kg/m^3$；
$\quad\quad\quad \rho_y$——混合液体的平均密度，kg/m^3；
$\quad\quad\quad \gamma$——混合液体的相对密度（水为1）；
$\quad\quad\quad 1000$——标准状态下水的密度，kg/m^3。

2.4 临界参数与对应态原理

2.4.1 临界参数

对纯气体，温度不超过某一数值，对其进行加压，可以使气体液化；而在该温度以上，对其进行加压，不能使气体液化；这个温度就叫该气体的临界温度。在临界温度下，使气体液化所必需的压力叫作临界压力。

图 2-4-1 所示为在不同温度下对气体压缩时；其压力和体积的变化情况。当从 E 点开始压缩时，至 D 点开始液化，到 B 点液化完成；而当气体从 F 点开始压缩时，至 C 点开始液化，但此时没有相当于 BD 直线部分，其液化

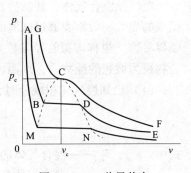

图 2-4-1 临界状态

的状态与前者不同。C 点叫临界点。气体在 C 点所处的状态称为临界状态，它既不属于气相，也不属于液相。这时的温度 T_c、压力 p_c、比容 v_c、密度 ρ_c 分别叫做临界温度、临界压力、临界比容和临界密度，通称为临界参数。在图 2-4-1 中，NDCG 线的右边是气体状态，MBCG 线的左边是液体状态，而在 MCN 线以下为气液共存状态，CM 和 CN 分别为下边界线和上边界线。

气体的临界温度越高，越易液化。天然气主要成分甲烷的临界温度低，故较难液化；而组成液化石油气的碳氢化合物的临界温度较高，故较易液化。几种气体的液态-气态平衡曲线示于图 2-4-2。

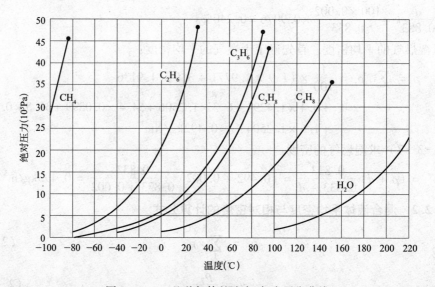

图 2-4-2　几种气体的液态-气态平衡曲线

图 2-4-2 中的曲线是蒸气和液体的分界线。曲线左侧为液态，右侧为气态。由图可知，气体温度较临界温度越低，则液化所需压力越小。例如 20℃时使丙烷液化的绝对压力为 0.846MPa，而当温度为 -20℃时，在 0.248MPa 绝对压力下即可液化。

从分子水平上看，临界温度是表征分子间相互势能的量，临界比容是度量分子间距的尺度。临界点包含了分子的基本物理规律。

2.4.2　拟临界参数

燃气是混合气体，其临界参数随成分的变化而变化，没有恒定的临界参数值，对不同组成的燃气一般需要通过试验的方法才能比较准确地测定。工程上广泛采用 Kay 提出的拟临界参数（也称虚拟临界参数）法来计算混合气体的临界参数。所谓拟临界参数法是将混合物视为假想的纯物质，从而可将纯物质的对比态计算方法应用到混合物上。

（1）已知燃气体积成分时，燃气的拟临界压力和拟临界温度的计算公式：

$$p_{cm} = r_1 p_{c_1} + r_2 p_{c_2} + \cdots + r_n p_{c_n} \qquad (2-4-1)$$

$$T_{cm} = r_1 T_{c_1} + r_2 T_{c_2} + \cdots + r_n T_{c_n} \qquad (2-4-2)$$

式中　p_{cm}，T_{cm}——混合气体的拟临界压力和拟临界温度；

　　p_{c_1}，$p_{c_2} \cdots p_{c_n}$——混合气体各组分的临界压力；

T_{c_1}，$T_{c_2}\cdots T_{c_n}$——混合气体各组分的临界温度；

r_1，$r_2\cdots r_n$——混合气体各组分的体积成分。

（2）已知燃气的相对密度时，燃气的拟临界压力和拟临界温度的计算公式：

对于干天然气，

$$\Delta_* \geqslant 0.7，T_{cm} = 92.2 + 176.6\Delta_* \tag{2-4-3}$$

$$p_{cm} = 4.881 - 0.3861\Delta_*$$

$$\Delta_* < 0.7，T_{cm} = 92.2 + 176.6\Delta_*$$

$$p_{cm} = 4.778 - 0.248\Delta_*$$

对于凝析气，

$$\Delta_* \geqslant 0.7，T_{cm} = 132.2 + 116.7\Delta_* \tag{2-4-4}$$

$$p_{cm} = 5.102 - 0.6891\Delta_*$$

$$\Delta_* < 0.7，T_{cm} = 106.1 + 152.21\Delta_*$$

$$p_{cm} = 4.778 - 0.248\Delta_*，$$

对于 H_2S 含量小于3%，N_2 含量小于5%或非烃类气体总含量不超7%时，对于凝析气可采用下式计算：

$$T_{cm} = 103.9 + 183.31S - 39.7\Delta_*^2 \tag{2-4-5}$$

$$p_{cm} = 4.868 - 0.356S - 0.077\Delta_*^2$$

2.4.3 对应态原理

2.4.3.1 对应态原理

（1）对比参数

当接近临界点时气体显示出相似的性质。如采用临界状态作为对应态，气体的压力、温度、密度与其临界压力、临界温度和临界密度之比分别称为气体的对比压力、对比温度、对比密度：

$$p_r = \frac{p}{p_c}，T_r = \frac{T}{T_c}，\rho_r = \frac{\rho}{\rho_c} \tag{2-4-6}$$

式中 p_r——气体对比压力；

T_r——气体对比温度；

ρ_r——气体对比密度。

（2）拟对比参数

一般，燃气是混合气体。燃气的压力、温度、密度与其拟临界压力、拟临界温度和拟临界密度之比分别称为燃气的拟对比压力、拟对比温度和拟对比密度。

$$p_{rm} = \frac{p}{p_{cm}}，T_{rm} = \frac{T}{T_{cm}}，\rho_{rm} = \frac{\rho}{\rho_{cm}} \tag{2-4-7}$$

式中 p_{rm}，T_{rm}，ρ_{rm}——燃气的拟对比压力，拟对比温度，拟对比密度；

p_{cm}，T_{cm}，ρ_{cm}——燃气的拟临界压力，拟临界温度，拟临界密度。

（3）对应态原理

1873 年利用刚刚发展的分子运动论观念，van der Waals 发表论文提出实际气体状态方程：

$$\left(p + \frac{a}{V^2}\right)(V - b) = RT \tag{2-4-8}$$

式中　p——气体的压力；

　　　V——气体的摩尔体积；

　　　R——气体常数；

　a，b——常数。

在临界点，压力对比容的一阶和二阶导数等于零：

$$\left(\frac{\partial p}{\partial V}\right)_T = 0 \tag{2-4-9}$$

$$\left(\frac{\partial^2 p}{\partial V^2}\right)_T = 0 \tag{2-4-10}$$

由式（2-4-8），式（2-4-9），式（2-4-10）可得

$$T_c = \frac{8a}{27b}\frac{1}{R},\ p_c = \frac{a}{27b^2},\ V_c = 3b \tag{2-4-11}$$

a，b 数值应该由实验测定，但在没有实验数据的情况下，可以由式（2-4-11）从临界点的性质推导出 a 和 b 的表达式，如下所示：

$$a = \frac{27R^2T_c^2}{64p_c},\ b = \frac{RT_c}{8p_c}$$

将 van der Waals 方程表为对比参数，并代入式（2-4-11），得到

$$\left(p_r + \frac{3}{V_r^2}\right)(3V_r - 1) = 8T_r \tag{2-4-12}$$

即 van der Waals 方程的对应态形式。可知它与特定的物质参数（如 a，b）无关。这表明，当不同物质具有相同对比温度和对比压力时，性质之间具有相同的关系。这称为对应态原理。

混合物可看作具有一套按一定规则求出的拟临界参数、性质均一的虚拟的纯物质。根据对应态原理，当使用对比参数时，没有与物质固有性质有关的参数，可得出普遍化状态方程，或者可用普适函数描述所有流体的热力学性质关系。

所以，从应用的角度说，对应态原理是一种从已知物质性质预测另一些未知物质性质的工具。依据这一原理，可以得到建立在理论基础上且数学形式简单、满足实验精度、有普遍适用性、可用以从有限的实验数据预测宽范围性质的方程。

但对应态原理仍是一种近似，特别在低压时不能应用；对非球形对称等多种分子类型存在甚至很大的偏差。因此发展了普适对应态原理。

2.4.3.2　普适对应态原理[5]

以临界参数作为对比参数的二参数对应态原理只适用于简单分子，用于较复杂分子时，通常会产生30%左右的误差。为此对于较复杂分子的热物理化学性质，除使用对比压力、对比密度等参数外，还需增加用以表明复杂分子对于简单分子物理现象有所不同的附加参数。因而将对应态原理扩展为普适对应态原理。

（1）偏心因子

球形是物质分子的最简单模型。对非球形分子，采用偏心因子 ω 表征其偏心程度或非球形程度。偏心因子 ω 的定义为：

$$\omega = -\lg p_r(T_r = 0.7) - 1.000 \tag{2-4-13}$$

式中　p_r $(T_r = 0.7)$——指 $T_r = 0.7$ 时的对比饱和蒸气压。

对单原子气体，$\omega = 0$，对甲烷，它很小，$\omega = 0.011$。但对高分子量碳氢化合物，ω 增加，且随分子的极性的增加而增大。偏心因子广泛用于物质分子的几何形状和极性的度量。用偏心因子的关联式只限用于正常流体，对 H_2，He 等强极性或氢键类流体不使用偏心因子的关联式。

偏心因子 ω　　　　　　　　　　　　　　　表 2 - 4 - 1

氮	二氧化碳	甲烷	乙烯	乙烷	丙烷	戊烷	庚烷	氨	水	甲醇	乙醇
0.037	0.225	0.011	0.086	0.099	0.152	0.251	0.350	0.256	0.344	0.560	0.644

若查不到 ω 值，可用 Edmister 方程进行计算：

$$\omega = \frac{3}{7} \frac{\theta_T}{1 - \theta_T} \lg p_c - 1 \qquad (2-4-14)$$

$$\theta_T = \frac{T_b}{T_c}$$

式中　p_c——临界压力，atm；

　　　T_b——正常沸点，K；

　　　T_c——临界温度，K。

（2）临界压缩因子

在临界点的压缩因子称为临界压缩因子，因而表达式为：

$$Z_c = p_c V_c / R T_c$$

式中　R——气体常数。

对所有物质，van der Waals 对应态原理要求具有相同临界压缩因子。但是，随非球形分子程度的增加，临界压缩因子减小更快（这可从下列关系式中看到）。

通过临界点 $(Z = Z_c)$，可由 $p - V - T$ 关系得到临界压缩因子与 ω 的关系：

$$Z_c = 0.29 - 0.080\omega \qquad (2-4-15)$$

式中　0.29——球形分子氩的临界压缩因子（球形分子氩的 $\omega = 0$）。

（3）偏球形因子

上述临界压缩因子与 ω 的关系不适用于强非球形分子。文献 [5] 作者引进了表示强非球形分子行为与球形分子氩的偏离的第 4 对应态参数，偏球形因子：

$$\theta = (Z_c - 0.29)^2 \qquad (2-4-16)$$

式中　Z_c——强非球形分子的临界压缩因子。

（4）普适对应态原理

通过增加偏心因子，偏球形因子，可以将物性关系表达为普适对应态原理：

$$\frac{p}{p_c} = f\left(\frac{T}{T_c}, \frac{V}{V_c}, \omega, \theta\right) \qquad (2-4-17)$$

式中　f——某关联函数。

按式（2 - 4 - 17）得到的临界压缩因子为：

$$Z_c = 0.29 + c_1\omega + c_2\theta \qquad (2-4-18)$$

式中　c_1，c_2——普适常数，$c_1 = -0.055$，$c_2 = -11.5$。

2.4.3.3　势能函数

物质的宏观性质来自于分子间力的作用。两分子相距较远时相互吸引，相距较近时，相互排斥。对非极性分子（稀有气体和甲烷等简单流体）常用的分子间势能函数是 Lennard-Jones（6-12）势能函数（引力势）。当两分子相距较远时，起主要作用的是负 6 次方项的吸引势能，分子间吸引力正比于间距的 7 次方；当两分子相距较近时，起主要作用的是负 12 次方项的排斥势能，分子间排斥力正比于间距的 13 次方。

极性分子常用的是 Stockmayer 函数，是 L-J（6-12）势能函数加上用于分子间偶极距静电作用（与角度有关）的项。

L-J（6-12）势能函数：

$$\psi(r) = 4\varepsilon_0 \left[\left(\frac{\sigma}{r} \right)^{12} - \left(\frac{\sigma}{r} \right)^6 \right] \tag{2-4-19}$$

分子间力：

$$F = -\frac{\mathrm{d}\Psi(r)}{\mathrm{d}r} \tag{2-4-20}$$

其中：

$$\sigma \left(\frac{p_c}{T_c} \right)^{1/3} = 2.3551 - 0.087\omega \tag{2-4-21}$$

$$\frac{\varepsilon_0}{kT_c} = 0.7915 + 0.1693\omega \tag{2-4-22}$$

$$\sigma = (2^{-1/6}) r_0 \tag{2-4-23}$$

式中　$\psi(r)$ ——势能函数，ergs（10^{-7}J）；

σ——势能长度常数，碰撞直径即 $\psi(r)$ =0 时的 r 值，Å（10^{-10}m）；

r——分子间距，Å；

r_0——最小分子间距，Å；

ε_0——势能常数，最低阱深，ergs；

k——Boltzman 常数，$k = 1.3805\,\mathrm{ergs \cdot K^{-1}}$。

关于势能函数概念，在吸附天然气（ANG）等研究中有重要的应用。

2.5　黏　　度

2.5.1　黏度方程

2.5.1.1　黏度的定义

从流体力学层面观察，气体或液体内部一些质点对另一些质点位移产生阻力的性质，叫作黏度，包括动力黏度和运动黏度。黏度是气体或液体内部摩擦引起的阻力的原因，当气体内部有相对运动时，就会因为摩擦产生内部阻力。黏度愈大，阻力愈大，气体流动就愈困难。

燃气的黏度可由牛顿内摩擦定理描述：在任意一点，单位面积的剪切力和垂直于流动方向的局部速度梯度成正比。这个比例常数定量地表示黏度的大小。在层流条件下，由下式确定动力黏度：

$$\tau = \mu \frac{\mathrm{d}w}{\mathrm{d}y} \qquad (2-5-1)$$

式中　τ——作用于平行运动方向的单位面积上的摩擦力，Pa；

　　　μ——动力黏度，Pa·s；

　$\mathrm{d}w/\mathrm{d}y$——垂直于摩擦面的平面上速度梯度，1/s。

运动黏度 ν 在数值上等于动力黏度除以其密度

$$\nu = \frac{\mu}{\rho} \qquad (2-5-2)$$

2.5.1.2 黏度方程

黏度系数是流体的传递性质的一种。从分子运动论的观点来看，气体的黏滞性是由于分子间相互碰撞后交换动量所引起的。按流体分子间作用的理论模型得出的黏度方程采取了对应态形式。有下列参考方程[5]：

$$\mu = H[X + (1-X)(c_0 + c_1/T_r^3 + c_2/T_r^8)] \qquad (2-5-3)$$

$$X = \exp[-(2\rho_r)^3 (2\rho_r - 1)^3]$$

$$H = \mu_{CE}(\mu_E/\mu_0)$$

$$\mu_{CE} = 5(mkT)^{1/2}/16\pi^{1/2}\sigma^2\Omega^{*(2,2)} \qquad (2-5-4)$$

$$\Omega^{*(2,2)} = 1.16145(T^*)^{-0.14874} + 0.52487\exp(-0.77320T^*)$$

$$+ 2.16178\exp(-2.43787T^*)$$

$$T^* = T_r/gk$$

$$g = 0.93 - 0.25\omega + 50\theta$$

$$(\mu_E/\mu_0) = 1/g(\sigma) + 0.8b\rho + 0.761g(\sigma)(b\rho)^2 \qquad (2-5-5)$$

$$g(\sigma) = (1 - 0.5\xi)/(1-\xi)^3$$

$$b = 2\pi N_A \sigma^3/3 \qquad (2-5-6)$$

$$\xi = b\rho/4$$

$$\begin{cases} c_0 = c_{00} + c_{01}\omega + c_{02}\theta \\ c_1 = c_{10} + c_{11}\omega + c_{12}\theta \\ c_2 = c_{20} + c_{21}\omega + c_{22}\theta \end{cases} \qquad (2-5-7)$$

式中　T_r——对比温度；

　　　ρ_r——对比密度；

　　　k——Boltzmann 常数；

　　　T——温度；

　　　σ——碰撞直径，可按式（2-4-21）计算，甲烷 $\sigma = 0.373\mathrm{nm}$；

　$\Omega^{*(2,2)}$——碰撞积分；

　　　ρ——摩尔密度；

　　　N_A——Avogadro 常数；

　　　ω——偏心因子，也可按式（2-4-14）计算，甲烷 $\omega = 0.011$；

　　　θ——偏球形因子，对强非球形分子按式（2-4-16）计算

		方程（2-5-7）的系数			表 2-5-1
c_{00}	0.82987	c_{01}	0.583014	c_{02}	9.15963
c_{10}	0.345036	c_{11}	-0.242490	c_{12}	-36.3136
c_{20}	-0.001241592	c_{21}	0.007206665	c_{22}	4.39426

2.5.1.3　黏度与气体参数的关系

在低压下和高压下气体的黏度变化规律各不相同，当单组分气体在接近大气压的情况下，气体的动力黏度与压力几乎无关，其在大气压情况下的动力黏度与温度关系如图 2-5-1 所示。从图中可看出，动力黏度随温度的升高而增大，随相对分子质量的增大而降低。在高压下气体动力黏度特性近似液体黏度特性，即：黏度随压力的升高而增大；随温度的升高而减小；随相对分子质量的增加而增加。

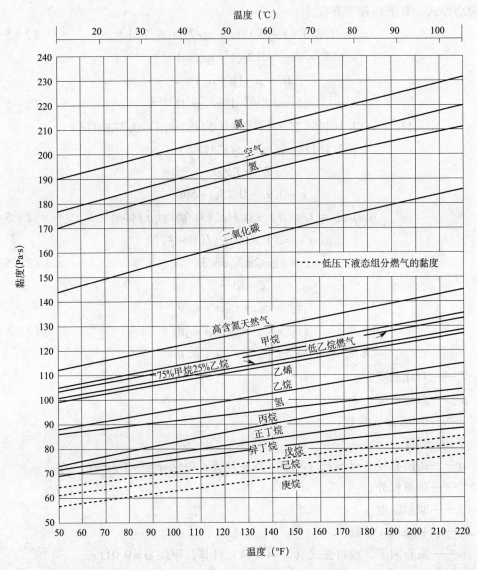

图 2-5-1　大气压下气体黏度与温度的关系

2.5.2 混合气体常用的黏度算法

燃气的黏度是燃气流动计算的重要参数，除上一小节2.5.1.2黏度方程讲到的黏度计算式外，还提出了多个黏度计算公式。它们大多数都是根据分子运动理论来建立的，实际运用时计算繁复。

作者认为，考虑到天然气主要组分是甲烷；并且对于天然气输气管道或城镇天然气输配管网，黏度几乎仅涉及气体的管道流动摩擦阻力问题，而管道流动大多在紊流状态，气体黏度因子对摩擦阻力的影响微乎其微，因而完全可以用甲烷的黏度数据代替天然气黏度数据，或者采用经验公式计算。有鉴于此，下面只讲述一个甲烷黏度公式和两种经验公式。对于其他有必要精确计算黏度的场合，还可参考其他书籍资料。

2.5.2.1 气体黏度的压力修正界限判别准则

对高压气体来说，气体压力对气体黏度影响很大，在临界点附近以及对比温度T_r为1~2时，气体黏度随压力的上升而增加；当对比压力很大时，气体黏度随温度升高而降低。因此，高、低压气体黏度的计算公式不同，要区别考虑压力对气体黏度的影响。高压气体的计算要考虑压力（因而密度）对气体黏度的影响。为此，首先需要确定气体黏度压力修正的界限。计算气体黏度的压力分界线可用下式判别：

$$p_{rm} > 0.188T_{rm} - 0.12 \qquad (2-5-8)$$

高压气体混合物以式（2-5-8）为界限。压力低于此限，可忽略压力对气体黏度的影响。

2.5.2.2 燃气在不同温度下的黏度

混合气体的动力黏度和单一气体一样，也是随压力的升高而增大的，在绝对压力小于1MPa的情况下，压力的变化对黏度的影响较小，可不考虑。至于温度的影响，却不容忽略。若仍然以μ表示273K时混合气体的动力黏度，则温度为T时混合气体的动力黏度按下式：

$$\mu_T = \mu \frac{273 + C}{T + C} \left(\frac{T}{273}\right)^{3/2} \qquad (2-5-9)$$

式中 μ——273K时混合气体的动力黏度，Pa·s；

　　μ_T——温度为T时混合气体的动力黏度，Pa·s；

　　T——混合气体的热力学温度，K；

　　C——混合气体的无因次实验系数，可用混合法则求得。单一气体的C值由表2-1-1和表2-1-2可以查到。

2.5.2.3 低压混合燃气的黏度计算公式

已知各组分的黏度计算燃气的黏度。混合气体的动力黏度常用的有以下两个近似计算公式：

$$\mu = \frac{g_1 + g_2 + \cdots + g_n}{\dfrac{g_1}{\mu_1} + \dfrac{g_2}{\mu_2} + \cdots + \dfrac{g_n}{\mu_n}} = \frac{1}{\displaystyle\sum_1^n \left(\dfrac{g_i}{\mu_i}\right)} \qquad (2-5-10)$$

$$\mu = \frac{\sum_1^n \mu_i m_i M_i^{0.5}}{\sum_1^n m_i M_i^{0.5}} \qquad (2-5-11)$$

式中　　　μ——混合气体在0℃时的动力黏度，Pa·s；

μ_1，$\mu_2 \cdots \mu_n$——相应各组分在0℃时的动力黏度，Pa·s；

m_i——混合气体中i组分的摩尔成分。

[**例2-5-1**]　已知混合气体的体积成分为$r_{CO_2} = 1.9\%$，$r_{C_mH_n} = 3.9\%$（按C_3H_8计算），$r_{O_2} = 0.4\%$，$r_{CO} = 6.3\%$，$r_{H_2} = 54.4\%$，$r_{CH_4} = 31.5\%$，$r_{N_2} = 1.6\%$。求该混合气体的动力黏度。

[**解**]

（1）将体积成分换算为质量成分。若以r_i和M_i分别表示混合气体中i组分的体积成分和分子量，g_i表示混合气体中i组分的质量成分，可按式（2-2-13）换算。

由表2-1-1、表2-1-2查得各组分的分子量，根据已知的各组分的体积成分，通过计算得到：

$$\sum r_i M_i = \frac{1}{100}(1.9 \times 44.010 + 3.9 \times 44.097 + 0.4 \times 31.999 + 6.3 \times 28.010 + 54.4$$
$$\times 2.016 + 31.5 \times 16.043 + 1.6 \times 28.013) = 11.047$$

按换算公式，各组分的重量成分为：

$$g_{CO_2} = \frac{1.9 \times 44.010}{11.047} = 7.6\%$$

$$g_{C_mH_n} = \frac{3.9 \times 44.097}{11.047} = 15.6\%$$

$$g_{O_2} = \frac{0.4 \times 31.999}{11.047} = 1.1\%$$

$$g_{CO} = \frac{6.3 \times 28.010}{11.047} = 16\%$$

$$g_{H_2} = \frac{54.4 \times 2.016}{11.047} = 10\%$$

$$g_{CH_4} = \frac{31.5 \times 16.043}{11.047} = 45.7\%$$

$$g_{N_2} = \frac{1.6 \times 28.013}{11.047} = 4\%$$

（2）混合气体的动力黏度。由表2-1-1、2-1-2查得各组分的动力黏度代入式（2-5-10），混合气体的动力黏度为：

$$\mu = \frac{\sum g_i}{\sum \dfrac{g_i}{\mu_i}}$$

$$= \frac{100 \times 10^{-6}}{\dfrac{7.6}{14.023} + \dfrac{15.6}{7.502} + \dfrac{1.1}{19.417} + \dfrac{16}{16.573} + \dfrac{10}{8.355} + \dfrac{45.7}{10.393} + \dfrac{4}{16.671}}$$

$$= 10.46 \times 10^{-6} \mathrm{Pa \cdot s}$$

按式（2-5-11）计算 $\mu = 10.7 \times 10^{-6} \mathrm{Pa \cdot s}$

2.5.2.4 甲烷的黏度计算公式

Hanley 提出的甲烷计算公式[6]建立在大量实验数据的基础上，适用范围广，可用于计算温度 95~400K，压力由常压直到 50MPa 范围的气相和液相黏度计算，误差为 2%：

$$\mu(p,T) = \mu_0(T) + \mu_1(T) + \Delta\mu(\rho,T) \qquad (2-5-12)$$

$$\mu_0(T) = G_1 T^{-1} + G_2 T^{-2/3} + G_3 T^{-1/3} + G_4 + G_5 T^{1/3} + G_6 T^{2/3} + G_7 T + G_8 T^{4/3} + G_9 T^{5/3}$$

$$\mu_1 = A + B\left(C - \ln\frac{T}{F}\right)^2$$

$$\Delta\mu(\rho,T) = \exp(j_1 + j_4/T)\{\exp[\rho^{0.1}(j_2 j_3/^{3/2}) + \theta\rho^{0.5}(j_5 + j_6/T + j_7/T^2)] - 1.0\}$$

式中　ρ——密度；

μ_0——稀薄气体黏度项；

μ_1——黏度的密度一阶修正项；

$\Delta\mu$——余项。

式中具体参数值见参考文献 [6]。

上式需要精确计算甲烷的密度，采用 McCarty 提出的 32 参数的甲烷状态方程采用牛顿迭代法计算[6]：

$$p = \sum_{n=1}^{9} \alpha_n(T)\rho^n + \sum_{n=10}^{15} \alpha_n(T)\rho^{2n-17} e^{-\gamma\rho^2} \qquad (2-5-13)$$

2.5.2.5 由密度和相对密度计算天然气的黏度

根据天然气所处压力、温度条件下的密度和标准状态下的相对密度 Δ_*，可按下式计算天然气黏度：

$$\mu = C\exp\left[x\left(\frac{\rho}{1000}\right)^y\right] \qquad (2-5-14)$$

$$x = 2.57 + 0.2781\Delta_* + \frac{1063.6}{T}$$

$$y = 1.11 + 0.04x$$

$$C = \frac{2.415(7.77 + 0.1844\Delta_*)T^{1.5}}{122.4 + 377.58\Delta_* + 1.8T} \times 10^{-4}$$

式中　T——天然气温度，K；

Δ_*——天然气相对密度；

ρ——天然气标准状态下密度，$\mathrm{kg/m^3}$。

2.5.2.6 经验公式

预测黏度的经验和半经验方法很多，最常用的是由李（Lee）等人提出的一组经验式，极为方便：

$$\mu = 10^{-4} K\exp(X\rho^Y) \qquad (2-5-15)$$

$$K = \frac{(9.4 + 0.02M)T^{1.5}}{209 + 19M + T}$$

$$X = 3.5 + 986/T + 0.01M$$

$$Y = 2.4 - 0.2X$$

$$\rho = (1.4926 \times 10^{-3}) \frac{PM}{zT}$$

式中　ρ——密度，g/cm^3。

2.5.3　液态碳氢化合物的动力黏度

不同温度下液态碳氢化合物的动力黏度示于图 2 - 5 - 2。

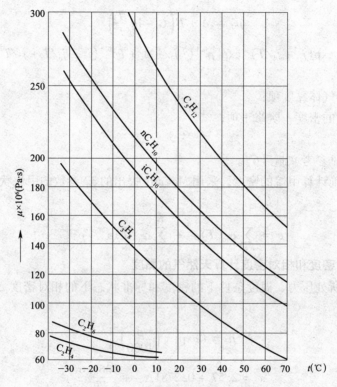

图 2 - 5 - 2　液态碳氢化合物的动力黏度

液态碳氢化合物的动力黏度随分子量的增加而增大，随温度的上升而急剧减小。气态碳氢化合物的动力黏度则正相反，分子量越大，动力黏度越小，温度越上升，动力黏度越增大，这对于一般的气体都适用。

混合液体的动力黏度可以近似地按下式计算：

$$\frac{1}{\mu} = \frac{x_1}{\mu_1} + \frac{x_2}{\mu_2} + \cdots + \frac{x_n}{\mu_n} \tag{2-5-16}$$

式中　x_1、$x_2 \cdots x_n$——各组分的摩尔成分；

　　　μ_1、$\mu_2 \cdots \mu_n$——各组分的动力黏度，$Pa \cdot s$；

　　　　　μ——混合液体的动力黏度，$Pa \cdot s$。

混合气体和混合液体的运动黏度为

$$\nu = \frac{\mu}{\rho} \tag{2-5-17}$$

式中 ν——混合气体或混合液体的运动黏度，m^2/s；

  μ——相应的动力黏度，$Pa \cdot s$；

  ρ——混合气体或混合液体的密度，kg/m^3。

2.6 液体的表面张力

可以把液相与气相的界面看作是具有介乎液体性质和气体性质之间的第三相。表面层存在分子的不均衡作用力，即在低密度下表面分子受到沿边界且指向液体的吸引，而在气相方向所受吸引较小。因此表面层处于承受张力状态并在与外界约束和外力平衡的条件下，趋向于收缩到最小面积。最常用表面张力 σ 表征表面层这一特性，其单位是 N/m，或 dyn/cm（dyn—达因，$1dyn = 10^{-5}N$）。

有许多计算纯液体和液体混合物表面张力的公式，应用较为广泛的是 1964 年 Hirschfelder 等人提出的模型。但是最简单的模型是 Macleod 在 1923 年提出的经验关系式，即平衡态时液体表面张力是液相和气相密度的函数：

$$\sigma = K(\rho_1 - \rho_v)^4 \qquad (2-6-1)$$

式中 σ——平衡态时液体表面张力；

  K——反映液体特征的常数，与温度无关；

  ρ_1——液相密度；

  ρ_v——气相密度。

改进的 Macleod 方程[5]（对比态形式）。表面张力作为温度的函数，方程为：

$$\sigma = \sigma_0[s_0 + s_1(1/T_r - 1)](1/T_r - 1)^{-0.06}(\rho_{1r} - \rho_{vr})^{3.877} \qquad (2-6-2)$$

$$\sigma_0 = kT_c(N_A\rho_c/M)^{2/3} \qquad (2-6-3)$$

$$s_0 = s_{00} + s_{01}\omega + s_{02}\theta \qquad (2-6-4)$$

$$s_1 = s_{10} + s_{11}\omega + s_{12}\theta \qquad (2-6-5)$$

式中 k——Boltzman 常数；

  N_A——Avogadro 常数。

改进的 Macleod 方程的普适系数　　　　　　　　　　　　　　表 2-6-1

s_{00}	0.03469033	s_{10}	0.002791556
s_{01}	-0.01550034	s_{11}	-0.002344417
s_{02}	-3.00577	s_{12}	0.3420989

改进的 Macleod 方程可描述简单、正常、极性、氢键和缔合等物质的表面张力。

表 2-6-2 列出饱和水的表面张力与温度的关系。

饱和水的表面张力与温度的关系　　　　　　　　　　　　　　表 2-6-2

温度（K）	σ（$\times 10^3 N/m$）
273	75.5
290	73.3

温度（K）	σ（$\times 10^3$ N/m）
310	70.0
350	68.2
400	53.6

2.7　导热系数

导热系数是反映物质导热能力的特性参数，表示沿着导热方向，每米长度上的温度降值为 1K 时，每秒所传导的热量。单位为 J/（m·s·K）或 W/（m·K）。可由傅里叶的固体热传导方程导出：

$$dQ/dt = -\lambda A(dT/dx) \tag{2-7-1}$$

式中　Q——纯粹传导的导热量，J；

　　　t——时间，s；

　　　λ——物质的导热系数，W/（m·K）；

　　　A——垂直于热流方向的面积，m^2；

　　　T——温度，K；

　　　x——距离，m。

2.7.1　气体的导热系数

气体的导热是由于分子的热运动和相互碰撞时发生能量传递。按分子运动理论，在常温常压下，气体的导热系数可以表示为

$$\lambda = \frac{1}{3}\bar{w}\bar{l}\rho c_v$$

式中　$\bar{w}$——气体分子运动的平均速度；

　　　$\bar{l}$——气体分子在两次碰撞间的平均自由行程；

　　　ρ——气体的密度；

　　　c_v——气体的定容比热容。

当气体的压力升高时，气体的密度也同样地增大，自由行程则减小，而乘积 $\rho\bar{l}$ 保持常数。因而，除非压力很低（$<2.67 \times 10$kPa）或压力很高（$>2.0 \times 10^3$MPa），可以认为气体的导热系数不随压力发生变化。

气体碳氢化合物的导热系数随温度或压力的升高而增大，其导热系数可按查图法和计算法确定。

1. 查图法、查表法计算天然气导热系数

单组分气体烃的导热系数随温度变化的关系见图 2-7-1。常用烃类气体导热系数见表 2-7-1。

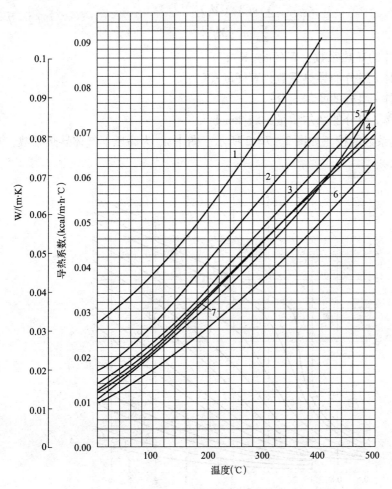

图 2-7-1 气态烃的导热系数与温度的关系

烃类气体导热系数 [W/(m·K)] 表 2-7-1

温度（℃）	甲烷	乙烷	丙烷	正丁烷	异丁烷	正戊烷	异戊烷
0	0.0316	0.0191	0.0151	0.0116	0.0140	0.0136	0.0128
20	0.0336	0.0212	0.0171	0.0137	0.0159	0.0154	0.0144
40	0.0361	0.0236	0.0193	0.0158	0.0180	0.0172	0.0164
60	0.0386	0.0262	0.0216	0.0183	0.0206	0.0194	0.0185
80	0.0414	0.0288	0.0240	0.0207	0.0229	0.0216	0.0207
100	0.0442	0.0316	0.0265	0.0231	0.0252	0.0237	0.0227
120	0.0475	0.0349	0.0294	0.0258	0.0278	0.0263	0.0250
140	0.0507	0.0378	0.0322	0.0286	0.0305	0.0286	0.0277
160	0.0543	0.0407	0.0349	0.0314	0.0330	0.0312	0.0300

压力较低时，混合气体导热系数按下式计算：

$$\lambda = \frac{\sum m_i \lambda_i (M_i)^{1/3}}{\sum m_i (M_i)^{1/3}} \qquad (2-7-2)$$

式中 λ——混合气体的导热系数，W/(m·K)；

λ_i——混合气体 i 组分的导热系数，W/(m·K)；

m_i——混合气体 i 组分的摩尔成分；

M_i——混合气体 i 组分的摩尔质量，kg/kmol。

高压下气体导热系数的校正如图 2-7-2 所示。图中 λ_p 为高压下气体导热系数，λ 为低压下气体导热系数。

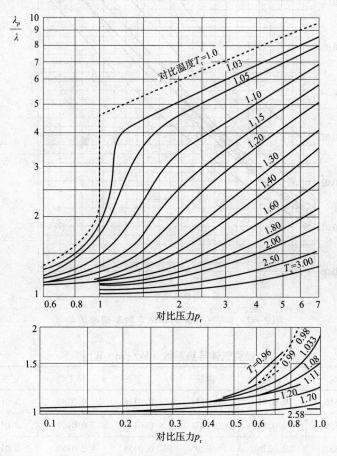

图 2-7-2 气体导热系数和压力校正值

2. 由公式计算法确定天然气导热系数

(1) 低压单组分气体导热系数

在低压下，对甲烷、乙烷、环烷烃、芳香烃：

$$\lambda = 2.04746 \times 10^{-5} \frac{c_p M}{\Gamma} T_{rm} \qquad T_{rm} < 1 \qquad (2-7-3)$$

对于其他碳氢化合物及其他的对比温度范围：

$$\lambda = 4.60104 \times 10^{-6} (14.25 T_{rm} - 5.14)^{2/3} \frac{c_P M}{\Gamma} \qquad (2-7-4)$$

$$\Gamma = \frac{T_{cm}^{1/6} M^{1/2}}{p_{cm}^{2/3}}$$

式中　λ——气体导热系数，W/(m·K)；

　　　T_{rm}——气体拟对比温度；

　　　c_P——气体质量定压比热容，J/(kg·K)；

　　　p_{cm}——气体临界压力，MPa；

　　　M——气体分子摩尔质量，kg/kmol；

　　　T_{cm}——气体拟临界温度，K。

（2）温度对导热系数的影响

气态碳氢化合物的导热系数随温度的升高而增大。导热系数与温度的关系可以近似地由下式计算：

$$\lambda_T = \lambda_0 \frac{273 + c}{T + c} \left(\frac{T}{273}\right)^{3/2} \qquad (2-7-5)$$

式中　λ_T——气体在TK 时的导热系数，W/(m·K)；

　　　λ_0——气体在 273K 时的导热系数，W/(m·K)；

　　　c——与气体性质有关的实验系数，K，见表 2-7-2。

实验系数 c　　　　　　　　　　表 2-7-2

名称	甲烷	乙烷	丙烷	正丁烷	异丁烷	正戊烷	乙烯	丙烯	丁烯-1
c	164	252	278	377	368	383	225	321	329
温度范围（℃）	20~250	20~250	20~250	20~120	20~120	122~300	20~250	20~120	20~120

对混合气体还可按下式计算：

$$\lambda(T_2) = \lambda(T_1) \sum_i m_i \frac{\lambda_i(T_2)}{\lambda_i(T_1)} \qquad (2-7-6)$$

式中　$\lambda(T_2)$——温度为T_2时混合气体的导热系数，W/(m·K)；

　　　$\lambda(T_1)$——温度在T_1时混合气体的导热系数，W/(m·K)；

　　　m_i——混合气体i组分摩尔成分；

　　　$\lambda_i(T_2)$——温度为T_2时i组分气体导热系数，W/(m·K)；

　　　$\lambda_i(T_1)$——温度在T_1时i组分气体导热系数，W/(m·K)。

（3）压力对气体导热系数的影响

在高压下，单组分气体导热系数可依据拟对比密度ρ_{rm}进行计算，$Z_{rm} = Z_r$，$\rho_{rm} = \rho_r$。

$\rho_{rm} < 0.5$ 时

$$(\lambda - \lambda_0)\Gamma Z_{rm}^5 = (2.69654 \times 10^{-4})(e^{0.535\rho_{rm}} - 1) \qquad (2-7-7)$$

$0.5 < \rho_{rm} < 2.0$ 时

$$(\lambda - \lambda_0)\Gamma Z_{rm}^5 = (2.51972 \times 10^{-4})(e^{0.67\rho_{rm}} - 1.069) \qquad (2-7-8)$$

$2.0 < \rho_{rm} < 2.8$ 时

$$(\lambda - \lambda_0)\Gamma Z_{rm}^5 = (5.74673 \times 10^{-4})(e^{1.55\rho_{rm}} - 2.016) \qquad (2-7-9)$$

式中　λ——高压下气体导热系数，$W/(m \cdot K)$；

　　　ρ_{rm}——气体拟对比密度；

　　　λ_0——低压气体导热系数，$W/(m \cdot K)$；

　　　Z_{rm}——拟临界压缩因子；

　　　ρ——高压下气体密度。

式（2-7-7）~式（2-7-9）适应高压混合气体导热系数的计算。公式中各量为混合气体对应参数。

[**例 2-7-1**]　已知气态液化石油气的摩尔成分为丙烷 70%；正丁烷 20%；异丁烷 10%。求压力为 $6.5 \times 10^5 Pa$、30℃时液化石油气的导热系数。

[**解**]　由图 2-7-1（或表 2-7-1）查得常压下 30℃时气态液化石油气各组分的导热系数 λ_i，按式（2-7-2）计算混合气体的导热系数：

$$\lambda = \frac{\sum m_i \lambda_i (M_i)^{1/3}}{\sum m_i (M_i)^{1/3}}$$

$$= \frac{70 \times 0.0186 \ (44.097)^{1/3} + 20 \times 0.0148 \ (58.124)^{1/3} + 10 \times 0.0169 \ (58.124)^{1/3}}{70 \times (44.097)^{1/3} + 20 \times (58.124)^{1/3} + 10 \times (58.124)^{1/3}}$$

$$= 0.0178 W/(m \cdot K)$$

由式（2-4-1）和式（2-4-2）计算混合气体的拟临界温度与拟临界压力：

$$T_{cm} = \frac{\sum r_i T_{ci}}{100} = 384.8 K, p_{cm} = \frac{\sum r_i p_{ci}}{100} = 40.5 \times 10^5 Pa$$

拟对比压力：

$$p_{rm} = \frac{6.5}{40.5} = 0.16$$

拟对比温度：

$$T_{rm} = \frac{303}{384.8} = 0.8$$

由图 2-7-2 查得 $\lambda_p/\lambda \approx 1.1$，所以 $p = 6.5 \times 10^5 Pa$、$t = 30℃$ 时的导热系数：

$$\lambda_p = 1.1 \times 0.0178 = 0.01958 W/(m \cdot K)$$

2.7.2　混合液体的导热系数

甲烷、乙烷、丙烷、丙烯、丁烷等液态碳氢化合物的导热系数与温度有关，如图 2-7-3 所示。

若已知混合液体各组分的质量成分，则混合液体的导热系数按下式计算：

$$\lambda = \sum g_i \lambda_i \qquad (2-7-10)$$

若已知混合液体各组分的摩尔成分，则导热系数可按下式计算：

$$\lambda = \frac{1}{\sum x_i/\lambda_i} \qquad (2-7-11)$$

式中　λ——混合液体的导热系数，$W/(m \cdot K)$；

　　　g_i——混合液体各组分的质量成分；

　　　λ_i——混合液体各组分的导热系数，$W/(m \cdot K)$；

　　　x_i——混合液体各组分的摩尔成分。

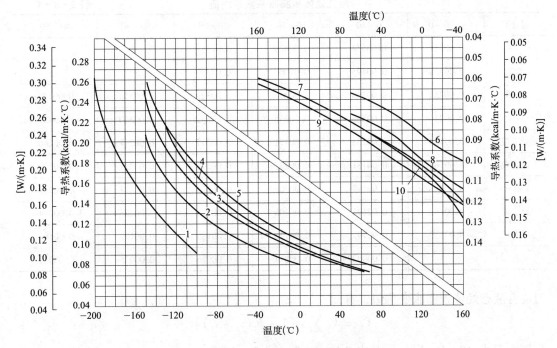

图 2 - 7 - 3　某些液态烃的导热系数

1—甲烷；2—乙烷；3—丙烷；4—丙烯；5—正丁烷；6—异丁烷；7—正戊烷；

8—异戊烷；9—正己烷；10—异己烷

[例 2 - 7 - 2]　已知液态液化石油气的质量成分为丙烷 60%，丙烯 15%，异丁烷 25%。求 20℃时液态液化石油气的导热系数。

[解]　由图 2 - 7 - 3 查得液态液化石油气各组分在 20℃时的导热系数 λ_i，按式（2 - 7 - 9）计算混合液体的导热系数：

$$\lambda = \sum g_i \lambda_i / 100 = 0.01 \times (60 \times 0.1011 + 15 \times 0.1056 + 25 \times 0.00944)$$

$$= 0.1000 \text{W}/(\text{m} \cdot \text{K})$$

2.8　液态烃的体积膨胀系数

液态烃的体积膨胀系数较大（见表 2 - 8 - 1），约比水大 10 ~ 16 倍。在充装容器时应考虑当温度升高时容器中液态烃体积的显著增大，留出足够的气相空间。

对单一液态烃体积膨胀变化值，按下式计算：

$$V_2 = V_1 [1 + \beta (t_2 - t_1)] \tag{2 - 8 - 1}$$

式中　V_1——温度为 t_1 时的液态烃的体积；

　　　V_2——温度为 t_2 时的液态烃的体积；

　　t_1，t_2——液态烃前、后时刻的温度，℃；

　　　β——t_1 至 t_2 温度范围内体积膨胀系数平均值。

温度℃	$-30 \sim 0$	$0 \sim 10$	$10 \sim 20$	$20 \sim 30$	$30 \sim 40$	$40 \sim 50$
乙烯	0.00454	0.00674	0.00879	0.01357	—	—
乙烷	0.00436	0.00495	0.01063	0.03309	—	—
丙烯	0.00254	0.00283	0.00313	0.00329	0.00354	0.00389
丙烷	0.00246	0.00265	0.00258	0.00352	0.00340	0.00422
异丁烷	0.00184	0.00233	0.00171	0.00297	0.00217	0.00266
正丁烷	0.00168	0.00181	0.00237	0.00173	0.00227	0.00222
丁烯-1	0.00217	0.00198	0.00206	0.00214	0.00227	0.00244
异丁烯	0.00184	0.00191	0.00206	0.00213	0.00226	0.00244
异戊烷	0.00133	0.00192	0.00126	0.00186	0.00122	0.00181
水	—	0.0000299	0.00014	0.00026	0.00035	0.00042

液态烃体积膨胀系数平均值　　　　　　　表 2-8-1

对混合液态烃体积膨胀变化值，有

$$V_2 = V_1 \sum_i y_i [1 + \beta_i (t_2 - t_1)]$$

仍可推得式（2-8-1），但其中 β 按式（2-8-2）计算：

$$\beta = \sum_{i=1}^{n} y_i \beta_i \qquad (2-8-2)$$

式中　y_i——温度为 t_1 时混合液态烃各组分的体积成分；

β_i——各组分 t_1 至 t_2 温度范围内体积膨胀系数平均值。

[例 2-8-1]　已知液态液化石油气各组分，组分 1：C_3H_8，体积成分为 $y_1 = 0.5$，组分 2：C_4H_{10}，体积成分为 $y_2 = 0.5$，求体积为 $1m^3$，温度从 +10℃ 升高到 50℃ 的体积膨胀量。

[解]　由表 2-8-1 查 C_3H_8 和 C_4H_{10} 的 10℃~50℃ 的各 4 个 β_i 值，各得出在计算温度区间内 β_i 的平均值：

$$\beta_1 = (0.00258 + 0.00352 + 0.00340 + 0.00422)/4 = 0.00343$$

$$\beta_2 = (0.00171 + 0.00279 + 0.00217 + 0.00266)/4 = 0.00233$$

$$\beta = y_1 \beta_1 + y_2 \beta_2 = 0.5 \times 0.00343 + 0.5 \times 0.00233 = 0.002881$$

由式（2-8-1）有：

$$\Delta V = V_2 - V_1 = V_1 \beta (t_2 - t_1) = 1 \times 0.002881 \times (50 - 10) = 0.11524 m^3$$

2.9　蒸气压及相平衡、露点

2.9.1　饱和蒸气压与温度的关系

纯组分液体的饱和蒸气压，简称蒸气压，就是在一定温度下密闭容器中的液体及其蒸气处于动态平衡时蒸气所具有的绝对压力。蒸气压与密闭容器的大小及液量无关，仅取决于温度。温度升高时，蒸气压增大。

饱和蒸气压 Clausius—Clapeyron 方程。

当纯组分流体的蒸汽相与其液相处于平衡时，则两项的化学势，温度及压力相等，可导出 Clausius—Clapeyron 方程：

$$\frac{dp}{dT} = \frac{\Delta H}{T \Delta v} \tag{2-9-1}$$

或由于蒸发过程 p，T 保持不变，有：

$$\frac{dp}{dT} = \frac{\Delta H}{(RT^2/p) \Delta Z} \tag{2-9-2}$$

或

$$\frac{d\ln p}{d(1/T)} = -\frac{\Delta H}{R \Delta Z} \tag{2-9-3}$$

式中　p——饱和蒸气压；

　　　　T——温度；

　　　　ΔH——蒸发潜热；

　　　　Δv——比容差；

　　　　ΔZ——压缩因子差。

若取式（2-9-3）中 $\dfrac{\Delta H}{R \Delta Z}$ 为常数，积分可得 Clapeyron 方程：

$$\ln p = A - \frac{B}{T} \tag{2-9-4}$$

$$B = \frac{\Delta H}{R \Delta Z} \tag{2-9-5}$$

式中　A——积分常数；

　　　　B——常数。

由式（2-9-4）可得二参数的对比态方程：

$$\ln p_r = h\left(1 - \frac{1}{T_r}\right) \tag{2-9-6}$$

$$h = T_{br} \frac{\ln p_c}{1 - T_{br}} \tag{2-9-7}$$

以上方程只有理论上的意义。我国学者项红卫等提出了一个能准确预测各种流体从三相点到临界点的饱和蒸气压方程[5]：

$$\ln p_r = (a_0 + a_1 \tau^{n_1} + a_2 \tau^{n_2}) \ln T_r \tag{2-9-8}$$

$$\tau = 1 - T_r$$

式中　n_1，n_2——指数，$n_1 = 1.89$，$n_2 = 3n_1 = 5.67$

项—谭蒸气压方程参数　　　　　　　　　　　　　　　　　表 2-9-1

化合物	T_c (K)	p_c (kPa)	a_0	a_1	a_2
氧	154.581	5043	5.91231393	6.54549694	12.5794134
氮	126.2	3400	5.9844923	6.76437425	14.681488
二氧化碳	304.136	7377	6.84599542	10.2023639	9.35969257
甲烷	190.551	4598	5.87304544	6.23280143	13.0721578

化合物	T_c (K)	p_c (kPa)	a_0	a_1	a_2
乙烷	305.33	4872	6.30717658	7.47042131	17.0958137
丙烷	369.80	4239	6.50580501	8.6776247	18.0116214
丁烷	425.2	3800	6.81692028	8.77671813	23.7680492
氢	33.19	1315	4.78105258	2.82220339	2.87949132
水	647.14	22050	7.60794067	10.1932439	21.1083545
氨	405.5	11350	7.11388492	9.51535415	19.5376377
甲醇	512.64	8097	8.67447471	13.6874294	9.97769451
乙醇	513.92	6148	8.78329658	17.797739	-0.5206533

一些低碳烃在不同温度下的蒸气压列于表 2-9-2。

不同温度下部分低碳烃的饱和蒸气压　　　　　　表 2-9-2

温度（℃）	饱和蒸气压（MPa）						
	乙烷	乙烯	丙烷	丙烯	正丁烷	异丁烷	丁烯-1
-40	0.792	1.47	0.114	0.15	—	—	0.023
-35	—	1.65	0.143	0.18	—	—	0.028
-30	1.085	1.88	0.171	0.21	—	0.0547	0.033
-25	—	2.18	0.208	0.25	—	0.0612	0.036
-20	1.446	2.56	0.248	0.31	—	0.0742	0.056
-15	—	2.91	0.295	0.38	0.0578	0.0920	0.074
-10	1.891	3.34	0.349	0.45	0.0812	0.1120	0.095
-5	—	3.79	0.414	0.52	0.0976	0.1380	0.113
0	2.433	4.29	0.482	0.61	0.1170	0.1629	0.139
+5	—	—	0.556	0.70	0.1410	0.1962	0.165
+10	3.079		0.646	0.79	0.1675	0.2290	0.190
+15			0.741	0.88	0.2006	0.2582	0.215
+20	3.844		0.846	0.97	0.2348	0.3115	0.262
+25	—		0.967	1.11	0.2744	0.3620	0.302
+30	4.736		1.093	1.32	0.3202	0.4180	0.366
+35			1.231	1.51	0.3670	0.4800	0.439
+40			1.396	1.68	0.4160	0.5510	0.497

2.9.2　混合液体的蒸气压

根据道尔顿定律，混合液体的蒸气压等于各组分蒸气分压之和：

$$p = \sum p_i$$

根据拉乌尔定律，在一定温度下，当液体与蒸气处于平衡状态时，混合液体上方各组分的蒸气分压等于此纯组分在该温度下的蒸气压乘以其在混合液体中的摩尔成分：

$$p_i = x_i p_{si}$$

式中　p_i——混合液体 i 组分的蒸气分压；

　　　　p_{si}——混合液体 i 组分的饱和蒸气压；

x_i——该组分在液相中的摩尔成分。

综合上述两定律，混合液体的蒸气压可由下式计算：

$$p = \sum p_i = \sum x_i p_{si} \qquad (2-9-9)$$

式中　p——混合液体的蒸气压；

　　　p_i——混合液体任一组分的蒸气分压；

　　　x_i——混合液体中该组分的摩尔成分；

　　　p_{si}——该纯组分在同温度下的蒸气压。

如果容器中为丙烷和丁烷所组成的液化石油气，当温度一定时，其蒸气压取决于丙烷、丁烷含量的比例见图2-9-1。

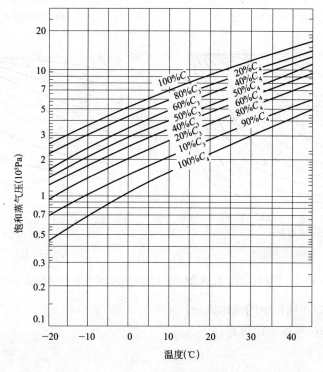

图2-9-1　丙烷、正丁烷混合物的饱和蒸气压

2.9.3　相平衡常数

当使用容器中的液化石油气时，总是先蒸发出较多的轻组分，而剩余的液体中轻组分的含量渐渐减少，所以即使温度不变，容器中的蒸气压也会逐渐下降。图2-9-2所示是随着丙烷正丁烷混合物的消耗，当15℃时容器中不同剩余量时气相成分和液相成分丙烷、正丁烷的变化情况。

上述现象产生的原因是由于存在气液两相的多元混合物各组分的气液平衡关系的差异。这一平衡性质上的差异可通过相平衡常数表示。

根据混合气体道尔顿定律，各组分的蒸气分压为：

$$p_i = m_i p$$

41

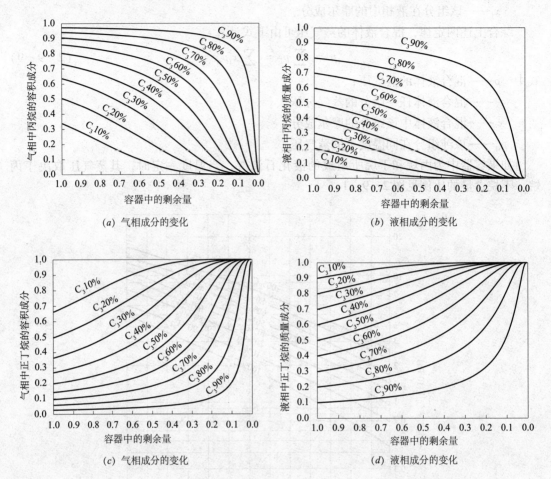

图 2-9-2　丙烷、正丁烷混合物在不同剩余量时气相和液相成分的变化

式中　　m_i——i 组分在气相中的摩尔成分；

再由道尔顿定律和拉乌尔定律得到：

$$\frac{p_{si}}{p} = \frac{m_i}{x_i} = k_i \qquad (2-9-10)$$

式中　　k_i——相平衡常数；

相平衡常数表示在一定温度下，一定成分的气液平衡系统中，某一组分在该温度下的饱和蒸气压 p_{si} 与混合液体蒸气压 p 的比值是一个常数 k_i。并且，在一定温度和压力下，气液两相达到平衡状态肘，气相中某一组分的摩尔成分 m_i 与其液相中的摩尔成分 x_i 的比值，同样是一个常数 k_i。工程上，常利用相平衡常数 k_i 计算液化石油气的气相成分或液相成分。k_i 值可由图 2-9-3 查得。

使用该图时，先连接压力和温度两点之间的直线，与碳氢化合物曲线相交，由交点即可求得 k_i 值。

液化石油气的气相和液相成分之间的换算还可按下列公式计算：

（1）当已知液相摩尔成分，需确定气相成分时，先按式（2-9-9）计算系统的压力 p，即可计算出各组分的气相成分，即

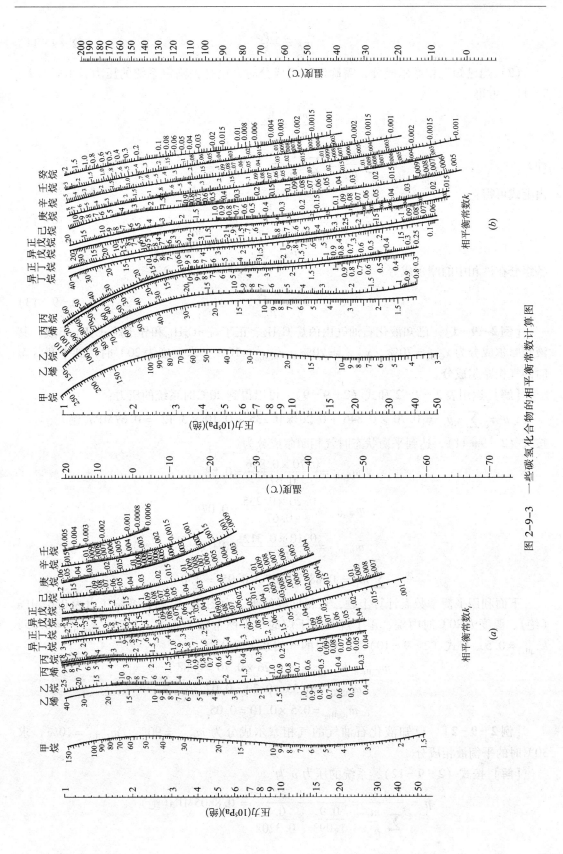

图 2-9-3　一些碳氢化合物的相平衡常数计算图

43

$$m_i = \frac{x_i p_{si}}{p} \qquad (2-9-11)$$

（2）当已知气相摩尔成分，需确定液相成分时，也是先确定系统的压力，由式（2-9-11）可得

$$\frac{m_i}{p_{si}} = \frac{x_i}{p}$$

即：

$$\sum \frac{m_i}{p_{si}} = \sum \frac{x_i}{p} = \frac{1}{p} \sum x_i = \frac{1}{p}$$

由上式可得：

$$p = \frac{1}{\sum \dfrac{m_i}{p_{s1}}} = \frac{1}{\dfrac{m_1}{p_{s1}} + \dfrac{m_2}{p_{s2}} + \cdots + \dfrac{m_n}{p_{sn}}} \qquad (2-9-12)$$

各组分在液相中的摩尔成分：

$$x_i = \frac{m_i p}{p_{si}} \qquad (2-9-13)$$

[例 2-9-1]　已知液化石油气由丙烷 C_3H_8、正丁烷 nC_4H_{10} 和异丁烷 iC_4H_{10} 组成，其液相摩尔成分为 $x_{C_3H_8} = 70\%$，$x_{nC_4H_{10}} = 20\%$，$x_{iC_4H_{10}} = 10\%$，求温度为 20℃时达到平衡状态时的气相摩尔成分。

[解]　运用表 2-9-2 和式（2-9-9），可以得到 20℃时系统的压力：

$$p = \sum x_i p_{si} = 0.70 \times 0.846 + 0.20 \times 0.235 + 0.10 \times 3.12 = 0.67 \text{MPa（绝）}$$

按式（2-9-11），达到平衡状态时气相摩尔成分为

$$m_{C_3H_8} = \frac{0.70 \times 0.846}{0.67} = 0.88$$

$$m_{nC_4H_{10}} = \frac{0.20 \times 0.235}{0.67} = 0.07$$

$$m_{iC_4H_{10}} = \frac{0.10 \times 0.312}{0.67} = 0.05$$

$$\sum m_i = 0.88 + 0.07 + 0.05 = 1.0$$

下面利用平衡常数 k 计算上题，可得同样结果。由图 2-9-3，系统压力为 0.67MPa（绝）、温度为 20℃时丙烷、正丁烷和异丁烷的相平衡常数为 $k_{C_3H_8} = 1.26$，$k_{nC_4H_{10}} = 0.35$，$k_{iC_4H_{10}} = 0.5$。按式（2-9-10），20℃时的气相摩尔成分为

$$m_{C_3H_8} = k_{C_3H_8} x_{C_3H_8} = 1.26 \times 0.70 = 0.88$$

$$m_{nC_4H_{10}} = 0.35 \times 0.20 = 0.07$$

$$m_{iC_4H_{10}} = 0.5 \times 0.10 = 0.05$$

[例 2-9-2]　已知液化石油气的气相摩尔成分为 $m_{C_3H_8} = 90\%$，$m_{C_4H_{10}} = 10\%$，求 30℃时的平衡液相成分。

[解]　按式（2-9-12），系统的压力 p 为

$$p = \frac{1}{\sum \dfrac{m_i}{p'_{si}}} = \frac{1}{\dfrac{0.9}{1.093} + \dfrac{0.1}{0.3202}} = 0.8805 \text{MPa（绝）}$$

按式（2-9-13），平衡液相组分的摩尔成分：

$$x_{C_3H_8} = \frac{m_{C_3H_8}p}{p'_{C_3H_8}} = \frac{0.9 \times 0.8805}{1.093} = 0.725$$

$$x_{C_4H_{10}} = \frac{m_{C_4H_{10}}p}{p'_{C_4H_{10}}} = \frac{0.1 \times 0.8805}{1.093} = 0.275$$

如用相平衡常数计算，也可得到上面的结果。由图2-9-3查得 $k_{C_3H_8} = 1.24$，$k_{C_4H_{10}} = 0.36$。平衡液相摩尔成分为：

$$x_{C_3H_8} = \frac{m_{C_3H_8}}{k_{C_3H_8}} = \frac{0.9}{1.24} = 0.725$$

$$x_{C_4H_{10}} = \frac{m_{C_4H_{10}}}{k_{C_4H_{10}}} = \frac{0.1}{0.36} = 0.275$$

2.9.4 沸点和露点

2.9.4.1 沸点

通常所说的沸点是指101325Pa压力下液体沸腾时的温度，称为正常沸点，对其可由实验确定。

(1) 一些低级烃的沸点列于表2-9-3。

一些低级烃的沸点   表2-9-3

气体名称	甲烷	乙烷	丙烷	正丁烷	异丁烷	正戊烷	异戊烷	新戊烷	乙烯	丙烯
101325Pa时的沸点（℃）	-162.6	-88.5	-42.1	0.5	10.2	36.2	27.85	9.5	-103.7	-47

由表2-9-3可知，液体丙烷在101325Pa压力下，-42.1℃时就处于沸腾状态，而液体正丁烷在101325Pa压力下，在0.5℃时才处于沸腾状态。因而冬季当液化石油气容器设置在0℃以下的地方时，应该使用沸点低的丙烷、丙烯组分多的液化石油气。因为丙烷、丙烯在寒冷的地区或季节也可以气化。

(2) 碳原子在4—17间的化合物的沸点。化合物的沸点与分子量有关，一般同系物中分子量越大，沸点越高。有一种基于这一规律的近似计算法。对碳原子在4—17间的化合物有经验关联式：

$$\log_{10}T_b = 1.929(\log_{10}M)^{0.4134} \qquad (2-9-14)$$

式中　T_b——正常沸点，K；

　　　M——分子量。

2.9.4.2 露点

饱和蒸气经冷却或加压，立即处于过饱和状态，当遇到接触面或凝结核便液化成露，这时的温度称为露点。当用管道输送气体碳氢化合物时，必须保持其温度在露点以上，以防凝结阻碍输气。

对于碳氢化合物，与表2-9-2所列的饱和蒸气压相应的温度也就是露点。例如，丙烷在 3.49×10^5 Pa 压力时露点为 -10℃，而在 8.46×10^5 Pa 压力时露点为 +20℃。气态碳氢化合物在某一蒸气压时露点也就是液体在同一压力时的沸点。

（1）碳氢化合物混合气体的露点

碳氢化合物混合气体的露点与混合气体的成分及其总压力有关。

在混合物中，由于各组分在气相或液相中的摩尔成分之和都等于 1，所以在气液平衡时必须满足下列关系：

$$\sum m_i = \sum k_i x_i = 1 \qquad (2-9-15)$$

$$\sum x_i = \sum \frac{m_i}{k_i} = \sum \frac{r_i}{k_i} = 1 \qquad (2-9-16)$$

当已知混合物气相成分时，可按式（2-9-15）、式（2-9-16），通过计算的方法来确定在某一定压力下的混合气体露点。具体计算步骤为先假设一露点温度，根据假设的露点和给定的压力，由图 2-9-3 查出各组分在相应温度、压力下的相平衡常数 k_i，并计算出平衡液相的分子成分 x_i。当 $\sum x_i = 1$ 时，则原假设的露点温度正确。如果 $\sum x_i \neq 1$，必须再假设一露点进行计算，直到满足 $\sum x_i = 1$ 为止。

[**例 2-9-3**]　已知液化石油气的体积成分为 $r_{C_3H_8} = 2.5\%$，$r_{nC_4H_{10}} = 7.1\%$，$r_{iC_4H_{10}} = 90.4\%$，求当压力为 $9.14 \times 10^5 Pa$ 时的露点。

[**解**]　假定露点温度为 55.0℃，根据露点和压力，由图 2-9-3 查得各组分的 k_i 为 $k_{C_3H_8} = 1.82$，$k_{nC_4H_{10}} = 0.65$，$k_{iC_4H_{10}} = 0.88$ 由式（2-9-16）得

$$\sum \frac{r_i}{k_i} = \frac{0.025}{1.82} + \frac{0.071}{0.65} + \frac{0.904}{0.88} = 1.1502$$

再假设露点为 65.0℃，由图 2-9-3 查得 $k_{C_3H_8} = 2.20$，$k_{nC_4H_{10}} = 0.83$，$k_{iC_4H_{10}} = 1.10$。由式（2-9-16）得

$$\sum \frac{r_i}{k_i} = \frac{0.025}{2.20} + \frac{0.071}{0.83} + \frac{0.904}{1.10} = 0.9187$$

用内插法求得 $9.14 \times 10^5 Pa$ 时的露点为 61.5℃。

（2）露点直接计算公式[8]

液化石油气露点要根据液化石油气组成通过试算求出。也可以应用作者推导的直接计算公式求出。对温度段（-15 ~ +10℃）：

$$t_d = 55\left(\sqrt{p \sum \frac{r_i}{a_i}} - 1 \right) \qquad (2-9-17a)$$

对温度段（20 ~ 55℃）：

$$t_d = 45\left[\left(p \sum \frac{r_i}{a_i} \right)^{\frac{1}{2.2}} - 1 \right] \qquad (2-9-17b)$$

式中　t_d——气态 LPG 露点，℃；

　　　p——LPG 压力，MPa（绝对）；

　　　r_i——LPG 第 i 组分体积成分；

　　　a_i——第 i 组分系数，见下列表 2-9-4a，表 2-9-4b。

露点直接计算公式系数 a_i（温度段 $-15 \sim +10^\circ\text{C}$） 表 2 - 9 - 4a

组分	乙烯	乙烷	丙烯	丙烷	异丁烷	正丁烷	丁烯-1	顺丁烯-2	反丁烯-2	异丁烯	异戊烷	戊烷
a_i	4.18	2.4	0.59	0.47	0.15	0.10	0.126	0.086	0.069	0.129	0.035	0.026

露点直接计算公式系数[①②] a_i（温度段 $20 \sim 55^\circ\text{C}$） 表 2 - 9 - 4b

组分	乙烷	丙烯	丙烷	异丁烷	正丁烷	丁烯-1	顺丁烯-2	反丁烯-2	异丁烯	异戊烷	戊烷
a_i	1.4908	0.4011	0.3409	0.1265	0.0909	0.1102	0.0807	0.0879	0.1103	0.0359	0.0274

① 当 LPG 中有乙烯以上组分时（其总摩尔成分为 r_0）则在公式中取 $p = (1 - r_0) p$；
② 当 LPG 温度高于 35°C 时，将乙烷的摩尔成分也计入 r_0，在公式中不计算乙烷项，取 $p = (1 - r_0) p$。

［例 2 - 9 - 4］ 已知气态 LPG 组成为丙烷 45%，异丁烷 25%，正丁烷 30%，求在 $p = 0.2\text{MPa}$（绝对）时的露点。

［解］ 由式（2 - 9 - 17a）式及表 2 - 9 - 4a 的 a_i 值：

$$t_d = 55\left[\sqrt{0.2\left(\frac{0.45}{0.47} + \frac{0.25}{0.15} + \frac{0.3}{0.1}\right)} - 1\right] = 6.9^\circ\text{C}$$

（3）液化石油气—空气混合气的露点

在实际的液化石油气供应中，有时采用液化石油气—空气混合气。由于碳氢化合物蒸气分压降低，因而露点也降低了。

丙烷、正丁烷、异丁烷与空气混合物的露点，分别示于图 2 - 9 - 4、图 2 - 9 - 5、图 2 - 9 - 6 中。由图可见，露点随混合气体的压力及各组分的体积成分而变化，混合气体的压力增大，露点升高。

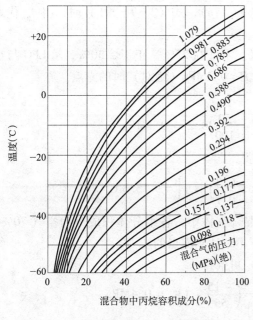

图 2 - 9 - 4 丙烷-空气混合物的露点

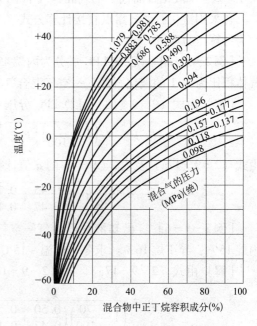

图 2 - 9 - 5 正丁烷-空气混合物的露点

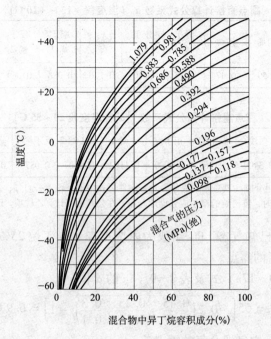

图 2-9-6　异丁烷-空气的露点

液化石油气—空气混合气露点的计算仍与液化石油气露点的计算方法类似，只需用液化石油气的分压 p_{par} 作为计算压力，液化石油气的分压为

$$p_{par} = \left(1 - \frac{Z}{100}\right) \cdot p \qquad (2-9-18)$$

式中　Z——液化石油气—空气混合气中空气成分，%。

在采用液化石油气露点直接计算公式（2-9-17a），式（2-9-17b）时，将 p_{par} 代入作为计算压力即可。

[例 2-9-5]　已知 LPG 成分为丙烷 45%，异丁烷 25%，正丁烷 30%，求 LPG 与空气体积比为 1:1 的液化石油气—空气混合气在 $P = 0.2$MPa（绝对）时的露点。

[解]　由式（2-9-18）计算 LPG 分压

$$p_{Par} = \left(1 - \frac{Z}{100}\right) \cdot p = \left(1 - \frac{50}{100}\right)0.2 = 0.1\text{MPa}$$

由式（2-9-17a）及表 2-9-4a 的 a_i 值计算得

$$t_d = 55\left[\sqrt{0.1\left(\frac{0.45}{0.47} + \frac{0.25}{0.15} + \frac{0.3}{0.1}\right)} - 1\right] = -13.8℃$$

[例 2-9-6]　已知液化石油气—空气混合气体中，各组分体积成分为空气 70%，丙烷 15%，异丁烷 16%。求冬季低温 -15℃ 下不致达到露点的压力。

[解]　由式（2-9-17a）、式（2-9-18）可推得

$$p = \frac{1}{\left(1 - \frac{70}{100}\right)\left(\frac{0.50}{0.47} + \frac{0.50}{0.15}\right)}\left(\frac{-15}{55} + 1\right)^2 = 0.4\text{MPa}$$

即冬季低温 -15℃ 下，不致达到露点的压力为 4.0×10^5Pa（绝对），所以其最高压力可定

为不高于 $3.0 \times 10^5 Pa$（表压），在此压力下，不会发生冷凝。

2.10 气体的压缩因子与气体状态方程

2.10.1 理想气体与实际气体

理想气体是一种实际上不存在的假想气体，设想其分子是一些弹性的、不占有体积的质点，分子间没有相互的作用力（引力和斥力）。在这两个假设条件下，不但可以定性地分析气体的热力学现象，而且可以定量地得出理想气体状态参数之间的简单函数关系式。当实际气体的压力 $p \to 0$ 或体积 $V \to \infty$ 时的极限状态，气体可以看做是理想气体。当燃气压力低于 1MPa 和温度在 $10 \sim 20℃$ 时，将燃气视为理想气体进行状态参数计算，基本可满足工程上的要求。

理想气体的状态方程为

$$pV = mRT \tag{2-10-1}$$

式中　p——绝对压力，Pa；

　　　V——气体体积，m^3；

　　　R——气体常数，$J/(kg \cdot K)$；

　　　T——气体的温度，K；

　　　m——气体质量，kg。

按照理想气体状态方程式，在给定温度 T，对一定质量 m 的气体，$pV =$ 常数，与压力无关。理想气体的一些定律如波义耳定律，盖·吕萨克定律，查理定律，阿佛加德罗定律，在 17 和 18 世纪已由实验得出。

分子本身所占的体积和分子之间的作用力都不可略去的气体称为实际气体。实际气体 $pV \neq$ 常数，随压力变化而变化。实际气体对理想气体的偏差，主要在于实际气体分子之间相互作用力与分子本身体积的影响，如在一定温度下，气体被压缩，分子间的平均距离缩短，分子间的引力变大，气体体积就要在分子间引力作用下进一步缩小，结果实际气体的体积要比理想气体的计算值小。但当气体被压缩到一定程度，气体分子本身的体积不能忽略不计时，分子间的斥力作用不断增强，将气体压缩到一定体积所需的压力就要大于理想气体计算值。

理想气体状态方程应用于压力较低气体的计算精度可满足实际工程要求。随着气体压力提高以及温度降到很低的状态，理想气体状态方程就有很大局限性。气体在很高的压力下或很低温度范围内用理想气体状态方程计算产生较大的误差，不能满足实际工程需求。对于实际气体与理想气体的差异，一般通过两种方式对之加以反映。在一般工程范围，可采用压缩因子表达实际气体的 $p—V—T$ 关系；在热力学范围则寻求用半理论半经验的状态方程式进行状态参数或热力学函数的计算。不过这种区分亦并非绝对，某些状态方程式就是表示为压缩因子的表达式。

2.10.2 气体的压缩因子

在一定温度和压力条件下，一定质量的气体实际占有体积 V_a 与在相同条件下作为理想气体应该占有的体积 V_i 之比，称为气体的压缩因子。该定义也适用于燃气，其方程为：

$$Z = \frac{V_a}{V_i} \quad\quad (2-10-2)$$

Z 表示实际气体的摩尔体积与同温同压下理想气体的摩尔体积之比，Z 的大小表明实际气体偏离理想气体的程度。对于理想气体，$Z=1$；对于实际气体 $Z>1$ 或 $Z<1$。

显然 $Z=f[(r_i), p, T]$，即气体的压缩因子随气体的组成、温度和压力的变化而变化。工程上运用对比状态原理证实；在相同的对比状态下（拟对比参数相等），任何气体的压缩因子几乎相等，从而提出了两参数图或表，即 $Z=f(p_r, T_r)$ 图或表来解决确定压缩因子的问题。

气体压缩因子确定的方法有三种：查图或表确定；通过取气样用实验方法测定得到；利用相关计算公式用计算机计算。

2.10.2.1 查图或表确定压缩因子

根据压缩因子 Z 与对比温度、对比压力的变化关系制成有关图表，工程上常用图 2-10-1 和图 2-10-2 来确定压缩因子 Z 值。

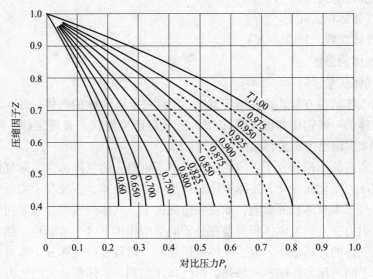

图2-10-1 气体的压缩因子 Z 与对比温度 T_r，对比压力的关系

（当 $p_r<1$，$T_r=0.6\sim1.0$）

对于混合气体，在确定 Z 值之前，首先要按式（2-4-1），式（2-4-2）确定拟临界压力和拟临界温度，然后再按图 2-10-1、图 2-10-2 求得压缩因子 Z。图 2-10-2 对含少量非烃组分（大约低于 5% 的体积百分数）的天然气是基本可靠的。对酸性燃气，通过适当校正拟临界温度和拟临界压力，也可使用该因子图。拟临界温度的校正系数 ε 由下式表示：

$$\varepsilon = 120(A^{0.9} - A^{1.6}) + 15(B^{0.5} - B^{4.0}) \quad\quad (2-10-3)$$

式中 A——H_2S 和 CO_2 气体的总摩尔成分；

B——H_2S 气体的摩尔成分。

$$T'_{cm} = T_{cm} - \varepsilon$$

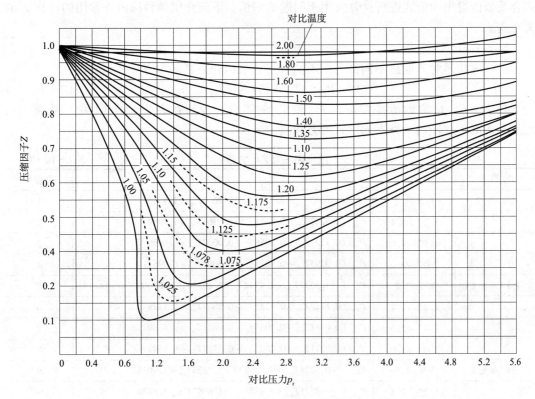

图2-10-2　气体的压缩因子 Z 与对比温度 T_r，对比压力的关系

（当 $p_r < 5.6$，$T_r = 1.0 \sim 2.0$）

$$p'_{cm} = \frac{p_{cm} T'_{cm}}{T_{cm} + B(1-B)} \varepsilon$$

式中　T'_{cm}——校正的拟临界温度；

P'_{cm}——校正的拟临界压力。

根据校正的拟临界温度和压力，计算出拟对比温度和拟对比压力，然后查图，可得出酸性燃气的 Z 因子。

2.10.2.2　实验测定

将一定量的气体（n 摩尔）注入一汽缸，由活塞推动改变气体的体积，整个实验中保持容器在给定的温度 T 上。假设 V_0 是气体在 1 大气压（绝）下的体积，由于在大气压下，应用真实气体方程式得：$V_0 = nRT$。而在任意一个较高的压力 p 下，气体的相应体积为 V，则 $pV = ZnRT$，由两方程式相除，得出

$$Z = pV/V_0 \qquad\qquad (2-10-4)$$

改变 p 并测量 V，等温 $Z(P)$ 函数就很容易得出。这是确定 $Z(p)$ 函数的最可靠的方法。由于实验方法复杂，对实验条件要求也高，所需的时间和费用也比较大。因此，在大多数情况下，可采用直接计算的方法，简单方便，满足工程需要。

2.10.2.3　计算燃气的压缩因子

利用一些实际气体状态方程可以直接计算燃气的压缩因子 Z。或者采用对 Z 数据进行

拟合或插值得出的公式进行计算或用于问题的解析。下面介绍两种国内外常用的计算 Z 的关系式。

（1）Gopal 计算式

这一方法是对 Z 曲线不同部分用不同方程式来拟合，其基本方程式形式为：

$$Z = P_{rm}(AT_{rm} + B) + CT_{rm} + D \tag{2-10-5}$$

A，B，C，D 常数值是按不同 P_{rm} 和 T_{rm} 的组合，表示在表 2-10-1 中。注意，在 $P_{rm} > 5.4$ 时，要使用一种不同形式的方程式。

压缩因子（Z）方程式 表 2-10-1

P_{rm} 范围	T_{rm} 范围	方程	方程号
0.2 ~ 1.2	1.0 ~ 1.2	$P_{rm}(1.6643T_{rm} - 2.2114) - 0.3647T_{rm} + 1.4385$	1
	1.2^+ ~ 1.4	$P_{rm}(0.5222T_{rm} - 0.8511) - 0.0364T_{rm} + 1.0490$	2
	1.4^+ ~ 2.0	$P_{rm}(0.1391T_{rm} - 0.2988) - 0.0007T_{rm} + 0.9969$	3
	2.0^+ ~ 3.0	$P_{rm}(0.0295T_{rm} - 0.0825) - 0.0009T_{rm} + 0.9967$	4
1.2^+ ~ 2.8	1.0 ~ 1.2	$P_{rm}(-1.3570T_{rm} + 1.4942) - 4.6315T_{rm} - 4.7009$	5
	1.2^+ ~ 1.4	$P_{rm}(0.1717T_{rm} - 0.3232) - 0.5869T_{rm} + 0.1229$	6
	1.4^+ ~ 2.0	$P_{rm}(0.0984T_{rm} - 0.2053) - 0.0621T_{rm} + 0.8580$	7
	2.0^+ ~ 3.0	$P_{rm}(0.0211T_{rm} - 0.0527) - 0.0127T_{rm} + 0.9549$	8
2.8^+ ~ 5.4	1.0 ~ 1.2	$P_{rm}(-0.3278T_{rm} + 0.4752) + 1.8223T_{rm} - 1.9036$	9
	1.2^+ ~ 1.4	$P_{rm}(-0.2521T_{rm} + 0.3871) + 1.6087T_{rm} - 1.6636$	10
	1.4^+ ~ 2.0	$P_{rm}(-0.0284T_{rm} + 0.0625) + 0.4714T_{rm} - 0.0011$	11
	2.0^+ ~ 3.0	$P_{rm}(0.0041T_{rm} - 0039) - 0.0607T_{rm} + 0.7927$	12
5.4^+ ~ 15	1.0 ~ 3	$P_{rm}(3.66T_{rm} + 0.711)^{-1.4007} - 1.637/(0.319T_{rm} + 0.522) + 2.0$	13

（2）Dranchuk-Purvls-Robinson 计算式

$$Z = 1 + \left(A_1 + \frac{A_2}{T_{rm}} + \frac{A_3}{T_{rm}^3}\right)\rho_{rm} + \left(A_4 + \frac{A_5}{T_{rm}}\right)\rho_{rm}^2$$

$$+ \frac{A_5 A_6 \rho_{rm}^5}{T_{rm}} + \left(\frac{A_7 \rho_r^2}{T_{rm}^3}\right)(1 + A_8\rho_{rm}^2)\exp(-A_8\rho_{rm}^2) \tag{2-10-6}$$

$$\rho_{rm} = \frac{0.27 p_{rm}}{Z T_{rm}}$$

$A_1 = 0.31506$，$A_2 = -1.04671$，$A_3 = -0.57833$，$A_4 = 0.53531$

$A_5 = -0.61232$，$A_6 = -0.10489$，$A_7 = 0.68157$，$A_8 = 0.68447$

式中　ρ_{rm}——无因次拟对比密度，其他符号同前。

由于式（2-10-6）为非线性方程，可采用 Newton 迭代法计算 Z。在已知 P_{rm} 和 T_{rm} 的情况下，需经过迭代过程求解 ρ_{rm}，其公式如下：

$$\rho_{rm}^{(i+1)} = \rho_{rm}^{(i)} - \frac{f(\rho_{rm}^{(i)})}{f'(\rho_{rm}^{(i)})}$$

$$f(\rho_{rm}^{(i)}) = A_5 A_6 \rho_{rm}^6 + (A_4 T_{rm} + A_5)\rho_{rm}^3 - \left(A_1 T_{rm} + A_2 + \frac{A_3}{T_{rm}^2}\right)\rho_{rm}^2 + T_{rm}\rho_{rm}$$

$$+ \frac{A_7 \rho_{rm}^3}{T_{rm}^2}(1 + A_8 \rho_{rm}^2) \exp(-A_8 \rho_{rm}^2) - 0.27 P_{rm}$$

$$f'(\rho_{rm}^{(i)}) = 6A_5 A_6 \rho_{rm}^5 + 3(A_4 T_{rm} + A_5)\rho_{rm}^2 - 2(A_1 T_{rm} + A_2 + \frac{A_3}{T_{rm}^2})\rho + T_{rm}$$

$$+ \frac{A_7 \rho_{rm}^2}{T_{rm}^2}[3 + A_8 \rho_{rm}^2(3 - 2A_8 \rho_{rm}^2)] \exp(-A_8 \rho_{rm}^2)$$

[**例2-10-1**] 有一内径为700mm、长为125 km的天然气管道。当天然气的平均压力为3.04MPa、天然气的温度为278.15K，求管道中的天然气在标准状态下（101325Pa、273.15K）的体积。已知天然气的体积组成为 $r_{CH_4} = 97.5\%$，$r_{C_2H_6} = 0.2\%$，$r_{C_3H_8} = 0.2\%$，$r_{N_2} = 1.6\%$，$r_{CO_2} = 0.5\%$。

[**解**]（1）天然气的拟临界温度和拟临界压力由表2-10-1、表2-10-2查得各组分的临界温度 T_c 及临界压力 p_c 填入下表中，进行计算：

天然气的拟临界温度和拟临界压力计算 表2-10-2

气体名称	体积成分 r_i（%）	临界温度 T_c	临界压力 p_c	拟临界温度 T_{cm}（K）	拟临界压力 p_{cm}（MPa）
CH_4	97.5	191.05	4.64		
C_2H_6	0.2	305.45	4.88		
C_3H_8	0.2	368.85	4.40	$\frac{1}{100}\sum r_i T_{ci}$	$\frac{1}{100}\sum r_i p_{ci}$
N_2	1.6	126.2	3.39		
CO_2	0.5	304.2	7.39		
	100			191.16	4.64

（2）拟对比温度和拟对比压力：

$$T_{rm} = \frac{T}{T_{cm}} = \frac{273.15 + 5}{191.16} = 1.46$$

$$p_{rm} = \frac{p}{p_{cm}} = \frac{3.04}{4.64} = 0.66$$

（3）压缩因子 Z。由图2-10-2得 $Z = 0.94$

（4）标准状态下管道中天然气体积，天然气管道本身体积 V 为

$$V = 0.785 \times 0.7^2 \times 125000 = 48081 \text{m}^3$$

标准状态下管道中天然气体积为

$$V_0 = V \frac{p}{p_0} \frac{T_0}{T} \frac{1}{Z} = 48081 \times \frac{3.04}{0.101325} \times \frac{273}{278.15} \times \frac{1}{0.94} = 1506901 \text{m}^3$$

如果不考虑压缩因子，而按理想气体状态方程计算得出的管道中气体体积为 1416487 m^3，比实际少6%。

[**例2-10-2**] 已知混合气体的体积成分为 $r_{C_3H_8} = 50\%$，$r_{C_4H_{10}} = 50\%$，求在工作压力 $p = 1$MPa、$t = 100$℃时的密度和比容。

[**解**]（1）标准状态下混合气体密度，按式（2-3-6）和表2-1-1，可以得到：

$$\rho_0 = \frac{1}{100}\sum r_i \rho_i$$

$$= \frac{1}{100} \times (50 \times 2.0102 + 50 \times 2.703) = 2.36 \text{kg/m}^3$$

（2）混合气体的平均临界温度和临界压力

由表 2-1-1 查得丙烷的临界温度和临界压力为：

$$T_c = 368.85 \text{K}, \quad p_c = 4.3975 \text{MPa}$$

正丁烷的临界温度和临界压力为：

$$T_c = 425.95 \text{K}, \quad p_c = 3.6173 \text{MPa}$$

混合气体的拟临界温度和拟临界压力为：

$$T_{cm} = \frac{1}{100} \sum r_i T_{ci} = \frac{1}{100} \times (50 \times 368.85 + 50 \times 425.95) = 397.2 \text{K}$$

$$p_{cm} = \frac{1}{100} \sum r_i p_{ci} = \frac{1}{100} \times (50 \times 4.3975 + 50 \times 3.6173) = 4.0074 \text{MPa}$$

（3）拟对比压力和拟对比温度：

$$p_{rm} = \frac{p}{p_{cm}} = \frac{1 + 0.101325}{4.0074} = 0.28$$

$$T_{rm} = \frac{T}{T_{cm}} = \frac{100 + 273.15}{397.2} = 0.94$$

（4）压缩因子 Z。由图 2-10-1 查得 Z = 0.87。

（5）混合气体密度。$p = 1 \text{MPa}$、$t = 100℃$时的混合气体密度为：

$$\rho' = \rho_0 \frac{p'}{p_0} \frac{T_0}{T'} \frac{1}{Z} = 2.36 \times \frac{1 + 0.101325}{0.101325} \times \frac{273.15}{100 + 273.15} \times \frac{1}{0.87} = 21.6 \text{kg/m}^3$$

（6）混合气体比容 $p = 1 \text{MPa}$、$t = 100℃$时的混合气体比容为：

$$v' = \frac{1}{\rho'} = \frac{1}{21.6} = 0.0463 \text{m}^3/\text{kg}$$

若按理想气体状态方程计算，$\rho = 18.78 \text{kg/m}^3$，$v = 0.0533$，偏差达 13%。

2.10.3　气体状态方程

气体在很高的压力下或很低温度范围内用理想气体状态方程计算产生较大的偏差。1873 年范德瓦尔（Van der waal）提出了第一个实际气体状态方程［见式（2-4-8）］。此后，许多学者对实际气体状态方程进行了大量研究。近百年来，国内外文献已公开报道了几百种不同形式的状态方程，而且很多学者还在继续工作，提出精度更高，适用范围更广和更便于应用的状态方程。原则上，可按物质的分子结构模型、用统计力学的方法导出状态方程。但是由于物质结构十分复杂而且多样，以至至今尚难以完全用理论方法建立一个精度高而且适用范围广的状态方程。目前广泛应用的状态方程都是根据实测数据，用经验或半经验方法建立的。这些方程一般都相当复杂，而且大多数仅适用于气相，也有些同时适用于液相。本节将介绍几种燃气常用的状态方程。

2.10.3.1　RKS 状态方程

1949 年，Redlich 和 Kwong 在 Van der Waal 状态方程的基础上提出一个新的方程：R-K 方程。R-K 方程考虑了温度和密度对分子间相互作用力的影响。最初，推导这一方程的理由之一是在高压下所有气体的体积接近极限体积 $0.26V_c$。结果发现在高压时十分满意，在温度高于临界值时也相当准确。当 T 小于临界温度时，随着温度的降低，这一方程逐渐偏离实验数据。为了提高此方程的计算精度，许多研究者对此方程进行修改。其中比较成功的有 1972 年 Soave 修正式（RKS 方程）。该方程可用于气相、液相容积性质的计算，有较高的精度，应用上比较方便，有广泛的实用价值，其形式为：

$$p = \frac{RT}{V - b} - \frac{a}{(V + b)V} \tag{2-10-7}$$

$$a = \frac{0.42748R^2 T_c^{2.5}}{p_c}\alpha, b = \frac{0.08664RT_c}{p_c}$$

$$\alpha^{0.5} = 1 + (1 - T_r^{0.5})(0.48508 + 1.5517\omega - 0.15613\omega^2)$$

对氢有

$$\alpha^{0.5} = 1.096\exp(-0.15114T_r)$$

对于混合气体 a，b 由纯组分的值及摩尔分数考虑二元组分分子间相互作用按下式求出：

$$a = \sum \sum r_i r_j (a_i a_j)^{0.5}(1 - K_{ij}), b = \sum r_i b_i$$

二元组分分子相互作用系数 K_{ij}，$K_{ij} = K_{ji}$ 见表 2-10-3。烃—烃：$K_{ij} = 0$。

RKS 方程二元组分分子相互作用系数 K_{ij}   表 2-10-3

组分	二氧化碳	硫化氢	氮	一氧化碳	组分	二氧化碳	硫化氢	氮
甲烷	0.093		0.028	0.032	正戊烷	0.131	0.069	0.088
乙烯	0.053	0.085	0.080		正己烷	0.118		0.150
乙烷	0.136		0.041	-0.028	正庚烷	0.110		0.142
丙烯	0.094		0.090		正癸烷	0.130		
丙烷	0.129	0.088	0.076	0.016	二氧化碳		0.099	-0.032
异丁烷	0.128	0.051	0.094		环己烷	0.129		
正丁烷	0.143		0.070		苯	0.077		0.153
异戊烷	0.131		0.087		甲苯	0.113		

2.10.3.2 LKP 方程

LKP 方程在液化天然气工艺计算中得到较普遍的应用，是计算压缩因子、定压比热容、定容比热容、焓和熵的最佳方法。

$$Z = Z^{(0)} + \frac{\omega}{\omega^{(R)}}(Z^{(R)} - Z^{(0)})$$

$$Z = \left(\frac{p_r V_r}{T_r}\right) = 1 + \frac{B}{V_r} + \frac{C}{V_r^2} + \frac{D}{V_r^5} + \frac{c_4}{T_r^3 V_r^2}\left(\beta + \frac{\gamma}{V_r^2}\right)\exp\left(-\frac{\gamma}{V_r^2}\right) \tag{2-10-8}$$

$$B = b_1 - b_2/T_r - b_3/T_r^2 - b_4/T_r^3$$

$$C = c_1 - c_2/T_r + c_3/T_r^3$$

$$D = d_1 + d_2/T_r$$

式中　Z——压缩因子；

　　　ω——偏心因子；

　　　p_r——对比压力；

V_r——对比摩尔体积；

T_r——对比温度；

上标 0——表示简单流体的相应参数；

上标 R——表示参考流体的相应参数。

其余参数为常数，LKP 方程中分别用氩和正辛烷的实验数据来拟合方程中简单流体和参考流体的 12 个常数，见表 2 - 10 - 4。

常数	简单流体	参考流体	常数	简单流体	参考流体
b_1	0.1181193	0.2026579	c_3	0.0	0.016901
b_2	0.265728	0.331511	c_4	0.042724	0.041577
b_3	0.154790	0.027655	d_1	0.155488e - 4	0.48736e - 4
b_4	0.030323	0.203488	d_2	0.623689e - 4	0.0740336e - 4
c_1	0.0236744	0.0313385	β	0.65392	1.226
c_2	0.0186984	0.0503618	γ	0.060167	0.03754

LKP 方程中的常数　　　　表 2 - 10 - 4

用对比密度来表示 LKP 方程：

$$p_r = T_r\left[\rho_r + B\rho_r^2 + C\rho_r^3 + D\rho_r^6 + \frac{c_4}{T_r^3}\rho_r^3(\beta + \gamma\rho_r^3)\exp(-\gamma\rho_r^3)\right] \qquad (2-10-9)$$

改写成如下函数形式：

$$f(\rho_r) = T_r\left[\rho_r + B\rho_r^2 + C\rho_r^3 + D\rho_r^6 + \frac{c_4}{T_r^3}\rho_r^3(\beta + \gamma\rho_r^3)\exp(-\gamma\rho_r^3)\right] - p_r$$

$$(2-10-10)$$

式中　ρ_r——对比密度。

其余参数含义同式（2 - 10 - 8）。

2.10.3.3　SHBWR 状态方程

上面介绍的状态方程对高压、低温条件不能完全适合。为了扩大应用范围及提高在高压、低温下的精确度，Benedict-Wedd-Rubin 于 1940 年提出了能适应气液的 8 参数 BWR 状态方程。

BWR 方程是根据拟合轻烃的实验数据推导的，适用于汽、液两相，可用作汽—液两相平衡计算，应用于烃类气体及非极性和轻微极性气体时有较高准确度，在用以计算烃类物质的热力性质时，在比临界密度大 1.8 ~ 2.0 倍的高压条件下，比容的平均误差约 0.3%。对非烃气体含量较多的混合物，较重的烃组分以及较低的温度（$T_r < 0.6$）适应性较差。因此 Starling 和 Han 在关联大量实验数据的基础上对 BWR 方程进行了修正，于 1970 年提出了 SHBWR（或 BWRS）方程：

$$p = \rho RT + \left(B_0 RT - A_0 - \frac{C_0}{T^2} + \frac{D_0}{T^3} - \frac{E_0}{T^4}\right)\rho^2 + \left(bRT - a - \frac{d}{T}\right)\rho^3$$

$$+ \alpha\left(a + \frac{d}{T}\right)\rho^6 + \frac{c\rho^3}{T^2}(1 + \gamma\rho^2)\exp(-\gamma\rho^2) \qquad (2-10-11)$$

式中 p——系统压力，kPa；

　　T——系统温度，K；

　　ρ——气体密度，kg/m^3；

　　R——气体常数，$kJ/(kg \cdot K)$。

　　A_0、B_0、C_0、D_0、E_0、a、b、c、d、α、γ——状态方程中的 11 个参数。纯组分 i 的各个参数 A_{0i}、$B_{0i} \cdots \gamma_i$ 和其临界参数 T_{ci}、ρ_{ci} 以及偏心因子 ω_i 的关系如下：

$$\rho_{ci}B_{0i} = A_1 + B_1\omega_i, \frac{\rho_{ci}A_{0i}}{RT_{ci}} = A_2 + B_2\omega_i, \frac{\rho_{ci}C_{0i}}{RT_{ci}^3} = A_3 + B_3\omega_i$$

$$\rho_{ci}^2\gamma_i = A_4 + B_4\omega_i, \rho_{ci}^2 b_i = A_5 + B_5\omega_i, \frac{\rho_{ci}^2 a_i}{RT_{ci}} = A_6 + B_6\omega_i$$

$$\rho_{ci}^3\alpha_i = A_7 + B_7\omega_i, \frac{\rho_{ci}^2 c_i}{RT_{ci}^3} = A_8 + B_8\omega_i, \frac{\rho_{ci}D_{0i}}{RT_{ci}^4} = A_9 + B_9\omega_i$$

$$\frac{\rho_{ci}^2 d_i}{RT_{ci}^2} = A_{10} + B_{10}\omega_i, \frac{\rho_{ci}E_{0i}}{RT_{ci}^5} = A_{11} + B_{11}\omega_i\exp(-3.8\omega_i)$$

式中 A_j、B_j——通用常数（$j = 1, 2 \cdots 11$），见表 2-10-5。

　　T_{ci}、ρ_{ci} 和 ω_i——临界参数，可以通过表 2-10-6 进行查找。

通用常数数值　　　　　　　　　　　　　　表 2-10-5

j	A_j	B_j	j	A_j	B_j
1	0.443690	0.115449	7	0.0705233	-0.044448
2	1.284380	-0.920731	8	0.504087	1.322450
3	0.356306	1.708710	9	0.0307452	0.179433
4	0.544979	-0.270896	10	0.0732828	0.463492
5	0.528629	0.349261	11	0.006450	-0.022143
6	0.484011	0.754130			

部分纯物质的物理参数　　　　　　　　　　表 2-10-6

名称	分子式	分子量	T_{ci} (K)	ρ_{ci} ($kmol/m^3$)	ω_i
甲烷	CH_4	16.043	190.58	10.050	0.0126
乙烷	C_2H_6	30.070	305.42	6.756	0.0978
乙烯	C_2H_4	28.054	282.36	8.065	0.101
丙烷	C_3H_8	44.097	369.82	4.999	0.1541
丙烯	C_3H_6	42.081	364.75	5.525	0.150
正丁烷	$n\text{-}C_4H_{10}$	58.124	425.18	3.921	0.2015
异丁烷	$i\text{-}C_4H_{10}$	58.124	408.14	3.801	0.184
正戊烷	$n\text{-}C_5H_{12}$	72.151	469.65	3.215	0.2524
异戊烷	$i\text{-}C_5H_{12}$	72.151	460.37	3.247	0.2286
氢	H_2	2.016	33.25	15.385	-0.219
氧	O_2	31.999	154.33	13.624	0.0442

续表

名称	分子式	分子量	T_{ci}（K）	ρ_{ci}（kmol/m³）	ω_i
氮	N_2	28.016	125.97	11.099	0.0372
二氧化碳	CO_2	44.010	304.25	10.638	0.2667
硫化氢	H_2S	34.076	373.55	10.526	0.0920

SHBWR 状态方程应用于混合物时，采用以下混合规则：

$$A_0 = \sum_{i=1}^{n} \sum_{j=1}^{n} y_i y_j A_{0i}^{\frac{1}{2}} A_{0j}^{\frac{1}{2}} (1 - k_{ij}), a = \left[\sum_{i=1}^{n} y_i a_i^{\frac{1}{2}} \right]^3$$

$$B_0 = \sum_{i=1}^{n} y_i B_{0i}, b = \left[\sum_{i=1}^{n} y_i b_i^{\frac{1}{2}} \right]^3, \gamma = \left[\sum_{i=1}^{n} y_i \gamma_i^{\frac{1}{2}} \right]^2$$

$$C_0 = \sum_{i=1}^{n} \sum_{j=1}^{n} y_i y_j C_{0i}^{\frac{1}{2}} C_{0j}^{\frac{1}{2}} (1 - k_{ij})^3, c = \left[\sum_{i=1}^{n} y_i c_i^{\frac{1}{2}} \right]^3$$

$$D_0 = \sum_{i=1}^{n} \sum_{j=1}^{n} y_i y_j D_{0i}^{\frac{1}{2}} D_{0j}^{\frac{1}{2}} (1 - k_{ij})^4, d = \left[\sum_{i=1}^{n} y_i d_i^{\frac{1}{2}} \right]^3$$

$$E_0 = \sum_{i=1}^{n} \sum_{j=1}^{n} y_i y_j E_{0i}^{\frac{1}{2}} E_{0j}^{\frac{1}{2}} (1 - k_{ij})^5, \alpha = \left[\sum_{i=1}^{n} y_i \alpha_i^{\frac{1}{2}} \right]^3$$

式中　y_i——气相或液相混合物中 i 组分的摩尔分数；

　　　k_{ij}——i 和 j 组分间的交互作用系数，见表 2 - 10 - 7。

SHBWR 中的二元交互作用系数（$k_{ij} = k_{ji}$）　　　　表 2 - 10 - 7

	CH_4	C_2H_4	C_2H_6	C_3H_6	C_3H_8	$i\text{-}C_4H_{10}$	$n\text{-}C_4H_{10}$	$i\text{-}C_5H_{12}$	$n\text{-}C_5H_{12}$	C_6H_{14}	C_7H_{16}	C_8H_{18}	N_2	CO_2	H_2S
CH_4	0.0	0.01	0.01	0.021	0.023	0.0275	0.031	0.036	0.041	0.05	0.06	0.07	0.025	0.05	0.05
C_2H_4	0.01	0.0	0.0	0.003	0.0031	0.004	0.0045	0.005	0.006	0.007	0.0085	0.01	0.07	0.048	0.045
C_2H_6	0.01	0.0	0.0	0.003	0.0031	0.004	0.0045	0.005	0.006	0.007	0.0085	0.01	0.07	0.048	0.045
C_3H_6	0.021	0.003	0.003	0.0	0.0	0.003	0.0035	0.004	0.0045	0.005	0.0065	0.008	0.10	0.045	0.04
C_3H_8	0.023	0.0031	0.0031	0.0	0.0	0.003	0.0035	0.004	0.0045	0.005	0.0065	0.008	0.10	0.045	0.04
$i\text{-}C_4H_{10}$	0.0275	0.004	0.004	0.003	0.003	0.0	0.0	0.008	0.001	0.0015	0.0018	0.020	0.11	0.05	0.036
$n\text{-}C_4H_{10}$	0.031	0.0045	0.0045	0.0035	0.0035	0.0	0.0	0.008	0.001	0.0015	0.0018	0.002	0.12	0 05	0.034
$i\text{-}C_5H_{12}$	0.036	0.005	0.005	0.004	0.004	0.008	0.008	0.0	0.0	0.0	0.0	0.0	0.134	0 05	0.034
$n\text{-}C_5H_{12}$	0.041	0.006	0.006	0.0045	0.0045	0.001	0.001	0.0	0.0	0.0	0.0	0.0	0.148	0 05	0.02
C_6H_{14}	0.05	0.007	0.007	0.005	0.005	0.0015	0.0015	0.0	0.0	0.0	0.0	0.0	0.172	0 05	0.0
C_7H_{16}	0.06	0.0085	0.0085	0.0065	0.0065	0.0018	0.0018	0.0	0.0	0.0	0.0	0.0	0.200	0 05	0.0
C_8H_{18}	0.07	0.01	0.01	0.008	0.008	0.020	0.002	0.0	0.0	0.0	0.0	0.0	0.228	0 05	0.0
N_2	0.025	0.07	0.07	0.10	0.10	0.11	0.12	0.134	0.148	0.172	0.200	0.228	0.0	0.0	0.0
CO_2	0.05	0.048	0.048	0.045	0.045	0.05	0.05	0.05	0.05	0.05	0.05	0.05	0.0	0.0	0.035
H_2S	0.05	0.045	0.045	0.04	0.036	0.034	0.028	0.02	0.0	0.0	0.0	0.0	0.0	0.035	0.0

在应用 SHBWR 模型计算焓等热力学参数时，首先要根据指定的 p、T 和混合物组分的 r_i 由 SHBWR 状态方程求解密度，由于气体在干线输气管道中的流动呈气相，故所求的

密度根是一个。对于 SHBWR 状态方程，可以采用迭代法求解密度根。

将 SHBWR 状态方程改写成如下函数形式：

$$f(\rho) = \rho RT + \left(B_0 RT - A_0 - \frac{C_0}{T^2} + \frac{D_0}{T^3} - \frac{E_0}{T^4} \right)\rho^2 + \left(bRT - a - \frac{d}{T} \right)\rho^3$$

$$+ \alpha\left(a + \frac{d}{T} \right)\rho^6 + \frac{c\rho^3}{T^2}(1 + \gamma\rho^2)\exp(-\gamma\rho^2) - p \qquad (2-10-12)$$

求解指定 P、T 和 r_i 下 $f(\rho)=0$ 的密度，下面采用 Newton 迭代法求解。迭代示意如图 2-10-3。设方程的近似根为 ρ_k，将 $f(\rho)$ 在 ρ_k 处 Taylor 展开有：

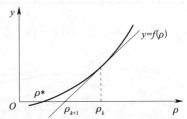

图 2-10-3 Newton 迭代法

$$f(\rho) = f(\rho_k) + f'(\rho_k)(\rho - \rho_k) + \frac{f''(\rho_k)}{2!}(\rho - \rho_k)^2 + \cdots$$

取其前两项可以得到一个线性方程

$$f(\rho) = f(\rho_k) + f'(\rho_k)(\rho - \rho_k) \qquad (2-10-13)$$

于是方程（2-10-12）可以用式（2-10-13）去近似，设 $f'(\rho_k) \neq 0$，记（2-10-13）的根为 ρ_{k+1}，则

$$\rho_{k+1} = \rho_k - \frac{f(\rho_k)}{f'(\rho_k)} \quad (k = 0,1,2\cdots) \qquad (2-10-14)$$

所以 Newton 迭代法的迭代格式为

$$g(\rho) = \rho - \frac{f(\rho)}{f'(\rho)}$$

Newton 迭代法在 ρ_* 附近是至少二阶收敛的，因此这种求解密度根的方法的收敛速度是很快的。

2.11 气化潜热

液体沸腾时，单位质量饱和液体变成同温度的饱和蒸气，即液气相变所吸收的热量称为气化潜热。

相反的过程，工质发生气液相变所放出的热量称为凝结热。凝结热在数量上与气化潜热相等。

2.11.1 气化潜热与温度的关系

气化潜热与温度有式（2-11-1）的关系：

$$\frac{r_2}{r_1} = \left(\frac{t_c - t_2}{t_c - t_1} \right)^{0.38} \qquad (2-11-1)$$

式中　r_1——温度为 t_1℃时的气化潜热，kJ/kg；

　　　r_2——温度为 t_2℃时的气化潜热，kJ/kg；

　　　t_c——临界温度，℃。

气化潜热随温度升高而减小，到达临界温度时气化潜热等于零。

表 2-11-1 是丙烷、丁烷的气化潜热与温度的关系。

温度（℃）		-20	-15	-10	-5	0	5	10	15	20
气化潜热 （kJ/kg）	丙烷	399.8	396.1	387.7	333.9	379.7	368.9	364.3	355.5	345.4
	丁烷	400.2	397.3	392.7	388.5	384.3	380.2	376.0	370.5	366.8
温度（℃）		25	30	35	40	45	50	55	60	
气化潜热 （kJ/kg）	丙烷	339.1	329.1	320.3	309.8	301.4	384.7	270.0	262.1	
	丁烷	362.2	358.4	355.0	346.7	341.2	333.3	328.2	321.5	

丙烷、丁烷的气化潜热与温度的关系　　　　表 2-11-1

图 2-11-1、图 2-11-2 是某些烃类的气化潜热与温度的关系。

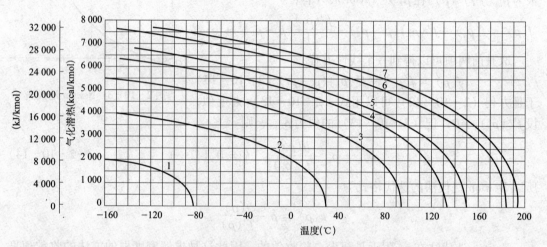

图 2-11-1　某些烷烃的气化潜热与温度的关系
1—甲烷；2—乙烷；3—丙烷；4—异丁烷；5—正丁烷；6—异戊烷；7—正戊烷

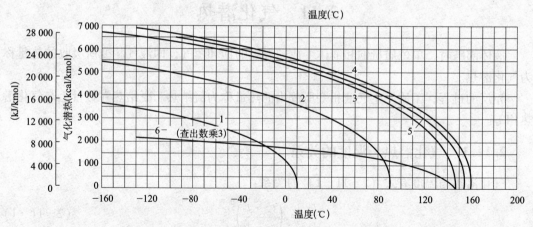

图 2-11-2　某些烯烃的气化潜热与温度的关系
1—乙烯；2—丙烯；3—丁烯-1；4—顺丁烯-2；5—反丁烯-2；6—异丁烯

2.11.2　混合液体的气化潜热

混合液体的气化潜热可按下式计算：

$$r = \sum g_i r_i \qquad (2-11-2)$$

式中 r——混合液体的气化潜热，kJ/kg；

$\quad g_i$——混合液体各组分的质量成分；

$\quad r_i$——混合液体各组分的气化潜热，kJ/kg。

2.12 比热容

单位数量的物质温度升高 1 K 所吸收的热量称为该物质的比热容。表示物体质量的单位不同，比热容的单位也不同。对于 1kg、1m^3、1kmol 物质相应有质量比热容、体积比热容和摩尔比热容之分。气体的这三种比热容可以相互换算

$$c = \frac{c'}{\rho_0} = \frac{c''}{M} \qquad (2-12-1a)$$

$$c' = c\rho_0 = \frac{c''}{V_M} \qquad (2-12-1b)$$

$$c'' = cM = c'V_M \qquad (2-12-1c)$$

式中 c——气体的质量比热容，kJ/(kg·K)；

$\quad c'$——气体的体积比热容，kJ/(m^3·K)；

$\quad c''$——气体的摩尔比热容，kJ/(kmol·K)；

$\quad \rho_0$——标准状态下气体的密度，kg/m^3；

$\quad M$——气体的分子量；

$\quad V_M$——气体的摩尔体积，m^3/kmol。

2.12.1 定容比热容与定压比热容

2.12.1.1 两种比热容

比热容与工质的性质有关。不同性质的工质，由于它们的分子量、分子结构不同，因而比热容也不同。

比热容与工质的变化过程特性有关。当加热（或放热）过程是在体积不变的条件下进行时，此过程的比热容称为定容比热容，记为 c_v。

当加热（或放热）过程是在压力不变的条件下进行时，此过程的比热容称为定压比热容，记为 c_p。

2.12.1.2 比热容的关系

对同样质量的气体，升高同样的温度，在定压过程中所需加入的热量比定容过程多，所以气体的定压比热容比定容比热容大。越易膨胀的工质，这种差别就越大。对液体来说，定压比热容与定容比热容相差极小，实际应用时无须加以区分。

理想气体的定压摩尔比热容与定容摩尔比热容见表 2-12-1。

气体的定压摩尔比热容和定容摩尔比热容　　　　表 2-12-1

气体种类	c_v''[kJ/(kmol·K)]	c_p''[kJ/(kmol·K)]
单原子分子	13	21
双原子分子	21	29
多原子分子	29	37

由表 2-12-1 可见，对于同类气体近似地有如下关系：

$$c_p'' - c_v'' \approx 8 \text{kJ} / (\text{kmol} \cdot \text{K})$$

对纯组分理想气体，定压质量比热容按下述方程拟合：

$$c_p = B_i + 2C_i T + 3D_i T^2 + 4E_i T3^3 + 5F_i T^4 \qquad (2-12-2)$$

式中 B_i、C_i、D_i、E_i、F_i 取值见表 2-11-1。

通常用式（2-12-3）表示理想气体定压比热容与定容比热容之间的关系：

$$c_p - c_v = R \qquad (2-12-3a)$$

$$c_p'' - c_v'' = MR = R_0 \qquad (2-12-3b)$$

$$c_p' - c_v' = \rho_0 (c_p - c_v) = \rho_0 R = \frac{MR}{Mv_0} = \frac{8.314}{22.4} = 0.37 \text{kJ} / (\text{m}^3 \cdot \text{K}) \qquad (2-12-3c)$$

式中　c_p、c_v——气体的定压质量比热容和定容质量比热容，$\text{kJ} / (\text{kg} \cdot \text{K})$；

c_p''、c_v''——气体的定压摩尔比热容和定容摩尔比热容，$\text{kJ} / (\text{kmol} \cdot \text{K})$；

c_p'、c_v'——气体的定压体积比热容和定容体积比热容，$\text{kJ} / (\text{m}^3 \cdot \text{K})$；

R——气体常数，$\text{J} / (\text{kg} \cdot \text{K})$；

R_0——通用气体常数，$\text{kJ} / (\text{kmol} \cdot \text{K})$。

在工程计算中，常常需要利用定压比热容与定容比热容的比值：

$$k = \frac{c_p}{c_v} \qquad (2-12-4)$$

式中　k——等熵指数。

对于理想气体，等熵指数 k 是常数，由气体性质而定，单原子气体 $k=1.5$，双原子气体 $k=1.4$，多原子气体 $k=1.29$。对于实际气体，等熵指数 k 是温度的函数。在 101325Pa 压力下，不同温度下各种气态碳氢化合物的等熵指数 k 值如表 2-12-2 所示。

101325Pa 时某些烃类的等熵指数　　　　表 2-12-2

名称	温度（℃）					
	0	100	200	300	400	500
甲烷	1.32	1.27	1.23	1.19	1.17	1.15
乙烷	1.20	1.15	1.13	1.11	1.10	1.09
丙烷	1.14	1.10	1.09	1.08	1.07	1.06
正丁烷	1.10	1.08	1.07	1.06	1.05	1.04
乙烯	1.26	1.19	1.16	1.14	1.12	1.11
丙烯	1.16	1.12	1.10	1.09	1.08	1.07

2.12.2　比热容的性质

实际气体的比热容与其温度、压力状态有关。理想气体及液体的比热容与压力无关，仅随温度的升高而增大。

理想气体的定压摩尔比热容，可以近似地用下述实验公式计算：

$$c_p'' = a + bT + cT^2 \qquad (2-12-5)$$

式中　T——气体的绝对温度，K；

a，b，c——随气体性质而异的常数，列于表 2 - 12 - 3。

名　称	a	b×10³	c×10⁶

温度系数 a、b、c（适用于 25～1200℃）　　　　　　表 2 - 12 - 3

名　称	a	$b \times 10^3$	$c \times 10^6$
甲烷	3.381	18.044	-4.300
乙烷	2.247	38.201	-11.094
乙烯	2.830	28.601	-8.726
丙烷	2.410	57.195	-17.533
丙烯	3.253	45.116	-13.740
正丁烷	4.453	72.270	-22.214
异丁烷	3.332	75.214	-23.384
丁烯-1	5.132	61.760	-19.322
异丁烯	5.331	60.240	-18.470
正戊烷	5.910	88.449	-27.388
异戊烷	4.816	91.585	-28.962

实际气体在一定压力下膨胀时，不但对外做功，并且还对分子间作用的力做功，这就必须消耗较多的热量。因此，实际气体的比热容是温度与压力的函数。当压力较低时采用式（2 - 12 - 5）误差较小；当压力大于 3.5×10^3 Pa 时，必须加以修正。校正后的定压比热容按下式计算：

$$c''_{pr} = c''_p + \Delta c_p \qquad (2 - 12 - 6)$$

式中　c''_{pr}——实际气体定压摩尔比热容，kJ/（kmol·K）；

　　　c''_p——理想气体定压摩尔比热容；

　　　Δc_p——定压比热容修正值，由图 2 - 12 - 1 查得。

在工程计算中，比热容又分为真实比热容与平均比热容。相应于某温度下的比热容称为真实比热容，而实际应用时多采用某个温度范围内的平均值，称为平均比热容。

2.12.3　混合气体的比热容

气态烃类在 0～101325Pa 压力下，0℃时的真实比热容及 0～100℃范围内的平均比热容列于表 2 - 12 - 4。

某些烃类的真实比热容及平均比热容　　　　　　表 2 - 12 - 4

气体	温度（℃）	定压摩尔比热容 c''_p[kJ/（kmol·℃）]		定容摩尔比热容 c''_v[kJ/（kmol·℃）]		定压质量比热容 c_p[kJ/（kg·℃）]		定压容积比热容 c'_p[kJ/（m³·℃）]	
		真实比热容	平均比热容	真实比热容	平均比热容	真实比热容	平均比热容	真实比热容	平均比热容
甲烷	0	34.74	34.74	26.42	26.42	2.17	2.17	1.55	1.55
	100	39.28	36.80	30.97	28.49	2.45	2.29	1.75	1.64
乙烷	0	49.53	49.53	41.21	41.21	1.65	1.65	2.21	2.21
	100	62.17	55.92	53.85	47.60	2.07	1.86	2.77	2.50
丙烷	0	68.33	68.33	60.00	60.00	1.55	1.55	3.05	3.05
	100	88.93	78.67	80.60	70.34	2.02	1.78	3.97	3.51

续表

气体	温度（℃）	定压摩尔比热容 $c_p''[\text{kJ}/(\text{kmol} \cdot \text{℃})]$		定容摩尔比热容 $c_v''[\text{kJ}/(\text{kmol} \cdot \text{℃})]$		定压质量比热容 $c_p[\text{kJ}/(\text{kg} \cdot \text{℃})]$		定压容积比热容 $c_p'[\text{kJ}/(\text{m}^3 \cdot \text{℃})]$	
		真实比热容	平均比热容	真实比热容	平均比热容	真实比热容	平均比热容	真实比热容	平均比热容
正丁烷	0	92.53	92.53	84.20	84.20	1.59	1.59	4.13	4.13
	100	117.82	105.47	109.48	97.13	2.03	1.81	5.26	4.70
正戊烷	0	114.93	114.93	106.60	106.60	1.59	1.59	5.13	5.13
	100	146.08	130.80	137.75	122.46	2.02	1.81	6.52	5.84
乙烯	0	40.95	40.95	32.62	32.62	1.46	1.46	1.83	1.83
	100	51.25	46.22	42.91	37.89	1.83	1.65	2.29	2.06
丙烯	0	60.0	60.0	51.67	51.67	1.43	1.43	1.23	2.68
	100	75.74	68.33	67.41	60.0	1.80	1.80	1.43	3.38
丁烯	0	83.23	83.23	74.90	74.90	1.48	1.48	3.71	3.72
	100	106.81	95.29	98.47	86.96	1.90	1.70	4.74	4.25

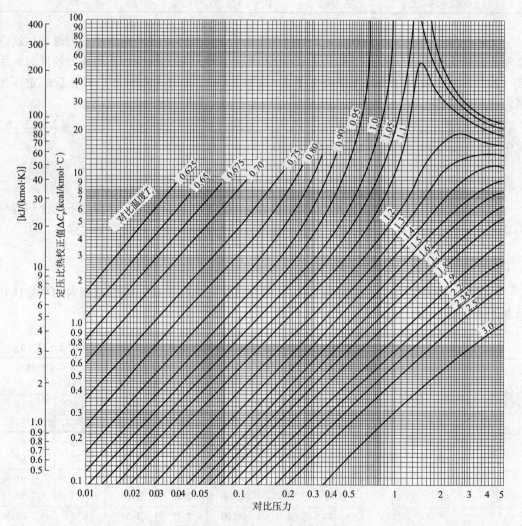

图 2-12-1　定压比热容修正值

0～101325Pa 压力下，某些烷烃和烯烃气体真实摩尔比热容随温度变化的值如图2-12-2所示。

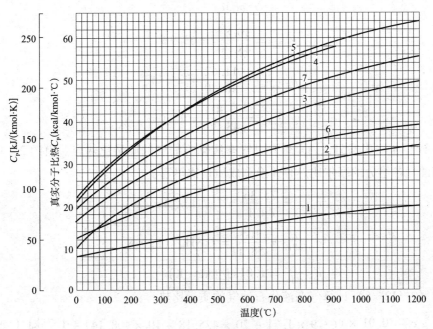

图2-12-2 某些气态烃类的真实摩尔比热容

1—甲烷；2—乙烷；3—丙烷；4—异丁烷；5—正丁烷；6—丙烯；7—丁烯

当已知混合气体的体积成分，可按下式计算其体积比热容：

$$c' = \sum r_i c'_i \qquad (2-12-7)$$

式中　c'——混合气体的体积比热容，kJ/(m^3·K)；

　　　r_i——混合气体各组分的体积成分；

　　　c'_i——混合气体各组分的体积比热容，kJ/(m^3·K)。

当已知混合气体的质量成分，可按下式计算其质量比热容：

$$c = \sum g_i c_i \qquad (2-12-8)$$

式中　c——混合气体的质量比热容，kJ/(kg·K)；

　　　g_i——混合气体各组分的质量成分；

　　　c_i——混合气体各组分的质量比热容，kJ/(kg·K)。

混合气体的等熵指数可按下式计算：

$$k = \sum r_i k_i \qquad (2-12-9)$$

式中　k——混合气体的等熵指数；

　　　r_i——混合气体各组分的体积成分；

　　　k_i——混合气体各组分的等熵指数。

[例2-12-1] 已知气态液化石油气的摩尔成分为：丙烷70%，正丁烷20%，异丁烷10%。求压力为 6.5×10^5 Pa、30℃时液化石油气的质量比热容。

[解] 按下式计算各组分的质量成分：

$$g_i = \frac{m_i M_i}{\sum m_i M_i}$$

$$g_{C_3H_8} = \frac{30.87}{48.30} = 63.9\%$$

$$g_{n-C_4H_{10}} = \frac{11.62}{48.30} = 24.1\%$$

$$g_{i-C_4H_{10}} = \frac{5.81}{48.30} = 12.0\%$$

（1）计算 $p = 101325 \mathrm{Pa}$，$t = 30℃$ 时气态液化石油气的质量比热容。由图 2-12-2 查得液化石油气各组分的摩尔比热容并换算成质量比热容：

$$c_{C_3H_8} = \frac{75.36}{44.1} = 1.71 \mathrm{kJ/(kg \cdot K)}$$

$$c_{n-C_4H_{10}} = \frac{105}{58.1} = 1.81 \mathrm{kJ/(kg \cdot K)}$$

$$c_{i-C_4H_{10}} = 1.81 \mathrm{kJ/(kg \cdot K)}$$

按式（2-12-8）计算气态液化石油气的质量比热容：

$$c = \sum g_i c_i = 0.01 \times (63.9 \times 1.71 + 20 \times 425.18 + 10 \times 408.14) = 1.75 \mathrm{kJ/(kg \cdot K)}$$

（2）计算 $p = 6.5 \times 10^5 \mathrm{Pa}$、$t = 30℃$ 时气态液化石油气的质量比热容。由式（2-4-1）和（2-4-2）计算混合气体的拟临界温度和拟临界压力：

$$P_{mc} = \sum r_i P_{Ci} = 0.01(70 \times 4.3695 + 20 \times 3.6713 + 10 \times 3.6578) = 4.16 \mathrm{MPa}$$

$$T_{mc} = \sum r_i T_{Ci} = 0.01(70 \times 368.85 + 20 \times 425.95 + 10 \times 407.15) = 384.1 \mathrm{K}$$

$$P_{rm} = \frac{0.65}{4.16} = 0.16$$

$$T_{rm} = \frac{303}{384.1} = 0.789$$

根据拟对比压力 P_{rm} 和拟对比温度 T_{rm} 由图 2-12-1 查得实际气体定压摩尔比热容的修正值：$\Delta c_p = 23.4 \mathrm{kJ/(kmol \cdot K)}$

计算混合气体的平均分子量：

$$M = \sum r_i M_i = 0.01(70 \times 44.10 + 20 \times 58.12 + 10 \times 58.12) = 48.3$$

按式（2-12-6）计算修正后的实际气体定压比热容：

$$c_{pr} = c_p + \Delta c_p = 1.75 + \frac{23.4}{48.3} = 2.2 \mathrm{kJ/(kg \cdot K)}$$

2.12.4　混合液体的比热容

某些单质液态烃类的质量比热容列于表 2-12-5。

液态烃类的比热容 [kJ/(kg·℃)]

表 2-12-5

甲　烷		乙　烷		丙　烷		正丁烷		异丁烷		正戊烷	
温度(℃)	比热容	温度(℃)	比热容	温度(℃)	比热容	温度(℃)	比热容	温度(℃)	比热容	温度(℃)	比热容
-95.1	5.46	-93.1	2.98	-42.1	2.22	-23.1	2.20				
-88.7	6.82	-33.1	3.30	0.0	2.34	-11.3	2.23				
		-31	3.48	+20.0	2.51	-3.1	2.28	-28.12	2.17	-28.6	2.12
				+40.0	2.68	0.0	2.30	-16.14	2.21	+5.92	2.28
						+20.0	2.43				
						+40.0	2.57				

异戊烷		乙　烯		丙　烯		丁烯-1		顺丁烯-2		反丁烯-2	
温度(℃)	比热容	温度(℃)	比热容	温度(℃)	比热容	温度(℃)	比热容	温度(℃)	比热容	温度(℃)	比热容
-24.8	2.07			-104.2	2.08	-109.9	1.9	-103.2	1.98	-97.16	1.97
-12.8	2.17	-121.3	2.40	-71.4	2.14	-25.36	2.10	-23.16	2.08	-19.56	2.15
+24.6	2.28	-103.1	2.41	-62.8	2.14	-19.76	2.13	-3.16	2.14	-13.6	2.18
				-49.7	2.18			+11.84	2.19		
								+25.0	2.25		

当计算精度要求不高时，液体比热容与温度的关系可用下式计算：

$$c_p = c_{p0} + at \qquad (2-12-10)$$

式中　c_p——温度为 t℃时液体的定压比热容，kJ/(kg·K)；

　　　c_{p0}——温度为 0℃时液体的定压比热容，kJ/(kg·K)；

　　　a——温度系数。

丙烷、正丁烷和异丁烷的 a 值列于表 2-12-6。

液态烷烃的温度系数

表 2-12-6

名　称	$a \times 10^3$	c_{p0}	适用温度范围（℃）
丙　烷	1.51	0.576	-30 ~ +20
正丁烷	1.91	0.550	-15 ~ +20
异丁烷	1.54	0.550	-15 ~ +20

液态烷烃、烯烃的比热容随温度变化的值见图 2-12-3。

混合液体的比热容可按下式计算：

$$c = \sum g_i c_i \qquad (2-12-11)$$

式中　c——混合液体的质量比热容，kJ/(kg·K)；

　　　g_i——混合液体各组分的质量成分；

　　　c_i——混合液体各组分的质量比热容，kJ/(kg·K)。

[**例 2-12-2**]　已知液态液化石油气的质量成分为：丙烷60%，丙烯15%，异丁烷25%。求 20℃时液态液化石油气的质量比热容。

[**解**]　由图 2-12-3 查得液态液化石油气各组分 20℃时的质量比热容，再按式（2-12-11）计算混合液体比热容：

$$c = \sum g_i c_i = 0.01 \times (60 \times 2.97 + 15 \times 2.75 + 25 \times 2.41) = 2.79 \text{kJ/(kg·K)}$$

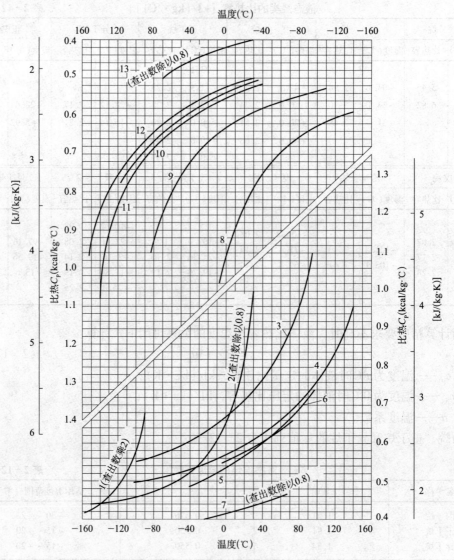

图 2-12-3　液态烷烃、烯烃的比热容

1—甲烷；2—乙烷；3—丙烷；4—正丁烷；5—异丁烷；6—正戊烷；7—异戊烷；
8—丁烯；9—丙烯；10—丁烯-1；11—顺丁烯-2；12—反丁烯-2；13—异丁烯

2.13　焓

　　焓是物质的状态参数，但不能直接测量，为计算状态发生变化时它们的变化情况，需将焓的微小变量 dh 与可测量状态参数联系起来，即建立起以可测量状态参数为独立变量的焓函数。

　　将气体内能和体积与压力乘积之和称为气体的焓。焓是一个热力学状态参数，随状态变化而变化，且它的变化与过程无关，而仅决定于初始与终了状态。在工程计算中，一般用焓差计算物质加热或冷却时热量的变化。焓的零点通常取绝对温度和绝对压力都为 0 的状态。

2.13.1 理想气体的焓

燃气中常见组分的理想气体状态焓（h^0）如图 2-13-1 和图 2-13-2 所示。

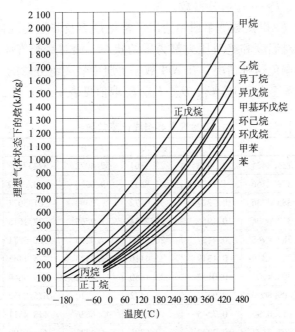

图 2-13-1　纯组分理想气体的焓

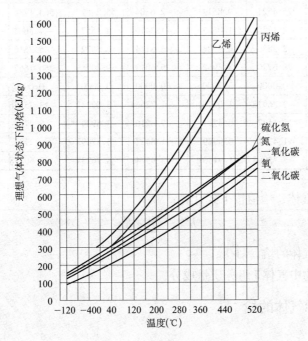

图 2-13-2　纯组分理想气体的焓

对理想气体单组分焓 h_i^0 可按下面多项式计算。

$$h_i^0 = A_i + B_i T + C_i T^2 + D_i T^3 + E_i T^4 + F_i T^5 \qquad (2-13-1)$$

式中　　　　　　　　h_i^0——含 i 组分理想气体的焓，kJ/kg；

　　　　　　　　　　T——气体温度，K；

A_i、B_i、C_i、D_i、E_i、F_i——i 组分常数。

在美国石油学会（API）数据手册中给出了常见烃类及非烃类气体的常数值。对非烃类气体焓的零点取绝对温度和绝对压力都为零的状态。而对烃类气体焓若选用该基准时，液态焓常为负值。为避免这种情况，在 API 数据手册中烃类组分焓的基准温度取 $-129℃$，此时饱和液态的焓为零。A_i、B_i、C_i、D_i、E_i、F_i 取值见表 2-13-1。

<table>
<tr><td colspan="9" style="text-align:center">天然气主要组成计算常数　　　　　　　　　　　表 2-13-1</td></tr>
<tr><th>名称</th><th>分子式</th><th>A</th><th>B</th><th>$C \times 10^4$</th><th>$D \times 10^7$</th><th>$E \times 10^{11}$</th><th>$F \times 10^{14}$</th><th>G</th></tr>
<tr><td>甲烷</td><td>CH_4</td><td>135.8421</td><td>2.3936</td><td>-22.1801</td><td>57.4022</td><td>-372.7905</td><td>85.4965</td><td>2.84702</td></tr>
<tr><td>乙烷</td><td>C_2H_6</td><td>379.2766</td><td>1.1090</td><td>-1.8851</td><td>39.6558</td><td>-314.0209</td><td>80.0819</td><td>5.18269</td></tr>
<tr><td>丙烷</td><td>C_3H_8</td><td>385.4736</td><td>0.7227</td><td>7.0872</td><td>29.2390</td><td>-261.5071</td><td>70.0055</td><td>5.47646</td></tr>
<tr><td>异丁烷</td><td>$i-C_4H_{10}$</td><td>377.0006</td><td>0.1955</td><td>25.2314</td><td>1.9565</td><td>-77.2615</td><td>23.8609</td><td>5.90166</td></tr>
<tr><td>正丁烷</td><td>$n-C_4H_{10}$</td><td>382.4968</td><td>0.4127</td><td>20.2860</td><td>7.0295</td><td>-102.5871</td><td>28.8339</td><td>6.65339</td></tr>
<tr><td>异戊烷</td><td>$i-C_5H_{12}$</td><td>393.1319</td><td>-0.1319</td><td>35.4116</td><td>-13.3323</td><td>25.1463</td><td>-1.2959</td><td>7.26208</td></tr>
<tr><td>正戊烷</td><td>$n-C_5H_{12}$</td><td>403.4701</td><td>-0.0117</td><td>33.1650</td><td>-11.7051</td><td>19.9648</td><td>-0.8665</td><td>7.75977</td></tr>
<tr><td>己烷</td><td>C_6H_{14}</td><td>309.8090</td><td>0.9592</td><td>-6.1472</td><td>61.4210</td><td>-616.0952</td><td>208.6819</td><td>2.97976</td></tr>
<tr><td>庚烷</td><td>C_7H_{16}</td><td>312.0396</td><td>0.7545</td><td>2.6173</td><td>43.6636</td><td>-448.4511</td><td>148.4210</td><td>3.56685</td></tr>
<tr><td>辛烷</td><td>C_8H_{18}</td><td>303.7124</td><td>0.7247</td><td>3.6785</td><td>41.4283</td><td>-424.0198</td><td>137.3406</td><td>3.51439</td></tr>
<tr><td>壬烷</td><td>C_9H_{20}</td><td>294.7414</td><td>0.7078</td><td>4.3805</td><td>39.6934</td><td>-404.3158</td><td>128.7595</td><td>3.44406</td></tr>
<tr><td>癸烷</td><td>$C_{10}H_{22}$</td><td>275.4521</td><td>0.8514</td><td>-2.6304</td><td>55.2182</td><td>-563.1732</td><td>188.8545</td><td>2.77435</td></tr>
<tr><td>氮</td><td>N_2</td><td>-2.1725</td><td>1.0685</td><td>-1.3410</td><td>2.1557</td><td>-7.8632</td><td>0.69851</td><td>4.99221</td></tr>
<tr><td>氧</td><td>O_2</td><td>-2.2836</td><td>0.9524</td><td>-2.8114</td><td>6.5522</td><td>-45.2316</td><td>10.8774</td><td>5.26711</td></tr>
<tr><td>氢</td><td>H_2</td><td>28.6720</td><td>13.3962</td><td>29.6013</td><td>-39.8075</td><td>266.1667</td><td>-60.9986</td><td>-8.61451</td></tr>
<tr><td>氦</td><td>He</td><td>0.0000</td><td>5.2000</td><td>0.0000</td><td>0.0000</td><td>0.0000</td><td>0.0000</td><td>0.00000</td></tr>
<tr><td>二氧化碳</td><td>CO</td><td>-2.26918</td><td>1.07401</td><td>-1.72664</td><td>3.02237</td><td>-13.75326</td><td>2.00365</td><td>5.20525</td></tr>
<tr><td>二氧化碳</td><td>CO_2</td><td>11.1137</td><td>0.4791</td><td>7.6216</td><td>-3.5939</td><td>8.4744</td><td>-0.57752</td><td>5.09598</td></tr>
<tr><td>硫化氢</td><td>H_2S</td><td>-1.4371</td><td>0.9989</td><td>-1.8432</td><td>5.5709</td><td>-31.7734</td><td>6.36644</td><td>4.58161</td></tr>
<tr><td>水蒸气</td><td>H_2O</td><td>-5.72992</td><td>1.91501</td><td>-3.95741</td><td>8.76231</td><td>-49.50858</td><td>10.38613</td><td>3.88962</td></tr>
</table>

对于混合理想气体，焓值按下式计算：

$$h^0 = \sum_i g_i h_i^0 \qquad (2-13-2)$$

式中　h^0——混合气体的焓，kJ/kg；

　　　g_i——混合物中气体 i 组分质量成分。

2.13.2　实际气体的焓

（1）计算法

由热力学关系可得出：

$$h = h^0 + \int_0^p \left[\nu - T \left(\frac{\partial \nu}{\partial T} \right)_p \right] \mathrm{d}p \tag{2-13-3}$$

$$h = h^0 + \frac{p}{\rho} - RT + \int_0^\rho \left[p - T \left(\frac{\partial p}{\partial T} \right)_\rho \right] \frac{\mathrm{d}\rho}{\rho^2} \tag{2-13-4}$$

将实际气体状态方程代入式（2-13-3）或式（2-13-4）可以得到计算实际气体焓的关系式，如将 SHBWR 气体状态方程代入式（2-13-3）可以计算得：

$$h = h^0 + \left(B_0 RT - 2A_0 - \frac{4C_0}{T^2} + \frac{5D_0}{T^3} - \frac{6E_0}{T^4} \right)\rho + \frac{1}{2}\left(2bRT - 3a - \frac{4d}{T} \right)\rho^2$$
$$+ \frac{1}{5}\alpha\left(6a + \frac{7d}{T} \right)\rho^5 + \frac{c}{\gamma T^2}\left[3 - \left(3 + \frac{\gamma\rho^2}{2} - \gamma^2\rho^4 \right)\exp(-\gamma\rho^2) \right] \tag{2-13-5}$$

（2）查图法

由热力学关系可得到：

$$\left(\frac{h^0 - h}{T_{cm}R} \right)_T = \left[T_{rm}^2 \int_0^p \left(\frac{\partial Z}{\partial T_{rm}} \right)_{P_{rm}} \mathrm{d}(\ln p_{rm}) \right] \tag{2-13-6}$$

式中　T_{cm}——气体拟临界温度，K；

　　　T_{rm}——气体拟对比温度；

　　　p_{rm}——气体拟对比压力；

　　　R——气体常数，$R = 8.314\mathrm{kJ/(kmol \cdot K)}$；

　　　Z——气体压缩因子。

利用通用压缩因子图上的数据，通过图解积分可以得出（2-13-6）右式积分的数值。即可得到通用焓修正图 2-13-3。

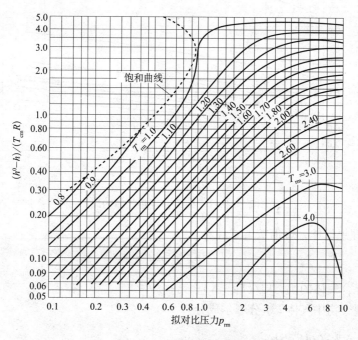

图 2-13-3　实际气体焓的修正值

根据拟对比压力和拟对比温度，查图可得到 $(h^0 - h)/(T_{cm}R)$ 由此可计算实际气体的焓：

$$h = h^0 - T_{cm}R\left(\frac{h^0 - h}{T_{cm}R}\right) \qquad (2-13-7)$$

2.14　熵

熵是一个热力学状态参数，随状态变化而变化，且它的变化与过程无关，而只决定于初始与终了状态。熵的变化表征了可逆过程中热交换的方向与大小。熵不能直接测量，为计算状态发生变化时熵的变化情况，需将其与可测量状态参数联系起来，即建立起以可测量状态参数为独立变量的熵函数。

2.14.1　理想气体的熵

对于理想气体单组分熵 s_i^0 的计算方法类似焓的计算方法，可按下面多项式计算

$$s_i^0 = B_i \ln T + 2C_i T + \frac{3}{2}D_i T^2 + \frac{4}{3}E_i T^3 + \frac{5}{4}F_i T^4 + G_i \qquad (2-14-1)$$

式中　　　　　　　　　　s_i^0——理想气体 i 在温度 T 时的熵，kJ/(kg·K)；

B_i、C_i、D_i、E_i、F_i、G_i——系数，取值见表 2-13-1。

单组分理想气体的熵可查有关热力学图表确定，图 2-14-1 为几种常见燃气中单组分理想气体的熵。

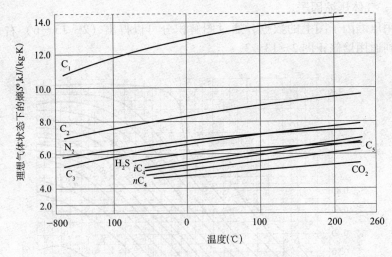

图 2-14-1　纯组分理想气体的熵

对于混合理想气体，熵值按下式计算

$$s^0 = \sum_i m_i s_i^0 \qquad (2-14-2)$$

式中　s^0——混合气体的熵，kJ/(kg·K)；

m_i——混合物中气体 i 组分摩尔成分。

2.14.2　实际气体的熵

（1）计算法

由热力学关系可得出

$$s = s^0 - \left[\int_0^p \left(\frac{\partial v}{\partial T} \right)_p \mathrm{d}p \right]_T \qquad (2-14-3)$$

或

$$s = s^0 - \left[\int_0^\rho \left(\frac{\partial p}{\partial T} \right)_\rho \frac{\mathrm{d}\rho}{\rho^2} \right]_T \qquad (2-14-4)$$

将实际气体状态方程代入式（2-14-3）或式（2-14-4）可以得到计算实际气体熵的关系式，如将 SHBWR 气体状态方程代入式（2-14-3）可以计算得：

$$s = s^0 - R\ln \frac{\rho RT}{101.325} - \left(B_0 R + \frac{2C_0}{T^3} - \frac{3D_0}{T^4} - + \frac{4E_0}{T^5} \right)\rho - \frac{1}{2}\left(bR + \frac{d}{T^2} \right)\rho^2$$

$$+ \frac{\alpha}{5}\frac{d}{T^2 \rho^5} + \frac{2c}{\gamma T^3}\left[1 - \left(1 + \frac{\gamma \rho^2}{2} \right)\exp(-\gamma \rho^2) \right] \qquad (2-14-5)$$

（2）查图法

由热力学关系可得到

$$\left(\frac{s^0 - s}{R} \right)_T = - \left[\int_0^{p_{rm}} (1 - Z)\mathrm{d}(\ln p_{rm}) \right]_T + \left(\frac{h^0 - h}{T_{rm} T_{cm} R} \right)_T \qquad (2-14-6)$$

式中　T_{cm}——气体拟临界温度，K；

　　　T_{rm}——气体拟对比温度；

　　　p_{rm}——气体拟对比压力；

　　　R——气体常数，$R = 8.314 \mathrm{kJ/(kmol \cdot K)}$；

　　　Z——气体压缩因子。

利用通用压缩因子图上的数据，通过图解积分可以得出（2-14-6）右式积分的数值。即可得到通用熵修正图 2-14-2。

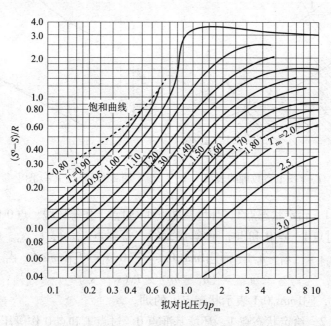

图 2-14-2　实际气体熵的修正值

根据拟对比压力和拟对比温度查图可得到 $(s^0 - s)/R$ 由此可计算实际气体的熵。

$$s = s^0 - R\left(\frac{s^0 - s}{R}\right) \tag{2-14-7}$$

2.15　㶲

㶲（exergy）也是一个状态参数[9]。一个热力系统的工质，只要它的状态和环境有差别，系统对环境就有一定的做功能力，如果系统从某已知状态，在可逆条件下过渡到与环境平衡的状态，则系统对环境所做的功将达到最大值，工质在已知状态下可作的最大有用功称为㶲。

一般燃气工质处在流动状态，忽略其动能和位能，工质的㶲是按工质从状态 1（p_1，T_1）经过可逆变化，最后与环境状态（p_0，T_0）平衡的最大做功能力，可用下式计算：

$$e_{ex} = (h_1 - h_0) - T_0(s_1 - s_0) \tag{2-15-1}$$

式中　e_{ex}——工质从状态 1 到环境状态的㶲，kJ/kg；

　　　h_1——工质在状态 1 时的焓，kJ/kg；

　　　h_0——工质在环境状态 0 时的焓，kJ/kg；

　　　T_0——环境温度，K；

　　　s_1——工质在状态 1 时的熵，kJ/(kg·K)；

　　　s_1——工质在环境状态 0 时的熵，kJ/(kg·K)。

下面介绍在 $T-s$ 图和 $h-s$ 图上表示参数㶲。见图 2-15-1、图 2-15-2。

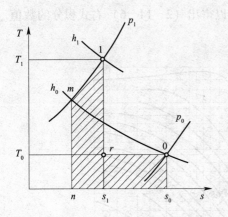
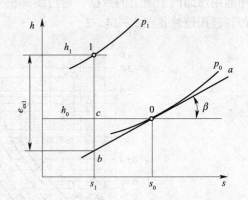

图 2-15-1　$T-s$ 图上参数㶲的表示　　　图 2-15-2　$h-s$ 图上参数㶲的表示

看图 2-15-1，给定状态点 1，环境基准点 0。过点 1 作等压线、点 0 作等焓线、等温水平线，得点 m，过点 1、点 0 和点 m 作等熵垂线。得到点 n，s_1，r，s_0。因为□$r0s_0s_1r = T_0$ $(s_0 - s_1)$，□$1mns_1 = (h_1 - h_0)$。而□$1mns_00r1 = $□$r0s_0s_1r + $□$1mns_11$。由于状态点 1 的㶲：

$$e_{ex1} = (h_1 - h_0) - T_0(s_1 - s_0)$$

因而在 $T-s$ 图上，□$1mns_00r1$ 表示状态点 1 的㶲。

看图 2-15-2，给定状态点 1，环境基准点 0。过点 1 和点 0 作等压线、等焓水平线，过点 1、点 0 作等熵垂线。得到点 c，s_1，s_0。过点 0 作 p_0 的切线 ab，交 1 s_1 于点 b，有角 β。因为

$$\tan\beta = \left(\frac{\partial h}{\partial s}\right)_{p_0} = T_0$$

线段 $\overline{1b} = \overline{1c} + \tan\beta \cdot \overline{c0} = (h_1 - h_0) - T_0(s_1 - s_0) = e_{ex1}$

因而在 $h-s$ 图上，从给定状态点作等熵线与过环境基准态的等压线的切线相交，自给定状态点至该交点的距离表示该状态点的工质的㶲。

由图 2-15-2 看到，给定状态点 1 位于环境基准态 0 等压线的切线的上方时 $e_{ex1} > 0$，位于下方时 $e_{ex1} < 0$。㶲值为负时，表明工质要从该状态转化为环境状态时，必须消耗可用功。

定常流动的燃气工质的流动㶲忽略动能㶲及势能㶲，以可测量参数表示为：

$$e_{ex1} = (h_1 - h_0) - T_0(s_1 - s_0) = c_p(T_1 - T_0) - T_0\left(c_p\ln\frac{T_1}{T_0} - R\ln\frac{p_1}{p_0}\right)$$

$$(2-15-2)$$

对某一热力系统，在稳定的流动过程中，系统有效的输出㶲与总输入㶲之比称为㶲效率，表示如下

$$\eta_{ex} = \frac{e_{ex}^y}{e_{ex}^z} \qquad (2-15-3)$$

式中　η_{ex}——㶲效率；

　　　e_{ex}^y——系统有效的输出㶲，kJ/kg；

　　　e_{ex}^z——系统的总输入㶲，kJ/kg。

㶲分析是研究能量转化的重要方法，已在能源领域得到广泛的应用。在燃气领域，由于燃气在储运和应用的过程中，既存在热量的传递又存在能量的转换。如天然气液化与气化过程，燃气燃烧加热过程等环节，采用㶲分析方法计算每个阶段的㶲效率，对㶲效率低的阶段进行改进，提高㶲效率，能合理地利用能源。

2.16　热　　值

1m³ 燃气完全燃烧所放出的热量称为燃气的热值，单位为 kJ/m³。对于液化石油气，热值单位也可用 kJ/kg。热值可分为高热值和低热值。

高热值是指 1m³ 燃气完全燃烧后其烟气被冷却至原始温度，而其中的水蒸气以凝结水状态排出时所放出的热量。

低热值是指 1m³ 燃气完全燃烧后其烟气被冷却至原始温度，但烟气中的水蒸气仍为蒸气状态时所放出的热量。

高、低热值数值之差为水蒸气的气化潜热。

城镇燃气各种常用的单一可燃气体的热值见表 2-1-1 和表 2-1-2。

2.16.1　混合可燃气体的热值

混合可燃气体的热值可由各单一气体的热值根据混合法则按下式计算：

$$H = \sum H_i r_i \qquad (2-16-1)$$

式中　H——混合可燃气体的高热值或低热值，kJ/m³；

H_i——燃气中第 i 种可燃组分的高热值或低热值，kJ/m^3；

r_i——燃气中第 i 种可燃组分的体积成分。

或由热量计测得。

2.16.2　干、湿燃气的热值

燃气中通常含有水蒸气，计算时可采用 $1m^3$ 湿燃气为基准，或采用 $1m^3$ 干燃气带有 d kg 水蒸气的燃气（简称湿燃气）为基准。采用后者计算的优点是燃气的体积成分不随含湿量的变化而变化。

（1）干燃气高、低热值的换算：

$$H_h^{dr} = H_l^{dr} + 19.59\left(r_{H_2} + \sum \frac{n}{2} r_{C_m H_n} + r_{H_2 S}\right) \qquad (2-16-2)$$

式中　　　H_h^{dr}——干燃气的高热值，kJ/m^3 干燃气；

H_l^{dr}——干燃气的低热值，kJ/m^3 干燃气；

r_{H_2}、$r_{C_m H_n}$、$r_{H_2 S}$——氢、碳氢化合物、硫化氢在干燃气中的体积成分。

（2）湿燃气高、低热值的换算：

$$H_h^w = H_l^w + \left[19.59\left(r_{H_2^w} + \sum \frac{n}{2} r_{C_m H_n} + r_{H_2 S}\right) + 2352 d_g\right]\frac{0.833}{0.833 + d_g}$$

或　　　$$H_h^w = H_l^w + 19.59\left(r_{H_2^w} + \sum \frac{n}{2} r_{C_m H_n^w} + r_{H_2 S^w} + r_{H_2 O^w}\right) \qquad (2-16-3)$$

式中　　　　　　H_h^w——湿燃气的高热值，kJ/m^3 湿燃气；

H_l^w——湿燃气的低热值，kJ/m^3 湿燃气；

d_g——燃气的含湿量，kg/m^3 干燃气；

$r_{H_2^w}$、$r_{C_m H_n^w}$、$r_{H_2 S^w}$、$r_{H_2 O^w}$——氢、碳氢化合物、硫化氢、水蒸气在湿燃气中的体积成分。

（3）干、湿燃气低热值的换算：

$$H_l^w = H_l^{dr} \frac{0.833}{0.833 + d_g}$$

或　　　$$H_l^w = H_l^{dr}\left(1 - \frac{\varphi p_s}{p}\right) \qquad (2-16-4)$$

式中　φ——燃气的相对湿度；

p——燃气的绝对压力，Pa；

p_s——在与燃气相同温度下水蒸气的饱和分压力，Pa。

（4）干、湿燃气高热值的换算：

$$H_h^w = \left(H_h^{dr} + 2352 d_g\right)\frac{0.833}{0.833 + d_g}$$

或　　　$$H_h^w = H_h^{dr}\left(1 - \frac{\varphi p_s}{p}\right) + 1959 \frac{\varphi p_s}{p} \qquad (2-16-5)$$

2.17　燃气爆炸极限与燃气混合安全性[11]

可燃气体与空气混合，经点火发生爆炸所必需的最低可燃气体（体积）浓度，称为爆炸下限；可燃气体与空气混合，经点火发生爆炸所容许的最高可燃气体（体积）浓度，称为爆炸上限。

城镇燃气一般都是包括可燃组分与非可燃组分的多组分气体，是一种"混合型燃气"。城镇燃气还可能由数种混合型燃气混合或由混合型燃气与非可燃气形成"混合燃气"。实质上，"混合型燃气"与"混合燃气"并无不同，单一可燃气组分的燃气是它们的一种特例。通常将"混合型燃气"称为"燃气"。

2.17.1 影响燃气爆炸极限的因素

城市燃气如果泄漏到环境中与空气形成混合物，当燃气在空气中的浓度处于爆炸极限范围内时，有可能产生燃烧爆炸。燃气爆炸极限不是一个固定值，除受气体特性的影响外，还受各种外界因素的影响而变化，主要影响因素有以下各项。

（1）燃气的种类及化学性质

可燃气体的分子结构和反应能力影响其爆炸极限。对于碳氢化合物：具有 C—C 型单键相连的碳氢化合物，由于碳键牢固，分子不易受到破坏，其反应能力较差，因而爆炸上、下限范围小；而具有 C≡C 型三键相连的碳氢化合物，由于碳键脆弱，分子很容易被破坏，化学反应能力较强，因而爆炸上、下限范围较大；对于具有 C＝C 型二键相连的碳氢化合物，其爆炸极限范围介于单键与三键之间。对同一碳氢化合物，随碳原子个数的增加，爆炸极限范围变小。爆炸极限还与导热系数有关，导热系数越大，爆炸极限范围就越大。表 2 - 17 - 1 可以说明这些影响因素。

分子结构与导热系数对爆炸极限的影响　　　　　　　　　　　　　表 2 - 17 - 1

烷烃	导热系数 W/(m·K)	爆炸极限		烯烃	导热系数 W/(m·K)	爆炸极限		炔烃	导热系数 W/(m·K)	爆炸极限	
		下限	上限			下限	上限			下限	上限
甲烷	0.0302	5.0	15.0	—	—	—	—	—	—	—	—
乙烷	0.0186	2.9	13.0	乙烯	0.0164	2.7	34.0	乙炔	0.0187	2.5	80.0
丙烷	0.0151	2.1	9.5	丙烯	140	2.0	11.7	丙炔			1.7
正丁烷	0.0134	1.5	8.5	丁烯	0.0137	1.5	8.9	丁炔			
正戊烷	0.0126	1.4	7.8	戊烯	0.0093	1.4	8.7	戊炔			

（2）可燃气体的纯度

可燃气体的纯度影响其爆炸极限，可燃气体中惰性气体含量增加，将缩小爆炸极限的范围。当惰性气体含量增加到某一值时，混合气体不再发生爆炸。惰性气体的种类不同，对爆炸极限的影响也不同。例如 N_2、CO_2、H_2O 蒸汽和四氯化碳对甲烷爆炸极限的影响依次增大。惰性气体（如 N_2、CO_2、H_2O 蒸汽）对爆炸极限的影响机理是稀释燃气浓度和隔离氧气与燃气的接触（窒息作用），并对燃烧过程有少量的冷却降温作用。当可燃气体含有卤代烷时，不仅对可燃气体燃烧爆炸反应有稀释、隔离和冷却作用，而且更重要的是对燃气的燃烧爆炸反应有化学抑制作用，能显著缩小爆炸极限范围，提高爆炸下限和点火能。因此气体灭火剂大部分都是卤代烷。

在一般情况下，爆炸性混合物中惰性气体含量增加，对其爆炸上限的影响比对爆炸下限的影响更为显著。这是因为在爆炸性混合物中，随着惰性气体含量的增加，氧的含量相对减少，而在爆炸上限浓度下氧的含量本来已经很小，故惰性气体含量稍微增加一点，即产生很大影响，使爆炸上限剧烈下降。

对于爆炸性气体，水等杂质对其反应影响很大。干燥的氢氧混合物在 1000℃ 下也不会产生爆炸。少量的硫化氢会大大降低水煤气及其混合物燃点，加速其爆炸。提高湿度，水蒸气对可燃混合物起稀释和隔离氧气（窒息）作用，使爆炸极限范围变小。

（3）燃气与空气混合的均匀程度

当燃气与空气充分混合均匀时，某一点的燃气浓度达到爆炸极限时，整个混合空间的燃气浓度都达到爆炸极限，燃烧或爆炸反应是在整个混合气体空间同时进行，其反应不会中断，因此爆炸极限范围大；当混合不均匀时，就会产生在混合气体内某些点的燃气浓度达到或超过爆炸极限，而另外一些点的燃气浓度达不到爆炸极限，燃烧或爆炸反应就会中断，因此爆炸极限范围就变小。

（4）点火源的形式、能量和点火位置

点火源的性质对爆炸极限范围的影响是：能量强度越高，加热面积越大，作用时间越长，点火的位置越靠近混合气体中心，则爆炸极限范围越宽。不同点火源具有不同的点火温度和点火能量。如明火能量比一般火花能量大，所对应的爆炸极限范围就大；而电火花虽然能量强度高，如果不是连续的，点火能量就小，所对应的爆炸极限范围也小。表 2-17-2 为点火能量对甲烷（天然气）爆炸极限的影响，随点火能量的增加，爆炸范围明显增大。

<table>
<tr><td colspan="3">点火能量对甲烷空气混合物爆炸极限的影响</td><td>表 2-17-2</td></tr>
<tr><td>点火能量（J）</td><td>爆炸下限（%）</td><td>爆炸上限（%）</td><td>爆炸极限范围（%）</td></tr>
<tr><td>1</td><td>4.9</td><td>13.8</td><td>8.9</td></tr>
<tr><td>10</td><td>4.6</td><td>14.2</td><td>9.6</td></tr>
<tr><td>100</td><td>4.25</td><td>15.1</td><td>10.8</td></tr>
<tr><td>1000</td><td>3.6</td><td>17.5</td><td>13.9</td></tr>
</table>

（5）爆炸容器的几何形状和尺寸

可燃气体爆炸极限是通过容器测量的，不同测试容器的几何形状、尺寸及壁面材料的导热性能，影响测试燃气爆炸极限的大小。容器大小对爆炸极限的影响可从器壁效应解释。燃烧是自由基进行一系列连锁反应的结果。只有自由基的产生数量大于消失数量时，燃烧爆炸反应才能进行。若容器表面积大，壁面材料导热系数大，向外散失的反应热量大，需要维持燃烧或爆炸反应的能量大，不利于自由基的产生，因此爆炸极限范围就小；反之，若容器表面积小，壁面材料导热系数小，向外散失的反应热量小，需要维持燃烧或爆炸反应的能量小，有利于自由基的产生，爆炸极限范围就大。目前测试可燃气体爆炸极限的方法很多，主要有球形密闭的容器、柱状容器和开口玻璃管测试，不同的测试方法和不同的测试条件，所测同一种可燃气体的爆炸极限也略有不同。应采用国标 GB/T12447 规定的空气中可燃气体爆炸极限的测定方法，测定燃气的爆炸极限。

（6）可燃气体与空气混合的温度、压力

提高可燃混合物的温度，可使燃烧或爆炸反应增快，反应温度上升，从而使爆炸极限范围变大。所以，温度升高使可燃气体混合物的爆炸危险性增加。表 2-17-3 列出了初始温度对天然气混合物爆炸极限的影响。

初始温度对天然气混合物爆炸极限的影响 表 2-17-3

初始温度 （℃）	爆炸下限 （%）	爆炸上限 （%）	爆炸范围 （%）	初始温度 （℃）	爆炸下限 （%）	爆炸上限 （%）
20	6.0	13.4	7.4	400	4.00	14.70
100	5.45	13.5	8.05	500	3.65	15.35
200	5.05	13.8	8.75	600	3.35	16.40
300	4.40	14.25	9.85	700	3.25	18.75

提高可燃混合物的压力，其分子间距缩小，碰撞机率增加，反应速度提高，爆炸范围扩大，爆炸上限变化显著，爆炸极限范围增大。表 2-17-4 列出了初始压力对甲烷爆炸极限的影响。在一般情况下，随初始压力的提高，爆炸上限明显提高，但在已知的可燃气体中，只有一氧化碳随初始压力的增加，爆炸极限缩小。

初始压力对甲烷空气混合物爆炸极限的影响 表 2-17-4

初始压力 （MPa）	爆炸下限 （%）	爆炸上限 （%）	爆炸极限 范围（%）	初始压力 （MPa）	爆炸下限 （%）	爆炸上限 （%）	爆炸极限 范围（%）
0.1013	5.6	14.3	8.7	5.056	5.4	29.4	24
1.013	5.9	17.2	11.3	12.66	5.7	45.7	40

初始压力降低，爆炸极限范围缩小。当初始压力降低至某个定值时，爆炸上、下极限重合，此时的压力称为爆炸临界压力。低于爆炸临界压力的系统不爆炸，因此在密闭容器内减压操作对安全有利。

在 0.1~1.0MPa 的压力范围内，低碳氢化合物在氧气中爆炸上限可以用以下实验式进行比较准确的计算。

甲烷： $L_h = 56.0(p - 0.9)^{0.040}$ （2-17-1a）

乙烷： $L_h = 52.5(p - 0.9)^{0.045}$ （2-17-1b）

丙烷： $L_h = 47.7(p - 0.9)^{0.042}$ （2-17-1c）

乙烯： $L_h = 64.0(p - 0.9)^{0.083}$ （2-17-1d）

丙烯： $L_h = 43.5(p - 0.9)^{0.095}$ （2-17-1e）

式中 L_h——可燃气体爆炸上限，%；

    p——压力（绝对），MPa。

目前有关文献发表的关于燃气爆炸极限的数据，多数是用小的点火源进行测量（起爆能量多数小于100J），并且所用的爆炸容器比较小（0.001~0.005m³），而且是在常温下测定。根据有关研究结果表明，起爆能量为10000J、体积为1m³的容器时，确定的参数接近实际情况。因此，在选用有关燃气爆炸极限参数时，应弄清楚测试条件，并考虑安全系数。我国城镇燃气设计规范考虑到燃气与空气的混合均匀性以及由实验测定的爆炸极限与实际有差别，因此规定燃气泄漏到空气中，达到爆炸下限20%浓度时应能觉察或报警；液化石油气混空气中液化石油气的含量必须不小于爆炸上限的2倍。

2.17.2　燃气爆炸极限的计算

2.17.2.1　单质可燃气体

单质可燃气体爆炸极限的计算方法有多种，主要根据完全燃烧反应所需的氧原子数，化学计量浓度，燃烧热等计算出近似值。

（1）按完全燃烧所需氧原子数计算

根据可燃气体燃烧反应所需的氧原子数和热平衡，以及空气中的氧含量，推算出可燃气体的爆炸极限：

$$L_l = \frac{100}{4.76(N-1)+1} \tag{2-17-2}$$

$$L_h = \frac{400}{4.76(N+4)} \tag{2-17-3}$$

式中　N——可燃气体完全燃烧时所需的氧原子数；

　　　L_l——可燃气体爆炸下限，%；

　　　L_h——可燃气体爆炸上限，%。

上述两式一般只适用于烷烃碳氢化合物爆炸极限的估算，不适用于H_2、CO气体的计算。表2-17-5为几种常用燃气爆炸极限的计算结果。从结果可以看出对烷烃气体爆炸下限计算较为准确，在实际工程中可采用；对其他气体计算结果误差较大，不可采用。

几种常用燃气爆炸极限按燃烧氧原子数的计算结果　　　　表2-17-5

名称	试验值（%）下限/上限	计算值（%）	与试验值的绝对偏差（%）	与试验值的相对偏差（%）
CH_4	5.0/15.0	6.5/17.3	-1.5/-2.3	-30/-15
C_2H_6	3.0/12.5	3.4/10.7	-0.4/1.8	-13/14
C_3H_8	2.1/9.5	2.3/7.8	-0.2/1.7	-9.5/17.8
C_3H_6	2.0/11.7	2.56/9.12	-0.56/2.58	-28/22.05
$n-C_4H_{10}$	1.5/8.5	1.7/6.1	-0.2/2.4	-13/28
$i-C_4H_{10}$	1.8/8.5	1.7/6.1	0.1/2.4	5.5/28
C_4H_8	1.6/10.0	1.87/6.54	-0.27/3.46	-16.87/52
$n-C_5H_{12}$	1.3/7.6	1.4/5	-0.1/2.6	-0.77/34

（2）按化学计量浓度计算

所谓化学计量浓度就是可燃气体完全燃烧，按化学反应方程式计算出的可燃气体—空气混合物中可燃气体的浓度。各种可燃气体的化学计量浓度与其热值有关，热值高的可燃气体其燃烧反应所需的理论空气量大，各种可燃气体热值与燃烧反应所需的理论空气量的比值基本相同，因此各种可燃气体的爆炸极限与化学计量浓度的比值应该相同，根据这一理论通过实验数据回归得出如下关系式：

$$L_1 = 0.55 L_{st} \tag{2-17-4}$$

$$L_h = 4.8 L_{st}^{0.5} \tag{2-17-5}$$

式中 L_{st}——燃气的化学计量浓度（体积）。

式（2-17-4）、式（2-17-5）只适用于链烷烃碳氢化合物爆炸极限的估算，不适用于 H_2、CO、烯烃和炔烃等可燃气体的计算。

2.17.2.2 燃气爆炸极限的计算

（1）只含有可燃组分的燃气

对于只含有可燃组分的混合型燃气的爆炸极限可用混合法则（Le Chatelier 法则）计算，当已知每种气体的体积成分和爆炸极限时，其体积成分与爆炸极限之比的和等于混合气体爆炸极限的倒数，即：

$$L = \frac{1}{\sum_{i=1}^{n} \dfrac{r_i}{L_i}} \tag{2-17-6}$$

式中 L——混合气体的爆炸上（下）限，%；

r_i——可燃气体各组分的体积成分；

L_i——可燃气体各组分的爆炸上（下）限，%；

n——可燃气体的组分数。

（2）含有惰性气体组分的燃气

在石油化工和燃气行业一般常采用如下方法计算，将某一惰性气体组分与某一可燃组分组合起来作为一种可燃气体组分，其体积成分为两者体积成分之和，然后根据图 2-16-1 与图 2-16-2 给出的 C_2H_6、C_3H_8、C_3H_6、C_4H_{10}、C_6H_6 八种可燃气体与 CO_2、N_2 及水蒸气三种惰性气体组合的爆炸极限图，查得调整后各组分的爆炸极限，再用公式（2-17-7）计算。

$$L = \frac{1}{\sum_{i=1}^{n} \dfrac{r_i}{L_i} + \sum_{j=1}^{m} \dfrac{r'_j}{L'_j}} \tag{2-17-7}$$

式中 L——燃气体的爆炸上（下）限，%；

r_i——可燃气体各体积组成；

L_i——可燃气体各组分的爆炸上（下）限，%；

n——可燃气体的组分数；

r'_j——由某一可燃气体组分与某一惰性气体组分组成的混合组分在混合气体中的成分；

L'_i——由某一可燃气体组分与某一惰性气体组分组成的混合组分在该混合比时的爆炸上（下）限，%；

m——由可燃气体组分与惰性气体组分组成的混合组分数。

此外还可用下式计算含惰性气体的燃气的爆炸极限：

$$L = L_c \frac{[1/(1-b)] \times 100}{100 + L_c b/(1-b)} \tag{2-17-8}$$

式中 L_c——不含惰性气体的爆炸极限，%；

b——惰性气体体积成分。

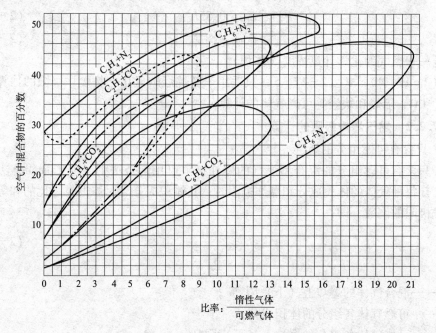

图 2-17-1　C_2H_4、C_2H_6、C_6H_6 与 N_2、CO_2 混合物的爆炸极限

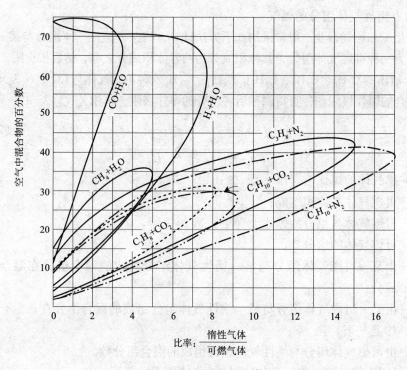

图 2-17-2　CO、H_2、CH_4、C_3H_8、C_4H_{10} 与 H_2O、N_2、CO_2 混合物的爆炸极限

由于式（2-17-8）未考虑不同类型的惰性气体对可燃气体爆炸极限的惰化效率不同，计算误差较大。若将惰性气体都视为 N_2 气，则计算结果会偏保守，因而在工程中有其应用价值。

（3）含有氧气的燃气

混合型燃气中含有氧气时，可认为混入了空气。对含有氧气的燃气，扣除其按空气氧氮比例的空气量，其余组分的爆炸极限即是含有惰性气体组分的燃气的爆炸极限，即燃气的无空气基的爆炸极限，也即是一般所指的"燃气爆炸极限"。因而计算含有氧气的燃气爆炸极限，先扣除含氧量以及按空气氧氮比例求得的氮含量，重新调整可燃气体的体积成分，再按式（2-17-6），式（2-17-7）或式（2-17-8）计算其爆炸极限。可见这是分两步或三步进行的计算。

［例 2-17-1］ 已知燃气的体积成分为：$H_2 = 40\%$、$CO = 10\%$、$CH_4 = 20\%$、（$CO_2 + N_2$）$= 30\%$。求其爆炸极限。

［解］ 第 1 步，调整计算可燃组分含量，计算不含惰性气体的燃气爆炸极限。

可燃组分的总含量为 $100\% - 30\% = 70\%$，调整后各可燃组分含量为：

$$H_2 = \frac{40}{70} = 57.1\% ;$$

$$CO = \frac{10}{70} = 14.3\% ;$$

$$CH_4 = \frac{20}{70} = 28.6\% ;$$

不含惰性气体的燃气爆炸极限，用式（2-17-6）：

$$L_1 = \frac{100}{\frac{57.1}{4} + \frac{14.3}{12.5} + \frac{28.6}{5}} = 4.73\%$$

$$L_h = \frac{100}{\frac{57.1}{75.9} + \frac{14.3}{74.2} + \frac{28.6}{15}} = 35.07\%$$

第 2 步，计算含有惰性气体时的燃气爆炸极限，用式（2-17-8）：

$$L_{i,1} = 4.73 \frac{\left(\frac{1}{1-0.3}\right)100}{100 + 4.73\left(\frac{0.3}{1-0.3}\right)} = 6.6\%$$

$$L_{i,h} = 35.07 \frac{\left(\frac{1}{1-0.3}\right)100}{100 + 35.2\left(\frac{0.3}{1-0.3}\right)} = 43.53\%$$

［例 2-17-2］ 已知燃气的体积成分为 $r_{CO_2} = 5.75\%$，$r_{C_3H_6} = 5.3\%$，$r_{O_2} = 1.7\%$，$r_{CO} = 8.4\%$，$r_{H_2} = 20.93$，$r_{CH_4} = 18.27\%$，$r_{N_2} = 39.7\%$。求该燃气的爆炸极限。

［解］ 第 1 步，根据空气中 O_2/N_2 气体的比例，扣除相当于 1.7% O_2 所需的 N_2 含量后，则燃气中所余 N_2 的成分为

$$\frac{1}{100}\left(39.7 - 1.7 \times \frac{79}{21}\right) = 33.3\%$$

第 2 步，剩下气体的成分为

$$\frac{1}{100}\left(100 - 1.7 \times \frac{79}{21} - 1.7\right) = 91.9\%$$

重新调整混合气体的体积成分，得到

$r_{CO_2} = 5.75/91.9 = 6.2\%$，$r_{C_3H_6} = 5.77\%$，$r_{CO} = 9.14\%$，$r_{H_2} = 22.78$，$r_{CH_4} = 19.9\%$，$r_{N_2} = 33.3/91.9 = 36.2\%$。

第 3 步，按含有惰性气体的可燃混合气体组合爆炸极限的计算方法进行计算：

$$r_{H_2} + r_{N_2} = (22.78 + 36.2)\% = 58.98\%，\quad \frac{r_{N_2}}{r_{H_2}} = \frac{36.2}{22.78} = 1.589$$

$$r_{CO} + r_{CO_2} = (9.14 + 6.2)\% = 15.34\%，\quad \frac{r_{CO_2}}{r_{CO}} = \frac{9.14}{6.2} = 0.678$$

由图 2 - 17 - 1 查得各混合组分在上述混合比时的爆炸极限相应为 11% ~ 75% 和 22% ~ 68%。

由表 2 - 1 - 2 查得甲烷的爆炸极限为 5.0% ~ 15%，丙烯 C_3H_6 的爆炸极限为 2.0% ~ 11.7%。

按式（2 - 17 - 7），燃气爆炸极限为

$$L_1 = \frac{100}{\dfrac{15.34}{22} + \dfrac{58.98}{11} + \dfrac{19.9}{5.0} + \dfrac{5.77}{2.0}} \approx 7.74\%$$

$$L_h = \frac{100}{\dfrac{15.34}{68} + \dfrac{58.98}{75} + \dfrac{19.9}{15} + \dfrac{5.77}{11.7}} \approx 35.31\%$$

2.17.2.3 燃气整体爆炸极限

需注意到，如上段所指出的，扣除了按空气氧氮比例空气量求得的爆炸极限是"无空气基燃气的爆炸极限"，即是通常所称的"燃气爆炸极限"，不是就原燃气全部组分（包含空气）整体的浓度界定的爆炸极限。我们定义按原燃气整体的浓度界定的爆炸极限为"整体爆炸极限"。

实际上，燃气"整体爆炸极限"有重要的工程意义，例如考虑燃气加臭问题，燃气中掺入加臭剂量的计算和运行控制都涉及燃气"整体爆炸极限"。燃气整体爆炸极限由下式计算：

$$L_T = L \frac{1}{1 - r_A} \tag{2 - 17 - 9}$$

$$r_A = 4.76 r_O$$

式中　L_T——燃气整体爆炸极限，%；

　　　L——燃气爆炸极限（无空气基燃气的爆炸极限），%；

　　　r_A——燃气整体中的折算空气含量；

　　　r_O——燃气整体中的氧含量。

[例 2 - 17 - 3]　计算丙烷—空气混合气的整体爆炸极限，丙烷：空气 = 50% : 50%。

[解]　混合气中氧含量 $r_O = 0.21 \times 0.5 = 0.105$，或直接已知 $r_A = 0.5$，混合气的爆炸上限即丙烷的爆炸上限，$L_h = 9.5\%$。由式（2 - 17 - 9）计算得混合气的整体爆炸上限：

$$L_{Th} = 9.5 \frac{1}{1 - 0.5} = 19\%$$

2.17.2.4 燃气爆炸极限的直接计算

现在考虑最一般的含有惰性气体和氧气的混合型燃气。基于式（2-17-8），将各惰性气体都看为 N_2，作者推得下列燃气爆炸极限的直接计算公式：

$$L = \frac{(1 - 4.76 r_0)}{\sum\limits_{k=1}^{m} \dfrac{r_k}{L_k + 0.01}(r_N - 3.76 r_0)} \qquad (2-17-10)$$

式中　L——含惰性气体的燃气的爆炸极限（上限或下限），%；

　　　L_k——燃气中可燃气组分的爆炸极限（上限或下限），%；

　　　r_k——燃气中可燃气组成分；

　　　r_o——燃气中氧气组成分；

　　　r_N——燃气中惰性气组成分。

　　　m——燃气中可燃气组成分。

［例 2-17-4］　对［例 2-17-1］的数据用式（2-17-10）再作计算。

［解］　　$L_h = \dfrac{(1 - 4.74 \times 0)}{\left(\dfrac{0.4}{75.9} + \dfrac{0.1}{74.2} + \dfrac{0.2}{15}\right) + 0.01\ (0.3 - 3.76 \times 0)} = 43.57\%$

比较［例 2-17-1］的计算过程，可看到直接计算公式计算过程简单，无调整换算误差。

［例 2-17-5］对［例 2-17-2］的数据用式（2-17-10）再作计算。

［解］

$$L_h = \frac{(1 - 4.76 \times 0.017)}{\left(\dfrac{0.2093}{75.9} + \dfrac{0.084}{74.2} + \dfrac{0.1827}{15} + \dfrac{0.053}{11.7}\right) + 0.01\ (0.3 - 3.76 \times 0.017)} = 37.46\%$$

$$L_1 = \frac{(1 - 4.76 \times 0.017)}{\left(\dfrac{0.2093}{4.0} + \dfrac{0.084}{12.5} + \dfrac{0.1827}{5.0} + \dfrac{0.053}{2.0}\right) + 0.01\ (0.3 - 3.76 \times 0.017)} = 7.29\%$$

比较［例 2-17-2］的计算过程，可看到直接计算公式计算过程简单，无组分组合计算及查图偏差。

爆炸极限计算结果：直接计算（7.3，37.5），组合计算（7.7，35.3）。可见直接计算公式是偏保守的（由图 2-17-1，图 2-17-2 都可看到 CO_2 相对于 N_2 对可燃气体从上、下限两个方向有更显著的缩小爆炸极限范围的作用）。

2.17.3　混合燃气爆炸极限函数

考虑多种燃气混合。对 n 种燃气的混合燃气，设各种燃气所占分数分别为：

$$y_1,\ y_2 \cdots y_j \cdots y_{n-1},\ y_n$$

$$\because \qquad \sum_{j=1}^{n-1} y_j + y_n = 1$$

$$y_n = 1 - \sum_{j=1}^{n-1} y_j$$

记　　　　　　　$Y = (y_1, y_2 \cdots y_j \cdots y_{n-1})$

式中　y_j——混合燃气中，参与混合的第 j 种燃气所占分数；

　　　y_n——混合燃气中，参与混合的第 n 种燃气所占分数；

　　　Y——$n-1$ 种参与混合的燃气在混合燃气中的分数向量。

每种燃气可能含有 m 种可燃组分，以及 O_2，代表惰性气体的 N_2。

第 j 种燃气中第 i 种可燃组分成分为 r_{ij}，O_2 成分为 r_{0j}，N_2 成分为 r_{Nj}

记

$$\Delta r_{ij} = r_{ij} - r_{in} \quad (i = 1, 2 \cdots m \quad j = 1, 2 \cdots n-1)$$

$$\Delta r_{Nj} = r_{Nj} - r_{Nn}$$

$$\Delta r_{0j} = r_{0j} - r_{0n}$$

$$\sum\nolimits_{\Delta j} = \sum_{i=1}^{m} \frac{\Delta r_{ij}}{L_i}$$

$$\sum\nolimits_{n} = \sum_{i=1}^{m} \frac{r_{in}}{L_i}$$

式中　r_{ij}——第 j 种参与混合的燃气的第 i 种可燃组分成分；

　　　r_{Nj}——第 j 种参与混合的燃气的惰性气体组分成分；

　　　r_{0j}——第 j 种参与混合的燃气的氧气组分成分；

　　　r_{in}——第 n 种参与混合的燃气的第 i 种可燃组分成分；

　　　r_{Nn}——第 n 种参与混合的燃气的惰性气体组分成分；

　　　r_{0n}——第 n 种参与混合的燃气的氧气组分成分。

按燃气爆炸极限的定义，对 n 种燃气的混合，本书作者得到用 n 种参与混合的燃气各燃气成分表示的混合燃气爆炸极限多元函数 $L(Y)$ 的表达式：

$$L(Y) = \frac{100 \left[1 - 4.76 r_{0n} - 4.76 \sum\limits_{j=1}^{n-1} (y_j \Delta r_{0j}) \right]}{\sum\limits_{j=1}^{n-1} \left[y_i \left(100 \sum\nolimits_{\Delta j} + \Delta r_{Nj} - 3.76 \Delta r_{0j} \right) \right] + \left(100 \sum\nolimits_{n} + r_{Nn} - 3.76 r_{0n} \right)}$$

$$(2-17-11a)$$

采用符号：

$$A(Y) = 100 \times 4.76 \sum_{j=1}^{n-1} (y_j \Delta r_{0j})$$

$$B = 100 \times (1 - 4.76 \Delta r_{0n})$$

$$E(Y) = \sum_{j=1}^{n-1} \left[y_j \left(100 \sum\nolimits_{\Delta j} + \Delta r_{Nj} - 3.76 \Delta r_{0j} \right) \right]$$

$$F = 100 \sum\nolimits_{n} + r_{Nn} - 3.76 r_{0n}$$

式 (2-17-11a) 简写为

$$L(Y) = \frac{B - A(Y)}{E(Y) + F} \qquad (2-17-11b)$$

可以用式 (2-17-11a) 简明的由各参与混合的燃气组分的成分直接计算混合燃气的爆炸极限函数值。鉴于式 (2-17-11a) 是 Y 的函数，公式 (2-17-11a) 即描述了燃气混合动态过程中，参与混合的各燃气分数不断变化导致混合燃气爆炸极限的连续数值变化。因而它可用于对燃气混合的安全性问题的研究。

2.17.4 燃气混合安全性定律[11]

在实际工作中，可能遇到数种燃气混合形成新的混合燃气的情况。多种燃气，例如，两种燃气经过混合形成某一比例的混合燃气要经历一个变化过程。若规定其中一种燃气混合后最终分数是 y^*，则混合过程不会立即完成，而是要经历由 $y = 0$ 到 y^*，或 $y = 1$ 到 y^*，即混合是一种动态过程。混合燃气的爆炸极限因而是参与混合的燃气的分数的函数，表达如式（2-17-11a）。

"燃气的浓度"定义为燃气中不包括空气的其余组分（即无空气基）占该燃气全部组分的百分数。

燃气是否安全是指燃气的浓度是否高于燃气爆炸上限（或低于爆炸下限）。燃气混合是否安全是指混合过程自始至终燃气的浓度是否高于燃气爆炸上限（或低于爆炸下限）。燃气混合安全性定律直接给出了对这一问题的回答。实际工程问题中，对燃气混合安全性只需考虑混合燃气（无空气）浓度高出爆炸上限。

对于由多种燃气混合的混合燃气，（无空气）燃气的浓度为

$$C(Y) = 100 \left[1 - 4.76 r_{On} - 4.76 \sum_{j=1}^{n-1} (y_j \Delta r_{0j}) \right] \qquad (2-17-12a)$$

式中 $C(Y)$——混合燃气的浓度（混合燃气扣除折算空气的组分相对于全体混合燃气的百分数），%。

式（2-17-12）可写为：

$$C(Y) = B - A(Y) \qquad (2-17-12b)$$

燃气的浓度与燃气爆炸极限之差称为"浓度差"。对多种燃气混合的混合燃气由于燃气混合比例是变化的，因而浓度差是一个函数，称为"浓度差函数"。

多种燃气混合的混合燃气的浓度与混合燃气爆炸上限的浓度差函数由式（2-17-11b）、式（2-17-12b）得出

$$\Delta C(Y) = [B - A(Y)] \left[1 - \frac{1}{E(Y) + F} \right] \qquad (2-17-13)$$

式中 $\Delta C(Y)$——混合燃气的浓度与混合燃气爆炸上限的浓度差函数，%。

作者提出燃气混合安全性定律，表达式为

$$[\Delta C(y_1, y_2 \cdots y_{n-1}) \geq \Delta C_S] \mid (\Delta C_{min} \geq \Delta C_S) \qquad (2-17-14)$$

其中

$$\Delta C_{min} = Min(\Delta C_1, \Delta C_2 \cdots \Delta C_n)$$

式中 ΔC_S——规定的安全浓度差，%；

ΔC_1，$\Delta C_2 \cdots \Delta C_n$——参与混合的各燃气的浓度差，%；

ΔC_{min}——参与混合的各燃气的浓度差的最小值，%。

即：参与混合的燃气各单独存在时，其浓度差中的最小者大于或等于对混合燃气所规定的安全浓度差时，则它们的混合过程形成的混合燃气的浓度差函数值总是大于或等于安全浓度差，即燃气混合是动态安全的。

2.18 天然气含水量、水合物

2.18.1 气体在水中的溶解度

气体在水中的溶解度与气体性质，压力及温度有关。在大多数情况下；气体的溶解度

随温度的升高而降低。在一定的温度条件下，气体的溶解度一般随压力的升高而增加。

常压下某些烃类以及氢、二氧化碳气体在水中的溶解度如图 2-18-1 所示。

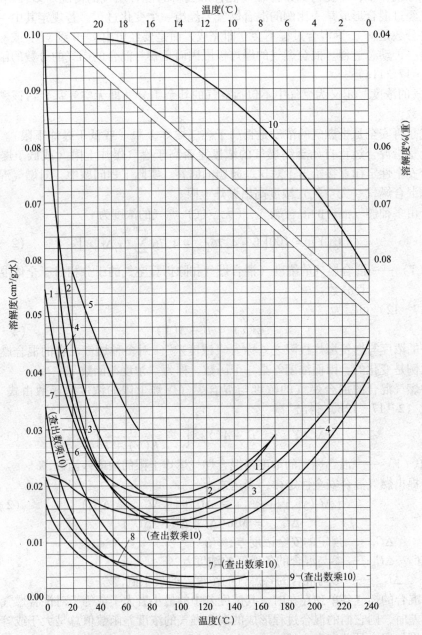

图 2-18-1　常压下烃类、氧、二氧化碳在水中的溶解度

1—甲烷；2—乙烷；3—丙烷；4—正丁烷；5—正戊烷；6—异丁烷；

7—异丁烯；8—乙烯；9—二氧化碳；10—丙烯；11—氢

2.18.2　水在液态烃中的溶解度

水在液态烃中的溶解度与烃的种类、温度及压力有关。在饱和蒸气压力下水在液态烃中的溶解度如图 2-18-2 所示。

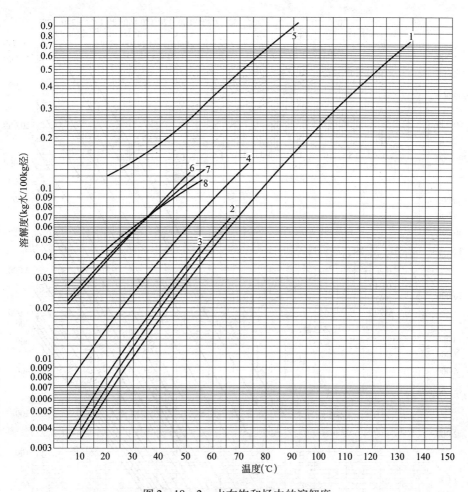

图 2-18-2　水在饱和烃中的溶解度

1—正丁烷；2—异丁烷；3—正戊烷；4—丙烷；5—丙烯；6—异丁烯；7—丁烯-1；8—丁烯-2

　　一般情况下，气态烃比液态烃的饱和含水量要大得多。气态丙烷和液态丙烷在不同温度下饱和含水量的比值如表 2-18-1 所示。

气态丙烷和液态丙烷在不同温度下饱和含水量的比值 b　　表 2-18-1

温度（℃）	5	10	15	20	25	35	45
b	8.2	7.1	6.3	5.7	5.2	4.3	4.1

2.18.3　计算法确定天然气的含水量

　　水可以以气相或液滴形式在天然气中夹带着。天然气的含水气量和天然气的压力、温度、组分有关，可用绝对湿度和相对湿度来描述。

　　在任意给定的温度和压力条件下，气体可以保持一个最大的水汽量。当气体在给定温度和压力条件下含有最大的水汽量时（即达到相平衡时气相中的含水汽量），就是处于完

全饱和状态。在该压力下的饱和温度就是气体的露点。天然气的水汽含量在图 2－18－3

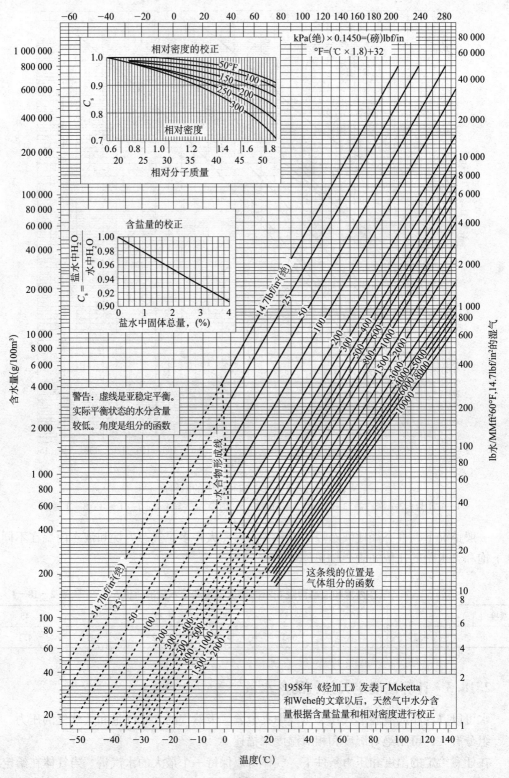

图 2－18－3　不同压力和温度下天然气的含水量

中给出。从图中可看出，保持饱和水蒸气的体积和压力不变，在较低温度下，由于气体容纳水的能力下降，水将凝析出来。如果体积和温度保持不变，而使压力上升，同样水将凝析出来。

天然气的水露点温度是指在一定压力下天然气中，水汽开始冷凝结露的温度。天然气的饱和含水量可通过查图和计算得到。

（1）计算图算法

如图 2-18-3 所示为 1958 年 M-W（Mcketta-Wehe）提出的饱和含水量计算图。该图中曲线是按天然气相对密度为 0.6，并与纯水接触制定的。因此，若天然气的相对密度不为 0.6 或含有盐时，需要进行修正，其修正公式为

$$W = C_G C_S W_0 \qquad (2-18-1)$$
$$C_G = 1.01532 + 0.001T - 0.0182\Delta_* - 0.00142T\Delta_*$$
$$C_S = 1 - 0.02247S$$
$$\ln W_0 = a_0 + a_1 T + a_2 T^2$$

式中　　W——校正后天然气含水量，mg/m^3；

$\quad$ W_0——相对密度为 0.6，不含盐时天然气含水量，mg/m^3；

$\quad$ C_G——相对密度修正系数；

$\quad$ C_S——含盐量修正系数；

$\quad$ Δ_*——天然气的相对密度。

$\quad$ S——天然气中水的含盐量；

a_0，a_1，a_2——与压力有关的系数，参见文献 [10]。

同时，该图只适用于天然气中酸性气体含量小于 5% 的天然气，否则也需进行修正。其修正公式可按坎贝尔（Camnbell）公式计算：

$$W = m_C W_C + m_{H_2S} W_{H_2S} + m_{CO_2} W_{CO_2} \qquad (2-18-2)$$

式中　　W——天然气实际含水量，mg/m^3；

$\quad$ W_C——天然气中无酸性气体的含水量，mg/m^3；

$\quad$ W_{H_2S}——天然气中 H_2S 的含水量，由图 2-18-4 确定，mg/m^3；

$\quad$ W_{CO_2}——天然气中 CO_2 的含水量，由图 2-18-5 确定，mg/m^3；

$\quad$ m_C——天然气中烃类物质的摩尔成分；

$\quad$ m_{H_2S}——天然气中 H_2S 的摩尔成分；

$\quad$ m_{CO_2}——天然气中 CO_2 的摩尔成分。

（2）公式计算法

天然气中含水量也可按下式计算：

$$W = 1.6017AB^{(1.8t+32)} \qquad (2-18-3)$$

$$A = \sum_{i=1}^{4} a_i \left(\frac{0.145p - 350}{600} \right)^{i-1} \qquad (2-18-4)$$

$$B = \sum_{i=1}^{4} b_i \left(\frac{0.145p - 350}{600} \right)^{i-1} \qquad (2-18-5)$$

式中　　W——天然气中含水量，mg/m^3；

$\quad t$——系统温度，℃；

$\quad A$，B——与压力有关的系数；

$\quad p$——系统压力，kPa；

$\quad a_i$，b_i——系数，见表 2 - 18 - 2。

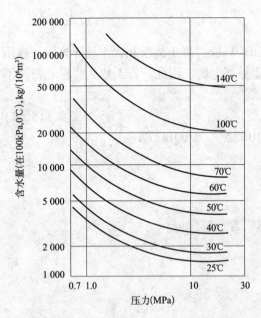 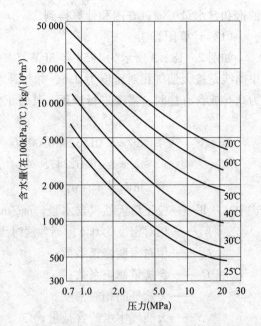

图 2 - 18 - 4　饱和天然气中 H_2S 的含水量　　　图 2 - 18 - 5　饱和天然气中 CO_2 的含水量

计算系数　　　　　　　　　　　　　表 2 - 18 - 2

系数	温度范围	
	$t < 37.78$℃	37.78℃ $\leqslant t \leqslant 82.22$℃
a_1	4.34322	10.38157
a_2	1.35912	− 3.41588
a_3	− 6.82391	− 7.93877
a_4	3.95407	5.8495
b_1	1.03776	1.02674
b_2	− 0.02865	− 0.01235
b_3	0.04198	0.02313
b_4	− 0.01945	− 0.01155

2.18.4　天然气水合物的生成

天然气的主要组成是甲烷，还有少量的乙烷、丙烷、丁烷及惰性气体。这些碳氢化合物中的水分超过一定的含量，在一定的温度压力条件下，水能与液相和气相的碳氢化合物生成结晶水合物 $C_nH_m \cdot xH_2O$（对于甲烷，$x = 6 \sim 7$；乙烷，$x = 6$；丙烷及异丁烷，$x =$

17）。水合物在聚集状态下是白色的结晶体，或带铁锈色。依据它的生成条件，一般水合物类似于冰或致密的雪。水合物是不稳定的结合物，在低压或高温的条件下易分解为气体和水。

在湿天然气中形成水合物的主要条件是压力和温度。图2-18-6给出天然气各组分形成水合物的压力、温度范围。图中曲线是形成水合物的界限，曲线左边是水合物存在的区域，右边是水合物不存在的区域。曲线的右端点是水合物存在的临界区域，高于此温度在任何高压力下都不能形成水合物。这个温度如下：甲烷21.5℃、乙烷14.5℃、丙烷5.5℃、丁烷1.9℃。

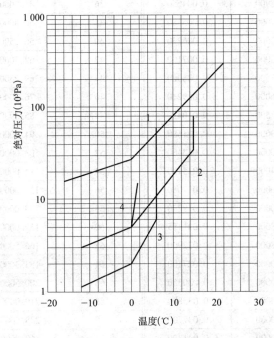

图2-18-6　水合物生成条件
1—甲烷；2—乙烷；3—丙烷；4—丙烯

由图2-18-6可知，水合物的形成与天然气的组成、温度、水蒸气的含量和密度等因素有关。在同样温度下形成较重的烃类水合物所需的压力低。在湿天然气中形成水合物的次要条件是：含有杂质、高速、紊流、脉动（例如由往复式压缩机引起的），急剧转弯等因素。

如果天然气被水蒸气饱和，即输气的温度等于湿气露点的温度，则水合物即可以形成，因为混合物中水蒸气分压远超过水合物的蒸气压。但如果降低气体中水分含量使得水蒸气分压低于水合物的蒸汽压，则水合物就不会生成。高压输送天然气并且管路中含有足够水分时，会遇到生成水合物问题。

判断天然气是否被水蒸气饱和，可按式（2-18-6）确定天然气的饱和含水量

$$W = \left(\frac{0.08907A}{P} + B \right) C_S \qquad (2-18-6)$$

$$C_S = D_1 - D_2 \Delta_* + D_3 \Delta_*^2 - D_4 \Delta_*^3$$

式中　　A、B——与天然气温度有关的系数，见表2-18-3；

P——天然气的绝对压力，MPa；

C_S——与天然气相对密度有关的系数；

D_1、D_2、D_3、D_4——与天然气温度有关系数，见表 2-18-4；

Δ_*——天然气的相对密度。

系数 A、B　　　　　　表 2-18-3

温度（℃）	A	B	温度（℃）	A	B
-40	0.145100	0.003470	32	36.100000	0.189500
-38	0.178000	0.004020	34	40.500000	0.207000
-36	0.218900	0.004650	36	45.200000	0.224000
-34	0.267000	0.005380	38	50.800000	0.242000
-32	0.323500	0.006230	40	56.250000	0.263000
-30	0.393000	0.007100	42	62.700000	0.285000
-28	0.471500	0.008060	44	69.250000	0.310000
-26	0.566000	0.009210	46	76.70000	0.3350000
-24	0.677500	0.010430	48	85.290000	0.363000
-22	0.809000	0.011680	50	94.000000	0.391000
-20	0.960000	0.013400	52	103.000000	0.422000
-18	1.144000	0.015100	54	114.000000	0.454000
-16	1.350000	0.017050	56	126.000000	0.487000
-14	1.590000	0.019270	58	138.000000	0.521000
-12	1.868000	0.021155	60	152.000000	0.562000
-10	2.188000	0.022900	62	166.500000	0.599000
-8	2.550000	0.027100	64	183.300000	0.645000
-6	2.990000	0.030350	66	200.500000	0.691000
-4	3.480000	0.033800	68	219.000000	0.741000
-2	4.030000	0.037700	70	238.500000	0.793000
0	4.670000	0.041800	72	260.000000	0.841000
2	5.400000	0.046400	74	283.000000	0.902000
4	6.225000	0.051500	76	306.000000	0.965000
6	7.150000	0.057100	78	335.000000	1.023000
8	8.200000	0.063000	80	363.000000	1.083000
10	9.390000	0.069600	82	394.000000	1.148000
12	10.720000	0.076700	84	427.000000	1.205000
14	12.390000	0.085500	86	462.000000	1.250000
16	13.940000	0.093000	88	501.000000	1.290000
18	15.750000	0.102000	90	537.500000	1.327000
20	17.870000	0.112000	92	528.500000	1.367000
22	20.150000	0.122700	94	624.000000	1.405000
24	22.800000	0.134300	96	672.000000	1.445000
26	25.500000	0.145300	98	525.000000	1.487000
28	28.700000	0.159500	100	776.000000	1.530000
30	32.300000	0.147000	110	1093.000000	2.620000

系数 D_1、D_2、D_3、D_4　　　　　　　　　　表 2-18-4

温度（℃）	D_1	D_2	D_3	D_4
10	1.04345	0.13006	0.12798	0.05208
30	1.04393	0.12292	0.11607	0.05208
60	1.09726	0.26855	0.23214	0.08681
90	1.07500	0.17381	0.11161	0.05208
120	1.11726	0.27073	0.16815	0.06944
150	1.14071	0.34048	0.241707	0.10417

工程计算时，A、B 也可按式（2-18-7）与式（2-18-8）计算：

$$A = \exp(-14.647619x^4 + 82.110849x^3 - 181.003678x^2 + 194.078257x - 78.994983)$$
$$(2-18-7)$$

$$B = 27.776794x^4 - 97.1202379x^3 + 128.371423x^2 - 75.899043x + 16.913013$$
$$(2-18-8)$$

$$x = T/273;$$

式中　T——天然气温度，K。

对于被水饱和的天然气，可以用平衡压力判断水合物是否生成。天然气低于该平衡温度下的平衡压力就不能生成水合物。平衡压力的计算公式如下：

$$p_L = E_1 + E_2t + E_3t^2 + E_4t^3 \qquad (2-18-9)$$

式中　　　　p_L——平衡压力（绝对），MPa；

E_1、E_2、E_3、E_4——与天然气温度、相对密度有关的系数，见表 2-18-5；

　　　　　　t——天然气温度，℃。

系数 E_1、E_2、E_3、E_4　　　　　　　　　　表 2-18-5

相对密度	$-12℃ \leqslant t < 0℃$				$0℃ \leqslant t < 15℃$				$15℃ \leqslant t < 25℃$			
	E_1	E_2	E_3	E_4	E_1	E_2	E_3	E_4	E_1	E_2	E_3	E_4
0.555	2.55	0.098	0.002	0	2.55	0.22467	0.0172	0.00093	2.08	0.943	-0.0926	0.0052
0.6	0.98	0.039	0.001	0	0.98	0.136	-0.0002	0.00092	-39.15	9.09633	-0.6464	0.01607
0.7	0.67	0.03	0.0008	0	0.67	0.09633	-0.0004	0.00071	-35.73	8.241	-0.5894	0.01456
0.8	0.51	0.02	0.0004	0	0.51	0.088	-0.0034	0.00076	-24.05	5.68533	-0.4178	0.01079
0.9	0.41	0.015	0.0002	0	0.41	0.056	0.0012	0.00048	-20.66	4.94967	-0.3696	0.00969
1.0	0.35	0.012	0.0001	0	0.35	0.050	-0.0004	0.00048	-19.29	4.63733	-0.349	0.00919

在天然气—水合物共存时，水合物具有一定的饱和水蒸气压力，由于水蒸气耗于生成水合物，因此会小于同温度下天然气—水共存时的饱和水蒸气压力，由此可推算水合物生成量。

天然气—水合物共存时，水合物的饱和水蒸气压力：

$$p_{sh} = 266.64 + 38.22t + 3.1998t^2 - 0.0356t^3 \qquad (2-18-10)$$

式中　p_{sh}——天然气—水合物共存时，水合物的饱和水蒸气压力，Pa。

天然气—水共存时，水的饱和水蒸气压力：

$$p_{sw} = 599.95 + 91.1063t - 6.666t^2 + 0.3556t^3 \qquad (2-18-11)$$

式中　p_{sw}——天然气—水共存时，水的饱和水蒸气压力，Pa。

生成水合物的水蒸气耗量：

$$W_h = W\left(1 - \frac{P_{sh}}{p_{sw}}\right) \qquad (2-18-12)$$

式中　W_h——单位体积天然气耗于生成水合物的水蒸气量，g/m^3。

生成水合物的体积量：

$$V_h = \frac{W_h q}{\rho} \qquad (2-18-13)$$

式中　V_h——生成水合物量，m^3/d；

　　　q——天然气流量，m^3/d；

　　　ρ——水合物密度，$\rho = (0.88 \sim 0.9) \times 10^6$ g/m^3。

参考文献

［1］哈尔滨建筑工程学院等．燃气输配［M］．北京：中国建筑工业出版社，1981．

［2］姜正候．燃气工程技术手册［M］．上海：同济大学出版社，1993．

［3］严铭卿，廉乐明等．天然气输配工程［M］．北京：中国建筑工业出版社，2005．

［4］严铭卿，宓亢琪，田贯三，黎光华等．燃气工程设计手册［M］．北京：中国建筑工业出版社，2009．

［5］项红卫．流体的热物理化学性质［M］．北京，科学出版社，2003．

［6］Hanley H. J. , McCarty R. D. Equations for the Viscosity and Thermal Conductivity Coefficients of Methane［J］. Cryogenics, 1975：413 ~ 418.

［7］童景山，流体的热物理性质［M］．北京，中国石化出版社，1996．

［8］严铭卿．液化石油气露点的直接计算．［J］．煤气与热力，1998，(3)：20-23．

［9］李斯特．工程热力学［M］．北京：机械工业出版社，1992．

［10］项友谦，严铭卿等．混合燃气爆炸极限的确定［J］．煤气与热力，1992 (6)：40-45．

［11］严铭卿．燃气混合安全性动态分析［J］．煤气与热力，1994（矿井气利用增刊）：96-110．

［12］K. S. 佩德森．石油与天然气的性质［M］．郭天民译，北京：中国石化出版社，1992．

［13］王福安，化工数据导引［M］．北京：化学工业出版社，1995．

［14］李玉星，姚光镇．输气管道设计与管理［M］．北京：中国石油大学出版社，2009．

［15］宓亢琪．天然气长输管道中水化物生成的分析与控制［J］．煤气与热力，2002 (5)：396-399．

第3章 城镇燃气用气负荷

3.1 城镇燃气用气负荷的定义及分类

3.1.1 城镇燃气用气负荷的定义

燃气系统终端用户对燃气的需用气量形成燃气系统最基本的负荷，即燃气用气负荷，简称燃气负荷。传统上采用燃气用气量，或燃气需用量的术语。用户对燃气的需用不只是一个在一定时段内的某一用气数量，同时具有随时间变化的形态。终端用户对燃气一个时段内的需用量以及用气量随时间的变化统可以称为燃气负荷。燃气负荷数据对项目规划、工程设计中设施和设备容量的确定、运行与调度以及工程技术分析都具有根本性意义。在进行城镇燃气系统设计时，首先要确定燃气用气负荷，这是确定气源供应、管网规模和设备容量的依据。

城镇燃气用气负荷主要取决于用户类型、用户数量及用气量指标。

3.1.2 燃气用户分类

燃气用户用气数量和用气特点有很大的不同，因而形成的用气负荷有不同的类型，有必要对燃气用户用气进行分类：

（1）居民生活用气。用于居民家庭炊事及制备热水等的燃气（不包括采暖通风和空调用气）；

（2）商业用气。用于商业用户（含公共建筑用户）生产和生活的燃气（不包括采暖通风和空调用气）。

（3）工业企业生产用气。工业企业生产设备和生产过程作为原料或燃料的用气。当以煤或油品为原料生产用于化工的原料气体时，其生产设备为化工生产系统的一部分，独立于城镇燃气系统，因而不属于燃气系统范畴。以天然气为原料的化工原料用气一般从天然气长输管线系统直供。

（4）采暖通风和空调用气。指上述三类用户中较大型采暖通风和空调设施的用气。

（5）燃气汽车用气。燃气汽车在近年得到了很大的发展，燃气汽车用气量有望出现显著增长。

（6）电站用气。电站采用城镇燃气用来发电或供热时所需的用气量。

（7）其他用气。

3.1.3 天然气的应用领域

综合考虑天然气利用的社会效益、环保效益和经济效益等各方面因素，并根据不同用户的用气特点，将天然气利用领域归纳为 4 大类，即城镇燃气，城镇燃气采暖、空调与工业燃料，天然气发电与天然气化工，煤炭基地基荷天然气发电与制甲醇化工。

1. 城镇燃气应用

（1）城镇（尤其是大中城市）居民炊事、生活热水等用气；

（2）公共服务设施（机场、政府机关、职工食堂、幼儿园、学校、宾馆、酒店、餐饮业、商场、写字楼等）用气；

（3）天然气汽车（尤其是双燃料汽车）；

（4）分布式热电联产、热电冷联产用气。

2. 城镇燃气采暖、空调与工业应用

（1）集中式采暖用气（指中心城区的中心地带）；

（2）分户式采暖用气；

（3）中央空调；

（4）工业燃料：

1）建材、机电、轻纺、石化、冶金等工业领域中以天然气代油、液化石油气项目；

2）建材、机电、轻纺、石化、冶金等工业领域中环境效益和经济效益较好的以天然气代煤气项目；

3）建材、机电、轻纺、石化、冶金等工业领域中可中断的用户。

（5）天然气调峰发电。重要用电负荷中心且天然气供应充足的地区，建设利用天然气调峰发电。

（6）天然气化工：

1）用气量不大、经济效益较好的天然气制氢；

2）以不宜外输或上述（1）、（2）类用户无法消纳的天然气生产氮肥。

3. 天然气发电与天然气化工应用

（1）非重要用电负荷中心利用天然气发电；

（2）天然气化工：

1）已建的合成氨厂以天然气为原料的扩建、合成氨厂煤改气；

2）以甲烷为原料，一次产品包括乙炔、氯甲烷等的碳一化工；

3）除第 a. 项以外的新建以天然气为原料的合成氨。

4. 煤炭基地基荷天然气发电与制甲醇化工应用

（1）大型煤炭基地所在地区建设基荷燃气发电；

（2）天然气制甲醇化工：

1）新建或扩建天然气制甲醇；

2）以天然气代煤制甲醇。

将天然气应用领域归类，是在一定时期，一定天然气资源以及一定能源背景条件下，综合考虑天然气利用的社会效益、环保效益和经济效益等各方面因素，并根据不同用户的用气特点，给出的天然气利用优先次序。它表明从国家整体利益出发，为对天然气商品在市场中流通进行监控实行的限制性原则。

3.2 城镇燃气负荷的指标和参数

在工程应用中对燃气负荷已经形成了一定的指标系统。通过这种指标系统，使用户对燃气的需用，规范地表达成一组基础参数。燃气负荷指标和参数系统包括用于确定用气量的用气量指标（又称用气定额），与反映用气工况的不均匀系数、高峰系数和同时工作系数等两类指标以及城镇燃气年用气量，小时计算流量，储气容积等参数。

3.2.1 用气量指标及制订

3.2.1.1 用气量指标

用气量指标又称用气定额。

1. 居民生活用气量指标

指每人每年消耗的燃气量（折算为热量）。影响居民生活用气量指标的因素很多，如用气设备的设置情况；公共生活服务网（食堂、熟食店、餐饮店、洗衣房等）的分布和应用情况；居民生活水平和习惯；居民每户平均人口；地区气象条件；燃气价格以及热水供应设备等。通常住室内用气设备齐全、地区平均气温低，则居民生活用气指标高。但是，随着公共生活服务网的发展以及燃具的改进，加上某些家用电器对燃气具的替代，居民生活用气量又会下降。居民生活用气量的指标，应该根据当地居民生活用气量的统计数据分析确定。

2. 商业用气量指标

指单位成品或单位设施或每人每年消耗的燃气量（折算为热量）。影响该用气量指标的重要因素是燃具设备类型和热效率，商业单位的经营状况和地区气象条件等。商业用气量的指标，应该根据当地商业用气量的统计数据分析确定。

3. 采暖和空调用气指标

采暖和空调用气指标有很强的地域性与气候条件密切相关。随经济社会的发展会提高到某种水平。可按现行行业标准《城市热力网设计规范》CJJ34 或当地建筑物耗热量指标确定。

北京 2000～2002 年居民及公建用户年用气量指标实际调查数据如表 3-2-1 所示：

北京 2000～2002 年各类用户年用气量指标实际调查数据举例　　　表 3-2-1

用户类型		燃气用途	MJ/（户·a）	MJ/（m²·a）	MJ/（人·a）	MJ/［床（座）·a］
别墅	中央空调	炊事、生活、热水、采暖	241783	714	69088	
	壁挂炉	炊事、生活、热水、采暖	170360	321	35248	
普通住宅	集中采暖	炊事、生活、热水	3697	47	1233	
旅馆、招待所		采暖、生活、热水、餐饮		857		36715
		餐饮		404		21227

续表

用户类型	燃气用途	MJ/（户·a）	MJ/（m²·a）	MJ/（人·a）	MJ/[床（座）·a]
医院、疗养院	餐饮		90		5370
	采暖、餐饮		281		21192
	采暖、生活、热水、餐饮		828		13551
科研、大专院校	采暖		214		
	生活、热水、餐饮		16	1284	

4. 汽车用气量指标

与汽车种类、车型和单位时间运营里程有关，应当根据当地燃气汽车种类、车型和使用量的统计数据分析确定。当缺乏用气量的实际统计资料时，可按已有燃气汽车城镇的用气量指标分析确定。表3-2-2列出了某市天然气汽车用气量指标供参考。

某市天然气汽车用气量指标　　　　　　　　　　　　　表3-2-2

车辆种类	用气量指标（m³/km）	日行驶里程（km/d）
公交汽车	0.17	150~200
出租车	0.10	150~300

5. 工业企业生产用气指标

工业企业用气指标与工艺有关。部分工业产品的用气指标如表3-2-3所示。

工业产品的用气指标举例　　　　　　　　　　　　　表3-2-3

产品名称	加热设备	单位	用气指标（MJ）
炼铁（生铁）	高炉	t	2900~4600
炼钢	平炉	t	6300~7500
面包	烘烤	t	3300~3500
糕点	烘烤	t	4200~4600

3.2.2　城镇燃气年用气量计算

本节讲到的各类用户的燃气年用气量计算是指标计算法，是从用气的个体出发得出总体用气量，是一种用于工程测算的计算方法。

1. 居民生活年用气量

在计算居民生活年用气量时，需要确定用气人数。居民用气人数取决于城镇居民人口数和气化率。气化率是指城镇居民使用燃气的人口数占城镇总人口数的百分比。一般城镇的气化率很难达到100%，其原因是有些旧房屋结构不符合安装燃气设备的条件，或居民点离管网太远等。但从发展的观点看，城镇燃气基础设施应能达到对城镇居民普遍覆盖。因此，本书作者认为，应该更新认识，设定气化率达到100%的目标。

根据居民生活用气定额、居民数、气化率按下式即可计算出居民生活年用气量。

$$q_{a1} = \frac{rNq_1}{H_l} \tag{3-2-1}$$

式中　q_{a1}——居民生活年用气量，m^3/a；

　　　N——居民人数，人；

　　　r——气化率，%；

　　　q_1——居民生活用气定额，$kJ/(人·a)$；

　　　H_l——燃气低热值，kJ/m^3。

2. 商业年用气量

在计算商业用气年用气量时，需要确定各类商业用户的用气定额和各类商业用气人数占总人口的比例以及气化率。对公共建筑，用气人数取决于城镇居民人口数和公共建筑的设施标准。

商业年用气量可按下式计算：

$$q_{a2} = \sum_i \frac{c_i N q_{2i}}{H_l} \tag{3-2-2}$$

式中　q_{a2}——商业年用气量，m^3/a；

　　　N——居民人口数；

　　　c_i——各类用气人数占总人口的分数；

　　　q_{2i}——各类商业用气定额，$kJ/(人·a)$。

3. 工业企业年用气量

工业企业年用气量与生产规模、班制和工艺特点有关，一般只进行粗略估算。

估算方法大致有以下两种：

① 工业企业年用气量可利用各种工业产品的用气定额及其年产量来计算。

② 在缺乏产品用气定额资料的情况下，通常是将工业企业其他燃料的年用量，折算成燃气用气量，其折算公式如下：

$$q_{a3} = \sum_i \frac{G_{ai} H'_{li} \eta'_i}{H_l \eta} \tag{3-2-3}$$

式中　q_{a3}——工业企业年用气量，m^3/a；

　　　G_{ai}——其他燃料的年用量，kg/a；

　　　H'_{li}——其他燃料的低热值，kJ/kg；

　　　η'_i——其他燃料燃烧设备热效率，%；

　　　η——燃气燃烧设备热效率，%。

当对各类用户进行燃料用量调查并将之折算成燃气用气量时，应该在燃气与被替代的某种能源品种之间换算时采用尽量准确的热效率值。

4. 建筑物采暖年用气量

建筑物采暖年用气量与建筑面积、耗热指标和采暖期长短有关，一般可按下式计算：

$$q_{a4} = \frac{AQ_4 n\beta_H}{H_l \eta_H} \qquad (3-2-4)$$

$$\beta_H = \frac{t_1 - t_2}{t_1 - t_3} \qquad (3-2-5)$$

式中　q_{a4}——采暖年用气量，m^3/a；

　　　A——使用燃气采暖的建筑面积，m^2；

　　　Q_4——建筑物耗热指标，$kJ/(m^2 \cdot h)$；

　　　n——采暖小时数，h/a；

　　　η_H——采暖系统热效率，$\%$；

　　　β_H——采暖负荷部分负荷率；

　　　t_1——采暖室内计算温度，$℃$；

　　　t_3——采暖室外计算温度，$℃$；

　　　t_2——采暖期室外平均气温，$℃$。

　　由于各地冬季采暖计算温度不同，因此各地区的建筑物能耗热指标 q_4 也不相同，其值可由采暖通风设计手册查得。

　　5. 建筑物单冷空调年用气量

$$q_{a4A} = \frac{A_A Q_A n_A \beta_A}{H_l \eta_A} \qquad (3-2-6)$$

式中　A_A——城镇使用燃气的空调系统的建筑面积，m^2；

　　　Q_A——建筑物空调耗冷指标，$kJ/(m^2 \cdot h)$；

　　　n_A——空调运行时间，h/a；

　　　β_A——空调负荷部分负荷率；

　　　η_A——空调系统制冷效率。

　　6. 未预见量

　　城市年用气量中还应计入未预见量，主要是指管网的燃气漏损量和发展过程中未预见到的供气量，一般未预见量按总用气量的 5% 计算。

　　城镇燃气年用气量的指标计算法，是用于燃气系统的经营、扩建或新建燃气设施，对年用气量进行工程测算，不是为了统计现状。对现状年用气量可以由计量的报表直接得出。而用于规划的城镇燃气年用气量预测，则主要采用数理统计学的方法，见本章 3.7.3.2。

3.3　城镇燃气负荷工况

　　城镇各类燃气用户的需用工况是不均匀的，随月、日、小时而变化。这是城市燃气供应的一个特点。因此，用气不均匀性可分为三种：月不均匀性（或季节不均匀性），日不均匀性和时不均匀性。

　　各类用户的用气不均匀性由于受很多因素的影响，如气候条件、居民生活水平及生活习惯、机关和工业企业的工作班次、建筑物和车间内用气设备情况等，因此难以从理论上推算出来，只有在大量积累资料的基础上经过分析整理得出可靠的数据。

城镇燃气需用工况与各类燃气用户的需用工况及各类用户在总用气量中所占比例（用气结构）有关。

3.3.1 月用气工况

影响居民生活及公共建筑月用气不均匀性的主要因素是气候条件。冬季气温低，水温也低，使用热水又较多，故制备食品和热水的用气量增多。反之，夏季用气量则较低。

商业用气的月不均匀性与各类用户的性质有关，主要影响因素也是气候条件，它与居民生活用气的不均匀规律基本相似。

工业企业用气的月不均匀性主要取决于生产工艺的性质。连续生产的大工业企业以及工业炉窑用气比较均匀，夏季由于室外气温及水温较高，工业用户的用气量也会有所下降，但幅度不大，故可视为均匀用气。

建筑物采暖的用气工况与城市所在地区的气候变化有关。与建筑维护结构的保温性能等有关。

图 3-3-1 给出的以年为周期的日用气量工况，实际上主要反映了月用气量变化，是月用气量工况的一种细化。

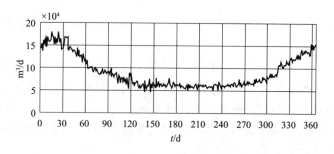

图 3-3-1 全年日用气量工况

由图 3-3-1[12] 可以看到，在接近第 30 日即春节前夕有一段高峰，在第 210 日附近（夏季最热日时段）有一段低谷。

一年中各的月的用气不均匀性用月不均匀系数表示。因每月天数在 28～31 天内变化，故月不均匀系数 K_m 按下式计算：

$$K_m = \frac{\bar{q}_d}{\bar{q}_{ad}} \qquad (3-3-1)$$

式中 $\bar{q}_d$——该月平均日用气量；

$\bar{q}_{ad}$——全年平均日用气量。

十二个月中平均日用气量最大的月，也即月不均匀系数最大的月，称为计算月，并将最大月不均匀系数 $K_{m\,max}$ 称为月高峰系数。

3.3.2 日用气工况

一月中或一周中日用气不均匀性主要由居民生活习惯、工业企业的生产班次和设备开停时间、室外气温变化等因素决定。

居民生活和商业用户日用气工况主要取决于居民生活习惯，平日与节假日用气的规律各不相同。

根据实测资料，我国一些城市，在一周中从星期一至星期五用气量变化较少，而周末，尤其是星期日，用气量有所增加。这种周的用气量变化规律是每周重复循环的。节日前和节假日用气量较大。

工业企业用气的不均匀性在平日波动较少，而在轮休日及节假日波动较大，一般按均衡用气考虑。

采暖期间，采暖用气的日不均匀性变化不大。

用日不均匀系数表示一个月（或一周）中的日用气量的不均匀性。日不均匀系数 K_d 值按下式计算：

$$K_d = \frac{q_d}{\bar{q}_d} \tag{3-3-2}$$

式中　q_d——该月中某日用气量；

　　　　$\bar{q}_d$——该月平均日用气量。

该月中最大日不均匀系数 $K_{d\,max}$ 称为该月的日高峰系数，该日称为计算日。

3.3.3　小时用气工况

城市中燃气小时用气工况的不均匀性主要是居民生活用气及商业用气不均匀性引起的。

居民生活用户小时用气工况与居民生活习惯、气化住宅的数量以及居民职业类别等因素有关。每日有早、午、晚三个用气高峰，其中早高峰较低。周末及节假日小时用气的波动与其他各日又不相同，一般仅有午、晚两个高峰。

采暖期间建筑物为连续采暖时，其小时用气量波动小，可按小时均匀供气考虑。若为非连续采暖，也应该考虑其小时不均匀性。

连续生产的三班制工业企业生产用气的小时用气量波动较小，非连续生产的一班制及两班制的工业企业在非生产时间段的用气量为零。

图 3-3-2 为某区 1 月 17 日~28 日的小时用气量变化。

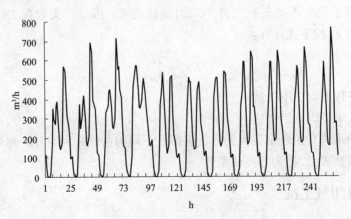

图 3-3-2　小时用气量变化

我国某城市居民生活和商业及工业企业小时用气的波动情况见表 3-3-1。

时间	居民生活和商业	工业企业	时间	居民生活和商业	工业企业	时间	居民生活和商业	工业企业
6 ~ 7	4.87	4.88	14 ~ 15	2.27	5.53	22 ~ 23	1.27	2.39
7 ~ 8	5.20	4.81	15 ~ 16	4.05	5.24	23 ~ 24	0.98	2.75
8 ~ 9	5.17	5.46	16 ~ 17	7.10	5.45	0 ~ 1	1.35	1.97
9 ~ 10	6.55	4.82	17 ~ 18	9.59	5.55	1 ~ 2	1.30	2.68
10 ~ 11	11.27	3.87	18 ~ 19	6.10	4.87	2 ~ 3	1.65	2.23
11 ~ 12	10.42	4.85	19 ~ 20	3.42	4.48	3 ~ 4	0.99	2.96
12 ~ 13	4.09	5.03	20 ~ 21	2.13	4.34	4 ~ 5	1.63	3.22
13 ~ 14	2.77	5.27	21 ~ 22	1.48	4.84	5 ~ 6	4.35	2.51

小时不均匀系数表示一日中小时用气量的不均匀性。小时不均匀系数 K_h 值按下式计算：

$$K_h = \frac{q_h}{\bar{q}_h} \qquad (3-3-3)$$

式中　q_h——该日某小时用气量；

　　　$\bar{q}_h$——该日平均小时用气量。

该日最大小时不均匀系数 $K_{h\,max}$ 称为该日的小时高峰系数。

以表 3 - 3 - 1 中的数据为例，小时最大用气量发生在 10 ~ 11 时，则小时最大不均匀系数，即小时高峰系数为

$$K_{h\,max} = \frac{(11.27 + 3.87) \times 24}{100} = 3.63$$

3.4　燃气输配系统的小时计算流量

城镇燃气输配系统的管径及设备的通过能力不能直接用燃气的年用气量来确定，而应按计算月的小时最大用气量来计算。小时计算流量的确定，关系着燃气输配系统的经济性和可靠性。小时计算流量定得偏高，将会增加输配系统的基建投资和金属耗量；定得偏低，又会影响向用户的正常供气。

确定燃气管网小时计算流量的方法需按用气规模大小区分为两种：不均匀系数法和同时工作系数法。

3.4.1　城镇燃气分配管道的计算流量

城镇燃气管道的计算流量，采用小时计算流量应按计算月的小时最大用气量计算。该小时最大用气量应根据所有用户燃气用气量的变化叠加后确定。特别要注意对于各类用户，高峰小时用气量可能出现在不同时刻，在确定小时计算流量时不应该将各类用户的高峰小时用气量简单地进行相加。

居民生活和商业用户燃气小时计算流量由年用气量和用气不均匀系数求得，计算公式如下：

$$q_h = K_{m\,max} K_{d\,max} K_{h\,max} \frac{q_a}{8760} \qquad (3-4-1)$$

式中 q_h——燃气管道计算流量，m^3/h；

q_a——年用气量，m^3/a；

$K_{m\,max}$——月高峰系数；

$K_{d\,max}$——计算月日高峰系数；

$K_{h\,max}$——计算月计算日小时高峰系数。

用气高峰系数应根据城市用气量的实际统计资料确定。居民生活及商业用户用气的高峰系数，当缺乏用气量的实际统计资料时，结合当地具体情况，可按下列范围选用：

$$K_{m\,max} = 1.1 \sim 1.3, \; K_{d\,max} = 1.05 \sim 1.2, \; K_{h\,max} = 2.2 \sim 3.2$$

因此 $K_{m\,max} K_{d\,max} K_{h\,max} = 2.54 \sim 4.99$

当供气户数多时，小时高峰系数应取低限值。当总户数少于1500户时，$K_{h\,max}$ 可取 3.3～4.0。

此外，居民生活及商业用气的小时最大流量也可采用供气量最大利用小时数来计算。所谓供气量最大利用小时数就是假设将全年8760h（24h/d×365d）所使用的燃气总量，按一年中最大小时用量连续大量使用所延续的小时数。

城镇燃气分配管道的最大小时流量用供气量最大利用小时数计算时，其计算公式如下：

$$q_h = \frac{q_a}{n} \qquad (3-4-2)$$

式中 q_h——燃气管道计算流量，m^3/h；

q_a——年用气量，m^3/a；

n——供气量最大利用小时数，h/a。

由式（3-4-1）及式（3-4-6）可得供气量最大利用小时数与不均匀系数间形式上的关系为：

$$n = \frac{8760}{K_{m\,max} K_{d\,max} K_{h\,max}} \qquad (3-4-3)$$

可见，不均匀系数越大，则供气量最大利用小时数越小。居民及商业供气量最大利用小时数随城市人口的多少而异，城市人口越多，用气量比较均匀，则最大利用小时数较大。目前我国尚无 n 值的统计数据。表3-4-1中的数据仅供参考。

供气量最大利用小时数 n 表3-4-1

气化人口数（万人）	0.1	0.2	0.3	0.5	1	2	3
n（h/a）	1800	2000	2050	2100	2200	2300	2400
气化人口数（万人）	4	5	10	30	50	75	≥100
n（h/a）	2500	2600	2800	3000	3300	3500	3700

采暖负荷最大利用小时数可按式（3-2-5）由采暖负荷部分负荷率与采暖小时数的乘积计算：

大型工业用户可根据企业特点选用负荷最大利用小时数，一班制工业企业 $n = 2000 \sim 3000$；两班制工业企业 $n = 3500 \sim 4500$；三班制工业企业 $n = 6000 \sim 6500$。

3.4.2 室内和街坊燃气管道的小时计算流量

在燃气输配系统中，小范围居民生活用气的燃气用量工况与整个城镇全体居民生活用气总用气工况有所不同，因为计算小范围居民生活用气的计算流量与计算城镇居民生活用气总的计算流量采用的是不同的方法和指标。一般在 2000 户以内，采用同时工作系数得出计算流量。在计算燃气支管和街坊管道时就需要应用同时工作系数。

同时工作系数的概念是：所有燃气用具不可能在同一时间使用，所以实际上燃气小时计算流量不会是所有燃气用具额定流量的总和。用户越多，同时工作系数也越小。

同时工作系数一般通过对一群同类型用户用气实际数据测定经过适当的数理统计得出[1]。图 3-4-1 给出了按城镇燃气设计规范推荐数据做出的同时工作系数曲线。可以看到，同时工作系数是一条随用户总数增加而下降的曲线。

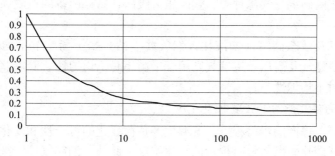

图 3-4-1　同时工作系数曲线

由于居民住宅使用燃气的数量和使用时间变化较大，故室内和街坊燃气管道的计算流量一般按燃气灶具的额定用气量和同时工作系数 K_0 来确定：

$$q_h = \sum_1^n K_0 q_n N \qquad (3-4-4)$$

式中　q_h——室内及街坊燃气管道的计算流量，m^3/h；

　　　K_0——相同燃具或相同组合燃具的同时工作系数；

　　　q_n——相同燃具或相同组合燃具的额定流量，m^3/h；

　　　N——相同燃具或相同组合燃具数；

　　　n——燃具类型数。

同时工作系数 K_0 反映燃气用具集中使用的程度，它与用户的生活规律、燃气用具的种类、数量等因素密切相关。对每一用户仅装一台双眼灶，装一台双眼灶及热水器，装一台双眼灶、烤箱灶，热水器等用具组合情况分别列有同时工作系数数据表。可查阅设计手册等资料。表 3-4-2 所示为双眼灶同时工作系数。

居民生活用的燃气双眼灶同时工作系数													表 3-4-2
燃具数 N	1	2	3	4	5	6	7	8	9	10	15	20	25
K_0	1.00	1.0	0.85	0.75	0.68	0.64	0.60	0.58	0.55	0.54	0.48	0.45	0.43
燃具数 N	30	40	50	60	70	100	200	300	400	500	600	1000	2000
K_0	0.40	0.39	0.38	0.37	0.36	0.34	0.31	0.30	0.29	0.28	0.26	0.25	0.24

3.5　燃气输配系统的供需平衡

城镇燃气的需用工况是不均匀的，随月、日、时而变化，但一般燃气气量的供应是均匀的，不可能按需用工况而变化。为了解决均匀供气与不均匀用气之间的矛盾，保证各类燃气用户有足够流量和压力的燃气，必须采取合适的方法使燃气输配系统供需平衡。

3.5.1　供需平衡方法

1. 利用储气设备

在燃气输配系统中利用储气设备解决供需平衡矛盾是一种常用的方法。因此，燃气储存在城镇燃气输配系统中占有重要的地位。

燃气储存方式的确定与气源种类、管网压力级制、储存设备的材质和加工水平等因素有关。

常用地下储气及液态储存（如液化天然气终端站）来平衡季节不均匀性及日不均匀性。长输管道末段储气及高压管束储气则用于平衡小时不均匀性。储罐储气只能用来平衡日不均匀性及小时不均匀性。

2. 调节气源的供气能力和设置机动气源

根据气源投产、停产的难易程度，气源生产负荷变化的可能性和变化幅度，可采用改变投料量使直立式碳化炉燃气量有少量的变化幅度。此外，油制气厂、液化石油气混空气站及小型液化天然气气化站，负荷调节范围较大，可以调节季节不均匀性或日用气不均匀性。气化站等气源可用作机动气源。

当天然气井离城市不太远时，可采用调节气井供应量的办法平衡部分用气月不均匀性。

3. 建立调峰液化天然气厂进行季节调峰

在天然气用气低峰季节将天然气液化储存。在用气高峰季节将储存的 LNG 或 LNG 气化供城镇。

4. 利用缓冲用户和发挥调度作用

为了调节季节用气不均匀性，可采取利用缓冲用户的方法。在夏季用气低谷时，向燃气缓冲用户供气，冬季高峰时，这些缓冲用户改烧煤或油。

大型工业企业及锅炉房等可作为城镇燃气的缓冲用户。

为了调节日不均匀性可采取调整工业企业用户厂休日和计划调配用气的方法。

5. 建调峰天然气电厂用于夏季填谷

夏季燃气用气量负荷减小，可将其用于发电，因此可考虑建调峰天然气电厂用于夏季填谷。同时调峰发电厂有利于夏季用电负荷削峰，是对城镇燃气和城镇供电具有双重效用的方案。此外，调峰天然气发电用气量是接替了城镇冬季用气负荷的一部分，使城镇燃气用气量在季度之间比较均衡。

3.5.2　储气容积的确定

城镇燃气输配系统所需储气容量的计算，按气源及输气能否按日用气量供气，区分为两种工况。供气能按日用气量变化时，储气容量按计算月的计算日 24 小时的燃气供需平衡条件进行计算；否则应按计算月的计算日用气量所在平均周 168 小时的燃气供需平衡条件进行计算。

1. 根据计算月燃气消耗的日（或周不均衡工况计算储气容积）

计算步骤：

（1）按计算月最大日平均小时供气量均匀供气，则小时产气量为 4.17%。

（2）计算日（或周）的燃气供应量的累计值。

（3）计算日（或周）的燃气消耗量的累计值。

（4）计算燃气供应量的累计值与燃气消耗量的累计值之差，即为每小时末燃气的储存量。

（5）根据计算出的最高储存量和最低储存量绝对值之和得出所需储气容积。

[例 3-5-1] 已知某城镇计算月最大日用气量为 $32.5 \times 10^4 \, \text{m}^3/\text{d}$，气源在一日内连续均匀供气。每小时用气量占日用量的百分比如表 3-5-1 所示。试确定所需储气容积。

每小时用气量占日用量的百分比　　　　　　表 3-5-1

小时	0~1	1~2	2~3	3~4	4~5	5~6	6~7	7~8
%	2.31	1.81	2.88	2.96	3.22	4.56	5.88	4.65
小时	8~9	9~10	10~11	11~12	12~13	13~14	14~15	15~16
%	4.72	4.70	5.89	5.98	4.42	3.33	3.48	3.95
小时	16~17	17~18	18~19	19~20	20~21	21~22	22~23	23~24
%	4.83	7.48	6.55	4.84	3.92	2.48	2.58	2.58

[解] 按前述计算步骤，计算燃气供应量累计值、小时耗气量、燃气消耗量累计值及燃气储存量结果列于表 3-5-2。

储气容量计算表　　　　　　表 3-5-2

小时	供应量累计值（%）	用气量（%）		储存量（%）	小时	供应量累计值（%）	用气量（%）		储存量（%）
		小时内	累计值				小时内	累计值	
0~1	4.17	2.31	2.31	1.86	12~13	54.17	4.42	53.98	0.19
1~2	8.34	1.81	4.12	4.22	13~14	58.34	3.33	57.31	1.03
2~3	12.50	2.88	7.00	5.50	14~15	62.50	3.48	60.79	1.71
3~4	16.67	2.96	9.96	6.71	15~16	66.67	3.95	64.74	1.93
4~5	20.84	3.22	13.18	7.66	16~17	70.84	4.83	69.57	1.27
5~6	25.00	4.56	17.74	7.26	17~18	75.00	7.48	77.05	-2.05
6~7	29.17	5.88	23.62	5.55	18~19	79.17	6.55	83.60	-4.43
7~8	33.34	4.65	28.27	5.07	19~20	83.34	4.84	88.44	-5.10
8~9	37.50	4.72	32.99	4.51	20~21	87.50	3.92	92.36	-4.86
9~10	41.67	4.7	37.69	3.98	21~22	91.67	2.48	94.84	-3.17
10~11	45.84	5.89	43.58	2.26	22~23	95.84	2.58	97.42	-1.58
11~12	50.00	5.98	49.56	0.44	23~24	100.00	2.58	100.00	0.00

所需储气容积：

$$325000 \times (4.86 + 7.66)\% = 325000 \times 12.52\% = 40690 \mathrm{m}^3$$

图 3-5-1 绘制了一天中各小时的用气曲线和储气设备中的储气量曲线。由储气罐工作曲线的最高点及最低点得所需储气量占日用气量 12.52%。

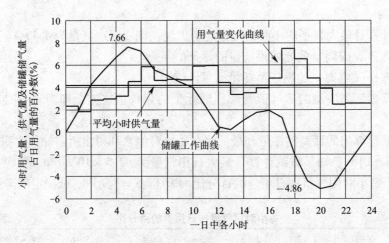

图 3-5-1　用气量变化曲线和储罐工作曲线

2. 根据工业与民用用气量的比例确定所需储气容积

如果没有实际燃气消耗曲线，所需储气量可按计算月平均日供气量的百分比来确定。由于燃气用量的变化与工业和民用用气量的比例有密切关系，按计算月平均日供气量百分比来确定储气量时要考虑这个因素。

根据不同的工业与民用用气量的比例估算所需储气量可参照表 3-5-3。

工业与民用用气量比例与储气量关系　　　　　　　　　　　表 3-5-3

工业用气占日供气量的%	民用气量占供气量的%	储气量占计算平均日供气量的%
50	50	40~50
>60	<40	30~40
<40	>60	50~60

实际工作中，由于城市有机动气源和缓冲用户，建罐条件又常受限制，储气量往往低于表 3-5-3 所列数值。

3.6　燃气负荷指标的制订

3.6.1　燃气负荷指标的制订途经

燃气用气负荷指标是指燃气用气量在一个时段中的总量，用气量幅值。最主要的燃气负荷指标有用气定额、高峰系数和同时工作系数。在对它们进行测量和对实际数据进行分析时，会看到他们都是随机变量，具有统计的规律性，这是最基本的性质。考察一个区域、一个城市，一个国家甚至多个国家之间的实际资料会发现，燃气指标会有一种统计分布的规律，基本上是正态分布，其所以如此，原因在于用气量负荷是由大量的性质相近又互相独立的随机的用气量叠加而得。

此外，从工程应用角度看，这些指标在较大的时间段上，数值比较稳定。因此在实用中燃气负荷指标在一段时间内可以保持应用。例如不同地区不同时期所观测、研究、制订的同时工作系数相互都很接近。这是第二种性质。

燃气负荷指标的第三种性质是作为随机变量，它具有与影响用气的诸多因素的相关性（相关性是相对于函数关系而言的）。在相关关系中，各影响因素的作用大小不同，有些是直接影响因素，有些则是间接影响。如气温对一些指标的影响就比较直接。此外，有些因素的影响不易量化，如生活方式和习惯对用气量的影响等。对燃气指标基本性质的认识有助于在实际工作中更好地掌握和运用燃气指标。

为了得出燃气负荷指标，最根本的途径是采集大量用户用气数据，经过数理统计推断，从实测数据中产生所需的指标。实际研究表明，用气定额、小时高峰系数以及较大数目用户的同时工作系数等都服从正态分布。由实测的数据样本可以得出这些指标的数学期望以及置信区间，从而提出这些指标的实用数据。

3.6.2 燃气用气定额及用气小时高峰系数的制订

对这两项指标可以采用同样的数理统计推断方法获得。研究表明居民用气定额，用气小时高峰系数等指标都是符合正态分布的。实际工作中为得到居民用气定额（类似地用气小时高峰系数），可进行随机抽样调查得到 n 户居民用气量样本 $(a_1, a_2 \cdots a_n)$，单位 m³/（人·a），然后计算其平均值 $\bar{a}$，即可作为居民用气定额。关于样本容量 n（即采样个数）可参考下列计算方法[2]。

由所统计的指标服从正态分布，得到统计量：

$$T = \frac{(\bar{a} - \mu) \sqrt{n - 1}}{s} \sim t(n - 1)$$

$$\bar{a} = \frac{1}{n} \sum_1^n a_i$$

$$s = \sqrt{\frac{1}{n - 1} \sum_1^n (a_i - \bar{a})^2}$$

式中　T——统计量；

　　　$\bar{a}$——样本均值；

　　　μ——总体的均值，即总体的数学期望；

　　　n——样本容量；

　　　a_i——样本观测值；

　　　s——样本标准差；

　　　α——显著性水平；

符号 ~ 是用于表示 T 服从 $t(n-1)$ 分布，$(n-1)$ 是 t 分布的自由度。

由给定的置信水平 α（一般取 $\alpha = 0.05$），从 t 分布函数表中查到分位点 $t_{\frac{\alpha}{2}}$。即：

$$p\left\{\bar{a} - t_{\frac{\alpha}{2}}(n) \frac{s}{\sqrt{n - 1}} < \mu < \bar{a} + t_{\frac{\alpha}{2}}(n) \frac{s}{\sqrt{n - 1}}\right\} = 1 - \alpha$$

式中　$t_{\frac{\alpha}{2}}(n-1)$——相应于 α 和 n 的 t 分布双侧分位数，查 t 分布表。

　　上式的含义是：若用样本均值 $\bar{a}$ 代表实际总体的均值 μ，其 $\dfrac{\mu-\bar{a}}{s/\sqrt{n-1}}$ 值在两个分位点 $t_{\frac{\alpha}{2}}$ 与 $t_{1-\frac{\alpha}{2}}$ 之间的概率为 $1-\alpha$。所以用样本均值 $\bar{a}$ 代表实际居民用气定额总体的均值 μ 的置信区间是：

$$\left\{ \bar{a}-t_{\frac{\alpha}{2}}(n-1)\frac{s}{\sqrt{n-1}},\ \bar{a}+t_{\frac{\alpha}{2}}(n-1)\frac{s}{\sqrt{n-1}} \right\}$$

样本均值即可作为居民用气定额的取值。

　　给定置信区间的相对预测精度，即样本均值 $\bar{a}$ 对于实际居民用气定额总体的均值 μ 的偏离程度界限（概率为 $1-\alpha$）：

$$\varepsilon = \frac{t_{\frac{1}{2}\alpha}(n-1)\dfrac{s}{\sqrt{n-1}}}{\bar{a}}$$

式中　ε——相对预测精度。
由它得出应有的样本容量：

$$n \geqslant 1+\left[\frac{t_{\frac{1}{2}\alpha}(n-1)s}{\varepsilon\bar{a}} \right]^2 \qquad (3-6-1)$$

研究表明，一般（对居民用气量）$\dfrac{s}{\bar{a}}\approx 0.36$。

　　由于给定 α 后还需给出 n 值方可由查表得 $t_{1-\frac{1}{2}\alpha}(n)$，因此 n 需经迭代计算。但一般样本容量 $n>40$。对 $\alpha=0.01$，在 t 分布表中，t 分布双侧分位数与 n 的关系是：

$$\alpha=0.01,\quad \begin{array}{c|c|c|c} n & 40 & 120 & \infty \\ \hline t_{1-\frac{1}{2}\alpha}(n) & 2.704 & 2.617 & 2.576 \end{array}$$

可见 $t_{1-\frac{1}{2}\alpha}(\alpha)$ 值在 $n>40$ 后相差甚小，采用 $n>40$ 的 $t_{1-\frac{1}{2}\alpha}(\alpha)=2.704$ 计算得出略偏大一点的 n。因此可将（3-6-1）式简写为

$$n \geqslant 1+\left(\frac{0.36\times 2.704}{\varepsilon} \right)^2$$

例如给定 $\varepsilon=0.05$，可得出 $n\geqslant 1+\left(\dfrac{0.36\times 2.704}{0.05} \right)^2=378$；即为制定居民用气定额。应采集样本容量 $n\geqslant 378$。

　　若对采集的样本所来源的居民燃气用气量是否服从正态分布有疑问，则应对其进行假设检验。

3.7　城镇燃气用气负荷预测

　　燃气用气负荷（简称燃气负荷）预测涉及城镇燃气供气系统的安全性、可靠性和燃气公司的经济效益等诸多方面的因素。不论是燃气系统规划，还是优化设计、调度以及运行，首要解决的是对燃气用气负荷进行科学预测以在安全、可靠、经济的条件下满足城市

用气要求。正确确定城镇燃气负荷以及对燃气负荷进行适当的预测具有重要意义。

3.7.1 燃气负荷的变化特性

燃气负荷用气工况变化十分复杂，原因在于影响用气的因素很多，各种因素性质不一，来源于经济、社会的生产和生活活动，包括资源特别是能源条件、产业结构、第三产业状况、工艺技术水平、人口组成、收入状况、文化习惯等等，也来源于气象条件等自然因素。另一方面，燃气负荷的形式又很简单，是各种用户用气量的简单叠加。每一用户的用气是随机的，量的大小、出现的时间等都是随机的。一个用户的用气在一些数值特征上有某种统计规律性，而负荷问题，大部分时间都是研究众多用户（多类型、多用户）集体的用气量的规律性，因而显现出下列一般变化特性：

（1）随机性

用气工况的随机性来源于用户数量众多，影响用气的各因素变化的随机性。无论短期还是长期的用气工况都含有这一种成分，不过对小时不均匀性和日不均匀性，随机性表现得更为突出。

（2）周期性

由于生产和生活具有周期性，故而对燃气的需用也存在周期性。例如按工程上常采用的层次，小时用气量变化以日为周期，日用气量变化以周为周期以及月用气量变化以年为周期。实际数据表明，在短期负荷变化中，用气工况的周期性表现最为明显。

（3）趋势性

一个城市、一定区域对燃气的需用除了随机性和周期性变化之外，还往往具有某种变化的趋势。从原因上分析，大的经济或社会发展变化的背景，例如供给与消费的能源品种、结构的变化，可能导致对燃气需求的趋势性变化，特别是用户数量的增减可能是最直接、最主要的因素。

可以认为，燃气负荷由具有以上三个特性的负荷分量叠加组成，即

$$q(t) = f(t) + p(t) + x(t) \tag{3-7-1}$$

式中 $f(t)$ ——燃气负荷的趋势项分量，反映 $q(t)$ 的变化趋势；

$p(t)$ ——燃气负荷的周期项分量，反映 $q(t)$ 周期性的变化；

$x(t)$ ——燃气负荷的随机项分量，反映随机因素对 $q(t)$ 的影响。

3.7.2 燃气负荷模型

3.7.2.1 燃气负荷模型分类

用气量数值随时间不断变化的序列是燃气负荷的基础形式。为各种应用目的采用适当的数学模型表达其变化规律是一种已由实践所证实的科学的方式。

可以从多种角度对燃气负荷用气工况模型进行分类。按应用功能可区分为描述模型和预测模型。描述模型由负荷的实际数据提炼产生，用来表征用气工况的规律性，用于燃气系统的工程设计、技术科学研究或工程经济分析。这一类模型如傅里叶级数模型、回归模型、多项式拟合模型等。

对于描述模型所包含的关于负荷的规律性，对新的时间范围直接予以运用或在描述模型的基础上加以预测机制则得到预测模型，例如在多元回归模型中代入对各因素的预测

数据得到燃气负荷的预测数据。

采用负荷时序数据所建立的指数平滑模型、自回归模型等是一种动态模型，可以直接发展为预测公式，因而是预测模型。

从数据利用的过程来看，燃气负荷预测是指由过去一段时间及当前的燃气负荷及其相关数据按照其变化规律性推测未来的负荷数据。燃气负荷预测是一般预测技术的一种具体应用。

从被解释量与解释量的关系上，预测技术可分为惯性原理、类推原理和相关原理。依据惯性原理的外推预测法例如时序分析法、指数平滑法、灰色理论法等都属于这一类型。类推原理如人工神经网络模型、弹性系数法等。作为预测用的多元回归模型、多项式模型则是典型地基于相关性原理。但这种分类并非绝对，例如时序分析法也包含相关性原理。

从应用角度，燃气负荷预测模型按功能可区分为规划应用和运行、调度应用两类。或者相应于从时间上区分为中、长期预测和短期预测。

3.7.2.2 燃气负荷模型

1. 负指数函数模型

对于中长期燃气负荷，可只着重考虑其趋势变化，一般反映城镇燃气负荷的增长。对新建或有较大规模扩建的城市，开始年份的增长速度逐年增大，一段时间后增速又逐年减小，用气量趋于一种较稳定的用气量规模。对此可以考虑用形态为 S 形曲线的负指数函数模型 (3-7-2) 加以描述：

$$q_{at} = c - ae^{-bt} \quad (a > 0, b > 0, c \geq a) \quad\quad (3-7-2)$$

式中 q_{at} ——年负荷；

a, b, c ——系数，指数及常数。

其中 (3-7-2) 式又称为龚帕兹函数。

为确定这种趋势型模型，可以用已建燃气城市历史数据进行曲线拟合，得出函数中的各参数及系数 a 和指数 b。

进行曲线拟合时对 (3-7-2) 进行变量置换，变为线性方程式。用最小二乘法估计模型的参数
用相关指数

$$R^2 = 1 - \frac{\sum_{i=1}^{n} (q_{ai} - \hat{q}_{ai})^2}{\sum (q_{ai} - \bar{q}_a)^2}$$

来观察所用曲线形式是否适合。

(3-7-2) 式模型是初始年负荷为 $c-a$，以 c 为渐近线，参数 b 越大，起始增长速度越大。

2. 多项式拟合模型

多项式拟合是适应性很强的处理相关数据的方法，有广泛的用途。例如对于某类燃气用气量的变化与某类产业产值的变化的关系，有可能用多项式较好地拟合。通过这种模型可以由国民经济中某类产业产值的预测值外推某类燃气预测用气量。适合用于燃气负荷中长期预测。多项式拟合式的一般形式是：

$$q_i = a_1 x_i^n + a_2 x_i^{n-1} + \cdots + a_n x_i + a_{n+1} \qquad (3-7-3)$$

式中　　　q_i——用气量，是被解释变量，是随机变量；

　　　　　x_i——与用气量有相关关系的量，是确定值；

a_1，$a_2 \cdots a_{n+1}$——拟合系数；

　　　　　n——拟合阶次。

为确定多项式系数，可由实际数据样本：

$$q_i, x_i (i = 1, 2 \cdots N)$$

得到关于 a_1，$a_2 \cdots a_{n+1}$ 的 N 个线性方程组，并对其用最小二乘法加以确定。应用时需适当取定拟合式的阶次（n）。阶次太低，拟合太粗糙；阶次太高会使数据噪声进入模型[4]。为此，可进行判断，例如采用下列一个指标：

（1）由估计参数 χ^2 量是否接近其自由度：

$$\chi^2(a) = \sum_{i=1}^{N} \left(\frac{q_i - f(a_i, x_i)^2}{\Delta q_i} \right) = \sum_{i=1}^{N} \left(\frac{q_i - (a_1 x_i^n + a_2 x_i^{n-1} + \cdots + a_n x_i + a n + a_{n+1})}{\Delta q_i} \right)^2$$

$$(3-7-4)$$

式中　Δq_i——q_i 对均值的差，可采用假设 $\Delta q_i = \Delta q$；

　　　Δq——实际 q 的标准差，样本 q_i 的标准差与其相等。

采用的阶次合适时，χ^2 量接近其自由度 $[N - (n-1)]$。

（2）由 χ^2 分布的累计概率 $P(\chi^2 < (N-n-1))$ 判断：

$P(\chi^2 < (N-n-1))$ 可用关于数理统计的软件计算。若 $1 - P(\chi^2 < (N-n-1))$ 与 0.5 接近，则阶次适当。

对燃气负荷问题，一般用三次多项式（即 $n=3$）已足够。

3. 回归模型

在燃气负荷与影响燃气负荷的各种因素之间存在着某种统计规律性，即回归关系。对其应用回归分析方法判别影响燃气负荷的主要因素，建立燃气负荷与主要因素之间的数学表达式，以及利用它来进行预报。即由给出的各因素的预测值，用回归方程得到燃气负荷的间接预测值。对于实际燃气负荷问题，一般可以采用多元线性回归模型解决。

设对燃气负荷 q 及其影响因素 x_j（$j = 1, 2 \cdots m$）有 n 次观测值：

$$\{q_i\}_{n \times 1}, \{x_{ij}\}_{n \times m}$$

设有线性关系：

$$q_i = \beta_0 + \beta_1 x_{i1} + \beta_2 x_{i2} + \cdots + \beta_j x_{ij} + \cdots + \beta_m x_{im} + \varepsilon_i \qquad (3-7-5)$$

$$(i = 1, 2 \cdots n)$$

式中　β_0，β_1，$\beta_2 \cdots \beta_m$——参数；

　　　ε_1，$\varepsilon_2 \cdots \varepsilon_n$——$n$ 个互相独立的，且服从同一正态分布 N（0，σ）的随机变量，

　　　　　　　　即 ε 的数学期望 $E(\varepsilon) = 0$；

　　　σ——ε 的标准差。

记

$$q = \begin{bmatrix} q_1 \\ q_2 \\ \vdots \\ q_n \end{bmatrix}, \quad X = \begin{bmatrix} 1 & x_{11} & x_{12} & \cdots & x_{1m} \\ 1 & x_{21} & x_{22} & \cdots & x_{2m} \\ \vdots & \vdots & \vdots & \vdots & \vdots \\ 1 & x_{n1} & x_{n2} & \cdots & x_{nm} \end{bmatrix}$$

$$\beta = \begin{bmatrix} \beta_1 \\ \beta_2 \\ \vdots \\ \beta_m \end{bmatrix}, \quad \varepsilon = \begin{bmatrix} \varepsilon_1 \\ \varepsilon_2 \\ \vdots \\ \varepsilon_n \end{bmatrix}$$

写出 (3-7-5) 式的矩阵形式：

$$q = X\beta + \varepsilon$$

对参数 β，用最小二乘法进行估计，可得 β 的估计值回归系数 b：

$$Ab = B$$

其中 A，B 都是由观测值得出：

$$A = X^{\mathrm{T}} X$$

$$B = X^{\mathrm{T}} q$$

$$\therefore \qquad b = A^{-1} B = A^{-1} X^{\mathrm{T}} q = (X^{\mathrm{T}} X)^{-1} X^{\mathrm{T}} q$$

可以证明 b 是 β 的无偏估计，即 b 的数学期望 E (b) $= \beta$，因而由燃气负荷多元回归模型得到的多元回归方程为：

$$\hat{q} = b_0 + b_1 x_1 + b_2 x_2 + \cdots + b_m x_m \qquad (3-7-6)$$

在实际应用之前，还要对方程 (3-7-6) 进行两项检验。

(1) 回归方程显著性检验

首先要检验 q 与各种因素 x_1，x_2，$\cdots$，x_m 是否确有线性关系，为此需进行回归方程的显著性检验。

(2) 回归系数显著性检验

在对方程作显著性检验后，还需对回归系数作显著性检验。即从方程中剔除次要的变量，重新建立更为简单的多元线性回归方程。因此要对每个变量进行考查。若 x_j 的作用不显著，则必然有 β_j 可以取值为零。方程系数 b_j 是服从正态分布的随机变量 q_1，q_2，$\cdots$，q_n 的线性函数，所以 b_j 也是服从正态分布的随机变量，由 n 次试验数据 y_α，x_α 及回归系数估计值 b 得出统计量，用以判断变量 x_j 对 q 的作用是否作用显著，不显著则可以剔除，否则应该保留。

为按多元线性回归模型得到"最优的"回归方程，可以采用逐步回归分析方法。此外，若为分析燃气负荷，在物理意义上，认为需要采用多元非线性回归模型，则经过简单的变量置换都可以化为多元线性回归模型进行求解。

在实用中，可以借助 SPSS，MATLAB 等软件工具，由燃气用气量数据序列，得到其多元回归模型方程 (3-7-6)。

4. 弹性系数

在能源和经济领域，弹性系数方法一直广为运用于预测中。对燃气负荷也可以在非突变的变化趋势条件下用来做预测。

若燃气用气负荷 (q) 与某种量 (x) 之间是存在双对数的线性关系：

$$\ln q_i = \beta_0 + \beta_1 \ln x_i + u_i \qquad (3-7-7)$$

式中　u——偏差；

下标 i——某一次测量。

则可采用变量置换，用最小二乘法对参数进行估计得到 β_0，β_1。同时对式（3-7-7）微分可得：

$$\beta_1 = \frac{\dfrac{dq}{q}}{\dfrac{dx}{x}}$$

β_1 燃气用气负荷与某种量两类量的增长率的比值（弹性），称为弹性系数。一般实用中用差分形式，改用符号 e：

$$e = (\Delta q/q)/(\Delta x/x) = r_q/r_x \qquad (3-7-8)$$

式中　e——弹性系数；

　q，Δq——燃气用气负荷在某年的总量及随后的增长量；

　x，Δx——某种量在某年的总量及随后的增长量；

　r_q，r_x——用气负荷及某种量的年增长率。

r_q、r_x 来源于历史数据，从而给出两类量增长的一般性规律及弹性系数 e。用弹性系数法预测：

（1）由已知 r_x 和 e 可给出对 r_q 的推测：

$$r_q = er_x$$

（2）由已知 q 当前值，得到预测值（$q + \Delta q$），其中 Δq 按下式计算：

$$\Delta q = r_q q$$

可以看到，为对 q 进行预测，需给出 x 的未来变化 Δx，即对 x 已有预测。它可采用各种分析或预测方法进行。可见弹性系数法是一种类推的、间接的预测方法，可用于燃气负荷中长期预测。例如由燃气负荷相对于能源需求量的弹性系数，给出能源需求量的年增长率，即可预测燃气负荷的年增长量。

5. 傅里叶级数模型

城镇短期燃气负荷中逐日的小时燃气用气量具有周期性，接近周期函数，将其用傅里叶级数逼近。在实用中级数的有项限的和作为其数学模型，仍称之为傅里叶级数模型。式（3-7-9）是其一般表达式：

$$q_t = q_o + \sum_{i=1}^{z} \left(A_i \cos \frac{2\pi}{T_i} t + B_i \sin \frac{2\pi}{T_i} t \right) \qquad (3-7-9)$$

式中　A_i，B_i——第 i 分量的系数；

　　　T_i——第 i 分量的周期；

　　　q_t——燃气用气负荷；

　　　q_o——一个周期内燃气用气负荷的平均值；

　　　z——阶数

按傅里叶级数逼近方法，应该采用被逼近燃气负荷函数与余弦或正弦函数的乘积经由积分得到各周期分量的系数 A_i，B_i（见本书第 7 章 7.3.2.5）。但对于给出的是离散的燃气负荷数据样本（q_t，t　$t=1$，$2 \cdots N$），则可采取三种方式来做。其一是将离散的负荷数据样本应用积分的近似公式计算关于 A_i，B_i 的积分。本书第 7 章 7.3.2.5 提到的实用调和分析法，列举的由离散傅里叶变换函数计算得出傅里叶级数的系数即属此类。其二是采用插值法，其三即是现在讲到的最小二乘法，得到三角级数。现今的计算软件一般都提供这些方法的可调用函数。

用最小二乘法确定各周期分量的系数 A_i，B_i；之前，需要确定分量数即阶数 z。由于一日中的小时用气量接近以 24 小时为周期的变化，因而可以采用较小的阶数，即 $z = 8 \sim 16$，相应保留各分量的周期为：

$$T_i = \frac{24}{1}, \frac{24}{2}, \frac{24}{3} \cdots \frac{24}{z} \qquad z = 8 \sim 16$$

为确定各系数 A_i 和 B_i（$i = 1$，$2 \cdots z$），通过建立正规方程组对其作最小二乘估计，由（3-7-9）式：

$$Q = \sum_{t=1}^{N} \left[q_t - \sum_{i=1}^{z} \left(A_i \cos \frac{2\pi}{T_i} t + B_i \sin \frac{2\pi}{T_i} t \right) \right]^2 \qquad (3-7-10)$$

将（3-7-10）式对 A_i 和 B_i 求导并令其为零，得到关于 A_i 和 B_i 正规方程组：

$$\sum_{t=1}^{N} q_t \cos \frac{2\pi}{T_j} t = \sum_{t=1}^{z} \hat{A}_i \alpha_{ij} + \sum_{t=1}^{z} \hat{B}_i \beta_{ij} \qquad j = 1, \cdots, z \qquad (3-7-11)$$

$$\sum_{t=1}^{N} q_t \sin \frac{2\pi}{T_j} t = \sum_{t=1}^{z} \hat{A}_i \beta_{ij} + \sum_{t=1}^{z} \hat{B}_i \zeta_{ij} \qquad j = 1, \cdots, z \qquad (3-7-12)$$

其中

$$\alpha_{ij} = \sum_{t=1}^{N} \cos \frac{2\pi}{T_i} t \cos \frac{2\pi}{T_j} t$$

$$\beta_{ij} = \sum_{t=1}^{N} \sin \frac{2\pi}{T_i} t \cos \frac{2\pi}{T_j} t$$

$$\zeta_{ij} = \sum_{t=1}^{N} \sin \frac{2\pi}{T_i} t \sin \frac{2\pi}{T_j} t$$

利用正、余弦函数的正交关系，当 $T_i = N/z_i$，且没有 z_i 为零或 $N/2$ 时（一般 z 远小于 z_{max}）：

$\alpha_{ij} = \zeta_{ij} = 0$，所有 $i \neq j$

$\alpha_{ii} = \zeta_{ii} = N/2$，所有 i

$\beta_{ij} = 0$，所有 i，j

代入式（3-7-11）、式（3-7-12）解出 A_i 和 B_i 在给定周期（$T_i = N/z_i$）时的估计式：

$$\hat{A}_i = \frac{2}{N} \sum_{t=1}^{N} q_t \cos \frac{2\pi}{T_i} t$$

$$(i = 1, 2, \cdots)$$

$$\hat{B}_i = \frac{2}{N} \sum_{t=1}^{N} q_t \sin \frac{2\pi}{T_i} t$$

燃气用气负荷的计算式为：

$$\hat{q}_t = q_o + \sum_{i=1}^{z} \left(\hat{A}_i \cos \frac{2\pi}{T_i} t + \hat{B}_i \sin \frac{2\pi}{T_i} t \right) \qquad (3-7-13)$$

在实用中，可以借助 MATLAB 等软件工具，由燃气用气量数据序列，得到其三角级数模型，见本书第 7 章 7.3.2.5。

6. 灰色预测 GM（1，1）模型

灰色理论模型的本质内容是基于经过累加生成等预处理过的数列接近指数曲线，因而设想城市燃气负荷是某一微分方程的解的取值。构造这种微分方程并离散化,利用生成的数列反演出微分方程的参数,即所谓参数辨识,从而得出灰微分方程的白化方程,对其解函数求导即得到预测燃气负荷的计算式。

灰色预测 GM(1,1)模型的局限性在于,仅能适于原始数据序列较平稳变化且变化速度不是很快的场合,例如用于燃气负荷中长期预测。为扩大灰色预测 GM(1,1)模型的应用范围和预测精度,有一些改进方法。

7. 人工神经网络模型

模拟神经系统对信息处理的并行、层次等机制而提出的人工神经网络(Artificial Neural Network,缩写为 ANN)模型,可以用来解决很多复杂非线性系统的问题。其中采用反向传播(Back Propagation,缩写为 BP)算法的 ANN 是得到普遍应用的模型之一,可以有效地用于燃气小时负荷及日负荷预测。

8. 时间序列分析预测模型

时间序列预测技术就是指对历史的燃气用气负荷作为时间序列进行分析与处理,通过建立参数模型,得出预测公式。时间序列分析理论是建立在统计规律基础之上的数据分析技术,要求大样本,并具有分布特性,这也是该方法的一种局限。时间序列分析预测模型比较适用于具有随机性特点的平稳变化燃气用气负荷。

9. 指数平滑预测模型

指数平滑预测法是利用时间序列数据进行预测的一种方法。指数平滑法用历史燃气用气负荷数据的加权来预测未来值。历史数据序列中时间越近的数据愈有意义,对其加以愈大的权重;时间越远,数据权重越小。选定一个权数 θ,$0 < \theta < 1$。

预测起始时间为 t,上一时间为 $t-1$,上推 j 时间单位的时间为 $t-j$。

指数平滑法预测公式是:

$$\hat{q}_{t+1} = \sum_{j=0}^{\infty} (1-\theta)\theta^j q_{t-j} \tag{3-7-14}$$

式中　$\hat{q}_{t+1}$——预测的第 $t+1$ 时间燃气负荷;

　　　q_{t-j}——已知的第 $t-j$ 时间燃气负荷。

令 $\alpha = 1-\theta$,则预测公式为

$$\hat{q}_{t+1} = \sum_{j=0}^{\infty} \alpha(1-\alpha)^j q_{t-j} \tag{3-7-15}$$

式中　α——平滑系数。

式(3-7-15)是 $0 \to \infty$ 求和,由于权重按等比级数减小,衰减很快,实际只需用有限个历史数据。由式(3-7-17)取两项:

$$\hat{q}_{t+1} = \alpha q_t + \alpha(1-\alpha)q_{t-1}$$

及

$$\hat{q}_t \approx \alpha q_{t-1}$$

∴

$$\hat{q}_{t+1} = \alpha q_t + (1-\alpha)\hat{q}_t \tag{3-7-16}$$

式(3-7-16)是实用的指数平滑法预测公式。在 t 时期,只要知道本期实际值和本期预测值就可以预测下一个时间的数值。

[例3-7-1] 用指数平滑法由当天24小时燃气负荷实际值和预测值预测第2天燃气负荷。分别对24个小时用公式(3-7-16)进行计算。见表3-7-1和图3-7-1。可见

预测效果很好。

小时	时负荷系数			小时	时负荷系数			小时	时负荷系数		
	预测	实测	差数		预测	实测	差数		预测	实测	差数
6	5.77	5.67	0.11	14	4.19	3.93	0.26	22	2.38	2.81	− 0.43
7	4.74	4.60	0.14	15	5.56	4.62	0.94	23	2.14	2.22	− 0.08
8	5.12	4.96	0.16	16	7.35	6.96	0.39	0	2.24	2.32	− 0.08
9	6.02	5.71	0.31	17	7.05	7.73	− 0.68	1	2.02	2.12	− 0.10
10	6.97	7.04	− 0.07	18	5.11	5.23	− 0.12	2	2.18	2.21	− 0.03
11	6.04	6.44	− 0.40	19	3.91	4.56	− 0.65	3	1.96	2.30	− 0.24
12	4.18	4.42	− 0.24	20	3.09	2.93	0.16	4	2.39	2.47	− 0.08
13	3.82	3.59	0.23	21	2.54	2.63	− 0.09	5	3.23	3.39	− 0.16

表 3 – 7 – 1　指数平滑法小时负荷预测

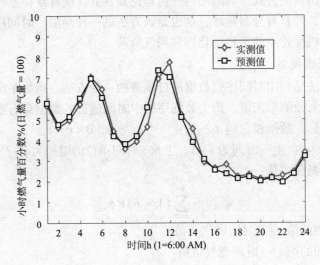

图 3 – 7 – 1　指数平滑法小时负荷预测

指数平滑测预法的特点：

（1）指数平滑预测法模型简单，计算速度快，应用范围十分广泛。

（2）指数平滑法预测较适于数据呈水平发展的序列，以及历史数据的影响随时间呈指数下降的数据。对上升的数据序列预测会偏低，对下降的数据序列预测会偏高。对此可以对数据序列进行差分使之平稳化。对有季节变化周期的数据序列则采用季节差分处理。

（3）平滑常数 α 是关键参数。较大的 α 使权重衰减得快，因而近期数据影响大，模型的灵敏度高；较小的 α，则预测不易受近期随机变动的影响，模型更稳定。一般取 $\alpha = 0.4 \sim 0.5$。

3.7.3　燃气负荷预测

燃气用气负荷预测有若干分类方法，但最有实际意义的分类是按时间段区分中长期预测与短期预测。中长期预测时间段为 5 ~ 15 年或 15 年以上；短期预测时间段可为 24 小时，7 ~ 30 天或 1 年。预测时间段的设定，完全是人为的，是按工作的需要截取的。这种时间段的区分有很多的内涵。包括要求预测适用范围及所起作用不同，即预测需达到的目的不同；不同时间段燃气用气负荷的规律性不同，即本身性质不同；因而适合采用的预测方式方法也不同。

3.7.3.1 短期负荷预测

短期预测主要用于运行调度，包括气源供给计划，储库注采调度，长输管道加压站运行调度，一个城镇或区域系统运行调度，以及工厂、企业设施维修计划。

大量的用气资料表明：小时负荷呈现较强的随机性和以每日 24h 为周期的周期性变化规律；日负荷呈现较强随机性的变化规律；月负荷呈现趋势性、较强的以 12 个月为周期的周期性变化规律。

短期负荷的重要影响因素是日期类型、温度、季节、特殊时期（如节假日、事故抢修）和天气等。雨雪、高温和严寒天气会明显改变负荷曲线的峰谷和形状，春节的负荷与平时有明显的不同。在一天的时间内城镇燃气负荷随时间有明显的波峰波谷，平时用气高峰时间相对固定，主要集中在早中晚；在节假日里，用气规律与平时不同，变化较大。

短期预测要求给出预测值的时间序列。可以采取剔除法建立预测模型或提取法对负荷的三种分量分别建立预测模型，再将分量预测模型组合。短期预测有较多的适用方法，如傅里叶级数模型预测，回归模型预测，人工神经网络模型预测，时序分析模型预测，指数平滑预测等。

3.7.3.2 中长期负荷预测

中长期预测主要由于燃气发展规划或燃气资源开发及一定规模项目设施建设的需要。在中长期时间段内，负荷变化主要表现为趋势性。中长期负荷影响因素与短期负荷明显不同，与季节、天气等因素的关联度很小，主要受城市经济发展、政府政策、燃气价格、地理位置、能源结构调整中与其他替代能源的竞争性等多种不确定因素影响。中长期负荷是基于与区域经济社会发展需求有相关关系、又在一定程度上进行人为安排的一种预期。中长期预测，不适宜只用一种单纯的数据相关或规律性类推方法。可以按用气类型分别采用不同的方法，同时并用定性与定量分析进行目标年预测；再按规划期年度安排预测，采取目标年预测与规划期年度预测相结合形成预测值时间序列。

1. 中长期负荷预测与短期预测的特性比较

（1）预测时间段区分，反映的是预测目的的差异。中长期预测主要由于燃气发展规划或燃气资源开发及一定规模项目设施建设的需要。进行燃气发展预测，用于适应一个地域的经济社会发展或一个部门的能源需求。短期预测主要用于运行调度，包括气源供给计划，储库注采调度，长输管道加压站运行调度，一个城镇或区域系统运行调度，以及工厂、企业设施维修计划。

（2）由于预测时间段的不同，在不同时间段中负荷主要变化形态不同。在中长期时间段内，负荷变化主要表现为趋势性。一个中长期时间段往往即是一个阶段。本质上它是由经济社会发展的阶段性所确定的。更宏观的看，沿一个阶段一个阶段的发展过程，可能会表现出某种周期性特征。而在短期时间段内，变化形态主要为周期性和随机性。从实际数据可以看到 24 小时，7 天或 12 个月等负荷变化周期。其周期性只能是一种准周期性。作为受多因素影响、由大量个体形成的总体负荷必然会具有随机性。其随机性不会是平稳的，但可看待为平稳的随机过程。

（3）负荷的变化形态不同，来源于负荷形成机制的不同。短期负荷是一种客观的需求，有很强的自然和技术属性。而中长期负荷其影响因素与短期负荷明显不同，与季节、天气等自然因素的关联度很小，主要受城市经济发展、政府政策、燃气价格、地理位置、能源结构调整中与其他替代能源的竞争性等多种不确定的经济、技术、社会因素影响。所以，中长期负荷是基于与区域经济社会发展需求有相关关系、又在一定程度上进行人为安排的一种预期，有很大比重的人为成分。这表明，对待负荷预测的方式上也会有所不同。例如对中长期预测，尽量用客观的方式确定目标期预测值，再在相当程度上用人为计划的方式安排年度值。

（4）由于负荷主要变化形态不同，即负荷主要性质不同，有必要采取不同的负荷预测方法。

有鉴于此，中长期预测，不适宜用一种单纯的数据相关或规律性类推方法。可以采取综合的途径。其中一种途径是按用气类型分别用不同的方法对规划目标年用气量进行预测，然后再进行规划期年度安排预测的"两步预测法"。

2. 燃气负荷中长期预测方法[27]

燃气负荷中长期预测可以采用"两步预测法"：第一步，按用气类型分别采用不同的方法，同时并用定性与定量分析进行目标年预测；第二步，再作规划期年度安排预测。采取目标年预测与规划期年度预测相结合形成预测值时间序列。对城镇规划或某些用途可能不需年度安排预测，则可只进行第一步。

1）目标年预测

① 对居民用气，依据城镇规划，基于规划人口增长作预测。计算式见式（3-2-1）

需要注意到，居民用气量指标是相对稳定的，但计算中要重点对用气量指标进行分析和调整。它与经济社会发展水平，生活质量的提高可能是正相关，也可能是负相关；与居民收入水平在一定发展阶段后可能就不存在相关关系。对居民用气有居民用气气化率因素，从国家的发展趋势，今后进行的中长期负荷预测一般应该取居民用气气化率为100%。

② 商业用气，生活资料类商业主要服务于居民；生产资料类商业直接服务于工、农业，间接服务于居民。所以，商业用气与经济社会发展有相关性，与国民经济产业结构调整有关。商业用气的预测建议由规划的第三产业（商业）的产值，用商业用气量与商业产值的相关性进行计算。例如由1996~2005年我国商业用气量相对于第三产业（商业）产值作多项式拟合（见3.7.2.2的2），得到商业用气量与商业产值的相关关系：

$$q_{Ca} = a_C P_{CP}^3 + b_C P_{CP}^2 + c_C P_{CP} + d_C \qquad (3-7-17)$$

式中　　q_{Ca}——商业用气量，$10^8 \text{m}^3/\text{a}$；

$\qquad P_{CP}$——第3产业产值，10^{12}元/a；

a_C，b_C，c_C，d_C——拟合系数，由当地历史数据得出；

其中 $a_C = 0.01696$，$b_C = -0.46890$，$c_C = 5.59831$，$d_C = -12.14467$。如图3-7-2所示。

③ 工业用气。工业用气在城镇燃气系统中比重愈来愈大。在我国，工业生产是国民经济的主产业，与经济发展总趋势密切相关。预测时，需考虑到科技发展水平、节能减排

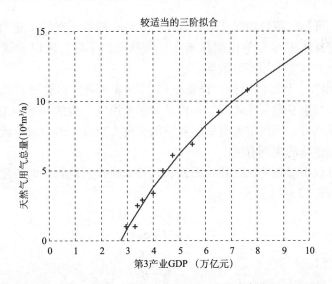

图 3 - 7 - 2　天然气商业用气量相对于商业产值的拟合曲线

要求、环保目标以及工业产业结构调整趋势等诸多因素。其中节能要求对各种能耗都要求下降。减排要求会促使能源类型从煤、油转向优质气体燃料。环保目标可能需借助于优质气体燃料的替换，这些因素会增加用气量需求。工业结构从大能源消耗型向高科技含量型调整会产生显著的节能效果，减少用气量。对工业用气量的预测，可由规划的工业的产值，用工业用气量与工业产值的相关性进行计算，例如，用 1998～2003 年，及 2005 年我国工业用气量相对于第二产业（工业）产值作拟合（见 3.7.2.2 2），得到：

$$q_{Ia} = a_I P_{IP}^3 + b_I P_{IP}^2 + c_I P_{IP} + d_I \tag{3-7-18}$$

式中　　　q_{Ia}——工业用气量，$10^8 \mathrm{m}^3/\mathrm{a}$；

　　　　　P_{IP}——第二产业产值，10^{12} 元/a；

　a_I，b_I，c_I，d_I——拟合系数；

　　其中 $a_I = 0.0069$，$b_I = -0.1930$，$c_I = 5.4103$，$d_I = -1.3525$。如图 3 - 7 - 3 所示。

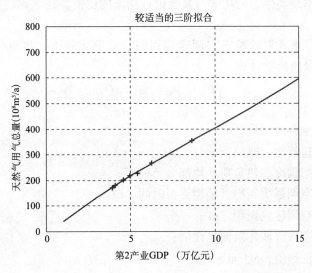

图 3 - 7 - 3　天然气工业用气量相对于工业产值的拟合曲线

由图 3-7-3 可见，拟合曲线接近于直线。其特性随着天然气工业用气率的增加，曲线应向上弯；随着技术进步和单位能耗减小，曲线应向下弯。所以曲线形式会随时间改变，规划用的拟合曲线需采用当时数据。

④ 采暖空调用气。与能源价格，设备价格，环保（减排）要求，采暖空调技术进展等多种因素有关。特别是燃气采暖或空调可显著影响用气负荷的月不均匀性。燃气采暖用气会加大用气冬季高峰；燃气空调有助于夏季削平电力负荷。因而对采暖空调用气的预测也与关于城镇能源结构的规划有关。

对采暖用气可以由规划的城镇建筑面积、燃气采暖建筑面积比值与建筑采暖面积热指标计算 [参见式 (3-2-4)]：

$$q_{Ha} = \frac{\beta_H n_H Q_H r_H A_T}{H_L \eta_H} \tag{3-7-19}$$

$$\beta_H = \frac{t_1 - t_2}{t_1 - t_3}$$

式中　q_{Ha}——燃气采暖用气量，m^3/a；

Q_H——建筑采暖面积热指标，$MJ/(m^2 \cdot h)$；

β_H——平均部分负荷率；

n_H——建筑采暖时间，h/a；

A_T——城镇建筑面积，m^2；

r_H——城镇燃气采暖建筑面积比值；

H_L——燃气低热值，MJ/m^3；

η_H——采暖系统效率。

建筑采暖面积热指标 Q_H 与地区、城镇的气候条件、建筑类型、采暖方式有关，需采用当地资料。可按现行行业标准《城市热力网设计规范》CJJ34 或当地建筑物耗热量指标确定。

采暖系统热效率 $\eta_H = 0.86$。

平均部分负荷率是实际运行功率与系统设计功率的比值，在无确切数据情况下，$\beta_H = 0.3$ 可用于参考。

对空调用气可以由规划的城镇空调建筑面积、空调建筑冷、热负荷指标与建筑空调冷、热负荷平均部分负荷率计算：

$$q_{Aa} = \left(\frac{\beta_{A1} t_{A1} Q_{A1}}{\eta_{A1}} + \frac{\beta_{A2} t_{A2} Q_{A2}}{\eta_{A2}} \right) \frac{r_A A_A}{H_L} \tag{3-7-20}$$

式中　q_{Aa}——燃气空调用气量，m^3/a；

Q_{A1}，Q_{A2}——空调建筑冷、热负荷指标，$MJ/(m^2 \cdot h)$；

β_{A1}，β_{A2}——建筑空调冷、热负荷平均部分负荷率；

t_{A1}，t_{A2}——燃气空调系统制冷、采暖运行时间，h/a；

A_A——城镇空调建筑面积，m^2；

r_A——城镇燃气空调建筑面积比值；

H_L——燃气低热值，MJ/m^3；

η_{A1}，η_{A2}——燃气空调制冷、采暖系统效率。

建筑热负荷指标可按 $Q_{A2} = Q_H$ 计算。建筑冷负荷指标 Q_{A1} 也与地区、城镇的气候条件、建筑类型（用途，维护结构）等有关，需采用当地资料。

⑤ 燃气汽车用气。主要取决于城镇环保目标推动，汽车油气燃料价格对比，燃气汽车燃料系统设备价格等产业政策因素、市场因素。因而燃气汽车用气很难按规律预测，更需靠人为安排。由规划预定的燃气汽车数量计算燃气汽车用气量：

$$q_{Va} = \sum_k N_{Vk} L_k f_k 10^{-4} \qquad (3-7-21)$$

式中 q_{Va}——燃气汽车用气量，$10^8 \mathrm{m}^3/\mathrm{a}$；

$\quad$ N_{Vk}——第 k 类燃气汽车数量，10^4 辆；

$\quad$ L_k——第 k 类燃气汽车平均年行车里程，$100 \mathrm{km}/\mathrm{a}$；

$\quad$ f_k——第 k 类燃气汽车百公里油耗，$\mathrm{m}^3/(100 \mathrm{km} \cdot \text{辆})$；

$\quad$ K——燃气汽车种类。

⑥ 发电动力用气。我国将仍以煤电为主，大力发展水电、核电和风力发电。某些情况下，燃气发电可能用于调峰电厂。所以对发电动力用气不能按规律类推进行预测。由规划预定的燃气发电规模，用下式计算用气量：

$$q_{Ea} = \frac{P_E N_E e}{10^4 H_L} \qquad (3-7-22)$$

式中 q_{Ea}——发电动力用气量，$10^8 \mathrm{m}^3/\mathrm{a}$；

$\quad$ P_E——电厂发电机组功率，$10^4 \mathrm{kW}$；

$\quad$ N_E——年运行时数，h；

$\quad$ e——耗气指标，$\mathrm{m}^3/(\mathrm{kW} \cdot \mathrm{h})$。

2）年度安排预测

规划期用气量年度变化，形式上即是如何逐年达到规划目标年的规划预测用气量。可以考虑如下 3 种形式进行全部用气量年度预测或先作分类用气量年度预测再合成全部用气量年度预测。

（1）直线型

这是传统规划设计工作经常会自觉或自然地采用的直线型用气量预测形式。即是由已有的起始年用气量与已预测的规划目标年用气量进行年度用气量预测：

$$q_{at} = q_{a0} + (q_{aD} - q_{a0}) \frac{t}{T_D} \qquad (3-7-23)$$

式中 q_{at}——第 t 年预测用气量，$10^8 \mathrm{m}^3/\mathrm{a}$；

$\quad$ q_{a0}——起始年用气量，$10^8 \mathrm{m}^3/\mathrm{a}$；

$\quad$ q_{aD}——规划目标年预测用气量，$10^8 \mathrm{m}^3/\mathrm{a}$；

$\quad$ T_D——规划年限（规划目标年年序号），a；

$\quad$ t——规划期年度序号。

（2）负指数函数型

这种类型的用气量变化可用于反映新建或有较大规模扩建的城镇燃气负荷的增长。开始年份的增长速度逐年加大，以后增速逐年减小直到趋于一种较稳定的用气量规模。需用现有历史年份和规划目标年用气量数据进行曲线拟合得出，见 3.7.2.2 的式（3-7-2）。

（3）单调指数函数型

为便于规划设计工作应用，本书作者构造出一种用气量单调增加的指数函数，形成一种开始增速较大、随后增速逐年减小，到规划目标年趋于稳定的用气量预测形式：

$$q_{at} = q_{a0} + q_{aU}[1 - e^{-bt}] \qquad (t = 1,2\cdots T_D) \qquad (3-7-24)$$

$$q_{aU} = \frac{q_{aD} - q_{a0}}{\alpha}$$

$$b = -\frac{1}{T_D}\ln(1 - \alpha)$$

式中　q_{aD}——规划目标年预测用气量，$10^8\,\mathrm{m^3/a}$；

　　　　q_{at}——第 t 年预测用气量，$10^8\,\mathrm{m^3/a}$；

　　　　T_D——规划目标年年序号；

　　　　t——规划期年度序号；

　　　　α——增速变化参数。

这种预测曲线不需进行拟合计算，应用很直观、方便。只需代入规划目标年预测用气量 q_{aD}，通过设定一个增速变化参数 α 值，用简单的代数运算得出预测曲线，如图 3-7-4 所示。

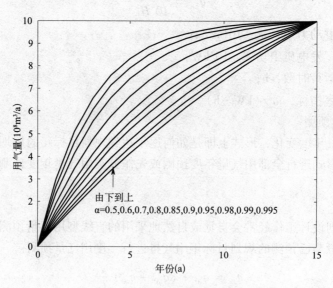

图 3-7-4　单调指数函数预测曲线

这种类型与第 2 种类型不同之处还在于：1）这是一种完全人为安排的年度用气量规划；2）用气量在规划目标年后很快趋于稳定，而第 2 种类型则可能预测出较长的用气量达到稳定的过程。

（4）近年用气量历史数据和规划年预测用气量结合拟合法

用近年用气量历史数据和规划年预测用气量结合，拟合出多项式预测曲线。

$$q_{ai} = a(T_S + i)^3 + b(T_S + i)^2 + c(T_S + i) + d \quad (i = 1,2\cdots T_D) \quad (3-7-25)$$

式中　T_S——历史拟合数据的最后年序号

这种方法对一个供气已开始新一轮增长、并制定了（规划目标年用气量）发展目标的城镇可考虑使用。它与第 2 种类型属于同一种模式。图 4 是某大城市的实例。已有 1996 ~ 2007 年天然气用气量，已预测 2010 年用气量。用 1996 ~ 2005 年共 10 年用气量及 2010 年预测用气量进行拟合；用 2006 年、2007 年数据对照。拟合系数为

$$a = 0.0127, \quad b = -0.1415, \quad c = 0.6390, \quad d = 0.5992$$

从图 3 - 7 - 5 上看到，这是适用于在一段期限内经济高速增长，用气量增速逐年加大的年度用气量预测形式。

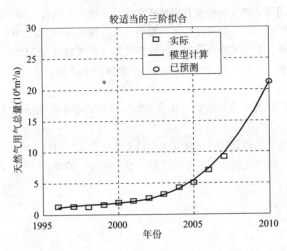

图 3 - 7 - 5 天然气用气量多项式预测曲线

参考文献

［1］黎光华，詹淑慧 等．民用灶具同时工作系数的测定与研讨［A］．中国城市煤气学会液化气专业委员会第十五届年会［D］．上海：1998.

［2］张蔚东，方育渝，李恩山．居民燃气消耗量的随机分析［J］．煤气与热力，1989，（1）：34-39.

［3］杜元顺．煤气时负荷系数的短期预测［J］．煤气与热力，1981，（5）：46-51.

［4］张志涌等．精通 MATLAB 6.5 版［M］．北京：北京航空航天大学出版社，2003.

［5］茆诗宋，丁元，周纪芗等．回归分析及其试验设计［M］．上海：华东师范大学出版社，1981.

［6］焦李成．神经网络系统理论［M］．西安：西安电子科技大学出版社，1990.

［7］邓聚龙．灰色预测与决策［M］．武汉：华中理工大学出版社，1988.

［8］易德生，郭萍．灰色理论与方法［M］．北京：石油工业出版社，1992.

［9］邢文训，谢金星．现代优化计算方法［M］．北京：清华大学出版社，1999.

［10］汪荣鑫．随机过程［M］．西安：西安交通大学出版社，1987.

［11］杨叔子，吴雅 等．时间序列分析的工程应用（上、下册）［M］．武汉：华中理工大学出版社，1992.

［12］欧俊豪，王家生，徐漪萍 等．应用概率统计（第二版）［M］．天津：天津大学出版社，1999.

［13］焦文玲．城市燃气负荷时序模型及其预测研究（工学博士学位论文）［D］．哈尔滨工业大学，2001.

［14］焦文玲，严铭卿，廉乐明等．城市煤气负荷的灰色预测［J］．煤气与热力，2001，（5）：387-389.

［15］田一梅，赵元，赵新华．城市煤气负荷的预测［J］．煤气与热力，1998，（4）：20-23.

［16］肖文辉，刘亚斌，王思存．燃气小时负荷的模糊神经网络预测［J］．煤气与热力，2002，(1)：16-18.

［17］杨昭等．人工神经网络在天然气负荷预测中的应用［J］．煤气与热力，2003，(6)：331-332，336.

［18］杜元顺．煤气日负荷预测用的回归分析方法［J］．煤气与热力，1982，(4)：26-28.

［19］严铭卿，廉乐明等．燃气负荷及若干应用问题［J］．煤气与热力，2002，(5)：400-404.

［20］严铭卿，廉乐明等．燃气负荷及研究进展［J］．煤气与热力，2002，(6)：490-493.

［21］严铭卿，廉乐明．燃气负荷及其模型研究［J］．煤气与热力，2003，(4)：207-230.

［22］严铭卿，廉乐明．燃气负荷及其预测模型［J］．煤气与热力，2003，(5)：259-262，266.

［23］田贯三，金志刚．燃气采暖负荷的统计计算［J］．煤气与热力，1999，(5)：60-63.

［24］陈广仁，陈荣华．天然气需求量与国内生产总值及总能耗的关系［J］．煤气与热力，2003，(8)：478-480.

［25］方怀红．珠江三角洲典型城市燃气负荷不均匀性与调峰手段的研究（硕士论文）［D］．华中科技大学，2004.

［26］苗艳姝．城市燃气负荷预测的研究（工学博士学位论文）［D］．哈尔滨工业大学，2007.

［27］严铭卿．燃气负荷中长期预测的方法［J］．城市燃气，2009，(10)：13-17.

第4章 输气管道系统

4.1 燃气输送方式与管道输送

4.1.1 燃气输送方式

燃气一般以气态存在，对于气态的燃气，管道输送是最有效的输送方式。对于燃气的主流——天然气，为实现跨海洋的运输，特别是洲际间的运输，除采用海底管道外需要更有效的输送方式。由于深冷技术的发展，液化天然气输送得以实现，即是将天然气在低温（-161℃）和0.1MPa左右压力下变成液态，然后用特殊的船舶实现跨洋运输。此外对于小规模短距离，也可采用液化天然气或压缩天然气槽车运输。

天然气运输方式也可分为陆上和海上两种途径：

(1) 天然气陆上运输方式

① 管道输送：是最大量最主要的运输方式。

② 压缩天然气槽（罐）车运输：是小量的、短距离的运输。

③ 液化天然气槽车运输：只是小量的运输。

(2) 天然气海上运输方式

① 液化天然气槽船运输。这是长距离海上运输的主要方式，从中东、东南亚运送到欧洲、亚洲各地均用此方式。

② 海底管道。这是海上气田和近海大陆架气田输送到陆上的最主要方式。

当前，大量天然气的主要运输方式有两种：管道输送和液化天然气槽船运输。

压缩天然气运输见第9章；液化天然气运输见第10章；本章介绍天然气陆上管道输送中的长距离输气。

4.1.2 天然气管道系统

天然气管道系统可分为矿场集输管道（又称气田集输管道），干线输气管道（又称输气管道，长距离输气管道，输气管线，长输管道，长输管线）和城镇输气管道，包括集输、净化、输气、储气和供气五大环节。

1. 矿场集输管道

天然气从气井开采出来后，通过矿场集输管道系统—气体净化和加工系统—长输管道系统—城市输配管网，供用户使用。

矿场（气田）集输系统根据其气田构造规模和形状可布置成线型、放射型、成组型和环型。它将不同井口出来的天然气收集和输送到集气站，所输送的是没有或简单预处理过的原料气。有输送距离短（一般为几公里至几十公里）、管径小（一般在100~300mm以下），压力变化大（在开采初期可高达 10MPa 或更高，而在开采后期可能降至 1.0MPa，甚至 0.1 ~ 0.2MPa）等特点。其组成包括井场、集气管网、集气站、天然气处理厂（场）、总站或增压站等。

2. 干线输气管道

干线输气管道是将经脱硫、脱水和轻烃回收净化处理后的天然气送到城市，连接净化厂与城市门站之间的输气管道。特点是输送距离长（从几百公里至几千公里）、管径大（一般在 400mm 以上）、压力高（4 ~ 10MPa），是天然气远距离输送的主要设施。由一系列不同用途的场站和输气管道组成，在输气管道系统中还可能连有地下储气库。

3. 城镇输气管道

燃气进入城镇处设有分输站，接到城镇门站，门站具有过滤、计量、调压与加臭等功能，有时兼有储气功能。门站后的城镇输气管道是天然气城镇输配管网的一部分，一般建设成环形，具有高压或次高压等级，高压输气管道也具有储气功能。

4.2　输气管道工程与技术

4.2.1　输气管道工程组成

长距离输气管道的工程组成可分为：管道（包括干线和支线）、场站以及自控通信系统。

管道部分除管道本身以外还有通过特殊地段（如：江河湖泊、铁路、高速公路等）穿（跨）越工程，管道截断阀室，阴极保护站及线路护坡、堡坎等构筑物。

场站部分有首站、清管站、气体接收站、压气站、气体分输站、门站等。清管站通常与其他站合建。一个场站往往同时完成多种功能。

监控和数据采集系统（SCADA）以及通信系统，承担全线的自控监测系统的数据传输以及提供生产调度和通信联络任务。输气干线通信系统，主要方式是光缆、卫星和租用地方邮电线路，移动通信主要使用手机。图 4-2-1 为典型的输气管道系统构成图。

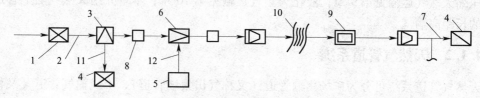

图 4-2-1　输气管道系统构成图

1—输气首站；2—输气干线；3—气体分输站；4—城市门站（末站）；5—气体处理厂；
6—气体接收站；7—增压站；8—截断阀井；9—清管站；10—河流穿越；11—输气支线；12—进气支线

4.2.2　现代输气管道技术

（1）制管技术

输气管道采用国际通用 API 5L 标准，生产直径 1000mm 及以下的各种口径的双面埋弧焊螺旋缝钢管和直径 500mm 以下的直缝电阻焊钢管，我国也制订了相关的国家标准。工程中已采用直径 1016mm 螺旋焊缝钢管，并采用自动埋弧焊技术。

（2）管道防腐技术

输气管道采用外壁防腐层与阴极保护或牺牲阳极相结合的联合防腐方式，并结合各种敷设条件下不同土壤性质对管道的腐蚀特性，做出合理的防腐蚀设计。

外壁防腐涂层是必需的防腐技术，常用的有二层 PE 或三层 PE。它与管壁黏结牢靠、寿命长、绝缘性好且可以在工厂预制。建设单位可以在钢管到货时，就地做好防腐涂层。除外壁防腐层外，所有的输气管道均要做阴极保护。除此之外，输气管道还常采用减阻内涂层防腐技术。

（3）新材料、新设备的应用

输气管道的主要工艺设备包括增压设备、调压设备、流量计量设备及各种阀门等。随着管输技术的发展，上述设备也进行了更新换代。

1）压缩机。在输气管道上主要使用往复式和离心式两种压缩机，随着燃气轮机技术的发展，单台容量小、笨重的活塞压缩机已经被燃气轮机—离心式压缩机组代替。航空型的燃气轮机由于体积小、能和离心式压缩机匹配实现完全的自动控制，目前已成为输气管道的首选机型，而且这种机组的热效率也有了很大提高，使得效益更加明显。由于变频电机的出现，使离心式压缩机和电动机的匹配更能满足压比和流量调节的需要，所以目前燃气轮机和变频电机是输气管道压气站的主要原动机。

2）调压阀。调压阀是输气管道上应用最多的稳压设备，输气管道上最常用的是自力式调压阀。随着制造工艺的提高和结构的不断改造，现在使用的调压阀调压范围宽，能从几兆帕一次调压到零点几兆帕，结构亦由原来的薄膜式发展到曲流式等多种形式。调压阀已经从原来单一的调节性能发展到压力检测、流量监控和安全保护等多种功能。

3）计量仪表。长输管道的计量已经告别了法兰取压时代，现多采用孔板阀，可以做到不停气更换孔板并且全部使用计算机进行流量计算，并可远传实现全自动无人化操作。为了克服孔板流量计计量精度受流量波动范围影响大的问题，逐渐发展了涡轮流量计、超声波流量计和质量流量计。它们量程宽、精度高，而且很容易和计算机终端（RTU）相连实现自动控制。

4）阀门。阀门的制造技术也有了很大的提高，最初在输气管上广泛使用的旧式截止阀和闸阀已被淘汰，开关和密封性能更好的平板闸阀和球阀被广泛使用，输气干线上一般采用气液联动球阀。这种球阀利用管道在发生爆破时压力的瞬间变化而及时自动地关闭阀门，从而抑制事故扩散，减小损失。

4.3 输气管道工艺

4.3.1 工艺设计

（1）工艺设计资料

输气管道的工艺设计必须在掌握大量有关资料的基础上进行，这些资料包括：

1）气源情况。即气源的地理位置、气量、气质、组分、压力以及近期、远期发展规划，还需了解气源周围地区资源情况和沿线经过地区有无进气可能，以及气源的开发方案；

2）沿线自然条件。即地形地貌、交通条件、水电供应以及气象资料、水文地质、工程地质和沿线城市发展规划、工业发展布局；

3）用户情况和要求。包括供气的主要对象、气量、气质、压力及波动范围的要求、储气调峰的措施和要求；此外还包括城市用气发展规划、有无其他补充气源或事故气源调峰手段、城市管网压力等级等。

输气管道的工艺设计要根据设计任务及给定的输送量和输送距离经多方案的技术经济比较，确定最佳的方案。

输气管道的工艺设计除满足正常输气的工艺要求外，还应考虑各种变工况运行的可能情况及快速有效的事故处理对策。

（2）工艺设计内容

1）决定管线的输送能力、总工艺流程和各站分流程；2）选择各站的进、出口参数；3）决定输气管道的管径和壁厚；4）决定压气站的站间距和压比；5）选择先进适用的工艺设备。

（3）主要工艺设备

输气管道上的主要工艺设备有：除尘净化设备、调压计量设备、清管设备、增压设备以及气体冷却设备等，本书将在场站一节中详细介绍。

4.3.2 管道水力计算

4.3.2.1 基本公式

正确地描述天然气在输气管道内的流动情况是进行管道工艺设计的基础。管道内气体流动的基本公式见本书第 7 章式（7-2-24）。该公式基于管道内的流动是定常、等温过程，考虑地形高差因素。

但在实际工程中，情况并非如此。首先是进入管道的气体温度不可能和沿线土壤温度完全一致，尤其是从压气站出来的气体，流动是非等温的。

其次是管道末端流出的气体由于用气量的变化也不可能是恒定的。因此，严格地讲，流动是不定常的，对于不定常流的计算，在本书第 7 章进行讨论。

管道沿线存在地形的变化，对流动有附加的作用，需视其影响的大小决定是否要加以修正。加上管道的局部阻力当量长度的管道计算长度，在平原和浅丘陵地区为管道实长的 1.03~1.05 倍，而在山区由于弯头增加很多，通常取 1.06~1.08 倍。

（1）地形起伏地区输气管输气量计算

当地形起伏高差超过 200m 以上时，应考虑高差对输气量的影响，按第 7 章式（7-2-24）计算：

$$q = C_0 \sqrt{\frac{\left[p_s^2 - p_d^2(1 + aH_d)\right]D^5}{\lambda Z \Delta_* TL\left[1 + \dfrac{a}{2L}\sum_{i=1}^{n}(H_i + H_{i-1})L_i\right]}}$$

$$C_0 = \frac{\pi}{4}\frac{T_0}{p_0}\sqrt{R}$$

（2）水平输气管输气量计算

沿管线地形起伏的高差 Δh≤200m 时的管线输气量按式（4-3-1）计算：

$$q = C_0 \sqrt{\frac{(p_s^2 - p_d^2)D^5}{\lambda Z \Delta_* TL}} \qquad (4-3-1)$$

4.3.2.2 输气管基本参数对流量的影响

输气管的基本参数 D、L、T、λ、p_s 和 p_d 对流量的影响是很不相同的。下面讨论中，以式（4-3-1）为基础，该式改写为

$$p_s^2 = p_d^2 + CLq^2 \qquad (4-3-2)$$

$$C = \frac{\lambda Z \Delta_* T}{C_0^2 D^5} \qquad (4-3-3)$$

通过对这些公式中参数变化对流量影响的分析，可找到提高管输能力的有效途径。

（1）直径对流量的影响

当输气管的其他条件相同，直径分别为 D_1 和 D_2，则流量分别为

$$q_1 = C_0 \left[\frac{(p_s^2 - p_d^2)D_1^5}{\lambda Z \Delta_* TL} \right]^{0.5}$$

$$q_2 = C_0 \left[\frac{(p_s^2 - p_d^2)D_2^5}{\lambda Z \Delta_* TL} \right]^{0.5}$$

故

$$\frac{q_1}{q_2} = \left(\frac{D_1}{D_2} \right)^{2.5}$$

上式说明输气管的通过能力与管径的 2.5 次方成正比。若直径增大一倍，$D_2 = 2D_1$，则：

$$q_2 = 2^{2.5} q_1 = 5.66 q_1$$

输气量是原来的 5.66 倍。由此可见，加大直径是增加输气管流量的好办法。也是输气管向大口径发展的主要原因。

（2）长度（或站间距）对流量的影响

当其他条件相同时：

$$\frac{q_1}{q_2} = \left(\frac{L_2}{L_1} \right)^{0.5}$$

即输气量与长度的 0.5 次方成反比。若站间距缩小一半，例如在两个压气站之间增设一个压气站，$L_2 = 1/2 L_1$，则流量：

$$q_2 = \sqrt{2} q_1 = 1.41 q_1$$

即倍增压气站，输气量只能增加 41%。

（3）输气温度对流量的影响

$$\frac{q_1}{q_2} = \left(\frac{T_2}{T_1} \right)^{0.5}$$

流量与输气的绝对温度的 0.5 次方成反比。输气温度越低，输气能力越大。目前，国外已提出 -70℃ 左右输气的设想，认为在解决低温管材的基础上，经济上是可行的。从 50℃ 降低至 -70℃，流量：

$$q_2 = \left(\frac{273 + 50}{273 - 70} \right)^{0.5} q_1 = 1.26 q_1$$

输气量增加 26%。实际上由于压缩系数 Z 的影响，流量还会增大些。

实际输气中，是否采取冷却措施，必须经过经济论证。但在压缩机出口，气体温度超过管道绝缘层的允许值时，必须冷却后才能输入干线。

（4）起、终点压力对流量的影响

输气量与起、终点压力的平方差的 0.5 次方成正比，改变起、终点压力都能影响流量，但效果是不同的。

起点压力增加 δp，压力平方差为

$$(p_s + \delta p)^2 - p_d^2 = p_s^2 + 2p_s\delta p + \delta p^2 - p_d^2$$

终点压力减少 δp，压力平方差为：

$$p_s^2 - (p_d - \delta p)^2 = p_s^2 + 2p_d\delta p - \delta p^2 - p_d^2$$

两式右端相减，得

$$2\delta p(p_s - p_d) + 2\delta p^2 > 0$$

上式说明，改变相同的 δp 时，提高起点压力对流量增大的影响大于降低终点压力的影响。提高起点压力比降低终点压力有利。

压力平方差还可写成：

$$p_s^2 - p_d^2 = (p_s + p_d)(p_s - p_d) = (p_s + p_d)\Delta p$$

该式说明，如果压力差 Δp 不变，同时提高起、终点压力，也能增大输气量，此处更进一步说明高压输气比低压输气有利。因为高压下，气体的密度大、流速低，摩阻损失就小。

（5）摩擦阻力的影响

对管道输送能力有影响的另一个重要参数是摩阻系数。与液体管流相似，气体管流的摩阻系数 λ 同样与流动状态、管内壁粗糙度、管道安装及气体性质有关。即摩阻系数是雷诺数 Re 和管壁粗糙度 $\frac{Ke}{D}$ 的函数。

输气管的管壁粗糙度产生的摩擦阻力对于管道输送能力的影响是显著的。美国气体协会（AGA）测定了输气管在各种状况下的绝对粗糙度，其平均值见表 4-3-1。对于新钢管，美国一般取当量粗糙度 Ke = 0.02mm，俄罗斯平均取 0.03mm，我国通常取 0.05mm。管道的当量粗糙度考虑了管道形状损失的影响，一般比绝对粗糙度大 2% ~11%。

钢管的绝对粗糙度

表 4-3-1

表面状态	绝对粗糙度（mm）
新钢管	0.013 ~0.091
室外暴露 6 个月	0.025 ~0.032
室外暴露 12 个月	0.038
经清管器清扫	0.008 ~0.013
喷砂	0.005 ~0.008
内壁涂层	0.005 ~0.008

由上可见，具有内壁涂层的输气管不但减少了内腐蚀，且使粗糙度下降了很多。在同样条件下，使输气管输气量增加 5% ~8%，有的甚至达到 10%。内壁涂层的费用一般只占钢管费用的 2% ~3%，只要输气量能提高 1%，就能很快回收投资。"西气东输"管道

采用内涂层，取得良好效果：在同样输气量下，站间距可以增大 16.2% ~30%，从而使压气站数减少 3 座；在同样输气量下，消耗的功率可以减少 18.7% ~23%，输气能力提高 6%。

4.3.2.3 复杂输气管道的水力计算

直径不变，上下游流量一致的管道称为简单输气管，与此相反的称复杂输气管，如变径管、复管（或副管）、沿途有气体流入或流出输气管、环形管等。由于这些复杂管都是由简单管组成的，因此其水力计算也可由式（4-3-1）推导求解。推导基于定常流动。

（1）流量系数法

将复杂输气管道化为简单输气管的较简便的计算方法——流量系数法。由简单管道的基本计算式，即通过能力计算式（4-3-1）导出，在导出管系计算式时，各单一管道的 Z、T 和 Δ_* 值不变。其中有以下计算常数

$$A = \frac{C_0}{\sqrt{Z\Delta_* T}}$$

我们以任意直径 d_0（一般取 $d_0 = 1\text{m}$）的简单输气管作为基准输气管。可将流量公式写为

$$q_0 = A\sqrt{\frac{p_i^2 - p_{i+1}^2}{L}}\sqrt{\frac{d_0^5}{\lambda_0}} \qquad (4-3-4)$$

式中　q_0——基准输气管的流量；

p_i，p_{i+1}——管道两端的压力；

　　　L——管道长度。

可见 q_0 并非对所有管道都是一个定值，对不同的管道，q_0 与管道两端压力平方差和管道长度有关，即 $q_0 = f[(p_i^2 - p_{i+1}^2), L]$。

所要计算的输气管的流量为 q，将其与基准输气管的流量 q_0 相比，q 应为 q_0 的 K_f 倍，即

$$q = q_0 K_f \qquad (4-3-5)$$

式中的 K_f 称为输气管的流量系数。如知道 K_f，就能很方便地求出任何简单的或复杂的输气管的流量等参数。

$$q = A\sqrt{\frac{p_s^2 - p_e^2}{L}}\sqrt{\frac{d^5}{\lambda}} \qquad (4-3-6)$$

设给定管道始、终点压力，由式（4-3-4）和式（4-3-6）可得

$$K_f = \sqrt{\frac{\lambda_0 d^5}{\lambda d_0^5}} \qquad (4-3-7)$$

并把阻力平方区的 $\lambda = 0.067\left(\frac{2K}{d}\right)^{0.2}$ 代入上式，则可得

$$K_f = \left(\frac{d}{d_0}\right)^{2.6} \qquad (4-3-8)$$

对于复杂的管系计算，采用流量系数较为简便，因为复杂输气管是由简单输气管组成，而复杂输气管的流量系数是简单输气管的函数，各单一管道相对基准管道的流量系数

都是已知的。

形式上流量系数 K_f 与管径 d 对应，涉及基准输气管，似乎无助于简化计算。下面将看到流量系数 K_f 对简化计算的作用。

① 并行管路计算的简化。设并行管路有 m 根并行管道，对每一根管道有

$$q_j = q_0 K_{fj}$$

$$q = \sum_{j=1}^{m} q_j$$

$$q_0 K_f = \sum_{j=1}^{m} q_0 K_{fj}$$

$$K_f = \sum_{j=1}^{m} K_{fj} \tag{4-3-9}$$

② 串接管路计算的简化。设串行管路有 n 根串接管段，对其中第 i 根管段有

$$q_i = q_{0i} K_{fi}$$

由式（4-3-4）

$$q_{0i} = A \sqrt{\frac{p_i^2 - p_{i+1}^2}{L_i}} \sqrt{\frac{d_0^5}{\lambda_0}}$$

$$p_i^2 - p_{i+1}^2 = q_{0i}^2 \frac{L_i \lambda_0}{A^2 d_0^5}$$

将 n 根管段的上式相加

$$\sum_{i=1}^{n} (p_i^2 - p_{i+1}^2) = \sum_{i=1}^{n} q_{0i}^2 \frac{L_i \lambda_0}{A^2 d_0^5}$$

$$p_1^2 - p_{n+1}^2 = \sum_{i=1}^{n} q_i^2 \frac{1}{K_{fi}^2} \frac{L_i \lambda_0}{A^2 d_0^5}$$

$\because$ 对串接管每一管段 $q_i = q$，记串接管起点压力 $p_1 = p_s$，终点压力 $p_{n+1} = p_e$，有

$$p_s^2 - p_e^2 = q^2 \frac{\lambda_0}{A^2 d_0^5} \sum_{i=1}^{n} \frac{L_i}{K_{fi}^2}$$

$$p_s^2 - p_e^2 = q^2 \frac{L}{K_f^2} \frac{\lambda_0}{A^2 d_0^5}$$

由上两式得到：

$$K_f = \sqrt{\frac{L}{\sum_{i=1}^{n} \frac{L_i}{K_{fi}^2}}} \tag{4-3-10}$$

③ 串接多段并行管的简化。由式（4-3-9）、式（4-3-10）很容易推导出用于串接多段并行管简化的流量系数。

设有 n（$i = 1, 2, \cdots, n$）段串接，每段有不同的并行管 m_i（$j = 1, 2, \cdots, m_i$）

对第 i 段，有 m_i 根并行管，由式（4-3-9）

$$K_{fi} = \sum_{j=1}^{m_i} K_{fij}$$

对串接多段并行管，将上式代入式（4-3-10）

$$K_f = \sqrt{\frac{L}{\sum_{i=1}^{n} \dfrac{L_i}{\left(\sum_{j=1}^{m_i} K_{fij}\right)^2}}} \tag{4-3-11}$$

[例 4-3-1]　设有一条管道（流量系数 K_f），总长 L，分为两段，所以 $n=2$；各段管径已知（因而流量系数已知）；第 1 段无副管（流量系数 K_f），即 $m_1 = 1$，第 2 段增加单线副管（流量系数 $K_{fa} = K_f$），即 $m_2 = 2$，单线副管长 $L_2 = x$。要求流量 q_1 增加 β 倍为 q_2；起点压力 p_s，终点压力 p_e 提高为 p_e'，计算应有的单线副管长 $L_2 = x$。

按题意，$q_2 = \beta q_1$

$$q_1 = K_f q_0 = K_f A \sqrt{\frac{p_s^2 - p_e^2}{L}} \sqrt{\frac{d_0^5}{\lambda_0}}$$

$$q_2 = K_f' q_0' = K_f' A \sqrt{\frac{p_s^2 - p_e'^2}{L}} \sqrt{\frac{d_0^5}{\lambda_0}}$$

$$\beta = \frac{K_f'}{K_f} \sqrt{\frac{p_s^2 - p_e'^2}{p_s^2 - p_e^2}}$$

$$\because \quad K_f' = \sqrt{\frac{L}{\dfrac{L-x}{K_f^2} + \dfrac{x}{(K_f + K_{fa})^2}}}$$

解得

$$x = \frac{4}{3}\left(1 - \frac{1}{\beta^2} \frac{p_s^2 - p_e'^2}{p_s^2 - p_e^2}\right) L$$

由本例可以看到，由于流量系数将系统的水力阻力特性进行了概括，采用流量系数概念使管道系统的水力分析变得简便了。这一方法特别适用于在设计阶段对系统的方案推敲。

（2）当量管法

对复杂管的简化计算，除用流量系数法外，还有当量管法。当量管法分为当量管径法和当量管长法。当量管径法就是求出一根与要代替的复杂管组合的管道长度相同，压力损失及流量也相同的具有一定管径（当量管径）的当量管道。当量管长法就是求出一根与要代替的复杂管组合的管径相同，管道压力损失及流量也相同的具有一定管长（当量管长）的当量管道。有关内容见本书第 7 章 7.5 节。

4.3.3 管道温降计算

由于气体和周围介质之间的热交换及气流的焦耳-汤姆逊效应，管道内气体温度不断降低，最后趋近于甚至低于周围介质的温度。

（1）输气管沿线气体温度

管道沿线气体温度可由下式计算

$$t_x = t_0 + (t_1 - t_0) e^{-ax} - \frac{\mu_j \Delta p_x}{ax}(1 - e^{-ax}) \tag{4-3-12}$$

$$a = \frac{225.356 \times 10^6 KD}{q\Delta_* c_p} \qquad (4-3-13)$$

式中　x——距起点的距离，km；

　　　t_1——起点处气体温度，℃；

　　　t_x——距起点 x 处气体温度，℃；

　　　t_0——沿线管道埋深处土壤温度，℃；

　　　e——自然对数底数，e ≈ 2.71828；

　　　μ_j——焦耳-汤姆逊效应系数，℃/MPa；

　　　Δp_x——起点到 x 点气体压降，MPa；

　　　a——计算常数；

　　　c_p——管内气体定压比热，J/(kg·K)；

　　　K——管道对土壤的总传热系数，W/(m²·K)；

　　　D——管道直径，m；

　　　q——气体体积流量，m³/d；

　　　Δ_*——气体相对密度。

上式中（$t_1 - t_0$）e^{-ax} 表示从起点到 x 点气体与土壤之间热交换使气体产生的温降；$\frac{\mu_j \Delta p_x}{ax}$

（$1 - e^{-ax}$）表示气体节流焦耳-汤姆逊效应所形成的温降。

（2）传热系数 K 值的计算

天然气在管道中几乎都在紊流状态，气体至管壁的内部放热系数比层流大得多，热阻 $1/\alpha_i$ 甚小，在工程设计中可忽略不计，常用下式计算 K 值：

$$K = \frac{1}{\dfrac{\delta_j}{\lambda_j} + \dfrac{1}{\alpha_o}}$$

$$\alpha_o = \frac{2\lambda_s}{D\ln\left[\dfrac{2h}{D} + \sqrt{\left(\dfrac{2h}{D}\right)^2 - 1}\right]}$$

式中　K——传热系数，W/(m²·K)；

　　　δ_j——绝缘层的厚度，m；

　　　λ_j——绝缘层的导热系数，W/(m·K)；

　　　α_o——管道外表面经土壤至周围介质的当量放热系数，W/(m²·K)；

　　　λ_s——土壤的导热系数，按实测数据，当无实测数据，可从土壤的物化特性中查出，W/(m·K)；

　　　h——地表面至管道中心线的深度，m；

　　　D——管道内直径，m；

（3）温降计算的意义

1）可利用式（4-3-12）求取管道长度 L 公里内的平均温度。

当 $aL \geqslant 10$ 时

$$t_{av} = t_0 + \frac{t_s - t_0}{aL} - \frac{\mu_j \Delta p_L}{aL}\left(1 - \frac{1}{aL}\right)$$

当 $aL \leqslant 10$ 时

$$t_{av} = t_0 + \left(\frac{1 - e^{-aL}}{aL} \right) \left[(t_s - t_0) - \frac{\mu_j \Delta p_L}{aL} \right] - \frac{\mu_j \Delta p_L}{aL}$$

2）可求取气体温度与地温平衡时的位置，设此点离起点距离为 L_m。当 $t_x = t_0$ 时，则式（4-3-12）变成

$$(t_s - t_0) e^{-aL_m} = \frac{\mu_j \Delta p_{L_m}}{aL_m} (1 - e^{-aL_m}) \qquad (4-3-14)$$

3）求取压气站进口处气体的温度。

只要将式（4-3-12）中 x 值用站间距代替即可。

4.3.4 输气管道工艺设计参数与优化

4.3.4.1 工艺流程与设计参数

输气管道的总工艺流程可以通过对给定的条件进行综合分析后确定，综合分析可以是宏观的，凭设计者的经验来进行；也可以借助数学模型进行定量分析。一般地讲，输气管道可分为加压输送和不加压输送，除有无加压外，其基本的功能都一样，都要对进出管道的气体进行分离、计量、调压，要有安全泄放装置及事故工况的处理方法等环节。

当给定的起点压力在 4MPa 以上，终点压力 1.6MPa 以下，输送距离不超过 500km，年输量在 $2 \times 10^9 \text{m}^3/\text{a}$ 以内时，凭以往的经验可不加压输送，只要通过水力计算公式就可以确定管径。当给定的条件超出上述范围，距离很长，终点压力要求在 2.5MPa 以上，输送量又很大时，就需加压输送。

建设长距离输送管道是在一系列给定或限定条件下进行设计的。这些条件本身即是管段的设计参数或者对设计参数产生影响。最基本的条件是：管道全长、输送气量、分输站或末站最低压力、可用压缩机的供气压力等；而设计参数则除输送气量、分输站或末站最低压力外还包括管径、压气站供气压力、压气站压缩机组的压缩比、压气站站间距（压气站数）等。诸多设计参数之间是相互联系的，在限定的条件下需要权衡取舍，以使系统达到很好的建造技术经济性、运营维护安全可靠和经济性。

4.3.4.2 输气管道设计参数优化模型[1]

在加压输送的情况下，以压力、管径、站间距、压比、输送量等参数为优化变量，将总投资化为折合（年）费用，与经营费用构成总的年费用。以单位管长和输气量下的总年费用为目标函数，求解各参数的最优解。用这些参数来设计管道的总工艺流程应能接近最经济合理。利用上一小节 4.3.4.1 的分析关系，结合经济指标及费用计算，可以建立输气管道设计的优化模型。

用 S 来表示一个管输系统的折合费用，则：

$$S = f(q, \varepsilon, p, D, l)$$

式中　D——输气管直径；

　　　q——输气量；

　　　ε——压气站压比；

　　　p——输送压力；

　　　l——输送管长度。

　　先定性分析各参数之间的相互变化及对折合费用的影响。当输气量和输送距离确定的情况下，输气管直径越大，所需压比或压气站的数目就越小，管道的基建投资部分相应增加，但压气站基建投资部分可能减小，经营管理费用降低，反之如果管径缩小，则压气站的数目增加。下面将在文献［1］的基础上，经修改提出输气管道设计参数优化模型。

　　（1）折合费用：

$$S = \sum_i \gamma_i C_i \frac{1}{l} + \sum_j \gamma_j K_j + \sum_k E_k \frac{1}{l} + F_p$$

$$i = N, B, S, \quad j = T, D, L, \quad k = N, O \qquad (4-3-15)$$

式中　S——折合费用，10^6 元/（km·a）；

　　　C_i——第 i 项建设费用，$i = N$—压缩机组，$i = B$—压气站建筑及设施，$i = S$－工程设计及管理，10^6 元；

　　　K_j——第 j 项建设费用单价，$j = T$—输气管道，$j = D$—输气管道敷设工程（与管径有关），$j = L$—输气管道敷设管理，$j = S$—工程设计及管理，10^6 元/km；

　　　γ_i——第 i 项年折旧折算系数，$1/a$；

　　　E_k——第 k 项运行费用，$k = N$—压缩机组；$k = O$—人员工资及管理等，10^6 元/a；

　　　F_p——管道维护费用，10^6 元/（km·a）。

　　（2）参数基本关系

　　流动关系，由式（4-3-1）

$$q = c_1 p_1 \sqrt{\frac{\left(1 - \dfrac{1}{\varepsilon^2}\right) D^5}{l}} \qquad (4-3-16)$$

$$c_1 = C_0 \frac{1}{\sqrt{\lambda Z \Delta_* T}} \qquad (4-3-17a)$$

$$\varepsilon = \frac{p_1}{p_2} \qquad (4-3-17b)$$

式中　ε——输气管道起点压力 p_1 与终点压力 p_2 之比，压缩机组也采用此压比。

　　管道金属耗量：

$$M_T = \pi D \delta \rho_T \qquad (4-3-18)$$

$$M_T = b p_1 D^2 \qquad (4-3-19)$$

$$b = \frac{\rho_T \pi}{2 \sigma_T} \qquad (4-3-20)$$

$$\delta = \frac{p_1 D}{2 \sigma_T} \qquad (4-3-21)$$

式中　M_T——单位管长输气管道金属耗量，t/km；

　　　D——输气管道直径，m；

　　　δ——输气管道壁厚，m；

　　　ρ_T——输气管道金属材料密度，kg/m³；

　　　p_1——输气管道设计压力，MPa；

　　　σ_T——管材资用应力强度，MPa/m²。

压缩机组功率：

$$N = aq \left(\varepsilon^{\frac{m-1}{m}} - 1 \right) \tag{4-3-22}$$

$$a = \frac{m}{m-1} T_{in} Z_{in} \frac{1}{\eta} \tag{4-3-23}$$

式中　m——多变指数，天然气可取 $m = 1.3 \sim 1.31$；

　　　T_{in}——压缩机进口温度，K；

　　　Z_{in}——压缩机进口压缩因子；

　　　η——压缩机组总效率。

（3）输气管道基建费用

$$C = C_N + C_B + K_T l + K_D l + K_L l + C_S \tag{4-3-24}$$

$$C_N = c_N \varphi N \tag{4-3-25}$$

$$K_T = c_T M_T \tag{4-3-26}$$

$$K_D = c_D D \tag{4-3-27}$$

$$K_S = \beta_S (C_N + C_B + l K_T + l K_D) \tag{4-3-28}$$

式中　l——输气管道长度，km；

　　　C_N——压缩机组建设费单价，10^6 元/kW；

　　　φ——压缩机组装机容量系数，>1.0；

　　　c_T——输气管道单价（包括管道材料及防腐、电保护等工程项目），10^6 元/t；

　　　c_D——输气管道敷设工程单价，10^6 元/（m·km）；

　　　β_S——工程设计及管理（相对于工程建设费的）费率 2% ~ 3%。

（4）输气管道运行费用

$$E = E_N + E_O \tag{4-3-29}$$

$$E_N = e_N t_N N \tag{4-3-30}$$

$$E_O = e_O n_O \tag{4-3-31}$$

$$F_p = f_p n_p \tag{4-3-32}$$

式中　e_N——压缩机组动力（包括冷却水、润滑油等）单价，10^6 元/（kW·h）；

　　　t_N——压缩机组运行时间，h/a；

　　　e_O——压气站人员工资及管理费用定额，10^6 元/（人·a）；

　　　n_O——人员数，人；

　　　f_p——管道人员工资及管理费用定额，10^6 元/（人·a·km）；

　　　n_p——人员数，人。

（5）折合费用表达式

$$S = \frac{1}{l} \left(\sum_i \gamma_i C_i + \sum_j E_j \right) + \sum_j \gamma_j k_j + F_p \tag{4-3-33}$$

式中　S——折合费用，10^6 元/（km·a）。

$$S = \frac{E_N}{l} + \frac{E_O}{l} + F_p + \gamma_N \frac{C_N}{l} + \gamma_B \frac{C_B}{l} + \gamma_L \left(K_T + K_D + K_L + \frac{1}{l} K_S \right) \tag{4-3-34}$$

$$S = \frac{E_N}{l} + \frac{E_O}{l} + F_p + (\gamma_N + \beta_S \gamma_L) \frac{C_N}{l} + (\gamma_B + \beta_S \gamma_L) \frac{C_B}{l}$$

$$+ \gamma_{\mathrm{L}} \big[(1 + \beta_{\mathrm{S}}) K_{\mathrm{T}} + (1 + \beta_{\mathrm{S}}) K_{\mathrm{D}} + K_{\mathrm{L}} \big] \tag{4-3-35}$$

代入式 (4-3-30), 式 (4-3-31), 式 (4-3-25) ~式 (4-3-27) 得:

$$S = e_{\mathrm{N}} t_{\mathrm{N}} \frac{N}{l} + e_{\mathrm{O}} \frac{n_{\mathrm{O}}}{l} + f_{\mathrm{p}} n_{\mathrm{p}} + (\gamma_{\mathrm{N}} + \beta_{\mathrm{S}} \gamma_{\mathrm{L}}) c_{\mathrm{N}} \frac{\varphi N}{l} + (\gamma_{\mathrm{B}} + \beta_{\mathrm{S}} \gamma_{\mathrm{L}}) \frac{C_{\mathrm{B}}}{l}$$

$$+ \gamma_{\mathrm{L}} \big[(1 + \beta_{\mathrm{S}}) c_{\mathrm{T}} M_{\mathrm{T}} + (1 + \beta_{\mathrm{S}}) c_{\mathrm{D}} D + K_{\mathrm{L}} \big] \tag{4-3-36}$$

$$\gamma_i = CRF_i = \frac{(1 + i_0)^{n_{\mathrm{d}}} i_0}{(1 + i_0)^{n_{\mathrm{d}}} - 1} \tag{4-3-37}$$

式中　γ_i——年费用折算系数, γ_{N} 相应于压缩机组; γ_{B} 相应于压气站建筑及辅助设施; γ_{L} 相应于输气管道 (取 $\gamma_{\mathrm{N}} = \gamma_{\mathrm{B}} = \gamma_{\mathrm{L}}$);

CRF_i——资本回收因子;

i_0——贴现率;

n_{d}——设施折旧回收年限, a。

式 (4-3-36) 合并为

$$S = A_{\mathrm{N}} q \frac{\varepsilon^{\frac{m-1}{m}} - 1}{l} + \frac{A_{\mathrm{B}}}{l} + A_{\mathrm{T}} p_1 D^2 + A_{\mathrm{D}} D + A_{\mathrm{L}} \tag{4-3-38}$$

$$A_{\mathrm{N}} = a \big[e_{\mathrm{N}} t_{\mathrm{N}} + (\gamma_{\mathrm{N}} + \beta_{\mathrm{S}} \gamma_{\mathrm{L}}) c_{\mathrm{N}} \varphi \big] \tag{4-3-39}$$

$$A_{\mathrm{B}} = e_{\mathrm{O}} n_{\mathrm{O}} + (\gamma_{\mathrm{B}} + \beta_{\mathrm{S}} \gamma_{\mathrm{L}}) C_{\mathrm{B}} \tag{4-3-40}$$

$$A_{\mathrm{T}} = \gamma_{\mathrm{L}} (1 + \beta_{\mathrm{S}}) c_{\mathrm{T}} b \tag{4-3-41}$$

$$A_{\mathrm{D}} = \gamma_{\mathrm{L}} (1 + \beta_{\mathrm{S}}) c_{\mathrm{D}} \tag{4-3-42}$$

$$A_{\mathrm{L}} = f_{\mathrm{p}} n_{\mathrm{p}} + \gamma_{\mathrm{L}} K_{\mathrm{L}} \tag{4-3-43}$$

由式 (4-3-16):

$$c_1 p_1 \sqrt{\frac{\left(1 - \dfrac{1}{\varepsilon^2}\right) D^5}{l}} - q = 0 \tag{4-3-43}$$

折算费用 S 为一多变量函数, 为求得条件极值, 应用拉格朗日乘子法, 用原函数 (4-3-38) 及联系方程 (4-3-43) 列出辅助函数:

$$\Phi = S + \lambda \left[c_1 p_1 \sqrt{\frac{\left(1 - \dfrac{1}{\varepsilon^2}\right) D^5}{l}} - q \right] \tag{4-3-44}$$

对 Φ 求偏导数, 并令它们等于零。

$$\frac{\partial \Phi}{\partial p_1} = A_{\mathrm{T}} D^2 + \lambda c_1 \sqrt{\frac{\left(1 - \dfrac{1}{\varepsilon^2}\right) D^5}{l}} = 0 \tag{4-3-45}$$

$$\frac{\partial \Phi}{\partial D} = 2 A_{\mathrm{T}} p_1 D + A_{\mathrm{D}} + \frac{5}{2} \lambda c_1 p_1 \sqrt{\frac{\left(1 - \dfrac{1}{\varepsilon^2}\right) D^3}{l}} = 0 \tag{4-3-46}$$

$$\frac{\partial \Phi}{\partial \varepsilon} = \frac{m-1}{m} A_{\mathrm{N}} q \frac{1}{l \varepsilon^{\frac{1}{m}}} + \lambda c_1 p_1 \frac{1}{\varepsilon^3} \sqrt{\frac{D^5}{l \left(1 - \dfrac{1}{\varepsilon^2}\right)}} = 0 \tag{4-3-47}$$

$$\frac{\partial \Phi}{\partial l} = -A_N q \frac{\varepsilon^{\frac{m-1}{m}} - 1}{l^2} - \frac{A_B}{l^2} - \frac{1}{2}\lambda c_1 p_1 \sqrt{\frac{\left(1 - \frac{1}{\varepsilon^2}\right)D^5}{l^3}} = 0 \qquad (4-3-48)$$

由式（4-3-43）或

$$\frac{\partial \Phi}{\partial \lambda} = c_1 p_1 \sqrt{\frac{\left(1 - \frac{1}{\varepsilon^2}\right)D^5}{l}} - q = 0$$

从实际问题考虑，可以由式（4-3-43），式（4-3-45）~式（4-3-48）在已定流量 q 下，解出优化参数 D，l，p_1，ε：

$$p_1 = \frac{2A_D}{A_T D} \qquad (4-3-49)$$

$$l = 4\left(\frac{c_1}{q}\frac{A_D}{A_T}\right)^2 D^3 \left(1 - \frac{1}{\varepsilon^2}\right) \qquad (4-3-50)$$

$$D = \sqrt[4]{\frac{m-1}{8c_1^2 m}\frac{A_T^2}{A_D^3}A_N q^3 \varepsilon^{\frac{3m-1}{m}}} \qquad (4-3-51)$$

应用迭代法，由下式求 ε

$$\frac{m-1}{m}\varepsilon^{\frac{3m-1}{m}} - \frac{3m-1}{m}\varepsilon^{\frac{m-1}{m}} = 2\left(\frac{A_B}{A_N q} - 1\right) \qquad (4-3-52)$$

本模型的推导是针对单一管道的。本书作者认为，这一结果可以应用于有多个中间压气站，以及有分气或集气的复杂输气管道，计算的管道长度 l 可理解为一个长输管道的站间距。

本模型在推导上是严密的，有理论意义；但实际运用时，对原始信息的误差很敏感，据文献［1］指出，如误差超过 5%，最终结果偏差会超过 10%。

4.3.4.3 输气管道压气站站间距[5]

从 4.3.4.1 小节的分析看到，在给定输送气量、出站最大压力、压缩机特性、管道直径的条件下，压气站的站间距与这些因素之间有复杂的联系。在下面来揭示这一规律。

1. 压气站的站间距

在给定输送气量、出站最大压力、压缩机特性、管道直径的条件下，推导压气站的站间距的表达式。由式（4-3-1）

$$q = C_0 \sqrt{\frac{(p_s^2 - p_x^2)D^5}{\lambda Z \Delta_* Tx}}$$

$$p_s^2 = p_x^2 + Cxq^2 \qquad (4-3-53)$$

$$C = \frac{C'}{D^5} \qquad (4-3-54)$$

$$C' = \frac{\lambda Z \Delta_* T}{C_0^2} \qquad (4-3-55)$$

对一段站间管道，起点站为 i，终点为 $i+1$，由式（4-3-53），第 i 站与第 $i+1$ 站间的管路特性为

$$p_{max}^2 = p_{ot\,i}^2 = p_{in\,i+1}^2 + Cl_i M^{2(i-1)}q_{max}^2 \qquad (4-3-56)$$

式中　p_{oti}——第 i 站的燃气出站压力；

　　p_{ini+1}——第 $i+1$ 站的燃气进站压力；

　　q_{max}——首站出站最大流量；

　　M——各站由于燃气轮机用气，出站燃气量与进站燃气量之比；

　　l_i——站间距。

第 $i+1$ 站的压缩机组特性由式（4-6-9）为

$$p_{max}^2 = p_{ot\,i+1}^2 = Ap_{in\,i+1}^2 - BM^{2i}q_{max}^2 \tag{4-3-57}$$

由式（4-3-56），式（4-3-57）得

$$l_i = \frac{(A-1)p_{max}^2}{C_i M^{2(i-1)}q_{max}^2} - \frac{B}{C_i}M^2 \tag{4-3-58}$$

末站（出站）最大流量 q_{dmax} 与首站出站最大流量 q_{max} 之间有

$$q_{dmax} = M^{n-1}q_{max} \tag{4-3-59}$$

式中　n——压气站数。

所以式（4-3-58）可改写为

$$l_i = \frac{(A-1)M^{2(n-i)}p_{max}^2}{C_i q_{dmax}^2} - \frac{B}{C_i}M^2 \tag{4-3-60}$$

若不考虑各站自用气，$M=1$，且各站管径相同，间距相等，$C_i=C$，由式（4-3-58）有

$$l = \frac{(A-1)p_{max}^2 - Bq_{max}^2}{Cq_{max}^2} \tag{4-3-61}$$

压气站数为

$$n = \left\lceil \frac{L-l_d}{l} \right\rceil + 1 \tag{4-3-62}$$

式中　L——管道全长；

　　l_d——末段管道长度。

　$\lceil\ \rceil$——天花板函数，即取大于 $\dfrac{L-l_d}{l}$ 的最小整数。

若用末段流量代替首站的出站最大流量，则有

$$l = \frac{(A-1)p_{max}^2 - Bq_{dmax}^2}{Cq_{dmax}^2} \tag{4-3-63}$$

由式（4-3-62）可求得压气站数，因 $q_{dmax} < q_{max}$，所以对算出的站数应向大整数调整，即式（4-3-62）所示按天花板函数计算。

2. 输气管的最大流量

由式（4-3-58）

$$L - l_d = \sum_{i=1}^{n-1} l_i = \frac{(A-1)p_{max}^2}{q_{max}^2}\sum_{i=1}^{n-1}\frac{1}{C_i M^{2(i-1)}} - BM^2\sum_{i=1}^{n-1}\frac{1}{C_i}$$

$$q_{max}^2 = \frac{(A-1)p_{max}^2\sum\limits_{i=1}^{n-1}\dfrac{1}{C_i M^{2(i-1)}}}{(L-l_d) + BM^2\sum\limits_{i=1}^{n-1}\dfrac{1}{C_i}} \tag{4-3-64}$$

若 $C_i = C$，则

$$q_{max}^2 = \frac{(A-1)p_{max}^2 \sum\limits_{i=1}^{n-1} \dfrac{1}{M^{2(i-1)}}}{C(L-l_d) + (n-1)BM^2} \qquad (4-3-65)$$

$\because \qquad \sum\limits_{i=1}^{n-1} \dfrac{1}{M^{2(i-1)}} = 1 + \dfrac{1}{M^2} + \dfrac{1}{M^4} + \cdots + \dfrac{1}{M^{2(n-2)}} = \dfrac{M^{2n} - M^2}{M^{2(n-2)}(M^2-1)}$

故首站出站的最大流量的平方值为

$$q_{max}^2 = \frac{(A-1)p_{max}^2}{C(L-l_d) + (n-1)BM^2} \frac{M^{2n} - M^2}{M^{2(n-2)}(M^2-1)} \qquad (4-3-66)$$

末段最大流量的平方值为

$$q_{dmax}^2 = \frac{(A-1)p_{max}^2}{C(L-l_d) + (n-1)B} \frac{M^{2n} - M^2}{(M^2-1)} \qquad (4-3-67)$$

若 $M=1$，则 $\sum\limits_{i=1}^{n-1} \dfrac{1}{M^{2(i-1)}} = n-1$，由式（4-3-65）

$$q_{max}^2 = \frac{(n-1)(A-1)p_{max}^2}{C(L-l_d) + (n-1)B} \qquad (4-3-68)$$

对于输气管末段，若其起点压力也是 p_{max}，则终点压力是 p_{dmax}，有

$$p_{max}^2 = p_{dmax}^2 + C_d l_d M^{2(n-1)} q_{max}^2 \qquad (4-3-69)$$

式中 C_d——末段管道常数。

由式（4-3-69）解出 l_d，代入式（4-3-64），得

$$q_{max}^2 = \frac{\left[1 + (A-1)C_d M^{2(n-1)} \sum\limits_{i=1}^{n-1} \dfrac{1}{C_i M^{2(i-1)}}\right] p_{max}^2 - p_{dmax}^2}{C_d L M^{2(n-1)} + B C_d M^{2n} \sum\limits_{i=1}^{n-1} \dfrac{1}{C_i}} \qquad (4-3-70)$$

因为 $q_{dmax}^2 = M^{2(n-1)} q_{max}^2$，末段最大流量

$$q_{dmax}^2 = \frac{\left[1 + (A-1)C_d M^{2(n-1)} \sum\limits_{i=1}^{n-1} \dfrac{1}{C_i M^{2(i-1)}}\right] p_{max}^2 - p_{dmax}^2}{C_d L + B C_d M^2 \sum\limits_{i=1}^{n-1} \dfrac{1}{C_i}} \qquad (4-3-71)$$

3. 各站的进站压力

对任一站（$i+1$）的进站压力，按压气站特性表示

$$p_{ini+1}^2 = \frac{p_{max}^2 + B M^{2i} q_{max}^2}{A} = \frac{p_{max}^2 + B M^{2(i-n+1)} q_{dmax}^2}{A} \qquad (4-3-72)$$

按管路特性表示

$$p_{ini+1}^2 = p_{max}^2 - C_i l_i M^{2(i-1)} q_{max}^2 = p_{max}^2 - C_i l_i M^{2(i-n)} q_{dmax}^2 \qquad (4-3-73)$$

4.3.4.4 输气管道最优设计参数图解资料

下面分别讨论输送压力和增压比与折合费用的关系；给出一份德国资料，讨论输气量与折合费用的关系；给出一份前苏联资料，介绍经图解分析来求取最佳参数。

1. 输送压力和增压比与折合费用的关系

在给定的操作压力、直径和输气量的管输系统中，所需的压气站数目同增压比呈减函

数关系。在降低增压比的情况下，压气站的固定投资相应提高，而和功率有关的投资却随之降低，这种与压气站固定投资部分相反的变化趋势，使有可能在一个确定的（管径和压力）系统中找到最佳压比，如图 4-3-1 所示。

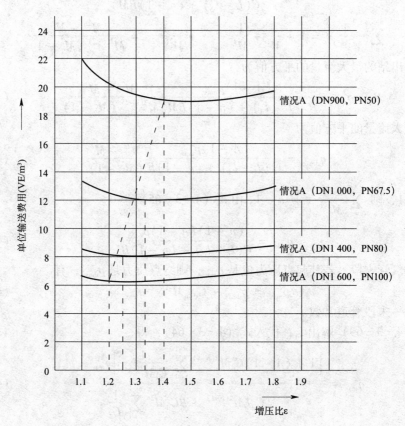

图 4-3-1　单位输送费用与增压比的关系

（VE 为按适当货币进行结算的约定结算单位）

从图中可以看到管径（单位：mm）越大，输送压力（单位：10^5Pa）越高，单位输送费用越省，这验证了前面所预言的趋势，同时也发现最佳压比总在 1.2~1.4 之间，输送压力越高最佳压比越低。

2. 德国资料

在一定的起点压力（相应的站压比）下可以作出很多管径方案，利用综合技术经济指标，求取每个方案的 S 值，其中最低者的管径即为所要求的经济管径。

在输送系统的建设与操作一定的投资和费用估计情形下，对任何一个输气量范围，都可在图 4-3-2 中从大约对应的经济管径和两个选择的增压比找到站距。

3. 输气量与折合费用的关系

当输气管径和输气压力确定后，干线部分的费用随输气量的增加而降低，但所有其他费用（燃料气费用和压缩机费用）都上升，而系统的总费用在某个输气量下有一最低值。在一个输气管道系统中，如果把各种费用随输气量变化的曲线画在一张图上，就能得到最合理的输气量，如图 4-3-3 所示。一个 DN1400、PN80 的输气管道系统中输气量 $q_0 =$

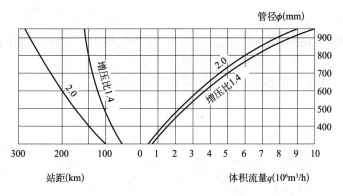

图 4-3-2 不同输气量下经济管径与站距的参考数据[①]

（设计压力为 6.7MPa）

$3.25 \times 10^6 \mathrm{m}^3/\mathrm{h}$ 时，运行最为经济，此时所对应的压气站总数目为 38 座。

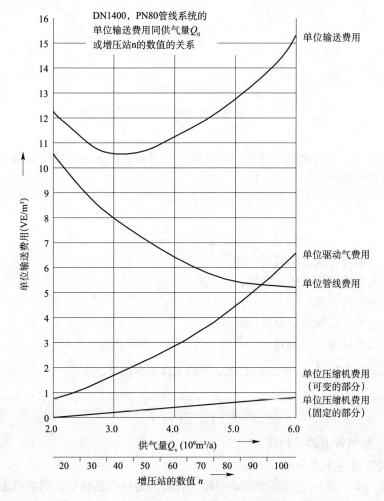

图 4-3-3 单位折合输送费用与输气量的关系

---

① 原图中体积流量单位为：m^3/h。

4. 前苏联资料

考虑直径 1020～1620mm 的管道，设计压力为 7.5MPa，双级压缩的输气管道系统。其单位折合费用随输气量变化而改变，根据综合技术经济指标可绘出该直径输气管道折合费用与输气量的关系曲线。曲线的低部区域即为合理的输气量范围，如图 4-3-4 所示。

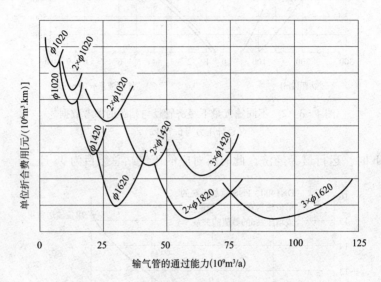

图 4-3-4　不同直径管道的合理输气量范围
设计压力为 7.5MPa

本书作者分析，本合理输气量范围曲线是经由对各管径方案的费用数据分别进行拟合得出单位折合费用曲线：

$$S = a_0 - a_1 q + a_2 q^\alpha$$

$$s = \frac{S}{q} = \frac{a_0}{q} - a_1 + a_2 q^{(\alpha-1)}$$

式中　　S——输气管线总年折合费用；

　　　　s——单位输气量折合费用；

　　　　q——年输气量；

a_0，a_1，a_2——单位输气量折合费用曲线拟合系数；

　　　　α——单位输气量折合费用曲线拟合指数，例如给定 $\alpha=3$。

$s=f(q)$ 曲线即如图 4-3-4 所示的形式。为确定合理输气量，令 $\dfrac{\mathrm{d}s}{\mathrm{d}q}=0$，得出合理输气量：

$$q = \left(\frac{a_0}{(\alpha-1)a_2}\right)^{\frac{1}{\alpha}}$$

4.3.4.5　输气管道的平均压力

（1）输气管道的压力分布

利用式（7-2-24）进行定常流动的输气管道压力分布的分析。对离管道起点距离为 x 的管段，有

$$q = C_0 \sqrt{\frac{(p_s^2 - p_x^2)D^5}{\lambda Z \Delta_* T x}} \tag{4-3-74}$$

综合整条管道与 x 管段，流量 q，D 都不变，由式（7-2-24），式（4-3-74）有

$$p_x = \sqrt{p_s^2 - \frac{p_s^2 - p_d^2}{L}x} \qquad (4-3-75)$$

式中 p_x——x 点的压力，MPa；

x——起点至 X 点的距离，km；

p_s——起点压力，MPa；

p_d——终点压力，MPa；

L——管道长度，km。

由式（4-3-75）可绘出以距离为横坐标，以压力值为纵坐标的压力分布曲线，这是一条抛物线，如图 4-3-5。若以压力平方值为纵坐标，则变成一条直线，如图 4-3-6 所示。

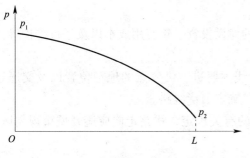

图 4-3-5 输气管压力变化曲线

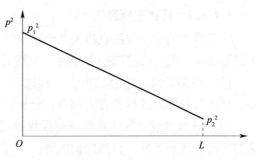

图 4-3-6 输气管压力平方直线

以上两条曲线在实际运行管理中有重要意义，当沿线各点实测的压力与理论值不符时，画出的曲线图与理论值画出的曲线图就不一致，就可以判断某个地方管道内可能有阻塞或漏气存在。而且可以大致确定发生问题的位置。

（2）管道的平均压力

管道的平均压力就是对上式中 p_x 值沿长度方向积分再除以线路长度，即：

$$p_{av} = \frac{1}{L}\int_0^L p_x \mathrm{d}x = \frac{1}{L}\int_0^L \sqrt{p_s^2 - (p_s^2 - p_d^2)\frac{x}{L}}\mathrm{d}x$$

$$p_{av} = \frac{2}{3}\left(p_s + \frac{p_d^2}{p_s + p_d}\right) \qquad (4-3-76)$$

式中 p_{av}——管道的平均压力，MPa。

（3）平均压力所在距离 x_{av}

由式（4-3-76）代入式（4-3-75），得到平均压力所在距离 x_{av}：

$$x_{av} = \frac{1}{p_s^2 - p_d^2}\left[p_s^2 - \frac{4}{9}\left(p_s + \frac{p_d^2}{p_s + p_d}\right)^2\right]L \qquad (4-3-77)$$

分两种极端情况讨论平均压力所在距离 x_{av}。

1）$p_d = 0$。由式（4-3-77），$x_{av} = 0.556L$。

2）$p_d = p_s$。由式（4-3-77）直接计算，$x_{av} = \frac{0}{0}L$ 为不定式，从物理上看，这表明若

整条管道压力都相同，则无所谓平均压力所在距离 x_{av}。

3) $p_d \to p_s$。对式（4-3-25）按罗比达法则计算：

$$x_{av} = L \times \lim_{p_d \to p_s} \frac{\left[p_s^2 - \frac{4}{9}\left(p_s + \frac{p_d^2}{p_s + p_d}\right)^2\right]'_{p_d}}{(p_s^2 - p_d^2)'_{p_d}} = 0.5L$$

由 1）和 3），得出的结论是输气管道平均压力所在距离可取为 $x_{av} = 0.5L$。输气管道后半段按平均压力确定壁厚。

4.4　输气管道的设计与敷设

4.4.1　线路选择

4.4.1.1　线路选择原则

输气管道的敷设线路直接关系到输气管道的建设投资、年费用成本以及运行维护等技术经济效益。关于线路选择有下列各项原则。

（1）线路走向应结合地形、工程地质、沿线主要进、供气点的地理位置以及交通运输、动力等条件，进行多方案调查、分析比选，确定最优线路。

（2）管线敷设地区的选择应符合我国现行的有关规定，线路走向应避开城市规划区、文物古迹、风景名胜、自然保护区等。

（3）线路应尽可能取直，缩短线路长度，同时线路也要尽可能靠近气源、城市和大用户。

（4）场站及大、中型河流穿、跨越位置选址应服从大的线路走向，线路局部走向应服从场站、跨越工程的位置。

（5）线路应尽可能利用现有公路，方便施工和管理。同时应尽可能利用现有国家电网供电，以降低工程费用。

（6）线路尽可能避开高烈度地震区、沙漠、沼泽、滑坡、泥石流等不良工程地质地区和施工困难地区。

4.4.1.2　地区等级划分

1. 划分地区等级的意义

天然气是有高度爆炸危险的气体，设计管道需要充分考虑管道系统的安全性使其在发生爆破事故时对周围的建构筑物造成的破坏或次生性灾害减小到最低限度。对此，有两种不同的设计原则。以前苏联为代表的东欧国家采取距离安全原则，即使管道和周围建构筑物之间保持一定距离，使之在发生事故时互不影响，保证安全。欧美国家采用强度安全原则，通过管道设施充分的强度来保证安全。根据这一原则，管道在经过不同地区时，采用不同的管壁厚度。我国国标《输气管道设计规范》GB50251 采用强度安全原则，按管道所处的不同地区采用不同的设计系数 F（见表 4-4-1），以提供不同的强度储备。

不同地区等级的设计系数　　　　　　　　表 4-4-1

地区等级	设计系数（F）
一级地区	0.72
二级地区	0.6
三级地区	0.5
四级地区	0.4

2. 地区等级的划分

根据管线所在区段连续 2km 长，管中心线两侧 200m 宽范围内居民住户数量和种类划分为四个不同地区级别。

（1）一级地区：供人居住的建筑物内户数在 15 户或以下的区段；

（2）二级地区：供人居住的建筑物内户数在 15 户以上，100 户以下的区段；

（3）三级地区：供人居住的建筑物内户数在 100 户以上的区段，包括市郊居住区、商业区、工业区、发展区以及不够四级地区条件的人口稠密区；

（4）四级地区：指四层或四层以上楼房（不计地下室层数）普遍集中、交通频繁、地下设施多的区段。

地区等级的边界线距其范围内最近一幢建筑物外边缘应等于或大于 200m。在一、二级地区内的人群聚集场所，如学校、医院以及其他公共场所等，应按三级地区对待。当一个地区的发展规划，足以改变现有的等级时，应按发展规划划分地区等级。

4.4.2 输气管道材质及选择

在长距离输气管道建设中，管材质量是输气管道工程质量的基础，是管道使用寿命和工作可靠性的决定因素之一。

钢管是输气管道工程建设的基本材料，管道材料的研究以发展优质高强度钢管为主要方向，管道建设的经验表明：强度、韧性和可焊性是管材的三项质量指标。

4.4.2.1 管材的基本要求

（1）管材的强度

强度是钢管承受载荷的能力，屈服极限即钢管标准中提供的"规定屈服强度最小值（SMYS）"是管道设计中采用的基础数据之一。

（2）管材的韧性

钢材的断裂性质有脆性和韧性两种，因发生断裂和延伸时所吸收的能量不等，破坏的程度有很大的差别。脆性断裂的裂缝延伸速度超过气体减压波的传播速度（天然气中减压波的传播速度约在 380~440m/s 之间），可对管道造成很大的破坏。韧性断裂需要的能量较大，裂缝的延伸速度低于气体减压波传播速度，当断裂处的压力降低后，断裂的延伸停止。对管材提出的韧性要求的目的在于防止脆性断裂，材料的脆性断裂有一温度界限，材料从韧性转变为脆性的温度叫转变温度，更低的转变温度有利于防止管道在较低的工作温度下发生脆性断裂。

4.4.2.2 钢管的种类和选用

输气管道使用的钢管，按照制造方法分为无缝管和有缝管两类。有缝管又分为直缝焊管和螺旋缝焊管。无缝管多为小口径管，最大口径一般为426mm。更大口径的输气管则采用有缝焊管。

小口径（ϕ426mm 以下）的输气支线多采用无缝管或埋弧焊直缝管和螺旋缝管。

大口径（ϕ426mm 以上）的输气管道均采用埋弧焊直缝管或螺旋管。电阻焊管一般只能在压力较低情况下使用，因为它的焊接工艺决定了其焊缝质量不如埋弧焊管。

我国已经能按输气工艺的要求生产石油天然气输送用的专用钢管，并制定了相应的国家标准。我国亦能按照国际上先进的，广泛使用的美国 API5L 标准生产输气管道专用钢管。可根据需要选用国产管或进口管，国内常用的标准有 GB/T 8163，GB/T 9711 等。

4.4.2.3　焊接性能

钢的可焊性指被焊钢材在一定的焊接工艺方法、工艺参数及结构形式的条件下，能获得可靠焊接的难易程度。钢的可焊性是相对的，主要取决于钢的化学成分。对钢的可焊性影响最大的合金元素是碳，其他合金元素的影响可以把它折算成与其等效作用的碳当量来估算。

（1）碳当量

把钢中合金总含量换算成对可焊性有相同影响的碳的数量称碳当量，符号为 C_E（%）。碳当量的计算方法较多，国际焊接协会（IIW）用来判定产生延迟裂缝（也称冷裂缝）倾向的碳当量计算式如下：

$$C_E = C + \frac{Mn}{6} + \frac{Cr + Mo + V}{5} + \frac{Ni + Cu}{15} \qquad (4-4-1)$$

式中 C（碳）、V（钒）、Mn（锰）、Cu（铜）、Cr（铬）、Ni（镍）、Mo（钼）均以各种成分含量的质量百分数表示，其中钒的百分含量中尚可包括铌、钛的百分含量。

当需要较精确地计算钢中各种成分对焊接性能影响时，推荐采用 C_{NE}（%）计算：

$$C_{NE} = C + A(C)\left[\frac{Si}{24} + \frac{Mn}{6} + \frac{Cu}{15} + \frac{Ni}{20} + \frac{Cr + Mo + V + Nb}{5} + 5B\right] \qquad (4-4-2)$$

式中 A（C）具体取值如表 4-4-2 所示。

A（C）取值　　　　　　　　　　　　　　　　　　表 4-4-2

C%	0	0.08	0.12	0.16	0.20	0.26
A（C）	0.500	0.584	0.750	0.916	0.98	0.988

一般认为，碳钢的碳当量小于 0.25%，合金钢的碳当量小于 0.45%，焊接性能良好。

（2）各种成分对焊接性能的影响

钢管的可焊性与钢材的化学成分密切相关，尤以碳、锰含量影响最大。

1）碳：碳对钢和焊缝金属的作用是提高强度和硬度，降低塑性和韧性。含碳量增加，钢的可焊性降低。含碳量越高，焊接时碳和氧发生反应而生成一氧化碳的机会就越多，在焊缝的熔合区和熔合线上更容易产生气孔。为了改善钢的焊接性能，应适当降低钢中碳的含量，焊接时可采用低氢型焊条和相应焊接工艺。

2）锰：锰是炼钢的良好脱氧剂和脱硫剂，在钢中加入一定量的锰，能消除或减弱钢因硫所引起的热脆，提高钢的强度，但锰能使钢增大淬透性，对焊接性能有不利影响。

3）镍：镍能使钢改善低温韧性和淬透性，并具有较高的抗腐蚀能力。

4) 铬：能提高钢的耐腐蚀能力、抗氧化能力、耐高温性、减小淬透性及材料的耐磨性能，加大焊缝热影响区的硬度。

5) 铌、钒、钛：添加在碳锰低合金钢中，经控制轧制和控制冷却可以提高钢的强度，细化晶粒，改善可焊性和韧性。

6) 磷、硫：在各类钢中均属有害杂质，它会降低钢的塑性、韧性和可焊性。

4.4.3 输气管道强度计算及稳定性校核

4.4.3.1 管道强度计算

埋地管道的强度计算一般是根据环向应力来计算和选取管道的壁厚，再用轴向应力与环向应力组合的当量应力不大于管道最低屈服强度的90%来进行强度校核。埋地天然气管道除受内压而产生的环向应力外，管顶以上回填土也要产生环向应力。但直径小于1400mm，埋设深度一般的钢管管壁不会因土壤的压力而产生足以破坏或使钢管屈服的应力。因此在一般情况下可不验算在空管情况下，受土壤压力而在管中产生的环向应力。埋地管道壁厚由下式决定：

$$\delta = \frac{pD}{2\sigma_S \Phi Ft} \qquad (4-4-3)$$

式中　δ——钢管计算壁厚，cm；

　　　p——设计压力，MPa；

　　　D——钢管外径，cm；

　　　σ_s——钢管的最低屈服强度，MPa；

　　　F——设计系数，按表4-4-1选取；

　　　Φ——焊缝系数；

　　　t——温度折减系数，当温度小于120℃时，t值取1.0。

弯头与弯管壁厚按式（4-4-4）与式（4-4-5）计算：

$$\delta_b = \delta \cdot m \qquad (4-4-4)$$

$$m = \frac{4R - D}{4R - 2D} \qquad (4-4-5)$$

式中　δ_b——弯头或弯管壁厚，cm；

　　　m——弯头或弯管壁厚增大系数；

　　　R——弯头或弯管的曲率半径，cm；

　　　D——弯头或弯管的外径，cm。

埋地管道的轴向应力计算可分完全受约束和有出土端两种情况分别计算。

（1）完全受约束的直线埋地管道，因土壤的摩擦力而使管道在地下不能自由收缩，受内压将产生泊桑应力，因温度变化将产生温度应力。管道总的轴向应力按下式计算：

$$\sigma_L = \mu\sigma_h + E\alpha(t_1 - t_2) \qquad (4-4-6)$$

$$\sigma_h = \frac{pd}{2\delta_n} \qquad (4-4-7)$$

式中　σ_L——管道的轴向应力，拉应力为正，压应力为负，MPa；

　　　μ——泊桑比，取0.3；

σ_h——由内压产生的管道环向应力，MPa；

p——管道设计内压力，MPa；

d——管道内径，cm；

δ_n——管道公称壁厚，cm；

E——钢材的弹性模量，MPa

α——钢材的线膨胀系数，$℃^{-1}$；

t_1——管道下沟回填时温度，℃；

t_2——管道的工作温度，℃。

（2）当直线埋地管道一端出土，管道的一端在内压作用和温差变化下可产生轴向位移，在靠近出土端（自由端）的截面上，管道中只计算由内压引起的轴向应力，按下式计算：

$$\sigma_L = \frac{pd}{4\delta_n} \tag{4-4-8}$$

式中各符号的意义同上式。

（3）对于埋地弹性敷设管道，如果在弯曲段回填土很坚固不变形，此时曲线管段也处于嵌固而受约束的情况下，弯曲管道中的轴向应力按下式计算：

$$\sigma_L = \mu\frac{pD}{2\delta_n} + E\alpha(t_1 - t_2) \pm \frac{ED}{2\rho} \tag{4-4-9}$$

式中　D——管道外径，cm；

ρ——弯曲管道的曲率半径，cm。

式中对于管道外侧为拉应力取正值，对于管道内侧为压应力取负值。

（4）受约束热胀直管段，按最大剪应力强度理论计算当量应力，并应满足下式：

$$\sigma_e = \sigma_h\mu - \sigma_L < 0.9\sigma_S \tag{4-4-10}$$

式中　σ_e——当量应力，MPa

σ_S——管道的最低屈服强度，MPa。

4.4.3.2　埋地管道稳定性校核

当输气管道埋深较大时，无内压输气管的水平方向变形量按下式计算：

$$\Delta\chi = \frac{ZKWD_m^3}{8EI + 0.061E_SD_m^3} \tag{4-4-11}$$

$$W = W_1 + W_2 \tag{4-4-12}$$

$$I = \delta_n^3/12 \tag{4-4-13}$$

式中　$\Delta\chi$——钢管水平方向最大变形量，m；

D_m——钢管平均直径，m；

W——作用在单位管长上的总竖向荷载，N/m；

W_1——单位管长上竖向永久荷载，N/m；

W_2——地面可变荷载传递到管道上的荷载，N/m；

Z——钢管变形滞后系数，N/m；

K——基床系数；

E——钢材弹性模量，N/m；

I——单位管长截面惯性矩，m^4/m；

δ_n——钢管公称壁厚，m；

E_S——土壤变形模量，N/m^2；

输气管在外荷载作用下，水平方向变形量不得大于钢管外径的 3%，即

$$\Delta\chi \leqslant 0.03D \qquad (4-4-14)$$

式中 D——钢管外径，cm；

$\Delta\chi$——钢管径向变形量，cm。

敷管条件的设计参数 表 4-4-3

敷管类型	敷管条件	E_S（$10^6 N/m^2$）	基床包角	基床系数
1 型	管道敷设在未扰动的土上，回填土松散	1.0	30°	0.108
2 型	管道敷设在未扰动的土上，管子中线以下的土轻轻压实	2.0	45°	0.105
3 型	管道放在厚度至少有 100mm 的松土垫层内，管顶以下的回填土轻轻压实	2.8	60°	0.103
4 型	管道放在卵石或碎石垫层内，垫层顶面应在管底以上八分之一管径处，但不得小于 100mm，管顶以下回填土夯实密度约 80%	3.8	90°	0.096
5 型	管子中线以下放在压实的黏土内，管顶以下回填土夯实，夯实密度约 90%	4.8	150°	0.085

注：管径等于或大于 $DN750mm$ 的管道，不宜采用 1 型，基床包角系数指管基土壤反作用的圆弧角。

4.4.3.3 管道弹性敷设计算

弹性敷设是利用管道弹性弯曲，改变管道方向的敷设方法。弹性敷设分水平弹性敷设和纵向弹性敷设两种。水平弹性敷设是使用外力，使管道在水平方向产生弯曲，改变线路走向；纵向弹性敷设是利用管道自身重量产生的挠度弯曲，改变管道纵向上的方向。

弹性敷设管道的曲率半径计算和选取如下：

（1）水平弹性敷设曲率半径不得小于 1000 倍管子的公称直径。

（2）纵向弹性敷设的管道曲率半径须满足管道轴向应力不超过管材屈服应力的 90%（包括温差应力、内压引起的轴向应力，管道弯曲产生的轴向力），同时还必须满足大于管道在自重力作用下产生的挠度曲线的曲率半径。

自重力作用下管道挠度曲线的最小曲率半径可按下式计算：

$$R = 3600\sqrt[3]{\frac{1-\cos\dfrac{\alpha}{2}}{\alpha^4}d^2} \qquad (4-4-15)$$

式中 R——管道弹性弯曲曲率半径，m；

d——管道的外径，cm；

α——管道的转角，°。

4.4.4 输气管道敷设

4.4.4.1 输气管道附属设施

为了减少管道发生事故时天然气的损失和防止次生灾害的发生，保证安全输气和保护

环境，输气管道每间隔一定的距离应设置线路截断阀。线路截断阀设置间距根据管道敷设沿线地区等级来定。

管道截断阀宜选用事故紧急自动截断阀。当管道破裂时，阀门上感测装置测到管道内压降速率达到设定值时，阀门就能自动关闭，防止管内气体放空和事故蔓延扩大。输气管道的管道截断阀一般选用球阀。

截断阀室上下游需设置放空管。放空管直径是根据 $1.5 \sim 2$ 小时内能将管道内气体放空完毕来确定。一般放空管直径为干管直径的 $1/3 \sim 1/2$。

截断阀室设置的间距：输气管线截断阀室之间的间距因不同级别地区由于人口密度不同，对安全可靠性的要求也不一样，因此阀室设置的距离也不相同。截断阀室间距最大值：四类地区为 8km，三类地区为 16km，二类地区为 24km，一类地区为 32km。重要铁路干线、大型河流穿跨越和高速公路两侧也应设置截断阀室。截断阀室应选择在交通方便、地形开阔、地势较高的地方。

4.4.4.2　输气管道的穿（跨）越

1. 穿（跨）越河流

管道穿越河流时，首先要根据管道的总体走向以及河道基本情况同时考虑不同穿越方法对施工场地的要求来选定穿越位置。穿越点宜选择在河流顺直，河岸基本对称，河床稳定，水流平缓，河底平坦，两岸具有宽阔漫滩，河床构成单一的地方。不宜选择含有大量有机物的淤泥地区和船舶抛锚区。穿越点距大中型桥梁（多孔跨径总长大于 30m）大于 100m，距小型桥梁大于 50m。

穿越河流的管线应垂直于主槽轴线，特殊情况需斜交时不宜小于 60°。

在选定穿越位置后，根据水文地质和工程地质情况决定穿越方式、管身结构、稳管措施、管材选用、管道防腐措施、穿越施工方法等并提出两岸河堤保护措施。采用的敷设方式有裸露敷设、沟埋敷设、定向钻、顶管及隧道等方式。

（1）裸露敷设

裸露敷设是将管身结构铺放在水下基岩河床上或稳定的卵石河床上。管道采用厚壁管、复壁管，或采用石笼等方法加重管道进行稳管。裸露敷设优点是工程施工费用省、施工周期短、工程量省。缺点是只适用于管径小、水流速度很低、河床稳定、自然床面平坦、不通航的中、小河流上。

（2）水下沟埋敷设

在水下河床上挖出一条水下管沟，将管线埋设在管沟内，称沟埋敷设。开沟机具有拉铲、挖泥船，当使用气举开沟时，还可采用水泥车和高压大排量泵。对于中小型河流或冬季水流很小的水下穿越也可采用围堰法断流或导流施工。围堰法施工将水下工程变为陆上施工。

沟埋敷设应将管道埋设在河床稳定层中。沟槽开挖宽度和放坡系数视土质、水深、水流速度和回淤量确定。管道下沟后可采用人工回填和自然回淤回填。

无论是裸露敷设还是沟埋敷设，水下管道由于受到内压及水动力等多种力的作用，必须对管道进行强度和稳定性校核。在此基础上采用经济合理的稳管措施，以保证管道的安全。

主要的稳管措施有：

1）采用厚壁管或复壁管稳管。复壁管是在输气管外套上直径更大的管道，并在两管间和环形空间内加注水泥浆。这种方法最简单，但经济性较差。

2）钢丝石笼稳管。就是用钢丝网装卵石放在输气管上或放在管道下游、上游，起到稳管作用。

3）散抛块石稳管。此法必须在确定管道已经完全按设计就位，并以软土回填至管顶以上 0.2~0.5m 时才可进行。

4）加重块稳管。它和复壁管相似，即将重块捆绑在管道外壁上，达到稳管目的。

5）挡桩稳管。即在管下游隔一段距离打一根桩挡住水流对管道的冲击作用，这种方法仅适用于基岩裸露或基岩很浅的河流中。

（3）水下管道定向钻穿越

水下管线定向钻穿越河流方法是用定向钻机按照设计要求，在河流河床下定向钻孔进行敷设的方法。施工步骤是：先用定向钻机钻一导向孔，当钻头在对岸出土后，撤回钻杆，并在出土端连接一个根据穿越管径而定的扩孔器和穿越管段。在扩孔器转动而进行扩孔的同时，钻台上的活动卡盘向上移动，拉动扩孔器和管段前进，将管段敷设在扩大了的孔中。

穿越位置应选在河流两岸施工场地良好、交通运输方便的地方。定向钻穿越的地层不宜太松散。适宜的地层有黏土层、亚黏土层、粉沙层、粉土层及中沙层。定向钻无法在流沙层和钻断面上土质变化很大的地方施工。

该穿越技术优缺点如下。优点：可以常年施工，不受季节限制；工期短，进度快；穿越质量好，不损坏河堤岸坡，不影响河流泄洪，不影响航运；能满足设计埋深要求；管道不需任何加重稳管措施；保护自然环境，不会造成施工污染；施工人员少，工程造价低。定向钻的缺点是：机具庞大，对施工运输车辆和道路有一定要求，受地质条件限制穿越长度有限制，施工必须有定向机具运行和管线组装的场地。

某穿跨越河流方案比较见表 4-4-4，对其中投资比（以大开挖方式为1）进行比较。比较结果选用定向钻方案。

某穿跨越河流方案比较　　　　　　　　　　　　　　　表 4-4-4

方案项目	挖沟	定向钻	隧道	跨越
管径（mm）	DN700	DN700	DN700	DN700
长度（m）	700	850	720	680（主跨400）
敷设方法	1. 泥船等机械挖沟 2. 拖管或沉管就位 3. 管沟回填或自然回淤	1. 定向钻钻导向孔 2. 扩孔回拖管道	1. 顶管机顶混凝土管 2. 管道在巷道或竖（斜）井内组装	利用塔架、拉牵将管道固定
稳管方式	重晶石加重块＋河床相对稳定层＋管重	河床相对稳定层＋管重	混凝土管＋河床相对稳定层＋管重	塔架＋拉牵＋管重
投资比	1.0	0.60	0.87	1.83
优点	占地与投资较少，建成后，不影响通航	工期最短，投资最少，施工不影响航行，且不受季节限制，不需破防洪堤，管道受水流冲刷少，减少管道维护工作量，占地较少	施工不影响航行，且不受季节限制，不需破防洪堤，管道不受水流冲刷，减少管道维护工作量，占地较少，增设线费用少	不需破防洪堤，管道不受水流冲刷，增设复线费用少

方案项目	挖沟	定向钻	隧道	跨越
缺点	事故时不易检修，施工影响航行，并受季节限制，需开挖防洪堤，管道易受水流冲刷，增设复线费用较高	事故时不易检修	工期较长	维护费用较高，投资最高，工期较长，占地与拆迁房屋较多，抗震与耐腐蚀较差

2. 穿越铁路、公路

（1）输气管道穿越铁路

天然气输气管道与铁路，特别是干线铁路交叉时，应尽量采用穿越方式交叉（从铁路路基下通过）。当需采用跨越方式时，管底至路轨的距离：电气化铁路不得小于 11.1m，其他铁路不得小于 6m。穿越铁路宜采用钢筋混凝土套管顶管施工。当不宜采用顶管施工时，也可采用修建专用桥涵方式，使管道从专用桥涵中通过。

输气管穿越铁路干线的保护套管宜采用钢管或钢筋混凝土管。钢套管或无套管穿越管段应按无内压状态验算在外力作用下管道径向变形，其水平直径方向的变形量不得超过管道外直径的 3%。穿越铁路、公路的管段，当管顶最小埋深大于 1m 时，可不验算其轴向变形。穿越管段两侧，需设置截断阀，以备事故时截断管路。

穿越公路直埋管段或套管，以及穿越铁路套管应计算所受土壤荷载与车荷载所产生的应力。

（2）输气管道穿越公路

根据《公路工程技术标准》JTJ01，公路等级分为"汽车专用公路"和"一般公路"两类。汽车专用公路又分为高速公路、一级公路、二级公路三个等级。汽车专用公路属于国家重要交通干线，车流量大，路面宽度大，技术等级较高。一般公路又分为二、三、四级，其车流量、路面宽和技术等级、重要程度依序降低。此外还有不属国家管理的公路，如矿区公路，县乡公路等。

输气管线穿越公路的一般要求与铁路基本相同。县乡公路和机耕道，可采用直埋方式，不加套管。

穿越铁路、公路现在一般采用顶管法较多，对于穿越长度较长，顶管法较困难的也可采用定向钻的办法。

穿越铁路、公路及荷载计算见本书第 6 章。

4.4.4.3 输气管道防腐保护

采用外壁防腐层与阴极保护或牺牲阳极相结合的联合保护，并通过各种敷设条件下不同土壤性质对管道腐蚀的调查研究，做出合理的防腐蚀设计。

1. 涂层防腐

目前使用最广泛的外壁防腐层是二层 PE 或三层 PE。它与管壁黏结牢靠、寿命长、绝缘性好且可以在工厂预制，建设单位可以在钢管到货时，就地做好防腐涂层。除外壁防腐层外，所有的输气管道均要做阴极保护。

输气管道可采用塑料、树脂等减阻内涂层技术。

2. 外加电流阴极保护

外加电流阴极保护时，被保护的金属接在直流电源的负极上，而在电源的正极则接辅助阳极，如图4-4-1所示。此法为目前国内输气管道阴极保护的主要形式。

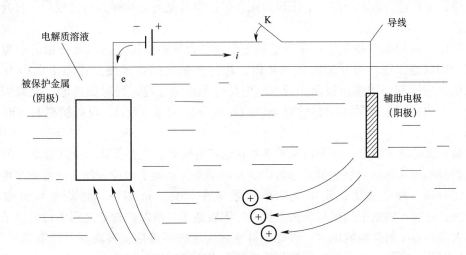

图4-4-1 外加电流阴极保护原理示意图

阴极保护站：

阴极保护站由电源设备和站外设施两部分组成。电源设备是由提供保护电流的直流电源设备及其附属设施（如交、直流配电系统等）构成。站外设施包括通电点装置、阳极地床、架空阳极线杆（或埋地电缆）、检测装置、均压线、绝缘法兰和其他保证管道对地绝缘的设施。其典型系统如图4-4-2所示。

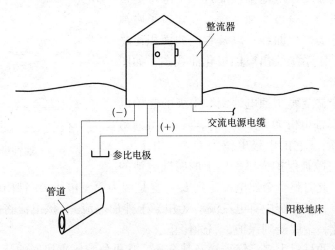

图4-4-2 信筒式阴极保护站

1）直流电源。一般要求：安全可靠，长期稳定连续运行；电压连续可调，输出阻抗与管道—阳极地床回路相匹配，电源容量合适并有适当富裕；在环境温度变化较大时能正常工作；操作维护简单，价格合理。

2）可供选择的阴极保护电源形式有：市售交流电源，经整流器供出；小型引擎发电机组；油（气）涡轮直流发电机组；风力直流发电机组；铅酸蓄电池；太阳能电池；热电发生器；燃料电池。

3）阳极地床。又称阳极接地装置。其用途是通过它将保护电流送入土壤，再经土壤流进管道，使管道表面阴极极化。阳极地床在保护管道免遭土壤腐蚀的过程中，自身受腐蚀破坏。

对阳极地床的基本要求为：接地电阻应在经济合理的前提下，与所选用的电源设备相匹配；阳极地床应具有足够的使用年限，埋深式阳极的设计使用年限不宜小于20a；阳极地床的位置和结构应使被保护管道的电位分布均匀合理，且对邻近地下金属构筑物干扰最小；由阳极地床散流引起的对地电位梯度不应大于5V/m，设有护栏装置时不受此限制。

根据上面的基本要求，在阴极保护站站址选定的同时，应在预选站址处管道一侧（或两侧）选择阳极地床的安装位置。通常需满足以下条件：地下水位较高或潮湿低洼地；土层厚，无石块，便于施工；土壤电阻率一般应在50Ω·m以下，特殊地区也应小于100Ω·m；对邻近的地下金属构筑物干扰小，阳极地床与被保护管道之间不得有其他金属管道；人和牲畜不易碰到的地方；考虑阳极地床附近地域近期发展规划及管道发展规划，避免今后可能出现的搬迁；地床位置与管道通电点距离适当。

3. 牺牲阳极法

采用比保护金属电位更负的金属材料和被保护金属连接，以防止金属腐蚀，这种方法叫作牺牲阳极保护法。与被保护金属连接的金属材料，由于它具有更负的电极电位，在输出电流过程中，不断溶解而遭受腐蚀，故称为牺牲阳极。

牺牲阳极保护系统可以看作是在发生腐蚀的金属表面上短路的双电极腐蚀电池中，加入一个电位更负的第三电极所构成的三电极腐蚀系统，在知道了腐蚀表面阴、阳极组分的极化曲线，以及它们的面积比之后，就可以对于给定系统绘出腐蚀极化曲线图，如图4-4-3所示。

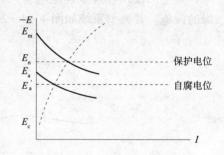

图4-4-3　牺牲阳极保护系统腐蚀极化曲线

在这个系统中，金属腐蚀电池阴、阳极的起始电位为E_c、E_a，自腐蚀电位为E_a'，当加入电位更负的第三电极-牺牲阳极后（它的电极电位为E_m），由于E_m比E_a、E_c负很多，故被保护金属表面上的腐蚀电池的两极都成为阴极，此时整个金属电位达到E_n，这是因为第三电极-牺牲阳极与被保护金属之间存在着电位差，在系统中有电流流动（相当于外加电流），该电流将整个被保护金属极化成阴极。因此，金属受到保护，腐蚀停止。

用作牺牲阳极的材料大多是镁、锌及其合金，其成分配比直接影响牺牲阳极电流的输出，关系到阴极保护效果的好坏。因此严格按照金属配比熔炼牺牲阳极，是保证它的质量的重要环节。

关于管道防腐保护详见本书第6章内容。

4.5 输气管道场站

4.5.1 概述

4.5.1.1 场站分类

天然气输气管道的场站有首站、末站、中间站三类。这是以场站在管线中的位置划分的；如果按其功能可分为首站、压气站、清管站、分输站、末站等，它们都有调压、计量、分离、清管等功能，压气站还有气体冷却功能。

4.5.1.2 场站的设置

(1) 各类场站的设置必须满足输气工艺要求，除完成自身主要功能外，各站都必须考虑在事故或检修状态下的安全泄放、越站旁通、自动截断等功能。

(2) 各类场站的设置位置应和线路总体走向一致，并应考虑与周围建筑物的安全距离。

(3) 各类场站的设置位置应考虑运营管理的方便，应交通便利，水、电供应可靠，社会依托条件好。

(4) 各类功能不同的场站应尽量合建。

4.5.2 首站

4.5.2.1 首站功能与工艺

首站是输气管道的起点，一般具有分离、计量、调压、清管器发送等功能。当管道输气压力高于进气压力时，首站还须有增压功能。

(1) 位置选择

为了水电、交通设施的便利与生活设施公用，有的首站与净化厂只有一墙之隔，有的首站就建在气体净化厂附近。

占地规模。在满足总图布置的前提下，还应考虑与其他周围建筑物保持足够的安全防火间距，并留有发展余地。

地形条件。所选站址应地形开阔，地势平缓，有良好的放空排污条件，土石方工程量小。

(2) 参数

根据管道输送工艺要求选择首站出口参数。首站的出口压力不应超过干线的设计最高压力。若首站为压气站，其出口温度不允许超过下游管线最高允许温度。

(3) 流程和布置

根据首站输送工艺的功能要求，决定站内流程和设备布置。其流程和布置都应留有适当的扩建余地，在改扩建时不影响原系统的运行，不需改变原管路的安装。应尽量缩短管道长度，避免倒流，减少交叉。

除工艺要求的功能外，还应有越站旁通、安全泄放、排空检修、压力报警等功能。

站内管道管径的选择应使气体流速小于 20m/s，整个管路的压力损失尽量控制在 0.1MPa 内。

图 4-5-1 为一般输气管道首站工艺流程图。

图 4-5-2 为有压缩机的首站工艺流程图。

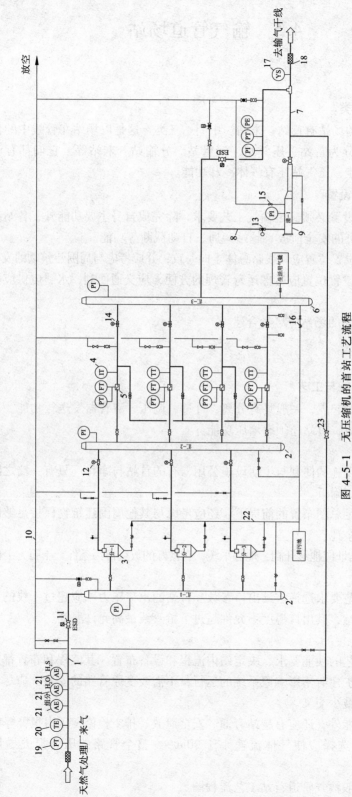

图 4-5-1　无压缩机的首站工艺流程

1—进气管；2—汇气管；3—多管除尘器；4—温度计；5—超声波流量计；6—汇气管；7—外输气管道；8—清管旁通管道；9—清管器发送装置；10—放空管；11—ESD 阀；12—球阀；13—旋塞阀；14—强制密封球阀；15—放空阀；16—排污阀；17—清管器通过指示器；18—绝缘接头；19—压力表；20—温度计；21—H_2O、H_2S 组分分析仪；22—除尘器排污管；23—越站旁通

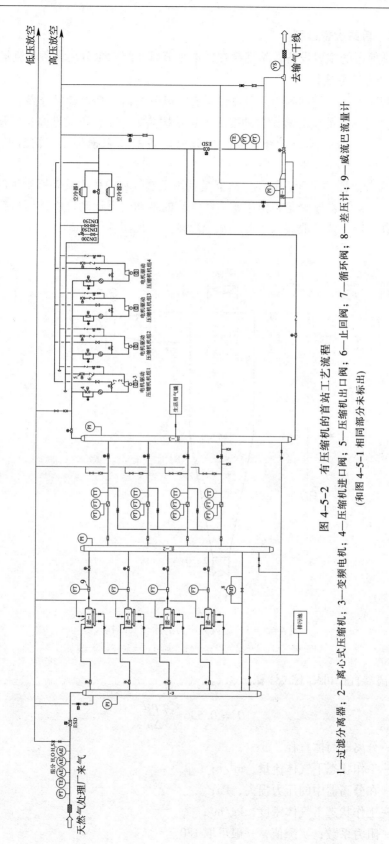

图 4-5-2　有压缩机的首站工艺流程

1—过滤分离器；2—离心式压缩机；3—变频电机；4—压缩机进口阀；5—压缩机出口阀；6—止回阀；7—循环阀；8—差压计；9—威流巴流量计
（和图 4-5-1 相同部分未标出）

4.5.2.2　首站设备选型

所有场站使用的主要设备首站都存在，本小节只介绍除尘分离设备与流量计的选择。

1. 除尘分离设备选择

在输气管线上经常使用的除尘分离设备有旋风分离器、多管旋风分离器、过滤器等。

（1）输气场站对除尘分离设备的要求是：结构简单，工作可靠性高；流量波动对除尘效率影响小，除尘效率高；气流流经除尘分离设备的摩阻损失小；清洗及更换零部件方便。

（2）旋风分离器的设计。旋风分离器是利用天然气在筒体内旋转所产生的离心力将杂质甩到器壁，杂质沿器壁聚集，由于重力和气流的带动向下运动，由排污口排出；质量较轻的气体则在内圈形成一股旋风上升，从顶部排出。见图 4-5-3。

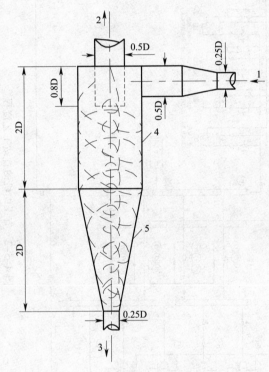

图 4-5-3　旋风分离器的原理及结构尺寸
1—进气口；2—出气口；3—排污口；4—筒体；5—锥体

旋风分离器直径可用下式计算：

$$D = 0.536 \sqrt[4]{\frac{q^2 \rho_g \zeta}{\Delta p}} \qquad (4-5-1)$$

式中　D——分离器筒体直径，m；

　　　q——工作状态下气体流量，m^3/s；

　　　Δp——在分离器中的压力损失，Pa；

　　　ρ_g——工作状态下气体密度，kg/m^3；

　　　ζ——阻力系数；实测值，一般可取 180。

进口流速控制在 15 ~ 25m/s，出口流速控制在 5 ~ 15m/s。

在输气管道上广泛使用的多管旋风分离器，更适合于大流量、高压力、含尘粒度分布广的干天然气，其除尘效率可达 93% ~ 99%，因此很适合输气管道上使用。

（3）过滤器的设计。过滤器是分离气体中固体粉尘的一种高效除尘设备。它的最大优点是可根据含尘粒度的大小和除尘要求高低采用相应的过滤材料，除尘粒度最小可达 0.5μm，除尘效率达 95% ~ 99%。

过滤器由数根过滤元件组合在一个壳体内构成，分为过滤室和排气室，见图 4-5-4。过滤元件由过滤管、过滤层、保护层和外套构成。

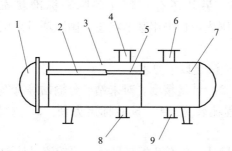

图 4-5-4 过滤除尘器
1—快开盲板；2—过滤元件；3—过滤室；4—进气口；5—支持管；6—排气口；7—排气室；8、9—排污口

含尘气体由进气口进入过滤室内，从过滤元件外表面进入，通过过滤层时产生筛分、惯性、黏附、扩散和静电等作用而被捕集下来。净化后的气体从过滤管内出来，经排气室的出气口排出。

过滤器计算。过滤元件流通面积的计算

$$A = \frac{n\pi d^2}{4} \qquad (4-5-2)$$

$$N = \frac{10^4 q}{Aw} \qquad (4-5-3)$$

式中　A——过滤元件的流通面积，即一根过滤钢管的流通面积，cm^2；

　　　d——过滤元件开孔直径，cm；

　　　n——过滤元件开孔个数；

　　　N——过滤器中的过滤元件数量；

　　　q——通过过滤器的流量（工作状态下），m^3/s；

　　　w——气体通过过滤元件的流速，由元件制造厂给出，一般可取 1m/s。

2. 流量计的选择

天然气的可压缩性、流动性以及体积的变化使输气管线中流量的测量只能采用特殊的间接测量方式来完成，即通过测定管道中特定设计好断面时天然气的各种参数，依据流量和这些参数之间的内在关系计算出天然气流量。

（1）天然气流量测量的特点

流体的流动状态直接影响着流量测量的准确性。为此，仪表的结构本身应能适应流态的变化，并能消除流量测量元件上游局部阻力元件造成的流态扰动以及通过流动管道截面上流速不均匀分布带来的影响。

　　不同流体的物理和化学性质对流量测量仪表有着不同的要求，并应考虑作相应的处理。天然气是以甲烷为主的混合气体，其组成是变化的。鉴于目前天然气流量计量是基于体积流量计量这一状况，因此精确地分析把握天然气的组分、掌握其物理性质，是进行精确计量修正的基础。需要在线的连续自动分析，并对天然气流量计量中的状态变化进行补偿修正。

　　天然气在测量流量时，需规定体积状态衡量标准，以统一计量的结果。我国石油系统标准规定的状态为基准状态（101.325kPa，20℃），而化工系统和建设系统的标准为标准状态（101.325kPa，0℃）。另外还有一种（国际）标准状态，GPA 标准，其压力为101325Pa，温度为 15℃。国内项目采用基准状态，国际项目采用 GPA 标准。

　　（2）计量仪表选型

　　输气管道的计量仪表应满足以下要求：

　　1）适合大流量计量。2）计量精度。对末站、分输站等有气体交割的计量仪表必须达到商业计量标准。3）量程比较宽。4）校验标定方便。5）安装简单，压力损失小，成本低。

　　能满足以上要求的流量计主要有孔板流量计、涡轮流量计和超声波流量计。

　　孔板流量计目前在我国占 85% 以上，在国外也还占到 60% 左右。它的量程没有涡轮和超声波流量计宽，精度也没有它们高。但制作技术比较成熟，价格低廉，有现成的设计安装标准，按标准进行节流装置的安装设计，不需标定可直接计算出流量。

　　涡轮和超声波流量计已经在我国使用，尤其在大型输气管的商业计量中，基本取代孔板流量计，成为首选。因为它量程比可达 40∶1，精度也高，但也存在一些问题，目前我国最大只能标定到口径 DN300 的超声波流量计，$DN > 300$ 口径的超声波流量计我国还没有建立起标定装置，无法在国内标定。

　　有关流量计量内容可参见本书第 6 章。

　　（3）孔板流量计设计

　　1）孔板流量计的组成。孔板流量计由标准孔板节流装置、导压管、差压计、压力计和温度计组成，根据 GB/T2624 和 SY/T6143 中的标准规定，标准孔板节流装置由标准孔板、取压装置、上下游测量管（直管段）等组成。

　　2）测量原理与基本方程式。孔板流量计流量测量原理是基于当流量通过节流件（标准孔板）时，在节流件前后发生流速的变化产生压力差，由测出的压力差，作为流量的标度。流量与差压的基本关系式如下：

$$q = 0.004\alpha\varepsilon d^2\sqrt{\Delta p/\rho_1} \qquad (4-5-4)$$

$$\alpha = \frac{C}{\sqrt{1-\beta^4}} \qquad (4-5-5)$$

式中　q——体积流量（采用工况下），m^3/h；

　　　　α——在工作状态下的实际流量系数；

　　　　ε——膨胀系数，对不可压缩流体 $\varepsilon = 1$，对可压缩流体，$\varepsilon < 1$；

　　　　C——流出系数；

　　　　β——孔径比，节流元件的开孔直径（d）与连接管道内径（D）之比，即 d/D；

d——孔板开孔直径，mm；

D——连接管道内径，mm；

Δp——孔板上下游静压力差，Pa；

ρ_1——采用工况下的气体密度（上游侧），kg/m^3。

孔板流量计的流量计算方法目前都由专门编程软件的微处理机即专用流量计算机完成。

流出系数 C 是与工作状态下流束的摩擦力、涡流损失、收缩情况和取压孔位有关的修正系数。α 和 C 值都只能以实验的方法求得，参见国标《流量测量节流装置》GB2624。因此，按国家标准或相关的国际标准选用节流元件进行流量测量要比非标设计节流元件测得的结果更准确，并且选用也方便。国际上通用 ISO5167 标准和美国《石油学会标准》ANSI/API2530，其中采用美国燃气协会第3、8号报告（AGA3，1990/AGA8，1992）相关标准，它涉及气体孔板流量计测量计算数学模型。AGA3 主要阐述在给定状态下求质量流量和体积流量的问题，而 AGA8 是说明求压缩因子、相对密度、单位超压缩因子和热值等问题。

孔板节流装置安装连接见图4-5-5。

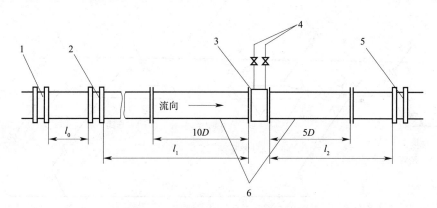

图4-5-5　孔板节流装置安装简图

1—节流件上游侧第2个局部阻力件；2—节流件上游侧第1个局部阻力件；

3—节流件和取压装置；4—差压信号管路；5—节流件下游侧第1个局部阻力件；

6—节流件前后的测量管；l_0—节流件上游侧第1个局部阻力件和第2个局部阻力件之间的直管段；

l_1—节流件上游侧和直管段；l_2—节流件下游侧的直管段

现场孔板计量装置还可与流量计算机并入 SCADA 系统构成自动化计量系统。整个计量系统分为5个部分，即现场节流装置、现场变送、信号隔离转换、A/D 转换以及数据处理与显示，各部分的功能为：

1）节流装置：测温，取静压和差压；

2）变送器：把流体的静压、差压、温度参数变送为标准输出信号（4~20mA 或 1~5 V）；

3）信号隔离转换装置：将现场输出的标准信号进行完全隔离并转换成 I/O 模板所能接收的信号；

4）A/D 转换装置：将模拟信号转换为中央处理器（CPU）能够接收的数字信号；

5）数据处理及显示器：将现场远传的各种数据在中央处理器进行数据运算和处理，

并在上位计算机上实时显示或打印。

作为大流量测量，差压式孔板流量计需要稳定的流量工况，量程比最好在 $q_{min}/q_{max} = 1 : 3$ 范围内。

4.5.3 清管站

4.5.3.1 清管站功能与工艺

清管站的功能是在进行清管作业时，接收和发送清管器，同时清除在清管过程中流入站内的杂质和污物。在管线投产初期，杂质和污物数量和种类较多，主要是施工过程中留在管道内，未能在投产前清除干净的粉尘、泥土、铁锈等。经过长期运行之后，管内清除出来的主要是铁锈，而且数量也少很多。

清管站尽可能和其他场站如压气站、分输站等合并建设，只有当其他两个中间站间距太长，不便于进行清管作业时才单独建站。清管站的站间距可按 80~120km 考虑。

在各种输气站设置清管器收发装置，流程见图 4-5-6。

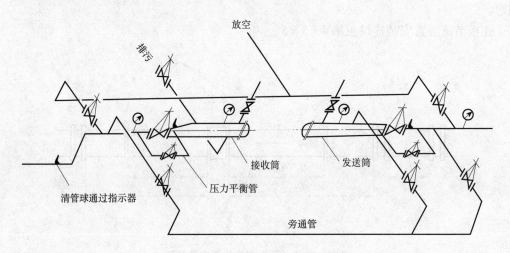

图 4-5-6 清管器收发装置流程

4.5.3.2 清管站设备

清管站使用的主要设备有清管球收发装置、除尘分离设备等。除尘分离设备在 4.5.2.2 首站设备选型中已讲解，本段仅讲解清管球收发装置。

清管装置包括清管器、清管器收发装置、清管器通过指示器、球阀。

清管器有清管球与清管刷两类，前者因制作简单，易于通过三通和弯头而广泛应用。清管球由氯丁橡胶制造，有空心球与实心球两种，当管径大于 100mm 时采用空心球。清管球的球径过盈量宜为管道内径的 5%~8%，空心球壁厚为管道公称直径的 10%，但不小于 25mm。皮碗清管器由刚性骨架、皮碗、压板、导向器等组成。皮碗的形状可分为锥面、平面和球面三种。皮碗材料多为氯丁橡胶、丁腈橡胶和聚酯类橡胶。

收发装置又称收发筒，它们的直径一般较主管道直径大 1~2 档，发送筒长度不小于筒径的 3~4 倍，接收筒因需容纳数个清管球与污物，其长度应不小于筒径的 4~6 倍。为了便于清管球进出，收发筒倾斜 8°~10° 安装。为安全起见，收发筒上的快开盲板应有防自松安全装置，收发筒快速启闭盲板不应正对构建、构筑物。清管器通过指示器有机械接触式与电磁感应式。机械接触式结构简单、操作便利，由于需开口安装而难以密封，并易引起堵塞。电磁感应式安装不需开口，不易堵塞，但结构复杂。

4.5.4 压气站

4.5.4.1 压气站类型及组成

压气站（压缩机站，加压站）的主要功能是给管输天然气增压，提高管道的输送能力。按压气站在输气管道中的位置可分为首站、中间站和储气库增压站。

压气站包括干线进站（含清管系统）区、过滤分离区、压缩机组区、空冷器区、压缩空气区、排污区、放空区、辅助区和综合值班室。辅助区包括消防、变配电室等设施。

4.5.4.2 压气站工艺

（1）一般工艺原则

1）在工艺总流程中，除增压外，还必须考虑排空、安全泄放、越站输送、清管作业、调压计量（首站、末站或中间分输站）等功能，尤其是除尘设备，必须采用高效除尘器（如过滤分离器）以防止机械杂质打坏压缩机的叶片。

2）压气站的工艺流程必须适应输气管道全线的生产调度要求，能根据调度指令随时调节运行参数。

3）工艺流程应该适应压缩机组启动、停车和调节的需要，使整个过程操作简单、可靠并减小或避免对其他机组的冲击。

4）能及时进行事故处理，当站内某机组或整个站发生故障时，能立即调整流程，实现紧急停车和启动备用机组。

5）合理利用设备，简化流程，减少管路，简化需要操作的阀门数量，减小压力损耗，在选择管径时应控制流速在20m/s以内，使全站压降不超过0.2MPa。

6）压气站流程应适当考虑今后扩建的需要，使新机组的安装、投产不影响原系统的运行以及不改变原管路的安装。

（2）离心式压缩机组成的压气站工艺流程

离心式压缩站，无论驱动方式如何，其工艺流程都可概括为三种基本形式：并联、串联和串并联混合型，其中多台离心式压缩机并联方式最为常用。

图4-5-7为并联燃气轮机驱动离心式压缩机组压气站流程示意图。采用全压式压缩机。

流程有以下几种基本操作：

1）系统充气。在系统开始正常供气前，要使压气站整个工艺系统充满天然气，使阀7打开之前前后压力平衡，并防止压缩机发生喘振。阀门路径为：19号-7p号；

2）压缩机回路充气。开启阀门：4号；

3）正常供气。阀门路径为：19号-7号-1号-2号-8号-21号；

4）越站直输。阀门路径为：19号-20号-21号；

5）站内循环。为防止压气站出口压力接近最高允许压力，可通过使部分天然气从出口回到进口，从而降低出口压力，提高进口压力，压缩机的压比随之减小。阀门路径为：2号-6A号-6D号-1号，其中阀D是用于维持压缩机有最小压比；

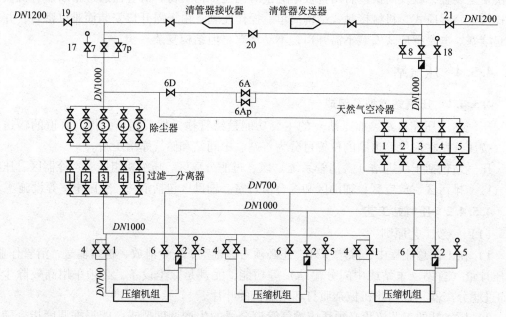

图4-5-7　并联压缩机组压气站流程

6) 防喘振循环。为防止压缩机在喘振区工作，可安排一部分天然气由出口回流到进口。阀门路径为：2号-6Ap-6D-1号；

7) 系统放空（经放空火炬）。经过阀门：17号，18号；

8) 吹扫放空。阀门路径为：4号-5号；

9) 清管器接受、发送，见图4-5-6。

图4-5-8为串联燃气轮机驱动离心式压缩机组压气站流程示意图。此流程适于装备非全压式离心压缩机的压气站。可实现一台、两台、三台压缩机组并联工作，也可将两台或三台串联机组再并联形成组合工作。通过'状态阀'41号~49号实现组合，经过阀门3设定机组旁通。

流程有以下几种基本操作：与上述并联压缩机组压气站流程所述相同，略有不同处在于，本流程系统另有：

10) 启动或停输旁通。短时工作，防压缩机管道过热。阀门：3p。

压气站阀门分为4类：

1) 全站阀。用于切断压气站与干线输气管道的联系。此类阀门有：7号、8号、18号、20号以及6号、6p号；

2) 状态阀。用于设定或改变压缩机组的组合或工作方式。此类阀门有：41号~49号，71号~79号等；

3) 机组阀。直接属于压缩机组的管道，控制管道的天然气流动。此类阀门有：1号~3号、3p、4号、5号，单向阀（止回阀）等；

4) 护站阀。事故时切断压气站与干线输气管道的联系。此类阀门有：19号、21号等。

（3）往复式压缩机组成的压气站工艺流程

在输气管道中，采用往复式压缩机的压气站总是选择并联流程，这种流程布置简单，

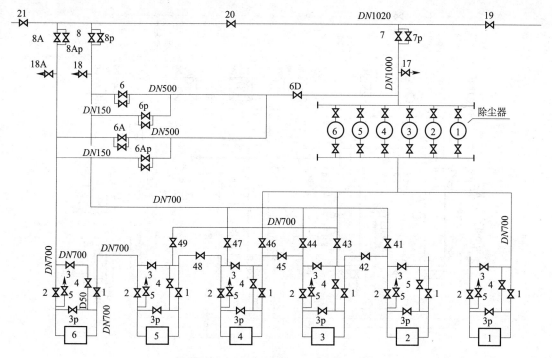

图4-5-8　串联压缩机组压气站流程

通常为单排布置，辅助设备和进气道易于安排（大型机一般双层布置，辅助设备和管道在一层，操作面在二层），调节方便，机组启停互不干扰。图4-5-9为装有燃气发动机驱动的往复式压气站的典型流程。

4.5.4.3　压气站设备

压气站使用的主要设备除了除尘分离设备、调压、计量设备、清管球收、发送装置外，还有压缩机动力设备系统。

压缩机组系统包括压缩机组、驱动压缩机的原动机主机及配套的辅助设备。下面主要介绍压缩机组。

压缩机有往复式、离心式（或轴流式）、螺杆等多种形式。往复式压缩机通常用于天然气气量较小（100m³/min以下）的场合。轴流式压缩机从20世纪80年代开始用于天然气液化装置，主要用于混合制冷剂冷循环装置。离心式压缩机已广为采用，大型离心式压缩机的功率可高达41000kW。大型离心式压缩机的驱动方式除了电力驱动以外，还有蒸汽轮机和燃气轮机两种驱动方式，各有优缺点。

压缩机组的选择应考虑以下几个问题：首先应根据输气的工艺要求选择压缩机的种类，各种压缩机有不同的应用范围。

（1）往复式压缩机使用范围：压力为常压~70MPa；压比受出口温度限制（180~205℃）一般小于8；流量为0.3~85m³/min（入口状态下的体积流量）；转速125~514r/min；活塞速度3.5~4.25m/s；热效率可达75%~85%。

优点：流量调节方便；压比范围宽；热效率高。

缺点：结构复杂；体积庞大；易损件更换频繁；受振动和脉冲作用的设备基础和进出

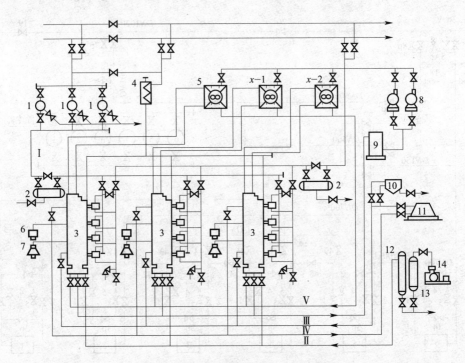

图4-5-9　往复式压气站工艺流程

1—除尘器；2—油捕集器；3—往复式压缩机；4—燃料气调节点；5—风机；6—排气管消声器；
7—空气滤清器；8—离心泵；9—"热循环"水散热器；10—油罐；11—润滑油净化机；12—启动空气瓶；
13—分水器；14—空气压缩机；x-1—润滑油空气冷却器；x-2—"热循环"水空气冷却器；
Ⅰ—天然气；Ⅱ—启动空气；Ⅲ—净油；Ⅳ—脏油；Ⅴ—"热循环"水

口管道必须采取防振措施。它通常适用于气田内部集输和要求高压比低流量（小于 $8 \times 10^6 \mathrm{m}^3 / \mathrm{d}$）的小型输气干线上，当今在天然气输气管道上已很少应用。

（2）离心式压缩机使用范围：压力范围为 0.1～7.6MPa；单级压比 1.1～1.25 之间；流量范围 14～5700m^3/min；热效率 72%～80% 左右；转速 3000～10000r/min。

优点：体积小；结构简单紧凑；工作平稳无脉冲现象；振动小，操作灵活，容易实现自动控制；没有需经常更换的零部件。

缺点：流量调节范围窄；离额定工作区后效率陡降，并会导致喘振；热效率比往复式低。它最适合于大流量低压比的输气管道使用。

配套原动机的选择：

能与往复式压缩机配套的主要是电动机和燃气发动机；能与离心式压缩机配套的主要是电动机和燃气轮机。

（1）电动机的优点：体积小，结构简单紧凑，辅助设备小；没有需更换的零部件；效率可达95%以上；工作可靠，寿命长；整个投资要比燃气轮机驱动的压气站省一半。

缺点：变速困难。但变频电机的出现很好地解决了这个问题，因此在有国家电网的地区它是首选机型。

（2）燃气发动机是放大了的汽油机，只是燃料改为天然气。它的优缺点也和往复式压缩机相似，只有在缺少电力供应的地方用作往复式压缩机的原动力。

（3）燃气轮机结构原理和蒸汽轮机一样，只是作功介质由蒸汽改为天然气燃烧后产生的气体产物；它结构简单紧凑，不需冷却水冷却机组，所以适合在干旱缺水、缺电地区使用。其性能正好与离心式压缩机相匹配，因此在输气管道上广泛使用。最大的缺点是效率低，当不采取任何回热利用措施时，燃气轮机的热效率一般只有 26% 左右，现在有简单回热利用的机型，效率可达 30% 以上。

对机组性能的要求：

（1）首先所选机组的特性曲线要能与管道特性曲线协调。机组的变工况运行能适应管道流量随季节变化的要求；在所有变工况运行的条件下，压缩机组都应在高效区内工作；因此要具有较宽的调节范围。

（2）离心式压缩机要有防喘振装置。

（3）离心式压缩机单级压比在 1.25 以下为宜，当压比高时，可为多级压缩，但压缩级数多，需中间冷却，结构复杂化，而且级数越多，流量调节越困难，一般不宜超过3 级。

对机组单机功率和备用系数的选择：

（1）单机功率大，相对单位功率投资低，但备用系数可能加大，反而使整个站的装机功率增加。

（2）单机功率太小，台数太多，且小功率机组的热效率也比大功率机组低。

（3）燃气轮机单机功率宜大于 800kW，大功率有利于废热利用，提高机组热效率。

（4）对于大型输气管线压气站，并联运行流程，可采用三用一备或二用一备来选择每台机组的功率。流量变化大的站可适当增加台数，减少备用系数。总之单机规模要与整个管道工艺要求相结合，进行技术经济比较后才能确定。

图 4-5-10 为有回热利用的双轴式燃气轮机—离心式压缩机机组。

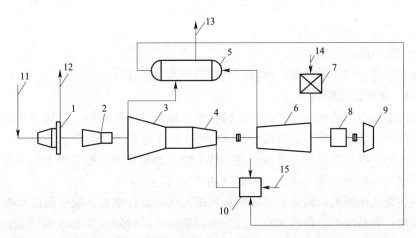

图 4-5-10　双轴回热利用式燃气轮机—离心式压缩机机组

1—离心式压缩机；2—变速器；3—低压透平；4—高压透平；5—废热回收器；6—轴流式风机；

7—空气滤清器；8—主油泵；9—启动透平；10—燃烧室；11—天然气进口；12—天然气出口；

13—废气出口；14—空气进口；15—燃料气进口

机组工作过程如下：启动透平（用压缩空气或高压天然气），带动轴流压缩机将空气压缩。压缩后的空气经回热器到燃烧室与燃料气（天然气）混合燃烧。燃烧后的气体先驱动高压透平再驱动低压透平，然后去废热回收器加热压缩空气，最后从烟道排出。压缩机通过变速器和低压透平连接，高压透平和轴流式压缩机相连，高低压透平之间没有轴连接，所以叫双轴式。本机组是有回热利用的，但对小型机组是否要回热利用需进行比较。因为简单的回热利用虽能使机组热效率提高 5～8%，但造价却高了很多。

压缩机的理论功率：

$$N = 16.7 \frac{m}{m-1} p_1 q_1 \left(\varepsilon^{\frac{m-1}{m}} - 1 \right) \frac{1}{\eta_p} \qquad (4-5-6)$$

式中　N——理论功率，kW；

　　　p_1——进口压力，MPa；

　　　q_1——进口状态下体积流量，m^3/min；

　　　ε——压比；

　　　m——多变指数，可取 $m = 1.3 \sim 1.31$；

　　　η_p——多变效率。

多变指数和多变效率与压缩机制造水平有关，可由厂家给出。

压缩机的实际所需轴功率：

$$N_s = \frac{N}{\eta_g \eta_c} \qquad (4-5-7)$$

式中　N_s——实际所需功率，kW；

　　　η_g——机械效率，当 $N > 2000$ kW 时，$\eta_g = 97\% \sim 98\%$，当 $N < 2000$ kW 时，$\eta_g = 94\% \sim 97\%$；

　　　η_c——传动效率，直接连接，$\eta_c = 1$，齿轮连接，$\eta_c = 97\% \sim 99\%$。

压缩后升温计算。离心式压缩机压缩后天然气的温度可由下式求出：

$$T_2 = T_1 \varepsilon^{\frac{m-1}{m}} \qquad (4-5-8)$$

式中　T_2——压缩后的温度，℃；

　　　T_1——压缩前的温度，℃。

如果有中间冷却的多级压缩，应按冷却后的温度分级计算。

4.5.4.4　往复式压缩机

往复式压缩机亦称活塞式压缩机，运转速度比较慢，一般在中、低转速下运转。新型往复式压机可改变活塞行程，通过改变活塞行程，使压缩机改变负荷状态运行，减少运行费用和动力消耗，提高系统的经济性；使运转平稳、磨损减少，提高设备的可靠性，也相应延长了压缩机的使用寿命，其使用寿命可达 20 年以上。

新型的往复式压缩机以效率、可靠性和可维护作为设计重点。效率超过 95%；具有非常高的可靠性：容易维护，两次大修之间的不间断运行的时间至少在 3 年以上，往复式压缩机的适用范围很大。在全负荷和部分负荷情况下，运行费用和功率消耗都很低。

往复式压缩机的结构形式分为立式和卧式两种。一般卧式压缩机的排量比立式大。大排量的卧式往复式压缩机运转平稳，安装方便。一般无油润滑的往复式压缩机设计成立式结构，可减少活塞环的单边磨损。

往复式压缩机结构形式的选择要考虑诸多因素，例如：工艺流程、现场安装条件等。立式压缩机发展比较早，在 20 世纪中期，迷宫式压缩机技术日趋成熟，20 世纪 80 年代后，迷宫式压缩机开始用于压缩低温的天然气，温度可低达 −160℃。

关于往复式压缩机见本书 6.2.4.2。

4.5.4.5 透平式压缩机[7]

透平式压缩机是离心压缩机和轴流压缩机的统称，属于动力式压缩机。使流体增压的机理是依靠旋转叶轮与气流间的相互作用力来提高气体压力，同时使气流产生加速度而获得动能，然后气流在扩压器中减速，将动能转化为压力能，进一步提高气体的压力。

关于透平式压缩机分类与结构见本书 10.2.3.2。

1. 透平式压缩机的特性

透平式压缩机的优点是排量大，压缩气体是连续的，运行平稳。但是在一定的范围之内，其最小流量受喘振工况的限制，最大流量受阻塞工况的限制。

（1）流量特性

运行中压缩机的运行工况常常发生变化。为了反映不同工况下压缩机的性能通常把在一定进气状态下对应的各种转速、进气流量与排气压力（或压比）、功率及效率的关系用曲线形式表示，称为压缩机的流量特性或性能曲线，是操作运行、分析变工况性能的重要依据。

对工业用压缩机，性能曲线以压缩机转速 n 作参数，流量特性给出排气压力 p_d（或压比 ε）、功率 N 与流量 q_v 的关系；效率 η_p 和流量 q_v 的关系不明显给出。

性能曲线横坐标是进口体积流量 q_v，纵坐标为排气压力 p_d、轴功率 N。图 4-5-11 是一台静叶可调的离心式压缩机特性曲线，每条特性曲线对应导叶的某一开度。

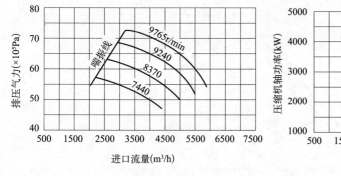
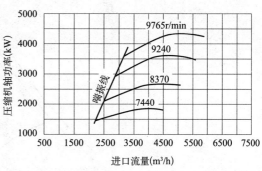

图 4-5-11 离心式压缩机性能曲线

当今许多透平式压缩机设计单位和专业制造厂，采用级模拟法设计制造多级压缩机。模型级的特性大多都是经过试验验证，进、排气室采用标准通用型的试验结果。依据经验考虑级间影响，由此获得多级压缩机的性能曲线，其结果是近似的。为了校核压缩机是否达到设计指标，需要在现场重新标定性能曲线。

主要流量特性有下列各项。

1）转速一定，流量减少，压比增加，开始增加很快，当流量减少到一定值时，压比增加的速度放慢，有的压缩机级的特性压比随流量减少甚至还下降。

2）喘振。流量进一步减少，压缩机的工作会出现不稳定，气流出现脉动，振动加剧，即出现喘振现象，对应的流量称为喘振流量。每个转速下都有一个喘振流量，不同转速下的喘振流量工况点的连线称为喘振线。在喘振线左侧为非稳定工作区，而右侧为稳定工作区。单级离心式压缩机在额定转速下，喘振流量约为额定流量的50%；多级离心压缩机在额定转速下，喘振流量一般为额定流量的70% ~ 80%。

3）阻塞现象。在转速不变的情况下，流量加大到某个最大值时，压比和效率垂直下降，出现所谓"阻塞现象"。有两种可能性会导致出现这种情况：一是压缩机内流道某个截面达到声速，进一步加大流量成为不可能；二是流量增加，流阻损失剧增，叶轮对气体做的功只能用来克服流动损失，而不能提高气体的压力，继续增加流量，压缩机将在"膨胀状态"下工作。

关于最大流量限制在特性曲线上一般不标明，可根据具体特性来确定。按美国石油协会标准（API-617）对离心式压缩机规定如下：

额定转速下　　　　　　　　　　$q_{v,\max(N)} = 1.15 q_{v,aN}$

其他转速下　　　　　　　　　　$q_{v,\max(N)} = 1.15(n/n_N)q_{vaN}$

式中　下标$_N$——额定工况。

关于喘振工况和阻塞工况，将在4.5.4.5小节第3项中讨论。

4）转速越高，特性线越陡。由于转速升高，气流马赫数增大，因而流量变化引起的损失增加就大，从而使得特性曲线变陡。

5）多级压缩机特性曲线比单级特性曲线陡，同理，压缩机段的特性曲线叠加后得到整机特性曲线要比段的特性曲线陡，稳定工作范围小。图4-5-12为压缩机的稳定工作区示意。

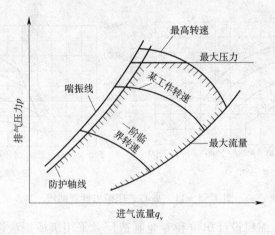

图4-5-12　压缩机的稳定工作区

（2）进气条件变化对性能的影响

工艺压缩机进气条件发生变化。在转速不变和体积流量不变的情况下，进气温度的变化影响进气的质量流量、压比和功率。

1）对质量流量的影响。由于进气压力和相对分子质量不变，质量流量随温度上升而下降。

2）对压比的影响。转速不变和体积流量一定时，叶轮对气体做的功不变，温度降低。压比升高，反之压比下降。

3）对功率的影响。由于叶轮对气体做的功不变，则功率和质量流量成正比，因而功率和进气温度成反比。

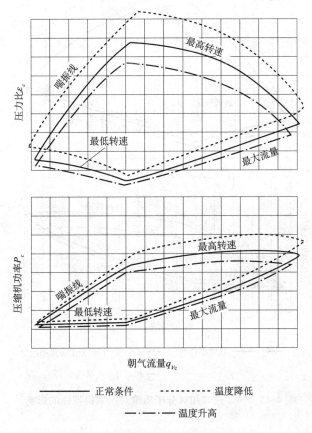

图4-5-13 进气温度对特性曲线的影响

图4-5-13示出了进气温度对特性曲线（特性曲线场只示意画出最低最高转速限制线，以下相同）的影响。它表明温度降低，整个特性线向左、向上移，温度升高则相反。

（3）进气相对分子质量的影响

因为气体常数和相对分子质量及密度成反比，因此在体积流量一定时，相对分子质量增加，压力比升高，反之，压力比降低；压缩机功率和相对分子质量成正比。图4-5-14示出进气相对分子质量对压缩机特性的影响。

（4）进气压力的影响

图4-5-15示出进气压力对特性的影响。进气压力上升，体积流量和压缩机功率增加。

（5）压缩机叶轮、固定元件流道的影响

压缩机经过一段时间运转，在工作轮、叶片、固定元件壁面可能有残留物、结垢，使流道污染或阻塞，使内部密封效果变差，引起泄漏量增加。当压缩机轴承密封失效，润滑油的油雾进入叶片通道后，会加速结垢的形成。叶片被磨损或腐蚀，使流动状况变差、阻力增大、效率和压比下降。

离心压缩机组间密封效果变差，会增加流动损失，使级效率降低。泄漏量增加还会使

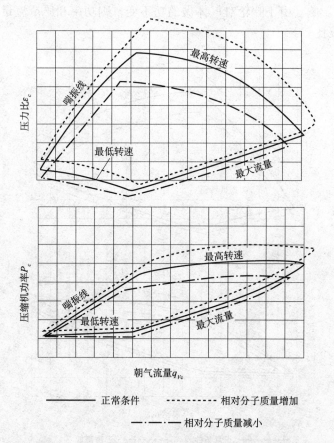

图 4 - 5 - 14　进气相对分子质量对压缩机特性的影响

压比下降，能耗增加。

2. 透平式压缩机的调节方法

（1）压缩机和系统的联合运行

压缩机在使用时，总是和其他设备联合起来构成一个系统，通常包括进、排气管道，容器等。压缩机运行的性能与系统的特性、驱动机和传动系统有关。压缩机入口气体压力 p_{in}，经过压缩机增加至 p_{ot}，p_{ot} 是由压缩机排出管道系统的阻力 p_R 确定的。压缩机的输气量 q 和系统的流量 q' 一致且经压缩机增加的气体压力恰好等于管道系统的压力降 p_R 时，压缩机和管网就能稳定运行。压缩机和驱动机的关系也必须满足功率和转速的要求。

图 4 - 5 - 16 画有压缩机和管道的特性曲线。两个特性曲线的交点是压缩机和系统的联合运行点。A 点就是系统性能和压缩机在 n_1 转速下性能曲线的交点，相应这点的流量和压力分别为 $q_{m,CA}$、p_{dA}。如果系统流量下降到 $q_{m,CB}$，相应的压缩机排气压力应为 p_{dB}，则联合运行点为 B 点，压缩机的转速为 n_2。由于联合运行点是由压缩机性能和系统特性共同决定的，压缩机如果和系统不匹配，会使联合运行点偏离高效率区。如果联合运行点离喘振区很近，还容易出现喘振。

系统特性是由管道和所有设备的阻力特性确定的。在本节讨论一般的情况，系统由压力容器或终端背压点和连接管道组成，其阻力特性可以用以下关系表示：

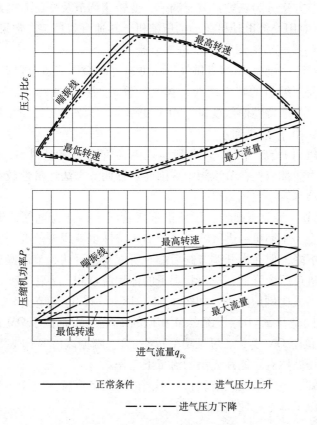

图 4 - 5 - 15　进气压力对特性的影响

$$p_R^2 = p_r^2 + Clq^2 \qquad (4-5-9)$$

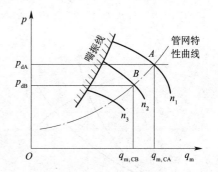

式中　p_R——管道系统阻力；

　　　p_r——容器中或终端背压点燃气压力；

　　　q——管道的体积流量；

　　　l——管道长度；

　　　C——管道阻力特性常数。

图 4 - 5 - 16　压缩机和管道的联合运行

压缩机在运行时要适应系统的要求。系统的要求可以分为三种类型：

1）流量可以改变，但要求气体压力维持稳定，满足这类要求的调节为定压调节；

2）压力改变时，流量维持稳定，要求调节为定量调节；

3）压力和流量按一定规律变化。

压缩机在运行时，为适应不断变化的流量或压力，压缩机也需要改变排气压力和流量，也就是要改变运行工况。改变压缩机运行工况是由压缩机本身（驱动机根据压缩机的需要随时与之相适应）和系统性能共同决定的。因此，压缩机的调节方法可以借助改变压缩机的特性曲线，又可以借助改变系统响应特性线或者两者同时改变来实现。

（2）透平式压缩机的调节方法

通常采用的调节方法分为三类：节流调节、变转速调节及变压缩机元件调节。

1）节流调节。对用交流电动机驱动的压缩机，转速一般恒定，常采用节流调节方法。节流调节又分为：a. 排气节流调节，b. 进气节流调节。

① 排气节流调节。为改变压缩机供气量，可通过改变压缩机出口调节阀的开度实现。出口节流调节不改变压缩机的特性曲线，只改变管道的特性曲线，如图 4-5-17 所示。调节阀的开度变小，管道特性曲线变陡，由 1 变到 2。压缩机工况点沿特性线移动，由 S 变到 S'，流量减小，由 q_1 减小到 q_2。

压缩机的出口压力升高，由 p_1 升高到 p_2。因为管道中流量减小，阻力损失也减小，压缩机所升高的压力能都消耗在节流阀中。因此这种调节方法经济性较差。该方法的优点是操作方便，适于功率较小的压缩机。

② 进气节流调节。将节流阀装在压缩机进气管线上，称为进气节流调节。由于节流阀的开度变化，改变了压缩机的进气状态，压缩机特性也就跟着改变。气体经节流，压力下降，温度也有所下降，但在离开调节阀后能有所恢复，可认为节流阀后温度不变。在压缩机转速不变时，进口压力降低，进口状态下的体积流量和压力比不变，但质量流量和排出压力将与进口压力成比例地减小。如图 4-5-18 所示，进气节流时，所有与基本特性曲线（AKM，进口阀全开 $\varphi=0$）工况点 M 相似的工况点 M′ 都位于 OM 连线上，与功率点 N 相似的功率点 N′ 位于 ON 线上（可见功率减小了），喘振点由 K 向 K′ 变化。因而采用进气进口节流调节的压缩机有可能在更小的流量下工作。

由以上讨论可知，进气节流调节将得到不同的阀门节流特性曲线 φ 和压缩机特性曲线（AK′M′），它们都位于基本特性曲线的左下方。

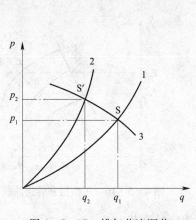

图 4-5-17　排气节流调节

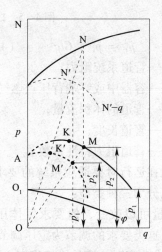

图 4-5-18　进气节流调节

下面再在进气节流调节压缩机特性变化的条件下，讨论压缩机在管道中的工况变化，可以实现进气节流等流量调节或等压力调节，见图 4-5-19 和图 4-5-20。两图中 1 为节流前的压缩机特性曲线，2 为节流后的压缩机特性曲线。

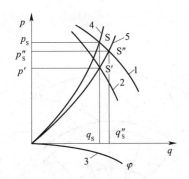

图 4-5-19 进气节流等流量调节

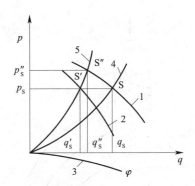

图 4-5-20 进气节流等压力调节

管道工作发生变化，管道特性曲线由 4 变为 5，工况点由 S 移至 S"。为进行等流量调节或等压力调节，对压缩机进气进行节流调节，压缩机特性曲线由 1 变化到 2，S' 为进气节流调节后的工作点。图 4-5-19 表明进行等流量调节，图 4-5-20 表明进行等压力调节。

进气节流调节是一种简便的调节方法。它虽然在进气节流时损失了部分能量，但由于压缩机特性曲线的改变，减小了功率，经济性有所提高；加上喘振流量的减小，压缩机工作稳定性更好。

2）变转速调节。变转速调节就是通过改变转速来适应系统的要求。对燃气轮机或汽轮机驱动的透平压缩机，采用变转速调节比较合适，为了节能，许多电机驱动的压缩机改用变频调节。压缩机转速改变，与之相对应的特性曲线如图 4-5-21 所示。

原运行工况点为 S，若压缩机流量需要减少至 $q_{mS'}$，而压力需要维持不变。由于流量减少，压缩机排气压力会立即升高，装在排气管线上的压力传感器检测到压力升高的信号，传给燃气轮机调节系统，减少燃气轮机的燃气量，降低压缩机的转速，使运行点稳定在 S'，满足上述调节要求。同样办法也可以来实现在系统压力变化而流量不变下的调节，以及其他调节任务。

变转速的调节是最经济的方法，没有附加的节流损失，是现在大型压缩机经常采用的调节方法。

3）变压缩机元件调节。改变压缩元件的结构尺寸也可改变压缩机的特性曲线和联合运行点。离心式压缩机常采用可转动进口导叶和可调叶片扩压器。

图 4-5-22 示出叶片扩压器可调的两种调节方法。一种方案是压缩机采用可调叶片扩压器，工况变动后，进入离心压缩机扩压器的气流方向发生变化，在叶片扩压器入口出现冲角。如果流量减小过多，在叶片凹面形成严重的脱离而引起压缩机喘振。在改变流量时，调节叶片的角度，以减小气流的冲角，就能改善流动情况，扩大稳定工作的范围。

另一种方案是使扩压器叶片前缘部分可转动。对要求改变流量而不改变压力情况，能很好地满足要求。但对其他调节不大合适，所以很少把它作为单独调节方法使用，而和其他方法联合使用，特别是和变转速调节联合使用，效果很好。

3. 透平式压缩机的非稳定工况

前面提到了透平式压缩机的流量减少或增加到一定量时，都会出现气流的不稳定，因

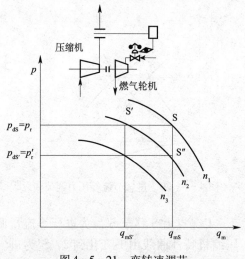

图 4-5-21 变转速调节　　　图 4-5-22 叶片扩压器可调的两种调节方法
　　　　　　　　　　　　　　　a—叶片可调扩压器；*b*—转动扩压器叶片前缘

而相应地有最大流量和最小流量的限制。压缩机流量不稳定，是与通流部分的元件和气流严重脱离密切相关的。压缩机运行中出现不稳定工况，性能将大为恶化。在失速和喘振下运行会出现严重的振动，机器不能正常工作，甚至被破坏。

（1）阻塞工况

压缩机在某转速下运行，转速不变；增加流量，当流量增加到某个流量时，压缩机性能急剧恶化，不能再继续增加流量或提高排气压力。有两种可能使压缩机出现上述现象：

1）当流量增大时，气流冲角减小，负冲角增大，使气体流动损失增加，加之流量增加，叶轮理论能量头减小，从而使有效能量头大大减少；由于气流的分离，分离区随流动增大，较多地减小叶栅出口的有效流通面积，减少叶栅的扩压作用。加上进口处负冲角的增大，叶栅进口流通面积增加，其结果是在严重的气流分离时，可以出现进口流通面积大于出口面积的情况，压缩机叶栅内的扩压流动性质可能变为收敛流动性质，这是第一种阻塞现象，即所谓压缩机不能再提高气体压力。

2）另一种情况大多发生在高转速。当流量增加，气流速度增加，叶片压力面分离严重，使叶栅喉口截面积减小，流量增加到某个值时，喉口处气流达到声速，出现临界流动。流量达到最大值，这就是压缩机的阻塞。

阻塞流量可以通过试验和计算来确定。在试验时，加大流量，使压缩机性能开始恶化的流量，就可以认为是阻塞流量，压比-流量特性几乎是垂直下降趋势。一般压缩机特性曲线都不明显标明阻塞流量限制，为确保运行稳定，可以根据特性曲线的形状大致规定最大流量限制。也可以以设计工况和有关标准为依据，规定出一定的压缩机最大流量限制范围。

（2）旋转失速（脱离）

气流沿叶片速度面出现涡流区，形成附面层的脱离现象。如果这种脱离严重，就会影响到整个叶栅槽道的流动，形成对气流的阻滞作用。在实际压缩机中失速现象不是同时在全部叶片槽道中产生的。一般先在一部分槽道中发生，出现对气流的阻滞作用。

流量减小到一定程度也会出现旋转失速，流量加大，出现阻塞。旋转失速的出现，级的排气压力、速度和流量等参数会产生脉动，并对叶片产生周期性的交变作用力，导致叶片振动。如果气流激振力频率接近叶片的自振频率，就会使叶片产生共振而导致叶片的损坏。

（3）喘振

压缩机流量减少时，随着旋转失速的产生和发展，可能出现另一种不稳定工况现象，喘振。喘振现象通常具有如下宏观特征：

1）压缩机工作极不稳定。减少流量到接近喘振流量时，脉动加剧，时而出现时而消失，无明显规律；流量继续减少到出现喘振时，气动参数会出现周期性的波动，振幅大、频率低，同时平均排气压力下降。对深度喘振来说，由于气体从排气管网倒流进入压缩机，然后又压缩再排出，使气流温度急剧升高。

图4-5-23是正常工况和喘振工况时压缩机出口气流参数的示波图。

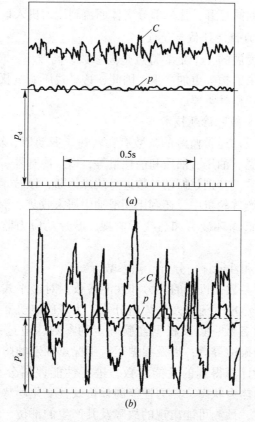

图4-5-23　压缩机出口气流参数的示波图
（a）正常工况；（b）喘振工况
图中 C—出口振幅；p—出口压力

2）气流噪声。喘振伴有强烈的周期性气流噪声，甚至出现气流吼叫声。喘振时突然出现周期性的爆声，流量继续减少，会出现轰隆声。

3）振动强烈，振幅剧增。喘振危害很大，压缩机不允许在喘振条件下运行，它可损坏密封、O 形环等压缩机零部件，损伤压缩机的动叶，引起动、静零部件碰撞，对推力轴承产生冲击力，破坏轴承油膜稳定，损坏轴承；还可能破坏油密封系统，破坏机器的安装质量，破坏各部分调整好的间隙值，甚至引起主轴的变形等，使压缩机在以后运行中的振动加剧。喘振还可能使仪表失灵或准确性降低。

引起喘振的原因很多，除了内部流动情况因失速区的产生与发展引起喘振外，系统的流量、阻力的变化与压缩机工作不协调是引起喘振的重要原因，诸如压缩机的流量等于或小于喘振流量，压缩机排气压力低于气体管网的压力。因为联合运行点是由压缩机特性线和管网特性线共同决定的，如果联合运行点落在压缩机特性线的喘振区时就会出现喘振。开车过程中速度和压力升降太快也可能引起压缩机喘振。

喘振的防止和抑制方法。防止和抑制喘振的方法主要分为两类：一方面是在压缩机本体设计时，尽量扩大稳定工况范围，针对压缩机运行条件，在管网流量减少过多时，增加压缩机本身的流量，始终保持压缩机在大于喘振流量下运转；另一方面就是控制系统的压比和压缩机的进、出口压比相适应，而不至高出喘振工况下的压比。当系统的流量减少到压缩机喘振流量时，旁通阀打开，让一部分气体回流到压缩机入口。

4. 透平式压缩机热力性能评估与分析

近代透平式压缩机发展的一个重要特点是高参数、高效率、单机容量大和高自动化。设备一旦出现故障，带来的损失更加严重。因此，透平式压缩机状态监测与故障诊断技术对设备的安全可靠性显得格外重要。

（1）机械状态监测与故障诊断技术

对透平式压缩机来说，通常监测的参数有：转速、振动值、转子轴位移、轴承油压、油温、润滑油系统的油温、油压、油质和消耗量等，以及冷却器、变速机、联轴器等有关参数。通过监测有关参数，特别是振动参数进行故障诊断，该技术称为机械诊断技术。在近代航空发动机、工业燃气轮机中，还利用润滑油中屑末收集、润滑油光谱分析、铁谱分析进行故障诊断。进行低循环疲劳和热疲劳监视、叶片动应力监测、声谱监测和故障诊断等。

（2）热力状态监测和性能评估分析（热参数诊断）

重点研究和监测的参数是机器的热力和性能参数。对透平式压缩机来说，是指各段进、出口的气体压力、温度、流量及气体组分等。为了确定机器运行的热力状态，还需要根据以上监测的热力参数，以及根据经验确定的参数，通过计算获得的一些性能参数，如功率、效率、喘振边界等；以及根据运行工况点确定的防喘裕度。利用这些热力参数的监测结果，包括计算得到的性能参数，进行性能评估分析，称为热参数诊断技术。对压缩机运行时的热力状态、热力性能的评价及其变化趋势进行预测，并通过热力状态和热力性能的变化，预测可能出现的故障及其产生的部位，有利于压缩机的经济运行和设备安全。

故障诊断的目的是诊断出故障，辨认其类型和出故障部位，对故障的发生及其后果进行预报等，如根据气体参数变化预测旋转失速和喘振等。

4.5.4.6　压缩机辅助系统

（1）天然气冷却装置

经压缩后的天然气要升温，在升温不多时通常不用冷却。如果出站的天然气温度过高，一方面可能导致管道绝缘层的破坏，另一方面则导致供气能力降低和压气能耗增高。压气站天然气冷却方式有两种：水冷和空冷。由于以水作冷却剂的冷却装置要消耗大量的工业水，而且需要水净化装置和污水处理装置，建设费用昂贵，能量消耗大，目前通常采用空气冷却方式。

采用空冷的天然气冷却系统主要由空冷器、风机和连接管道组成。空冷器的通风分为机械强制通风和自然通风两种，压气站宜选用机械强制通风。

（2）启动系统

燃气轮机的启动一般用启动涡轮，由启动涡轮推动轴流风机给燃烧室供风，其能源可用压缩空气或天然气。因为做功后的低压天然气无法利用，采用压缩空气启动的较多。压缩空气由单独的空压机提供，由于启动时空气瞬时流量很大，空压机功率小，空气流量供应不上，必须增设空气储罐。

（3）润滑油系统

燃气轮机离心式压缩机润滑油系统由两部分组成，一部分属机组自身，另一部分属于全站公用。全站公用部分由油库、净油管线、污油管线、污油再生装置和输油泵等组成。为保证冬季正常供油，还设有给贮油罐加热用的热水或蒸汽管线。

（4）离心式压缩机的干气体密封系统

与传统的机械接触式密封和浮环油膜密封相比，干气体密封可以省去密封油系统以及排除一些相关的常见问题，具有泄漏少、磨损小、使用寿命长、能耗低和操作简单可靠等优点。

（5）压气站的压缩空气系统

在往复式机组的场站，压缩空气系统主要为机组就地仪表控制柜提供正压通风用的压缩空气。在燃气轮机驱动离心式机组的场站，压缩空气系统主要为压缩机组干气密封、燃气轮机空气滤清系统反吹、站内设备空气清洗、站内气动仪表等提供压缩空气。在电机驱动离心式机组的场站，压缩空气系统主要为压缩机组干气密封、电机正压通风提供压缩空气。压缩空气系统根据机组对空气的用量设计，通常由空气压缩机组、压缩机出口缓冲罐、分离和干燥系统、干燥空气储罐、连接管道、阀门和配套的仪表、电力等设施组成。空气压缩机组多采用电机驱动的喷油螺杆式压缩机组，干燥系统多采用无热再生或膜分离技术。

（6）压气站的控制系统

大型压气站已广泛采用监控和数据采集系统（SCADA）来完成对压气站机组的自动监控和自动保护。通过检测压缩机机组各点的振动幅度、温度和压力等参数来检测机组运行状态，同时依据输气量要求自动控制压缩机组的流量和输气压力。

4.5.5 分输站

4.5.5.1 分输站功能与工艺

分输站是为将气体分流到支线或用户而设置的，具有调压、计量、气体分离、清管器收发等功能。

图 4-5-24 是典型的分输站流程示意图。

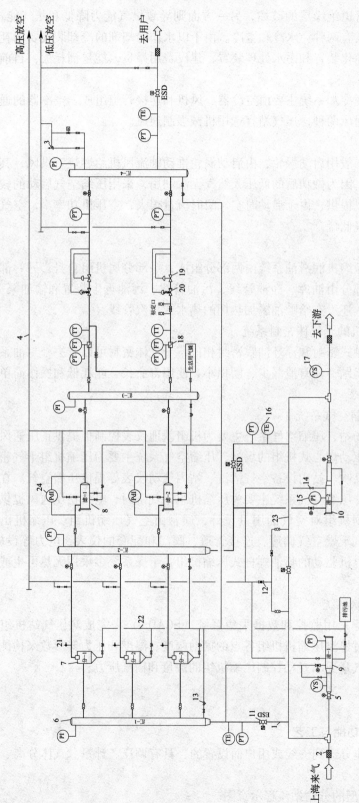

图 4-5-24　分输站流程

1—进气管；2—绝缘法兰；3—安全阀；4—放空管；5—球阀；6—汇气管；7—多管除尘器；8—过滤器；9—清管器接收装置；10—清管器发送装置；
11—ESD 阀；12—旋塞阀；13—排污阀；14—放空阀；15—压力阀；16—温度计；17—清管器通过指示器；18—超声波流量计；19—调压撬；
20—安全截断阀；21—强制密封球阀；22—排污管；23—越站旁通；24—差压计

4.5.5.2 分输站设备

分输站使用的主要设备除清管球收、发送装置、除尘分离设备、计量设备外，还有调压设备。这里主要讲天然气输送系统中调压设备的选择。

在天然气输送系统中常用的调压器（调节阀），有气动薄膜调压器、自力式调压器和针形节流阀。气动薄膜调压器要与气动调节器配套使用，并要压缩空气提供给定压力值。自力式调压器不需外来能源而直接利用管道流体介质自身所具有的压能进行压力（流量）等工艺参数的调节，它的结构简单、维修方便、调节灵敏，因此在天然气输送系统中被广泛使用。

自力式调压器由主调节阀、指挥阀和阻尼嘴等组成，用 $\phi14 \sim \phi18\text{mm}$ 导压管连接成工作控制系统。可以按运行计算流量 $q_0 = 1.2q_n$（q_n——管道设计流量）得出调压器流通能力 C 值，选用调压器。设计选用计算方法见本书第 6 章 6.2.4.1。

4.5.6 末站

输气管道终点的分输站又称为末站，通常建在城市外围，也有与城市门站合建的，主要作用是气体除尘净化、清管球接收、调压计量等，同时它可以向大型工业用户直接供气，也可与城市地下储气库连接，起调峰作用。

末站流程与分输站类似，只是没有清管球发送装置。末站的主要设备有气体除尘净化设备、清管球接收装置、调压、计量设备等。

所以从功能上看末站属于分输站，特点在于位于输气管道的终点。图 4-5-25 为典型末站流程。

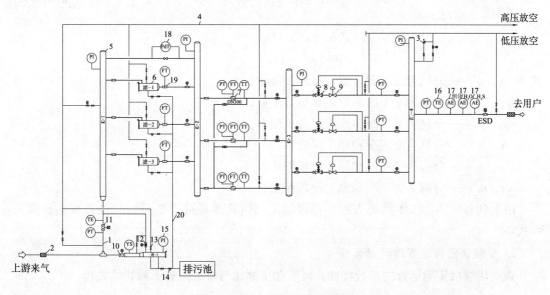

图 4-5-25　输气干线末站流程

1—进气管；2—绝缘接头；3—安全阀；4—放空管；5—汇气管；6—过滤器；7—超声波计量装置；

8—安全截断阀；9—调压阀；10—球阀；11—ESD 阀；12—旋塞阀；13—放空阀；14—排污阀；

15—压力表；16—温度计；17—H$_2$O、H$_2$S、组分分析仪；18—差压计；

19—威流巴流量计；20—排污管

4.6 输气管道系统运行工况

天然气输气管道输送压力高,一般在 $4.0 \sim 10.0$ MPa 或以上,流量大,数量级为 $10^8 \sim 10^{10}$ m³/a 或更大。沿管线需设置一系列的压气站,在其中一般采用离心式压缩机组。由于离心式压缩机在一定转速下的压力流量特性接近一阶导数为负的二次曲线,而天然气管道的阻力流量特性接近一阶导数为正的二次曲线,因而由管道与压缩机构成的天然气流动系统显然可以形成稳定的工况。本节将从离心式压缩机压力流量特性入手,分析天然气输气管道系统的运行工况问题。为简化叙述,将离心式压缩机简称为压缩机

4.6.1 压气站与管道系统的联合运行[5]

4.6.1.1 压缩机工况特性

1. 变工况的特性换算

由于压缩机的转速不同或输送气体的密度不同等原因,压缩机的特性会有差异。有下列主要关系:

$$q = \frac{n}{n'} q' \qquad (4-6-1)$$

$$q_m = \frac{n}{n'} \frac{\rho_1}{\rho'_1} q'_m \qquad (4-6-2)$$

$$N = \left(\frac{n}{n'} \right)^3 \frac{\rho_1}{\rho'_1} N' \qquad (4-6-3)$$

$$\varepsilon = \left[\left(\frac{n}{n'} \right)^2 \frac{p'_1 m' (m-1)}{p_1 m (m'-1)} \frac{\rho_1}{\rho'_1} (\varepsilon'^{\frac{m'-1}{m'}} - 1) + 1 \right]^{\frac{m}{m-1}} \qquad (4-6-4)$$

式中 q,q'——分别为变工况和原工况体积流量;

q_m,q'_m——分别为变工况和原工况质量流量;

p_1,p'_1——分别为变工况和原工况进口压力;

N,N'——分别为变工况和原工况功率;

ε,ε'——分别为变工况和原工况压缩比;

m,m'——分别为变工况和原工况多变指数。

由上列各式结合气体状态方程,可以派生出由其他参数改变导致特性改变的换算关系式。

2. 压缩机定转速下的特性方程

观察压缩机实际运行的参数特性,可知在压缩比与流量间有下列特性方程:

$$\varepsilon^2 = a - b_0 q_1^\beta \qquad (4-6-5)$$

式中 q_1——压缩机进口状态下的体积流量;

a,b,β——对应于某转速的常数、系数、指数,可由压缩机生产厂特性曲线或运转测试确定。

按最小二乘法对已有的压缩机特性曲线,给定 $\beta = 2$ 按式 (4-6-5) 拟合得到

$$b_0 = \frac{\sum q_1^2 \sum \varepsilon^2 - n \sum q_1^2 \varepsilon^2}{n \sum q_1^4 - \left(\sum q_1^2\right)^2} \tag{4-6-6}$$

$$a = \frac{\sum q_1^2 \varepsilon^2 \sum q_1^2 - \sum \varepsilon^2 \sum q_1^4}{\left(\sum q_1^2\right)^2 - n \sum q_1^4} \tag{4-6-7}$$

将方程（4-6-5）换算为基准状态。

$\because$

$$\frac{p_1 q_1}{Z_1 T_1} = \frac{p_0 q}{Z_0 T_0}$$

式中　下标0——基准状态；

　　　　q——基准状态流量。

以及

$$\varepsilon = \frac{p_2}{p_1}, Z_0 = 1$$

方程（4-6-5）可写为

$$p_2^2 = a p_1^2 - b q^\beta \tag{4-6-8}$$

$$b = b_0 \left(\frac{p_0 T_1 Z_1}{p_1 T_0}\right)^\beta$$

如前述一般给定 $\beta = 2$，则特性方程为

$$p_2^2 = a p_1^2 - b q^2 \tag{4-6-9}$$

$$b = b_0 \left(\frac{p_0 T_1 Z_1}{p_1 T_0}\right)^2$$

3. 压气站特性方程

压气站特性方程是指压气站内压缩机以并联、串联或并联、串联联合方式运行形成的总的运行特性方程。先考虑并联特性方程。

并联特性方程。压缩机并联工作可增加供气流量。并联的压缩机组的特性方程有别于单台压缩机特性方程但又与其有关。考虑两台压缩机在管道中运行的特性如图4-6-1所示。可知压缩机在其中的运行参数不同于压缩机单独在管道中运行的参数。一般并联压缩机组具有较好的费用等经济指标。

已知压缩机的特性方程：

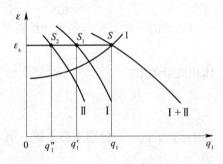

图4-6-1　并联的压缩机组的运行

$$p_2^2 = a_a p_1^2 - b_a q_a^2 \tag{4-6-10}$$

$$p_2^2 = a_b p_1^2 - b_b q_b^2 \tag{4-6-11}$$

压缩机组的流量与各台压缩机流量的关系为

$$q_1 = q_a + q_b \tag{4-6-12}$$

记压缩机组的特性方程：

$$p_2^2 = A p_1^2 - B_1 q_1^2 \tag{4-6-13}$$

由式（4-6-10）及式（4-6-11）可得

$$q_1^2 = \frac{Ap_1^2 - p_2^2}{B_1} = \frac{a_a p_1^2 - p_2^2}{b_a} + \frac{a_b p_1^2 - p_2^2}{b_b} + 2\sqrt{\frac{a_a p_1^2 - p_2^2}{b_a}}\sqrt{\frac{a_b p_1^2 - p_2^2}{b_b}}$$

若两台压缩机特性相同，$a_a = a_b = a$，$b_a = b_b = b_0$，则有 $A = a$，$B_1 = \dfrac{b_0}{4}$。

进口状态换算为基准状态：

$$q = \frac{T_0 p_1}{Z_1 T_1 p_0} q_1$$

式中　T_0，p_0——基准状态温度，压力。

$$p_2^2 = A p_1^2 - B q^2 \tag{4-6-14}$$

$$A = a, B = \frac{b_0}{4}\left(\frac{Z_1 T_1 p_0}{T_0 p_1}\right)^2$$

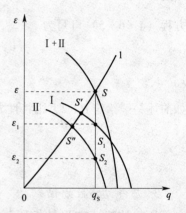

图 4-6-2　串联的压缩机组的运行

　　串联机组的特性方程有别于单台压缩机特性方程但又与其有关。考虑两台压缩机在管道中运行的特性如图 4-6-2 所示。可知压缩机在其中的运行参数不同于压缩机单独在管道中运行的参数。这种双级串联压缩机组特性会增大喘振流量界限，但特性曲线更陡，因而对输气系统有更好的供气量稳定性。

　　已知串联运行的压缩机，压缩机 a 在第 1 级，出口压力记为 p_x，压缩机 b 在第 2 级，进口压力记为 p_x，特性方程分别为

$$p_x^2 = a_a p_1^2 - b_a q_a^2 \tag{4-6-15}$$

$$p_2^2 = a_b p_x^2 - b_b q_b^2 \tag{4-6-16}$$

压缩机组的质量流量与各台压缩机质量流量的关系为

$$q_m = q_{ma} = q_{mb} \tag{4-6-17}$$

体积流量关系：

$$q_b = \frac{\rho_1}{\rho_x} q_a \tag{4-6-18}$$

式中　ρ_1，ρ_x——分别为第 1 级，第 2 级压缩机进口的燃气密度。

$$\frac{\rho_1}{\rho_x} = \frac{p_1}{p_x}\frac{T_x}{T_1}, \frac{T_x}{T_1} = \left(\frac{p_x}{p_1}\right)^{\frac{m-1}{m}}$$

$$q_b = \left(\frac{p_x}{p_1}\right)^{-\frac{1}{m}} q_a$$

由式（4-6-15）~式（4-6-18）可得

$$p_2^2 = A p_1^2 - B_a q_a^2 = a_a a_b p_1^2 - \left[a_b b_a + b_b \left(\frac{p_x}{p_1}\right)^{-\frac{2}{m}}\right] q_a^2$$

若两台压缩机特性相同，$a_a = a_b = a$，$b_a = b_b = b_0$，

则有

$$A = a^2, B_a = \left[a b_0 + b_0 \left(\frac{p_x}{p_1}\right)^{-\frac{2}{m}}\right]$$

进口状态换算为基准状态：

$$q = \frac{T_0 p_1}{Z_1 T_1 p_0} q_a$$

$$p_2^2 = A p_1^2 - B q^2 \qquad\qquad (4-6-19)$$

$$A = a^2, B = \left[a b_0 + b_0 \left(\frac{p_x}{p_1} \right)^{-\frac{2}{m}} \right] \left(\frac{Z_1 T_1 p_0}{T_0 p_1} \right)^2$$

若取 $\dfrac{p_x}{p_1} = \sqrt{\dfrac{p_2}{p_1}}$，则 $B = \left[a b_0 + b_0 \left(\dfrac{p_2}{p_1} \right)^{-\frac{1}{m}} \right] \left(\dfrac{Z_1 T_1 p_0}{T_0 p_1} \right)^2$

可见 B 不是常数，式（4-6-19）只是形式上的对于压气站体积流量 q 的二次方程。

对其他压缩机数的并、串机组或并、串联合的机组也可得出与式（4-6-14），式（4-6-19）形式相同的压气站特性方程。

4.6.1.2　联合运行工况分析

讨论压气站与输气管道的联合工作，是为从输气管道整体了解其局部运行参数与输气管道整体的关系，以及输气管道运行方式对输气管道参数的影响。设定输气管道有典型的结构，燃气为定常流动，因而分析的结果兼具有定性与概略的定量意义。

1. 联合工作工况

设输气管道全线水平敷设，有若干压气站，各站特性不同，站间管道长度和直径不同；压气站采用燃气轮机驱动的离心式压缩机组，各站燃气轮机燃气用量占进站燃气量分数相同。输气管道示于图4-6-3。

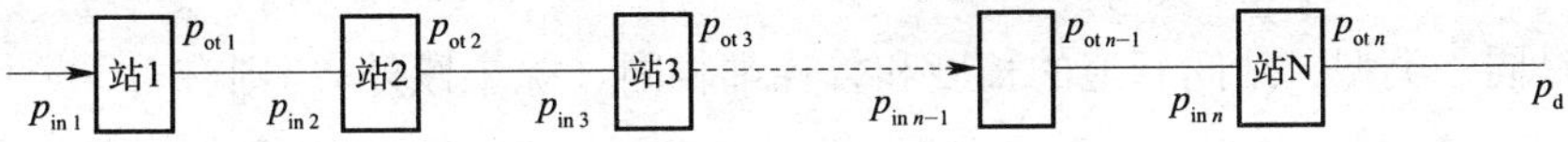

图4-6-3　输气管道示意图

出站进站燃气比：

$$M = \frac{q_{ot}}{q_{in}}$$

式中　M——出站进站燃气比；

　　　q_{ot}——出站燃气体积流量（基准状态）；

　　　q_{in}——进站燃气体积流量（基准状态）。

逐站列出管道特性方程式（4-3-56），压气站特性方程式（4-6-14），式（4-6-19），形成全管线燃气流动特性方程组：

首站：$p_{ot1}^2 = A_1 p_{in1}^2 - B_1 q^2$ 　　　　　第 1 站间：$p_{ot1}^2 = p_{in2}^2 + C_1 l_1 q^2$

第 2 站：$p_{ot2}^2 = A_2 p_{in2}^2 - B_2 M^2 q^2$ 　　　第 2 站间：$p_{ot2}^2 = p_{in3}^2 + C_2 l_2 M^2 q^2$

第 3 站：$p_{ot3}^2 = A_3 p_{in3}^2 - B_3 M^4 q^2$ 　　　第 3 站间：$p_{ot3}^2 = p_{in4}^2 + C_3 l_3 M^4 q^2$

$\vdots$

第 i 站：$p_{oti}^2 = A_i p_{ini}^2 - B_i M^{2(i-1)} q^2$ 　　第 i 站间：$p_{oti}^2 = p_{ini+1}^2 + C_i l_i M^{2(i-1)} q^2$

$\vdots$

最后一站：$p_{otn}^2 = A_n p_{inn}^2 - B_n M^{2(n-1)} q^2$　　　　末段管道：$p_{otn}^2 = p_{inn+1}^2 + C_n l_n M^{2(n-1)} q^2$

$$(4-6-20)$$

记 $y_i = B_i + C_i l_i$，由方程组（4-6-20）中每一对方程解出各站进口压力 p_{ini} 与首站进口压力 p_{in1} 的关系：

$$\begin{cases} p_{in2}^2 = A_1 p_{in1}^2 - y_1 q^2 \\ p_{in3}^2 = A_1 A_2 p_{in1}^2 - (A_2 y_1 + y_2 M^2) q^2 \\ p_{in4}^2 = A_1 A_2 A_3 p_{in1}^2 - (A_2 A_3 y_1 + A_3 y_2 M^2 + y_3 M^4) q^2 \end{cases} \quad (4-6-21)$$

第 i 站进口压力 p_{ini} 与首站进口压力 p_{in1} 的关系：

$$p_{ini}^2 = \left(\prod_{k=1}^{i-1} A_k \right) p_{in1}^2 - \left\{ \sum_{k=2}^{i-1} \left[\left(\prod_{j=k}^{i-1} A_j \right) y_{k-1} M^{2(k-2)} \right] + y_{i-1} M^{2(i-2)} \right\} q^2 \quad (4-6-22)$$

同理得第 i 站出口压力 p_{oti} 与首站进口压力 p_{in1} 的关系：

$$p_{oti}^2 = \left(\prod_{k=1}^{i} A_k \right) p_{in1}^2 - \left\{ \left[\sum_{k=2}^{i} \left(\prod_{j=k}^{i} A_j \right) y_{k-1} M^{2(k-2)} \right] + B_i M^{2(i-1)} \right\} q^2 \quad (4-6-23)$$

对最后一段管道（$i = n+1$），末段终点压力为

$$p_d^2 = p_{inn+1}^2 = \left(\prod_{k=1}^{n} A_k \right) p_{in1}^2 - \left\{ \sum_{k=2}^{n} \left[\left(\prod_{j=k}^{n} A_j \right) y_{k-1} M^{2(k-2)} \right] + y_n M^{2(n-1)} \right\} q^2$$

$$(4-6-24)$$

输气管线的起始流量为

$$q = \sqrt{\frac{\left(\prod_{k=1}^{n} A_k \right) p_{in1}^2 - p_d^2}{\sum_{k=2}^{n} \left[\left(\prod_{j=k}^{n} A_j \right) y_{k-1} M^{2(k-2)} \right] + y_n M^{2(n-1)}}} \quad (4-6-25)$$

若压气站是同一类型，站间管道的长度和管径都相同（除末段外），则有

$$\sum_{k=2}^{n} \left[\left(\prod_{j=k}^{n} A_j \right) y_{k-1} M^{2(k-2)} \right] = \left[A^{n-1} M^0 + A^{n-2} M^2 + \cdots + A^2 M^{2(n-3)} + A M^{2(n-2)} \right] y$$

$$= \frac{A^n - A M^{2(n-1)}}{A - M^2} y$$

$$q = \sqrt{\frac{A^n p_{in1}^2 - p_d^2}{\dfrac{A^n - A M^{2(n-1)}}{A - M^2} y + y_n M^{2(n-1)}}} \quad (4-6-26)$$

若不考虑各站自用气量，$M = 1$，则有

$$q = \sqrt{\frac{A^n p_{in1}^2 - p_d^2}{\dfrac{A^n - A}{A - 1} y + y_n}} \quad (4-6-27)$$

若从首站送出管汇开始计算，式（4-6-20）中减去第1个方程，记 $p_s = p_{ot1}$ 则式（4-6-25），（4-6-26），（4-6-27）应为：

$$q = \sqrt{\frac{\left(\prod_{k=1}^{n} A_k \right) p_s^2 - p_d^2}{\sum_{k=3}^{n} \left[\left(\prod_{j=1}^{n} A_j \right) y_{k-1} M^{2(k-2)} \right] + \left(\prod_{k=2}^{n} A_k \right) C_1 l_1 + y_n M^{2(n-1)}}} \quad (4-6-28)$$

$$q = \sqrt{\frac{A^{n-1}p_s^2 - p_d^2}{\dfrac{A^{n-1}M^2 - AM^{2(n-1)}}{A - M^2}y + A^{n-1}Cl + y_nM^{2(n-1)}}} \qquad (4-6-29)$$

$$q = \sqrt{\frac{A^{n-1}p_s^2 - p_d^2}{\dfrac{A^n - A}{A - 1}y + A^{n-1}Cl + y_n}} \qquad (4-6-30)$$

可见式（4-6-28），式（4-6-29），式（4-6-30）也适用于首站没有压缩机车间的情况。

由式（4-6-25）~式（4-6-30）可看到，由于 $A>1$，（1）首站的 p_{in1}，或 p_s 对输气量有明显的影响；（2）终点压力 p_d 对输气量的影响微弱；（3）全管线站数愈多，首站的 p_{in1}，或 p_s 对输气量的影响愈大，终点压力 p_d 对输气量的影响愈小。

式（4-6-22），式（4-6-23）可用于确定任一站的进出口压力。若压气站是同一类型，站间管道的长度和管径都相同（除末段外），则有

$$p_{ini}^2 = A^{i-1}p_{in1}^2 - \frac{A^{i-1} - M^{2(i-1)}}{A - M^2}yq^2 \qquad (4-6-31)$$

$$p_{oti}^2 = A^i p_{in1}^2 - \left[\frac{A^i - AM^{2(i-1)}}{A - M^2}y + BM^{2(i-1)}\right]q^2 \qquad (4-6-32)$$

若 $M=1$，有：

$$p_{ini}^2 = A^{i-1}p_{in1}^2 - \frac{A^{i-1} - 1}{A - 1}yq^2 \qquad (4-6-33)$$

$$p_{oti}^2 = A^i p_{in1}^2 - \left(\frac{A^i - A}{A - 1}y + B\right)q^2 \qquad (4-6-34)$$

类似于相对于首站的进口压力 p_{in1} 的式（4-6-22），式（4-6-23），式（4-6-31），式（4-6-32），式（4-6-33），式（4-6-34），改为相对于末站的终点压力 p_d，有：

$$p_{ini}^2 = \frac{1}{\prod\limits_{k=i}^{n} A_k}\left\langle p_d^2 + \left\{\sum_{k=i+1}^{n}\left[\left(\prod_{j=k}^{n} A_j\right)y_{k-1}M^{2(k-2)}\right] + y_nM^{2(n-1)}\right\}q^2\right\rangle \qquad (4-6-35)$$

$$p_{ini}^2 = A_ip_{ini}^2 - B_iM^{2(i-1)}q^2$$

$$= \frac{1}{\prod\limits_{k=i+1}^{n} A_k}\left\langle p_d^2 + \left\{\sum_{k=i+1}^{n}\left[\left(\prod_{j=k}^{n} A_j\right)y_{k-1}M^{2(k-2)}\right] + y_nM^{2(n-1)}\right\}q^2\right\rangle - B_iM^{2(i-1)}q^2$$

$$(4-6-36)$$

若压气站是同一类型，站间管道的长度和管径（除末段外）都相同，则有

$$p_{ini}^2 = A^{i-(n+1)}p_d^2 + \left[\frac{M^{2(i-1)} - A^{i-n}M^{2(n-1)}}{A - M^2}y + A^{i-(n+1)}y_nM^{2(n-1)}\right]q^2 \qquad (4-6-37)$$

$$p_{oti}^2 = A^{i-n}p_d^2 + \left[\frac{AM^{2(i-1)} - A^{i+1-n}M^{2(n-1)}}{A - M^2}y + A^{i-n}y_nM^{2(n-1)} - BM^{2(i-1)}\right]q^2$$

$$(4-6-38)$$

若 $M=1$，有

$$p_{ini}^2 = A^{i-(n+1)}p_d^2 + \left[\frac{1 - A^{i-n}}{A - 1}y + A^{i-(n+1)}y_n\right]q^2 \qquad (4-6-39)$$

$$p_{\text{oti}}^2 = A^{i-n}p_{\text{d}}^2 + \left[\frac{A - A^{i+1-n}}{A - 1}y + A^{i-n}y_n - B\right]q^2 \tag{4-6-40}$$

2. 参数变化对输气管线工况的影响

在压气站是同一类型，站间管道的长度和管径都相同（除末段外），且 $M = 1$ 等条件下，利用式 (4-6-27)，式 (4-6-30)，式 (4-6-33)，式 (4-6-34)，式 (4-6-39)，式 (4-6-40) 讨论参数变化对输气管线工况的影响。

当压力从 p 变化到 p' 时，流量从 q 变化到 q'，记

$$\Delta p = p' - p, \Delta p^2 = p'^2 - p^2 = 2p\Delta p + (\Delta p)^2$$

（1）首站进站压力对沿线压力的影响

1）对流量的影响。已知式 (4-6-27)：

$$q = \sqrt{\frac{A^n p_{\text{in1}}^2 - p_{\text{d}}^2}{\dfrac{A^n - A}{A - 1}y + y_n}}$$

由于 $A > 1$，$A^n \gg 1$，所以 p_{in1} 增大，q 增大，且随压气站数 n 增加，p_{in1} 对 q 的影响愈大。

2）对各压气站进站压力的影响。由式 (4-6-33)：

$$p_{\text{in}i}^2 = A^{i-1}p_{\text{in1}}^2 - \frac{A^{i-1} - 1}{A - 1}yq^2$$

有

$$p'^2_{\text{in}i} = A^{i-1}p'^2_{\text{in1}} - \frac{A^{i-1} - 1}{A - 1}yq'^2$$

$$\Delta p_{\text{in}i}^2 = A^{i-1}\Delta p_{\text{in1}}^2 - \frac{A^{i-1} - 1}{A - 1}y(q'^2 - q^2)$$

将式 (4-6-27) 代入上式：

$$\Delta p_{\text{in}i}^2 = A^{i-1}\Delta p_{\text{in1}}^2 - \frac{A^{i-1} - 1}{A - 1}y\frac{A^n\Delta p_{\text{in1}}^2}{\dfrac{A^n - A}{A - 1}y + y_n} = F\Delta p_{\text{in1}}^2$$

取 $y_n \approx y$，$F = A^{i-1} - \dfrac{A^{i-1} - 1}{A - 1}\dfrac{A^n}{\dfrac{A^n - A}{A - 1} + 1} = \dfrac{A^n - A^{i-1}}{A^n - 1} \approx \dfrac{A^n - A^{i-1}}{A^n} = 1 - A^{i-(n+1)}$

∵ $A > 1$，$i \le n$，$A^{i-(n+1)} \ll 1$，∴ $F \approx 1$，

$$\Delta p_{\text{in}i}^2 \approx \Delta p_{\text{in1}}^2 \tag{4-6-41}$$

可知各压气站进站压力变化与首站进站压力变化几乎相同。

3）对各压气站出站压力的影响。由式 (4-6-34)：

$$p_{\text{oti}}^2 = A^i p_{\text{in1}}^2 - \left[\frac{A^i - A}{A - 1}y + B\right]q^2$$

有

$$p'^2_{\text{oti}} = A^i p'^2_{\text{in1}} - \left[\frac{A^i - A}{A - 1}y + B\right]q'^2$$

$$\Delta p_{\text{oti}}^2 = A^i\Delta p_{\text{in1}}^2 - \left[\frac{A^i - A}{A - 1}y + B\right](q'^2 - q^2)$$

式 (4-6-27) 代入上式：

$$\Delta p_{\text{oti}}^2 = A^i\Delta p_{\text{in1}}^2 - \left[\frac{A^i - A}{A - 1}y + B\right]\frac{A^n\Delta p_{\text{in1}}^2}{\dfrac{A^n - A}{A - 1}y + y_n} = F\Delta p_{\text{in1}}^2$$

取 $y_n \approx y$，忽略 B，$\because A > 1$，$A^n \gg 1$，$\therefore F \approx A$，

$$\Delta p_{oti}^2 \approx A \Delta p_{in1}^2 \tag{4-6-42}$$

可知各压气站出站压力变化与首站进站压力变化的 A 倍几乎同步。

（2）末段管道终点压力对沿线压力的影响

1）对流量的影响。在之前由式（4-6-25）~式（4-6-30）的讨论中已讲到终点压力 p_d 对输气量的影响微弱，全管线站数愈多，终点压力 p_d 对输气量的影响愈小。以下讨论将设终点压力 p_d 变化时 q 不变。

2）对各压气站进站压力的影响。由式（4-6-39）：

$$p_{ini}^2 = A^{i-(n+1)} p_d^2 + \left[\frac{1 - A^{i-n}}{A - 1} y + A^{i-(n+1)} y_n \right] q^2$$

可得

$$\Delta p_{ini}^2 = A^{i-(n+1)} \Delta p_d^2$$

即

$$2 p_{ini} \Delta p_{ini} + (\Delta p_{ini})^2 = A^{i-(n+1)} \left[2 p_d \Delta p_d + (\Delta p_d)^2 \right]$$

略去二阶项：

$$\Delta p_{ini} = A^{i-(n+1)} \frac{p_d}{p_{ini}} \Delta p_d \tag{4-6-43}$$

由于 $A > 1$，$i \leq n$，$A^{i-(n+1)} \ll 1$，$p_d \ll p_{ini}$，可见末段管道终点压力对各压气站出站压力 Δp_{ini} 的影响很小，只对最后一（两）个压气站的 Δp_{ini} 稍有影响。

3）对各压气站出站压力的影响。已知式（4-6-40）：

$$p_{oti}^2 = A^{i-n} p_d^2 + \left[\frac{A - A^{i+1-n}}{A - 1} y + A^{i-n} y_n - B \right] q^2$$

同理有

$$\Delta p_{oti} = A^{i-n} \frac{p_d}{p_{oti}} \Delta p_d \tag{4-6-44}$$

由于 $A > 1$，$i \leq n$，$A^{i-n} \ll 1$，$p_d \ll p_{oti}$，可见末段管道终点压力对各压气站出站压力 Δp_{oti} 的影响很小，只对最后一（两）个压气站的 Δp_{oti} 稍有影响。

3. 压气站运行对输气管线工况的影响

在管线负荷季节性减小，压气站设备检修或事故等情况下，压气站或部分压缩机组可能停运。下面讨论压气站停运对管线工况的影响。

（1）压气站停运对管线流量的影响

输气管道压气站或部分机组停运会使全线管道流量减小。

1）一个压气站停运对管线流量的影响。设 c 站停运，c 站出站压力等于进站，由式（4-6-20），$p_{otc}^2 = A_c p_{inc}^2 - B_c q^2$，$A_c = 1$，$B_c = 0$，$p_{otc} = p_{inc}$，由式（4-6-30）得：

$$q = \sqrt{\frac{A^{n-1} p_{in1}^2 - p_d^2}{\dfrac{A^{n-1} - A}{A - 1} y + A^{n-c} Cl + y_n}} \tag{4-6-45}$$

用出站压力 p_{ot1} 表示：

$$q = \sqrt{\frac{A^{n-2} p_{ot1}^2 - p_d^2}{\dfrac{A^{n-2} - A}{A - 1} y + (A^{n-2} + A^{n-c}) Cl + y_n}} \tag{4-6-46}$$

由上两式可得，停运站标号 c 愈小，输气管道的输气量下降愈多。第 1 个站停运时下

降最多，设 $c=1$，式（4-6-45）除以式（4-6-30）：

$$\frac{q_1}{q} = \sqrt{\frac{A^{n-1}p_{in1}^2 - p_d^2}{A^{n-1}p_s^2 - p_d^2}}$$

$A^{n-1}p_{in1}^2 \gg p_d^2$ 以及 $A^{n-1}p_s^2 \gg p_d^2$，$\dfrac{q_1}{q} \approx \dfrac{p_{in1}}{p_s} = \dfrac{1}{\varepsilon_1}$。

$\varepsilon_1 > 1$，$\therefore\ q_1 < q$。

设 $c=n$，已知式（4-6-45）：

$$q_n = \sqrt{\frac{A^{n-1}p_{in1}^2 - p_d^2}{\dfrac{A^{n-1}-A}{A-1}y + Cl + y_n}}$$

n 足够大，且 $A^{n-1}p_{in1}^2 \gg p_d^2$，以及 $\dfrac{A^{n-1}}{A-1}y \gg Cl + y_n - \dfrac{A}{A-1}y$，

$$\therefore \qquad q_n = p_{in1}\sqrt{\frac{A-1}{y}} \qquad\qquad (4-6-47)$$

由上式可推出，q_n 是各进站压力 p_{ini}、出站压力 p_{oti} 都相等时的流量。它表明当 n 足够大时，最后一个站停止运行对系统的输气量实际上几乎不产生影响。

结合上述分析结果和定性分析可知，停运的加气站号 c 愈小，即停运站愈靠前，停运影响愈大。

2）两个压气站停运对管线流量的影响。有与式（4-6-45）类似的公式：

$$q = \sqrt{\frac{A^{n-2}p_{in1}^2 - p_d^2}{\dfrac{A^{n-2}-A}{A-1}y + (A^{n-c_1} + A^{n-c_2})Cl + y_n}} \qquad (4-6-48)$$

3）压气站部分压缩机组停止工作对管线流量的影响。停止工作的压缩机组的压气站的特性方程不同于其他压气站。该站 $A=A_c$，$B=B_c$。由式（4-6-20）有

$$q = \sqrt{\frac{A_c A^{n-1}p_{in1}^2 - p_d^2}{\dfrac{A^{n-1}-A^{n-c}}{A-1}A_c y + A^{n-c}y_c + \dfrac{A^{n-c}-A}{A-1}y + y_n}} \qquad (4-6-49)$$

同法可得出多个压气站停止工作或多个压气站部分压缩机组停止工作对管线流量的影响。

（2）压气站停运对管线压力的影响

1）对停运站以前管段压力的影响。前段，从首站至 c 站，$c-1$ 个站运行，c 站停运。各站（$1 \leqslant i \leqslant c$）进出口压力与 c 站停运前比较，可由式（4-6-33），式（4-6-34）得出：

$$\Delta p_{ini}^2 = A^{i-1}\Delta p_{in1}^2 - \frac{A^{i-1}-1}{A-1}y(q_c^2 - q^2)$$

$$\Delta p_{oti}^2 = A^i \Delta p_{in1}^2 - \left(\frac{A^i - A}{A-1}y + B\right)(q_c^2 - q^2)$$

由于流量是下降的，$(q_c^2 - q^2) < 0$，$\Delta p_{in1}^2 = 0$，所以：

$$\Delta p_{ini}^2 = \frac{A^{i-1}-1}{A-1}y(q^2 - q_c^2) > 0 \qquad (4-6-50)$$

$$\Delta p_{\text{oti}}^2 = \left(\frac{A^i - A}{A - 1}y + B\right)(q^2 - q_c^2) > 0 \qquad (4-6-51)$$

即停运站以前管段压力 p_{ini}，p_{oti} 均将上升，其增加值随停运站标号 i 增大而增大，即愈靠近停运站 c，压力上升得愈多，故 $\Delta p_{\text{otc}-1}$，Δp_{inc} 最大。

这一结果的意义在于，如果原 c 站管道在接近管道强度的允许压力下工作，c 站停运就有可能在某些站的出口，特别是 $c-1$ 站的出口处发生超压 $p_{\text{otc}-1} > [p]$。为避免出现此情况，需调节压力使 $p_{\text{otc}-1} \leqslant [p]$。

从 $c-1$ 站开始，连同以下各站共有 $(n-c+2)$ 站，第 2 站（c 站）停运，第 1 站（$c-1$ 站）的出站压力 $p_{\text{otc}-1} = [p]$ 时的流量限制可按式（4-6-46）计算。在该式中，n 用 $(n-c+2)$ 代替，$p_{\text{ot1}} = [p]$

$$[q] = \sqrt{\frac{A^{n-c}[p]^2 - p_{\text{d}}^2}{\dfrac{A^{n-c} - A}{A - 1}y + 2A^{n-c}Cl + y_n}} \qquad (4-6-52)$$

流量确定之后，从全线看，自第 1 站到第 $c-1$ 站就要依据此流量进行调节。最经济的调节方法是根据压缩机的工作特性停止运行部分机组或改变机组转速。其结果可使第 $c-1$ 站在尽可能高的压力下工作，整个系统的功率和能量消耗最小。

2）对停运站以后管段压力的影响。后段，从第 $c+1$ 站到第 n 站，共有 $n-c$ 个工作的压气站。各站的进、出口压力 p_{ini}、p_{oti}（$c+1 \leqslant i \leqslant n$）可由公式（4-6-39），式（4-6-40）求得

$$p_{\text{ini}}^2 = A^{i-(n+1)}p_{\text{d}}^2 + \left[\frac{1 - A^{i-n}}{A - 1}y + A^{i-(n+1)}y_n\right]q_c^2$$

$$p_{\text{oti}}^2 = A^{i-n}p_{\text{d}}^2 + \left[\frac{A - A^{i+1-n}}{A - 1}y + A^{i-n}y_n - B\right]q_c^2$$

以及

$$\Delta p_{\text{ini}}^2 = A^{i-(n+1)}\Delta p_{\text{d}}^2 + \left[\frac{1 - A^{i-n}}{A - 1}y + A^{i-(n+1)}y_n\right](q_c^2 - q^2)$$

$$\Delta p_{\text{oti}}^2 = A^{i-n}\Delta p_{\text{d}}^2 + \left[\frac{A - A^{i+1-n}}{A - 1}y + A^{i-n}y_n - B\right](q_c^2 - q^2)$$

由于 $\Delta p_{\text{d}}^2 \approx 0$，$y_n \approx y$，$(q^2 - q_c^2) > 0$，$A > 1$，$i \leqslant n$，故有

$$\Delta p_{\text{ini}}^2 = -\frac{1 - A^{i-(n+1)}}{A - 1}y(q^2 - q_c^2) < 0 \qquad (4-6-53)$$

$$\Delta p_{\text{oti}}^2 = -\left(\frac{A - A^{i-n}}{A - 1}y - B\right)(q^2 - q_c^2) < 0 \qquad (4-6-54)$$

以上两式表明停运站（第 c 站）以后沿线压力都下降，且随站标号 i 越接近停运站，下降越多。

4. 定期分气或集气输气管线工况的影响

实际输气管道是有多处分气或集气的系统。分气或集气除了全年持续进行的外，也有定期方式的（如向临时用户供气，向地下储气库的注、采气等）。对于大型输气管网，有复杂的供气及用气负荷工况，可对全系统的天然气流动工况借助计算机进行不定常流动分析。本段对一条干线的简化的定常分析，在于定性地揭示一些基本规律。

干管的某处漏气也属于定期分气的特例。因此漏气对工况的影响也服从定期分气的规律。

设第 c 站与第 $c+1$ 站之间有定期分气。如图 $4-6-4$。

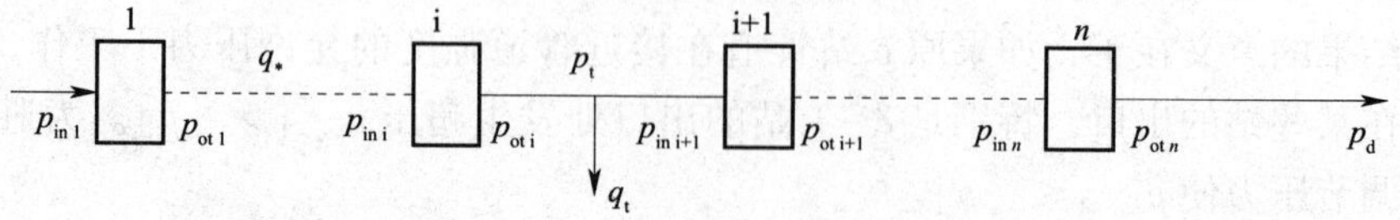

图 $4-6-4$　有定期分气的输气管道

（1）定期分气对流量的影响

分气点在第 c 站与第 $c+1$ 站之间，距第 $c+1$ 站 l_0，距第 c 站 $l-l_0$；正常影响流量为 q，分气点之前的流量为 q_*，分气量为 q_t。分气点压力为：

$$\begin{cases} p_t^2 = p_{otc}^2 - C(l-l_0)q_*^2 \\ p_t^2 = p_{inc+1}^2 + Cl_0(q_* - q_t)^2 \end{cases} \tag{4-6-55}$$

由式 $(4-6-34)$，式 $(4-6-39)$：

$$p_{otc}^2 = A^c p_{in1}^2 - \left(\frac{A^c - A}{A-1}y + B\right)q_*^2$$

$$p_{inc+1}^2 = A^{c-n}p_d^2 + \left[\frac{1 - A^{c+1-n}}{A-1}y + A^{c-n}y_n\right](q_* - q_t)^2$$

代入式 $(4-6-51)$，等式两边同乘 A^{n-c}，得：

$$A^n p_{in1}^2 - p_d^2 = \left(\frac{A^{n-c}-A}{A-1}y + y_n + A^{n-c}Cl_0\right)(q_*-q_t)^2 + \left[\frac{A^n - A^{n+1-c}}{A-1}y + A^{n-c}(B+Cl-Cl_0)\right]q_*^2 \tag{4-6-56}$$

按定常流考虑，上式左端为定值，当分气量 q_t 增大时 q_* 将增大，故 $q_* > q$，$(q_* - q_t)$ 必然减小，故 $(q_* - q_t) < q$，即分气后，分气点前流量将增大，分气点后流量将减小。其趋势随分气量增大而增长。

（2）定期分气对沿线压力的影响

① 利用式 $(4-6-33)$，式 $(4-6-34)$ 可得出分气点以前的管段各站进、出口压力平方的变化 Δp_{ini}^2，Δp_{oti}^2（$1 \leq i \leq c$），类似于式 $(4-6-50)$，式 $(4-6-51)$：

$$\Delta p_{ini}^2 = -\frac{A^{i-1}-1}{A-1}y(q_*^2 - q^2) > 0 \tag{4-6-57}$$

$$\Delta p_{oti}^2 = -\left(\frac{A^i - A}{A-1}y + B\right)(q_*^2 - q^2) > 0 \tag{4-6-58}$$

由于 $q_* > q$，所以 $\Delta p_{ini}^2 < 0$，$\Delta p_{oti}^2 < 0$ 亦即 $\Delta p_{ini} < 0$，$\Delta p_{oti} < 0$，并随标号 i 的增大趋于更小值（绝对值更大值）。表明在定期分气点之前，沿线压力均将下降，越接近分气点下降得越多。c 站的出站压力 p_{otc} 将下降最大。这种沿线下降趋势是由于分气点前管道流量增加，各站的压力比下降，站间阻力损失增大的结果。

② 分气点以后的管段各站进、出口压力平方的变化 Δp_{ini}^2，Δp_{oti}^2（$c+1 \leq i \leq n$），同样可由公式 $(4-6-39)$，式 $(4-6-40)$ 得到类似于式 $(4-6-53)$，式 $(4-6-54)$ 的公式：

$$\Delta p_{\text{ini}}^2 = -\frac{1 - A^{i-(n+1)}}{A-1} y[q^2 - (q_* - q_t)^2] \qquad (4-6-59)$$

$$\Delta p_{\text{oti}}^2 = -\left(\frac{A - A^{i-n}}{A-1} y - B\right)[q^2 - (q_* - q_t)^2] \qquad (4-6-60)$$

由于 $(q_* - q_t) < q$，所以 $\Delta p_{\text{ini}}^2 < 0$，$\Delta p_{\text{oti}}^2 < 0$ 亦即 $\Delta p_{\text{ini}} < 0$，$\Delta p_{\text{oti}} < 0$，并随标号 i 的增大越来越趋于零，而在 $i = c+1$ 时达到最小值（绝对值为最大值）。故分气点之后，各站的进、出站压力均将下降，越接近分气点压力下降越多。这是由于定期分气（或漏气）减少了对第 $c+1$ 站的供气，使其进口压力 $p_{\text{in}c+1}$ 急剧下降。而分气点后的流量减少，对增大压力比的贡献和减小站间阻力损失都不足以弥补 $p_{\text{in}c+1}$ 下降造成的影响。

由定期分气对工况的影响分析，可得出如下结论：

1）分气点之前流量将比分气前增大，分气点之后流量将比分气前减小。

2）定期分气将造成全线压力下降，越接近分气点的地方，压力下降得越多，反之越少。见图 4-6-5。

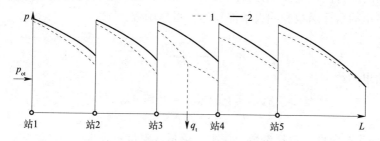

图 4-6-5　定期分气时压力工况的变化
1—分气之后；2—分气之前

（3）定期集气对沿线压力的影响

对定期集气将得到与定期分气相反的结论：

1）集气点之前流量将比集气前减小，集气点之后流量将比集气前增加。

2）定期集气将造成全线压力上升，越接近集气点的地方，压力上升得越多，反之越少。见图 4-6-6。

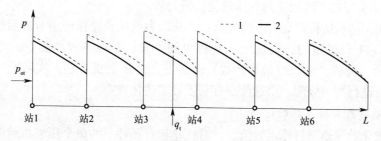

图 4-6-6　定期集气时压力工况的变化
1—集气之后；2—集气之前

4.6.2　输气管道压气站运行优化[1][2]

输气管道压气站中的压缩机组需要耗用大量动力，因此有必要对压气站的压缩机组的配置和运行进行优化。优化的任务是在各压缩机组之间进行负荷分配，在保证压气站出口压力规定值的要求及一系列约束条件下，使压气站的动力消耗最小。

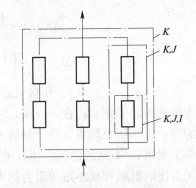

压气站的运行工况受输气干线管道的工况制约，压缩机组的运行要适应工况变化的要求。首先在压气站设计上要合理配置压缩机组（串联、并联，组数，组中机组数，机型与动力等）。在运行时，可以采取开停机组方式进行不连续调节，也可以采用改变压缩机转速、气流旁通方式进行连续调节。压气站的压缩机组合示于图 4-6-7。

图 4-6-7　压气站的压缩机组组合
K—车间编号；J—机组编号；I—组内压缩机编号
（图中只标出一个车间）

1. 压缩机组运行优化模型

对压气站的运行优化应该在分析的基础上加以实施。运行优化的数学模型用下列压气站动力消耗最小的目标函数和约束条件表达，目标函数：

$$F = \min_{\bar{u}} \sum_{i=1}^{m} \sum_{j=1}^{n} f_{ij}(\bar{r}, \bar{u}) \qquad (4-6-61)$$

由工艺条件给出的约束：

$$p_{ot} \leq p'_{ot}; n_{min} \leq n \leq n_{max}$$
$$T_{ot} \leq T'_{ot}; \Delta q_b \leq \Delta q'_b; N_{ij} < N'_{ij}$$

式中　$\bar{r}$——状态向量，包括参数：压力，流量，温度；

　　　$\bar{u}$——控制向量，包括参数：转数，机组数，阀门整定值；

　　　m——并联成组的机组数；

　　　n——串联级数；

N_{ij}，N'_{ij}——功率及功率最大值；

n_{max}，n_{min}——压缩机的最大和最小允许转数；

p_{ot}，p'_{ot}——出口压力及其最大值；

T_{ot}，T'_{ot}——出口温度及其最大值；

Δq_b，$\Delta q'_b$——从旁通管线回流的气体量及其最大值。

研究表明，达到运行优化有下列要点：①从动力消耗和操作费用节省衡量，在相同边界条件下，$n-1$ 台机组的方案优于 n 台机组的方案；②在各种情况下，对第 1 台机组（按气流进程），荷载（体积流量和转数）大一些在经济上更有利，实际上，在机组内各级之间的负荷进行均匀分配。由这两点有利于寻求优化方案。

2. 压气站特性方程系数的综合

为计算优化数学模型目标函数值，需对优化运行条件下的单个压缩机组的工况进行计算。为此需先得出压气站特性方程（的系数）。

对离心式压缩机或整个压缩机站的特性曲线可表示为：

$$\varepsilon = a - b_0 q_{in}^2$$

式中　ε——压缩机压比；

　　　a，b_0——离心式压缩机特性曲线试验数据得出的常量；

q_{in}——压缩机进口状态流量。

上式可写为：

$$p_2^2 = ap_1^2 - bq^2$$

或

$$p_2^2 = ap_1^2 - b_n q_n^2$$

$$b = b_0 \left(\frac{p_0 T_{in} Z}{p_1 T_{b,T}} \right)^2$$

$$b_n = b_0 \left(\frac{p_0 T_{in} Z}{p_1 T_0} \right)^2$$

式中　q——（前苏联）基准状态的流量［文献［1］称为商品流量，$T_{b,T} = 288K$，$Z = 0.91$，$R = 50 kgm/(kg \cdot K)$］；

　　　q_n——（前苏联）标准状态流量（$T_0 = 273K$，$p_0 = 1.033$ 大气压*）。

我们在应用时需按我国基准状态（$T_b = 293.15K$，$p_b = 0.101325MPa$）、标准状态（$T_0 = 273.15K$，$p_0 = 0.101325MPa$），且相应计算 b，b_n。

（1）计算包含气体物理参数和转速的压缩机机组的特性系数 a_T，b_T。用最小二乘法由压缩机测试特性曲线数值按式（4-6-9）二次方程拟合得出 a_T，b_T（下标$_T$表示测试状态的值）。测试时转速 $n_T = idem$**，进口温度 $T_{inT} = idem$，压缩因子 $Z_{inT} = idem$（下标$_{in}$表示进口处的值），气体常数 $R_T = idem$：

$$a_T = \frac{p_{ot}^2 \left(\sum_{i=1}^n q_{Ti}^2 \sum_{i=1}^n q_{Ti}^2 p_{ini}^2 - \sum_{i=1}^n p_{ini}^2 \sum_{i=1}^n q_{Ti}^4 \right)}{\left(\sum_{i=1}^n p_{ini}^2 q_{Ti}^2 \right)^2 - \sum_{i=1}^n p_{ini}^4 \sum_{i=1}^n q_{Ti}^4} \qquad (4-6-62)$$

$$b_T = \frac{p_{ot}^2 \left(\sum_{i=1}^n q_i^2 \sum_{i=1}^n p_{ini}^4 - \sum_{i=1}^n p_{ini}^2 \sum_{i=1}^n p_{ini}^2 q_i^2 \right)}{\left(\sum_{i=1}^n p_{ini}^2 q_i^2 \right)^2 - \sum_{i=1}^n p_{ini}^4 \sum_{i=1}^n q_i^4} \qquad (4-6-63)$$

式中　q_{Ti}——测试曲线上第 i 个测点的商品流量；

　　　p_{ini}——测试曲线上第 i 个测点的进口压力；

　　　p_{ot}——测试的出口压力。

例如文献［1］列出的一个拟合例子。

$p_{ot} = 56 atm$（大气压），在 5 个点上取 5 对 $q - p_{in}$ 值：

q	10	12	14	16	18
p_{in}	43.1	43.5	44.25	45.2	46.35

按式（4-6-62），式（4-6-63）得：$a_T = 1.813$，$b_T = 2.364$［（kgf · d）/（cm² · $10^6 m^3$）］²。

（2）将 a_T，b_T 换算为工作条件下的值 a，b。

采用功率相等原则：

---

* 参考文献［1］，［2］采用工程单位。

** idem，定数，同一的。

$$\frac{\varepsilon_T^{\frac{m-1}{m}} - 1}{\varepsilon^{\frac{m-1}{m}} - 1} = \frac{n_T^2 R T_{in} Z}{n^2 R_T T_{inT} Z_T}$$

式中　m——多变指数。

$$\varepsilon^2 = \left[n_p^2 \frac{R_T T_{inT} Z_T}{R T_{in} Z} \left(1 - \frac{1}{\varepsilon_T^{\frac{m-1}{m}}} \right) + \frac{1}{\varepsilon_T^{\frac{m-1}{m}}} \right]^{\frac{2m}{m-1}} \varepsilon_T^2 \qquad (4-6-64)$$

$$n_p = \frac{n}{n_T} \qquad (4-6-65)$$

式中　n_p——相对转数。

$$q = n_p q_T \qquad (4-6-66)$$

$$a = a_T \omega \qquad (4-6-67)$$

$$\omega = \left[n_p^2 \frac{R_T T_{inT} Z_T}{R T_{in} Z} \left(1 - \frac{1}{a_T^{\frac{m-1}{m}}} \right) + \frac{1}{a_T^{\frac{m-1}{m}}} \right]^{\frac{2m}{m-1}} \qquad (4-6-68)$$

$$b = b_T \frac{a_T \omega - 1}{a_T - 1} \left(\frac{1}{n_p} \right)^2 \left(\frac{T_{in} Z}{T_{inT} Z_T} \right)^2 \qquad (4-6-69)$$

（3）计算压气站的特性系数。

编号为 K，J，I 的机组在工作条件下的特性系数 $a_{K,J,I}$ 和 $b_{K,J,I}$，其中 K 为车间号，J 为压缩机编组号，I 为组内压缩机号。

1）两台离心压缩机串联机组。

$$a_{K,J} = a_{K,J,1} a_{K,J,2} \qquad (4-6-70)$$

$$b_{K,J} = \left(a_{K,J,2} b_{K,J,1} + b_{K,J,2} \varepsilon_1^{-\frac{2}{m}} \right) + \Delta b_{K,J} \qquad (4-6-71)$$

$$\Delta b = \frac{p_1^2 - p_2^2}{q^2} \qquad (4-6-72)$$

式中　Δb——输气机组和压气站内总管的阻力系数；

　　p_1，p_2——连接管段中的起点和终点压力；

　　q——连接管段中的流量；

　　$\Delta b_{K,J}$——考虑机组出口端的连接管道中压降的修正量。

2）两台离心压缩机并联机组。

在一处的运算中采用 $a_{K,j,1}$，$a_{K,j,2}$ 的比例中值代替算术平均值，即：

$$\sqrt{a_{K,j,1} a_{K,j,2}} = \frac{a_{K,j,1} + a_{K,j,2}}{2}$$

本书作者得出：

$$a_{K,j} = \frac{\left(\sqrt{a_{K,j,1} b_{K,j,2}} + \sqrt{a_{K,j,2} b_{K,j,1}} \right)^2}{\left(\sqrt{b_{K,j,1}} + \sqrt{b_{K,j,2}} \right)^2} \qquad (4-6-73)$$

$$b_{K,j} = \frac{b_{K,j,1} b_{K,j,2}}{\left(\sqrt{b_{K,j,1}} + \sqrt{b_{K,j,2}} \right)^2} \qquad (4-6-74)$$

用式（4-6-70），式（4-6-71），式（4-6-73），式（4-6-74）可获得有任意组数和排数的压缩机组的离心式压缩机站特性曲线方程，进而得到压气站的特性系数。

（4）计算压气站的变量值。用分析公式：

$$p_{ot}^2 = ap_{in}^2 - bq^2 \qquad (4-6-75)$$

可由三个工况变量（p_{in}，p_{ot}，q）中的任何两个求第 3 个变量。在选择最优工况时一般先给定 p_{in}，q，计算出 p_{ot}。

3. 压缩机工况分析与状态值的工艺限制检查

（1）对压气站中的单台压缩机的工况进行分析。以确定单台压缩机的压缩比 ε，气体体积流量 q_{in} 和所需功率 N。已知（T_{in}，p_{in}，p_{ot}，q）$_{K,J,1}$。

1）确定 K，J 的每一组的基准流量：

$$q_{K,J} = \sqrt{\frac{a_{K,J}p_{in}^2 - p_{ot}^2}{b_{K,J}}} \qquad (4-6-76)$$

2）计算 K，J 组中（按气体流向）第 1 台压缩机的工况：

$$p_{otK,J,1}^2 = p_{inK,J,1}^2 - \Delta b_{K,J,1}q_{K,J}^2 \qquad (4-6-77)$$

$$\varepsilon_{K,J,1} = \frac{p_{otK,J,1}}{p_{inK,J,1}} \qquad (4-6-78)$$

$$T_{inK,J,2} = T_{iotK,J,1} = T_{inK,J,1}\varepsilon_{K,J,1}^{\frac{m-1}{m}} \qquad (4-6-79)$$

类似地计算第 K 工段第 K，J 组中第 I 台机组的工况。

$$\varepsilon_{K,J,I} = \frac{p_{otK,J,I}}{p_{inK,J,I}}$$

3）水力计算结束后，检查每台机组的工况。为此，可按下式计算进口条件下的气体流量：

$$q_{in} = q\frac{T_{in}Z_{in}p_0}{T_0p_{in}} \qquad (4-6-80)$$

4）计算离心式压缩机所需内功率。

用最小二乘法对功率特性曲线按二次曲线拟合，得出系数 a_N，b_N，计算式[*]为

$$N_{itn} = A_N a_N p_{in}q_{in}\frac{1}{n_p^2}(n_p - b_N q_{in}) \qquad (4-6-81)$$

$$a_N = \frac{\sum y_i x_i^2 \sum x_i^3 - \sum y_i x_i \sum x_i^4}{\left(\sum x_i^3\right)^2 - \sum x_i^2 \sum x_i^4} \qquad (4-6-82)$$

$$b_N = \frac{\sum y_i x_i^2 \sum x_i^2 - \sum y_i x_i \sum x_i^3}{\sum y_i x_i^2 \sum x_i^3 - \sum y_i x_i \sum x_i^4} \qquad (4-6-83)$$

在非对比特性曲线上，$y_i = \frac{N_{itni}}{\rho_o}$，$x_i = q$

在对比特性曲线上，$y_i = \left(\frac{N_{itni}}{\rho_o}\right)_T$，$x_i = (q)_T$

式中 A_N——单位换算系数，若 q 单位为 m^3/min，N_{itn} 单位为 kW，则 $A_N = 1$；

下标$_T$——表示对比状态。

---

[*] 文献［1］，［2］中，式（4-6-78）p_{in} 为 r_0，未给出 r_0 的说明。本书作者作了变更。

基准流量（商品流量）q 换算为进口流量（体积流量）q_{in}：

$$q_{in} = B_N q \frac{p_0 T_{in} Z}{(T_{in})_T p_{in}} \qquad (4-6-84)$$

式中　B_N——单位换算系数。

（2）状态值的工艺限制检查。

$$q_{in} \geqslant 1.1 q_{in\,min} \qquad (4-6-85)$$

$$q_{in\,min} = q_{min\,norm} n_p \qquad (4-6-86)$$

$$N < N_{al}, N = N_i + N_{mec} \qquad (4-6-87)$$

$$N_{al} = [N_{al\,n} + \beta(288 - T_{in\,a})] n^\alpha \qquad (4-6-88)$$

式中　$q_{in\,min}$——湍流流量值；

$\quad q_{min\,norm}$——$n_p = 1$ 时的湍流流量值；

$\quad N_{al}$——压缩机机组最大允许功率；

N_i，N_{mec}——指示功率，额定转速下机组传动机械功率损失；

$\quad N_{al\,n}$——额定条件下压缩机机组最大允许功率；

$\quad T_{in\,a}$——轴流式压缩机入口端的空气温度；

$\quad \alpha$，β——系数，对压缩机可分段取 β，对燃气透平压缩机 $\alpha = 0$，因为燃气透平的功率与压缩机转数的调节无关。对电机驱动离心式压缩机 $\alpha = 0$，$\beta = 0$，因为其最大允许功率既与压缩机转数的调节无关，也与 $T_{in\,a}$ 无关。

4. 有限方案比较得到运行方案

选定若干压缩机组组合运行方案按优化模型（4-6-61）进行比较，确定运行方案。（在取得进一步研究成果前，考虑到压缩机组只有比较有限的组合方案数，本书作者建议这种有限方案比较法）

4.7　防止水合物生成的方法

为防止天然气水合物的生成应采取参数控制，或/和采用抑制剂等方法。关于天然气水合物的物理性质见本书第 2 章 2.18.4 天然气水合物的生成。

在不同的场合相应采取不同的参数控制，如从气田或地下储气库采气时，采取脱水、降压或调节温度等措施后由输气管道供出。天然气的深度脱水方法主要有冷冻法、吸附法和吸收法。对于 2~2.5MPa 及以上压力的高压天然气在实际工程中考虑到管道与周围环境换热的影响，一般节流后的最低温度在 −60℃ 左右，可根据气体中的含水量不同，采用不同的方法在天然气加压前进一步脱水。此外还可采用向天然气中加入抑制剂的方法防止水合物生成。

4.7.1　天然气参数控制防止水合物生成

目前天然气利用参数控制原理的脱水方法主要有冷冻法、吸收法和吸附法。

（1）冷冻法在加冷源的条件下，对天然气进行降温，使天然气中的水分凝结排除，再将天然气恢复常温，从而实现脱水。

（2）吸收法主要是用甲醇、甘醇（乙二醇 CH_3CH_2OH）、二甘醇、三甘醇、四甘醇等作为反应剂。醇类之所以能用来分解或预防水合物的产生，是因为它的蒸气与水蒸气可形成溶液，水蒸气变为凝析水，降低形成水合物的临界点。醇类的水溶液的冰点比水的冰点低得多，吸收了气体中的水蒸气，因而使气体的露点降低很多。在使用醇类的设备上装有排水装置，将吸收产生的液体及时排除。其中甲醇具有毒性，用于天然气流量不大以及水合物生成量不大，且温度较低的场合；乙二醇、二甘醇等甘醇类化合物无毒，沸点高于甲醇，蒸发损失小，可回收再生使用，大大降低成本，适用于处理气量较大场合；对于管线宜采用乙二醇；而在分离器，热交换器等设备中宜采用蒸气压较低的二甘醇、三甘醇。

（3）附法主要采用活性氧化铝、活性铝矾土、凝胶或分子筛等固体干燥剂来脱出天然气中的水。这些干燥剂可把露点为0℃的天然气的最低露点降到-100℃左右。在实际工程中必须采用并联两套吸附脱水装置，一套为使用侧，一套为再生侧。由于固体干燥剂随含水量的增加脱水能力下降，当下降到一定程度脱水能力满足不了要求时，两侧进行更换，以保证脱水质量，但成本比吸收法高。

4.7.2 采用抑制剂防止水合物生成

将抑制剂加入天然气管道或设备，部分气相蒸发、部分与水形成水溶液，使水合物生成温度降低。用于防止水合物生成的抑制剂分为有机抑制剂和无机盐抑制剂。

有机抑制剂有甲醇和甘醇类化合物，其抑制剂中又以甲醇、乙二醇和二甘醇最常使用。抑制剂的加入会使气流中的水分溶于抑制剂中，改变水分子之间的相互作用，从而降低表面上水蒸气分压，达到抑制水合物形成的目的。甲醇适用于气流温度不低于-85℃，且压力较高的场合；当气流温度不低于-25℃，宜用二甘醇；当气流温度不低于-40℃，宜用乙二醇。

无机盐抑制剂有氯化钙（$CaCl_2$），氯化钠（NaCl），氯化镁（$MgCl_2$），氯化铝（$AlCl_3$），氯化锂（LiCl）与硝酸钙（Ca（NO_3）$_2$）等。其中以氯化钙使用最广泛，常采用质量浓度为30%～35%的溶液，并加入0.5%～1.5%的亚硝酸钠，使其腐蚀性大大降低。无机盐在高压低温下有可能生成冰盐合晶，引起管道堵塞，且消除堵塞较困难，但当无机盐浓度低于某临界值时，不生成冰盐合晶，其中氯化钙、氯化镁、硝酸钙、氯化锂、氯化钠的临界质量浓度分别为26%、23%、34%、17%、22%。对于管线中已形成的水合物堵塞可采用注入抑制剂、加热或降压的方法促使水合物分解。

参考文献

［1］博布罗夫斯基 C. A. ，等 . 天然气管路输送［M］. 陈祖泽译 . 北京：石油工业出版社，1985.

［2］Бобровский С. А. и др. . Трубопроводный Транспорт Газа［M］. Издателъство《НАУКА》，1976.

［3］黄志昌 . 天然气开采工程丛书（六）. 输气管道工程［M］. 北京：石油工业出版社，1997.

［4］石油地区工程设计手册（第五册）. 天然气长输管道工程设计［M］. 北京：石油大学出版社，1995.

［5］李玉星，姚光镇 . 输气管道设计与管理［M］. 东营：中国石油大学出版社，2009.

［6］苗承武 . 输气管道压气站动力设备与节能工艺［M］. 北京：石油工业出版社，2005.

［7］顾安忠等 . 液化天然气技术手册［M］. 北京：机械工业出版社，2010.

［8］严铭卿，廉乐明等 . 天然气输配工程［M］. 北京：中国建筑工业出版社，2005.

［9］严铭卿，宓亢琪，黎光华等．天然气输配技术［M］．北京：化学工业出版社，2006．

［10］王树立，赵会军．输气管道设计与管理［M］．北京：化学工业出版社，1996．

［11］臧铁军，臧天红．长输管道管材的选择［J］．油气储运，1996（4）：28-29．

［12］Аганбегян А. Г. и др.．Системамоделей Народнохозяйственного Планирования［M］．Издателъство 《Мысль》，1972，стр. 351．

［13］聂廷哲．天然气长输管线模糊优化设计及模糊可靠性研究（工学博士学位论文）［D］．哈尔滨工业大学，2004．

［14］宓亢琪．天然气长输管道中水化物生成的分析与控制［J］．煤气与热力2005（5）：396-399．

第5章 燃气储存

5.1 概述

5.1.1 燃气系统的储气要求

燃气系统由生产、输送和分配三个环节构成。在供需总量平衡的条件下，系统的实时燃气气流是不平衡的，这是燃气工业系统技术上的固有矛盾。为解决这一矛盾，在系统中需设置储气设施对其加以调节。本章主要讲解天然气储存，关于液化石油气储存见第11章。

在天然气工业系统中，这三个环节俗称上、中、下游。在油气田进行的天然气开采和生产由于气藏的渗流力学特性，生产的规模性和开采、集输、处理、加压流程的连续性，需要保持相对稳定的生产强度，供出的天然气流量不要有太大的波动。经过中间环节的长输管线向下游分配系统供气。而下游分配系统所连接的终端用户，用户结构多样，数量众多，有规定的压力要求，用气量随时间变化范围大，变化存在随机性，周期性和某种趋势性，以及存在突变性。

从更大范围看，即考察一个国家的燃气工业系统，可能存在供需总量的不平衡。对此，则需与其他系统间建立调运补充关系。这种关系可能是国内范围的，也可能是与其他国外、境外的天然气系统的关系。为解决这类矛盾，对燃气系统需安排多气源供应的结构，达到供需总量的平衡。

缩小范围看，对一个城镇输配系统，也存在供需总量平衡和实时平衡问题。为应对这些问题，需尽可能采取多气源供气结构并为系统配置储气设施。

此外，为应对供、需的突发事件也要求系统具有应急的储气机制。

5.1.2 储气分类[1]

按储气目的进行分类，储气可分为战略性储气（简称储备），常规储气（运行调峰、应急储气）和商业性储气。上述三类储气都属于燃气储存范畴，都要通过储存设施实现。

5.1.2.1 战略性储气

一般以天然气进行战略性储气构成战略性储备，是相对于国家层级的，一般为依靠国家级的大规模储气设施，应对国际政治、经济乃至军事形势的变动，从保障国家能源安全出发进行规划、建设和实施。其储备容量可能采取分散寓含在国内的大型能源——天然气公司的储库系统中。战略性储气方式主要为地下储气库和辅以液化天然气（LNG）储气库（位于 LNG 液化厂或 LNG 终端站）。多方向国外管道气及进口 LNG 多气源方式可视为准战略性储气，它是国家应采取的重要的天然气战略；保留或低强度开采天然气气藏资源则可视为广义的战略性储备。作为衡量储备水平的指标，建议采用基本储备水平（储备量为年需用量的分数记为 R_B），与安全储备水平（储备量为年需用量的分数记为 R_S）两个指标，并且应有 $R_S \geqslant R_B$。基本储备水平主要取决于气源对进口的依存度；达到安全储备水平则表明可以有更充分的应对气源危机的储备。

安全储备水平的大小，需按国情全面分析国家能源资源，国家天然气资源及产能、设施完善程度，经济规模、结构及对天然气的需求程度；国际天然气环境，对天然气的进口依存度；以及国民经济、社会对天然气供应变化的承受能力等加以设定。从某些资料看，似乎需要 $R_S \geqslant 0.2$（即大于或等于年需用量的 20%）。

从发展趋势看，我国能源属于天然气进口依赖型。有必要结合天然气系统的发展，适时地建立起天然气安全储备体系。

天然气的储备水平。对一个国家，天然气的总储存容量即构成了天然气的储备容量。天然气的储备水平是国家能源安全的重要组成因素。基本储备容量与储备水平的关系是：

$$V = R_B q_a \qquad (5-1-1)$$

式中　V——天然气的基本储备容量，$10^8 m^3$；

　　　q_a——天然气的需用量，$10^8 m^3/a$；

　　　R_B——基本储备水平，a。

从国外的实际现状看，需要的作为天然气主要储存方式的天然气地下储库（Underground Gas Storage UGS）的基本储备水平 R_B（基本储备水平＝最大工作气容量/总年需用量）与天然气的进口依存度 r_I（进口依存度＝进口气量/总年需用量）有明显的相关关系（21 世纪初欧洲若干国家资料[2]表明有线性关系 $R_B \approx 0.25 r_I$，这一表达式明显的缺陷是将影响基本储备水平的因素限制为单一的进口依存度。若一个国家进口依存度 $r_I = 0$，则基本储备水平 $R_B = 0$，即无须天然气的基本储备，这显然是不恰当的）。

从问题的性质上分析，储备水平取决于供给与需求两方面因素。进口依存度是反应供给方面因素，有必要以适当方式反应需求方面因素。为此用天然气在能源需用中的份额 f_G 表达需求方面因素，可以提出基本储备水平公式[1]：

$$R_B = f_G^{1/n} \times b^{1+r_I}/100 \qquad (5-1-2)$$

式中　f_G——天然气占能源需用的份额，%；

　　　n——方根常数（取正整数），$n = 8$；

　　　b——常数，$b = 4$；

　　　r_I——进口依存度，小数。

公式（5-1-2）中的 n，b 常数是初步给出的，可经过对实例的进一步研究对其作出修正。

[例 5-1-1]　预测我国到 2020 年应有天然气基本储备容量。

天然气需用量为 $2500 \ 10^8 m^3/a$，设需进口 $800 \ 10^8 m^3/a$，即 $r_I = 0.32$，天然气占能源需用的份额 $f_G = 10\%$。由公式（5-1-2），式（5-1-1）计算得：

$$R_B = f_G^{1/n} \times b^{1+r_I}/100 = 10^{1/8} \times 4^{1+0.32}/100 = 0.0832。$$

$$V = R_B q_a = 0.0832 \times 2500 = 208 \ 10^8 m^3$$

即需 UGS 工作气容量为 $208 \times 10^8 m^3$。

5.1.2.2 常规储气

常规储气指解决燃气系统在供需总量平衡的条件下实现实时平衡进行的储气，按功能，常规储气可分为调峰和应急两类。

调峰储气。调峰储气按覆盖时间可分为季节调峰、日和小时调峰，调峰储气是为平衡供、用气不均匀性（一般主要是用气不均匀性）进行的储气。用气不均匀性可划分为（季节性的）月不均匀性，日不均匀性和小时不均匀性。平衡季节性不均匀性或日、小时不均匀性所需的储气容量需要按时间过程的周期，对供、用气量，用代数方法进行累积计算得出，最一般的情况是平衡日、小时供需波动的储气量约为平均日用气量的 0.5 倍，即储气系数（储气量/平均日供气量）一般为 0.5 左右。

调峰方式有四种途径：利用各种储气设施；设置机动气源或改变气源生产能力；利用缓冲用户；本系统外的调度的作用。

利用各种储气设施调峰如：大型的枯竭油气田地下储气库（UGS），含水层地下储气库，盐岩洞穴型 UGS，岩洞型洞库 UGS，长输管线末段储气，城镇输配管网高压输气管道储气，地下管束储气，LNG 储库储气，压力储罐储气等。

利用机动气源平衡供、用气不均匀性，如设置 LPG 混气厂，调峰型 LNG 液化厂等的广义储气的方式。

利用缓冲用户包括在系统中设适量的可中断用户进行削峰，以及发展调峰电厂用户（夏季为电网削峰，同时对燃气系统填谷）。

应急储气。应急储气是为应对突发事件的储气。按突发事件的发生方向区分，又可分为：（1）因供气事故（天然气气源事故，长输管道事故或城镇输气干管事故等）引发的应急储气需求；或（2）需用气量骤变（由于气温骤降、突发的自然事件等引发）产生的应急储气需求。

从多条输气干管（多气源）的多方向接入是应急储气的最基本的方式。应急储气一般和调峰储气结合在一个系统中。

一般，可认为成熟运行的长输天然气管道可靠度为 0.8 左右[4]，可见其可靠度是不高的（天然气管网的可靠性计算问题参见本书第 7 章），但是大型地下储气库若靠近用气中心，则其可靠度，一般认为可达 0.999。对一个设有 UGS 的长输管道系统，若其设计在结构上可实现管道与 UGS 并联式供气，粗略地说，这种长输管道系统的可靠度即可提高到 0.999。可见 UGS 对于作为应对来自供气方向的突发事件的应急储气作用是十分有效的。

在常规储气中季节调峰储气与应急储气有不同的性质。由于用气季节高峰的同步性，即各城镇、各地的用气月高峰乃至季节高峰基本上都会出现在冬季同一时段，因而在系统内会形成叠加负荷，不能在系统内通过调度来削峰。但是应急储气存在在系统内调度解决的可能性。

地区范围的季节调峰和应急储气容量：

$$V_{are} = q_{dav} D_{are} \qquad (5-1-3)$$

式中　V_{are}——地区范围的季节调峰和应急储气容量，$10^4 m^3$；

　　　q_{dav}——地区范围的年的日平均用气量，$10^4 m^3/d$；

　　　D_{are}——地区范围的季节调峰和应急储气天数，d；

（1）应急储气容量。

1）为应对供气事故引发的应急储气天数，按天然气供给方面的经验和规定确定，一般为：$D_{es} \geqslant 3 \sim 5d$。

2）为应对天气等因素引起需用气量骤变的应急储气天数为：

$$D_{ec} = (k_{demg} - k_{mmax}) \times 30 \tag{5-1-4}$$

应急储气天数：

$$D_e \geqslant \max (D_{ec}, D_{es}) \tag{5-1-5}$$

（2）季节调峰储气容量。

$$D_{rsn} = [(k_{mmor} - 1) \times 31 + (k_{mmax} - 1) \times 31 + (k_{mgrt} - 1) \times 28] \tag{5-1-6}$$

式中　D_{ec}——应对需用气量骤变的应急储气天数，d；

D_{es}——应对供气事故引发的应急储气天数，d；

D_e——采用的应急储气天数，d；

D_{rsn}——采用的季节调峰储气天数，d；

k_{mmor}——较大月不均匀系数；

k_{mmax}——最大月不均匀系数；

k_{mgrt}——次大月不均匀系数；

k_{demg}——需用气量超额系数，例如 $k_{demg} = 1.3 \sim 1.5$；

31，31，28——12月，1月，2月的计算日数，d。

为应对季节调峰和应急储气量可考虑按下式计算：

$$D_{are} \geqslant D_e + D_{rsn} \tag{5-1-7}$$

[例 5-1-2]　试确定地区范围的季节调峰和应急储气容量。

该地区年用气量 $80 \times 10^8 m^3/a$。$q_{dav} = 80 \times 10^8/365 = 0.219 \times 10^8 m^3/d$，采用 $D_{es} = 5d$，由式（5-1-3）~式（5-1-7）：

$$D_{ec} = (k_{demg} - k_{mmax}) \times 30 = (1.47 - 1.2) \times 30 = 8d$$

$$D_e \geqslant \max (D_{ec}, D_{es}) = \max(5, 8) = 8d$$

所以可以设定应急储气（相对于年平均日用气量的）天数为 $D_e \geqslant 8d$。

$$D_{rsn} = [(k_{mmor} - 1) \times 31 + (k_{mmax} - 1) \times 31 + (k_{mgrt} - 1) \times 28]$$
$$= [(1.10 - 1) \times 31 + (1.20 - 1) \times 31 + (1.15 - 1) \times 28] = 13.5d$$
$$D_{are} \geqslant D_e + D_{rsn} = 8 + 13.5 = 21.5d$$
$$V_{are} = q_{dav} D_{are} = 0.219 \times 10^8 \times 21.5 = 4.7 \times 10^8 m^3$$

即地区范围的季节调峰和应急储气容量应为 $4.7 \times 10^8 m^3$。

5.1.2.3　商业性储气

在国际市场上天然气的生产，也如一个单独天然气系统的生产，产量是较稳定的。而天然气的需用量有很强的季节不均匀性（即月不均匀性），一般是冬季需用量大，夏季需用量小；此外，在天然气发电需求增加或 LNG 供应量增加、甚至煤产量增加都分别会引起天然气需求量的变化及相应的价格波动。图 5-1-1 是伦敦的国际石油交易市场（IPE）1998.6-2003.6 的天然气现货价格[4]。在国际天然气市场上存在着现货交易。因此可以利用储气进行天然气买卖交易。商业性储气主要靠 UGS，建造 UGS 需要大的投资；而在一定天然气网络系统条件下，建造 UGS 进行商业性储气，有可能经营获利。

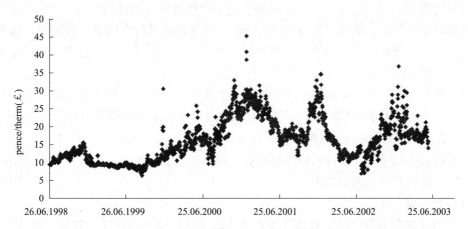

图 5-1-1 国际石油交易市场（IPE）1998.6-2003.6 的天然气现货价格[4]

图中纵坐标：1therm = 105.506MJ，1pence = 0.01 lb（英镑）

例如：20pence/therm ≈ 0.87 元/m³（按当时 1lb ≈ 13 元，天然气低热值为 36MJ/m³，∴ 1therm ≈ 3m³）

天然气供应、需求的数量与价格是市场运行的基本要素。天然气大型地下储气库以及 LNG 生产和储存设施即是天然气市场运行的物质基础。天然气的商业性储气，区别于常规储气的单纯的服务特性不同，储存的天然气是作为商品实体，需要在具体的市场环境中按某种价格系统运作。商业性储气的经营活动的最基本的操作是，夏季买进、冬季卖出天然气。

天然气储存的商业性对实现天然气平衡得到调节的供、需双方在经济上都是有利的；同时，储气的赢利预期与实现，会推动 UGS、长输管道或 LNG 生产厂、LNG 终端站等需要大投资的设施的建设。

天然气的商业性储气不同于常规储气的普通服务特性。在商业性储气中，天然气是储存设施所有人持有的商品实体，因此对天然气的买进或卖出就具有一般商品交易的操作共性。例如，对市场的预测，具体化为对气价预测，用气需求的预测；对库存商品的价值评估，具体化为对储库中天然气价值的评估，等等。可见，建设和运营天然气商业储存设施，需要进行项目的经济评价，需要对天然气市场进行需用量预测、气价预测，需要结合天然气现货市场变化评估储气的价值，以确定买入或卖出而对储库进行注入或采出的运行。储库运行与天然气价格的对应变动的基本关系是，低价进、高价出。

5.1.3 储气的系统

5.1.3.1 储气的系统解决

对燃气工业系统需要有不同类型的储气，而储气的具体实现有赖于通过输气网络或输配管网系统、在系统中进行储气设施配置，并结合气源综合加以解决。所以，它不是简单的增加储气容量，而是应着眼于系统网络全局，寻求合理的系统结构，进行规划与设计。即解决储气问题要在气源供给——输气网络（或输配管网）——需用气三者统一的大的系统范围综合协调。

所以最一般的工程技术原理是：（1）将系统构造为多气源（例如对天然气系统，综合多管道供气与 LNG，包括天然气田），（2）在系统中按储气规模，工程技术条件，运行要求等配置适当的储气设施，（3）设置必要的可中断用户（缓冲用户）；（4）对输气网络或输配管网就气源点，输气干管或管网主干网、储气设施进行合理结构的配置，达到可灵活调度[7]，保证可靠供气，投资节省的效果。从系统结构学看，工程技术的焦点是确保对主要用气区域可以由多方向保证供气。

对天然气系统，为达到这样一种水平，不能依赖于经年累月的自发生成，而应在必要的管理层级上进行有前瞻性的规划，协调的全局安排，据以指导输配及储气设施的建设。

5.1.3.2　储气设施的工程技术特性及适用性

现有的各类储气设施在技术特性与指标，经济性，安全性以及环境影响等方面都有很多的不同，就其种类，可分类为：

（1）地下储气库。

（2）高压钢容器及管道。包括长输管道末段储气，城镇高压输气管道，高压球型罐，高压管道束。

（3）LNG 储库。主要设备是 LNG 储罐。设在 LNG 液化厂及 LNG 终端站。

（4）新型集态储气。包括液化石油气吸收天然气（LPGANG）储气，天然气水合物（NGH）储气，超级活性炭吸附天然气（ANG）储气等。

（5）LPG 混气站。

（6）CNG 站。

（7）低压储气罐。包括湿式储气罐（螺旋罐，直立罐），干式罐（曼型，可隆型，威金斯型）。

地下储气库是天然气系统的主要储气设施，其分类示意如下列结构及图 5-1-2。

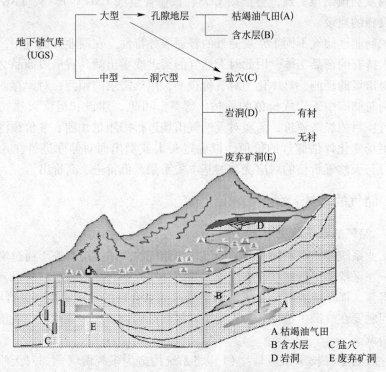

图 5-1-2　天然气地下储气库的种类

现今全球各类型地下储气库的工作气容量的分布如图5-1-3所示。可见是以枯竭油气田UGS为主，其次为含水层UGS。

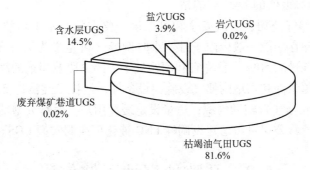

图5-1-3 全球UGS工作气容量，按类型分布

表5-1-1列出了各种UGS的特征和对它们的优缺点的比较。

各种UGS的比较 表5-1-1

UGS类型	储存空间	储库注采工作过程	优点	缺点
枯竭油气田	孔隙性渗透地层	天然气压缩或膨胀，弹性水驱或压头水驱；地层中渗流	储存容量大，可利用油气田原有设施	储气的地面处理要求高，部分垫层气不能回收
含水层	孔隙性渗透地层	天然气压缩或膨胀，弹性水驱或压头水驱；地层中渗流	储存容量大	有勘探风险，垫层气不能完全回收，需新建气井及地面处理设施
盐穴	用水溶出全容积空间	天然气压缩或膨胀，热力及传热过程	工作气比例大，采气强度相对较大	要有卤水利用或处置方案
岩洞	开挖出全容积空间	天然气压缩或膨胀，热力及传热过程	工作气比例大，采气强度大	容量较小
废矿洞	原有矿洞空间	天然气压缩或膨胀，热力及传热过程	工作气比例大	容量较小，有渗漏危险

5.1.3.3 天然气三级储存模式[1]

我们再回到关于燃气储存和储备的全局。储存燃气，按层级和规模可区分为战略性储备和常规储气。实现对燃气的储存有多种工程技术设施可资选择。从全局看，重要的是需要为燃气系统建设安全、适用、经济合理的储存系统。

对于作为我国燃气主气源的天然气储存和储备应考虑采取三级储存模式。

（1）国家层级的天然气储备是重要的能源安全战略范畴的问题，需要在对天然气工业全局进行有前瞻性的规划基础上做出安排。天然气战略储备需结合、蕴含在全国天然气系统的大型设施中。战略性储备的安全储备水平指标需要有 $R_S \geqslant 0.20$。

（2）为完善我国的天然气工业系统，适应天然气资源开发、生产以及天然气应用市场的发展，提升已建输气管线的功能，提供对天然气供气的季节调峰和事故应急能力，需要形成天然气储备规模（即建立第一级储存），达到基本储备水平 R_B。

（3）在一省或跨省范围建立担负天然气输送功能的地区天然气公司；以其为投资主体，多元融资，建设（相对于全国范围的输气干线管网的、与多于一条国家级输气干线相连的）第二级输气干线管网。在此管网中建立相应规模的天然气储备容量（即建立第二级储存），其功能同时兼具补充由中游方向进行的季节调峰、应急供气以及补充提供下游地方天然气公司的日调峰需求。储存规模可小于年需用量的 6%。（相当于 20d 用气量）。在此第二级的储存设施可以考虑为中小型枯竭油气田地下储气库、中小型盐穴储库、岩洞（LRC）储库，或沿海地区的 LNG 终端站。

（4）对地方天然气公司，解决安全和可靠供气要求的基本工程技术路线是依靠多方向、多气源方式。储存功能一般应限于日、小时调峰（可定义为第三级储存）。储存规模一般为不大于日用气量的 50%，首先宜利用输气干管的末段及当地的高压输配气管道储气能力。结合燃气气源条件和当地的储气设施建设条件、经技术经济论证，建设适当规模的储气设施或（LPG 混合气）辅助气源；适量设定缓冲用户。对特大型城市或经济条件优良的大城市的天然气经营公司可考虑建设调峰 LNG 液化厂或洞穴型 UGS。

5.2　孔隙地层地下储气库

对于天然气藏来说，形成的基本条件之一是必须有聚集和贮藏的场所——孔隙地层的圈闭，气源岩生成的天然气在各种地质力的作用下发生运移，当遇有适当圈闭时，就聚集起来形成规模大小不一的天然气藏。在油气藏工程中圈闭被定义为：储集层中被非渗透性遮挡、高等势面单独或联合遮挡而形成的低势区，或者说，储集层中被高势面封闭而形成的低势区。圈闭分为：构造圈闭、地层圈闭、水动力圈闭和复合圈闭四大类。任一圈闭都包含储集层和封闭条件这两个基本要素。因而可以利用枯竭油气田或含水层圈闭建设天然气地下储气库。

UGS 储存天然气容量大、不受气候影响、维护管理简便、安全可靠、不影响城镇地面规划、不污染环境、投资省、见效快，具有其他储气设施无法比拟的优势。

孔隙地层 UGS 包括枯竭油气田地下储气库（Depleted Oil/Gas Field UGS，DGF UGS）和含水层地下储气库（Aquifer UGS，AQF UGS）。它们属于大型储气库，是天然气系统的骨干储气设施，用于提供季节调峰容量，也为系统提供日调峰或应急供气；同时它们是国家天然气战略储备的载体。

孔隙地层中有大量的相互连通的孔隙或裂缝。天然气在其中的运动称为渗流。属于沉积岩的砂岩的孔隙大小约为几微米至几十微米。碳酸盐岩的孔隙空间则更为复杂，其原生孔隙体系更加不均一，还存在后生裂缝通道和孔洞。在研究孔隙地层的渗流时宏观地将其看为尺度足够大、孔隙介质和流体具有平均特性的一种连续介质。

孔隙地层地下储气库有下列主要特性与参数。

1. 孔隙度

孔隙度是重要的特性参数，定义为

$$\phi = V_\phi / V \tag{5-2-1}$$

式中　ϕ——孔隙度；

　V_ϕ——单元孔隙介质中孔隙的体积；

　V——单元孔隙介质的总体积。

2. 渗透率

（1）绝对渗透率 k

储库岩石完全为某种流体所饱和时，岩石与流体之间不发生化学作用，在压力作用下，岩石允许流体在其中通过的能力大小称为岩石的绝对渗透率。对各种不同的单相流体通过多孔介质流动的研究表明：绝对渗透率 K 只与多孔介质本身的结构特性有关，而与单相牛顿流体的特性无关。也就是说，用不同的单相牛顿流体通过同一多孔介质流动时，K 值保持不变。

（2）有效渗透率或相渗透率（K_w，K_g）

当岩石为两相或多相流体饱和时，岩石允许某一相流体通过的能力，称为岩石对该相流体的有效渗透率，亦称相渗透率。岩石的相渗透率是随该相流体的饱和度变化而变化的。

（3）相对渗透率（K_{rw}，K_{rg}）

岩石的有效渗透率和绝对渗透率之比，称为岩石的相对渗透率。则有：$K_{rw} = K_w/K$，$K_{rg} = K_g/K$。相对渗透率和饱和度函数关系的非线性特性是造成气水渗流方程呈非线性的一个原因。

3. 达西定律

孔隙地层的渗流的最基本关系式是表明渗流速度与引起渗流的压力场关系的达西定律。1856 年达西（H. Darcy）通过实验总结得出达西定律。达西定律的应用是有一定条件的，即：①流体为牛顿流体；②流体速度和流体密度必须在适当的范围内。在大部分储库区域内的流动都符合达西定律：

$$w = \frac{k}{\mu} \frac{\Delta p}{L} \tag{5-2-2}$$

$$w = \phi w_r$$

式中　w——渗流速度，是相对于所考虑地层断面面积的视速度；

　　　w_r——实际平均渗流速度，是相对于所考虑地层孔隙断面面积的实际速度；

　　　k——渗透率，与孔隙介质结构有关，在国际单位制中单位为 m^2，对大多数岩石其值很小［粗粒砂岩：$10^{-12} \sim 10^{-13}$，致密砂岩：$10^{-14} \sim 10^{-15}$，另有单位：1 达西（D）$= 0.987 \mu m^2$］；

　　　μ——流体动力黏度；

　　　Δp——渗流压力；

　　　L——渗流路程长度；

　　　ϕ——孔隙度。

在解决渗流实际问题时，往往需要考虑流体密度、流体动力黏度、渗透率以及孔隙度与压力的关系。

4. 孔隙介质压缩系数

孔隙介质的压缩性常用体积压缩系数表示。体积压缩系数的定义为：当温度一定时，作用于孔隙介质上的压强变化一个单位所引起的多孔介质整体体积的变化。可用下式表示：

$$\alpha = -\frac{1}{V} \left(\frac{\partial V}{\partial p} \right)_T \tag{5-2-3}$$

式中　α——孔隙介质体积压缩系数；

　　　V——孔隙介质的总体积；

　　　p——作用于多孔介质上的压强。

　　孔隙介质整体体积的变化由二部分组成，一部分为孔隙体积变化，另一部分为固体颗粒体积的变化。

　　5. 流体压缩系数

　　流体压缩系数定义为每改变单位地层压力时，单位流体密度的相对变化值。

$$C_g = \frac{1}{\rho}\left(\frac{\partial\,\rho}{\partial\,p}\right)_{\mathrm{T}} \tag{5-2-4}$$

式中　C_g——流体压缩系数；

　　　　ρ——流体的密度；

　　　　p——作用于流体的压力。

　　6. 饱和度

　　对含水层储库来说，储层的孔隙空间最初完全被水充满。在储库开发的过程中，要通过注气井将天然气注入储库中，并将水驱替，当达到储气量时，关井停止注气，此时气、水在储库中的分布处于平衡状态。

　　由于储层性质、孔隙结构、大小的不同，天然气和水在储层孔隙中所占的体积比例也不同。另外在采气时，因地层压力下降，除储库中气、水体积比例要发生变化外，储库的边、底水将侵入储库孔隙空间，此时气、水体积的变化不仅关系着储库储量的计算，而且直接影响储库回采效果评价。为了描述流体在孔隙空间中所占的比例大小和变化，引入了流体饱和度这一重要参数。

　　(1) 流体饱和度

　　岩石中流体饱和度系指岩石中所含某种流体的体积与岩石总孔隙体积之比值，在含水层储库中主要为气、水两相流体，所以气、水饱和度可分别用下式表示：

$$S_g = \frac{V_g B_g}{V_p} \tag{5-2-5a}$$

$$S_w = \frac{V_w B_w}{V_p} \tag{5-2-5b}$$

式中　S_g，S_w——分别为含气和含水饱和度；

　　　　V_g，V_w——分别为岩石孔隙中天然气和地层水所占的体积；

　　　　　V_p——岩石的孔隙体积；

　　　　B_g，B_w——分别为气、水的体积系数。

　　且有　　　　　　　　　　　　$S_g + S_w = 1$

　　若不考虑地层温度和地层压力的条件，则 $B_g = 1$，$B_w = 1$。

　　(2) 束缚水饱和度

　　随着储库开发的进行，在不同的阶段储库的储量将发生变化，所以在储库工程中引入束缚水饱和度、残余气饱和度的概念。

　　在注气时气将水驱替开进入储库。因为储库储层中存在着"犄角旮旯"，以及由于岩石孔隙的毛细管力作用和颗粒表面的吸附作用，一部分水牢牢地残留在孔隙之中，导致气不会将水完全驱替，这部分不流动的水称为束缚水，束缚水所占的体积与岩石孔隙体积之比称为束缚水饱和度。

　　(3) 残余气饱和度

　　在采气时，地层压力下降，导致边、底水浸入，随着水浸量的增大，含水饱和度增高，此时残留在岩石孔隙中的含气饱和度称为残余气饱和度。残余气饱和度实际上与水驱气的压力、温度无关。孔隙空间大小的不均质性是影响残余气饱和度的主要参数之一。

　　7. 天然气地层体积系数和膨胀系数

　　在天然气地下储气库工程计算中，经常用真实气体状态方程描述碳氢化合物气体地面体积与地下体积的关系，这可用气体地层体积系数 B_g 或气体膨胀系数 E_g 来表示。气体地层体积系数 B_g 是指 1 标准立方米的天然气在地层中所占据的体积，即在地层中的气体体积与它在标准状态下的体积之比。气体膨胀系数是气体地层体积系数的倒数。

　　根据定义及实际气体方程式有

$$B_g = \frac{p_b Z T}{p Z_b T_b} \tag{5-2-6}$$

$$E_g = \frac{1}{B_g} = \frac{p Z_b T_b}{p_b Z T} \tag{5-2-7}$$

式中　p_b——压力和温度为标准状态或基准状态下的气体压力；

　　　　T_b——压力和温度为标准状态或基准状态下的气体温度；

　　　　Z_b——压力和温度为标准状态或基准状态下气体的压缩因子；

　　　　p——气体压力；

　　　　T——气体温度；

　　　　Z——气体的压缩因子，标准状态下的压缩因子，$Z=1.0$。

5.2.1　枯竭油气田地下储气库

5.2.1.1　简述

　　枯竭油气田是具有孔隙结构的地层，油气田开采枯竭后，其孔隙地层可以用作为天然气的储存，原有采油（特别是采气）井可用作注采天然气的通道。枯竭油气田储气库（DGF UGS）的储气容量分为两种，一部分是工作气，一部分是垫层气。难于回收的垫层气保持储气地层一定的压力。

　　枯竭气田地质剖面和枯竭气田 UGS 一般构造见图 5-2-1。

　　枯竭油气田 UGS 的特性指标［以德国雷登（Rehden）储气库部分数据为例］，包括：储气层范围（面积），km^2；平均厚度，25~45m；深度，1850m；储集地层类型，Hauptdolomit；平均孔隙度，10%~15%；渗透率，0.1~5mD；压力范围，11.0~28.2MPa；工作气容量，$42×10^8m^3$；垫层气气量，$28×10^8m^3$；注气强度，$3360×10^4m^3/d$；采气强度，$5760/×10^4m^3/d$；井数，16；压缩机安装功率，88MW。

　　UGS 系统注气运行时，需对天然气进行冷却，采气时需对天然气进行加热干燥，在运行过程中对地层（储层），井筒及地上设施集气管道加压站等的压力流量参数进行监测。对 UGS 系统需按照负荷预测的供气或储气量对各气井进行调度。

　　地下储库注入天然气时，储库压力不断提高。天然气地下储气库最大所能允许的压力，一般控制为气田未开采时的静态压力，即原始地层压力（p_{AMP}），以防天然气溢失及破坏地层结构。

　　在采出天然气时，气体的最大采出量要受到最小压力的限制，对于纯气驱枯竭气藏，

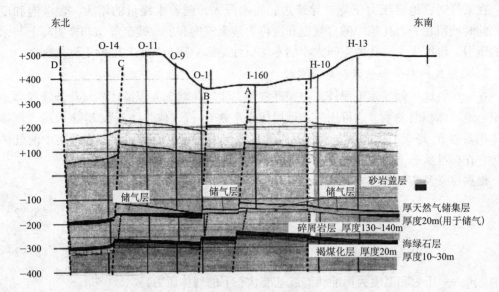

图 5 - 2 - 1　UGS 枯竭气田剖面[17][18]

这一最小压力由系统中注采井采气能够进入集输管线的最小井口压力（$p_{\min 井口}$）决定。

由于储库地层是孔隙结构，在地层中可能还有底水或边水的存在，所以注气或采气强度也都受到一定限制。水的存在可能在注、采气强度太大时对气流通道形成封堵。

枯竭油气田 UGS 的优点是：

（1）有盖层、底层、无水驱或弱水驱，具备良好的封闭条件，密闭性好，储气不易散溢漏失，安全可靠性大。

（2）了解完整的地层构造（断层、岩性尖灭、油水关系等）和地层岩性（砂岩或石灰岩、多孔隙介质、地层厚度、孔隙度、渗透率、气水、油水饱和度）等情况。

（3）有很大的天然气储气容积空间；对枯竭气田 UGS，不需或仅需少量的垫层气，注入气利用率高。

（4）注气库承压能力高，储气量大，一般注气井停止注气，压力最高上限可达原始关井压力的 90% ~ 95%，而且调峰有效工作气量大，一般调峰工作气量为注气量的70% ~ 90%。

（5）对枯竭气田 UGS，有较多现成采气井可供选择利用，作为注采气井，有完整配套的天然气地面集输、水、电、矿建等系统工程设施可供选择，建库周期短、试注、试采运行把握性大，工程风险小，有完整成套的成熟采气工艺技术。

5.2.1.2　天然气不定常渗流方程及井筒定常流能量方程

1. **不定常渗流方程**

为推导天然气在孔隙地层 UGS 中不定常渗流方程，讨论各向同性均匀地层、等温流动情况，并且设天然气的动力黏度为常数。通过建立流动的连续方程，运动方程（达西定律）和理想气体状态方程推导不定常渗流微分方程。

考虑地层单元体 dx，dy，dz，在时间间隔 dt 内渗流进、出单元体中的天然气质量差为：

$$- \left[\frac{\partial (\rho w_x)}{\partial x} + \frac{\partial (\rho w_y)}{\partial y} + \frac{\partial (\rho w_z)}{\partial z} \right] \mathrm{d}x\mathrm{d}y\mathrm{d}z\mathrm{d}t$$

同时，在单元体中 dt 时间内天然气质量变化为

$$\frac{\partial \rho\phi}{\partial t}\mathrm{d}x\mathrm{d}y\mathrm{d}z\mathrm{d}t$$

式中 ρ——天然气密度；

ϕ——地层孔隙度。

得到连续性方程：

$$- \left[\frac{\partial (\rho w_x)}{\partial x} + \frac{\partial (\rho w_y)}{\partial y} + \frac{\partial (\rho w_z)}{\partial z} \right] = \frac{\partial (\rho\phi)}{\partial t} \tag{5-2-8}$$

考虑地层单元体各坐标方向运动方程（达西定律）：

$$w_x = - \frac{k\partial p}{\mu\partial x}, w_y = - \frac{k\partial p}{\mu\partial y}, w_z = - \frac{k\partial p}{\mu\partial z} \tag{5-2-9}$$

式中 p——地层压力；

k——地层渗透率；

μ——天然气动力黏度。

（等温条件）理想气体状态方程：

$$\rho = \rho_{\mathrm{at}} \frac{p}{p_{\mathrm{at}}} \tag{5-2-10}$$

式中 ρ——天然气密度；

ρ_{at}——天然气密度（大气压状态）；

p——天然气压力；

p_{at}——天然气压力（大气压状态）。

式（5-2-9）、式（5-2-10）代入式（5-2-8），均匀地层的地层孔隙度 ϕ = 常数，考虑：

$$p\frac{\partial p}{\partial x} = \frac{1}{2}\frac{\partial p^2}{\partial x}, p\frac{\partial p}{\partial y} = \frac{1}{2}\frac{\partial p^2}{\partial y}, p\frac{\partial p}{\partial z} = \frac{1}{2}\frac{\partial p^2}{\partial z}$$

得到天然气不定常渗流方程：

$$\frac{k}{2\mu\phi}\left(\frac{\partial^2 p^2}{\partial x^2} + \frac{\partial^2 p^2}{\partial y^2} + \frac{\partial^2 p^2}{\partial z^2} \right) = \frac{\partial p}{\partial t} \tag{5-2-11}$$

式（5-2-11）称为列宾逊方程。

式（5-2-11）两边同乘 p，以及 $p\frac{\partial p}{\partial t} = \frac{1}{2}\frac{\partial p^2}{\partial t}$，记

$$\chi = \frac{kp}{\mu\phi} = \frac{kp_{\mathrm{B}}}{\mu\phi} \ (\text{取 } p = p_{\mathrm{B}}\text{，近似将} \chi \text{作为常数})$$

式中 p_{B}——原始地层压力。

得到天然气不定常渗流方程写为 p^2 的线性压力传导方程：

$$\frac{\partial p^2}{\partial t} = \chi\left(\frac{\partial^2 p^2}{\partial x^2} + \frac{\partial^2 p^2}{\partial y^2} + \frac{\partial^2 p^2}{\partial z^2} \right) \tag{5-2-12}$$

对具体问题，它需结合初始条件和边界条件，用数值方法求解。

2. 平面径向渗流方程解析解[8]

针对平面径向渗流问题同样可推得：

$$\frac{\partial p^2}{\partial t} = \chi\left(\frac{1}{r}\frac{\partial p^2}{\partial r} + \frac{\partial^2 p^2}{\partial r^2}\right) \tag{5-2-13}$$

即平面径向渗流方程：

$$\frac{\partial p^2}{\partial t} = \chi\frac{1}{r}\frac{\partial}{\partial r}\left(r\frac{\partial p^2}{\partial r}\right) \tag{5-2-14}$$

为揭示孔隙地层 UGS 中天然气注、采的基本技术特性，对平面径向渗流偏微分方程求其解析解。

初始条件：$\qquad\qquad p^2 = p_B^2, \ t = 0, \ 0 < r < \infty$

边界条件①：$\qquad\qquad p^2 = p_B^2, \ r = \infty, \ t > 0$

按达西公式：$\qquad\qquad q = \frac{2\pi rhk}{\mu}\frac{\partial p}{\partial r}$,

$$q_{at} = \frac{2\pi rhkp}{\mu p_{at}}\frac{\partial p}{\partial r} = \frac{\pi hk}{\mu p_{at}}\left(r\frac{\partial p^2}{\partial r}\right) \tag{5-2-15}$$

记无量纲压力 $P = p^2/p_B^2$，及无量纲参数 $\eta = r/\sqrt{\chi t}$，

有：$\qquad\qquad \eta\frac{dP}{d\eta} = \frac{1}{p_B^2}\left(r\frac{\partial p^2}{\partial r}\right)$

记：$\qquad\qquad M = \frac{q_{at}\mu p_{at}}{\pi khp_B^2}$

由式 (5-2-15)，有

$$\eta\frac{dP}{d\eta} = M$$

边界条件②：设采气流率为常值，$q_{at} = \text{const}$，$r = 0$，$t > 0$

因而：$M = \text{const}$

将方程 (5-2-13) 表为无量纲的一般形式，即 $P = f(\eta, M)$。

$$\frac{\partial P}{\partial t} = -\frac{\partial P}{\partial \eta}\frac{\eta}{2t}, \ \frac{\partial P}{\partial r} = \frac{\partial P}{\partial \eta}\frac{1}{\sqrt{\chi t}}, \ \frac{\partial^2 P^2}{\partial r^2} = \frac{1}{\chi t}\frac{\partial^2 P}{\partial \eta^2}$$

代入式 (5-2-13) 得到无因次常微分方程：

$$\frac{d^2 P}{d\eta^2} + \left(\frac{\eta}{2} + \frac{1}{\eta}\right)\frac{dP}{d\eta} = 0 \tag{5-2-16}$$

初始条件：$\qquad\qquad P = 1, \ t = 0 \quad 0 < \eta < \infty$

边界条件①：$\qquad\qquad P = 1, \ \eta = \infty \quad t > 0$

边界条件②：$\qquad\qquad \eta\frac{dP}{d\eta}\bigg|_{\eta=0} = M, \ \eta = 0 \quad t > 0$

解微分方程。采用替换 $\xi = \frac{dP}{d\eta}$，由方程 (5-2-16)：

$$\frac{d\xi}{\xi} + \frac{d\eta}{\eta} = -\frac{\eta}{2}d\eta$$

得：$\qquad\qquad \xi = \frac{dP}{d\eta} = C_1\frac{e^{-\frac{1}{4}\eta^2}}{\eta} \tag{5-2-17}$

由边界条件②，$\eta = 0$，$C_1 = \eta \dfrac{\mathrm{d}P}{\mathrm{d}\eta} = M$

对式（5-2-17）积分，并由边界条件①，$\eta = \infty$，$P = 1$：

$$\int_P^1 \mathrm{d}P = M \int_\eta^\infty \frac{\mathrm{e}^{-\frac{1}{4}\eta^2}}{\eta} \mathrm{d}\eta \qquad (5-2-18)$$

设替换 $u = \dfrac{1}{4}\eta^2 = \dfrac{r^2}{4\chi t}$，式（5-2-18）积分得

$$P = 1 - \frac{M}{2} \int_{\frac{r^2}{4\chi t}}^\infty \frac{\mathrm{e}^{-u}}{u} \mathrm{d}u \qquad (5-2-19)$$

式中 $\displaystyle\int_{\frac{r^2}{4\chi t}}^\infty \frac{\mathrm{e}^{-u}}{u} \mathrm{d}u$ 为积分指数函数：

$$\int_{\frac{r^2}{4\chi t}}^\infty \frac{\mathrm{e}^{-u}}{u} \mathrm{d}u \approx \ln \frac{4\chi t}{r^2} - 0.5772$$

代入解式（5-2-19）得固定采气平面径向渗流方程：

$$p^2 = p_B^2 - \left(\frac{q_{at}\mu p_{at}}{2\pi kh} \ln \frac{2.25\chi t}{r^2} \right) \qquad (5-2-20)$$

取 r 为井底半径，则 p 相应为井底压力。

式（5-2-20）同样适用于固定注气，其时 q_{at} 为负值。

对天然气储库，一个采气周期，对储库（单井）固定采气，理论固定采气率可由固定采气平面径向渗流方程（5-2-20），即式（5-2-21）估算：

$$q_{at} = (p_B^2 - p_{wmin}^2) \frac{10^6 \times 2\pi kh}{p_{at}\mu Z \ln \dfrac{2.25\chi t_{WT}}{r_w^2}} \qquad (5-2-21)$$

$$\chi = \frac{kp_B \times 10^6}{\mu m_0} \qquad (5-2-22)$$

式中　q_{at}——储库采气期固定采气率，m^3/s（基准状态）；

　　　p_B——储库采气期开始，均衡的储气地层压力，MPa；

　　　t_{WT}——储库采气期，s；

　　　k——储集层地层平均渗透率，m^2；

　　　h——储集层地层厚度，m；

　　　p_{at}——大气压力（基准状态），$= 0.1013$MPa；

　　　μ——天然气动力粘度，Pa·s；

　　　Z——天然气平均压缩因子；

　　　m_0——地层孔隙度；

　　　r_w——气井半径，m；

　　　p_{wmin}——采气期终了井底压力，MPa；

[**例 5-2-1**]　设 $h = 40$m，$r_w = 0.075$m，$m_0 = 0.25$，$k = 0.01 \times 10^{-12}$m^2，$\mu = 10.4 \times 10^{-6}$Pa·s，$Z = 0.95$，$p_B = 6$MPa，$p_{wmin} = 3$MPa，持续采气50d 即 $t_{WT} = 50 \times 8.64 \times 10^4$s。计算固定采气强度（率）。

$$q_{at} = (6^2 - 3^2) \frac{10^6 \times 2 \times 3.14 \times 40 \times 0.01 \times 10^{-12}}{0.1013 \times 10.4 \times 10^{-6} \times 0.95 \times \ln \dfrac{2.25 \times 0.023 \times 8.64 \times 10^4 \times 50}{0.075^2}}$$

$$= 3.873 \text{m}^3/\text{s}$$

$$q_D = q_S \times 8.64 \times 10^4 = 3.873 \times 8.64 \times 10^4 = 33.46 \times 10^4 \text{m}^3/\text{d}$$

若有 20 口采气井，持续采气 50d，采气强度（率）为

$$q_{sum} = 20 q_D = 20 \times 33.46 \times 10^4 = 669 \times 10^4 \text{m}^3/\text{d}$$

3. 气体井筒定常流能量方程[9]

由能量守恒原理，对垂直井筒气体流动忽略动能变化，可得到定常流方程：

$$\frac{dp}{\rho} + g dH + \frac{\lambda w^2 dH}{2D_w} = 0 \tag{5-2-23}$$

$$\frac{1}{\sqrt{\lambda}} = 1.14 - 2 \lg \left(\frac{\Delta}{D_w} + \frac{21.25}{\text{Re}^{0.9}} \right) \tag{5-2-24}$$

式中　p——天然气压力，Pa；

　　　ρ——流动状态下天然气密度，kg/m³；

　　　g——重力加速度，m/s²；

　　　H——离井底高度，m；

　　　λ——摩阻系数；

　　　Re——雷诺数；

　　　w——井筒内天然气流速，m/s；

　　　D_w——井管内径，m；

　　　Δ——井管内壁表面当量绝对粗糙度，m。

式（5-2-24）是 Jain 公式，覆盖过渡区、光滑管和阻力平方区三个流态区。

采用实用单位：p：MPa，q_{sc}：m³/d，井管内流速：

$$w = B_g w_{sc}$$

$$w = \left(\frac{q_{sc}}{86400} \right) \left(\frac{T}{293} \right) \left(\frac{0.101325}{p} \right) \left(\frac{Z}{1} \right) \left(\frac{4}{\pi} \right) \left(\frac{1}{D_w^2} \right) \tag{5-2-25}$$

式中　q_{sc}——天然气流量，m³/d；

　　　p——天然气压力（绝对），MPa；

　　　T——天然气温度，K；

　　　Z——天然气压缩因子。

天然气密度 $\rho (p, T)$：

$$\rho = \frac{pM_g}{ZRT} = \frac{28.97 \Delta_* p}{0.008314 ZT} \tag{5-2-26}$$

式中　M_g——天然气拟分子量；

　　　R——通用气体常数，$R = 0.008314 \text{MPa} \cdot \text{m}^3/(\text{kmol} \cdot \text{K})$；

　　　Δ_*——天然气相对密度。

将式（5-2-25），式（5-2-26）代入式（5-2-23），采用实用单位，整理后分离变量：

$$\int_1^2 \frac{\dfrac{ZT}{p}\mathrm{d}p}{1 + \dfrac{1.324 \times 10^{-18} \lambda\ (q_{sc}TZ)^2}{d_w^5 p^2}} = \int_1^2 0.03415\Delta_* \mathrm{d}H \qquad (5-2-27)$$

式（5-2-27）即井筒定常流动方程。用于计算井底压力或井口压力。左边积分中有 p，T，Z 直接积分很困难，在石油工业中发展了一些简化算法，可参见采气工艺书籍[9]，但现今采用计算机编程计算，会容易地越过这一困难。

5.2.2 含水层地下储气库

5.2.2.1 简述

对一些不具备枯竭油气藏地质条件的地区来说，利用适宜的地下含水层来建造储气库不失为一种好的选择。用人工方法将天然气注入地下含水层中，用天然气将含水层的孔隙中水体驱替，在非渗透性的含水层盖层下形成人工气藏，实现天然气的储存，称这种人工气藏为含水层地下储气库（AQF UGS），其基本构造见图 5-2-2。含水层 UGS 与枯竭油气田 UGS 不同之处在于储气地层肯定有大量的水汽界面。

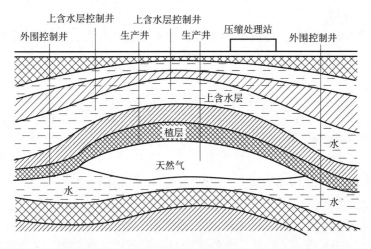

图 5-2-2　含水层型地下储气库形成示意图

含水层也是孔隙结构的地层，天然气或水在其中的流动，也可由达西定律描述。

建造含水层 UGS 需要完全进行气井建设和地面设施建设。

含水层 UGS 的特性指标［以法国鲁沙纳（Lussagnet）储气库部分数据为例］，包括：储气层范围（面积），km^2；平均厚度，$40 \sim 60m$；深度，$545m$；储集地层类型；平均孔隙度，$20\% \sim 25\%$；渗透率 $2 \sim 3mD$；压力范围，$4.4 \sim 6.8MPa$；储气量，$30 \times 10^8 m^3$；工作气量，$11.50 \times 10^8 m^3$；垫层气气量，$12.50 \times 10^8 m^3$；注气强度，$1500 \times 10^4 m^3/d$；采气强度，$1700 \times 10^4 m^3/d$；单井采气强度，$(30 \sim 50) \times 10^4 m^3/d$；井数，44 处；压缩机安装功率，20MW。

适合做储气库的地下含水层应具备如下条件：① 有完整封闭的地下含水层构造，无断层。含水岩层有较大的孔隙度、渗透率。② 含水岩层上下有良好的盖层及底层。密封性好，储气后不会发生漏失，与城市生活用水等水源不相互连通。③ 含水岩层埋藏有一定深度，能承受高储气压力。

5.2.2.2　含水层地下储气库数值模拟[12]

含水层地下储气库的建造是一项投资大、时间长的工程，通过对其建立数学模型进行研究是一种有效的分析方法。但描述储库中气水运移过程的数学模型相当复杂，无法获得解析解。因而寻求用数值模拟方法描述地下储库中气，水流动规律，了解地下储库中的压力、流量、储量状况，即进行天然气地下储气库数值模拟。其成果可用于分析、指导地下储气库的建造、运行和调度。

本节中讲到的储库数学模型[14][15]基于以下条件和假设：（1）储库中流体和介质都是连续分布的，每一种都充满着整个地层空间；（2）将渗流视为等温过程，忽略地层温度变化的影响；（3）储库中渗流符合达西定律；（4）气水互不相溶，仅考虑非混相流动；（5）储库中岩层具有各向异性和非均质性，不考虑岩石压缩性；（6）考虑重力及毛管力的影响。

对于含水层地下储气库，注气时天然气驱水，采气时水驱替气，两种流体同时在岩层中运移和传输的数学模型由连续性方程、运动方程、饱和度平衡方程、毛管力方程以及相应的初、边值条件构成。

1. 基本方程

（1）连续性方程

因为岩石的压缩性很小，可设 ϕ 为常数，即不考虑岩石的压缩性，连续性方程为：

气相：
$$-\left[\frac{\partial(\rho_g w_{gx})}{\partial x}+\frac{\partial(\rho_g w_{gy})}{\partial y}+\frac{\partial(\rho_g w_{gz})}{\partial z}\right]=\phi\frac{\partial(\rho_g S_g)}{\partial t} \tag{5-2-28a}$$

水相：
$$-\left[\frac{\partial(\rho_w w_{wx})}{\partial x}+\frac{\partial(\rho_w w_{wy})}{\partial y}+\frac{\partial(\rho_w w_{wz})}{\partial z}\right]=\phi\frac{\partial(\rho_w S_w)}{\partial t} \tag{5-2-28b}$$

式中　ρ，w，S——密度，速度，饱和度；

下标 g，下标 w——气体，水。

下标 x，下标 y，下标 z，下标 t——坐标 x，y，z，时间 t。

以下符号表示相同。

（2）运动方程

用达西渗流定律来描述。设气、水相流动时分别服从达西定律。在考虑重力和毛管力影响时。

对气相：

$$w_{gx}=-\frac{K_g}{\mu_g}\left(\frac{\partial p_g}{\partial x}+\rho_w g\sin\alpha\right) \tag{5-2-29a}$$

$$w_{gy}=-\frac{K_g}{\mu_g}\left(\frac{\partial p_g}{\partial y}+\rho_w g\sin\alpha\right) \tag{5-2-29b}$$

同理，对水相：

$$w_{wx}=-\frac{K_w}{\mu_w}\left(\frac{\partial p_w}{\partial x}+\rho_w g\sin\alpha\right) \tag{5-2-30a}$$

$$w_{wy}=-\frac{K_w}{\mu_w}\left(\frac{\partial p_w}{\partial y}+\rho_w g\sin\alpha\right) \tag{5-2-30b}$$

（3）气水饱和度平衡方程

根据饱和度的定义可得到下面的方程式

$$S_g + S_w = 1 \qquad (5-2-31)$$

（4）毛管力方程

岩石的毛管力是把岩石中的孔隙系统设想为一束管径不同的毛细管，在毛细管内两种不同的流体相接触的弯月面两侧所存在的非润湿相压力和润湿相压力之间的差值。在油水两相渗流计算中，因油水的毛管力作用较小而常常被忽略，但实践表明在在气水渗流中，毛管压力的量级是较大的，不能忽略。

实验证明岩石的毛管力为岩石中流体饱和度的函数，气水两相系统毛管力为

$$p_c = p_g - p_w = f(S_w) \qquad (5-2-32)$$

毛管力与饱和度的关系呈高度非线性，在含水层储库模拟计算中毛管力与饱和度的函数关系 $p_c = f(S_w)$ 也是造成渗流方程非线性的因素之一。

（5）边界条件

含水层储库的边界条件可分为内边界条件与外边界条件两类，内边界条件是指生产井或注入井所处的状态，外边界条件是指储库外边界所处的状态。

1）内边界条件。内边界条件是指生产井或注入井所处的状态，储库有注气井和采气井，由于井的半径与井距或储库的范围相比极小，所以可以把井作为点汇或点源来处理（如为剖面模型则为一线汇或线源）。如给定井的产量为 q，则可在以后的渗流基本方程内加一产量项 q。可写为

$$\nabla \cdot \left(\frac{K}{\mu} \nabla \Phi \right) + q = 0 \qquad (5-2-33a)$$
$$\Phi = \Phi(x, y, z)$$

式中　Φ——压力分布函数；

　　$\nabla \cdot$——div，散度算子；

　　∇——grad，梯度算子；

　　q——井的产量，生产井 $q<0$，注入井 $q>0$，关井 $q=0$。

另一种内边界条件是定压条件，所给出的井底压力 p_{wf} 可表示为：

$$p\vert_{rw} = p_{wf}(x, y, z, t) \qquad (5-2-33b)$$

如 p_{wf} 为常数，可简化为：

$$p\vert_{rw} = p_{wf}(x, y, z) = C_3 \qquad (5-2-33c)$$

2）外边界条件一般外边界条件有以下三类：

① 给出外边界 G 上的压力为某一已知函数：

$$p_G = f_p(x, y, z, t) \qquad (5-2-34a)$$

上式表示 G 上的任一点 (x, y, z) 在时间 t 时的压力 p 为给定的函数 $f_p(x, y, z, t)$。这种边界条件在数学上称为第一类边界条件，或称 Dirichlet 边界条件。若边界上压力为一常数 C_1，则边界条件可简化为：$p_G = C_1$。

② 外边界 G 上有一流量通过。若这个流量为一给定的已知函数，这时的边界条件为：

$$\frac{\partial p}{\partial n}\bigg|_G = f_q(x, y, z, t) \qquad (5-2-34b)$$

式中　n 表示法线方向，$f_q(x, y, z, t)$ 为已知函数，它与给定的流量函数差一常数因

子。这在数学上称为第二类边界条件或 Neumann 边界条件。

当流过边界上的流量为常数时，则可简化为：

$$\frac{\partial p}{\partial n}\bigg|_G = C_2 \qquad (5-2-34c)$$

当储库边界为不渗透边界，如尖灭或有断层遮挡时，也可以认为是这种边界条件。但这时：$C_2 = 0$。

③ 前两类的混合形式的第三类边界条件，比较少见。

（6）初始条件

当压力随时间变化时，还需要确定初始状态时的压力分布，如初始时储库内的压力分布为某一已知函数 $\Phi(x, y, z)$，则此时压力的初始条件为

$$p(x, y, z, 0) = \Phi \qquad (5-2-36)$$

在储库投入开发以前，含水层储库内完全为水所充满，储库内的流体处于静平衡状态。此时，储库内压力按液柱重量随深度 h 的增加而增加，压力梯度为

$$\frac{\mathrm{d}p}{\mathrm{d}h} = \gamma \qquad (5-2-37)$$

若选定储库运行过程中的某一时刻为初始时刻，则还需知道饱和度的初始分布

$$S_w = S_{wo}(x, y, z) \qquad (5-2-38a)$$
$$S_g = S_{go}(x, y, z) \qquad (5-2-38b)$$

对含水层来说初始时地层完全为水充满，则水饱和度为 1。

为对上述得到的由数个方程组成的数学模型进行有限元数值模拟，将方程组进行合并简化。

$$\nabla \cdot (a_g \nabla p_g) + Q_g = -r_g \frac{\partial S_w}{\partial t} + l_g \frac{\partial p_g}{\partial t} \qquad (5-2-39a)$$

$$\nabla \cdot (a_w \nabla p_g) - \nabla \cdot (b_w \nabla S_w) + Q_w = r_w \frac{\partial S_w}{\partial t} + l_w \frac{\partial p_g}{\partial t} \qquad (5-2-39b)$$

$$Q_g = \frac{H \delta q_g}{\rho_{gs}}$$

$$Q_w = \frac{H \delta q_w}{\rho_{ws}}$$

二维时 $\qquad\qquad H(x, y, z) = \Delta z(x, y)$

式中　a, b, r, l——流体及地层综合参数；

$\qquad\quad \delta$——Dirac 单位脉冲函数。

$\qquad\quad H$——维数因子，引入维数因子是为了在坐标系中使渗流物质守恒方程在一维、二维和三维空间中具有统一的形式。

式（15-3-39）即为下一节推导有限元方程的基本方程。

2. 模型有限元法求解

有限元方程推导：

微分方程（5-2-39）所表达的为不定常的气水渗流问题。采用 Galerkin 方法建立有限元方程。微分方程（5-2-39）式中含有对时间的导数项，即压力和饱和度不仅是空间域 G 的函数，而且还是时间域 t 的函数。但是时间和空间两种域并不耦合，因此建立有限元格式时可以采用部分离散的方法，把基函数仅表示成空间坐标的函数，而节点的函数值

则是时间 t 的函数。对同一个单元内来说，型函数只与三角网格的形状或者说与节点的坐标有关，与要求解的物理量无关，所以压力和饱和度的型函数是相同的。

含水层的厚度与其面积相比较小，且一般性质较均匀，垂向物性变化小，所以在本节中主要研究二维问题，这样会使问题得到简化。

一般含水层储库的井半径在 $100\sim150mm$ 左右，而储库的几何尺度量级都在几公里甚至数十公里，相差非常悬殊，没有必要按井的实际尺寸划分网格，所以在油气藏工程中一般都将井视为点源或点汇。

Galerkin 有限元法的权函数选取为：

$$W_l = \frac{\partial p}{\partial p_l} = N_l \quad V_l = \frac{\partial S}{\partial S_l} = N_l, \quad l = 1, \ 2 \cdots n$$

式中　N_l——型函数，用于表达单元内温度与单元节点温度关系的函数，是单元内点坐标的函数。

为了书写方便将求解变量 p_g、S_w 的下标去掉，写出 Galerkin 法的基本表达式：

$$\iint\limits_{\Omega} \left[\nabla\cdot(a_g \ \nabla p) + r_g \frac{\partial S}{\partial t} - l_g \frac{\partial p}{\partial t} \right] \cdot W_l \mathrm{d}\Omega = 0 \qquad (5-2-40a)$$

$$\iint\limits_{\Omega} \left[\nabla\cdot(a_w \ \nabla p) - \nabla\cdot(b_w \ \nabla S) - r_w \frac{\partial S}{\partial t} - l_w \frac{\partial p}{\partial t} \right] \cdot V_l \mathrm{d}\Omega = 0 \qquad (5-2-40b)$$

将（5-2-40）式改写为二维形式，并将权函数代入：

$$\iint\limits_{G} \left[\frac{\partial}{\partial x}\left(a_g \frac{\partial p}{\partial x}\right) + \frac{\partial}{\partial y}\left(a_g \frac{\partial p}{\partial y}\right) + r_g \frac{\partial S}{\partial t} - l_g \frac{\partial p}{\partial t} \right] N_l \mathrm{d}x\mathrm{d}y = 0 \qquad (5-2-41a)$$

$$\iint\limits_{G} \left[\begin{array}{c} \frac{\partial}{\partial x}\left(a_w \frac{\partial p}{\partial x}\right) + \frac{\partial}{\partial y}\left(a_w \frac{\partial p}{\partial y}\right) - \\ \frac{\partial}{\partial x}\left(b_w \frac{\partial S}{\partial x}\right) - \frac{\partial}{\partial y}\left(b_w \frac{\partial S}{\partial y}\right) - r_w \frac{\partial S}{\partial t} - l_w \frac{\partial p}{\partial t} \end{array} \right] N_l \mathrm{d}x\mathrm{d}y = 0 \qquad (5-2-41b)$$

对（5-2-41）进行分部积分，利用 Green 公式[*]将式（5-2-41）改写，得：

$$\oint\limits_{\Gamma} N_l a_g \frac{\partial p}{\partial n}\mathrm{d}s - \iint\limits_{G} \left\{ \frac{\partial N_l}{\partial x}\left(a_g \frac{\partial p}{\partial x}\right) + \frac{\partial N_l}{\partial y}\left(a_g \frac{\partial p}{\partial y}\right) \right\}\mathrm{d}x\mathrm{d}y$$

$$+ \iint\limits_{G} r_g \frac{\partial S}{\partial t} N_l \mathrm{d}x\mathrm{d}y - \iint\limits_{G} l_g \frac{\partial p}{\partial t} N_l \mathrm{d}x\mathrm{d}y = 0 \quad (l = 1,2\cdots n) \qquad (5-2-42a)$$

$$\oint\limits_{\Gamma} N_l a_w \frac{\partial p}{\partial n}\mathrm{d}s - \iint\limits_{G} \left\{ \frac{\partial N_l}{\partial x}\left(a_w \frac{\partial p}{\partial x}\right) + \frac{\partial N_l}{\partial y}\left(a_w \frac{\partial p}{\partial y}\right) \right\}\mathrm{d}x\mathrm{d}y - \oint\limits_{\Gamma} N_l a_w \frac{\partial S}{\partial n}\mathrm{d}s$$

$$+ \iint\limits_{G} \left\{ \frac{\partial N_l}{\partial x}\left(b_w \frac{\partial S}{\partial x}\right) + \frac{\partial N_l}{\partial y}\left(b_w \frac{\partial S}{\partial y}\right) \right\}\mathrm{d}x\mathrm{d}y \qquad (5-2-42b)$$

$$- \iint\limits_{G} r_w \frac{\partial S}{\partial t} N_l \mathrm{d}x\mathrm{d}y - \iint\limits_{G} l_w \frac{\partial p}{\partial t} N_l \mathrm{d}x\mathrm{d}y = 0 \quad (l = 1,2\cdots n)$$

---

[*] 格林公式：记 $a_g \dfrac{\partial p}{\partial x} = Y$，$-a_g \dfrac{\partial p}{\partial y} = X$，则 $\iint\limits_{G}\left[\dfrac{\partial Y}{\partial x} - \dfrac{\partial X}{\partial y}\right]\mathrm{d}x\mathrm{d}y = \oint\limits_{\Gamma}(X\mathrm{d}x + Y\mathrm{d}y)$

以及有：$-\dfrac{\partial p}{\partial y}\mathrm{d}x + \dfrac{\partial p}{\partial x}\mathrm{d}y = \dfrac{\partial p}{\partial n}\mathrm{d}s$，$s$——边界线，$n$——边界线外法线矢量。

对上式中的时间偏导数项，可以采用向后差分法处理，从而使有限元法的计算每一次解出的每一时刻天然气压力场和水饱和度场要经历对时间的迭代过程得出。

式（5－2－42）即为二维气水渗流有限单元法计算的基本方程。其中的线积分项可把边界条件代入，从而使（5－2－42）式满足边界条件。对含水层型储库工程来说一般考虑两类外边界条件。

① 第一类边界条件，即定压边界条件，由于含水层在补给区与排泄区之间存在压差，所以地下水是运动的，但非常缓慢，当含水层水域广大时，与注采引起的水的运动相比可近似认为补给区与排泄区间的压差引起的水体运动可忽略，此时储库可看成此边界条件。

② 第二类边界条件，即外边界上的流量已知，对封闭含水层来说可将水体纳入边界范围内，属此类边界条件，这样边界流量为零。

由式（5－2－42）产生有限元法的计算格式（推导过程参考文献［14］，此处从略）。

3. 模型应用——单井注采模拟

简述单井注采模拟分析。模拟算例数据：

在本节假设了一个理想储库，封闭边界条件含水层储库的平面几何尺寸为 4000m × 4000m × 5m（长 × 宽 × 厚）。开放边界条件含水层平面几何尺寸为 6000m × 6000m × 5m（长 × 宽 × 厚）。预定储库范围为 4000m × 4000m × 5m（长 × 宽 × 厚），深度均为 1000m，盖层与地层均符合要求。在最大压力限制（AMP）下不会发生渗漏。含水层为均质各向同性，初始时地层完全为水所充满，地层压力处于平衡状态。

初始地层压力 $P_i = 8.4$ MPa，初始地层温度 $T_i = 21℃ = 294.15$ K，渗透率 $K = 270$ md，有效孔隙度 $\phi = 0.125$，地面基准条件为 $P_{sc} = 1$ atm $= 0.101325$ MPa，$T_{sc} = 20℃ = 293.15$ K。

讨论封闭含水层单井注采的情况。设目标注气量为 0.5×10^8 m^3。闭边界条件下的储库剖分情况见图 5－2－3，共 145 个节点，256 个三角形单元。

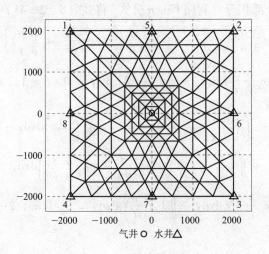

图 5－2－3　储库网格剖分

本节仅列举连续注气工况的计算，注气量为 8.64×10^4 m^3/d。

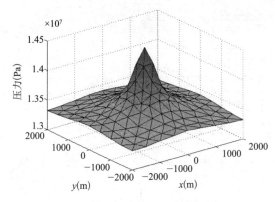 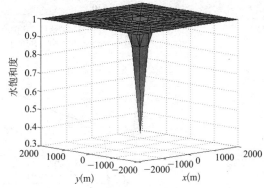

图 5-2-4　停止注气时的压力分布立体曲面图　图 5-2-5　停止注气时的饱和度分布立体曲面图

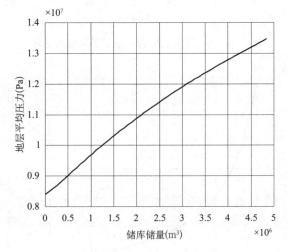

图 5-2-6　地层平均压力随储量变化图

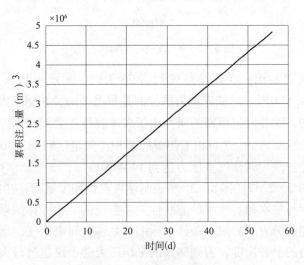

图 5-2-7　累计注入量随时间变化

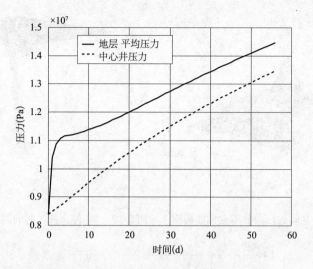

图 5-2-8　注气点压力和地层平均压力变化

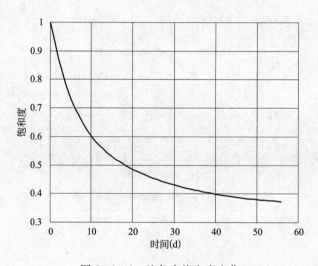

图 5-2-9　注气点饱和度变化

从图 5-2-8 可以看出，在连续注气到第 56 天时，地层平均压力已超过最大压力（AMP）限制达到 14.47MPa。对储库压力的控制是很严格的，在储库操作过程中是绝对不允许超过压力极限的，除非经过缜密的研究为扩大库容量才会提高储库最大压力（P_{AMP}），所以必须停止注气。从图 5-2-7 可以看出此时累积注气量达到 4838400 m³，远远未达到预定的注气量，到停止注气时注气点压力达到 14.47MPa（图 5-2-8）。地层平均压力随注入量变化情况见图 5-2-7。图 5-2-9 表明注气点饱和度下降在初期较快，后期较缓，这是由于含水饱和度与气水相对比率的非线性关系造成的。此计算结果表明水的压缩性很小，不能保证在不超过最大压力限制条件下压缩出足够空间来储气，所以必须采取有效措施控制储库平均压力的上升速度，否则储库的平均压力会很快超过最大压力限制。停止注气时的压力分布和饱和度分布见图 5-2-4 和图 5-2-5。

借助对模型的有限元法计算可以对储气库其他运行工况进行模拟。

5.3　洞穴型地下储气库

洞穴型地下储气库指具有较大储气容量和性能的一定规模的地下容积空间。包括盐穴地下储气库（Salt Cavern UGS, SC UGS），有衬岩洞（Lined Rock Cavern, LRC），无衬洞（Non-Lined Rock Cavern, NRC），废弃矿洞（Abandarmine UGS, AM UGS）等。洞穴型地下储气库一般为中型规模，在天然气系统中用于季节调峰以及日和小时调峰。由于具有一定的储气规模，又因这种类型储库一般采气强度（采气率）高，便于提供应急供气。

盐穴地下储气库是从盐岩开发出的洞库，与从岩体开发出的岩洞洞库、废弃矿洞库三者的形成方式是不相同的，但相同处是储气空间都是大容积空间。

5.3.1　盐穴地下储气库

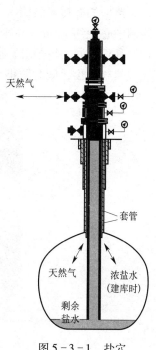

对于地下盐岩地层，采用向其注入清水，溶解盐岩矿体形成卤水排出到地面，在盐岩矿体中形成椭球柱状空间，称为盐穴地下储气库 UGS（SC UGS）。盐穴 UGS 适于调峰，垫层气约占储气量的30%。盐穴库的运行要限制压力，限制抽取天然气的速率（即减压速率 $\dfrac{\mathrm{d}p}{\mathrm{d}\tau}$，一般为 10MPa/d）。最大运行压力 $p_{\max}$ 与盐岩的向下压力梯度有关（范围为 14.7~23.4kPa/m），$p_{\max} \leqslant 50\%$ 引起裂缝的压力。最小运行压力 $p_{\min}$ 与盐穴形状以及下游天然气输送压力的要求有关，$p_{\min}$ 太低，如 1.0~1.5MPa 时，从储库抽出的天然气就需加压。盐穴储气库随库内压力变化会发生形变（容积收敛），抽取天然气的减压速率 $-\dfrac{\mathrm{d}p}{\mathrm{d}\tau}$ 越大，容积收敛越显著。容积收敛会直接使储库容积减小。控制压力或注采气速度也关系到防止形成水合物。盐穴 UGS 简图如图 5-3-1。

盐穴 UGS 的特性指标［以德国项腾（Xanten）储气库部分数据为例］，包括：储库盐穴容积 m³；几何形状参数 直径，m；高度，246~398m；盐穴深度，1017m；储气压力范围，3.3~20.4MPa；工作气体容量，$1.93 \times 10^8 \mathrm{m}^3$；垫层气气量 $0.30 \times 10^8 \mathrm{m}^3$；注气强度，$240 \times 10^4 \mathrm{m}^3/\mathrm{d}$；采气强度，$1344 \times 10^4 \mathrm{m}^3/\mathrm{d}$；井数，8 处；安装压缩机功率，7.7MW。

图 5-3-1　盐穴 UGS 简图[20]

（图中文字：天然气；套管；天然气；浓盐水（建库时）；剩余盐水）

盐穴 UGS 的建造。

据俄罗斯资料，建设 $22 \times 10^4 \mathrm{m}^3$ SC UGS 需用水 $1.6 \times 10^6 \mathrm{m}^3$，产生卤水 $1.8 \times 10^6 \mathrm{m}^3$，平均淋洗水量为 200m³/h，需时约 1 年，建库 1~2 年，设计 3 年，周期共 6 年。

建造盐穴 UGS 的 3 个重要条件：①有位于 700~1500m 深的合适岩理结构的盐岩，盐层厚、圈闭整装、无断层、闭合幅度大，围岩及盐层分布稳定，有良好的储盖组合。盐的纯度大于90%，渗透率 ≤100~1000mD。②附近有为造库可用的水源。③能容纳造库卤水的地表或地下接纳空间或卤水可用于工业应用。

盐穴天然气储气库的建造分两种：

（1）利用废弃的采盐盐穴

为采盐在地面打井，钻开岩层，下套管固井，再下水管，从环型空间注入淡水，以水溶解岩盐，待水中含盐饱和后，用泵从水管采出盐水制盐，再注入淡水，采盐，经若干次循环，地下盐体被溶蚀成大洞穴，当停止采盐被废弃后，改建为天然气地下储气库。

（2）新建盐穴储库

按调峰气量要求，选定气库井位，井数、地层、地层岩盐厚度及盐穴几何形状，容积大小，进行有计划的溶蚀造穴。

盐穴储库的特点为：单个岩盐空间容积大，最大可达 $5 \times 10^6 m^3$ 以上，储气量可达 $1 \times 10^8 m^3$，开井采气量大，调速快，调峰能力强，储气无泄漏。

5.3.2　岩洞地下储气库

1. 有衬岩洞（LRC）

典型的有衬岩洞储库[21]（Lined Rock Cavern，LRC）由 2~4 个对称布置的岩洞组成，岩洞中心距约130m。每个岩洞是直径约40m，高度约100m的圆柱空间。岩洞顶位于深度100~150m 处。每个岩洞都有特殊工程的整体钢衬。钢衬使天然气与周围岩体隔绝因而防止天然气逸出，同时防止水分侵入。

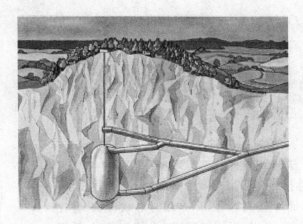

图 5-3-2　LRC 储库

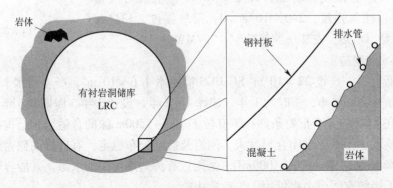

图 5-3-3　有衬岩洞（LRC）壁面构造

构造。岩洞体由岩石、混凝土层、钢衬及排水系统构成。岩石承受压力；混凝土层传递压力，防止变形，为内衬钢板提供平整面；钢衬密封气体；排水系统由管道等组成，当岩洞卸压时，排水系统将地层水排出，防止其对钢衬产生极大的外压。

建造过程。采用现成的高级开矿技术。首先开一通行隧道（tunnel），然后由通行隧道开出各洞库，洞库完成后，为每一洞库开出带有管道的通向地面的竖井（shaft with piping）。

LRC 储库技术参数		表 5 - 3 - 1
	示范储库	商业储库
总储量（m³）	10×10^8	$20 \sim 25 \times 10^6$
几何容积（m³）	40000	80000
直径（m）	37	40
高度（m）	50	100
压力（MPa）	20.0	23
岩石盖层（m）	115	130
注气（d）	20	20
采气（d）	10	10

LRC 储库举例。储库由地上设施、连到天然气管网的 3.2 km 管道及 80000m³ 地下岩洞组成。80000m³ 岩洞容积是整个商业 LRC 洞库的 1/3。地上设施主要是运行机械设备，包括冷却器、加热器、压缩机以及监控装置。这些设施设在山顶上。天然气加热或冷却系统是用于通过减小岩洞中的温度变化来增加工作气量并降低储气的单位费用。

安全与环境友好及竞争力。可具有超过 $60 \times 10^6 m^3$ 的工作气量。在一个基地可建设多座储库，提供需要的大储气容量。LRC 可与 LPG/LNG 设施竞争。LRC 一年中可进行多次工作循环。

天然气储存：LRC 储气与 LNG 储气的经济指标比较见表 5-3-2。

LRC 储气与 LNG 储气的经济指标比较		表 5 - 3 - 2
名　称	LRC 储气	LNG 储气
储气量（$10^8 m^3$）	1	1
储库或储罐规格（$10^4 m^3$）	5×10	2×10
注气量（$10^4 m^3/d$）	100	100
采气量（$10^4 m^3/d$）	100	1000
储库或储罐投资（10^4 元）	86750	80000
其他投资 10^4 元（地上部分）	32600	40000（液化） 5000（气化）
工程总投资（10^8 元）	11.935	12.5
占地（亩） （地上部分）	50	260
（地下部分）	260	0
运行费用（10^4 元/$10^4 m^3$）	0.3	0.35

2. 无衬岩洞（NRC）

无衬岩洞储库（Non-lined Rock Cavern，NRC）在岩洞开凿后不加内衬，依靠地下水压对岩洞中的气体形成密封作用（称为水密封法）。可知，当岩洞地层无水源环境时，需围绕岩洞人工安设分布水管形成密封水压。

3. 废弃矿洞 UGS

利用开采过的废弃地下矿井及巷道容积，经过改造修复后作地下储气库。优点是废物利用，建库费用小。缺点是通常矿井裂缝发育，密封性差，高压注入天然气易漏失，导致灾害发生，危及安全。因此需做较长时间的试注，观察、监测，建库周期长，经营运行成本高。如图 5-3-4，洞穴是用标准地下采矿技术修建的，通过竖井或斜井可达到洞库入口。

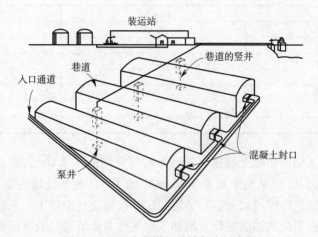

图 5-3-4　废弃煤矿井储气库示意图

5.3.3　洞穴型地下储气库热力分析

洞穴（洞腔）型 UGS 会经历注气、储气、采气、待储等的周期性工况过程，在洞腔空间中导致天然气压力和温度发生变化，是单纯的热力过程；同时在洞腔空间天然气与岩体之间发生经过岩体壁面的换热；在岩体中发生导热过程。因而洞穴型 UGS 系统存在不定常的热力变化。掌握洞腔中天然气状态变化在技术和安全上具有重要的实际意义，也直接关系到对储库的运行调度。例如注采运行应该满足洞腔温度、压力、压力变化率和防止水合物生成等限制条件。为此需要对其进行全面的热力分析。整个储库存在两个互相联系的对象：洞腔空间和岩体。它们的温度场是互相偶合在一起的。作者将对这两个对象分别建立能量平衡方程和岩体导热方程，并通过将它们联立得到可以求解的洞穴型地下储气库热力分析基本模型。为清晰揭示原理和方法，将采用若干简化假设，从而暂时忽略某些次要的因素。

（1）洞腔中天然气热力分析

将洞腔简化为圆筒状，顶面和底面折算为圆筒的柱面，以便将洞腔与岩体的换热简化为一维换热问题。柱面折算高度设为：$\Delta h = \dfrac{\frac{3}{4}\pi d^2}{\pi d} = \dfrac{3}{4}d$（$d$——洞腔圆筒直径，$\Delta h$——洞腔顶面和底面折算为圆筒的柱面高度）。

注气：
$$d(V\rho_1 c_p T_1) = \rho_{in} q_{in} T_w dt - A\alpha(T_1 - T_2)dt \qquad (5-3-1)$$

式中　V——洞腔几何容积，m^3；

　T_1，ρ_1——洞腔中天然气的温度，K，密度，kg/m^3；

　　　c_p——洞腔中天然气平均定压比热容，J/（kg·K）；

T_{in}，ρ_{in}——天然气长输管道的温度，K，密度，kg/m^3；

　　　q_{in}——天然气注气的流率，近似取为常数，m^3/h

　　　T_w——注气进入洞腔的温度，K；

　　　A——洞腔壁面积，m^2；

　　　α——天然气与洞腔壁面的换热系数，J/（m^2·s·K）；

　　　T_2——洞腔壁面的温度，K；

ρ_b，p_b——天然气基准状态的密度，kg/m^3，压力，$p_b = 101325Pa$；

$$V\rho_1 c_p dT_1 + V c_p T_1 d\rho_1 \approx \rho_{in} q_{in} c_p T_w dt - A\alpha(T_1 - T_2)dt \tag{5-3-2}$$

考虑到 $\qquad \rho_{in}q_{in} = \rho_b q_b, d\rho_1 = \pm \dfrac{\rho_b q_b dt}{V}$，（注气取 + 号，采气取 − 号）

得到 $$adT = b(T_w - T_1) - (T_1 - T_2) \tag{5-3-3}$$

式中 $$a = \frac{V\rho_1 c_p}{A\alpha dt}, \quad b = \frac{\rho_b q_b c_p}{A\alpha}$$

　　天然气由管道终点状态加压注入洞腔，经压缩机多变压缩及井管降压及换热进入洞腔，按多变过程（多变指数 n）考虑，进入洞腔的温度近似有

$$T_w = \theta T_1 \tag{5-3-4}$$

$$\theta = \left(\frac{\rho_1}{\rho_{in}}\right)^{\frac{n-1}{n}} \left(\frac{T_{in}}{T_1}\right)^{\frac{1}{n}}$$

采气： $$d(V\rho_1 c_p T_1) = -\rho_1 q T_1 dt - A\alpha(T_1 - T_2)dt \tag{5-3-5}$$

考虑到 $\rho_1 q = \rho_b q_b$，以及微时间段内的平均温度 $\bar{T}$

$$V\rho_1 c_p dT_1 + V c_p \bar{T}_1 d\rho_1 \approx -\rho_b q_b c_p T_1 dt - A\alpha(T_1 - T_2)dt \tag{5-3-6}$$

得到 $$adT_1 = -b(T_1 - \bar{T}_1) - (T_1 - T_2) \tag{5-3-7}$$

式（5-3-3）、式（5-3-7）即是描述注气、储存、采气、待储的洞腔能量平衡方程。

（2）岩体导热过程

　　通过岩体是不定常导热过程。在洞腔壁面处则主要是与燃气进行对流换热。将有洞腔的岩体导热看为有内圆筒的一维问题，可以列出关于岩体温度场的偏微分方程：

$$\frac{\partial T}{\partial t} = \chi\left(\frac{\partial^2 T}{\partial r^2} + \frac{1}{r}\frac{\partial T}{\partial r}\right) \tag{5-3-8}$$

$$\chi = \frac{\lambda}{c_s \rho_s}$$

边界条件 BC1 $$\rho_s c_s \frac{dr}{2} \frac{\partial T_1}{\partial t} = \lambda \frac{\partial T}{\partial r}\bigg|_{r=r_c} + \alpha(T_1 - T_2) \tag{5-3-9}$$

边界条件 BC2 $$T(r_{ot}, t) = T_B \tag{5-3-10}$$

初始条件 IC $$T_1(0,0) = T_B, \quad T(r,0) = T_B \tag{5-3-11}$$

式中　T，ρ_s，c_s——岩体的温度，K，密度，kg/m^3，比热容，J/（kg·K）；

　　　　　λ——岩体的导热系数，J/（m·s·K）；

r_c——洞腔的半径，m。

式（5-3-3），式（5-3-7）~式（5-3-11）即构成洞穴型地下储气库热力分析基本数学模型。

方程式（5-3-9）与式（5-3-3）或式（5-2-7）通过 T_2 耦合，因而热力状态与岩体温度场变化互为条件，即边界条件本身包含另一个待求函数。可见，求问题的解析解难度太大。对这一分析模型，用有限差分法进行计算，采用 Crank-Nicholson 格式列出求解方程组。

对空间坐标作变换：$\xi = \ln r$，式（5-3-8）变为：

$$\frac{\partial T_1}{\partial t} = \chi \frac{\partial^2 T}{r^2 \partial \xi^2} \tag{5-3-12}$$

时间步长为 Δt，空间步长为 $\Delta \xi$。

注气：$[2a - b(\theta - 1) + 1]T_{1,j+1} - T_{2,j+1} = [2a + b(\theta - 1) - 1]T_{1,j} + T_{2,j}$

$$\tag{5-3-13}$$

$$BiT_{1,j+1} - \left(1 + Bi + \frac{1}{Fo_2}\right)T_{2,j+1} + T_{3,j+1} = -BiT_{1,j} + \left(1 + Bi - \frac{1}{Fo_2}\right)T_{2,j} - T_{3,j}$$

$$\tag{5-3-14}$$

$$T_{i-1,j+1} - 2\left(1 + \frac{1}{Fo_i}\right)T_{i,j+1} + T_{i+1,j+1} = -T_{i-1,j} + 2\left(1 - \frac{1}{Fo_i}\right)T_{i,j} - T_{i+1,j}$$

$$\tag{5-3-15}$$

$$T_{n+1,j} = T_B \qquad j = 1,2\cdots m \tag{5-3-16}$$

$$T_{i,0} = T_B \qquad i = 1,2\cdots n \tag{5-3-17}$$

$$Fo_i = \frac{\chi \Delta t}{(\Delta \xi)^2 r_i^2}, \quad Bi = \frac{\alpha r_c \Delta \xi}{\lambda}$$

采气：$\qquad [2a - b + 1]T_{1,j+1} - T_{2,j+1} = [2a - b - 1]T_{1,j} + T_{2,j}$ $\qquad$ (5-3-18)

以及式（5-3-14）~式（5-3-17）。

图 5-3-5 给出了一个算例的一个结果，表明储气库一个运行周期洞腔内温度和压力的变化。

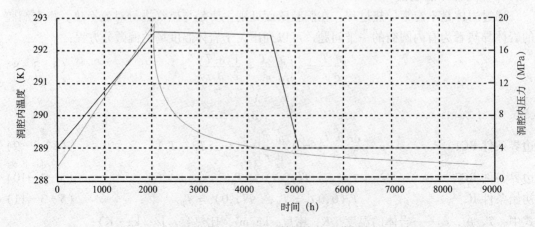

图 5-3-5　洞穴型储气库热力分析

5.4　地下储气库的运行方式

地下储气库是天然气工业系统的重要组成部分，如前所述，从其功能看是天然气工业系统应对世界经济、能源及相关环境变化所必需，又是调节各级天然气供需平衡，应对突发供气或需用状况变化所必需，也可以用于在天然气市场中进行经营活动获利。因此可以看到，地下储气库的运行总体上可分为按技术原理运行和按经济原理运行两种方式。

1. 地下储库储存系统的工程技术要求

（1）需要合理的系统结构和有效的调度性。储存设施最基本功能在于当天然气系统供大于求时实现储气，反之则进行供气。因此在天然气系统中储存设施应有很好的调度性。很好的调度性的基础一方面是需有相应的库容，另一基础是有完善的运输网络，如多方向气源点，合理的输气管道结构、管径配置、加压站设置，装卸场站设置和适当的尽可能近的输气距离。

（2）需要按系统的功能目标、规模、储库建设条件，在技术经济论证的基础上选择储库类型。

（3）储存系统需要有 SCADA 系统等信息平台的支持，以便确切掌握输配系统和储存设施的技术状况，执行和实现对储库的注、采运行操作。

（4）储存系统调度和管理要在输配系统层面上加以解决，需要完善的软件配置。需要基于负荷预测（24h、7d 或 16 周）和供、储气能力计算，确定各种调度方案并进行优化。

2. 地下储气库按技术原理运行

（1）技术运行主要按供气或储气的需求量，对储库进行采气或注气（统称储气）。储气受到储库技术特性的限制，包括储库容量方面的现有可采气量或可注容量空间；储库最低地层压力或最高地层压力；储气强度；加压设备和天然气处理设施的负荷能力等限制。

（2）采气操作要满足输气管线的供气压力要求或注气操作要适应输气管线来气的压力变化。

（3）对一个储库的运行需对各气井或各洞库的开/闭或集气站的接通/切断进行调度。图 5-4-1 是一处 DGF UGS 建库过程的注、采循环。

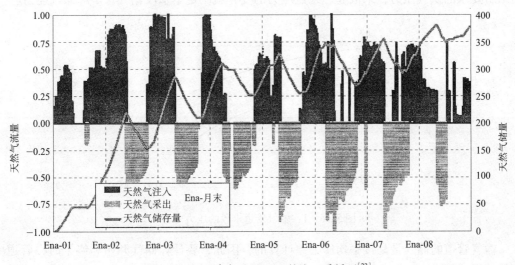

图 5-4-1　建库过程 UGS 的注、采循环[22]

5.5　管道及高压钢制容器储气

5.5.1　长输管道末段储气

高压燃气管道末段由于管道上游稳定的供气和终端用气的周期性形成了末段管道压力的大幅变化，从而使其具备了大的储气能力。

天然气长输管道末段储气将输气和储存结合在一起。长输管道距离长、管径大、输送压力较高，利用管道具有的储气能力，是减少或取消储气罐、降低工程造价的一种比较理想的储气方法。但是它有局限性，只有具备高压输气的条件下才能实现。

管道储气容量，主要供城市昼夜或小时调峰用。长输管道末段储气在我国应用较广。

输气管末段（最后一个加压站与城市门站之间的管段）与其他各站间管段在工况上有很大区别。对于一般中间站前后，各管段始点与终点的流量是相同的，可以看作定常流动工况，因此可利用定常流动公式进行计算。但对于输气管末段，其始点流量也和其他各管段一样，但末段的终点也就是城市门站的进口。其气体流量是随时间变化的。

确定管道末段储气容积有两种计算方法：按定常流动计算和按不定常流动计算。长输管道中间设有加压站时，按最末一个加压站至城市分输站的管段计算其储气能力；没有中间加压站的长输管道，全线都有储气能力，所以可按全线计算其储气能力。

输气管末段中气体的流动属于不定常流动，应采用不定常流动方程（见本书第 7 章 7.3）进行计算。在工程计算中，当初步估计末段储气能力时，还是可以按定常流动的水力计算公式来计算，有计算表明。其结果比实际小 6% ~ 10%。

1. 按定常流动储气能力计算

按定常流动计算储气能力时，是假设随着流量的变化，末段的始、终点压力也随之变化，见图 5-5-1。低谷用气量时，压力分布为 a 线。末段始点的最高压力等于最后一个加压站出口的最高工作压力；高峰用气量时，压力分布为 b 线。末段终点的最低压力等于门站所要求的供气压力，末段起、终点压力的变化就决定了末段输气管中的储气能力。

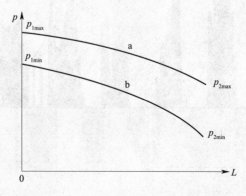

图 5-5-1　输气管道末段的压力变化

输气管道的储气量是按平均压力差计算的，因此，要计算储气开始和终了时，管道中气体的平均压力。

储气开始时，起、终点压力都为最低值，其平均压力按下式计算：

$$p_{av1} = \frac{2}{3}\left(p_{1min} + \frac{p_{2min}^2}{p_{1min} + p_{2min}}\right)$$

储气终了时，起、终点压力都为最高值，其平均压力按下式计算：

$$p_{av2} = \frac{2}{3}\left(p_{1max} + \frac{p_{2max}^2}{p_{1max} + p_{2max}}\right)$$

式中　p_{av1}——储气开始时的平均压力，MPa（绝对）；

　　　p_{av2}——储气终了时的平均压力，MPa（绝对）；

　　　p_{1min}——储气开始时的始点压力，MPa（绝对）；

　　　p_{2min}——储气开始时的终点压力，MPa（绝对）；

　　　p_{1max}——储气终了时的始点压力，MPa（绝对）；

　　　p_{2max}——储气终了时的终点压力，MPa（绝对）。

储气开始和结束时，近似认为是定常流动，根据本书第 4 章流量公式（4－3－1）可得

$$p_1^2 - p_2^2 = KLq^2$$

$$K = \frac{\lambda ZST}{C^2 d^5}, C = 1051 \qquad (5-5-1)$$

储气开始时，p_{2min} 为已知，即城市门站供气压力，计算始点压力：

$$p_{1min} = \sqrt{p_{2min}^2 + KLq^2}$$

储气结束时，p_{1max} 为已知，即始点最高压力，计算门站终点压力：

$$p_{2max} = \sqrt{p_{1max}^2 - KLq^2}$$

根据输气管末端中储气开始和结束时的平均压力 p_{av1} 和 p_{av2} 求得开始和结束末端管道中的存气量为：

$$V_{min} = \frac{p_{av1} V Z_b T_b}{p_b Z_1 T_1}$$

$$V_{max} = \frac{p_{av2} V Z_b T_b}{p_b Z_2 T_2}$$

式中　V_{min}——储气开始时末端管道中的存气量，m^3；

　　　V_{max}——储气结束时末端管道中的存气量，m^3；

　　　　V——末端管道的几何容积，m^3；

　　Z_1、Z_2——相应为 p_{av1} 和 p_{av2} 时的压缩因子；

　　T_1、T_2——相应为储气开始和结束时末端的平均温度，K；

　　　p_b——基准状态压力，0.101325MPa；

　　　T_b——基准状态温度，293.15K。

　　　Z_b——基准状态压缩因子，取 $Z_b = 1$。

管道末段储气量：

$$V_{st} = V_{max} - V_{min} = V\frac{Z_b T_b}{p_b}\left(\frac{p_{av2}}{Z_2 T_2} - \frac{p_{av1}}{Z_1 T_1}\right) \qquad (5-5-2)$$

式中　V_{st}——管道末段储气量，m^3。

在实际工程中，为了充分利用长输管道的压力解决调峰问题，往往给定了所需长输管道或支线所负担的储气量，我们就可利用上式来反算末端管道或支线管道的管径。

2. 按不定常流动储气能力计算

按不定常流动考虑，长输管道中天然气压力是随时变化的，是时间和距离的函数，可按不定常流动计算得到，见图 5-5-2。

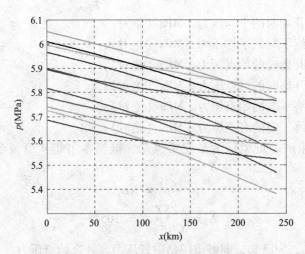

图 5-5-2　管道压力沿管道长度的分布
（每隔 2h 压力沿管道长度变化曲线）

末段管道的储气能力是管段平均压力最高与平均压力最低两种时刻间的管道中天然气容量之差，因此有如下式：

$$V_{st} = V_{max} - V_{min} = \int_0^L \left[\frac{p(x, t_{max}) Z_b T_b}{p_b Z_{x, t_{max}} T} - \frac{p(x, t_{min}) Z_b T_b}{p_b Z_{x, t_{min}} T} \right] \frac{\pi D^2}{4} dx \quad (5-5-3)$$

式中　$p(x, t_{max})$——末段管道平均压力最高时管段压力分布，MPa；

　　　$p(x, t_{min})$——末段管道平均压力最低时管段压力分布，MPa；

　　　T——燃气计算温度，K。

　　　L——末段管道长度，m；

　　　x——距离起点的距离，m；

　　　t_{max}，t_{min}——末段管道平均压力最高，最低时刻。

按天然气对比压力 p_r 采用 Gopal 压缩因子公式（常温范围天然气对比温度 $T_r = 1.4^+ \sim 2.0$）：

$$Z = p_r (AT_r + B) + CT_r + D \quad (5-5-4)$$

Gopal 压缩因子系数				表 5-5-1
p_r	A	B	C	D
0.2 ~ 1.2	0.1391	-0.2988	-0.0007	0.9969
1.2$^+$ ~ 2.5	0.0984	-0.2053	-0.0621	0.8580

式（5-5-4）简写为：

$$Z = ap + b \quad (5-5-5)$$

$$a = \frac{AT_r + B}{p_c}, \quad b = CT_r + D$$

式中　T_r——对比温度；

　　　T_c——临界温度，甲烷 $T_c = 190.55\mathrm{K}$；

　　　p_r——对比压力；

　　　p_c——临界压力，甲烷 $p_c = 4.604\mathrm{MPa}$

A，B，C，D——Gopal 压缩因子系数，见表 5-5-1。

将压缩因子计算式（5-5-5）代入式（5-5-3）：

$$V_{st} = \frac{\pi D^2}{4} \frac{Z_b T_b}{p_b T} \int_0^L \left[\frac{p(x, t_{max})}{ap(x, t_{max}) + b} - \frac{p(x, t_{min})}{ap(x, t_{min}) + b} \right] \mathrm{d}x \qquad (5-5-6)$$

按不定常流动计算高压管道末段的储气量可按下列步骤进行。

（1）对一日 24h，逐时计算全管段的平均压力，并确定平均压力最大和最小者 P_{avmax}，P_{avmin}，得到相应所在时刻 t_{max}，t_{min}；

（2）按式（5-5-6），沿管段全长对最大，最小平均压力时刻的压力差进行积分，计算管道末段储气量：

（3）对由数值法求解的不定常流动高压管道末段储气量的计算式（5-5-6）的积分，可由编程软件的函数完成；也可将管道末段划分为 n 小段，每小段长度为 $\Delta x = L/n$，由各小段上的 $p(x_i, t_{max})$ 平均值及 $p(x_i, t_{min})$ 平均值分段计算求和代替。管道末段储气量即有式（5-5-6a）的形式。

$$V_{st} = \frac{\pi D^2 L}{4n} \frac{Z_b T_b}{p_b T} \sum_{i=1}^n \left[\frac{p(x_i, t_{max})}{ap(x_i, t_{max}) + b} - \frac{p(x_i, t_{min})}{ap(x_i, t_{min}) + b} \right] \qquad (5-5-6a)$$

5.5.2　高压球型罐储气

高压球形储罐的容积为 $1000 \sim 10000\mathrm{m}^3$ 不等，其工作压力为 $0.25 \sim 3.0\mathrm{MPa}$，一般采用 $1.6\mathrm{MPa}$ 的球罐较多。高压球罐储气容量水平一般用于城镇的日和小时调峰。球形罐向大型化发展，国外的天然气球罐直径达到 $47.3\mathrm{m}$，容积为 $5.55 \times 10^4 \mathrm{m}^3$，大型球罐采用高强度钢材，屈服强度达 $589 \sim 891\mathrm{MPa}$，这样，可使壁厚减小到 $40\mathrm{mm}$ 以下。不仅减轻了重量，而且避免热处理，便于施工。目前，我国采用进口钢材已能制造 $5000 \sim 10000\mathrm{m}^3$ 的大型球罐。

高压罐可储存气态天然气，也可以储存液态天然气和液化石油气。根据储存介质不同，储罐设有不同的附件，但所有储气罐均设有进出管、安全阀、压力表、人孔、梯子和平台等。

（1）高压球形储罐的强度计算

球形罐壁厚的计算如下：

根据应力分析可知任意一点的三个主应力分别为

$$\left. \begin{array}{c} \sigma_1 = \sigma_2 = \dfrac{pD}{4S} \\ \sigma_3 = 0 \end{array} \right\} \qquad (5-5-7)$$

将其代入第三强度理论的强度条件，得

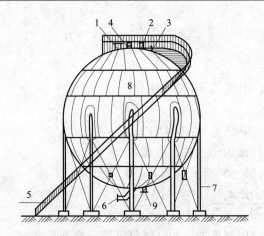

图 5 - 5 - 3　高压球形储罐

1—人孔；2—液体或气体进口；3—压力计；4—安全阀；5—梯子；

6—液体或气体出口；7—支柱；8—球壳；9—排冷凝水出口

$$\sigma_1 - \sigma_3 = \frac{pD}{4S} \leqslant [\sigma^t] \qquad (5-5-8)$$

将平均直径 D 换算成 $D_i + S$，得

$$S \geqslant \frac{pD_i}{4[\sigma^t] - p} \qquad (5-5-9)$$

考虑焊缝对罐体强度的削弱及腐蚀等因素的影响，实际壁厚的计算公式为

$$S \geqslant \frac{pD_i}{4[\sigma^t]\varphi - p} + c \qquad (5-5-10)$$

式中　S——壁厚，mm；

p——储罐的设计压力，MPa；

D_i——球形储罐内径，mm；

$[\sigma^t]$——材料在设计温度下的许用应力，MPa；

φ——焊缝系数；

c——壁厚附加量，mm。

应力校核公式为：

$$\sigma = \frac{p[D_i + (S - c)]}{4(S - c)} \leqslant [\sigma^t]\varphi \qquad (5-5-11)$$

式中　S——壁厚，mm；

p——储罐的设计压力，MPa；

D_i——球形储罐内径，mm；

$[\sigma^t]$——材料在设计温度下的许用应力，MPa；

φ——焊缝系数；

c——壁厚附加量，mm。

在强度计算中，要正确选用钢材的许用应力。对已有成功使用经验的钢材的许用应力，一般系数按各项强度数据分别除以表 5 - 5 - 2 中的安全系数，取其中的最小值。

安全系数 表5-5-2

材料	对常温下的最低抗拉强度 σ_b	对常温或设计温度下的最低屈服点 σ_s 或 σ_s^t	对设计温度下的持久强度（经100kh断裂）		对设计温度下的蠕变极限（在100kh下蠕变率为1%）σ_n^t
			σ_D^t 平均值	σ_D^t 最小值	
碳素钢、低合金钢 奥式体不锈钢	$n_b \geq 3$[①] ——	$n_s \geq 1.6$ $n_s \geq 1.5$[②]	$n_D \geq 1.5$ $n_D \geq 1.5$	$n_D \geq 1.25$ $n_D \geq 1.25$	$n_n \geq 1$ $n_n \geq 1$

① 当已有 $n_b < 3$ 的设计经验时，可采用 $n_b \geq 2.7$；

② 当容器的设计温度未及蠕变温度范围，且允许有较大的变形时，许用应力值可适当提高，但最高不超过 $0.9\sigma_s^t$（此时可能产生 0.1% 永久变形），且不超过 $2/3\sigma_s$。此规定不适用于法兰或其他在有少许变形就产生泄漏的场合。

壁厚附加量 c 也称腐蚀余量或腐蚀增量。c 是靠经验决定的，它由下面三部分组成，即

$$c = c_1 + c_2 + c_3 \tag{5-5-12}$$

式中 c_1——材料的负公差附加量，材料生产时厚薄不均或出厂后由于机械等原因引起的材料减薄，它的大小与钢板厚度有关，一般 c_1 不大于 1mm；

c_2——根据介质对材质的腐蚀性能及使用寿命确定的腐蚀余量，一般地上储罐 $c_2 = 1mm$，地下钢壁储罐 $c_2 = 3mm$；

c_3——封头冲压加工减薄量，通常取计算厚度的 10%，但不大于 4mm。

焊缝系数是考虑焊接时罐体强度削弱的因素，如焊缝缺陷、焊接应力、焊条材料的影响等。焊缝系数用焊缝的强度与壳体部分强度的比值表示。焊缝系数 φ 应根据焊接接头的形式和焊缝的无损探伤检验要求按下列规定选取。高压储气罐罐体采用双面对接焊缝，且需进行无损探伤。

双面对接焊缝：

100% 无损探伤：$\varphi = 1.0$；局部无损探伤：$\varphi = 0.9$；不做无损探伤：$\varphi = 0.7$。

（2）高压储气罐几何容积的确定

高压储气罐几何容积按下式计算：

$$V_c = \frac{Vp_0}{p_1/Z_1 - p_2/Z_2} \tag{5-5-13}$$

式中 V_c——储气罐的几何容积，m³；

V——所需储气容量（基准状态），m³；

p_1——储气罐最高工作压力，MPa；

Z_1——储气罐最高工作压力及20℃下的压缩因子；

p_2——储气罐最低工作压力，MPa；

Z_2——储气罐最低工作压力及20℃下的压缩因子；

p_0——基准压力，0.101325MPa。

高压储气罐的有效储气容量可用下式计算：

$$V_e = V\frac{p_{max} - p_{min}}{p_0} \tag{5-5-14}$$

式中 V_e——储气罐的有效储气容量，m³；

V——储气罐的几何容积，m³；

p_{max}——最高工作压力，MPa；

p_{min}——储气罐的最低允许压力，MPa，其值取决于罐出口处连接的调压器最低允许进口压力；

p_0——大气压，MPa。

储罐的容量利用系数，可用下式表示：

$$\beta = \frac{V_e}{V p_{max}/p_0} = \frac{V(p_{max} - p_{min})/p_0}{V p_{max}/p_0} = \frac{p_{max} - p_{min}}{p_{max}} \qquad (5-5-15)$$

通常储气罐的工作压力是一定的，欲使容量利用系数提高，只有降低储气罐的剩余压力，而后者又受到管网中天然气压力要求的限制。为了使储罐的利用系数提高，可以在高压储罐站内安装引射器，当储气罐内天然气压力接近管网压力时，开动引射器，利用进入储气罐站的高压天然气的能量把天然气从压力较低的罐中引射出来，这样可以提高整个罐站的容量利用系数。但是利用引射器时，要安设自动开闭装置，否则管理不妥，会破坏正常工作。

5.5.3 高压管束储气

高压管束实质上是一种高压储气罐，不过因其直径较小，能承受更高的压力，故称为高压管束。管径小、压力高是管束储气区别于圆筒形和球形高压储气罐的特点。管束储气在国外应用较早，美国在 20 世纪 60 年代初就建成了 5.28km，操作压力为 6.26MPa 的储气管束；英国也有两处储气管束。目前，在我国还没有管束储气的使用先例。

高压储气管束一般是将直径 1.0～1.5m、长度几十米或几百米的若干根乃至几十根钢管排列起来配置而成。各钢管之间有一定距离，同时须有足够的埋设深度，以保持温度的较小变化。钢管束有一总连通管，从储气管束流出的管道上装有减压器，以避免气体膨胀时发生急剧冷却现象。钢管上敷以防腐层，此外，还用阴极保护防腐。

比较地上高压储罐，地下高压管束优点：储气压力可以达到 20MPa 以上，储气容量更大。当管束埋入地下时天然气不受大气温度的影响，几乎不占用土地。缺点：储气压力高，需要设置专门的加压设备，对加压设备要求严格，同时对管束的要求也非常高，管束的价格比较贵，投资费用很大，不适于大规模储气。

高压管束储气容量按式（5-5-16）计算：

$$V_s = V \frac{T_0}{P_0 T} \left(\frac{P_{max}}{Z_2} - \frac{P_{min}}{Z_1} \right) \qquad (5-5-16)$$

式中 V_s——输气管束储气容量，m^3（20℃，0.1013MPa）；

P_{max}，P_{min}——运行最高、最低压力，MPa（绝对）；

T——平均储气温度，K；

P_0——基准状态压力，0.1013MPa；

T_0——基准温度，T = 293 K；

Z_1——在最小压力下的气体压缩因子；

Z_2——在最大压力下的气体压缩因子；

V——管束几何容积，m^3。

5.6 液化天然气储存

天然气以 LNG 形态储存，从系统形式上有两大类别：LNG 调峰液化厂储存和 LNG 终端站的 LNG 储存。LNG 储存最基本的设备是低温储罐。

5.6.1 调峰液化天然气厂储存

LNG 液化厂是以天然气为原料、以一定的净化、液化工艺获取液化天然气产品的生产系统，在 LNG 液化厂中有相应容量的低温储罐设施。LNG 液化厂分为基本负荷液化厂和调峰液化厂。调峰液化厂还设有气化工艺，可将 LNG 气化经管道供出。

一般在天然气下游建设调峰液化厂，在用气低谷季节将天然气液化为 LNG 储存，在用气高峰季节将储存的 LNG 气化从管道供出。因此调峰液化厂是一种采取天然气相态转换的特殊的储存方式。

LNG 调峰液化厂的功能定位应是调峰。即在用气低谷的夏季将天然气液化存储，用气高峰的冬季将 LNG 气化送入管网。虽然 LNG 调峰液化厂的 LNG 可用于应急供气，但不宜将 LNG 调峰液化厂定位为应急气源。

调峰液化厂的特点是规模小，一般生产率为 $(15 \sim 60) \times 10^4 \, m^3/d$，采用设备较少的简化的液化流程，LNG 储罐容量大（储存 $150 \sim 200d$）。例如单一混合制冷剂（Single mixed Refrigerant）液化流程。该流程是小型液化系统费用最低的工艺（相对老工艺动力减少 $25\% \sim 35\%$）。与其他工艺相比，只有单一压缩系统用于制冷，主换热器是非常简单的板翅单元，液化运行简单容易。工艺过程的动力消耗是 $260 \sim 370kW/MMSCFD$（$1MMSCFD = 28320m^3/d$）。关于调峰液化厂的内容见本书第 10 章。

天然气主要生产地（如阿尔及利亚，印度尼西亚，马来西亚，尼日利亚，卡达尔，特立尼达和多巴哥，安哥拉，伊朗，挪威，俄罗斯，委内瑞拉）与主要消费地（如日本，韩国，欧洲诸国，美国，中国）相距遥远，进行天然气贸易，LNG 是一种现实有效的输送方式。在天然气生产地建 LNG 基本负荷厂，LNG 经海运送达消费地的 LNG 终端站。

5.6.2 液化天然气终端站储存

LNG 储库是输入、储存，输出 LNG 或将 LNG 气化经管道供出，即具有单纯储配操作的工程设施。LNG 储库的典型工程项目是 LNG 终端站（或称 LNG 接收站）。LNG 终端站本质上是一种气源设施，在天然气系统中构成多气源的一极。它是以气源方式参与调节天然气系统的供需平衡。

由于采取液态储存方式，LNG 终端站拥有大的储存容量。LNG 终端站的建设相关条件是，有可停泊大型 LNG 槽轮的港口以及建设天然气输送干管。最一般的形式是在沿海口岸建设 LNG 终端站，对进口 LNG 进行操作。

终端站的基本功能是接收，储存，分配供应 LNG 或 LNG 气化后供出管道天然气。LNG 终端站的主要设施有：港口，LNG 储罐，BOG 压缩机及冷凝器，LNG 加压泵，气化器，测量和控制系统，加臭设备，管理、维护设施以及建、构筑物。关于终端站的内容见本书第 10 章。

　　LNG 储存最基本的设备是低温储罐。液化天然气储罐主要有金属储罐和混凝土储罐两大类。

　　(1) 储罐设计建造的基本要求

　　1) 低温性能。液化天然气储罐表面的任何部分都存在由于从法兰、阀门、密封点或其他非焊接点处泄漏液化天然气或冷蒸气而暴露在低温下的可能性,应采取预防保护措施来防止这种影响。储罐的地基应能经受与 LNG 直接接触,或者采取措施防止与 LNG 的接触。

　　2) 隔热性能。作为蒸气保护层包覆或固定在容器上的外露的隔热材料,应是防火的且在消防水的冲击下不会移动。可在外层设一个钢质或混凝土质的防护罩来保护松散的隔热材料。在储罐的内外层中的隔热层应为与 LNG 和天然气性能相适应的不可燃材料。当火焰蔓延到容器外壳时,隔热层不应出现导致隔热效果迅速下降的熔化或沉降。承受负载的底部隔热层应保证发生破裂时产生的热应力和机械应力不对储罐的完好造成危害。

　　3) 地震载荷与风雪载荷。在储罐设计时应考虑到抗震性能,必须确定地震潜在的可能性和产生的特性谱,并获得站址和周围地区的地质资料,据此进行地震载荷分析。此外,还需考虑风雪载荷的影响。

　　4) 充装容积。LNG 充装后,罐内液体温度可能升高,液体发生膨胀。若充装过量,一旦液体膨胀充满储罐,液体膨胀产生的压力急剧上升导致储罐破坏,将形成大的事故。

　　5) 土壤防冻。储罐外壳的底部应在地下水层之上,或确保防止其与地下水接触。与储罐外壳的底部接触的材料,应能最大限度减少腐蚀。当储罐外壳与土壤接触时,应使用一个加热系统,用来防止与外壳接触的土壤温度低于 0℃。

　　6) 分层与涡旋预防。所有液化天然气储罐应能在顶部和底部充灌调节,除非有其他手段能用来防止分层现象的出现,进而防止 LNG 涡旋事故的发生。

　　(2) 金属储罐结构

　　运行压力小于 0.1MPa 的焊接结构的金属储罐按普通容器设计制造。运行压力大于 0.1MPa 的焊接结构的金属储罐按压力容器设计制造。

　　1) 储罐应制造成双层的,装有 LNG 的内胆与外壳之间应有隔热层。与 LNG 接触的内胆是质量分数为 9% Ni 的低温钢,外层为碳钢,中间隔热层为膨胀珍珠岩,罐的隔热层为泡沫玻璃。

　　2) 储罐内胆是焊接结构的,应根据储罐在使用一定时期后,储罐膨胀形成的内部压力、储罐内胆与外壳之间空间的清洗和运行时的压力以及地震负荷的综合作用下的临界负荷进行设计。在真空隔热的场合,设计压力应是工作压力、0.1MPa 的真空余量和 LNG 静压头的总和。非真空隔热时,设计压力是工作压力与 LNG 静压头之和。储罐外壳也是焊接结构的,需装配一个减压设备或其他能降低其内部压力的设备。应设计一个保温装置,防止外壳温度低于其设计温度。储罐内胆必须用一个金属的或非金属的支撑系统将其与外壳同心地支撑在外壳中。

　　3) 在储罐内胆和外壳之间及在隔热层间的内部管路,应能承受内胆的最大许用工作压力,且也能够承受热应力。波纹管不能放在隔热空间中。

　　4) 大型的储罐往往有混凝土外壳、围堰或地中壁等结构。这些混凝土结构一般都是预应力式的。建设这些预应力混凝土结构的材料应能满足低温下使用的要求。处于低温工作下的混凝土要进行压缩应力及收缩系数的测试。混凝土材料应是密实的，且在物理及化学特性方面，混凝土应是高强度、耐久性好的。

（3）LNG 储罐的类型

LNG 储罐根据防漏设施不同可分为以下 4 种形式。

1）单容积式储罐。此类储罐在金属罐外有一比罐高低得多的混凝土围堰，围堰内容积与储罐容积相等。该形式储罐造价最低，但安全性稍差，占地较大。

2）双容积式储罐。此类储罐在金属罐外有一与储罐筒体等高的无顶混凝土（或金属）外罐，即使金属罐内 LNG 泄漏也不至于扩大泄漏面积，只能少量向上空蒸发，安全性比前者好。

3）全容积式储罐。此类储罐在金属罐外有一带顶的全封闭混凝土外罐，金属罐泄漏的 LNG 只能在混凝土外罐内而不至于外泄。在以上三种地上式储罐中安全性最高，造价也最高，流行于欧美。

4）地下式储罐。与以上三种类型不同的是此类储罐完全建在地面以下，金属罐外是深达百米左右的混凝土连续地中壁。地下储罐主要集中在日本，抗地震性好，适宜建在海滩回填区上，占地少，多个储罐可紧密布置，对站周围环境要求较低，安全性最高。但这种储罐投资大（约比单容积储罐高出一倍），且建设周期长。

（4）LNG 储罐简图

图 5-6-1 是一个 LNG 储罐的简图。

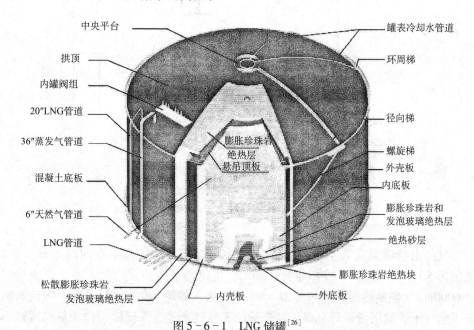

图 5-6-1　LNG 储罐[26]

储罐说明：

储罐容积 100000m³，外径 68m，高 34.4m，内压 0.105MPa（绝对）。

储罐为双层壳体，有膨胀珍珠岩（perlite）和泡沫玻璃绝热层，上罐顶以松散 perlite 绝热并悬吊在外穹形罐顶上。在上罐顶装有通风孔。在内外罐壳之间的 perlite 绝热层有 0.2MPa 的氮压。有 36″BOG 管，20″LNG 管及罐底部 LNG 管，LNG 可从上部或底部管进入，从底部管抽出。设有螺旋梯、径向梯和圆周梯，内部罐阀（ITV），中央平台及穹顶人孔。

5.7　天然气新型集态储存

5.7.1　低温液化石油气溶液中天然气储存

天然气可以溶解在丁烷、丙烷或这两种混合物的溶剂中，而且溶解度随着压力的增加和温度的降低而提高。因而有低温液化石油气溶液中天然气（LPG Absorption NG, LP-GANG）储存。天然气溶解在 LPG 中使液态 LPG 体积增加，其量即为所溶解的天然气的接近液态的吸收态体积。在冷冻的 LPG 中溶解的天然气不发生向液相的相变，因而在液态液化石油气中储存所需的能量比天然气液化所需的能量大大减少，储存能力比气态储存时高 4~6 倍（视压力和温度而定）。

意大利的费拉拉厂 1969 年建成总容量为 47000m³ 的低温 LPG 溶液天然气储存厂。有一套 LPG 空气混气装置，储存参数是 4MPa（表压）和 -40℃。高峰供气能力为 6000m³/h（代用天然气）。因而对整个天然气系统可提供 40000~50000m³/d 的高峰供气量。流程见图 5-7-1。

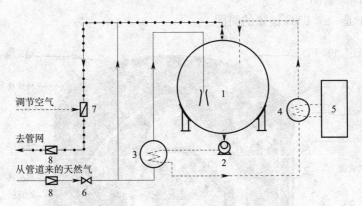

图 5-7-1　低温 LPG 溶液天然气储存流程

1—储罐；2—LPG 泵；3—换热器；4—蒸发器；
5—制冷装置；6—阀门；7—空混装置；8—限流阀

天然气经由喷射泵送入 LPG 中，溶解速率很高，天然气几乎在同时溶解。在白天，LPG 流量为 5 l/s 经蒸发器 4 冷却维持 -40℃，由制冷装置提供冷量。晚上，天然气以平均流量 6000m³/h 经换热器 3 冷却（$\Delta t = 50$ ℃）送入储罐，运行 14~15h。限流阀的作用是保证天然气干管输出量，只有多于耗气量的天然气余量进入储罐。白天从储罐送出的天然气为 -40℃，供向管网的气体需加热到 0℃ 以上。所以其冷量应考虑回收。例如采用系统很简单的盐水蓄冷罐，储存供出天然气的冷量，用于冷却进入储罐的天然气。

冷冻储罐中压力低于 0.5~0.6MPa 时，LPG 蒸发量增加，在天然气（甲烷）接近用完时 LPG 即（经过空混装置）自动掺入外供的气体中。储罐压力由 3.9MPa 降为 1.0MPa、0.5MPa 的过程中，CH_4 含量由 99.2% 变为 98.7%、97.5%。可见储存与掺混功能是可以分开的。即在 1.0MPa 以前可直供，低于 1.0MPa 则用掺混供出。运行中储罐压力 2 ~ 3MPa 时，储罐抽气量最大，可达总供气量的 30%；天然气枯竭时，抽气量降为总供气量的 15%。

这种系统操作简单、安全，而且经济。当高峰用气时，罐内压力较低，天然气将自动地掺混一部分液化石油气供入配气管网。这样天然气管道可以长期均衡地供气，提高管道的利用系数。

5.7.2　天然气水合物储存

将天然气（主要是甲烷）在一定的压力和温度下，转变成固体的结晶水合物，储存于钢制的储罐中，是目前世界上正在研究和开发的一项新技术。

天然气水合物（Natural Gas Hydrate，NGH）具有独特的结晶笼状结构。天然气水合物中水分子通过氢键作用形成点阵晶体结构。天然气分子填充在晶体结构的空穴中。两种分子之间通过范德华力相互作用，见图 5 - 7 - 2。

在标准状况下，$1m^3$ 的气体水合物可储存 150 ~ 200m^3 的天然气。100m^3 的甲烷在水分充足的条件下生成大约 600kg 水合物，体积为 0.6m^3，即气体体积与相当的水合物体积之比约为 166。但如考虑到结晶水合物不应充满储罐的全部体积，可以认为储存甲烷水合物体积为甲烷气体体积的 1%。这样，在固态下储存甲烷气体所需的储存容积，约为液态下储存同量气体所需容积的 6 倍。

甲烷储存体积比　　　　　　　　　　　　　表 5 - 7 - 1

	压力 MPa	温度℃	甲烷储存体积比
常压	0.1	- 5 ~ - 10	150 ~ 200
高压	3 ~ 10	+ 1 ~ + 12	164

在 0 ~ 20℃、2 ~ 6MPa 范围内，使反应釜中的温度比相平衡温度低 4℃ 左右时，通过搅拌可生成水合物。在相平衡条件下可保存水合物。在常压下为 - 18℃ 时，10 天中天然气释放量约为气体量的 0.85%。通过降压、升温或加入甲醇、乙二醇或氯化钠、氯化钾等电解质，可改变 NGH 的相平衡条件，从而使 NGH 分解供出天然气。

以水合物形式存在的天然气资源量极其丰富。用水合物储存天然气，具有巨大的储气能力和相对温和的储气条件，对天然气的预处理要求低，且在安全性方面还有其无比的优越性：水合物不易燃烧，可防止燃烧和爆炸事故发生；储存压力相对较低（4MPa 左右），设备也不复杂；发生储罐破裂等方面事故时天然气泄露速度慢（因为水合

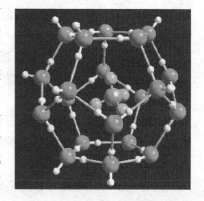

图 5 - 7 - 2　NGH 的结晶笼状结构

物分解后才能释放出天然气，而水合物的分解需一定的时间）。可见以 NGH 储运天然气的特点使该技术的应用具有广阔的前景。

但目前该技术还存在水合物形成速度慢、形成的水合物大量带水、水合物的高效分解方法和水合物储气条件优化，以及再气化和脱水等工艺课题。水合物储存天然气技术还处在实验研究阶段，其推广应用还需解决一系列问题，以提高储运过程的可靠性和经济性。

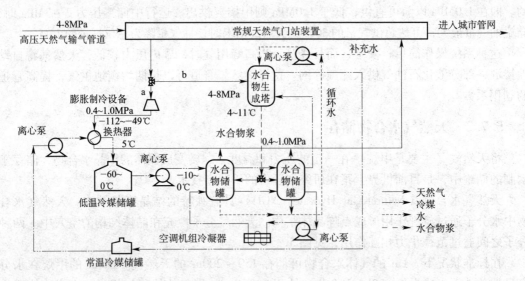

图 5 - 7 - 3　天然气水合物储存系统[45]

天然气水合物储存系统见图 5 - 7 - 3，整个系统具有 4 种流程路线：

（1）天然气流程线

① 天然气压力能制冷。进入门站的压力为 4 ~ 8MPa 的天然气经 3 通阀分为 a、b 两路，供当前时刻城镇用气量的天然气经 a 路经膨胀制冷设备，压力降至 0.4 ~ 1.0MPa，温度降至 -112 ~ -49℃。低温天然气与冷媒在换热器中进行冷量交换，温度升为 +5℃，进入城镇燃气管网；冷媒温度降至 -60 ~ 0℃，存于低温冷媒储罐中。

② 制备 NGH。当前时刻部分天然气经 b 路进入水合物生成塔。冷媒提供冷量，喷入生成塔的水分与天然气生成天然气水合物浆，温度为 4 ~ 11℃。

③ 水合物储存。用气低谷时天然气流主要流向 b 路。生成天然气水合物浆存入水合物储罐。

④ 气化。用气高峰时在空调回路冷凝器与水合物储罐之间循环的冷媒的将热量传到水合物，使其气化，供向城镇燃气管网。

（2）低温冷媒流程线

由流程图可以看到有一个冷媒大循环：离心泵-换热器-低温冷媒储罐-离心泵-水合物储罐-水合物生成塔-常温冷媒储罐-离心泵。

（3）冷媒流程线

另有一个冷媒小循环：离心泵-空调机的冷凝器-水合物储罐-离心泵。

（4）水流程线

流程中还有一个循环水流程：离心泵-水合物生成塔-水合物储罐-离心泵。其中水是作为天然气的载体。

5.7.3　超级活性炭吸附天然气储存[46]

天然气吸附储存是指高比表面、富微孔的吸附剂在中低压下吸附储存天然气，可达高压下压缩天然气的储气密度。储存的天然气称为吸附天然气（Adsorption Natural Gas，ANG）。

ANG 技术是基于固气界面的吸附原理的一种工艺技术。在固体表面，原子或分子承受的力是不对称的，天然气分子在与固体表面接触时受到固体界面分子或原子的作用而暂时停留，吸附剂表面分子与天然气分子之间的作用力大大高于天然气分子之间的作用力，因而在吸附剂表面形成浓度很高的天然气吸附相。气体浓度增加，即发生吸附现象。由于吸附现象的存在，使得天然气在固体表面的分子浓度可以大大高于天然气内部的分子浓度。

自然界存在以及主要通过人工的方法可以制备出有很强吸附能力的物质（例如活性炭），称为吸附剂（adsorbent）。被吸附的气体（例如天然气）称为吸附质（adsorbate）。吸附剂和吸附质构成一个吸附系统。

1. 吸附质相态

吸附质有两种相态：在吸附剂内部自由空间的一般气态（本书直接称其为'气相'）和在吸附剂表面的吸附态（称其为'吸附相'，adsorbed phase）。研究表明，甲烷吸附态的密度（$\approx 0.35 \text{g} \cdot \text{cm}^{-3}$）介于临界密度（$0.162 \text{g} \cdot \text{cm}^{-3}$）与沸点液态密度（$0.425 \text{g} \cdot \text{cm}^{-3}$）之间。吸附过程是一种自发过程，因为吸附发生时，气体分子的自由能减小，被吸附的气体分子自由度比在气相中减少，混乱程度也减少，表现为吸附过程有放热效应。

2. 吸附与脱附

吸附质离开界面引起吸附量下降的现象称为脱附（desorption）。吸附与脱附在一定条件下可达到动态平衡，称为吸附平衡。

吸附过程中吸附剂与吸附质之间只有物理作用，因而作用较弱时称为物理吸附。吸附若伴随有吸附剂与吸附质的化学反应，形成表面化合物，因而相互作用强，则称为化学吸附。天然气在活性炭表面的吸附 ANG 是属于物理吸附的类型。

对吸附过程的气体平衡压力、吸附温度和吸附量三参数可以用吸附等温线、吸附等压线或吸附等量线表达其关系。最常用的是吸附等温线。吸附等温线是在一定温度下，平衡吸附量 a（g/g^1）与吸附压力（或吸附浓度）的关系曲线。见图 5-7-4：

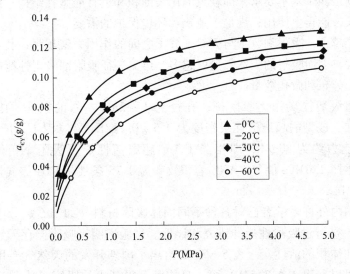

图 5-7-4 活性炭纤维 Busofit AYTM-055 甲烷吸附等温线

注：图中标记点为实验值；实线为按 D-R 方程计算值

吸附等温线有多种形态，图 5-7-4 为其中的一种。图中标记点为实验值，连续曲线为按 Dubinin-Radushkevich 方程的计算值。

可以看到，吸附等温线是斜率逐渐变小的曲线，以后还能看到在高压段会有斜率为零的极值点；温度越低，等温线位于越上方。吸附等温线可以是实验的或理论计算的。理论计算的吸附等温线取决于所依据的吸附理论模型。

3. Dubinin-Astrakhov 方程

1961 年俄罗斯 M. M. Dubinin 教授关于吸附剂微孔吸附量与吸附势关系的方程在描述气体吸附过程的模型中得到普遍地应用。Dubinin-Astrakhov 方程对微孔固体吸附剂是成功的模型：

$$n = n^0 \exp\left[-\left(\frac{RT\ln\frac{p_s}{p}}{E} \right)^q \right] \qquad (5-7-1)$$

式中　$RT\ln\dfrac{p_s}{p}$——吸附势（吸附的化学势）；

　　　E——吸附特性能量，对已给定的吸附是常数；

　　　R——气体常数；

　　　T——温度；

　　　p_s——虚拟压力，在超临界温度时，p_s 无定义，用极限压力 P_{lim} 代替。p_{lim} 由等温线线性化求出，$p_{lim} = 17.3MPa$；

　　　q——吸附剂表面势分布，与吸附剂孔径分布有关系，一般为整数，对窄孔沸石 $q = 3$，标准活性炭 $q = 2$；

　　　n^0——饱和吸附量，当 $P = P_s$ 时 $n = n^0$，如同吸附蒸气时的液体一样，吸附质分子充满微孔，由它可以计算微孔容积。

4. 吸附剂

吸附剂应满足四个基本要求，即较大的比表面积和适宜的微孔结构；高比体积储存容量；使用寿命长，能再生使用；满足工业化和环境保护的需要。

吸附剂孔径越小，吸附剂分子与天然气分子之间的作用力就越强；孔径越小，则吸附剂比表面积越大，因而吸附的天然气量就越多。可见表征吸附剂吸附性能的三个基本参数是比表面积、孔分布和微孔数量。

目前采用超级活性炭作为吸附剂，孔径为 1~2nm 左右的微孔，比表面积可高达 3000m²/g，经加工成型的超级活性炭密度为 0.5~0.7g/L。在常温下，压力为 1.6MPa 时对甲烷的吸附能力约为 80g/L，即相当于 1m³ 超级活性炭可吸附 110m³ 天然气。按供 0.2MPa 中压管网，1.6MPa 储气，ANG 容积效率为 0.75 条件，ANG 储气量与压力储罐储气量之比为 83:14。

近年来，国内外许多学者已对各种不同固体吸附材料（如沸石、分子筛、硅胶、炭黑、活性炭等）进行过吸附性能的研究和评价。试验证明，吸附储存天然气的有效吸附剂是具有高微孔体积的活性炭。表 5-7-2 给出了国外开发的天然气专用储存吸附剂参数。由该表中可以看出，在 3.5MPa 下，目前已可得到甲烷吸附量体积比在 160 左右的吸附剂。

国外开发的几种天然气专用储存吸附剂　　　　　　　表 5-7-2

吸附剂种类	容量	公司
PVDC	在 3.45MPa 和 298K 时，吸附、脱附量（体积比）分别为 170 和 135	AGLARC 公司
AMB	在 3.1MPa 和 298K 时，吸附量（体积）不低于 135	大阪气体公司
AX21	在 3.5MPa 和 298K 时，吸附量（体积比）为 144	Amoco 公司
GX-321	在 3.6MPa 和 298K 时，吸附量（体积比）为 160	Amoco 公司
M-30	在 1.386MPa 和 298K 时，吸附量（质量比）为 0.119g/g	大阪气体公司
成型活性炭	在 3.45MPa 和 298K 时，吸附量（体积比）分别为 184	Quebec 公司
CKT-6A	在 1.5MPa 和 298K 时，吸附量（质量比）为 0.116g/g	俄罗斯
9LXC	在 1.5MPa 和 298K 时，吸附量（质量比）为 0.100g/g	Union Carbide

5. 天然气的吸附储存

天然气的吸附储存是在储罐中装入固体吸附剂，储存压力为（3~4MPa）。生产 ANG 时，加压充入天然气。吸附会产生吸附热，应尽量使其移走；使用 ANG 时则降压取气。取气是解吸过程，会因吸热导致温降，应采用适当方法给系统补热。吸附天然气方式可达到与压缩天然气相接近的存储容量。

与压缩储存相比，吸附储存具有工作压力低，设备体积小，成本低（超级活性炭价格降至当前价的 1/10 的条件下）等优点。

吸附天然气的应用工艺问题包括：

（1）活性炭压制成型、装填、再生等技术。

（2）考虑含杂质的实际天然气（CO_2、H_2O 和硫化物以及高碳碳氢化合物）对吸附剂吸附性能的影响。杂质会附着或凝析在活性炭表面上，大大减少活性炭的比表面积。因此，在系统中可考虑设杂质预脱除设备。

（3）在充、放气过程中存在吸附热效应，要研究提高吸附剂床层的换热性能，解决好吸附热的移出或补充，以及在低压条件下天然气的有效释放和利用效率。

（4）天然气吸附储存相关设备，特别是吸附天然气汽车的研究与开发。

制约天然气吸附储存的两个关键问题是高性能吸附剂的开发和吸、脱附过程热效应分析。

5.8　低压储气罐

在前天然气年代，长期使用人工燃气、主要是煤制气为主导气源。工艺和设备用于低压级别下生产燃气。在这种系统中燃气的输送和储存因而也必定是低压级别。出现了几种低压储气罐类型。分为两大类：低压湿式罐和低压干式罐。每一类又各有几种典型的形式。

低压储气罐最主要的特点是储气压力很低，主要适用于人工燃气（煤制气）供气系统或石油伴生气的回收系统。随着城市燃气气源转向天然气以及长距离输气管道高压输气技术的发展，在城镇天然气系统中，低压储气罐将被淘汰。

低压储气罐几何容积的确定：

确定储气罐几何容积时，应考虑到供气量的波动和用气负荷的误差，气温等外界条件的变化以及储罐有一部分垫底气和罐顶气不能利用，储气罐的实际容积应有一定的富裕。这部分气量约占储气罐几何容积的 15% ~20%，因此低压湿式储气罐的几何容积按下式计算：

$$V = \frac{V_c}{\varphi} \qquad (5-8-1)$$

式中　V_c——所需储气容积，m^3；

　　　V——储气罐的几何容积，m^3；

　　　φ——储气罐的活动率，取 0.75 ~0.85。

5.8.1　低压湿式储气罐

湿式储气罐因钟罩，塔节坐落在水槽中，又叫水槽式储气罐。在水槽内放置钟罩，钟罩随着天然气的进出而升降，并利用水封防止罐内天然气逸出和外面的空气进入罐内。罐的容积可随供气量而变化。

湿式罐按罐的节数分单节罐和多节罐。按钟罩的升降方式分为在水槽外壁上带有导轨立柱的直立罐和钟罩自身外壁上带有螺旋状轨道的螺旋罐。

湿式直立罐主要由水槽、钟罩、塔节、水封、顶架、导轨立柱、导轮、增加压力的加重装置以及防止造成真空的装置等组成。气罐的进出气可以分为单管和双管两种。当供应的气体组分经常发生变化时，使用进出气各一根管子的双管形式，以利于气体组分混合均匀。直立式低压湿式储气罐的结构见图 5-8-1。

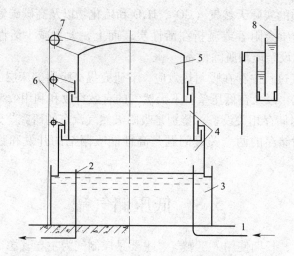

图 5-8-1　直立式低压湿式罐

1—燃气进口；2—燃气出口；3—水槽；4—塔节；5—钟罩；6—导向装置；7—导轮；8—水封

螺旋罐没有导轨立柱，由钟罩、多层罐体与水槽构成。各节罐体之间有水密封结构。罐体靠安装在侧板上的螺旋线型导轨与安装在下层罐体平台上的导轮之间的相对运动，使其缓慢旋转上升或下降。螺旋罐的主要特点是比直立罐节省金属 15% ~30%，且外形较为美观。

螺旋罐比直立罐节省钢材 15% ~30%，但不能承受强烈的风压，在风速太大的地区不宜使用。螺旋罐的结构见图 5-8-2。

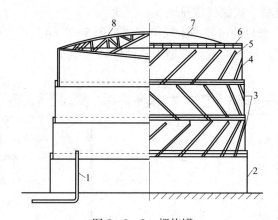

图 5-8-2 螺旋罐

1—燃气管；2—水槽；3—塔节；4—上塔节；5—导轨；6—栏杆；7—钟罩；8—顶架

5.8.2 低压干式储气罐

干式罐主要由圆柱形外筒、沿外筒上下运动的活塞构成。气体储存在活塞以下部分，随活塞上下而增减其容积。干式罐没有水槽，因而防止活塞与外筒之间漏气的密封问题不易解决，根据密封方式不同，干式罐的形式很多，常采用的有阿曼阿恩型干式罐、可隆型干式罐及威金斯干式罐。

干式罐没有水封，大大减少了罐的基础载荷，有利于建造大型储气罐，又节约金属。但因密封复杂，提高了对罐体及活塞等部件施工质量的要求。各国低压干式储气罐用得比较普遍

1. 干式储气罐的组成。

低压干式储气罐由筒体、活塞、导架装置、密封机构、梯子平台、接管等组成。是压力基本稳定的储气设备。罐的筒体由钢板焊接或铆接。筒体内有一个可以上下移动的活塞，其外直径和罐筒内直径相等。活塞在燃气压力与活塞重力作用下由导架装置上下导向运动；当无进、出储罐燃气流动时，燃气压力与活塞重力保持平衡，活塞处于静止状态。

进气时活塞上升，用气时活塞下降，靠活塞自重将燃气压出，因造成燃气压力的设备是活塞自重，所以输出燃气压力基本稳定。

2. 分类

按筒体形状，低压干式储气罐的外形分多角形和圆柱形两种。

按采用的密封方式，干式储气罐有三种类型：曼型，可隆型，威金斯型。主要特征见表 5-8-1。

三种干式储气罐的主要特征 表 5-8-1

类　型	曼　型	克　隆　型	威金斯型
外形	整多边形	正圆形	正圆形
密封方式	稀油	干油	橡胶夹布帘
活塞形式	平板木桁架	拱顶	T形挡板
最大储气压力 Pa	6400	8500	6000

采用稀油密封的曼型干式储气罐见图 5-8-3。

用润滑脂（干油）密封的可隆型干式储气罐见图 5-8-4。

采用橡胶夹布帘密封机构的威金斯型干式储气罐见图 5-8-5。

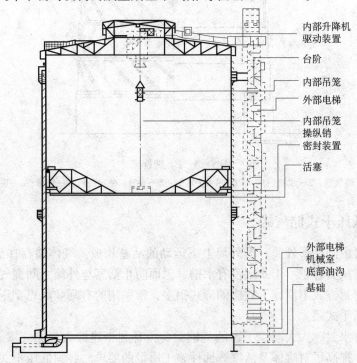

图 5-8-3　曼型干式储气罐

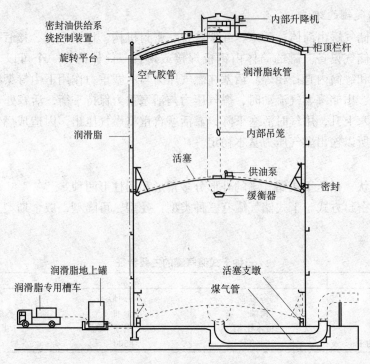

图 5-8-4　可隆型干式储气罐

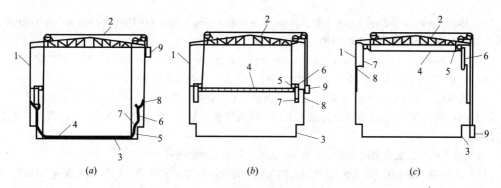

图 5-8-5　威金斯型干式储气罐

（*a*）储气量为零；（*b*）储气量为最大容积的1/2；（*c*）储气量为最大容积

1—侧板；2—罐顶；3—底板；4—活塞；5—活塞护栏；

6—套筒式护栏；7—内层密封帘；8—外层密封帘；9—平衡装置

5.8.3　干式罐与湿式罐比较

干式罐与湿式罐比较，有以下优点：

（1）在容积较大时，金属用量少，投资低；

（2）罐体对土壤压力较小，地基投资少，占地面积较小；

（3）由于没有水池和水封，冬季不用采暖，管理费少；

（4）远行压力基本不变，比湿式罐稳定；

（5）在相同气温下罐内气体湿度变化较小。

干式罐的缺点：

①储存湿气时，冬季罐内壁易结冰。影响活塞上下移动；

②活塞与罐壁不可能绝对严密，故活塞顶部空间易存留易爆炸的混合气体；

③加工和安装要求和精度大大高过湿式罐，施工较复杂。

参考文献[①]

［1］严铭卿等．燃气的储存与储备：储备［J］．煤气与热力，2012（11）A24-A28.

［2］Hans-Peter Floren, Ulrichm. Duda. European Storage Capacity Demand and future Development［A］. IGU2009.

［3］Georg Zang et al. Automated Surveillance and Optimization of Underground Gas Storge Reservoirs［A］. IGU2009.

［4］A. Davis et al. Ealuation of A Risk Lever of Gas Supply of the Baltic Countries and Risk Criteria of UGS［A］. IGU2006.

［5］Bard Bringedal. Valuation of Gas Storage A Real Options Approach［D］. Stavanger：Norwegian University of Science and Tecnology，2003.

---

① （在本参考文献中若干条参考文献表达中采用了缩写：

IGU2003 表示 International Gas Union 22nd World Gas Conference Report and Papers［C］. Tokyo：IGU，2003

IGU2006 表示 International Gas Union 23rd World Gas Conference Report and Papers［C］. Amsterdam：IGU，2006

IGU2009 表示 International Gas Union 24th World Gas Conference Report and Papers［C］. Buenos Aires：IGU，2009

［6］Márk Laczkó，Roland Lajtai. Gas Hub as A Source of Regionalmarket Development in The Central and Eastern European Region［A］. IGU2009.

［7］Koji Yoshizaki et al. Utilization of Underground Gas Storage（UGS）in Japan［A］. IGU2009.

［8］K. C. 巴斯宁耶夫等. 地下流体力学［M］. 北京：石油工业出版社，1992.

［9］杨继盛. 采气工艺基础［M］. 北京：石油工业出版社，1992.

［10］亨利. 布克里奇娄著. 现代油藏工程—模拟计算［M］. 葛家理等译. 北京：石油工业出版社，1986.

［11］陈月明. 油藏数值模拟基础［M］. 北京：石油大学出版社，1987.

［12］严铭卿，廉乐明等. 枯竭油气田天然气地下储气库模拟研究导论［J］. 城市煤气，1997（1）：5-10，14.

［13］谭羽非. 枯竭气藏型天然气地下储气库数值模拟研究（博士学位论文）［D］. 哈尔滨：哈尔滨建筑大学，1998.

［14］展长虹. 含水层型天然气地下储气库的模拟研究（工学博士学位论文）［D］. 哈尔滨：哈尔滨工业大学，2001.

［15］展长虹，严铭卿，廉乐明. 含水层天然气地下储气库的有限元数值模拟［J］. 煤气与热力，2001，（4）：294-298.

［16］曹琳. 盐穴储气库及其循环注采运行配产优化（工学博士学位论文）［D］. 哈尔滨：哈尔滨工业大学，2008.

［17］Juan José Rodriguez et al. Integrated Monitoring Tools in Diadema Underground Gas Storage—Argentina［A］. IGU2009.

［18］Juan José Rodriguez. Diadema，the First Underground Storage Facility for Natural Gas in Argentina. Considerations Regarding Environmental Protection，Safety and Quality［A］. IGU2003.

［19］Jerzy Stopa et al. Technical and Economical Performance of The Underground Gas Storage in Low Quality Gas Reservoir［A］. IGU2009.

［20］S. A. Khan，et al. Experience Problem and Perspectives for Gaseous Helium Storage in Salt Caverns on the Territory of Russia［A］. IGU2009.

［21］L. Mansson，Sydkraft，P. Marion. The LRC Concept and The Demostration Plant in Sweden － A New Approach to Commercial Gas Storage［A］. IGU2006.

［22］戴金星等. 中国天然气资源及前景分析—兼论西气东输的储量保证［A］. 21 世纪中美天然气论坛论文集［C］. 北京：中国科技部高技术研究发展中心，2000.

［23］Barbara Bruce，Carlos Lopez-Piñon. Peru LNG：A Grassroots Gas Liquefaction Project Optimized for Cost ion Difficult Times［A］. IGU2009.

［24］Blake Blackwell，Hugo Skaar. GOLAR LNG：Delivering The World's First FSRUs［A］. IGU2009.

［25］Ilmars Kerbers，Graham Hartnell. A Breakthrough for Floating LNG［A］. IGU2009.

［26］Nabil Madani. Project Prepare of Complete External Renovaion During Opration of Three LNG Tanks of 100000m^3 Each，Using Cold Prepair and Compositematerials for Coating［A］. IGU2003.

［27］Fares Aljeeran. Conceptual Liquefied Natural Gas（LNG）Terminal Design for Kuwait［D］. Texas A&M University，2006.

［28］Noelia Denisse Chimale et al. LNG in Argentina-A Regasification Plant Feasibility Study［A］. IGU2009.

［29］Dressler M. et al. Tools for Dispatcher Management of Multiple UGS's［A］. IGU2009.

［30］严铭卿，宓亢琪，黎光华. 天然气输配技术［M］. 北京：化学工业出版社，2006.

［31］Nico Keyaerts et al. First Results of the Integrated European Gas Market：One for All or Far from One

［A］. IGU2009.

［32］Stephen Thompson. The New LNG Trading Model Short-Term Market Developments and Prospects ［A］. IGU2009.

［33］Jesco von Kistowski. The Sustainability of Pricing Systems in an Integrated Market ［A］. IGU2009.

［34］Akbar Nazemi. New Mechanisms of LNG Pricing in ASIA ［A］. IGU2009.

［35］Mir Mehdi Zalloi. Forecasting Momentarry Price of Crude Oil and Gas Fosile Energis in The World Markets Through Fuzzy Based Modeling ［A］. IGU2009.

［36］O. E. Aksyuin. UGS Development Status and Prospects in Russian Federation in the Light of Global UGS Trends ［A］. IGU2009.

［37］Sergey Khan. Underground Stirage of Gas（Report of Working Committee 2）［A］. IGU2006.

［38］Tore Loland. Natural Gas Quality Specifications and LNG Suply ［A］. IGU2009.

［39］Jean-Marc Leroy. The Role of Natural Gas Storage in the Changing Gas Market Landscape ［A］. IGU2009.

［40］He Chunlei et al. China's Natural Gas Supply Security in a Global Perspective ［A］. IGU2009.

［41］柴海容. 天然气市场分析（硕士学位论文）［D］. 华中科技大学，2003.

［42］Zhang Yuwen. Study and Construction of Underground Gas Storage Facilities in China：Current Status and Its Future ［A］. IGU2009.

［43］Nico Keyaerts et al. First Results of The European Integrated Gas Market：One for All or Far from One ［A］. IGU2009.

［44］D. van den Brand. Safety in European Gas Transmission Pipelines ［A］. IGU2009.

［45］陈秋雄，徐文东. 天然气管网压力能利用与水合物联合调峰研究 ［J］. 煤气与热力，2010（8）：A27-A30.

［46］严铭卿等. 燃气输配工程分析 ［M］. 北京：石油工业出版社，2007.

［47］Xie DongLai. Modeling of Heat Transfer in Circulating Fluidized Beds（Dissertation for the Degree of Ph. D.）［D］. University of British Columbia，2001.

第6章 城镇燃气输配系统

6.1 城镇燃气输配系统压力级制与分类

6.1.1 输配系统的压力级制

城镇燃气输配系统是指城镇范围内从天然气门站或气源厂出发到各类用户用具前的燃气输送与分配管网系统，包括输气管道、储气设施、调压装置、计量装置、输气干管、分配管道及相应的附属设施。其中储气、调压与计量装置可单独设置或合并设置。门站是天然气气源经长输管线进入城市的门户也是城镇燃气输配系统的起点，具有过滤、计量、调压与加臭等功能，有时兼有储气功能。储气设施有地下储气库、储气罐、管束、储气井等。当今燃气输配系统的主流是天然气输配系统。

城镇输配管网可按其功能分类，分为输气干管与分配管网。分配管网又分为分配干管、街坊管与室内管。分配干管与街坊管为室外管，室内管的立管与水平管也可安装在建筑物外墙上。

首先，按工程技术标准化和合理性要求，城镇燃气输配系统是一种实行压力分级、逐级衔接的设施。压力的高低以及如何逐级分配受多种因素制约。气源供给压力是基本因素；管道材质特性（强度，塑性，耐腐蚀性等）以及设备仪表工艺、施工、维护技术等是外在条件；而对燃气输配系统的安全性要求则是重要的制约因素；此外还存在工程和技术的经济性要求和终端用气的压力要求等。可以看到，国内外对于城镇燃气输配系统的压力分级，是一个随城镇燃气发展，燃气气源由人工燃气向天然气转变、管道材料更新、工艺技术提高、工程措施改进等积累、形成压力分级体制的经历变化的过程。

同时，还应该认识到，确定城镇燃气输配系统压力级制，存在对天然气压力能量利用更深层次的技术经济问题。燃气以压力状态从气源通过管道或容器输送和分配到终端用户。管道输送的天然气除具有较高的化学能外还有较高的压力能，其烟能（包括压力能）应被充分利用。对其可以直接利用，例如建设基于天然气管网烟能回收的燃气—蒸汽联合循环系统用于调峰发电厂，建立直接膨胀调峰型 LNG 液化厂，建立调峰型天然气水合物（NGH）厂；或通过城镇燃气输配管网系统形成储气方式的自然利用。比较起来，前者需增加工艺设备系统，将冲销对烟能的利用效益；后者则由于利用输气管道储存了部分燃气从而可以降低储气规模，减少储气设施投资，节省运行费用，但没有直接回收高压天然气的高位能量。由此可见，确定城镇燃气输配系统压力水平及对天然气压力能量的利用，是具有基本意义的工程技术决策。在解决这一方面的问题时，需基于存在的城镇输配管网压力级制情况求得合理解决。在本章 6.7 节将简述天然气压力能量利用内容。

在工程技术标准化的范畴内，对城镇输配管网有关于压力级制的规定。按其规定，可对管道进行分类，见表 6-1-1。

城镇输配管道按设计压力分类

表 6-1-1

名　称		压力（表压 MPa）
高压燃气管道	A	$2.5 < P \leqslant 4.0$
	B	$1.6 < P \leqslant 2.5$
次高压燃气管道	A	$0.8 < P \leqslant 1.6$
	B	$0.4 < P \leqslant 0.8$
中压燃气管道	A	$0.2 < P \leqslant 0.4$
	B	$0.01 \leqslant P \leqslant 0.20$
低压燃气管道		$P < 0.01$

6.1.2 输配系统的分类

城镇燃气输配系统根据所采用的管网压力级制不同可分为以下几种形式：一级系统：仅用一种压力级制的管网来输送和分配燃气的系统，通常为低压或中压管道系统。二级系统：由两种压力级制的管网来输送和分配燃气的系统，通常为高（次高）—中压系统、中压 A-低压系统、中压 B-低压系统。三级系统及多级系统：三种及三种以上压力级制的管网来输送和分配燃气的系统。燃气输配系统中各种压力级制之间的管道通过调压装置连接。

对于天然气，由于长输管道供气压力较高而多采用高（次高）中压系统或单级中压系统，前者适用于较大城市，其中高压管道或次高压管道可兼作储气设施而具有输储双重功能。此两系统中的中压管道供气至小区调压柜或楼栋调压箱，天然气实现由中压至低压的调压后进入低压街坊管与室内管。也可中压管道直接进入用户由用户调压器调压，可使用户用具前的压力更为稳定，一般不采用区域中低压调压站。

当原有人工燃气输配系统改输天然气时，原有人工燃气大多采用中低压系统，且为中压 B 级，一般加以改造后可予以利用，天然气经区域中低压调压站调压后进入低压分配干管、低压街坊管与室内管。

中低压系统与单级中压系统的区别在于中低压系统具有区域中低压调压站与低压分配干管，低压管网的覆盖面大。单级中压系统由中压管道直接给小区调压柜或楼栋调压箱供气。一般天然气高（次高）中压系统中的中压管道部分为单级中压系统。在中低压系统中，有的路段同时出现中压管道与低压分配干管。区域调压站供应户数多于小区调压柜与楼栋调压箱，因此区域调压站网供气的用户燃具前压力波动较大。

当中压 A 系统向中压 B 系统供气时，须设置中中压调压器。

为便于比较，将几种不同压力级制的输配系统绘成综合流程示意图。图 6-1-1 中包括高（次高）中低压、高（次高）中压、中低压与单级中压四种输配系统。

确定输配系统压力级制时，应考虑下列因素：

（1）气源状况；（2）城市现状与发展规划；（3）储气措施；（4）大型用户与特殊用户需求。在此基础上应充分利用气源压力，并综合技术、经济和安全等方面，进行技术经

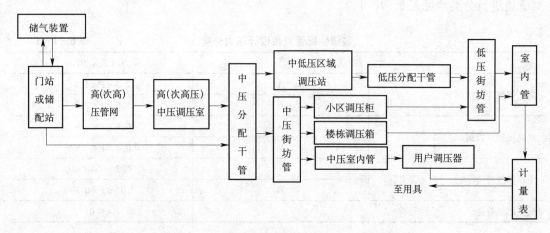

图 6-1-1　不同压力级制城镇输配系统流程综合示意图

济方案比选，合理确定输配系统压力级制。

对天然气的压力不仅要考虑在长输管道投产初期因未达设计流量而出现较低压力供气的现状，更应结合长输管道设计压力、其增压可行性。国内长输管道设计压力见表 6-1-2。

国内长输管道设计压力　　　　　　　　　　　　　　表 6-1-2

名称	陕京	川渝	西气东输	忠武	川气东送	西气东输二线	陕京二线
压力（MPa）	6.4	6.0　4.0	10.0	6.4	10.0	10.0～12.0	10.0

对于大中型城市，由于用气量多面广，为安全供气，繁华地区对地下天然气管道压力的限制，高压管道一般只能设置在城区边缘。在城市周边设置高压或次高压环线或半环线经多个调压站向城市供气，该高压或次高压管线往往兼作储气，即具有输储双重功能。

当天然气压力大于 2.0MPa 时，因储罐最高运行压力一般为 1.6MPa，采用管道储气较储罐储气经济，除长输管道未段可储气外，也可设置高压管道或管束储气。对于要求供气压力较高的用户如天然气电厂等可由高压或次高压管道直接供气。

城区分配系统一般为单级中压。与中低压系统相比，该系统避免了中、低压管道并行敷设、减少低压管长度而获得较好的经济性；同时由于采用供气户数较少的小区调压柜或楼栋调压箱，燃具前压力稳定性更好。因此单级中压系统成为城区天然气分配系统的首选。当系统采取中压进户而应用用户调压器形式，燃具前压力无波动。

综上所述，城市天然气输配系统结合管道储气或储罐储气可采用的压力级制一般为高（次高）中压。

中压管网系统可细分为主干管和分布于街坊的支管，在中压干管与支管之间需有适当的压力分配。支管的终点压力受调压装置进口压力或用气设备允许压力要求的制约，支管压力降的大小关系到支管的投资，因而中压干管末端（支管起点）压力应有适当的数值。一般采用中压干管末端（支管起点）最低压力为 0.15MPa，支管的终点最低压力为 0.05MPa。

中压系统设计压力的确定可结合储气设施的运行作技术经济比较进行选择。当中压管道的天然气来自高压储罐或高（次高）压管道，降低中压管道设计压力可提高储气设施利用率、节省其投资，但由于中压管道可资利用的压降减少而增加投资；此外，采用大型储罐造价相对较低，但建造技术难度增高。综合压力和储罐容量可形成不同方案。例如某城市所需储气量为 120000m³，有备选方案如表 6-1-3。

储气量为 120000m³ 的备选方案 表 6-1-3

方案	1	2	3	4	5	6	7	8	9
罐组 （m³×个数）	3000×4			2000×6		2000×5	5000×2 +3000×1	5000×2 +2000×1	5000×2
储罐最低运行 压力（MPa）	0.5	0.4	0.3	0.5	0.4	0.3	0.5	0.4	0.3
中压管网运行 压力（MPa）	0.4	0.3	0.2	0.4	0.3	0.2	0.4	0.3	0.2
相对造价	0.99	1	1.05	0.99	1.0	0.99	1.0	0.99	0.98

注：储罐最高运行压力 1.5MPa，平均总投资 7428.44 万元

由表 6-1-3 可知，按总投资除方案 3 略高外，各方案相差不大。方案比较的主要点在于：采用大型储罐造价较低，但大型球罐（例如 5000m³）整体热处理有难度；采用较低管网运行压力，则管网有较大的扩容潜力。因而采取何种方案，需就技术经济全面加以衡量。对于管道储气同样可进行如表 6-1-3 的方案比选，此时，方案的技术经济效果可能会有比较显著的差别。

对压缩天然气（CNG）、液化天然气（LNG）与液化石油气混空气由管网向城镇供气的输配系统，也可按上述类似方法考虑输配系统压力及设备参数，对不同的工程技术方案进行综合技术经济比较。

人工燃气一般指煤制气与油制气，其特点是气源压力低，由低压储罐储气，经压缩机加压后供气，因此往往采用单级中压系统或中低压系统；对净化程度较高的人工燃气，由于小型调压器不易被堵，应优先采用单级中压系统。由于提高中压压力可降低管网投资，但却增加压缩机运行费，因此须作技术经济方案比选，由综合经济指标确定中压系统压力。对于小城镇可考虑低压直接供气。

6.2 场 站

6.2.1 门站

天然气门站，从天然气长输管线的分输站接入，是城镇天然气输配系统的重要组成部分，是城市输配系统的气源点。其任务是接收长输管线输送来的天然气，经门站送入城镇输配管网或直接送入大用户。而天然气高压储配站的主要功能是储存天然气、减压后向城镇输气管网输送天然气。储配站也可与门站合建。

6.2.1.1 门站的功能与设置

由长输管道供给城镇的天然气，一般经分输站通过分输管道送到城镇门站。对于区域面积较大的城市，为了保证供气的可靠性，适应城镇区域对天然气的需求，可以通过敷设

两条或两条以上分输管道达到以上目的，此时，对满足长输管道储气方面的需要也是有利的。大型城市接收不同气源天然气或对应多条分输管道时，可建立多座门站。

分输站与门站分属天然气长输管道公司与城镇天然气公司。按天然气长输管道的管位与城镇天然气压力级制和管网型式的相对关系不同，分输站与门站邻近或相距较远。对分输站与门站邻近的情况，从整体利益考虑，应提倡分输站与门站合建，以节省投资及用地。

分输站出口的天然气压力一般在 1.6～4.0MPa 之间进入门站。

门站站址应符合城市规划要求，并结合长输管线位置确定，同时考虑少占农田、节约用地、与周围建筑物和构筑物的安全间距，以及适宜的地形、工程地质、供电、给水排水、通信等条件，并应与城市景观协调。

门站总平面应分为生产区（计量、调压、储气、加臭等）与辅助区（变配电、消防泵房、消防水池、办公楼、仓库等）。生产区应设置在全年最小频率风向的上风侧，如生产区有储配站功能，应设置环形消防车通道，其宽度不应小于 3.5m。

把门站过滤、计量与调压等功能装配于一体的撬装式装置可节省用地。

门站的占地面积一般为 400～8000m^2。

6.2.1.2　门站工艺

门站工艺应考虑能满足输配系统输气调度和调峰的要求，根据长输管道末端和下游管网系统的压力、流量波动范围及调峰方式确定门站工艺基本流程。内容包括：除尘、气质检测、调压计量、加臭和清管球收发装置等的设置，设备选型与数量应充分考虑备用流程线或备用设备的自动开启，调压器与进出站阀门的遥控，以及运行参数采集、通信、设备检修等。工艺流程中应设置流量、压力和温度计量仪表，宜设置测定燃气组分、发热量、密度、湿度和各项有害杂质含量的仪表。

调压装置应根据燃气流量、压力降等工艺条件确定是否需设置加热装置。

站内计量调压装置根据工作环境要求可以露天布置，也可以设在厂房内，但在寒冷或风沙地区最好能采用封闭式厂房。站内设备、仪表、管道等安装的水平间距和标高均应便于观察、操作和维修。

门站安全阀的功能是在超压状况下开启放散泄压，一般选用弹簧封闭全启式安全阀，其由指挥器控制时灵敏度较高。

手动放散阀一般采用截止阀，当系统压力过高时实行紧急手动放散。

门站工艺管道系统包括配管区、进站阀门区、出站阀门区等几部分。在门站进站总管上宜设置除尘器，装置前设过滤器。进出站管线应设置切断阀门和绝缘法兰，站内管道上需根据系统要求设置安全保护及放散装置，在用线和备用线能自动切换。当长输管线采用清管工艺时，其清管器的接收装置可以设置在门站内。工艺管道分埋地与地面敷设两种方式。

图 6-2-1 是较为通用的先调压后计量型门站工艺流程图，也可采取先计量后调压方式。

由输气干线来的天然气首先进入第一汇气管 3，经过除尘器 4，进入第二汇气管 3，调压器 6，再经流量孔板 8 计量后，至汇气管 9，由加臭装置 20 加臭，送入城市管网。设一条越站旁通管 17，以备站内发生故障检修时，长输管线可直接向城市管网供气。

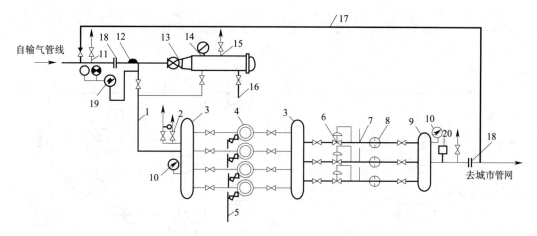

图 6-2-1 门站的工艺流程图

1—进气管；2—安全阀；3、9—汇气管；4—除尘器；5—除尘器排污管；6—调压器；7—温度计；
8—流量孔板；10—压力表；11—干线放空管；12—清管球通过指示灯；13—球阀；14—清管球接收装置；
15—放空管；16—排污管；17—越站旁通管；18—绝缘法兰；19—电接点式压力表；20—加臭装置

一般门站的工艺流程中设有清管球接收装置。对大中城市天然气供应系统，若门站与分输站相邻，门站的天然气需要进入较长的城市天然气外环输气管道，考虑在长输管道的分输站中设有清管球接收装置，门站的工艺流程中不安装清管球接收装置，而安装清管球发送装置。

在进站高压流量表之间可设比对流程及在线标定接口，见图 6-2-2。这种做法可使标准气体流量计和被检测的流量计均在大约相同的压力条件下运行，在检定过程中，不会产生因气体压缩因子算法而导致的其他不确定度。但它也有缺点，即标准气体流量计本身需要在几种不同的压力条件下进行检定。

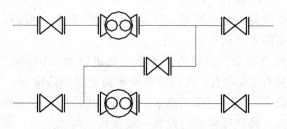

图 6-2-2 流量计量表之间的对比流程

根据门站工艺的要求，比较完善的天然气门站单级调压计量装置工艺流程设计参见图 6-2-3。该装置不仅可设在建筑物内，也可根据气候、环境条件选用适于高/次高压或高/中压压力调节的撬式集成装置。

为保持与天然气长输管道单位在经营和运行上的协调一致，门站流量计可考虑采用与分输站（末站）相同的型号。

一般在北方的门站有供热系统，占地面积较大，约在 $7000 m^2$ 左右。调压设备多置于室内、以应付冬季的严寒。而南方的门站相对占地面积较小，只有北方的一半，除了办公、值班或仪表维修，数据采集等设备位于室内，其他均露天布置，且较为紧凑。

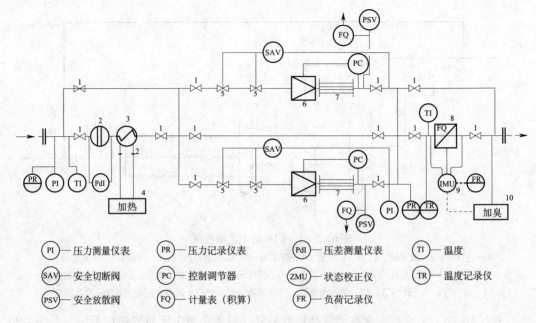

图 6-2-3　天然气门站单级调压计量装置系统简图

1—切断阀；2—过滤器；3—预热器；4—热媒发生器；5—超压保护装置；

6—调压器；7—消音器；8—计量表；9—状态校正仪；10—加臭装置

6.2.1.3　门站设备

阀门、除尘设备、清管器、流量计、调压器与安全阀见相关章节。

1. 预热装置

天然气节流降压的过程会产生汤姆逊效应，压力每降 0.1MPa，气体温度约降 0.4℃，在高压门站内，天然气压降较大，此时调压器出口管的外壁会出现较严重的结冰现象。为防止过冷气体流经计量设备，造成误差。故多将计量设备移至调压器之前，并在门站配备加热设备，以确保设备的正常运行。

如果天然气进站压力不高，出口压力不低，如进口为 2.0MPa，出口压力为 1.5MPa，其降压后造成的温降只有 2℃左右，在门站内便不需设置加热设备。

热交换器的形式很多，但一般选用热水为介质，热源的设置方式依门站规模而定，大站宜选站内集中供热源。按调压幅度可设置一级预热或两级预热，第二次预热设在第二级调压前。

天然气门站预热装置系统简图见图 6-2-4 所示。

2. 集中放散装置

集中放散装置宜设置在站内全年最小频率风向的上风侧，放散管管口的高度应高出距其 25m 内的建、构筑物 2m 以上，且不得小于 10m。放散管与站内外的建、构筑物防火间距分别按《城镇燃气设计规范》GB50028 确定。

3. 站区管道

门站管道除连接地上设备外一般埋地设置。按流速不大于 20m/s 确定管径。管材按管径与压力等级确定，一般公称直径大于或等于 150mm 的管道采用直缝电阻焊接钢管，小

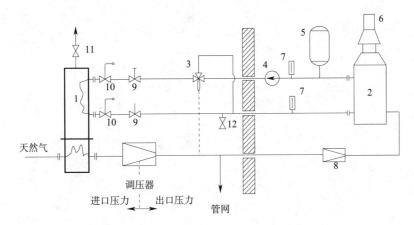

图 6-2-4 天然气门站预热装置流程简图

1—热交换器；2—锅炉；3—带温度传感器的温度调节器；4—循环泵；

5—膨胀罐；6—排烟管；7—热水温度计；8—小气量调压与计量站；

9—切断装置；10—热水的往、返流的安全切断装置；11—安全阀；12—加水阀

于 150mm 的管道采用无缝钢管；高压管道均须由强度计算确定材质与壁厚，可参考长输管道强度计算内容。

地下管道的直管部分采用三层聚乙烯加强级防腐层，管件采用冷喷涂环氧粉末外加聚乙烯冷缠带加强级防腐层，地上管道采用环氧底漆与聚氨酯面漆防腐。

4. 控制系统

门站主要监测参数为进站天然气压力、温度、流量、成分，出站天然气压力、温度、流量，过滤器前、后压差，调压器前、后压力，加臭剂加入量，调压计量区天然气浓度。

控制系统的控制对象主要为进、出门站管道上设置的电动阀。

监测与控制系统采用微机可编程控制系统收集监测参数与运行状态，实现画面显示、运算、记录、报警以及参数设定等功能，同时作为城市天然气输配系统的一个监控子站向监控中心发送运行参数与接收中心调度指令。电动阀门既可在门站控制室操作，也可在监控中心作远程控制。监测与控制系统应包括安全保卫系统。

6.2.2 储配站

6.2.2.1 高压储配站

高压储配站所建储罐容积应根据输配系统所需储气总容量、管网系统的调度平衡和气体混配要求确定，具体储配站的储气方式及储罐形式应根据燃气进站压力、供气规模、输配管网压力等因素，经技术经济比较后确定。确定储罐单体或单组容积时，应考虑储罐检修期间供气系统的调度平衡。

高压储配站主要由储气设备及附属设施组成。常用的储气设备有高压储气罐和高压储气管束。

由于门站和储配站都需具有除尘、加臭和计量、调压等功能，因此往往采取合建的方式，这样可以节省投资、土地、运行费用等。图 6-2-5 是一个高压储配站的工艺流程图。

在低峰时，由天然气高压干线来的天然气一部分经过一级调压进入高压球罐，另一部分经过二级调压进入城市输气管网；在高峰时，高压球罐出口天然气和经过一级调压后的

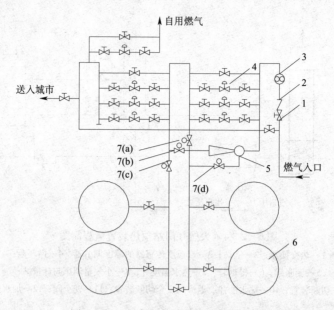

图 6-2-5　高压储配站的工艺流程图

1—阀门；2—逆止阀；3—流量计量；4—调压器；5—引射器；6—储罐；7—电动球阀

高压干管来气汇合经过二级调压送入输气管网。为了提高储罐的利用系数，可在站内安装引射器，当储气罐内的天然气压力接近管网压力时，可以利用高压干管的高压天然气将天然气从压力较低的罐中引射出来，以提高储罐的容积利用系数。为了保证引射器的正常工作，球阀 7 (a)、7 (b)、7 (c)、7 (d) 必须能迅速开启和关闭，因此应设电动阀门。引射器工作时，7 (b)、7 (d) 开启，7 (a)、7 (c) 关闭。引射器除了能提高高压储罐的利用系数之外，当需要开罐检查时，它可以把准备检查的罐内压力降到最低，减少开罐时所必须放散到大气中的天然气量，以提高经济效益，减少大气污染。为了便于控制与充分利用储气，可单独设置储罐出口调压装置。

6.2.2.2　低压储配站

低压储配站一般采用湿式低压罐储气，也有采用干式低压罐。

当采用中低压或单级中压输配系统时，储配站须设置压缩机，从储罐抽取低压燃气加压后供出。低压储配站流程见图 6-2-6。

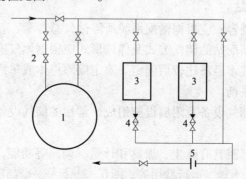

图 6-2-6　低压储配站流程

1—湿式低压罐；2—水封；3—压缩机；4—逆止阀；5—出口计量计

6.2.3 调压站

调压站一般指高（次高）中压调压站与中低压调压站，当需要时，也有设置高高压调压站或中中压调压站，分别将高压调至次高压或中压（A）调至中压（B）。中低压调压站主要用于人工燃气的中低压输配系统，单个调压站一般供应数千户至十万户以上，由于调压站一般向区域供气因此又称区域调压站，适用于含尘与杂质多于天然气的人工燃气。小区调压柜（落地式）与楼栋调压箱（悬挂式）主要用于洁净的天然气单级中压输配系统，它们的功能一般为中低压调压供居民用，供应户数远较区域中低压调压站少，分别设置于小区内与楼栋外墙。此外工业与商业等用户的专用调压器也可采用小区调压柜或楼栋调压箱。门站与储配站一般均兼具调压功能，设有调压装置，其调压级数与幅度由进、出口燃气压力确定。

城区室外燃气管道压力一般不大于 1.6MPa，按输配系统的压力级制，原则上中低压、次高中压与次高低压调压站可布置在城区内，而高次高压调压站应布置在城郊。调压站的最佳作用半径主要取决于供气区的用气负荷和管网密度，并需经技术经济比较确定；按供气安全可靠性的原则，站内可采取并联多支路外加旁通系统。调压站（含小区调压柜）与其他建筑物、构筑物的水平净距应符合现行国标的相关规定。

调压站的工艺流程根据在输配系统中的功能和参数（压力、流量）调节范围，其繁简程度有所不同，但在安全和消防方面的要求是一致的。按气候条件、设备维护与仪表检测、操作人员巡视要求等，调压计量装置可设置在合格的建筑物或箱体内，甚至采取露天设置，但一般按地上布置为宜。进口压力不大于 0.4MPa 时，当受到地上条件限制，可设置地下单独建筑物内或单独箱体内，并应符合规范对地下建筑物设计要求。液化石油气和相对密度大于 0.75 燃气的调压装置不得设于地下室、半地下室和地下单独的箱体内。

6.2.3.1 调压站工艺流程

确定调压站基本工艺流程主要参数是：调压器进口压力、出口压力和流量波动范围。典型的调压工艺流程由三部分构成：

（1）进口管段，作为调压设施的上游管路应设有进口总阀、绝缘接头等；

（2）主管段，由各功能性管路组成，分成气体预处理功能段、调压段和计量段，此部分的设备仪表包括：过滤器、上游压力表、温度计及上游采样管（带阀）、换热器（降压幅度大时采用）、切断阀、超压切断与放散装置、监控调压器、主调压器、中间各测点压力表、减噪声器和流量计等。

（3）出口管段，作为调压设施的下游管路设有出口总阀、绝缘接头等。

工艺设计的主要要求：

（1）连接未成环低压管网或连续生产用气用户的调压站宜设置备用调压器。

（2）调压器的计算流量与最大流量应分别按所承担管网计算流量的 1.2 倍与 1.38 ~ 1.44 倍确定。

（3）调压器的进、出口管道之间设旁通管，当调压幅度大时，旁通管上设旁通调压器。

（4）高压和次高压调压站室外进、出口管道上必须设置阀门、中压调压站室外进口管道上应设置阀门。阀门距调压站距离按《城镇燃气设计规范》GB50028 确定。

（5）调压器入口处应安装过滤器。当调压器本身不带安全保护装置时，入口或出口处应设防止压力过高的安全保护装置，宜采用安全切断阀或带安全切断装置调压器，并选用人工复位型号。出口为低压时，可采用安全水封，其缺点为须防水蒸发与冻结，且在多数情况下因放散量不够，不能起到调压器超压保护作用，因此在中低压调压站内应尽量采用切断式调压器。

（6）调压器与过滤器前后均应设置指示式压力表，调压器后应设置自动记录式压力表。

（7）当调压可能导致燃气成分冷凝时，应在调压前预热燃气。

（8）一般为掌握流量工况可在高（次高）中压调压站设计量装置，但中低压调压站不设计量装置。

（9）无人值守调压站应设安全保卫监测报警装置。

1. 高（次高）中压调压站

在城镇高压（或次高压）管网向中压管网连接的支线管道上设置高（次高）中压调压站（图 6-2-7）。为防止发生超压，应安装防止管道超压的安全保护设备。高（次高）中压调压站输气量和供应范围较大，应按输气量决定调压器台数，宜设置备用调压器，并依流量范围选用合适的计量装置。供重要用户的专用线应设置备用调压器。为适应用气量波动，可设置多个不同规格的调压器。

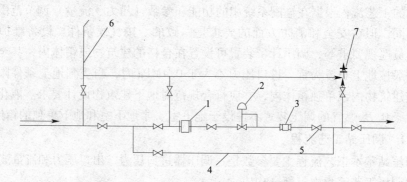

图 6-2-7　高（次高）中压调压站工艺流程示意图

1—过滤器；2—调压器；3—安全切断阀；4—旁通管；5—阀门；6—放散管；7—放散阀

2. 中低压调压站

城镇大多数燃气用户直接与低压管网连接。由城镇中压管网引出的中压支线上可设置单个或连续设置多个中低压调压站（图 6-2-8）。中低压调压站又称为区域调压站。调压站出口所连接的低压管网一般成环，且相邻两个中低压调压站出口干管之间连通。以提高低压管网供气可靠性。调压站进出口管道之间应设旁通，可间歇检修的调压站不必设备用调压器。使用安全水封作为调压器出口超压保护装置的调压站，应保证冬季站内温度高于 5℃。

3. 楼栋调压箱（悬挂式）与小区调压柜（落地式）

高（次高）中压或单级中压系统向小区居民用户与商业用户供应天然气时，可通过楼栋调压箱直接由中压管道接入，进口压力不应大于 0.4MPa；它们也可向工业用户（包括锅炉房）供气，进口压力不应大于 0.8MPa；而小区调压柜对居民、商业与工业用户（包括锅炉房）供气时，进口压力不宜大于 1.6MPa。

楼栋调压箱与小区调压柜结构紧凑、占地少、施工方便、建设费用省，适于城镇中心

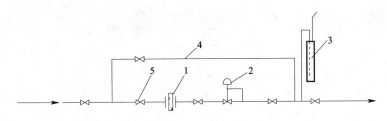

图 6-2-8 中低压调压站工艺流程示意图

1—过滤器；2—调压器；3—安全水封；4—旁通管；5—阀门

区各种类型用户选用。

楼栋调压箱与小区调压柜结构代号分为 A、B、C、D 四类，是指调压流程的支路数及旁通的设置情况，即：A——单支路无旁通、B——单支路加旁通、C——双支路无旁通和 D——双支路加旁通。

楼栋调压箱（图 6-2-9）可挂在墙上。图 6-2-10 是选用切断式调压器的单支路无旁通的壁挂式楼栋调压箱流程示意图。

落地式小区调压柜可设置在较开阔的供气区街坊内，并外加围护栅栏，适当备以消防灭火器具。调压箱应有自然通风孔，而体积大于 $1.5m^3$ 的调压柜应有爆炸泄压口，并便于检修。

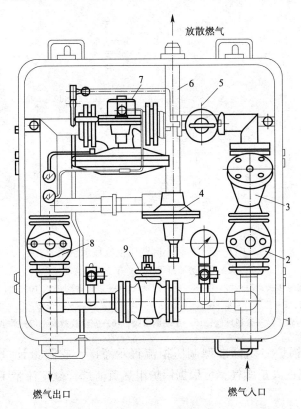

图 6-2-9 楼栋调压箱

1—金属壳；2—进口阀；3—过滤器；4—安全放散阀；5—安全切断阀；
6—放散管；7—调压器；8—出口阀；9—旁通阀

271

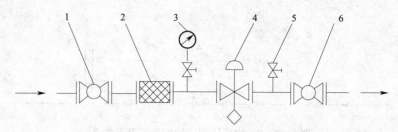

图 6 - 2 - 10　壁挂式调压箱流程示意图

1、6—阀；2—过滤器；3—压力表；4—切断式调压器；5—测试嘴

图 6 - 2 - 11 为小区调压柜（无计量装置）流程示意图，其功能较完善，可根据用户要求选择调压支路数量或增设燃气报警遥测遥控功能。

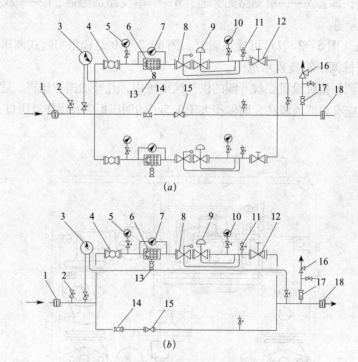

图 6 - 2 - 11　小区调压柜流程示意图

（*a*）双支路加旁通流程；（*b*）单支路加旁通流程

1、18—绝缘接头；2—针形阀；3—压力记录仪；4—进口球阀；5、10—进口压力表；

6—过滤器；7—压差计；8—超压切断阀；9—调压器；11—测试阀口；12—出口蝶阀；

13—排污阀；14—旁通球阀；15—手动调节阀；16—安全放散阀；17—放散前球阀

图 6 - 2 - 12 为锅炉专用标准型调压柜流程示意图，它附带计量装置，适用于中压（≤0.4MPa）天然气或人工燃气，可根据锅炉组热负荷选择额定流量 100～3000m³/h 的调压柜型号。

4. 地下调压站

为了考虑城镇景观布局，又要求调压站安全、防盗和环保，与调压箱（调压柜）一样，将各具不同功能的设备集成为一体，做成筒状的箱体，并埋设在花园、便道、街坊空

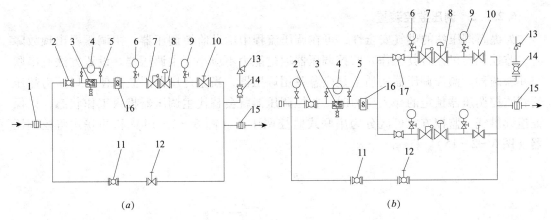

图 6 - 2 - 12 锅炉专用标准型调压柜流程示意图

(a) 单支路调压加旁通；(b) 双支路调压加旁通

1—气体进口绝缘接头；2—气体进口阀门；3—气体过滤器；4—压差表；5—压差表前后阀门；6—气体进口压力表；
7—紧急切断阀；8—调压器；9—气体出口压力表；10—气体出口阀门；11—旁通进口阀门；
12—手动调节阀；13—安全放散阀；14—球阀；15—气体出口绝缘接头；16—气体流量计；17—球阀

地等处的地表下，称之地下调压站。在维护检修时，可启开操作井盖，利用蜗轮蜗杆传动装置打开调压设备筒盖，筒芯内需检修和拆卸的设备、零部件和仪表均在操作人员的视野范围，并可提升到地表面。该装置需要铺坚实、光滑的基础，箱体需有良好的防腐绝缘层。图 6 - 2 - 13 为轴流式调压器串接两级调压的地下调压站布置图。

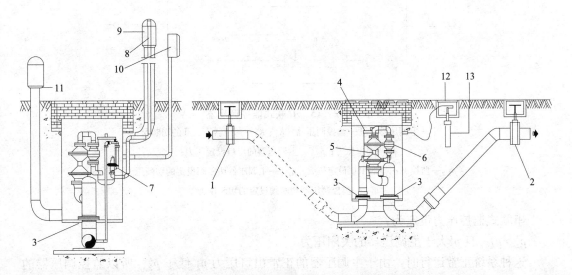

图 6 - 2 - 13 轴流式调压器地下调压站布置

1、2—进、出口阀；3—绝缘接头；4—过滤器；5—串接两级轴流式调压器；
6—超压切断阀；7—安全放散阀；8—放空管；9—高位放空管罩；
10—控制工具板；11—低位放空管罩；12—检查孔；13—镁制阳极包

这种调压站按轴流式调压器的型号、规格参数对应编成系列；按供气规模，中低压地下调压站流量范围 $800 \sim 30000 \text{m}^3/\text{h}$，高中压地下调压站流量范围 $2600 \sim 118000 \text{m}^3/\text{h}$，连接口公称直径（DN）为 50、80、100、150、200 和 300。

6.2.3.2　调压监控装置

为提高调压站的供气安全性，可在调压流程中增设监控调压器，主调压器出现故障时，监控调器可接替其工作。监控调压器通过能力不应小于主调压器。设置方法有串联与并联两种。监控调压器实质上是应急备用调压器，当主调压器因故障使出口压力超压达到监控调压器预定的介入压力时，监控调压器就会替代主调压器投入工作状态，以保证连续供气。监控方式可区分为串联式监控调压器（图 6-2-14）和并联式监控调压器（图 6-2-15）。

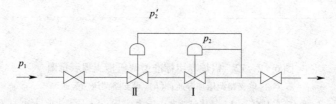

图 6-2-14　串联式监控调压器

I—主调压器；II—监控调压器；p_1—进口压力；p_2—主调压器的出口设定压力；

p_2'—监控调压器的出口设定压力

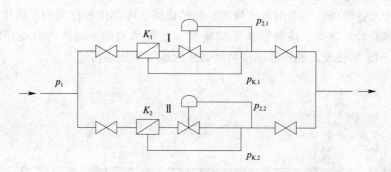

图 6-2-15　并联式监控调压器

I—主调压器；II—监控调压器；K_1、K_2—调压器 I、II 的切断阀；

p_1—进口压力；$p_{2.1}$—主调压器的出口设定压力；

$p_{2.2}$—监控调压器的出口设定压力；$p_{K.1}$—主调压器切断阀设定的切断压力；

$p_{K.2}$—监控调压器切断阀设定的切断压力

串联式监控压力设定为：

$p_2' > p_2$，且 p_2' 大于主调压器的关闭压力。

这种系统正常运行时，由于主调压器的正常出口压力 p_2 低于 p_2'，所以监控调压器的阀口处于全开状态。当主调压器发生故障出口超压达到 p_2' 时，监控调压器则进入工作状态，出口压力变为 p_2'。

并联式监控压力设定为

$p_{2.2} < p_{2.1}$，$p_{2.2}$ 小于 $p_{2.1}$ 波动的最小值（即小于其稳压精度范围的最低值）；

$p_{K.2} > p_{K.1}$，$p_{K.2}$ 大于主调压器的关闭压力。

这种调压器系统运行时，一台正常工作，另一台备用。当主调压器 I 正常工作时，最小出口压力为 $p_{2.1}$，由于 $p_{2.1} > p_{2.2}$ 所以监控调压器 II 呈现关闭状态。当调压器 I 发生故障

使出口超压达到 $p_{K.1}$ 时，则切断阀 K_1 关断致使出口压力下降；当出口压力下降到 $p_{2.2}$ 时，监控调压器 Ⅱ 开始进行工作，出口压力变为 $p_{2.2}$。

此系统适用于流量相对稳定时使用。

有的调压器装有内置切断阀，因而无需设置外置切断阀 K_1 和 K_2。$p_{K.1}$ 和 $p_{K.2}$ 的信号便直接与内置切断阀信号口连接。

调压站的调压流程可归纳为以下几种方案：

①单台调压器；②两台调压器串联监控；③单台调压器 + 外置切断阀（或双切断阀）；④两台调压器并联监控 + 外置切断阀；⑤单台内置切断式调压器；⑥主调压器 + 内置切断式监控调压器。

第①种方案适用于出口压力低、流量小、调压器出现问题时影响面小、长期有运行人员值守或定期巡检的情况。该方案的优点是调压流程结构简单，节省占地和投资，缺点是供气可靠性不高，调压器出现问题时会影响用户的使用。

第③，⑤两种方案适用的场所比较广泛，相对而言，可节省占地和投资，并且对用户不会造成安全隐患。双切断适用于必须确保安全供气的重要用户。这两种方案的主要缺点是，一旦调压器工作失灵，将迅速切断下游用户燃气供应。运行人员必须随时了解调压器工作情况，一旦发现切断装置动作，必须尽快查明原因，检修故障，使切断装置复位。

第②种方案兼顾了上述 3 种方案的优点，适用的场所更加广泛，只要监控系统正常或运行人员定期巡检，发现问题及时解决，既可保证下游用户的供气安全，也不会影响用户的使用。

第④，⑥两种方案调压流程相对复杂，投资也较高，但与第②种方案相比，供气安全可靠性更高，适合于高压力、大流量、重要用户和重要场所的情况。如果监控系统正常或运行人员巡检到位，处理问题及时，这两种方案是可靠性较高的方案。

6.2.3.3 中低压区域调压站的最佳作用半径

中低压区域调压站主要用于中低压输配系统，由于低压管网覆盖用户众多的全区域，当设置数个调压站时，须对调压站设置个数作技术经济比较。按总年费用最小条件可以确定调压站最佳作用半径。最佳作用半径按式（6-2-1）计算：

$$R_0 = 4.3 \left(\frac{f_g}{f_{ln}} \right)^{0.388} \frac{B^{0.388} \Delta p^{0.081}}{b^{0.388} \phi_1^{0.245} (Nq)^{0.143}} \qquad (6-2-1)$$

$$f_g = f'_g + f''_g + \frac{1}{T}, \quad f_{ln} = f'_{ln} + \frac{1}{T}, \quad \phi_1 = \frac{\sum l_{ln}}{A}$$

式中　R_0——最佳作用半径，m；

f_g——调压器运行费占其投资百分数，%；

f'_g——调压站折旧费（包括大修费）占其投资百分数，%；

f''_g——调压站小修费和维护费占其投资百分数，%；

T——标准偿还年限，a；

f_{ln}——低压管网运行费占其投资百分数，%；

f'_{ln}——低压管网折旧费（包括大修费）占其投资百分数，%；

B——单个调压站投资，元；

ΔP——低压管网压力降，Pa；

　　　　b——低压管网投资系数，元/（cm·m）；

　　　　ϕ_1——低压管网密度系数，1/m，为管网总长度与供气面积之比；

$\sum l_{\text{ln}}$——低压管网总长度，m；

　　　　A——低压管网供气区域面积，m^2；

　　　　N——人口密度，人/hm^2；

　　　　q——每人每小时计算流量，m^3/（人·h）。

6.2.4　场站设备

6.2.4.1　调压器与相关设备

调压器主要用于门站、储配站与调压站等，小型调压器也设置在小区调压柜与楼栋调压箱中。

调压器有直接作用式与间接作用式两类。直接作用式原理为出口压力直接作用在由弹簧支撑的薄膜上，由薄膜的上下活动而调节阀口的开启程度，主要用于小流量场合，如楼栋调压箱、工业炉与锅炉的燃气设备等。场站用调压装置一般采用间接作用式调压器，其出口压力作用于指挥器，再由指挥器调节阀口开启程度，较直接作用式灵敏。各类调压器均由上述基本形式为基础演变而成。部分调压器内设置防止出口压力升高的紧急切断阀。

1. 调压器工作原理

在燃气输配系统中，所有调压器都是将较高的压力降至较低的压力，因此调压器是一个降压设备，其作用是降低压力，并保持出口压力在一定范围内稳定。其工作原理见图 6-2-16 所示。

气体作用于薄膜上的力可按式（6-2-2）计算

$$N = A_a p = cAp \qquad (6-2-2)$$

式中　N——气体作用于薄膜上的移动力；

　　　　A_a——薄膜的有效面积；

　　　　p——作用于薄膜上的燃气压力；

　　　　c——薄膜的有效系数；

　　　　A——薄膜表面在其固定端所在平面的

投影。

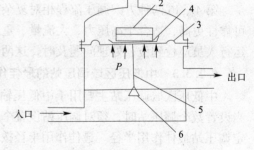

图 6-2-16　调压器工作原理图

1—呼吸孔；2—重块；3—悬吊阀杆的薄膜；
4—膜上的金属压盘；5—阀杆；6—阀芯

调节阀门的平衡条件可近似认为

$$N = W \cdot g \qquad (6-2-3)$$

式中　W——重块的质量。

当出口处的用气量增加或入口压力降低时，燃气出口压力 p 降低，造成 $N < W_g$ 失去平衡。此时薄膜下降，使阀门开大，燃气流量增加，使压力回力恢复平衡状态。

当出口处用气量减少或入口压力增加时，燃气出口压力 p 即升高，造成 $N < W_g$，此时薄膜上升，带动阀门使开度减小，燃气流量减少。因此又逐渐使压力恢复到原来的状态。

可见，不论用气量及入口压力如何变化，调压器可以通过重块（或弹簧）的调节作用，自动地保持稳定的供应压力。因此调压器和与其连接的管网是一个自调系统。

该自调系统的工作首先由薄膜测出出口压力，然后通过薄膜将这个压力和重块（或弹簧）力进行比较，依靠两者之间的差值，通过薄膜及其悬吊的阀杆带动阀芯上下移动，调节调压器出口处的管道压力。因此，该自调系统是由测量元件（或称敏感元件）、传动装置、调节机构和调节对象（与调压器出口连接的燃气管道）所组成，见图6－2－17。

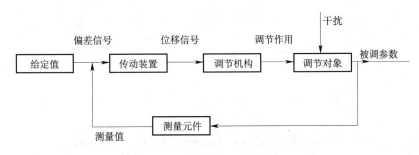

图6－2－17　调压器自调系统方块图

图中每个方块表示组成系统的一个环节，两个环节之间用一条带有箭头的线条表示其相互关系，线条上的文字表示相互作用的信号，箭头表示信号的方向。调压器出口压力在此自调系统中称为被调参数，被调参数就是调节对象的输出信号。引起被调参数变化的因素是用气量及进口压力的改变，统称为干扰作用，这就是作用于调节对象的输入信号。通过调节机构的流量就是作用于调节对象并实现调节作用的参数，常称为调节参数。被调参数发生变化，传给测量元件，测量元件发出信号与给定的值进行比较，得到的偏差信号形成调节量，送给传动装置，传动装置发出位移信号送至调节机构，使阀门动作起来，并向调节对象输出一个调节作用信号克服干扰作用影响。

在燃气管网压力的调节过程中，最常使用的是定值调节系统，即给定值是一个常数。但为了改善管网的水力工况，可以在调压器出口增设孔板或在调压器处设置凸轮机构，使给定值随着用气量及时间的改变而变化。这两种压力调节系统分别称为随动调节系统及程序调节系统。

2. 调压器特性

（1）静态特性

城镇燃气调压器的制造、检验及其性能测试应符合国家标准 GB16802《城镇燃气调压器》（适用于介质进口压力不大于 1.6MPa）的相关规定。对于介质进口压力 1.6～10MPa 的调压器可参照欧洲标准 BS/EN12186：2000 的相关规定进行设计和检测。

按国标的要求，调压器的性能测试应包括以下内容：静特性曲线、关闭压力、额定流量、稳压精度、强度试验和气密性试验。

在工程实际中，要求调压器在上游压力（p_1）波动范围内，下游压力（p_2）稳压在给定值附近并提供所需的额定流量。在 p_1 一定的条件下静特性曲线的稳定精度也有较高的要求，该绝对差值约为 5% 左右。关闭压力最大约 1.20p_2。图6－2－18为某调压器流量特性曲线。

（2）动态特性

调压器对于干扰的响应特性称为动态特性。

英国标准 BS3554（适用于进口压力不大于 35kPa 的单独调压器）对调压器的动态特

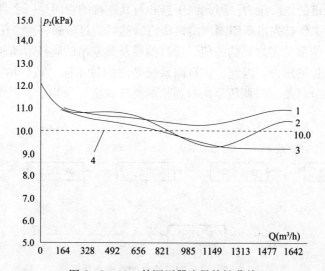

图 6-2-18　某调压器流量特性曲线

1—p_1 为 0.25MPa；2—p_1 为 0.3MPa；3—p_1 为 0.4MPa；4—p_1 给定值为 10kPa

性试验方法提出相关规定和指标，见图 6-2-19 的特性曲线和下列公式：

$$\zeta = \frac{\tau \sqrt{p_1 - p_2}}{q} \qquad (6-2-4)$$

式中　ζ——调压器的响应速率；

τ——p_2 稳定所需的调整时间，s；

p_1——调压器进口压力变化前后的平均值；

p_2——阶跃干扰后调压器出口的压力值；

q——阶跃干扰后调压器通过的流量。

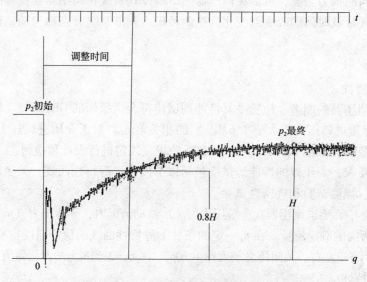

图 6-2-19　动态流量特性曲线

H—测量压力振幅；即恢复压力的末端；$-\tau$ 0.8H 处的调整时间；t—计时标记（每格为 0.1sec）

在英国标准中，当 p_1 和 p_2 用 in 水柱、试验空气流量 q 用 ft^3/h 表示时，调压器的响应速率 ζ 值不宜小于 0.0057。

例如在选择监控调压器时，应该采用动态响应速度比被监控调压器更快的调压器。

3. 调压器类型

（1）直接作用式调压器

图 6-2-20 为内置紧急切断阀的直接作用式调压器。由图可知，出口压力由信号管传送到调压器薄膜下腔，当压力大于弹簧设定压力而使薄膜上移，带动阀杆右移关小阀口，使出口压力下降。出口压力小于设定值时，过程动作相反。取压管将出口压力传送至切断阀薄膜下腔，当超压时由于压力大于弹簧设定值而使薄膜上移，带动止动杆上升，切断阀杆右移关闭阀口。

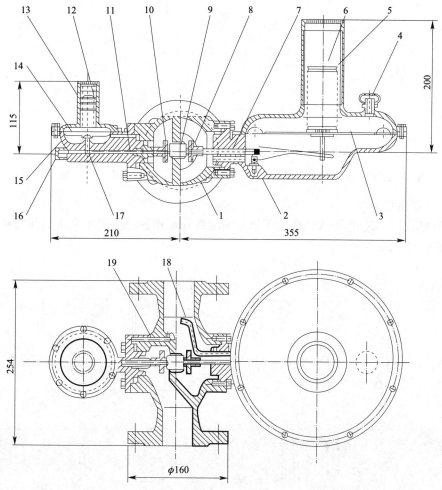

图 6-2-20　内置紧急切断阀的直接作用式调压器

1—主阀；2—主阀壳体；3—调压器薄膜；4—呼吸孔；5—调压弹簧；

6—调压螺母；7—调压阀杆；8—调压阀座；9—阀口；10—切断阀座；

11—切断阀杆；12—切断阀调压螺母；13—切断阀调压弹簧；14—切断阀薄膜；

15—切断阀壳体；16—切断阀丝堵；17—止动杆；18—信号管；19—取压管

（2）自力式调压器

自力式调压器为间接作用式、广泛用于天然气输配系统，其构造见图6-2-21。当出口压力高于设定值时，由于导压管上阀门两侧压力降减小而流经流量减少，使指挥器薄膜下腔压力增大，薄膜上移，使下腔连接进口管的喷嘴密封垫片上移，进一步减少导压管流量，主调压器薄膜上腔压力下降，薄膜上移而关小阀口，使出口压力下降。出口压力小于设定值时，过程动作相反。

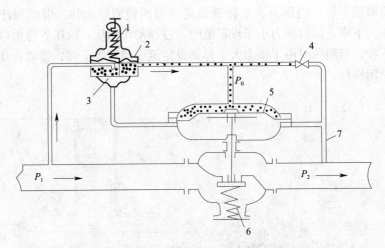

图6-2-21　自力式调压器

1—指挥器弹簧；2—指挥器薄膜；3—指挥器密封垫片；4—阀门；5—主调压器薄膜；6—主调压器弹簧；7—导压管

（3）T型调压器

T型调压器为间接作用式、应用于燃气输配系统承担各种不同压力级制间的调压，其构造见图6-2-22。

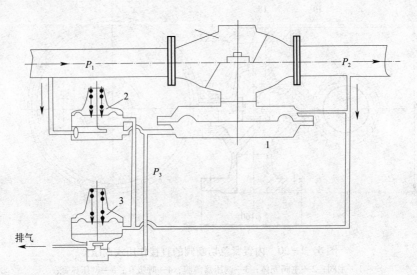

图6-2-22　T型调压器

1—主调压器；2—指挥器；3—排气阀

当出口压力高于设定值时，指挥器薄膜上升而关闭导压管阀门，同时排气阀薄膜下腔压力升高而使薄膜上升、打开排气阀，排出主调压器薄膜下腔气体。两个阀门一闭一开，迅速降低主调压器薄膜下腔压力，而使薄膜下降、关小阀口，出口压力下降。出口压力低于设定值时，过程动作相反。显然，由于设有排气阀，当出口压力高于设定值时，排出主调压器薄膜下腔气体使之减压而增加调压灵敏度与可靠性。

（4）雷诺式调压器

雷诺式调压器为间接作用式、主要用作中低压区域调压器，广泛用于人工燃气。它的特点是性能可靠，不易受人工燃气杂质影响，但构造较复杂，且占地面积较大。雷诺式调压器的构造见图6-2-23。中压辅助调压器的功能是引入中压燃气，并维持出口处的压力为定值，低压辅助调压器采用重块薄膜型，将出口压力调至设定的低压，连接两个辅助调压器与压力平衡器的管道为中间压力管。构造特点是通过中间压力操纵压力平衡器动作实现主调压器阀口的开闭，以达到调压目的，中间压力管上的针形阀使中间压力随流经流量大小而变化压降，实现中间压力的调控，因此调压灵敏度较高。当出口压力高于设定值时，中、低压辅助调压器间的压力降减小而使流经中间压力管的流量减少，通过针形阀的压力降也减小，中间压力上升使压力平衡器薄膜上升，通过杠杆将主调压器阀口关小而出口压力降低。出口压力低于设定值时，过程动作相反。当出口流量极小时，主调压器阀关闭而通过中间压力管供气。

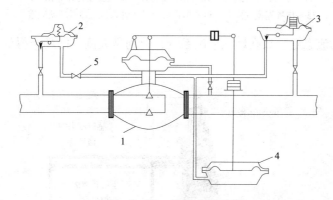

图6-2-23　雷诺式调压器

1—主调压器；2—中压辅助调压器；3—低压辅助调压器；4—压力平衡器；5—针形阀

（5）曲流式调压器

曲流式调压器为间接作用式，内芯外侧上有数条两端互不连通的纵向凹槽，利用包覆在内芯外围的丁腈橡胶套内外侧压差变化而控制开启程度达到调压目的，同时连通指挥器与调压器出口的导压管与指挥器主出口端的排气管为两条管线，导压管无流动压力降，传导压力准确，为三通道指挥器。由于上述结构特点，调压器运行稳定，噪声小，调压范围广，关闭严密，并较耐用，适合城市燃气输配系统场站使用。曲流式调压器构造见图6-2-24。

当出口压力高于设定值时，作用于指挥器薄膜上压力升高使指挥器阀杆右移，进气阀口开大、而排气阀口关小，使作用于橡胶套外侧环状腔室压力（p_3）增大而减小橡胶套与内芯间的流通间距，使出口压力降低。出口压力低于设定值时，过程动作相反。

（6）轴流式调压器

轴流式调压器和其他类型调压器相比，由于其在相同口径的情况下体积相对较小，流

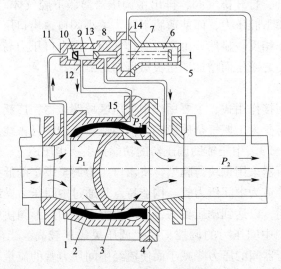

图 6-2-24　曲流式调压器

1—外壳；2—丁腈橡胶套；3—内芯；4—阀盖；5—指挥器上壳体；6—指挥器弹簧；
7—指挥器薄膜；8—指挥器下壳体；9—指挥器阀杆；10—指挥器进气阀芯；
11—指挥器进气阀口；12—指挥器作用于橡胶套压力传导孔口；
13—指挥器排气阀芯；14—出口压力导压管入口；15—环状腔室

通能力较大，流体流态好，故在燃气输配系统，特别是大流量的场合得到广泛的应用。见图 6-2-25。

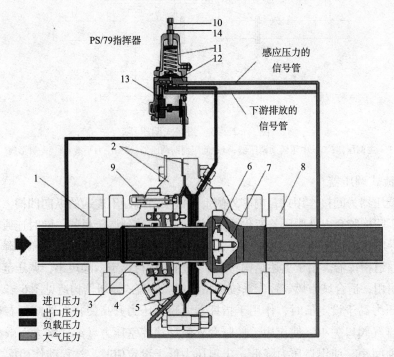

6-2-25　轴流式调压器

1—进口端法兰；2—膜盖；3—阀筒；4—调压器弹簧；5—调压器皮膜；6—阀口垫；7—阀座；8—出口端法兰；
9—行程指示器；10—指挥器调节螺钉；11—指挥器调节弹簧；12—指挥器皮膜；13—指挥器阀口；14—锁紧螺母

轴流式调压器由进气阀体、进气接体、出气接体、出气阀体、指挥器五大部分组成，进气接体内装有主阀调压簧、高压气筒套、密封胶膜等。出气阀体内装有固定阀座，该阀座与高压气筒套组成密封副。当指挥器关闭时，高压气筒套在主阀簧的作用下，紧贴在固定阀座上，将介质关闭在调压器内；当指挥器打开时，在指挥器先导气的作用下，密封胶膜拉动密封膜压盘压迫弹簧，使高压气筒套离开固定阀座；指挥阀开启越大，高压气筒套与固定阀座间的间隙越大，从而实现调节气流压力高低和流量大小的功能。

4. 调压器选用计算

(1) 调压器按通过能力（C 值）的选用计算

1）调压器流通能力 C 值的计算。流通能力 C 值是指调压器中主阀的容量。C 定义为气体密度 $\rho = 1000 \text{kg/m}^3$，压降为 0.0981MPa 时，流经调节阀门的小时流量（m^3/h）。它是选用调压器主阀规格的主要参数，可用如下公式计算流通能力 C 值：

当 $p_2 > 0.5 p_1$ 时

$$C = \frac{q_v}{3874.9} \sqrt{\frac{\rho_0 Z_1 (273 + t)}{(p_1 - p_2)(p_1 + p_2)}} \qquad (6-2-5)$$

当 $p_2 \leqslant 0.5 p_1$ 时

$$C = \frac{q_v}{3365.1} \sqrt{\frac{\rho_0 Z_1 (273 + t)}{p_1}} \qquad (6-2-6)$$

式中　C——主调压器的流通能力，m^3/h；

　　　q_v——气体在基准状态下（$p_v = 0.101325 \text{MPa}$，$T = 293.15 \text{K}$）的流量，$\text{m}^3/\text{h}$；

　　　t——气体的流动温度，℃；

　　　ρ_0——气体在基准状态下的密度，kg/m^3；

p_1、p_2——调压器前、后气体的绝对压力，MPa；

　　　Z_1——气体的压缩系数。

2）调压器的调节范围及其选择。调压器的调节范围与所配用的指挥器有直接关系，指挥器更换不同型号的压缩弹簧可得到调压器的不同调节范围。调压器前后的压差的选择，关系到调压器口径计算的正确与否、调节性能好坏和经济性。调压器压差过小影响调节性能；压差过大也会影响调节性能和阀芯使用寿命，必须采用二次调压。其具体调节范围及压差应按产品使用说明书进行选择。

3）调压器直径的决定。根据工艺生产能力、设备负荷，决定流通能力计算中应知的数据：计算流量（包括最大和最小流量）。

计算压差（进口最低压力和调压器后压力）。

利用计算公式求得最大、最小流量时的 C 值，即 C_{max} 和 C_{min}。从可控角度出发，$R = \frac{C_{max}}{C_{min}}$ 不应大于30。

根据 C_{max} 从调压器产品说明书上选取大于 C_{max} 并最接近的 C 值的型号。根据得到的 C 值，验证一下调压器的开度，一般最大计算流量时的开度不希望超过90%，最小流量的开度不希望小于10%，即 $C_{max} < 0.9C$，$C_{min} > 0.1C$。如不能满足，则采用两台并联。

根据 C 值决定调节阀的公称直径 DN 和阀芯直径 d_N。

4）调压器的选择。调压器阀体节流流动机制的因素比较多，计算比较复杂，阀体的流通特性与阀体的结构密切相关。各厂家对各种形式的调压器都提出了相关的图表、公式和手册，有的还提供了相应的计算程序和软件。

根据燃气的成分和性质，最大和最小流量，进气的最大和最小压力、温度，出口压力，经计算选择调压器的公称直径和阀口直径。

适用于门站的调压器形式比较多，设计时应根据流量的变化、用气的发展阶段、流程的需要和运行的可靠性决定调压器形式和台数以及设置方式。在最大流量时，单台调压器的阀口开度一般在75%～95%的范围内。

根据出口压力的要求和运行控制的需要确定合适的调压精度。根据计算资料，当调压器噪声超过标准时（装置区内80dB以下）需要采取消声措施。最好是选择嵌入阀内结构的消声措施。

（2）调压器按管网计算流量的选用计算

在实际工作中，常应用产品样本来选择调压器，产品样本中给出的调压器通过能力（流量）是对一定压力降和燃气密度而得出的，在使用时要根据选择调压器时给定的参数进行换算。

1）换算公式。如果产品样本中给出的调压器所用的参数是以 $q'(\mathrm{m^3/h})$、$\Delta p'(\mathrm{Pa})$、p_2'（绝对压力，Pa）和 $\rho_0'(\mathrm{kg/m^3})$ 来表示，则换算公式与临界压力比有关，形式如下：

临界压力比：

$$\left(\frac{p_2}{p_1}\right)_c = 0.91\left(\frac{2}{k+1}\right)^{\frac{k}{k-1}}$$

亚临界流速，即当 $\left(\dfrac{p_2}{p_1}\right) > \left(\dfrac{p_2}{p_1}\right)_c$ 时：

$$q = q'\sqrt{\frac{\Delta p\, p_2\rho_0'}{\Delta p'\, p_2'\rho_0'}} \tag{6-2-7}$$

超临界流速，即当 $\left(\dfrac{p_2}{p_1}\right) \leqslant \left(\dfrac{p_2}{p_1}\right)_c$ 时：

$$q = 50q'p_1\sqrt{\frac{\rho_0'}{\Delta p'\, p_2'\rho_0}} \tag{6-2-8}$$

式中　q——所求调压器的通过能力，$\mathrm{m^3/h}$；

　　q'——产品调压器的给定通过能力，$\mathrm{m^3/h}$；

　　Δp——选择调压器时的计算压力降，Pa；

　　$\Delta p'$——产品调压器给定通过能力时采用的压力降，Pa；

　　ρ_0——选择调压器时的燃气密度，$\mathrm{kg/m^3}$；

　　ρ_0'——产品调压器给定通过能力时采用的燃气密度，$\mathrm{kg/m^3}$；

　　p_2——选择调压器时的出口绝对压力，Pa；

　　p_2'——产品调压器给定通过能力时采用的出口绝对压力，Pa；

　　p_1——选择调压器时的进口绝对压力，Pa。

2）由最大流量 q 选用调压器。在实际工作过程中，为保证调压器调节的稳定以及考虑调压器有一定的供应余量，调压器的阀门不宜处在完全开启状态。因此要按阀门完全开启条件下的最大流量选用调压器。

调压器最大流量 q 为选用调压器的额定计算流量的 $1.15 \sim 1.20$ 倍，即

$$q = (1.15 \sim 1.20)q_n$$

选用调压器的额定计算流量与管网计算流量之间有如下关系：

$$q_n = 1.20q_j$$

式中　q_n——选用调压器的额定计算流量，m^3/h；

　　　q_j——管网计算流量，m^3/h；

因此选用的调压器最大流量 q，为该调压器所承担的管网计算流量 q_j 的 $1.38 \sim 1.44$ 倍确定。即

$$q = (1.15 \sim 1.20)q_n = 1.38 \sim 1.44q_j \qquad (6-2-9)$$

现在许多调压器生产厂家生产用于天然气的调压器，出厂前就用天然气测试，因此选用调压器时就可采用其样本内标出的性能参数，无须换算。如果不是这种情况，必须进行调压器通过能力的换算。换算时需要的测试参数由生产厂家提供。

5. 过滤器

按照现行国标规定的燃气气质标准：GB17820《天然气》、GB11174《液化石油气》、GB9052.1《油气田液化石油气》和 GB13612《人工煤气》中规定的杂质含量指标可知，天然气和液化石油气无游离水和其他杂质，而人工煤气的允许杂质含量中含有焦油灰尘、氨和萘，这些杂质，甚至是饱和水蒸气组分，它们对调压器、流量计及其他仪表会有腐蚀、污染和堵塞的作用。为了保证调压、计量系统的正常运行，必须根据不同燃气气质选择相应的过滤器，在调压、计量之前将固体颗粒和液态杂质截留和排除。

过滤器的除尘效果可用净化率（η）和透过率（D）来表示，即：η 为过滤器除尘量与过滤器前未除尘气体绝对含尘量之比；D 为过滤后被除尘气体含尘量与过滤器前未除尘气体含尘量之比。不同的仪表和设备允许或可以接受的颗粒物粒度范围有所不同。例如，不同形式的流量计对颗粒物的要求有很大的不同，一般为 $5 \sim 50\mu m$，其中涡轮流量计对粒度要求比较高为 $5 \sim 20\mu m$，而超声波流量计允许粒度可放宽至 $50\mu m$ 或以上。又如，调压器（间接作用式）根据阀口的形式和材料以及消声器结构的不同，其粒度要求一般为 $20 \sim 50\mu m$，其中指挥器的要求高一档次，为 $2 \sim 5\mu m$，自身还带有过滤网。当然，颗粒物清除的指标越高对设备和仪表的保护越有利，但是增加了除尘设备容量和过滤器的阻力，为此检修频繁、工作量大。所以，应根据设备情况合理地确定固体杂质的清除精度和过滤效率。

在调压设施中，调压器前一般选用精度为 $5 \sim 100\mu m$ 的过滤器，形式有两类，即填料式和滤芯式，通常，可由调压器生产厂商配套供货。

（1）填料式过滤器

该过滤器应选用纤维细而长、强度高的材料作为填料，如玻璃纤维、马鬃等。这些填料在装入前应浸润透平油，以提高过滤效果。过滤器的直径一般是按流经燃气的压降不超过 5000Pa 选定的。图 6-2-27 为气体密度 $\rho_0 = 1kg/m^3$、大气压力 $P_0 = 0.1MPa$ 和温度 $t = 0℃$ 的条件下绘制的各直径填料过滤器的压力降曲线，应用此曲线和作简单计算可选用不同规格的填料过滤器。

若设计条件与图 6-2-27 绘制曲线的条件不符时，则实际压力降 Δp_1 可按以下公式计算：

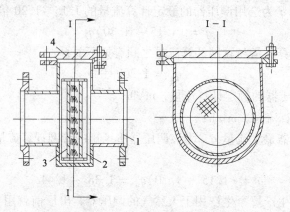

图 6-2-26 填料式过滤器结构示意图

1—过滤器外壳；2—填料盒；3—填料；4—盖

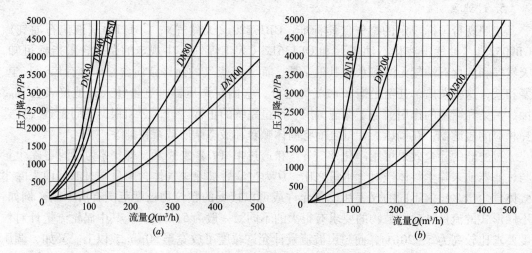

图 6-2-27 过滤器压力降曲线

（a） $DN = 32 \sim 100mm$ 过滤器的压力降曲线；

（b） $DN = 150 \sim 300mm$ 过滤器的压力降曲线

$$\Delta p_1 = \Delta p_0 \left(\frac{q_1}{q_0}\right)^2 \frac{\rho_1 p_0}{\rho_0 p_1} \frac{T_1}{T_0} \qquad (6-2-10)$$

式中 Δp_1——填料过滤器实际压力降，Pa；

     Δp_0——选过滤器时设定的压力降，Pa；

      q_1——燃气的计算流量，m^3/h；

      q_0——以图 6-2-27 曲线中查得的流量，m^3/h；

      ρ_1——燃气密度，kg/m^3；

      ρ_0——设定的气体密度，$1kg/m^3$；

      p_1——燃气绝对压力，MPa；

      p_0——设定的气体绝对压力，$p_0 = 0.1MPa$；

      T_1——燃气温度，K；

T_0——设定气体温度，$T_0 = 273K$。

填料过滤器用在中低压调压器前过滤燃气中的固体悬浮物杂质，一般当阻力损失达到10000Pa 时必须清洗填料。

[例 6-2-1] 天然气的小时流量 $q_1 = 5000m^3/h$，天然气密度 $\rho_1 = 0.78kg/m^3$，天然气的压力 $p_1 = 0.2MPa$，天然气温度 $t = 0℃$，试选择填料式过滤器的直径。

[解] 根据图 6-2-27 试选 DN300 过滤器，假定 $\Delta p_0 = 4500Pa$

$$\Delta p_1 = \Delta p_0 \left(\frac{q_1}{q_0}\right)^2 \frac{\rho_1}{\rho_0} \frac{p_0}{p_1}$$

$$= 4500 \left(\frac{5000}{4400}\right)^2 \times \frac{0.78}{1.0} \times \frac{0.1}{0.3} = 1510$$

$\Delta p_1 = 1510Pa$ 小于 5000Pa，因此 DN300 过滤器可用，但有些偏大。若改用 $DN200$ 过滤器，则 $\Delta p_1 = 7313Pa$ 大于 5000Pa，不能满足要求，故采用 $DN300$ 过滤器。

（2）滤芯式过滤器

滤芯式过滤器由外壳和滤芯构成。外壳多为圆筒形，能截留较多的液态污物，并设有排污口，可定期在线排污。滤芯是一定规格网目的防锈金属丝网，其阻力或过滤效果与网目疏密有关。一般通过滤芯材料的阻力：初状态时为 250~1000Pa，终状态时可取10000~40000Pa，通过测压口测量压力降判定是否需要清洗滤芯。图 6-2-28 为圆筒形滤芯式过滤器产品系列简图。

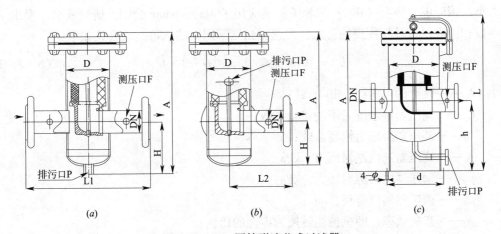

图 6-2-28 圆筒形滤芯式过滤器

（a）进口和出口水平连接型；（b）进口和出口直角连接型；（c）带立式支座，进口和出口水平连接型

该滤芯式过滤器的设计压力为 1.6MPa，按连接口公称直径（DN）配置不同尺寸的过滤器（G1~G6）；过滤精度可根据过滤要求向厂家提出，共有 5 种精度分别为：5、10、20、50 和 100 μm；相应的过滤面积为 0.125~4.2m²，过滤效率可达 98%。

（3）管道过滤器

管道过滤器实际上就是滤芯式结构的过滤器，又称过滤阀，按国家标准《通用阀门压力试验》GB/T13927 规定的各项要求对阀体进行检验，选用时必须与调压器前管道的各项参数相匹配。某铸钢法兰过滤阀，适用于各种气质的燃气，公称压力（MPa）分别为 $PN1.6$ 和 $PN2.5$，滤芯为 1Cr18Ni9Ti 材料，60 目/m² 的不锈钢滤网，适用温度范围 −30~

+150℃。与上述两种过滤器不同之处在于过滤阀截留污物腔体的容积小，并要经常拧松法兰盖螺钉以清洁滤芯。其结构见图 6-2-29。

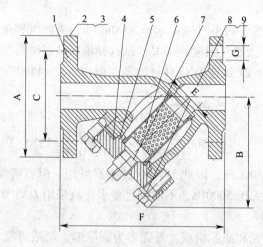

图 6-2-29　过滤阀的结构

1—阀体；2、3—标牌、铆钉；4—阀盖；5—密封圈；6—滤芯；7—六角法兰西螺栓；8、9—六角螺栓、弹簧垫圈

6. 调压器消声装置

引起噪声的因素十分复杂，通常采用半经验公式预估与测试相结合的方法判别声压级的大小。国际电工协会（IEC）的相关标准应用了 Masonneiian 公司的研究成果，提出了应用参数和图表以及计算便捷的公式，普遍得到国际同行的认可，该公式如下：

$$L_p = 10\lg\left(30C_g fp_1 p_2 d_0^2 \eta \frac{T}{S^3}\right) + L_g \tag{6-2-11}$$

式中　L_p——噪声的声压级，dB（A）；

　　　C_g——调压器特定流量下的流量系数；

　　　f——调压器后压力恢复系数；

　　　p_1——调压器进口绝对压力，kPa；

　　　p_2——调压器出口绝对压力，kPa；

　　　d_0——调压器阀口直径，mm；

　　　η——音响效率，即机械能转换为声能的比例；

　　　T——流体温度，K；

　　　S——连接管道的壁厚，mm；

　　　L_g——流体特性系数，dB（A）。

调压器的消声方法应首选主动式消声，即在调压器构造内部消减噪声源或在调压器下游管道处嵌入消声器。其次，按环保法规的要求，不得已选择被动式消声，即对整个调压器周围设施和调压器下游管道进行隔声。

如果将多种消声器同时使用，能使消声器后端的管道向周围环境辐射的噪声降低得更多。但需优先充分考虑和核实调压器下游管道的最大通过能力，因为消声器的应用必然要增加调压器出口的阻力。

（1）多通道分流式消声器

多通道分流式消声器（图6-2-30）的消声原理主要是使气流经过小缝隙速度增高达到音速，从而产生频率大于8000 Hz的声波，易于被周围吸声材料所吸收，这样不致使噪声发射并传递至调压器下游。消声器安装在阀座上，笼罩了调节阀的行程范围，一般可消减噪声10～15 dB（A）。

（2）笼式消声器

嵌入调压器内的笼式消声器结构简单如图6-2-31所示。

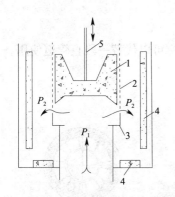

图6-2-30 多通道分流式消声器
1、5—阀芯和阀杆；2—开缝笼状圆筒消声器；
3—阀座；4—吸声材料

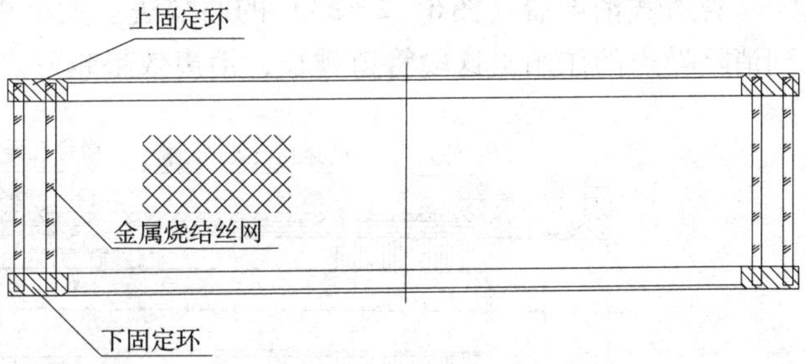

图6-2-31 笼式消声器

笼式消声器安装在调压器内部的阀座上，形状像一个笼子，是由固定环和两层环状消声网组成，消声网采用了高性能烧结金属丝网。它对2～16kHz频率范围的噪声有良好的消声效果。这种消声器的工作原理是通过消声网周围的小孔，使流出阀座的气体通道分散，增加摩擦阻力，使声能转换为热能，而且速度场分布均匀后不产生大的漩涡流，减低了噪声，使流出阀座的流体更有层次地流向阀体出口。它能使调压器后端管道向周围的辐射噪声平均降低13.5dB（A）以上。

（3）扩口式消声器

为使调压器出口流速降低，扩口式消声器（图6-2-32）出口管径比进口管径要大2～3个规格，所以取扩口式消声器的出口通径比进口通径大2～3个规格，扩口式消声器既是消声器又起到变径法兰的作用。

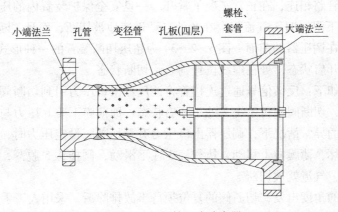

图6-2-32 扩口式消声器

　　扩口式消声器的孔管、孔板部分与其外腔体形成多级小孔喷注消声器，这种消声器用于消除高速喷气射流噪声即气体动力噪声，减少干扰噪声的发生。如果喷口直径很小，喷口辐射的噪声能量将从低频移向高频，于是低频噪声被降低，而高频噪声反而增高；如果孔径小到一定值，喷注噪声将移到人耳听觉的频率范围以外。根据这种机理将一个大的喷口改用许多小孔来代替，在保持同样流量的条件下，便能达到降低可听声的目的，因此这种结构也称为移频式消声器，它的消噪中心频率在 4kHz，这种消声器能使后端管道向周围的辐射噪声平均降低 8dB（A）以上。

　　（4）管道式消声器

　　管道式消声器（图 6-2-33）的两端法兰大小相同，可以代替一段直管道使用，并起到消除噪声的作用，这段管道越长，消声效果越好。

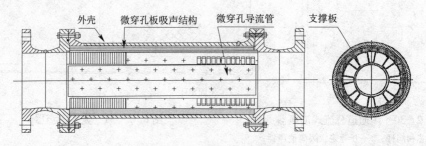

图 6-2-33　管道式消声器

　　管道式消声器主要采用了微穿孔板共振吸声原理，在管壳内壁有一圈双层孔板，两层孔板之间夹有 0.08mm 不锈钢钢丝做成的吸声填料，孔板与壳壁之间有一定距离，形成一个谐振腔。当噪声的频率与结构的共振频率相同时，噪声被吸收，转换为热能，它的消噪中心频率在 4kHz，这种消声器能使后端管道向周围的辐射噪声平均降低 8dB（A）以上。

　　7. 超压切断阀与安全阀

　　（1）超压切断阀

　　调压站或调压箱（调压柜）的工艺，应在调压器进口（或出口）处设防止燃气出口压力过高的超压切断阀（除非调压器本身自带可不设），它属于非排放式安全保护装置，并且宜选人工复位型。

　　超压切断阀是一种闭锁机构，由控制器、开关器伺服驱动机构和执行机构构成，信号管与调压器出口管路相连，在正常工况下常开。一旦安全保护装置内的压力高于或低于设定压力上限（或下限）时，气流就会在此处自动迅速地被切断，而且关断后又不能自行开启，它一般安装在调压器的前面。图 6-2-34 为超压切断装置的一种形式。图中阀瓣 4 处在实线位置表示开启状态，处在虚线位置则表示切断状态。

　　其工作原理如下：反馈信号通过连接管将调压器出口压力引到切断阀薄膜 7 下腔。在正常供气情况下，切断阀执行系统 2 处于开启状态，即薄膜下腔 6 压力与弹簧 1 作用力平衡。在出现超压的异常情况下，调压器出口压力升至切断阀设定压力时，薄膜 7 上下腔受力平衡状态被破坏，薄膜向上移动，执行杆 3 往下滑动，阀挂钩 5 脱落，阀瓣 4 在弹簧的作用下关闭阀口，气流就被切断。

　　从确保安全的角度出发，切断阀的复位须待事故排除后，采用人工手动方式复位。

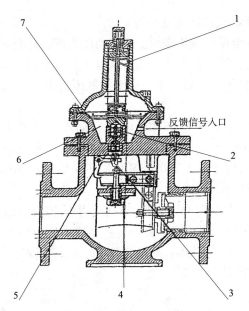

图 6 - 2 - 34 超压切断阀构造简图
1—弹簧；2—执行系统；3—执行杆；4—阀瓣；5—挂钩；6—薄膜下腔；7—薄膜

调压器超压安全保护装置的选择。现行欧洲标准 EN12186 采用的是优先切断的安全模式，即在任何情况下，都不使压力超过限定值的原则，规定了相应的压力系统，例如表 6 - 2 - 1。调压器监控（串联式或并联式）出口压力的允许值 MOP 与系统控制下的临时工作压力 TOP 有关，而超压安全保护装置启动的允许压力值与系统在安全状态下瞬间的最大突发工作压力有关。决定超压安全保护装置设定启动压力值，应考虑系统的反应时间，以保证该压力值不超过系统在安全状态下瞬间的最大突发工作压力。可见欧洲标准 EN12186 给出了安全状态下调压系统各时段工作压力之间的关系。

MOP、OP 峰值、TOP 和 MIP 的关系表 表 6 - 2 - 1

MOP[1] （bar）	OP 峰值≤	≤TOP	MIP≤
MOP > 40	1.025MOP	1.1MOP	1.5MOP
16 < MOP≤40	1.025MOP	1.1MOP	1.20MOP
5 < MOP≤16	1.050MOP	1.2MOP	1.30MOP
2 < MOP≤5	1.075MOP	1.3MOP	1.40MOP
0.1 < MOP≤2	1.0125MOP	1.5MOP	1.75MOP
MOP≤0.1	1.125MOP	1.5MOP	1.5MOP[2]

注：
（1）MOP≤DP，但上表只有在 MOP = DP 时才成立。如果 MOP < DP，OP、TOP、MIP 均为与 DP 的关系。
（2）MIP 为系统在安全装置允许状态下瞬间的工作压力。如果燃具的气密性在 150mbar 下测试，最后一行调压器的 MIP 不应超过 150mbar。
DP：设计压力。
OP：工作压力。
MOP：最大工作压力，系统在正常工作状态下可持续工作的压力。
TOP：临时工作压力，系统在调压装置控制下的临时的工作压力。
MIP：最大突发压力，系统在安全装置允许状态下瞬间的工作压力。

国标 GB50028《城镇燃气设计规范》规定。

按其规定，调压器安全保护装置必须设定启动压力值，并且有足够的通过能力。启动压力应根据工艺要求确定，当工艺上无特殊要求时要符合下列要求：

1）当调压器出口为低压时，启动压力应使与低压管道直接相连的燃气用具处于安全工作压力以内；

2）当调压器出口压力小于 0.08MPa 时，启动压力不应超过出口工作压力上限的 50%；

3）当调压器出口压力等于或大于 0.08MPa，但不大于 0.4MPa 时，启动压力不应超过出口工作压力上限 0.04MPa；

4）当调压器出口压力大于 0.4MPa 时，启动压力不应超过出口工作压力上限的 10%。

图 6-2-35 为某超压切断阀结构简图。其主要技术性能如下：进口压力 p_1 为 0.02 ~ 1.0MPa；切断压力 p_q 为 1.5 ~ 30 kPa；切断精度 $\delta p_2 \leq \pm 2.5\%$；工作温度为 -20 ~ 50℃；连接方式为 PN1.6MPa 标准法兰。

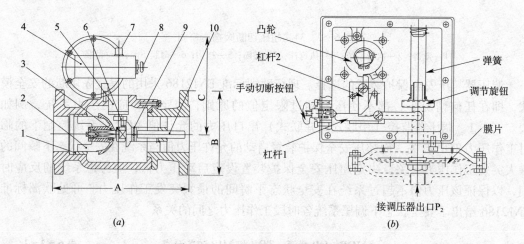

图 6-2-35　超压切断阀结构简图

（a）结构图；（b）控制器零部件图

1—阀口；2—阀瓣；3—小阀口；4—控制器；5—轴承座；

6—偏心拨块；7—方柄复位轴；8—手动切断；9—弹簧；10—阀杆

（2）安全阀

在调压工艺中，燃气安全阀属于排放式安全装置，又称超压放散阀，可用于压力容器与管道，分为弹簧式、杠杆重锤式与脉冲式，以弹簧式最普遍。排入大气的燃气不仅污染环境，也浪费了资源。

安全阀由控制器、伺服驱动机构和执行机构构成，必要时还加上开关器。正常工况下常闭，一旦在其所连接的管路内出现高于设定上限压力时，执行机构动作，将超压气体自动泄放，经放空管排入大气。当管路的压力下降到执行机构动作压力以下时，安全阀就自动关闭。通常将其安装在调压器下游出口管路上。

该装置的设计压力、放散最大流量必须符合相关规范的规定。图 6-2-36 与图 6-2-37 为安全阀的两种形式。

小型安全阀通过内阀口放散到大气的流量（q）与放散压力（p_0）的关系见图 6-2-38。

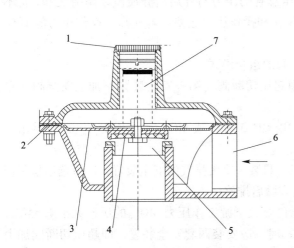

图 6-2-36 安全阀构造简图

1—上盖；2—上壳体；3—薄膜；4—阀垫；
5—放散阀口；6—下壳体；7—弹簧

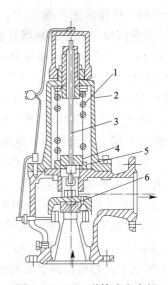

图 6-2-37 弹簧式安全阀

1—弹簧；2—阀体；3—阀杆；
4—阀杆套；5—弹簧座；6—阀芯；

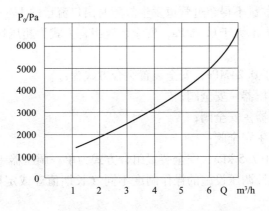

图 6-2-38 小型安全放散装置的放散量

安全阀的排放量一般为出口管段最大流量的 1%～5%，它的作用是在非故障引起的出口压力升高的情况下，排出气体，以避免超压切断阀误动作而切断调压线路。当真正的故障发生时，超压气体来不及放散，超压切断阀才会启动，以切断调压线路。这是目前普遍采用的安全装置基本组合模式。为了保证连续供气，调压设施选择上述安全装置组合模式的同时，建议采用具有自动切换功能的一备一用监控式调压流程。

安全阀的操作条件是指整定压力（开启压力）P_s 与管道或设备最高操作压力 P 等之间的关系，可参见如下规定：

1）P_s 必须等于或稍小于管道或设备的设计压力；

2）当 $p \leqslant 1.8 \mathrm{MPa}$ 时，$p_s = p + 0.18$；

3）当 $1.8 < p \leqslant 7.5 \mathrm{MPa}$ 时，$p_s = 1.1P$；

4）当 $p > 7.5 \mathrm{MPa}$ 时，$p_s = 1.05p$。

安全阀气体排放的积聚压力 p_a，一般取为 $0.1p_s$；其最高泄放压力 p_m，一般为 $p_m = p_s + p_a$。安全阀出口背压 p_z 是指开启前泄压总管的压力与开启后介质流动阻力之和，p_z 不宜大于 $0.1p_s$。安全阀的回座压差必须小于 p_s 和操作压力之差；若 p_s 高于操作压力的 10% 时，则回座压差规定为操作压力的 5%。

（3）欧洲标准关于超压切断阀与安全阀的组合模式

现行欧洲标准 EN12186 推荐设置采用超压切断阀（第一安全装置）加上安全阀（第二安全装置）组合模式有如下规定：

1）调压器入口最大上游工作压力 $MOP_u \leqslant 0.01MPa$ 或 $MOP_u \leqslant (MOP_d)_{max}$ 调压器出口事故压力时，可不使用安全装置；

2）调压器入口 $MOP_u > (MOP_d)_{max}$ 时，只装一个无排气的安全装置，即可选用超压切断阀和监控式调压器，若再选安全阀则只许微启排放；

3）调压器入口压力 MOP_u 与调压器出口最大下游工作压力 MOP_d 的压差大于 1.6MPa，并且 MOP_u 大于出口管道强度试验压力 STP_d 时，应安装两套安全装置，即超压切断阀加上安全阀（全流量排放），其目的是为了增加安全性。

（4）某燃气集团对调压设施的安全装置组合模式

某燃气集团公司对于入口压力不超过 0.4MPa 的调压设施，其安全装置组合规定如下：

1）规定安全阀放散量不得超过管道发生故障时出口流量的 1%；

2）调压器入口压力不大于 0.4MPa，安全装置组合方式为超压切断阀 + 监控调压器 + 主调压器 + 安全阀；

3）入口压力不大于 0.24MPa，安全装置组合方式为：

监控调压器 + 主调压器 + 安全阀；

超压切断阀 + 调压器 + 安全阀；

内置切断式调压器 + 安全阀；

4）入口压力不大于 7.5kPa，安全装置组合方式为单一调压器 + 安全阀（如果需要）。

国内某设计院建议按调压设施的操作制度不同（长期值守或定期巡视），提出安全装置的不同组合方式。

（5）安全阀通道面积

为保证放散泄压可靠，所需最大泄放量应不小于超压流量。所需安全阀的通道面积按式（6-2-12）确定。

$$A = \frac{G}{10.197CKp_1\sqrt{\dfrac{M}{ZT_1}}} \qquad (6-2-12)$$

式中　A——安全阀通道截面积，cm^2；

　　　G——安全阀最大泄放量，kg/h；

　　　p_1——安全阀最大泄放量时的进口压力，$p_1 = p_s + p_a$，MPa（绝压）；

　　　p_a——安全阀的聚积压力，绝压，$p_a = 0.2p_s$，MPa（绝压）；

　　　K——流量系数，由产品样本提供，当样本无此数据时，可取 $K = 0.9 \sim 0.97$；

　　　C——与绝热指数有关的系数，对于天然气 $C = 258.23$；

　　　M——燃气千克分子量，kg；

T_1——安全阀进口燃气温度，K；

Z——燃气压缩系数。

6.2.4.2 压缩机

压缩机应用于天然气长输管线压气站与城市人工燃气输配系统储配站。压缩机按原理分为容积型与速度型两类。容积型以缩小气体容积而提高压力，其有往复式与回转式两种，前者以活塞在气缸中作直线往复运动压缩气体，后者以滑片、螺杆或转子的旋转运动而压缩气体。速度型以提高气体运动速度，使动能转化为压力能，有透平式（离心式、轴流式与混流式）。各类压缩机的排气量与排气压力范围如图 6-2-39 所示，天然气长输管线压气站因流量大而主要采用速度型离心式压缩机，城市输配系统储配站采用容积型较多。压缩机的驱动设备有电动机、燃气轮机与汽轮机等。

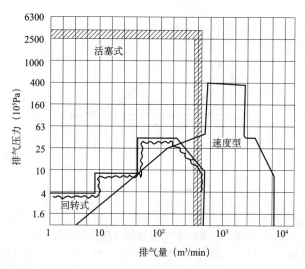

图 6-2-39　压缩机的适用范围

1. 往复活塞式压缩机

（1）工作原理与分类

往复活塞式压缩机是城市人工燃气储配站广泛采用的压缩机，其工作原理可以图 6-2-40 所示单级单作用活塞式压缩机为例说明。当活塞右移使缸内压力低于进口管道压力时，吸气阀打开、燃气进入气缸，为吸气过程。当活塞左移使吸气阀关闭，且缸内气体压缩升压，为压缩过程。活塞继续左移使气缸内压力高于出口管道压力时，排气阀打开，燃气排入出口管道，为排气过程。由于活塞与气缸端盖有余隙容积，活塞开始右移后，此处留存燃气膨胀而降压，为膨胀过程。上述四个过程构成一个工作循环，见图 6-2-41。活塞的往复运动由曲柄转动，通过连杆与十字头转化为活塞杆与活塞的往复直线运动。活塞与气缸内壁间密封由活塞环实现。

活塞式压缩机结构多样，按进气方式分类有气缸一侧进排气的单作用式与双侧进排气的双作用式。按运动部件分类有连杆与活塞连接的无十字头式与有十字头式，前者为小排量机种。按压缩级数分类有单级与多级。按气缸排列方式分类有卧式、立式、对称平衡式、对置式、角度式等。气缸排列方式有诸多特点，如卧式管理维修方便，但占地大，惯

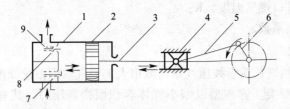

图 6-2-40 单级单作用往复活塞式压缩机示意图

1—气缸；2—活塞；3—活塞杆；4—十字头；5—连杆；
6—曲轴的曲柄；7—吸气阀；8—排气阀；9—弹簧

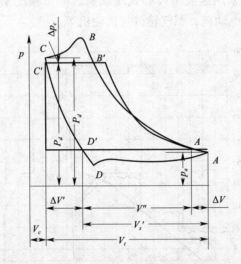

图 6-2-41 活塞式压缩机压力指示图

D—A 吸气过程；A—B 压缩过程；BC—排气过程；CD—膨胀过程；Vc—余隙容积

性力不平衡；立式占地小，气缸与活塞环磨损小，但稳定性差，管理维修不便；对称平衡式的两列成 180°而使活塞力平衡，对置式因两列不成 180°而仅抵消部分活塞力；角度式中两列成 L 形，且运动质量相等时运转平稳；两列成 V 形，且夹角为 90°时，平衡性最佳；三列成 W 形，且夹角各为 60°、两侧两列运动质量相等时平衡性好。此外活塞式压缩机按气缸润滑方式分类有油润滑、水润滑与无液润滑。

（2）排气量

理论排气量按式（6-2-13）、式（6-2-14）与式（6-2-15）计算，其排气量指换算至第一级进口状态时体积。

单作用压缩机：
$$q_t = V_1 n = AS_p n \qquad (6-2-13)$$

多缸单作用压缩机：
$$q_t = V_1 ni = AS_p ni \qquad (6-2-14)$$

双作用压缩机：
$$q_t = (2A - a)S_p n \qquad (6-2-15)$$

式中 q_t——理论排气量，m^3/min；

V_1——活塞一个行程吸气量，m^3；

n——主轴转数，r/min；

A——一级活塞面积，m^2；

S_p——一级活塞行程，m；

i——一级气缸数；

a——一级活塞杆面积，m。

实际排气量按式（6-2-16）计算：

$$q = \lambda_v \lambda_p \lambda_t \lambda_l q_t = \lambda_0 q_t \qquad (6-2-16)$$

式中 λ_v——考虑余隙容积影响的容积系数；

λ_p——考虑吸气阀压力损失而使排气量减少的压力系数；

λ_t——考虑气体在气缸内加热而使吸入气体减少的温度系数；

λ_l——考虑泄漏影响的泄漏系数。

（3）压缩比

当各级压缩的压缩比相同时，所耗总功最小，因此压缩比按式（6-2-17）计算：

$$\varepsilon = \sqrt[z]{\frac{p_z}{p_1}} \qquad (6-2-17)$$

式中 ε——压缩比；

z——级数；

p_1——吸气绝对压力，Pa；

p_z——排气绝对压力，Pa。

为获得较高容积系数，并使最终压力不致过高，第一级与末级的压缩比为上述计算值的 0.90~0.95 倍，即：

$$\varepsilon_1 = \varepsilon_z = (0.90 \sim 0.95) \sqrt[z]{\frac{p_z}{p_1}} \qquad (6-2-18)$$

式中 ε_1、ε_z——第一级与末级压缩比。

因此，为保持总压缩比不变，其余各级压缩比须按式（6-2-19）调整：

$$\varepsilon_2 = \varepsilon_3 = \cdots = \varepsilon_{z-1} = \sqrt[z-2]{\frac{p_z}{p_1} \frac{1}{\varepsilon_1 \varepsilon_z}} \qquad (6-2-19)$$

式中 ε_2，$\varepsilon_3 \cdots \varepsilon_{z-1}$——除第一级与末级外的各级压缩比

2. 滑片式压缩机

（1）工作原理与构造

滑片式压缩机属容积型回转式压缩机。适用于小流量范围的中、低压压缩，有单级与两级压缩。工作原理[1]为偏心安装的转子上设有滑槽、内置滑片，当转子转动时滑片由离心力而紧贴气缸内壁、形成若干密闭气室。随转子偏心旋转而改变气室容积，完成吸气，压缩与排气过程。单级滑片式压缩机构造见图6-2-42。

（2）排气量

理论排气量按式（6-2-20）计算，实际排气量按式（6-2-21）计算，式中 $2ml$ 为气室最大截面积。

$$q_t = 2ml\pi Dn \qquad (6-2-20)$$

---

[1] 关于滑片式压缩机工作原理可参见参考文献［10］第10章10.8叶片泵工艺分析。

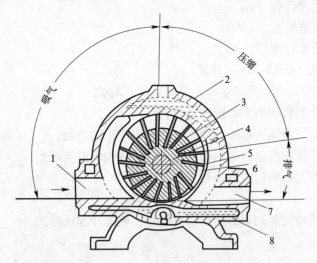

图 6-2-42　单级滑片式压缩机

1—吸气管；2—外壳；3—转子；4—转子轴；5—滑片；6—压缩气室；7—排气管；8—冷却水套

式中　q_t——理论排气量，$\mathrm{m^3/min}$；

　　　m——转子偏心距，m，$m = (0.05 \sim 0.10) D$；

　　　l——气缸长度，m，$l = (1.5 \sim 2.0) D$；

　　　D——气缸直径，m。

$$q = \lambda_1 \lambda_2 q_t \qquad (6-2-21)$$

式中　λ_1——考虑滑片占有容积影响的容积系数，$\lambda_1 = \dfrac{\pi D - Z\delta}{\pi D}$；

　　　Z——滑片数，$Z = 8 \sim 24$；

　　　δ——滑片厚度，m，$\delta = 0.001 \sim 0.003\mathrm{m}$；

　　　λ_2——考虑泄漏影响的泄漏系数。

λ_1 与 λ_2 可由经验公式估算，见式（6-2-22）。

$$\lambda = \lambda_1 \lambda_2 = 1 - 0.01 k \frac{p_2}{p_1} \qquad (6-2-22)$$

式中　λ——修正系数；

　　　k——系数，k 值与排气量成反比，$k = 5 \sim 10$。

3. 罗茨压缩机

（1）工作原理与构造

罗茨压缩机属容积型回转式压缩机，适用于中、小流量范围的中、低压压缩。工作原理为两个旋转方向相反的转子与机壳间形成压缩气室，旋转过程中压缩气室容积由大变小，完成吸气、压缩与排气过程。构造见图 6-2-43。

（2）排气量

实际排气量按式（6-2-23）计算，式中每转

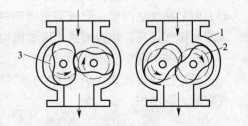

图 6-2-43　罗茨压缩机

1—机壳；2—转子；3—压缩气室

一周的理论排气量按转子长径之园截面积与转子厚度乘积作近似计算，其依据是每转理论排气量为压缩气室容积的四倍，压缩气室截面积近似等于转子横截面积的 $1/2$，而四个压缩气室横截面积为两个转子横截面积，近似等于转子长径所作之园截面积：

$$q = \lambda_v n \pi R^2 B \qquad (6-2-23)$$

式中　λ_v——容积系数，$\lambda_v = 0.7 \sim 0.8$；

　　　R——转子长径，m；

　　　B——转子厚度，m。

4. 螺杆压缩机

（1）工作原理与构造

螺杆压缩机属容积型回转式压缩机，适用于中、小流量范围的中、低压压缩。工作原理为设在 8 字形气缸中的两个阴阳啮合的螺杆作相反方向旋转，其与气缸壁形成的压缩气室容积由大变小完成吸气、压缩与排气过程。转子形状有对称型线与非对称型线两种，图 6-2-44 为对称型线转子。

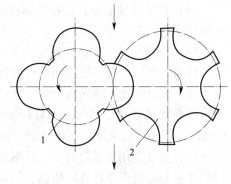

图 6-2-44　对称型线转子
1—阳转子；2—阴转子

（2）排气量

实际排气量按式（6-2-24）计算：

$$q = (A_1 Z_1 n_1 + A_2 Z_2 n_2) L \lambda \qquad (6-2-24)$$

式中　A_1、A_2——阳、阴转子齿间面积，m^2；

　　　Z_1、Z_2——阳、阴转子齿数；

　　　n_1、n_2——阳、阴转子转数，r/min；

　　　L——转子长度，m；

　　　λ——考虑泄漏影响的泄漏系数，$\lambda_1 = 0.85 \sim 0.92$。

5. 离心式压缩机

离心式压缩机属速度型压缩机，适用于大、中流量范围的高、中压压缩，如天然气长输管道的压气站等。工作原理为气体自轴向进入被旋转主轴上叶轮增速、并甩出叶轮进入扩压器，使体积扩大而降速升压。压缩设有多级，以实现逐级增压。级间设有冷却器，可实现等温压缩。

关于透平式压缩机特性、调节与工况内容见本书第 4 章 4.5.4.5，分类与结构见第 10 章 10.2.3.2。

6.2.4.3　计量装置

在城镇燃气输配系统中，燃气的计量是系统正确调度的基础，又是供需双方经济核算的依据，因此不仅要从技术上精心设计，而且在管理上还要有完善的制度。国内外燃气行业目前已普遍采用了 SCADA 系统有效进行流量、压力检测、系统状态监控和综合分析等计量管理工作，这些都需要通过在线计量采集可靠数据。

气体具有可压缩性。在流量测量领域气体测量要比液体测量困难得多。在考虑满足测量精度和误差的前提下，不仅要确定最佳的测量方法，而且还要正确选用类型、功能和特性相匹配的检测仪表。计量装置由主体、测量机构和输出装置组成，选用时需考虑以下因素：

（1）测量机械的涡流效应、流速断面效应和密度效应；

（2）精确度在标定范围内；

（3）在满足精确度的前提下，量程比较宽；

（4）压力损失小，输出信号与流量最好呈线性关系；

（5）符合国标的电气防爆和安全防护要求；

（6）信号处理简便，远程数据传输信号及制式要符合国标的相关规定，符号使用国际通用标准；

（7）性能稳定可靠，使用寿命长，零部件及仪表维修鉴定方便。

目前，常用于调压设施和用户的计量装置类型主要有：差压式孔板流量计、涡轮流量计、超声波流量计、漩涡流量计、腰轮（罗茨）流量计和隔膜式流量计等。对天然气我国通行基准状态（101325Pa，20℃）下气体体积流量计量制，选用计量装置要遵守国标GB/T17291《石油液体和气体计量的标准参比条件》的相关规定。从用途而言，门站（储配站）计量装置用作贸易计量，区域或专用调压站的计量装置用作生产调度过程计量，用户的计量装置只作为计费的依据。门站（储配站）、区域或专用调压站作为输配数据采集监控系统的子站，需随时提供实时流量参数的指示、记录和累积数据，还相应有压力、压差及温度的指示和记录。

1. 差压式孔板流量计

孔板流量计是指通过测量安装在管路中的同心孔板节流元件两侧的差压，并换算成体积流量的一种检测设备。由于在燃气系统中孔板流量计主要用于长输管线，因此其内容在本书第 4 章中进行讲解。

2. 涡轮流量计

涡轮流量计与差压式孔板流量计一样属于间接式体积流量计。当气体流过管道时，依靠气体的动能推动透平叶轮（转子）做旋转运动，其转动速度与管道的流量成正比。转速与通道断面大小形状、转子设计形式及其内部机械摩擦、流体牵引、外部载荷以及气体黏度、密度诸多因素有关。

叶轮形状有径向平直形和螺旋弯曲形两种。涡轮流量计由涡轮流量变送器（传感器）、前置放大器、流量显示积算仪组成，并可将数据远传到上位流量计算机。现场安装的涡轮流量计变送器如图 6-2-45 所示。

气体涡轮流量计具有结构紧凑、精度高、重复性好、量程比宽（$q_{min}/q_{max}=1/10\sim15$）、反应

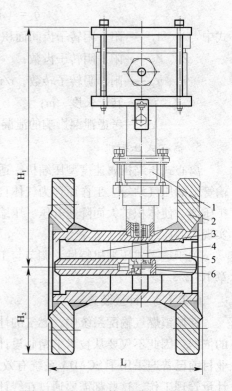

图 6-2-45　涡轮流量变送器的构造
1—磁电感应式信号检出器；2—外壳；
3—前导向件；4—叶轮；5—后导向件；6—轴承

迅速、压力损失小等优点，但轴承耐磨性及其安装要求较高。其叶片用磁性材料制成，旋转时叶片将磁感应信号通过固定在壳体上的信号检出器内装磁钢传递出来，该磁路中的磁阻周期性变化，并在感应线圈内产生近似正弦波的电脉冲信号。理想情况下，当被测流体的流量和黏度在一定的范围内，该电脉冲信号的频率与流过的体积流量在一定流量范围内接近正比关系。

由涡轮流量计稳定运动方程可得到：

$$K = \frac{Z}{2\pi}\left(\frac{\mathrm{tg}\theta}{rA} - \frac{T_{\mathrm{rm}}}{r^2\rho q^2} - \frac{T_{\mathrm{rf}}}{r^2\rho q^2}\right) \tag{6-2-25}$$

$$K = \frac{f}{q}$$

$$\omega = \frac{2\pi f}{Z}$$

式中　K——仪表常数；

　　　f——脉冲频率；

　　　q——流量计流量；

　　　ω——涡轮的旋转角速度；

　　　Z——涡轮叶片数；

　　　θ——涡轮叶片与轴线的夹角；

　　　A——流通面积；

　　　r——涡轮叶片平均半径；

　　　ρ——气体密度；

　　T_{rm}——流量计内机械摩擦阻力矩；

　　　T_{rf}——流量计内流体阻力矩。

涡轮流量计的始动流量为涡轮克服静摩擦阻力矩所需最小流量，忽略 T_{rf}，由式（6-2-25）可得：

$$q_{\min} = \left(\frac{T_{\mathrm{rm}}A}{r\rho\mathrm{tg}\theta}\right)^{1/2} \tag{6-2-26}$$

可见机械摩擦阻力矩越小，流量计的始动流量也越小。

紊流状态时流体阻力矩：

$$T_{\mathrm{rf}} = C_2\rho q^2 \tag{6-2-27}$$

式中　C_2——常数。

由式（6-2-25）得：

$$K = \frac{f}{q} = \frac{Z}{2\pi}\left(\frac{\mathrm{tg}\theta}{rA} - C_2\frac{1}{r^2}\right) \tag{6-2-28}$$

可见，此种流动状态下仪表常数 K 只与本身结构参数有关，可近似为常数。通常在产品出厂检验测试报告中给出仪表系数 K 和体积流量 q 之间的线性关系，即称 $K-q$ 特性曲线，如图6-2-46所示。

理想的特性曲线应是平行于 q 轴的一直线。但由于流体水力特性的影响和叶轮上所受阻力矩作用的结果，实际的特性曲线显有"高峰"特征，"高峰"出现在变送器上限流量的20%~30%处，即流动状态由湍流变为层流的过渡区。产生"高峰"特征的原因是：

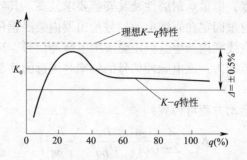

图6-2-46　涡轮流量计K-q特性曲线

当流量减小到某一数值（通常为20%~30%上限流量）时，即进入过渡区，此时，作用在叶轮上的旋转力矩和流体阻力矩都相应地减小。但因流体阻力矩减小更显著，所以叶轮的转速反而提高，特性曲线出现"高峰"。随着流量的进一步减小，即进入层流区，作用在叶轮上的旋转力矩进一步减小，这样，使作用在叶轮上的所有阻力矩的影响相对突出，叶轮转速降得快，特性曲线明显下降。相反，当流量增大到超过某一值时，进入湍流区，作用在叶轮上旋转力矩增大，当与阻力矩达到平衡时，特性曲线就显得较平直。

　　为了获得较高的测量准确度，变送器的流量测量范围应选在特性曲线的线性段。

　　涡轮流量计可配置温度、压力仪表、流量计算机或流量积算仪。选用时，除了按气体参数确定主体结构尺寸外，还应注意选配脉冲信号发生器（感应式低、中、高频）。精度等级1和1.5；配置有电话网络传输功能，防爆等级为隔爆型B。

　　为了消除任何可能影响计量精度的流体扰动，通常在涡轮流量计上游2倍出口直径（2D）处安装整流器。该整流器的结构可做成管板式，如图6-2-47所示。

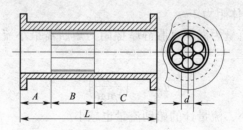

图6-2-47　整流器的结构简图

A—上游直管段长度（2~4D）；B—整流束长度（3~4D）；C—下游直管段长度（5~7D）；

L—整流器总长（10~15D）；d—整流管直径（$d \leqslant B/10$）；整流管数目（$n \geqslant 4$）

3. 超声波流量计

超声波流量计是通过检测流体流动对超声束（或超声脉冲）的作用，测量体积流量的速度式流量仪表，测量原理有传播时间差法、多普勒效应法、波束偏移法、相关法、噪声法。天然气超声波流量计的测量原理是传播时间差法（见图6-2-48）。

　　在天然气管道中安装两个能发送和接收超声脉冲的传感器形成声道。两个传感器轮流发射和接收脉冲，超声脉冲相对于天然气以声速传播。沿声道顺流传播的超声脉冲的速度因被测天然气流速在声道上的投影与其方向相同而增加，而沿声道逆流传播的超声脉冲的速度因被测天然气流速在声道上的投影与之方向相反而减少。这样就得到超声脉冲在顺流

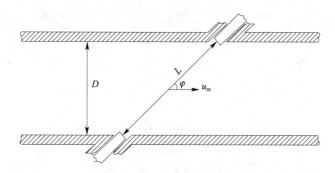

图 6-2-48 天然气超声波流量计的测量原理

和逆流方向上的传播时间:

$$t_1 = \frac{L}{c + u_m \cos \varphi}$$

$$t_2 = \frac{L}{c - u_m \cos \varphi}$$

式中　t_1——沿声道顺流传播的超声脉冲的传播时间,s;

　　　t_2——沿声道逆流传播的超声脉冲的传播时间,s;

　　　L——声道长度,m;

　　　C——被测介质中超声脉冲的声速,m/s;

　　　u_m——被测介质的流速,m/s

　　　φ——被测介质流动方向与声道之间的夹角,rad。

由上列两式可以推导出被测介质流速的计算式:

$$u_m = \frac{L}{2\cos \varphi}\left(\frac{1}{t_1} - \frac{1}{t_2}\right) \tag{6-2-29}$$

上式中被测介质中的声速在式中被消去,说明被测介质的流速与被测介质的性质无关。

超声波流量计的关键技术在于处理速度分布畸变及旋转流等不正常流动速度场的影响问题。为此,超声波流量计皆采用了多声道测量技术,克服上述问题。(多声道)超声波流量计的测量流量为

$$q = \frac{1}{n}f\sum_{i=1}^{n} \frac{L_i}{2\cos \varphi}AK\left(\frac{1}{t_1} - \frac{1}{t_2}\right) \tag{6-2-30}$$

式中　n——超声通道数;

　　　f——流量标定修正系数;

　　　K——调整因子,与燃气流的雷诺数有关,见图 6-2-49。

超声波流量计的特点如下:

(1) 能实现双向流束的测量($-30 \sim +30$m/s);

(2) 过程参数(如压力、温度)不影响测量结果;

(3) 无接触测量系统,流量计量过程无压力损失;

(4) 可精确测量脉动流;

(5) 重复性好,速度误差 $\leqslant 5$mm/s。

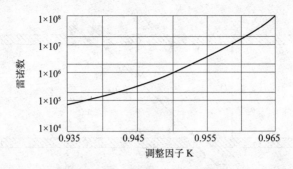

图 6 - 2 - 49　超声波流量计调整因子

（6）量程比很宽，$q_{min}/q_{max} = 1/40 \sim 1/160$；

（7）可不考虑整流，只在上游 100mm、下游 50mm 留有安装间隙就可；

选用时，连接尺寸要求在超声波流量计上游预留足够长度的直管段，安装所选位置要保证测量流束水平。在电气要求上应符合国标规范的防爆等级，并提供连接电子或机电计数器的电源模式（有或无源）及其输出脉冲。

4. 漩涡流量计

漩涡流量计属于振荡型仪表，即在管道流束中心插入可造成漩涡的几何体检测元件，并将测得的漩涡运动规律与速度的比例关系通过检出元件传递放大，从而得到实时的管道流量参数。按漩涡的形成方式，可把流量计分为两种系列：（1）旋进式漩涡流量计，其漩涡流谱为螺旋形漩涡旋进运动；（2）涡街式漩涡流量计，其漩涡流谱为两列交错方向相反的漩涡运动。

漩涡流量计最大的特点是无须安装活动零部件，使用寿命长，量程比很宽（$q_{min}/q_{max} = 1/30 \sim 1/100$），输出脉冲信号与流体参数变化无关，但流束分布和流体的洁净程度对与介质相接触的检测元件的测量精度和灵敏度有直接影响。

（1）旋进式漩涡流量计

在图 6 - 2 - 50 中的检出元件是通过敏感元件（传感器）接受流体旋涡的感应而检测出旋涡的进动频率的。放大器则把感应信号进行处理并放大输出脉冲信号，信号处理的过程框图如图 6 - 2 - 51 所示。

旋进式漩涡流量计可配置频率计数器或频率积算器，可显示实时流量、累积流量，也可输出 $0 \sim 10mA$（DC）电信号。通常，配置仪表包括：温度压力仪表组合，流量计或流量积算仪，可实现多参数的显示、记录、状态补偿校正以及报警检测。

旋进式旋涡流量计的规格：公称通径为 DN50、DN80、DN100 和 DN150；在满足雷诺数 $Re = 10^4 \sim 10^6$、马赫数 $M < 0.12$、输出频率 $f = 10 \sim 10^3$ Hz 的限值条件下，其精度一般为 $\pm 1\%$。

（2）涡街式漩涡流量计

图 6 - 2 - 52 中的检测元件 1 的几何形状呈三角形或圆柱形两种，敏感元件（传感器）就安装在该非流线物体上，以便接受迎面流体所产生的漩涡阵列（涡街）的感应频率 f。

实验和理论分析表明，只有当涡街中的漩涡是错排时，涡街才是稳定的。此时：

$$f = S_t \frac{u}{d} \qquad (6 - 2 - 31)$$

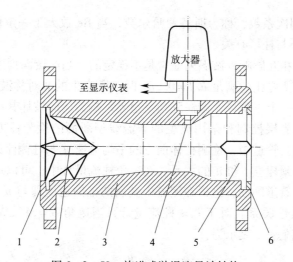

图6-2-50 旋进式漩涡流量计结构

1、6—紧固环；2—螺旋叶片；3—壳体；4—检出元件；5—消旋直叶片

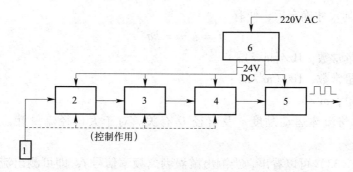

图6-2-51 旋进式漩涡流量计放大器组成框图

1—敏感元件；2—负阻特性电流调整器；3—动态高通滤波器；

4—带自动增益控制和动态低通滤波器的直接耦合放大器；5—施密特触发器；6—稳压电源

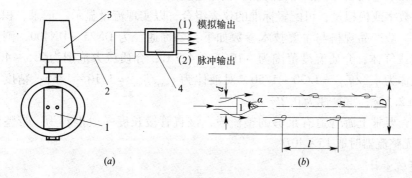

图6-2-52 涡街式漩握流量计结构示意图

（a）三角柱涡街式旋涡流量计（b）卡门涡街示意图；

1—检出器；2—屏蔽电缆；3—放大器；4—转换器

式中 f——物体单侧漩涡剥离频率，Hz；

u——流体场流速，m/s；

d——物体与流线垂直方向尺寸，m；

305

S_t——无因次系数，称为斯特罗哈尔数，当 Re 数大于一定值时，S_t是常数，且大小与柱形有关。

由于漩涡之间的相互影响，漩涡列通常是不稳定的。当两漩涡列之间的距离 h 和同列的两漩涡之间的距离 l 之比能满足 $h/l = 0.281$ 时，所产生的非对称漩涡列才能达到稳定。在管道中的流体场是一个三度场，漩涡阵列受边界影响，从而破坏其稳定性。为避免此种影响，可采用所谓边界层控制和采用典型的非流线型断面的检测柱方法，可增加漩涡强度，以克服上述影响。管道中，检测柱体前方的平均流速 $\bar{u}$ 与柱侧流速是不等的，为测出通过管道的流量，必须建立 f 和 $\bar{u}$ 的关系。在三角柱流量计中，可以加大 d 的尺寸，以使漩涡尽可能波及整个管道断面，这样在尾流中漩涡的轴向速度即与 $\bar{u}$ 极为接近，从而使 f 与 $\bar{u}$ 得以建立好的线性关系。对于三角柱流量计，当尾角 $\alpha = 38°$，$d/D = 0.28$ 时，$S_t = 0.16$，且 f 可用平均流速 $\bar{u}$ 表示为：

$$f = S_t \frac{\bar{u}}{\left(1 - 1.25 \frac{d}{D}\right)d} \tag{6-2-32}$$

当仪表的几何尺寸确定后，便有：

$$f = k'\bar{u} = kq \tag{6-2-33}$$

式中　k'——流量常数，Hz/(m/s)；

　　　k——流量常数，Hz/(m³/h)；

　　　q——流量，m³/h。

其线性范围与流体运动黏度 v 及直径 D 有关。对于大口径流量计，可高达 100∶1 以上。

从式（6-2-33）可以看出，当测出漩涡剥离频率信号 f，即可测出流速及流量。流量计精度当 $Re \geqslant 10^4$ 时为 ±1%；$Re \geqslant 2 \times 10^4$ 时为 ±0.5%。

涡街式流量计由检出器（检测元件）、放大器和转换器三个主要部分组成。信号的检测方法有单热敏电阻法与双热敏电阻法、应变电阻检测法以及振动球式电磁检测法等。其输出信号为数字或模拟量，可配置标准的仪表组合，以实现流量显示、记录、积算以及调节控制等。一般产品规格与主要技术参数如下：公称通径为 DN25 ~ DN400；测量介质为液体、蒸汽或气体；介质温度范围为 -196 ~ +427℃；介质压力范围为 2.5 ~ 40MPa；量程比，对气体为 $q_{min}/q_{max} = 1/30 ~ 1/50$，对液体为 $q_{min}/q_{max} = 1/10 ~ 1/15$；精度为 ±1%，±1.5% 和 ±2.5%；重复性为 0.2%。

安装时，要求上游管道有足够的整流段，该直管段长度一般推荐为：带整流器时取 15 ~ 20D；无整流器时取 15 ~ 40D。

5. 质量流量计

与体积流量测量不同，用质量流量计测量气体流量，不必对其输出结果进行温度和压力补偿，因此免去了相应的辅助测量设备，为整个计量系统降低成本和减少维护费用提供了另一种选择。

根据科里奥利（Coriolis）原理设计的流量测量系统不需要直管段和整流器来防止气体扰动，因为质量流量计并不依赖于一个可预知的流体速度剖面图来测量流量，有助于节省安装空间。只要流量计的测量管不被流体介质腐蚀、磨损或淤垢，其性能不会随时间的推移而发生偏离。一般情况下，表的量程比（q_{min}/q_{max}）为 1/50 时，精度可维持在 0.35% 左右；量程比为 1/100 时，可满足 1% 的精度。

如果被测气体组分是不变的，用各组分气体在标准状态下的密度可求出该混合气体的标准（或基准）密度，并输入到质量流量计的变送器中，便可实现质量流量和体积流量的单位换算。在某些情况下，科里奥利质量流量计除了测流量外，还可测量流体的密度，尤其用于流体组分随时变化的场合，此时所测得的流体密度亦非用于标准状态的流量计算；否则，要通过气相色谱仪和流量计的输出值在流量计算机中进行运算才可实时地计算流体的标准密度。

带多变量数字技术（MVD）的变送器是以数字信号处理技术（DSP）为基础建立起来的。质量流量计的信号处理由直接安装在传感器上的单元来执行。变送器接收到来自信号处理单元的总线数字信号后将其转换成标准信号：4～20mA 或 10000 Hz 脉冲或 MODBUS 等。其具有抗噪声性能以及很好的重复性，并且信号的稳定与流量计的精度无关。

质量流量计是利用高速流体通过具有一定刚性的细小口径测量管使之振动，并以其产生的微振动（Micromotion）性能导致流量计进、出口处正弦波信号之间的相位差，谓之科里奥利效应。信号源通常是电磁线圈。系统结构图[①]见图 6-2-53。

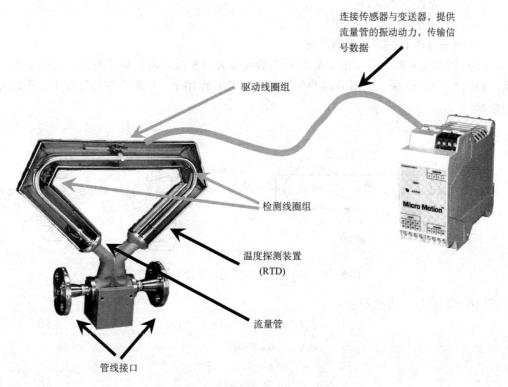

图 6-2-53 质量流量计系统结构图

质量流量计工作原理：

（1）科里奥利力的产生。在双管型质量流量计中，入口处的分流管将流入介质等分送

---

① Micro Motion 公司资料

入两根测量管中。两根测量管中由于驱动线圈的作用，产生以支点轴 o－o 的相对振动。当测量管中有流量时即产生科里奥利现象，如图 6-2-54 所示。

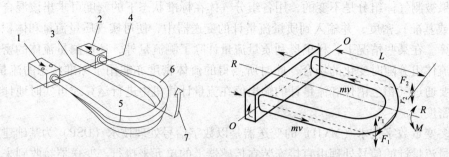

图 6-2-54　科里奥利质量流量计结构参数
1—进口；2—出口；3—扭弯轴；4—支撑轴；5—进口侧；6—出口侧；7—流体作用力

科氏力与流体的质量成正比，如公式（6-2-34）：

$$F = 2m\omega u \qquad (6-2-34)$$

式中　F——科氏力；

$\quad$ u——流体线速度；

$\quad$ ω——角速度，绕 o－o 轴；

$\quad$ m——流体通过测量管的质量。

（2）扭曲角 θ 的产生。由于 U 形管两侧流速方向相反，两侧科氏力大小相等、方向相反，如图 6-2-55 所示，对管端产生扭矩 M，在其作用下，U 形管端轴线绕 R－R 轴有扭曲角 θ。

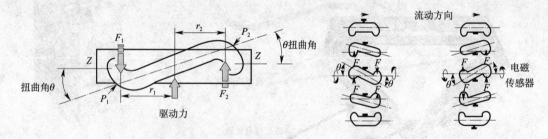

图 6-2-55　科里奥利质量流量计工作原理

由式（6-2-34），得扭矩：

$$M = F_1 r_1 + F_2 r_2 = 2Fr = 4m\omega u r \qquad (6-2-35)$$

又因

$$q_m = m/t$$

$$u = L/t$$

∴

$$M = 4\omega r L q_m \qquad (6-2-36)$$

式中　q_m——质量流量；

$\quad$ m——管中 t 时间内流过的质量；

$\quad$ t——时间；

$\quad$ L——U 形管臂长。

U 形管的刚性形成的反作用力矩：

$$T = K_s \theta \qquad (6-2-37)$$

式中　K_s——U 形管的弹性模量；

　　　θ——扭曲角，管端轴线与 Z－Z 水平线的夹角；

$\because$ 　　　　　　　　　　$M = T$

由式（6－2－36），式（6－2－37）：

$$q_m = \frac{K_s \theta}{4\omega r L} \qquad (6-2-38)$$

（3）U 形管端绕 R－R 轴扭曲运动。如图 6－2－56 所示，U 形管处于不同位置时扭曲角 θ 不断变化。在管端轴线越过振动中心位置时 θ 最大。流速为零时 U 形管只作简单的上下运动，$\theta = 0$。随流量增大，科氏力变大，扭曲角 θ 也增大，且入口管端先于出口管端越过中心位置的时间差 Δt 也增大。

设管端在中心位置时的振动速度为 u_F，由图 6－2－56 有：

$$\theta \approx \sin\theta = u_F \frac{\Delta t}{2r} = \omega L \frac{\Delta t}{2r} \qquad (6-2-39)$$

由式（6－2－38），（6－2－39）：

$$q_m = \frac{K_s}{8r^2} \Delta t \qquad (6-2-40)$$

（4）质量流量测量。因 K_s，r 是 U 形管材料和几何尺寸常数，因此质量流量 q_m 与时间差 Δt 成正比。由检测 U 形管端部的两个位移检测器所输出的电压的相差得到时间差，如图 6－2－56。经二次仪表将相位信号整形放大即可给出质量流量。

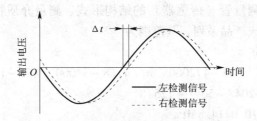

图 6－2－56　位移检测器输出信号的波形

由于气体密度小，必须提高流体通过测量管的流速，才能满足仪表分辨率所要求的质量流量。质量流量计的电子部件的灵敏度取决于测量管的结构和电子部件的检测能力。例如，直管形状测量管的最大振幅只能达到 0.1mm，而煨成 U 形的测量管的最大振幅可以达到 0.8mm，在最大流量下因科氏力作用发生测量管形变产生的相位差：对于直管为 12μs，对于 U 形管为 60μs。显而易见，测量管径向距离越长的结构其形变越大，测量效果愈佳。

质量流量计的测量管结构形式有 S、U、Ω 形等，如图 6－2－57 所示。

测量管径向距离长，形变大也就易受外界因素干扰和零点容易漂移，因此选择该流量计时要顾及仪表精度、流体性质、流速和价格等多方面的因素。实践经验表明，在达到额定精度要求的基础上，质量流量计气体限速宜为 0.5M（马赫数），有利于减少压力损失、控制信号噪声（杂波影响）和防止气体组分发生相变。

在输送低温液态流体时，带有 MVD 技术的质量流量计，由于 MVD 电子平台包含低温

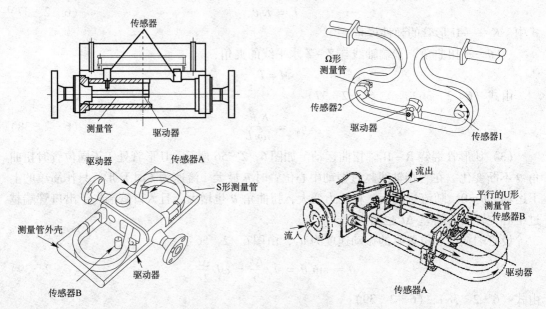

图 6-2-57　质量流量计结构图

杨氏模量非线性自动温度修正运算方程，因此在最小量程时的测量精度不会失准。然而，为了避免在测量管内液态流体气化产生两相流，务必仔细计算 A、B 两端传感器的压力损失（dp）以克服闪蒸现象出现，一般要求出口端传感器处的压力要大于液体流动温度下介质的饱和蒸气压，并加上 3Δp。

　　某质量流量计根据测量管（传感器）的结构形式、测量介质特性（气或液）和其选配的变送器参数功能编成产品系列，其范围为

　　管线尺寸 3~150mm

　　气体流量 6~26250[A]/45~172000[B] m^3/h（8~34000[A]/30~128000[B] kg/h）

　　温度范围 -240~+204/-50~+125，℃

　　流量管压力额定值 10.0/14.8MPa

　　变送器精度 ±0.35%~±0.5%/±0.75%~±1.0%

　　（A：流量值为 20℃，0.68MPa 的空气通过流量管产生的压降 0.068MPa 时标定；B：流量值为 20℃，3.4MPa 的空气通过流量管产生的压降 0.34MPa 时标定。）

　　6. 容积式流量计

　　工商与居民燃气用户计量设备可选择范围更宽，功能要求也比较简单，主要是为了计费。结构简单、性能稳定、精度高、易于直观维护管理和价格低廉的容积式流量计是这些用户的首选目标。但是，这种流量计的体形结构尺寸，随着计量值范围增加而增大，安装占用空间。一般根据实际需要（尤其小流量范围计量），将其作为就地显示流量功能的一次仪表比较实用。典型的容积式流量计，基本上分为两大类，即腰轮（罗茨）流量表和隔膜式煤气表。

　　（1）腰轮（罗茨）流量计

　　腰轮（罗茨）流量计如图 6-2-58 所示，腰轮（罗茨）流量计本体主要由三部分构成。外壳的材料可以是铸铁、铸钢或铸铜，外壳上带有入口管及出口管。转子是由不锈

钢、铝或是铸铜做成的两个 8 字形转子。带减速器的计数机构通过联轴器与一个转子相连接，转子转动圈数由联轴器传到减速器及计数机构上。

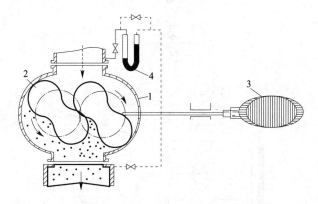

图 6-2-58 腰轮（罗茨）流量计的原理图
1—外壳；2—转子；3—计数机构；4—差压计

此外，在表的进出口安装差压计，显示表的进出口压力差。

流体由上面进口管进入外壳内部的上部空腔，由于流体本身的压力使转子旋转，使流体经过计量室（转子和外壳之间的密闭空间）之后从出口管排出。8 字形转子回转一周，就相当于流过了 4 倍计量室的体积。适当设计减速机构的转数比，可通过计数机构显示流量。

由于加工精度较高，转子和外壳之间只有很小的间隙，当流量较大时，其间隙产生的泄漏计量误差应在计量精度的允许范围之内。

通常，大口径腰轮流量计有立式和卧式安装结构，并且还分单或双腰轮结构，多用于中、低压工商用户，最大流量不超过 3500m³/h。

腰轮流量计测量系统由测量部分和传动积算部分组成。测量部分包括计量室和腰轮对。大口径流量计的计量室同壳体合成一体；小口径流量计的计量室是镶嵌在壳体内的。腰轮对由腰轮轴和驱动齿轮所组成。传动积算部分包括一级、二级、三级变速器和流量积算指示器及脉冲信号发生器。由于仪表需满足安全防爆要求，制作有一定难度，目前高压、大流量、数据远传的腰轮流量计尚未得到普遍应用。图 6-2-59 为立式双转子腰轮流量计的构造。

腰轮流量计的规格与基本参数如下：

公称流量　16，25，40，65，100，160，250，400，650，1000，1600，2500，4000，6500，10000，16000，25000m³/h

公称压力　1.6，2.5，6.4MPa

累计流量精度　±1%，±1.5%，±2.5%

量程比　(q_{min}/q_{max}) 1/10～1/20

（2）膜式燃气表

膜式燃气表普遍使用于商业、居民用户与场站自用小流量范围低压燃气的计量。其工作原理和性能曲线如图 6-2-60 和图 6-2-61 所示。

311

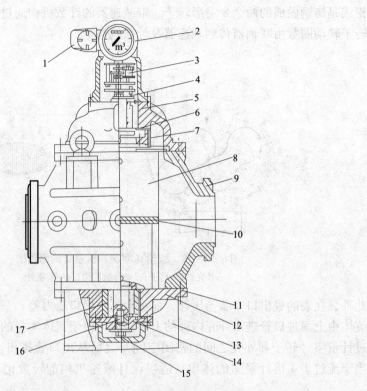

图 6-2-59 立式双转子腰轮流量计

1—脉冲信号发生器；2—积算器；3—变速器；4—拨叉；5—前端盖；6—轴；7—驱动齿轮；8—腰轮对；
9—壳体；10—隔板；11—密封圈；12—后端盖；13—底架；14—轴承座；15—盖；16—止推轴承；17—石墨瓦

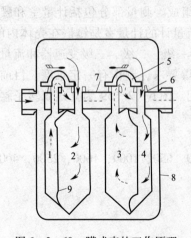

图 6-2-60 膜式表的工作原理

1、2、3、4—计量室；5—滑阀盖；
6—滑阀座；7—分配室；8—外壳；9—薄膜

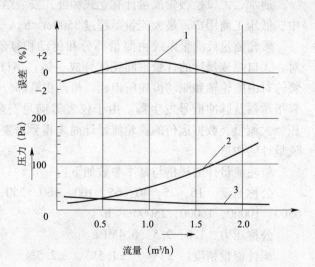

图 6-2-61 装配式膜式表的性能曲线

1—计量误差曲线；2—压力损失曲线；3—压力跳动曲线

膜式表的工作原理如下。被测量的燃气从表的入口进入，充满表内空间，经过开放的滑阀座孔进入计量室 2 及 4，依靠薄膜两面的气体压力差推动计量室的薄膜运动，迫使计量室 1 及 3 内的气体通过滑阀及分配室从出口流出。当薄膜运动到尽头时，依靠传动机构的惯性作用使滑阀盖相反运动。计量室 1、3 和出口相通，2、4 和入口相通，薄膜往返运动一次，完成一个回转，这时表的读数值就应为表的一回转流量（即计量室的有效体积），膜式表的累积流量值即为一回转流量和回转数的乘积。

膜式燃气表的规格与基本参数：

公称流量　16，2.5，4，6，10，16，25，40，65，100，250，400，650m³/h

公称压力　3，5，10 kPa

量程比　（q_{min}/q_{max}）1/30 ~ 1/60

基本误差需符合现行国家标准《膜式煤气表》GB6968 的规定。

7. IC 卡智能收费系统

（1）IC 卡气体涡轮流量计系统

为了实现计量现代化管理，可用机械式气体涡轮流量计与 IC 卡气体流量控制阀配套组合成 IC 卡气体流量计智能收费系统。当气体流进涡轮流量计后，经导流器整流并加速，作用在气动涡轮叶片上，驱动气体涡轮转动；再经中心传动机构及磁联轴器传送到计数器，所通过气体的累计流量可直接显示。与此同时，脉冲发生器可将机械信号转变为电脉冲并传输到控制阀以实现计量管理。当用户购气用完或电池的电量已耗尽，控制阀门会快速关闭。当用户重新购气或更换新电池后，用 IC 卡将阀门打开可恢复正常用气。

某系统 IC 卡智能阀的结构尺寸图如图 6-2-62 所示，其主要技术参数见表 6-2-2。

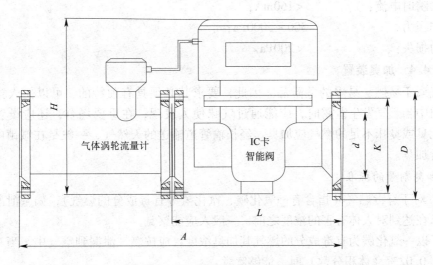

图 6-2-62　YSIC 系统 IC 卡智能阀

YSIC 系统 IC 卡智能阀主要技术参数表　　　　表 6-2-2

型号	DN	L	H	D	K	d	A	工作压力（MPa）	压力损失（Pa）	开阀时间（s）	关阀时间（s）
YSIC-50	50	230	331	165	125	99	430	0 ~ 0.025	0	<20	<1
YSIC-80	80	298	400	200	160	132	538	0 ~ 0.04	0	<40	<1
YSIC-100	100	365	403	220	180	156	665	0 ~ 0.08	0	<60	<2
YSIC-150	150	480	460	285	240	211	707		0	<90	<2

（2）IC 卡膜式燃气表系统

目前燃气行业抄表系统服务管理普遍使用了 IC 卡。IC 卡智能燃气表是在原有基表（如膜式燃气表）结构的基础上合成的机电一体化卡表。除原有的机械传动计数功能外，还增加了存量显示、欠压报警、欠量提醒、透支自动关闭、非法操作记录、停用关闭、阀门自动检测、抗磁攻击、防非法卡攻击等功能，便于燃气企业实现预收费和科学管理。从产品升级的角度可把 IC 卡分为三类，即 CPU 卡、逻辑加密卡和射频卡。

射频卡是最新一代智能卡产品，其一方面具有机电一体化卡表的逻辑加密卡的功能，即系统保密功能，使用权限的保护十分严密；另一方面对其还采用了非接触式读写，整机可以完全密封免受现场环境污染。对管理系统运行进行编程，采用数据管理系统，可以做到无限存储。因此，只要操作系统的设置正确和提供管理信息，就可以解决不同燃气用户所需的系统维护、日常操作的信息查询、统计分析和报表打印等联网服务。这样，省去了大量人力、物力和时间的耗费。

例如，某系统射频卡智能膜式燃气表（流量为 2.5、4.0、6.0m³/h），机械部分和普通家用膜式燃气表毫无区别，只是在计数器部件部分将机械信号转换成脉冲信号而被射频卡读出、存储和传输。其技术参数如下：

工作电压：　　　　　　　DC3V（锂电池）；

计数显示基本单位：　　　0.01m³；

最小工作电流：　　　　　<2mA；

最大瞬时电流：　　　　　<160mA；

工作压力：　　　　　　　500~5000Pa；

阻力损失：　　　　　　　<200Pa。

6.2.4.4　加臭装置

燃气属于易燃、易爆的危险品。因此，要求其必须具有独特的、可以使人察觉的气味。使用中当燃气发生泄露时，应能通过气味使人发现；在重要场合，还应设置检漏仪器。对无臭或臭味不足的燃气应加臭。经长输管道输送的天然气，一般是在城镇的天然气门站进行加臭。

1. 加臭剂量的标准

（1）对于有毒燃气（指含有一氧化碳、氰化氢等有毒成分的燃气），如果泄漏到空气中，要求在达到对人体有害的浓度之前，一般人应能察觉。

对于以一氧化碳为有毒成分的燃气其加臭浓度，应按燃气泄漏到空气中，当一氧化碳含量达到 0.02%（体积分数）时，能够察觉。

（2）对于无毒燃气（指不含有一氧化碳、氰化氢等有毒成分的燃气，如天然气、液化石油气等），如果泄漏到空气中，在达到其爆炸下限的 20% 浓度时，一般人能够察觉，天然气的爆炸下限为 5%，因此加臭浓度要按天然气泄漏到空气中达到 1% 时能被察觉。

（3）当短期利用加臭剂寻找地下管道的漏气点时，加臭剂的加入剂量可以增加至正常使用量的 10 倍。

（4）新管线投入使用的最初阶段，加臭剂的加入剂量应比正常使用量高 2~3 倍，直到管壁铁锈和沉积物等被加臭剂饱和。

（5）冬季耗用量大于夏季，可为正常耗用量的 1.5~2 倍。

2. 加臭剂应有特性

我国目前常用的加臭剂主要有四氢塞吩（THT）和乙硫醇（EM）等。目前德国已研制无硫加臭剂丙烯酸酯，并应用。

加臭剂应符合下列要求：

（1）与燃气混合后应具有特殊臭味，且与一般气味如厨房油味、化妆品气味等有明显区别。

（2）应具有在空气中能察觉的含量指标。

（3）在正常使用浓度范围内，加臭剂不应对人体、管道或与其接触的材料有害。

（4）能完全燃烧，燃烧产物不应对人体呼吸系统有害，并不应腐蚀或伤害与燃烧产物经常接触的材料。

（5）溶解于水的程度不应大于2.5%（质量分数）。

（6）具有一定的挥发性，在管道运行温度下不冷凝。

（7）较高温度下不易分解。

（8）土壤透过性良好。

（9）价格低廉。

目前对天然气普遍采用的加臭剂是四氢噻吩（THT），它具有煤制气臭味，分子式为

$$\begin{array}{c} CH_2\text{——}CH_2 \\ CH_2 \quad CH_2 \\ S\text{——}S \end{array}$$

硫醇（DMS）曾是使用较多的加臭剂，以乙硫醇为代表，它具有洋葱腐败味，分子式为：$H_3C\text{——}S\text{——}CH_3$。

四氢噻吩比乙硫醇有较多的优点：四氢噻吩的衰减量为乙硫醇的1/2，对管道的腐蚀性为乙硫醇的1/6，但价格比乙硫醇高。四氢噻吩对天然气的耗用量为15～20mg/m³。

3. 加臭方法

加臭一般有滴入式和吸收式两种方式

（1）直接滴入式

使用滴入式加臭装置是将液态加臭剂的液滴或细液流直接加入燃气管道，加臭剂蒸发后与燃气气流混合。这种装置体积小，结构简单，操作方便。一般可在室外露天或遮阳棚内放置，人工控制滴入式加臭装置构造见图6-2-63。

自动滴入式加臭装置由隔膜式柱塞计量泵、加臭剂罐、喷嘴与自动控制器件构成。通过流量传感器获得燃气流量信号，经自控系统实现燃气中稳定的加臭剂浓度。装置可显示燃气流量、加臭剂耗

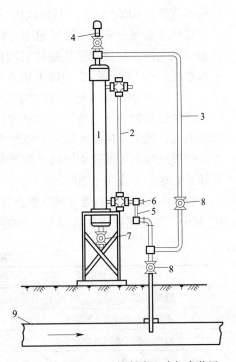

图6-2-63　人工控制滴入式加臭装置
1—加臭剂储槽；2—液位计；3—压力平衡管；
4—加臭剂充填管；5—观察管；6—针形阀；
7—泄压管；8—阀门；9—燃气管道

量、加臭剂罐液位以及燃气温度、压力等数据。

（2）吸收式

吸收式加臭方式是使液态加臭剂在加臭装置中蒸发，然后将部分燃气引至加臭装置中，使燃气被加臭剂蒸气所饱和。加臭后的燃气再返回主管道与主流燃气混合。

6.3　管道布置、阀门配置与管材

6.3.1　管道布置

管道布置是燃气输配系统工程设计的主要工作之一，在可行性研究、初步设计与施工图设计中均有不同内容与深度要求。

在确定管道路由后主要工作是按规范要求确定管道平面与纵、横断面管位，以及进行穿越障碍物设计。纵断面图内容应包括地面标高、管顶标高、管顶深度、管段长度、管段坡度、测点桩号与路面性质，并在图上画出燃气管道，标明管径，与燃气管道纵向交叉的设施、障碍等的间距。横断面图上应标明燃气管道位置，管径，以及与建筑物、其他设施等的间距。

一般纵断面图高度方向比例为1:(50～100)，长度方向比例为1:(500～1000)。

城镇区域内的燃气管道与建筑物、构筑物、相邻管道的水平和垂直净距离、最小埋深、以及所经城镇地区等级应按《城镇燃气设计规范》GB50028与《聚乙烯燃气管道工程技术规程》CJJ63规定。城镇地区等级由建筑物的密集程度划分。

地区等级划分原则为沿管道中心线两侧各200m范围内，任意划分为1.6km长并能包括最多供人居住的独立建筑物数量的地段，按地段内房屋建筑密集程度划分为4个等级。一级地区：有12个或12个以下供人居住建筑物的任一地区分级单元。二级地区：有12个以上，80个以下供人居住建筑物的任一地区分级单元；三级地区：有80个和80个以上供人居住建筑物的任一地区分级单元；或距人员聚集的室外场所90m内铺设管道的区域。四级地区：地上4层或4层以上建筑物普遍且占多数的任一地区分级单元。四级地区的边界线与最近地上4层或4层以上建筑物相距不应小于200m，二、三级地区的边界线与最近建筑物相距不应小于200m。

管道在农田、岩石处与城区敷设时的覆土层（从管顶算起）最小厚度（m）见表6-3-1。其中，聚乙烯管道在机动车不可能到达场所为0.5m。

管道最小埋深（m）　　表6-3-1

埋管场所	最小埋深
机动车道	0.9
非机动车道（含人行道）	0.6
机动车不可能到达场所	0.3、0.5（聚乙烯管道）
水田	0.8

由于人工燃气往往含有水分，因此管道须有坡度，并在低点设置排水缸，见图6-3-1与图6-3-2。高、中压排水缸设置循环管的目的是利用压力把排水管中水压回集水器中，

以防结冰。排水缸设置在中压 B、低压管道上可采用灰铸铁制造，设置在次高压 B 与中压 A 管道上可采用铸钢或球墨铸铁制造，设置在次高压 A 与高压管道上应采用铸钢制造。

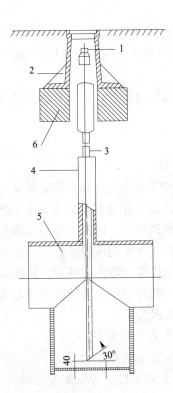

图 6-3-1 低压管道排水缸
1—丝堵；2—防护罩；3—排水管；
4—套管；5—集水器；6—底座

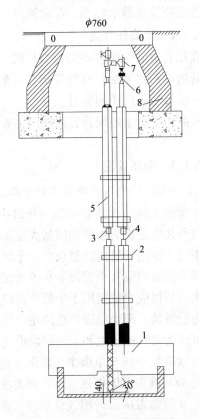

图 6-3-2 高、中压管道排水缸
1—集水器；2—管卡；3—排水管；4—循环管；
5—套管；6—旋塞；7—丝堵；8—井圈

6.3.1.1 高压管道

对于大、中型城市按输气或储气需要设置高压管道，其布置原则如下：

（1）服从城市总体规划，遵守有关法规与规范，考虑远、近期结合，分期建设。

（2）结合门站与调压站选址管道沿城区边沿敷设，避开重要设施与施工困难地段，不宜从县城、卫星城、镇或居民区中间通过。四级地区输配压力不宜大于 1.6MPa，不应大于 4.0MPa。

（3）尽可能少占农田，减少建筑物等拆迁。除管道专用公路的隧道、桥梁外，不应通过铁路或公路的隧道和桥梁。

（4）对于大型城市可考虑高压管线成环，以提高供气安全性，并考虑其储气功能。

（5）为方便运输与施工，管道宜在公路附近敷设。

（6）应作多方案比较，选用符合上述各项要求，且长度较短、原有设施可利用、投资较省的方案。

在高压干管上应设置分段阀门，并在阀门两侧设置放散管，其最大间距取决于管段所处位置为主的地区等级，以一级、二级、三级与四级地区为主的管段阀距应分别不大于

32km、24km、13km 与 8km。高压支管起点处也应设置阀门。

市区外地下高压管道应设置里程桩、转角桩、交叉和警示牌等永久性标志；市区内地下高压管道应设立警示标志，在距管顶不小于 500mm 处应埋设警示带。

6.3.1.2　次高压管道

次高压管道的作用与高压管道相同，当长输管道至城市边缘的压力为次高压时采用。次高压管道的布置原则同高压管道，一般也不通过中心城区，也不宜从四级地区、县城、卫星城、镇或居民区中间通过。

在次高压干管上应设置分段阀门，并在阀门两侧设置放散管，在支管起点处也应设置阀门。

6.3.1.3　中压管道

1. 高（次高）中压系统与单级中压系统的中压管道

中压管道在高（次高）中压与单级中压输配系统中是输配气主体。随着经济发展，特别是道路与住宅建设的水平和质量大幅度提高，高（次高）中压系统成为城市天然气输配形式的主流。中压管道向数量众多的小区调压柜与楼栋调压箱，以及专用调压箱供气，从而形成环支结合的输气干管以及从干管接出的众多供气支管至调压设备。显然小区调压柜与楼栋调压箱供应户数较用于中低压系统的区域调压站供应户数大大减少，从而减小了用户前压力的波动，而中压进户更使用户压力恒定。对于此种中压干管管段由于与众多支管相连，可认为支管流量之和为该管段沿途均匀流出的途泄流量。

高（次高）中压与单级中压输配系统的中压管道布置原则如下：

（1）服从城市总体规划，遵守有关法规与规范，考虑远近期结合。

（2）干管布置应靠近用气负荷较大区域、以减少支管长度，为保证安全供气而成环，但应避开繁华街区，且环数不宜过多。各高中压调压站出口中压干管宜互通。在城区边缘布置支状干管，形成环支结合的供气干管体系。

（3）对中小城镇的干管主环可设计为等管径环，以进一步提高供气安全性与适应性。

（4）管道布置应按先人行道、后非机动车道、尽量不在机动车道埋设的原则。

（5）管道应与道路同步建设，避免重复开挖。条件具备时可建设共同沟敷设。

（6）在安全供气的前提下减少穿越工程与建筑拆迁量。

（7）避免与高压电缆平行敷设，以减少地下钢管电化学腐蚀。

（8）可作多方案比较，选用供气安全、正常水力工况与事故水力工况良好、投资较省，以及原有设施可利用的方案。

2. 中低压输配系统的中压管道

中低压输配系统很少采用于城市新建的天然气输配系统，但常见于人工燃气输配系统，且多为中压 B 系统。因人工燃气含尘与杂物多于天然气，因此往往采用通径较大的中低压区域调压站。中压管道的主要功能是向中低压区域调压站与大型用户专用调压箱供气。为提高供气安全性，并减小中压管管径，可在气源相对处设置低压储罐，该储罐称为对置罐，在用气高峰时实施多点供气，用气低谷时通过中压管道向对置罐储入燃气，对置罐处须设置入罐燃气用中低压调压器和出罐燃气用中压压缩机。

由中低压输配系统的中压管道供气的区域调压站与专用调压箱数量远远少于高（次

高）中压或单级中压输配系统的小区调压柜与楼栋调压箱，因此中低压输配系统中压管道的密度远比该两系统低。中低压区域调压站站址应选在用气负荷中心，并确定其合理的作用半径，结合区域调压站选址布置中压干管，为供气安全中压干管应成环，城区边缘可为支状，同时，干管尽可能接近调压站、以缩短中压支管长度。显然采用区域调压站时中低压系统的中压管道流量为集中的节点流量。

6.3.1.4 低压管道

1. 高（次高）中压与单级中压系统的低压管道

不同压力级制系统中的低压管道分布与数量是不同的。高（次高）中压或单级中压输配系统的低压街坊管道一般起始于小区调压柜或楼栋调压箱出口至用户引入管或户外燃气表止。低压街坊管呈支状分布，布置时可适当考虑用气量增长的可能性，并尽量减少长度。

低压管道计算压力降分配可参考表6-3-2。

低压燃气管道计算压力降（Pa）　　　　　　　　　　表6-3-2

燃气种类及燃具额定压力	总压力降 ΔP	街区	单层建筑		多层建筑	
			庭院	室内	庭院	室内
人工煤气 1000	900	500	200	200	100	300
天然气 2000	1650	1050	300	300	200	400
液化石油气 2800 或 5000	—	—	—	400	—	500

2. 中低压系统的低压管道

中低压输配系统采用区域调压站时，其供应户数多，出口低压管道分布广、其分为干管与街坊管，前者主要功能是向众多街坊支管供气，因此其布置类似于高（次高）中压与单级中压输配系统的中压干管，即形成环支结合的低压供气干管。由于该干管管段连接支管数量多，支管的流量之和为该干管段的途泄流量。当出现多个区域调压站时，它们出口的低压干管如地理条件许可宜连成一片，以保证供气安全。此种低压干管的布置原则，可参照前述高（次高）中压与单级中压输配系统的中压管道布置原则。

6.3.2 用户管道敷设

由中压或低压的街坊管连向居民用户按压力分类为低压进户与中压进户两类。街坊管连向居民用户的用户管称为引入管。中压进户是在燃气表前由用户调压器把中压调至燃具额定压力，避免了用气高、低峰时燃具前压力波动。居民用户管按燃气表设置方式分类为分散设表与集中设表两类。分散设表即燃气表设在用户内，建筑物引入管与建筑物内立管连接，再由立管连接各层水平支管向用户供气。立管也可设在外墙上，此种立管一般由围绕建筑物外墙上的水平供气管接出。集中设表一般燃气表集中设在户外、即在一楼外墙上设集中表箱，由各燃气表引出室外立管与水平管至各层用户。户外集中设表方式具有方便管理与提高安全性的优点，但由于各户分设立管使投资增加，且投资随建筑楼层增高而上升。对于高层建筑不宜集中户外设表，但可把燃气表分层集中设置在非封闭的公共区域内。

居民用户（分散设表）管道系统见图6-3-3。

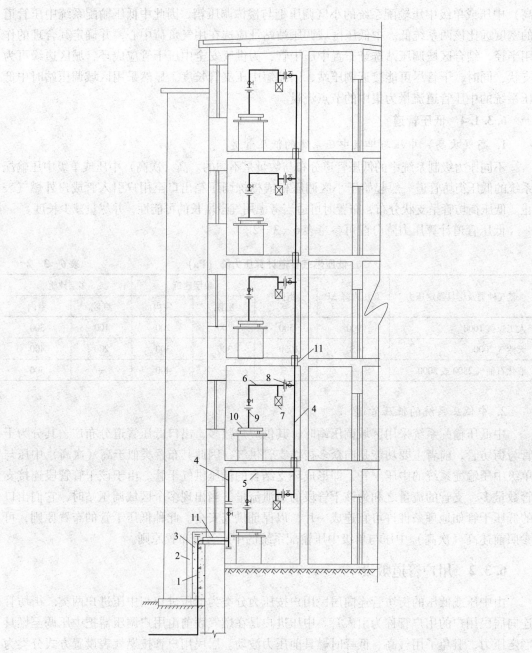

图 6-3-3　居民用户管道系统

1—引入管；　2—砖台；　3—保温层；　4—立管；　5—水平干管；　6—用户支管；

7—计量表；　8—旋塞与活接头；　9—用具连接管；　10—燃气用具；　11—套管

1. 引入管与立管

引入管的主要布置要求：

（1）住宅引入管不得敷设在卧室、卫生间、易燃或易爆品仓库、有腐蚀性介质的房间、发电间、配电间、变电室、不使用燃气的空调机房、通风机房、计算机房、电缆沟、暖气沟、烟道和进风道、垃圾道等处。

（2）住宅引入管宜设在厨房、外走廊与厨房相连的阳台（寒冷地区输送湿燃气时阳台应封闭）内等便于检修的非居住房间内。当确有困难，可从楼梯间（高层建筑除外）引入，但应采用金属管道，且引入管阀门宜设在室外。

（3）商业与工业的引入管宜设在使用燃气的房间或燃气表间内。

（4）对于人工燃气和矿井气、天然气、气态液化石油气三类燃气引入管的直径分别不应小于 25mm、20mm、15mm。

（5）引入管应设置阀门，阀门宜设置在室内，重要用户应在室外另设置阀门。

（6）输送湿燃气的引入管埋设深度应在冰冻线以下，并宜有不小于 0.01 的坡度坡向室外。

（7）采用地下引入时，引入管宜采用无缝钢管，室内立管部分靠实体墙固定。采用地上引入时，引入管与外墙净距为 100～120mm，套管内管道不应有焊口与接头。

（8）引入管穿过建筑物基础、墙、楼板或管沟时应设置在套管内，套管内不得有接头（不含纵向或螺旋焊缝及经无损检测合格的焊接接头）并应考虑沉降影响、采取补偿措施。

（9）建筑物设计沉降量大于 50mm 时，可加大引入管穿墙预留洞尺寸，引入管在穿墙前水平或垂直弯曲 2 次以上或穿墙前设置金属柔性管或波纹补偿器。

高层建筑的引入管与立管布置应考虑下列影响因素。

（1）附加压头

燃气密度小于空气密度时所产生的附加压头可使上层用户处的压力过高，从而影响燃具燃烧。为消除其影响可采取中压进户表前中低压调压器、低压进户设表前低低压调压器、缩小低压立管管径、以及在低压立管上设分段阀门或低低压调压器等措施。除中压进户外，针对低压系统的措施只需要在上层出现用户处超压部分实施。附加压头按式（6-3-1）计算：

$$\Delta p = g(\rho_a - \rho_g)\Delta h \qquad (6-3-1)$$

式中　Δp——附加压头，Pa；

　　　　g——重力加速度，$g = 9.81\text{m/s}^2$；

　　ρ_a、ρ_g——空气、燃气密度，kg/m^3；

　　　　Δh——管段终、始端标高差，m。

（2）建筑物沉降

高层建筑自重产生显著沉降，对引入管易造成破坏，必须采取补偿措施，参见前述引入管主要布置要求第（9）点。对于高层建筑一般在建筑物外侧设置沉降箱，箱内安装补偿装置。补偿装置有不锈钢软管、金属波纹管、弯头组合、铅管等。其中弯头组合易出现反转松扣而漏气、铅管施工时易压扁而影响通气，是影响使用的缺点。

穿过建筑物的地下引入管因建筑物发生沉降时作用于其上的力产生应力。特别对高层建筑的引入管有必要进行应力分析。可将引入管看为受到沉降建筑集中力 F 作用的悬臂梁 AD（图 6-3-4）。

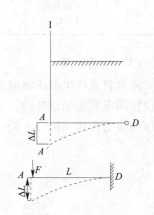

图 6-3-4　地下引入管受力分析

最不利点 D 的弯曲应力 σ、可适应建筑沉降量 ΔL 的引入管最小长度 L_{min}，或可承受的建筑沉降量 ΔL 分别由式（6-3-2），式（6-3-3），式（6-3-4）计算：

$$\sigma = \frac{3EI_z}{L^2 W_z}\Delta L \qquad (6-3-2)$$

$$L_{min} \geqslant \sqrt{\frac{3E}{[\sigma]\left(\dfrac{W_z}{I_z}\right)}\Delta L} \qquad (6-3-3)$$

$$[\sigma] = \frac{\sigma_S}{n}$$

$$\Delta L = \frac{[\sigma]}{3E}\left(\frac{W_z}{I_z}\right)L^2 \qquad (6-3-4)$$

式中　σ——引入管最不利点的弯曲应力，MPa；

E——管道材料的弹性模量，MPa；

I_z——管道横截面对中性轴的惯性矩，m^4；

W_z——管道横截面抗弯截面系数，m^3；

L——引入管计算长度，m；

L_{min}——可适应建筑沉降量 ΔL 的引入管最小长度，m；

ΔL——引入管计算端位移，即建筑沉降量，m；

$[\sigma]$——容许弯曲应力，MPa；

σ_S——管道材料的抗拉强度，MPa；

n——安全系数，建议取 $n=4$。

地下引入管特性参数　　　　　　　　　　　　　　表 6-3-3

类别	材质	外径（mm）	内径（mm）	抗拉强度 σ_S（MPa）	$\left(\dfrac{W_z}{I_z}\right)$（$m^{-1}$）	弹性模量 E（10^3 MPa）
镀锌钢管	碳素钢 Q235B	60	53	375	33.86	206.0
PE 管	PE80	63	51	18	32.36	0.7
管件	可锻铸铁 KTH330	70	60	300	29.10	155.0

（3）立管自重

立管自重产生的压缩应力，大大小于管材允许应力，但对立管产生的纵向推力应以分层设置固定管座加以抵销，一般 5~7 层设一个固定管座与一个分段阀门。立管自重产生的压缩应力按式（6-3-5）计算：

$$\sigma = \frac{gql}{A} \qquad (6-3-5)$$

$$A = \frac{\pi(D_o^2 - D_i^2)}{4}$$

式中　σ——压缩应力，MPa；

q——立管单位长度重量，kg/m；

l——立管长度，m；

A——立管截面积，mm^2；

D_o——立管外径，mm；

D_i——立管内径，mm。

（4）立管因温度变化产生的热应力与伸缩量

当立管固定时，因安装时温度与设计温度的温差而导致热应力与伸缩量对固定端产生破坏。

热应力按式（6-3-6）：

$$\sigma_t = a_1 \Delta t E \qquad (6-3-6)$$

式中　σ_t——热应力，MPa；

a_1——管材线膨胀系数，$℃^{-1}$，对普通钢材在20℃时取$12 \times 10^{-6}℃^{-1}$；

Δt——管道设计温度与安装温度差，℃；

E——管材的弹性模量，MPa，对普通钢材在20℃时取2.1×10^5MPa。

伸缩量按式（6-3-7）计算：

$$\Delta L = 10^3 \times a_1 L \Delta t \qquad (6-3-7)$$

式中　ΔL——管道伸缩量，mm；

L——管道长度，m。

对于热应力与热伸缩量应采用补偿器加以吸收，补偿器设置在两个固定管座之间。常用的补偿器有Π型补偿器与波纹管补偿器。

Π型补偿器按所需伸出长度选用，其计算按式（6-3-8）：

$$L_s = \sqrt{\frac{1.5 \Delta L E D}{\sigma_{bw}(1 + 6K)}} \qquad (6-3-8)$$

式中　L_s——Π型补偿器伸出长度，mm；

σ_{bw}——管道许用弯曲应力，MPa，钢管可取75MPa；

K——系数，可取$K=1$。

波纹管按所需波节数选用，其计算按式（6-3-9）：

$$n = \frac{\Delta L}{L_c} \qquad (6-3-9)$$

式中　n——所需波节数；

L_c——一个波节补偿能力，mm，一般$L_c = 20$mm。

2. 室内管及燃气表的安装

对室内管及燃气表等设备还可以安装的场所或在某些不可以安装的场所安装时应采取的技术措施，规范都规定了严格的要求。

敷设在地下室、半地下室、设备层和地上密闭房间，以及竖井、住宅汽车库（不使用燃气，并能设置钢套管的除外）的燃气管道宜采用钢号为10、20的无缝钢管或具有同等级或同等级以上的其他金属管材，管材管件及阀门、阀件的公称压力应按提高一个压力等级进行设计，该场所的净高换气次数等应符合规范要求。

用户室内燃气管道最高压力（MPa）见表6-3-4，室内燃气管道压力大于0.8MPa应按有关专业规范设计，液化石油气最高压力不应大于0.14MPa，管道井内燃气管道最高压力不应大于0.2MPa。居民低压用气设备的燃烧器额定压力（kPa）见表6-3-5。

室内燃气管道最高压力（MPa）　　　　　　　　　　　表6-3-4

燃气用户		最高压力
工业用户	独立、单层建筑	0.8
	其他	0.4
商业用户		0.4
居民用户（中压进户）		0.2
居民用户（低压进户）		<0.01

民用低压用气设备燃烧器的额定压力（kPa）　　　　　表6-3-5

燃烧器 燃气	人工煤气	天然气		液化石油气
		矿井气	天然气、油田伴生气、液化石油气混空气	
民用燃具	1.0	1.0	2.0	2.8 或 5.0

6.3.3　阀门配置[16]

管网的管道阀门中应用量大，应用最普遍的是截断功能的阀门，可以用其将管网的一部分管段从管网中隔离出来。在管道泄漏、火灾爆炸，以及地质灾害中能发挥重要的安全保障作用。为方便起见，此处将截断功能的阀门简称阀门。

从全面的技术经济来考虑，管网中阀门需有适当的配置方式和配置密度。从管网发生故障时尽量降低对管网功能的影响考虑，希望暂时被隔离的管段涉及的用户范围尽量少，因而设置的阀门数量愈多愈好；从减少阀门工程费用考虑，希望设置的阀门数量愈少愈好。因此需对管网阀门进行适当的配置，达到较好的技术经济效果。

同时，若定义对管网采用的阀门数与管网总长度之比值为阀门密度（记为符号k，单位为 个/km），则我国现有燃气管网，一般阀门密度$k=0.4\sim1.5$。阀门密度与隔离范围不是简单的反比关系。

在本节将具有一定长度的一段管道称为管段。管段是燃气管网最基本的构成部件，在其上设置阀门。对于较长管道，可将其分为若干管段。

管网中从干管接出或接向干管（将干管分段），只有一根管段的枝形管道，定义为支管。

在燃气管网的阀门类别中，按其安装部位有两类特指阀门。一类是支管接近管网干管部位的阀门，称为支阀；另一类则是位于支管末端的阀门称为端阀，一般即为上级管网调压站的出口部位的阀门，或本级管网接向下级管网或向用户供气的调压站（柜、箱）进口部位的阀门。

6.3.3.1　理论配置

管网的任一管段发生故障时，都能用相关的阀门将其与管网的其他部分隔离，称为"逐管段隔离原则"。按照这一原则可以得出燃气管网阀门的"理论配置"模式。理论配置：用必要且充分的（即足够且无多余的）阀门配置管网；可以实现逐管段用阀门将故障管段有效地从管网的其他部分隔离。阀门理论配置模式的表达式是

$$f_v = n_v - 1 \tag{6-3-10}$$

式中　f_v——在管网某节点相连的管段上设置的阀门数；

　　　n_v——节点的度数（图论概念），即与节点相连的管段数，对管网支管端点，在支管末端需设置端阀，有

$$f_v = n_v = 1 \tag{6-3-11}$$

作者提出了燃气管网阀门理论配置模式时，用于定量说明阀门数量的理论配置定理[16]：对某一压力级管网，包括环网管段与交管的管段总数为 M，环数为 H，进行阀门理论配置，则阀门数量为

$$J = M + H - 1 \tag{6-3-12}$$

式中　J——燃气管网阀门理论配置，除端阀外的阀门总数；

　　　M——管网管段数；

　　　H——管网环数，燃气输配中管网"环"的概念相当于图论中的"网孔"的概念。

若将端阀计入，则燃气管网的阀门总数为

$$J_S = M + H + T - 1 \tag{6-3-13}$$

式中　J_S——燃气管网阀门理论配置，包括端阀的阀门总数；

　　　T——某一级燃气管网的支管数（有 T 个端阀）。

可以用数学归纳法证明管网阀门理论配置定理*。它准确地给出了对管网的阀门理论配置数量与管网结构的关系。管网的阀门理论配置又称 1 级配置。

6.3.3.2　完全规则配置

管网故障时将影响一定面积范围或一定供气量区域的管段从管网隔离称为区域隔离。

在管网阀门配置的工程实际中需考虑如下一些因素：

（1）由于阀门相对于管材，价格更贵，从工程经济考虑，一般的城镇燃气管网中，阀门配置不可能按"逐管段隔离原则"进行理论配置，而应该采取"区域隔离原则"，即划定一定管段供气区域、将若干管段作为一个隔离对象；

（2）由于阀门本身也有相当高的故障率，从管网可靠性和管网运行维护工作考虑也宜采用"区域隔离原则"；

（3）可以看到，一旦隔离作用的阀门出现故障，阀门的两侧管段都受其影响，所以区域隔离的管段数要受到限制。

通过对管网进行阀门配置，用阀门将管网分隔为若干个有一定管段数（记为 m）的管段组实现区域隔离。

可见区域隔离时隔离面积大小或隔离供气量区域大小与隔离管段数有对应关系。

"完全规则配置"模式是按"区域隔离原则"进行的阀门配置。首先对管网进行理论配置，再由理论配置以减少阀门数形成"每 m 根管段隔离"，形成区域隔离（称为 m 级配置），从而使管网达到一种密度适当的阀门"完全规则配置"。

m 级完全规则配置，理论上可以得到的管段组数为：

---

* 也可从阀门理论配置模式出发用演绎法推导

$$Z = \left\lfloor \frac{M - T}{m} \right\rfloor \qquad (6 - 3 - 14)$$

式中　Z——m 级完全规则配置，理论上可以得到的管段组数；

　　$\lfloor x \rfloor$——地板函数，即取小于或等于实数 x 的最大正整数。

图 6 - 3 - 5 为完全规则配置的过程。先对管网进行理论配置。将相邻 3 管段之间的阀门去掉（图中减去的阀门用 ∘ 表示），将相邻 3 管段看为一个管段组，减去的阀门数为

$$\Delta J_m = (3 - 1)\left\lfloor \frac{M - T}{3} \right\rfloor$$

称为管网阀门"3 级完全规则配置"。

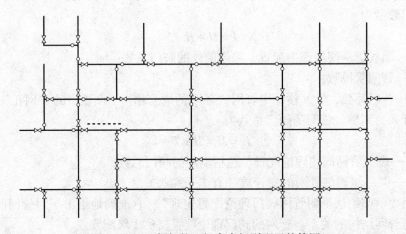

图 6 - 3 - 5　阀门按 3 级完全规则配置的管网

从管网图中可看到，3 管段的管段组的形式有 T 形、Π 形、Γ 形、Z 形等。

6.3.3.3　规则配置

但在对管网进行阀门配置时，可能产生若干个被孤立的管段组，在其中管段数少于完全规则配置级数，因而形成对管网的"规则配置"。规则配置时，实际产生 Z_E 个 m 级管段组，所以较完全规则配置管段组数 Z 少，称为未编组数：

$$\Delta Z = Z - Z_E \qquad (6 - 3 - 15)$$

式中　ΔZ——未编组数，指规则配置时，少于完全规则配置时 m 级管段组的组数；

　　Z_E——规则配置时，实际产生的 m 级管段组数。

实际的规则配置相对于理论配置可显著减少阀门数，包括基本减阀数、孤立管段组减阀数、余阀减阀数；但实际的规则配置的阀门数要计入相对于完全规则配置未取消的阀门数（未编组内的阀门数）。

（1）由理论配置用减少阀门的步骤形成 m 级规则配置，此时减少阀门数称为基本减阀数：

$$\Delta J_m = (m - 1)\left\lfloor \frac{M - T}{m} \right\rfloor \qquad (6 - 3 - 16)$$

式中　ΔJ_m——进行规则配置相对于理论配置的基本减阀数；

　　m——规则配置级别，自然数：2，3…。

（2）管网在阀门配置中出现管段数少于配置级别的管段组，称为孤立组。

$$M_R = \sum_{i=1}^{n} R_i \qquad\qquad (6-3-17)$$

式中　M_R——管网中孤立管段数（注意：不包括支管的管段）；

　　　R_i——管段数少于（配置级别）m 的第 i 个孤立管段组的管段数；

　　　n——孤立管段组数。

孤立组中可取消的阀门数为：

$$\Delta J_R = \sum_{i=1}^{n} (R_i - 1) \qquad\qquad (6-3-18)$$

式中　ΔJ_R——孤立组减阀数。

图 6-3-5 管网的 3 级配置，有 1 个孤立组：旁边标有虚线的管段，$\left[\Delta J_R = \sum_{i=1}^{1} (R_i - 1) = (1-1) = 0\right]$。

（3）在阀门配置中出现管段组中可取消的、无隔离作用的阀门，称为余阀。余阀数记为 δJ_m。

对实际管网，阀门配置级别等于或高于 3 级时，有可能出现余阀。在进行规则配置时，某 m 级（$m \geq 3$）的管段组存在 H 个环时，总可以从组内恰有 $M + (H-1)$ 个阀门的理论配置开始，取消（$m-1$）个阀门，此时仍有 H 个阀门可以取消，可以取消的阀即为余阀。参见图 6-3-6。

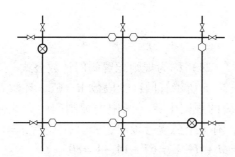

图 6-3-6　余阀及其取消

（$M=7$，$H=2$，$m=7$，$J=M+H-1=7+2-1=8$，$\Delta J_m=6$，$\delta J_m=H=2$）

▷◁—组外规则配置阀门；⬡—规则减阀；⊗—余阀

对照图 6-3-6 可以看到，该 $m=7$ 的管段组用 3 种符号的阀门标出了原有的理论配置。对其取消规则减阀（○），再取消余阀（⊗），形成规则配置。

对管段组中的环，取消其上余阀后，成为一个无阀门的环，称为通环。

由通环定义可知，对一个管段组，余阀与通环是一个对应。图 6-3-6 的管段组有两个通环，有两个余阀。

由此得出关于余阀的一个引理[*]：对管网进行规则配置，在管段组中，余阀数等于通环数，即

$$\delta J_m = \Delta H_m \qquad\qquad (6-3-19)$$

---

[*] 该引理也可证明。

式中　δJ_m——余阀数；

　　　ΔH_m——通环数。

（4）规则配置未取消的阀门数为

$$\Delta J_Z = \Delta Z \times (m - 1) \tag{6-3-20}$$

式中　ΔJ_Z——规则配置未取消的阀门数；

　　　m——规则配置级数。

未编组数可由管网中孤立管段数由式（6-3-17）计算：

$$\Delta Z = \left\lfloor \frac{M_R}{m} \right\rfloor \tag{6-3-21}$$

管网 m 级规则配置方法：分为 3 步进行，首先对全管网进行理论配置；第 2 步即按每 m 根管段隔离，取消管段组内基本减阀数的阀门；第 3 步为进一步取消余阀（对绝大多数管网，是采用不高于 3 级配置，一般不存在余阀），以及取消孤立管段组内的阀门。

实际设计工作中，可直接进行 m 级规则配置并取消余阀和孤立管段组内的阀门。

分析阀门"规则配置"，可知管网阀门总数为

$$J_m = J - \Delta J_m - \delta J_m - \Delta J_R + \Delta J_Z \tag{6-3-22}$$

由式（6-3-12），式（6-3-16），式（6-3-18）~式（6-3-21），有

$$J_m = M + H - 1 - (m-1)\left\lfloor \frac{M-T}{m} \right\rfloor - \Delta H_m - \sum_{i=1}^{n}(R_i - 1) + (m-1)\left\lfloor \frac{M_R}{m} \right\rfloor \tag{6-3-23}$$

包括端阀的阀门总数：

$$J_S = J_m + T \tag{6-3-24}$$

式（6-3-23），式（6-3-24）称为规则配置阀门计数公式。

[**例 6-3-1**]　图 6-3-5 所示管网：管段数 $M = 67$，环数 $H = 14$，支管数 $T = 18$，端阀数 $J_T = 18$；进行 $m = 3$ 级的规则配置（图中去掉阀门 ○），实际 $m = 3$ 的管段组数 $Z_E = 16$，余阀数 $\delta J_3 = \Delta H_3 = 0$，有 1 个孤立管段组，$n = 1$，$R_i\left|_{i=1} = 1\right.$。

理论配置阀门数：$J = M + H - 1 = 67 + 14 - 1 = 80$

规则配置阀门数按式（6-3-23）为

$$J_m = 67 + 14 - 1 - 2 \times 16 - 0 - 0 + 0 = 48$$

6.3.3.4　配置级别与阀门密度

管网中相对于单位管道长度的阀门数，称为阀门密度，单位一般为个/km。

由不包括端阀的阀门配置计数公式（6-3-23），可以对一定平均管段长度的管网，由阀门密度定义，忽略 δJ_m，ΔJ_R，ΔJ_Z 得到配置级别与阀门密度的关系：

$$m = \left\lfloor \frac{1}{k_{LP}L - \dfrac{H-1}{M}} + 0.55 \right\rfloor \tag{6-3-25}$$

$$k_{LP} = \left(\frac{1}{m} + \frac{H-1}{M} \right)\frac{1}{L} \tag{6-3-26}$$

式中　m——阀门配置级别；

　　　k_{LP}——相应于管网不包括端阀的阀门密度，个/km；

　　　L——不包括支管的管网平均管段长度，km/段。

由式（6-3-25），按管网平均管段长度 L，管网的结构特征 $(H-1)/M$，考虑采用的阀门密度 k_{LP}，可得到适用的配置级别 m 的值。它可用于指导实际的管网阀门配置设计。由于管网管段不具有同一的平均管段长度，管网的具体情况变化多样，因而由式（6-3-25）得出的配置级别 m 的值是一种指标性参数，实际阀门配置必定会偏离规则配置。

由式（6-3-26）可以由管网结构及拟采用的阀门配置级别预知阀门密度。

阀门密度是一种经济性参考指标。它与管段平均长度、管网环密度、配置级数、管网规模等因素的关系，见图6-3-7～图6-3-10。配置级数愈大，阀门密度愈小；但对 $m \geqslant 4$，这种变化即不显著。所以综合考虑安全性和经济性，一般宜取 $m = 2$，3。

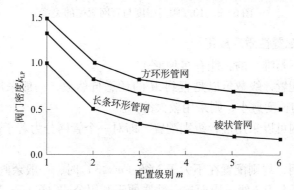

图6-3-7　阀门密度与管网形状的关系图

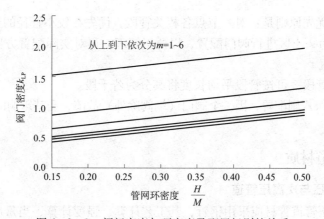

图6-3-8　阀门密度与环密度及配置级别的关系

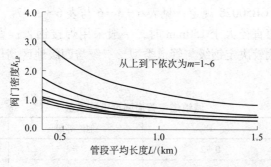

图6-3-9　阀门密度与管段平均长度及配置级别的关系图
（图中 $H/M = 0.2$）

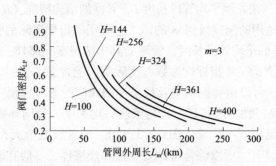

图 6 - 3 - 10　阀门密度与管网规模的关系

6.3.3.5　规则配置性质及应用

（1）规则配置不是唯一的，能有多种形式。

（2）形成规则配置，级数可以是直到 M 的任意自然数，一般采用 $m = 2$，3，管网规模愈大，或管段平均长度愈小，则采用较大的 m。

（3）对一个管网可以采用混合级别配置。即对一个管网分为若干部分，每部分采取不同的配置级别。

（4）对实际管网，规则配置在不大于 3 级（$m \leqslant 3$）时，一般余阀数为 0。实际的管网阀门配置一般都将不大于 3 级，因而这一性质便于利用公式（6 - 3 - 23）统计管网配置阀门数。

（5）配置的优先原则是：对一节点各相关管段，优先在较小管径的管段上设阀门；使管段组尽量靠近一小区进行阀门配置，以便于管理；可对实际配置方案作若干调整，以接近完全规则配置。

（6）对较长管段，可按管段平均长度将其分为若干段。

（7）采用 m 级规则配置，因一个阀门（端阀除外）故障，受其影响的管段数为（1.5 ～ 2）× m。

6.3.4　管道材质

6.3.4.1　高压与次高压管道

高压与次高压管道管材应采用钢管，其工艺计算、强度计算、当量应力校核，与径向稳定性校核，以及钢级、钢管类型选择同长输管线，但强度系数与钢管最小公称壁厚应按《城镇燃气设计规范》GB50028 规定，见表 6 - 3 - 6 与表 6 - 3 - 7。

高压与次高压管道直径大于 150mm 时，一般采用焊接钢管；直径较小时采用无缝钢管，应通过技术经济比较决定钢级与管道类型。三级与四级地区高压管道材料钢级不应低于 L245。

			城镇燃气管道强度设计系数	表 6 - 3 - 6
地区等级	F	地区等级	F
一级	0.72	三级	0.40
二级	0.60	四级	0.30

钢管最小公称壁厚 表 6 - 3 - 7

公称直径 DN	最小公称壁厚（mm）	公称直径 DN	最小公称壁厚（mm）
DN100 ~ DN150	4.0	DN600 ~ DN700	7.1
DN200 ~ DN300	4.8	DN750 ~ DN900	7.9
DN350 ~ DN450	5.2	DN950 ~ DN1000	8.7
DN500 ~ DN550	6.4	DN1050	9.5

设计中，应选用不同钢种进行壁厚计算，确定采用壁厚，经技术经济比较选定采用钢种。表 6 - 3 - 8 是某工程设计压力为 1.6MPa、公称管径 200mm 的焊接钢管，按《石油天然气工业管线系统用钢管》GB/T 9715 的要求，对四级地区进行钢种比较的结果。

选用不同钢种采用壁厚的比较结果 表 6 - 3 - 8

材质	L245	L290	L360
计算壁厚（mm）	2.3	1.98	1.6
采用壁厚（mm）	5.6	4.8	4.8

根据表 6 - 3 - 8 数据考虑管道稳定性、抗断性与抗震性等因素，并结合钢材价格，采用 L245。

在确定钢种的基础上进一步选用焊接钢管的类型，其分为两类，即螺旋缝钢管和直缝钢管。

螺旋缝双面埋弧焊钢管（SAW）的焊缝与管轴线形成螺旋角、一般为 45°，使焊缝热影响区不在主应力方向上，因此焊缝受力情况良好，可用带钢生产大直径管道，但由于焊缝长度长使产生焊接缺陷的可能性增加。

直缝焊接钢管与螺旋缝焊接钢管相比具有焊缝短、在平面上焊接，因此焊缝质量好、热影响区小、焊后残余应力小、管道尺寸较精确、易实现在线检测、以及原材料可进行 100% 的无损检测等优点。

直缝焊接钢管又分为直缝高频电阻焊钢管（ERW）和直缝双面埋弧焊钢管（LSAW）。高频电阻焊是利用高频电流产生的电阻热熔化管坯对接处、经挤压熔合，其特点为热量集中，热影响区小，焊接质量主要取决于母材质量，生产成本低、效率高。

直缝双面埋弧焊钢管一般直径在 DN400 以上采用 UOE 成型工艺，单张钢板边缘予弯后，经 U 成型、O 成型、内焊、外焊、冷成型等工艺，其成型精度高，错边量小，残余应力小、焊接工艺成熟，质量可靠。

直缝双面埋弧焊钢管价格高于螺旋缝埋弧焊钢管，而价格最低的是直缝高频电阻焊钢管。

天然气输配工程中采用较普遍的高（次高）压管道是直缝电阻焊钢管，直径较大时采用直缝埋弧焊钢管或螺旋埋弧焊钢管。高压管道的附件不得采用螺旋焊缝钢管制作，严禁采用铸铁制作。

6.3.4.2 中压与低压管道

室外地下中压与低压管道有钢管、聚乙烯复合管（PE 管），钢骨架聚乙烯复合管（钢骨架 PE 复合管）、球墨铸铁管。室外地上中低压管道一般采用钢管。

钢管具有高强的机械性能，如抗拉强度、延伸率与抗冲击性等。焊接钢管采用焊接制管与连接，气密性良好。其主要缺点是埋地易腐蚀、需防腐措施，投资大，且使用寿命较短，一般为 25 年左右。当管径大于 $DN200$ 时，钢管投资少于聚乙烯管。钢管可按《低压流体输送用焊接钢管》GB/T3091 与《低压流体输送用大直径电焊钢管》GB/T14980 采用直缝电阻焊钢管。

聚乙烯管是近年来广泛用于中、低压燃气输配系统的地下管材，具有良好的可焊性、热稳定性、柔韧性与严密性，易施工，耐土壤腐蚀，内壁当量绝对粗糙度仅为钢管的 $\frac{1}{10}$，使用寿命达 50 年左右。聚乙烯管的主要缺点是重荷载下易损坏，接口质量难以采用无损检测手段检验，以及大管径的管材价格较高。目前已开发的第三代聚乙烯管材 PE100 较之以前广泛采用的 PE80 具有较好的快、慢速裂纹抵抗能力与刚度，改善了刮痕敏感度，因此采用 PE100 制管在相同耐压程度时可减少壁厚或在相同壁厚下增加耐压程度。

聚乙烯管道按公称外径与壁厚之比、即标准尺寸比 SDR 分为两个系列：SDR11 与 SDR17.6，按 CJJ63《聚乙烯燃气管道工程技术规程》规定，其允许最大工作压力见表 6-3-9。

聚乙烯管道最大允许工作压力（MPa）　　　　　　　　　　表 6-3-9

燃气种类		PE80		PE100	
		SDR11	SDR17.6	SDR11	SDR17.6
天然气		0.50	0.30	0.70	0.40
液化石油气	混空气	0.40	0.20	0.50	0.30
	气态	0.20	0.10	0.30	0.20
人工煤气	干气	0.40	0.20	0.50	0.30
	其他	0.20	0.10	0.30	0.20

通常聚乙烯管道 $De \geqslant 110mm$ 采用热熔连接，即由专用连接板加热接口到 210℃ 使其熔化连接，而 $De < 110mm$ 时采用电熔连接，即由专用电熔焊机控制管内埋设的电阻丝加热使接口处熔化而连接。连接质量由外观检查、强度试验与气密性试验确定。

钢骨架聚乙烯复合管的钢骨架材料有钢丝网与钢板孔网两种。管道分为普通管与薄壁管两种，薄壁管不宜用于输送城镇燃气。钢骨架聚乙烯复合的普通管的允许最大工作压力见表 6-3-10。

钢骨架聚乙烯复合管道最大允许工作压力（MPa）　　　　　表 6-3-10

燃气种类		最大允许工作压力	
		$DN \leqslant 200$	$DN > 200$
天然气		0.7	0.5
液化石油气	混空气	0.5	0.4
	气态	0.2	0.1
人工煤气	干气	0.25	0.4
	其他	0.2	0.1

聚乙烯管道与钢骨架聚乙烯复合管的工作温度在20℃以上时，最大允许工作压力应乘以折减系数，见表6-3-11，其中工作温度指管道工作环境的最高日平均温度。当采用聚乙烯管材焊制成型的管件时，系统工作压力不宜超过0.2MPa。管材与管件选用按《燃气用埋地聚乙烯（PE）管道系统第1部分：管材》GB15558.1与《燃气用埋地聚乙烯（PE）管道系统第2部分：管件》GB15558.2要求。

工作温度对管道工作压力的折减系数　　　　　　　　　　　表6-3-11

工作温度 t（℃）	$-20 \leqslant t \leqslant 20$	$20 < t \leqslant 30$	$30 < t \leqslant 40$
折减系数	1.00	0.90	0.76

钢骨架聚乙烯复合管与聚乙烯管相比，由于加设骨架而增加了强度，使壁厚减薄或耐压程度提高，但管道上开孔接管困难，且价格较高。钢骨架聚乙烯复合管的连接方法有电熔连接与法兰连接，法兰连接时宜设置检查井。

球墨铸铁管采用离心铸造，接口为机械柔性接口，已采用至中压A的输配系统。与钢管相比的主要优点是耐腐蚀，管材的电阻是钢的5倍，加之机械接口中的橡胶密封圈的绝缘作用，大大降低了埋地电化学腐蚀。同时，其机械性能较灰铸铁管有较大提高，除延伸率外与钢管接近，具体数值见表6-3-12。此外柔性接口使管道具有一定的可挠性与伸缩性。

管材机械性能　　　　　　　　　　　　　表6-3-12

管材	延伸率（%）	压扁率（%）	抗冲机强度（MPa）	强度极限（MPa）	屈服极限（MPa）
灰铸铁管	0	0	5	140	170
球墨铸铁管	10	30	30	420	300
钢管	18	30	40	420	300

球墨铸铁管的密封性取决于接口的质量，而接口的质量与使用寿命取决于橡胶密封圈的质量与使用寿命，一般采用丁腈橡胶制作。球墨铸铁管的接口主要有N1型与S型，其结构见图6-3-11与图6-3-12。S型较N1型在内侧多设置一个隔离胶圈，以防止密封胶圈受燃气侵蚀，且钢制支撑圈设在凹槽内可防止管道纵向抽出。

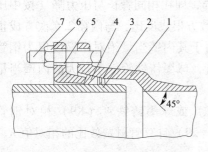

图6-3-11　N1型柔性机械接口

1—承口；2—插口；3—塑料支撑圈；

4—密封胶圈；5—法兰；6—螺母；7—螺栓

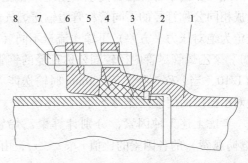

图6-3-12　S型柔性机械接口

1—承口；2—插口；3—钢制支撑圈；4—隔离胶圈；

5—密封胶圈；6—压兰；7—螺母；8—螺栓

球墨铸铁管按 GB13295《水及燃气管道用球墨铸铁管，管件及附件》采用。

对于管材的选用，应作技术经济比较。综合考虑 3 个因素：①管材单价（C），②使用年限（n），③单位压降下的流量（F），对聚乙烯管、球墨铸铁管与钢管进行比较。

定义管材费效比：

$$E = \frac{C}{Fn} \qquad (6-3-27)$$

式中　E——管材费效比；

C——管材的工程单价，10^4元/km；

F——单位压降下的流量，（$10^4 \mathrm{m^3/h}$）/（$\mathrm{kPa^2/km}$）；

n——使用年限，a。

定义管材费效比的相对值：

$$R_\mathrm{E} = \frac{E_i}{E_1} \qquad (6-3-28)$$

式中　E_i——第 i 种管材的管材费效比；

E_1——作为比较基准管材的管材费效比。

表 6-3-13 是各种管材的单价比，设钢管（含防腐费）为 1。

管材的单价比　　　　　　　　　　　　　表 6-3-13

公称直径（mm）	100	200	250	300	400
聚乙烯管（SDR11）	0.73	1.09	1.10	1.34	1.80
球墨铸铁管（K9）	1.18	0.92	0.96	0.90	0.81
钢管（含防腐费）	1	1	1	1	1

由表 6-3-13 可见，聚乙烯管公称直径小于 200mm 时较钢管便宜，而球墨铸铁管公称直径小于 200mm 时较钢管贵。大管径的球墨铸铁管有一定的价格优势。

各类管材使用年限有差距，钢管按 25 年考虑，聚乙烯管与球墨铸铁管可按 50 年考虑。

此外，由于各种管材内壁当量绝对粗糙度的不同，以及相同公称管径下内径的不同，造成相同公称管径的不同管材管道输送燃气能力有差异，即在相同管长与压力降（按中压设定为绝对压力平方差）下输送流量不同（与摩阻系数方根成反比，与内径 2.5 次方成正比）。聚乙烯管尽管内径较同公称直径的钢管小，但由于其内壁当量绝对粗糙度仅为钢管的 1/10，当公称管径大于 200mm 时输送能力优于钢管，球墨铸铁管由于较大的内壁当量绝对粗糙度而使输送能力下降。

考虑上述 3 种因素，分别计算聚乙烯管（SDR11）或球墨铸铁管（K9）相对钢管（含防腐费）的各因素的比值 r_C，r_n，r_F，由式（6-3-29）计算管材费效比的相对值 R_E：

$$R_\mathrm{E} = \frac{r_C}{r_n r_F} \qquad (6-3-29)$$

相对于钢管作出比较如表 6-3-14。

公称直径（mm）	100	200	250	300	400
聚乙烯管（SDR11）	0.42	0.55	0.56	0.48	0.68
球墨铸铁管（K9）	0.92	0.68	0.76	0.67	0.45
钢管（含防腐费）	1	1	1	1	1

中压燃气管材费效比的相对值 R_E 　　　　　　　　　　　表 6-3-14

由表 6-3-14 可见，综合考虑造价、使用年限与输气能力的费效比的相对值 R_E，公称直径 100~400mm，聚乙烯管（SDR11）或球墨铸铁管（K9）都显著的优于钢管（含防腐费）。

钢骨架聚乙烯复合管的价格高于聚乙烯复合管，两者使用年限相同，价格比约为 1.1~1.6 倍，随着管径增大，倍数减小。

随着技术进步、生产规模发展等因素的影响，各种管材的价格与使用年限均会发生变化，上述数据仅作宏观参照，重要的是提供管材选用的技术经济比较思路与方法。

6.3.4.3　用户管道

当燃气表安装在室内时，从建筑物引入管开始即为用户室内管，随着燃气表户外集中安装方式的出现，燃气表前与部分燃气表后的管道敷设在户外，因此用户管包括用户室外管。

室外地上管一般采用钢管，地下管参照前述中低压管部分选用。室内管道宜选用钢管，也可选用铜管、不锈钢管、铝塑复合管和连接用软管。

选用钢管时，对于低压管道应采用热镀锌（热浸镀锌）钢管。中压与次高压管宜选用无缝钢管，压力不大于 0.4MPa 时，可选用上述焊接钢管。

中、低压室内管采用铜管时，燃气中硫化氢含量不大于 $7mg/m^3$ 时，采用 A 型或 B 型管，大于 $7mg/m^3$ 而小于 $20mg/m^3$ 时，中压管道应选用带耐腐蚀内衬的铜管。

不锈钢管有薄壁不锈钢管与不锈钢波纹管两类，采用时必须有防外部损坏的保护措施。薄壁不锈钢管的壁厚不得小于 0.6mm（ND15 及以上）。不锈钢波纹管的壁厚不得小于 0.2mm。

应用铝塑复合管时，铝塑复合管安装必须进行防机械损伤、防紫外线伤害及防热保护，并应符合下列规定：环境温度不宜高于 60℃，工作压力应小于 10kPa，安装在燃气表后。

软管用于燃气用具连接部位，种类有橡胶管与波纹金属软管，其最高允许压力不应小于管道设计压力的 4 倍。

6.3.5　阀门

阀门功能是实现截断、分流、泄压等，应按所需功能与压力级制选用阀门形式与材质，并确定阀址。城市管线阀门应设置护罩或护井。

阀门一般以封闭体形状或功能分类，如球阀、闸阀、蝶阀、截止阀、止回阀与安全阀等。阀门材质选用主要取决于管道压力。次高压 A 级及以上应采用铸钢，次高压 B 级及以下可采用铸钢或球墨铸铁，中压 B 级及以下可采用灰铸铁。用于 PE 管可采用 PE 材料的球阀。高压、次高压与中压干管上分段阀门两侧应当设置放散管。

大口径切断阀具有气动、电动、电液联动、气液联动等类型的驱动装置，并配有手动装置。

1. 球阀

球阀的关闭体为开孔球体，由球面与阀体贴合形成密闭，旋至开孔处形成通道，阀球形式有固定球、浮动球、变孔径球、V 形开口球等。球阀特点是通径与管径大小、方向一致而适用通过清管球，广泛用于设有清管装置的管线，同时具有体积小、阻力小、启闭快等优点而适用于切断、变向与分配气流，但除 V 形开口球阀外不能用作调节气量阀。球阀结构及球阀驱动配置见图 6-3-13。

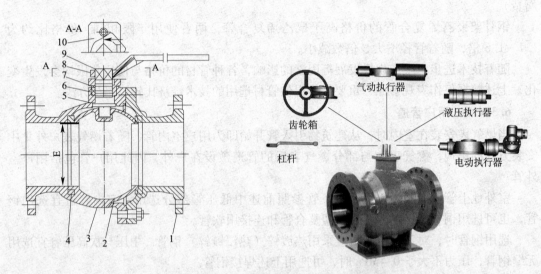

图 6-3-13　球阀
1—副阀体；2—圆球；3—主阀体；4—密封垫；5—垫片；6—O 形圈；
7—套；8—手柄；9—阀柄；10—填料压板

2. 闸阀

闸阀是由闸板贴合阀座形成密封，闸板形式有单闸板、双闸板、平行闸板、楔形闸板、通孔闸板等，阀杆有明杆与暗杆之分，前者可由升降高度判断启闭程度。闸阀的特点是阻力小、可双向流、易积存杂质而影响关闭，必须水平安装，宜用于大口径管常开或常闭处。闸阀结构见图 6-3-14 与图 6-3-15。图 6-3-16 是通孔板式闸阀（平板阀），闸板下方为同管径的通孔，提升闸板开启，可通过清管球。

3. 截止阀

截止阀是由阀瓣升降形成启闭，由于气流方向改变而增大阻力，但截断气流性能可靠，启闭快，由于启闭的扭矩较大而宜用于小口径管道，但不宜用作放空阀与调节气量阀。截止阀结构见图 6-3-17。

4. 蝶阀

蝶阀的关闭体为圆盘状阀瓣，其绕轴旋转而实现启闭，形式有中心密封、单偏心密封、双偏心密封与三偏心密封。其特点为轴向尺寸小、可调节气量、关闭严密、启闭扭矩小，但必须水平安装，应用日渐广泛。蝶阀结构见图 6-3-18。

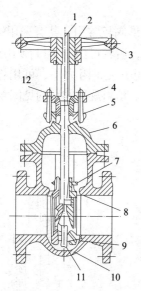

图 6-3-14 明杆平行式双闸板闸阀

1—阀杆；2—轴套；3—手轮；4—填料压盖；
5—填料；6—上盖；7—卡环；8—密封圈；
9—闸板；10—阀体；11—顶楔；12—螺栓螺母

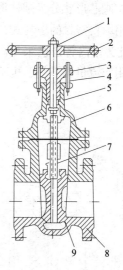

图 6-3-15 暗杆单闸板闸阀

1—阀杆；2—手轮；3—填料压盖；4—螺栓螺母；
5—填料；6—上盖；7—轴套；
8—阀体；9—闸板

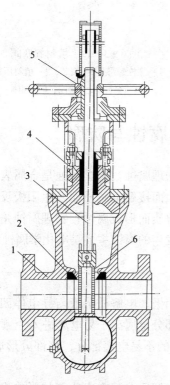

图 6-3-16 通孔板式闸阀（平板阀）

1—阀体；2—阀座与密封圈；3—阀杆；4—填料；
5—传动机构；6—平行闸板

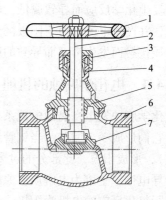

图 6-3-17 截止阀

1—手轮；2—阀杆；3—填料压盖；4—填料；
5—上盖；6—阀体；7—阀瓣

5. 旋塞阀

旋塞阀按阀芯形状分为圆柱形与圆锥形两种。圆锥形阀较常用，其有采用螺母压紧的无填料式与采用填料密封的填料式，前者仅用于低压管道，后者可用于小口径中压管（不大于DN50），因此为室内管普遍采用。旋塞阀的特点是启闭方便、阻力小、可用作三通、四通阀，但不宜用作流量调节阀，也不宜用于高温、高压管。填料旋塞阀结构见图6-3-19。

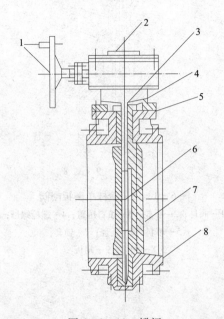

图6-3-18　蝶阀

1—手轮；2—传动装置；3—阀杆；4—填料压盖；
5—填料；6—转动阀瓣；7—密封面；8—阀体

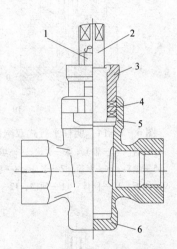

图6-3-19　填料旋塞阀

1—螺栓螺母；2—阀芯；3—填料压盖；
4—填料；5—垫圈；6—阀体

6.4　埋地钢管的电化学腐蚀与防腐

金属可能发生的腐蚀有化学腐蚀、电化学腐蚀与物理腐蚀。化学腐蚀是金属表面与非电解质发生化学反应而导致腐蚀；电化学腐蚀是金属表面接触电解质而发生阳极反应、阴极反应，并产生电流，由于阳极区金属正离子进入电解质而形成腐蚀；物理腐蚀是金属与某些物质接触而发生溶解而导致的腐蚀。地下钢管所发生的腐蚀主要是电化学腐蚀。

6.4.1　电化学腐蚀的机理

电化学腐蚀发生在腐蚀电池系统中。它由阳极、阴极、电解质溶液与导电体四个部件组成，它们形成一个回路。当钢管埋于土壤中，钢管部分金属离子易电离进入土壤（即发生腐蚀），形成阳极，此部分的过剩电子流向电位较正的不易电离部分，该部分形成阴极。钢管为导电体，土壤为电解质。原理见图6-4-1。

进行氧化反应的电极为阳极，其上金属离子因受电解质溶液中水化能的影响进入电解质溶液成为水化离子，并使阳极电位变负，且因损失金属离子而遭受腐蚀。进行还原反应的电极为阴极，电子从阳极流问阴极，在阴极附近与氧化性物质氢离子或氧分子结合，完

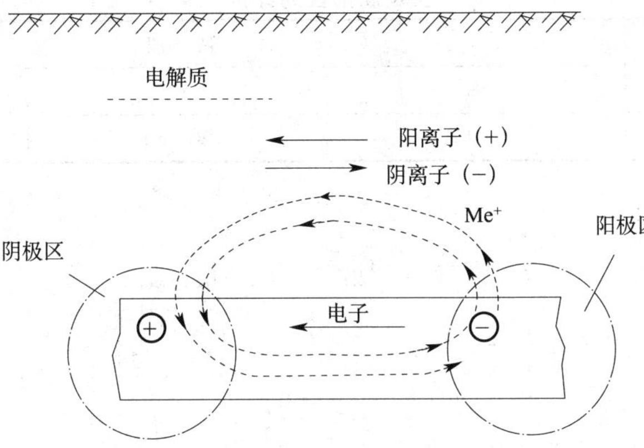

图6-4-1 钢管电化学腐蚀原理

成还原反应；此时电子若与氢离子结合成氢原子，并合成氢分子，即从阴极处逸出，若与氧分子结合则形成氢氧根（中性或碱性溶液中）或水分子（酸性溶液中）。

从腐蚀电池系统的电流回路看，电解质溶液是电池内电路，在电解质溶液中发生阳离子（如 H+）流向阴极、阴离子（如 OH−）流向阳极；而金属体构成电池的外电路，阳极与阴极间的金属体起导线作用，电子从阳极流向阴极是在金属中流动。所以就外电路看，电池的阴极是正极，电池的阳极是负极，图6-4-1形象地表示了这些概念。

地下钢管的氧化反应（阳极反应），与还原反应（阴极反应）由下式表示：

氧化反应：$Fe \rightarrow Fe_2^+ + 2e$

阴极反应：$2H^+ + 2e \rightarrow H_2 \uparrow$（酸性溶液中）

$\qquad O_2 + 4H^+ + 4e \rightarrow 2H_2O$（酸性溶液中）

$\qquad O_2 + 2H_2O + 4e \rightarrow 4OH^-$（中、碱性溶液中）

能够形成腐蚀电池的原因对地下钢管而言主要是金属化学成分、金相结构或应变应力状况不均匀使金属产生电位差，从而构成微观腐蚀电池；或者因土壤中电解质溶液浓度或温度差异使金属产生电位差异，从而构成宏观腐蚀电池，其两极位置可明显分辨。

当土壤中的孔隙充满空气与盐溶液，使空气中的氧在阴极附近与电子结合成氢氧根离子。盐溶液是具有离子导电作用的电解质。当土壤缺氧时，土壤中含有硫酸盐还原菌将硫酸盐变为硫化氢，它的氢离子参与阴极还原反应。

此外，电车等轨道交通设施与电力线路、设施等形成杂散电流流入地下钢管，电流流出处形成阳极区而产生腐蚀、即形成干扰腐蚀。

6.4.2 土壤电化学腐蚀性的测定

产生地下钢管电化学腐蚀的主要条件之一是土壤具有电解质特性，它与土壤透气性、含酸类与盐类、含水量等因素有关。测定土壤电化学腐蚀性能最直接反映又易于操作的方法是测定土壤的电阻率，其对土壤腐蚀性的评价见表6-4-1。

土壤电阻率的测定方法有两极法与四极法，分别见图6-4-2与图6-4-3。

指　标	级　别		
	强	中	轻
土壤电阻率（Ω·M）	<20	20～50	>50

土壤腐蚀性的评价　　　　　　　　　　　　　　表6-4-1

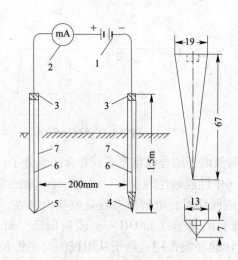

图6-4-2　两极法示意图

1—干电池；2—电流表；3—极杆金属罩；4—阴极极尖；5—阳极极尖；6—导线；7—极杆

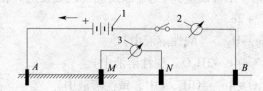

图6-4-3　四极法示意图

1—干电池；2—电流表；3—电位计

　　两极法由两个钢制尖电极插入土壤至管底深度处，且两极相距200mm，两极间连接干电池组与电流表，与电池组负极相连的阴极极尖尺寸较大，以减少极化作用。土壤电阻率按式（6-4-1）计算：

$$\rho = K \frac{V}{I} \qquad\qquad (6-4-1)$$

式中　ρ——土壤电阻率，Ω·m；

　　　　K——测量仪器常数，由实验室测定后确定；

　　　　V——干电池组电压，V；

　　　　I——测得电流，A。

　　四极法由四个钢制尖电极插至不超过埋管深度的$\frac{1}{20}$处即可，因此较两极法方便，但当土壤性质不均时误差较大。四个电极直线排列，中间两电极间距$\overline{MN}$等于所需测量的深度，此两电极间连接电位计；外侧两电极对称分布于中间电极的两侧，外侧两电极的间距$\overline{AB}$为

$\overline{MN}$ 的 3 ~ 5 倍，其两极间连接干电池组与电流表。土壤电阻率按式（6-4-2）计算：

$$\rho = K \frac{\Delta V}{I} \qquad (6-4-2)$$

$$K = \frac{\pi}{\overline{MN}} \left[\left(\frac{\overline{AB}}{2} \right)^2 - \left(\frac{\overline{MN}}{2} \right)^2 \right] \qquad (6-4-3)$$

式中　K——系数；

　　　ΔV——测得电位差，V；

　　　I——测得电流，A。

管盒法为埋入土壤样品中的钢管试件通以电流，经一定时间后测钢管重量损失，以此表示土壤腐蚀性程度，见图 6-4-4。

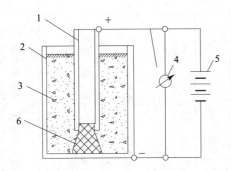

图 6-4-4　管盒法示意图

1—钢管试体；2—金属盒；3—土样；4—电压表；5—干电池；6—橡皮塞

6.4.3　埋地钢管的防腐

地下钢管的防腐主要是防止电化学腐蚀，城镇燃气地下钢管必须采用防腐层防腐，新建的高压、次高压、公称直径大于或等于 100mm 的中压管道和公称直径大于或等于 200mm 的低压管道必须采用防腐层与阴极保护结合防腐，出现干扰腐蚀场合采用排流保护。

6.4.3.1　防腐层

防腐层应符合国家现行标准的规定，且应符合下列要求：涂覆过程中不应危害人体健康及污染环境，绝缘电阻不应小于 $10000\Omega \cdot m^2$，应有足够的抗阴极剥离能力，与管道有良好的黏结性，应有良好的耐水、气渗透性，应具有规定的抗冲击强度，良好的抗弯曲性能，良好的耐磨性能，规定的压痕硬度，应有良好的耐化学介质性能与耐环境老化性能，应易于修复，工作温度应为 -30 ~ 70℃。

防腐层的等级按结构可分为普通级和加强级，对于下列情况采用加强级或更安全的防腐层结构：高压、次高压、中压管道和公称直径大于或等于 200mm 的低压管道，穿越河流、公路、铁路的管道，有杂散电流干扰及存在较强细菌腐蚀的管道，以及需特殊防护的管道。

常用防腐层的主要性能见表 6-4-2。

按综合性能与施工作业特点，三层挤压聚乙烯防腐层（三层 PE）为首选，尽管其成本较高，但防腐费用一般仅占管道总投资的 3% ~ 5%，因此，优先选用防腐性能好、有效

常用防腐层的主要性能

表 6－4－2

项目		环氧粉末	挤压聚乙烯 （双层或三层 PE）	聚乙烯胶带	煤焦油磁漆	石油沥青	环氧煤沥青
材料		环氧粉末（熔结环氧树脂）	双层：底胶＋聚乙烯 三层：环氧粉末＋底胶＋聚乙烯	底漆＋聚乙烯胶带	底漆＋磁漆＋内、外护带	沥青漆＋玻璃网布或玻璃布＋沥青	底漆（沥青、601 号环氧树脂混合剂）＋沥青＋634 号环氧树脂混合剂＋玻璃布
结构		一次成膜	双层或三层	双层	多层厚涂，增强缠绕	多层	多层
厚度（mm）		0.3～0.5	2.2～3.2	0.7～1.4	3.0～5.0	4.5～7.0	0.2～0.6
涂敷		静电喷涂	纵向挤出	冷缠绕	热浇涂或冷缠绕	工厂分段预制或现场作业	工厂分段预制或现场作业
适用温度（℃）		-30～110	-20～70	-30～70	-10～80	-20～70	-8～93
环境污染		小	小	小	较大	小	小
补口工艺		环氧粉末静电喷涂或无液态环氧热收缩套	聚乙烯热收缩套	聚乙烯胶带冷缠绕或热收缩套	热烤缠带热收缩套	现场补涂	现场补涂
主要优点		黏结力强、耐磨、耐高温度变化、耐化学腐蚀、电绝缘性能好、使用寿命长	绝缘性能好、抗温度变化、耐磨、吸水率低、耐植物根穿透、耐冲击、使用寿命长	电绝缘性能好、抗杂散电流腐蚀、施工方便、价格适中	防腐性能好、耐酸、碱、盐及微生物腐蚀、吸水率低、耐植物根穿透、使用寿命长	技术成熟、防腐可靠	机械强度高、耐热、耐水、耐介质腐蚀、可常温涂敷
主要缺点		涂层太薄、抗冲击性能差、弯头、异型构件无法预涂敷、补口、补伤费用较高	与焊缝较高的钢管结合力较差，弯头、异型构件无法预涂敷、补口、补伤费用较高	底胶质量不稳定、抗土壤应力差、机械强度较低、耐磨性能差、抗冲击力差、防腐层接缝处易缠绕不好易渗水	绝缘电阻不高、温发脆，易污染环境、维修工作力大、略有毒性	物理性能差、易受细菌腐蚀、不耐植物根穿透	常温固化时间长、涂敷面干燥与除锈要求严格、易产生针孔
适用地区		适用于大部分土壤环境，但不适用于山区石方段及地下水位较高、土壤含水较高的地区	适用于所有地区	适用于腐蚀性较弱的地段，不适用于山区石方段	适用于大部分土壤环境，特别适用于人烟稀少的沙漠、戈壁地区和地下水位高、生物活动频繁的沼泽或碎石土壤丛生地区。不适用于环保要求较高地区	材料来源丰富，干燥地区	水下管道与金属构筑物

使用寿命长的防腐层是合理的。

6.4.3.2 阴极保护

阴极保护的基本功能是使被保护的钢管成为腐蚀电池的阴极，即其表面只发生获得电子的还原反应，从而避免电化学腐蚀。它有两种方法，即强制电流法与牺牲阳极法。前者多用于长输管道与管道穿越等工程，后者适用于管道防腐层良好、土壤电阻率较低、周围地下金属构筑物较多场合，多用于城镇管道。它们的优缺点见表6-4-3。

阴极保护方法比较 表6-4-3

方法	优点	缺点
强制电流法	单站保护范围大，因此，管越长相对投资比例越小，驱动电压高，能够灵活控制阴极保护电流输量，不受土壤电阻率限制，在恶劣的腐蚀条件下也能使用，采用难溶性阳极材料，可作长期的阴极保护	一次性投资费用较高，需要外部电源，对邻近的地下金属构筑物干扰大，维护管理较复杂
牺牲阳极法	保护电流的利用率较高，适用于无电源地区和小规模分散的对象，对邻近地下金属构筑物几乎无干扰，施工技术简单，安装及维护费用低，接地、防腐兼顾	驱动电位低，保护电流调节困难，使用范围受土壤电阻率的限制，对于大口径裸管或防腐层质量不良的管道由于费用高，一般不宜采用，在杂散电流干扰强烈地区，将丧失保护作用，投产调试工作较复杂

1. 强制电流法

强制电流法的原理是被保护钢管与直流电源负极相连，辅助阳极与正极相连。当外加电流加大时，阴极极化至负方向，当阴极电位达到原腐蚀电池阳极的开路电位，即原腐蚀电池的阴、阳极电位相等，此时原腐蚀电池的腐蚀电流为零。由于在强制电流回路中钢管为阴极，因此其上不发生新的电化学腐蚀。强制电流通过地下的辅助阳极进入土壤，因此其上发生电化学腐蚀。

所以阴极保护强制电流法的实质是构造一个由被保护钢管（与电源负极相连）、直流电源、辅助阳极（与电源正极相连）组成的外电路，由辅助阳极、土壤、被保护钢管组成的腐蚀电池内电路的大回路；在其中，辅助阳极即是腐蚀电池的阳极，被保护钢管整体是腐蚀电池的阴极。

当阴极极化至原腐蚀电池阳极的开路电位时的电位称为最小保护电位，此时所需单位被保护面积的电流强度称为最小保护电流密度。一个强制电流阴极保护站的保护半径为30~40km，两个站同时运行时，两个站的间距为40~60km。原理见图6-4-5。

实际的强制电流阴极保护装置由电源设备、辅助阳极、阳极地床、测试桩、地下型参

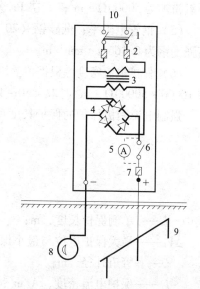

图6-4-5 强制电流法阴极保护原理
1—电源开关；2—保险丝；3—变压器；
4—整流器；5—电流表；6—开关；7—保险丝；
8—管道；9—接地阳极；10—电源

比电极等构成。电源设备一般采用交流电，设置整流器或恒电位仪。辅助阳极的选用主要取决于土壤状况，其选用见表 6-4-4。为减少阳极极化、降低阳极接地电阻，一般使用填充料构成阳极地床，常用填充料有焦炭粒、石油焦炭粒。

辅助阳极的选用表　　　　　　　　　　　　　　　　　　　　　表 6-4-4

辅助阳极种类	应用环境
含铬高硅铸铁阳极	盐渍土、海滨土、酸性或硫酸根离子含量较高的土壤
柔性阳极（铜芯外包导电聚合物）	高电阻土壤和管道外覆盖层质量较差、处于复杂管网或地下构筑物的管道
钢铁阳极	一般土壤、高电阻土壤
高硅铸铁、钢铁、石墨、金属氧化物阳极	一般土壤

辅助阳极浅埋埋深不宜小于 1m，应在冻土层以下，复杂环境或地表电阻率高的场合可深埋，埋深宜为 15~30m。

强制电流阴极保护系统的设计参数，对新建管道可按下列常规参数选取。

（1）自然电位：-0.55V；

（2）最小保护电位：-0.85V；

（3）最大保护电位：-1.25V。

（4）覆盖层电阻：石油沥青、煤焦油磁漆为 $10000\Omega \cdot m^2$；塑料覆盖层为 $50000\Omega \cdot m^2$；环氧粉末为 $50000\Omega \cdot m^2$；三层 PE 复合结构为 $100000\Omega \cdot m^2$；环氧煤沥青为 $5000\Omega \cdot m^2$。

（5）钢管电阻率：低碳钢（20#）为 $0.135\Omega \cdot mm^2/m$；16Mn 钢为 $0.224\Omega \cdot mm^2/m$；高强度钢为 $0.166\Omega \cdot mm^2/m$。

（6）保护电流密度应根据覆盖层电阻选取：在 $5000~10000\Omega \cdot m^2$ 时取 $100~50\mu A/m^2$；在 $10000~50000\Omega \cdot m^2$ 时取 $<50~10\mu A/m^2$；在大于 $50000\Omega \cdot m^2$ 时取 $<10\mu A/m^2$。

强制电流阴极保护的保护长度可按下式计算：

$$2L = \sqrt{\frac{8\Delta V_L}{\pi D J_s R}} \qquad (6-4-4)$$

$$R = \frac{\rho_T}{\pi(D-\delta)\delta} \qquad (6-4-5)$$

式中　L——单侧保护长度，m；

　　　ΔV_L——最大保护电位与最小保护电位之差，V；

　　　D——管道外径，m；

　　　J_s——保护电流密度，A/m^2；

　　　R——单位长度管道纵向电阻，Ω/m；

　　　ρ_T——钢管电阻率，$\Omega \cdot mm^2/m$；

　　　δ——管道壁厚，mm。

强制电流阴极保护系统的保护电流可按下列式计算：

$$2I_0 = 2\pi D J_s L \qquad (6-4-6)$$

式中　I_0——单侧保护电流，A。

辅助阳极接地电阻应根据埋设方式按下列各式计算。
单支立式阳极接地电阻的计算：

$$R_{V1} = \frac{\rho}{2\pi L}\ln\frac{2L}{d}\sqrt{\frac{4t+3L}{4t+L}}, t \gg d \qquad (6-4-7)$$

深埋式阳极接地电阻的计算：

$$R_{V2} = \frac{\rho}{2\pi L}\ln\frac{2L}{d}, t \gg L \qquad (6-4-8)$$

单支水平式阳极接地电阻的计算：

$$R_H = \frac{\rho}{2\pi L}\ln\frac{L^2}{td}, t \gg L \qquad (6-4-9)$$

式中　R_{V1}——单支立式阳极接地电阻，Ω；

　　　R_{V2}——深埋式阳极接地电阻，Ω；

　　　R_H——单支水平式阳极接地电阻，Ω；

　　　L——阳极长度（含填料），m；

　　　d——阳极直径（含填料），m；

　　　t——埋深（填料顶部距地表面），m；

　　　ρ——阳极区土壤电阻率，$\Omega\cdot$m。

阳极组接地电阻的计算：

$$R_g = F\frac{R_V}{n} \qquad (6-4-10)$$

式中　R_g——阳极组接地电阻，Ω；

　　　n——阳极支数；

　　　F——电阻修正系数，查图6-4-6；

　　　R_V——单支阳极接地电阻，Ω。

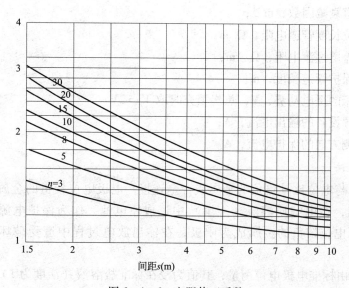

图6-4-6　电阻修正系数

阳极质量应能满足阳极最小设计寿命的需要，按下式计算：

$$G = \frac{TgI}{K} \qquad (6-4-11)$$

式中　G——阳极总质量，kg；

　　　g——阳极的消耗率，kg/(A·a)；

　　　I——阳极工作电流，A；

　　　T——阳极设计寿命，a；

　　　K——阳极利用系数，取 0.7~085。

强制电流阴极保护系统的电源设备功率按下列公式计算：

$$P = \frac{IV}{\eta} \qquad (6-4-12)$$

$$V = I(R_a + R_L + R_C) + V_r \qquad (6-4-13)$$

$$R_C = \frac{\sqrt{R_T r_T}}{2th(\alpha L)} \qquad (6-4-14)$$

$$\alpha = \sqrt{\frac{r_T}{R_T}} \qquad (6-4-15)$$

$$I = 2I_0 \qquad (6-4-16)$$

式中　P——电源功率，W；

　　　η——电源设备效率，一般取 0.7；

　　　V——电源设备的输出电压，V；

　　　R_a——阳极地床接地电阻，Ω；

　　　R_L——导线电阻，Ω；

　　　R_C——阴极（管道）/土壤界面过渡电阻，Ω；

　　　α——管道衰减因数，m^{-1}；

　　　r_T——单位长度管道电阻，Ω/m；

　　　R_T——覆盖层过渡电阻，$\Omega·m$；

　　　L——被保护管道长度，m；

　　　V_r——地床的反电动势，V，焦炭填充时取 $V_r = 2V$；

　　　I——电源设备的输出电流，A；

　　　I_0——单侧方向的保护电流，A。

2. 牺牲阳极法

被保护钢管与电位比其更负的金属或合金连接。电极电位较负的金属与电极电位较正的被保护金属，在电解质溶液（土壤）中形成原电池，作为保护电源。钢管成为阴极而受到保护，电位较负的金属成为阳极，在输出放电过程中遭受破坏，故称为牺牲阳极。

金属的电位由标准电极电位衡量，其值为浸在标准盐溶液（活度为 1）中的金属的电位与假定等于零的标准氢电极的电位之间的电位差，是一个相对值。一些金属可按其标准电极电位增长的顺序排列成电化学次序见表 6-4-5。

金属电位的电化学次序　　　　　　　　　　　表 6 - 4 - 5

K	Mg	Al	Zn	Fe	[H]	Cu	Au
-2.92	-2.38	-1.1	-0.76	-0.44	0	+0.34	+1.70

牺牲阳极又名保护器，通常用电极电位比铁更负的金属，如镁、铝、锌及其合金作为阳极。

被保护的钢管应具有良好的防腐层，新建管道的防腐层电阻不得小于 $10000\Omega \cdot m^2$。当土壤电阻率大于 $100\Omega \cdot m$ 时，不宜采用牺牲阳极法。原理见图 6 - 4 - 7。

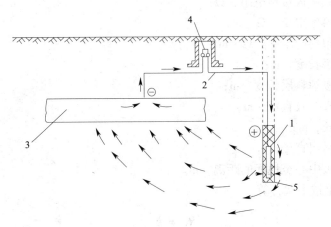

图 6 - 4 - 7　牺牲阳极法阴极保护原理
1—牺牲阳极；2—导线；3—管道；4—检测桩；5—填料包

常用牺牲阳极有：

（1）高纯镁与镁合金

其对钢铁的电位差最大，且表面不易极化，腐蚀物易脱落，是应用最广的牺牲阳极材料，镁合金在稳定性与强度上优于高纯镁，且高纯镁在海水中易过保护或氢脆、碰撞时易产生火花。镁合金有镁锰合金与镁铝锌锰合金。

（2）锌阳极

纯锌易极化，其与钢铁的电位差小，因此只能用于土壤电阻率小于 $15\Omega \cdot m$ 的场合或潮湿土壤电阻率小于 $30\Omega \cdot m$ 的场合，以及海水中。合金锌的性能优于纯锌，常用的有锌铝合金，锌铝镉合金、锌铝硅合金与锌铝镁合金。

牺牲阳极的选用见表 6 - 4 - 6。

牺牲阳极的选用　　　　　　　　　　　　　表 6 - 4 - 6

土壤电阻率（Ω·m）	阳极种类	土壤电阻率（Ω·m）	阳极种类
>100	带状镁阳极	<40	镁（-1.5V）
60~100	镁（-1.7V）	<15	镁（-1.5V），锌
40~60	镁	<5	锌

为使腐蚀均匀，牺牲阳极必须使用化学填料包，其电阻率极小、由石膏粉与膨润土等组成，配方按牺牲阳极种类与土壤电阻率确定。

单支阳极接地电阻按下列公式计算：

$$R_{\mathrm{H}} = \frac{\rho}{2\pi L}\Big(\ln\frac{2L}{D} + \ln\frac{L}{2t} + \frac{\rho_{\mathrm{a}}}{\rho}\ln\frac{D}{d}\Big) \tag{6-4-17}$$

$$R_{\mathrm{V}} = \frac{\rho}{2\pi L}\Big(\ln\frac{2L_{\mathrm{a}}}{D} + \frac{1}{2}\ln\frac{4t + L_{\mathrm{a}}}{4t - L} + \frac{\rho_{\mathrm{a}}}{\rho}\ln\frac{D}{d}\Big) \tag{6-4-18}$$

$$d = \frac{C}{\pi} \tag{6-4-19}$$

式中　R_{H}——水平式阳极接地电阻，Ω；

　　　R_{V}——立式阳极接地电阻，Ω；

　　　ρ——土壤电阻率，$\Omega\cdot\mathrm{m}$；

　　　ρ_{a}——填包料电阻率，$\Omega\cdot\mathrm{m}$；

　　　L——阳极长度，m；

　　　L_{a}——阳极填料层长度，m；

　　　d——阳极等效直径，m；

　　　C——边长，m；

　　　D——填料层直径，m；

　　　t——阳极中心至地面的距离，m。

组合阳极接地电阻按下式计算：

$$R_{\mathrm{T}} = k\frac{R_{\mathrm{V}}}{N} \tag{6-4-20}$$

式中　R_{T}——阳极组总接地电阻，Ω；

　　　N——阳极数量（支）；

　　　k——修正系数，查图 6-4-8。

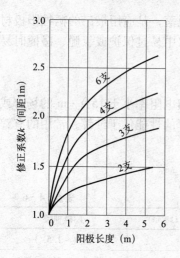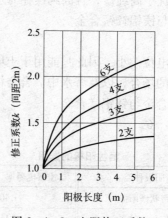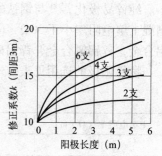

图 6-4-8　电阻修正系数

阳极输出电流按下式计算：

$$I_{\mathrm{a}} = \frac{(E_{\mathrm{c}} - e_{\mathrm{c}}) - (E_{\mathrm{a}} + e_{\mathrm{a}})}{R_{\mathrm{a}} + R_{\mathrm{c}} + R_{\mathrm{w}}} = \frac{\Delta E}{R} \tag{6-4-21}$$

式中　I_a——阳极输出电流，A；

E_c——阴极开路电位，V；

E_a——阳极开路电位，V；

e_c——阴极极化电位，V；

e_a——阳极极化电位，V；

R_a——阳极接地电阻，Ω；

R_c——阴极过渡电阻，Ω；

R_w——回路导线电阻，Ω；

ΔE——阳极有效电位差，V；

R——回路总电阻，Ω。

所需阳极数量按下式计算：

$$N = \frac{fI_A}{I_a}\qquad(6-4-22)$$

式中　N——阳极数量，支；

I_A——所需保护电流，A；

I_a——单支阳极输出电流，A；

f——备用系数，取 2~3 倍。

阳极工作寿命按下式计算：

$$T = 0.85\frac{W}{\omega I}\qquad(6-4-23)$$

式中　T——阳极工作寿命，a；

W——阳极净质量，kg；

ω——阳极消耗率，kg / (A·a)；

I——阳极平均输出电流，A。

6.4.3.3　杂散电流干扰腐蚀防腐

杂散电流干扰分为直流干扰与交流干扰。

直流干扰主要来自电车轨道、电网、用电设备与阴极保护装置等。对于直流干扰，当管道任意点管地电位较自然电位偏移≥20mV 或土壤表面电位梯度 >0.5mV/m 时，确认存在直流干扰；前者≥100mV 或后者 >2.5mV/m 时，应采取直流排流保护或其他防护措施。

交流干扰主要来自高压输电线，特别是与管道平行时的危害不容忽视，此时管道处于交变磁场中而产生感应电流，称为磁感应耦合。对于交流电干扰，当管道交流干扰电压分别大于 10V（碱性土壤）、8V（中性土壤）、6V（酸性土壤）时，推荐采取交流排流保护或其他防护措施。

1. 直流干扰防腐

直流干扰防腐应按排流保护为主，结合综合治理的原则进行。

排流保护有四种方式，它们的应用场合与优缺点比较见表 6-4-7。

直接排流：被保护管道通过可变电阻与铁轨等相连通排流。可变电阻控制排流量，以免排流量过大造成管道防腐层老化和剥离。

极性排流：被保护管道通过可变电阻和整流器与铁轨等相连通排流，整流器用于杂散电流方向经常变化时使其只能从管道排出。

强制排流：在管道与铁轨等之间构成强制电流回路，同时起阴极保护与排流作用。

接地排流：通过地下阳极使杂散电流排入土壤。

排流保护方式比较　　　　　　　　　　　　　　　　　表 6-4-7

方式	直接排流	极性排流	强制排流	接地排流
应用场合	1. 被干扰管道上有稳定的阳极区； 2. 直流供电所接地体或负回归线附近	被干扰管道上管/地电位正负交变	管轨电位差较小	不能直接向干扰源排流
优点	1. 简单经济； 2. 效果好	1. 安装简便； 2. 应用范围广； 3. 不要电源	1. 保护范围大； 2. 其他排流方式不能应用的特殊场合； 3. 电车停运时可对管道提供阴极保护	使用方便
缺点	应用范围有限，具有双向导电性，不适宜用于极性交变区	当管道距铁轨较远时保护效果差	1. 加剧铁轨电蚀； 2. 对铁轨电位分布影响较大； 3. 需要电源	1. 效果差； 2. 需要辅助接地床

2. 交流干扰防腐

交流干扰的防腐是针对磁感应耦合的方法，除利用绝缘法兰分隔管道以降低感应电动势、在强制电流阴极保护中采用恒电位仪提高保护电压外，可采用多种排流方法如直接排流，牺牲阳极排流，极性排流。排流电路中设置电容器以防直流保护电流流失的电容排流等。

6.5　管道穿跨越工程

在城市区域范围有大量的河、湖水面，密布铁路公路、桥梁，敷设燃气管道需要大量的穿跨越工程，在这一方面与天然气长输管道所处情况是十分类似的，本节内容同样适用于天然气长输管道。

管道穿跨越工程在满足有关法规、规范与标准的前提下考虑如下原则：

（1）首先考虑确保管道与穿跨越处交通设施等的安全性，并对运输、防洪、河道形态、生态环境以及水工构筑物、码头、桥梁等不构成不利的影响。

（2）穿跨越位置选择应服从线路总体走向，线路局部走向应服从穿跨越位置的选定。选定穿跨越位置应考虑地形与地质条件，具有合适的施工场地与方便的交通条件。在此基础上进行穿跨越位置多方案比选。

（3）应进行整个工程方案的技术经济比较，采用技术可行，投资节约的方案。一般情况下穿越方式优于跨越方式。

（4）穿跨越管道应进行结构计算。

（5）工程设计应取得穿跨越处相关主管部门同意，并签订协议后进行。

6.5.1　水域、冲沟穿越工程

水域与冲沟穿越工程是燃气输配管道工程中技术含量较高、投资较大的建设项目，其应遵守的主要技术要求如下：

（1）穿越工程应确定工程等级，并按工程等级考虑设计洪水频率。水域与冲沟穿越工程的等级分别见表 6-5-1 与表 6-5-2。

穿越工程等级　　　　　　　　　　　　　　　　　　　　　表 6-5-1

工程等级	穿越水域的水文特征	
	多年平均水位水面宽度（m）	相应水深度（m）
大型	≥200	不计水深
	≥100 ~ <200	≥5
中型	≥100 ~ <200	<5
	≥40 ~ <100	不计水深
小型	<40	不计水深

穿越工程等级　　　　　　　　　　　　　　　　　　　　　表 6-5-2

工程等级	冲沟特征	
	冲沟深度（m）	冲沟边坡（°）
大型	>40	>25
中型	10 ~ 40	>25
小型	<40	—

（2）穿越管段与大桥的距离不小于 100m，与小桥不小于 80m，若爆破成沟，应增大安全距离；与港口、码头、水下建筑物或引水建筑物的距离不小于 200m。

（3）穿越管段位于地震基本烈度 7 度及 7 度以上地区时应进行抗震设计。

（4）穿越位置应选在河道或冲沟顺直，水流平缓、断面基本对称、岩石构成较单一、岩坡稳定、两岸有足够施工场地的地段，且不宜在地震活动断层上；穿越管段应垂直水流轴向，如需斜交、交角不宜小于 60°。

（5）根据水文、地质条件，可采用控沟埋设、定向钻、顶管，隧道（宜用于多管穿越）敷设方法，有条件地段也可采取裸管敷设，但应有稳管措施。定向钻敷设管段管顶埋深不宜小于 6m，最小曲率半径应大于 $1500DN$。定向钻与顶管适用与不适用场合见表 6-5-3。

定向钻与顶管适用与不适用场合　　　　　　　　　　表 6-5-3

敷设方法	适用场合	不适用场合
定向钻	黏土、粉质黏土、砂质河床	岩石、流沙、卵砾石河床
顶管	砾石、砂、砂土、黏土、泥灰岩等土层	流沙、淤泥、沼泽、岩石层

定向钻内容见本书第 4 章 4.4.4.2。

（6）各种方式穿越管段均不得产生漂浮和移位，如产生漂浮和移位必须采用稳管措施。

（7）穿越重要河流的管道应在两岸设置阀门。

河流穿跨越方案比较见本书第4章表4-4-4。

6.5.2　铁路、公路穿越工程

6.5.2.1　主要技术要求

穿越铁路，公路等陆上交通设施是城区燃气输配管网较多出现的项目，根据穿越对象的不同，技术要求有所区别，主要技术要求如下：

（1）管道宜垂直穿越铁路、高速公路、电车轨道和城镇主要干道。

（2）穿越Ⅰ、Ⅱ、Ⅲ级铁路应设置保护套管，穿越铁路专用线可根据具体情况采用保护套管或增加管壁厚度。穿越铁路的保护套管的埋深从铁路轨底至套管顶应不小于1.2m，并应符合铁路管理部门要求。套管内径大于管道外径100mm以上，套管与燃气管间应设绝缘支撑，套管两端与燃气管的间隙应采用柔性的防腐、防水与绝缘的材料密封。套管一端应装设检漏管。套管端部距堤坡脚外距离不得小于2m。宜采用顶管或横孔钻机穿管敷设。

（3）穿越高速公路与Ⅱ级以上公路应设置保护套管。穿越Ⅲ级与Ⅲ级以下公路可根据具体情况采用保护套管或增加管壁厚度。套管两端应采用耐久的绝缘材料密封。在重要地段的套管宜安装检漏管，套管端部距道路边缘不应小于1m。套管内径与套管内绝缘支撑同穿越铁路要求。穿越Ⅱ级与Ⅱ级以上公路的穿管敷设方法同穿越铁路，Ⅲ级与Ⅲ级以下公路可挖沟穿管敷设。套管敷设见图6-5-1。

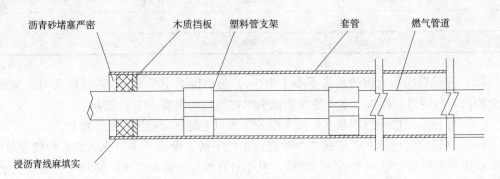

图6-5-1　敷设在套管内的燃气管道

（4）穿越电车轨道和城镇主要干道时宜将管道敷设在保护套管或地沟内，套管端部距电车轨道边轨不应小于2m，套管内径、套管内设绝缘支撑、套管部距道路边缘距离、套管或地沟两端密封与安装检漏管同穿越公路要求。城区主要干道可挖沟穿管敷设。

（5）保护套管宜采用钢管或钢筋混凝土管。

（6）严禁在铁路场站、有值守道口、变电所、隧道和设备下面穿越，严禁在穿越铁路，公路管段上设置弯头和产生水平或竖向曲线。穿越铁路、公路应避开石方区、高填方区、路堑、道路两侧为同坡向的陡坡地段。

（7）钢套管或无套管穿越管段应按无内压状态验算在外力作用下管子径向变形，其水平直径方向的变形量不得超过管子外直径的3%。穿越铁路、公路的管段，当管顶最小埋深大于1m时，可不验算其轴向变形。

（8）穿越管段不得在铁路、公路隧道中敷设（专用隧道除外）。

6.5.2.2 穿越直埋管段或套管应力计算

穿越公路直埋管段或套管，以及穿越铁路套管所受土壤荷载，与车荷载所产生的应力需进行计算。

土壤荷载产生的压力：

$$W_f = rHg \qquad (6-5-1)$$

式中　W_f——土壤荷载产生的压力，MPa；

　　　　r——土壤单位体积质量，kg/mm^3，砂土 $r = 20 \times 10^{-6} kg/mm^3$；

　　　　H——管顶埋深，mm；

　　　　g——重力加速度，m/s^2。

汽车荷载产生的压力：

$$p = \frac{3Q}{200\pi H^2} \cos^5\theta \qquad (6-5-2)$$

$$\cos\theta = \frac{H}{\sqrt{H^2 + X^2}} \qquad (6-5-3)$$

式中　p——汽车荷载产生的压力，MPa；

　　　　Q——汽车荷载，N，一般以后轮荷载计算；

　　　　H——管顶埋深，cm；

　　　　θ——当车载荷不在埋管截面中心线上方时，沿车荷载作用线自轮胎与土壤接触点与管顶中心的夹角，当车荷载在埋管截面中心线上方时，$\cos\theta = 1$；

　　　　X——车荷载不在埋管截面中心上方时，轮胎与土壤接触点与计算处埋管截面中心线的水平间距，cm，见图 6-5-2。

当一辆车位于埋管中心线垂直上方，另一辆车不在，两车后轮与土壤接触间距为 X，且须考虑行车时荷载的冲击作用，以冲击系数 i 表示，两辆汽车荷载产生的压力由下式表示。

$$W_t = \frac{3Q(1+i)}{200\pi H^2} + \left[1 + \left(\frac{H}{\sqrt{H^2 + x^2}} \right)^5 \right] \quad (6-5-4)$$

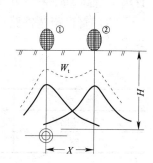

图 6-5-2　汽车荷载图

式中　W_t——取前后两车作计算状况，且考虑冲击系数时，汽车荷载产生的压力，MPa；

　　　　Q——汽车荷载，可取 20t 载货车后轮荷载，$Q = 78453N$/辆（相当于20t 货车后轮质量 8000kg/辆）；

　　　　i——冲击系数，一般 $i = 0.5$。

由上述两种压力产生的最大弯矩发生在管段顶部或底部，可采用下列简化公式计算最大弯曲应力，其应力不大于许用应力。

$$\sigma_b = \frac{6(k_f w_f + k_t w_t) D^2}{t^2} \qquad (6-5-5)$$

式中　σ_b——最大弯曲应力，MPa；

　　　　k_f、k_t——系数，见表 6-5-4；

D——管段外径，mm；

t——管段壁厚，mm。

K_f、k_t 系数		表 6-5-4
管的部位	K_f	K_t
管顶	0.033	0.019
管底	0.056	0.003

对于穿越铁路的荷载计算，土壤产生的荷载同穿越公路，作为简略估算，可利用上述汽车行驶荷载公式代入火车荷重，并取冲击系数为0.75。

6.5.3　跨越工程

6.5.3.1　主要技术

管道跨越工程按工程类别有附桥跨越、管桥跨越与架空跨越等，其主要技术要求如下。

（1）跨越点选择在河流较窄、两岸侧向冲刷及侵蚀较小、并有良好稳定地层处；如河流出现弯道时，选在弯道上游平直段；附近如有闸坝或其他水工构筑物，选在闸坝上游或其他水工构筑物影响区外；避开地震断裂带与冲沟发育地带。

（2）管道在通航河流上跨越时，其架空结构最下缘净空高度应符合《内河通航标准》GBJ139的规定；在无通航、无流筏的河流上跨越时，大型跨越其架空结构最下缘应比设计洪水位高3m，中、小型跨越比设计洪水位高2m。

（3）管道跨越铁路或道路时，其架空结构最下缘净空高度，不低于表6-5-5的规定。

管道跨越架空结构最下缘净空高度（m）			表 6-5-5
类　型	净空高度	类　型	净空高度
人行道路	3.5	铁路	6.5~7.0
公路	5.5	电气化铁路	11

（4）跨越管道与桥梁之间距离，大于或等于表6-5-6的规定。

跨越管道与桥梁之间的距离（m）					表 6-5-6
大桥		中桥		小桥	
铁路	公路	铁路	公路	铁路	公路
100	100	100	50	50	20

（5）燃气管道架设在跨越河流的道路桥梁上，其管道输送压力不应大于0.4MPa。燃气管道产生的荷载应作为桥梁设计荷载之一，以保证桥梁安全性，对现有桥梁需附桥设管时，须对桥梁结构作安全性核算。附桥管道应采用加厚的无缝钢管或焊接钢管，尽量减少焊缝，对焊缝进行100%无损探伤，设置必要的补偿与减震装置，与采用阴极保护的埋地

钢管之间设绝缘装置，采用较高等级的防腐保护。

管道附桥的位置可为预留管孔、桥墩盖梁伸出部分，或悬挂在桥侧人行道下，从施工与维修角度考虑，管孔架设较不利。

6.5.3.2 跨越管道结构计算

跨越管道采用材料同穿越管道，但其要求屈服强度与抗拉强度之比应不大于0.85。跨越管道随跨越方式的不同，其受力情况有较大的差异，且荷载及荷载效应组合较复杂，并须按施工、使用、试压，清管各阶段计算后确定最不利组合进行设计，同时须进行整体与局部稳定性验算。其中较普遍发生的内压引起的环向应力与因温度变化引起的轴向应力计算公式均同于穿越管道，但当量应力的计算与强度验算不相同，穿越管段的当量应力为最大剪应力，采用最大剪应力理论（第二强度理论）验算；跨越管段的当量应力由材料形状改变比能计算，采用形状改变比能理论（第四强度理论）验算，其计算公式如下：

$$\sigma = \sqrt{\sigma_x^2 + \sigma_y^2 + \sigma_z^2 + (\sigma_x\sigma_y + \sigma_y\sigma_z + \sigma_z\sigma_x) + 3(\tau_{xy}^2 + \tau_{yz}^2 + \tau_{zx}^2)} \quad (6-5-6)$$

$$\sigma \leqslant F\sigma_s \quad (6-5-7)$$

式中　　σ——当量应力，MPa；

σ_x、σ_y、σ_z——X、Y、Z方向的应力，MPa；

τ_{xy}、τ_{yz}、τ_{xz}——X、Y、Z方向的剪应力，MPa；

F——强度设计系数，见表6-5-7；

σ_s——钢材屈服强度。

强度设计系数 F　　　　　　　　　　　　　　　　　　　表6-5-7

工程分类	大型	中型	小型
甲类（通航河流跨越）	0.4	0.45	0.5
乙类（非通航河流或其他障碍）	0.5	0.55	0.6

跨越工程等级见表6-5-8。

跨越工程等级　　　　　　　　　　　　　　　　　　　　表6-5-8

工程等级	总跨长度（m）	主跨长度（m）
大型	≥300	≥150
中型	≥100～<300	≥50～<150
小型	<100	<50

6.6　埋地钢管的抗震设计

由于地震灾害造成破坏的严重后果，对于埋地燃气管道，当敷设于抗震设防烈度为6度及高于6度地区时，必须进行抗震设计，其中设防烈度高于6度时应作抗震计算。埋地钢管的抗震计算包括直管与弯头两部分，后者参照《输油（气）钢质管道抗震规范》SX-T0450。

据统计地震峰值加速度大于或等于0.4倍重力加速度时地下直埋燃气钢管才开始破坏，为安全起见规范规定峰值加速度大于或等于0.2倍重力加速度时应进行抗拉伸和抗压缩校核，在水平地震作用下，剪切波引起的拉伸和压缩应变与内压、温差引起轴向应变的组合应在允许范围内。

6.6.1　直管轴向应变计算

地震剪切波作用下最大轴向应变按式（6-6-1）与式（6-6-2）计算，取绝对值大者分别以正、负值作校核计算。也可按式（6-6-3）计算界限剪切波速，当 $\nu_{sp} < \nu_{sp,1}$ 时按式（6-6-2）计算应变，否则按式（6-6-1）计算：

$$\varepsilon_{\max} = \pm \frac{K_h g T_g}{4\pi\left(\nu_{sp}T_g + \dfrac{4\pi^2 EA}{\nu_{sp}T_g K_1}\right)} \tag{6-6-1}$$

$$\varepsilon_{\max} = \pm \frac{K_h g T_g}{4\pi\nu_{sp}} \tag{6-6-2}$$

$$\nu_{sp,1} = \sqrt{\frac{6\pi^2 EA}{(1-T_g)T_g K_1}} \tag{6-6-3}$$

式中　$\varepsilon_{\max}$——地震剪切波作用下最大轴向应变；

　　　K_h——水平地震加速度与重力加速度比值，按表 6-6-1 确定；

　　　g——重力加速度，mm/s^2，$g = 9800 mm/s^2$；

　　　T_g——管道埋设场地的特征周期，s，见表 6-6-2，场地类别与地震分组按照《室外给水排水和燃气热力工程抗震设计规范》GB50032；

　　　ν_{sp}——管道埋设深度处土层的剪切波速，mm/s，各类土层波速范围按照 GB50032《室外给水排水和燃气热力工程抗震设计规范》；

　　　E——管道材质弹性模量，N/mm^2；

　　　A——管道壁横截面积，mm^2；

　　　K_1——沿管道方向单位管道长度的土体弹性抗力，N/mm^2，按式（6-6-4）计算；

　　　$\nu_{sp,1}$——界限剪切波速，mm/s。

$$K_1 = u_p k_1 \tag{6-6-4}$$

式中　u_p——管道单位长度外表面积，mm^2/mm，对于无刚性管基的圆管按式（6-6-5）计算，有刚性管基时，即为包括管基在内的外缘面积；

　　　k_1——沿管道方向单位管道长度的土体单位面积弹性抗力，N/mm^3，无试验数据时，可取 $k_1 = 0.06 N/mm^3$。

$$u_p = \pi D_1 \tag{6-6-5}$$

式中　D_1——管道外径，mm。

	K_h 值			表 6-6-1
抗震设防烈度	6	7	8	9
K_h	0.05	0.10 0.15	0.20 0.30	0.40

设计地震分组　场地类别	T_g 值			表 6 - 6 - 2
	I	II	III	IV
第一组	0.25	0.35	0.45	0.65
第二组	0.30	0.40	0.55	0.75
第三组	0.35	0.45	0.65	0.90

管道内压与温度变化产生的轴向应变按式（6-6-6）计算。

$$\varepsilon = \frac{\mu p d}{2\delta_n E} + \alpha(t_1 - t_2) \qquad (6-6-6)$$

式中　ε——内压与温度变化产生的轴向应变。

6.6.2　直管轴向应变校核计算

容许拉伸应变 $\varepsilon_{t,v}$ 按表 6-6-3 选取，容许压缩应变 $\varepsilon_{c,v}$ 按式（6-6-7）计算，轴向组合应变按式（6-6-8）或式（6-6-9）校核。

拉伸强度极限 σ_b（MPa）	$\varepsilon_{t,v}$ 值　　　　　　　　　表 6 - 6 - 3
	容许拉伸应变 $\varepsilon_{t,v}$
$\sigma_b < 552$	1.0%
$522 \leqslant \sigma_b < 793$	0.9%
$793 \leqslant \sigma_b < 896$	0.8%

$$\varepsilon_{c,v} = 0.35 \frac{\delta_n}{D_1} \qquad (6-6-7)$$

当 $\varepsilon_{max} + \varepsilon > 0$ 时　　　　　$\varepsilon_{max} + \varepsilon \leqslant \varepsilon_{t,v}$ 　　　　（6-6-8）

当 $\varepsilon_{max} + \varepsilon \leqslant 0$ 时　　　　$| \varepsilon_{max} + \varepsilon | \leqslant \varepsilon_{c,v}$ 　　　　（6-6-9）

6.7　城镇燃气管网运行调度

6.7.1　概述

城市各类天然气用户的用气负荷是不均匀的，随月（季节）、日、时变化。因此，燃气输配系统需改变供气量保证用户用气设备所需压力和流量；调度气源及储气设施的供气量和储气量，保证高峰供气和低谷储气；制定对事故工况、管网维修期间和供气量不足时的供气方案；以及对天然气的购入、供应和储存，进行统一调度，即是燃气输配系统的供气调度。

天然气供应系统的调度包括长输管道系统和城市输配管网系统的调度，本节将针对天然气输配系统的供气调度讲解基于管网系统运行参数回归分析模型的调度方法。

在城市燃气管网供气调度中，欲制定经济可靠的供气方案。必须具备两个条件：一是准确预测各时刻用气负荷，二是在预测负荷下，对管网运行工况进行快速、准确的模拟计算。城市输配管网调度水力模拟有两种途径：即进行管网水力计算或采用宏观模型。

用管网水力计算的方法模拟管网运行工况确定供气调度方案，特别是具有高中压的多级管网，存在以下的问题。

（1）管网水力计算需要知道每个节点流量变化的规律，这难以做到；

（2）管道的摩阻系数是随管网的运行不断变化的。因此使管道水力计算公式与实际发生偏差；

（3）对于节点和管段数量大的大型燃气管网，原始数据准备修改时间长，计算不能保证调度的实时性；

（4）管网由多气源供气，管网水力计算不能预计气源性质差异实际产生的误差。

基于上述情况，对城市天然气输配管网，基于准确的水力分析的运行调度存在很大的局限性。有鉴如此，提出了管网运行工况宏观模型。[18]

6.7.2　管网运行工况宏观模型

在供气调度过程中，并不是管网中所有各节点的流量、压力对调度工作都起重要作用，只有门站的供气量与供气压力，储配站的供气量与供气压力或进气量与进气压力，以及管网上那些压力较低的节点（以下称控制点）对供气调度才有实际意义。

所谓宏观模型是以城市小时总用气量、气源点（门站）的供气压力与流量、储配站进（或出）气压力与流量以及控制点的压力等宏观变量为基础，通过对实际运行资料的统计分析，建立这些宏观变量之间的回归方程。可不考虑各个节点的流量、压力及各管段流量细节，而从系统的角度出发直接描述出与调度方案决策有关的厂、站和控制点的压力、流量之间的函数关系。宏观模型是采用实际运行数据回归得出的有限个经验公式，它能准确而快速的模拟输配管网的运行工况，从而可使城市燃气输配系统调度更为准确。

仅由预测负荷来模拟管网运行工况的模型是无运行信息的宏观模型。为了提高宏观模型的准确性，在模型中引入反映管网当前运行状态的信息得出有运行信息的宏观模型。

随着城市燃气输配管网 SCADA 技术的发展，许多城市的天然气管网已安装了该系统，对输配系统中的储配站（m_1 个）、门站（m_2 个）、控制点（m_3 个）的压力（有些城市甚至对流量）进行遥测。将遥测的反映管网运行状态的压力信息反馈到宏观模型中去，将得出有运行信息的宏观模型：

$$p_i^{(k+1)} = a_{i0} + a_{i1}q^{\alpha(k+1)} + \sum_{j=1}^{m_1+m_2} b_{ij}q_j^{\alpha(k+1)} + \sum_{l=1}^{m_1+m_2+m_3} c_{il}p_i^{(k)} \qquad (6-7-1)$$

$$i = 1,\ 2,\ \cdots m_1 + m_2 + m_3$$

记

$$n = m_1 + m_2,\ m = m_1 + m_2 + m_3$$

$$P^{(k+1)} = \left[p_1^{(k+1)}, p_2^{(k+1)}, \cdots, p_m^{(k+1)} \right]^T$$

$$A = \begin{bmatrix} a_{10} & a_{11} & b_{11} & \cdots & b_{1n} \\ a_{20} & a_{21} & b_{21} & \cdots & b_{2n} \\ \cdots & \cdots & \cdots & \cdots & \cdots \\ a_{m-1,0} & a_{m-1,1} & b_{m-1,1} & \cdots & b_{m-1n} \\ a_{m0} & a_{m2} & b_{m1} & \cdots & b_{mn} \end{bmatrix}, Q^{(k+1)} = \begin{bmatrix} 1 \\ q^{(k+1)} \\ q_1^{(k+1)\alpha} \\ \cdots \\ q_n^{(k+1)\alpha} \end{bmatrix}$$

$$C = \begin{bmatrix} c_{11} & c_{12} & \cdots & c_{1m} \\ c_{21} & c_{22} & \cdots & c_{2m} \\ \cdots & \cdots & \cdots & \cdots \\ c_{m1} & c_{m2} & \cdots & c_{mm} \end{bmatrix}, P^{(k)} = \begin{bmatrix} p_1^{(k)} \\ p_2^{(k)} \\ \vdots \\ p_m^{(k)} \end{bmatrix}$$

式（6-7-1）写为

$$P^{(k)} = A \cdot Q^{(k+1)} + C \cdot P^{(k)} \tag{6-7-2}$$

式中　　$p_i^{(k+1)}$——当 $i = 1, 2 \cdots m_1$ 时，为第（$k+1$）时刻第 i 个储配站的供气压力或储气压力；当 $i = m_1 + 1 \cdots m_1 + m_2$ 时，为第（$k+1$）时刻第 i 个门站的计算供气压力；当 $i = m_1 + 1 \cdots m_1 + m_2 + m_3$ 时，为第（$k+1$）时刻第 i 个控制点的计算压力；

$q^{(k+1)}$——第（$k+1$）时刻预计总用气量（即总供气量）；

$q_j^{(k+1)}$——当 $j = 1, 2 \cdots m_1$ 时，为第（$k+1$）时刻第 j 个储配站的出气或进气（储气）量；当 $j = m_1 + 1 \cdots m_1 + m_2$ 时，第（$k+1$）时刻第 j 个门站的供气量；

$p_i^{(k)}$——第 k 时刻，各门站、储配站及控制点的遥测压力；

$a_{i0}, a_{i1}, b_{i1} \cdots b_{in}, c_{i1}, \cdots, c_{in}$——回归系数，通过多元线性回归或逐步回归确定，$i = 1, 2 \cdots m$；

α——流量的幂次，取 $1 \sim 2$。

模型中所模拟的管网压力与各门站供气量和各储配站的供气量或进气量的 α 次幂有关，对于高、中压管网的阻力损失是用管道两端绝对压力的平方表示，与管道流量的平方成正比，所以可以近似地认为模型中所模拟的压力与流量成线性关系，α 值可取 1。

有管网运行信息的宏观模型的特点是模拟计算第（$k+1$）时刻天然气输配系统门站、储配站及控制点，需要有第 k 时刻这些点的实际压力状态信息，使计算结果不会偏离实际管网的运行工况。

6.7.3　建模原始数据与应用要点

确定模型的回归系数，需要大量的原始数据，原始数据有两个来源。

（1）对有比较详细、全面的运行数据记录资料的燃气管网，可采用实际运行数据来拟合宏观模型。在选用原始数据时应注意两点：一是选用最新的运行数据，并把不合理的或异常的数据剔除；二是选用的运行数据能够覆盖使用模型时期的管网运行工况变化范围。

（2）在没有实际运行数据记录或运行数据记录不能满足拟合模型要求的条件下，也可利用管网水力计算得到的原始数据。这时管道的压降计算公式要与实际运行工况压降对比，并进行适当的修正，使管网水力计算结果尽可能符合实际。利用管网水力计算提供原始数据，首先要对管网各节点流量变化进行模拟，一般采用比例负荷和非比例负荷两种方法。

比例负荷：在各个供气时刻总供气量与各节点的供气量之比为一常数，也就是各节点的流量按预估的小时用气不均匀系数同步变化，可用下列公式进行计算：

$$q_i^{(k+1)} = h^{(k+1)} \cdot q_i/4.17 \qquad\qquad (6-7-3)$$

式中 $q_i^{(k+1)}$——第 ($k+1$) 时刻，第 i 节点的模拟流量；

$\qquad q_i$——第 i 节点的日平均流量；

$\qquad h^{(k+1)}$——第 ($k+1$) 时刻，用气不均匀系数。

对于以居民建筑和商业用气为主的管网，由于这两类用户用气变化规律基本一致，可以采用比例负荷法，通过管网水力计算获得原始数据。

非比例负荷：对于工业、居民、商业、采暖与制冷用户都存在的供气管网，各类用户的用气规律不同，当各供气节点所负责的供气对象不同时，其节点流量变化规律也不同，不应单纯采用比例负荷模拟节点流量。各节点的流量变化规律是随机的，但其变化是有一定范围的，只要使模拟的节点负荷覆盖其变化范围内的各种情况，水力计算结果就能包括管网的各种运行工况，用这样的数据作为建模原始数据所建宏观模型能准确模拟管网运行工况。管网大多数节点流量不能按比例同步变化，是在一定范围内随机变化，也就是每个节点的流量可分为不变部分和可变部分，各供气时刻各节点的流量变化范围以内的部分可通过均匀随机数来产生。其流量变化可用下式表示：

$$q_i^{(k+1)} = [1-(1-f) \cdot RAN(1)] \cdot h^{(k+1)} \cdot q_i/4.17 \qquad (6-7-4)$$

式中 f——节点流量随机变化的下限，f 取 $0\sim1$，当 $f=1$ 时为比例负荷，$1-f$ 表示节点流量变化范围；

RAN (1) ——均匀随机数，RAN (1) $=0\sim2$，均值为 1。

拟合宏观模型时只采用符合实际运行工况的结果作为宏观模型的原始数据，在水力计算过程中，只对可能的供气方案进行水力计算，以减少计算的次数，提高计算精度。

6.7.4 模型特性与应用范围

宏观模型是根据统计学原理得出的，随管网系统的不断发展和变化，要不断地对模型进行修正，因此在使用宏观模型时要注意以下几个问题。

(1) 对于有压力遥测系统的城市天然气管网可用模型 (6-7-2)，对无压力遥测系统的管网采用无 $C \cdot P^{(k)}$ 项的模型 (6-7-2)。

(2) 每个城市燃气管网的宏观模型宏观变量的个数是根据管网的门站、储配站和控制点的个数确定的，模型系数是根据管网运行数据或水力计算数据拟合的。因此，不同的管网宏观模型的变量个数和系数是不同的。

(3) 由于储配站的工作状态分储气和供气两种情况，此两种情况气流方向相反，压力相差很大，应分别建立模型 (拟合得出模型的系数)。

(4) 燃气管网的宏观模型是根据现行管网结构与运行压力机制拟合的，一旦管网结构或运行压力机制发生变化，例如管网扩建或管网的运行压力提高，原来拟合的模型失效，需根据变化后的管网运行数据或水力计算结果重新建立模型。

(5) 随管网运行时间的增大，阻力特性可能有变化，对管网运行水力工况有影响时，模型的准确性降低，也需要不断地利用最新的运行数据拟合更新模型的系数，使模型保持较高的精度。

(6) 宏观模型是根据管网正常运行工况统计回归得出的。对平稳变化过程适应性强，对异常状态适应性差，如节日负荷突变，管网运行工况与平时有较大差异，此时模型的准确性降低。当管网的主要管段发生故障或维修时，模型的计算精度也降低，特别是停气点附近影响比较严重，此时应采用平差计算来协助确定事故状态下的供气调度方案。

（7）对于季节负荷差较大的管网，例如冬季采暖负荷较大，冬季的供气负荷比夏季高得多，对这样的供气系统应该分季节拟合模型的系数。

6.7.5 应用示例

图6-7-1所示一个具有四个门站、四个储配站，并有压力遥测系统的大型天然气中压输配管网。天然气由长输管道从东方来到城市郊区进入超高压半外环，经四个门站进入该城市的中压管网。选择了两个在管网运行中最不利（压力最低）的节点作为控制点，利用实际运行数据，采用多元回归的方法拟合出厂、站、控制点宏观模型。示例计算表明宏观模型回归系数的复相关系数 R 在 $0.999 \sim 0.992$ 之间，剩余标准差 S. D. 在 $0.027 \sim 0.076$ 之间，说明宏观模型具有较高的准确度。

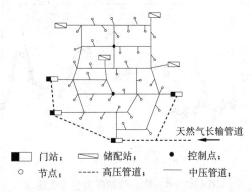

图6-7-1 天然气输配管网示意图

现分别将两个储配站、两个门站和两个控制点的压力计算值和实测值表示在图6-7-2至图6-7-7上。由图表明：各厂、站、控制点的计算压力与实际运行压力吻合，结果比较理想。两者的最大误差为11kPa，压力误差超过9kPa的次数小于2%，误差超过5kPa的次数为10%左右。个别与实际有较大误差的计算压力，一般出现在储配站的工作状态发生变化的时刻，管网各节点压力变化较大。对本实例所选控制点压力变化达到2kPa。计算压力为计算点在这一时刻的平均值。计算值与实际的某一个值比较，将表现一定的误差，但计算值一般都近似于实际压力的平均值，故完全可用来描述管网的运行工况。

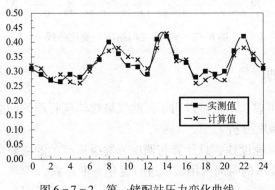

图6-7-2 第一储配站压力变化曲线

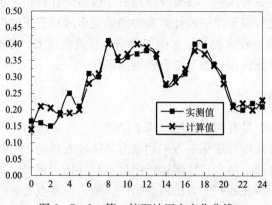

图 6-7-3　第二储配站压力变化曲线

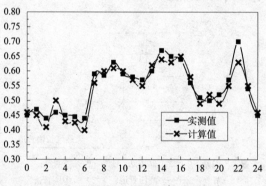

图 6-7-4　第一门站压力变化曲线

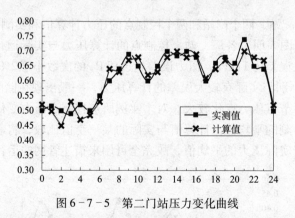

图 6-7-5　第二门站压力变化曲线

6.7.6　应用说明

（1）该模型简单可靠，不仅可以用于天然气城市输配管网的调度分析，也可以用于天然气长输管线的运行调度分析。

（2）宏观模型计算速度快，只计算与调度方案决策有关的主要参数，无须对管网进行水力计算。能在调度要求的时间内用微机进行优化调度计算。

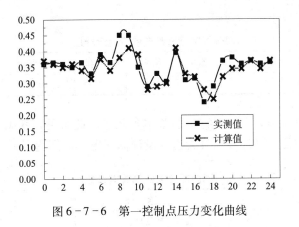

图6-7-6 第一控制点压力变化曲线

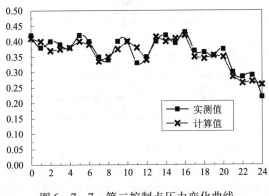

图6-7-7 第二控制点压力变化曲线

（3）宏观模型不需要对管网各节点流量进行预测，只需预测整个管网的总供气量以及对各门站、储配站的供气量进行预分配即可。而各时刻总供气量的变化是易于掌握的，各门站、储配站的供气量的预分配就是供气调度方案的重要组成部分。将预测的管网总供气量和预分配管网各门站、储配站的供气量代入模型，计算出各门站、储配站的供气压力和控制点的压力，如果控制点的压力在允许的范围内，预定的供气方案是可行的；否则，预定的供气方案是不合理的，应该调整供气方案，重新进行计算，直到控制点的压力在允许的范围内为止。

6.8 天然气压力能利用

6.8.1 天然气压力能及有效利用

6.8.1.1 天然气㶲和压力能

长输天然气大多采用高压管输方式，输送的高压天然气经调压站降至中压标准进入城市燃气管网，再借助于调压箱或调压柜将压力降至低压后再供用户使用。

在给定的输气量下，采用高输气压力可以减小管径，从而节省管材和施工费用，同时小管径条件下可以增大壁厚，提高管线的安全性。目前，世界上部分国家输气管道的最高设计压力见表 6 - 8 - 1。

部分国家输气管道的最高设计压力　　　　表 6 - 8 - 1

输气管道	中国	美国	前苏联	德国	意大利	阿拉斯加	阿 - 意西西里海峡
最高设计压力	10.0	12	7.5	8	8	10.0	15.0

表 6 - 8 - 2 是我国部分天然气管道的基本参数。由此可见，我国"西气东输"管道、陕京线及二线系统和冀宁联络线输气管道的设计输气压力也都达到了 10MPa。

国内部分天然气管道参数　　　　表 6 - 8 - 2

输气管道	直径（mm）	输气压力（MPa）
北京—石家庄输气管道	508	6.3
涩—宁—兰输气管道	660	6.4
忠—武输气管道	711	6.4
陕—京一线输气管道	660	6.4
陕—京二线输气管道	1016	10
冀宁联络线输气管道	1016	10
西气东输管道	1016	10

高压的天然气具有可观的能量，可以用㶲加以衡量。

㶲是工质（例如天然气）的状态参数，是其能量中理论上能够可逆地转换为功的最大数量，即该能量中的可用能。因而一定状态的天然气的㶲是指其具有的最大理论作功能力，对作定常流动的管道中的天然气，忽略动能㶲和势能㶲，其㶲参数包括焓㶲和压能㶲，可表示为

$$e_x = c_p(T - T_0) - T_0\left(c_p\ln\frac{T}{T_0} - \frac{R}{M}\ln\frac{p}{p_0}\right) \qquad (6 - 8 - 1)$$

式中　e_x——天然气比㶲，kJ/kg；

　　　c_p——天然气定压比热容，kJ/（kg·K）；

　　　T——天然气温度，K；

　　　T_0——环境温度，K；

　　　R——摩尔气体常数，一般取 8.3145kJ/（kmol·K）；

　　　M——天然气的摩尔质量，kg/kmol；

　　　p——天然气压力，MPa（绝对）；

　　　p_0——环境压力，MPa（绝对）。

式（6 - 8 - 1）中压能㶲由压力比对数项表示，焓㶲由另两项表示。

环境温度、系统压力等因素的变化都将对高压天然气㶲产生影响。随着高压天然气输气压力的增大，天然气㶲将增大；同样，随着排出压力的减小，可被利用的天然气㶲也将增大。

一般从参数特征表述，将高压天然气㶲的利用称为压力能利用。

为了解高压天然气具有的热力学能量价值，进行下列关于天然气可利用㶲的计算。设

输气压力为 $p_1 = 4\text{MPa}$，温度 $T_1 = 293.15\text{K}$，（等熵膨胀）降至 $p_2 = 0.8\text{MPa}$，$T_2 = 210.15\text{K}$，环境温度 $T_0 = 293.15\text{K}$。因此天然气将供出㶲为

$$\Delta e_x = c_p(T_1 - T_2) - T_0\left(c_p\ln\frac{T_1}{T_2} - \frac{R}{M}\ln\frac{p_1}{p_2}\right) \qquad (6-8-2)$$

$$\Delta e_x = 1.93\ (293.15 - 210)\ -293.15\left(1.93\ln\frac{293.15}{210} - \frac{8.3145}{16}\ln\frac{4.0}{0.8}\right) = 217.09\text{kJ/kg}$$

以 2006 年西气东输管道共计供气 $99 \times 10^8\text{m}^3/\text{a}$ 为例进行计算，设回收设备的㶲效率为 0.55，则该管道天然气可回收的㶲为

$E_x = 0.55 \times 217.09 \times 99 \times 10^8 \times 0.7174 \times 273.15/293.15 = 11014.8 \times 10^8\text{kJ}$，相当于装机容量接近 $N = 11014.8 \times 10^8/8760/3600 \approx 3.3 \times 10^4\text{kW}$ 的电站一年的发电量。由此可见，高压天然气蕴含着相当大的高位能量。

但这部分能量的利用在国内尚未引起足够的重视。如果能采用适当的方式回收利用，将能在很大程度上提高能源利用率和天然气管网运行的经济性。随着城市天然气应用力度的逐渐增加，天然气管网的发展，高压天然气能量回收利用技术具有广阔的发展空间及现实意义。

6.8.1.2　天然气㶲利用的基本方式

对天然气蕴含巨大㶲能的利用可借助多种热力机械做功回收以及相应的低温制冷方式回收。如透平膨胀机，节流阀，气波制冷机，涡流管等设备。

（1）透平膨胀机制冷

借助透平膨胀机制冷是 LNG 生产工艺的主要设备，在本书第 10 章有讲述。

（2）气波制冷机制冷

压缩气体经喷管膨胀，流速增加而压力降低。这种高速气流随气体分配器的转动而间歇地射入各振荡管内，与管内原有气体形成一接触面，并在接触面的前方出现一道与射流同方向运动的激波。激波扫过之处，该处的气体被压缩，温度升高，高温气体通过管壁向环境散热。在充气阶段，激波对管内气体做功所需的能量主要由高压气源提供，此时接触面后的气体只是经过等熵膨胀获得高速，温度虽亦降低，但因未对外做功；如果膨胀过程为定常过程，则对理想气体而言，气体的滞止温度不变。射气停止后，工作管开口截面与低温排气管相连通并开始排气膨胀。在排气阶段，激波继续对气体做功，所需的能量由进入管内的射流提供，气体对外做功，滞止温度下降，从而实现制冷。

气波制冷机实质上是一种激波机器，冷效应主要是依赖于气波在振荡管内的运动来实现。激波对气体产生制热作用，而膨胀波则对气体产生制冷作用。各种波在气波振荡管内互相作用，使振荡管产生冷、热效应，并直接决定了气波制冷机的制冷效果。

（3）涡流管制冷

涡流管的原理图见图 6-8-1。

压缩空气喷射进涡流管涡流室后，气流以高达每分钟一百万转的速度旋转着流向涡流管热气端（右侧）出口，一部分气流通过控制阀流出，剩余的气体被阻挡后，在原气流内圈以同样的转速反向旋转，并流向涡流管冷气端（左侧）。

根据角动量守恒原理，内侧涡流体的角速度高于外侧涡流体的角速度，两个涡流体之间的摩擦力使气体还原为同一角速度运动，就像固体旋转一样。这样就导致内层减速和外

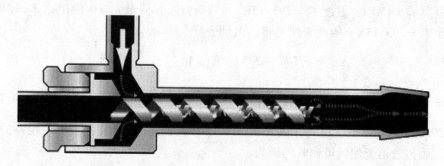

图 6-8-1　涡流管原理图

层被加速，其内层损失了部分动能，温度下降，外层接收内层能量，温度上升。其结果是，一股高压气流经涡流管减压处理后，将会在管中心产生一股很冷的冷流，在外侧产生一股很热的热流。在此过程中，内环冷气流从左侧流出，外环热气流从右侧流出。即形成了涡流管的热气端和冷气端。

冷气流的温度及流量大小可通过调节涡流管热气端阀门控制。涡流管热气端出气比例越高，则涡流管冷气端气流的温度就越低，流量也相应减少。

6.8.2　天然气压力能利用系统

6.8.2.1　联合循环发电压力能利用

流程图 6-8-2 所示为天然气管网压力能利用的联合循环发电流程。

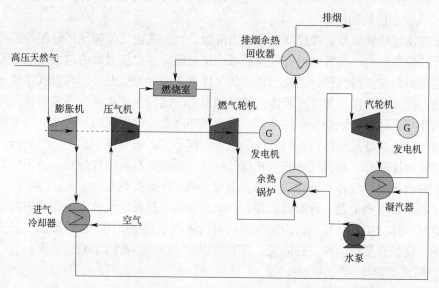

图 6-8-2　基于天然气管网压力能回收的燃气—蒸汽联合循环系统

在这个流程中，首先使高压天然气通过透平膨胀机膨胀做功，并带动压气机工作，减少了燃气轮机消耗在压气机上的功，从而增大对外输出功，增加了发电量；其次将膨胀后的低温天然气用于燃气轮机的进气冷却，增加燃气轮机的出力和发电量（环境空气温度每降低 1K，其输出功率增加近 1%。）；然后将温度依然很低的天然气通往凝汽器，冷却凝汽

366

器的排气，从而降低气体的饱和压力，提高凝汽器真空值，这样可以提高机组效率即提高系统的发电效率和出力；最后，温度还比较低的天然气通过排烟余热回收器，用来回收排烟的余热加热天然气，使其以较高的温度进入燃烧室。这个系统不仅可以避免高压天然气管线压力能的浪费，还能提高蒸汽联合循环的循环效率，在很大程度上提高了能源的综合利用效率。

基于天然气管网压力能回收的燃气—蒸汽联合循环系统用于建设调峰发电厂是实际可行的高压天然气压力能利用方式。在这种系统中同时有多种燃料发电进行调峰。在用电高峰时多用天然气发电，用电低峰时少用甚至不用天然气。

在城市天然气系统中选择适合利用天然气压力能的部位，是将天然气压力能转化为实际应用的重要问题。例如天然气管网中的调压站，由于布局分散，不利于建设大型电力回收系统；发电时要求天然气压力和流量相对稳定，而天然气的使用存在着严重的季节、昼夜以及小时的不均匀性，无法满足该种设备的稳定运行的要求，因此在调压站高压天然气压力能用于发电存在较大的困难。针对所存在的问题可以考虑，在中小型调压站中，采用微型透平发电装置实现小区或某一楼宇供电，满足局部供电需求。

6.8.2.2 天然气门站压力能利用

传统冷库制冷采用电压缩氨膨胀制冷，需要消耗大量的电力。以氨为制冷剂，1kW 的电力可制得约 2kW 的冷量，将天然气压力能用于冷库可大大降低冷库的运行成本。图 6-8-3 是某门站利用气波制冷机回收压力能的工艺流程简图。

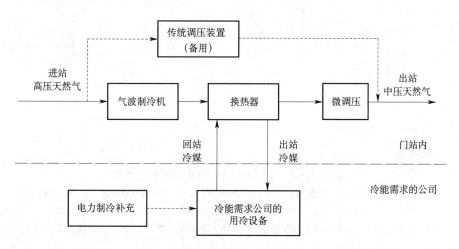

图 6-8-3 门站内气波制冷机回收压力能的工艺流程

冷能获取部分：设在该门站内，建设有压力能/冷能转换及相关的换热设备、工艺管线等，气波制冷机既是压力能/冷能转换设备，又执行调压功能。

冷能利用部分：门站外是冷能利用部分，通过两条冷媒管线与门站设备相连。

有一种利用高压天然气膨胀制冷的脱水工艺[*]，采用气波制冷机为高压天然气的降压设备，将获得的冷量直接为天然气制冷，天然气经分离脱水提纯后再继续外输，经此处理后不仅不会再出现冻堵阻塞现象，而且提高了天然气的纯度和质量。再通过两级预冷分离

---

* 大连理工大学于 1997 年提出。

和甲醇滴注等方式，最终实现天然气脱水。

6.8.2.3　天然气制冷综合压力能利用

天然气调压站在实际调峰时，为了不使降压后的天然气温度过低，在天然气膨胀前要先将其预热。将膨胀后的低温天然气冷量进行回收用于不同冷量用户，具有一定的实用性。但高压天然气压力能用于制冷时多数只利用了膨胀制得的冷量；且采用气波制冷机时，制冷效率较低。

为进一步提高压力能回收利用率，某研究单位提出如图 6-8-4 所示工艺，在利用膨胀后的低温天然气冷量的同时，利用膨胀机输出功驱动压缩机做功，节省了压缩机电耗。

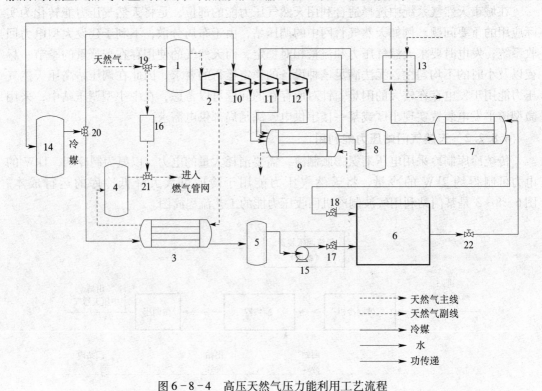

图 6-8-4　高压天然气压力能利用工艺流程

1—高压天然气调峰罐；2—膨胀机；3、7、9—换热器；4—低压天然气调峰罐；5、8—液冷媒罐；
6—冷库；10、11、12—压缩机；13—冷水空调；14—气冷媒储罐；15—离心泵；
16—天然气门站原有调压阀等调压设备；17、18—节流阀；19、20、21—三通阀；22—阀门

该工艺包含天然气压力能制冷单元和冷能利用两个单元。其中压力能制冷又分为两种方式，即利用冷媒回收高压管网天然气膨胀后的低温冷量，同时将天然气膨胀机输出功用于压缩制冷系统中，压缩后的气态冷媒经冷凝后进入冷媒储罐备用。冷能利用单元是将上述过程所制得的冷能充分用于冷库、冷水空调或其他冷产业。该工艺是在利用高压管网天然气压力能制冷的普遍方式基础上加入了膨胀机输出功回收环节，并将其与传统的电压缩制冷系统联合，节省了压缩机功耗；同时，工艺中高低压天然气调峰罐的使用，起到了稳流天然气的作用，保证了膨胀机输出功的稳定性。

6.8.2.4　天然气水合物（NGH）储气调峰压力能利用

利用膨胀后低温天然气的冷量用于液化天然气（LNG）或者生产天然气水合物

（NGH），以此方式进行调峰。前者即为本书第 10 章讲述的调峰型 LNG 工艺系统。

　　高压天然气在调压过程中会发生很大的温降。天然气水合物一般在低温和高压的条件下生成，其生成过程是放热反应。将高压天然气降压过程与 NGH 的生成工艺有机地结合起来，一个制冷，一个放热，不但使高压管网天然气的压力能得以有效回收和利用，而且可为换热器提供冷却介质，将生成水合物时产生的反应热迅速移除，从而提高 NGH 的生成速率和储气量。

　　有关内容见本书第 5 章讲述的天然气水合物（NGH）工艺系统。

参考文献

　　[1] 严铭卿，宓亢琪，黎光华等. 天然气输配技术 [M]. 北京：化学工业出版社，2006.

　　[2] 严铭卿，宓亢琪，田贯三，黎光华等. 燃气工程设计手册 [M]. 北京：建筑工业出版社，2009.

　　[3] 郑津洋，马夏康，尹谢平. 长输管道安全 [M]. 北京：化学工业出版社，2004.

　　[4] 严铭卿，廉乐明等. 天然气输配工程 [M]. 北京：中国建筑工业出版社，2005.

　　[5] 姜正侯. 燃气工程技术手册 [M]. 上海：同济大学出版社，1993.

　　[6] 宓亢琪. 调压器阀前压力对阀后压力的影响 [J]，煤气与热力，1990 (5)：23-26.

　　[7] 宓亢琪. 燃气环状管线的经济压力降与经济管径 [J]. 煤气与热力，1991 (5)：41-45.

　　[8] 宓亢琪. 燃气枝状管线的经济压力降与经济管径 [J]. 武汉城市建设学院学报，1996 (2)：7-9.

　　[9] 徐彦峰. 燃气管网仿真、优化的研究与开发（工学硕士学位论文）[D]. 哈尔滨建筑大学，1999.

　　[10] 盛凯桥. 燃气管网气源置换适应性研究（硕士学位论文）[D]. 华中科技大学，2002.

　　[11] 荣庆兴. 汉口及深圳天然气转换研究（硕士学位论文）[D]. 华中科技大学，2005.

　　[12] 戴路. 燃气供应与安全管理 [M]. 北京：中国建筑工业出版社，2008.

　　[13] 严铭卿. 燃气输配管网结构分析中的结构因素 [J]. 煤气与热力，2007 (3)：13-17.

　　[14] 严铭卿. 燃气输配管网结构分析的指标与分析技术 [J]，煤气与热力，2007 (5)：9-11.

　　[15] 严铭卿等. 燃气输配工程分析 [M]. 北京：石油工业出版社，2007.

　　[16] 严铭卿. 燃气管网阀门规则配置 [J]. 煤气与热力，2010 (10)：B01-B07.

　　[17] 车立新. 城市复杂条件下燃气管线应力腐蚀敏感性研究（工学博士学位论文）[D]. 哈尔滨工业大学，2007.

　　[18] 田贯三，金志刚. 燃气管网运行工况分析 [J]. 煤气与热力，1991 (6)：34-37.

第7章　燃气管网水力计算与分析

7.1　管道中燃气流动基本方程

燃气管道包括主要用于长距离输送燃气的长输管道和主要用于为用气终端输送与分配燃气的城镇燃气输配管道。燃气管道中的流动一般是不定常的（经常被称为不稳定的），即管道中各点燃气压力和流量等参数是随时间不断发生变化的。

燃气管道不定常流动除了上游气田采气工况调节等原因外，主要是下游用气工况的不均匀性。这在城镇燃气输配管道中尤为显著。由于季节变化、居民生活习惯、企业工作班次、商业营运时间安排等因素的影响，各类燃气用户的用气量随月、日、时而变化。受此影响，作为向城市输送燃气的长输管道中的压力和流量也随时间而变化。长输管道末段储气能力就是起因于用气工况的不均匀性导致的长输管道中流动的不定常性。

系统中燃气流动的动力，来源于上游气田压力以及长输管道加压站压缩机的输出压力。燃气经下游门站进入城镇输配管网。

7.1.1　管道内的流动状态

管道内燃气的流动按雷诺数大小分为层流、过渡流和紊流三类流动状态。

雷诺数是一个无因次参数，根据其数值大小可以用来区分管道流动的状态。雷诺数定义如下：

$$\mathrm{Re} = \frac{Dw}{\nu} \qquad (7-1-1)$$

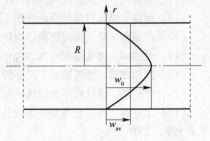

图7-1-1　管道截面层流速度分布

式中　Re——雷诺数；

　　　　D——管径，m；

　　　　w——气流速度，m/s；

　　　　ν——运动黏度，m²/s。

当雷诺数小于2100时，管道内的流动呈层流状态，其速度分布见图7-1-1，呈抛物线形，管道壁面上的燃气流速为零，最大燃气流速位于管道轴心上。此时管道流动阻力取决于速度梯度和燃气的黏度，即与雷诺数有关。对于定常的流动，当呈层流状态，最大流速值可计算如下：

$$w_0 = \frac{\Delta p}{4L\mu} R_0^2 \qquad (7-1-2)$$

式中　w_0——管道轴心流速，m/s；

　　　Δp——沿管段长度 L 的压力降，Pa；

R_0——管道半径，m；

L——管段长度，m；

μ——燃气动力黏度，Pa·s。

其推导过程如下：

根据牛顿黏性定律，图7-1-1管道中距轴心r处的切应力为

$$\tau_f = -\mu \frac{\mathrm{d}w}{\mathrm{d}r} \tag{7-1-3}$$

对于层流，管道内截面上的速度分布呈抛物线形，则有：

$$w = w_0 \left(1 - \frac{r^2}{R_0^2}\right) \tag{7-1-4}$$

所以：

$$\tau_f = -\mu \frac{\mathrm{d}w}{\mathrm{d}r} = 2\mu w_0 \frac{r}{R_0^2} \tag{7-1-5}$$

则沿管壁的切应力为

$$\tau_R = 2\mu w_0 \frac{1}{R_0} \tag{7-1-6}$$

因为对于长度为L的管段，有关系式：

$$\tau_R \cdot 2\pi R_0 \cdot L = \Delta p \cdot \pi R_0^2 \tag{7-1-7}$$

即：

$$2\mu w_0 \frac{1}{R_0} \cdot 2\pi R_0 \cdot L = \Delta p \cdot \pi R_0^2$$

所以有式（7-1-2）：

$$w_0 = \frac{\Delta p}{4L\mu} R_0^2$$

进一步可以推得管道流量和截面平均流速分别为

$$q = \frac{\pi \Delta p}{8L\mu} R_0^4 \tag{7-1-8}$$

和：

$$w_{av} = \frac{\Delta p}{8L\mu} R_0^2 = \frac{1}{2} w_0 \tag{7-1-9}$$

上面诸式中　τ_f——切应力，Pa；

r——管道半径，m；

τ_R——管壁切应力，Pa；

w_{av}——管道截面平均流速，m/s；

q——管道流量，m^3/s。

随着管道内流速的增加，管道流态逐渐由层流态转变为过渡流态，并最终达到紊流态。当达到紊流态时，管道内截面上的速度分布见图7-1-2，除了靠近管壁的流速很小外，截面上其他地方的流速非常均匀，且接近轴心速度值。

当管道内流动处于紊流态时，管道流动阻力随着雷诺数增大由起初与管壁粗糙度和雷诺数有关，变为仅与管径和管壁粗糙度有关。

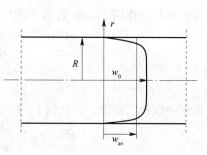

图7-1-2　管道截面紊流速度分布

7.1.2　流动基本方程

对于燃气管道来说，由于长径比大，在进行管道内压力、流速等参数分析计算时，除了针对超高压大口径长输管道某些问题外，一般可按一维处理，即认为管道截面上压力、流速等参数分布均匀。在实际燃气管道流动基本是处于紊流态时，这一简化就更加合理。

另外，由于燃气管道一般埋于地下（冰冻线以下），管道沿线温度变化比较小，在计算分析中一般也不考虑管道内燃气温度变化。因此考虑沿管道随时间变化燃气流动的三种参数：压力 $p\,(x,\,t)$，密度 $\rho\,(x,\,t)$，速度 $w\,(x,\,t)$。对给定的管道建立关于燃气流动三种参数的燃气管道分析模型由运动方程、连续性方程和状态方程组成。

现在对图 7-1-3 所示管段推导运动方程和连续性方程。

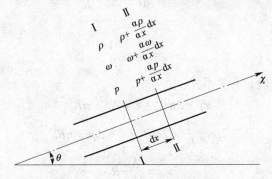

图 7-1-3　管段中的燃气流动

运动方程：

考虑在 dt 时间段 dx 管段的运动。管段受到作用在两端面的压力，重力在管段轴向的分力以及管内壁面粗糙度等因素引起的对流动的摩擦阻力：

$$pA - \left(p + \frac{\partial p}{\partial x}dx\right)A - (\rho - \rho_a)gAdx\,\sin\theta - \Delta p_f A = \left[-\frac{\partial p}{\partial x} - (\rho - \rho_a)g\,\sin\theta - \frac{\lambda w^2}{2D}\rho\right]Adx$$

$$(7-1-10)$$

其中，管内壁面对流动的摩擦阻力，由半经验公式：

$$\Delta p_f = \lambda\left(\frac{1}{2}w^2\frac{\rho dx}{D}\right) \qquad (7-1-11)$$

在上述各力作用下，dx 管段中燃气运动（动量）发生变化：

$$\frac{d(\rho Adxw)}{dt} = \frac{d(\rho w)}{dt}Adx = \frac{\partial(\rho w)}{\partial x}\frac{dx}{dt}Adx + \frac{\partial(\rho w)}{\partial t}\frac{dt}{dt}Adx$$

$$= \left[\frac{\partial(\rho w)}{\partial x}w + \frac{\partial(\rho w)}{\partial t}\right]Adx = \left[\rho\frac{\partial(w^2/2)}{\partial x} + \frac{\partial(\rho w)}{\partial t}\right]Adx$$

根据牛顿第二定律，由式（7-1-10）得到运动方程：

$$\frac{\partial(\rho w)}{\partial t} + \rho\frac{\partial(w^2/2)}{\partial x} + \frac{\partial p}{\partial x} + (\rho - \rho_a)g\sin\theta + \frac{\lambda w^2}{2D}\rho = 0 \qquad (7-1-12)$$

对高中压管道燃气流动，由于 $\rho \gg \rho_a$，所以取 $(\rho - \rho_a) \approx \rho$，方程（7-1-12）为：

$$\frac{\partial(\rho w)}{\partial t} + \rho\frac{\partial(w^2/2)}{\partial x} + \frac{\partial p}{\partial x} + \rho g\sin\theta + \frac{\lambda w^2}{2D}\rho = 0 \qquad (7-1-13)$$

连续性方程:

对微管段 dx,在 dt 时段内,在 Ⅰ,Ⅱ 截面之间,流入与流出质量之差等于微管段 dx 中质量的增量:

$$\rho w A dt - \left[\left(w + \frac{\partial w}{\partial x} dx \right) \left(\rho + \frac{\partial \rho}{\partial x} dx \right) A dt \right] = \left(\rho + \frac{\partial \rho}{\partial t} dt \right) A dx - \rho A dx$$

忽略二阶微量,有:

$$\frac{\partial \rho}{\partial t} + \frac{\partial (\rho w)}{\partial x} = 0 \tag{7-1-14}$$

状态方程:

$$p = Z \rho R T \tag{7-1-15}$$

上面诸式中 w——燃气速度,m/s;

$\quad\quad\quad\rho$——燃气密度,kg/m^3;

$\quad\quad\quad\rho_a$——空气密度,kg/m^3;

$\quad\quad\quad p$——燃气压力,Pa;

$\quad\quad\quad t$——时间,s;

$\quad\quad\quad x$——管道轴向坐标,m;

$\quad\quad\quad g$——重力加速度,m/s^2;

$\quad\quad\quad \theta$——管道与水平面夹角,°;

$\quad\quad\quad \lambda$——管道摩阻系数;

$\quad\quad\quad D$——管道直径,m;

$\quad\quad\quad Z$——压缩因子;

$\quad\quad\quad T$——燃气温度,K;

$\quad\quad\quad R$——气体常数,J/(kg·K)。

$\quad\quad\quad A$——燃气管道流动截面积,m^2。

利用上述方程组可以计算管道中任何位置、任何时间的燃气压力、速度等参数。但是该方程组是属于非线性偏微分方程组,求解很困难。为此需要加以合理简化。

对于工程分析要求,可以忽略一些对计算结果影响不大的因素。如式(7-1-13)中等号左边第二项(对流项),只有在燃气流速接近声速时,该项才有意义,因此可以忽略该项。这样由方程(7-1-12)有:

$$\frac{\partial (\rho w)}{\partial t} + \frac{\partial p}{\partial x} + (\rho - \rho_a) g \sin\theta + \frac{\lambda}{D} \frac{w^2}{2} \rho = 0 \tag{7-1-16}$$

由方程(7-1-13)有:

$$\frac{\partial (\rho w)}{\partial t} + \frac{\partial p}{\partial x} + g\rho \sin\theta + \frac{\lambda}{D} \frac{w^2}{2} \rho = 0 \tag{7-1-17}$$

在燃气的某一状态与标准状态之间有:

$$\rho w = \rho_0 w_0 = \rho_0 \frac{q_0}{A} \tag{7-1-18}$$

式中 下标0——指标准状态。

$\quad\quad\quad (p = 101.325\text{kPa},\ T = 0 + 273.15 = 273.15\text{K});$

求解由式(7-1-14)、式(7-1-15)和式(7-1-17)组成的方程组就相对简单。关于该方程组的求解见7.3节。

7.1.3　流动摩阻系数

在7.1.2所推导得出的各燃气流动方程，都是用来计算管道内燃气的流动阻力。方程中都有一个无因次系数——摩阻系数 λ，该系数又称为沿程阻力系数，用该系数计算的流动阻力中不包括局部阻力。对于燃气管道的局部阻力，可以通过在实际管道长度的基础上附加当量长度等方法处理。

在推导燃气流动方程时，都假设摩阻系数为常数。实际上该系数除了与燃气性质、管道材质（管壁粗糙度）等因素有关外，还与燃气流动状态等有关。

目前所采用的摩阻系数都是通过大量实验工作和长期经验积累得到的一些经验或半经验公式。

摩阻系数计算公式繁多。在燃气管道工程应用中，低压燃气管道流动有层流态、过渡流态和紊流态之分，而对于高中压燃气管道流动一般均处于紊流态。

前已述及，层流态和过渡流态时，摩阻系数一般只与雷诺数有关，与管材无关。紊流态时与管材有关。

当燃气管道流动处于层流态和过渡流态时，可以分别采用下列公式计算：

层流态（$Re < 2100$）

$$\lambda = \frac{64}{Re} \qquad\qquad (7-1-19)$$

过渡流态（$2100 < Re < 3500$）[*]：

$$\lambda = 0.03 + \frac{Re - 2100}{65Re - 10^5} \qquad\qquad (7-1-20)$$

当燃气管道流动处于紊流态（$Re > 3500$）时，可以根据管材的不同采用下列计算公式：

（1）钢管或聚乙烯管，阿里特苏里（А. Д. Альтшуль）公式：

$$\lambda = 0.11\left(\frac{\Delta}{d} + \frac{68}{Re}\right)^{0.25} \qquad\qquad (7-1-21)$$

（2）铸铁管，谢维列夫（Ф. А. Шевелев）公式：

$$\lambda = 0.102\left(\frac{1}{d} + \frac{6570.7}{Re}\right)^{0.284} \qquad\qquad (7-1-22)$$

在 GB 50028《城镇燃气设计规范》和 GB 50251《输气管道工程设计规范》中，燃气管道流动摩阻系数的计算均采用柯列勃鲁克（F. Colebrook）公式：

$$\frac{1}{\sqrt{\lambda}} = -2\lg\left(\frac{\Delta}{3.7d} + \frac{2.51}{Re\sqrt{\lambda}}\right) \qquad\qquad (7-1-23)$$

在 CJJ63《聚乙烯燃气管道工程设计规范》中，聚乙烯管道流动摩阻系数的计算按流动状态分别采用式（7-1-19）~式（7-1-21）。

式（7-1-19）~式（7-1-23）中

　　λ——摩阻系数；

　　Re——雷诺数；

---

[*] 燃气设计规范编制组公式。

d——管道内径，mm；

Δ——管内壁表面当量绝对粗糙度，钢管一般取 $0.02 \sim 0.03$mm，聚乙烯管一般取 0.01mm；

ν——燃气运动黏度，m^2/s。

关于管内壁粗糙度，对新钢管美国一般取当量粗糙度 $\Delta = 0.02$mm，原苏联平均取 0.03mm，我国通常取 $0.02 \sim 0.03$mm。美国气体协会测定的输气管在各种状况下的绝对粗糙度，其平均值如表 7-1-1。

表 7-1-1

输气管绝对粗糙度，平均值

表面状态	新钢管	室外暴露 6 个月	室外暴露 12 个月	清管器清扫	喷砂处理过的钢管	内壁涂层
绝对粗糙度（mm）	0.013	$0.025 \sim 0.032$	0.033	0.019	0.006	0.006

为了比较各计算公式，设管径为 $d = 500$mm，管壁粗糙度为 $\Delta = 0.1$mm 时，各公式计算的摩阻系数随雷诺变化的结果示于图 7-1-4 中。

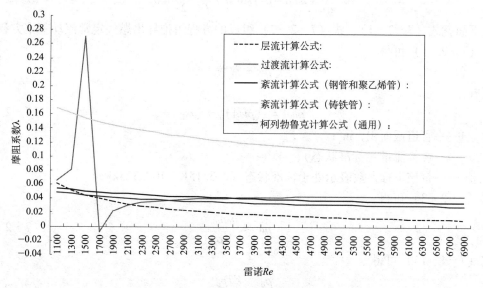

图 7-1-4 摩阻系数与雷诺数的关系

只分别考虑各公式所适用的流态范围，从图中可以看出：

（1）用于燃气钢管（及聚乙烯管）紊流态时的阿里特苏里公式（7-1-21）与柯列勃鲁克公式（7-1-23）的计算结果非常相近；

（2）用于燃气钢管（及聚乙烯管）紊流态时的阿里特苏里公式（7-1-21）与柯列勃鲁克公式（7-1-23）在紊流态（$Re > 3500$）时，计算结果几乎不随 Re 变化而变化，这即是摩阻系数的阻力平方区；

（3）在层流态（$Re < 2100$）时用摩阻系数计算公式（7-1-19）和在过渡态（$2100 \leqslant Re < 3500$）时用摩阻系数计算公式（7-1-20），不应该用通用公式计算，尽管在 $2100 \leqslant Re < 3500$ 时采用柯列勃鲁克公式（7-1-23）与公式（7-1-20）的计算结果比较接近；

（4）铸铁管紊流态摩阻系数计算公式（7-1-22）的计算结果与对应 Re 下，用于燃气钢管（聚乙烯管）紊流态时阿里特苏利公式（7-1-21）或柯列勃鲁克公式（7-1-23）的计算结果相差比较大，这表明后两公式不应用于铸铁管。

7.2　燃气管道定常流动

7.2.1　定常流动方程

在实际燃气管道工程设计中，一般是以要求的管道最大通过能力为依据的，也就是说管径设计是以燃气小时最大流量为依据的。因此，设计时可以按定常流动进行计算，不考虑随时间的变化。

这样式（7-1-14）和式（7-1-16）分别简化为

$$\frac{\mathrm{d}(\rho w)}{\mathrm{d}x} = 0 \tag{7-2-1}$$

$$\frac{\mathrm{d}p}{\mathrm{d}x} + g(\rho - \rho_a)\sin\theta + \frac{\lambda}{D}\frac{\rho w^2}{2} = 0 \tag{7-2-2}$$

下面就式（7-2-1）、式（7-2-2）组成的方程组推导出燃气定常流动基本方程。由式（7-2-1）可得

$$\rho w = 常数$$

因此有：

$$\rho w A = (\rho w A)_0 = \rho_0 q_0 \tag{7-2-3}$$

式中　A——管道截面积，m^2；

　　　q_0——燃气流量（标准状态），m^3/s；

　下标 0——带该下标参数表示处于标准状态（273.15K，101.325kPa）。

由式（7-2-3）可得

$$\rho w^2 = \frac{q_0^2 \rho_0^2}{A^2 \rho} \tag{7-2-4}$$

由式（7-1-15）可得

$$\frac{\rho_0}{\rho} = \frac{ZTp_0}{Z_0 T_0 p} \tag{7-2-5}$$

将式（7-2-5）代入式（7-2-4），并考虑到 $A = \frac{\pi}{4}D^2$，则式（7-2-4）可改写为

$$\rho w^2 = \frac{16 q_0^2 \rho_0}{\pi^2 D^4} \frac{ZTp_0}{Z_0 T_0 p} \tag{7-2-6}$$

将式（7-2-6）代入式（7-2-2），则有

$$-p\mathrm{d}p = g(\rho - \rho_a) p\sin\theta\mathrm{d}x + 8\lambda \frac{q_0^2 \rho_0}{\pi^2 D^5} \frac{ZTp_0}{Z_0 T_0}\mathrm{d}x \tag{7-2-7}$$

上式等号右边第一项中的 $\sin\theta\mathrm{d}x$ 表示管道长度为 $\mathrm{d}x$ 时的标高差，对于城市埋地管道，一般来说标高差不大。因此，相对于其他两项的数值。可以忽略该项。

但是，对于城市高层建筑中的燃气管道，由于标高差大，当燃气与空气存在密度差，

且管道燃气为低压时，上式右边的第二项就不能忽略。因此，我们分两种情况分别推演式（7-2-7）。

（1）高中压

高中压，不考虑标高差时，式（7-2-7）可以改写为

$$-p\mathrm{d}p = 8\lambda \frac{q_0^2 \rho_0}{\pi^2 D^5} \frac{ZT p_0}{Z_0 T_0} \mathrm{d}x \tag{7-2-8}$$

如果考虑所计算管段内的 λ、Z、Z_0、T 均为常数，且管道两端的边界条件为

$$x = 0, \ p = p_1$$
$$x = L, \ p = p_2$$

则对式（7-2-8）积分，可得高中压燃气定常流动基本方程：

$$p_1^2 - p_2^2 = 1.62\lambda \rho_0 p_0 \frac{q_0^2}{D^5} \frac{ZT}{Z_0 T_0} l \tag{7-2-9}$$

式中 l——管道长度，m；

D——管道内径，m；

p_1——管段始端压力，Pa；

p_2——管段末端压力，Pa；

q_0——燃气计算流量（标准状态），$\mathrm{m^3/s}$；

p_0——标准大气压，101325 Pa；

T_0——标准状态绝对温度，273.15K；

Z_0——标准状态下压缩因子。

若采用工程的常用单位，则：

$$p_1^2 - p_2^2 = 1.27 \times 10^{10} \lambda \frac{q_h^2}{d^5} \rho_0 \frac{T}{T_0} ZL \tag{7-2-10}$$

式中 p_1——管道起点燃气的绝对压力，kPa；

p_2——管道终点燃气的绝对压力，kPa；

q_h——燃气的小时体积流量（标准状态），$\mathrm{m^3/h}$；

d——管道内径，mm；

L——燃气管道的计算长度，km；

ρ_0——燃气的密度，$\mathrm{kg/m^3}$。

（2）低压

当低压燃气管道进入高层建筑时，不能忽略式（7-2-7）中等号右边的第一项。考虑到是低压燃气，该项中的压力 p 可近似取所计算管段始末端压力的平均值，即 $p \approx \frac{(p_1 + p_2)}{2}$；同时，考虑到燃气一般为常温，则该项中的 $(\rho - \rho_a)$ 可近似取为标准状态值 $(\rho - \rho_a)_0$，且 $Z \approx Z_0$。另外，设 $\sin\theta \mathrm{d}x = \mathrm{d}H$，则式（7-2-7）可改写为

$$-p\mathrm{d}p = 8\lambda \frac{q_0^2 \rho_0}{\pi^2 D^5} \frac{T p_0}{T_0} \mathrm{d}x + g (\rho - \rho_a)_0 \frac{p_1 + p_2}{2} \mathrm{d}H \tag{7-2-11}$$

对式（7-2-11）积分，可得低压燃气定常流动基本方程：

$$p_1^2 - p_2^2 = 1.62\lambda \frac{q_0^2 \rho_0}{D^5} \frac{Tp_0}{T_0} l + 2g(\rho - \rho_a)_0 (H_2 - H_1) \frac{p_1 + p_2}{2} \qquad (7-2-12)$$

式中 H——管道标高，m；

H_1——计算管道起始处标高，m；

H_2——计算管道末端处标高，m。

因为 $\qquad p_1^2 - p_2^2 = (p_1 - p_2)(p_1 + p_2) = 2(p_1 - p_2) \cdot \frac{(p_1 + p_2)}{2} \approx 2(p_1 - p_2)p_0$

则式（7-2-12）可简化为

$$p_1 - p_2 = 0.81\lambda \frac{q_0^2 \rho_0}{D^5} \frac{T}{T_0} l + g(\rho - \rho_a)_0 (H_2 - H_1) \qquad (7-2-13)$$

其中管段附加压头：

$$\Delta p_{ad} = g(\rho - \rho_a)_0 (H_2 - H_1) \qquad (7-2-14)$$

考虑高程差，低压燃气定常流动基本方程：

$$p_1 - p_2 = 0.81\lambda \frac{q_0^2 \rho_0}{D^5} \frac{T}{T_0} l + \Delta p_{ad} \qquad (7-2-15)$$

不考虑高程差，低压燃气定常流动基本方程：

$$p_1 - p_2 = 0.81\lambda \frac{q_0^2 \rho_0}{D^5} \frac{T}{T_0} l \qquad (7-2-16)$$

若采用工程的常用单位，（7-2-16）式写为

$$\Delta p = 6.26 \times 10^7 \lambda \frac{q_h^2}{d^5} \rho_0 \frac{T}{T_0} l \qquad (7-2-17)$$

$$\Delta p = p_1 - p_2$$

式中 Δp——管道的摩擦阻力损失，Pa；

d——管道直径，mm；

l——燃气管道的计算长度，m。

（3）BWRSH方程的应用

在计算燃气管网时，若燃气管道中的压力不超过0.8MPa，可以将压缩因子Z取0.98到1，分别用于高、中压和低压燃气管道水力计算公式，基本能满足精度要求。对高压管网，进行管网水力计算，必须考虑管道中燃气的可压缩性。根据分析结果，BWRSH状态方程在计算含甲烷80%以上天然气的热力性质时误差小，精度很高。

将BWRSH方程表达成含压缩因子Z的形式，并应用于燃气管道水力计算公式。

$$Z = 1 + \frac{\left(B_0 RT - A_0 - \frac{C_0}{T^2} + \frac{D_0}{T^3} - \frac{E_0}{T^4}\right)\rho + \left(bRT - a - \frac{d}{T}\right)\rho^2 + \alpha\left(a + \frac{d}{T}\right)\rho^5 + \frac{c\rho^2}{T^2}(1 + \gamma\rho^2)\exp(-\gamma\rho^2)}{RT}$$

$$(7-2-18)$$

设 λ、T 均为常数，式中的BWRSH方程参数见第2章2.9.3.3。Z按式（7-2-18）采用迭代法计算。

7.2.2 输气管道定常流动水力计算

7.2.2.1 水力计算公式

输气工艺的首要问题是输送压力的确定，而输气压力关系到管道的输送能力和管径的选择。水力计算的目的就是研究一定的输气管道的流量与压力之间的关系，并确定管径。输气管道可以看作是不同坡度的直管段连接而成。每一直管段的末端与始端就是线路上地形起伏较大的特征点。

现在推导输气管道定常流动计算公式，记

$$g \ (\rho - \rho_a) \ \sin \theta = g\rho \ \frac{\Delta H}{L}$$

由式（7-2-2）及 $(\rho - \rho_a) \approx \rho$：

$$\frac{\mathrm{d}p}{\mathrm{d}x} + g\rho \ \frac{\Delta H}{L} + \frac{\lambda}{D} \ \frac{\rho w^2}{2} = 0 \qquad (7-2-19)$$

由状态方程（7-1-15）及 $q = \frac{\pi}{4}D^2 w$，代入式（7-2-19），得到

$$-2pdp = \left(q_m^2 b + a \ \frac{\Delta H}{L} p^2 \right) \mathrm{d}x \qquad (7-2-20)$$

$$a = \frac{2g}{ZRT}, \quad b = \lambda \ \frac{16ZRT}{\pi^2 D^5}$$

$$q_m = pq, \quad \Delta H = H_i - H_{i-1}$$

式中 　ΔH——管段末端与始端的高差，对第 i 管段，始端号为 $i-1$，末端号为 i；

　　　　L——管段长度。

式（7-2-20）为可分离变量方程，积分得

$$p_{i-1}^2 - p_i^2 e^{a\Delta H_i} = q_m^2 b L_i \ \frac{e^{a\Delta H_i} - 1}{a\Delta H_i} \qquad (7-2-21)$$

长输管道起点为 s，终点为 d，对各段，式（7-2-21）为：

$$\begin{cases} p_s^2 - p_1^2 e^{a\Delta H_1} = q_m^2 b L_1 \ \dfrac{e^{a\Delta H_1} - 1}{a\Delta H_1} \\[2mm] p_1^2 - p_2^2 e^{a\Delta H_2} = q_m^2 b L_2 \ \dfrac{e^{a\Delta H_2} - 1}{a\Delta H_2} \\[2mm] p_2^2 - p_3^2 e^{a\Delta H_3} = q_m^2 b L_3 \ \dfrac{e^{a\Delta H_3} - 1}{a\Delta H_3} \\[2mm] \qquad\qquad \cdots \\[2mm] p_{i-1}^2 - p_i^2 e^{a\Delta H_i} = q_m^2 b L_i \ \dfrac{e^{a\Delta H_i} - 1}{a\Delta H_i} \\[2mm] \qquad\qquad \cdots \\[2mm] p_{d-1}^2 - p_d^2 e^{a\Delta H_d} = q_m^2 b L_d \ \dfrac{e^{a\Delta H_d} - 1}{a\Delta H_d} \end{cases} \qquad (7-2-22)$$

式（7-2-22）中从第二式开始，各式分别乘以 $e^{a\Delta H_1}$，$e^{a(\Delta H_1 + \Delta H_2)}$，$e^{a(\Delta H_1 + \Delta H_2 + \Delta H_3)}$ 等等，设 $H_s = 0$。所以

$$\Delta H_1 = H_1, \ \Delta H_1 + \Delta H_2 = H_1 - H_s + H_2 - H_1 = H_2$$

即 $\sum_{k=1}^{i} \Delta H_k = H_i$。$H_i$ 为相对标高。将式（7-2-22）中各式相加，得到

$$p_s^2 - p_d^2 e^{aH_d} = q_m^2 b \Big[\frac{e^{aH_1} - 1}{aH_1} L_1 + \frac{e^{aH_2} - e^{aH_1}}{a(H_2 - H_1)} L_2 + \cdots + \frac{e^{aH_i} - e^{aH_{i-1}}}{a(H_i - H_{i-1})} L_i + \cdots + \frac{e^{aH_d} - e^{aH_{d-1}}}{a(H_d - H_{d-1})} L_d \Big]$$

$$(7-2-23)$$

指数函数按级数展开，略去 3 阶以上各项：

$$e^{aH_i} = 1 + aH_i + \frac{(aH_i)^2}{2}$$

$$q = \frac{q_m}{\rho_0}$$

$$\frac{R}{R_a} = \frac{\rho_a}{\rho} = \frac{1}{\Delta_*}$$

式中　R_a，ρ_a——空气气体常数，密度；

　　　Δ_*——燃气相对密度。

由式（7-2-23），$L = \sum_{i=1}^{n} L_i$，（n 为管段数），将 b 表达式代入，得

$$q = C_0 \sqrt{\frac{[p_s^2 - p_d^2(1 + aH_d)]D^5}{\lambda Z \Delta_* TL \left[1 + \dfrac{a}{2L} \sum_{i=1}^{n} (H_i + H_{i-1})L_i\right]}}$$

$$(7-2-24)$$

$$C_0 = \frac{\pi}{4} \frac{T_0}{p_0} \sqrt{R_a}$$

由上式可见，输气管起点和终点高差对输送能力的影响。终点比起点位置越高，则输气能力越低。同时，输气管还存在沿线地形起伏对输送能力的影响。这是由于输气管起点的气体密度大于终点的气体密度，整条管道的气体密度逐渐降低造成的。

当地形起伏高差小于 200 米时，克服高差所消耗的压降在总压降中占的比重很小，可以认为是水平输气管，式（7-2-24）简化为

$$q = C_0 \sqrt{\frac{(p_s^2 - p_d^2)D^5}{\lambda Z \Delta_* TL}}$$

$$(7-2-25)$$

式中　q——输气管在基准状态下的体积流量；

　　　p_s——输气管计算段的起点压力；

　　　p_d——输气管计算段的终点压力；

　　　D——管道内径；

　　　λ——水力摩阻系数；

　　　Z——天然气在管输条件（平均压力和平均温度）下的压缩因子；

　　　Δ_*——天然气的相对密度；

　　　T——输气温度，$T = 273 + t_{av}$，t_{av} 为输气管的平均温度；

　　　L——输气管计算段的长度；

　　　C_0——常系数。

上述公式中常系数 C_0 的数值随各参数所用的单位而定，见表 7-2-1。

C_0 值					表 7-2-1
参数的单位				单位的系统	系数
压力 p	长度 L	管径 D	流量 q		C_0
Pa	m	m	m^3/s	法定计量单位	0.03848
kgf/m^2	m	m	m^3/s	kg·m·s	0.377
kgf/cm^2	km	cm	m^3/d	混合	103.10
kgf/cm^2	km	mm	Mm^3/d	混合	0.326×10^{-6}
$10^5 Pa$	km	mm	Mm^3/d	我国法定单位	0.332×10^{-6}

利用输气管道定常流动计算公式（7-2-25）可以进行长输管道压力分布，复杂管道流动的简化替代计算等实用分析。

7.2.2.2 常用的输气管道定常流动计算公式

常用的输气管道定常流动计算公式是在上述两个输气管的流量基本公式中代入摩擦阻力系数计算公式形成的。

干线输气管的雷诺数高达 $10^6 \sim 10^7$，几乎都在阻力平方区。常用的摩阻系数计算公式及相应的输气管道流量计算公式有

（1）威莫斯（Weymouth）公式

$$\lambda = \frac{0.009407}{\sqrt[3]{D}} \qquad (7-2-26)$$

$$q = C_w D^{8/3} \left(\frac{p_s^2 - p_d^2}{Z\Delta_* TL} \right)^{0.5} \qquad (7-2-27)$$

或

$$q = C_w D^{8/3} \left\{ \frac{p_s^2 - p_d^2 (1 + aH_d)}{Z\Delta_* TL \left[1 + \frac{a}{2L} \sum_{l=1}^{n} (H_i + H_{i-1}) L_i \right]} \right\}^{0.5} \qquad (7-2-28)$$

（2）潘汉德尔（Panhandle）公式

A 式 $\qquad\qquad \lambda = 0.0847\, Re^{-0.1461} \qquad (7-2-29)$

B 式 $\qquad\qquad \lambda = 0.0147\, Re^{-0.0392} \qquad (7-2-30)$

按潘汉德尔 B 式

$$q = C_p E D^{2.53} \left(\frac{p_s^2 - p_d^2}{Z\Delta_*^{0.961} TL} \right)^{0.51} \qquad (7-2-31)$$

或

$$q = C_p E D^{2.53} \left\{ \frac{p_s^2 - p_d^2 (1 + aH_d)}{Z\Delta_*^{0.961} TL \left[1 + \frac{a}{2L} \sum_{l=1}^{n} (H_i + H_{i-1}) L_i \right]} \right\}^{0.51} \qquad (7-2-32)$$

（3）前苏联近期公式

$$\lambda = 0.009588 D^{-0.2} \qquad (7-2-33)$$

$$q = C_s \alpha \varphi E D^{2.6} \left(\frac{p_s^2 - p_d^2}{Z \Delta_* TL} \right)^{0.5} \qquad (7 - 2 - 34)$$

或：

$$q = C_s \alpha \varphi E D^{2.6} \left\{ \frac{p_s^2 - p_d^2 (1 + aH_d)}{Z \Delta_* TL \left[1 + \frac{a}{2L} \sum_{i=1}^{z} (H_i + H_{i-1}) L_i \right]} \right\}^{0.5} \qquad (7 - 2 - 35)$$

以上各式中　λ ——水力摩阻系数；

　　　　　D ——管内径，m；

　　　　　q ——输气管在基准状态下的体积流量，m^3/s；

　　　　　Δ_* ——气体的相对密度。

以上各式中 C_w，C_p，C_s 的值，随公式中各参数的单位不同而异，如表 7 - 2 - 2 所示。

系数 C_w，C_p，C_s 的值　　　　　　　　　　　表 7 - 2 - 2

参数的单位				单位的系统	系数		
压力 p	长度 L	管径 D	流量 q		C_w	C_p	C_s
Pa	m	m	m^3/s	法定计量单位	0.3967	0.39314	0.3930
kgf/m^2	m	m	m^3/s	kgf·m·s	3.89	4.0355	3.854
kgf/cm^2	km	cm	m^3/d	混合	493.41	1077.48	664.36
kgf/cm^2	km	mm	Mm^3/d	混合	$1.063 \cdot 10^{-6}$	$3.18 \cdot 10^{-6}$	$1.669 \cdot 10^{-6}$
$10^5 Pa$	km	mm	Mm^3/d	法定计量单位	$1.084 \cdot 10^{-6}$	$3.244 \cdot 10^{-6}$	$1.702 \cdot 10^{-6}$

式中 α 为流态修正系数，当流态处于阻力平方区时，$\alpha = 1$，如偏离阻力平方区，α 可依下式计算：

$$\alpha = \left(1 + 2.92 \frac{D^2}{q} \right)^{-0.1} \qquad (7 - 2 - 36)$$

式中　D ——管内径，m；

　　　q ——输气量，Mm^3/d。

　　　φ ——管道接口的垫环修正系数，无垫环，$\varphi = 1$；垫环间距 12m，$\varphi = 0.975$；垫环间距 6m，$\varphi = 0.95$；

　　　E ——输气管输气效率系数。E 表示输气管输气能力的变化。

$$E = \frac{q_r}{q_t} = \sqrt{\frac{\lambda_t}{\lambda_r}} \qquad (7 - 2 - 37)$$

式中　q_r ——输气管实际输气能力；

　　　q_t ——由摩阻系数计算所得的理论输气能力；

　　　λ_r ——根据实际输气能力确认的摩阻系数；

　　　λ_t ——根据理论公式计算所得的摩阻系数。

输气管的输气能力和水力摩阻系数是随管道使用时间而变化的。如果是不含硫化氢的干气，气中的固体颗粒对管壁的磨光作用，使投产后的输气管的粗糙度和水力摩阻系数逐渐减小，输气能力增大。相反，气体中含有水汽，特别是有硫化氢存在，将引起管壁内腐蚀，使水力摩阻系数逐步增大。当凝析的液体积聚于管道低点，或出现水合物时，水力阻力急剧增大。因此对每一条管道定期地确定它的 E 值，就可以判断它的污染程度，当 E 值较小时，必须采取措施，如清扫管道等，恢复管道的输气能力。

设计时在计算公式中加入 E 值，是为了保证输气管投产一段时间后，仍然达到设计能力，美国一般取 $E=0.9\sim0.95$。E 与管径大小有关，无内壁涂层的输气管可由下表 7-2-3 查得。

<table>
<tr><td colspan="3">输气效率表</td><td>表 7-2-3</td></tr>
<tr><td>管径（mm）</td><td>300~800</td><td colspan="2">800~1200</td></tr>
<tr><td>E</td><td>0.8~0.9</td><td colspan="2">0.9~0.94</td></tr>
</table>

威莫斯公式是在长距离管道输气发展初期，从生产实践中归纳出来的。该式中的 λ 为 D 的函数，在阻力平方区是合理的。对于管径较小、输气量不很大、而净化较差的矿场集气管或干线有足够的准确性，但用于干线输气管的计算时，往往比实际输气量小 10% 左右。

潘汉德尔公式认为 λ 是雷诺数的函数，有 A、B 两式。实践证明，潘汉德尔 A 式主要适用于雷诺数不太大的光滑区，管径在 610mm 以下。B 式在目前美国应用最广，用于雷诺数大的阻力平方区[*]，管径大于 610mm。

7.2.3 城镇燃气管网定常流动水力计算

管网水力计算（分析）是燃气管网的核心技术内容。在管网设计计算中，需要在已有管网布局条件下，确定管径，即管径配置；然后计算管网的流量与压力分配状况。这是一个需返复进行的过程。根据所得的流量和压力初步结果，调整管径配置，重新进行水力计算。直到获得合理的管网设计。

此外，对于已建成的燃气管网，往往需要进行与管网水力计算有关的其他计算或分析工作，如事故工况分析，天然气转换工况核算以及管网运行工况控制等。

水力计算一般应用计算公式或计算图进行，也可编制计算机程序，由计算机完成；水力计算有环方程法与节点法等，对较大型管网或对管网进行工况分析、技术经济分析等只能用计算机完成。

7.2.3.1 城镇燃气管网水力计算的压力、流量参数

1. 分配管道的计算流量

分配管道是燃气输配系统的干管，一般在城区中心构成环网，在城区边缘可由枝状管道供气。在分配管道上接出多根支管延伸入街坊内供气，故称为分配管道，街坊内的支管称为街坊管。

对分配管道的管段，经连接支管流出的流量称为途泄流量，而流入下一分配管段的流量称为转输流量。分配管道上有多根支管连接时，在工程计算上可认为途泄流量是在管段长度上均匀流出。

在城市或区域的分配管道布线完成的基础上，可计算分配管道计算流量与调压装置出

---

[*] 式 B 是不符合阻力平方区管道摩阻系数的规律的——本书作者注。

口流量，其步骤如下：

（1）分配供气小区最大小时用气量：把城市或区域的最大小时用气量分配至被环网或枝状管网划分的供气小区，此时可按实际用户分布或用户密度与地域面积等情况分配。大型用户按其位置作集中流量处理。

（2）计算供气小区单位管道长度（单位管长）途泄流量：小区的最大小时用气量除以向该小区供气的环网管长或枝状管网管长即为该供气小区的单位管长途泄流量。

（3）计算管段途泄流量：供气小区单位管长途泄流量乘以供气的管段长即为该管段供应该小区的途泄流量。如某管段埋于两个供气小区之间的道路下，并向两侧两个小区多根街坊支管供气，则该管段的途泄流量应为两个小区单位管长途泄流量之和乘以管段长。

（4）初步确定分配管道燃气的流向：按燃气由调压装置开始流向远端的方向，初步确定分配管道燃气流向，个别管段的燃气流向经水力计算后可能改变。调压装置位于负荷中心时，燃气流向区域边缘；调压装置位于区域一侧时，燃气流向对侧。环状管网最远端燃气的交汇点称为零点，连接零点管段的转输流量为零，零点位置经水力计算可能改变。该管段流量的变化量除以单位管长途泄流量，即为零点移动距离，流量增加，零点外移，流量减少，零点内移。

（5）计算管段转输流量与调压装置出口流量：统计管段转输流量由零点开始逆燃气流向至调压装置，即相邻下游管段的途泄流量与转输流量之和为相邻上游管段转输流量。依此顺序推算即求得零点至调压装置出口各管段的转输流量。环网的调压装置一般有数根出口管段，并形成一个或数个零点的格局。各出口管段的转输流量与途泄流量的总和为该调压装置的出口流量。

交汇于同一节点的多根管段向下游管段供气时，可设定管段的供气量比例，即设定转输流量。

（6）管段计算流量：由于途泄流量是随燃气流动过程中从管段经多根支管流出，且认为均匀泄出，而转输流量对一个管段而言是不变的流量，因此考虑管段计算流量的原则是：该计算流量在该管段产生的阻力损失应等同于途泄流量与转输流量共同流经时的实际阻力损失。

经过对有支管的管段转输流量、经支管的途泄流量形成压力降关系的分析，获得以下分配管道管段计算流量公式：

$$q = 0.55q_1 + q_2 \qquad\qquad (7-2-38)$$

式中　　q——分配管道管段的计算流量，$\mathrm{m^3/h}$；

q_1——分配管道管段的途泄流量，$\mathrm{m^3/h}$；

q_2——分配管道管段的转输流量，$\mathrm{m^3/h}$。

此外，也有采用如下计算公式：

$$q = \sqrt{\frac{1}{3}q_1^2 + q_1q_2 + q_2^2} \qquad\qquad (7-2-39)$$

以上关于分配管道计算流量的形成是基本的方式；在采用计算机进行管网设计计算时会有所不同。例如在采用节点法计算，只需进行上述（1）到（3）步得出计算管段途泄流量，对管段两端节点都采用 0.5 的分配系数分配负荷；并且计算程序算法可以做到不要求初步设定分配管道燃气的流向。

2. 管道计算压力降

管道计算压力降是指在计算状况下，即小时最大用气量发生时管网始末端的压力降，它是水力计算的基本数据之一，直接影响管道管径的大小。

管网的始端设计压力称作管道的设计压力，应在该压力级制的压力范围内经技术经济比较后确定。管道末端压力取决于调压器最低进口压力或用户所需压力。对于中压或低压管网，计算压力降还须在干管、支管以及户内管之间合理分配。

对于高压与次高压管网，其始端压力往往取决于上游管道的供气压力，末端压力取决于接向下一级的调压器的最低进口压力，即末端压力为调压器最低进口压力与安全附加值之和。当上游供气压力达到 1.6MPa 或以上时，可考虑末段管道兼作储气，并与其他储气方案作技术经济比较。管道兼作储气，即具有输储双重功能时，其最低压力受储气工况控制，此时应作输气工况校核计算。

中压管网始端压力的确定往往受到供气的高压或次高压储气设施影响，特别是采用储气罐储气的场合。储气设施的最低运行压力越低，储气设施的利用率就越高，但导致中压管网始端压力低、可利用的压力降减小而管径增大。此时可对储气设施与中压管网的统一系统进行分析，即对不同的始端压力方案进行综合技术经济比较获得最佳始端压力，以确定管网的压力级制。但实际计算表明，中压管网始端压力对系统的综合技术经济指标影响不大。

若管网按较高的强度设计压力而采用较低的输配设计压力，则管网会具有更大的提高供气能力的冗余。

中压管网末端压力由中低压调压器最低进口压力或中压燃烧器所需压力确定，一般不应低于 0.1MPa（表压）。中压引射式燃烧器额定压力见表 7-2-4。中压分配干管与中压街坊支管间压力降的分配比例由技术经济比较确定。

由于高压、次高与中压管道均存在 A、B 两种压力级制，当管道的始端压力在 A 级范围内时，为充分利用压力降，允许末端压力在 B 级范围内。

中压引射式燃烧器的额定压力 表 7-2-4

燃　气	人工燃气	矿井气、液化石油气混空气	天然气、油田伴生气	液化石油气
压力（kPa）	10 或 30	10 或 30	20 或 50	30 或 100

由于低压管网直接向用户燃具供气，而燃具对压力波动有一定的适应范围，因此低压管网的始末端压力值取决于燃具对压力的适应能力。

居民生活用炊事灶与热水器均采用引射式燃烧器，它们对压力变化的适应范围为 $0.5p_n \sim 1.5p_n$（p_n 为燃具额定压力，见表 7-2-5）。考虑到压力过低会使燃烧器热负荷大幅下降而影响使用效果，因此确定燃烧器前压力波动的范围为 $0.75p_n \sim 1.5p_n$。考虑户内管与表具的阻力损失为 150Pa，为使用气高、低峰时沿管道用户的压力均保持在上述允许范围内，中低压调压器的出口压力不超过 $1.5p_n + 150Pa$，低压管道计算压力降为 $0.75p_n + 150Pa$。

低压引射式燃烧器的额定压力 表 7-2-5

燃气	人工燃气	矿井气、液化石油气混空气	天然气、油田伴生气	液化石油气
压力（kPa）	1.0	1.0	2.0	2.8 或 5.0

低压管道计算压力降分配见表 7 - 2 - 6。

低压管道计算压力降分配（Pa）

表 7 - 2 - 6

燃气	灶具额定压力	总压力降	分配管道压力降	单层建筑		多层建筑	
				庭院	室内	庭院	室内
人工燃气	1000	900	550	200	150	100	250
天然气	2000	1650	1050	350	250	250	350

3. 附加压头

管道始末端标高差变化大时，如地形起伏、户内管等场合在水力计算中应考虑附加压头的影响，其由下式计算：

$$\Delta p = g(\rho_a - \rho_g)\Delta H \qquad (7-2-40)$$

式中 Δp——附加压头，Pa；

ρ_a——空气密度，kg/m³；

ρ_g——燃气密度，kg/m³；

ΔH——管段始末端标高差，m。

当附加压头为正值时，其为燃气流动的动力，为负值时，其为燃气流动的阻力。

4. 局部阻力损失

燃气在管道中流动除产生沿程摩擦阻力损失外，在弯头、阀门与三通等处产生局部阻力损失。

对于分配管网，一般取管长的 5%~10% 考虑局部阻力的影响，因此管道的计算长度应为管长的 105%~110%。

对于支管与街坊管则须按产生局部阻力的部件进行局部阻力计算，由下式确定

$$\Delta p = \sum \zeta \frac{w^2}{2}\rho \qquad (7-2-41)$$

式中 Δp——局部阻力损失，Pa；

$\sum \zeta$——计算管段的局部阻力系数之和，局部阻力系数见表 7-2-7。ζ 值对于变径管对应于管径较小管段，对于三通和四通对应于流量较小管段；

w——燃气流速，m/s；

ρ——燃气密度，kg/m³。

局部阻力系数

表 7 - 2 - 7

名称	ζ	名称	不同直径（mm）的 ζ					
			15	20	25	32	40	≥50
变径管（管径相差一级）	0.35	直角弯头	2.2	2.2	2	1.8	1.6	1.1
三通直流	1.0	旋塞阀	4	2	2	2	2	2
三通分流	1.5	截止阀	11	7	6	6	6	5
四通直流	2.0	闸板阀	$d=50\sim100$		$d=175\sim300$		$d=300$	
四通分流	3.0		0.5		0.25		0.15	
摵制90°弯头	0.3							

为了便于计算，引入当量长度的概念，其含义为当量长度产生的摩擦阻力损失等于实际的局部阻力损失，因此管段长度与当量长度之和的管段所产生的摩擦阻力损失已包括了此管段所产生的局部阻力损失。当量长度由下式确定：

$$\Delta p = \sum \zeta \frac{w^2}{2}\rho = \lambda \frac{L_e}{d}\frac{w^2}{2}\rho$$

$$L_e = \sum \zeta \frac{d}{\lambda} \qquad (7-2-42)$$

式中 L_e——考虑局部阻力损失的当量长度，m。

5. 管道的管径计算

（1）分配管道的管径计算

分配管道多以环网为主，辅以枝状管道，且以中压管道居多。计算压力降除以管段长度，称为单位压降。

实际的高、中压分配管网从该级管网经始端高阶次管段依次流向末端低阶次管段，单位压降不会保持常值，可能会随管段阶次的下降，单位压降会逐级变小。这是因为，管网的管道配置不会有太频繁的管径变化和太极端的管径差距。

分配管道的计算管径可由式（7-2-10）或式（7-2-17）确定，其中 L（或 l）为调压装置至各零点或端点的平均管长，并考虑局部阻力损失而乘以 1.05~1.10。

由上述计算公式求得的计算管径须取整至公称管径，换算的原则是：

计算管径 d_c 一般位于大小两个相邻的公称管径 d_1 与 d_2（内径）之间，按计算管径与此两公称管径间产生的阻力损失差的大小，选择差值小的公称管径。即 $d_1 < d_c < d_2$ 而 $\Delta H_1 > \Delta H_c > \Delta H_2$；

当 $\dfrac{\Delta H_1 + \Delta H_2}{2\Delta H_c} > 1$，取 d_2；$\dfrac{\Delta H_1 + \Delta H_2}{2\Delta H_c} < 1$，取 d_1。

式中 d_1、d_2、d_c ——分别为公称管径（内径）1、2 与计算管径；

ΔH_1、ΔH_2、ΔH_c——分别为公称管径 1、2 与计算管径的管段的摩擦阻力损失，即始末端压力平方差或压力差。

在水力计算时，对一根管段，由于管长与计算流量等参数固定，上述三种管径与摩擦阻力损失之间存在如下关系：

$$\frac{\Delta H_1 + \Delta H_2}{2\Delta H_c} = \frac{d_1^{-5} + d_2^{-5}}{2d_c^{-5}} = \left(\frac{d_{cR}}{d_c}\right)^{-5}$$

$$d_{cR}^{-5} = \frac{d_1^{-5} + d_2^{-5}}{2} \qquad (7-2-43)$$

式中 d_{cR}——界限管径。

"界限管径"是每对相邻公称管径摩擦阻力损失的平均值所对应的管径（内径）。当 $d_c > d_{cR}$，取 d_2；当 $d_c < d_{cR}$，取 d_1。选定公称管径后，须对调压装置至零点或端点的压力降作核算，当过高或过低时，应调整个别管段管径。

在计算过程中，均以内径计算，但在工程图纸或管材表格中须以对应的公称管径表示计算结果。

（2）支管、街坊管道与户内管道的管径计算

城市天然气输配系统大多采用中压单级系统，街坊管由中压管与低压管构成，中压管位于调压柜（箱）前，低压管位于调压柜（箱）后。户内管一般为低压管，当采用用户调压器时，调压器前的户内管为中压管。

支管、街坊管与户内管具有下列特点：

1）它们所供应的户数与燃具数可准确地统计，因此计算流量由同时工作系数计算。

支管、街坊管计算流量由于不属于同一时间，各管段计算流量之间不满足流量的连续性。在应用同时工作系数确定燃气支管或街坊管的计算流量时，要注意这一局部性燃气管道的特点，这一现象用［例7-2-1］及图7-2-1加以说明。

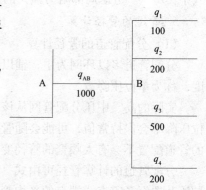

［**例7-2-1**］ 设有一小区，共有1000户居民用户，AB为分配管网通向小区的支管，计算各管段的计算流量。

各支管的同时工作系数分别为

$K_{t1}(100) = 0.17, K_{t2}(200) = 0.16, K_{t3}(500) = 0.14,$

$K_{t4}(200) = 0.16, K_{AB}(1000) = 0.13$

各管段的计算流量分别为

$q_1 = K_{t1} \times 100q_N = 17q_N, q_2 = K_{t2} \times 200q_N = 32q_N,$

$q_3 = K_{t3} \times 500q_N = 70q_N, q_4 = K_{t4} \times 200q_N = 32q_N,$

$q_{AB} = K_{tAB} \times 1000q_N = 130q_N$

图7-2-1 支管管道计算流量

由上述可知，$q_{AB} \neq q_1 + q_2 + q_3 + q_4$，因为$q_1$、$q_2$、$q_3$、$q_4$不发生在同一时刻，因而不能将它们当成同一时刻的负荷值进行叠加作为q_{AB}。

2）发生局部阻力损失的场所可准确统计，因此采用式（7-2-41）或式（7-2-42）计算局部阻力损失。

3）户内管因高差而产生附加压头。

4）采用的管径一般在小管径范围内，种类较少。因此计算时先初选管径，再由式（7-2-15）核算压力损失是否符合要求，也可应用计算图线进行核算。

5）一般为枝状管道，压力损失核算可选取水力工况最不利的支线进行。

7.2.3.2 燃气管网水力计算的方法

1. 燃气管网水力计算的基本方程

燃气管网的水力计算需针对管网示意图进行，采用某种方法对计算管网进行节点、管段、或/以及环编号。管网在管段为M，节点数为N，环数为H的情况下，其管段数、节点数和环数存在下列欧拉定理关系：

$$M = N + H - 1$$

燃气管网供气时，在任何情况下均需满足管道压降计算公式，节点流量方程和环能量方程，其中后两个方程称为基本方程。

（1）管段压力降计算公式

$$\Delta p_j = s_j q_j^\alpha \quad j = 1, 2 \cdots M \tag{7-2-44}$$

式中 s_j——管段的阻力系数；

Δp_j——管段的压力降；

q_j——管段 j 的流量；

α——常数。

可列出 M 个管段压降计算公式。

（2）节点流量连续方程

对燃气管网任一节点 i 均满足流量平衡，可用下式表示：

$$\sum_{j=1}^{s} a_{ij}q_j + Q_i = 0 \qquad i = 1,2\cdots N \qquad (7-2-45)$$

式中 a_{ij}——管段 j 与节点 i 的关联元素，$a_{ij}=1$，管段 j 与节点 i 关联，且是管段的起点；$a_{ij} = -1$，管段 j 与节点 i 关联，且是管段的终点；$a_{ij}=0$，管段 j 与节点 i 不关联。

可建立 $N-1$ 个独立的节点流量连续方程。

（3）环能量方程

对于燃气管网中任一环路均应满足压降之和为零，可用下式表示：

$$\sum_{j=1}^{M} e_{ij}s_jq_j^{\alpha} = 0 \qquad i = 1,2\cdots H \qquad (7-2-46)$$

式中 e_{ij}——管网环路与管段的关联元素，$e_{ij}=1$ 管段 j 在第 i 个环中，且管段 j 的方向与环的方向一致，$e_{ij} = -1$，管段 j 在第 i 个环中，且管段的方向与环的方向相反，$e_{ij}=0$，管段 j 不在第 i 个环中。

可建立 H 个独立的环能量方程。

2. 燃气管网水力计算的三种解法

对于一个管网，当管径已知时，每条管段有压降和流量两个未知数，共有 $2M$ 个未知数，可列出的方程数为

$$M + (N - 1) + H = 2M$$

这样未知数与方程的个数相等，可以进行求解。方程组为非线性的，直接求解困难，因而采取线性化方式使方程组变为线性。按待求未知量不同区分为三类方法求解：①解环方程法；②解节点方程法；③解管段方程法。

7.2.3.3 手算的解环方程法

环形管网水力计算俗称环网水力平差。以往长时期都是采用手算方法解环方程。如今这一方式除对规模很小的管网有实用价值外，在教学中仍有很好的帮助理解管网流动规律的意义。

对环网进行管径计算时，采用单位管长平均压力降（低压）或单位管长压力平方差平均值（高中压）作为已知参数。当单个环的顺、逆时针方向管长不同时，即非正方形或矩形环时，必然出现顺、逆时针方向管道压力差或压力平方差不相等，即产生压力工况不平衡；同时由计算管径化整至额定管径时，各管段内径增或减不一致，也导致压力工况失衡。压力工况失衡的另一种表现是节点流量不平衡，即进出节点的流量不相等，反之，当节点流量平衡时，环的压力工况必然平衡。

环网水力计算的目的是对管径已确定的环网，在环压力工况平衡或节点流量平衡状况下求得管段流量、压力降与节点流量等运行参数。

环网手工水力计算是针对上述环网压力工况失衡现象而予以纠正的过程。

（1）环网水力计算流量校正近似公式推导

环平衡法是建立每个环的压力工况平衡方程，即在每环附加校正流量而建立压力工况平衡，不需求解联立方程组，而仅通过联立方程组导出校正流量的近似计算公式，因此也便于用手算方式进行计算。手算一般采用环平衡法。

由图 7 - 2 - 2 所示两个相邻高中压环网做模型进行近似公式推导。

对于高、中压管网，其水力计算公式作如下简化

$$\delta p = p_1^2 - p_2^2 = \alpha q^2 \qquad (7-2-47)$$

式中　δp——管段压力平方差；

　　　α——管段阻抗，包括管长、管径与燃气物理常数；

　　　q——燃气计算流量。

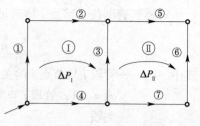

图 7 - 2 - 2　环状管网示意图

对初步计算，环的顺、逆时针方向压力平方差一般不等，即存在闭合差。Ⅰ环与Ⅱ环的闭合差如下，其中顺时针流向的压力平方差为正值，逆时针流向的压力平方差为负值。

$$(\delta p_1 + \delta p_2) - (\delta p_3 + \delta p_4) = \sum_{\mathrm{I}} \delta p = \delta p_{\mathrm{I}}$$

$$(\delta p_3 + \delta p_5) - (\delta p_6 + \delta p_7) = \sum_{\mathrm{II}} \delta p = \delta p_{\mathrm{II}}$$

即

$$(\alpha_1 q_1^2 + \alpha_2 q_2^2) - (\alpha_3 q_3^2 + \alpha_4 q_4^2) = \delta p_{\mathrm{I}} \qquad (7-2-48)$$

$$(\alpha_3 q_3^2 + \alpha_5 q_5^2) - (\alpha_6 q_6^2 + \alpha_7 q_7^2) = \delta p_{\mathrm{II}} \qquad (7-2-49)$$

在Ⅰ环与Ⅱ环中分别引入校正流量 Δq_{I} 与 Δq_{II}，使环的闭合差为零，即压力平方差的代数和为零。顺时针流向校正流量为正值，逆时针流向校正流量为负值。由于校正流量与流量相比甚小，认为引入校正流量不改变流态，即管段阻抗不变。式（7 - 2 - 48）与式（7 - 2 - 49）可写为

$$\alpha_1(q_1 + \Delta q_{\mathrm{I}})^2 + \alpha_2(q_2 + \Delta q_{\mathrm{I}})^2 - \alpha_3(q_3 - \Delta q_{\mathrm{I}} + \Delta q_{\mathrm{II}})^2 - \alpha_4(q_4 - \Delta q_{\mathrm{I}})^2 = 0$$

$$(7-2-50)$$

$$\alpha_3(q_3 + \Delta q_{\mathrm{II}} - \Delta q_{\mathrm{I}})^2 + \alpha_5(q_5 + \Delta q_{\mathrm{II}})^2 - \alpha_6(q_6 - \Delta q_{\mathrm{II}})^2 - \alpha_7(q_7 - \Delta q_{\mathrm{II}})^2 = 0$$

$$(7-2-51)$$

由式（7 - 2 - 50）与式（7 - 2 - 51）可见，两环的共用管段 3 的流量受到两环校正流量的影响，即具有邻环的管段受到邻环校正流量的影响。

括号内各项展开为麦克劳林级数，由于自变量校正流量 Δq 远小于流量 q，因此仅取级数前两项：

$$(q \pm \Delta q)^2 = q^2 \pm 2q\Delta q \qquad (7-2-52)$$

$$(q \pm \Delta q_{\mathrm{I}} \mp \Delta q_{\mathrm{II}})^2 = q^2 \pm 2q\Delta q_{\mathrm{I}} \mp 2q\Delta q_{\mathrm{II}} \qquad (7-2-53)$$

式（7 - 2 - 52）与式（7 - 2 - 53）代入式（7 - 2 - 50）与式（7 - 2 - 51），并整理如下：

$$(\alpha_1 q_1^2 + \alpha_2 q_2^2 - \alpha_3 q_3^2 - \alpha_4 q_4^2) + 2(\alpha_1 q_1 + \alpha_2 q_2 + \alpha_3 q_3 + \alpha_4 q_4)\Delta q_{\mathrm{I}} - 2\alpha_3 q_3 \Delta q_{\mathrm{II}} = 0$$

$$(\alpha_3 q_3^2 + \alpha_5 q_5^2 - \alpha_6 q_6^2 - \alpha_7 q_7^2) + 2(\alpha_3 q_3 + \alpha_5 q_5 + \alpha_6 q_6 + \alpha_7 q_7)\Delta q_{\mathrm{II}} - 2\alpha_3 q_3 \Delta q_{\mathrm{I}} = 0$$

以上两式可写成以环内各管段压力平方差的代数和形式表达：

$$\sum_{\mathrm{I}} \delta p + 2 \sum_{\mathrm{I}} \frac{\delta p}{q} \Delta q_{\mathrm{I}} - 2 \frac{\delta p_3}{q_3} \Delta q_{\mathrm{II}} = 0 \tag{7-2-54}$$

$$\sum_{\mathrm{II}} \delta p + 2 \sum_{\mathrm{II}} \frac{\delta p}{q} \Delta q_{\mathrm{II}} - 2 \frac{\delta p_3}{q_3} \Delta q_{\mathrm{I}} = 0 \tag{7-2-55}$$

式（7-2-54）与式（7-2-55）组成一个联立方程组，可解得未知数 Δq_{I} 与 Δq_{II}，因方程数等于未知数数。但一般管网的环数较多，宜以近似解法通过逐次渐近获得校正流量精确解。

由式（7-2-54）与式（7-2-55）分别获得 Δq_{I} 与 Δq_{II} 的关系式：

$$\Delta q_{\mathrm{I}} = \frac{- \sum\limits_{\mathrm{I}} \delta p}{2 \sum\limits_{\mathrm{I}} \frac{\delta p}{q}} + \frac{\frac{\delta p_3}{q_3}}{\sum\limits_{\mathrm{I}} \frac{\delta p}{q}} \Delta q_{\mathrm{II}} \tag{7-2-56}$$

$$\Delta q_{\mathrm{II}} = \frac{- \sum\limits_{\mathrm{II}} \delta p}{2 \sum\limits_{\mathrm{II}} \frac{\delta p}{q}} + \frac{\frac{\delta p_3}{q_3}}{\sum\limits_{\mathrm{II}} \frac{\delta p}{q}} \Delta q_{\mathrm{I}} \tag{7-2-57}$$

分析式（7-2-56）与式（7-2-57）可知，其第一项是受本环影响产生的校正流量，而第二项是受邻环校正流量影响产生的校正流量。此时邻环的校正流量还是未知数，已知的仅是邻环校正流量的第一项。在计算本环第二项时，用它近似代替邻环校正流量。因此式（7-2-56）与式（7-2-57）成为近似计算公式。校正流量的通用计算公式如下：

$$\Delta q = \frac{- \sum \delta p}{2 \sum \frac{\delta p}{q}} + \frac{\sum \Delta q'_n \left(\frac{\delta p}{q} \right)_n}{\sum \frac{\delta p}{q}} \tag{7-2-58}$$

式中　$\Delta q'_n$——邻环校正流量计算公式中的第一项值；

$\left(\frac{\delta p}{q} \right)_n$——与邻环共用管段的 $\frac{\delta p}{q}$ 值。

分析式（7-2-58）可知，在计算校正流量近似计算公式中的第一、二两项值后，可把此两项值之和再次作为第二项中的 $\Delta q'_n$ 的值进行计算，即取邻环校正流量计算公式中的第一、二项和作为邻环校正流量的近似值，依此类推甚至可取更多的项，不过一般按式（7-2-58）仅取一项，通过逐次渐近计算，可获较准确的数值。

（2）环平衡法平差计算的实际问题

环平衡法平差的几个实际问题：

1）计算低压管道时，$\delta p = p_1 - p_2$；

2）环内流量与压力平方差（或压力差）均以顺时针流向为正值，逆时针流向为负值，因此 $\frac{\delta p}{q}$ 始终为正值；

3）校正流量设定为顺时针流向，如出现负值，即为逆时针流向。邻环校正流量设定为顺时针流向，其对本环而言的流向是逆时针，以负值计算，即有邻环管段的校正流量为本环校正流量减去邻环校正流量；

4）闭合差是衡量平差计算是否达到精确度的判断标准，其由下式求得：

$$B = \frac{\sum \delta p}{0.5 \sum |\delta p|} \times 100\%$$

式中 B——闭合差（%）。

当各环闭合差均不大于 10% 时，认为平差计算符合要求。

5）平差计算时管段长度可采用实际长度，平差计算结束后，各管段压力平方差或压力差乘以 1.05～1.1 倍，以考虑局部阻力损失；

6）由于校正流量的影响可使零点沿校正流量方向产生移动，其移动距离为校正流量除以移动方向上管段单位长度途泄流量。一般工程计算，对此移动距离可忽略不计，即认为零点固定；

7）对于多个气源点的环网，可能出现气流交汇点的气流来自不同的气源点，且至交汇点流经管段不在同一环内，如图 7-2-3 所示 6 点与 2 点的状况，此时须增加如下两个压力工况平衡方程，把它们假想成两个环，各自求解校正流量。同时环 I 不须进行平差，因其顺逆时针流向管段不在同一点交汇。当点 4 与点 8 压力相同时：

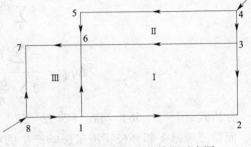

图 7-2-3 特殊环状管网示意图

$$\delta p_{3-4} + \delta p_{3-6} - \delta p_{1-8} - \delta p_{1-6} = 0 \qquad （对于点 6）$$
$$\delta p_{3-4} + \delta p_{2-3} - \delta p_{1-8} - \delta p_{1-2} = 0 \qquad （对于点 2）$$

（3）环平衡法平差步骤

1）对环编号；

2）在确定公称管径的基础上，以环为计算单位，计算环内各管段的 $\frac{\delta p}{q}$，其中 q 为计算管径时的管段计算流量，δp 为该计算流量下的压力平方差或压力差，由式（7-2-10）或式（7-2-17）计算，此时可不考虑局部阻力的影响；

3）计算各环校正流量与环内各管段经校正后的流量；

4）再按式（7-2-10）或式（7-2-17）计算各管段的 δp，此时可不考虑局部阻力的影响；

5）统计各环闭合差，如在允许范围内，则平差结束，否则再次计算环内各管段的 $\frac{\delta p}{q}$，并重复上述步骤 3）与 4）；

6）最终所得各管段的 δp 乘以 1.05～1.1 倍，以考虑局部阻力的影响。

7.2.3.4 解环路方程法

环路方程法矩阵方程。在满足连续方程组（7-2-45）的条件下，用求解各环校正流量的方法，来间接解出各管段流量的方法叫解环路方程法，也就是 Hardy Cross 法。

列出管网的环路关联矩阵 E，环号为行号，管段号为列号。对一个环，管段流量为顺时针方向，则矩阵元素 $e_{ij} = 1$，否则 $e_{ij} = -1$。对第 i 环列出能量方程，最初确定的管段流量一般不能满足能量方程，其能量方程可用下式表示：

$$\sum_{j=1}^{M} e_{ij} s_j q_j^{\alpha} = \Delta p_i \qquad i = 1,2\cdots H \qquad (7-2-59)$$

式中　Δp_i——第 i 环的压降不闭合差。

　　e_{ij}——环路关联矩阵 $\boldsymbol{E}$ 的元素。

　　i——环路关联矩阵 $\boldsymbol{E}$ 的行号；

　　j——环路关联矩阵 $\boldsymbol{E}$ 的列号。

为了使各环的压降闭合差达到允许的计算精度，保证节点流量平衡，引入环校正流量来消除各环的闭合差，对每环的闭合差引入校正流量 Δq_i $(i=1, 2, \cdots H)$，则第 i 环的能量方程可以改写为

$$\sum_{j=1}^{M} e_{ij} s_j \left(q_j \pm \Delta q_i \mp \sum_{\substack{k=1 \\ k \neq i}}^{H} e_{kj} \Delta q_k \right)^{\alpha} = 0 \qquad i = 1,2\cdots H \qquad (7-2-60)$$

式中　$\pm \Delta q_i$——第 i 环校正流量，其正负号与 e_{ij} 一致；

　　$\mp \Delta q_k$——第 i 环第 j 管段邻环校正流量，其正负号与 e_{kj} 相反。

将式（7-2-45）括号内多项式展开为麦克劳林级数，因为 Δq_i，Δq_k 与 q_j 相比甚小，故只取展开式的前两项：

$$\left(q_j \pm \Delta q_i \mp \sum_{\substack{k=1 \\ k \neq i}}^{H} e_{kj} \Delta q_k \right)^{\alpha} = q_j^{\alpha} \pm \alpha q_j^{\alpha-1} \Delta q_i \mp \alpha q_j^{\alpha-1} \sum_{\substack{k=1 \\ k \neq i}}^{H} e_{kj} \Delta q_k \qquad (7-2-61)$$

将式（7-2-61）代入式（7-2-60）得：

$$\sum_{j=1}^{M} e_{ij} s_j \mid q_j^{\alpha-1} \mid \cdot \Delta q_i - \sum_{j=1}^{M} e_{ij} s_j \mid q_j^{\alpha-1} \mid \sum_{\substack{k=1 \\ k \neq i}}^{H} e_{kj} \cdot \Delta q_k = \frac{1}{\alpha} \sum_{j=1}^{M} e_{kj} s_j \mid q_j^{\alpha} \mid$$

$$i = 1, 2\cdots H \qquad (7-2-62)$$

将所有的各环能量方程联立，则形成求解 Δq_i $(i=1, 2\cdots H)$ 的线性方程组，其方程组的矩阵表示形式为

$$(\boldsymbol{E} \cdot \boldsymbol{R} \cdot \boldsymbol{E}^{\mathrm{T}}) \cdot \Delta \boldsymbol{q} = \frac{1}{\alpha} \boldsymbol{E} \cdot \boldsymbol{R} \cdot \boldsymbol{q} \qquad (7-2-63)$$

式中　$\boldsymbol{E}$——由元素 e_{ij} 组成的环路关联矩阵（H 行，M 列）；

　　$\boldsymbol{E}^{\mathrm{T}}$——矩阵的转置矩阵；

　　$\Delta \boldsymbol{q}$——由 Δq_i $(i=1, 2\cdots H)$ 组成的向量（H 行，1 列）；

　　$\boldsymbol{q}$——由管段流量 q_j $(j=1, 2\cdots M)$ 组成的向量（M 行，1 列）；

　　$\boldsymbol{R}$——由 $s_j \mid q_j^{\alpha-1} \mid$ 组成的对角矩阵（M 行，M 列）。

计算步骤：首先确定出各管段的初始计算流量 $\boldsymbol{q}^{(0)}$，形成线性方程组，求解得出各环校正流量 $\Delta \boldsymbol{q}^{(1)}$，对 $\boldsymbol{q}^{(0)}$ 进行校正得 $\boldsymbol{q}^{(1)}$，判断 $\boldsymbol{q}^{(1)}$ 是否满足计算精度要求，未满足要求再重新形成线性方程组，求解校正流量 $\Delta \boldsymbol{q}^{(2)}$，对 $\boldsymbol{q}^{(1)}$ 进行校正，其管网流量校正通式为

$$q_j^{(l+1)} = q_j^{(l)} + e_{ij} \Delta q_i \qquad (7-2-64)$$

进行循环校正，直到第 l 次校正后的 $q_j^{(l+1)}$ $(j=1, 2\cdots p)$，满足精度要求为止，在计算过程中，把控制每环的压降残差来达到计算精度要求，转化为控制各管段前后两次修正后的管段流量差，满足一定的计算要求为止，迭代结束后，根据管段压降计算式算出各管段压降，从给定压力的基准点推算出各节点压力等参数。

不考虑邻环的影响时，称为单一回路法；考虑邻环影响时，称为联立回路法。

[例 7-2-2]　考虑图 7-2-2 的管网，列出解环方程联立回路法的矩阵方程。

该环网有 2 个环，7 根管段，解环方程法的矩阵方程为式（7-2-63）：

$$\left[E \cdot R \cdot E^{\mathrm{T}} \right] \cdot \Delta q = \frac{1}{\alpha} E \cdot R \cdot q$$

式中

$$E = \begin{bmatrix} 1 & 1 & -1 & -1 & 0 & 0 & 0 \\ 0 & 0 & 1 & 0 & 1 & -1 & -1 \end{bmatrix}_{2 \times 7}, \qquad \Delta q = \begin{bmatrix} \Delta q_1 \\ \Delta q_2 \end{bmatrix}_{2 \times 1}$$

$$R = \begin{bmatrix} s_1 \left| q_1^{\alpha-1} \right| & & & & & & \\ & s_2 \left| q_2^{\alpha-1} \right| & & & & \\ & & \ddots & & & 0 & \\ & & & \ddots & & & \\ & 0 & & & \ddots & & \\ & & & & & s_6 \left| q_6^{\alpha-1} \right| & \\ & & & & & & s_7 \left| q_7^{\alpha-1} \right| \end{bmatrix}_{7 \times 7}, \quad q = \begin{bmatrix} q_1 \\ q_2 \\ \vdots \\ \vdots \\ q_6 \\ q_7 \end{bmatrix}_{7 \times 1}$$

已知 E，q，R 解出 Δq。

7.2.3.5　流量迭代节点法

1. 解节点方程法

以节点流量连续方程为基础，把方程中的管段流量通过管段压降计算公式，转化为用管段两端的节点压力表示，这样连续方程转化为满足能量方程，以节点压力为变量的方程组，通过求解方程组便可得各节点压力，此法称为节点法。节点发按其解法分为流量迭代节点法和联立节点法。

2. 流量迭代节点法

如 7.2.4.6 小节对燃气管网水力计算各种算法的比较与评价所指出的，流量迭代节点法（简称节点法）进行管网定常计算收敛快、精度高且对初值无要求。在我国，采用电算的节点法应用得最广泛。

（1）流动方程的线性化形式

着眼于采用电算技术进行燃气管网的水力计算和分析，没有必要特别区分出低压系统。在下面的分析中，对高中压系统和低压系统统一采用式（7-2-65）的一般形式来描述燃气管道的流动。

$$\Delta p = s q^{\alpha} \tag{7-2-65}$$

为简单起见，管道流量用 q 表示，第 k 根管道为 q_k 而不用有表示基准状态下标的 q_0。为使计算方法通用于低压和高中压，把节点压力记为 p，低压时代表 p，中压和高压时代表 p^2，称为节点广义压力。第 i，j 节点广义压力为 p_i，p_j（以下广义压力简称为压力）。

取 $\alpha = 2$，采用迭代参量：

$$K_k = s_k \left| q_k \right| \tag{7-2-66}$$

管道流动方程（7-2-65）可以表示为

$$\Delta p_k = K_k q_k \tag{7-2-67}$$

式中　Δp_k——管段 k 的广义压降；

　　　K_k——管段 k 的管段阻抗；

　　　p_i——节点 i 的广义压力；

　　　p_j——节点 j 的广义压力。

（2）节点法矩阵方程

1）节点流量连续方程组。

燃气管网中任一节点的负荷等于与该节点相连接的各管段流入与流出节点的流量的代数和。

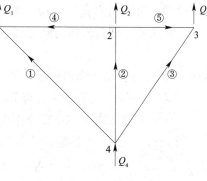

图 7-2-4　管网简图

对于图 7-2-4 所示的管网，其节点方程为

$$
\begin{array}{rcrcrcl}
q_1 & & & + q_4 & & = & Q_1 \\
& q_2 & & - q_4 & - q_5 & = & Q_2 \\
& & q_3 & & + q_5 & = & Q_3 \\
-q_1 & -q_2 & -q_3 & & & = & -Q_4
\end{array}
$$

$$(7-2-68)$$

节点 4 为气源节点，一般将其取为压力参考节点，将压力参考节点编为最大节点号。负荷 Q_4 是流入管网的，它等于这个管网所有燃气负荷之和，亦即 $Q_4 = Q_1 + Q_2 + Q_3$。在方程组（7-2-68）　中 Q_1，Q_2，Q_3 都是节点负荷，根据习惯，流出节点的流量（亦即用气量）为正号，因此方程组（7-2-68）的第 4 个方程中，Q_4 取负号。

方程组（7-2-68）是线性相关的，可去掉其中一个方程。将作为参考节点的方程取消，得到描述管网节点流量连续性的方程组：

$$\sum_{k=1}^{M_i} a_{ik} q_k = Q_i, i = 1, 2, \cdots N \qquad (7-2-69)$$

式中　a_{ik}——与节点 i 相连的管段 k 的关联系数，若节点 i 是管段 k 中流量的终点，则 $a_{ik} = 1$，否则 $a_{ik} = -1$，若 i 不属于管段 k 的端点，则 $a_{ik} = 0$；

　　　q_k——管段 k 的流量，$k = 1$，2，$\cdots M$；

　　　M_i——与节点 i 相连的管段数；

　　　N——管网去掉参考点的节点数。

若按方程组（7-2-69）系数 a_{ik} 的特性定义一个关联矩阵

$$\boldsymbol{A} = [a_{ik}]_{N \times M}$$

例如图 7-2-1 所示管网的关联矩阵为

$$\boldsymbol{A} = \begin{bmatrix} 1 & 0 & 0 & 1 & 0 \\ 0 & 1 & 0 & -1 & -1 \\ 0 & 0 & 1 & 0 & 1 \end{bmatrix}$$

利用关联矩阵 $\boldsymbol{A}$ 可以将燃气管网的水力计算和分析的方程用矩阵方程简洁表达出来。

2）节点流量连续方程组。

管段流量用 M 维列向量 $\boldsymbol{q}$ 表示，节点负荷用 N 维列向量 $\boldsymbol{Q}$ 表示，式（7-2-69）可写为节点流量连续方程组：

$$\boldsymbol{A}\boldsymbol{q} = \boldsymbol{Q} \qquad (7-2-70)$$

式中　A——管网的节点关联矩阵，N 行 M 列；

　　　q——管段的流量列向量，M 维；

　　　Q——节点负荷列向量，N 维。

　3）管段压力降方程组。

　设参考节点压力 p_b，用相对压力 p_i^r 表示（$p_\mathrm{b} - p_i$），因而管网的各管段压降与管段端点压力的关系，即管段压力降方程组可用关联矩阵加以表示

$$\Delta \boldsymbol{P} = \boldsymbol{A}^\mathrm{T} \boldsymbol{P}^\mathrm{r} \tag{7-2-71}$$

式中　$\Delta \boldsymbol{P}$——管段压降列向量，即管段起点压力平方与终点压力平方之差；

　　　$\boldsymbol{P}^\mathrm{r}$——压力基准点压力与节点的压力之差的列向量；

　　　$\boldsymbol{A}^\mathrm{T}$——关联矩阵 A 的转置矩阵。

图 7-2-1 所示管网管段内的压降与节点压力有关，可以得到下列诸方程：

$$
\begin{aligned}
\Delta p_1 &= & -p_1 & & & & p_4 \\
\Delta p_2 &= & & -p_2 & & & p_4 \\
\Delta p_3 &= & & & -p_3 & p_4 \\
\Delta p_4 &= & -p_1 & p_2 & & \\
\Delta p_5 &= & & p_2 & -p_3 &
\end{aligned}
$$

用 p^r 表示基准点与节点压力之差，上列方程组即为

$$
\begin{aligned}
\Delta p_1 &= & p_1^\mathrm{r} & & \\
\Delta p_2 &= & & p_2^\mathrm{r} & \\
\Delta p_3 &= & & & p_3^\mathrm{r} \\
\Delta p_4 &= & p_1^\mathrm{r} & -p_2^\mathrm{r} & \\
\Delta p_5 &= & & -p_2^\mathrm{r} & p_3^\mathrm{r}
\end{aligned}
\tag{7-2-72}
$$

　4）管段流量方程组。

　考虑管道流动方程，记 $g_k = \dfrac{1}{K_k}$，g_k 称为管道导纳，方程（7-2-67）为

$$q_k = g_k \Delta p_k \tag{7-2-73}$$

由式（7-2-73）列出管段流量方程组，得矩阵方程：

$$\boldsymbol{q} = \boldsymbol{G} \Delta \boldsymbol{P} \tag{7-2-74}$$

式中　G——管网导纳对角矩阵，元素为 g_k，$k = 1,2,\cdots M$

　5）节点法矩阵方程。

　由方程（7-2-70），式（7-2-71），式（7-2-74）以及记

$$\boldsymbol{Y} = \boldsymbol{A} \boldsymbol{G} \boldsymbol{A}^\mathrm{T} \tag{7-2-75}$$

式中　Y——管网导纳矩阵，$N \times N$ 对称方阵。

得到：

$$\boldsymbol{Y} \boldsymbol{P}^\mathrm{r} = \boldsymbol{Q} \tag{7-2-76}$$

方程（7-2-76）即管网定常计算节点法方程，可求出各节点压力。

对于图 7 - 2 - 1 管网，Y 矩阵为

$$Y = \begin{bmatrix} g_1 + g_4 & -g_4 & \\ -g_4 & g_2 + g_4 + g_5 & -g_5 \\ & -g_5 & g_3 + g_5 \end{bmatrix}$$

在方程中 Y 矩阵有下列特点：

1）是关于主对角线的对称矩阵；

2）主对角元素 y_{ii} 的值等于与节点 i 相连的管段导纳之和，且 $y_{ii} > 0$，

$$y_{ii} = \sum_{k \in node i} g_k ;$$

3）非主对角元素，当 i 节点与 j 节点同属一管段时，y_{ij} 的值等于该管段的导纳取负号，$y_{ij} < 0$，

$$y_{ij} = -g_k$$

当 i 节点与 j 节点不属同一管段时，$y_{ij} = 0$，

4）矩阵 Y 是一个对称正定矩阵，$y_{ij} = y_{ji}$，也是一个变带宽的高度稀疏矩阵。了解矩阵的这些特点以便于安排计算过程和选择计算方法。

（3）节点法计算

节点法方程（7 - 2 - 76）实际是一组非线性方程，一般无法得到其精确的解析解，故只能采用迭代法求满足误差精度要求的近似解。

1）计算步骤：

① 进行水力计算需要求解由于采用式（7 - 2 - 76）形式上的线性方程组，可采用各种有效的计算方法。根据管网形式，对管网各管段给定一个初始流量 $q^{(0)}$，开始迭代算法；计算各个管段的阻抗 K_k（导纳 $g_k = \dfrac{1}{K_k}$）因而计算迭代矩阵 Y；由式 $Y P^r = Q$ 求出节点相对于基准点的相对压力；由管段压力方程 $\Delta P = A^T P^r$ 求管段压降；再由 $q = G \Delta p$ 求出管段流量 $q^{(1)}$。这样即完成了管网的一次近似计算。

② 在计算中矩阵 Y 是作为已知的参数矩阵，其中各元素导纳都作为已知量，由管网的各管段的参数计算得到。其中含有一组迭代参数 $K = sq$ 因子，其中的 q 是在计算开始时各管段的被赋值 q，所以 Y 矩阵不够准确。采用迭代方法，反复由计算得出的 q 与先赋值计算 Y 的 q 相比较，用新的 q 值重新为 Y 赋值，直到第 $K + 1$ 次的 $q^{(K+1)}$ 与第 K 次的 $q^{(K)}$ 的差满足计算精度要求为止。即完成了对管网的求解计算。

③ 此外，各管段的流态随管段流量改变而变化，管段的摩阻系数也随管段流量在迭代过程中的取值而不断变化，需要随之调整计算。所以在管网水力计算的计算过程中 Y 矩阵也要因此不断被刷新。

2）节点法管网水力计算的计算流程示于图 7 - 2 - 5。

3）对于给定多个压力节点的管网，其计算模型有一些特点。设管网除压力基准节点外还有 n_p 个已知压力节点。这些节点的流量是未知数。在节点法解管网定常计算方程组时，只要解 $N - N_p$ 个方程（N 为除基准点外的节点数，即节点总数减 1）。这可以从对节点法计算模型的矩阵分块中得到说明。

将方程（7 - 2 - 76）$Y P^r = Q$ 按节点性质（已知流量负荷或已知压力）进行分块。在

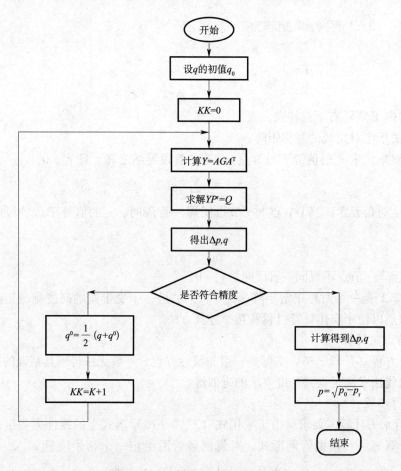

图7-2-5 管网水力计算计算流程

对管网编号时，将压力节点都编在后部。从而将矩阵 Y 分为4块，节点压力向量 P 和节点负荷向量 Q 各分为两段。记 $n - n_a = a$

$$
\begin{array}{c}
\overbrace{\qquad\qquad a \qquad\qquad}\quad\overbrace{\quad n-a \quad}
\end{array}
$$

$$
\begin{array}{c}
a \left\{ \\ \\ \\ n-a \left\{ \right. \right.
\end{array}
\begin{bmatrix}
Y_{11} & & Y_{12} \\
& & \\
& & \\
Y_{21} & & Y_{22}
\end{bmatrix}
\begin{bmatrix}
p_1^r \\ p_2^r \\ \vdots \\ p_a^r \\ p_{a+1}^r \\ \vdots \\ p_N^r
\end{bmatrix}
=
\begin{bmatrix}
Q_1 \\ Q_2 \\ \vdots \\ Q_a \\ Q_{a+1} \\ \vdots \\ Q_N
\end{bmatrix}
\qquad (7-2-77)
$$

由矩阵分块乘法规则，有

$$Y_{11}\begin{bmatrix} p_1^r \\ p_2^r \\ \vdots \\ \vdots \\ p_a^r \end{bmatrix} + Y_{12}\begin{bmatrix} p_{a+1}^r \\ \vdots \\ p_N^r \end{bmatrix} = \begin{bmatrix} Q_1 \\ Q_2 \\ \vdots \\ \vdots \\ Q_a \end{bmatrix} \qquad (7-2-78)$$

$$Y_{21}\begin{bmatrix} p_1^r \\ p_2^r \\ \vdots \\ \vdots \\ p_a^r \end{bmatrix} + Y_{22}\begin{bmatrix} p_{a+1}^r \\ \vdots \\ p_N^r \end{bmatrix} = \begin{bmatrix} Q_{a+1} \\ \vdots \\ Q_N \end{bmatrix} \qquad (7-2-79)$$

由（7-2-78）式：

$$Y_{11}\begin{bmatrix} p_1^r \\ p_2^r \\ \vdots \\ \vdots \\ p_a^r \end{bmatrix} = \begin{bmatrix} Q_1 \\ Q_2 \\ \vdots \\ \vdots \\ Q_a \end{bmatrix} - \begin{bmatrix} y_{1,a+1}\cdots y_{1,N} \\ y_{2,a+1}\cdots y_{2,N} \\ \vdots \\ y_{a,a+1}\cdots y_{a,N} \end{bmatrix} \begin{bmatrix} p_{a+1}^r \\ \vdots \\ p_N^r \end{bmatrix}$$

$$Y_{11}\begin{bmatrix} p_1^r \\ p_2^r \\ \vdots \\ p_i^r \\ \vdots \\ p_a^r \end{bmatrix} = \begin{bmatrix} Q_1 - & (y_{1,a+1}p_{a+1}^r + \cdots + y_{1,N}p_N^r) \\ Q_2 - & (y_{2,a+1}p_{a+1}^r + \cdots + y_{2,N}p_N^r) \\ \vdots & \\ Q_i - & (y_{i,a+1}p_{a+1}^r + \cdots + y_{i,a+j}p_{a+j}^r + \cdots + y_{i,N}p_N^r) \\ \vdots & \\ Q_a - & (y_{a,a+1}p_{a+1}^r + \cdots + y_{a,N}p_N^r) \end{bmatrix} \qquad (7-2-80)$$

即在右端项中若 $y_{i,a+j} \neq 0$，则表明节点 i 与压力节点 $a+j$ 之间有管段 k 相连。$y_{i,a+j}$ 即为该管段 k 的导纳 g_k。该节点 i 的流量负荷相应修改为（$Q_i - g_k p_{a+j}$）。式（7-2-80）即为有（除基准点之外的）压力节点时的节点法管网计算模型。

由（7-2-79）式可以计算出已知压力节点 $a+1, a+2 \cdots N$ 的节点流量。

7.2.3.6 联立节点法

联立节点法与上一小节 7.2.3.5 流量迭代节点法的区别在于不是针对解出的管段流量进行迭代，而是针对解出的节点压力进行迭代。即方式上有所区别。

联立节点法也称为牛顿—拉普森法，求解节点方程的数学模型为

$$\sum_{j=1}^{M_i} a_{ij} s_j^{\frac{1}{\alpha}} (p_i - p_j)^{\frac{1}{\alpha}} + Q_i = 0 \quad i = 1,2 \cdots N \qquad (7-2-81)$$

将上式按台劳级数展开，为简化计算，取一次项作近似。

$$\frac{1}{\alpha}\sum_{j=1}^{M_i} a_{ij} s_j^{\frac{1}{\alpha}} (p_i - p_j)^{\frac{1}{\alpha}-1} \overset{*}{\delta} p_i + \sum_{j=1}^{M_i} a_{ij} s_j^{\frac{1}{\alpha}} (p_i - p_j)^{\frac{1}{\alpha}} + Q_i = 0 \quad i = 1,2 \cdots N$$

$$(7-2-82)$$

这就是联立节点法所求解的方程组，实际计算中应写成下述迭代形式：

$$\sum_{j=1}^{M_i} a_{ij} s_j^{\frac{1}{\alpha}} (p_i^{(k)} - p_j^{(k)})^{\frac{1}{\alpha}-1} \delta p_i^{(k+1)} = -\alpha \left[\sum_{j=1}^{M_i} \alpha_{ij} s_j^{\frac{1}{\alpha}} (p_i^{(k)} - p_j^{(k)})^{\frac{1}{\alpha}} + Q_i \right] \quad i = 1, 2 \cdots N$$

$$(7-2-83)$$

其方程组的矩阵表示形式为

$$[A \cdot R^{(k)} \cdot A^T] \delta p^{(k+1)} = -\alpha [A \cdot R^{(k)} \cdot \Delta p^{(k)} + Q] \qquad (7-2-84)$$

式中　p_i, p_j——管段的起点 i 压力和终点 j 压力；

$\quad\quad \delta p_i$——节点 i 的压力修正值；

$\quad\quad R^{(k)}$——由 $s_j^{\frac{1}{\alpha}} (p_i^{(k)} - p_j^{(k)})^{\frac{1}{\alpha}-1}$ 形成的对角矩阵；

$\quad\quad \delta p^{(k+1)}$——第 $k+1$ 次求解方程组的解向量。

求解出节点压力修正值 $\delta p^{(k+1)}$ 后，按下式进行修正。

$$p_i^{(k+1)} = p_i^{(k)} + \delta p_i^{(k+1)} \qquad (7-2-85)$$

按给出的迭代形式进行迭代求解，最后解得满足计算精度要求即可。

7.2.3.7　解管段方程法

将节点连续方程和环能量方程联立形成有 M 个独立方程的方程组，其个数为管网管段数，将其转化为以管段流量为变量的方程组。由于能量方程为非线性方程，难以直接求解，因此通过线性化［见式（7-2-63）矩阵 R］进行迭代逼近，其矩阵方程组表示如下：

$$\begin{cases} A \cdot q^{(k+1)} = -Q \\ E \cdot R^{(k)} \cdot q^{(k+1)} = 0 \end{cases} \qquad (7-2-86)$$

记

$$C = \begin{bmatrix} A \\ E \cdot R^{(k)} \end{bmatrix}, D = \begin{bmatrix} -Q \\ 0 \end{bmatrix}$$

$$C = \begin{bmatrix} A \\ E \cdot R \end{bmatrix}$$

则式（7-2-86）可表示为

$$C \cdot q^{(k+1)} = D \qquad (7-2-87)$$

式中　C——由元素 c_{ij} 组成的矩阵；

当 $i \leqslant N-1$ 时，$c_{ij} = a_{ij}$

$i > N+1$ 时，$c_{ij} = e_{ij} \cdot s_j \cdot |\overline{q}_j^{(k)\alpha-1}|$

$l = i - N + 1$；$j = 1, 2 \cdots M$。

计算步骤：首先设各管段初始流量 $\overline{q}^{(0)}$，形成线性化方程组（7-2-87），求解出 $q^{(1)}$，当 $q^{(1)}$ 不满足计算精度要求时，对管段流量按下式修正后进行迭代求解。

$$\overline{q}_j^{(k+1)} = \lambda \overline{q}_j^{(k)} + (1-\lambda) q_j^{(k+1)} \qquad (7-2-88)$$

式中　$\overline{q}_j^{(k+1)}$——形成线性化能量方程系数的管段计算流量；

$\quad\quad \lambda$——流量修正系数，取 $0 \sim 0.5$。

当迭代到 $|q_j^{(k+1)} - q_j^{(k)}|$ 满足精度要求，计算出管网其他参数，输出计算结果。

7.2.3.8　各种算法的比较与评价

（1）方程组矩阵的性质

三种管网方程组的系数矩阵均为稀疏矩阵，其中解环路方程法和解节点方程法的系数矩阵为正定对称矩阵，解管段方程法的系数矩阵为一般大型稀疏矩阵，三种算法的系数矩阵均可压缩一维贮存，节省计算机内存。解环路方程法、特别是解节点方程法的方程组易形成，编程简单，解管段方程法的方程组形成较复杂，编程难度大，且占内存多。

（2）计算工作量

三种算法的方程个数分别为管网的环数、节点数减 1 和管段数，所以从方程组矩阵阶数看，三种算法的工作量依次为：解环路方程法最小，解节点方程法居中，解管段方程法最大。

（3）对计算初值的要求

解环方程法需设管段流量的初值，要求管段流量初值必须满足节点连续方程。流量迭代节点法是求解各节点压力，需初设各管段流量，对管段流量初值可以基本不作要求；联立节点法是求解各节点压力修正值，需初设各节点压力，对各节点压力初值要求较高。解管段方程法需初设各管段流量初值，对管段流量初值要求不高。

（4）收敛速度与计算精度

解环方程法中的联立回路法收敛性好，计算精度较高，单一回路法收敛速度慢，计算精度低。流量迭代节点法和联立节点法的收敛性和计算精度都比较好，但在使用联立节点法时如节点压力初值选取不当，则计算精度和收敛速度都不如流量迭代节点法。流量迭代节点法计算中如遇到大管径低摩阻的管段，收敛速度和计算精度都降低。这是因为各管段的流量是由两端的压差求得，当大管径管段压差很小，对节点压力影响的灵敏度与相邻管段不同时，所求得管段流量难以满足计算精度要求。但这一问题可由算法解决。解管段方程法收敛速度快，计算精度高。

（5）原始数据准备工作量

三种方法均需输入节点数、管段数、每条管段的起点号、终点号、管长、管径（流量迭代节点法无须指定起点或终点）。解环方程法和解管段方程法需要环的信息，输入环与管段的关联矩阵。因此节点法的原始数据准备工作量最少。

综上所述，在一般情况下进行燃气管网平差可优先选用流量节点法。

7.3　燃气管道不定常流动

7.3.1　简化的不定常流动方程

由运动方程、连续性方程和气体状态方程，得到描述管道中燃气流动状态的偏微分方程组如式（7-1-13），式（7-1-14）和式（7-1-15）。用以建立管道不定常流动方程。

忽略沿管道流速变化的影响，可以不计式（7-1-13）中左边第二项（对流项）。此外，考虑到燃气不定常流动分析主要针对室外地形环境，可以忽略式（7-1-13）中左边第四项（重力项）。考虑燃气流动近似为等温过程。

式（7-1-13）运动方程简化为

$$\frac{\partial (\rho w)}{\partial t} + \frac{\partial p}{\partial x} + \frac{\lambda}{D} \frac{w^2}{2} \rho = 0 \qquad (7-3-1)$$

按压力波传播为等温过程考虑，速度记为 c：

$$c = \sqrt{\frac{\partial p}{\partial \rho}} = \sqrt{RT} \qquad (7-3-2)$$

由理想气体状态方程有

$$\frac{p}{\rho} = c^2 \qquad (7-3-3)$$

为由式（7-3-1）等方程式推导天然气管道不定常流动方程，对式（7-3-1）进行线性化处理，令

$$\frac{\lambda}{D}\frac{w^2}{2}\rho = kw\rho$$

式中　k——线性化系数。

$$k = \left(\frac{\lambda w}{2D}\right)_{av}$$

线性化系数 k 可以求解如下：

如果管道中燃气的流速变化范围为 w_1 至 w_2，则将图 7-3-1 中的曲线 A—B，以直线 A—B' 替代，条件是曲线下的面积 ABw_1w_2 与直线下的面积 $AB'w_1w_2$ 相等。

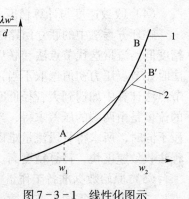

图 7-3-1　线性化图示

$$\int_{u_1}^{u_2}\frac{\lambda w^2}{2\mathrm{d}}\mathrm{d}w = \int_{u_1}^{u_2}\left(\frac{\lambda w_1^2}{2D} + k(w - w_1)\right)\mathrm{d}w$$

积分后可得

$$k = \frac{\lambda \overline{w}}{2D} \qquad (7-3-4)$$

其中，

$$\overline{w} = \frac{2}{3}\frac{w_2^2 + w_1 w_2 - 2w_1^2}{w_2 - w_1} \qquad (7-3-5)$$

由式（7-3-4），式（7-3-1）写为

$$\frac{\partial(\rho w)}{\partial t} + \frac{\partial p}{\partial x} + kw\rho = 0 \qquad (7-3-6)$$

式（7-1-14）连续性方程仍为

$$\frac{\partial \rho}{\partial t} + \frac{\partial(\rho w)}{\partial x} = 0 \qquad (7-3-7)$$

式（7-3-6）对 x 取偏微分，式（7-3-7）对 t 取偏微分，并由式（7-3-3）可以得到燃气流动关于压力 p 的线性偏微分方程：

$$\frac{1}{c^2}\frac{\partial^2 p}{\partial t^2} + \frac{k}{c^2}\frac{\partial p}{\partial t} = \frac{\partial^2 p}{\partial x^2} \qquad (7-3-8)$$

记　$\chi = \frac{c^2}{k}$，一般取 χ 为常数。

$$\frac{1}{c^2}\frac{\partial^2 p}{\partial t^2} + \frac{1}{\chi}\frac{\partial p}{\partial t} = \frac{\partial^2 p}{\partial x^2} \qquad (7-3-9)$$

式（7-3-6）对 t 取偏微分，式（7-3-7）对 x 取偏微分，可以得到燃气流动关于 ρw 的

线性偏微分方程：

$$\frac{1}{c^2}\frac{\partial^2 \rho w}{\partial t^2}+\frac{1}{\chi}\frac{\partial \rho w}{\partial t}=\frac{\partial^2 \rho w}{\partial x^2} \tag{7-3-10}$$

由：

$$q_m=\rho w A$$

式中 A——管道流通截面积。

得到燃气流动关于质量流量 q_m 的线性偏微分方程：

$$\frac{1}{c^2}\frac{\partial^2 q_m}{\partial t^2}+\frac{1}{\chi}\frac{\partial q_m}{\partial t}=\frac{\partial^2 q_m}{\partial x^2} \tag{7-3-11}$$

式（7-3-9）、式（7-3-10）、式（7-3-11）是较一般的燃气不定常流动方程

对长输管道，燃气的流动是缓变、基本平稳的，可忽略压力 p、质量流量 q_m 对时间的二阶偏导数，由式（7-3-9）、式（7-3-11）分别得到燃气流动抛物型方程：

$$\frac{\partial p}{\partial t}=\chi\frac{\partial^2 p}{\partial x^2} \tag{7-3-12}$$

$$\frac{\partial q_m}{\partial t}=\chi\frac{\partial^2 q_m}{\partial x^2} \tag{7-3-13}$$

对短管道，可忽略摩擦阻力 $kw\rho$ 的影响，由式（7-3-9），式（7-3-11）分别得到燃气流动双曲型方程：

$$\frac{\partial^2 p}{\partial t^2}=c^2\frac{\partial^2 p}{\partial x^2} \tag{7-3-14}$$

$$\frac{\partial^2 q_m}{\partial t^2}=c^2\frac{\partial^2 q_m}{\partial x^2} \tag{7-3-15}$$

至此，得到了表明燃气不定常流动一般规律的偏微分方程。

求解上述方程的方法有解析法和数值法两大类，它们各有特点。解析法根据给定的边界和初始条件，得到的是连续解，可直接得到压力和流量沿管道的动态分布。数值法的基本思想是将线性偏微分方程离散化，变为代数方程组，求出方程的数值解，得到的是离散解。

7.3.2 燃气管道不定常流动方程的定解问题

微分方程所表达的是所研究系统各部分、各变量之间的内在联系及运动的一般规律。要确定一个特定系统的运动状态，还需要给定其初始状态（初始条件，Initial Condition，IC）和/或给定系统与其所处环境的相互关系（边界条件，Boundary Condition，BC）。

同一类型微分方程（例如抛物型方程），对不同的物理过程（例如导热与燃气管道不定常流动），各有其特定的初始条件和边界条件形式。

对燃气管道不定常流动方程需要给定初始条件和边界条件，即定解条件以构成定解问题。当管道的管段之间存在管径变化、支管分气、集气或加压、减压机构时，在连接界面上还要规定关于流量和压力等参数的连接条件。

7.3.2.1 定解条件

1. 初始条件和边界条件

对于输气管道（以下经常用'长输管道'术语），其初始条件给定管道沿线的初始压力分布 $p(x,0)=f_0(x)$，可以通过对管道按照定常流动计算出来；给定管道沿线的流

量分布 $q(x, 0) = \varphi(x)$，可以采用线性分布或二次曲线分布。

输气管道边界条件一般是给定输气管道两端的压力或流量随时间的变化规律，根据不同的问题，边界条件按待求的未知函数不同，可以有以下 4 种组合形式：

① 给定 $x = 0$ 和 $x = l$ 处的压力随时间的变化：$p(0, t) = f_1(t)$；$p(l, t) = f_2(t)$；

② 给定 $x = 0$ 和 $x = l$ 处的流量随时间的变化：$q_m(0, t) = \varphi_1(t)$；$q_m(l, t) = \varphi_2(t)$；

③ 给定输气管道始端的压力随时间的变化，而另一端给定流量随时间的变化：$p(0, t) = f_1(t)$；$q_m(l, t) = \varphi_2(t)$；

④ 给定输气管道始端的流量随时间的变化，而另一端给定压力随时间的变化：$q_m(0, t) = \varphi_1(t)$；$p(l, t) = f_2(t)$。

实际的问题，可能还有其他的初始条件或边界条件形式，例如式（7-3-55）问题 $\dfrac{\partial^2 p}{\partial t^2} = c^2 \dfrac{\partial^2 p}{\partial x^2}$ 的初始条件是式（7-3-57），还包括 $\dfrac{\partial p}{\partial t}(x, 0) = 0$；又如称为奇点边界条件（或称自然边界条件）：$|f(0)| < \infty$，等等。

对长输管道计算问题，一般为第②种形式；对短管道分析问题，一般为第①种形式。

压缩机进站、出口端边界条件有两种情况：

① 控制压缩机出口压力，即 $p_{出口} = \text{const}$；

② 控制压缩机的压缩比 ε，即 $\varepsilon = \dfrac{p_2}{p_1}$。

节点控制最小压力：$p \geqslant p_{\min} = \text{const}$。

由长输管道初始条件和 4 种边界条件组合，可以构造出 4 种定解问题（以典型的包含自由项 $F(x, t)$ 的抛物型方程为例）：

第 1 种定解问题：

$$\frac{\partial p}{\partial t} = \chi \frac{\partial^2 p}{\partial x^2} + F(x, t) \quad 0 < x < L; t > 0$$

IC：$p(x, 0) = p_0(x) \quad 0 \leqslant x \leqslant L$

BC：$p(0, t) = f_1(t)$，$p(L, t) = f_2(t) \quad t \geqslant 0$

第 2 种定解问题：

$$\frac{\partial p}{\partial t} = \chi \frac{\partial^2 p}{\partial x^2} + F(x, t) \quad 0 < x < L; t > 0$$

IC：$p(x, 0) = p_0(x) \quad 0 \leqslant x \leqslant L$

BC：$q_m(0, t) = \varphi_1(t)$，$q_m(L, t) = \varphi_2(t) \quad t \geqslant 0$

第 3 种定解问题：

$$\frac{\partial p}{\partial t} = \chi \frac{\partial^2 p}{\partial x^2} + F(x, t) \quad 0 < x < L; t > 0$$

IC：$p(x, 0) = p_0(x) \quad 0 \leqslant x \leqslant L$

BC：$p(0, t) = f_1(t)$，$q_m(L, t) = \varphi_2(t) \quad t \geqslant 0$

第 4 种定解问题：

$$\frac{\partial p}{\partial t} = \chi \frac{\partial^2 p}{\partial x^2} + F(x, t) \quad 0 < x < L; t > 0$$

IC：$p(x, 0) = p_0(x)$　$0 \leqslant x \leqslant L$

BC：$q_m(0, t) = \varphi_1(t)$，$p(L, t) = f_2(t)$　$t \geqslant 0$

除去压力和流量突变点外，有关系式：

$$q_m(x, t) = -\frac{A}{k}\frac{\partial p}{\partial x}$$

这表明 $q_m(x, t)$ 与 $\dfrac{\partial p}{\partial x}$ 是可以互相表示的。

　　由于问题 2、3、4 的泛定方程中的待求变量是压力。而边界条件给定的是流量，故对流量边界条件适当的进行变换。

　　由流量和压力的关系式，当 $x = 0$ 时，可以有

$$\left.\frac{\partial p(x, t)}{\partial x}\right|_{x=0} = -\frac{k\varphi_1(t)}{A}$$

当 $x = L$ 时，有

$$\left.\frac{\partial p(x, t)}{\partial x}\right|_{x=l} = -\frac{k\varphi_2(t)}{A}$$

令　　　　　$$\frac{k\varphi_1(t)}{A} = X_1(t), \frac{k\varphi_2(t)}{A} = X_2(t)$$

所以问题 2（问题 3、4 类似）又可表示为

$$\begin{cases} \dfrac{\partial p}{\partial t} = a^2\dfrac{\partial^2 p}{\partial x^2} + F(x, t) & 0 < x < l; t > 0 \\[2mm] p'_x(0, t) = -X_1(t), p'_x(L, t) = -X_2(t), & t \geqslant 0 \\[2mm] p(x, 0) = p_0(x) & 0 \leqslant x \leqslant L \end{cases}$$

2. 某些实际问题的定解条件

（1）一般长输管道运行，设定初始流量分布，已知始端及终端流量随时间的变化：

$$\frac{\partial q_m}{\partial t} = \chi\frac{\partial^2 q_m}{\partial x^2}$$

IC：$q_m(x, 0) = f(x)$

BC：$\begin{cases} q_m(0, t) = \varphi_1(t) \\ q_m(L, t) = \varphi_2(t) \end{cases}$

（2）半无限管道（足够长的管道）由压缩机加压启动，因而始端压力发生跃变，计算最大流量值。采用更一般的方程：

$$\frac{1}{c^2}\frac{\partial^2 p}{\partial t^2} + \frac{k}{c^2}\frac{\partial p}{\partial t} = \frac{\partial^2 p}{\partial x^2}$$

IC：$\begin{cases} p(x, 0) = p_0 \\ \dfrac{\partial p}{\partial x}(x, 0) = 0 \end{cases}$（即管道中气体无流动）

BC：$\begin{cases} p(0, t) = p_1 \\ p(\infty, t) = p_0 \end{cases}$（始端压力发生跃变为 p_1）

（3）运行的管道，终端处压力突然下降（例如管道大破裂事故）：

$$\frac{\partial p}{\partial t} = \chi \frac{\partial^2 p}{\partial x^2}$$

IC：$p(x,0) = f(x)$

BC：$\begin{cases} p(0,t) = p_s \\ p(L,t) = p_b（大气压） \end{cases}$（终端压力突然下降为 p_b）

（4）运行的管段，始端处有进气量，末端处管道发生破裂，泄放气体：

$$\frac{\partial^2 p}{\partial t^2} = c^2 \frac{\partial^2 p}{\partial x^2}$$

IC：$\begin{cases} p(x,0) = f(x) \\ \dfrac{\partial p}{\partial t}(x,0) = 0 \end{cases}$

BC：$\begin{cases} \dfrac{\partial p(0,t)}{\partial x} = -\dfrac{k}{A} q_{in}(t) \\ \dfrac{\partial p(L,t)}{\partial x} = -\dfrac{k}{A} q_m(t) \end{cases}$

（5）已停气管段，在末端处放散：

$$\frac{\partial^2 p}{\partial t^2} = c^2 \frac{\partial^2 p}{\partial x^2}$$

IC：$\begin{cases} p(x,0) = p_0 \\ \dfrac{\partial p}{\partial t}(x,0) = 0 \end{cases}$

BC：$\begin{cases} \dfrac{\partial p(0,t)}{\partial x} = 0 \\ \dfrac{\partial p(L,t)}{\partial x} = -\dfrac{k}{A} q_m(t) \end{cases}$

7.3.2.2　连接条件

连接条件实质上也是边界条件。

本段讲述沿线有加压或减压点或有气体分出的燃气不定常流动方程及连接条件。

（1）对管道上压力有加压或减压点的运动方程，采用狄拉克（Dirac）单位脉冲函数 * 和海维赛德（Heaviside）单位函数 ** 表达：

$$\frac{\partial p}{\partial x} + kw\rho + \sum_{j=0}^{M}(p_{in.j} - p_{out.j})\delta(x - x_j)\sigma(t - t_j) = 0 \qquad (7-3-16)$$

---

* 脉冲函数：定义：$\delta(x - x_0) \begin{cases} = 0, x \neq x_0 \\ = \infty, x = x_0 \end{cases}$；$\int_a^b \delta(x - x_0)\mathrm{d}x = 1, a < x_0 < b$

性质：$\delta(-x) = \delta(x)$；$\int_{-\infty}^{\infty}\delta(x - x_0)\mathrm{d}x = 1$；$\int_a^b f(x)\delta(x - x_0)\mathrm{d}x = f(x_0), a < x_0 < b$

** 狄拉克单位脉冲函数和海维赛德单位函数的关系（自变量为 x）：$\lim\limits_{\Delta x \to 0}\dfrac{\sigma(x)}{\Delta x} = \delta(x)$

$$\delta\left(x-x_j\right)=\begin{cases}0, & \text{当 } x \neq x_j \\ \infty, & \text{当 } x = x_j\end{cases}$$

$$\sigma\left(t-t_j\right)=\begin{cases}0, & \text{当 } 0 \leqslant t < t_j \\ 1, & \text{当 } t \geqslant t_j\end{cases}$$

式中 $p_{\text{in}\cdot j}$, $p_{\text{out}\cdot j}$ ——管道上第 j 节点的进、出侧压力；

$\delta\left(x-x_j\right)$ —— x_j 点处的狄拉克单位脉冲函数；

$\sigma\left(t-t_j\right)$ —— t_j 时刻开始的海维赛德单位函数。

（2）有气体分出的两相邻管道燃气流动方程组的压力连接条件，在两相邻管道的连接点压力相等：

$$\frac{\partial p_1}{\partial t}=\chi\frac{\partial^2 p_1}{\partial x^2} \qquad (7-3-17)$$

$$\frac{\partial p_2}{\partial t}=\chi\frac{\partial^2 p_2}{\partial x^2} \qquad (7-3-18)$$

$$p_1\left(x_j,t\right)=p_2\left(x_j,t\right) \qquad (7-3-19)$$

式中 $p_1\left(x,t\right)$ ——第 1 管段在 $0 \leqslant x \leqslant x_1$ 区域内的压力分布；

$p_2\left(x,t\right)$ ——第 2 管段在 $x_1 \leqslant x \leqslant l$ 区域内的压力分布；

x_j ——两相邻管道的连接点。

（3）有气体分出的管道燃气不定常流动方程，用狄拉克单位脉冲函数表达：

$$\frac{\partial p}{\partial t}=\chi\frac{\partial^2 p}{\partial x^2}-\frac{c^2}{A}\left[q_{m1}\delta\left(x-x_1\right)+q_{m2}\delta\left(x-x_2\right)+q_{m3}\delta\left(x-x_3\right)+\cdots\right]$$

$$(7-3-20)$$

在 $x_1, x_2, x_3 \cdots$ 点有气体分出。

（4）有气体分出点的分气量连接方程，即气体分出点的流量平衡方程：

$$-\frac{A}{k}\left(\frac{\partial p_1}{\partial x}-\frac{\partial p_2}{\partial x}\right)=q_m\left(x,t\right) \qquad (7-3-21)$$

7.3.2.3 支管分气的简化

支管分气对其与干管的连接处会形成一种边界条件。在分析有分气支管的长输管道时，对不超出一定长度（L）的支管端点的分气，可看成发生在干线管分气点上的分气[1]。

设支管端点分气为周期性规律：

$$q_m\left(a,t\right)=q_{m0}+q_{m1}\cos\left(\omega_1 t-\varphi_1\right)+q_{m2}\cos\left(\omega_2 t-\varphi_2\right)+\cdots$$

采用抛物型方程（7-3-12）的半无限解（假设距离很长，因而干线的其他的边界条件对分气的影响很微小）：

$$q_m\left(x,t\right)=q_{m0}+\sum q_{mn}e^{-x\sqrt{\frac{n\omega k}{2c^2}}}\cos\left[n\omega t-\varphi_n-x\left(\frac{n\omega k}{c^2}\right)^{1/2}\right]$$

分气点（$x=L$）的流量波幅：

$$q_m\left(L\right)\approx q_{m1}e^{-L\sqrt{\frac{\omega k}{2c^2}}}$$

相对于日均值 q_{m0} 的初始条件，只考虑支管端点分气 $n=1$ 分量的波幅 q_{m1} 的最大相对误差：

$$\Delta = \frac{q_{m1} - q_m(L)}{q_{m1}} = 1 - \exp\left[(-L)\sqrt{\frac{\omega k}{2c^2}}\right]$$

$$L_\Delta = \frac{-\ln(1-\Delta)c\sqrt{2}}{\sqrt{\omega k}} = \frac{-\ln(1-\Delta)c\sqrt{2}}{\sqrt{\frac{2\pi}{T}\frac{\lambda w_{av}}{2D}}} \qquad (7-3-22)$$

式中 Δ ——波幅的最大相对误差；

     c ——声速，m/s；

     L ——支管长度，m；

   L_Δ ——相应于 Δ 的支管长度，m；

     D ——支管直径，m；

   q_{m0} ——分气的平均值，kg/s；

   q_{mn} ——端点分气波动的第 n 分量的波幅，kg/s；

   q_{m1} ——端点分气波动的第 1 分量的波幅，kg/s；

$q_m(L)$ ——分气点分气波动的波幅，kg/s；

     ω ——分气波动的 $n=1$ 分量的频率，1/s；

     T ——分气波动的 $n=1$ 分量的周期，s；

     k ——线性化系数，1/s；

     λ ——摩阻系数；

   w_{av} ——支管平均流速，m/s。

[例 7-3-1]   分析有分气支管的长输管道的分气。

(1) 计算 $\Delta = 0.05$ 相应的支管长度。由式 (7-3-22)：

$$L_\Delta = \frac{-\ln(1-\Delta)c\sqrt{2}}{\sqrt{\frac{2\pi}{T}\frac{\lambda w_{av}}{2D}}} = \frac{-\ln(1-0.05)\times 300\times\sqrt{2}}{\sqrt{\frac{2\pi}{24\times3600}\frac{0.013\times17.4}{2\times0.5}}} = 5180$$

可见，支管长度 $L \leqslant L_{\Delta=0.05} = 5$km，支管端点的分气，可看成在干线管上的分气。

(2) 计算 $\Delta = 0.90$ 相应的支管长度。

利用式 (7-3-58) 可以看到，反之，若支管足够长（$L \geqslant L_{\Delta=0.90}$），则支管端点的分气，在干线管分气点上，分气可看成是波动很小，基本保持不变，等于分气的昼夜平均值。

这一认识可用于有气体分出的管道燃气不定常流动方程的计算。对该长度的估计设 $\Delta = 0.90$，按式 (7-3-22) 计算得到 $L_{\Delta=0.90} = 232$km。

7.3.2.4 管道流量与压力分布的关系

前面已经谈到，除去压力和流量突变点外，有关式：

$$q_m(x,t) = -\frac{A}{k}\frac{\partial p}{\partial x}$$

这表明可以由已知的压力分布 $p(x,t)$ 求得沿管道的流量分布 $q_m(x,t)$。

同时由上式可以由已知的流量分布 $q_m(x,t)$ 通过积分求管道的压力分布 $p(x,t)$：

$$p(x,t) = p(0,t) - k\int_0^x \rho(x,t)w(x,t)\mathrm{d}x = p(0,t) - \frac{k}{A}\int_0^x q_m(x,t)\mathrm{d}x$$

$$(7-3-23)$$

7.3.2.5 燃气负荷函数

作为长输管道的燃气负荷是系统计算的基本输入参数，相对于燃气流动方程则是主导的边界条件。实际的燃气负荷数据是具有随机性的连续记录曲线或离散的数列。要将这种燃气负荷实际数据用作燃气流动方程计算的输入参数，特别对于解析法计算时，需要采用数据拟合或插值的方法将数据序列表达为函数形式。作者认为，对于不具有相当精确度的已有数据序列，采用拟合方法较插值方法能更好地接近实际数据的本质。

由于作为长输管道终端负荷的城镇燃气基本负荷具有一日 24 小时的周期性，而这种周期负荷往往是长输管道末段的计算负荷。因此，采用傅里叶级数作为其逼近形式是十分合理的，且便于问题的解析。

当今，无论采用数据拟合或插值的方法，都可采用计算程序完成。本段将简要列出采用傅里叶级数拟合的原理。

设有近似于周期函数的周期为 T 的燃气用气负荷函数 $q(t)$：

可展开为复数形式的傅里叶级数：

$$q(t) = \sum_{k=0}^{\infty} c_n e^{jk\omega_0 t} \qquad (7-3-24)$$

其中
$$c_k = \frac{1}{T} \int_a^{a+T} q(t) e^{-jk\omega_0 t} dt \qquad \omega_0 = 2\pi/T$$

或者展开为三角级数形式的傅里叶级数：

$$q(t) = \frac{a_0}{2} + \sum_{k=0}^{\infty} a_k \cos k\omega_0 t + b_k \sin k\omega_0 t \qquad (7-3-25)$$

其中
$$a_k = \begin{cases} \dfrac{2}{T} \int_a^{a+T} q(t) dt & k = 0 \\ \dfrac{2}{T} \int_a^{a+T} q(t) \cos k\omega_0 t dt & k \geq 1 \end{cases}, b_k = \frac{2}{T} \int_a^{a+T} q(t) \sin k\omega_0 t dt \qquad k \geq 1$$

两种级数表达形式系数的换算：

$$a_k = \begin{cases} c_0 & k = 0 \\ 2\mathrm{Re}\{c_k\} & k \geq 1 \end{cases}, b_k = -2\mathrm{Im}\{c_k\} \quad k \geq 1$$

当燃气用气负荷 $q(t)$ 是离散型数据序列时，傅里叶级数的系数就要采用数值方法计算积分。

实际的燃气用气负荷往往是离散型数据，将其表达为傅里叶级数的方法有最小二乘法（本书第 3 章 3.7.2.2）或基于矩形公式近似积分的实用调和分析法[①]等（现有 Matlab 等软件有可调用的函数）。由于采用的用气负荷离散型数据一般认为是一个周期的数据，因而首尾值相同。从而由它们得出的傅里叶级数将是连续的、并将很好地拟合（收敛到）离散型数据未能连续表达的用气负荷规律。

[例 7-3-2]　已知燃气 24 小时用气负荷值，单位：m^3/s

18.0　16.5　13.5　15.0　12.0　19.5　23.7　25.2　27.6　31.5　37.5　36.9

37.2　36.0　41.4　40.5　43.5　42.0　42.9　46.5　37.5　30.0　24.0　18.6

---

① W. Lohmann 实用调和分析法，参见 В. И. 斯米尔诺夫著，孙念增译，高等数学教程（第二卷），高等教育出版社，1956

用 Matlab 提供的离散傅里叶变换函数计算得出傅里叶级数的系数，采取 10 个分量，从而得到用气负荷的傅里叶级数表达式。式（7－3－25）中：

$$\frac{a_0}{2} = 29.8750$$

$a_k = -10.1473 \quad -2.9437 \quad -0.3657 \quad 0.5750 \quad 1.1669 \quad -0.6000 \quad -0.1913$
$\quad -0.0250 \quad 0.7657 \quad 0.6937 \quad -0.8282 \quad 0.0500$

$b_k = -10.1535 \quad -2.2191 \quad 1.4960 \quad 0.7361 \quad 1.1607 \quad -0.6000 \quad -0.4149 \quad 0.3031$
$0.6960 \quad 0.1191 \quad 0.2221 \quad 0$

$$\omega_0 = 2\pi/24$$

图 7－3－2 上的折线是输入的离散的 24 小时用气负荷值，光滑曲线是傅里叶级数的逼近曲线。

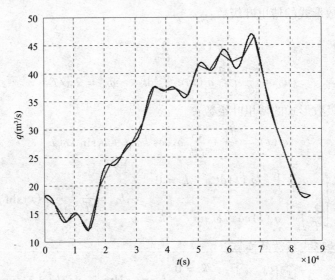

图 7－3－2　燃气负荷折线与其傅里叶级数曲线

7.3.3　不定常流动方程解析法求解

燃气特别是高压燃气在管道中的不定常流动需用偏微分方程进行表达。有如由经过简化和线性化的方程式（7－1－13）～式（7－1－15）进一步推导得到的偏微分方程式（7－3－12）～式（7－3－15）。采用成熟的，经典的解析法求解，除可得到精确解和具有实用价值外，还是对分析很多燃气管道中不定常流动问题所必须。由解析法的结果特别有助于对所研究问题的物理本质的了解。但是解析法的局限性在于，尽管求解偏微分方程在理论和方法上有丰富的成果可资应用，但对复杂问题求解往往仍然存在困难。

7.3.3.1　分离变量法

分离变量法是解析求解边值问题偏微分方程的一种基本方法。下面讲解用分离变量法解偏微方程的基本的过程。

（1）考虑式（7－3－12）是线性齐次偏微分方程，给定齐次边界条件和初始条件：

$$\frac{\partial p}{\partial t} = \chi \frac{\partial^2 p}{\partial x^2} \qquad (7-3-26)$$

边界条件
$$p(0,t) = 0$$
$$p(L,t) = 0 \qquad (7-3-27)$$

初始条件
$$p(x,0) = f(x) \qquad (7-3-28)$$

设方程的解:

$$p(x,t) = \phi(x) \cdot G(t) \qquad (7-3-29)$$

将式 (7-3-29) 代入式 (7-3-26),并经过整理得到:

$$\frac{1}{\chi G}\frac{\mathrm{d}G}{\mathrm{d}t} = \frac{1}{\phi}\frac{\mathrm{d}^2\phi}{\mathrm{d}x^2} \qquad (7-3-30)$$

式 (7-3-30) 等号左边仅是 t 的函数,而等号右边仅是 x 的函数,要使式 (7-3-30) 在 x 和 t 为任何值时均成立,只有等号两边都等于同一个常数 $-\lambda$,即:

$$\frac{1}{\chi G}\frac{\mathrm{d}G}{\mathrm{d}t} = -\lambda \qquad (7-3-31)$$

$$\frac{1}{\phi}\frac{\mathrm{d}^2\phi}{\mathrm{d}x^2} = -\lambda \qquad (7-3-32)$$

λ 称为特征值。

(2) 对式 (7-3-31) 积分得:

$$G(t) = ce^{-\chi\lambda t} \qquad (7-3-33)$$

上式中 c 是积分常数。分析可知,常数 λ 若为负值,$G(t)$ 将随 t 的增大而急剧增大,当 t 值很大时,$G(t)$ 趋向于无限大,$p(x, t)$ 亦将趋向于无限大,实际上这是不可能的。常数 λ 若为零,则 $G(t)$ 等于常数,这意味着 $p(x, t)$ 将不随着时间发生变化,这也是不能符合一般情况,因此,常数 λ 值只能为正值。

(3) 为求 $\phi(x)$,考虑下列齐次边界条件的二阶常微分方程:

$$\frac{1}{\phi}\frac{\mathrm{d}^2\phi}{\mathrm{d}x^2} = -\lambda \qquad (7-3-34)$$

边界条件
$$\phi(0) = 0 \qquad (7-3-35)$$
$$\phi(L) = 0 \qquad (7-3-36)$$

式 (7-3-34) 的通解* 为

$$\phi(x) = c_1\cos\sqrt{\lambda}x + c_2\sin\sqrt{\lambda}x \qquad (7-3-37)$$

由边界条件,$\phi(0) = 0$,因而 $c_1 = 0$;及 $\phi(L) = 0$,需有 $\sin\sqrt{\lambda}x = 0$,因而得到特征值:

$$\lambda = \left(\frac{n\pi}{L}\right)^2, n = 1,2,3\cdots$$

相应有特征函数:

$$\phi(x) = c_2\sin\sqrt{\lambda}x = c_2\sin\frac{n\pi x}{L} \qquad (7-3-38)$$

---

* 参见数学分析书关于常系数二阶齐次方程的解,例如:В. И. 斯米尔诺夫. 高等数学教程(第一卷)[M]. 孙念增译. 北京:高等教育出版社,1957. 第 2 章.

将式（7-3-33）和式（7-3-38）代回式（7-3-29）得

$$p(x,t) = Be^{-\chi \lambda t}\sin\left(\frac{n\pi x}{L}\right), \quad n = 1, 2, 3\cdots \tag{7-3-39}$$

式中
$$B = cc_2$$

可见，定解问题的解可以经由特征值与特征函数给出。

（4）由于线性齐次问题的解的线性组合，仍是线性齐次问题的解，即解的叠加原理，有；

$$p(t,x) = \sum_{n=1}^{\infty} B_n \sin\left(\frac{n\pi x}{L}\right)e^{-\chi(n\pi/L)^2 t} \tag{7-3-40}$$

（5）已知初始条件 $p(x,0) = f(x)$，由式（7-3-40）得出 $f(x)$ 有傅里叶正弦级数的展开式：

$$f(x) = \sum_{n=1}^{\infty} B_n \sin\left(\frac{n\pi x}{L}\right) \tag{7-3-41}$$

式（7-3-41）表明 B_n 是傅里叶正弦级数的系数；等式两边同乘 $\sin\frac{m\pi x}{L}$ 并在 $[0, L]$ 区间积分，交换积分与求和的顺序，有

$$\int_0^L f(x)\sin\frac{m\pi x}{L}\mathrm{d}x = \sum_{n=1}^{\infty} B_n \int_0^L \sin\frac{n\pi x}{L}\sin\frac{m\pi x}{L}\mathrm{d}x \tag{7-3-42}$$

由三角函数的正交性：式（7-3-42）右边积分：

$$\int_0^L \sin\frac{n\pi x}{L}\sin\frac{m\pi x}{L} = 0 \quad （当 n \neq m）$$

$$\int_0^L \sin\frac{n\pi x}{L}\sin\frac{m\pi x}{L} = \frac{L}{2} \quad （当 n = m）$$

因而由式（7-3-42）得到系数 B_n：

$$B_n = \frac{2}{L}\int_0^L f(x)\sin\frac{n\pi x}{L}\mathrm{d}x \tag{7-3-43}$$

式（7-3-40），式（7-3-43）即为偏微分方程定解问题式（7-3-26）~式（7-3-28）的解。

7.3.3.2 长输管道不定常流动分离变量法求解

实际天然气长输管道中燃气是不定常流动。其质量流量（或压力）是管道长度坐标和时间的函数。

在油气田进行的天然气开采和生产，由于气藏的渗流力学特性，生产的规模性，和开采、集输、处理、加压流程的连续性，需要保持相对稳定的生产强度，供出的天然气流量不要有太大的波动。经过中间环节的长输管道向下游分配系统供气。流量稳定也符合长输管道的建设和运行的技术经济性要求。而下游分配系统所连接的终端用户，用户结构多样，数量众多，有规定的压力要求，用气量随时间变化范围大，变化存在随机性，周期性和某种趋势性，以及存在突变性。

因此，我们侧重讨论天然气长输管道运行管道起点流量已知；而终点流量是城镇门站向分配管网的供气量的一般工况。

但长输管道一般并非由单一管道构成，整条管道分为若干段，管道的管径可能有改

变，管道上有若干处分气点或进气点。因而具有多样的边界条件或连接条件。

长输管道临近城镇的末段可考虑为具有起点流量保持基本不变；而终点流量是城市门站向分配管网的供气量的边界条件。终点流量可以表达为某种时间周期函数。本节将采用基于分离变量法的特征函数展开法讨论单一管道的长输管道或长输管道末段的不定常流动问题。为保持一般性，仍先取起点流量为时间的函数。即由式（7-3-13）与第二类边界条件构成定解问题：

$$\frac{\partial q_m(x,t)}{\partial t} = \chi \frac{\partial^2 q_m(x,t)}{\partial x^2} \qquad (7-3-44)$$

BC：
$$\begin{cases} q_m(0,t) = q_{m0}(t) \\ q_m(L,t) = q_{mL}(t) \end{cases}$$

IC：
$$q_m(x,0) = f(x)$$

对初值条件，设为流量沿管道线性分布：

$$q_m(x,0) = f(x) = q_{m0}(0) + \frac{x}{L}[q_{mL}(0) - q_{m0}(0)]$$

上列问题是非齐次边界条件，齐次二阶线性偏微分方程问题。它不同于 7.3.3.1 齐次边界条件齐次二阶线性偏微分方程问题。本小节将给出基于分离变量法的特征函数展开法求解过程。

已知对齐次边界条件有方程：

$$\frac{\mathrm{d}^2\phi}{\mathrm{d}x^2} + \lambda_n\phi = 0 \qquad (7-3-45)$$

$$\phi_n(0) = 0$$
$$\phi_n(L) = 0$$

其特征函数及相应的特征值分别为

$$\phi_n(x) = \sin n\pi x/L \qquad (7-3-46)$$
$$\lambda_n = (n\pi/L)^2$$

任何分段光滑函数都可用这种特征函数展开。因此用于非齐次边界条件的解 $q_m(x,t)$，表达为

$$q_m(x,t) = \sum_{n=1}^{\infty} b_n(t)\phi_n(x) \qquad (7-3-47)$$

由于 $q_m(x,t)$ 不存在与 $\phi_n(x)$ 一样的齐次边界条件，因而：

$$\frac{\partial^2 q_m}{\partial x^2} \neq \sum_{n=1}^{\infty} b_n(t)\frac{\mathrm{d}^2\phi_n(x)}{\mathrm{d}x^2}$$

但是对式（7-3-47）可以进行对时间逐项求导：

$$\frac{\partial q_m}{\partial t} = \sum_{n=1}^{\infty} \frac{\partial b_n(t)}{\partial t}\phi_n(x)$$

代入偏微分方程（7-3-44）：

$$\sum_{n=1}^{\infty} \frac{\mathrm{d}b_n(t)}{\mathrm{d}t}\phi_n(x) = \chi \frac{\partial^2 q_m}{\partial x^2}$$

等式两边同乘 $\phi_n(x) = \sin n\pi x/L$，在 $[0,L]$ 上积分，交换求和与积分次序，由特征函数

$\phi_n(x)$ 的正交性，有

$$\frac{\mathrm{d}b_n(t)}{\mathrm{d}t} = \frac{\int_0^L \chi \frac{\partial^2 q_m}{\partial x^2} \phi_n(x)\,\mathrm{d}x}{\int_0^L \phi_n^2(x)\,\mathrm{d}x} \qquad (7-3-48)$$

利用格林（Green）公式，并在固定 t 情况下 $\partial / \partial x = \mathrm{d}/\mathrm{d}x$：

$$\int_0^L \left(u \frac{\partial^2 v}{\partial x^2} - v \frac{\partial^2 u}{\partial x^2} \right)\mathrm{d}x = \left(u \frac{\partial v}{\partial x} - v \frac{\partial u}{\partial x} \right)\Big|_0^L$$

$u = q_m$，$v = \phi_n$ 代入格林公式：

$$\int_0^L q_m \frac{\mathrm{d}^2\phi_n}{\mathrm{d}x^2}\mathrm{d}x - \int_0^L \phi_n \frac{\partial^2 q_m}{\partial x^2}\mathrm{d}x = \left(q_m \frac{\partial \phi_n}{\partial x} - \phi_n \frac{\partial q_m}{\partial x} \right)\Big|_0^L$$

由式 (7-3-45)，式 (7-3-48) 及由 $\phi_n(x) = \sin n\pi x/L$ 求导：

$$\int_0^L q_m(-\lambda_n\phi_n)\mathrm{d}x - \frac{1}{\chi}\frac{\mathrm{d}b_n(t)}{\mathrm{d}t}\int_0^L \phi_n^2\mathrm{d}x = \left(q_m(n\pi/L)\cos n\pi x/L - \phi_n \frac{\partial q_m}{\partial x} \right)\Big|_0^L$$

$$(7-3-49)$$

因为 $\phi_n(L) = 0$ 及 $\phi_n(0) = 0$，并由于式 (7-3-47)，q_m 的广义傅里叶系数，以及由特征函数 $\phi_n(x)$ 的正交性：

$$b_n(t) = \frac{\int_0^L q_m\phi_n\mathrm{d}x}{\int_0^L \phi_n^2\mathrm{d}x}$$

代入式 (7-3-49)：

$$-\lambda_n b_n(t)\int_0^L \phi_n^2(x)\,\mathrm{d}x - \frac{1}{\chi}\frac{\mathrm{d}b_n(t)}{\mathrm{d}t}\int_0^L \phi_n^2\mathrm{d}x = \frac{n\pi}{L}\left[(-1)^n q_{mL}(t) - q_{m0}(t) \right]$$

$$\frac{\mathrm{d}b_n(t)}{\mathrm{d}t} + \chi\lambda_n b_n(t) = \frac{\chi(n\pi/L)\left[q_{m0}(t) - (-1)^n q_{mL}(t) \right]}{\int_0^L \phi_n^2(x)\,\mathrm{d}x}$$

记 $\bar{q}_n(t) = \dfrac{\chi(n\pi/L)\left[q_{m0}(t) - (-1)^n q_{mL}(t) \right]}{\int_0^L \phi_n^2(x)\,\mathrm{d}x} = \dfrac{2}{L}\chi(n\pi/L)\left[q_{m0}(t) - (-1)^n q_{mL}(t) \right]$

$$(7-3-50)$$

$$\frac{\mathrm{d}b_n(t)}{\mathrm{d}t} + \chi\lambda_n b_n(t) = \bar{q}_n(t) \qquad (7-3-51)$$

由初始条件：

$$q_m(x,0) = \sum_{n=1}^{\infty} b_n(0)\phi_n(x) = f(x)$$

及特征函数 $\phi_n(x)$ 的正交性，有

$$b_n(0) = \frac{\int_0^L f(x)\phi_n(x)\,\mathrm{d}x}{\int_0^L \phi_n^2(x)\,\mathrm{d}x} = \frac{2}{L}\int_0^L f(x)\phi_n(x)\,\mathrm{d}x \qquad (7-3-52)$$

方程（7-3-51）乘以 $e^{\lambda_n \chi t}$，有：

$$\frac{d\lfloor b_n(t)e^{\lambda_n \chi t}\rfloor}{dt} = \bar{q}_n(t)e^{\lambda_n \chi t}$$

积分得：

$$b_n(t) = b_n(0)e^{-\lambda_n \chi t} + e^{-\lambda_n \chi t}\int_0^t \bar{q}_n(\tau)e^{\lambda_n \chi t}d\tau \qquad (7-3-53)$$

式（7-3-50），式（7-3-52），式（7-3-53）代入式（7-3-47），得到方程的解

$$q_m(x,t) = \frac{2}{L}\sum_{n=1}^{\infty} e^{-\lambda_n \chi t}\sin\frac{n\pi x}{L}\Big[\int_0^L f(x)\sin\frac{n\pi x}{L}dx + \frac{n\pi \chi}{L}\int_0^t [q_{m0}(\tau)-(-1)^n q_{mL}(\tau)]e^{\lambda_n \chi t}d\tau\Big]$$

$$(7-3-54)$$

式（7-3-54）即是关于长度为 L、起点和终点燃气流量为时间的函数、长输管道不定常流的解析解。可以看到：

（1）$q_m(x,t)$ 的表达式是一个无穷项级数。这一级数可能收敛很慢，因此采用有限项实际计算时，必须取足够多的项数，才可能得到较好的近似值。但由于 $q_m(x,t)$ 接近周期函数，级数取 50～100 项即可达很好的精度；

（2）当实际工况的起点流量是接近常数时，$q_{m0}(\tau)=q_{mA}$，式中 $\int_0^t q_{m0}(\tau)d\tau = q_{mA}t$，计算有所简化。但这对当今采用计算机计算来说，并无实际影响。$q_{m0}(\tau)$ 可以和 $q_{mL}(\tau)$ 一样的展开为傅里叶级数；

（3）实际计算时，对作为输入参数的流量［例如终点流量 $q_{mL}(\tau)$］一般是周期性的离散的数据。为此对离散的 $q_{mL}(\tau)$ 数据特别适合于采用实用调和分析法将其表为有限项（例如 10 项）傅里叶级数：

$$q_{mL}(\tau) = \frac{a_0}{2} + \sum_{k=1}^{10}\Big[a_k\cos\Big(k\frac{\pi}{12}\tau\Big)\Big] + b_k\sin\Big(k\frac{\pi}{12}\tau\Big)$$

或采用三角函数拟合或插值法将其表为有限项（例如 10 项）三角级数。式（7-3-54）中的边界条件流量积分可由傅里叶级数或三角级数积分（采用 10 个分量）得：

$$\int_0^t(-1)^n q_{mL}(\tau)e^{\lambda_n \chi\tau}d\tau = (-1)^n\Bigg[\frac{a_0}{2\beta_n}(e^{\beta_n t}-1) + \sum_{k=1}^{10}\frac{1}{\beta_n^2+h_k^2}\{a_k[\beta_n\cos(h_kt)+h_k\sin(h_kt)]e^{\beta_n t}$$

$$-\beta_n + b_k[\beta_n\sin(h_kt)-h_k\cos(h_kt)]e^{\beta_n t}+h_k\}\Bigg]$$

$$\beta_n = \chi\lambda_n, \qquad n=1,2\cdots\infty$$

$$h_k = k\frac{\pi}{12}, \qquad k=1,2\cdots9,10$$

式中　n——$q_m(x,t)$ 的无穷项级数表达式的项号；

a_k,b_k——边界条件流量的傅里叶级数或三角级数展开式的系数，见式（7-3-25）。

（4）由式（7-3-12），式（7-3-13）的比较可知，对相类似形式的边界条件，对压力 $p(x,t)$ 也可以有形式相同的解，只需将公式中的 q_m 换为 p 即可。

在式（7-3-54）的基础上，可展开对长输管道流动的分析。显然，式（7-3-54）中有积分运算、求和运算，都需要利用计算机完成。

同时，按上述过程也可求解这一类非齐次边界条件、有自由项的非齐次二阶线性偏微分方程问题。

[**例7-3-3**] 　长输管道，长度 $L = 238km$，管道直径 $D = 0.5m$，设天然气起点压力 $p = 6.4MPa$，温度 $T_0 = 293.15$，密度 $\rho = 0.7174kg/m^3$，气体常数，等熵指数 $k = 1.309$，$R = 517.1$，临界压力 $p_c = 4.64$，临界温度 $T_c = 191.05$，摩阻系数 $\lambda = 0.02$，终点平均小时流量 $q_{mav} = 12502kg/h$，终点小时流量 $q_m(L, t)$

将小时流量 $q_m(L, t)$ 按傅里叶级数展开，对式（7-3-54）进行编程计算，得到 $q_m(x, t)$ 的解，并设压力 $p(0, t)$ ＝定值，由式（7-3-23）计算 $p(x, t)$，计算结果如图7-3-3～图7-3-6所示。

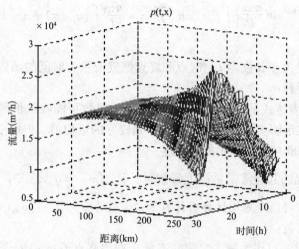

图7-3-3　管道流量 $q_m(x, t)$ 三维网格图

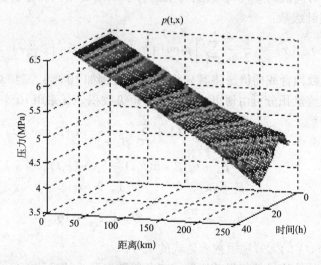

图7-3-4　管道压力 $q(x, t)$ 三维网格图

7.3.3.3　拉普拉斯变换法

对某些特定的燃气管道流动问题的偏微分方程，可采用拉普拉斯变换解法。拉普拉斯变换解法是积分法的一种。对偏微分方程进行拉普拉斯变换，得到关于未知函数的拉普拉斯变换像函数的微分方程，再解得到代数方程，由代数方程解出未知（待求）函数的像函数，经逆（反）变换得出原函数即待求函数。

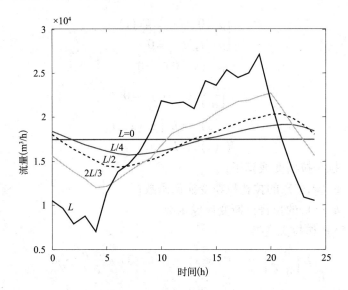

图 7 - 3 - 5 几个截面上流量$\left[q_m \; (0, \; t) \; \sim q_m\left(\dfrac{L}{2}, \; t\right) \sim q_m \; (L, \; t) \right]$随时间的变化

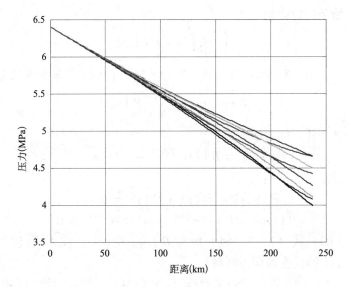

图 7 - 3 - 6 管道压力 $p \; (x, \; t)$ 沿管道距离的分布

采用拉氏变换法的效果在于将微分方程（或偏微分方程）求解转变为代数方程求解；

对于要求作变换的变量是在 $[0, \; +\infty]$ 上变化，在运用（单边）拉普拉斯变换时，一般取时间为独立变量；当初始条件取值为零时拉普拉斯变换法得以简化。

求拉氏逆变换可由反演公式计算、利用留数理论计算及利用拉氏变换表查表得出等方法。最常用的是查表法。拉氏变换法的局限性往往是由于求逆变换的困难。

下面讲解用拉普拉斯变换法解偏微分方程的基本的过程。

（1）考虑线性齐次偏微分方程式（7 - 3 - 14），给定非齐次边界条件和初始条件：

$$\frac{\partial^2 p}{\partial t^2} = c^2 \; \frac{\partial^2 p}{\partial x^2} \tag{7 - 3 - 55}$$

边界条件
$$\begin{cases} p\ (0,\ t)\ =h\ (t) \\ p\ (l,\ t)\ =0 \end{cases} \tag{7-3-56}$$

初始条件
$$\begin{cases} p\ (x,\ 0)\ =0 \\ \dfrac{\partial\ p}{\partial\ t}\ (x,\ 0)\ =0 \end{cases} \tag{7-3-57}$$

记
$$P\ (x,\ s)\ =L\ [\ p\ (x,\ t)\ ] \tag{7-3-58}$$
$$H\ (s)\ =L\ [\ h\ (t)\ ]$$

式中　　L——拉普拉斯变换算子；

$P\ (x,\ s)$ ——$p\ (x,\ t)$ 的拉普拉斯变换像函数；

$H\ (s)$ ——$h\ (t)$ 的拉普拉斯变换像函数。

对方程（7-3-55）作拉氏变换：

$$L\left[\frac{\partial^2 p}{\partial\ t^2}\right] = s^2 P\ (x,s)\ -sp\ (x,0)\ -\frac{\partial\ p}{\partial\ t}\ (x,0)$$

$$L\left[\frac{\partial^2 p}{\partial\ x^2}\right] = \frac{\partial^2}{\partial\ x^2}P\ (x,s) \tag{7-3-59}$$

（2）代入初始条件，得到

$$L\left[\frac{\partial^2 p}{\partial\ t^2}\right] = s^2 P\ (x,s) \tag{7-3-60}$$

式（7-3-59），式（7-3-60）代入式（7-3-55）得到关于 x 的常微分方程：

$$s^2 P\ (x,s)\ = c^2\ \frac{\partial^2}{\partial\ x^2}P\ (x,s) \tag{7-3-61}$$

常微分方程（7-3-61）的通解为：

$$P\ (x,s)\ = B\ (s)\mathrm{e}^{-(s/c)\ x} + C\ (s)\mathrm{e}^{(s/c)\ x} \tag{7-3-62}$$

（3）代入边界条件，得到

$$P\ (0,s)\ = B\ (s)\ + C\ (s)\ = H\ (s) \tag{7-3-63}$$

$$P\ (l,s)\ = B\ (s)\mathrm{e}^{-(s/c)\ l} + C\ (s)\mathrm{e}^{(s/c)\ l} = 0 \tag{7-3-64}$$

由式（7-3-63）式（7-3-64）解出 $B\ (s)$，$C\ (s)$。代入式（7-3-62），得到 $P\ (x,s)$，求 $P\ (x,s)$ 的反变换即得到解：

$$p\ (x,t)\ = L^{-1}P\ (x,s)$$

可见采用拉氏变换法即将求解偏微分方程变为求解常微分方程，再由常微分方程变为求解代数方程。其具体步骤通过下一小节 7.3.3.4 结合问题进行讲解。

7.3.3.4　高压燃气管道放散拉氏变换法求解

高压燃气管道放散是一种短管道瞬变流动。对相对较短的高压燃气管道，忽略摩阻压力损失，采用双曲型方程模型，进行求解，可用于对一些特定的高压燃气管道流动问题的分析。例如，对停用的短管道（实际压力 $p_r = p_0$）在管段出口端处进行放散（通过火炬或排入系统）。放散时管道压力发生急剧下降，考虑到燃气管道的原有高压状态，在出口处的燃气出流会持续较长一段时间保持临界流量。其临界流量为

$$q_m\ = \mu A_c a_0 \rho\ \left(\frac{2}{k_a + 1}\right)^{\frac{k_a+1}{2(k_a-1)}}$$

式中　　A_c，μ——管道燃气泄出口的断面积，流量系数；

　　　　a_0，ρ——管道燃气泄出口前的滞止声速，滞止密度；

　　　　κ_a——燃气等熵指数。

ρ，a_0 由于管内压力温度降低而减小，因而临界流量会随时间有所减小。

这一类流动工况属于瞬变流动。由式（7-3-55）双曲型偏微分方程及相应的初始条件和边界条件构成定解问题。

我们采用拉氏变换法，求解停气高压管道一端泄放问题。采用相对压力 $p(x,t) = p_r(x,t) - p_0$，泄放流量[①]$q_m(t) = q_{m0}\mathrm{e}^{-\beta_0 t}$。

$$\frac{\partial^2 p}{\partial t^2} = c^2 \frac{\partial^2 p}{\partial x^2} \tag{7-3-65}$$

边界条件
$$\begin{cases} \dfrac{\partial p(0,t)}{\partial x} = 0 \\[2mm] \dfrac{\partial p(L,t)}{\partial x} = -\dfrac{k}{A}q_m(t) \end{cases}$$

初始条件
$$\begin{cases} p(x,0) = 0 \\[2mm] \dfrac{\partial p}{\partial t}(x,0) = 0 \end{cases}$$

按 7.3.3.3 对此问题的偏微分方程进行拉氏变换，由初始条件，已知方程通解式（7-3-62）：

$$P(x,s) = B(s)\mathrm{e}^{-(s/c)x} + C(s)\mathrm{e}^{(s/c)x}$$

由边界条件：

$$L\left\{\frac{\partial p(0,t)}{\partial x}\right\} = \frac{\partial}{\partial x}P(0,s) = 0$$

$$L\left\{\frac{\partial p(L,t)}{\partial x}\right\} = L\left\{-\frac{k}{A}q_m(t)\right\} = -\frac{k}{A}q_{m0}\frac{1}{s+\beta_0} = Q(s)$$

得到代数方程组：

$$-B(s) + C(s) = 0$$

$$-\left(\frac{s}{c}\right)B(s)\mathrm{e}^{-(s/c)L} + \left(\frac{s}{c}\right)C(s)\mathrm{e}^{(s/c)L} = Q(s)$$

解得
$$B(s) = C(s) = \frac{c}{s}Q(s)\frac{1}{-\mathrm{e}^{-(s/c)L} + \mathrm{e}^{(s/c)L}}$$

代入通解方程（7-3-62）：

$$P(x,s) = \frac{c}{s}Q(s)\frac{\mathrm{e}^{-(s/c)x} + \mathrm{e}^{(s/c)x}}{\mathrm{e}^{(s/c)L} - \mathrm{e}^{-(s/c)L}} \tag{7-3-66}$$

式（7-3-66）中，记

$$F(s) = \frac{\mathrm{e}^{-(s/c)x} + \mathrm{e}^{(s/c)x}}{\mathrm{e}^{(s/c)L} - \mathrm{e}^{-(s/c)L}} = \frac{\mathrm{e}^{-(s/c)L}}{1 - \mathrm{e}^{-(s/c)2L}}(\mathrm{e}^{-(s/c)x} + \mathrm{e}^{(s/c)x})$$

因而
$$P(x,s) = \frac{c}{s}Q(s)F(s) = \overline{Q}(s)F(s) \tag{7-3-67}$$

---

① 推导参见第 12 章 12.2.1.2 燃气泄漏量计算

对合并的变换像函数 $\overline{Q}(s)$，改写成部分分式，再进行求原函数 $\overline{q}$：

$$\overline{Q}(s) = \frac{c}{s}Q(s) = -\frac{c}{s}\frac{k}{A}q_{m0}\frac{1}{s+\beta_0} = -\frac{ck}{A}q_{m0}\frac{1}{\beta_0}\left(\frac{1}{s} - \frac{1}{s+\beta_0}\right)$$

$$\overline{q} = L^{-1}\overline{Q}(s) = -\frac{ck}{A}q_{m0}\frac{1}{\beta_0}(1 - e^{-\beta_0 t})$$

且
$$F(s) = \frac{1}{1 - e^{-(s/c)2L}}e^{-(s/c)L}\left(e^{-(s/c)x} + e^{(s/c)x}\right)$$

考虑到 若 $|u| = |e^{-(s/c)2L}| < 1$，有展开式：$\dfrac{1}{1-u} = 1 + u + u^2 + u^3 + \cdots$

由上式有：
$$F(s) = \sum_{n=0}^{\infty}\left[\exp\left(-s\frac{2nL+L-x}{c}\right) + \exp\left(-s\frac{2nL+L+x}{c}\right)\right] \quad (7-3-68)$$

$\therefore F(s)$ 的原函数[1]：

$$f(t) = L^{-1}[F(s)] = \sum_{n=0}^{\infty}\left\{\delta\left[t - \frac{2nL+L-x}{c}\right] + \delta\left[t - \frac{2nL+L+x}{c}\right]\right\}$$

按式（7-3-67），由卷积定理[2]可知 $p(x,t)$ 是 $\overline{q}(t)$ 与 $f(t)$ 的卷积：

$$p(x,t) = \overline{q}(t)[1]f(t)$$

及卷积定义：

$$\overline{q}(t)[1]f(t) = \int_0^t \overline{q}(\overline{t})f(t-\overline{t})\mathrm{d}\overline{t} = \int_0^t -\frac{ck}{A}\frac{q_{m0}}{\beta_0}(1 - e^{-\beta_0\overline{t}})f(t-\overline{t})\mathrm{d}\overline{t}$$

有

$$p(x,t) = -\frac{ckq_{m0}}{A\beta_0}\left\{\begin{array}{l}\displaystyle\int_0^t(1-e^{-\beta_0\overline{t}})\sum_{n=0}^{\infty}\delta\left[t - \frac{2nL+L-x}{c} - \overline{t}\right]\mathrm{d}\overline{t} \\ +\displaystyle\int_0^t(1-e^{-\beta_0\overline{t}})\sum_{n=0}^{\infty}\delta\left[t - \frac{2nL+L+x}{c} - \overline{t}\right]\mathrm{d}\overline{t}\end{array}\right\} \quad (7-3-69)$$

式（7-3-69）是包含 δ 函数因子的积分[3]，交换求和与积分的顺序得出：

---

① 若原函数 $g(t) = \delta(t-t_0)$，则像函数 $G(s) = L\{g(t)\} = \int_0^{\infty}e^{-st}\delta(t-t_0)\mathrm{d}t = e^{-st_0}$

② 卷积定理：函数卷积的拉氏变换等于函数拉氏变换的乘积。若卷积 $p(x,t) = h(t)f(t)$，则 $P(x,s) = H(s)F(s)$

③ 任何连续函数与狄拉克函数乘积的积分 $\displaystyle\int_a^b g(t)\delta(t-t_0)\mathrm{d}t = \begin{cases}g(t_0), & a \leqslant t_0 \leqslant b \\ 0, & 此外的情形\end{cases}$ 若 $g(t) = 1$，

则 $\displaystyle\int_a^b\delta(t-t_0)\mathrm{d}t = \begin{cases}1, a \leqslant t_0 \leqslant b \\ 0, 此外的情形\end{cases}$，或者 $\displaystyle\int_a^b\delta(t-t_0)\mathrm{d}t = \sigma(t-a) - \sigma(t-b)$

$$
p(x,t) = \begin{cases}
0, \\
\quad t < \dfrac{2nL + L - x}{c}, \\[2mm]
-\dfrac{ck}{A\beta_0} q_{m0} \sum\limits_{n=0}^{\infty} \left\{ 1 - \exp\left[-\beta_0\left(t - \dfrac{2nL + L - x}{c} \right) \right] \right\}, \\[2mm]
\quad \dfrac{2nL + L - x}{c} < t < \dfrac{2nL + L + x}{c} \\[2mm]
-\dfrac{ck}{A\beta_0} q_{m0} \sum\limits_{n=0}^{\infty} \left\{ 1 - \exp\left[-\beta_0\left(t - \dfrac{2nL + L - x}{c} \right) \right] \right\} \\[2mm]
-\dfrac{ck}{A\beta_0} q_{m0} \sum\limits_{n=0}^{\infty} \left\{ 1 - \exp\left[-\beta_0\left(t - \dfrac{2nL + L + x}{c} \right) \right] \right\} \\[2mm]
\quad t > \dfrac{2nL + L + x}{c}
\end{cases}
\qquad (7-3-70)
$$

式（7-3-70）即为偏微分方程定解问题式（7-3-65）的解，表明在管道中压力的传播。实际压力：$p_r = p + p_0$。

[**例7-3-4**]　　计算长输管道放散问题。设管道长度 $L = 30\text{km}$，管道内径 $D = 500\text{mm}$，原始压力 $p_0 = 4.0\text{MPa}$，起始泄流量 $q_{m0} = 1 \cdot 10^4 \text{kg/h}$。声速 $c = 1080\text{km/h}$，设管道放散泄流量衰减指数 $\beta_0 = 1.5$（管道泄流量衰减指数推导见本书第12章 12.2.1.2 燃气泄漏量计算）。

$$
\beta_0 = \frac{2Z_c}{V}, \quad Z_c = \mu A_c a_0 \left(\frac{2}{k_a + 1} \right)^{\frac{k_a+1}{2(k_a-1)}}, \quad V = AL
$$

用式（7-3-78）计算得到 $p_r(x,t)$ 变化曲线如图7-3-7，图7-3-8。

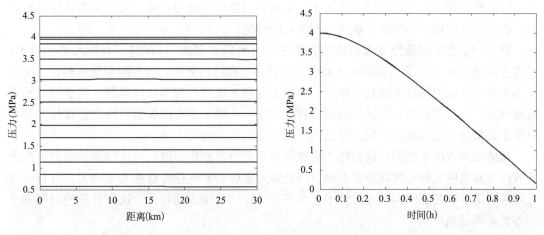

图7-3-7　高压管道放散管内压力变化

图7-3-7左图是以时间为参数的沿管道压力分布，它表明对无摩阻的短管，全管段的压降几乎是同步的。图7-3-7右图是以管道不同断面为参数的随时间管道压力变化，不同断面的压力变化是同步的，所以全部曲线都几乎重合。

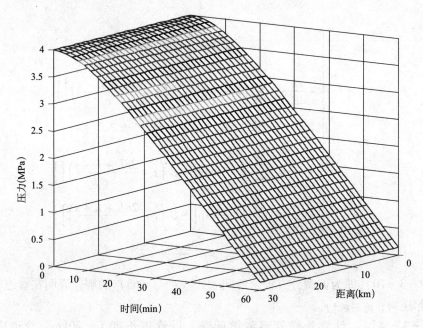

图 7 – 3 – 8　高压管道放散管内压力变化

利用式（7 – 3 – 70）可计算放散流量及放散累计量。

7.3.4　不定常流动方程数值法求解

一般，利用数值法求解，对于处理诸如非线性、复杂几何形状、复杂边界条件的问题以及耦合的偏微分方程组等都能很好地解决。对于燃气在管道中的不定常流动，由于数值解法是针对每一管段的截面的，因而很方便处理不同管段的管径变化或管段中间的分气点，可不必对数学模型进行修正或简化，这是采用数值解法的优势。尤其是借助计算机技术，数值计算的精度和速度都能达到非常高的境地。

目前用于求解偏微分方程的数值方法主要有有限差分法（FDM）、有限元法（FEM）和边界元法（BEM）等。有限元法起源于固体力学和结构分析。与有限差分法相比，有限元法在整个区域内可以灵活划分单元，更易于处理不规则几何形状的问题。对于燃气管道流动问题，由于管道的长度极大地超过管径尺度，一般无须考虑管道径向的速度梯度等相对极小的数量级的现象。有限差分法因而是十分实用有效的方法。

数值求解方法要选用合适的格式将数学模型进行离散化，然后再将待求的时间层次上所有的未知量联立起来同时进行求解，因此需要求解的非线性方程组非常庞大。方程组过大时求解需要较长的时间。在计算中，为了让计算结果很快地收敛，选取计算的时间和空间步长必须适当。

此外，适用的数值求解方法及选用的差分格式应具有使求解很好接近真值的收敛性和对于定解条件变动的稳定性。

7.3.4.1　不定常流动方程有限差分法

1. 差分格式

有限差分法的基本方式是通过对微分方程离散的方法将微分方程转变为代数方程。对偏微分方程离散即将待求参数按时间和空间网格进行划分，称为差分。

数值解法中，有特征线法、隐式差分法等。不同的差分安排称为差分格式。对于隐式差分格式，由于要将待求的时间层次上所有的空间分布的未知量联立起来同时进行求解，因此需要求解的非线性方程组非常庞大，但这种方法能够保证数值的绝对稳定性，因而时间步长相对可以取得较大。

对于空间是一维的管道流动问题的有限差分法，燃气管道内的压力、流量等参数是管道轴向位置 x（一维）和时间 t 的函数，因此，划分网格如图 7-3-9 所示。

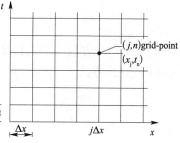

图 7-3-9　时间和一维空间网格

考虑方程（7-3-12）和式（7-3-14），利用泰勒级数展开，可得：

$$p_{j+1}^n = p_j^n + \Delta x \frac{\partial p}{\partial x}\Big|_j^n + \frac{(\Delta x)^2}{2!}\frac{\partial^2 p}{\partial x^2}\Big|_{j+\theta_1}^n \tag{7-3-71}$$

其中，$0 < \theta_1 < 1$，和

$$p_j^{n+1} = p_j^n + \Delta t \frac{\partial p}{\partial t}\Big|_j^n + \frac{(\Delta t)^2}{2!}\frac{\partial^2 p}{\partial t^2}\Big|_j^{n+\theta_2} \tag{7-3-72}$$

其中，$0 < \theta_2 < 1$，

如果空间网格 Δx 划分得足够小，则

$$\frac{\partial p}{\partial x}\Big|_j^n \cong \frac{p_{j+1}^n - p_j^n}{\Delta x} （向前差分，一级精度）$$

如果 $\Delta x \to 0$，则上式即为等式。

如果时间网格 Δt 划分得足够小，则

$$\frac{\partial p}{\partial t}\Big|_j^n \cong \frac{p_j^{n+1} - p_j^n}{\Delta t} （向前差分，一级精度）$$

如果 $\Delta t \to 0$，则上式即为等式。

同样，利用泰勒级数展开，分别可得

$$\frac{\partial p}{\partial x}\Big|_j^n \cong \frac{p_j^n - p_{j-1}^n}{\Delta x} （向后差分，一级精度）$$

$$\frac{\partial p}{\partial t}\Big|_j^n \cong \frac{p_j^n - p_j^{n-1}}{\Delta t} （向后差分，一级精度）$$

$$\frac{\partial p}{\partial x}\Big|_j^n \cong \frac{p_{j+1}^n - p_{j-1}^n}{2\Delta x} （中心差分，二级精度）$$

$$\frac{\partial p}{\partial t}\Big|_j^n \cong \frac{p_j^{n+1} - p_j^{n-1}}{2\Delta t} （中心差分，二级精度）$$

以及

$$\frac{\partial^2 P}{\partial x^2}\Big|_j^n \cong \frac{p_{j+1}^n - 2P_j^n + P_{j-1}^n}{(\Delta x)^2} （中心差分，二级精度）$$

$$\frac{\partial^2 p}{\partial t^2}\Big|_j^n \cong \frac{p_j^{n+1} - 2p_j^n + p_j^{n-1}}{(\Delta t)^2} （中心差分，二级精度）$$

2. 描述燃气流动特性偏微分方程的差分化

讨论长输管道，燃气流动抛物型方程（7-3-12）：

$$\frac{\partial p}{\partial t} = \chi \frac{\partial^2 p}{\partial x^2}$$

对该偏微分方程分别进行显式、隐式和 Grank-Nicholson 式差分可得

（1）显式方法

$$\frac{p_j^{n+1} - p_j^n}{\Delta t} = \chi \frac{p_{j+1}^n - 2p_j^n + p_{j-1}^n}{(\Delta x)^2} \qquad (7-3-73)$$

即：

$$p_j^{n+1} = S p_{j-1}^n + (1 - 2S) p_j^n + S p_{j+1}^n \qquad (7-3-74)$$

其中

$$S = \frac{\chi \Delta t}{(\Delta x)^2}, \ S \leqslant \frac{1}{2}$$

（2）隐式方法

$$\frac{p_j^{n+1} - p_j^n}{\Delta t} = \chi \frac{p_{j+1}^{n+1} - 2p_j^{n+1} + p_{j-1}^{n+1}}{(\Delta x)^2} \qquad (7-3-75)$$

即：

$$- S p_{j-1}^{n+1} + (1 + 2S) p_j^{n+1} - S p_{j+1}^{n+1} = p_j^n \qquad (7-3-76)$$

（3）Crank-Nicholson 方法

$$\frac{p_j^{n+1} - p_j^n}{\Delta t} = \frac{1}{2}\chi \left[\frac{p_{j+1}^n - 2p_j^n + p_{j-1}^n}{(\Delta x)^2} + \frac{p_{j+1}^{n+1} - 2p_j^{n+1} + p_{j-1}^{n+1}}{(\Delta x)^2} \right] \qquad (7-3-77)$$

即：

$$- S p_{j-1}^{n+1} + 2(1 + S) p_j^{n+1} - S p_{j+1}^{n+1} = S p_{j-1}^n + 2(1 - S) p_j^n + S p_{j+1}^n \qquad (7-3-78)$$

$$S = \frac{\chi \Delta t}{(\Delta x)^2}$$

上述三种方法是偏微分方程差分化的常用方法。其中由隐式方法和 Crank-Nicholson 方法建立的差分方程（7-3-76）和式（7-3-78）是无条件稳定的。但是由于需要迭代运算，因此，计算机运算时间相对显式方法长。而由显式方法建立的差分方程（7-3-74）是有条件稳定的，即时间步长和空间步长（对一维问题）必须满足

$$\frac{\chi \Delta t}{(\Delta x)^2} \leqslant \frac{1}{2}$$

原则上，应用燃气网络中各管段汇于同一节点的节点压力相同和节点处流量是平衡的这两个基本原则，借助上述方法可以分析整个网络的动态性能。

7.3.4.2　有分流变管径长输管道差分法求解

在 7.3.3.2 对长输管道不定常流动问题采用了分离变量法进行解析求解，作者在其中所分析的对象限制在单一管径，无分支流量（流入或分出）的情况。因为在求解中所运用的傅里叶级数逼近，要求函数是光滑的，而在分支流量处，流量要用狄拉克函数表示，对它不能用傅里叶级数展开。

对长输管道不定常流动问题，偏微分方程数值解法是最有效的方法。下面我们推导最一般的有分支流量、有变径的支状长输管道差分解法。

由方程（7－3－13）：

$$\frac{\partial q_m}{\partial t} = \chi \frac{\partial^2 q_m}{\partial x^2}$$

采用 Grank – Nicholson 6 点格式对其进行离散化，以用代数方程近似取代偏微分方程的积分。为直观，按图 7－3－10 所示长输管道说明。

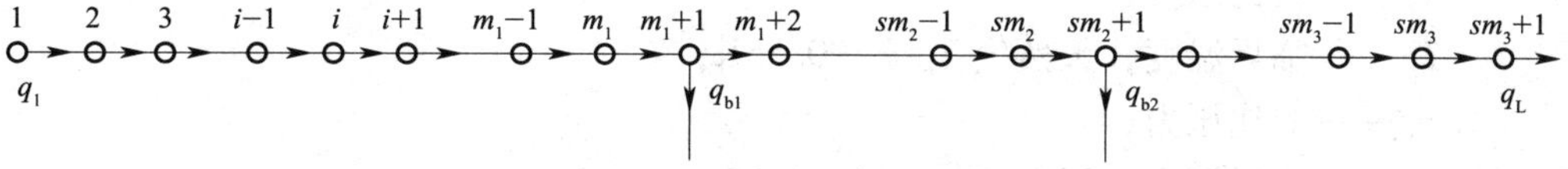

图 7－3－10　长输管道节点编号及流量负荷

对图 7－3－10 管道，有两个流量分支，管道分为 3 段。分别分为 m_1，m_2，m_3 微段。记 $sm_2 = m_1 + m_2$，$sm_3 = m_1 + m_2 + m_3$。供气节点号为 1，终端节点号为 $sm_3 + 1$。

对方程（7－3－13），一般管道节点，Grank – Nicholson 6 点格式为

$$\frac{q_{ij} - q_{i-1j}}{\Delta t} = \chi_i \frac{q_{i-1j-1} - 2q_{ij-1} + q_{i+1j-1} + q_{i-1j} - 2q_{ij} + q_{i+1j}}{2\Delta x_i^2}$$

式中　q_{ij}——为方便计，q_m 简写为 q，下标 i 为管道节点编号，下标 j 为时间层次号；

Δt——时间步长；

Δx_i——管段步长。

$$2(q_{ij} - q_{ij-1}) = \frac{\chi_i \Delta t}{\Delta x_i^2}(q_{i-1j-1} - 2q_{ij-1} + q_{i+1j-1} + q_{i-1j} - 2q_{ij} + q_{i+1j})$$

记　$S_i = \frac{\chi_i \Delta t}{\Delta x_i^2}$，$S_{ai} = 2(1 + S_i)$，$S_{di} = 2(1 - S_i)$，有

$$- S_i q_{i-1j} + S_{ai} q_{ij} - S_i q_{i+1j} = S_i q_{i-1j-1} + S_{di} q_{ij-1} + S_i q_{i+1j-1}$$

对 $i = 2$ 节点

$$S_{a2} q_{2j} - S_2 q_{3j} = S_{d2} q_{2j-1} + S_2 q_{3j-1} + S_2(q_{1j-1} + q_{1j})$$

对 m_1 节点（非一般节点）

$$- S_{m_1} q_{m_1-1j} + S_{am_1} q_{m_1j} - S_{m_1} q_{m_1+1j} = S_{m_1} q_{m_1-1j-1} + S_{dm_1} q_{m_1j-1} + S_{m_1} q_{m_1+1j-1} + S_{m_1}(q_{b1j-1} + q_{b1j})$$

对 $m_1 + 1$ 节点（非一般节点）

$$- S_{m_1+1} q_{m_1j} + S_{am_1+1} q_{m_1+1j} - S_{m_1+1} q_{m_1+2j} = S_{m1'+1} q_{m_1j-1} + S_{dm_1+1} q_{m_1+1j-1} + S_{m_1+1} q_{m_1+2j-1}$$
$$+ 2(q_{b1j-1} - q_{b1j}) - S_{m1+1}(q_{b1j-1} + q_{b1j})$$

类似可列出 sm_2，$sm_2 + 1$ 节点的方程

对 sm_3 节点（非一般节点）

$$- S_{sm_3} q_{sm_3-1j} + S_{asm_3} q_{sm_3j} = S_{sm_3} q_{sm_1-1j-1} + S_{dsm_3} Q_{sm_1j-1} + S_{sm_3}(q_{Lj-1} + q_{Lj})$$

共得出 $sm_3 - 1$ 个方程，求解 $q_{2j} \sim q_{sm_3j}$。对这一 $sm_3 - 1$ 阶三对角方程组可采用适当的算法求解。

1）逐时求解，（若考虑用气负荷为 24h 周期值，取时间步长为 1h，从 $j = 2$ 求解到 $j = 25$）。设初值 $q_{21} \sim q_{sm_31}$。

已知 q_{1j-1}，$q_{2j-1} \sim q_{sm_3j-1}$，$q_{Lj-1}$，$q_{1j}$，$q_{Lj}$ 解出 $q_{2j} \sim q_{sm_3j}$。

2）各节点 S_i，S_{ai}，S_{di} 值分别用 $q_{2j-1} \sim q_{sm_3j-1}$ 计算。

3）由节点 $2 \sim sm_3 + 1$ 的节点流量用数值积分可求出节点 $2 \sim sm_3 + 1$ 的节点压力。计算压力时考虑压缩因子，按第 5 章式（5 - 2 - 35）计算。

$$Z = ap + b$$

$$a = \frac{AT_r + B}{p_c}, \quad b = CT_r + D$$

式中　　T_r——对比温度；

　　　　T_c——临界温度，天然气 $T_c = 190.55\mathrm{K}$；

　　　　p_r——对比压力；

　　　　p_c——临界压力，天然气 $p_c = 4.604\mathrm{MPa}$；

A, B, C, D——Gopal 压缩因子系数，见表 7 - 3 - 1。

Gopal 压缩因子系数（温度 $T_r = 1.4^+ \sim 2.0$）　　　表 7 - 3 - 1

P_r	A	B	C	D
$0.2 \sim 1.2$	0.1391	-0.2988	-0.0007	0.9969
$1.2^+ \sim 2.5$	0.0984	-0.2053	-0.0621	0.8580

甲烷：$p_c = 4.6407\mathrm{MPa}$，$T_c = 191.05\mathrm{K}$。

4）也可用 Crank - Nicholson 6 点格式由方程（7 - 3 - 12）求解管道压力。

[例 7 - 3 - 5]　　有两个分气点的长输管道，长度 $L = 230\mathrm{km}$，管道分为 3 段（直径 $D1 \sim D3$）：$L1 = 100\mathrm{km}$，$D1 = 0.7\mathrm{m}$，$L2 = 80\mathrm{km}$，$D2 = 0.6\mathrm{m}$，$L3 = 50\mathrm{km}$，$D3 = 0.5\mathrm{m}$；天然气起点压力 $p = 6.4\mathrm{MPa}$，温度 $T_0 = 293.15\mathrm{K}$，密度 $\rho = 0.7174\mathrm{kg/m^3}$，气体常数 $\mathrm{R} = 517.1\mathrm{kJ/(kg \cdot K)}$，等熵指数 $\kappa = 1.309$，临界压力 $p_c = 4.64\mathrm{MPa}$，临界温度 $T_c = 191.05\mathrm{K}$，声速 $c = 300\mathrm{m/s}$；基准压力 $p_b = 0.101325\mathrm{MPa}$；基准温度 $T_b = 293.15\mathrm{K}$；摩阻系数 $\lambda = 0.018$。

第 1 分气点分气量（$10^4\mathrm{m^3/h}$）：

4.80	5.16	5.16	5.40	5.40	5.76	9.48	10.80
11.04	11.40	11.40	12.24	11.40	12.00	12.60	12.00
11.40	11.40	13.20	13.80	12.00	8.40	4.80	4.80

第 2 分气点分气量（$10^4\mathrm{m^3/h}$）：

7.20	7.20	7.20	7.20	7.20	7.80	9.48	10.08
11.04	11.40	11.40	11.40	14.40	14.40	12.00	12.00
10.44	10.32	11.76	13.80	12.60	12.00	7.44	7.44

终点小时流量（$10^4\mathrm{m^3/h}$）

7.20	6.60	5.40	6.00	4.80	7.80	9.48	10.08
11.04	12.00	12.00	14.40	12.60	12.60	12.00	11.40
10.20	13.20	14.76	11.64	10.32	8.40	8.16	7.44

计算结果分列于下列各图 7 - 3 - 11 ~ 图 7 - 3 - 16。

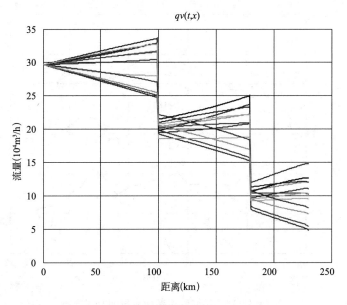

图 7-3-11　沿管道体积流量分布

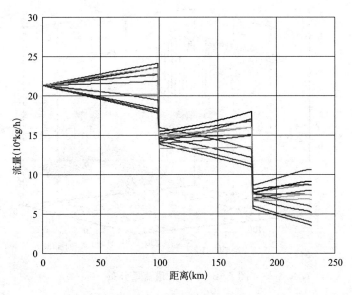

图 7-3-12　沿管道质量流量分布

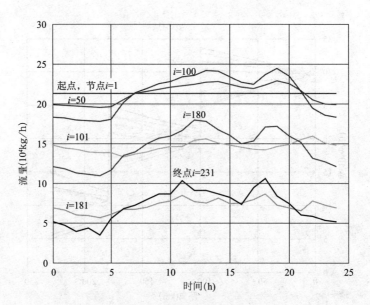

图 7-3-13　不同管道断面流量随时间分布

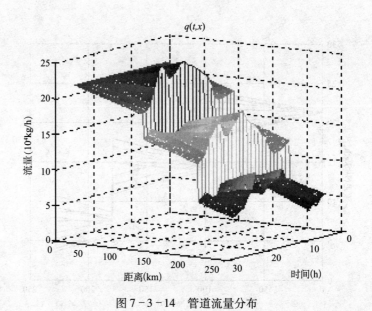

图 7-3-14　管道流量分布

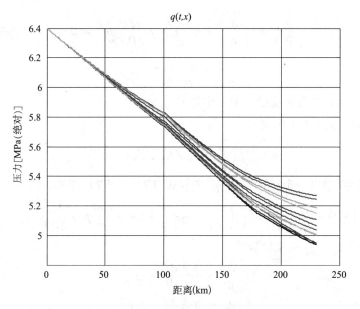

图 7 - 3 - 15　沿管道压力分布

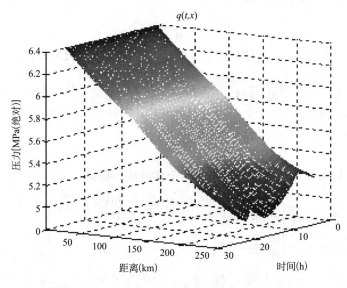

图 7 - 3 - 16　管道压力分布

7.3.4.3　高压管道不定常流动特征线法求解

高压管道不定常流动可以采用经典的特征线法进行计算。特征线法将偏微分方程化为沿特征线的常微分方程，然后再离散为代数方程，进行求解。因此按计算过程，特征线法属于数值方法范畴。

1. 沿特征线方程

对由运动方程（7 - 1 - 17）、连续性方程（7 - 1 - 14）和状态方程（7 - 1 - 15）组成的偏微分方程组，由式（7 - 3 - 3）得

$$\frac{\partial p}{\partial x} + \frac{\rho_0}{A} \frac{\partial q}{\partial t} + g \frac{\sin\theta}{c^2} p + \frac{\lambda \rho_0^2 c^2}{2DA^2 p} q^2 = 0 \qquad (7-3-79)$$

$$\frac{\partial p}{\partial t} + \frac{\rho_0 c^2}{A} \frac{\partial q}{\partial x} = 0 \qquad (7-3-80)$$

式中 q ——为标准状态的流量，未采用符号 q_0。

其中对等温流动，记 c （单位为 m/s）为

$$c = \sqrt{\frac{\partial p}{\partial \rho}} = \sqrt{ZRT}，或 c^2 = \frac{p}{\rho}$$

将式（7-3-80）乘以一个待定系数 η，再与式（7-3-79）相加，得

$$\eta \left(\frac{\partial p}{\partial t} + \frac{1}{\eta} \frac{\partial p}{\partial x} \right) + \frac{\rho_0}{A} \left(\frac{\partial q}{\partial t} + \eta c^2 \frac{\partial q}{\partial x} \right) + g \frac{\sin\theta}{c^2} p + \frac{\lambda \rho_0^2 c^2}{2DA^2 p} q^2 = 0 \quad (7-3-81)$$

因为在 x—t 平面上 p，q 的全导数为

$$\frac{dp}{dt} = \frac{\partial p}{\partial x} \frac{dx}{dt} + \frac{\partial p}{\partial t}$$

$$\frac{dq}{dt} = \frac{\partial q}{\partial x} \frac{dx}{dt} + \frac{\partial q}{\partial t}$$

对照式（7-3-81），若限定导数为

$$\frac{dx}{dt} = \frac{1}{\eta} = \eta c^2 \qquad (7-3-82)$$

在其方向上求解（积分），则偏微分方程（7-3-81）变为常微分方程：

$$\eta \frac{dp}{dt} + \frac{\rho_0}{A} \frac{dq}{dt} + g \frac{\sin\theta}{c^2} p + \frac{\lambda \rho_0^2 c^2}{2DA^2 p} q^2 = 0 \qquad (7-3-83)$$

由条件式（7-3-82）得

$$\eta = \pm \frac{1}{c}，\frac{dx}{dt} = \pm c \qquad (7-3-84)$$

由式（7-3-83）和式（7-3-84）得出两个常微分方程组：

$$C^+ \begin{cases} \dfrac{1}{c} \dfrac{dp}{dt} + \dfrac{\rho_0}{A} \dfrac{dq}{dt} + g \dfrac{\sin\theta}{c^2} p + \dfrac{\lambda \rho_0^2 c^2}{2DA^2 p} q^2 = 0 \\[2mm] \dfrac{dx}{dt} = c \end{cases} \qquad (7-3-85)$$

$$C^- \begin{cases} -\dfrac{1}{c} \dfrac{dp}{dt} + \dfrac{\rho_0}{A} \dfrac{dq}{dt} + g \dfrac{\sin\theta}{c^2} p + \dfrac{\lambda \rho_0^2 c^2}{2DA^2 p} q^2 = 0 \\[2mm] \dfrac{dx}{dt} = -c \end{cases} \qquad (7-3-86)$$

上两组方程的含义是，若偏微分方程特定地分别沿着 $\dfrac{dx}{dt} = c$、$\dfrac{dx}{dt} = -c$ 方向变化，则只与自变量 t 有关，因而成为常微分方程。$\dfrac{dx}{dt} = c$、$\dfrac{dx}{dt} = -c$ 称为特征线。式（7-3-85），式（7-3-86）即为沿特征线方程。

对天然气高压管道一般 $Z < 1$。在管道的全程上，天然气压力 p 是变化的，因此 Z，c 均是变化的。

2. 沿特征线方程的积分求解

（1）计算网格的划分

为采用数值解法，对管道长度和时间进行网格的划分，在其上将常微分方程离散。

在计算中，将管道沿长度方向上划分为 n 等分，每一等分的长度为 $\Delta x'$；将计算周期（一般为 24h）划分为 m 等分，每一时间间隔为 Δt（见图 $7-3-17$）。

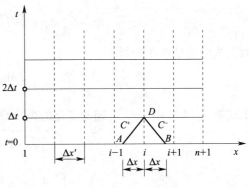

图 $7-3-17$ 计算网格

满足关系：

$$\Delta x' = \sqrt{RT}\Delta t$$

记 $c' = \sqrt{RT}$，$\therefore \Delta x' = c'\Delta t$

由式（$7-3-84$）可得，沿着特征线有

$$\Delta x = c\Delta t$$

$\because c < c'$

$\therefore$

$$\Delta x < \Delta x'$$

（2）特征线起点参数的插值计算

注意到，计算网格图中管道长度方向步长为 $\Delta x'$；而按特征线规定的管长方向步长为 Δx，$\Delta x < \Delta x'$。

计算时，为计算节点 i（C'）下一时刻（$t' = t + \Delta t$）的参数（点 D）需用时刻（t）的参数（点 A，点 B）。由于步长 Δx 不同于网格划分的步长 $\Delta x'$，点 A，点 B 上的参数需由时刻 t，节点 $i-1$（A'）和节点 $i+1$（B'）的参数插值得出。见图 $7-3-18$。

可采用线性插值或抛物线插值求得点 A，B 的 p，q 参数。下面以线性插值为例进行计算，记

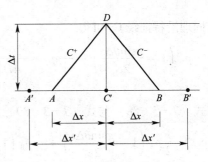

图 $7-3-18$ 特征线起点参数的插值

$$\frac{\Delta x}{\Delta x'} = \frac{c\Delta t}{\Delta x'} = \beta$$

对流量参数：

$$q_A = q_{C'} + \beta(q_{A'} - q_{C'})$$
$$q_B = q_{C'} + \beta(q_{B'} - q_{C'})$$

对压力参数：

$$p_A = p_{C'} + \beta(p_{A'} - p_{C'})$$
$$p_B = p_{C'} + \beta(p_{B'} - p_{C'})$$

（3）特征线参数的积分求解

特征线起点为上一时刻，终点为下一时刻。由于起点 A 的压力、流量已知，沿特征线 C+对式（$7-3-85$）进行积分运算，可得到关于 D 点压力、流量的一个关系式；同理，由 B 点沿特征线 C-对式（$7-3-86$）进行积分运算，可得到关于 D 点压力、流量的另一个关系式。将这两个关系式联立求解，可得到 D 点的压力、流量。沿特征线 C+，式（$7-3-84$）得 $dt = dx/c$，代入式（$7-3-85$）得

$$\mathrm{d}p + \frac{\rho_0 c}{A}\mathrm{d}q + \frac{g\sin\theta}{c^2}p\mathrm{d}x + \frac{\lambda\rho_0^2 c^2}{2DA^2 p}q^2\mathrm{d}x = 0$$

对上式沿特征线积分得

$$\int_{p_A}^{p_D}\mathrm{d}p + \frac{\rho_0 c}{A}\int_{q_A}^{q_D}\mathrm{d}q + \frac{g\sin\theta}{c^2}\int_{x_A}^{x_D}p\mathrm{d}x + \frac{\lambda\rho_0^2 c^2}{2DA^2}\int_{x_A}^{x_D}\frac{q^2}{p}\mathrm{d}x = 0 \qquad (7-3-87)$$

上式第 3，4 项中，p，q_0 随 x 变化的规律难以寻找，做如下近似：

$$\int_{x_A}^{x_D}p\mathrm{d}x = \frac{1}{2}(p_A + p_D)\Delta x$$

$$\int_{x_A}^{x_D}\frac{q^2}{p}\mathrm{d}x = \frac{1}{2}\left(\frac{q_A^2}{p_A} + \frac{q_D^2}{p_D}\right)\Delta x$$

将以上两式代入式（7-3-87），得

$$p_D - p_A + \frac{\rho_0 c}{A}(q_D - q_A) + \frac{g\sin\theta\Delta x}{2c^2}(p_A + p_D) + \frac{\lambda\rho_0^2 c^2\Delta x}{4DA^2}\left(\frac{q_A^2}{p_A} + \frac{q_D^2}{p_D}\right)$$

整理得

$$p_D\left(1 + \frac{g\sin\theta\Delta x}{2c^2}\right) + \frac{\rho_0 c}{A}q_D + \frac{\lambda\rho_0^2 c^2\Delta x}{4DA^2}\frac{q_D^2}{p_D} - p_A\left(1 - \frac{g\sin\theta\Delta x}{2c^2}\right) - \frac{\rho_0 c}{A}q_A + \frac{\lambda\rho_0^2 c^2\Delta x}{4DA^2}\frac{q_A^2}{p_A} = 0$$

$$(7-3-88)$$

同理沿特征线 C^- 可得

$$p_D\left(1 - \frac{g\sin\theta\Delta x}{2c^2}\right) - \frac{\rho_0 c}{A}q_D - \frac{\lambda\rho_0^2 c^2\Delta x}{4DA^2}\frac{q_D^2}{p_D} - p_B\left(1 + \frac{g\sin\theta\Delta x}{2c^2}\right) + \frac{\rho_0 c}{A}q_B - \frac{\lambda\rho_0^2 c^2\Delta x}{4DA^2}\frac{q_B^2}{p_B} = 0$$

$$(7-3-89)$$

式（7-3-88）与式（7-3-89）相加得

$$p_D = \frac{1}{2}p_A\left(1 - \frac{g\sin\theta\Delta x}{2c^2}\right) + \frac{1}{2}p_B\left(1 + \frac{g\sin\theta\Delta x}{2c^2}\right) + \frac{\rho_0 c}{2A}q_A - \frac{\rho_0 c}{2A}q_B - \frac{\lambda\rho_0^2 c^2\Delta x}{8DA^2}\frac{q_A^2}{p_A} + \frac{\lambda\rho_0^2 c^2\Delta x}{8DA^2}\frac{q_B^2}{p_B}$$

$$(7-3-90)$$

计算出 p_D，代入式（7-3-91）可得 q_D。

（4）初始时刻各节点参数的计算

已知：

1）高压管道起点在起始时刻的流量 $q(1,0)$；

2）高压管道终点在起始时刻的流量 $q(n+1,0)$；

3）高压管道起点在起始时刻的压力 $p(1,0)$。

由初始条件 1），2），可用插值法计算出起始时刻各点的流量。以抛物线插值为例：

$$q(i,0) = q(1,0) + \frac{q(n+1,0) - q(1,0)}{l^2}[(i-1)\Delta x']^2 \qquad (7-3-91)$$

为简化计算，式（7-3-79）中忽略掉惯性项，得

$$\frac{\partial p}{\partial x} + g\frac{\sin\theta}{c^2}p + \frac{\lambda\rho_0^2 c^2}{2DA^2 p}q^2 = 0$$

在相邻的两个网格节点 $(i,0)$ 和 $(i+1,0)$ 上进行运算，得

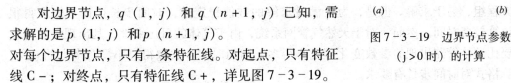

$$\frac{p(i+1,0)-p(i,0)}{\Delta x'} + \frac{g\sin\theta}{c^2}p(i,0) + \frac{\lambda\rho_0^2 c^2}{2DA^2 p(i,0)}\left[\frac{q(i,0)+q(i+1,0)}{2}\right]^2 = 0$$

$$(7-3-92)$$

式中的 c, λ 取节点 $(i,0)$ 的参数计算；从 $p(1,0)$ 开始，逐个计算出 $p(i,0)$，$i = 2 \sim n+1$，得出起始时刻各点的压力。

（5）边界节点参数（$j>0$ 时）的计算

对高压管道（长度为 l，单位为 m），一般的边界条件已知：

1）高压管道起点流量随时间的变化情况，即：$q(1,j)$；

2）高压管道终点流量随时间的变化情况，即：$q(n+1,j)$。

对边界节点，$q(1,j)$ 和 $q(n+1,j)$ 已知，需求解的是 $p(1,j)$ 和 $p(n+1,j)$。

对每个边界节点，只有一条特征线。对起点，只有特征线 C－；对终点，只有特征线 C＋，详见图 7－3－19。

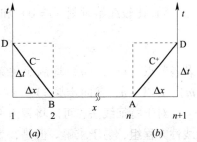

图 7－3－19　边界节点参数（j>0 时）的计算

对边界节点的特征线方程中，由于流量 q 已知，由式（7－3－88）或式（7－3－89）解一元方程即可得到压力 p。

（6）分输节点参数计算

在图 7－3－20 中，k 是分输点。一般从分输点流出的流量是恒定的，不随时间变化，记为 q_d。对分输点的流量用两个参数表示，即左侧流量 $q_l(k,j)$ 和右侧流量 $q_r(k,j)$。存在关系：

$$q_l(k,j) - q_d = q_r(k,j) \qquad (7-3-93)$$

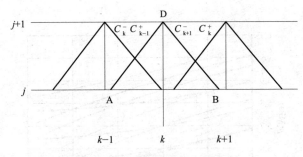

图 7－3－20　分输节点参数计算

在沿点 k 左侧的特征线计算时，取 $q_l(k,j)$，如 C_k^-，C_{k-1}^+；在沿点 k 右侧的特征线计算时，取 $q_r(k,j)$，如 C_k^+，C_{k+1}^-。当计算 $p(k,j+1)$，$q_l(k,j+1)$，$q_r(k,j+1)$ 时，据式（7－3－88）得到关于 $p(k,j+1)$，$q_l(k,j+1)$ 的关系式；据式（7－3－89）得到 $p(k,j+1)$，$q_r(k,j+1)$ 的关系式。再与式（7－3－93）联立，即可解出 $p(k,j+1)$，$q_l(k,j+1)$，$q_r(k,j+1)$。

（7）迭代计算过程

1）设定计算精度 ε_{acu}。划分网格，注意满足关系 $\Delta x' = \sqrt{R_g T \Delta t}$。此时特征线起点参数不需插值计算；

2）计算起始时刻（$j=0$）各节点的流量和压力；

3）用特征线法计算下一时刻（$j=1$）各节点的流量和压力；

4）继续对 $j=2$，$3 \cdots m$ 按照步骤③进行计算，得到网格上所有节点的压力和流量；

5）比较起始时刻（$j=0$）和终了时刻（$j=m$）各节点流量的相对差值 $\varepsilon(i)$：

$$\varepsilon(i) = \left| \frac{q(i,0) - q(i,m)}{q(i,0)} \right|$$

若各节点（$i=1 \sim n$）均满足关系 $\varepsilon(i) \leqslant \varepsilon_{acu}$，则计算结束。否则，令 $q(i,0) = q(i,m)$，$i=1 \sim n$，转向步骤3）。

对于特征线法，可以将管道上的偏微分方程化为特征差分方程，不需要求解庞大的非线性方程组，易于求解。但是，为了满足求解的数值稳定性，时间步长往往只能取得很小，计算较费时间。然而，对于天然气管网系统，由于气体的可压缩性，其出现参数变化程度要比液体管路出现的参数变化程度小得多，因而时间步长取得过小没有多大的意义，但计算格式对时间步长有要求。

用特征线法求解高压燃气管道等温不定常流动，计算简捷，易于求解。可用于长输管道的等温不定常流动计算。

[例 7 - 3 - 6]　设长输管道长度 $L = 240$km，管道直径 $D = 0.7$m，温度 $T = 283.15$K，天然气密度（标准状态）$\rho = 0.7174$kg/m^3，气体常数 $R_g = 517.1$J/（kg·K），等熵指数 $\kappa = 1.3$，终点用气负荷（m^3/s）：

18.0　16.5　13.5　15.0　12.0　19.5　23.7　25.2　27.6　31.5　37.5　36.9

37.2　36.0　41.4　40.5　43.5　42.0　42.9　46.5　37.5　30.0　24.0　18.6

采用特征线法计算得到结果示于图 7 - 3 - 21 ～图 7 - 3 - 23。

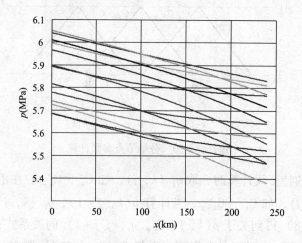

图 7 - 3 - 21　每隔 2h 压力沿管道长度变化曲线

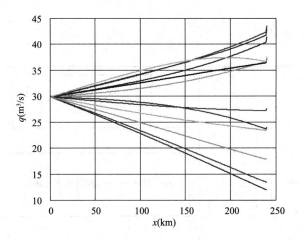

图 7 - 3 - 22　每隔 2h 流量沿管道长度变曲线

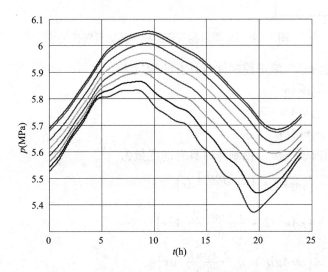

图 7 - 3 - 23　每隔 34km，压力随时间变化曲线

7.4　燃气管道非等温流动

由于燃气的起始温度条件以及燃气热力参数的变化，管道内燃气与管道环境存在热交换，燃气在管道中的流动不是等温流动。在一些场合需要考虑这一部分能量变化对燃气流动的影响。本节将进一步研究燃气在管道中的非等温流动。

7.4.1　燃气管道非等温流动能量方程

考虑输气管道燃气非等温流动的计算在满足式（7 - 1 - 13）、式（7 - 1 - 14）、式（7 - 1 - 15）的基础上，还要满足能量守恒方程。用图 7 - 4 - 1 表示一微小流管上的微小控制体（可取为一微段输气管道），垂直于流线的截面积为 A。在分析能量转换关系时，规定由外界输入控制体的能量符号为正，而由控制体输出到外界的能量符号为负。对控制体内能量分析如下：

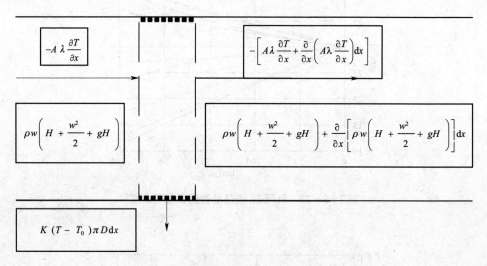

图 7 - 4 - 1　微段输气管道控制体能量转换关系

（1）单位时间内燃气流进控制体时具有的能量为

焓：　　　　　　　ρwAh

动能：　　　　　　$\rho wA\, w^2/2$

位能：　　　　　　$\rho wAgH$

（2）单位时间内燃气流出控制体时具有的能量为

焓　　　　　　　$\left(\rho wAh + A\dfrac{\partial\,(\rho wh)}{\partial\, x}\mathrm{d}x\right)$

动能　　　　　　$\left(\rho Aw^3/2 + \dfrac{\partial\,(\rho w^3/2)}{\partial\, x}A\mathrm{d}x\right)$

位能　　　　　　$\left(\rho wAgH + Ag\dfrac{\partial\,(\rho wH)}{\partial\, x}\mathrm{d}x\right)$

（3）在单位时间内控制体的能量增量为

内能增量　　　　$\dfrac{\partial\,(\rho Au)\,\mathrm{d}x}{\partial\, t}$

动能增量　　　　$\dfrac{\partial\,(\rho Aw^2/2)\,\mathrm{d}x}{\partial\, t}$

位能增量　　　　$\dfrac{\partial\,(\rho AgH)\,\mathrm{d}x}{\partial\, t}$

（4）控制体单位时间内，由于燃气沿着管道热传导，及燃气与管道外环境传热的热量而发生的减量：

$$q\rho A\mathrm{d}x = -A\frac{\partial}{\partial\, x}\left(\lambda\frac{\partial\, T}{\partial\, x}\right)\mathrm{d}x + K(T - T_0)\pi D\mathrm{d}x \approx K(T - T_0)\pi D\mathrm{d}x$$

（5）控制体单位时间内输出的功，在输气管中一般 $=0$。

控制体流动能量增量：

$$\rho wAh + \rho wA\frac{w^2}{2} + \rho wAgH - \left(\rho wAh + A\frac{\partial\ (\rho wh)}{\partial\ x}\mathrm{d}x\right) - \left(\rho wA\frac{w^2}{2} + \frac{\partial\ \left(\frac{\rho w^3}{2}\right)}{\partial\ x}A\mathrm{d}x\right)$$

$$- \left(\rho wAgH + Ag\frac{\partial\ (\rho wH)}{\partial\ x}\mathrm{d}x\right)$$

$$- K(T - T_0)\pi D\mathrm{d}x = \frac{\partial\ (\rho Au)\mathrm{d}x}{\partial\ t} + \frac{\partial\ \left(\rho A\frac{w^2}{2}\right)\mathrm{d}x}{\partial\ t} + \frac{\partial\ (\rho AgH)\mathrm{d}x}{\partial\ t} \qquad (7-4-1)$$

考虑到 $h = u + \dfrac{p}{\rho}$，得到下列方程：

$$\frac{\partial}{\partial\ x}(\rho wAh\mathrm{d}x) + \frac{\partial}{\partial\ x}\left(\frac{\rho Aw^3}{2}\mathrm{d}x\right) + \frac{\partial}{\partial\ x}(\rho wAgH\mathrm{d}x)$$

$$+ K(T - T_0)\pi D\mathrm{d}x + \frac{\partial}{\partial\ t}(\rho Au\mathrm{d}x) + \frac{\partial}{\partial\ t}\left(\frac{\rho Aw^2}{2}\mathrm{d}x\right) + \frac{\partial}{\partial\ t}(\rho AgH\mathrm{d}x) = 0 \qquad (7-4-2)$$

方程（7-4-2）的参数很多，而且在实际管道运行过程中，方程中的有些项跟其他的项相比数量级非常的小，可以忽略不考虑以使方程（7-4-2）简化。

以实际管道运行中的参数为依据，对方程（7-4-2）中共 7 项每一项进行计算，可以发现，方程（7-4-2）的第 8 项为 0，第 2 项比其他项的数量级小（10^3）以上。因此可以忽略第 2 项；第 7 项为 0，暂保留此项。

基于上述，方程式（7-4-2）可以简化为下式：

$$\frac{\partial}{\partial\ x}\left[(\rho wA\mathrm{d}x)(h + gH)\right] + \frac{\partial}{\partial\ t}\left[(\rho A\mathrm{d}x)\left(u + \frac{w^2}{2} + gH\right)\right] + K(T - T_0)\pi D\mathrm{d}x = 0$$

$$(7-4-3)$$

将方程（7-4-3）展开，可得

$$\frac{\partial\ (\rho wh)}{\partial\ x} + g\frac{\partial\ (\rho wH)}{\partial\ x} + \frac{\partial\ (\rho u)}{\partial\ t} + \frac{\partial\ \left(\rho\frac{w^2}{2}\right)}{\partial\ t} + \frac{\partial\ (\rho gH)}{\partial\ t} + \frac{K\pi D(T - T_0)}{A} = 0$$

$$(7-4-4)$$

由于 $g\dfrac{\partial\ (\rho wH)}{\partial\ x} + g\dfrac{\partial\ (\rho H)}{\partial\ t} = g\rho w\dfrac{\partial\ H}{\partial\ x} + gH\dfrac{\partial\ (\rho w)}{\partial\ x} + gH\dfrac{\partial\ (\rho)}{\partial\ t} + g\rho\dfrac{\partial\ (H)}{\partial\ t}$

由连续性方程有：$gH\left[\dfrac{\partial\ (\rho w)}{\partial\ x} + \dfrac{\partial\ \rho}{\partial\ t}\right] = 0$，且对固定控制体 $\dfrac{\partial\ H}{\partial\ t} = 0$，$\dfrac{\partial\ H}{\partial\ x} = \sin\alpha$

所以方程（7-4-4）式经进一步简化得出能量方程：

$$\frac{\partial\ (\rho wh)}{\partial\ x} + \frac{\partial\ (\rho u)}{\partial\ t} + \frac{\partial\ \left(\rho\frac{w^2}{2}\right)}{\partial\ t} + g\rho w\sin\alpha + \frac{4K(T - T_0)}{D} = 0 \qquad (7-4-5)$$

7.4.2　燃气管道非等温定常流动

7.4.2.1　非等温定常流动基本方程组

对于定常流，不考虑时间项，但考虑各参数沿管道轴向的变化。将方程组式（7-1-13），式（7-1-14），式（7-1-15）与式（7-4-5）联立得方程组：

$$\begin{cases} \dfrac{\partial(\rho w^2)}{\partial x} + \dfrac{\partial p}{\partial x} + g\rho\sin\theta + \dfrac{\lambda w^2}{2D}\rho = 0 \\[3mm] \dfrac{\partial(\rho w)}{\partial x} = 0 \\[3mm] \dfrac{\partial(\rho w h)}{\partial x} + g\rho w\sin\theta + \dfrac{4K(T-T_0)}{D} = 0 \\[3mm] \rho = \rho(p,T) \\[2mm] h = h(p,T) \end{cases} \qquad (7-4-6)$$

燃气在管道中的密度与管道中的压力、温度有关，且燃气在管道中的流速也是变化的，于是将 ρw 的乘积用质量流量来表示，为：$\rho w = q_m/A$。所以，对连续性方程有 $\dfrac{\partial q_m}{\partial x} = 0$，对于动量方程，有

$$\frac{\partial \left(p + q_m^2/(\rho A^2)\right)}{\partial x} + g\rho\sin\theta + \frac{\lambda q_m^2}{2\rho DA^2} = 0$$

将连续性方程代入动量方程中，变形可得

$$\frac{\partial p}{\partial x} - \frac{q_m^2}{A^2\rho^2}\frac{\partial\rho}{\partial x} + g\rho\sin\theta + \frac{\lambda q_m^2}{2\rho DA^2} = 0$$

由状态方程 $\rho = \rho(P,T)$，有 $\dfrac{\partial\rho}{\partial x} = \left(\dfrac{\partial\rho}{\partial p}\right)_T\dfrac{\partial p}{\partial x} + \left(\dfrac{\partial\rho}{\partial T}\right)_P\dfrac{\partial T}{\partial x}$，所以动量方程可以变形为

$$\frac{q_m^2}{A^2\rho^2}\left(\frac{\partial\rho}{\partial T}\right)_P\frac{\partial T}{\partial x} - \left(1 - \frac{q_m^2}{A^2\rho^2}\left(\frac{\partial\rho}{\partial P}\right)_T\right)\frac{\partial p}{\partial x} = g\rho\sin\theta + \frac{\lambda q_m^2}{2\rho DA^2}$$

由 $h = h(p,T)$，$\dfrac{\partial h}{\partial x} = \left(\dfrac{\partial h}{\partial p}\right)_T\dfrac{\partial p}{\partial x} + \left(\dfrac{\partial h}{\partial T}\right)_P\dfrac{\partial T}{\partial x}$

能量方程变为

$$\left(\frac{\partial h}{\partial T}\right)_P\frac{\partial T}{\partial x} + \left(\frac{\partial h}{\partial p}\right)_T\frac{\partial p}{\partial x} = -\frac{K\pi D(T-T_0)}{q_m} - g\sin\theta$$

所以，管道中燃气非等温定常流动问题成为连续性方程、动量方程、能量方程以 p、T、w 为基本变量组成的方程组：

$$\begin{cases} \dfrac{\partial q_m}{\partial x} = 0 \\[3mm] \dfrac{q_m^2}{A^2\rho^2}\left(\dfrac{\partial\rho}{\partial T}\right)_P\dfrac{\partial T}{\partial x} - \left(1 - \dfrac{q_m^2}{A^2\rho^2}\left(\dfrac{\partial\rho}{\partial p}\right)_T\right)\dfrac{\partial p}{\partial x} = g\rho\sin\theta + \dfrac{\lambda q_m^2}{2\rho DA^2} \\[3mm] \left(\dfrac{\partial h}{\partial T}\right)_P\dfrac{\partial T}{\partial x} + \left(\dfrac{\partial h}{\partial p}\right)_T\dfrac{\partial p}{\partial x} = -\dfrac{K\pi D(T-T_0)}{q_m} - g\sin\theta \end{cases} \qquad (7-4-7)$$

管道截面上的物性参数均是温度、压力的函数，采用合适的状态方程，运用热力学关系式演算均可一一求解。

7.4.2.2　非等温定常流动的数值解

为了便于分析，将非等温定常流动方程组（7-4-7）表示为以下形式：

$$\begin{cases} a_{11} \dfrac{\partial T}{\partial x} + a_{12} \dfrac{\partial p}{\partial x} + a_{13} \dfrac{\partial q_m}{\partial x} = b_1 \\[2mm] a_{21} \dfrac{\partial T}{\partial x} + a_{22} \dfrac{\partial p}{\partial x} + a_{23} \dfrac{\partial q_m}{\partial x} = b_2 \\[2mm] a_{31} \dfrac{\partial T}{\partial x} + a_{32} \dfrac{\partial p}{\partial x} + a_{33} \dfrac{\partial q_m}{\partial x} = b_3 \end{cases} \qquad (7-4-8)$$

（1）方程组系数的计算

忽略地面起伏因素，对于线性方程组（7-4-8）的左端项系数和右端项为

$$a_{11} = 0 \qquad\qquad a_{12} = 0 \qquad\qquad a_{13} = 1$$

$$a_{21} = \frac{q_m^2}{A^2\rho^2}\left(\frac{\partial \rho}{\partial T}\right)_P \qquad a_{22} = \frac{q_m^2}{A^2\rho^2}\left(\frac{\partial \rho}{\partial p}\right)_T - 1 \qquad a_{23} = 0$$

$$a_{31} = \left(\frac{\partial h}{\partial T}\right)_P \qquad a_{32} = \left(\frac{\partial h}{\partial p}\right)_T \qquad a_{33} = 0$$

$$b_1 = 0 \qquad\qquad b_2 = \frac{\lambda q_m^2}{2\rho DA^2} \qquad\qquad b_3 = -\frac{K\pi D(T-T_0)}{q_m}$$

求解线性方程组，须先计算上列各系数（利用 SHBWR 状态方程计算）。

（2）线性方程组的求解

应用全区间积分的四阶龙格-库塔（Runge-Kutta）法求解一阶微分方程组（7-4-8）。四阶龙格-库塔（Runge-Kutta）法是以高阶导数为基础解微分方程的方法，它比"矩形法"和"梯形法"计算精度高。这种方法是在所设的 (x_k, x_{k+1}) 区间内，多预估计几个函数值 $f(x_k, y_k)$，并采取适当的加权组合的方式求出一个更有代表性的平均值，称为平均斜率，也就是龙格-库塔法。四阶龙格-库塔法是常用的数值解法，其计算公式为

$$y_{k+1} = y_k + \frac{\Delta x}{6}(R_1 + R_2 + R_3 + R_4)$$

式中 R 为微分方程中各未知函数对 x 的导数，注角 1、2、3、4 为该微分方程中所出现导数的阶数。Δx 为计算步长。

$$R_1 = f(x_k, y_k)$$

$$R_2 = f\left(x_k + \frac{\Delta x}{2}, y_k + \frac{\Delta x}{2}R_1\right)$$

$$R_3 = f\left(x_k + \frac{\Delta x}{2}, y_k + \frac{\Delta x}{2}R_2\right)$$

$$R_4 = f\left(x_k + \frac{\Delta x}{2}, y_k + \frac{\Delta x}{2}R_3\right)$$

$$\Delta x = x_{k+1} - x_k$$

由于平均斜率法属于显式方法，计算比较容易，用该方法计算输气管定常流动的水力计算步骤如下。

1）将方程系数代入到由方程组（7-4-8）联立求解，可以得到

$$
\begin{cases}
\dfrac{\mathrm{d}T}{\mathrm{d}x} = \dfrac{b_3 a_{22} - b_2 a_{32}}{a_{22} a_{31} - a_{21} a_{32}} \\[3mm]
\dfrac{\mathrm{d}p}{\mathrm{d}x} = \dfrac{b_2 a_{31} - b_3 a_{21}}{a_{22} a_{31} - a_{21} a_{32}} \\[3mm]
\dfrac{\mathrm{d}q_m}{\mathrm{d}x} = 0
\end{cases}
\qquad (7-4-9)
$$

2）由管道入口条件下的温度 T_0、压力 p_0 和质量流量 q_{m0} 可以求得初值 $\left(\dfrac{\mathrm{d}T}{\mathrm{d}x}\right)_1$、$\left(\dfrac{\mathrm{d}p}{\mathrm{d}x}\right)_1$、和 $\left(\dfrac{\mathrm{d}q_m}{\mathrm{d}x}\right)_1$。

3）利用初值求增量为 $\dfrac{\Delta x}{2}$ 处的温度 T_1、压力 P_1 和质量流量 q_m：

$$
T_1 = T_0 + \frac{\Delta x}{2}\left(\frac{\mathrm{d}T}{\mathrm{d}x}\right)_1 \; ; \quad p_1 = p_0 + \frac{\Delta x}{2}\left(\frac{\mathrm{d}p}{\mathrm{d}x}\right)_1 \; ; \quad q_{m1} = q_{m0} + \frac{\Delta x}{2}\left(\frac{\mathrm{d}q_m}{\mathrm{d}x}\right)_1
$$

同步骤2，由 T_1、p_1 和 q_{m1} 求得第二次导数值 $\left(\dfrac{\mathrm{d}T}{\mathrm{d}x}\right)_2$、$\left(\dfrac{\mathrm{d}p}{\mathrm{d}x}\right)_2$、和 $\left(\dfrac{\mathrm{d}q_m}{\mathrm{d}x}\right)_2$。

4）利用第二次导数值再求增量为 $\dfrac{\Delta x}{2}$ 处的温度 T_2、压力 P_2 和质量流量 q_{m2}：

$$
T_2 = T_1 + \frac{\Delta x}{2}\left(\frac{\mathrm{d}T}{\mathrm{d}x}\right)_2 \; ; \quad p_2 = p_1 + \frac{\Delta x}{2}\left(\frac{\mathrm{d}p}{\mathrm{d}x}\right)_2 \; ; \quad q_{m2} = q_{m1} + \frac{\Delta x}{2}\left(\frac{\mathrm{d}q_m}{\mathrm{d}x}\right)_2
$$

同步骤2，由 T_2、P_2 和 q_{m2} 求得第三次导数值 $\left(\dfrac{\mathrm{d}T}{\mathrm{d}x}\right)_3$、$\left(\dfrac{\mathrm{d}p}{\mathrm{d}x}\right)_3$、和 $\left(\dfrac{\mathrm{d}q_m}{\mathrm{d}x}\right)_3$。

5）利用第三次导数值再求增量为 $\dfrac{\Delta x}{2}$ 处的温度 T_3、压力 P_3 和质量流量 q_{m3}：

$$
T_3 = T_2 + \frac{\Delta x}{2}\left(\frac{\mathrm{d}T}{\mathrm{d}x}\right)_3 \; ; \quad p_3 = p_2 + \frac{\Delta x}{2}\left(\frac{\mathrm{d}p}{\mathrm{d}x}\right)_3 \; ; \quad q_{m3} = q_{m2} + \frac{\Delta x}{2}\left(\frac{\mathrm{d}q_m}{\mathrm{d}x}\right)_3
$$

同步骤2，由 T_3、p_3 和 q_{m3} 求得第三次导数值 $\left(\dfrac{\mathrm{d}T}{\mathrm{d}x}\right)_4$、$\left(\dfrac{\mathrm{d}p}{\mathrm{d}x}\right)_4$、和 $\left(\dfrac{\mathrm{d}q_m}{\mathrm{d}x}\right)_4$。

6）由四阶龙格-库塔法得到各变量增值后的值为

$$
T_{i+1} = T_i + \frac{\Delta x}{6}\left[\left(\frac{\mathrm{d}T}{\mathrm{d}x}\right)_1 + 2\left(\frac{\mathrm{d}T}{\mathrm{d}x}\right)_2 + 2\left(\frac{\mathrm{d}T}{\mathrm{d}x}\right)_3 + \left(\frac{\mathrm{d}T}{\mathrm{d}x}\right)_4\right]
$$

$$
p_{i+1} = p_i + \frac{\Delta x}{6}\left[\left(\frac{\mathrm{d}p}{\mathrm{d}x}\right)_1 + 2\left(\frac{\mathrm{d}p}{\mathrm{d}x}\right)_2 + 2\left(\frac{\mathrm{d}p}{\mathrm{d}x}\right)_3 + \left(\frac{\mathrm{d}p}{\mathrm{d}x}\right)_4\right]
$$

$$
q_{mi+1} = q_{mi} + \frac{\Delta x}{6}\left[\left(\frac{\mathrm{d}q_m}{\mathrm{d}x}\right)_1 + 2\left(\frac{\mathrm{d}q_m}{\mathrm{d}x}\right)_2 + 2\left(\frac{\mathrm{d}q_m}{\mathrm{d}x}\right)_3 + \left(\frac{\mathrm{d}q_m}{\mathrm{d}x}\right)_4\right]
$$

7）反复进行 1-6 步，可求出管路从起始端到末端各截面的参数。

下面是定常流动数值解法计算流程图。

7.4.3　燃气管道非等温不定常流动

7.4.3.1　不定常流动模拟的有限差分格式

对于不定常流，将方程组（7-1-13），式（7-1-14），式（7-1-15）与式

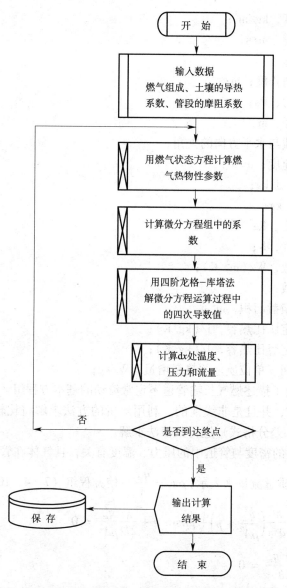

图 7 - 4 - 2 定常流动数值解法计算流程图

（7-4-5）联立得方程组。方程组中含有 ρ、w、p、T、h 五个未知数，对燃气的热力参数补充燃气的比焓方程 $h = h（p，T）$，这样得出封闭的方程组：

$$
\begin{cases}
\dfrac{\partial（\rho w）}{\partial t} + \rho\dfrac{\partial（w^2/2）}{\partial x} + \dfrac{\partial p}{\partial x} + \rho g\sin\theta + \dfrac{\lambda w^2}{2D}\rho = 0 \\[3mm]
\dfrac{\partial\rho}{\partial t} + \dfrac{\partial（\rho w）}{\partial x} = 0 \\[3mm]
\dfrac{\partial（\rho wh）}{\partial x} + \dfrac{\partial（\rho u）}{\partial t} + \dfrac{\partial（\rho w^2/2）}{\partial t} + g\rho w\sin\theta + \dfrac{4K（T - T_0）}{D} = 0 \\[3mm]
\rho = \rho（p，T） \\[2mm]
h = h（p，T）
\end{cases}
\qquad (7-4-10)
$$

式中 ρ ——燃气密度，kg/m^3；

$\quad\quad w$ ——燃气流速，m/s；

$\quad\quad\; t$ ——时间，s；

$\quad\quad x$ ——管内轴向长度，m；

$\quad\quad p$ ——燃气压力，Pa；

$\quad\quad D$ ——管道内径，m；

$\quad\quad \theta$ ——管道轴线与水平方向的夹角；

$\quad\quad g$ ——重力加速度，m/s^2；

$\quad\quad u$ ——比内能，J/kg；

$\quad\quad h$ ——比焓，J/kg；

$\quad\quad T_0$ ——地面温度，K；

$\quad\quad T$ ——燃气温度，K；

$\quad\quad K$ ——传热系数，$W/(m^2 \cdot K)$；

$\quad\quad \lambda$ ——摩阻系数；

$\quad\quad A$ ——管段的横截面积，m^2；

$\quad\quad c_p$ ——燃气的定压比热容，$J/(kg \cdot K)$；

$\quad\quad c_v$ ——燃气的定容比热容，$J/(kg \cdot K)$；

$\quad\quad Q$ ——单位时间、单位质量的热量增量，W/kg；

式（7-4-10）给出了描述燃气长输管道不定常流动的基本方程组。该方程组有多个参数因而有多个待求函数，并且是非线性的。利用解析的方法求解将比较复杂。现采用 Wendroff 差分格式（中心差分格式）进行数值法求解。

天然气在管路中的密度与管道中的压力、温度有关，且气体在管道中的流速也是变化的，将 ρw 的乘积用质量流量来表示：$\rho w = \dfrac{q_m}{A}$。使方程组（7-4-10）化为

$$\begin{cases} \dfrac{\partial}{A\partial t} q_m + \dfrac{\partial}{\partial x}\left(\dfrac{q_m^2}{\rho A^2} + p\right) + g\rho\sin\theta + \dfrac{\lambda}{2D}\dfrac{q_m^2}{\rho A^2} = 0 \\[3mm] \dfrac{\partial \rho}{\partial t} + \dfrac{\partial}{A\partial x} q_m = 0 \\[3mm] \dfrac{\partial}{\partial x}\left(\dfrac{q_m h}{A}\right) + \dfrac{\partial}{\partial t}\left[\left(h - \dfrac{p}{\rho} + \dfrac{q_m^2}{2A^2\rho^2}\right)\rho\right] + \dfrac{4K(T - T_0)}{D} + \dfrac{q_m g}{A}\sin\theta = 0 \\[3mm] \rho = \rho(p, T) \\[2mm] h = h(p, T) \end{cases}$$

$$(7-4-11)$$

对于一般形式的一阶双曲型偏微分方程：

$$\frac{\partial X}{\partial t} + \frac{\partial Y}{\partial x} = 0$$

用 Wendroff 差分格式。如图 7-4-3 所示，在点 $\left(i + \dfrac{1}{2}, j + \dfrac{1}{2}\right)$ 处，其偏导数分别表示为

$$\left[\frac{\partial X}{\partial t}\right]_{i+\frac{1}{2},j+\frac{1}{2}} = \frac{1}{2}\left(\left[\frac{\partial X}{\partial t}\right]_{i+1,j+\frac{1}{2}} + \left[\frac{\partial X}{\partial t}\right]_{i,j+\frac{1}{2}}\right) + O(\Delta x^2)$$

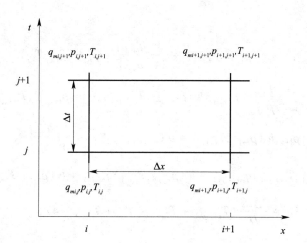

图 7 − 4 − 3 Wendroff 差分格式网格图

$$= \frac{1}{2}\left\{\frac{1}{\Delta t}([X]_{i+1,j+1} - [X]_{i+1,j}) + \frac{1}{\Delta t}([X]_{i,j+1} - [X]_{i,j}) + O(\Delta t^2)\right\} + O(\Delta x^2)$$

$$\left[\frac{\partial Y}{\partial x}\right]_{i+\frac{1}{2},j+\frac{1}{2}} = \frac{1}{2}\left(\left[\frac{\partial Y}{\partial x}\right]_{i+\frac{1}{2},j} + \left[\frac{\partial Y}{\partial x}\right]_{i+\frac{1}{2},j+1}\right) + O(\Delta t^2)$$

$$= \frac{1}{2}\left\{\frac{1}{\Delta x}([Y]_{i+1,j+1} - [Y]_{i,j+1}) + \frac{1}{\Delta x}([Y]_{i+1,j} - [Y]_{i,j}) + O(\Delta x^2)\right\} + O(\Delta t^2)$$

将 $\left[\dfrac{\partial X}{\partial t}\right]_{i+\frac{1}{2},j+\frac{1}{2}}$ 与 $\left[\dfrac{\partial Y}{\partial x}\right]_{i+\frac{1}{2},j+\frac{1}{2}}$ 相加，可以得到 Wendroff 差分格式：

$$\frac{1}{2}\left(\frac{X_{i+1,j+1} - X_{i+1,j}}{\Delta t} + \frac{X_{i,j+1} - X_{i,j}}{\Delta t}\right) + \frac{1}{2}\left(\frac{Y_{i+1,j+1} - Y_{i,j+1}}{\Delta x} + \frac{Y_{i+1,j} - Y_{i,j}}{\Delta x}\right) = 0 \qquad (7-4-12)$$

式中 $(i = 0,1,2\cdots j = 0,1,2\cdots)$

由以上分析可知，式 (7 − 4 − 12) 的局部截断误差为 $O(\Delta t^2 + \Delta x^2)$，具有二阶精度，且记 $r = \dfrac{\Delta t}{\Delta x}$，应用于式 (7 − 4 − 11)。

对连续性方程有

$$\rho_{i+1,j+1} - \rho_{i+1,j} + \rho_{i,j+1} - \rho_{i,j} + \frac{r}{A}(q_{mi+1,j+1} - q_{mi,j+1} + q_{mi+1,j} - q_{mi,j}) = 0$$

$$(7-4-13)$$

对运动方程有

$$\frac{q_{mi+1,j+1} - q_{mi+1,j} + q_{mi,j+1} - q_{mi,j}}{A} + r\left[\frac{q_{mi+1,j+1}^2}{A^2\rho_{i+1,j+1}} + p(\rho_{i+1,j+1}, T_{i+1,j+1})\right.$$

$$- \frac{q_{mi,j+1}^2}{A^2\rho_{i,j+1}} - p(\rho_{i,j+1}, T_{i,j+1}) + \frac{q_{mi+1,j}^2}{A^2\rho_{i+1,j}} + p(\rho_{i+1,j}, T_{i+1,j})$$

$$\frac{q_{mi,j}^2}{A^2\rho_{i,j}} - p(\rho_{i,j}, T_{i,j})\left] + \frac{\Delta t\lambda}{4DA^2}\left[\frac{q_{mi+1,j+1}^2}{\rho_{i+1,j+1}} + \frac{q_{mi,j+1}^2}{\rho_{i,j+1}} + \frac{q_{mi+1,j}^2}{\rho_{i+1,j}} + \frac{q_{mi,j}^2}{\rho_{i,j}}\right] \qquad (7-4-14)$$

$$+ \Delta t g\sin\theta\frac{\rho_{i+1,j+1} + \rho_{i,j+1} + \rho_{i+1,j} + \rho_{i,j}}{2} = 0$$

对能量方程有

$$\rho_{i,j+1}h\left(\rho_{i,j+1},T_{i,j+1}\right) - p\left(\rho_{i,j+1},T_{i,j+1}\right) + \frac{1}{2A^2}\frac{q_{mi,j+1}^2}{\rho_{i,j+1}} - \rho_{i,j}h\left(\rho_{i,j},T_{i,j}\right)$$

$$+ p\left(\rho_{i,j},T_{i,j}\right) - \frac{1}{2A^2}\frac{q_{mi,j}^2}{\rho_{i,j}} + \rho_{i+1,j+1}h\left(\rho_{i+1,j+1},T_{i+1,j+1}\right) - p\left(\rho_{i+1,j+1},T_{i+1,j+1}\right)$$

$$+ \frac{1}{2A^2}\frac{q_{mi+1,j+1}^2}{\rho_{i+1,j+1}} - \rho_{i+1,j}h\left(\rho_{i+1,j},T_{i+1,j}\right) + p\left(\rho_{i+1,j},T_{i+1,j}\right) - \frac{1}{2A^2}\frac{q_{mi+1,j}^2}{\rho_{i+1,j}} \qquad (7-4-15)$$

$$+ \frac{r}{A}\left[h\left(\rho_{i+1,j+1},T_{i+1,j+1}\right)q_{mi+1,j+1} - h\left(\rho_{i,j+1},T_{i,j+1}\right)q_{mi,j+1} + h\left(\rho_{i+1,j},T_{i+1,j}\right)q_{mi+1,j}\right.$$

$$\left. - h\left(\rho_{i,j},T_{i,j}\right)q_{mi,j}\right] + \frac{2\Delta tK}{D}\left(T_{i+1,j+1} + T_{i,j+1} + T_{i,j} + T_{i+1,j} - 4T_0\right)$$

$$+ \frac{\Delta tg}{2A}\sin\theta\left(q_{mi+1,j+1} + q_{mi,j+1} + q_{mi,j} + q_{mi+1,j}\right) = 0$$

对气体状态方程有

$$p_j^k = p\left(\rho_j^k,T_j^k\right) \qquad (7-4-16)$$

对焓方程有

$$h_j^k = h\left(p_j^k,T_j^k\right) \qquad (7-4-17)$$

7.4.3.2 不定常流动的差分方程求解

前面建立了长输管道不定常流动数学模型的中心差分计算格式及相应的初边值条件，其所形成的是非线性非齐次的方程组。对一个剖面段就有式（7-4-13）～式（7-4-15）这样多的方程，那么对一个大型的输气管网将有众多的方程，因此应选择能够快速的逼近真值的计算该方程组的方法。考虑到该方程组易求导和迭代初值一般离真值的偏差较小的条件，选用 Newton-Raphson 迭代法求解。

1. Newton-Raphson 迭代法

设非线性方程组 $f_j\left(X\right) = 0, j = 0,1\cdots n-1$

其中迭代变量：$X = \{x_0,x_1\cdots x_{n-1}\}^T$

若假设 X 的第 k 次迭代近似值为

$$X^k = \{x_0^k,x_1^k\cdots x_{n-1}^k\}^T \qquad (7-4-18)$$

则计算第 $k+1$ 次迭代值的 Newton-Raphson 迭代格式为

$$X^{k+1} = X^k - \delta X^k \qquad (7-4-19)$$

迭代增量 $\delta X = \{\delta x_0,\delta x_1\cdots\delta x_{n-1}\}^T$ 满足

$$J^k\delta X^k = f\left(X^k\right) \qquad (7-4-20)$$

式中 J 为迭代函数列 f 对迭代变量 x 的 Jacobi 矩阵，形如

$$J = \begin{bmatrix} \dfrac{\partial f_0}{\partial x_0} & \cdots & \cdots & \dfrac{\partial f_0}{\partial x_{n-1}} \\ \dfrac{\partial f_1}{\partial x_0} & \cdots & \cdots & \dfrac{\partial f_1}{\partial x_{n-1}} \\ \vdots & \vdots & \vdots & \vdots \\ \dfrac{\partial f_{n-1}}{\partial x_0} & \cdots & \cdots & \dfrac{\partial f_{n-1}}{\partial x_{n-1}} \end{bmatrix}$$

2. N-R 法迭代的计算步骤

（1）选定迭代初值 $X = \{x_0, x_1 \cdots x_{n-1}\}^T$，计算函数列 $f_j(X) = 0$ 的数值和 Jacobi 矩阵中的元素；

（2）按公式 $J^k \delta X^k = f(X^k)$ 计算迭代增量 $\delta X = \{\delta x_0, \delta x_1 \cdots \delta x_{n-1}\}^T$，再由式 $X^{k+1} = X^k - \delta X^k$ 计算新的变量 X^{k+1} 的值；

（3）如果 $\max |\delta X| \leqslant \varepsilon_1$ 或 $\max |\delta f(X)| \leqslant \varepsilon_2$（$\varepsilon_1$ 和 ε_2 是给定的控制精度），则终止迭代，以 X^{k+1} 作为所求的根，否则转入步骤（4）；

（4）如果迭代次数达到预定的次数 N，或者 Jacobi 矩阵奇异，则方法失效，否则以 X^{k+1}，$f(X^{k+1})$ 和 J^{k+1} 重新计算函数列和 Jacobi 矩阵转入步骤（2）继续迭代。

3. 中心有限差分计算格式的计算函数列

（1）变形连续性方程的差分方程：

$$F_1 = \rho_{i+1,j+1} - \rho_{i+1,j} + \rho_{i,j+1} - \rho_{i,j} + \frac{r}{A}(q_{mi+1,j+1} - q_{mi,j+1} + q_{mi+1,j} - q_{mi,j}) = 0$$

$$(7-4-21)$$

（2）变形运动方程的差分方程：

$$F_2 = \frac{q_{mi+1,j+1} - q_{mi+1,j} + q_{mi,j+1} - q_{mi,j}}{A} + r\left[\frac{q_{mi+1,j+1}^2}{A^2 \rho_{i+1,j+1}} + p(\rho_{i+1,j+1}, T_{i+1,j+1})\right.$$

$$- \frac{q_{mi,j+1}^2}{A^2 \rho_{i,j+1}} - p(\rho_{i,j+1}, T_{i,j+1}) + \frac{q_{mi+1,j}^2}{A^2 \rho_{i+1,j}} + p(\rho_{i+1,j}, T_{i+1,j})$$

$$- \frac{q_{mi,j}^2}{A^2 \rho_{i,j}} - p(\rho_{i,j}, T_{i,j})\right] + \frac{\Delta t \lambda}{4DA^2}\left[\frac{q_{mi+1,j+1}^2}{\rho_{i+1,j+1}} + \frac{q_{mi,j+1}^2}{\rho_{i,j+1}} + \frac{q_{mi+1,j}^2}{\rho_{i+1,j}} + \frac{q_{mi,j}^2}{\rho_{i,j}}\right]$$

$$+ \Delta t g \sin\theta \frac{\rho_{i+1,j+1} + \rho_{i,j+1} + \rho_{i+1,j} + \rho_{i,j}}{2} = 0 \qquad (7-4-22)$$

（3）变形能量方程的差分方程

$$F_3 = \rho_{i,j+1}h(\rho_{i,j+1}, T_{i,j+1}) - p(\rho_{i,j+1}, T_{i,j+1}) + \frac{1}{2A^2}\frac{q_{mi,j+1}^2}{\rho_{i,j+1}}$$

$$- \rho_{i,j}h(\rho_{i,j}, T_{i,j}) + p(\rho_{i,j}, T_{i,j}) - \frac{1}{2A^2}\frac{q_{mi,j}^2}{\rho_{i,j}} + \rho_{i+1,j+1}h(\rho_{i+1,j+1}, T_{i+1,j+1})$$

$$- p(\rho_{i+1,j+1}, T_{i+1,j+1}) + \frac{1}{2A^2}\frac{q_{mi+1,j+1}^2}{\rho_{i+1,j+1}} - \rho_{i+1,j}h(\rho_{i+1,j}, T_{i+1,j})$$

$$+ p(\rho_{i+1,j}, T_{i+1,j}) - \frac{1}{2A^2}\frac{q_{mi+1,j}^2}{\rho_{i+1,j}} + \frac{r}{A}\left[h(\rho_{i+1,j+1}, T_{i+1,j+1})q_{mi+1,j+1}\right.$$

$$- h(\rho_{i,j+1}, T_{i,j+1})q_{mi,j+1} + h(\rho_{i+1,j}, T_{i+1,j})q_{mi+1,j} - h(\rho_{i,j}, T_{i,j})q_{mi,j}\right]$$

$$+ \frac{2\Delta t K}{D}(T_{i+1,j+1} + T_{i,j+1} + T_{i,j} + T_{i+1,j} - 4T_0)$$

$$+ \frac{\Delta t g}{2A}\sin\theta(q_{mi+1,j+1} + q_{mi,j+1} + q_{mi,j} + q_{mi+1,j}) = 0 \qquad (7-4-23)$$

（4）构造边界条件的函数列

由边界条件可以知道：

1）一个管段的起点有给定的输出、输入流量

$$F_4 = q_{m\Omega,j+1} - q_{m\Omega}(t) = 0 \tag{7-4-24}$$

式中　Ω——边界点

2）管道相交节点有连接条件

$$F_5 = \rho_i - \rho_k = 0 \tag{7-4-25}$$

$$F_6 = T_i - T_k = 0 \tag{7-4-26}$$

$$F_7 = q_{m1}A_1 + q_{m2}A_2 + \cdots + q_{mn}A_n + q = 0 \tag{7-4-27}$$

式中　i，$k=1$，$2\cdots n$，且 $i \neq k$，n 表示有 n 个管段相连，q 表示分气量。

3）管道气源

$$F_8 = \rho(t) - \text{const} = 0 \tag{7-4-28}$$

$$F_9 = T(t) - \text{const} = 0 \tag{7-4-29}$$

4. Jacobi 矩阵中的元素的计算

对 F_1、F_2、F_3 求对应的 $\rho_{i,j+1}$、$T_{i,j+1}$、$q_{mi,j+1}$、$\rho_{i+1,j+1}$、$T_{i+1,j+1}$、$q_{mi+1,j+1}$ 的导数：

$$\frac{\partial F_1}{\partial \rho_{i,j+1}} = 1 \qquad \frac{\partial F_1}{\partial T_{i,j+1}} = 0 \qquad \frac{\partial F_1}{\partial q_{mi,j+1}} = -\frac{r}{A}$$

$$\frac{\partial F_1}{\partial \rho_{i+1,j+1}} = 1 \qquad \frac{\partial F_1}{\partial T_{i+1,j+1}} = 0 \qquad \frac{\partial F_1}{\partial q_{mi+1,j+1}} = \frac{r}{A}$$

$$\frac{\partial F_2}{\partial \rho_{i,j+1}} = \frac{rq_{mi,j+1}^2}{A^2\rho_{i,j+1}^2} - r\left(\frac{\partial p}{\partial \rho_{i,j+1}}\right)_{T_{i,j+1}} - \frac{\Delta t\lambda}{4DA^2}\frac{q_{mi,j+1}^2}{\rho_{i,j+1}^2} + \frac{\Delta t g\sin\theta}{2}$$

$$\frac{\partial F_2}{\partial T_{i,j+1}} = -r\left(\frac{\partial p}{\partial T_{i,j+1}}\right)_{\rho_{i,j+1}}$$

$$\frac{\partial F_2}{\partial q_{mi,j+1}} = \frac{1}{A} - \frac{2rq_{mi,j+1}}{A^2\rho_{i,j+1}} + \frac{\Delta t\lambda q_{mi,j+1}}{2DA^2\rho_{i,j+1}}$$

$$\frac{\partial F_2}{\partial \rho_{i+1,j+1}} = -\frac{rq_{mi+1,j+1}^2}{A^2\rho_{i+1,j+1}^2} + r\left(\frac{\partial p}{\partial \rho_{i+1,j+1}}\right)_{T_{i+1,j+1}} - \frac{\Delta t\lambda}{4DA^2}\frac{q_{mi+1,j+1}^2}{\rho_{i+1,j+1}^2} + \frac{\Delta t g\sin\theta}{2}$$

$$\frac{\partial F_2}{\partial T_{i+1,j+1}} = r\left(\frac{\partial p}{\partial T_{i+1,j+1}}\right)_{\rho_{i+1,j+1}}$$

$$\frac{\partial F_2}{\partial q_{mi+1,j+1}} = \frac{1}{A} + \frac{2rq_{mi+1,j+1}}{A^2\rho_{i+1,j+1}} + \frac{\Delta t\lambda q_{mi+1,j+1}}{2DA^2\rho_{i+1,j+1}}$$

$$\frac{\partial F_3}{\partial \rho_{i,j+1}} = h(\rho_{i,j+1},T_{i,j+1}) + \rho_{i,j+1}\left(\frac{\partial h(\rho_{i,j+1},T_{i,j+1})}{\partial \rho_{i,j+1}}\right)_{T_{i,j+1}} - \left(\frac{\partial p(\rho_{i,j+1},T_{i,j+1})}{\partial \rho_{i,j+1}}\right)_{T_{i,j+1}}$$

$$- \frac{1}{2A^2}\left(\frac{q_{mi,j+1}}{\rho_{i,j+1}}\right)^2 - \frac{rq_{mi,j+1}}{A}\left(\frac{\partial h(\rho_{i,j+1},T_{i,j+1})}{\partial \rho_{i,j+1}}\right)_{T_{i,j+1}}$$

$$\frac{\partial F_3}{\partial T_{i,j+1}} = \rho_{i,j+1}\left(\frac{\partial h(\rho_{i,j+1},T_{i,j+1})}{\partial T_{i,j+1}}\right)_{\rho_{i,j+1}} - \left(\frac{\partial p(\rho_{i,j+1},T_{i,j+1})}{\partial T_{i,j+1}}\right)_{\rho_{i,j+1}}$$

$$- \frac{rq_{mi,j+1}}{A}\left(\frac{\partial h(\rho_{i,j+1},T_{i,j+1})}{\partial T_{i,j+1}}\right)_{\rho_{i,j+1}} + \frac{2\Delta tK}{D}$$

$$\frac{\partial F_3}{\partial q_{mi,j+1}} = \frac{q_{mi,j+1}}{A^2\rho_{i,j+1}} - \frac{rh(\rho_{i,j+1},T_{i,j+1})}{A} + \frac{\Delta t g}{2A}\sin\theta$$

$$\frac{\partial F_3}{\partial \rho_{i+1,j+1}} = h(\rho_{i+1,j+1},T_{i+1,j+1}) + \rho_{i+1,j+1}\left(\frac{\partial h(\rho_{i+1,j+1},T_{i+1,j+1})}{\partial \rho_{i+1,j+1}}\right)_{T_{i+1,j+1}}$$

$$- \left(\frac{\partial p(\rho_{i+1,j+1},T_{i+1,j+1})}{\partial \rho_{i+1,j+1}}\right)_{T_{i+1,j+1}}$$

$$- \frac{1}{2A^2}\left(\frac{q_{mi+1,j+1}}{\rho_{i+1,j+1}}\right)^2 + \frac{rq_{mi+1,j+1}}{A}\left(\frac{\partial h(\rho_{i+1,j+1},T_{i+1,j+1})}{\partial \rho_{i+1,j+1}}\right)_{T_{i+1,j+1}}$$

$$\frac{\partial F_3}{\partial T_{i+1,j+1}} = \rho_{i+1,j+1}\left(\frac{\partial h(\rho_{i+1,j+1},T_{i+1,j+1})}{\partial T_{i+1,j+1}}\right)_{\rho_{i+1,j+1}} - \left(\frac{\partial p(\rho_{i+1,j+1},T_{i+1,j+1})}{\partial T_{i+1,j+1}}\right)_{\rho_{i+1,j+1}}$$

$$+ \frac{rq_{mi+1,j+1}}{A}\left(\frac{\partial h(\rho_{i+1,j+1},T_{i+1,j+1})}{\partial T_{i+1,j+1}}\right)_{\rho_{i+1,j+1}} + \frac{2\Delta tK}{D}$$

$$\frac{\partial F_3}{\partial q_{mi+1,j+1}} = \frac{q_{mi,j+1}}{A^2\rho_{i+1,j+1}} + \frac{rh(\rho_{i+1,j+1},T_{i+1,j+1})}{A} + \frac{\Delta tg}{2A}\sin\theta$$

对 $F_4 \sim F_9$ 求对应 $\rho_{\Omega,j+1}$、$T_{\Omega,j+1}$、$q_{m\Omega,j+1}$ 的导数：

$$\frac{\partial F_4}{\partial q_{m\Omega,j+1}} = 1 \qquad \frac{\partial F_5}{\partial \rho_{\Omega i,j+1}} = 1 \qquad \frac{\partial F_5}{\partial \rho_{\Omega k,j+1}} = -1$$

$$\frac{\partial F_6}{\partial T_{\Omega i,j+1}} = 1 \qquad \frac{\partial F_6}{\partial T_{\Omega k,j+1}} = -1 \qquad \frac{\partial F_7}{\partial q_{m\Omega i,j+1}} = A_i$$

$$\frac{\partial F_8}{\partial \rho_{\Omega,j+1}} = 1 \qquad \frac{\partial F_9}{\partial T_{\Omega,j+1}} = 1$$

[例 7-4-1] 在前面，用 Newton-Raphson 迭代法求解差分方程组时得到了 Jacobi 矩阵 J。下面就以图 7-4-4 管网为例进行计算：

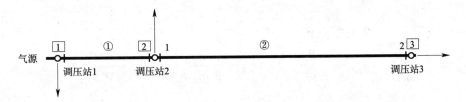

图 7-4-4 计算管网简图

该管网由两段管段组成，边界条件是一个气源、两个分气点。为了说明 Jacobi 矩阵 J 的形成过程及特点，先将每段管段剖分为两个截面，因此有：

迭代变量

$$x = \{x_1,x_2\cdots x_{12}\} = \{\rho_{1,1},T_{1,1},q_{m1,1},\rho_{1,2},T_{1,2},q_{m1,2},\rho_{2,1},T_{2,1},q_{m2,1},\rho_{2,2},T_{2,2},q_{m2,2}\}$$

迭代函数

$$F = \{F_1,F_2\cdots F_{12}\} = \{F_{1,1},F_{2,1},F_{3,1},F_{1,2},F_{2,2},F_{3,2},BF_{8,1},BF_{9,1},BF_{5,2},BF_{6,2},BF_{7,2},$$
$$BF_{4,3}\}$$

其中迭代变量双重角标中的第一个下标指剖分段编号；

迭代变量双重角标中的第二个下标指某一剖分段中的某一端点；

迭代函数 $F_{i,j}$ 中第一个下标指方程类型；

迭代函数 $F_{i,j}$ 中第二个下标指剖分段编号；

迭代函数 $BF_{i,j}$ 中第一个下标指边界条件上方程的类型；

迭代函数 $BF_{i,j}$ 中第二个下标指边界条件上节点编号。

按前一节求迭代函数列 $F = \{F_1, F_2 \cdots F_{12}\}$ 的 Jacobi 矩阵如下：

$$
J = \begin{bmatrix}
a_{1,1} & 0 & a_{1,3} & a_{1,4} & 0 & a_{1,6} & 0 & 0 & 0 & 0 & 0 & 0 \\
a_{2,1} & a_{2,2} & a_{2,3} & a_{2,4} & a_{2,5} & a_{2,6} & 0 & 0 & 0 & 0 & 0 & 0 \\
a_{3,1} & a_{3,2} & a_{3,3} & a_{3,4} & a_{3,5} & a_{3,6} & 0 & 0 & 0 & 0 & 0 & 0 \\
0 & 0 & 0 & 0 & 0 & 0 & a_{4,7} & 0 & a_{4,9} & a_{4,10} & a_{4,11} & a_{4,12} \\
0 & 0 & 0 & 0 & 0 & 0 & a_{5,7} & a_{5,8} & a_{5,9} & a_{5,10} & a_{5,11} & a_{5,12} \\
0 & 0 & 0 & 0 & 0 & 0 & a_{6,7} & a_{6,8} & a_{6,9} & a_{6,10} & a_{6,11} & a_{6,12} \\
a_{7,1} & 0 & 0 & 0 & 0 & 0 & 0 & 0 & 0 & 0 & 0 & 0 \\
0 & a_{8,2} & 0 & 0 & 0 & 0 & 0 & 0 & 0 & 0 & 0 & 0 \\
0 & 0 & 0 & a_{9,4} & 0 & 0 & a_{9,7} & 0 & 0 & 0 & 0 & 0 \\
0 & 0 & 0 & 0 & a_{10,5} & 0 & 0 & a_{10,8} & 0 & 0 & 0 & 0 \\
0 & 0 & 0 & 0 & 0 & a_{11,6} & 0 & 0 & a_{11,9} & 0 & 0 & 0 \\
0 & 0 & 0 & 0 & 0 & 0 & 0 & 0 & 0 & 0 & 0 & a_{12,12}
\end{bmatrix}
$$

其中

$$a_{1,1} = \frac{\partial F_{1,1}}{\partial \rho_{1,1}} \quad a_{1,3} = \frac{\partial F_{1,1}}{\partial q_{m1,1}} \quad a_{1,4} = \frac{\partial F_{1,1}}{\partial \rho_{1,2}} \quad a_{1,6} = \frac{\partial F_{1,1}}{\partial q_{m1,2}} \quad a_{2,1} = \frac{\partial F_{2,1}}{\partial \rho_{1,1}}$$

$$a_{2,2} = \frac{\partial F_{2,1}}{\partial T_{1,1}} \quad a_{2,3} = \frac{\partial F_{2,1}}{\partial q_{m1,1}} \quad a_{2,4} = \frac{\partial F_{2,1}}{\partial \rho_{1,2}} \quad a_{2,5} = \frac{\partial F_{2,1}}{\partial T_{1,2}} \quad a_{2,6} = \frac{\partial F_{2,1}}{\partial q_{m1,2}}$$

$$a_{3,1} = \frac{\partial F_{3,1}}{\partial \rho_{1,1}} \quad a_{3,2} = \frac{\partial F_{3,1}}{\partial T_{1,1}} \quad a_{3,3} = \frac{\partial F_{3,1}}{\partial q_{m1,1}} \quad a_{3,4} = \frac{\partial F_{3,1}}{\partial \rho_{1,2}} \quad a_{3,5} = \frac{\partial F_{3,1}}{\partial T_{1,2}}$$

$$a_{3,6} = \frac{\partial F_{3,1}}{\partial q_{m1,2}} \quad a_{4,7} = \frac{\partial F_{1,2}}{\partial \rho_{2,1}} \quad a_{4,9} = \frac{\partial F_{1,2}}{\partial q_{m2,1}} \quad a_{4,10} = \frac{\partial F_{1,2}}{\partial \rho_{2,2}} \quad a_{4,11} = \frac{\partial F_{1,2}}{\partial T_{2,2}}$$

$$a_{4,12} = \frac{\partial F_{1,2}}{\partial q_{m2,2}} \quad a_{5,7} = \frac{\partial F_{2,2}}{\partial \rho_{2,1}} \quad a_{5,8} = \frac{\partial F_{2,2}}{\partial q_{m2,1}} \quad a_{5,9} = \frac{\partial F_{2,2}}{\partial q_{m2,1}} \quad a_{5,10} = \frac{\partial F_{2,2}}{\partial \rho_{2,2}}$$

$$a_{5,11} = \frac{\partial F_{2,2}}{\partial T_{2,2}} \quad a_{5,12} = \frac{\partial F_{2,2}}{\partial q_{m2,2}} \quad a_{6,7} = \frac{\partial F_{3,2}}{\partial \rho_{2,1}} \quad a_{6,8} = \frac{\partial F_{3,2}}{\partial T_{2,1}} \quad a_{6,9} = \frac{\partial F_{3,2}}{\partial q_{m2,1}}$$

$$a_{6,10} = \frac{\partial F_{3,2}}{\partial \rho_{2,2}} \quad a_{6,11} = \frac{\partial F_{6,2}}{\partial T_{2,2}} \quad a_{6,12} = \frac{\partial F_{3,2}}{\partial q_{m2,2}} \quad a_{7,1} = \frac{\partial BF_{8,1}}{\partial \rho_{1,1}} \quad a_{8,2} = \frac{\partial BF_{9,1}}{\partial T_{1,1}}$$

$$a_{9,4} = \frac{\partial BF_{5,2}}{\partial \rho_{1,2}} \quad a_{9,7} = \frac{\partial BF_{5,2}}{\partial \rho_{2,1}} \quad a_{10,5} = \frac{\partial BF_{6,2}}{\partial T_{1,2}} \quad a_{10,8} = \frac{\partial BF_{6,2}}{\partial T_{2,1}} \quad a_{11,6} = \frac{\partial BF_{7,2}}{\partial q_{m1,2}}$$

$$a_{11,9} = \frac{\partial BF_{7,2}}{\partial q_{m1,2}} \quad a_{12,12} = \frac{\partial BF_{4,3}}{\partial q_{m2,2}}$$

从上面可以看出：该矩阵为非对角占优的稀疏矩阵，它的非零元素的分布是随机的，随着管网的结构不同而不同，每行每列的非零的元素的个数不超过 6 个。非零元素以及在求解式 $J(X^k,t)\delta X^k = f(X^k,t)$ 时右端向量 $f(X^k,t)$ 的分量都是 X 的分量和时间 t 的函数，所以，矩阵 J 不仅随 X 变化，也随时间 t 而变。图 7-4-5 为数值解法计算流程图。

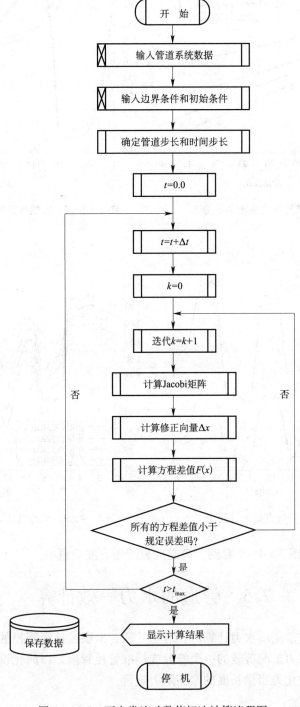

图 7-4-5 不定常流动数值解法计算流程图

计算结果示于图 7-4-6~图 7-4-9。

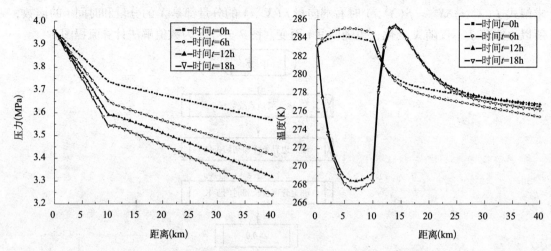

图 7-4-6　天然气压力随距离的分布　　　图 7-4-7　天然气温度随距离的分布

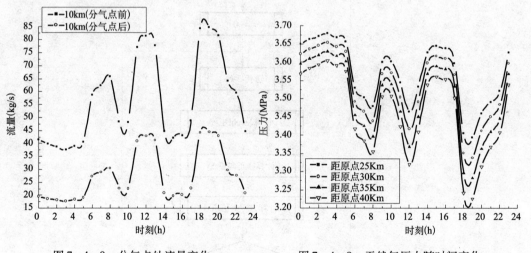

图 7-4-8　分气点处流量变化　　　　　　图 7-4-9　天然气压力随时间变化

由图 7-4-6、图 7-4-9 看到，离起点愈近压力波动愈小。

7.5　管道的水力等效计算

在管网设计或定常流动水力计算时，对于并联、串联或计算管径的管段往往通过水力等效计算获得与其水力工况等效的一个管段或标准管径管段，以简化设计或工况分析的运算。对局部阻力也常化为当量长度的摩擦阻力进行

7.5.1 并联管段

并联管段如图 7-5-1 所示，图中始、末点为 A、B 的三根并联管段分别以 D、L、q 表示内径、管长与流量，其水力等效管段的参数以下标 0 表示。

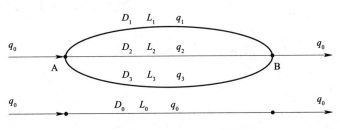

图 7-5-1 并联管段与等效管段示意图

根据水力计算公式，流量 q 可写成下式：

$$q = B \sqrt{\frac{(p_1^2 - p_2^2) D^5}{L}} \tag{7-5-1}$$

按式（7-2-25）$B = C_0 \sqrt{\dfrac{1}{\lambda Z \Delta_* T}}$

式中　B ——代表燃气及流动参数的常数。

对于 n 根并联管段，按式（7-5-1）：

$$q_1 = B \sqrt{\frac{(p_A^2 - p_B^2) D_1^5}{L_1}}$$

$$q_2 = B \sqrt{\frac{(p_A^2 - p_B^2) D_2^5}{L_2}}$$

$$\cdots\cdots$$

$$q_n = B \sqrt{\frac{(p_A^2 - p_B^2) D_n^5}{L_n}}$$

对于水力等效管段，按式（7-5-1）：

$$q_0 = B \sqrt{\frac{(p_A^2 - p_B^2) D_0^5}{L_0}}$$

由于　　　　　$q_0 = q_1 + q_2 + \cdots + q_n$

所以　　　$\sqrt{\dfrac{D_0^5}{L_0}} = \sqrt{\dfrac{D_1^5}{L_1}} + \sqrt{\dfrac{D_2^5}{L_2}} + \cdots + \sqrt{\dfrac{D_n^5}{L_n}} \tag{7-5-2}$

由式（7-5-2）可根据并联管段的内径与管长以及等效管段的管长，求得等效管段的内径。

7.5.2 串联管段

串联管段如图 7-5-2 所示，图中总长度为 AD 的三根串联管段分别以 D、L 表示内径与管长，流量为 q，其水力等效管段的参数以下标 0 表示。

对于 n 根串联管段, 按式 (7-5-1):

$$p_A^2 - p_1^2 = \frac{q^2 L_1}{B^2 D_1^5}$$

$$p_1^2 - p_2^2 = \frac{q^2 L_2}{B^2 D_2^5}$$

......

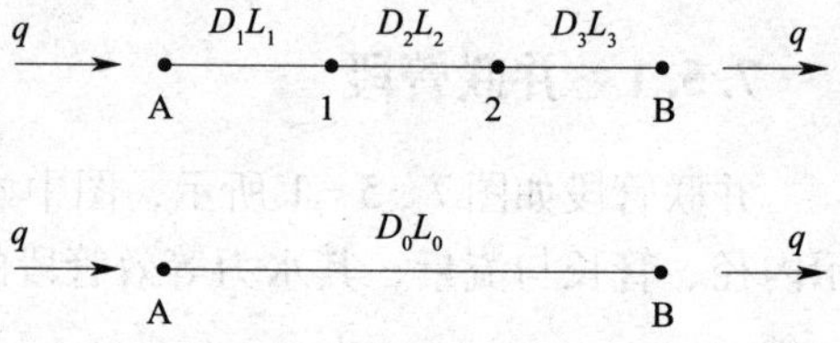

图 7-5-2　串联管段与等效管段示意图

$$p_{n-1}^2 - p_B^2 = \frac{q^2 L_n}{B^2 D_n^5}$$

$\therefore \qquad p_A^2 - p_B^2 = \sum_{i=1}^{n} \frac{q^2 L_i}{B^2 D_i^5}$

又因 $\qquad p_A^2 - p_B^2 = \dfrac{q^2 L_0}{B^2 D_0^5}$

对于水力等效管段:

$$\frac{L_0}{D_0^5} = \frac{L_1}{D_1^5} + \frac{L_2}{D_2^5} + \cdots + \frac{L_n}{D_n^5} \qquad (7-5-3)$$

$$L_0 = L_1 + L_2 + \cdots + L_n \qquad (7-5-4)$$

由式 (7-5-3)、式 (7-5-4) 可知, 根据串联管段的内径与管长, 即可求得等效管段的内径, 等效管段的管长为串联管段管长之和。

7.5.3　管段替代

按管段中压降不变的原则, 用标准内径的管段替代计算管径的管段。如图 7-5-3 所示, 计算内径为 D_0 的管段, 换算为等效的标准内径 D_1 与 D_2 的管段, 其中 $D_2 < D_0 < D_1$, 即 D_0 介于两个相邻的标准内径 D_1 与 D_2 之间, 且换算后的管段总长度不变。

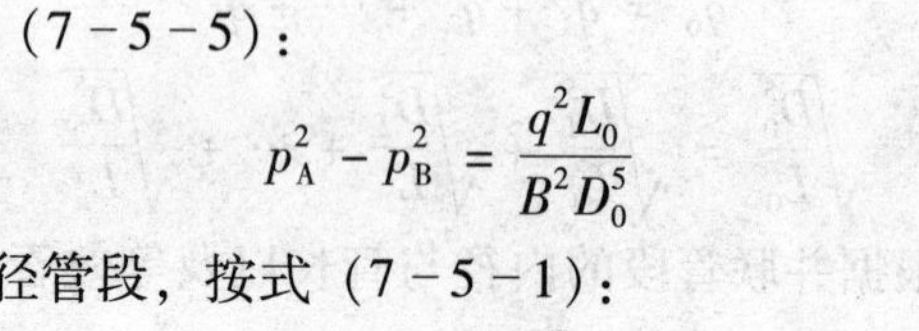

图 7-5-3　计算管径管段与等效标准管径管段示意图

对于计算管径管段, 按式 (7-5-5):

$$p_A^2 - p_B^2 = \frac{q^2 L_0}{B^2 D_0^5}$$

对于图 7-5-3 的标准管径管段, 按式 (7-5-1):

$$p_A^2 - p_C^2 = \frac{q^2 L_1}{B^2 D_1^5}$$

$$p_C^2 - p_B^2 = \frac{q^2 L_2}{B^2 D_2^5}$$

上式等号两侧相加:

$$p_A^2 - p_B^2 = \frac{q^2}{B^2}\left(\frac{L_1}{D_1^5} + \frac{L_2}{D_2^5}\right)$$

所以

$$\frac{L_0}{D_0^5} = \frac{L_1}{D_1^5} + \frac{L_2}{D_2^5}$$

又

$$L_0 = L_1 + L_2$$

上两式组成联立方程，解得

$$L_1 = \frac{\dfrac{1}{D_0^5} - \dfrac{1}{D_2^5}}{\dfrac{1}{D_1^5} - \dfrac{1}{D_2^5}} \qquad (7-5-5)$$

$$L_2 = \frac{\dfrac{1}{D_0^5} - \dfrac{1}{D_1^5}}{\dfrac{1}{D_1^5} - \dfrac{1}{D_2^5}} \qquad (7-5-6)$$

由 L_1 与 L_2 即可确定标准管径 D_1 与 D_2 分界点 C 的位置。

7.5.4 管道局部阻力系数的当量长度

管道中燃气流动的局部阻力引起的压降，可以用增加的当量管道长度具有的摩擦阻力产生的压降代替。因此可将管段的局部阻力系数通过管段的当量长度形式表示，见式(7-2-42)。

这种替代关系可用于管道系统计算工作，也可反过来，用于管道系统实验装置设计等实际工作。

参考文献

[1] C. A. 博布罗夫斯基等. 天然气管路输送 [M]. 陈祖泽译. 北京：石油工业出版社，1985.

[2] 理查德. 哈伯曼. 实用偏微分方程（英文版. 第4版）[M]. 北京：机械工业出版社，2005.

[3] Braun M. 微分方程及其应用 [M]. 张鸿林译. 北京：人民教育出版社，1979.

[4] 吴端鸿. 应用 DJS-130 电算机进行"节点法"平差计算 [J]. 城市煤气，1980（2）：35-48，65.

[5] 谢子超. 燃气管网设计计算机程序的研制 [J]. 煤气与热力，1985（1）：33-38.

[6] 严铭卿等. 燃气输配工程分析 [M]. 北京：石油工业出版社，2007.

[7] 严铭卿. 城市燃气管网的计算机辅助设计 [J]. 煤气与热力，1988（1）：15-18.

[8] 田贯三，金志刚. 燃气管网运行工况分析 [J]. 煤气与热力，1991，11（6）：34-37.

[9] 严铭卿等. 燃气管网水力分析的负荷分布模式 [J]. 煤气与热力，2004（2）：80-82.

[10] 姜东琪. 高压燃气管道特征线法不稳定流动计算的探讨 [J]. 煤气与热力，2004（11）：600-604.

[11] 严铭卿，廉乐明等. 天然气输配工程 [M]. 北京：中国建筑工业出版社，2005：265-270.

[12] Han selman，D. Littlefield，B. 李人厚，张平安等. 精通 MATLAB 5 [M]. 西安：西安交通大学出版社，2000.

[13] 张志涌等. 精通 MATLAB 6.5 版 [M]. 北京：北京航空航天大学出版社，2003.

[14] 李永威. 燃气管网计算影响因素分析及通用程序研制（工学硕士学位论文）[D]. 哈尔滨建

筑工程学院，1988.

　　［15］姜东琪．城市燃气管网优化设计研究（工学硕士学位论文）　［D］．哈尔滨建筑工程学院，1990.

　　［16］杨立民．燃气长输管线末段储气的研究与计算（工学硕士学位论文）［D］．哈尔滨建筑大学，1995.

　　［17］唐建峰．燃气长输管线静动态模拟及末段储气的研究与计算（工学硕士学位论文）［D］哈尔滨建筑大学，1999.

　　［18］彭继军．燃气管网水力分析方法及应用的研究（硕士学位论文）　［D］．山东建筑工程学院，2003.

　　［19］周游．天然气长输管道末端与城市高压外环不稳定流动及末端储气的研究（硕士学位论文）［D］．山东建筑工程学院，2004.

　　［20］B.И. 斯米尔诺夫．高等数学教程（第二卷）　［M］．孙念增译．北京：高等教育出版社，1957.

　　［21］李玉星，姚光镇．输气管道设计与管理［M］．东营：中国石油大学出版社，2009.

第8章 燃气管网优化与供气可靠性评价

8.1 燃气管网优化

8.1.1 燃气管网优化问题的特点

燃气管网与自来水或热力管网都属于流体网络，不同于电网，更不同于其他物流网络。燃气管网是一种开放的流体网络。在这一点上与自来水管网相同，而不同于热水热网等介质在系统内封闭循环的流体网络。

城镇燃气输配管网是包含门站、输气管网、储气设施、调压站和分配管网的有压力分级的系统。燃气管网优化问题可以逐级分解为管网优化子问题。

管网优化是在气源条件已定的情况下进行的。通常对于城镇天然气输配管网的优化是针对某一级管网进行。例如门站已定条件下优化高压（或中压）管网，或在高中压调压站布局条件下优化中压管网。

城镇燃气管网优化往往是在供气压力参数已定的条件下进行的。包括气源点供气压力和管网零点的允许最低压力。

在城镇燃气管网的技术经济性方面，供气管网的运行费用中不计算能量费用。对任何管网方案供气价格是相同的。管网相关的维修费，人工费等成本因素都以管网的工程造价为基数。所以管网的经济性基本上取决于管网的工程造价。在这一方面燃气管网优化与自来水管网优化有所不同。自来水管网有水泵等设施，因而运行费用不仅与系统的工程造价有关，而且与系统的增压体系有关。运行费用不只取决于工程投资的折旧等，还取决于运行能量费用。

因而传统的城镇燃气管网优化是一种造价单目标优化。而优化的结果则是系统管段管径的合理配置。

与各种流体网络一样，燃气管网的各构成管段通过配置互相联系在一起。即管段的流量及压降都是互相联系在一起的。这即是管网水力工况的全局性。因此燃气管网的优化离不开管网水力分析基础。从优化的机制上说，管网的水力工况即构成了约束。而管网水力工况约束之一常具体化为零点压力要符合最低压力的要求。

在对管网进行优化设计时，往往将管径配置与管网计算交替进行。经过若干次反复，使管网设计的经济性不断改进。当效果改进衰减到某一程度时，即认为管网达到了优化。

管网的反复优化过程要从一个初始管网开始，初始管网一般由设计人员根据经验给出。对于一个好的优化方法来说，应该对初始管网是稳定的，即对初始管网总能很快地收敛到优化管网。

对于燃气管网优化的研究一般是在优化方法上的探讨和应用。例如熟知的拉格朗日乘子法，遗传算法优化法，动态规划法等等。

由高压管网、次高压管网和中压管网以及调压站所组成的城镇天然气输配管网系统，作为城镇的基础设施，其投资是非常大的。因此，城镇燃气输配网络优化设计的课题范围包括：根据城镇燃气门站的输出压力，城镇边缘地区和中心地区对燃气输气压力的不同限制性要求，城镇燃气不同类型用户的用气压力要求、用气量及其分布等，确定燃气输配管网布置、管道参数以及调压站的数量及其布局等，使得整个管网达到良好的技术经济性。

这即是需从更全面的角度考虑，在优化设计过程中既要有投资最小这一主要目标，同时要考虑燃气的供气可靠性，和网络供气能力的储备，确保在管网发生事故后，能通过管网自身调节特性并采取适当的调度措施，维持一定的供气能力。这即是管网优化需跨越现有工作，寻求管网经济性与管网功能要求相结合的综合优化。

8.1.2　城镇燃气输配管网优化模型

8.1.2.1　一般优化模型

城镇燃气输配管网在保证安全可靠前提下，其优化设计的目的就是获得具有最低投资运行成本的管网布置设计方案。城镇燃气输配管网非常复杂，涉及的优化参数既有连续变量（管道长度、燃气压力、燃气流量等），又有离散变量（管道直径、调压站个数等）。对于高中压两级管网，问题为建立成本目标函数，并以节点方程、环路方程、压力方程、气源点压力、非气源点压力、管道直径、调压站布局等为约束条件，求解该目标函数的最小解。

因此，城镇燃气高中压输配管网成本最小化可以看作一个大系统的两级优化问题，其中调压器个数及其布局变量 S_i 作为较高一级的协调变量。

在目标函数中包含了高压管网、中压管网以及调压站的投资建设和运行维修等费用，约束条件的目的在于，要求所构成的燃气输配管网必须满足水力平衡关系，同时，也考虑了燃气供应的可靠性和管网供气能力的冗余。

显然由于目标函数和约束条件所构成的规划问题是带有离散变量的非线性规划，求解较难，要获得全域最优解更不容易。

不过由于燃气输配管网的布置一般只与燃气用户类型及其分布有关，在进行网络优化前可以认为已经确定，即管网中的管段长度已经给定。另外，由于高压或次高压燃气管道一般不能进入城镇中心，高中压调压站一般布置在城镇边缘地带，因此，可以先初步确定调压站个数及其布局。这样，管网优化问题可以分解为两个子管网优化问题，即高压管网优化问题和中压管网优化问题。虽然它们压力级别不同，但问题的形式相同，可以采用相同的求解方法。因此下面的讨论不加以区分。

给出燃气管网优化的一般模型：

目标函数：
$$\min F\,(X) \tag{8-1-1}$$
$$X = \left[\,D_1,\ D_2 \cdots D_M,\ S_1,\ S_2 \cdots S_{N_p},\ L_1,\ L_2 \cdots L_M\,\right]^T$$

约束条件：

节点方程：
$$\sum_{k \in K_i} q_k = Q_i,\ (i = 1,\ 2 \cdots N - 1) \tag{8-1-2}$$

环路方程：
$$\sum_{k \in K_l} \Delta p_k = 0,\ (l = 1,\ 2 \cdots H) \tag{8-1-3}$$

压力方程： $$\Delta p_k = K \frac{(q_k^\alpha)}{(D_k^\beta)} L_k \qquad (8-1-4)$$

气源点压力： $$p_s = 定值 \qquad (8-1-5)$$

非气源点压力： $$p_{min} \leqslant p_i \leqslant p_{max} = p_s \qquad (8-1-6)$$

管道直径： $$D_k \in （可选管径） \qquad (8-1-7)$$

其中约束条件式（8-1-4）和式（8-1-5）也可以合并成如下形式：

$$\sum_{k \in K_{hnd}} \Delta p_k = \Delta p \leqslant p_s^2 - p_{min}^2 ；（hnd = 1，2 \cdots Z_0） \qquad (8-1-8)$$

式中 $F(X)$——燃气管网投资运行成本函数；

      D_k——管网中管段 k 的直径；

      L_k——管网中管段 k 的长度；

      M——管网中的管段数；

      K_i——与节点 i 相连的管段集合；

      K_l——构成环 l 的管段集合；

   K_{hnd}——由气源点到管网零点 hnd 的路径中管段的集合；

      Z_0——管网中的零点数；

      Δp——管网允许平方压力降；

      S_t——某种调压站布局方案；

      N_P——调压站候选设置点的总数；

      Q_i——管网中节点 i 的负荷；

      q_k——管网中管段 k 的流量；

      N——管网中的节点数；

   Δp_k——管网中管段 k 的平方压力降；

      L_k——管网中管段 k 的长度；

      D_k——管网中管段 k 的管径。

      K——与燃气性质有关的系数；

   $\alpha，\beta$——与燃气流动状态和管道粗糙度有关的系数；

      H——管网中的环数；

      p_s——管网中门站（或调压站）的出口压力，即气源点压力；

$p_{min}，p_{max}$——分别为管网中允许的最小节点压力和最大节点压力。

8.1.2.2 城镇燃气管网成本函数

燃气输配管网成本计算中，不同压力的管网其计算费用均包括管网的造价和运行费用，其计算函数形式相同。管网造价取决于管道价格和敷设费用，与管道埋设深度、土壤和路面性质、管道材料及其连接方式、施工机械化程度等有关。可以将管道敷设费用近似地分为与管径有关和无关两类，单位长度管道的造价 C_C 可以表达为

$$C_C = a + bD \qquad (8-1-9)$$

因此，管网投资费用 K_I 为

$$K_I = \sum_{k=1}^{M} (a + bD_k) L_k \qquad (8-1-10)$$

管网运行费用 S_O 包括管网折旧（含大修）、小修和维护费用，常以占投资费用的百分数表示：

$$S_O = (f' + f'') K_I \qquad (8-1-11)$$

考虑到城镇燃气管网的小修与维护费用主要与管道长度有关，与管径关系很小，因此，上式可进一步表达为

$$S_O = f'K_I + b' \sum_{k=1}^{M} L_k \qquad (8-1-12)$$

如果管网的投资偿还年为 T' 年，在不考虑资金时间价值的情况下，则管网年成本 Z 为

$$Z = S_O + \frac{K_I}{T'} = f'K_I + b' \sum_{k=1}^{M} L_k + \frac{K_I}{T'}$$

$$= \left(f' + \frac{1}{T'} \right) \sum_{k=1}^{M} \left[(a + bD_k) L_k \right] + b' \sum_{k=1}^{M} L_k \qquad (8-1-13)$$

由于成本计算是在管网初步确定后进行的，因而管网中各管段的长度是已知的，考虑到函数优化结果与式（8-1-13）中的常数项无关，则子管网年成本目标函数可以表达如下：

$$\min F(X) = \min \sum_{k=1}^{M} (bD_k L_k) \qquad (8-1-14)$$

根据管段压力降方程：

$$\Delta p_k = K \frac{q_k^{\alpha}}{D_k^{\beta}} L_k \qquad (8-1-15)$$

约束条件式（8-1-3）和式（8-1-8）可分别改写为：

$$\sum_{k \in K_l} K \frac{q_k^{\alpha}}{D_k^{\beta}} L_k = 0; (l = 1, 2 \cdots H) \qquad (8-1-16)$$

和

$$\sum_{k \in K_{hnd}} K \frac{q_k^{\alpha}}{D_k^{\beta}} L_k = \Delta p; (hnd = 1, 2 \cdots Z_O) \qquad (8-1-17)$$

则由式（8-1-14）、式（8-1-16）、式（8-1-17）和式（8-1-2）组成的优化问题中，设计（决策）变量为：$X = (D_1, D_2 \cdots D_M, q_1, q_2 \cdots q_M)^T$。

另外，根据式（8-1-15），得：

$$D_k = K^{\frac{1}{\beta}} q_k^{\frac{\alpha}{\beta}} \Delta p_k^{-\frac{1}{\beta}} L_k^{\frac{1}{\beta}} \qquad (8-1-18)$$

则式（8-1-14）可改写为：

$$\min F(X) = \min \sum_{k=1}^{M} \left(bK^{\frac{1}{\beta}} q_k^{\frac{\alpha}{\beta}} \Delta p_k^{-\frac{1}{\beta}} L_k^{\frac{1}{\beta}+1} \right) \qquad (8-1-19)$$

则由式（8-1-19）、式（8-1-2）、式（8-1-3）和式（8-1-8）组成的优化问题中，设计（决策）变量为：$X = (\Delta p_1, \Delta p_2 \cdots \Delta p_M, q_1, q_2 \cdots q_M)^T$。

上面各式中　a, b, b'——管材价格系数；

　　　　　　　f'——管网折旧费（包括大修费）占投资的百分数；

　　　　　　　f''——管网小修和维护管理费占投资的百分数；

　　　　　　　T'——投资偿还期，作为经济效益比较的期限。

8.1.2.3 城镇燃气管网优化问题的特点

对于一个函数最小值的优化问题，一般可描述为下述数学规划模型：

$$\begin{cases} \min & F(X) \\ 约束条件： & X \in R \\ & R \subseteq U \end{cases} \qquad (8-1-20)$$

式中，$X = (x_1, x_2 \cdots x_n)^T$ 为决策变量，U 为基本空间，R 为 U 的一个子集，满足约束条件的解 X 称为可行解，集合 R 表示由所有满足约束条件的解所组成的一个集合，叫可行解集合，它们的关系见图 8-1-1。优化计算的目的就是在可行解集合中寻找最佳可行解（即本问题中使 $F(X)$ 最小的解）或近似最优解。

对于式（8-1-19）最优化问题，目标函数和约束条件种类繁多，有的是线性的，有的是非线性的；有的是连续的，有的是离散的；有的是单峰值的、有的是多峰值的。本节讨论的燃气管网成本目标函数及其约束条件就是这样的优化问题。随着研究的深入，人们逐渐认识到在很多复杂情况下要想完全精确地求出其最优解既不可能，也不现实，因而求出其近似最优解或满意解是主要着眼点之一。

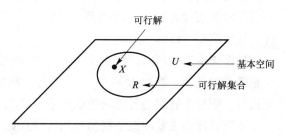

图 8-1-1 最优化问题的可行解和可行解集合

对于求解燃气管网这样带有混合变量（既有连续变量又有离散变量）的优化问题，以往多数采用一种权宜的办法，就是先将各管段的管径视为连续变量，待求得各管段管径的最优解后，再圆整到各自邻近的标准管径值（离散值）上。但由于作为连续变量的最优解，一般总是在约束区域的边界上，圆整得到的离散最优解很可能不满足约束条件。因为，根据圆整后的管径值，再进行水力平差计算后，虽然各管段的流量和平方压力降重新分配，仍然满足节点方程和环路方程的约束条件，但是管网中部分用户节点处的压力很可能不满足原优化问题中关于非气源点压力的约束条件。而且，即使圆整后得到的离散最优解满足约束条件，也不等于就是原优化问题的最优解，而可能是"伪"最优解，因为，离散变量最优解可能在连续变量最优解的附近，也可能远离连续变量最优解。目标函数和约束条件的非线性越严重，这种情况越容易出现。因此，将离散变量作为连续变量处理，来求解燃气管网优化问题，其缺陷是显而易见的。

但是由于这种方法比较简单，还是经常地被应用。这是因为燃气输配管网中的节点一般与调压站（或调压器）相连，即高压管网节点与高中压调压站连接，中压管网节点与楼栋调压器、用户调压器或专用调压器连接，设计时采用的节点压力允许波动范围（$p_{\min} \leqslant p_h \leqslant p_{\max}$）一般总是小于调压站（或调压器）允许进口压力波动范围。因此，当管径圆整后造成一些节点的压力偏离约束条件，对于管网的可靠运行影响不大。如果偏离约束条件的节点很多，则可以重新进行管径圆整。另一方面对于混合离散变量的优化问题，特别是有约束的非线性混合离散变量的优化问题，至今还缺乏系统的理论和有效的通用算法。一般，很多优化方法例如简约梯度法，罚函数法，拉格朗日乘数法，动态规划法，遗传算法等等都可应用于燃气管网优化。本章仅就连续变量优化与离散变量优化分别介绍一种方法。

8.1.3　管网设计优化拉格朗日乘数法

8.1.3.1　连续变量优化计算方法

对于由式（8-1-19）、式（8-1-2）、式（8-1-3）和式（8-1-8）组成的优化问题中，设计（决策）变量为：$X = (\Delta p_1, \Delta p_2 \cdots \Delta p_M, q_1, q_2 \cdots q_M)^T$，都是连续变量。

在该优化问题中，如果能先确定各管段的流量 q_k，那问题就要简单一些。

我们知道燃气管网的管段数 M、节点数 N 和环数 H 有下列关系式：

$$M = N + H - 1 \tag{8-1-21}$$

如果管网呈枝状形，即均不成环，则 H 为零。那么，可以建立 $N-1$ 个节点方程。由于管段流量未知数为 M，由关系式（8-1-21）可知管段流量未知数与方程数相同，因此，管段流量可以唯一确定。

如果管网为呈环状，则 $M > N-1$，虽然可以建立 $N-1$ 个节点方程，但为了得到所有 M 根管段的流量，尚缺 $M-N+1$ 个方程。如果从 M 根管段中任选 $M-N+1$ 根，对其分配流量，则整个管网的管段流量也就唯一确定。

燃气管网的主要功能是将燃气从气源点输送到各用气点，显然希望将燃气通过最短路径输往各用气点，因此，可以根据给定的环状管网布局，利用管网关于最短路径计算方法，确定管网的最短路径树，也就是管网的主干管段。由此可以确定各主干管段的流量，然后对于那些非主干管段分配以最小允许流量，这些管段共有 $M-N+1$ 根。按这样的方法所预先确定的各管段流量，一般来说比较接近于最优流量分配。这样，上述的优化问题中可以取消约束条件式（8-1-2），即优化问题为：

目标函数：

$$\min F(X) = \min \sum_{k=1}^{M} \left(b K^{\frac{1}{\beta}} q_k^{\frac{\alpha}{\beta}} \Delta p_k^{-\frac{1}{\beta}} L_k^{\frac{1}{\beta}+1} \right) \tag{8-1-19}$$

约束条件：

$$\sum_{k \in K_l} \Delta p_k = 0, (l = 1, 2 \cdots H) \tag{8-1-3}$$

$$\sum_{k \in K_{hnd}} \Delta p_k = \Delta p \leqslant p_s^2 - p_{min}^2, (hnd = 1, 2 \cdots Z_0) \tag{8-1-8}$$

对于这样一个带有线性约束条件的非线性规划问题，可以证明是一个凸规划问题，有唯一解，其优化方法很多，如简约梯度法、罚函数法、拉格朗日乘数法等。

8.1.3.2　拉格朗日乘数法

拉格朗日乘数法也是一种将约束问题转化为无约束问题的优化方法，其基本方法是引入一些待定系数，通过这些待定系数将约束条件与目标函数结合为新的目标函数，然后取目标函数对各变量的偏导数为零，建立方程组，并通过方程重组消去待定系数，组成新的方程组。这些新方程组与约束条件方程联立，使所求问题的解唯一，即可以求得原规划问题最优解所对应的变量（决策变量）。

根据目标函数式（8-1-19）以及约束条件式（8-1-3）和式（8-1-8），按拉格朗日乘数法写出函数：

$$\min\Omega\ (\Delta p_1,\ \Delta p_2\cdots\Delta p_M)$$

$$= \min\left[\begin{array}{l} \sum_{k=1}^{M} bk^{\frac{1}{\beta}}(q_k)^{\frac{\alpha}{\beta}}(\Delta p_k)^{-\frac{1}{\beta}}(L_k)^{\frac{1}{\beta}+1} + \sum_{l=1}^{H}\left(\lambda_l\sum_{k\in K_l}\Delta p_k\right) \\ + \sum_{hnd=1}^{ZO}\left(\lambda'_{hnd}\sum_{hnd\in K_{hnd}}(\Delta p_k - \Delta p)\right) \end{array}\right] \quad (8-1-22)$$

式中　λ_l——待定常数；（$l = 1,\ 2\cdots H$）

　　λ'_{hnd}——待定常数。（$hnd = 1,\ 2\cdots Z_O$）

取函数 Ω 的偏导数使其等于零：

$$\frac{\partial\Omega}{\partial\Delta p_k} = 0 \qquad (k = 1,\ 2\cdots M) \quad (8-1-23)$$

对这 M 个方程进行处理，消去待定常数 λ_l 和 λ'_{hnd} 后的剩余方程组（其方程数量等于未知压力节点数）与式（8-1-3）和式（8-1-8）的方程组，组合成闭合方程组，其唯一解就是原优化问题的最优解。

无论是采用简约梯度法、罚函数法还是拉格朗日乘数法，这里我们得到的是管网各管段的最佳平方压力降，还需利用式（8-1-18）计算各管段的最优管径值，但计算结果一般均非标准管径。

8.1.3.3　管网设计优化拉格朗日乘数法

上一节中已经介绍过了拉格朗日乘数法的优化计算原理，下面以图 8-1-2 为例，说明拉格朗日乘数法的具体应用过程。

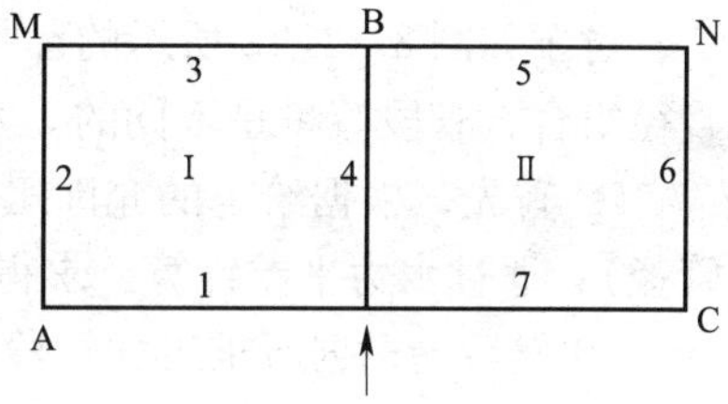

根据式（8-1-3）和式（8-1-8）可以写出下列方程组，其中 Δp_k 表示管段 k 两端节点的平方差：

$$\left.\begin{array}{l} \Delta p_1 + \Delta p_2 - \Delta p_3 - \Delta p_4 = 0 \\ \Delta p_4 + \Delta p_5 - \Delta p_6 - \Delta p_7 = 0 \\ \Delta p_1 + \Delta p_2 - \Delta p = 0 \\ \Delta p_4 + \Delta p_5 - \Delta p = 0 \end{array}\right\} \quad (8-1-24)$$

图 8-1-2　燃气管网
1~7—管段号；M、N—已知压力节点；
A、B、C—待定压力节点；I、II—环号。

设式（8-1-19）中的系数 α 和 β 分别为 1.75 和 4.75，则可写出函数：

$$\Omega = \sum_{h=1}^{7} bk^{0.21}q_h^{0.368}(\Delta p_h)^{-0.21}L_h^{1.21}$$

$$+ \lambda_1(\Delta p_1 + \Delta p_2 - \Delta p_3 - \Delta p_4) + \lambda_2(\Delta p_4 + \Delta p_5 - \Delta p_6 - \Delta p_7)$$

$$+ \lambda'_1(\Delta p_1 + \Delta p_2 - \Delta p) + \lambda'_2(\Delta p_4 + \Delta p_5 - \Delta p) = 0 \quad (8-1-25)$$

如果各管段的流量 q_k 已知，使函数 Ω 对 Δp_k 取偏导数，并等于零，则有：

$$\frac{\partial\Omega}{\partial\Delta p_1} = -0.21bk^{0.21}q_1^{0.368}(\Delta p_1)^{-1.21}L_1^{1.21} + \lambda_1 + \lambda'_1 = 0 \quad (8-1-26)$$

$$\frac{\partial\Omega}{\partial\Delta p_2} = -0.21bk^{0.21}q_2^{0.368}(\Delta p_2)^{-1.21}L_2^{1.21} + \lambda_1 + \lambda'_1 = 0 \quad (8-1-27)$$

$$\frac{\partial\Omega}{\partial\Delta p_3} = -0.21bk^{0.21}q_3^{0.368}(\Delta p_3)^{-1.21}L_3^{1.21} - \lambda_1 = 0 \quad (8-1-28)$$

$$\frac{\partial \Omega}{\partial \Delta p_4} = -0.21bk^{0.21}q_4^{0.368}\left(\Delta p_4\right)^{-1.21}L_4^{1.21} - \lambda_1 + \lambda_2 + \lambda_2' = 0 \qquad (8-1-29)$$

$$\frac{\partial \Omega}{\partial \Delta p_5} = -0.21bk^{0.21}q_5^{0.368}\left(\Delta p_5\right)^{-1.21}L_5^{1.21} + \lambda_2 + \lambda_2' = 0 \qquad (8-1-30)$$

$$\frac{\partial \Omega}{\partial \Delta p_6} = -0.21bk^{0.21}q_6^{0.368}\left(\Delta p_6\right)^{-1.21}L_6^{1.21} - \lambda_2 = 0 \qquad (8-1-31)$$

$$\frac{\partial \Omega}{\partial \Delta p_7} = -0.21bk^{0.21}q_7^{0.368}\left(\Delta p_7\right)^{-1.21}L_7^{1.21} - \lambda_2 = 0 \qquad (8-1-32)$$

令 $A_k = q_k^{0.368}L_k^{1.21}$，由式（8-1-26）和式（8-1-27）得

$$A_2\Delta p_2^{-1.21} - A_1\Delta p_1^{-1.21} = 0 \qquad (8-1-33)$$

由式（8-1-31）和式（8-1-32）得

$$A_6\Delta p_6^{-1.21} - A_7\Delta p_7^{-1.21} = 0 \qquad (8-1-34)$$

由式（8-1-28）、式（8-1-29）和式（8-1-30）得

$$A_3\Delta p_3^{-1.21} + A_5\Delta p_5^{-1.21} - A_4\Delta p_4^{-1.21} = 0 \qquad (8-1-35)$$

由式（8-1-24）和式（8-1-33）~式（8-1-35）组成方程组，根据给定的一组管段流量，可以唯一求得一组最优的管段平方压力降。

如前所述，对于枝状燃气管网，如果各节点的负荷是预先确定的，则各管段的流量是已知的。可以直接采用上述方法计算管段的最优压力降。根据求得的最优管段压力降和已知的管段流量，就可以得到最佳的管段直径。

对于如图8-1-2所示的环状燃气管网，尽管给定节点流量，但是，对于不同的管段直径组合，管段流量是不同的。实际应用中，一般采用下列的计算步骤：

① 首先，根据给定的允许压力降，按单位长度等压降法初步确定各管段直径（标准管径）；通过水力平差计算，求得各管段的流量。

② 然后，根据所求得的管段流量，利用上述拉格朗日乘数法可以求得各管段的最优管段压力降；利用求得的管段流量和最优管段压力降，可以计算得到最佳管段直径。

这里可以看出，如果取不同的一组管段流量，则对应的一组最佳管段直径也不同。

采用拉格朗日乘数法得到的是管网各管段的最佳平方压力降，需利用式（8-1-18）计算各管段的最优管径值。然而，无论是枝状燃气管网，还是环状燃气管网，最终所求得的最佳管径不属于标准管径，还需圆整到标准管径，以符合实际要求。对于枝状燃气管网，圆整后管段流量仍不变，但管段压力降已经偏离最优值。

对于环状燃气管网，圆整后不但管段压力降会偏离最佳值，而且管段流量也发生变化。因此，需进一步进行水力平差计算。

经过圆整后，还必须对管网的压力降进行校核，以确定偏离允许压力降的程度。如果偏离过大，尚需修改管径。

总之，采用拉格朗日乘数法进行燃气管网的优化计算，尽管方法简单，但结果往往不是最优的。不过作为工程应用计算，其结果是可以接受的。

8.1.4　管网设计优化遗传算法

8.1.4.1　离散变量优化计算方法

带有离散变量优化问题的许多解法，一般都借鉴解连续变量优化问题的思路。例如，

多数非线性连续变量优化问题的解法是建立在"爬山"搜索的策略上，就是说，从一个（变量）点出发，寻找一个有利搜索方向（目标函数改善的方向），沿该方向确定出应走的（变量改变的）步长，从而得到一个新的（变量）点。然后，从这个新点为作为下一个点的起点，重新构造搜索方向，确定步长，找出下一个新点，如此重复，从而逐步逼近最优解。又如，处理线性整数规划问题所采取的基本策略之一"查点"（隐枚举法，分支定界法等），是通过一些技巧，只需从全部整数点中选取一部分点来检查，即以尽可能小的计算代价找到最优点。虽然直接套用这种方法来解工程中的非线性离散变量问题显然是不合适的，但可以借鉴。

这里简单介绍一下基于"爬山"和"查点"策略思想的离散变量的直接搜索法。首先介绍一下相对离散次梯度和离散单位领域的概念。

对于离散变量，由于函数的梯度不可能用数学分析的方法来计算，为此，可以在离散点上采用近似导数的信息来计算梯度，并以此构造离散搜索的方向。设目标函数［式（8-1-14）］在离散点 $(D_1, D_2 \cdots D_M)$ 近似梯度的分量为

$$\left(-\frac{\Delta F}{\Delta D_1} \right), \left(-\frac{\Delta F}{\Delta D_2} \right) \cdots \left(-\frac{\Delta F}{\Delta D_M} \right) \qquad (8-1-36)$$

令

$$E = \max\left\{ \left| \left(-\frac{\Delta F}{\Delta D_1} \right) \right|, \left| \left(-\frac{\Delta F}{\Delta D_2} \right) \right| \cdots \left| \left(-\frac{\Delta F}{\Delta D_M} \right) \right| \right\} \qquad (8-1-37)$$

用 E 除近似梯度的各个分量：

$$G = \left\{ \frac{\Delta F}{\Delta D_1}/E, \frac{\Delta F}{\Delta D_2}/E \cdots \frac{\Delta F}{\Delta D_M}/E \right\} \qquad (8-1-38)$$

G 称为相对离散次梯度。

对于点 $(D_1, D_2 \cdots D_M)$ 的离散单位领域 $UN(D_1, D \cdots D_M)$，是如下定义的集合：

$$\begin{aligned} &UN(D_1, D_2 \cdots D_M) \\ &= \left\{ D_1, D_2 \cdots D_M \mid D_k + \Delta_k^- < D_k < D_k + \Delta_k^+ \quad k = 1, 2 \cdots M \right\} \end{aligned} \qquad (8-1-39)$$

如果只有 1 根管段（一维），则离散单位领域内的离散点总数为 3，即

$$UN(D_1) = \left\{ D_1 \mid D_{1+\Delta_1^-} < D_1 < D_{1+\Delta_1^+} \right\}$$

或：

$$UN(D_1) = \{A, D_1, B\} \qquad (8-1-40)$$

见图 8-1-3。

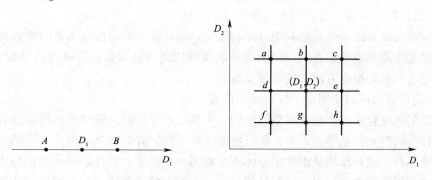

图 8-1-3　一维时的离散单位领域　　图 8-1-4　二维时的离散单位领域

如果只有2根管段（二维），则离散单位领域内的离散点总数为9，即：

$$UN(D_1, D_2) = \{D_1, D_2 \mid D_{k+\Delta_k^-} < D_k < D_{k+\Delta_k^+} \quad k = 1, 2\} \tag{8-1-41}$$

或：

$$UN(D_1, D_2) = \{a, b, c, d, e, f, g, h, (D_1, D_2)\} \tag{8-1-42}$$

见图8-1-4。

根据组合理论，如果离散变量的维数为 M，则离散单位领域内的离散点总数为 3^M。

离散变量的直接搜索法就是先从一个可行的（满足约束条件）离散点 $(D_1, D_2 \cdots D_M)^0$ 出发，沿相对离散次梯度方向进行离散一维搜索，从而得到一个使目标函数下降同时又满足约束条件的新离散点 $(D_1, D_2 \cdots D_M)^1$。然后，由此点开始重复上述步骤。当不能得到这样的一个新点时，按照有关规则（如隐枚举法）查找离散单位领域内的其他点。如果查到了新的点，则从该点出发再沿相对次梯度方向进行离散一维搜索；否则此点即为离散最优解。

也可以利用上述方法来解式（8-1-1）的优化问题。这时由于变量既含有连续变量 q_k、Δp_k，也有离散变量 D_k，所以，在目标函数的梯度中既有精确梯度，也有近似梯度，即具有相对混合次梯度。在进行最优值搜索过程中需要在离散子空间和连续子空间按一定规则进行轮变搜索。

8.1.4.2　管网设计优化遗传算法

近年来发展起来的非常活跃的智能优化算法，都可以处理离散变量的优化问题，如，粒子群算法、蚂蚁群算法、遗传算法（Genetic Algorithms）等。这里仅介绍遗传算法在燃气管网优化中的应用。

（1）遗传算法的基本原理

遗传算法与传统的优化计算方法有很大的不同。遗传算法是基于自然界生物通过自身的演化就能适应于特定的生存环境这种思想发展起来的一种随机搜索技术，是进化算法的一个重要分支。

遗传算法实质上是一种自适应的机器学习方法，通过选择、交叉、变异等操作作用于群体，最终可得到问题的最优解或近似最优解。虽然算法的思想比较简单，结果也比较单纯但它却可以解决一些复杂系统的优化计算问题。遗传算法主要有下述几个特点：

1）遗传算法以决策变量的编码作为运算对象。

传统的优化算法往往直接利用决策变量的实际值本身来进行优化计算，但遗传算法不是直接以决策变量的值，而是以决策变量的某种形式的编码为运算对象。

2）遗传算法直接以目标函数值作为搜索信息。

传统的优化方法不仅需要利用目标函数值，而且往往需要目标函数的导数值等其他一些辅助信息才能确定搜索方向。而遗传算法仅使用由目标函数值变换来的适应度函数值，就可确定进一步的搜索方向和搜索范围。

3）遗传算法同时使用多个搜索点的搜索信息

传统的优化算法往往是从解空间中的一个初始点开始最优解的迭代搜索过程，单个搜索点所提供的搜索信息毕竟不多，所以搜索效率不高，有时甚至使搜索过程陷入局部最优解而停滞不前。遗传算法从由很多个体所组成的一个初始种群开始最优解的搜索过程，对这个群体所进行的选择、交叉、变异等运算，产生出的乃是新一代的群体，在这之中包括了很多群体信息。这些信息可以避免搜索那些不必搜索的点，所以实际上相当于搜索了更多的点，这是遗传算法所特有的一种隐含并行性。

遗传算法的中心问题是鲁棒性（Robust，是健壮和强壮的意思），所谓鲁棒性是指能在许多不同的环境中通过效率和功能之间的协调平衡以求生存的能力。遗传算法能够提供一个在复杂空间中进行鲁棒搜索的方法。

（2）生物学术语

既然遗传算法效法基于自然选择的生物进化，是一种模仿生物进化的随机方法，下面首先给出几个生物学的基本概念与术语，这对于理解遗传算法是非常重要的。

染色体：生物细胞中含有的一种丝状化合物。是遗传物质的主要载体，由多个遗传因子——基因组成。

基因：DNA 或 RNA 长链结构中占有一定位置的基本遗传单位。生物的基因数量根据物种的不同多少不一，小的病毒只含有几个基因，而高等动物、植物的基因却数以万计。

基因型：基因组合的模型。是性状染色体的内部表现。

表现型：由染色体决定的外部表现。

个体：染色体带有特征的实体。

种群：染色体带有特征的个体的集合。该集合内个体数称为群体的大小。

进化：生物在其延续生存的过程中，逐渐适应其生存环境，使得其品质不断得到改良，这种生命现象称为进化。生物的进化是以种群的形式进行的。

适应度：衡量某个物种对于生存环境的适应程度。对环境适应程度高的物种获得的繁殖机会更多，反之则相对较少，甚至逐渐灭种。

选择：以一定的概率从种群中选择若干个体的操作。选择过程是一种基于适应度的优胜劣汰的过程。

复制：细胞在分裂时，遗传物质 DNA 通过复制而转移到新的细胞中，新的细胞就继承了旧细胞的基因。

交叉：有性生殖生物在繁殖下一代时，两个同源染色体之间通过交叉而重组，即在两个染色体的某一相同位置处 DNA 被切断，其前后两串分别交叉组合形成两个新的染色体，该过程又称"基因重组"或"杂交"。

变异：在细胞进行复制时可能以很小的概率产生某些复制差错，从而使 DNA 发生变异，产生出新的染色体，这些染色体表现出新的性状。

编码：DNA 中遗传信息在一个长链上按一定的模式排列，即进行了遗传编码。遗传编码可以看作从表现型到基因型的映射。

解码：从基因型到表现型的映射。

（3）遗传算法的基本思路

遗传算法中，将 n 维决策向量 $X = (x_1, x_2 \cdots x_n)^T$ 用 n 个符号 Y_i 组成的符号串 X 来表示：

$$X = Y_1 Y_2 \cdots Y_n \Rightarrow X = (x_1, x_2 \cdots x_n)^T$$

把每一个 Y_i 看作一个遗传基因，它的所有可能取值称为等位基因，这样，X 就可看作是由 n 个遗传基因所组成的一个染色体。

一般情况下，染色体的长度是固定的，但对一些问题 n 也可以是变化的。根据不同的情况，这里的等位基因可以是一组整数，也可以是某一范围内的实数值，或者是纯粹的一个记号。最简单的等位基因是由 0 和 1 这两整数组成的。相应的染色体就可表示为一个二进制符号串，这种编码所形成的排列形式 X 是个体的基因型，与它对应的 X 值是个体的表现型。通常个体的表现型和其基因型是一一对应的。

例如：对于问题：

$$\begin{cases} \max \quad f\ (x_1,\ x_2)\ =x_1^2+x_2^2 \\ \text{s. t.} \quad x_1 \in \ \{0,\ 1,\ 2\cdots 7\} \\ \qquad\quad x_2 \in \ \{0,\ 1,\ 2\cdots 7\} \end{cases} \qquad (8-1-43)$$

其决策变量为：$X=\ (x_1,\ x_2)^T$，在进行遗传运算前必须把变量 x_1，x_2 编码为一种符号串，本问题中 x_1，x_2 的取值范围为 0～7 之间的整数，可分别用 3 位无符号二进制整数来表示，将它们连接在一起所组成的 6 位无符号二进制整数就形成了个体的基因型，表示一个可行解。例如，基因型：$X=001010$ 所对应的表现型是：$X=\ (1,\ 2)^T$，个体的表现型和基因型之间可以通过编码和解码程序相互转换。

染色体 X 也称为个体 X，对于每一个个体 X，要按照一定的规则确定出其适应度。个体的适应度与其对应的个体表现型 X 的目标函数值相关联，X 越接近于目标函数的最优点，其适应度越大；反之，其适应度越小。

遗传算法中，决策变量 X 组成了问题的解空间。对问题最优解的搜索是通过对染色体 X 的搜索过程来进行的，从而所有染色体 X 就组成问题的搜索空间。

生物的进化是以种群的形式进行的。与此相对应，遗传算法的运算对象系由 m 个个体所组成的种群。与生物一代一代的自然进化过程相类似，遗传算法的运算过程也是一个反复迭代过程，第 t 代群体记做 $P\ (t)$，经过一代遗传和进化后，得到第 $t+1$ 代群体，它们也是由多个个体组成的集合，记做 $P\ (t+1)$。这个群体不断地经过遗传和进化操作，并且每次都按照优胜劣汰的规则将适应度较高的个体更多地遗传到下一代，这样最终在群体中将会得到一个优良的个体 X，它所对应的表现型 X 将达到或接近于问题的最优解 X^*。

(4) 适应度函数的作用

遗传算法在进化搜索中基本不利用外部信息，仅以适应度函数为依据，利用种群中每个个体的适应度值来进行搜索。因此，适应度函数的选择直接影响到遗传算法的收敛速度以及能否找到最优值。

在遗传算法进化的初期，通常会产生一些超常的个体，若按照比例选择法，这些异常个体因竞争力太突出而控制了选择的过程，影响算法的全局优化性能。在遗传进化的后期，即算法接近收敛时，由于种群中个体适应度差异较小，继续优化的潜能降低，可能获得某个局部最优解。因此，适应度函数的设计是遗传算法的重要步骤。

适应度函数一般由目标函数转换而成。为正确计算不同情况下各个个体的遗传概率，要求所有个体的适应度必须为正数或零，不能是负数。

当优化目标是求函数最大值，并且目标函数总取正值时，可以直接设定个体的适应度值就等于相应的目标函数值，即

$$Fit\ (f\ (X))\ =f\ (X) \qquad (8-1-44)$$

如对于式 (8-1-43) 的问题，其适应度函数可取

$$Fit\ (f\ (x_1,\ x_2))\ =f\ (x_1,\ x_2) \tag{8-1-45}$$

当优化目标是求函数最小值时，理论上只需简单地对目标函数增加一个负号就可将其转化为求目标函数最大值的优化问题，即

$$\min f\ (X)\ =\max\ (-f\ (X)) \tag{8-1-46}$$

但实际优化问题中的目标函数值有正也有负，优化目标有求函数最大值，也有求函数最小值，显然上面两式保证不了所有情况下个体的适应度都是非负数这个要求。所以必须寻求出一种通用且有效的由目标函数值到个体适应度之间的转换关系，由它来保证个体适应度总取非负值。

例如，对于最小值问题，可以采用下列形式将目标函数转换为适应度函数：

$$Fit\ (f\ (X))\ =\frac{1}{1+c+f\ (X)}\quad c>0,\ c+f\ (X)\geqslant0 \tag{8-1-47}$$

对于最大值问题，可以采用下列形式将目标函数转换为适应度函数：

$$Fit\ (f\ (X))\ =\frac{1}{1+c-f\ (X)}\quad c>0,\ c-f\ (X)\geqslant0 \tag{8-1-48}$$

其中 c 是目标函数界限的保守估计值。

（5）遗传算法的具体操作过程

遗传算法的一般流程如图 8-1-5 所示。下面通过求解式（8-1-43）的最大值问题，说明遗传算法的操作过程。

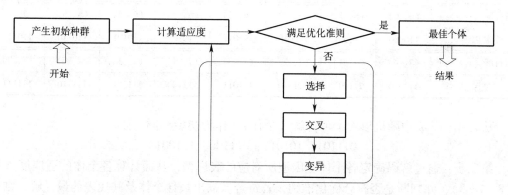

图 8-1-5　遗传算法的流程图

第一步：确定种群中的个体数目（一般取 20~100），每个个体表示为染色体的基因型，随机产生初始种群。

遗传算法一般需要借助计算机才能进行，这里为了说明遗传算法的具体操作过程，所以针对的问题非常简单，显然最佳可行解就是（7，7），种群内的个体数目仅取为 4 个，便于手工操作。

用 3 位无符号二进制整数分别表示问题中 x_1，x_2 取值 0~7 之间的整数，见表 8-1-1。

变量取值							表 8-1-1
x_1，x_2 取值	0	1	2	3	4	5	6	7
二进制整数	000	001	010	011	100	101	110	111

将两个3位无符号二进制整数连接在一起所组成的6位无符号二进制整数就形成了个体的基因型（染色体的内部表现），表示一个可行解（即基因型所对应的表现型）。该问题一共有 $2^6=64$ 个可行解，见表 8-1-2。

个体的表现型和基因型　　　　　　　　　　　表 8-1-2

可行解 (x_1, x_2)	(0, 0)	(0, 1)	(0, 2)	(0, 3)	(0, 4)	(0, 5)	(0, 6)	(0, 7)
基因型	000000	000001	000010	000011	000100	000101	000110	000111
可行解 (x_1, x_2)	(1, 0)	(1, 1)	(1, 2)	(1, 3)	(1, 4)	(1, 5)	(1, 6)	(1, 7)
基因型	001000	001001	001010	001011	001100	001101	001110	001111
可行解 (x_1, x_2)	(2, 0)	(2, 1)	(2, 2)	(2, 3)	(2, 4)	(2, 5)	(2, 6)	(2, 7)
基因型	010000	010001	010010	010011	010100	010101	010110	010111
可行解 (x_1, x_2)	(3, 0)	(3, 1)	(3, 2)	(3, 3)	(3, 4)	(3, 5)	(3, 6)	3, 7)
基因型	011000	011001	011010	011011	011100	011101	011110	011111
可行解 (x_1, x_2)	(4, 0)	(4, 1)	(4, 2)	(4, 3)	(4, 4)	(4, 5)	(4, 6)	(4, 7)
基因型	100000	100001	100010	100011	100100	100101	100110	100111
可行解 (x_1, x_2)	(5, 0)	(5, 1)	(5, 2)	(5, 3)	(5, 4)	(5, 5)	(5, 6)	(5, 7)
基因型	101000	101001	101010	101011	101100	101101	101110	101111
可行解 (x_1, x_2)	(6, 0)	(6, 1)	(6, 2)	(6, 3)	(6, 4)	(6, 5)	(6, 6)	(6, 7)
基因型	110000	110001	110010	110011	110100	110101	110110	110111
可行解 (x_1, x_2)	(7, 0)	(7, 1)	(7, 2)	(7, 3)	(7, 4)	(7, 5)	(7, 6)	(7, 7)
基因型	111000	111001	111010	111011	111100	111101	111110	111111

从表 8-1-2 中随机取 4 个可行解（个体），作为初始种群，如

011101，101011，011100，111001

第二步：通过解码确定各个体基因型所对应的表现型，从而计算各个体的适应度（见表 8-1-3），并判断是否符合优化准则，若符合，输出最佳个体及其代表的最优解，结束计算，否则转向第三步。

个体的适应度　　　　　　　　　　　表 8-1-3

种群中个体编号	初始种群 $P(1)$	x_1	x_2	$Fit(f(x_1, x_2))=f(x_1, x_2)$	$f_1/\sum\limits_{i=1}^{4}f_i$
1	011100	3	4	25	0.17
2	101011	5	3	34	0.24
3	011101	3	5	34	0.24
4	111001	7	1	50	0.35

第三步：依据适应度选择再生个体，适应度高的个体被选中的概率高，反之可能被淘汰。

表 8-1-3 中最右一列表示种群中各个体遗传至下一代的概率，以此概率分布可以画

出如图 8-1-6 类似博彩游戏中轮盘，轮盘边上括号内的数字表示每个个体可能被赌中（选中）的区域大小（即概率大小）。显然，区域越大，个体可能被赌中（选中）遗传至下一代的可能也越大。然后由计算机随机软件生成 4 个 0~1 的随机数，如：0.201，0.553，0.679，0.802，并根据轮盘赌规则，可选出对应的再生个体，见表 8-1-4。

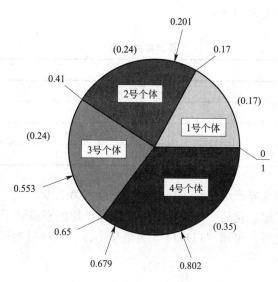

图 8-1-6 轮盘赌选择

种群中个体编号	初始种群 $P(t)$	适应度	选择概率	累积概率	个体选择次数	选择结果
1	011100	25	0.17	0.17	0	111001
2	101011	34	0.24	0.41	1	101011
3	011101	34	0.24	0.65	1	011101
4	111001	50	0.35	1	2	111001

选出再生个体 表 8-1-4

第四步：按照一定的交叉概率（一般取 0.4~0.99）和交叉方法，生成新的个体。

交叉运算是遗传算法中产生新个体的主要操作过程，它以某一概率相互交换某两个个体之间的部分染色体，这里采用单点交叉的方法，其具体操作过程是：先对群体进行随机配对，其次随机设置交叉点位置，最后再相互交换配对染色体之间的部分基因，见表 8-1-5。

交叉运算 表 8-1-5

选择结果	配对情况	交叉点位置	交叉结果
111001	<u>111001</u>	1110|01	111011
101011	101011	1010|11	101001
011101	<u>011101</u>	01|1101	011001
111001	111001	11|1001	111101

第五步：按照一定的变异概率（用于选择若干染色体组成父代个体，一般取 0.0001~0.1）和变异方法，生成新的个体。

　　因为，种群的个数有限，经过若干代交叉操作后，源于一个较好的新个体逐渐充斥整个种群，使问题过早收敛，最后获得的个体不能代表问题的最优解，为此，在进化过程中加入具有新遗传基因型的个体，这就是变异运算的目的。这里采用基本位变异的方法来进行变异运算，具体操作过程是：按小概率随机确定某个个体的基因变异位置，然后对该位置上的基因值取反，见表 8-1-6。

基因变异运算　　　　　　　　　　　　　　　　　表 8-1-6

选择结果	确定变异位置	交叉结果
111011	111 **0** 11	111 **1** 11
101001	101001	101001
011001	011001	011001
111101	111101	111101

　　第六步：由交叉和变异产生的新一代的种群，返回第二步。

　　显然新一代种群经过进化后，适应度的最大值和平均值都得到了明显的改进。事实上根据该简单问题的最优解，可知"111111"为最佳个体，或通过解码可知：（7，7）为最优解，（见表 8-1-7）。

新一代种群适应度　　　　　　　　　　　　　　　表 8-1-7

新一代种群 P（2）	x_1	x_2	$Fit\ (f\ (x_1,\ x_2))\ =f\ (x_1,\ x_2)$	$f_i/\sum\limits_{i=1}^{4}f_i$
111111	7	7	98	0.471
101001	5	1	26	0.125
011001	3	1	10	0.048
111101	7	5	74	0.356

　　遗传算法中的优化准则，一般根据具体问题有不同的方法，例如，可以采用下列方法之一，作为优化准则：

　　1）种群中个体的最大适应度超过设定值；

　　2）种群中个体的平均适应度超过设定值；

　　3）世代数超过设定值（一般取 100~500）。

　　（6）遗传算法中的运行参数

　　在按遗传算法流程对燃气管网优化计算前，必须确定种群中个体的数目、遗传算法的交叉概率、变异概率、终止进化代数等。这些参数对遗传算法的运行性能影响较大，但这些参数目前还没有合理的、具有理论依据的确定方法，可以采用前面推荐的数值，并在实际运算中加以调节。

　　1）群体大小：群体大小表示群体中所含个体的数量。当该取值较小时，可提高遗传算法的运算速度，但却降低了群体的多样性，有可能会引起遗传算法的早熟现象；而当该取值较大时，又会使得遗传算法的运行效率降低。

　　2）交叉概率：交叉操作是遗传算法中产生新个体的主要方法，所以交叉概率一般应取大值。但若取值过大的话，它又会破坏群体中的优良模式，对进化运算反而产生不利影响；若取值过小的话，产生新个体的速度又较慢。

3）变异概率：若变异概率取值较大的话，虽然能够产生出较多的新个体，但也有可能破坏掉很多较好的模式，使得遗传算法的性能近似于随机搜索算法的性能；若变异概率取值太小的话，则变异操作产生新个体的能力和抑制早熟现象的能力就会较差。

4）终止代数：终止代数是表示遗传算法运行结束条件的一个参数，它表示遗传算法运行到指定的进化代数之后就停止运行，并将当前群体中的最优个体作为所求问题的最优解输出。

很多传统的优化算法往往使用的是确定性的搜索方法，一个搜索点到另一个搜索点的转移有确定的转移方法和转移关系。这种确定性往往也有可能使得搜索永远达不到最优点，因而也限制了算法的应用范围。而遗传算法属于一种自适应概率搜索技术，其选择、交叉、变异等运算都是以一种概率的方式来进行的。从而增加了其搜索过程的灵活性。虽然这种概率特性也会使群体中产生一些适应度不高的个体，例如，遗传算法的终止进化代数选得太少，每次优化结果不仅不同，还可能偏离优化结果。但只要终止进化代数选得合理，随着进化过程的进行，新的群体中总会更多地产生出许多优良的个体，实践和理论都已证明了在一定条件下遗传算法总是以概率 1 收敛于问题的最优解。因此，尽管在种群中个体的数目、遗传算法的终止进化代数、交叉概率、变异概率等参数存在一定的不确定性，但与其他一些算法相比，遗传算法的鲁棒性又会使得参数对其搜索效果的影响会尽可能地低。

8.1.4.3 遗传算法在燃气管网优化计算中的应用

采用遗传算法进行燃气管网优化计算的基本思路如图 8-1-7 所示。

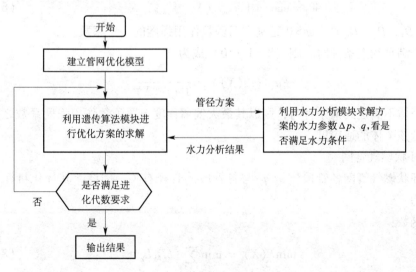

图 8-1-7 管网优化基本框架图

（1）枝状燃气管网

在燃气管网优化遗传算法中，一个管网优化方案是一个个体（染色体），若干个方案形成一个种群。

因为枝状燃气管网各管段流量 q_k 是已知的，因此，其优化目标函数及其约束条件为：

目标函数：

$$\min F(X) = \min \sum_{k=1}^{M} (bD_k L_k) \qquad (8-1-14)$$

约束条件：

$$\sum_{k \in K_{hnd}} K \frac{q_k^{\alpha}}{D_k^{\beta}} L_k = \Delta P \quad (hnd = 1,2 \cdots Z_0) \qquad (8-1-17)$$

实际应用中的优化问题如上述问题一样一般都有约束条件，它们描述的形式各种各样。在遗传算法的应用中，必须对这些约束条件进行处理，但目前还未找到一种能够处理各种约束条件的一般化方法。所以对约束条件进行处理时，只能是针对具体应用问题及约束条件的特征，选用不同的处理方法。这里我们采用罚函数法来处理式（8-1-17）的约束条件。为此先将式（8-1-17）的约束条件改写为

$$\varphi_{hnd}(D_1, D_2 \cdots D_M) = \sum_{k \in K_{hnd}} K \frac{q_k^{\alpha}}{D_k^{\beta}} L_k - \Delta p = 0 \quad (hnd = 1,2 \cdots Z_0) \qquad (8-1-49)$$

式中　φ_{hnd}——对约束条件的偏离程度。

罚函数法的基本思想是：对在解空间中无对应可行解的个体，计算其适应度时。处以一个罚函数，从而降低该个体适应度，使该个体被遗传到下一代种群中的机会减少。融合罚函数的思想，针对上述约束条件构建适应度函数可取

$$Fit_1 (f(X)) = \frac{1}{1 + f(X) + \omega \cdot W_1} \qquad (8-1-50)$$

式中

$$W_1 = \max \left\{ |\varphi_{hnd}(X)|_{hnd = 1,2,\cdots Z_0} \right\} \qquad (8-1-51)$$

$X = (D_1, D_2 \cdots D_M)^T$；$\omega > 0$ 是确定罚函数作用强度的一个系数。

当完全满足约束条件时，则（8-1-50）成为

$$Fit_1 (f(X)) = \frac{1}{1 + f(X)}$$

当某个体不满足约束条件时，则以其最大偏离程度与罚函数作用强度系数之积作为惩罚，以降低该个体的适应度。

（2）环状燃气管网

因为环状燃气管网各管段流量 q_k 与各管段的管径有关，因此，其优化目标函数及其约束条件为

目标函数：

$$\min F(X) = \min \sum_{k=1}^{M} (bD_k L_k) \qquad (8-1-14)$$

约束条件：

$$\sum_{k \in K_i} q_k = Q_i, (i = 1,2 \cdots N - 1) \qquad (8-1-2)$$

$$\sum_{k \in K_l} K \frac{q_k^{\alpha}}{D_k^{\beta}} L_k = 0, (l = 1,2 \cdots H) \qquad (8-1-16)$$

$$\sum_{k \in K_{hnd}} K \frac{q_k^{\alpha}}{D_k^{\beta}} L_k = \Delta p, (hnd = 1, 2 \cdots Z_O) \qquad (8-1-17)$$

首先，可以根据选择的个体，解码后进行水力平差计算以满足式（8-1-2）和式（8-1-16）的要求，并将约束条件式（8-1-17）改为下列形式：

$$p_i \geqslant p_{\min} \qquad (i = 1, 2 \cdots N-1)$$

如令

$$\eta_i = p_{\text{mim}} - p_i \qquad (i = 1, 2 \cdots N-1)$$

则适应度函数可取：

$$Fit_2 (f(X)) = \frac{1}{1 + f(X) + \omega \cdot W_2} \qquad (8-1-52)$$

式中

$$W_2 = \max \{0, \max [\eta_i |_{i=1,2,\cdots N-1}]\} \qquad (8-1-53)$$

（3）管径编码方法

如选择表 8-1-8 所列 8 种标准管径作为燃气管网可用管径，则可以将其映射为无符号二进制整数，见表 8-1-8。

标准管径编码　　　　　　　　　　　　表 8-1-8

标准管径 D	150	200	250	300	350	400	450	500
二进制整数	000	001	010	011	100	101	110	111

然后，按管段编号顺序将管网中的全部管段管径所对应的二进制整数连接在一起形成个体的基因型。例如，当燃气管网的管段数为：$M=6$，且各管段的管径为

$$D_1 = 500, \quad D_2 = 250, \quad D_3 = 250, \quad D_4 = 350, \quad D_5 = 450, \quad D_6 = 300$$

则可以映射为个体的基因型：111010010100110011。不同基因型的该类个体共有 2^{18} 个。从中可随机取种群要求的个体数组成遗传算法的初始种群。

对于具有管段数为 M 的燃气管网，管径取表 8-1-8 给定的标准管径，则每个个体由 $3 \times M$ 位 0 或 1 组成，不同基因型的个体数为 $2^{3 \times M}$。

（4）遗传运算

运用遗传算法需要确定种群中个体的数目、遗传算法的终止进化代数、交叉概率、变异概率 4 个参数。采用推荐的参考值：种群中个体的数目取 20~100，终止进化代数取 100~500，交叉概率取 0.4~0.99，变异概率取 0.0001~0.1。

（5）实际算例

图 8-1-8 为中压天然气枝状管网。管网入口压力为 0.05MPa，管网上各节点压力要求不小于 0.02MPa，天然气相对密度为 0.58，各管段长度和节点流量见图 8-1-7，各管段流量根据节点流量可以直接计算出。利用前述遗传算法进行该管网的优化计算，即求解管网中各管段的经济管径。

1）建立适应度函数

对于枝状天然气管网（图 8-1-8），由于各管段流量已知，则目标函数式（8-1-14）的约束条件中，式（8-1-16）和式（8-1-17）可以去掉。这样可以构成适应度函数式（8-1-50）。

2）管径编码

如选择表 8-1-8 所列 8 种标准管径作为燃气管网可选管径，可将其映射为无符号二

进制整数。然后，按管段编号顺序将管网中的全部管段管径所对应的二进制整数连接在一起形成个体的基因型。

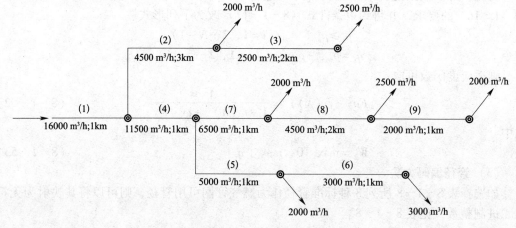

图 8-1-8　算例管网图

利用前述遗传算法进行该管网的优化计算，即求解管网中各管段的经济管径，计算结果见表 8-1-9。

计算结果			表 8-1-9
管段编号	管段流量（m³/h）	管段长度（km）	优化（经济）管径（mm）
1	16000	1	500
2	4500	3	350
3	2500	2	250
4	11500	1	500
5	5000	3	350
6	3000	2	300
7	6500	1	350
8	4500	2	350
9	2000	2	250

8.1.5　管网设计综合优化[4][16]

8.1.5.1　综合优化概念

前已述及，传统燃气管网优化以燃气管网年成本或造价为目标函数。

对于一个管网设计，可以提出若干方案，在这些方案之间，在造价有差别的同时，管网的设计压力工况也存在差别。在设计管径配置基本合理的条件下，往往是造价小的方案，压降较大，零点压力因而较低；反之，若方案压降较小，会有较高的零点压力水平，则意味着管网具有较大的增大供气量的能力，称之为具有较大的压力储备。以零点压力高于允许最低压力值作为压力储备的指标。

例如，某一项工程，对其管网设计不同的管道配置方案，得到表 8-1-10 技术经济指标。

管网设计不同方案技术经济指标　　　　　　　　　　表 8-1-10

方案	1（枝状）	2	3	4	5	6
F	6232.24	7977.6	7655.66	7817.56	8143.86	8763.2
Δp_r	0.0035	0.030	0.0416	0.066	0.0810	0.103
p_{min}	0.3	0.329	0.3378	0.3641	0.3781	0.396
α_Q	1	1.05	1.08	1.175	1.225	1.325

$$F = \sum_{k=1}^{M} D_k l_k / 1000 \qquad (8-1-54)$$

$$N_{10} = \left\lceil \frac{N}{10} \right\rceil \qquad (8-1-55)$$

表中　F——管网造价指标，$10^3 \mathrm{m}^2$；

　　　D_k——第 k 管段管径，mm；

　　　l_k——第 k 管段长度，km；

　　　M——管段总数；

　p_{min}——管网最低节点压力，MPa；

　　α_Q——供气能力增加系数。该方案相对于无增加供气能力的管网，供气能力增加为 α_Q 倍时，$p_{min} = p_0$，$\Delta p_r \approx 0$；

　　p_0——管网设计最低压力，MPa；

　Δp_r——压力储备，管网中压力最低的 N_{10} 个节点的平均压力与 p_0 之差，MPa；

　　　N——管网节点数；

$\left\lceil \dfrac{N}{10} \right\rceil$——天花板函数，大于分式值 $\dfrac{N}{10}$ 的最小整数。

从表 8-1-10 可以初步看到，管网方案的造价指标与压力储备的关系。方案管径配置较大则压力储备 Δp_r 也较大。但其前提是各方案都设计比较合理。否则会出现反效果。例如比较方案 3 与 2，$\Delta p_{r3} > \Delta p_{r2}$，但 $F_3 < F_2$。显然方案 2 管径配置欠妥。

若对燃气管网优化问题，提出以管网造价与管网扩大供气的压力储备综合的优化目标，以及考虑管段配气功能的综合约束，建立一类综合优化模型。应该是更为全面的一种优化方向。

我们知道，在可行方案集合中，有两类具有准边界值的管网[4]方案。一类是最经济方案，即是枝状管网方案，另一类是极不经济方案，这即是均匀配管方案（从每一节点向下游供气，近似地下游各管段的管径相同的配置称为均匀配管）。这两类管网配置方案造价处于两极端，显然有不同的压力工况，各零点的压力会在不同的水平上。因而零点压力高于允许最低压力的压力储备值会有不同，相应于两种压力储备边界值。利用这种造价与压力储备边界值对应关系，构造另一种管网优化目标因素—压力储备目标，即是将能量利用潜力纳入优化目标。

综合管网造价与管网压力储备目标的优化即是管网综合优化。

8.1.5.2 综合优化原理

管网优化目标函数除造价相对较省外加以压力储备函数，并且要考虑燃气管网实际的功能要求。对中压管网，其主要功能要求即管段配气。因此有必要在管网优化中将管段配气要求用管段管径约束形式给出，从而形成对管网优化的综合约束。

基于边值管网构造压力储备函数以建立综合目标函数，加以综合约束进行燃气管网优化，即综合优化原理。据此所建立的模型即综合优化模型。

1. 压力储备指标的效益价值指标

需要使压力储备指标映射为效益价值指标。

$$I = \frac{F - F_{min}}{F_{max} - F_{min}} \qquad (8-1-56)$$

$$Z = \frac{\Delta p - \Delta p_{min}}{\Delta p_{max} - \Delta p_{min}} \qquad (8-1-57)$$

式中 I——管网造价归一化指标；

F_{max}——造价最大管网方案的造价指标；

F_{min}——造价最省管网方案的造价指标；

Z——压力储备归一化指标。

对表 8-1-10（不含方案2）的数据进行回归处理，得到表 8-1-11 和图 8-1-9。

管网造价指标与压力储备指标表					表 8-1-11
方案	1（枝状）	3	4	5	6
$I_i = \dfrac{F_i - F_1}{F_6 - F_1}$	0	0.5624	0.6264	0.7553	1
$Z_i = \dfrac{\Delta P_{ri} - \Delta P_{r1}}{\Delta P_{r6} - \Delta P_{r1}}$	0	0.3936	0.6455	0.8007	1
α_Q	1	1.08	1.175	1.225	1.325
ζ	0.0175	0.3299	0.3299	0.40505	0.5015

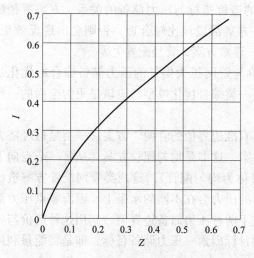

图 8-1-9 管网造价指标与
压力储备指标的关系

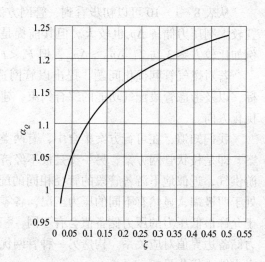

图 8-1-10 供气能力增加系数与
压力储备比值的关系

由表 8 - 1 - 11 得到管网造价指标与压力储备指标的关系，即压力储备效益函数见图 8 - 1 - 9 及下式：

$$I = 0.939109Z^{0.6336}$$

实用中可以取压力储备效益函数：

$$I = 0.9Z^{0.65} \qquad (8 - 1 - 58)$$

供气能力增加系数与压力储备比值的关系见图 8 - 1 - 10 及下式：

$$\alpha_Q = 1.29786\zeta^{0.0698426}$$

实用中可取：

$$\alpha_Q = 1.3\zeta^{0.07} \qquad (8 - 1 - 59)$$

$$\zeta = \frac{\Delta p_r}{p_d - p_0} \qquad (8 - 1 - 60)$$

式中　ζ——压力储备 Δp_r 与管网设计压降（$p_d - p_0$）的比值，在文中 $p_d - p_0 = 0.5 - 0.3 = 0.2 \text{MPa}$；

　　　p_d——管网设计压力，MPa。

2. 燃气管网综合优化模型

以管网造价指标扣除压力储备（效益）指标，余额最小为优化目标。即可以得出一种综合优化模型的目标函数。

由式（8 - 1 - 56），式（8 - 1 - 58），管网方案综合指标：

$$F_n = F - F_{pr} \qquad (8 - 1 - 61)$$

$$F_{pr} = F_{min} + 0.9(F_{max} - F_{min})\left(\frac{\Delta P_r - \Delta P_{min}}{\Delta P_{max} - \Delta P_{min}}\right)^{0.65} \qquad (8 - 1 - 62)$$

式中　F_n——作为目标函数的方案综合指标；

　　　F——管网方案的造价指标；

　　　F_{pr}——管网压力储备相应的效益价值指标，由式（8 - 1 - 58）。

本节的例子 F，F_{pr}，F_n 的图线的如图 8 - 1 - 11，图 8 - 1 - 12。

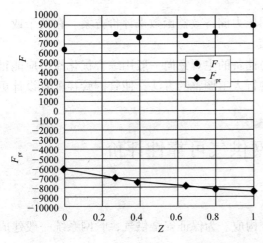

图 8 - 1 - 11　各方案点指标 F 与指标 F_{pr}

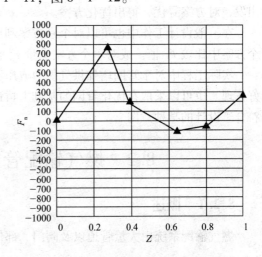

图 8 - 1 - 12　各方案点管网综合指标

对每一个方案 $Z\{D_k\}$，都有一个 $F_n\{D_k\}$ 值。F_n 是管网造价指标扣除压力储备效益指标后的"净"造价，F_n 最小者即是优选方案。可以采用各种行之有效的优化方法，以 F_n 为目标函数进行综合优化。

由图 8-1-12 可见，在 6 个方案中，5 个是较合理方案，方案 2 是最差方案，这与表 1 比较造价指标的初步认识是一致的。但是在其余 5 个方案比较中，指出方案 4 为最优。而不是传统从表 1 中可能得出方案 1 最优的结论。

管网综合优化模型的优化目标函数：

$$\text{Min}F_n = F - F_{pr} \tag{8-1-63}$$

约束条件：

气源点压力：$P_s =$ 定值

非气源点压力：$P_{min} \leqslant P_i \leqslant P_{max} = P_s$

管道直径：$D_k \in$（可选管径）

8.1.5.3　综合优化方法

对已经研讨过的内容作一小结以说明使燃气管网综合优化实用化的方法。

解算燃气管网优化问题可按下列步骤：

（1）按照工程规定的关于燃气管网的供气量和给定的供气设计压力 p_d 和节点最低压力 p_0 按常规设计方法，按管网主干环的要求以及管段途泄供气的要求设计初始管网。

（2）设计边值管网。在初始管网基础上简化出一个枝状网，即"最小"边值管网（为简化出枝状网，可将要去除的连枝管管径设为 1mm）。以及按节点管系相当等管径原理*（近似地对流量正比于管段长度确定管径）对初始管网调整若干管段配置成均匀网，即"最大"边值管网。从而得出两个边值管网。

（3）对两个边值管网进行水力计算。分别得到 F 和 ΔP_r 的边界值（F_{max}，F_{min}，ΔP_{max}，ΔP_{min}）。

（4）对枝状网应有 $\zeta \approx 0$，对均匀网应有 $\zeta \approx 0.5 \sim 0.6$。否则进行调整，回步骤 3。

（5）利用一种优化算法，以 $F_n = F - F_{prr}$ 作为目标函数，应用综合约束，从初始管网出发，对方案寻优，得出优化方案。

在一般设计工作中也可以对个别方案利用压力储备效益函数来评价方案。在两个或三个方案中比较 F_n 值。或对单个方案衡量 F_n 值。

实际工程中对于管网增加供气能力或压力储备的主观意向一般用综合优化模型应能很好体现。也可以采取在优化管网的基础上再进行人工调整的方法，使管网管径配置设计更符合于设计的某种意图。

8.2　燃气输配管网供气可靠性评价

8.2.1　概述

燃气输配系统由大量管道以及阀门、部件构成。为保证安全供气，管网系统一般建成

---

* 关于相当等管径原理参见文献［4］。

环状，以便在管网个别部位发生故障后需从系统隔离时，管网仍具有一定的供气能力。管网在建成后经过强度和气密性试验合格投入运行。此时，管网具有很好的完整性，可按设计规定的供气量工作。随着运行时间的推移，管网部件本身及施工的某些缺陷会暴露出来，需从系统中隔离开来，此时管网的供气能力会受到一定程度的影响。在损坏部件经修复、故障被排除后，管网又恢复到完整的状态。可见管网系统是一种可修复的系统，并且是一种在个别管段或部件发生故障时系统仍有一定供气代偿能力的复杂系统。对这种系统需要研究其可靠性问题。

8.2.2　可靠性基本概念

8.2.2.1　可靠性基本函数

（1）可靠性及可靠度函数。

工程系统都是由元部件组成的。系统的可靠性取决于元部件的可靠性以及元部件的系统构成方式。并且系统的可靠性是针对一定功能目标而言的。对元部件的可靠性的研究最有效的方法是通过实验获得数据，对数据进行科学的处理，做出分析得到定量的结果。

设有 N_0 个相同元件，在 $t=0$ 时刻投入运行，在 Δt 时间后有 $r(t)$ 个发生故障，$N_S(t)$ 个仍保持完好，即

$$N_S(t) = N_0 - r(t) \qquad (8-2-1)$$

记
$$R(t) = \frac{N_S(t)}{N_0} \qquad (8-2-2)$$

式中　$R(t)$——可靠度。

可见可靠度定义为在时刻 t，部件的完好率，可作为可靠性的指标。

（2）不可靠性及不可靠度函数。

与可靠性相对应，是不可靠性，对不可靠性的度量用不可靠度，记为 $F(t)$，所以应该有

$$F(t) + R(t) = 1 \qquad (8-2-3)$$

由（8-2-1）有

$$F(t) = \frac{r(t)}{N_0} \qquad (8-2-4)$$

（3）故障率。

为科学准确地表明可靠性，不能依靠一次的测量，而应该将对可靠性的评价建立在大量统计性数据的基础上。为此有必要引入故障率概念。

故障率定义为在单位时间内，发生故障的元件数与当时完好元件数的比率，即

$$\lambda(t) = \lim_{\Delta t \to 0} \frac{r(t+\Delta t) - r(t)}{N_0 - r(t)} \frac{1}{\Delta t}$$

$$\lambda(t) = \lim_{\Delta t \to 0} \frac{\Delta r(t)}{N_S(t)\Delta t} = \frac{1}{N_S}\frac{dr(t)}{dt} \qquad (8-2-5)$$

（4）故障密度。

再定义故障密度：

$$f(t) = \frac{dr(t)}{N_0 dt} \qquad (8-2-6)$$

即故障密度是单位时间内，发生故障元件数与开始时全部元件数的比率。

由式（8-2-4）与式（8-2-6）有

$$dF = f(t)\,dt \tag{8-2-7}$$

由式（8-2-5）及式（8-2-6），及式（8-2-2）得出

$$\lambda(t) = \frac{1}{R(t)}f(t)$$

由式（8-2-7）

$$\lambda(t)\,dt = \frac{dF(t)}{R(t)}$$

由式（8-2-3）：

$$\lambda(t)\,dt = \frac{-\,dR(t)}{R(t)}$$

对初始条件 $R(0)=1$，即开始时，可靠度为1，对上式积分，得

$$R(t) = e^{-\lambda(t)t} \tag{8-2-8}$$

及

$$F(t) = 1 - e^{-\lambda(t)t}$$

本节列出了关于可靠性的最基本的4个函数，即 $R(t)$、$F(t)$、$\lambda(t)$、$f(t)$。

8.2.2.2　故障率分布函数

研究可靠性的一种对象，例如一批元部件，在一定使用时间测量其故障率情况，会看到它是一种随机变量。因此，作为随机变量它会有某种分布规律，按所考察的对象不同，故障率分布规律基本可归结为几种典型的形态，它们是二项分布、泊松分布、指数分布、正态分布、威布尔分布以及对数正态分布等类型。

不同类型元件的故障率大都有一种典型的分布率变化情况，这即是元件故障率浴盆曲线。如图8-2-1所示

随时间推移，元件故障率经历三个阶段的分布率变化，可用威布尔分布来说明

$$\lambda(t) = kt^{\beta-1} \tag{8-2-9}$$

初始阶段1，$\beta<1$，在开始时 $t>0$，$\lambda(t)$ 会有一个较大的数值，这表明元件在投入使用之初未经老化容易暴露出存在的缺陷，或者说一批元件之中的某些质量较差品会被淘汰出来。经历一段较短时间这一现象会很快减弱。进入第2阶段，$\beta=1$，λ

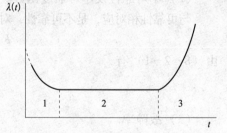

图8-2-1　故障的浴盆曲线 $\lambda(t)$

$(t)=k$，即故障率不随时间而改变，故障率为常数。这说明元件的可靠性状况进入稳定期，故障率的这种分布即是指数分布。在元件使用后期，由于消耗和磨损，故障率会越来越高，这即是进入第3阶段，$\beta>1$。

当前，对燃气管网的可靠性问题，一般采用故障率指数分布，即 $\lambda=$ 常数。在故障率服从指数分布的情况下，可靠度函数为

$$R(t) = e^{-\lambda t} \tag{8-2-10}$$

指数分布时的可靠度曲线[15]如图8-2-2所示。

8.2.2.3　维修性

当元件故障后不可修复时，则故障即称为失效，故障率即为失效率。对于可修复元件

的被修复的情况，用维修率加以表示。

实际上很多元件在发生故障后是可以修复的，特别对燃气输配系统，无论管道或阀门等部件在发生故障后都是需修复的，这里所指修复是故障件的修复或对原故障件的更换，所以修复是相对于功能来说的广义的。此外也可以对元件进行预防性更换，维修。

维修性是系统可靠性研究中的一个很重要的问题。维修性、维修方式、维修周期、维修条件（包括人员）的配置等关系到系统的可靠性和运行的经济性。对于维修性，可以用维修度来表达，维修度是维修难易程度的概率，维修度定义为在 $t=0$ 时，处于完全故障状态的全部元件在 t 时刻经维修后有百分之几恢复到正常的累积概率。维修度函数 $M(t)$ 类似于失效的不可靠度函数 $F(t)$：

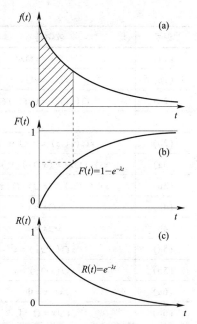

图 8-2-2　故障率为指数分布时的可靠度曲线

$$M(t) = \frac{s(t)}{D_0} \qquad (8-2-11)$$

式中　$M(t)$——维修度函数；

　　　$s(t)$——t 时刻已修复的故障元件数；

　　　D_0——修复开始时刻故障元件数。

维修度的密度函数：在单位时间内，修复元件数与开始时全部故障元件数的比率：

$$m(t) = \frac{ds(t)}{D_0 dt}$$

由式（8-2-11）

$$m(t) = \frac{dM(t)}{dt} \qquad (8-2-12)$$

维修率定义为：在单位时间内，修复的元件数与当时未修复的故障元件数的比率，即

$$\mu(t) = \frac{ds(t)}{[D_0 - s(t)]dt}$$

$$\mu(t) = \frac{ds(t)}{D_0 dt} \frac{D_0}{[D_0 - s(t)]}$$

再由式（8-2-11），式（8-2-12）

$$\mu(t) = \frac{dM(t)}{dt} \frac{1}{[1-M(t)]}$$

在维修率为指数分布时，$\mu(t)=\mu$（常数），且 $M(0)=0$，由上式可得

$$M(t) = 1 - e^{-\mu t} \qquad (8-2-13)$$

$\mu<1$，一般 μ 与 λ 相比有数量级的差别，$\mu \gg \lambda$。

燃气管网系统是一种可维修系统，在研究可靠性时需要考虑其维修性。

8.2.2.4　布尔代数

在可靠性分析和定量计算中需要应用布尔代数，其运算规则如表 8-2-1。

布尔代数运算规则　　　　　　　　　　　　　　表 8 - 2 - 1

编号	数学符号	工程学符号	名称
(1a)	$x \cap y = y \cap x$	$x \cdot y = y \cdot x$	交换律
(1b)	$x \cup y = y \cup x$	$x + y = y + x$	
(2a)	$x \cap (y \cap z) = (x \cap y) \cap z$	$x \cdot (y \cdot z) = (x \cdot y) \cdot z$	结合律
		$x \cdot (yz) = (xy) \cdot z$	
(2b)	$x \cup (y \cup z) = (x \cup y) \cup z$	$x + (y + z) = (x + y) + z$	
(3a)	$x \cap (y \cup z) = (x \cap y) \cup (x \cap z)$	$x \cdot (y + z) = x \cdot y + x \cdot z$	分配律
(3b)	$x \cup (y \cap z) = (x \cup y) \cap (x \cup z)$	$x + y \cdot z = (x + y) \cdot (x + z)$	
(4a)	$x \cap x = x$	$x \cdot x = x$	幂等律
(4b)	$x \cup x = x$	$x + x = x$	
(5a)	$x \cap (x \cup y) = x$	$x \cdot (x + y) = x$	吸收律
(5b)	$x \cup (x \cap y) = x$	$x + (x \cdot y) = x$	
(6a)	$x \cap \bar{x} = \Phi$	$x \cdot \bar{x} = \Phi$	补余律
(6b)	$x \cup \bar{x} = \Omega = 1$	$x + \bar{x} = \Omega = 1$	
(6c)	$\overline{(\bar{x})} = x$	$\overline{(\bar{x})} = x$	
(7a)	$\overline{(x \cap y)} = \bar{x} \cup \bar{y}$	$\overline{(x \cdot y)} = \bar{x} + \bar{y}$	德摩根（Demorgan）
(7b)	$\overline{(x \cup y)} = \bar{x} \cap \bar{y}$	$\overline{(x + y)} = \bar{x} \cdot \bar{y}$	定理
(8a)	$\Phi \cap x = \Phi$	$0 \cdot x = 0$	
(8b)	$\Phi \cup x = x$	$0 + x = x$	
(8c)	$\Omega \cap x = x$	$1 \cdot x = x$	
(8d)	$\Omega \cup x = \Omega$	$1 + x = 1$	
(8e)	$\bar{\Phi} = \Omega$	$\bar{0} = 1$	
(8f)	$\bar{\Omega} = \Phi$	$\bar{1} = 0$	
(9a)	$x \cup (\bar{x} \cap y) = x \cup y$	$x + \bar{x} \cdot y = x + y$	
(9b)	$\bar{x} \cap \overline{(x \cup y)} = \bar{x} \cap \bar{y} = \overline{(x \cup y)}$	$\bar{x} \cdot \overline{(x + y)} = \bar{x} \cdot \bar{y} = \overline{(x + y)}$	

注：Ω 表示全集，Φ 表示空集，在工程学符号中 1 表示全集，0 表示空集。

表中交换律、结合律与普通代数相同，在分配律中 $x + y \cdot z = (x + y) \cdot (x + z)$ 与普通代数不同。

8.2.2.5　系统的可靠性

实际的工程或技术系统都是由元部件组成的，系统的可靠性与组成系统的元部件的可靠性密切相关，也取决于元部件组成系统的结构形式。研究系统的可靠性要建立起系统的模型，即确定系统与元部件之间功能的逻辑关系，由元部件可靠度可以计算得到系统的可靠度。

从可靠性角度对系统可以进行分类。如无贮备系统—串联系统，贮备系统如并联系统、混联系统、表决系统等工作贮备系统和非工作贮备系统以及复杂系统。燃气管网系统应属于复杂系统。需要注意到对同一结构的系统，当功能要求不同时，可靠性类型也会不同。

（1）串联系统的可靠度

如图 8 - 2 - 3 所示串联系统。

系统中任一元件失效会导致系统的失效，只有系统中所有元件都能正常工作，系统才能正常工作，所以从逻辑上有下列结构函数：

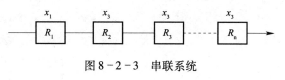

图 8-2-3 串联系统

$$X = x_1 \cap x_2 \cap x_3 \cdots \cap x_n \qquad (8-2-14)$$

因而系统的可靠度为：

$$R_S(t) = \prod_{i=1}^{n} R_i(t)$$

若每一元件的失效率都服从指数分布，$R_i(t) = e^{-\lambda_i t}$，则：

$$R_S(t) = \prod_{i=1}^{n} e^{-\lambda_i t} = e^{-\sum \lambda_i t} \qquad (8-2-15)$$

$$R_S(t) = e^{-\lambda_s t} \qquad (8-2-16)$$

$$\therefore \qquad \lambda_S = \sum_{i=1}^{n} \lambda_i$$

若 $\lambda_i = \lambda$，则 $\lambda_s = n\lambda$。

（2）并联系统

系统中只要有一个单元正常工作则系统能正常工作，或只有系统所有单元都失效系统才失效，系统称为并联系统，如图 8-2-4。

系统的逻辑关系由结构函数给出

$$X = x_1 \cup x_2 \cup x_3 \cdots \cup x_n \qquad (8-2-17)$$

系统不可靠度为：

$$F_S(t) = \prod_{i=1}^{n} F_i(t)$$

系统可靠度为：

$$R_S(t) = 1 - F_S(t) = 1 - \prod_{i=1}^{n} F_i(t)$$

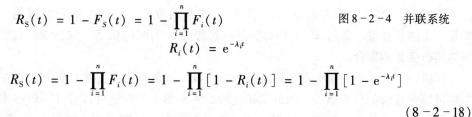

图 8-2-4 并联系统

若 $R_i(t) = e^{-\lambda_i t}$

$$R_S(t) = 1 - \prod_{i=1}^{n} F_i(t) = 1 - \prod_{i=1}^{n} [1 - R_i(t)] = 1 - \prod_{i=1}^{n} [1 - e^{-\lambda_i t}]$$

$$(8-2-18)$$

（3）复杂系统

复杂系统的结构关系复杂，只能就具体问题进行具体分析，例如图 8-2-5 所示系统。

用布尔函数展开定理求该系统的可靠度。对于系统有结构函数（系统的状态 X 与各元件的状态 x_i，$\overline{x_i}$ 的关系）：

$$X = \phi(x_i)$$

可以按布尔展开定理表示为

$$X = x_k \varphi_{1k} + \overline{x_k} \varphi_{0k} \qquad (8-2-19)$$

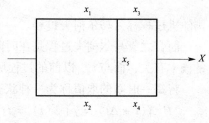

图 8-2-5 复杂系统

$$\varphi_{1k} = \varphi \ (x_1, \ x_2 \cdots x_{k-1}, \ 1, \ x_{k+1} \cdots x_n)$$

$$\varphi_{0k} = \varphi \ (x_1, \ x_2 \cdots x_{k-1}, \ 0, \ x_{k+1} \cdots x_n)$$

式中
$$\begin{cases} x_i \text{——} i \text{ 元件正常;} \\ \overline{x_i} \text{——} i \text{ 元件故障。} \end{cases}$$

图 8-2-5 所示系统的结构函数展开[13]为:

$$X = x_5 \cap [\ (x_1 \cup x_2) \ \cap \ (x_3 \cup x_4)] \ + \overline{x_5} \cap [\ (x_1 \cap x_3) \ \cup \ (x_2 \cap x_4)]$$

所以系统对用户正常供气 X 的可靠度为:

$$R_X(t) = P(X) = P(x_5)[P(x_1 \cup x_2) \cdot P(x_3 \cup x_4)] + P(\overline{x_5})[P(x_1 \cap x_3) + P(x_2 \cap x_4)]$$

$$= P(x_5) \cdot [P(x_1) + P(x_2) - P(x_1) \cdot P(x_2)][P(x_3) + P(x_4) - P(x_3) \cdot P(x_4)]$$

$$+ P(\overline{x_5}) \cdot [P(x_1) \cdot P(x_3) + P(x_2) \cdot P(x_4) - P(x_1)P(x_3)P(x_2)P(x_4)]$$

设各管段的可靠度都相同, $P(x_i) = p$, $P(\overline{x_i}) = 1 - p$, 得系统的可靠度:

$$R_X(t) = p \ (p + p - p^2)^2 + \ (1 - p) \ (p^2 + p^2 - p^4)$$

$$= 2p^2 + 2p^3 - 5p^4 + 2p^5 \tag{8-2-20}$$

8.2.3 系统的状态转移

实际的系统的可靠性状态随时都处在改变之中,不仅直接从可靠度函数是时间函数可以看出来,而且还在于系统由很多部分所组成,并且系统可能被修复。所以系统的可靠性状态是种动态过程。一般系统的状态变化是随机地发生转移的,是一种随机过程。转移既然是随机的,就具有某种转移的概率。转移概率与系统的故障率和维修率都有关系。

随机过程的定义是:设 E 是随机试验,e 是一次随机试验的结果,S 是试验结果的样本空间,即 S = {e}。每一次试验有一个时间 t 的函数 $X(t)$, $t \in T$,所以样本空间即具体化为一系列 $X(t)$ 所组成的空间,即有一簇时间 t 的函数,称这种函数簇为随机过程。

所以对一个特定的试验, $X(t)$ 是一个样本函数;对于一个给定的时刻 t_1, $X(t_1)$ 即是一个随机变量。常将 $X(t_1)$ 称为随机过程在 $t = t_1$ 时的状态。这样随机过程即可以理解为随机变量的集合。

随机过程中随机变量的取值即构成状态空间。其取值可能是连续的或离散的,时间参数也可以是连续的或离散的。因此随机过程有 4 种形态,但这种区分并不是本质的。

我们要特别关注一种随机过程,即马尔柯夫过程。其定义为,如果集合 $(t_1, t_2 \cdots t_n)$ 中的时刻次序是 $t_1 < t_2 < \cdots < t_n$,在条件 $X(t_i) = X_i$, $i = 1, 2 \cdots n-1$ 之下, $X(t_n) = X_n$ 的分布函数恰好等于 $X(t_{n-1}) = X_{n-1}$ 条件下 $X(t_n) = X_n$ 的分布函数,即

$$F_{x_n \mid x_{n-1} \cdots x_2 x_1} = F_{x_n \mid x_{n-1}}$$

则随机过程称为马尔柯夫过程。

简言之,马尔柯夫过程是在时间 t_n,随机变量取值的概率只与 t_{n-1} 时刻随机变量取值的概率有关,而与 t_{n-1} 以前的过程历史无关。这种性质称为"无记忆性"或"无后效性"。

将每一时间的取值称为一种状态,马尔柯夫过程的概率表达式为:

$$P\{X(t + \Delta t) = j \mid X(t) = i\} = P\{X(\Delta t) = j \mid X(0) = i\} = P_{ij}(\Delta t) = q_{ij} \Delta t$$

$$\forall i, j \in S, \Delta t \geq 0, S = \{0, 1, 2 \cdots n\} \tag{8-2-21}$$

式中　P_{ij}——经过 Δt 时间，由状态 i 转移为状态 j 的概率；

　　　q_{ij}——经过 Δt 时间，由状态 i 转移为状态 j 的概率密度。

i 状态维持原状态的概率：

$$P\{X(t + \Delta t) = i \mid X(t) = i\} = P_{ii}(\Delta t) \cong 1 - q_i \Delta t \tag{8-2-22}$$

式中　q_i——从状态 i 转移密度；

　　　$\cong$——不考虑在 Δt 时间内发生的二次转移。

转移密度的定义是转移概率的时间变化率，即：

$$q_{ij} = \lim_{\Delta t \to 0} \frac{P_{ij}(\Delta t)}{\Delta t}, i \neq j \tag{8-2-23}$$

i 状态维持原状态的概率密度：

$$q_{ii} = \lim_{\Delta t \to 0} \frac{1 - \sum_{j \neq i} P_{ij}(\Delta t)}{\Delta t} \tag{8-2-24}$$

按具体的状态转移方向，转移密度有不同的含义。如在发生失效（不可恢复的故障）时，q 表示失效率 ω。发生故障时 q 表示故障率 λ，在修复时 q 表示维修率 μ。

当转移密度 q 是常量，过程称为齐次马尔柯夫过程。我们将展开讨论的燃气管网状态变化过程即限定为齐次马尔柯夫过程。

现考虑有 n 种状态的系统的状态转移，对某一状态 i：

$$P_{ii}(\Delta t) + \sum_{j \neq i} P_{ij}(\Delta t) = 1 \quad i,j = 0,1,2\cdots n \tag{8-2-25}$$

式中　$P_{ii}(\Delta t)$——Δt 时间内仍停留在原状态的概率；

　　　$P_{ij}(\Delta t)$——Δt 时间内转移为 j 状态的概率。

$$q_i = \lim_{\Delta t \to 0} \frac{1 - P_{ii}(\Delta t)}{\Delta t} = \lim_{\Delta t \to 0} \frac{\sum_{j \neq i} P_{ij}(\Delta t)}{\Delta t} = \sum_{j \neq i} q_{ij} \tag{8-2-26}$$

在系统各种状态间相互转移的概率记为转移概率矩阵：

$$P(\Delta t) = \begin{bmatrix} P_{00}(\Delta t) & P_{01}(\Delta t) & P_{02}(\Delta t) & \cdots & P_{0n}(\Delta t) \\ P_{10}(\Delta t) & P_{11}(\Delta t) & P_{12}(\Delta t) & \cdots & P_{1n}(\Delta t) \\ P_{20}(\Delta t) & P_{21}(\Delta t) & P_{22}(\Delta t) & \cdots & P_{2n}(\Delta t) \\ \vdots & \vdots & \vdots & \vdots & \vdots \\ P_{n0}(\Delta t) & P_{n1}(\Delta t) & P_{n2}(\Delta t) & \cdots & P_{nn}(\Delta t) \end{bmatrix} \tag{8-2-27}$$

若定义转移密度矩阵：

$$A = \begin{bmatrix} -q_0 & q_{01} & q_{02} & \cdots & q_{0n} \\ q_{10} & -q_1 & q_{12} & \cdots & q_{1n} \\ q_{20} & q_{21} & -q_2 & & q_{2n} \\ \vdots & \vdots & \vdots & \ddots & \vdots \\ q_{n0} & q_{n1} & q_{n2} & \cdots & -q_n \end{bmatrix} \tag{8-2-28}$$

则有：

$$A = \lim_{\Delta t \to 0} \frac{P(\Delta t) - I}{\Delta t} \tag{8-2-29}$$

式中　I——单位矩阵

特别对于如图 8-2-6 的转移关系的系统，A 矩阵为

$$A = \begin{bmatrix} -\sum\limits_{i=1}^{n} \lambda_i & \lambda_1 & \lambda_2 & \cdots & \lambda_n \\ \mu_1 & -\mu_1 & 0 & & 0 \\ \mu_2 & 0 & -\mu_2 & 0 & \vdots \\ \vdots & & 0 & \ddots & 0 \\ \mu_n & 0 & \cdots & 0 & -\mu_n \end{bmatrix} \qquad (8-2-30)$$

用系统状态转移图直观地表达状态之间的转移关系。

图中 0 表示系统完整状态；1，2⋯n 分别表示系统的一种故障状态，用 $P_0(t)$ 表示系统在 t 时刻处于 0 状态的概率。用 $P_j(t)$ 表示系统在 t 时刻处于 j 状态的概率。

例如，系统 0 状态，可能由于故障（故障率为 λ_1）向 1 状态转移，同时又可能修复（维修率 μ_1）从 1 状态向 0 状态恢复完整性，在图上即用状态之间的连线表示这些转化机制。

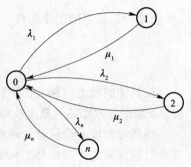

图 8-2-6　系统状态转移图

由全概率公式有

$$P(t+\Delta t) = P(t) \cdot P(\Delta t)$$
$$P(t+\Delta t) - P(t) = P(t)(P(\Delta t) - I)$$

式中　$P(t+\Delta t)$——$(t+\Delta t)$ 时刻系统的 $j=0$，1，2⋯n 种状态概率行矢量；

　　　　$P(t)$——t 时刻系统的 $j=0$，1，2⋯n 种状态概率行矢量；

　　　　$P(\Delta t)$——系统的状态转移矩阵。

考虑到：$\lim\limits_{\Delta t \to 0} \dfrac{P(t+\Delta t) - P(t)}{\Delta t} = \lim\limits_{\Delta t \to 0} P(t) \dfrac{P(\Delta t) - I}{\Delta t}$

由式 (8-2-29)，即有　$\dfrac{\mathrm{d}P(t)}{\mathrm{d}t} = P(t)A$ \qquad (8-2-31)

式中　I——单位矩阵；

　　　A——转移密度矩阵，式 (8-2-30)。

由 (8-2-31) 式得出

$$\frac{\mathrm{d}P_0(t)}{\mathrm{d}t} = P_0(t)\left(-\sum \lambda_j\right) + \sum P_j(t)\mu_j$$

$$\frac{\mathrm{d}P_j(t)}{\mathrm{d}t} = \lambda_j P_0(t) - \mu_j P_j(t)$$

考虑 $\sum P_j(t) = 1 - P_0(t)$，以及对管网的管段来说，维修率 μ_j 可以取为同一数值，$\mu_j = \mu$，所以有

$$\frac{\mathrm{d}P_0(t)}{\mathrm{d}t} = \left(-\sum \lambda_j - \mu\right) P_0(t) + \mu \qquad (8-2-32)$$

$$\frac{\mathrm{d}P_j(t)}{\mathrm{d}t} = -\mu P_j(t) + \lambda_j P_0(t) \qquad (8-2-33)$$

按初值 $P_0(0) = 1$，$P_j(0) = 0$ 解可分离变量方程（8-2-32）及常微方程（8-2-33），分别得到系统处于 0 状态的概率：

$$P_0(t) = \frac{1}{\sum \lambda_j + \mu}\Big[\sum \lambda_j \mathrm{e}^{-(\sum \lambda_j + \mu)t} + \mu\Big], j = 1,2\cdots n \qquad (8-2-34)$$

系统处于 j 状态的概率：

$$P_j(t) = \frac{\lambda_j}{\sum \lambda_j + \mu}[1 - \mathrm{e}^{-(\sum \lambda_j + \mu)t}], j = 1,2\cdots n \qquad (8-2-35)$$

8.2.4 输配管网供气可靠性

8.2.4.1 管网供气可靠度

燃气管网在运行中随时有可能因管段（或阀门等部件）发生故障使系统的完整性状态发生变化。燃气输配管网的状态变化可以看为齐次马尔柯夫过程。

对燃气管网各管段的状态，用状态函数表示。管段的状态完好时其状态函数 $x_j(t) = 1$，管段故障时，其状态函数 $x_j(t) = 0$。可见此处状态函数是二值函数。全体管段的状态函数构成表明管网完整性的状态矢量。

$$X(t) = [x_1(t), x_2(t)\cdots x_j(t)\cdots x_n(t)]^T$$

式中　$X(t)$——管网状态矢量；

$x_j(t)$——管段状态函数；

n——管段阀门或管网部件数。

随 x_j 取值不同，X 即有相应的取值，即管网有不同的状态。我们采用假定：在一个时间，管网中只发生一根管段或一个阀门或一处管网部件故障的模式，则对有 n 个部件的管网将有 $n+1$ 种状态，即：

$$X_0 = (1, 1\cdots 1, 1)^T$$
$$X_1 = (0, 1\cdots 1, 1)^T$$
$$X_2 = (1, 0\cdots 1, 1)^T$$
$$\vdots$$
$$X_n = (1, 1\cdots 1, 0)^T$$

燃气管网状态转移的概率，即可按式（8-2-34）、式（8-2-35）进行计算，在其中 $P_0(t) = P\{X(t) = X_0\}$，$P_j(t) = P\{X(t) = X_j\}$ $j = 1, 2\cdots n$

燃气管网供气能力与管网的完整性状态有关。无故障的管网具有规定的设计供气能力，即供气量 $q_0(t)$，而在故障状态 j，管网会失去一定量供气能力 Δq_j，只保持部分供气能力 q_j。所以对一个管网，由于其状态处在随机过程中，因此其预期的供气能力与它们可能有的状态的概率有关。为对其进行合理的估计，可以采用下列概率加权关系，即管网供气能力的期望值如式（8-2-36）：

$$q(t) = q_0(t)P_0(t) + \sum_{j=1}^{n} q_j(t)P_j(t) \qquad (8-2-36)$$

由于
$$P_0(t) + \sum_{j=1}^{n} P_j(t) = 1$$

以及
$$\Delta q_j(t) = q_0(t) - q_j(t)$$

由式（8-2-36）有

$$q(t) = q_0(t) P_0(t) + \sum_{j=1}^{n} \left[q_0(t) - \Delta q_j(t) \right] P_j(t)$$

$$q(t) = q_0(t) - \sum_{j=1}^{n} \Delta q_j(t) P_j(t) \tag{8-2-37}$$

定义管网预期供气量与规定供气量之比值为管网供气可靠度，即

$$R(t) = \frac{q(t)}{q_0(t)}$$

$$R(t) = 1 - \sum_{j=1}^{n} \frac{\Delta q_j(t)}{q_0(t)} P_j(t) \tag{8-2-38}$$

在本定义中有关量都是时间的函数，即定义的管网供气可靠度是因时而变的。这在数学逻辑上是合理的，但有必要限定将定义固定在设计额定工况下，即 $q_0(t)$ 采用管网设计额定的供气量 q_0。$\Delta q_j(t)$ 也按相对于供气量 q_0 在管网 j 种故障模式下减少的供气量 Δq_j 确定。因此式（8-2-38）改写为

$$R(t) = 1 - \sum_{j=1}^{M+V} \frac{\Delta q_j}{q_0} P_j(t) \tag{8-2-39}$$

代入式（8-2-35）：

$$R(t) = 1 - \sum_{j=1}^{M+V} \frac{\Delta q_j}{q_0} \frac{\lambda_j}{\left(\sum_{j=1}^{M+V} \lambda_j + \mu \right)} [1 - e^{-(\sum \lambda_j + \mu) t}] \tag{8-2-40}$$

对管段：

$$\lambda_j = \tilde{\lambda} l_j$$

对阀门：

$$\lambda_j = \lambda_v$$

式中　$R(t)$——管网供气可靠度；

$\quad q_0$——管网设计额定的供气量；

$\quad \Delta q_j$——管网 j 种故障模式下减少的供气量；

$\quad t$——是按管网投产（或大修后）运行的年数；

$\quad \tilde{\lambda}$——管段的单位长度故障率[*]，$1/(\text{km} \cdot \text{a})$；

$\quad l_j$——管段的长度，km；

$\quad \lambda_j$——第 j 管段故障，即第 j 种故障模式的故障率，$1/\text{a}$；

$\quad \lambda_v$——阀门故障模式的故障率，$1/\text{a}$；

$\quad M$——管段故障模式数（等于管段数）；

$\quad V$——阀门故障模式数（等于阀门数）。

---

[*]　单位故障率 $\tilde{\lambda} = 0.003 \sim 0.0004$　$1/(\text{km} \cdot \text{a})$

对管段与阀门分别考虑，取阀门的故障率同为 λ_v，式（8-2-40）有

$$R(t) = 1 - \frac{1}{q_0(\sum\limits_{j=1}^{M} \lambda_j + V\lambda_v + \mu)}[1 - e^{-(\sum\limits_{j=1}^{M} \lambda_j + V\lambda_v + \mu)\,t}](\sum\limits_{j=1}^{M} \Delta q_j \lambda_j + \lambda_v \sum\limits_{k=1}^{V} \Delta q_k)$$

$$\lambda_j = \tilde{\lambda} \cdot l_j \tag{8-2-41}$$

由上列燃气管网供气可靠度公式可以看到，$R(t)$ 与管网故障模式下减少的供气量有关系；与管网管段及管道、阀门等部件的故障率，维修恢复能力的维修率有直接关系。燃气管网供气可靠度有赖于合理的设计管网和配置阀门等部件。因此也引申出一项工作，即是需要进行燃气管网供气可靠性的评价和计算。从 $R(t)$ 计算式中可看到，$R(t)$ 与所采用的 t 有关，这表明采用较短的管网大修更新周期，有利于提高管网的供气可靠性。

燃气管网供气可靠度的计算，参考文献 [11] 介绍的方法，需对管网所有可能的故障模式（$M+V$），计算出相应每一种故障模式下的减少供气量 Δq_j，再按式（8-2-41）进行计算。

8.2.4.2 燃气管网供气可靠度算例

考察如图 8-2-7 所示管网，对其进行供气可靠度计算。设管网年供气量为 $7000 \times 10^4 \mathrm{m^3/a}$，小时供气量为 $38800 \mathrm{m^3/h}$，管网为中压环网。供气支管编号为 $1 \sim 38$，阀门编号为 $39 \sim 75$。管网中管段的故障率 $\lambda_j = 0.0025 l_j$ 1/a，其中 l_j 为管段长度，单位为 km。阀门故障率 $\lambda_v = 0.00035$ 1/a。管道维修率 $\mu = 0.100$ 1/a。计算时间取为 10a。

由式（8-2-41），将管段（$j = 1 \sim 38$）与阀门（$j = 39 \sim 75$）分开计算

$$R(t) = 1 - \frac{1}{q_0(\sum\limits^{75} \lambda_j + \mu)}[1 - e^{-(\sum \lambda_j + \mu)\,t}](\sum\limits_{j=1}^{38} \Delta q_j \lambda_j + \lambda_v \sum\limits_{j=39}^{75} \Delta q_j)$$

在计算过程中，由于阀门的故障率都相同（λ_v），因而计算过程可以简化，$\dfrac{\lambda_v}{\sum \lambda_i + \mu} \cdot$

$\dfrac{1}{q_0}$ 是公因子，因而可以只由每种阀门故障模式的 Δq_j 计算 $\sum \Delta q_j$，最后计算 $\dfrac{\lambda_v}{\sum \lambda_j + \mu} \cdot$

$\dfrac{\sum \Delta q_j}{q_0}$。

计算的主要工作量在于需按各种故障模式，为进行修复关闭有关阀门将故障隔离，造成供气量减少，即确定减供量 Δq_j 值。如在管段 1 故障时，为修复管段 1 将阀门 41 和 42 关断，结果管段 1、17、18、19 和其上连接的用户 68 及 69 亦被关断。此工况下被关断的用户燃气量 $\Delta q_j = 2000 + 1500 = 3500 \mathrm{m^3/}$时，因为管段 17，18，19 与管段 1 有等价性，所以当它们中之一发生故障时也导致关断同样数量的燃气量。再如当管段 11 发生故障时，需将阀门 39、47 关断对管段 11 进行修复，此工况下因 11 上未连接用户，故 $\Delta q_j = 0$。按此类似计算可以得出每个故障状态下的 Δq_j。

对图 8-2-7 管网的供气可靠度的计算列于表 8-2-2、表 8-2-3。

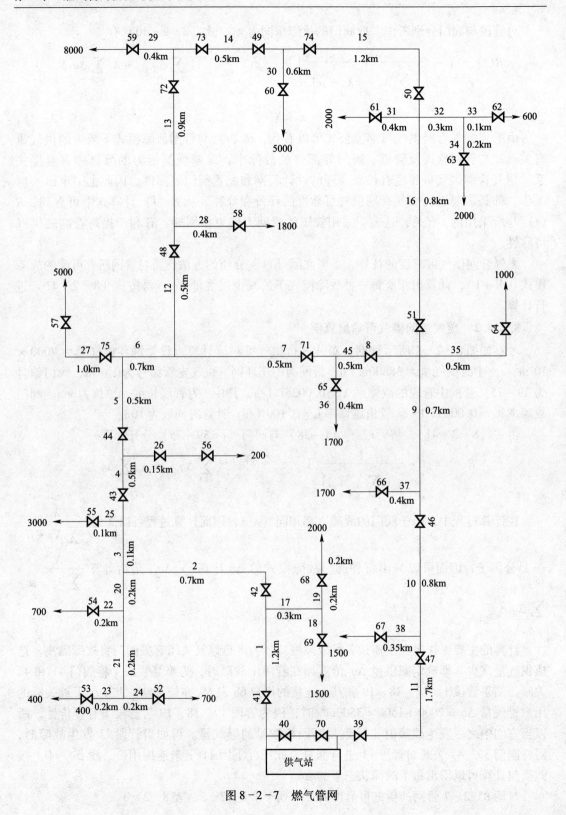

图 8 − 2 − 7 燃气管网

管段的计算数值 表 8-2-2

管段序号 j	管段长度 l_j (km)	$100\bar{\lambda}l_j$ (1/a)	关断的供气量 Δq_j	$100\bar{\lambda}l_j\Delta q_j$
1	1. 2	0. 300	3500	1050
2	0. 7	0. 175	4800	840
3	0. 1	0. 025	4800	120
4	0. 5	0. 125	200	25
5	0. 5	0. 125	0	0
6	0. 7	0. 175	0	0
7	0. 5	0. 125	0	0
8	0. 6	0. 150	2700	405
9	0. 7	0. 175	2700	472. 5
10	0. 8	0. 200	1500	300
11	1. 7	0. 425	0	0
12	0. 5	0. 152	0	0
13	0. 9	0. 225	1800	405
14	0. 5	0. 125	0	0
15	1. 2	0. 300	0	0
16	0. 8	0. 200	4600	920
17	0. 3	0. 075	3500	262. 5
18	0. 2	0. 050	3500	175
19	0. 2	0. 050	3500	175
20	0. 2	0. 050	4800	240
21	0. 2	0. 050	4800	240
22	0. 2	0. 050	4800	240
23	0. 2	0. 050	4800	240
24	0. 2	0. 050	4800	240
25	0. 1	0. 025	4800	120
26	0. 15	0. 0375	200	7. 5
27	1	0. 250	5000	1250
28	0. 4	0. 100	1800	180
29	0. 4	0. 100	8000	800
30	0. 6	0. 150	5000	750
31	0. 4	0. 100	4600	460
32	0. 3	0. 075	4600	345
33	0. 1	0. 025	4600	115
34	0. 2	0. 050	4600	230
35	0. 7	0. 175	2700	472. 5
36	0. 4	0. 100	1700	170
37	0. 4	0. 100	2700	270
38	0. 35	0. 0875	1500	131. 25
合计		4. 775		11651. 25

阀门计算数值　　　　　　　　　表 8 - 2 - 3

阀门序号 j	被关断供气量 Δq_j（m³/h）	阀门序号 j	被关断供气量 Δq_j（m³/h）
39	0	57	5000
40	0	58	1800
41	3500	59	8000
42	9300	60	5000
43	5000	61	4600
44	200	62	4600
45	4400	63	4600
46	4200	64	2700
47	1500	65	1700
48	1800	66	2700
49	5000	67	1500
50	4600	68	3500
51	7300	69	3600
52	4800	70	0
53	4800	71	1700
54	4800	72	9800
55	4800	73	8000
56	200	74	5000
		75	5000
总计			145000

$$R(10) = 1 - \frac{1}{38800}\frac{1}{(0.04775 + 0.100)}\left[1 - e^{-(0.04775 + 0.01295 + 0.1) \times 10}\right]$$

$$(116.5125 + 0.00035 \times 145000)$$

$$= 1 - 0.02142 = 0.9785$$

即图 8 - 2 - 2 管网的供气可靠度为 0.98。

（1）比较不同的维修率对可靠度的影响

若分别设维修率 $\mu = 0.050$，0.100，0.150，则供气可靠度各为 0.9763，0.9806，0.997。提高管网维修效率和水平可显著提高管网的供气可靠度。

（2）比较阀门故障影响与管道故障影响

由 $\dfrac{\lambda_v \sum\limits_{j=39}^{75} \Delta q_j}{\sum\limits_{j=1}^{38} \lambda_j \Delta q_j} = \dfrac{50.75}{116.5125} = 0.4356$ 可见，采用阀门有利于提高管网的 $R(t)$，但是需

要付出增加阀门的成本，在这一点上，也需要在管网性能与经济性之间作综合的平衡。

可以看到，这种确定故障 Δq_j 的方法，过程繁琐。对于实际管网要确定每一种故障模式对应的 Δq_j，工作量太大，因而也容易出错。此外，这种确定故障 Δq_j 的方法认为将故

障管段从管网隔离对管网水力工况原有状况没有影响，这显然是过于简化了。有必要采用具有可操作性的 Δq_j 计算模型，使管网供气可靠性评价进入实用。

8.2.4.3 基于水力工况的燃气管网供气可靠度计算[19]

考虑到燃气管网的一根管段发生故障时，对整个管网的水力工况只有局部的影响，由这种概念，作者提出了基于水力工况的 Δq_j 计算模型，使供气可靠度计算具有可操作性。其方法是，设管网按 m 级进行阀门规则配置，对管网设计工况进行水力计算，以计算结果的某管段组流量作为该管段组内管段故障时的系统减供量，阀门相邻的两管段组流量作为该阀门故障时的系统减供量。特别对于枝状管网，管段故障时，本管段流量即是系统减供量。由此燃气管网供气可靠度计算将变得十分容易，可在管网水力计算时同时完成。

基于水力工况的燃气管网供气可靠度计算要采用两种近似假定：

（1）由于管段或阀门的故障将有关管段组与管网隔离后管网的减供量即是被隔离有关管段组的各管段计算流量之和。而实际管网的减供量可能略偏离其值。

（2）阀门 m 级规则配置的管网，某一管段 j 故障的减供量为：$m \cdot \Delta q_j$。一般阀门规则配置 $m = 2$，3 级别的管网，可近似估计为，阀门故障的减供量为

$$\sum_{k=1}^{V} \Delta q_k = \gamma m \sum_{j=1}^{M} \Delta q_j$$

式中　M——管网管段数；

　　　γ——阀门故障相关管段数系数，$1.5 < \gamma < 2$。

因而由式（8-2-41）有

$$R(t) = 1 - \frac{1}{q_0 \left(\sum\limits_{j=1}^{S} \lambda_j + V\lambda_v + \mu \right)} [1 - e^{-(\sum \lambda_j + v\lambda_v + \mu)t}] \left[m \sum_{j=1}^{M} \Delta q_j \lambda_j + \gamma m \lambda_v \cdot \sum_{j=1}^{M} \Delta q_j \right]$$

$$\lambda_j = \tilde{\lambda} \cdot l_j$$

$$V = M + H - 1 - (m-1) \left\lfloor \frac{M-T}{m} \right\rfloor \qquad (8-2-42)$$

式中　M——管网管段数；

　　　H——管网环数；

　　　T——管网支管段数；

　　　m——管网阀门规则配置级数，对枝状管网 $m = 1$；

　　　$\lfloor x \rfloor$——地板函数，即等于或小于实数 x 的最大整数。

对图 8-2-8 所示的 44 根管段的燃气管网采用作者建立的基于水力工况的可靠性评价模型，计算得出其供气可靠度 R（10）$= 0.9548$。计算条件为：管段综合的单位故障率 $\tilde{\lambda} = 0.003$，阀门故障率 $\lambda_v = 0.00035$，维修率 $\mu = 0.125$，计算年限 $t = 10a$。

计算表明，对一个管网形式，在由于各种条件变化引起水力工况变化时，可靠度值变化很小。这表明基于水力工况的燃气管网供气可靠度计算方法［式（8-2-42）］具有很好的稳定性。

从技术发展的趋势看，管网供气可靠性应该进入实际工程的评价范围，提出对管网供气可靠度必需水平的要求。而规定可靠度 R（t）的大小，需经过实际资料数据的积累逐渐明确。对不同类型和规模的管网应该提出不同的 R（t）数值界限，并且对其要随时间

进程，按技术经济条件变化而进行调整。

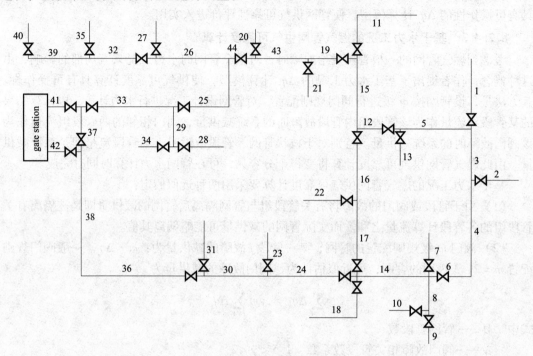

图 8-2-8 燃气管网

						管段流量 q_j（m³/h）			表 8-2-4
1	2	3	4	5	6	7	8	9	10
8000	−5000	−515	4485	8515	4485	−2000	−2600	−600	−2000
11	12	13	14	15	16	17	18	19	20
5000	−10315	−1800	9085	−9429	885	2585	−1000	14429	3000
21	22	23	24	25	26	27	18	29	30
−200	−1700	1700	12670	19429	−1800	700	2000	−3500	14370
31	32	33	34	35	36	37	38	39	40
1500	−1100	22929	−1500	400	15870	3265	−15870	−700	700
41	42	43	44						
19664	19136	14629	17629						

参考文献

［1］解可新等．最优化方法［M］．天津：天津大学出版社，2001：139-197.

［2］陈立周等．工程离散变量优化设计方法——原理和应用［M］．北京：机械工业出版社，1989.

［3］施光燕，董加礼等．最优化方法［M］．北京：高等教育出版社，2002：118-128.

［4］严铭卿等．燃气输配工程分析［M］．北京：石油工业出版社，2007.

［5］阮应君．高压天然气管网干线输气系统的优化（硕士学位论文）［D］．同济大学，2002.

［6］朱文建．燃气输配管网的优化设计（硕士学位论文）［D］．同济大学，1999.

［7］王小平等．遗传算法——理论与应用［M］，西安：西安交通大学出版社，2002：10-21.

［8］徐彦峰．燃气管网仿真、优化的研究与开发（工学硕士学位论文）［D］．哈尔滨建筑大

学，1999.

[9] 周明等. 遗传算法原理及与应用 [M]，北京：国防工业出版社，1999：32-64.

[10] 严铭卿. 燃气管网综合优化原理 [J]. 煤气与热力，2003（12）：741-745.

[11] 毕彦勋. 燃气输配管网的可靠性评价 [J]. 煤气与热力，1986（3）：27～30，35.

[12] 赵涛，林青. 可靠性工程基础 [M]. 天津：天津大学出版社，1999.

[13] 郭永基. 可靠性工程原理 [M]. 北京：清华大学出版社，施普林格出版社，2002.

[14] 盐见弘. 可靠性工程基础 [M]. 北京：科学出版社，1983.

[15] 孙桂林. 可靠性与安全生产 [M]. 北京：化学工业出版社，1996.

[16] 何淑静，周伟国，严铭卿等. 燃气输配管网可靠性的故障树分析 [J]. 煤气与热力，2003（8）：459-461.

[17] 何淑静，周伟国，严铭卿等. 城市燃气输配系统事故统计分析与对策 [J]. 煤气与热力，2003（12）：753-755.

[18] 王煊. 城市燃气管线网络系统优化设计研究（工学博士学位论文）[D]. 哈尔滨工业大学，2005.

[19] 严铭卿. 燃气输配管网供气可靠性评价方法 [J]. 煤气与热力，2014（1）：B01-B05.

第9章 压缩天然气输配

9.1 概述

压缩天然气（Compressed Natural Gas，CNG）是指以管输天然气为气源，经加气站净化、脱水、压缩升压至不大于 25.0MPa 的天然气。压缩天然气输配包括气瓶充装、转运到城镇 CNG 汽车加气子站或 CNG 供气站（或储配站），为汽车发动机加气或向居民、商业、工业企业供气等环节。压缩天然气的原料天然气应符合现行国家标准《天然气》GB17820，见本书第 1 章表 1-2-2。

汽车使用的天然气，杂质含量控制得更严格。车用 CNG 需压缩到 20~25MPa，约为标准状态下同质量天然气体积的 1/250；其辛烷值在 122~130 之间。车用 CNG 的天然气的现行国家标准《车用压缩天然气》GB18047 的各项规定，见表 9-1-1。

汽车用 CNG 技术指标 表 9-1-1

项目	质量指标
高热值（mJ/m³）	>31.4
硫化氢（H_2S）（mg/m³）	≤15
总硫（以硫计）（mg/m³）	≤200
二氧化碳（%）	≤3
氧（%）	0.5
水露点	在汽车驾驶点特定地理区域内，在最高操作压力下，水露点不应高于 -13℃；当最低气温低于 -8℃时，水露点应比最低气温低 5℃

注：1. 为确保压缩天然气的使用安全，压缩天然气应有特殊气味，必要时适量加入加臭剂，保证天然气的浓度在空气中达到爆炸下限的 20% 前能被察觉；
  2. 气体体积为在 101.325KPa，20℃状态下的体积。

建设城镇压缩天然气供应系统的意义在于：

（1）在天然气长输管道尚未敷设的区域，以压缩天然气作气源较易实现城镇气化，并可节省大量建设投资；

（2）解决城镇交通拥挤引起的汽车尾气排放总量超标，以减轻城区大气环境污染；

（3）在天然气蕴藏丰富及其价格低廉的情况下，天然气可缓解车用汽油、柴油供应问题。

城镇压缩天然气供应系统包括加气站［分为加气母站（加压站）和常规站（加气站）］、CNG 供气站、汽车加气子站（实用中也常简称为加气站）、气瓶转运车、CNG 汽车及天然气管网。

1. 天然气加气站

加气站包括母站和常规站。母站的主要功能是对来自管道的天然气进行加压、储存，以高压气瓶转运车向子站供气，同时也可具有为汽车进行加气功能。常规站则主要用于为汽车加气。加气站作业流程框图见图9-1-1。

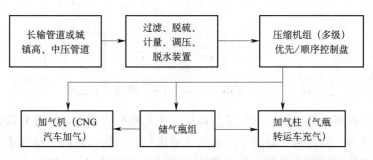

图9-1-1　天然气加气站的作业流程框图

天然气加气站的工艺，要求使充装气瓶转运车或售给 CNG 汽车的压缩天然气达到汽车用 CNG 的技术指标；气瓶转运车或 CNG 汽车的压力容器的最高工作压力（最高温度补偿后）为公称压力 20MPa。

CNG 气瓶转运车在母站加气柱充装作业一般可在 40～60min 内完成。

2. 城镇 CNG 供气站

城镇居民、商业和工业企业燃气用户是依靠中、低压管网系统供气的。由母站经气瓶转运车运送来站的 CNG 经由 CNG 供气站进行卸车、降压和储存，并向燃气管网供气。CNG 供气站相当于城镇燃气储配站（或门站），它是以加压站为母站的子站，其作业流程框图见图9-1-2。

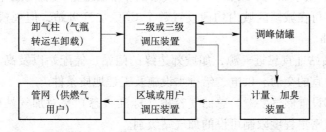

图9-1-2　城镇 CNG 供气站的作业流程框图

为节省投资，简易的城镇 CNG 供气站可以由 CNG 气瓶转运车卸车、CNG 加热、减压至中压 B 级管网压力，站内不设调峰储罐。在站内经计量、加臭后直接输送给城镇燃气分配管网。但是为了不间断供气和调节平衡城镇燃气用户小时不均匀性，在卸气柱处必须有气瓶转运车随时在线供气。这样，CNG 气瓶转运车投资比例较大，且须严格管理。

3. CNG 汽车加气子站

加气子站是 CNG 供应系统中仅供 CNG 汽车加气（售气）的设施，可根据城镇管理和道路规划要求进行布点。在经营内容和形式上可以只供 CNG，称为 CNG 加气站，或者在城镇原有的加油（汽、柴油）站的基础上扩建 CNG 加气系统称为油气合建站，或者新建既能加油又能加气的油气合建站。在 CNG 汽车供应系统中，CNG 加气子站的作业流程框图见图 9 - 1 - 3。

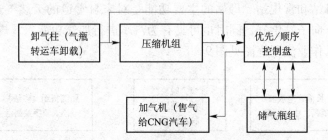

图 9 - 1 - 3　CNG 汽车加气子站的作业流程框图

　　根据加气作业所需的时间，加气子站可按快充和慢充方式作业。慢充作业一般是在晚间用气低谷时进行，慢充所需时间依配置的压缩机和储气瓶容积的大小而不同，可长达数小时，因此慢充加气站经营规模小，投资也少。快充作业则按 CNG 汽车车载燃料瓶的大小可在 3 ~ 10min 内完成。

　　作为子母站纽带的 CNG 气瓶转运车，在业务管理上分成行车和输送气体两部分，前者由交通监管部门监督，而后者归锅炉压力容器监察机构管理。

9.2　压缩天然气加气站

　　城镇 CNG 加气站的建设规模，应根据各类型 CNG 汽车数量及其快充加气高峰小时用气量和 CNG 供气站的各类用户高峰小时用气量以及二者的用气比例来确定，以确保其气源的稳定供气能力。

　　根据城镇 CNG 汽车加气子站和 CNG 供气站的布点位置、气瓶转运车运输距离、气源供应规模等因素，可在城镇区域内均衡设置数个 CNG 加气母站，但规模不宜太小，一般为 2500 ~ 6000m³/h。

　　CNG 加气母站站址宜靠近气源，如城郊边缘的门站、储配站以及高、中压管线附近。站址附近应具备适宜的交通、供电、给排水设施及工程地质条件。

　　通常加气站都设置储气装置。总储气容积（标准状态）是对加气站规模分级的依据。根据站址附近人口密集程度限制可设的加气站级别。

　　根据站内储气装置、瓶组、放散管管口和加气柱的布置，要求它们与站外建、构筑物保持最小的防火间距，需符合有关规范要求。

　　加气站也可以与城镇天然气门站合建。这种合建的加气站可以有更高的管线取气压力，可以显著节省天然气加压的电费。此时门站即具有同时以管输天然气与压缩天然气供应城镇的能力。

9.2.1　加气站工艺

　　加气站一般从天然气中压以上管线直接取气，并由调压、过滤、计量、脱硫、脱水、压缩、储存、CNG 运输车和 CNG 汽车加气等主要生产工艺系统以及自控、供电、供气、供水、润滑油回收及冷凝液处理等辅助生产工艺系统所组成。

9.2.1.1 工艺流程

压缩天然气供应系统的气源可从城镇天然气主干管取得，其压力宜为 0.35~1.05MPa 之间。典型的引入管线见图 9-2-1。在线路上必须设置计量装置，并要求进行压力和温度校正。计量装置有时可设在调压器前。为了保证供气不间断，通常可对引入管线设旁通管。

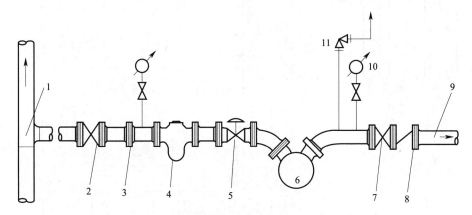

图 9-2-1　压缩天然气供应系统引入管线
1—天然气主干管接口；2、7—截断阀；3—绝缘法兰；4—过滤器；5—调压器；
6—计量器；8—止回阀；9—去压缩机连接管；10—压力表；11—安全放散阀

加压站的设备配置情况，有两种组合形式：一是选用个别散装设备，其自动化程度低，匹配欠缺优化，但投资较小；二是选用成套设备，集成撬装，其自动化程度高，操作优化控制很完善，但投资较大。图 9-2-2 为 CNG 加气站的工艺流程，该站选用了干燥器、多级压缩机组、储气瓶组、加气机和加气柱等的成套设备。

9.2.1.2 天然气预处理

一般多级压缩机对吸入气体有比较严格的要求，主要原因是若吸入气体的水分、尘粒和含腐蚀性杂质（H_2S）含量较高会对压缩机运行发生直接的影响，如活塞气缸磨损严重、管线易腐蚀和冰塞、操作脉冲较大易发生故障等，甚至把水分带入 CNG 汽车气瓶，进入汽缸使发动机不能正常工作。对天然气的除尘过滤与气质检测一般在门站完成。因此，CNG 加气站多级压缩机前对吸入的天然气进行预处理包括：脱硫、过滤、和深度脱水，并要求进站天然气的压力足以克服预处理设备的阻力，符合多级压缩机最低吸入压力。天然气进站压力以 0.6~0.8MPa 为宜。但从城市天然气分配管网上往往没有这种次高压 B 的供气条件。对进站压力既可以由供气方按协议调压，也可以自选调压器或调压箱调压。

预处理工序中一般用于干法脱硫；深度脱水的方法很多，低压脱水装置可设于天然气压缩增压之前；高压脱水装置则根据设备的压力级别安放在多级压缩机级间或末级出口。脱水原理是相同的，都是采用固体干燥剂进行吸附。干燥剂普遍选用颗粒状硅胶或分子筛（4Å），但冬季环境温度在 -7℃ 以下的地区不应选用硅胶作干燥剂，不然难于将天然气的水露点降至 -40℃ 以下。根据地区条件，在压缩机出口压力为 25MPa 之下，水露点达到 -40℃~-60℃。以使天然气含水量降至只相当于 0.3MPa 之下天然气饱和含水量的 3%。

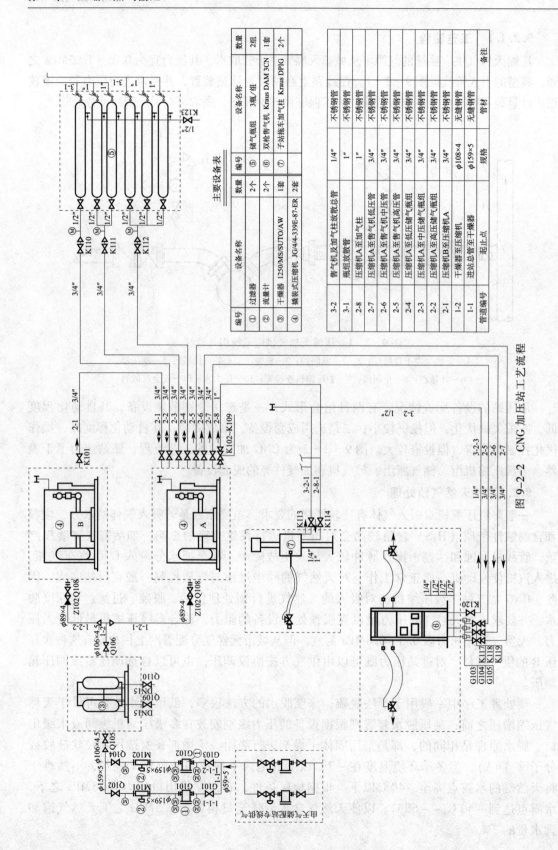

主要设备表

编号	设备名称	数量
①	过滤器	2 个
②	流量计	2 个
③	干燥器 1250/MS/SUTO/AW	1 套
④	撬装式无压压缩机 JG/4/4-339E-87-ER	2 套

编号	设备名称	数量
⑤	储气瓶组	2 组 3 瓶/瓶组
⑥	双枪售气机 Kraus DAM 3CN	1 套
⑦	子站拖车加气柱 Kraus DPIG	2 个

管道编号	起止点	规格	管材	备注
1-1	进站总管至干燥器	φ159×5	无缝钢管	
1-2	干燥器至压缩机A	φ108×4	无缝钢管	
2-1	压缩机B至高压储气瓶组	3/4"	不锈钢管	
2-2	压缩机A至中压储气瓶组	3/4"	不锈钢管	
2-3	压缩机A至低压储气瓶组	3/4"	不锈钢管	
2-4	压缩机A至售气机高压管	3/4"	不锈钢管	
2-5	压缩机A至售气机中压管	3/4"	不锈钢管	
2-6	压缩机A至售气机低压管	3/4"	不锈钢管	
2-7	压缩机A至售气加气柱	1"	不锈钢管	
2-8	瓶组放散管	1"	不锈钢管	
3-1	售气机及加气柱放散总管	1/4"	不锈钢管	
3-2				

图 9-2-2　CNG 加压站工艺流程

根据经预处理后天然气压力的不同，一般选用 3 ~ 4 级压缩机就可使天然气升压至 25MPa。通常按工艺设计计算小时排气量（标准状态）的大小选用电机驱动往复式压缩机。当加气站规模大且压缩机计算总排量很大时，可采用多台并联。压缩机系统可安装在撬块底座防爆隔音密封的箱体内，简化了建站的设计、施工、安装，可减少工程建设周期和占地面积。现代较大型的天然气压缩机采用活塞环和填料环无油润滑方式，设计成对称平衡式结构，机械振动小。

9.2.1.3 加气

CNG 加气站的工艺流程见图 9 - 2 - 2。下面简述加气柱为 CNG 运输车的加气工艺流程。

当加气站对 CNG 运输车的充气具有明显的不连续充气特征时，应采用压缩机直充工艺。反之，可采用直充加储气设施辅助充气工艺。采用储气设施辅助充气工艺时，加气柱应具有双管接头。

加气柱基本工艺流程如图 9 - 2 - 3 所示，该加气柱采用压缩机直充加储气设备快充加气制度。将加气嘴（快装接头）与汽车气瓶加气口接牢，打开加气嘴上的阀门和加气总阀 7，加气管上的压力瞬间降低，由可编程逻辑控制器（PLC）控制的储气取气控制阀 5 打开，储气设备中的天然气经加气柱外的紧急切断阀，经取气管、过滤器 14（有的未设）、止回阀 4、取气控制阀 5、计量装置 6、加气总阀 7、拉断阀 8、加气软管 9、加气嘴/枪 10，对 CNG 运输车加气。随着加气的继续，流量逐渐降低，当低于（PLC）设置的流量限值时，打开直充控制阀 2，继续充气，直至 PLC 发出停止加气指令，自动切断直充控制阀 2。此前，止回阀 4 防止取气控制阀 5 未切断完时，压缩机来气进到储气设备内。加气中止后，关闭加气总阀 7 和加气嘴上的阀门，打开泄压阀 10，软管内高压气经泄压管回收（或排放）。取下加气嘴/枪，回位，加气全过程结束。

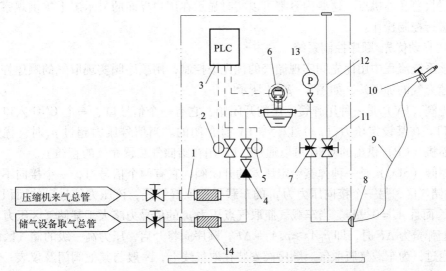

图 9 - 2 - 3　加气柱工艺流程

1—取气接管；2—直充控制阀；3—PLC；4—止回阀；5—储气取气控制阀；
6—计量装置；7—加气总阀；8—拉断阀；9—加气软管；10—加气嘴；
11—泄压阀；12—泄压管；13—压力表；14—过滤器

简单的加气柱，也可配置为手动形式，而无须 PLC 和控制阀门。

当 CNG 加压站用储气分区方式，且利用加气柱对 CNG 运输汽车加气时，则要求加气柱有压缩机直充接管和相应功能。

泄压管路可通过软管连接至加气嘴，此时，加气嘴处设有泄压阀。

9.2.1.4　储气与充气的优先/顺序控制

在加气站中一般需设置储气装置提供部分气量。对于负荷大而不均匀的大型站，需要设置容积较大的储气装置。对储气装置一般采取分区方式，按某种容积比例将储气装置的容积分成高、中、低压力区，与压缩机共同构成储气与充气系统。对这种系统采取优先/顺序控制。

采取储气与充气的优先/顺序控制可有效提高储气装置的容积利用率，同时也有利于降低充气压差，减小节流效应。

储气与充气的优先/顺序控制是指对站内储气装置在压缩机向其储气时，通过优先程序控制气流先充高压级、后充中、低压级直至都达到 25MPa，压缩机即可停机；而车载气瓶由储气装置取气时，则采取顺序控制取气方式，即通过顺序程序控制气流，先从低压区取气，后从中、高压区取气。用压缩机向车载气瓶充气为最后顺序。即当储气装置对车载气瓶快充加气到一定压力时，由压缩机直接供气，使瓶压力达到规定值（20MPa）。只当取气过程完毕后，压缩机才向储气装置补气。这样的优先/顺序气流分配系统，能提高储气装置容积利用率，一般可达 32%～50%。

优先/顺序控制系统按采用的控制设备、仪表的不同可以分为以下三种类型。

（1）电子优先/顺序控制系统

采用电子控制盘操作阀门实现优先/顺序控制。适用于公用加气站和采用电子卡售气的加气站。它可以采用 PLC 进行控制，其功能不仅能控制有关设备运行参数进行修改设定、设置报警和停机点。这些内容都可以实时显示在用户界面的显示屏上提供观察或者选择菜单进行控制操作。

（2）自动优先/顺序控制系统

在该系统流程中用优先阀实现储气的优先级控制，用顺序阀实现取气的顺序控制，适用于快速充气的加气站，如图 9-2-4 所示。

优先阀（PV）是一种用弹簧定压的开闭阀，它有一个信号口、一个 CNG 入口和一个 CNG 出口。在某设定压力（p_X）以下，PV 是常闭的。当信号压力超过 p_X 时，优先阀开启，压缩机（CP）供出的 CNG 可以通过。PV 用在给储气装置充气的管线上。

顺序阀（SEQ）是一种弹簧给定压差的开闭阀，它有两个信号口，一个接向不同压力（p_S）的储气区，另一个接向压力为 p_C 的车载气瓶取气管线，该压力信号口的面积分别为 A_S 和 A_C，而且 $A_S = 0.9A_C$。当车载气瓶取气点压力 p_C 的信号力略大于某储气区压力 p_S 的信号力加上弹簧力 ΔF 时，即 $p_C A_C \geqslant p_S A_S + \Delta F$，顺序阀将开启，压力高一级的储气区的 CNG 便可以通过，为车载气瓶取气。顺序阀安装在取气线上，一般与其他阀门及仪表一起包装在加气机壳内。

在如图 9-2-3 的三区四线制（储气三压力区，及三管线＋压缩机直充管线）系统中，设起始状态是储气装置高压区的压力 p_1 降到了设置压力 p_X 以下，需继续为车辆快速充气，即高中低三区压力 p_1、p_2、p_3 均小于 p_X，其工作过程将是：加气机由压缩机 CP 直接

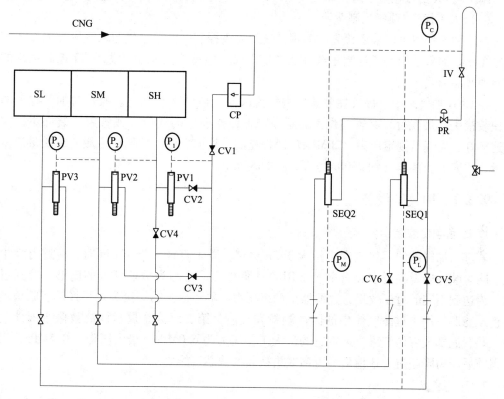

图9-2-4 自动优先/顺序控制系统简图

通过止回阀 CV1 为车辆加气。车载气瓶取气完毕时，p_1 压力上升可达 p_X，优先阀 PV1 开启，CP 通过 CV2 为高压储气区 SH 充气，而 CV1 和 CV4 可防止倒流。

当 SH 达到 p_X，即 p_2 的压力达到 p_X，PV2 开启，CP 通过 CV3 为中压储气区 SM 充气，而 CV1、CV2 和 CV4 可防止 CNG 倒流。

当 SM 达到 p_X，即 p_3 达到 p_X，PV3 就开启，CP 直接为低压储气区 SL 充气，而 CV1、CV2、CV3 和 CV4 可防止 CNG 倒流。

当 SL 达到 p_X，由于 PV1、PV2、PV3 都处于开启状态，压缩机可以向 SH、SM、SL 充气，使整个储气装置达到最高压力（25MPa），然后停机。

当有车载气瓶取气时，p_2、p_3 有可能降低，PV2、PV3 会关闭，因而维持储气区的充气优先次序。

在进行车载气瓶取气的操作过程中，加气枪连接了气瓶，打开加气机的主阀 IV，顺序阀 SEQ1、SEQ2 的两信号口压力分别为 p_C、p_L 和 p_C、p_M。由于 p_C 很小，SEQ1 和 SEQ2 的 CNG 通道关闭。CNG 则由 SL 通过 CV5 流入气瓶。

随着气瓶取气进程，p_C 逐渐上升，p_L 下降，p_L 与 p_C 的压力差小到给定值时 SEQ1 的 CNG 通道被打开，CNG 则由 SM 通过 CV6 流入气瓶。此时 SL 的 CNG 不会通过 CV5。随气瓶取气进程的继续，p_C 进一步上升，p_M 下降，p_M 与 p_C 的压力差小到给定值时，SEQ2 的 CNG 通道被打开，CNG 则由 SH 流入气瓶。同理，SM 的 CNG 不会通过 CV6。这样就实现了车载气瓶顺序取气的全过程。

调压阀 PR 的作用在于防止加气过流，并可在顺序阀的两个信号口之间产生一定的压差。

（3）人工优先/顺序控制系统

在这种流程中可以采用优先阀实现储气优先级控制，但车载气瓶取气则靠人工来实现顺序操作。如果采用电子控制车载气瓶顺序取气，它就变成电子优先/顺序控制系统的另外一种产品形式。

在 CNG 加气站中，加气柱要通过主气流阀向气瓶转运车加气。操作时加气柱上的卡套快装接头（加气枪）必须与位于转运车瓶框操作仓侧的气瓶（或管束）装卸主控阀紧密连接好，充气至规定压力（20MPa）即告充满。根据需要，加气柱一般安装质量流量计显示，快充加满整车（约 2500m³）需时约 45min。

9.2.2 加气站设备

1. 过滤净化装置

若进入加气站的天然气含尘量大于 5mg/m³，微尘直径大于 10μm 时，应进行除尘净化。除尘装置应设在脱水装置前。常用的过滤装置是滤芯为玻璃纤维的筒形滤芯式过滤器。为达到不同的过滤效果，过滤器由两级压力容器组成。第一级为可更换的管状玻璃纤维模压滤芯，用于过滤气体中的固体颗粒和液滴；第二级为金属丝网高效微小液体分离件，装置底部设有储液罐。通常它的最大工作压力为 6.0MPa，最大压降 0.015MPa，当过滤器前后压力降超过上述值后，可离线更换新的滤芯、维修。

2. 计量装置

进站天然气管道上应设计量装置，计量精度应不低于 1.0 级；计量显示按公制单位：m³ 或 kg，最小分度值为 1.0m³ 或 1.0kg。凡以体积计量时，需附设压力—温度传感器，经压力—温度补偿校正后换算成基准状态下（101.325kPa，20℃）的读值。通常可选用远传速度式体积流量计，如涡轮流量计。

3. 调压装置

调压装置设置与否，可根据供气条件和建设合同而定。如天然气长输门站、储配站供气，供气方选择供气压力的余地很大，可在供气方调压后专线进 CNG 加气站。若在市政公共高、中压天然气管线上取气，取气点越远离调压站其压力波动越大，因此 CNG 加气站内需设调压装置，以稳定压缩机的进口压力。

进站天然气调压装置一般选用单体间接作用式调压器或系列成套调压箱产品。

4. 脱水装置

由于进站的天然气已符合现行国标的质量要求，因此选择脱水的方法应力求简便实效。一般采用固体干燥剂吸附法较多，工艺设备简单。根据 CNG 加压站的工艺条件，可选在压缩机前进行低压脱水或在压缩机级间或压缩机末级出口设置高压脱水装置。后者的优点是设备少，但压缩机带水分运行易损坏，维修工作量很大。

固体干燥剂种类很多，对合格的天然气气源应选用那些吸水能力比吸烃类等其他气体能力还强的吸附剂，如 4Å 分子筛，它的使用寿命可达 3 年之久，强度好、不易粉碎，可深度干燥气体的水分达到 0.016g/m³ 以下。

干燥剂脱水过程是周期性的。处理量不大的，普遍采用双塔切换轮流吸附和再生。循环周期可取8h，即用6 h加热2 h冷却。再生加热温度约200℃左右。干天然气循环量为通过该装置全部气流量的10%左右。干天然气露点均能低于－40℃。

用4Å分子筛吸附的双塔深度脱水工艺流程见图9－2－5，工艺简介如下：

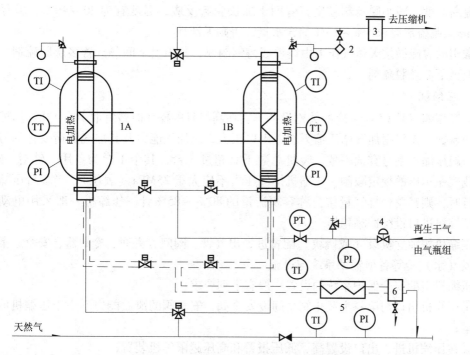

图9－2－5　双塔深度脱水工艺流程简图

1A和1B为内热式4Å分子筛吸附干燥塔。入口天然气（湿气）可由气动阀控制进1A塔或1B塔。若1B塔投入分子筛再生脱水操作时，则1A塔可以同时进行分子筛吸附操作，天然气经干燥是否达标可由露点指示器2监控，并通过过滤器3截留颗粒粉尘后送至压缩机入口。1B塔再生用的干天然气来自储气装置的某气瓶组。为了保证双塔壳体的安全，应根据其强度要求选用减压器4，其出口应安装压力仪表监控。干天然气通过1B塔再生入口气动阀控制进入分子筛床层加热和吹扫过程，吹扫气通过再生出口气动阀经风冷器5冷却后在分离器6进行气液分离，吹扫气的冷凝液排污须定期处理，分离后吹扫气可汇入湿天然气管线。采用这种流程的双塔脱水装置，其最大的工作压力为1.5MPa，经干燥后的天然气水露点接近－60℃。

5. 脱硫装置

由于天然气硫化氢含量标准是 $H_2S \leqslant 20mg/m^3$，而压缩天然气是 $H_2S \leqslant 15mg/m^3$，因此加压站应设置脱硫装置，并对硫化氢含量进行在线检测。由于原料天然气含硫量不高，因此一般采用干法脱硫，其工艺简单，但反应速度较慢，设备较庞大，脱硫剂再生不易，因此一般再生可不在站内进行。干法脱硫中常用脱硫剂为氧化铁或氢氧化铁，前者脱硫剂为中性或酸性，后者能同时脱除部分有机硫化物，脱硫剂为碱性，反应分别如下：

$$Fe_2O_3 \cdot H_2O + 3H_2S \rightarrow 2FeS + S + 4H_2O$$

$$2FeOOH \cdot H_2O + 3H_2S \rightarrow Fe_2S_3 \cdot H_2O + 5H_2O$$

脱硫剂再生时需氧存在，碱性脱硫剂再生较快，反应分别如下：

$$2FeS + 1.5O_2 + H_2O \rightarrow Fe_2O_3 \cdot H_2O + 2S$$

$$Fe_2S_3 \cdot H_2O + 1.5O_2 + 2H_2O \rightarrow 2FeOOH \cdot H_2O + 3S$$

提高温度、减小脱硫剂粒度，有助于加快脱硫反应，温度宜为 20～40℃，粒径宜为 3～6mm。脱硫剂要求 5%～15% 的含水量，否则无活性。

常用的脱硫槽按天然气压力由铸铁或铸钢制成，其内上下间隔放置多层脱硫剂，天然气由上至下流经脱硫剂。

6. 压缩机

多级压缩机是 CNG 供应的关键设备，它在高峰日的操作时数宜取 10～12h。压缩机的选型和台数，需根据加气站压缩天然气出口压力、总加气能力及其加气负荷变化的特征确定。一般压缩机型号宜选一致，装机总数不宜超过 5 台，其中 1 台为备用。针对 CNG 汽车车载气瓶承压的规定限制，压缩机排气压力不应大于 25MPa（表压）。当多台压缩机并联运行时，则其单台排气量按公称容积流量的 80%～85% 计。压缩机一般采用电动机驱动。压缩机进口设缓冲罐稳压。

压缩机按独立机级（或撬块）配置进、出气管、阀门、旁通、冷却器、安全放散、润滑和风（水）冷等各项辅助系统与设施。

压缩机组的安全保护系统的设置一般有下列要求：

①压缩机出口与第一个截止阀之间设安全阀，安全阀的泄放能力不小于压缩机的安全泄放量；

②在压缩机进、出口设置高、低压报警和高压越限停机装置；

③在压缩机的冷却系统上设置温度报警及停机装置；

④对压缩机的润滑系统设置低压报警及停机装置；

⑤压缩机卸载的排气不得对外放空，回收的天然气可输至压缩机进口缓冲罐，机前机后排出的废油及冷凝液均应集中处理。

大型撬装压缩机组自动化程度很高，在每一台机组（撬块）上面均安装了 PLC 充气优先级控制盘（撬块 PLC），它与电机控制中心、储气系统、风冷系统和气动阀、仪表用压缩空气系统等组成完整的压缩系统。该系统所有设备的功能，包括压缩机组启动控制、运行顺序、选择启动形式、冷却和停机、充气优先级控制、操作人员紧急切断（ESD）和空压机启/停机，都汇总到主控室的 PLC 盘上。

撬块 PLC 只监测压缩机的功能，在运转不正常时进行报警，并控制所有阀门的操作。PLC 控制功能的繁简直接影响到建站投资的大小，可以采取自选操作运行参数固定不变，各个撬块独立自动运转的模式，以便省去主 PLC 控制盘的设置。

压缩机与电机可直连或通过皮带间接传动，大型压缩机采用直连传动方式居多。

在压缩机的入口和出口处设过滤器，在压缩机各级之间内嵌式安装分离器。对气体在分离器中分离出凝结液（主要成分是水和油），设大容积的回收罐自动收容、定期处理。

压缩机采用风冷，按各级气缸出口管线分别配置各自独立分离的换热器和风扇。

另外一个重要的系统是卸压回收系统，包括一个回收罐和各种自动阀门。该系统用于机器关闭或闭路切断时回收压缩系统中的气体。该系统可以使压缩机实现卸荷启动和停机，即压缩机启动时通过旁路循环使压缩机不压缩气体，这些气体大部分储存在回收罐中。

7. 储气装置

为平衡 CNG 供需在数量和时间上的不同步和不均匀性，有必要在站内设储气装置，对于加气站它在工艺流程中都是重要的中间环节设备。储气装置的最高工作压力达到 25MPa，属于甲类气体、Ⅲ类压力容器。储气装置在 CNG 加气站的工程投资中占有相当大的份额。

目前已采用的 CNG 储气方式主要有四种：

（1）小气瓶组储气方式

采用钢或复合材料制成水容积为 40~80L 的气瓶，分组设置。这种方式主要用于规模较小的 CNG 加压站或加气站，每站总瓶数不宜超过 180 只。由于气瓶数量多，管道连接及阀件也多，泄漏概率大，因此维修工作量和费用高。小气瓶组布置简图（单组合）见图 9-2-6。

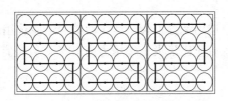

图 9-2-6 小气瓶组布置简图（单组）

（2）大气瓶组储气方式

钢制大气瓶形同管束，每只水容积为 500L、1000L、1750L，以 3~9 只组成瓶组，并用钢结构框架固定。相对于小气瓶组储气方式它具有快充性能较好、气体容积率较高的特点。大气瓶组由于气瓶数量显著减少，因而系统的可靠性和维护费用较优，见图 9-2-7。

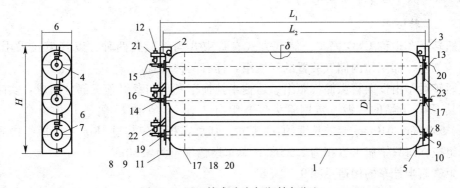

图 9-2-7 管束式大气瓶储气瓶组

1—无缝气瓶，旋压锻造收口钢制压力容器；2、3—固定板；4—锁箍；5—垫片；
6—弹性六角止动螺母；7—加厚六角螺母；8—"O"形环；9—支撑环；10、11—出口旋塞；
12—安全阀；13—1/2″（NPT）阀；14—3/4″（NPT）阀；15—螺纹接头；16—弯管接头；
17—1/2″六角螺纹接头；18—1/2″弯管接头；19—1/2″角阀；20—1/2″塑装旋塞；
21—支撑架；22—1″塑装旋塞；23—铭牌

（3）大容量高压容器储气方式

这是指用水容积为 $2m^3$ 以上的钢制压力容器储气，由于容器的水容积较大，其壁厚相应较大，材质选用和制造工艺都会要求更高，因而工程费用要高于上述储气方式。

（4）地下管式竖井储气方式

采用无缝钢管作为容器，管材为适用于未经处理的石油天然气采输工作条件，具有很高的强度和防腐性能。井管一般采用 Φ150 的无缝钢管，每根长 100m，水容积约 2m³，投入运行后无须定期检验，使用年限为 25 年。然而，它要受站址地质条件的限制。

储气井管直埋地下，温度波动幅度小，有利于 CNG 计量的准确性。储气井底通常设置排污管、地面设有露天操作阀组和仪表。在安全性方面，试验表明井管万一爆破可通过地层吸收压力波而泄压，对周围环境影响小，因而所需安全防火间距可以缩小。

每座加气站储气设施的总容积应根据加气车辆的数量及加气时间等因素综合确定，在城镇建成区，母站、常规站固定储气瓶（井）总容积分别不应超过 120m³、30m³；加气子站不应超过 18m³。子站内停放拖车不应多于 1 辆，无固定储气设施时，不应多于 2 辆。

8. 管道

增压前的天然气管道应选用无缝钢管，增压后的管道应选用高压无缝钢管。管道组成件与站内所有设备的设计压力应比最大工作压力高 10%。管道宜埋地敷设，并采用最高级别防腐绝缘保护层。

9. 加气岛及加气柱

加气岛（安装加气柱与加气机的平台）及气瓶转运车以及加气汽车泊位设在采用非燃烧材料的罩棚内。

加气柱与加气机设施设有截止阀、泄压阀、拉断阀、加气软管、加气嘴（枪）和计量表（压力—温度补偿式流量计），其进气管道上设止回阀。拉断阀。

加气柱与加气机充装 CNG 的额定压力为 20MPa，计量准确度不小于 1.0 级。

10. 加气机（参见本章 9.4.2）

11. 气瓶转运车

气瓶转运车也称 CNG 槽车，储气方式有管束式与气瓶式两种，以管束式采用较多。气瓶组与加压、加气站内储气装置的气瓶组一样有两种形式。

气瓶转运车由框架管束储气瓶组、运输半挂拖车底盘和牵引车三部分组成，实际上它本身就是 CNG 子站的气源。常用管束气瓶组有 7 管、8 管和 13 管等几种组合，直径为406mm、559mm、610mm 等，长度约 6～12m，其总容积不应超过 18m³。气瓶组由 8 只筒形钢瓶组成，每只钢瓶水容积为 2.25m³，单车运输气量为 4550m³。

管束气瓶半挂车的构造见图 9-2-8。

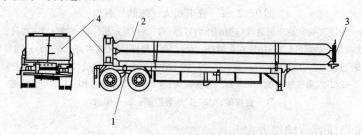

图 9-2-8　管束气瓶半挂车构造简图
1—车底盘；2—框架管束气瓶组；3—前端（安全仓）；4—后端（操作仓）

　　框架管束气瓶组由框架、气瓶压力容器、前端安全仓、后端操作仓四部分组成，气瓶压力容器两端瓶口均加工有内、外螺纹。两端瓶口的外螺纹上拧上固定容器用安装法兰，又将安装法兰用螺栓固定在框架两端的前后支撑板上。瓶口内螺纹上旋紧端塞，在端塞上连接管件，前端设有爆破片装置构成安全仓；而后端设有 CNG 进出气管路、温度计、压力表、快装接头以及爆破片等构成操作仓。

　　操作仓中各个气瓶 CNG 进出气路安装有球阀和下端排污阀，通过各支路汇总到本转运车的进出气主控阀及快装接头。同时在汇总管路上设置温度计、压力表。各个瓶的排污阀通过各支路汇总并设有排污总阀，可与各站内排污系统连接统一处理污物。在安全仓每个瓶口的安全装置上有泄放口，通过各个支管路将其汇入放散管。操作仓简图见图 9-2-9。

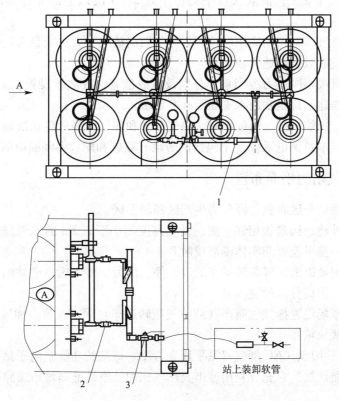

图 9-2-9　操作仓简图
1—导静电片；2—各瓶口球阀；3—装卸主控阀

　　管束气瓶充装后在 20℃ 时的压力不得超过 20MPa。卸载后气瓶的剩余压力不应小于 0.5MPa。

9.2.3　加气站设施的安全防护

　　在进站天然气管道上设置有手动快速切断阀，一般设于阀井内，若加气站从城镇高、中压输配管道上取气时，还需在紧急切断阀后再设安全阀，并选用全启封闭弹簧式，其开启压力为站外输配系统允许最高压力。

　　站内每个储气瓶都需设安全阀、截止阀及紧急放散管。各瓶组分设压力表（压力传感器）和超压报警器。

站内压缩机进口的缓冲罐和各级出口均设置安全阀。

安全阀的定压 p_0 除应符合有关规程规定外，尚应符合下列规定（p 为设备最高操作压力）：

（1）当 $p \leqslant 1.8\text{MPa}$ 时，$p_0 = p + 0.18\text{MPa}$。

（2）当 $1.8\text{MPa} < p \leqslant 4.0\text{MPa}$ 时，$p_0 = 1.1p$。

（3）当 $4.0\text{MPa} < p \leqslant 8.0\text{MPa}$ 时，$p_0 = p + 0.4\text{MPa}$。

（4）当 $8.0\text{MPa} < p \leqslant 25\text{MPa}$ 时，$p_0 = 1.05p$。

站内的泄压装置应具备足够的泄压能力。泄放气体方式有如下要点：

（1）泄放量较小的气体（如仪表泄气）可排入大气；可设放散管；

（2）泄放量大于 2m^3，泄放次数平均每小时 2～3 次以上的操作排放，要设专用回收罐；

（3）泄放量大于 500m^3 的高压气体，如储气瓶组放气、火灾或紧急检修设备时，排放系统内的气体通过放散管迅速排放。

天然气放散管按不同压力级别系统分别设置放散管；放散管设置在室外安全区域内，排出管口高度及与建、构筑物的水平间距都有要求。

站内调压箱、压缩机组、变配电间、储气装置和加气岛等危险场所都需设置天然气检漏警报探头，并与本站供电系统（不包括消防泵）联锁和配置不间断电源。

9.2.4　加气站的平面布置

加气站总平面应分区布置，即分为生产区和辅助区。

加气站与站外建、构筑物相邻一侧，设置高度不小于 2.2m 的非燃烧实体围墙；但面向进、出口道路一侧可设置非实体围墙或敞开。

站内平面布置要以适于气瓶转运车的进、停、出为主要考虑，进站的气瓶转运车取正向行驶，车辆进、出口分开设置。

在站区内停车场设置拖挂气瓶车（或称气瓶转运车）固定车位。加压站的压缩机室一般为单层建筑或撬块箱体。

（1）图 9-2-10 为 CNG 加气母站平面布置图。该站的功能是向子站气瓶转运车和城区公交车车载气瓶加气。它充分利用城市天然气储配站原站址与城市道路边缘之间的空地兴建。

（2）某 CNG 加气站平面布置如图 9-2-11。该站设计日供应规模为 $15000\text{m}^3/\text{d}$，占地面积 3640m^2。设 3 台 $V-3.3/3-250$ 型压缩机，总排量为 $1780\text{m}^3/\text{h}$。设 6 口井管储气设备，总容积 12m^3，储存采取高、中、低压三区，容积比例为 1:2:3。设 4 台双枪加气机。

9.2.5　压缩天然气储气分区

储气装置的容量是不可能全部被利用的，其容积利用率与其利用方式有很大关系，主要影响因素是储气装置设定的起充压力的高低及其分组情况。进行理论分析[6]，可得到储气装置的利用方案，以期得到较高容积利用率。

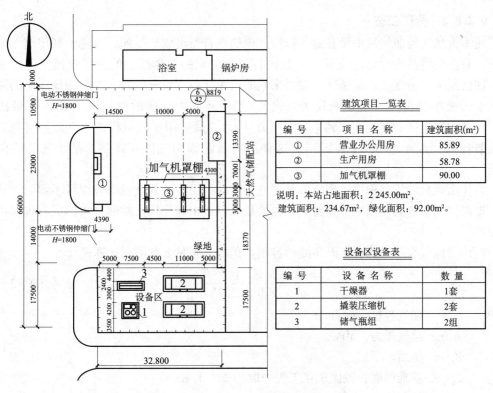

图 9-2-10 CNG 加气母站平面布置图

建筑项目一览表

编 号	项 目 名 称	建筑面积(m²)
①	营业办公用房	85.89
②	生产用房	58.78
③	加气机罩棚	90.00

说明：本站占地面积：2 245.00m²，
建筑面积：234.67m²，绿化面积：92.00m²。

设备区设备表

编 号	设 备 名 称	数 量
1	干燥器	1套
2	撬装压缩机	2套
3	储气瓶组	2组

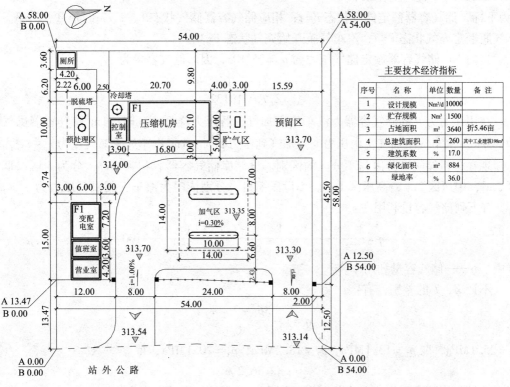

图 9-2-11 CNG 加气站平面布置图

主要技术经济指标

序号	名 称	单位	数量	备 注
1	设计规模	Nm²/d	10000	
2	贮存规模	Nm³	1500	
3	占地面积	m²	3640	折5.46亩
4	总建筑面积	m²	260	其中工业建筑198m²
5	建筑系数	%	17.0	
6	绿化面积	m²	884	
7	绿地率	%	36.0	

9.2.5.1　分区工艺

压缩天然气的加气站中设有储气容器，由储气容器组成储气库。为充分利用储气库的容量，有必要将其进行分区设置。一般按容器所负担的工作压力的范围将储气库分为三区，即低压区、中压区、高压区。在对来站的汽车气瓶进行充气时，先利用低压区的储气将汽车气瓶加气预充到第 1 级压力（p_1），然后转用中压区的储气充气到第 2 级压力（p_2），再由高压区的储气充气到第 3 级压力（p_3），最后用压缩机将汽车气瓶加气到规定的充装压力［$p_f = 20\text{MPa}$（表压）］。这种加气系统称为三区 4 线制，是加气站的典型系统。

为什么要对储气容积按工作压力范围进行分区，用粗浅的定量比较即可了解到。分区可以提高储气容量的利用率，即储气容器的最大容量中有比较大的部分可形成有效供出的工作容量。

对压力储气容器 1m^3 水容积（简称容积）的储气容量 v_i 有下列计算式

$$v_i = \frac{p_i}{Z_i} \frac{1}{0.101325} \frac{T_b}{T_i} \qquad (9-2-1)$$

式中　　v_i——储气容量，m^3/m^3；

　　　　p_i——储气压力，MPa；

　　　　Z_i——压缩因子；

　　　　T_b——基准温度，我国现在工程中取为 293.15K；

　　　　T_i——储气温度，K；

　0.101325——大气压，MPa。

i 为下标，储气容器额定储气状态 $i=t$；相应储气容器储气状态 1、2、3 的 $i=1$、2、3。汽车气瓶额定充气状态 $i=f$；汽车气瓶开始充气状态 $i=0$。

站内 1m^3 储气容器额定储气压力为 $p_t = 25\text{MPa}$，因而储气容量为

$$v_t = \frac{p_t}{Z_t} \frac{T_b}{T_t} \frac{1}{0.101325}$$

在用压力为 p_t 的储气容器为汽车气瓶加气，若压力降低为 p_i 时，1m^3 储气容器供气量为 $v_t - v_i$。汽车气瓶加气，由压力 p_{i-1} 加气到压力 p_i 时，1m^3 汽车气瓶充气量为 $v_i - v_{i-1}$。

现在分析储气库分区与不分区的区别。设储库储气容器容积为 6m^3，分为 3 区，低压区 3m^3，中压区 2m^3，高压区 1m^3。不设压缩机，分别依序为汽车气瓶供气压力为 p_1，p_2，p_3。有下列储气容量利用率：

$$\eta = \frac{3(v_t - v_1) + 2(v_t - v_2) + (v_t - v_3)}{6v_t} 100$$

式中　η——储气容量利用率，%。

不计 Z，T 的差别，有：

$$\eta = 1 - \frac{3p_1 + 2p_2 + p_3}{6p_t}$$

$p_t = 25.1\text{MPa}$，取 $p_1 = 13.1\text{MPa}$，$p_2 = 18.2\text{MPa}$，$p_3 = 20.1\text{MPa}$，得

$$\eta = 36.2\%$$

若储气库不分区，为汽车气瓶供气压力 p_3，则储气容量利用率为

$$\eta = \frac{6\ (v_t - v_3)}{6v_t} = \frac{p_t - p_3}{p_t} = 20\%$$

可见，用相同的储气容积按分区与不分区方式组成为汽车气瓶加气的系统，储库的容量利用率是很不相同的，分区可以提高容量利用率。

储气容积分区作为一种适用方法，不能停留在经验的水平上。需要进一步的分析。基于实际气体状态方程和气量平衡原则建立储气分区方程式组；由求解该方程组得出关于分区压力、储存容器容积及汽车气瓶容积等量之间的数值关系。

9.2.5.2 分区方程组

在推导方程组时，设定对象为 3 区 4 线制系统。储气容器最高储气压力 p_t。储库分为 3 区：低、中、高 3 区；分区容积分别为 $m\text{m}^3$、$n\text{m}^3$、1m^3，储气容器的工作压力下限分别为 p_1、p_2、p_3汽车气瓶容积为 $V_{cyl}\text{m}^3$，汽车气瓶起充压力为 p_0充气到额定压力 p_f。

汽车气瓶按先低后高顺序依序从气库取气。即先由低压区由 p_0 充气到 p_1；再转到中压区由 p_1 充气到 p_2；继而转到高压区由 p_2 充气到 p_3；最后用压缩机由 p_3 充气到额定充气压力 p_f。

推导时采用实际气体状态方程，区分各储气状态的温度不同。压缩因子是天然气拟对比压力和拟对比温度的函数，采用 Papay 公式：

$$Z = 1 - \frac{0.274 p_{pr}}{10^{0.981 T_{pr}}} + \frac{0.72 p_{pr}}{10^{0.817 T_{pr}}} \qquad (9-2-2)$$

式中 p_{pr}，T_{pr}——对比压力，对比温度。

考虑一个储气周期，按储气容器供气量＝气瓶加气量，建立下列方程组：

$$m\ (v_t - v_1) = (v_1 - v_0)\ V_{cyl} \qquad (9-2-3)$$
$$n\ (v_t - v_2) = (v_2 - v_1)\ V_{cyl} \qquad (9-2-4)$$
$$(v_t - v_3) = (v_3 - v_2)\ V_{cyl} \qquad (9-2-5)$$

式中 V_{cyl}——相应于 $(m+n+1)$ m^3储库的充气汽车的气瓶容积，m^3；

v_2，v_3，v_0——低压区，中压区，高压区储气容器的工作压力下限时及气瓶起充时单位容积储气量，m^3/m^3；

m，n，1——低压区，中压区，高压区储气容器容积，m^3。

由式（9-2-3）、式（9-2-4）、式（9-2-5）可得：

$$(m+n+1)\ v_t - (mv_1 + nv_2 + v_3) = (v_3 - v_0)\ V_{cyl} \qquad (9-2-6)$$

式中 v_t——储库容器的最高储气压力时单位容积储气量，m^3/m^3。

选用压缩机，在加气作业时间为汽车气瓶充气到额定压力 p_f（＝20.1MPa），在非充气时间为储气容器补气。

设加气时间为 h_f，补气时间为 h_{st}。

压缩机加气作业供气量是不均匀的，取高峰系数 k（＝1.5）；按加气所选用的压缩机，在补气作业时按压缩机额定排量均匀工作，可建立下列关系：

$$\frac{(m+n+1)\ v_t - (mv_1 + nv_2 + v_3)}{t_{st}} = k\frac{(v_f - v_3)}{t_f}V_{cyl} \qquad (9-2-7)$$

式中 t_f——压缩机对气瓶的加气作业时间，h；

t_{st}——压缩机对储库的补气作业时间，h；

　　k——加气作业供气量高峰系数。

　　式（9-2-6）代入式（9-2-7）：

即
$$v_3 = \frac{1}{1+\alpha}(\alpha v_f + v_0) \qquad (9-2-8)$$

式中
$$\alpha = k\frac{t_{st}}{t_f}$$

记
$$v_c = \frac{1}{1+\alpha}(\alpha v_f + v_0) \qquad (9-2-9)$$

即
$$v_3 = v_c \qquad (9-2-10)$$

　　给定 α，联立式（9-2-3），式（9-2-4），式（9-2-5），式（9-2-10），可解出 4 个未知数 V_{cyl}，v_1，v_2，v_3。写出下列递推式：

由式（9-2-3）
$$v_1 = \frac{mv_t + v_0 V_{cyl}}{m + V_{cyl}} \qquad (9-2-11)$$

由式（9-2-4）
$$v_2 = \frac{nv_t + v_1 V_{cyl}}{n + V_{cyl}} \qquad (9-2-12)$$

由式（9-2-5）
$$v_3 = \frac{v_t + v_2 V_{cyl}}{1 + V_{cyl}} \qquad (9-2-13)$$

由式（9-2-10），式（9-2-11）~式（9-2-13）式整理出：

$$\frac{v_c - v_0}{v_t - v_c}V_{cyl}^3 - (m+n+1)V_{cyl}^2 - (mn+m+n)V_{cyl} - mn = 0 \qquad (9-2-14)$$

　　由式（9-2-14）可解出相应于本 3 区 4 线系统的在一个加气周期中的可充气汽车气瓶容积 V_{cyl}。

　　由 V_{cyl} 值代入式（9-2-11）可求得 v_1，再代入式（9-2-12）可求得 v_2。

　　在完成解出 V_{cyl}，v_1，v_2，v_3 后，要计算出相应的 p_1，p_2，p_3。由（9-2-1）式知由 v_i 计算 p_i 时需 Z_i 值。此时用 Papay 公式［式（9-2-2）］采用试算方法，先设 Z_i，由 v_i、Z_i 按式（9-2-1）得出 p_i，由 p_i 及 T_i 按式（9-2-2）算出 Z_i，若 Z_i 设定值与计算值不符则重设进行迭代计算。

　　在解得 V_{cyl}，p_1，p_2，p_3 后，即基本完成了储气容量的分区。可同时得到下列确定的数量关系：

　　（1）三区 4 线制系统的低、中、高储气容积比为 $m:n:1$，总储气容积为 $(m+n+1)$ m³。

　　（2）将汽车气瓶最后加气升压到额定压力 p_t 所需压缩机供气量为
$$(v_f - v_3)V_{cyl} \qquad (9-2-15)$$

　　（3）相应于容积为 $(m+n+1)$（m³）的储库，可加气的汽车气瓶容积为 V_{cyl}（m³）；反之，每 1m³ 充气汽车气瓶容积需 βm³ 的储气容积：
$$\beta = \frac{m+n+1}{V_{cyl}} \qquad (9-2-16)$$

式中　β——需要的储气容积与充气汽车气瓶容积之比，m³/m³。

　　（4）各区储气容器的工作压力下限分别为 p_1，p_2，p_3；或者，汽车气瓶从各区取气依次由低压区充气到 p_1，转向中压区充气到 p_2，再转向高压区充气到 p_3，最后由压缩机加压

充气到 p_f。即顺序加气过程。

（5）压缩机直接供气量与总的加气量之比，即压缩机供气率为

$$x = \frac{(v_f - v_3)}{(v_f - v_0)} \tag{9-2-17}$$

式中 x——压缩机供气率。

（6）储气库容量利用率为

$$\eta = 1 - \frac{mv_1 + nv_2 + v_3}{(m + n + 1) \, v_t} \tag{9-2-18}$$

9.2.5.3 分区参数和性质

对典型的 3 区 4 线制储库工艺流程的工作进行的分析表明，在储库一个储气周期中，储气容器容积和加气的汽车气瓶容积以及各分区压力之间有一种固定的关系，不是可以由人们主观各别设定的，储库分区的内在规律性即由储气分区方程组所确定。只有这样才可获得对储存容积的最好利用。对储气分区方程组编程求解，设定一系列 $m:n:1$ 组合，数值计算结果表明：

（1）在 $(m:n:1) = (2.5:1.5:1) \sim (5.25:3.25:1)$ 的很大的范围内，3 个分区压力值 p_1，p_2，p_3。变化很小，随 $(m+n+1)$ 的增加 p_1，p_2 各有增高，但很有限，p_3 基本不变，见图 9-2-12。

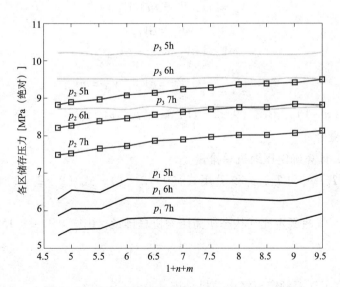

图 9-2-12 分区储气压力值（$t_{st} = 5$ h，6 h，7 h）

（2）对每一种压缩机补气作业时间 t_{st}，储气容积与汽车气瓶容积之比变化很小，两种容积比值 $\beta = 0.55 \rightarrow 0.75$（$t_{st} = 7$h $\rightarrow$5h）；

（3）压缩机直接供气约占总加气量的一半，即 $x = 0.5 \sim 0.6$（$t_{st} = 7$h $\rightarrow$5h）；

（4）对分区计算结果得到的储气容量和压缩机排量，采用适当费用定额、折旧年限及计算系数等，计算各种分区配置系统的经济数据，得到若干指标。在一般分区比例数值范围内，各比例方案的经济性差别很小，指标基本为不变数。原因在于对分区储气顺序加气系统，储气容器投资占较大份额；各种分区方案的分区压力变化很小，因而储气容量利用

率互相很接近，β 近似于常数，因此有这样的结果。

9.2.5.4　实用计算方法

对 CNG 储气库的设计需按加气站所负担的汽车气瓶加气量确定储库储气容器的容积及分区，各分区压力以及压缩机的排量。为此可按如下步骤：

1. 储气容积计算

（1）给定需加气的汽车气瓶容积 V_{CR}，$r = \dfrac{V_{CR}}{V_{cyl}}$；

（2）给定储气容器最高工作压力 p_t，温度 T_t，汽车气瓶加气额定压力 p_f 温度 T_f，空瓶起充压力 p_0，温度 T_0，若不另取值时，即默认为

$$p_t = 25.1\text{MPa}, \quad T_T = 323.15\text{ K}, \quad p_f = 20.1\text{MPa}, \quad T_f = 293.15\text{ K}$$

$$p_0 = 1.1\text{MPa}, \quad T_0 = 293.15\text{ K}, \quad t_f = 12\text{h}, \quad t_{st} = 8\text{h};$$

（3）选定一种分区比 $m : n : 1$；

（4）由 $m + n + 1 = \beta V_{cyl}$ 关系计算出储库总容积，即可得到低、中、高三区的储气容积 V_{g1}，V_{g2}，V_{g3}。

由式（9-2-16）：

$$r(m + n + 1) = \beta V_{CR}$$

$$V_{g1} = rm, \quad V_{g2} = rn, \quad V_{g3} = r$$

$$V_{g1} + V_{g2} + V_{g3} = \beta V_{CR}$$

即

$$mV_{g3} + nV_{g3} + V_{g3} = \beta V_{CR}$$

得

$$V_{g3} = \frac{\beta V_{CR}}{m + n + 1}, \quad V_{g2} = nV_{g3}, \quad V_{g1} = mV_{g3} \tag{9-2-19}$$

（5）按 $(m + n + 1)$，由图（9-2-11）确定 p_1，p_2，p_3

2. 压缩机排量计算

按如下步骤，计算确定压缩机总排量。

（1）由 p_f 和 T_f，p_3 和 T_3，p_t 和 T_t 用式（9-2-1），式（9-2-2）分别计算出 v_f，v_3，v_t

（2）达到汽车气瓶额定充气状态所需压缩机总排量，由式（9-2-15）；

$$V_{comf} = k \frac{(v_f - v_3)}{t_f} V_{CR} \tag{9-2-20}$$

式中　V_{comf}——汽车气瓶额定充气压缩机总排量，m^3/h；

　　　　k——压缩机加气作业供气量小时高峰系数；

　　　　t_f——汽车加气时间，h。

9.3　压缩天然气供气站

CNG 供气站是指用 CNG 作为气源，向配气管网供应天然气的场站。一般所接管网为小城镇天然气管网，此时 CNG 供气站相当于门站，对于集中用户的天然气管网，此时 CNG 供气站就是气源站。

小城镇或中型城市虽然远期的人口会增多、天然气用量较大，但近期的用气量较小，且附近并无气源，如果铺设长输管道供气不经济，不宜采用管输供气。如果采用 CNG 供气方案，则具有投资省、工期短、见效快、运营成本较低的优点。

CNG 供气与管道供气方案的选择主要取决于用气城镇的供气规模和与气源地的距离，如图 9 - 3 - 1 所示，其中，CNG 供气方案中的成本包括了 CNG 加气站、运输槽车、供气站、城内管网；而管输供气方案中的成本包括输气管道、门站、城内管网。

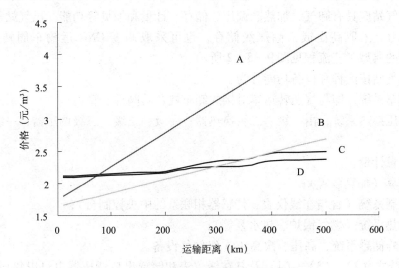

图 9 - 3 - 1　CNG 与管输供气成本比较

A. 管输供气方案（2 万户）的燃气成本；B. 管输供气方案（5 万户）的燃气成本；

C. CNG 供气方案（2 万户）的燃气成本；D. CNG 供气方案（5 万户）的燃气成本

从建设投资的角度进行综合比较可以得出如下基本结论：

（1）供气规模相同的情况下，随着运距的加大，CNG 输送和管道输送的投资及成本均呈现增长趋势，其中管输方案的增幅较大；

（2）当运距小于一定距离时，管输供气方案优于 CNG 供气方案；反之，当运距超过一定距离时，CNG 供气方案优于管输供气方案；

（3）CNG 供气方案优于管线方案的运距与供气规模有关。供气规模越大，界限距离越大。如图 9 - 3 - 2 所示，2 万户：80km，5 万户：300km。

因此，CNG 供气方案相对于管输供气方案，更适于向气源相对较远、用气规模不大的中小城镇供气。但是，随着比较过程中的相关经济技术条件（比如天然气价格、运输成本等）发生变化，比较所得出的细节性结论会有差别，但不会影响总体结论。

CNG 供气站技术设施的规模在很大程度上取决于城镇用气调峰的性质。如果该 CNG 供气站要承担城镇建筑物的采暖，其季节不均匀性很突出，则计算月的小时用气量峰值比不计采暖用量的小时用气量峰值可能要大数倍之多。

CNG 供城镇作燃料的另一个特点是：CNG 在供气站降压膨胀的压力能得不到（或无法）利用。相反，还需加热以补偿 CNG 从 20MPa 逐级调压降温。如果能在 CNG 供气站中采用余压发电透平（TRT）回收压力能措施或其他天然气压力能利用措施，将对降低供气成本起到很大的作用。

CNG 供气站的站址的选择应符合城镇总体规划的要求，远离居民稠密区、大型公共建筑、重要物资仓库以及通信和交通枢纽等重要设施；尽可能靠近公路或设在靠近建成区的交通出入口附近。供气站站址需具有较好的地形、工程地质、供电和给水排水等条件。

9.3.1　供气站工艺

9.3.1.1　工艺流程

CNG 供气站应具有卸气、加热、调压、储存、计量和加臭等功能。供气站需有一定的调峰储气能力。采取高压或次高压级储存，也可采取调度 CNG 运输车周转进行调峰。CNG 供气站的典型工艺流程见图 9-3-2 所示。

CNG 供气站按流程和设备功能分为

（1）卸车系统，即与气瓶转运车对接的卸车柱及其阀件、管道；

（2）调压换热系统，由一级、二级换热器；一级、二级、三级调压器；一级、二级放散阀组成；

（3）流量计量；

（4）加臭（加臭装置）；

（5）控制系统（含与在线仪表、传感器相联系的中央控制台）；

（6）加热系统（燃气锅炉、热水泵等）；

（7）调峰储罐系统，高压、次高压 A 级储气设备。

上述系统之（2）、（3）、（4）及其在线仪表和储罐出口调压器也可以集成在 CNG 专用调压箱内。目前国内组装的 CNG 专用调压箱，根据调节 CNG 压力参数的差别，其工艺流程区分为二级调压工艺流程和三级调压工艺流程，设备和仪表配置大同小异，仅在压力调节参数上有所不同。

9.3.1.2　基本运行

供气站的基本运行包括：

（1）CNG 卸车、加热、减压。20MPa 的 CNG 通过进口球阀进入一级换热器。在一级换热器内以循环热水对气体进行加热后经一级调压器压力减到 3.0～7.5MPa；再经二级换热器加热和二级调压器减压至 1.6～2.5MPa。

（2）减压后天然气分成两路：一路是天然气送至次高压 A 级储气系统，在用气高峰时储气罐的天然气经调压输入中压输配管道；另一路是可直接通过三级调压器调压至 0.2～0.4MPa 将天然气输入中压输配管道。

（3）在站内中压输配管道上对天然气进行计量和加臭后，输配到城镇中压管网。

（4）调峰储气罐功能是高峰时补充三级调压器后供气能力不足的部分；当卸车柱无气瓶转运车卸气时保持不间断供气。储气罐出口调压器应与三级调压器的出口参数一致。

（5）工艺系统的结构形式一般采用一用一备流程，以热水作为热源供 CNG 在一、二级调压前所需的补偿热量，通常进水温度取 65～85℃，回水温度取 60℃，CNG 出口温度控制在 10～20℃范围内。

（6）系统配套的中央控制台对以下参数进行远程显示及连锁控制：气体进口压力；一级和二级换热器前后气体温度；一级和二级换热器回水温度；一级、二级和三级调压器出口压力；二级和三级调压器出口温度；流量计参数；燃气浓度报警和加臭机剂量等。

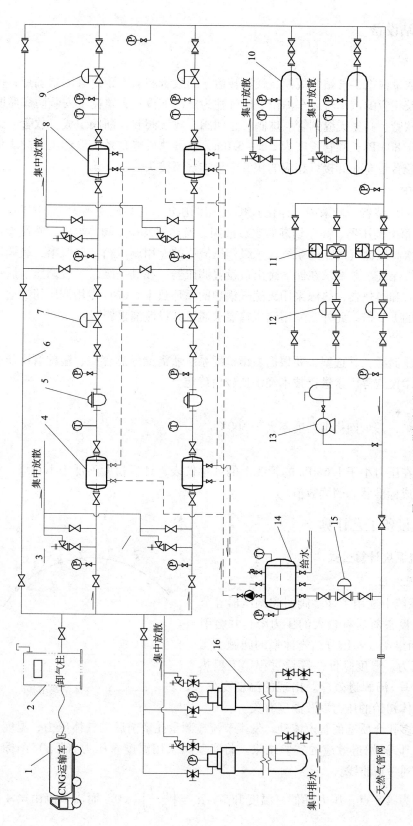

图9-3-2 CNG供气站工艺流程图

1—CNG运输车；2—卸气柱；3—放散阀；4—一级加热器；5—一级调压器；6—旁通管；
7—二级调压器；8—二级加热器；9—一级调压器；10—次高压A级储气设备；
11—流量计；12—三级调压器；13—加臭装置；14—锅炉；15—锅炉专用调压器；
16—高压储气设备

519

9.3.2 供气站设备

1. 卸气柱

卸气柱的设置数量根据供气站的规模、气瓶转运车的数量和运输距离等因素确定，但不少于两个卸气柱及相应的汽车转运车泊位。卸气柱为罩棚下设置，罩棚上安装防爆照明灯。卸气柱由高压软管、高压无缝钢管、球阀、止回阀、放散阀和拉断阀组成；软管应耐腐蚀，承压不应小于 80MPa，软管长度为 2.5 ~ 5.0m，软管总成能耐系统设计压力的 2 倍以上，并配置与气瓶转运车充卸接口相应的快装卡套加气嘴接头。

2. CNG 专用调压箱

CNG 供气站的调压装置一般采用一体化 CNG 专用调压箱，进口压力不大于 20MPa。

CNG 专用调压箱由调压器、高压切断阀、放散阀、换热器及截止阀等组成，并设备用。对于采用中、次高压储气的输配系统设三级调压流程的专用调压箱，选取第二级调压出口连通储罐，且按储气工艺要求在储气罐出口设置调压器。在其一级、二级调压前后还分别设置高压切断阀和换热器，热源采用天然气锅炉的循环热水。CNG 专用调压箱的通过能力为最大供气量的 1.2 倍。此外，专用调压箱要求通风并设泄漏报警器。

3. 储罐

一般采用次高压储罐，其选型，要根据城镇输配系统所需储气总容积、输配管网压力和储罐本身相关技术设施等因素进行技术经济比较后确定。

4. 天然气锅炉

专用天然气锅炉，其烟囱排烟温度不大于 300℃。

5. 计量仪表

供气站内设置在压力小于 1.6MPa 的管线上的计量仪表，计量精度不低于 1.0 级，测量值经校正后换算成标准状态的读数值。

9.3.3 加热设备工艺计算

9.3.3.1 节流温度计算公式

1. 焦耳-汤姆逊效应

在 CNG 供应系统中选用了许多阀门和调压器等节流设备，这些节流设备前后有较大的压力降，并会引起 CNG 温度下降而出现气相组分结露冰塞的问题。实际气体经节流，压力、温度降低是等焓过程。工程热力学将其称之为焦耳-汤姆逊效应。出现的温度变化，其大小和方向与气体初始的压力以及温度有关。

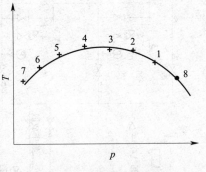

图 9 - 3 - 3 气体绝热节流

使气体通过有多孔介质塞的管道流动，发生节流，测量孔塞前后的气体压力、温度参数，可得到关于焦耳-汤姆逊效应的实验结果。将实验结果用温度 – 压力（T-p）图标出（图 9 - 3 - 3），得到一条曲线。

当节流前状态为第 8 点，压力降低，温度升高，$\mu_{\mathrm{J}} = \left(\dfrac{\partial T}{\partial p} \right)_h < 0$。而当节流由第 4 点

开始，状态变为第 5 点，则压力降低，温度也降低，$\mu_J > 0$。可见节流是升温或降温与节流起始点的状态有关，第 3 点是分界点，此时 $\mu_J = 0$，

由节流前后温度变化与压力变化的比值定义焦耳-汤姆逊系数。

$$\mu_J = \left(\frac{\partial T}{\partial p} \right)_h \qquad (9-3-1)$$

由于气体的焓是状态参数：

$$T = f\ (p,\ h)$$

作 T 的全微分：

$$dT = \left(\frac{\partial T}{\partial p} \right)_h dp + \left(\frac{\partial T}{\partial h} \right)_p dh \qquad (9-3-2)$$

对等焓过程 $dh = 0$

所以

$$\left(\frac{\partial T}{\partial p} \right)_h = \frac{dT}{dp}$$

对照式（9-3-1），焦尔-汤姆逊系数 μ_J 可用全导数表示，即

$$\mu_J = \frac{dT}{dp} \qquad (9-3-3)$$

气体节流后总是 $dp < 0$，所以在节流后温度升高 $dT > 0$ 则 $\mu_J < 0$，反之，$dT < 0$ 则 $\mu_J > 0$。图 9-3-3 中实验所得的节流曲线是一条等焓线。将一系列等焓线的最高点（$\mu_J = 0$ 的点）相连，得到用虚线表示的转化曲线，见图 9-3-4。它将气体状态分为两个区域。转化曲线之内为温度降低区即节流冷效应区；转化曲线之外为温度升高区即节流热效应区，转化曲线上的状态点的温度称为转化温度。

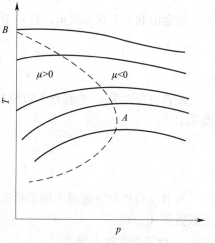

图 9-3-4　节流效应区

2. 节流温度计算公式

由焦耳-汤姆逊系数进一步推导出节流温度计算公式。[7]

关于焦耳-汤姆逊系数 μ_J，可由实验测出，也可以利用实际气体的状态方程和热力学定律推导得出。因为对实际气体有焓微分表达式：

$$dh = c_p dT - RT^2 \left(\frac{\partial Z}{\partial T} \right)_p \frac{dp}{p} \qquad (9-3-4)$$

式中　c_p——定压比热容；

R——气体常数；

Z——压缩因子。

对焦耳-汤姆逊效应，等焓过程 $dh = 0$。

由式（9-3-3），式（9-3-4）可得焦耳-汤姆逊函数表达式：

$$\mu_J = \frac{RT^2}{pc_p} \left(\frac{\partial Z}{\partial T} \right)_p \qquad (9-3-5)$$

由（9-3-5）式及图 9-3-4 等都可看到，μ_J 是一个函数，不是一个常数。从工艺

和工程应用的要求看，是考虑节流过程，应将它作为函数。

采用 Gopal 的 Z 表达式：

$$Z = p_{pr}（A_k T_{pr} + B_k）+ C_k T_{pr} + D_k$$

$$p_{pr} = \frac{p}{p_{pc}}$$

$$T_{pr} = \frac{T}{T_{pc}}$$

式中　　p_{pc}，T_{pc}——天然气拟临界压力，拟临界温度；

$\quad\quad\quad p_{pr}$，T_{pr}——天然气拟对比压力，拟对比温度；

A_k，B_k，C_k，D_k——第 k 参数（p_{pr}，T_{pr}）段的系数。

Gopal 的 Z 表达式代入式（9-3-5）得到

$$\mu_J = \frac{RT^2}{T_{pc} c_p}\left(\frac{A_k}{p_{pc}} + \frac{C_k}{p}\right) \tag{9-3-6}$$

由式（9-3-3），式（9-3-6）：

$$\frac{\mathrm{d}T}{T^2} = \frac{R}{T_{pc} c_p}\left(\frac{A_k}{p_{pc}} + \frac{C_k}{p}\right)\mathrm{d}p$$

设定由起点 1 状态（p_1，T_1）节流到终点 2 的压力（p_2），积分可得终点 2 的温度 T_2：

$$T_2 = \frac{T_1}{\dfrac{1}{T_1} + \dfrac{RT_1}{c_p T_{pc}}\left[\dfrac{A_k}{p_{pc}}(p_1 - p_2) + C_k \ln \dfrac{p_1}{p_2}\right]} \tag{9-3-7}$$

或者由压力为 p_1 的起点 1 节流到规定的终点 2 状态（p_2，T_2），反求起点 1 应有的温度 T_1：

$$T_1 = \frac{T_2}{1 - \dfrac{RT_2}{c_p T_{pc}}\left[\dfrac{A_k}{p_{pc}}(p_1 - p_2) + C_k \ln \dfrac{p_1}{p_2}\right]} \tag{9-3-8}$$

当节流过程状态跨越不同参数段的 Gopal 的 Z 关联式时，要采用不同的 Gopal Z 关联式系数值 A_k，C_k。

3. 焓微分表达式推导

由焓定义：

$$h = u + pv$$

$$\mathrm{d}h = \mathrm{d}u + p\mathrm{d}v + v\mathrm{d}p$$

式中　　h——比焓；

$\quad\quad\quad u$——比内能；

$\quad\quad\quad p$——压力；

$\quad\quad\quad v$——比容。

对状态参数熵，可逆过程有：

$$\mathrm{d}s = \frac{\delta q_R}{T}$$

式中　　s——比熵。

$\quad\quad\quad \delta q_R$——输入热量。

由热力学第一定律：

$$\delta q_R = du + pdv$$

$\therefore$
$$Tds = du + pdv$$

$\therefore$
$$dh = Tds + vdp \qquad (9-3-9)$$

状态参数函数关系式 $h = h\ (s,\ p)$ 的全微分：

$$dh = \left(\frac{\partial h}{\partial s}\right)_p ds + \left(\frac{\partial h}{\partial p}\right)_s dp \qquad (9-3-9a)$$

将其比较式（9-3-9）可得两个特征函数关系：

$$\left(\frac{\partial h}{\partial s}\right)_p = T, \quad \left(\frac{\partial h}{\partial p}\right)_S = v$$

由状态参数表达式 $s = s\ (T,\ p)$ 的全微分式：

$$ds = \left(\frac{\partial s}{\partial T}\right)_p dT + \left(\frac{\partial s}{\partial p}\right)_T dp \qquad (9-3-10)$$

再由定压比热容定义：

$$c_p = \left(\frac{\partial h}{\partial T}\right)_p = \left(\frac{\partial h}{\partial s}\right)_p \left(\frac{\partial s}{\partial T}\right)_p$$

$\therefore$
$$c_p = T\left(\frac{\partial s}{\partial T}\right)_p \qquad (9-3-10a)$$

以及由于热力学参数对表出状态参数的二阶偏导数与求导顺序无关，可由特征函数得到一个 Maxwell 方程[①]：

$$\left(\frac{\partial s}{\partial p}\right)_T = -\left(\frac{\partial v}{\partial T}\right)_p \qquad (9-3-10b)$$

$\therefore$
$$ds = \left(\frac{\partial s}{\partial T}\right)_p dT - \left(\frac{\partial v}{\partial T}\right)_p dp$$

式（9-3-10a）、式（9-3-10b）及式（9-3-10）代入式（9-3-9a）：

$$dh = c_p dT + \left[v - T\left(\frac{\partial v}{\partial T}\right)_p\right] dp$$

由实际气体状态方程 $pv = ZRT$ 代入上式，即得到式（9-3-4）：

$$dh = c_p dT - RT^2 \left(\frac{\partial Z}{\partial T}\right)_p \frac{dp}{p}$$

9.3.3.2　加热设备计算

CNG 供气站对天然气的加热，是为了消除气体发生焦耳-汤姆逊效应引起的过度降温。[7]

由于焦耳-汤姆逊系数并不是常数，而是天然气压力和温度的函数，计算节流过程的温降应该用积分方法，采用式（9-3-7）以及反求的式（9-3-8）。

---

① 自由焓 $g = h - Ts$，$h = u + pv$，对可逆过程 $ds = \dfrac{du + pdv}{T}$，可推得 $dg = vdp - sdT$。另外有 $dg = \left(\dfrac{\partial g}{\partial T}\right)_p dT + \left(\dfrac{\partial g}{\partial p}\right)_T dp$。由上 2 式可得一个特征方程 $v = \left(\dfrac{\partial g}{\partial p}\right)_T$ 及 $-s = \left(\dfrac{\partial g}{\partial T}\right)_p$，$g$ 是热力学参数，dg 为恰当微分，即有 $\dfrac{\partial}{\partial T}\left(\dfrac{\partial g}{\partial p}\right)_T = \dfrac{\partial}{\partial p}\left(\dfrac{\partial g}{\partial T}\right)_p$，从而由上列特征方程得到本 Maxwell 方程。

从整个系统考虑 CNG 加热及调压过程，用图 9‐3‐5 说明。

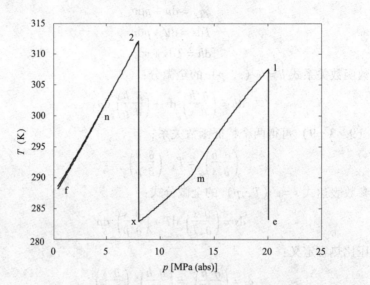

图 9‐3‐5　供气调压的等压加热与等焓减压

进站 CNG 压力及温度分别为 P_e，T_e，经第 1 级等压加热，温度升为 T_1，减压等焓节流，压力和温度分别降为 P_x，T_x；经第 2 级加热温度升为 T_2，减压等焓节流，压力和温度分别降为 P_f，T_f。

按 CNG 供气调压工程实际，一般采用两级加热、减压模式，并取两级加热中换热强度基本相同。

等焓节流温降按式 (9‐3‐7)、式 (9‐3‐8) 计算。

由于甲烷压缩因子 Z 的 Gopal 关联式是分段函数形式，其系数 A，C（见表 2‐9‐1）要按甲烷的压力、温度区间采用不同的值。对比压力及对比温度为：

$$p_r = \frac{p}{p_c}$$

$$T_r = \frac{T}{T_c}$$

式中　P_c，T_c——甲烷临界压力，临界温度；

　　　P_r，T_r——甲烷对比压力，对比温度。

[例 9‐3‐1]　对 CNG 供气调压系统，通过能力 4000m³/h，计算其换热器，按两级换热的热负荷。按甲烷考虑，$\rho = 0.716$kg/m³。进调压系统压力 $p_e = 20.1$MPa（绝对），温度 $T_e = 283.15$ K，经第 2 级减压后压力 $p_f = 0.4$MPa（绝对），温度 $T_f = 288.15$K，两级加热，设两级加热负荷相同，计算两级调压的参数。

[解]　给定第 1 级温升 $\Delta T_1 = 24.5$ K，$\Delta H_1 = 56.1$，第 1 级调压，试设压力降到 $P_x = 8$MPa。

考虑到 Gopal 关联式是分段函数，以下 A_1，C_1，A_2，C_2，A_3，C_3 都是 Gopal 关联式的系数。第 1 级减压在计算压力由 20.1MPa 节流到 12.9MPa 时，对比压力 P_r 和对比温度 T_r 分别为

$$p_r = \frac{20.1}{4.604} = 4.344, \quad T_r = \frac{312.65}{190.55} = 1.64$$

记为 $k=1$，采用：$A_1 = -0.0284$，$C_1 = 0.4714$

再计算压力由 12.9MPa 节流到压力 8MPa 时，对比压力和对比温度分别为

$$p_r = \frac{12.9}{4.604} = 2.8, \quad T_r \approx \frac{290}{190.55} = 1.52$$

记为 $k=2$，采用：$A_2 = 0.0984$，$C_2 = -0.0621$

在第 2 级减压中，先计算压力由 8MPa 节流到压力 5.52MPa，对比压力和对比温度分别为

$$P_r \approx \frac{8}{4.604} = 1.74, \quad T_r \approx \frac{307}{190.55} = 1.61$$

仍属于第 2 段，$k=2$，采用：$A_2 = 0.0984$，$C_2 = -0.0621$

再计算压力由 5.52MPa 节流到压力 0.4MPa，对比压力和对比温度分别为

$$P_r = \frac{5.52}{4.604} = 1.198, \quad T_r \approx \frac{304}{190.55} = 1.6$$

记为 $k=3$，采用：$A_3 = 0.1391$，$C_3 = -0.0007$

逐段计算节流温降。对第 1 级以压力 $p_m = 12.9$MPa 为分界点分两段计算。

由 p_e 节流到 p_m：

$$T_m = \frac{T_1}{1 + \dfrac{RT_1}{c_p T_c}\left[\dfrac{A_1}{p_c}(p_e - p_m) + C_1 \ln\dfrac{p_e}{p_m}\right]}$$

由 p_m 节流到 p_x：

$$T_x = \frac{T_m}{1 + \dfrac{RT_m}{c_p T_c}\left[\dfrac{A_2}{p_c}(p_m - p_x) + C_2 \ln\dfrac{p_m}{p_x}\right]}$$

对第 2 级以压力 $p_n = 5.52$MPa 为分界点分两段计算，由节流终点反推起点温度。

由 p_n 节流到 p_f：

$$T_n = \frac{T_f}{1 + \dfrac{RT_f}{c_p T_c}\left[\dfrac{A_3}{p_c}(p_n - p_f) + C_3 \ln\dfrac{p_n}{p_f}\right]}$$

由 p_x 节流到 p_n：

$$T_2 = \frac{T_n}{1 + \dfrac{RT_n}{c_p T_c}\left[\dfrac{A_2}{p_c}(p_x - p_n) + C_2 \ln\dfrac{p_x}{p_n}\right]}$$

计算得到：$T_x = 282.85$ K，$T_2 = 307.3$ K，即 $\Delta T_2 = 24.4$ K，$\Delta H_2 = 55.9$，$\Delta T_1 \approx \Delta T_2$。过程参见图 9-3-5。

两级加热的热负荷（每级附加温差 5 K）分别为

$$\Delta Q_1 = 4000 \times 0.716 \times 56.1 \times \frac{24.5 + 5}{24.5} = 193460.3 \,\text{kJ/h},$$

$$\Delta Q_2 = 4000 \times 0.716 \times 55.9 \times \frac{24.4 + 5}{24.4} = 192904.5 \,\text{kJ/h}。$$

$$\Delta Q = \Delta Q_1 + \Delta Q_2 = 193460.3 + 192904.5 = 386364.8 \,\text{kJ/h}$$

在计算中，定压比热容 c_p 都按节流前后的平均温度取值。计算时可通过设不同的 ΔT_1

及 p_x 试算得到 $T_x \approx T_e$ 及 $\Delta T_1 \approx \Delta T_2$ 时即可。

对供气站加热、调压过程的设计和运行需考虑：

（1）第 1 级与第 2 级的加热温升基本相同；

（2）任何一级调压后天然气温度要高于空气露点；

（3）当燃气管网采用 PE 管时，经调压出站的天然气温度不高于 20℃；

（4）两级调压的级间压力 p_x 可在一定的范围内选择，从图 9 - 3 - 6 中可看到这一规律。

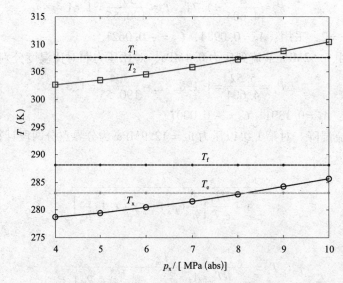

图 9 - 3 - 6　供气调压的热力参数关系

9.3.3.3　CNG 压力能回收

CNG 的露点和干度在压缩前的预处理工艺上已被严格控制，故在绝热节流膨胀过程的冷效应问题不会对膨胀机带来麻烦，这是对回收 CNG 压能的设想有利的。关于天然气膨胀机可参见本书第 10 章 10 - 2 - 3 - 3。

理论上，绝热膨胀透平发电机做理论功可由式（9 - 3 - 11）描述，示于图 9 - 3 - 7。

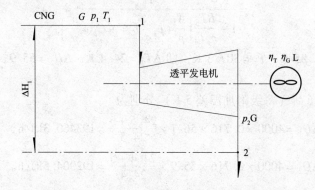

图 9 - 3 - 7　透平机热力系统绝热焓降计算图

（1）透平电机出力计算

透平电机出力计算公式如下：

$$N = q_m \times \Delta h_i \times \eta_T \times \eta_G \qquad (9-3-11)$$

式中　N——透平发电机端的出力，kW；

　　　q_m——天然气质量流量，kg/s；

　　　Δh_i——天然气高压端与低压端之间的等熵焓降，kJ/kg；

　　　η_T——透平机效率，取 0.82；

　　　η_G——发电机效率，取 0.95。

（2）绝热焓降的计算

绝热焓降按下式计算：

$$\Delta h_i = c_p \times T_1 \times \left[1 - \left(\frac{p_2}{p_1} \right)^{\frac{\kappa-1}{\kappa}} \right] \qquad (9-3-12)$$

式中　c_p——天然气质量等压比热容，kJ/(kg·K)；

　　　T_1——天然气入口温度，K；

　　　p_1——天然气入口压力（绝对），MPa；

　　　p_2——天然气出口压力（绝对），MPa；

　　　κ——天然气的等熵指数。

（3）透平机出口天然气温度计算

透平机出口天然气温度由下式热焓计算：

$$h_2 = h_1 - 3600L \qquad (9-3-13)$$

式中　h_1，h_2——天然气入口（1）、出口（2）状态下的热焓，kJ/(kg·K)；

　　　3600——热功当量，1 kW·h 相当的热量 3600kJ 值。

[**例 9-3-2**]　设 CNG 供气站供应能力为 4000m³/h（基准状态）。天然气参数：20℃时基准状态下的密度 0.75kg/m³；由 20MPa 等熵膨胀至 2MPa 的平均等压比热容（c_p）为 2.2kJ/(kg·K)；天然气的等熵指数 $\kappa = 1.3$。从理论上，估算透平发电机输出功率。

[**解**]　由式（9-3-12）：

$$\Delta h_i = c_p \times T_1 \times [1 - (p_2/p_1)^{\frac{\kappa-1}{\kappa}}] = 2.2 \times 293 \times [1 - (2/20)^{\frac{1.3-1}{1.3}}] = 265\text{kJ/kg}$$

由公式（9-3-11）：

$$N = q_m \times \Delta h_i \times \eta_T \times \eta_G = (4000 \times 0.75/3600) \times 265 \times 0.82 \times 0.95 = 172 \text{ kW}$$

9.3.4　储气设备

1. 计算储气量

CNG 供气站全部供应量由 CNG 运输车运入，站内所需储存的计算储气量与 CNG 运输车的储气容器在站内工作时段有关，可用下式表示：

$$V_j = \cdot \sum_{i=0}^{m} \left(q_{di} - \sum_{j=0}^{n_i} q_{hij} \right) \qquad (9-3-14)$$

式中　V_j——站内储气设施的计算储气量，m³（基准状态）；

　　　m——储气设施的设计供气天数，d；

q_{di}——第 i 天的日供气量，m^3/d（基准状态）；

n_i——第 i 天车载储气容器在站内工作时段，h；

q_{hij}——第 i 天车载容器在站内工作时段 n_i 小时内的第 j 小时供气量，m^3/h（基准状态）；

由式（9-3-14）可知，当 CNG 运输车储气容器不在站内工作时，$n_i=0$，计算储气量为设计供气天数内各日供气量的总和；当 CNG 运输车储气容器在站内工作，且各时刻的供气量均等于站的对外供气量时，$V_j=0$，也就是站内不需要设置储气设施。

2. 储气容积

CNG 供气站的储气容积按下式计算：

$$V = 3.45 \times 10^{-4} KV_j \frac{p}{p-p_1} (t+273) Z \tag{9-3-15}$$

式中　V——储气容积，m^3；

K——生产及储存安全操作系数，可取 1.1~1.2；

V_j——CNG 站计算储气量，m^3（基准状态）；

p——CNG 最高储存绝对压力，MPa；

p_1——CNG 最低储存绝对压力，MPa；

t——CNG 储存温度，℃；

Z——天然气在压力为 p 且温度为 t 时的压缩因子。

储气容积不仅与储气压力的大小有关，还与运输车车载压缩天然气压力及其容积有关。从压缩天然气运输车向储罐的充气过程，最终形成车载储罐与站内储气容器压力处于平衡状态，因此，储气容积与站内储气压力之间存在如下关系：

$$n = \frac{P_{tr}}{P} - 1 \tag{9-3-16}$$

式中　n——站内储气容积与车载储气容积之比；

P_{tr}——车载储气容器的压缩天然气压力，MPa；

p——站内储气容积的储气压力，MPa。

该式表明，当车载储气容积一定时，增大站内储气压力可以减少储气容积，这事实上就是提高了容积利用系数。因此，当车载容器与站内容器联合工作时，应尽量使站内容器储气压力提高，且优先利用车载容器的储气。当车载容器不与站内容器联合工作时，提高站内储气压力，会减少车载 CNG 的单台卸车量，导致 CNG 运输车运输频率提高。

9.3.5　供气站运输车运行模式

小型供气站的供气是通过车载和储气共同进行的。储气方式与储气能力的确定与小城镇的用气规模直接相关。小城镇供气系统的储气，尽管仍然是具有调峰的作用，但并不是传统意义上的用气负荷调峰，而是非常明显的作为独立气源储存并具有良好的调峰能力。由于小城镇的用气量相对较小，一部分时段采用压缩天然气运输车提供气源，而运输车在运输期间是可以用储气的方式解决气源问题的。通常储气设施的工作时间应该是处于用气的低谷时段。这样可以减少运输车的车供时间，增加运输车的运输频率，充分发挥运输工具的使用效率。同时，还可以减少储气设施的容积，进一步降低固定投资。实际上，压缩天然气的供气模式之所以区别于管道供应模式，重要的改变就是将固定的管线变成了"虚拟"管线，如果要提高这种系统的运行效率，必须最大限度地发挥运输工具的作用，也就是提高压缩天然气运输车的运输频率。

压缩天然气运输车的运输频率与日用气量、单车运输量、单车运输周期以及储气量有关。

由于汽车运输可以在 24 小时内运行，因此，运输车的运输频率可以用下式描述：

$$f_v = 24/(t_1 + t_2 + t_3 + t_4) \qquad (9-3-17)$$

式中　f_v——运输车的运输频率，即每天运输的次数，次/(辆·d)；

　　　t_1——运输车途中所需时间，h；

　　　t_2——车载容器充气所需的时间，h；

　　　t_3——车载容器的供气时间，h；

　　　t_4——卸载至站内储气容器所需的时间，h。

为了增加运输车的运输频率，只有适当减少 t_3 和 t_4，一般来说，这两个时间有一部分是重叠的，可以尽量在高峰时段运行。

供气站需要的运输车最小的运输车次：

$$f_{min} = q_d/q_{tr} \qquad (9-3-18)$$

式中　f_{min}——运输车的最小运输频率，次/d；

　　　q_d——日用气量，m^3/d；

　　　q_{tr}——单车运输量，$m^3/$次。

供气站需要的运输车数：

$$n = f_{min}/f_v$$

式中　n——运输车的最小车数，辆；

9.3.6　供气站平面布置

CNG 供气站的系统由生产储气区和配套设施区组成。生产储气区包括卸气柱、调压、计量储存和天然气输配等主要生产工艺系统；配套设施区由供调压装置的循环热水、供水、供电等辅助的生产工艺系统及办公用房等组成。卸气柱设置在站内的前沿，且便于 CNG 气瓶转运车出入的地方。

某 CNG 供气站平面布置如图 9-3-8 所示。该站以 CNG 为近期气源，远期谋求管输天然气气源。设计日供气规模为 5000m^3/d，占地面积 3152m^2，折合约 4.73 亩。设 1 台双路加旁通的 CNG 专用调压箱，1 台双路加旁通的出站调压计量柜，设井管 6 口，总容积为 18m^3。

9.4　压缩天然气汽车加气子站

发展城镇公共交通有利于减轻城区大气环境污染，以 CNG 替代公交车用汽、柴油在这方面的贡献尤其明显。天然气汽车（Natural Gas Vehicle，NGV）是解决石油资源短缺和改善汽车排放的有效手段。

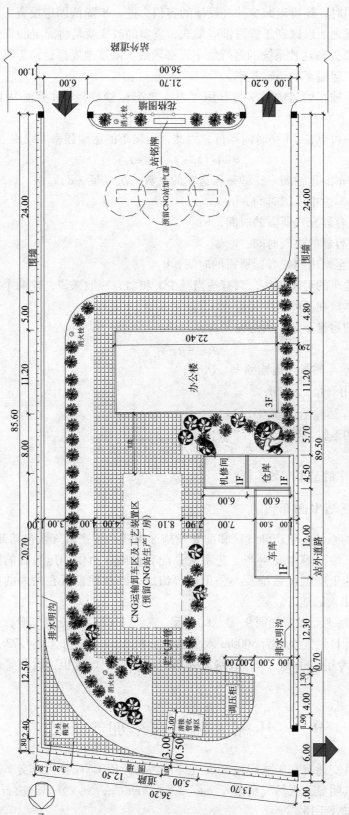

图9-3-8　CNG供气站平面布置图

　　CNG 汽车加气站的建设应侧重考虑公共交通线路布局及其经营效益等要素。一般情况下，对于城镇 CNG 汽车加气子站，采取子母站运营方式比较好。即在天然气气源处兴建颇具规模的加气母站，再按征地条件、交通线路及 CNG 汽车允许行驶距离范围在城区均匀布置若干规模大小不一的加气子站，并兼顾出租车、公用车和私家车的加气。加气子站既可单独设置，也可与汽车加油站合建。

　　对 CNG 加气站站址主要考虑具备防火间距条件和道路交通等外部条件。可单独设置或与加油站合建 CNG 加气子站，气源由气瓶转运车供应。加气子站的设计规模应根据车辆充装用气量和气源的供应能力确定；

9.4.1　加气子站工艺

　　加气子站由 CNG 的接受、储存、加气等系统组成。在子站内可配置小型压缩机用于为车载气瓶充气以及储气装置瓶组之间天然气的转输。

　　加气子站与加气母站不同之处在于其气源压力很高（气瓶转运车额定压力为 20MPa），也不需要对天然气再进行预处理。对负荷不均匀的快充加气系统，除了可配置容量和级数较少的多级压缩机外，在加气作业快速、精确、安全和高效方面有很高的要求。图 9-4-1 为某加气子站工艺流程简图。

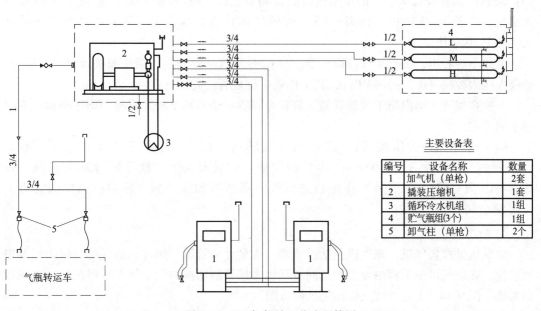

主要设备表

编号	设备名称	数量
1	加气机（单枪）	2套
2	撬装压缩机	1套
3	循环冷水机组	1组
4	贮气瓶组(3个)	1组
5	卸气柱（单枪）	2个

图 9-4-1　加气站工艺流程简图

　　上述流程中，经优先/顺序控制盘选择启动顺序控制阀，在压缩机、储气装置和加气机之间形成以下四种运行方式：

　　（1）气瓶转运车→加气机（计量）→充车载气瓶；

　　（2）储气装置→加气机（计量）→充车载气瓶；

　　（3）气瓶转运车→压缩机→加气机（计量）→充车载气瓶；

　　（4）气瓶转运车→压缩机→储气装置。

加气子站的储气和加气运行和控制原理和 9.2.1.4 所述加气站采取的优先/顺序控制原理一样。

加气系统设计压力为 27.5MPa。加气速度按切换充装压力确定，在工作状态下的单枪加气速度不小于 0.12m³/min，双枪加气速度不小于 0.18m³/min；在最大工作压差时的单枪加气速度不大于 0.25m³/min。根据车型大小不同，汽车加气时间一般为 3～10min/车次。

此外，加气子站可以轻烃作工质，采用液压泵直接加压运输车管束中 CNG 进行汽车加气作业。因而不需压缩机、卸气柱、储气井与程序控制盘等设施，使工艺简化，并把管束卸气率由 85%～88% 提高至 95%。但须对管束运输车进行改造，使管束可升高至 15° 倾斜，并应控制 CNG 中轻烃含量，以免对液压油腐蚀与稀释。此种流程也可以用于流动加气子站。

9.4.2　加气子站设备

1. 压缩机

遵循的基本原则如下：

（1）典型的压缩比为 4:1；（2）在相同终压下，较低的吸入压力选择较多的级数；（3）级数少和各级效率平衡的压缩机较廉价和节能；（4）压缩比小，多级中间冷却的压缩机，一般 m³/kW 指标较高；（5）按照气体状态方程，为了最大限度升压，需逐级优化最小温升。

由此不难看出，根据加气负荷大小，在 CNG 加气子站安装二级压缩机就已经足够了，若吸入压力较高（0.2～3.6MPa），其工作效率就显著提高。

一般在加气子站内用于天然气储气装置之间的压送和卸车所设置的小型压缩机，应符合下列规定：

（1）采用风冷式压缩机；（2）由气瓶转运车供气，进气压力不小于 0.6MPa；（3）排气压力不大于 25.0MPa；（4）排气量可按最大天然气储存量的 20% 计算，并按 2～4h 内完成转输；（5）压缩机进口设置调压器和缓冲罐，压缩机出口的管道上设置安全阀和手动阀门。

2. 加气机

加气机又称售气机，加气机包括过滤器、流量计、管道、阀件、加气枪、仪表以及电气装置。在加气机主机箱内设置按不同进气压力接管的切换阀门。加气程序采用计算机控制系统。图 9-4-2 为三区三线加气机构造图。

（1）加气机的额定工作压力为 20MPa；

（2）加气机的计量精度不低于 1.0 级，计量单位可用 m³ 或 kg，最小分度值为 0.1m³ 或 0.1kg；

（3）加气速度不大于 0.25m³/min；

（4）加气机的加气软管、拉断阀、加气枪与 CNG 加压站和供气站的加气柱的要求相同；

（5）加气机的数量根据加气汽车类型及其数量和快充加气作业时间确定；

（6）装有质量流量计、压力—温度补偿系统和微型计算机系统。

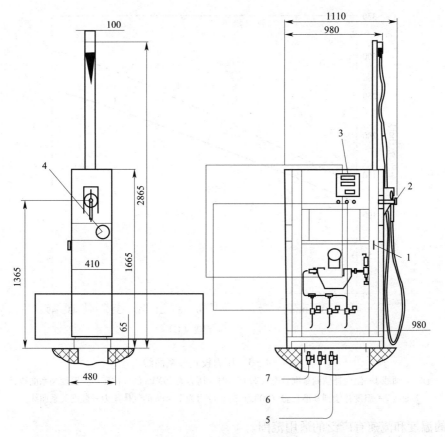

图 9-4-2 加气机构造图

1—切断阀；2—三通阀；3—显示盘；4—压力表；5—由储气装置低压瓶组取气管线入口；

6—由储气装置中压瓶组取气管线入口；7—由储气装置中压瓶组取气管线入口

除了在设备设置和管理上需要严格的安全措施之外，更重要的是必须设置压力—温度补偿系统，并根据环境温度调整充气结束时的加气压力，以防止向车载气瓶过量充装。图9-4-3为不同环境温度下充气压力校正关系曲线。

最终加气压力的温度补偿措施采用两种技术，即气动式和电子式。所谓气动式就是设计一个带恒压室的阀门，当达到预设压力以后会机械地切断加气过程。更先进的电子温度补偿系统则基本上是模仿上述阀的功能，使用一种电子机械式的开关和一个电磁阀控制气流。以上设计主要用于慢充和不设置计量仪表的快充设施。现代加气机则更先进一些，如快充式加气机中电子温度补偿系统，应用气体状态方程及其计算公式软件并设置压力—温度传感器，以便计算出正确的最终压力。同时它也可解决由于压缩过程发热造成计量不准确的问题。

对于单独的加气机，压力-温度补偿系统通常设置在加气机中。慢充系统或快充加气柱，压力-温度补偿系统通常设置在加气柱上游独立的遥控仪表盘中；对于设有多个加气柱或软管的慢充设施中，由于所有的汽车都同时泊车加气，通常整个系统仅共用一个温度补偿单元就可以了。

加气站计量表采用质量流量计有数字显示器。流量计工作时需要外接电源，其传感器

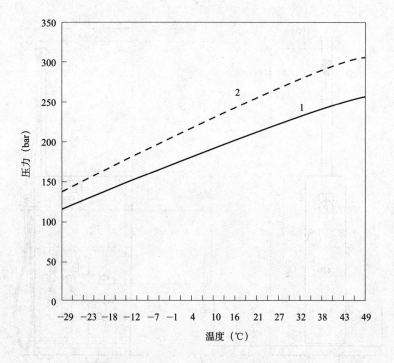

图 9 - 4 - 3　压力校正关系曲线

注：1 曲线 1—温度补偿到基准状态（20℃）时，压力为 20MPa 的气体压力—温度关系曲线；
　　2 曲线 2—温度补偿到基准状态（20℃）时，压力为 25MPa 的气体压力—温度关系曲线。

对流体的温度和流速有广泛的适用范围。

参考文献

[1] 严铭卿，廉乐明等 . 天然气输配工程 [M]. 北京：中国建筑工业出版社，2005.

[2] 严铭卿等 . 燃气输配工程分析 [M]. 北京：石油工业出版社，2007.

[3] 本书编写组 . 压缩空气站设计手册 [M]. 北京：机械工业出版社，1993.

[4] 郁永章等 . 天然气汽车加气站设备与运行 [M]. 北京：中国石化出版社，2006.

[5] 樊宝德，朱焕勤 . 加油（气）站设备器材选型手册 [M]. 北京：中国石化出版社，2007.

[6] 严铭卿 . 压缩天然气储气容积分区原理与方法 [J]. 煤气与热力，2005（12）：6-9.

[7] 严铭卿 . 压缩天然气供气调压热力学原理与参数 [J]. 煤气与热力，2006（10）：11-15.

[8] 李斯特 . 工程热力学 [M]. 北京：机械工业出版社，1992.

第10章 液化天然气供应

　　液化天然气（liquefied natural gas，缩写为 LNG）是气田开采出来的天然气，经过脱水、脱酸性气体和重烃类，然后液化而成的低温液体。LNG 是天然气的一种高效的储存和运输形式，它有利于天然气的远距离运输、有利于边远地区天然气的回收、降低天然气的储存成本，同时，由于天然气在液化前进行了净化处理，所以它比管道输送的天然气更为洁净。

　　LNG 已经成为一门新兴工业，正在迅猛发展。LNG 工业包含天然气液化、储存、运输、气化、应用等环节。广泛地作为燃料用于发电、工业、城镇居民生活、交通、采暖空调等领域。LNG 调峰厂对城镇燃气用气负荷具有独特的调峰和填谷作用。

　　天然气主要生产地（阿尔及利亚，印度尼西亚，马来西亚，尼日利亚，卡塔尔，特立尼达和多巴哥，安哥拉，伊朗，俄罗斯）与主要消费地（日本，韩国，欧洲诸国，中国）相距遥远，进行天然气贸易，LNG 是一种现实有效的输送方式。在天然气生产地建 LNG 基本负荷厂，LNG 经海运送达消费地的 LNG 终端站，形成一种全球范围的能源系统格局。

10.1 液化天然气的特性

10.1.1 液化天然气的特性

　　LNG 潜在的危险主要来源于其 3 个重要性质：

　　（1）LNG 的温度极低。其沸点在大气压力下约为 –160℃，并与其组分有关；在大气压力下通常在 –166℃ ~ –157℃之间。沸腾温度随蒸气压力的变化梯度约为 1.25×10^{-4}℃/Pa。在这一温度条件下，其蒸发气密度高于周围空气的密度。

　　（2）极少量的 LNG 液体可以转变为很大体积的气体。1 个体积的 LNG 可以转变为约 600 个体积的气体。

　　（3）类似于其他气态烃类化合物，天然气是易燃的。在大气环境下，与空气混合时，其体积约占 5% ~ 15% 的情况下就是可燃的。

10.1.2 关于液化天然气的物理现象

1. LNG 的蒸发

LNG 作为一种低温液体储存于绝热储罐中。任何传导至储罐中的热量都会导致一些液体蒸发为气体，这些气体称为蒸发气。其组分与液体的组分有关。

当 LNG 蒸发时，蒸发气中轻组分含量高。

对于蒸发气体，不论是温度低于 –133℃ 的纯甲烷，还是温度低于 –85℃ 含 20% 氮的甲烷，它们都比周围的空气重。在标准条件下，这些蒸发气体的密度大约是空气密度的

1.6 倍。

2. 闪蒸

如同任何一种液体，当 LNG 已有的压力降至其沸点压力以下时，例如经过阀门后，部分液体蒸发，而液体温度也将降到此时压力下的新沸点，此即为闪蒸。由于 LNG 为多组分的混合物，闪蒸气体的组分构成与剩余液体的组分构成不一样。

作为示例数据，在压力为 $1 \times 10^5 Pa \sim 2 \times 10^5 Pa$ 时的沸腾温度条件下，压力每下降 $1 \times 10^3 Pa$，$1 m^3$ 的液体产生大约 0.4kg 的气体。

3. LNG 的溢出

当 LNG 倾倒至地面上时（例如事故溢出），最初会猛烈沸腾，然后蒸发速率将迅速衰减至一个固定值，该值取决于地面的热性质和周围空气供热情况。

当溢出发生在水上时，水中的对流非常强烈，足以使所涉及范围内的蒸发速率保持不变。LNG 的溢出范围将不断扩展，直到气体的蒸发总量等于泄漏的 LNG 总量。

4. 气体云团的膨胀和扩散

（1）LNG 泄露到空气中，最初蒸发气体的温度几乎与 LNG 的温度一样，其密度比周围空气的密度大。这种气体首先沿地面上的一个层面流动，直到气体从大气中吸热升温后为止。当纯甲烷的温度上升到约 -113℃，或 LNG 的温度上升到约 -80℃（与组分有关），其密度将比周围空气的密度小。然而，当蒸发气体与空气混合物的温度增加使得其密度比周围空气的密度小时，这种混合物将向上运动。

（2）LNG 泄露到空气中，由于大气中的水蒸气的冷凝作用将产生"雾"云。当这种"雾"云可见时（在日间且没有自然界的雾），它可用来显示蒸发气体的运动，并且给出气体与空气混合物可燃性范围的指示。

（3）LNG 从压力容器或管道泄露时，LNG 将以喷射流的方式进入大气中，且同时发生节流（膨胀）和蒸发。同时发生与空气强烈混合。大部分 LNG 最初作为空气溶胶的形式被包容在气云之中。这种溶胶最终将与空气进一步混合而蒸发。

5. 着火和爆炸

对于天然气/空气的云团，当天然气的体积浓度为 5% ~15% 时就可以被引燃和引爆。

6. 池火

直径大于 10m 的着火 LNG 池，火焰的表面辐射功率（SEP）非常高，对其能够用测得的实际法向辐射通量及所确定的火焰面积来计算。SEP 取决于火池的尺寸、烟的发散情况以及测量方法。SEP 随着烟尘炭黑的增加而降低。

7. 低速燃烧压力波

没有约束的天然气云以低速燃烧时，在气体云团中产生小于 5kPa 的超低压。但在拥挤的或受限制的区域（如密集的设备和建筑物区），可以产生较高的压力。

8. 容积约束

天然气的临界温度约 -80℃。这意味着被容积约束的 LNG，例如在两个阀门之间或密闭容器中，有可能随着温度超过临界温度使压力急剧增加，直到导致包容系统遭到破坏。因此，装置和设备都应设计有适当尺寸的排放孔和/或泄压阀。

9. 翻滚

翻滚（rollover）是指大量气体在短时间内从 LNG 容器中释放的过程。除非采取预防措施或对容器进行特殊设计防止翻滚，翻滚将使容器受到超压。

10. 快速相变

当温度不同的两种液体在一定条件下接触时，可产生爆炸力。当 LNG 与水接触时，这种称为快速相变（RPT）的现象就会发生。尽管不发生燃烧，但是这种现象具有爆炸的所有其他特征。

11. 沸腾液体膨胀蒸气爆炸

任何液体处于或接近其沸腾温度，并且承受高于某一确定值的压力时，如果由于压力系统失效而突然获得释放，将以极高的速率蒸发。这种现象叫作沸腾液体膨胀蒸气爆炸（BLEVE）。沸腾液体膨胀蒸气爆炸在 LNG 装置上发生的可能性极小。这或者由于储存 LNG 的容器将在低压下发生破坏，而且蒸气产生的速率很低；或者由于 LNG 是在绝热的压力容器和管道中储存和输送，这类容器和管道具有内在的抑制蒸发的能力。

10.2　天然气液化

将天然气转变为液化天然气的工业设施称为液化装置，有基本负荷型液化装置、调峰型液化装置和小型天然气液化装置。基本负荷型天然气液化装置是指生产供当地使用或外运的大型液化装置。20 世纪 80 年代后新建与扩建的基本负荷型天然气液化装置，80% 以上采用丙烷预冷混合制冷剂液化流程。

基本负荷型天然气液化装置由天然气预处理流程、液化流程、储存系统、控制系统、装卸设施和消防系统等组成，是一个复杂的系统，投资巨大。项目建设一般需以 20～25 年的长期供货合同为前提。

调峰型液化装置指为调峰负荷或补充冬季燃料供应的天然气液化装置。通常将低谷负荷时过剩的天然气液化储存，在高峰负荷时或紧急情况下再气化使用。此类装置的液化能力较小，储存能力较大，生产的 LNG 一般不作为产品外售。调峰型液化装置通常远离天然气的产地，常处在大城市附近。对城镇燃气系统，调峰型液化装置是广义的天然气储存设施。调峰型液化装置在匹配燃气负荷和增加供气的可靠性方面可以发挥重要作用，也可以极大地提高管网的经济性。

与基本负荷型液化装置相比，调峰型液化装置非常年连续运行，生产规模较小，其液化能力一般为高峰负荷量的 1/10 左右。对于调峰型液化天然气装置，其液化工艺常采用带膨胀机的液化流程和混合制冷剂液化流程。

此外，小型天然气液化装置，可用于液化零散气田和边远气田天然气，油田伴生气和油气田放空气以及煤层气等领域。

10.2.1　天然气预处理

作为液化装置的原料气，首先必须对天然气进行预处理。天然气的预处理是指脱除天然气中的硫化氢、二氧化碳、水分、重烃和汞等杂质，以免这些杂质腐蚀设备及在低温下冻结而堵塞设备和管道。

10.2.1.1 脱水

若天然气中含有水分,则在液化装置中,水在低于零度时将以冰或霜的形式冻结在换热器的内表面和节流阀的工作部分。另外,天然气和水会形成天然气水合物,它是半稳定的固态化合物,可以在零度以上形成。它不仅可能导致管线堵塞,也可造成喷嘴和分离设备的堵塞。

天然气中水的露点随气体中水分降低而下降。脱水的目的就是使天然气中水的露点足够低,从而防止低温下水冷凝、冻结及水合物的形成。

为了避免天然气中由于水的存在造成堵塞现象,通常需在高于水合物形成温度时就将原料气中的游离水脱除,使其露点达到 -100℃ 以下。目前,常用的天然气脱水方法有冷却法、吸收法和吸附法等。

1. 冷却脱水

简单的冷却脱水是利用当压力不变时,天然气的饱和含水量随温度降低而减少的原理实现天然气脱水。此法只适用于大量水分的粗分离。

对于临界温度以下的气体,增加气体的压力和降低气体的温度,都可促使气体的液化。对于天然气这种多组分的混合物,各组成部分的液化温度都不同,其中水和重烃是较易液化的两种物质。所以采用加压和降温措施,可促使天然气中的水分冷凝析出。

对于井口压力很高的气体,可直接利用井口的压力,对气体进行节流降压到管输气的压力,根据焦耳-汤姆逊效应,天然气在降压过程中相应降温。若天然气中水的含量很高,露点高于节流后的温度,则节流后就会有水析出,从而达到脱水的目的。

对于压力比较低的天然气,可采用制冷方式进行冷却脱水。首先对天然气进行压缩,使天然气达到高温高压、经水冷却器冷却,再经节流,使天然气温度降至水露点以下,水从天然气中析出,实现脱水。

若冷却脱水过程达不到作为液化厂原料气中对水露点的要求,则应采用其他方法对天然气进行进一步的脱水。

通常用冷却脱水法脱除水分的过程中,还会脱除部分重烃。

2. 吸收脱水

吸收脱水是用吸湿性液体(或活性固体)吸收的方法脱除气流中的水蒸气。

用作脱水吸收剂的物质应具有以下特点:对天然气有很强的脱水能力,热稳定性好,脱水时不发生化学反应,容易再生,黏度小,对天然气和液烃的溶解度较低,起泡和乳化倾向小,对设备无腐蚀性,同时还应价格低廉,容易得到。二甘醇及其相邻的同系物三甘醇(TEG)用于干燥天然气特别有效。

甘醇法适用于大型天然气液化装置中脱除原料气所含的大部分水分。

与采用固体吸附剂脱水的吸附塔比较,甘醇吸收塔的优点是:①一次投资较低,压降少,可节省动力;②可连续运行,③容易扩建;④塔易重新装配;⑤可方便地应用于某些固体吸附剂易受污染的场合。

3. 吸附脱水

在两相界面上,由于异相分子间作用力不同于主体分子间作用力,使相界面上流体的分子密度异于主体密度而发生"吸附"。

按吸附作用力性质的不同，可将吸附区分为物理吸附和化学吸附两种类型。物理吸附是由分子间作用力，即范德华力产生的。由于范德华力是一种普遍存在于各吸附质与吸附剂之间的弱的相互作用力，因此，物理吸附具有吸附速率快，易于达到吸附平衡和易于脱附等特征。化学吸附是由化学键力的作用产生的，在化学吸附的过程中，可以发生电子的转移、原子的重排、化学键的断裂与形成等微观过程。吸附质与基质之间形成的化学键多为共价键，而且趋向于基质配位数最大的位置上。化学吸附通常具有明显的选择性，且只能发生单分子层吸附，还具有不易解吸，吸附与解吸的速率都较小，不易达到吸附平衡等特点。物理吸附和化学吸附是很难截然分开的，在适当的条件下，两者可以同时发生。

与液体吸收脱水的方法比较，吸附脱水能够提供非常低的露点，可使水的体积分数降至 $1 \times 10^{-6} m^3/m^3$ 以下；吸附法对气温、流速、压力等变化不敏感；相比之下没有腐蚀、形成泡沫等问题；适合于对于少量气体的廉价脱水过程。它的主要缺点是基本建设投资大；一般情况下压力降较高；吸附剂易于中毒或碎裂；再生时需要的热量较多。

由此可见，吸附法脱水一般适用于小流量气体的脱水。对于大流量高压天然气脱水，如要求的露点降仅为 $22 \sim 28℃$，一般情况下采用甘醇吸收脱水较经济；如要求的露点降为 $28 \sim 44℃$，则甘醇法和吸附法均可考虑，可参照其他影响因素确定；如要求的露点降多于 $44℃$，一般情况下应考虑吸附法脱水，至少也应先采用甘醇吸收脱水，再串接吸附法脱水。

在某些情况下，特别是在气体流量、温度、压力变化频繁的情况下，由于吸附法脱水适应性好，操作灵活，而且可保证脱水后的气体中无液体，所以成本虽高仍应采用吸附法脱水。

采用适当的吸附剂是吸附法脱水的核心问题。在天然净化过程中，主要使用的吸附剂有活性氧化铝、硅胶和分子筛三大类。活性炭的脱水能力甚微，主要用于从天然气中回收液烃。

现代液化天然气工厂采用的吸附脱水方法大都是分子筛吸附。

分子筛是一种天然或人工合成的沸石型硅铝酸盐，天然分子筛也称沸石，人工合成的则多称分子筛。

分子筛的物理性质取决于其化学组成和晶体结构。在分子筛的结构中有许多孔径均匀的孔道与排列整齐的孔穴。这些孔穴不仅提供了很大的比表面，而且它只允许直径比孔径小的分子进入，而比孔径大的分子则不能进入，从而使分子筛吸附分子有很强的选择性。

根据孔径的大小不同，以及分子筛中 SiO_2 与 Al_2O_3 的摩尔比不同，分子筛可分为几种不同的型号，见表 10-2-1。X 型分子筛能吸附所有能被 A 型分子筛吸附的分子，并且具有稍高的湿容量。

几种常用的分子筛   表 10-2-1

型号	SiO_2/Al_2O_3 摩尔比	孔径（$\times 10^{-10}$ m）	化学组成（$M_{2/n}O \cdot Al_2O_3 \cdot x SiO_2 \cdot y H_2O$）
3A（钾 A 型）	2	$3 \sim 3.3$	$2/3 K_2O \cdot 1/3 Na_2O \cdot Al_2O_3 \cdot SiO_2 \cdot 4.5 H_2O$
4A（钠 A 型）	2	$4.2 \sim 4.7$	$Na_2O \cdot Al_2O_3 \cdot 2 SiO_2 \cdot 4.5 H_2O$
5A（钙 A 型）	2	$4.9 \sim 5.6$	$0.7 CaO \cdot 0.3 Na_2O \cdot Al_2O_3 \cdot 2 SiO_2 \cdot 4.5 H_2O$
10X（钙 X 型）	$2.2 \sim 3.3$	$8 \sim 9$	$0.8 CaO \cdot 0.2 Na_2O \cdot Al_2O_3 \cdot 2.5 SiO_2 \cdot 6 H_2O$

续表

型号	SiO₂/Al₂O₃摩尔比	孔径（×10⁻¹⁰m）	化学组成（$M_{2/n} \cdot Al_2O_3 \cdot x\,SiO_2 \cdot yH_2O$）
13X（钠 X 型）	2.3～3.3	9～10	$Na_2O \cdot Al_2O_3 \cdot 2.5SiO_2 \cdot 6H_2O$
Y（钠 Y 型）	3.3～6	9～10	$Na_2O \cdot Al_2O_3 \cdot 5SiO_2 \cdot 8H_2O$
钠丝光沸石	3.3～6	约 5	$Na_2O \cdot Al_2O_3 \cdot 10SiO_2 \cdot 6～7H_2O$

在天然气净化过程中常见的几种物质分子的公称直径见表 10-2-2。

常见的几种分子公称直径　　　　　　　　表 10-2-2

分子	公称直径（10⁻¹⁰m）	分子	公称直径（10⁻¹⁰m）
H_2	2.4	CH_4	4.0
CO_2	2.8	C_2H_6	4.4
N_2	3.0	C_3H_8	4.9
H_2O	3.2	$nC_4 \sim nC_{22}$	4.9
H_2S	3.6	$iC_4 \sim iC_{22}$	5.6
CH_3OH	4.4	苯	6.7

结合表 10-2-1 和表 10-2-2 可得出，要用分子筛脱水，选择 4A 分子筛是比较合适的，因为 4A 分子筛的孔径为（4.2～4.7）×10⁻¹⁰m，水的公称直径为 3.2×10⁻¹⁰m。4A 分子筛也可吸附 CO_2 和 H_2S 等杂质，但不吸附重烃，所以分子筛是优良的水吸附剂。

尽管分子筛价格较高，但却是一种极好的脱水吸附剂。在天然气液化或深度冷冻之前，要求先将天然气的露点降低至很低值，此时用分子筛脱水比较合适。

在实际使用中，可将分子筛同硅胶或活性氧化铝等串联使用。需干燥的天然气首先通过硅胶床层脱去大部分饱和水，再通过分子筛床层深度脱除残余的微量水分，以获得很低的露点。

分子筛的主要缺点是当有油滴或醇类等化学品带入时，会使分子筛变质恶化；再生时耗热高。

表 10-2-3 为用分子筛进行天然气脱水装置的典型操作条件。

用分子筛脱除天然气中水分的典型操作条件　　　　　　　表 10-2-3

参数	操作条件
天然气流量（m³/h）	$10^4 \sim 1.67 \times 10^6$
天然气进口含水量（m³/m³）	$150 \times 10^{-6} \sim$ 饱和
天然气压力（MPa）	1.5～10.5
吸附循环时间（h）	8～24
天然气出口含水量（m³/m³）	$<10^{-7}$ m³/m³ 或 -170℃露点
再生气体压力	干燥装置尾气，等于或低于原料气压力，据再压缩条件确定
再生气体加热温度（℃）	230～290（床层进口）

图 10-2-1 是吸附法高压天然气脱水的典型双塔流程图。LNG 工厂的脱水工艺流程

采用的装置主要是固定床吸附塔。为保证连续运行，至少需要两个吸附塔，一塔进行脱水操作，另一塔进行吸附剂的再生和冷却，然后切换。在三塔或多塔装置中，切换程序有所不同。对于普通的三塔流程，一般是一塔脱水，一塔再生，另一塔冷却。

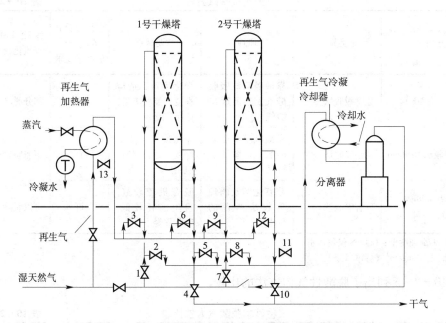

图 10-2-1　吸附法高压天然气脱水典型工艺流程示意图

10.2.1.2　脱酸性气体

由地层采出的天然气往往还含有一些酸性气体，一般是 H_2S、CO_2、COS 与 RSH 等气相杂质。含有酸性气体的天然气通常称为酸性气或含硫气。

H_2S 是酸性天然气中含有的毒性最大的一种酸气组分。具有致命的剧毒。H_2S 对金属具有腐蚀性。

CO_2 也是酸性气体，在天然气液化装置中，CO_2 易成为固相析出，堵塞管道。同时 CO_2 不燃烧，无热值，所以运输和液化它是不经济的。

酸性气体不但对人身有害，对设备管道有腐蚀作用，而且因其沸点较高，在降温过程中易呈固体析出，故必须脱除。脱除酸性气体常称为脱硫脱碳，或习惯上称为脱硫。在净化天然气时，可考虑同时除去 CO_2 和 H_2S，因为醇胺法和用分子筛吸附净化中，这两种组分可以被一起脱除。

（1）脱硫方法分类

脱硫方法一般可分为化学吸收法、物理吸收法、联合吸收法、直接转化法、非再生法、膜分离法和低温分离法等。其中采用溶液或溶剂作脱硫剂的化学吸收法、物理吸收法、联合吸收法及直接转化法，习惯上统称为湿法；采用固体床脱硫的海绵铁法、分子筛法统称为干法。

（2）常用的三种脱硫方法

天然气脱硫方法的选择，不仅对于脱硫过程本身，就是对于下游工艺过程，包括酸气处理和硫黄回收、脱水、天然气液回收等都有很大的影响。

在天然气液化装置中，常用的净化方法有三种，即醇胺法、热钾碱法、砜胺法。表10-2-4列出了这些脱硫方法原理与主要特点。

天然气脱硫方法　　　　　　　　　表 10-2-4

方法	类别	原理	主要特点	可否达到 6mg/m³ 的技术要求	脱除 RSH、COS 等硫化物的情况
乙醇胺法 MEA	化学吸收法	靠酸碱反应吸收酸气，升温脱出酸气	净化度高，适应性宽，经验丰富，应用广泛	可	部分脱除
改良热钾碱法 Benfield	化学吸收法	靠酸碱反应吸收酸气，升温脱出酸气	净化度高，适应性宽，经验丰富，应用广泛	可①	不能脱除②
砜胺法 Sulfinol（-D，-M）	联合吸收法	兼有化学及物理吸收法两者的优点	脱有机硫较好，再生能耗较低，吸收重烃	可	可以脱除

注：1. ①高纯度型；②COS 仅仅水解；
　　2. 表中 mg/m³（标准状态）。

表 10-2-5 列出了脱酸性气体方法的比较。

三种基本脱酸气方法比较　　　　　　　表 10-2-5

方法	脱酸剂	脱酸情况及应用
一乙醇胺法（MEA）	一乙醇胺水溶液	主要是化学吸收过程，操作压力影响较小，当酸气分压较低时用此法较为经济。此法工艺成熟，同时吸收 CO_2 和 H_2S 的能力强，尤其在 CO_2 含量比 H_2S 含量较高时应用，亦可部分脱除有机硫。缺点是须较高再生热，溶液易发泡，与有机硫作用易变质等
改良热钾碱法（Benfield 或 Pot Carb）	碳酸钾溶液中，加入烷基醇胺和硼酸盐等活化剂	主要是化学吸收过程，在酸气分压较高时用此法较为经济。压力对操作影响较大，在 CO_2 含量比 H_2S 含量较高时适用。此法所需的再生热较低
砜胺法（Sulfinol）	环丁砜和二异丙醇胺或甲基二醇胺水溶液	兼有化学吸收和物理吸收作用，天然气中酸气分压较高，H_2S 含量比 CO_2 含量较高时，此法较经济。此法净化能力强，能脱除有机硫化合物，对设备腐蚀小，缺点是价格较高，能吸收重烃

为了提高净化和干燥流程的技术经济性和热力学效率，在一个系统中同时吸收不同的非目标组分，即多用途吸附是一种有效的方法。要找到一种吸收剂同时能吸收所有非目标组分，并达到预定的很高的净化要求是很困难的。但可以选择吸收剂的混合物，其中每一种吸收剂选择吸收一种或几种杂质。

10.2.1.3　其他杂质的脱除

在天然气中，除了前面所述的水和酸性气体以外，还有汞、重烃、苯等一些杂质，下面分别对这些非目标组分及其危害和净化方法作一简单介绍。

1. 汞

汞的存在会严重腐蚀铝制设备。当汞（包括单质汞、汞离子及有机汞化合物）存在时，铝会与水反应生成白色粉末状的腐蚀产物，严重破坏铝的性质。极微量的汞含量足以给铝制设备带来严重的破坏，而且汞还会造成环境污染，以及检修过程中对人员的危害。所以汞的含量应受到严格的限制。

脱除汞依据的原理是汞与硫在催化反应器中的反应。在高的流速下，可脱除含量低于 $0.001\mu g/m^3$ 的汞，汞的脱除不受可凝混合物 C_5^+ 烃及水的影响。新的方法还有硫浸煤基活性炭 HGR 吸附法[1]，MR-3 吸收法[2]。

2. 重烃

重烃常指 C_5^+ 及以上的烃类。在烃类中，分子量由小到大时，其沸点是由低到高变化的，所以在冷凝天然气的循环中，重烃总是先被冷凝下来。如果未把重烃先分离掉或在冷凝后分离掉，则重烃将可能冻结从而堵塞设备。

极少量的 C_6^+ 馏分特性的微小变化，对于预测烃系统的相特性有相当大的影响。其原因是因为气体的露点受混合物中最重组分的重大影响。

在 $-183.3℃$ 以上，乙烷和丙烷能以各种浓度溶解于 LNG 中。最不易溶解的是 C_6^+ 烃（特别是环状化合物），还有 CO_2 和水。在用分子筛、活性氧化铝或硅胶吸附脱水时，重烃可被部分脱除。脱除的程度取决于吸附剂的负荷和再生的形式等，但采用吸附剂不可能使重烃的含量降低到所要求的很低浓度，余下的重烃通常在低温区中的一个或多个分离器中除去，此法也称为深冷分离法。

3. COS

虽然 COS 相对来说是无腐蚀性的，但它的危害不可轻视。首先，极少量的水可使其水化，从而形成 H_2S 和 CO_2；其次，COS 的正常沸点为 $-48℃$，与丙烷的沸点 $-42℃$ 很接近，当分离回收丙烷时，约有 90% 的 COS 出现在丙烷尾气或液化石油气中，如果在运输和储存中出现潮湿，即使是 $0.5\times10^{-6}m^3/m^3$ 的 COS 被水化，也会产生腐蚀作用。所以 COS 必须在净化时脱除掉。通常 COS 与 H_2S 和 CO_2 在脱酸时一起脱除。

4. 氦气（He）

氦气是现代工业、国防和近代技术不可缺少的气体之一。He 在核反应堆、超导体、空间模拟装置、薄膜工业、飞船和导弹工业等现代技术中，作为低温流体和惰性气体是必不可少的。世界上唯一供大量开采的 He 资源是含 He 天然气。所以天然气中的 He 应该分离提取出来加以利用。

我国的天然气中氦的含量很低，若仅用深冷法提氦，则需液化大量的甲烷和氮，操作费用很高。利用膜分离技术和深冷分离技术相结合的方法，即联合法从天然气中提取氦气，在经济上具有较强的竞争力。图 10-2-2 示出联合法的工艺流程。

5. 氮气

氮气的液化温度（常压下 77K）比天然气的主要成分甲烷的液化温度（常压下约110K）低。天然气中氮含量越多，天然气液化越困难，液化过程的动力消耗增加。对于氮气，一般采用最终闪蒸的方法从液化天然气中选择性地脱除。

---

[1] 美国匹兹堡 Colgon 公司活性炭分公司。

[2] 日本东京的 JGC 公司。

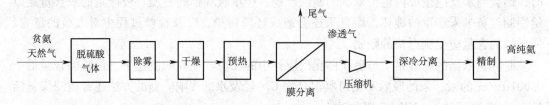

图 10-2-2　联合法从贫氮天然气中提氮工艺流程

当氮气含量高的天然气需液化用于调峰时，可考虑采用氮-甲烷膨胀液化循环。

6. 苯

天然气中苯的分离方法有吸附法和吸收法等。采用吸附法分离苯时，常用的吸附剂是碳分子筛，苯脱除的程度取决于吸附剂的负荷和再生的形式等，该方法技术成熟，完全能够将净化气中含苯量脱至天然气液化的要求。但该方法需 2 个高压吸附塔切换操作，且需增加再生用加热炉，工艺复杂，能耗大、投资高。吸收法脱苯利用"相似相溶"的原理，用与苯化学性质相似的溶剂，将天然气中所含的苯吸收下来，常用的吸收剂有柴油、醇类等。

10.2.2　天然气液化流程

天然气的液化流程有不同的形式，以制冷方式分，可分为以下三种方式：①级联式液化流程；②混合制冷剂液化流程；③带膨胀机的液化流程。需要指出的是，这样的划分并不是严格的，通常采用的是包括了上述各种液化流程中某些部分的不同组合的复合流程。

天然气液化装置有基本负荷型液化装置和调峰型液化装置。对于基本负荷型天然气液化装置，其液化单元常采用级联式液化流程和混合制冷剂液化流程。20 世纪 60 年代最早建设的天然气液化装置，采用当时技术成熟的级联式液化流程。到 20 世纪 70 年代又转而采用流程大为简化的混合制冷剂液化流程。20 世纪 80 年代后新建与扩建的基本负荷型天然气液化装置，则几乎无例外地采用丙烷预冷混合制冷剂液化流程。

调峰型液化天然气装置，其液化部分常采用带膨胀机的液化流程和混合制冷剂液化流程。

天然气液化基本是热力学过程。其工艺要点有：

（1）利用制冷工质（制冷剂）或天然气工质绝热膨胀或焦耳-汤姆逊效应产生制冷作用。工质在膨胀机中绝热膨胀，发生焓降因而温度大幅降低产生制冷作用，同时由膨胀机机轴的输出功可回收能量。工质经焦耳-汤姆逊阀（J-T 阀）等焓节流，温度下降并发生部分液化，低温的工质和液化的工质气化都产生制冷作用。

（2）使较高压力工质进入分离器发生闪蒸，使工质中较轻组分进入气相，较重组分进入液相；一般，分离的液相经节流形成制冷工质；气相经冷却降温再节流，形成更低温度的制冷工质。

（3）使绝热膨胀前的工质增压降温，或使节流前的工质降温都可有效地增加工质提供的冷量。

（4）换热器是液化装置的主要设备，尽量减小冷热流体换热温差以提高过程的㶲效率。

（5）使天然气的冷却、液化温度曲线与制冷工质的温度曲线靠近。级联式流程或混合制冷剂流程都是基于这一概念。

了解这些工艺要点，便于理解各种天然气液化流程。

10.2.2.1 级联式液化流程

级联式液化流程也被称为阶式（Cascade）液化流程、复叠式液化流程或串联蒸发冷凝液化流程，主要应用于基本负荷型天然气液化装置。

在级联式液化流程中，较低温度级的循环，将热量转移给相邻的较高温度级的循环。或者说，第一级丙烷制冷循环为天然气、乙烯和甲烷提供冷量；第二级乙烯制冷循环为天然气和甲烷提供冷量；第三级甲烷制冷循环为天然气提供冷量。

图 10-2-3 为级联式液化流程的示意图。图中列出了运行参数。

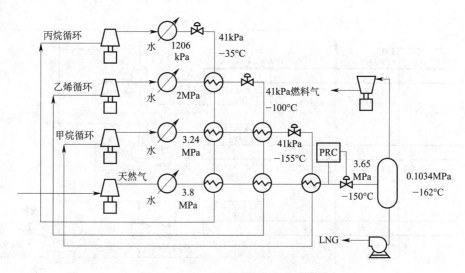

图 10-2-3 级联式液化流程示意图

级联式液化流程的优点是：（1）能耗低；（2）制冷剂为纯物质，无配比问题；（3）技术成熟，操作稳定。

缺点是：（1）机组多，流程复杂；（2）附属设备多，要有专门生产和储存多种制冷剂的设备；（3）管道与控制系统复杂，维护不便；（4）因流程设备多、流程复杂，初投资大。

10.2.2.2 混合制冷剂液化流程

混合制冷剂液化流程（Mixed Refrigerant Cycle，MRC）是以 C_1 至 C_5 的碳氢化合物及 N_2 等五种以上的多组分混合制冷剂为工质，进行逐级的冷凝、蒸发、节流膨胀得到不同温度水平的制冷量，以达到逐步冷却和液化天然气的目的。MRC 既达到类似级联式液化流程的目的，又克服了其系统复杂的缺点。自 20 世纪 70 年代以来，基本负荷型天然气液化装置，广泛采用了各种不同类型的混合制冷剂液化流程。

与级联式液化流程相比，其优点是：（1）机组设备少、流程简单、投资省，投资费用比经典级联式液化流程约低 15%～20%；（2）管理方便；（3）混合制冷剂组分可以部分或全部从天然气本身提取与补充。

缺点是：（1）能耗较高，比级联式液化流程高 10%～20%左右；（2）混合制冷剂的合理配比较为困难；（3）流程计算须提供各组分可靠的平衡数据与物性参数，计算困难。

1. 丙烷预冷混合制冷剂液化流程

丙烷预冷混合制冷剂液化流程（Propane – Mixed Refrigerant Cycle，C3/MRC）如图 10-2-4 所示。此流程结合了级联式液化流程和混合制冷剂液化流程的优点，流程既高效又简单。这类液化流程适用于调峰型和基本负荷型。自 20 世纪 80 年代以来，在基本负荷型天然气液化装置中得到了广泛的应用。目前世界上 80% 以上的基本负荷型天然气液化装置中，采用了丙烷预冷混合制冷剂液化流程。

图 10-2-4 是丙烷预冷混合制冷剂循环液化天然气流程图[①]。流程由三部分组成：（1）混合制冷剂循环；（2）丙烷预冷循环；（3）天然气液化回路。在此液化流程中，丙烷预冷循环用于预冷混合制冷剂和天然气，而混合制冷剂循环用于深冷和液化天然气。

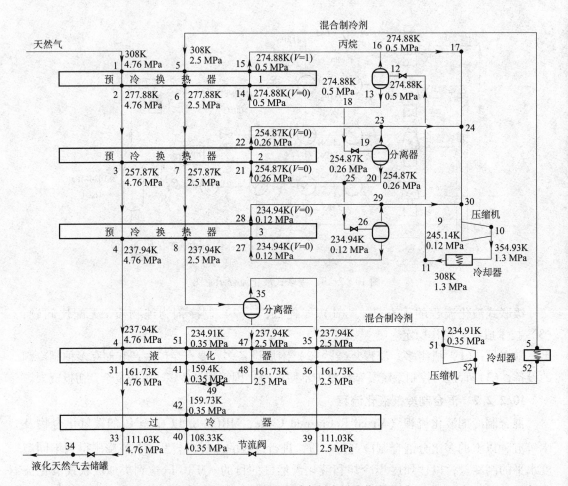

图 10-2-4　丙烷预冷混合制冷剂液化流程

（1）天然气液化流程

参数为 4.76MPa，308K 的天然气依次经预冷换热器 1、2、3，液化器、过冷器变为温度 111K 的过冷液态 LNG，节流进入储罐储存。

---

① 流程图 10-2-4，图 10-2-7，图 10-2-8 由中国市政工程华北设计研究总院常玉春提供。

（2）混合制冷剂循环

混合制冷剂经压缩机由 0.35MPa 压缩至 2.5MPa，首先经冷却，带走一部分热量，然后通过预冷换热器 1、2、3，由丙烷预冷循环预冷到 238K，经分离，气相通过液化器、过冷器温度降为 111K，节流、降压、降温为过冷器、液化器提供冷量。液相通过液化器温度降为 162K，节流、降压、为液化器提供冷量。气相和液相返流的混合制冷剂回到压缩机入口。

（3）丙烷制冷循环

经压缩机压缩的丙烷工质压力为 1.3MPa，经冷却器温度降为 308K。然后依次经 3 级节流、分离，液相分别为预冷器 1、2、3 提供冷量，分离器分离的气相则与提供冷量后气化的丙烷工质一同汇合回到压缩机入口。

LNG 的过冷度由混合制冷剂中 N_2 和 CH_4 的含量予以保证。混合制冷剂中配以适量的 C_2H_6 和 C_3H_8 在流程中为液化器提供冷量。

流程中混合制冷剂只作一次分离，分离出的液相经冷却然后节流产冷。当规模较小时，采用压力储罐，可减少液化能耗。反之，采用低压储罐可降低储罐造价。

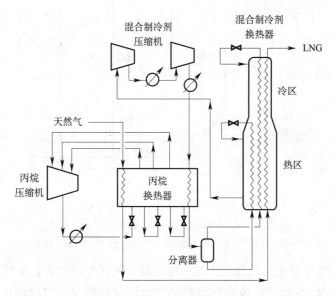

图 10 - 2 - 5　APCI 丙烷预冷混合制冷剂液化流程示意图

2. APCI 液化流程[1]

图 10 - 2 - 5 是 APCI 丙烷预冷混合制冷剂循环液化天然气流程。在该液化流程中，天然气先经丙烷预冷，然后用混合制冷剂进一步冷却并液化。低压混合制冷剂经两级压缩机压缩后，先用水冷却，然后流经丙烷换热器进一步降温至约 -35℃，之后进入气液分离器分离成气、液两相。生成的液体在混合制冷剂换热器温度较高区域（热区）冷却后，经节流阀降温，并与返流的气相流体混合后为热区提供冷量。分离器生成的气相流体，经混合制冷剂换热器冷却后节流降温为其冷区提供冷量，之后与液相流混合为热区提供冷量。混

---

① 空气产品公司 APCI 设计。

合后的低压混合制冷剂进入压缩机压缩。

在丙烷预冷循环中，从丙烷换热器来的高、中、低压的丙烷，用一个压缩机压缩，压缩后先用水进行预冷，然后节流、降温、降压后为天然气和混合制冷剂提供冷量。

这种液化流程的操作弹性很大。当生产能力降低时，通过改变制冷剂组成及降低吸入压力来保持混合制冷剂循环的效率。当需液化的原料气发生变化时，可通过调整混合制冷剂组成及混合制冷剂压缩机吸入和排出压力，也能使天然气高效液化。

3. CII 液化流程[①]

天然气液化技术的发展要求液化循环具有高效、低成本、可靠性好、易操作等特点。为了适应这一发展趋势，开发了新型的混合制冷剂液化流程，即整体结合式级联型液化流程（Integral Incorporated Cascade），简称为 CII 液化流程。CII 液化流程吸收了国外 LNG 技术最新发展成果，代表天然气液化技术的发展趋势。

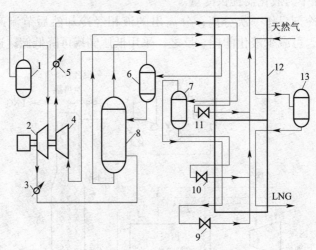

图 10-2-6　CII 液化流程示意图

1、6、7、13—气液分离器；2—低压压缩机；3、5—冷却器；
4—高压压缩机；8—分馏塔；9，10，11—节流阀；12—冷箱

在上海建造的 CII 液化流程是我国第一座调峰型天然气液化装置中所采用的流程。CII 液化流程如图 10-2-6 所示，该液化流程的主要设备包括混合制冷剂压缩机、混合制冷剂分馏设备和整体式冷箱三部分。整个液化流程可分为天然气液化系统和混合制冷剂循环两部分。

在天然气液化系统中，预处理后的天然气进入冷箱 12 上部被预冷，在气液分离器 13 中进行气液分离，气相部分进入冷箱 12 下部被冷凝和过冷，最后节流至 LNG 储罐。

在混合制冷剂循环中，混合制冷剂是 N_2 和 $C_1 \sim C_5$ 的烃类混合物。冷箱 12 出口的低压混合制冷剂蒸气被气液分离器 1 分离后，被低压压缩机 2 压缩至中间压力，然后经冷却器 3 部分冷凝后进入分馏塔 8。混合制冷剂分馏后分成两部分，分馏塔底部的重组分液体主要含有丙烷、丁烷和戊烷，进入冷箱 12，经预冷后节流降温，再返回冷箱上部蒸发制冷，

***

① 法国燃气公司的研究部门开发。

用于预冷天然气和混合制冷剂；分馏塔上部的轻组分气体主要成分是氮、甲烷和乙烷，进入冷箱12上部被冷却并部分冷凝，进气液分离器6进行气液分离，液体作为分馏塔8的回流液，气体经高压压缩机4压缩后，经水冷却器5冷却后，进入冷箱上部预冷，进气液分离器7进行气液分离，得到的气液两相分别进入冷箱下部预冷后，节流降温返回冷箱的不同部位为天然气和混合制冷剂提供冷量，实现天然气的冷凝和过冷。

CII流程具有如下特点：

（1）流程精简、设备少。CII液化流程出于降低设备投资和建设费用的考虑，简化了预冷制冷机组的设计。在流程中增加了分馏塔，将混合制冷剂分馏为重组分（以丁烷和戊烷为主）和轻组分（以氮、甲烷、乙烷为主）两部分。重组分冷却、节流降温后返流，作为冷源进入冷箱上部预冷天然气和混合制冷剂；轻组分气液分离后进入冷箱下部，用于冷凝、过冷天然气。

（2）冷箱采用高效钎焊铝板翅式换热器，体积小，便于安装。整体式冷箱结构紧凑，分为上下两部分，由经过优化设计的高效钎焊铝板翅式换热器平行排列，换热面积大，绝热效果好。天然气在冷箱内由环境温度冷却至－160℃左右，冷凝成液体，减少了漏热损失，并较好解决了两相流体分布问题。冷箱以模块化的形式制造，便于安装，只需在施工现场对预留管路进行连接，降低了建设费用。

（3）压缩机和驱动机的形式简单、可靠，降低了投资与维护费用。

10.2.2.3 带膨胀机液化流程

带膨胀机液化流程（Expander-Cycle），是指利用高压制冷剂通过透平膨胀机绝热膨胀的克劳德循环制冷实现天然气液化的流程。气体在膨胀机中膨胀降温的同时，能输出功，可用于驱动流程中的压缩机。当管路输送来的、进入装置的原料气与离开液化装置的商品气有"自由"压差时，液化过程就可能不要"从外界"加入能量，而是靠"自由"压差通过膨胀机制冷。使进入装置的天然气液化。流程的关键设备是透平膨胀机。

根据制冷剂的不同，可分为氮气膨胀液化流程和天然气膨胀液化流程。这类流程的优点是：（1）流程简单、调节灵活、工作可靠、易起动、易操作，维护方便；（2）用天然气本身为制冷工质时，省去专门生产、运输、储存制冷剂的费用。

缺点是：（1）送入装置的气流须全部深度干燥；（2）回流压力低，换热面积大，设备金属投入量大；（3）受低压用户规模大小的限制；（4）液化率低，如果（作为尾气的）低压天然气再循环，则在增加循环压缩机后，功耗大大增加。

由于带膨胀机的液化流程操作比较简单，投资适中，特别适用于液化能力较小的调峰型天然气液化装置。下面是常用的几种流程。

1. 天然气膨胀液化流程

天然气膨胀液化流程，是指直接利用高压天然气在膨胀机中绝热膨胀到输出管道压力而使天然气液化的流程。这种流程的最突出优点是它的功耗小、只对需液化的那部分天然气脱除杂质，因而预处理的天然气量可大为减少（约占气量的20%～35%）。但液化流程不能获得像氮气膨胀液化流程那样低的温度、循环气量大、液化率低。膨胀机的工作性能受原料气压力和组成变化的影响较大，对系统的安全性要求较高。天然气膨胀液化流程见图10－2－7所示。

液化流程包括天然气液化流程和天然气膨胀制冷流程。

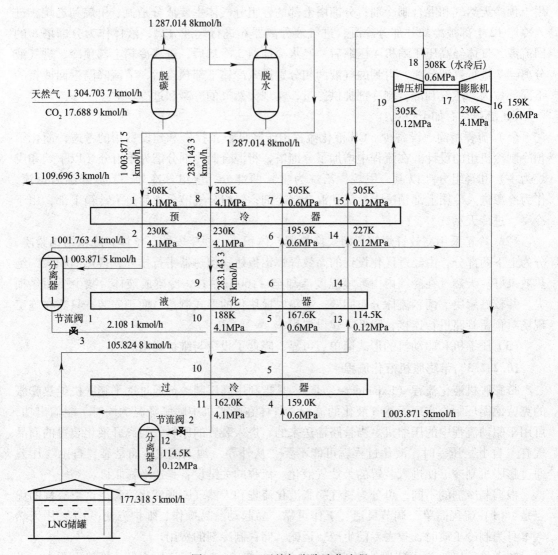

图 10-2-7　天然气膨胀液化流程

（1）天然气液化流程

高压原料气进入脱碳、脱水。由点 8 进入预冷器，经液化器、过冷器液化、过冷，经节流阀 2 节流后进入分离器 2，LNG 进入储罐储存。分离的气相与 LNG 储罐的蒸发气依次经液化器、预冷器放出冷量，由点 19 进入增压机增压到 0.6MPa，308K 供向城镇燃气管网。

（2）天然气膨胀制冷流程

由天然气管道来的天然气经脱碳、脱水，经预冷器温度由 308K 下降为 230K 进入分离器 1（若膨胀机出口天然气温度低于露点则必须设分离器）。压力为 4.1MPa 的天然气在膨胀机中压力降为 0.6MPa，温度由 230K 降为 159K，成为制冷工质。依次经过冷器、液化器、预冷器向被液化的天然气提供冷量，温度升为 305K。与增压机来的分离天然气一起进入城镇燃气管网。

经计算，图 10-2-7 所示液化流程节流阀 2 后的气相分率为 37.375%，LNG 收率为 13.8%。膨胀功有效利用约 80%。

图 10-2-7 所示的天然气直接膨胀液化流程属于开式循环，即高压的原料气经冷却、膨胀制冷与提供冷量后，作为尾气的低压天然气直接（或经增压达到所需的压力）作为商品气去配气管网。若在流程中增加一台压缩机，将提供冷量后的低压天然气增压到与原料气相同的压力后，返回至原料气中开始下一个循环，则形成闭式循环。这类流程，可得到较大的液化量，称为带循环压缩机的天然气膨胀液化流程，其缺点是流程功耗大。

2. 氮气膨胀液化流程

与混合制冷剂液化流程相比，氮气膨胀液化流程（N_2 Cycle）较为简化、紧凑，造价略低。起动快，热态起动 1~2h 即可获得满负荷产品，运行灵活，适应性强，易于操作和控制，安全性好，放空不会引起火灾或爆炸危险。制冷剂采用单组分气体。但其能耗要比混合制冷剂液化流程高 40% 左右。氮气膨胀液化流程见图 10-2-8 所示。

液化流程包括天然气液化流程和制冷剂氮气流程。

（1）天然气液化流程

天然气原料气经压缩、脱硫、脱碳、干燥、脱汞后进入本工段。先进入冷箱，冷箱由 1~4 号换热器组成。经过 1 号换热器预冷后，分离出的重烃由点 25 排出到重烃储罐。分离后的气相经 2、3、4 号换热器分别液化、深冷。经点 6 节流降压到点 24。点 24 即为液化天然气。由管道余压送到储罐储存。

（2）制冷剂氮气流程

氮气经压缩机压缩，水冷后依次进入低压增压机、中压增压机，经冷却器冷却，由点 7 进入冷箱。经 1 号换热器初步预冷后进入中压膨胀机，膨胀后压力、温度降低。同时输出膨胀功带动中压增压机。膨胀后的氮气由点 9 进入 3 号换热器继续冷却。由点 10 进入低压膨胀机，膨胀后压力、温度进一步降低。同时输出膨胀功带动低压增压机。经低压膨胀机膨胀后的制冷剂由换热器的最冷端点 11 逐级进入各换热器，为天然气和氮制冷剂提供冷量。

3. 氮-甲烷膨胀液化流程

为了降低膨胀机的功耗，采用 N_2-CH_4 混合气体代替纯 N_2，发展了 N_2-CH_4 膨胀液化流程（N_2/CH_4 Cycle）。与混合制冷剂液化流程相比较，氮-甲烷膨胀液化流程具有起动时间短、流程简单、控制容易、混合制冷剂测定及计算方便等优点。由于缩小了冷端换热温差，它比纯氮膨胀液化流程节省 10%~20% 的动力消耗。

图 10-2-9 为氮-甲烷膨胀液化流程示意图。N_2-CH_4 膨胀机液化流程由天然气液化系统与 N_2-CH_4 制冷系统两个各自独立的部分组成。

天然气液化系统中，经过预处理装置 1 脱酸、脱水后的天然气，经换热器 2 冷却后，在气液分离器 3 中进行气液分离，气相部分进入换热器 4 冷却液化，在换热器 5 中过冷，节流降压后进入储罐 11。

N_2-CH_4 制冷系统中，制冷剂 N_2-CH_4 经循环压缩机 10 和制动压缩机 7 压缩到工作压力，经水冷却器 8 冷却后，进入换热器 2 被冷却到透平膨胀机的入口温度。一部分制冷剂

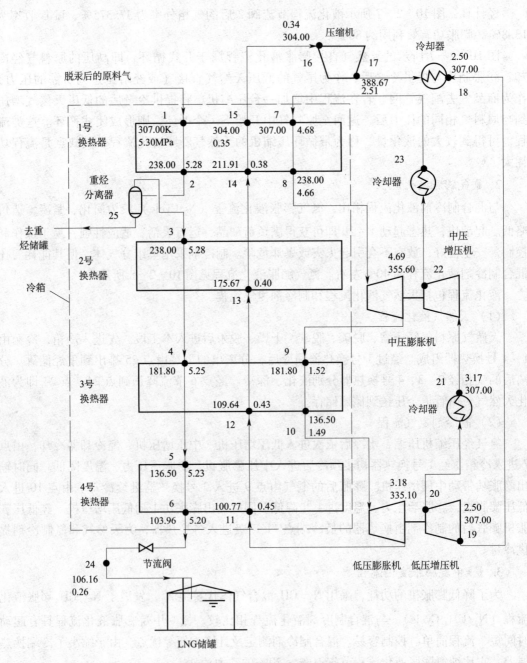

图 10-2-8　氮气膨胀液化流程

进入膨胀机 6 膨胀到循环压缩机 10 的入口压力，与返流制冷剂混合后，作为换热器 4 的冷源，回收的膨胀功用于驱动制动压缩机 7；另外一部分制冷剂经换热器 4 和 5 冷凝和过冷后，经节流阀节流降温后返流，为过冷换热器提供冷量。

表 10-2-6 列出了几种液化流程的比功耗与级联式液化流程比功耗的粗略比较。典型级联式液化流程的比功耗为 0.33kW·h/kg。在表中以级联式液化流程的比功耗为比较标准，取为 1。

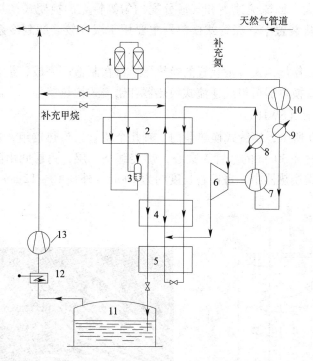

图 10-2-9　氮-甲烷膨胀液化流程

1—预处理装置；2、4、5—换热器；3—重烃分离器；6—透平膨胀机；7—制动压缩机；
8、9—水冷却器；10—循环压缩机；11—储罐；12—预热器；13—压缩机

液化流程能耗比较　　　　　　　　　　　　　　　　表 10-2-6

液化流程	能耗比较
级联式液化流程	1
单级混合制冷剂液化流程	1.25
丙烷预冷的单级混合制冷剂液化流程	1.15
多级混合制冷剂液化流程	1.05
单级膨胀机液化流程	2.00
丙烷预冷的单级膨胀机液化流程	1.70
两级膨胀机液化流程	1.70

10.2.3　天然气液化装置的主要设备

10.2.3.1　深冷换热器

LNG 液化厂使用的换热器，其功能是对天然气进行液化，原料气预冷、酸气去除、分馏及公共设施等不同用途的冷却任务。换热器是 LNG 装置的重要组成设备。天然气液化装置常用的换热器主要有绕管式、板翅式、壳管式换热器。

绕管式换热器是天然气液化流程中应用很广的一种，具有承压性好、温降大、传热

温差小、传热面积大、回流流速高和气液分配均匀等特点。板翅式换热器也适用于基本负荷型的天然气液化装置中。壳管式换热器主要用于温度较高的制冷系统和预冷系统装置中。

为避免现场的工作量，大容量装置的换热器通常在制造厂完成，组装成冷箱。按换热工质流动相对关系，换热器可组成逆流式换热器和错流式换热器。

1. 绕管式换热器（SWHE）

如图 10 - 2 - 10 所示，绕管式换热器内，有几个绕管式换热器组。数以千计的绕管在封闭的圆柱壳内以直径 50cm 的芯管为圆心，螺旋缠绕几层，每层间由隔条隔离。在大型液化厂使用的绕管式换热器中，每根管长度约为 100m，外径 10 ~ 12mm。

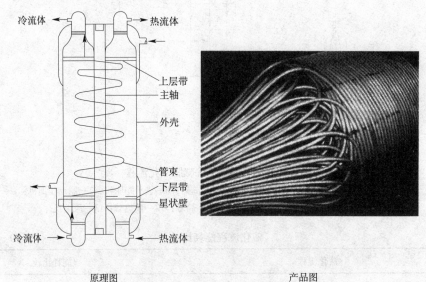

原理图　　　　　　　　　　　　产品图

图 10 - 2 - 10　绕管式换热器

绕管式换热器的绕管沿芯管（主轴）以相同的螺旋角度缠绕，缠绕另一层时改变方向。管端与带孔孔板焊接形成一组换热器。各组管束用护套包裹，上端与壳体密封焊接。几组换热器管整体组装到外壳体内，形成一个完整换热器，安装到冷箱之内。

绕管式换热器的技术要求很高，因为绕管根数、绕管长度、盘绕角度和管层数量和层间间隔等因素，都会影响到换热器的传热能力和压降，甚至性能。另外，由于输入流和输出流温差较大（大于100℃），内部几何结构需进行优化。

绕管式换热器最显著的特点是牢固结实、可靠性高、无机械损坏和管路泄漏，其运行时间记录已经超过160000h。

图10-2-11为冷箱换热器布置简图。绕管式换热器设计成三组，每组的直径为1325mm。总的换热面积为3900m²。壳程设计压力为2.8MPa. 管程设计压力为4.8MPa。设计温度为55～-175℃。第一组换热器液化碳氢化合物中的重组分，第二组液化部分天然气，第三组则完全液化并过冷，温度达到-162℃。

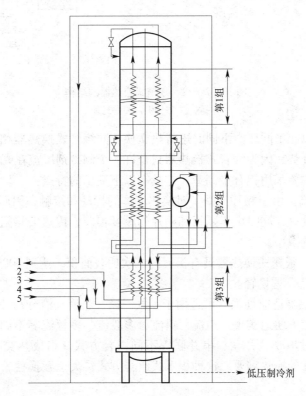

图 10-2-11　冷箱换热器布置简图
1—LNG；2—高压气体制冷剂；3—高压液体制冷剂；4—碳氢重组分；5—NG

2. 板翅式换热器（PFHE）

其结构与基本元件如图10-2-12所示。铝制板翅式换热器主要由隔板、翅片、封条、导流片组成。其单位体积传热面积高达2000m²/m³。这就能够在天然气和制冷剂间较小温差下设计得更为紧凑，降低占地面积和重量，进而减少成本。可用于基荷型LNG液化厂纯制冷剂冷却循环中。但是新的天然气工艺设计亦将该设备用于混合制冷剂循环。板翅式换热器的模块化建造，使其可以为任何规模的液化厂配套使用。

在相邻两隔板之间，由翅片、导流片及封条组成一夹层，作为流体的通道。将这样的夹层按不同的设计方案叠置起来，形成换热流体不同的流动方式。在真空钎焊炉内焊接成一整体，组成板束。板束是板翅式换热器的核心。配以相应的封头、接管、支承等，安置在冷箱的绝热良好的箱体内。

翅片是板翅式换热器的基本元件。翅片的作用是①扩大传热面积；②提高传热效率，流体在流道中形成强烈的扰动，使边界层不断破裂、更新，从而有效地降低了热阻，提高了传热效率；③翅片具有加强肋的作用，提高了换热器的强度和承压能力。根据不同工质的特性和不同的换热条件，可以选用不同结构形式的翅片，图 10-2-12 示出的是平直翅片。

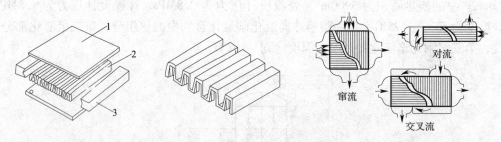

图 10-2-12　板翅式换热器的结构
1—隔板；2—翅片；3—封条

冷流热流还可以在不同压力下同时进行热交换。同绕管式换热器相比，这也是板翅式换热器一项很大的优势，因为绕管式换热器只允许一个制冷剂股流在壳侧蒸发。

板翅式换热器主要采用铝合金制造，它具有以下突出的特点：

（1）传热效率高。由于翅片加强了对换热流体的扰动和接触，因而具有较大的传热系数。制造材料导热性好，同时由于隔板和翅片的厚度很薄，传热的热阻小，因此板翅式换热器可以达到很高的效率。

（2）结构紧凑。板翅式换热器具有扩展的二次比表面积，达到 $1000 \sim 2500 m^2/m^3$。

（3）铝合金制造，重量轻。

（4）板翅式换热器适应性强，可适用于：气-气、气-液、液-液不同流体之间的换热。改变流道布置，比较方便地实现：逆流、错流、多股流、多程流等不同的换热模式。多个换热器单元可以通过串联、并联、串并联等不同组合方式，组成热交换能力更大的换热器，以适应大型设备的换热需要。这种积木式组合方式扩大了互换性，容易形成规模化生产标准产品。

（5）制造工艺要求严格，工艺过程复杂，必须具备了生产条件的厂商才能生产，提高了行业的准入门槛，有利于质量保障。

（6）板翅式换热器的主要缺点是板翅式换热器对污垢和阻塞非常敏感，不耐腐蚀，清洗检修困难；故只适合于干净、无腐蚀、不易结垢、沉积、堵塞的换热流体。要求安装过滤网和过滤器。

3. 管壳式换热器

壳压、直径和管长等限制了在 LNG 液化厂中使用管壳式换热器的规模和能效。这些限制可以通过并联多个壳体系统来克服。但是，就像板翅式换热器的情况一样，这需要更多的管线和控制系统。管壳式和鼓式换热器通常在基荷型 LNG 液化厂的丙烷预冷回路中使用。

4. 两种换热器比较

表 10-2-7 中列举了当前两种主要深冷换热器的优缺点。

两种深冷换热器的比较   表 10－2－7

名称	LNG 技术	优点	缺点
板翅式换热器	康菲阶联技术 Axens-Lique-fin™ Linde-MFC® APCI-APX™	(1) 供应商多； (2) 设计紧凑，对空间要求低； (3) 单套装置重量轻，可减少运输及基础费； (4) 单位体积传热面积大，从而压降小、能耗少； (5) 冷箱总成模块化，减少建造时间，适合任何规模的 LNG 厂	(1) 对污垢和阻塞敏感，要求上游安装过滤网和过滤器； (2) 如在换热器中制冷剂有相变则需设计确保两相流的分配； (3) 单台规格较小，需并联多台形成规模，因而增加管线、阀门和仪表
绕管式换热器	APCI C3-MR Shell DMR Shell PMR™ LindeMFC® APCI-APX™	(1) 尺寸可很大，因而设备套数少，省管线； (2) 只需一个制冷剂注入口，减少了潜在的各相分配问题； (3) 适合温度跨度大（100℃）	(1) 只有两家供应商； (2) 管部和壳部有可能压降大； (3) 体积大，运输不便； (4) 价格昂贵

总之，板翅式换热器和绕管式换热器的能力和性能相当，但是用于混合制冷剂系统的绕管式换热器安装成本较高。

10.2.3.2 压缩机

压缩机是天然气液化装置中的关键设备，很多工艺过程都需要有压缩机，如原料气增压和输送、制冷剂循环、蒸发气体（BOG）增压和输送、天然气管网气体增压和输送等。在 LNG 工厂中还需要其他用途的压缩机．如氮气系统和仪表风系统的空气压缩机。

压缩机有往复式、离心式（或轴流式）、螺杆等多种形式。往复式压缩机通常用于天然气处理量较小（100m³/min 以下）的液化装置。轴流式压缩机从 20 世纪 80 年代开始用于天然气液化装置，主要用于混合制冷剂冷循环装置。离心式压缩机早已在液化装置中广为采用，主要用于大型液化装置。大型离式压缩机的功率可高达 41000kW。大型离心式压缩的驱动方式除了电力驱动以外，还有蒸汽轮机和燃气轮机两种驱动方式，各有优缺点。

1. 往复式压缩机

往复式压缩机亦称活塞式压缩机，运转速度比较慢，一般在中、低转速情况下运转。新型往复式压缩机可改变活塞行程。通过改变活塞行程，使压缩机可满负荷状态运行，也可部分负荷状态运行，减少运行费用和减少动力消耗，提高液化系统的经济性；使运转平稳、磨损减少，提高设备的可靠性，也相应延长了压缩机的使用寿命，其使用寿命可达 20 年以上。在 20 世纪中期，迷宫式压缩机技术日趋成熟，20 世纪 80 年代后，迷宫式压缩机开始用于压缩低温的天然气，温度可低达 −160℃。

往复式压缩机有关内容见本书第 6 章 6.2.4.2。

2. 透平式压缩机

透平式压缩机是离心压缩机和轴流压缩机的统称，属于动力式压缩机。其特点是叶轮转子作高速旋转运动。流体流经叶片之间通道时，叶片与流体之间产生力的相互作用．将机械能转换为流体的能量。

气体在透平式压缩机中的压缩过程是连续的，具有转速高、排量大、操作范围广、排气均匀、运行周期长和占地面积小的优点，是天然气液化装置中常用的气体增压没备。

近年大多数基荷型 LNG 液化厂都采用燃气轮机驱动透平压缩机。由于市场上燃气轮机的型号功率具有一定的规格系列，因而 LNG 液化厂生产能力及制冷循环要依据燃气轮机的现有功率进行配置设计。

透平式压缩机出口压力主要取决于转速、叶轮的级数和叶轮的直径。叶轮的转速通常在 5000r/min 以上；有的已达 25000r/min 以上，流量达 10000m³/min。所需功率可达几万千瓦。

（1）透平式压缩机的分类

1）按流体流动方向　分为离心式（气流沿径向方向流动）；轴流式（气流沿轴向方向流动）及混流式。

离心压缩机具有压比大、流量小的特点。而轴流压缩机流量大、压比小。

2）按叶轮级数　分为单级压缩机（气体仅通过一次叶轮压缩）；两级压缩机（气体依次通过两次叶轮压缩）；多级压缩机（气体依次通过多级叶轮压缩）。

3）按机壳形式　分为圆筒型、水平分割型（一般是大型压缩机，为了保养方便而设计）、竖向分割型。

（2）透平式压缩机结构

透平式压缩机由转子、定子和轴承等组成。叶轮和主轴组成转子. 转子支承在轴承上，由动力机驱动高速旋转。定子包括机壳、隔板、密封、进气室和蜗室等部件。隔板之间形成扩压器、弯道和回流器等固定元件。叶轮是离心压缩机的关键部件。当叶轮高速旋转时，由于离心力的作用，气体从叶轮中心处吸入，沿着叶片之间的通道流向叶轮外缘。叶轮对气体做功，气体获得能量，压力和速度提高。气体流出叶轮通道，进入扩压器通道，速度降低，压力进一步提高，使动能转变为压力能。从扩压器流出的气体进入蜗室输出，或者经过弯道和回流器进入下一级继续压缩。在压缩过程中，气体的密度增大，温度增加。为了减少压缩功耗. 多级离心压缩机在压比大于 3 时，常采用中间冷却。被中间冷却隔开的级组称为段。中间冷却器一般采用水冷。图 10-2-13 示出离心式压缩机结构，图 10-2-14 为水平分割型多级离心式压缩机。图 10-2-15 为轴流压缩机。

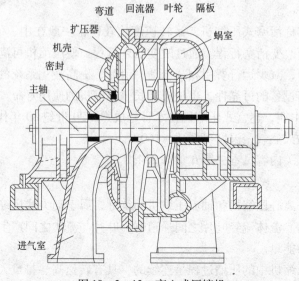

图 10-2-13　离心式压缩机

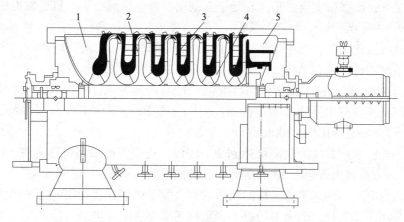

图 10-2-14　水平分割型多级离心式压缩机
1—进气口；2—扩压器；3—气体流道；4—叶轮；5—排气口

图 10-2-15　轴流压缩机

透平式压缩机特性与工况分析有关内容见本书第 4 章 4.5.4.5。

10.2.3.3　透平膨胀机

1. 概述

在天然气液化的工艺流程中，利用透平膨胀机，获得液化天然气需要的冷量，是当前天然气液化工艺过程中的重要制冷方法之一。

透平膨胀机的应用主要有两个方面；一是利用它的制冷效应，通过流体膨胀，获得所需要的温度和冷量；二是利用膨胀对外做功的效应，利用或回收高压流体的能量。在制冷的具体应用方面，主要应用于空气低温液化和分离（是空气低温液化和分离装置中获得低温的关键设备）、天然气液化、轻烃回收、极低温的获得和飞机空调等。在能量回收的应用方面，主要有高炉气发电、LNG 冷能发电、化工尾气能量回收、废热的能量回收等。

膨胀机用于天然气处理工艺始于 20 世纪 60 年代初期，到了 70 年代初期，能源危机促进了透平膨胀机在能量回收方面的应用。利用透平膨胀机回收乙烷和丙烷的能量，在天然气处理中的使用则更为广泛。

一般情况下，膨胀机主要采用向心透平，制动设备包括离心压缩机、发电机及其他传动设备。

对于天然气液化工艺，透平膨胀机的主要作用是制取冷量，对外输出的功用于气体的压缩，减少系统功耗，具有系统效率高、设备布局紧凑和系统操作弹性大的特点。而对于LNG终端站（接收站），透平膨胀机则可以用于LNG冷能发电，回收LNG的冷能。

透平膨胀机主要应用领域和能量范围：空气分离300～30000m^3/h；轻烃回收1250～50000m^3/h；气体液化30L/h～300t/d。

目前透平膨胀机进口压力最高可达到20.0MPa；进口温度最高可达到475℃，最低可达到-270℃；流量最大可达到50×10^5kg/h，转速最高可达12×10^4r/min。

目前我国也有一定的透平膨胀机的制造能力，能生产空分装置用的透平膨胀机和轻烃回收用的部分透平膨胀机。但大型的透平膨胀机还需要从国外进口，特别是应用于天然气液化工艺流程的透平膨胀机，因为处理量大，基本上都是采用进口设备。

2. 透平膨胀机工作原理

根据能量转换和守恒定律，气体在透平膨胀机内进行绝热膨胀对外作功时，气体的热力学能减少（焓值下降），从而使气体本身温度降低，因而具有制冷能力。在透平膨胀机中，气体的能量转换发生在导流器的喷嘴叶片间与工作叶轮内。高压气流在喷嘴内进行部分膨胀，然后以一定的速度进入叶轮，推动叶轮旋转。气流进入叶轮后还会进一步膨胀，气流的反冲力进一步推动叶轮旋转。旋转的叶轮轴具有对外做功的能力。工作流体的压力在导流器和工作轮中分两次降低。气体的焓值变化也是如此，在导流器中转换一部分能量。到叶轮中又转换一部分能量。通常把透平膨胀机在工作叶轮内能量转换的多少（即焓值的降低数值）与通过导流器和叶轮整个级的热力学能转换的数量（总焓降）之比，称为透平膨胀机的反动度。大多数膨胀机是属于反动式膨胀机。

利用工作流体的速度变化进行能量转换，工作流体在透平膨胀机内膨胀获得动能，并由工作轮输出外功，因而降低了工作流体的内能和温度。绝热等熵膨胀是获得低温的重要方法之一，而透平膨胀机内的膨胀过程接近绝热等熵膨胀。因此，在气体液化、空气调节、低温环境模拟、化工和天然气装置的能量回收等领域得到广泛的应用。

进入透平膨胀机的气体流量可以通过导流叶片来调节，改变透平膨胀机的进气量，以适应系统负荷的变化。透平膨胀机的结构如图10-2-16所示。

气体在透平膨胀机中的工作过程，可由气体的$p-h$图上状态的变化表示，如图10-2-17所示。

高压气体以压力p_1温度T_1状态在膨胀机中作等熵（s=常数）膨胀，膨胀后的压力p_2，从状态点1沿等熵线与p_2等压线交于状态点2。点2对应的温度T_2即为等熵膨胀后的温度。其温差为$\Delta T = T_1 - T_2$，相应的焓降为$\Delta h = h_1 - h_2$。在等熵膨胀过程中，气体有部分内能转化为功，同时为克服分子间的吸引力而使动能减少，从而降低了气体温度。但在实际过程中，能量有一定的损失，气体膨胀后不可能达到状态2，而是状态2'，实际温差为$\Delta T' = T_1 - T_2'$，相应的焓降为$\Delta h' = h_1 - h_2'$。故绝热效率是指膨胀机在膨胀过程中实际焓降与等熵焓降之比，即$\eta_s = \dfrac{h_1 - h_2'}{h_1 - h_2}$。绝热效率越高，越接近等熵膨胀过程，一般气体膨胀机的绝热效率为0.60～0.85。透平膨胀机提供的冷量为：

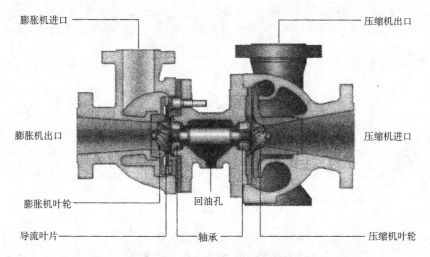

图 10-2-16 透平膨胀机的结构

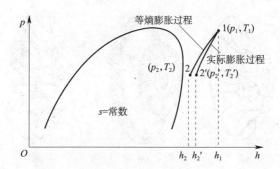

图 10-2-17 气体在透平膨胀机中的工作过程

$$Q_0 = q_m \Delta h \eta_s \qquad (10-2-1)$$

式中 q_m——工作流体的流量；

    Δh——等熵膨胀的焓降，计算式见（9-3-12）；

    η_s——绝热效率。

式（10-2-1）表明，膨胀机的制冷量与工作流体的流量 q_m、焓降 Δh 及绝热效率 η_s 有关。

3. 透平膨胀机结构形式和性能参数

按照工质的性质、工作参数、用途以及制动方式等，区分不同类型的透平膨胀机。根据工作流体在叶轮中流动的方向可以分为径流式、径-轴流式和轴流式，如图 10-2-18 所示。按照工作流体从外周向中心或从中心向外周的流动方向，径流式和径-轴流式又可分为向心式和离心式。实际上，由于离心式工作轮的流动损失大，因此大都采用向心式。

径—轴流工作轮的形式如图 10-2-19 所示。工作轮叶片的两侧具有轮背和轮盖的称为闭式工作轮（图 b）；只有轮背的称为半开式工作轮（图 a）；轮盖和轮背都没有的，或轮背只有中心部分而外缘被切除的，则称为开式工作轮（图 c）。

按照一台膨胀机中包含的级数，又可分为单级透平膨胀机和多级透平膨胀机。为了简化结构、减少流动损失，径流透平膨胀机一般都采用单级，或由几台单级组成的多级。

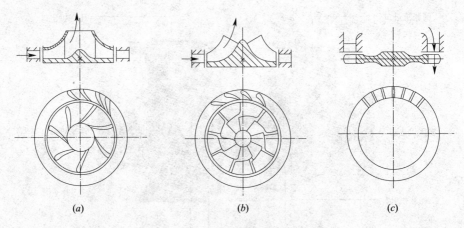

图 10-2-18　透平膨胀机的形式

（a）径流式；（b）径-轴流式；（c）轴流式

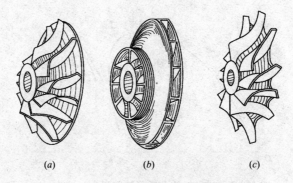

图 10-2-19　径—轴流工作轮的形式

（a）半开式；（b）闭式；（c）开式

　　按照工质在膨胀过程中所处的状态，可分为气相膨胀机和两相膨胀机。而两相膨胀机又有气液两相、全液膨胀及超临界状态膨胀的区别。

　　透平膨胀机的形式、结构尺寸及工作性能在很大程度上是与工作流体有关的。透平膨胀机应用范围很广，工作流体的组成也有多种多样。按工作目的，可以分为降温型和回收能量型两大类。按工作流体的组成，可分为单组分和多组分。

　　用于制冷降温的工作流体，绝大部分都是单组分的，例如氮、氢、氦等。当制冷降温用于使气体液化与分离时，工作流体也可以是多组分的，例如空气、天然气的液化与分离。

　　用于回收能量时，有直接膨胀和间接膨胀两种。直接膨胀时，工作流体大部分是在生产过程中产生的多组分气体。间接膨胀是通过中间介质把热量转换为机械功，可采用单组分的有机介质，为了更有效地利用热量，有时也可采用混合工质，例如异丁烷与正戊烷的混合物。多组分的工作流体可以分为以甲烷为主、以氮为主和以氢为主三种类型。

　　天然气液化装置中，透平膨胀机是提供冷源的主要设备。在实际运转时，产量的变化使装置总耗冷量改变，要求透平膨胀机的制冷量能够调节。

4. 液相膨胀机与 J-T 阀节流膨胀阀比较及在液化流程中的应用方式

在 LNG 液化流程中有由 J-T 阀节流中工质等焓膨胀和由膨胀机工质绝热膨胀两种提供冷量的方法。

在传统的天然气液化装置中，通常把原料气体压缩到接近或高于临界状态，在高压下冷却，然后在 J-T 阀中作等焓膨胀，是经典的制冷方法。J-T 阀后会有部分 LNG 闪蒸。

当前天然气液化工艺流程中，利用透平膨胀机获得液化天然气需要的冷量是重要制冷方法之一。

由图 10-2-20 可以看到液体膨胀机较之 J-T 阀的效率更高。

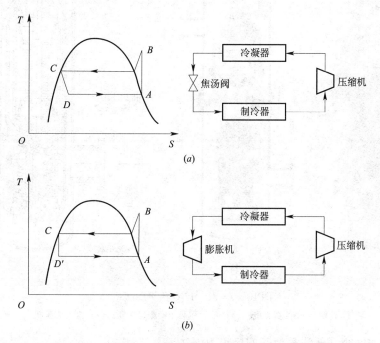

图 10-2-20 J-T 阀节流膨胀阀与液相膨胀机比较
（a）J-T 阀节流膨胀；（b）液体膨胀机

在相同的压降条件下，通过 J-T 阀节流，发生等焓过程（C-D）温度降低，熵增加；通过液体膨胀机，发生等熵过程（C-D′）温度降低，熵不变。D′较 D 更接近液相状态线，因而液化率更高。这是由于 LNG 在 J-T 阀内作等焓节流时，引起部分 LNG 闪蒸。而采用液体膨胀机以后，可以使 LNG 的焓值降低而熵值保持恒定。

天然气液化流程中采用液体透平膨胀机，其安装位置有两种不同的方式：一种是在最后的 LNG 回路，LNG 送去储存之前，安装气、液两相膨胀机（FLE），替代 J-T 阀对 LNG 减压。在同等压差下，比通过 J-T 阀温降更大。减少了 LNG 的闪蒸，因而提高 LNG 的产量及液化效率。

另一种是用于制冷循环 LNG 液体回路中采用高压的液态制冷剂在透平膨胀机内膨胀，在同等压差下，比通过 J-T 阀可以降低液态制冷剂的焓值，相当于增大了制冷量，因而减少能源消耗和原料气的消耗。使天然气液化处理过程得到改进。

通过增加系统的质量流量、提高系统的运行压力，以及在 LNG 回路中采用膨胀机，或在制冷循环中制冷剂液体回路采用膨胀机，可以大幅度减少液化装置的能耗。一个液化能力为 7200t/d 的天然气液化装置，每公斤 LNG 的能耗为 1000kJ。图 10-2-21 为三种类型 LNG 透平膨胀机。

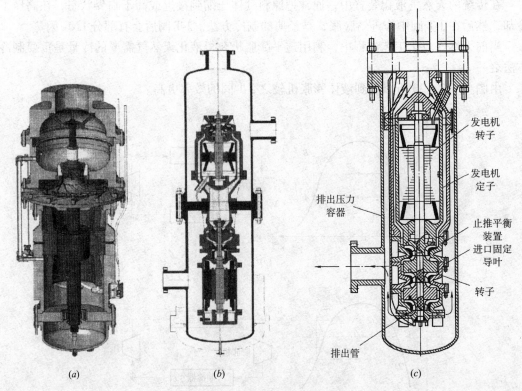

图 10-2-21　LNG 透平膨胀机

(a) 两相 LNG 膨胀机；(b) 单相和两相膨胀机串联；(c) 液体膨胀机

某型透平膨胀机[①]性能参数示例见表 10-2-8。

某型透平膨胀机性能参数　　　　　　　　　　　表 10-2-8

型号	TC-120	TC-200	TC-300	TC-400
最高进口压力（MPa）	6.0			
出口压力（MPa）	0.12			
进口温度（K）	133			
流量（m³/h）	1500	2500	3500	4500
最高效率（%）	89	90	92	92
最大产冷量（kW）	600	1700	2900	3200
转子最高转速（r/min）	60000	43000	32000	32000

① ACD 公司 TC 型透平膨胀机

10.3　液化天然气储运

在液化天然气（LNG）工业链中，LNG 的储存和运输是两个重要环节。无论基本负荷型 LNG 装置还是调峰型装置，液化后的天然气都要储存在液化厂的储罐（或储槽）内。在 LNG 终端站和 LNG 气化站，都有一定数量和不同规模的储罐（或储槽）。世界 LNG 贸易主要是通过海运，因此 LNG 槽船是主要的运输工具。从 LNG 终端站或气化站，将 LNG 转运出去都需要 LNG 槽车。

天然气是易燃易爆的燃料，LNG 的储存温度很低，对其储存设备和运输工具提出了安全可靠、高效的严格要求。

10.3.1　槽船运输

10.3.1.1　LNG 船舶航运的特点

LNG 运输采用为载运在大气压下沸点为 $-163℃$ 的大宗 LNG 货物的专用船舶。这类船目前的标准载货量在 $13～15×10^4 m^3$ 之间。一般它们在 $25～30$ 年船龄期内，航程达数千海里，有专用的航行计划。

目前，从技术上来说，已能设计出 $16×10^4 m^3$、$20×10^4 m^3$，甚至 $30×10^4 m^3$ 的 LNG 船。但从今后一段时间来看，由于受到港口水深的限制，LNG 船的舱容量可能会稳定在十几万立方米的水平上。

LNG 船舶航运的特点如下：

（1）远距离海上运输

世界天然气资源分布是极其不平衡的，由于 LNG 生产技术，LNG 船舶及其海上运输技术使得天然气在洲际之间的大批量运输成为可能。20 世纪，世界 LNG 贸易主要是在两个各自封闭的区域内进行：太平洋区域和大西洋区域。太平洋区域 LNG 的主要卖方为中东、东南亚和澳大利亚，LNG 买方主要为日本、韩国和中国台湾等；大西洋区域 LNG 的卖方主要为南美和非洲，LNG 买方主要为美国和欧洲。近年来，随着大型 LNG 船舶的出现以及 LNG 运输成本的大幅度降低，两个各自封闭区域向着全球一体化的方向发展。世界上 LNG 贸易的航线都至少有上千海里的行程，卡塔尔到中国宁波的总航程大约为 5900 海里，一艘航速为 110.5 节的 LNG 船舶需要用一个月的时间来完成一个完整的航行，可见 LNG 贸易的航程是漫长的。

（2）航线固定

除少量的现货和短期贸易之外，大部分 LNG 贸易都签订有长期的购销合同，与之相对应的是 LNG 船舶（少量的船除外）在建造前就已签订了长期的租船合同，一般情况下，LNG 船舶的长期租船合同期限和购销合同的期限是一致的。运输方从船东长期租到 LNG 船舶并用于特定 LNG 贸易运输，一艘 LNG 船舶只能为某一个 LNG 贸易服务直到购销合同到期终止。一艘 LNG 船舶一旦签订了租船合同而"绑定"在某一宗 LNG 贸易上，其在合同期内的航线就基本固定，并且其航行计划一般要提前 1 年确定。

（3）高成本

LNG 产业是一个技术密集型产业，各个环节都涉及到巨额的资本投入，目前一艘装载

容量为 $14.5 \times 10^4 m^3$ 的 LNG 船舶的建造成本高达 2 亿多美元。从整个 LNG 产业链的投资成本来看，一般 LNG 运输环节的成本占整个 LNG 产业链投资的 25% 左右。LNG 运输是一种高投入高成本的运输业务。

（4）高风险、低事故率

LNG 产业资本投入巨大、LNG 货物价格昂贵，又是跨国、跨洲际的国际性远距离海上贸易，容易受许多可预知或不可预知因素的影响，所以 LNG 运输也存在着巨大的风险。根据 LNG 运输的特性，其风险因素主要分为人为因素（设备和操作等）和不可抗力（自然灾害、社会动乱、突发事故等）两个方面。

LNG 运输的平稳安全是上下游经济性和稳定性的重要保证，所以，虽然 LNG 运输环节存在很大的风险，但由于人们采取了各种预防措施和安全措施，LNG 运输事故却很少发生。随着 LNG 船舶维护技术的进步以及 LNG 船舶航运经验的积累，由人为因素而引发的 LNG 运输事故必然会越来越少。

10.3.1.2　LNG 船舶舱型

现有的 LNG 船，按照货舱类型目前有三种货物围护系统。球型（MOSS 型），薄膜型（GTT 型）和棱柱型（SPB 型）。但成熟的船型是球型和薄膜型，见图 10-3-1。

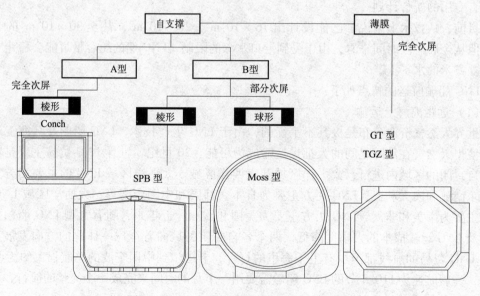

图 10-3-1　LNG 运输船货舱围护结构分类

（1）球型货舱船

全称为自持式球型"B"，专利技术由挪威 MOSS-ROSENB ERG 船厂拥有。球罐采用铝板制成，牌号为 5038。组分中含质量分数为 4.0% ~ 4.9% 镁和 0.4% ~ 1.0% 的锰。板厚按不同部位在 30 ~ 169mm 之间。隔热采用 300mm 的多层聚苯乙烯板。球形舱见图 10-3-2。

货舱球体本身为高强度的铝合金，由一个基于船体上的圆柱套裙支撑。套裙的上部与球的赤道部分相连接。为了绝热，铝合金球的外表覆盖一层厚厚的泡沫绝缘材料。为了保护绝缘材料，整个货舱球的最外表面是保护型金属外壳。大型 LNG 球型货舱船，有 4/5/6

个球罐。

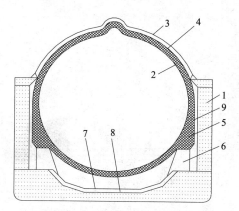

图 10 - 3 - 2　MOSS 型球形舱

1—压载水舱；2—液舱壳体；3—保护钢罩；4—带绝热层的防溅屏壁；

5—舱裙下部绝热层；6—舱裙加强支承体；7—液盘；8—绝热层；9—防护罩

（2）薄膜型货舱船（GTT）

为法国技术，薄膜型 LNG 船的开发者 Gaz Transport 和 Technigaz 已合并为一家，故对该型船称为 GTT 型。GT 型和 TGZ 型薄膜舱结构示意分别有两种货舱材料及建造技术，见图 10 - 3 - 3，图 10 - 3 - 4。

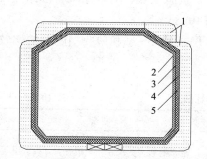

图 10 - 3 - 3　GT 型薄膜舱图

1—压载水舱；2—镍钢薄膜主屏壁；

3—镍钢薄膜次屏壁；4—内壳；5—绝热层

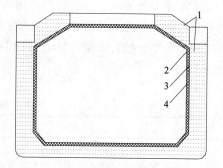

图 10 - 3 - 4　TGZ 型薄膜舱

1—压载水舱；2—镍钢薄膜主屏壁；

3—内壳；4—绝热层

薄膜舱的特点是用一种厚度为 1.2~2.0mm，表面起波纹的 3.6Ni 钢作主屏，起到允许膨胀和收缩的作用。隔热板起着支撑膜的作用。它是一种由两层聚合木加上中间一层泡沫材料组成的三明治式的组合结构。在每一个薄膜波纹中心与隔热组合固定。

双层薄膜型。GASTRANSPORT 货舱系统，采用薄膜材料是 0.7mm 厚的不胀钢（含镍 36%）。主薄膜（主屏）包容 LNG 货仓，与主薄膜相同的次薄膜（次屏）提供防泄漏的 100% 的冗余性。绝缘箱中绝缘材料为膨胀珍珠岩。

单薄膜型。TECHNIGAZ MARK III 货舱系统，薄膜材料采用 1.2mm 厚的不锈钢，绝缘材料为聚亚胺酯与玻璃纤维混合的泡沫材料。

薄膜型货舱 LNG 船舶，随着其技术更加成熟，成本也较球型货舱船低。2004 年起，

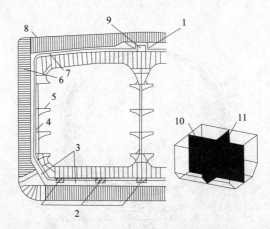

图 10-3-5 SPB 型液舱断面结构

1—甲板横梁；2—支撑；3—连通空间；4—隔热；5—水平梁；6—压载水舱；
7—防浮楔；8—甲板；9—防滚楔；10—中线隔舱；11—防晃隔板

上海沪东中华造船厂相继接受了广东和福建两个 LNG 项目的 5 艘 GT96 薄膜型货舱船舶订单。

（3）自持式棱型货舱

此类型船舶为减少货物在舱内晃荡撞击、增加船舶稳定性，在货舱内部加一道纵向舱壁将一个货舱一分为二；货舱材料采用耐低温铝合金；货舱绝热材料采用塑料泡沫。目前世界上只有两艘，均为日本建造。液舱断面结构见图 10-3-5。

应用最为广泛的有球型（MOSS）和薄膜型（GTT）。MOSS 型和薄膜型舱型的比较见表 10-3-1。

MOSS 和 GTT 舱型的比较　　　　　　　　　　　　　　表 10-3-1

舱型	优点	缺点
MOSS 型	1. 结构简单，应力分析容易； 2. 铝合金结构牢固，只要不发生直接碰撞，不会损伤； 3. 安装简单，能单独建造并缩短施工周期，检查质量容易，安全性好； 4. 液面晃动效应少，不受装载限制； 5. 初期投资较少	1. 船舶有较大的尺寸，甲板有大开口，甲板结构不连续，应力集中点多； 2. 液货重心高； 3. 操纵困难，特别是在甲板上部受风面积大，在大船上，尽管尾楼比油船要高出好几层，但驾驶台视线仍不理想
GTT 型	1. 消耗的镍钢材料少，减轻液舱的结构重量； 2. 预冷的时间缩短； 3. 驾驶台视角广； 4. 船型瘦削，受风面积小，推进效率较高	1. 结构复杂，对管理要求较高； 2. 舾装周期较长； 3. 全部液舱的薄膜和绝热装置都要进行全面试验，包括在低温条件下周期性载荷的疲劳试验

从总体上看，薄膜型 LNG 船在船型性能方面要优于球罐型，但球罐型具有货物装载限制较少等使用操作上的优点。球罐型舱船与薄膜型舱船主要不同之处有：

1）如船舶尺度相同，薄膜型船比球罐型船的装载容积大；

2）相同载重量的薄膜型船比球罐型船的外形小，建造用的钢材量也少，建造成本低于球罐型船舶；

3）由于薄膜型液舱内壁接触面积比球罐型液舱小，薄膜型液舱制冷速度快，通常为9～10h，而球罐型为24h或以上；

4）例如两艘同为4个货舱的 $13.5 \times 10^4 m^3$ LNG船，薄膜型船总长280m、船宽43.0m；球罐型船总长289m、船宽48.2m。薄膜型的尺度较小，而且前者的苏伊士运河吨位为 $8.2 \times 10^4 Gt$，后者为 $10.5 \times 10^4 Gt$，前者比后者少了约20%，可见，同一载货量的薄膜型船可减少港口使用费和过运河等各种费用；

5）球罐型船舶可以少载货物，但薄膜型船舶若未满舱，舱内的液货易对舱壁造成冲击，影响船舶的稳定性和增加对舱壁的压力，因而装载量只可在货舱容量的10%以下或80%以上。

图10-3-6为薄膜型125000m³LNG船的上甲板平面和液货舱分布图，表10-3-2为其基本参数表。

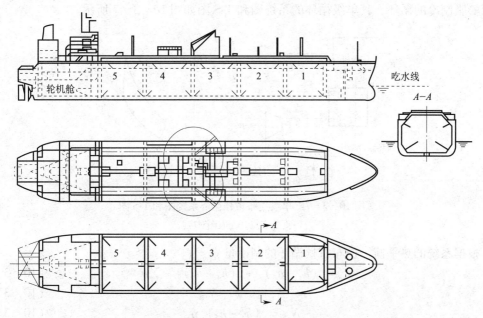

图 10-3-6　125000m³LNG 船的上甲板平面和液货舱分布图

125000m³LNG 船基本参数　　　　　　　　　　　　　　　　表 10-3-2

全长（m）	约196	液舱容量（m³）	约45000
垂直净长度（m）	184.0	液舱围护	Technigaz 薄膜型
型宽（m）	31.5	主机	1 台
型深（m）	18.0	蒸气透平（r/min）	NSO 13500 PS
设计吃水深度（m）	8.0	发电机	2 台主透平，1 台辅助柴油机
自重（t）	约22000	液舱蒸发率（标称%/d）	0.2
总载重（t）	约33000	可选择项	柴油机驱动，提供再液化装置
航速（节）	约16.5		

10.3.1.3 LNG 船舶再液化技术

绝大多数 LNG 船的蒸发气（BOG）不能被液化返回液货舱，而是送到主锅炉燃烧。因此，传统的 LNG 船必须采用热效率较低的蒸汽动力装置作为主动力装置。船舶在风浪天、机动航行、进出港等低功率下航行，未用 BOG 只能排放到大气层，不仅非常不经济，而且造成环境污染及增加排放的 BOG 的易燃易爆不安全因素。在这样的背景下，早在 20 世纪 70～80 年代就有专家提出对 BOG 进行再液化处理。但是技术上有一定的难度，而且海上运输情况较为复杂，故没有太大进展，直到 2000 年 10 月世界上第一艘带有再液化装置柴油机推进的 LNG 船出现并下水营运。目前正建造和营运的该类型 LNG 船约有 10 余艘。再液化原理与装置如下。

（1）再液化低温制冷原理

由于 LNG 船 BOG 的再液化属于低温过程，故广泛采用逆布雷顿循环制冷机原理。逆布雷顿循环是由等熵压缩、等压冷却、等熵膨胀和等压吸热四个过程组成。理论上是利用等熵膨胀制冷的循环，其单级循环的系统图和 T-S 图如图 10-3-7 所示。

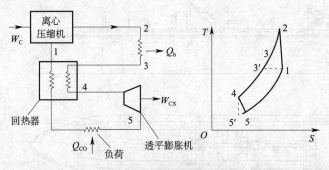

图 10-3-7 单级逆布雷顿循环系统图和 T-S 图

1～5 状态点（左右图对应）

根据系统的热平衡，逆布雷顿循环的制冷量 Q_{co} 为

$$Q_{co} = (h_1 - h_3) + (h_4 - h_5) - \sum q \qquad (10-3-1)$$

$$N_T = N_{TC} - N_{TE} \qquad (10-3-2)$$

$$N_{TE} = (h_4 - h_5) \eta_{ex} \qquad (10-3-3)$$

$$\eta_e = \frac{Q_{co}}{N_T} = \frac{Q_{co}}{N_{TC} - N_{TE}} \qquad (10-3-4)$$

式中　　$\sum q$——各种制冷损失之和；

　　　　N_T——消耗的功率；

　　　　N_{TC}——压缩机消耗的功率；

　　　　N_{TE}——膨胀机输出的功率；

　　　　η_{ex}——系统的㶲效率。

由上可见，LNG 船再液化装置的逆布雷顿循环原理可简单地归结为：氮气在压缩机中被压缩，然后在膨胀过程中获得低温，通过热交换器来液化 BOG。氮气循环量的变化与再液化装置的热负荷相对应。已经有逆布雷顿循环再液化装置用于海上天然气的液化并用于部分 LNG 船。

（2）再液化装置

以下就图10-3-8对某船采用的再液化装置进行说明。

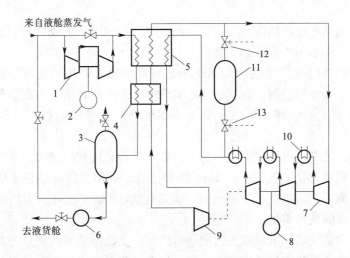

图10-3-8 再液化系统装置图

1—二级离心压缩机；2—电动机；3—分离器；4—低温换热器；5—预冷换热器；

6—液泵；7—三级离心压缩机；8—电动机；9—膨胀机；10—冷却换热器；

11—分离器；12—自动控制阀；13—自动控制阀

该液化装置为全部液化LNG船的BOG，母型船主动力装置为二冲程柴油机。该系统的制冷剂为氮气，采用逆布雷顿循环原理。天然气系统循环：来自液货舱的BOG经过二级离心压缩机1，进入预冷换热器5，再到低温换热器4进行热交换液化，之后到分离器3进行气液分离，排除氮气等不凝性气体，液体经回液泵6返回到各个液货舱，从而保持液货舱的压力和温度稳定。制冷剂（氮气）系统循环：从预冷换热器5的氮气经三级离心压缩机7的压缩，冷却后到5进行预冷，之后进入膨胀机9进行等熵膨胀，再到4与BOG进行换热，再经5升温后返回7，完成一个制冷循环。膨胀机9回收的能量用于离心压缩机压缩，这样电动机8可以省去部分功率。

在整个系统中每个设备的进出口状态都是相对稳定的，当BOG的流量发生变化时，这时经过4的BOG温度也要发生变化，并把该信号反馈至12、13自动控制阀，通过增加或减少氮气的循环量来改变制冷量以满足BOG液化所需的制冷量。

LNG货舱的气化率的高低取决于货舱的漏热性能。

10.3.2 槽车运输

由LNG终端站或工业性液化装置储存的LNG，可由LNG槽车载运到各地，供居民燃气或工业燃气用。LNG载运状态一般是常压，所以其温度为112K的低温；LNG又是易燃、易爆的介质，载运中的安全可靠至关重要。

10.3.2.1 LNG槽车的隔热方式

槽车采用合适的隔热方式，以确保高效、安全地运输。用于LNG槽车隔热主要有三种形式：

（1）真空粉末隔热；（2）真空纤维隔热；（3）高真空多层隔热。

选择哪一种隔热形式的原则是经济高效，隔热可靠，施工简单。由于真空粉末隔热具有真空度要求不高，工艺简单，隔热效果较好的特点，往往被选用。其制造工艺已积累较丰富的经验。

高真空多层隔热有独特的优点，工艺逐渐成熟。在制造工艺成熟的前提下，高真空多层隔热与真空粉末隔热相比具有如下特点：

高真空多层隔热的夹层厚度约为 100mm，而真空粉末隔热的夹层厚度 200mm 以上。因此，对于相同容量级的外筒，高真空多层隔热槽车的内筒容积，比真空粉末隔热槽车的内筒容积大 27% 左右。这样，可以在不改变槽车外形尺寸的前提下，提供更大的装载容积。

对于大型半挂槽车，由于夹层空间较大，粉末的重量也相应增大，从而增加了槽车的装备重量，降低载液重量。例如一台 $20m^3$ 的半挂槽车采用真空多层粉末隔热时，粉末的重量将近 1.8t，而采用高真空多层隔热时，重量仅为 200kg。因此，采用高真空多层隔热可以大大减少槽车的装备重量。

采用高真空多层隔热，可以避免因槽车行驶所产生的振动导致隔热材料沉降。高真空多层隔热比真空粉末隔热的施工难度大，但在制造工艺逐渐成熟适合批量生产后，有广泛应用的前景。

10.3.2.2　LNG 槽车的安全设计与输液方式

LNG 槽车的安全设计至关重要。安全设计主要包含两个方面：防止超压和消除燃烧的可能性（禁火、禁油、消除静电）。

LNG 槽车有两种输液方式：压力输送（自增压输液）和泵送液体。

压力输送。压力输送是利用在增压器中气化 LNG 返回储罐增压，借助压差挤压出 LNG。这种输液方式较简单，只需装上简单的管路和阀门，有以下缺点：

（1）转注时间长。主要原因是接收 LNG 的固定储罐是带压操作，这样使转注压差有限，导致转注流量降低。又由于槽车空间有限，增压器的换热面积有限，难于维持转注压差；

（2）罐体设计压力高，槽车空载重量大，使载液量与整车重量比例（重量利用系数）下降，导致运输效率的降低。例如某 $11m^3$ LNG 槽车，其空重约为 17000kg（1.6MPa 高压槽车），载液量为 4670kg，重量利用系数仅为 0.21。运输过程都是重车往返，运输效率较低。

泵送液体。槽车采用泵送液体是较好的方法。它采用配置在车上的离心式低温泵来泵送液体。这种输液方式的优点如下：

（1）转注流量大，转注时间短；

（2）后压力高，可以适应各种压力规格的储罐；

（3）前压力要求低，无须消耗大量液体来增压；

（4）前压力要求低，因此槽车罐体的最高工作压力和设计压力低，槽车的装备重量轻，重量利用系数和运输效率高。

由于槽车采用泵送液体具有以上的优点，即使存在整车造价高，结构较复杂，低温液体泵需要合理预冷和防止气蚀等问题，但它还是代表了槽车输液方式的发展趋势。

10.3.2.3　LNG 槽车示例

LNG 半挂运输车（$30m^3$/0.8MPa）示例。

(1) 结构

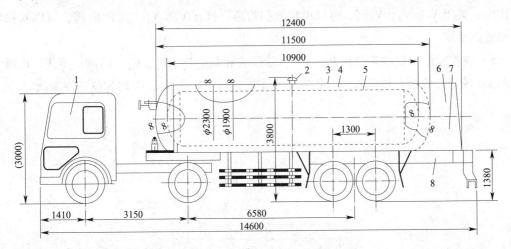

图 10-3-9 半挂 LNG 运输车示意图

1—牵引车；2—外筒安全装置；3—外筒（16MnR）；

4—绝热层真空纤维；5—内筒（0Cr18Ni9）；6—操作箱；

7—仪表、阀门、管路系统；8—THT9360 型分体式半挂车底架

1）牵引汽车及半挂车架。牵引汽车底盘采用带卧罐汽车底盘。半挂车架选用分体式双轴半挂车车架，由挂车厂按整车设计要求定制。

2）储罐。储罐为低温液体储罐。金属双圆筒真空纤维隔热结构；尾部设置操作箱，主要的操作阀门均安装在操作箱内集中控制。操作箱三面设置铝合金卷帘门，便于操作维护。前部设有车前压力表，便于操作人员在驾驶室内就近观察内筒压力。两侧设置平台，用于阻挡飞溅泥浆。平台上设置软管箱，箱内放置输液（气）金属软管。软管为不锈钢波纹管。

3）整车。列车整车外形尺寸（长×宽×高）≈14500mm × 2500mm × 3800mm，符合 GB7258《机动车运行安全技术条件》标准规定。整车按 GB11567 标准规定，在两侧设置有安全防护栏杆，车后部设置有安全防护装置，并按 GB4785 标准规定设置有信号装置灯。

(2) 槽车工艺流程

1）进排液系统。此系统由 V_3、V_4 和 V_8 阀组成。V_3 为底部进排液阀，V_4 为顶部进液阀，V_8 为液相管路紧急截断阀。a 管口连接进排液软管。

2）进排气系统。V_7、V_9 阀为进排气阀。V_9 阀为气相管路紧急截断阀。装车时，槽车的气体介质经此阀排出予以回收。卸车时则由此阀输入气体予以维持压力。也可不用此口，改用增压器增压维持压力。b 管口连接进排气软管。

3）自增压系统。此系统由 V_1、V_2 阀及 P_1 增压器组成。V_1 阀排出液体去增压器加热气化成气体后经 V_2 阀返回内筒顶部增压。增压的目的是为了维持排液时内筒压力稳定。

4）吹扫置换系统。此系统由 E_2、E_3 和 E_4 阀组成。吹扫气由 g 管口进入，a、b、c 管口排出，关闭 V_3、V_4、V_9 阀，可以单独吹扫管路；打开 V_3、V_4、V_9 和 E_1 阀，可以吹扫容器和管路系统。

5）仪控系统。仪控系统由 P_1、P_2、LG 仪表和 L_1、L_2、L_3、G_1、G_2 阀门组成。P_1 压力表和 LG 液位计安装在操作箱内；P_2 安装在车前。$L_1 \sim L_3$ 及 G_1、G_2 阀为仪表控制阀门。

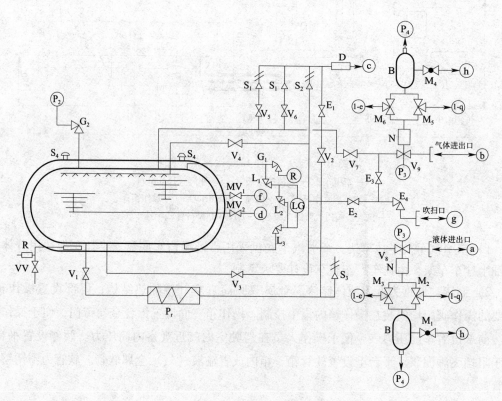

图 10-3-10　槽车工艺流程图

B—平衡罐；D—阻火器；E_1—放空阀；E_2—液相吹扫阀；

E_3—气相吹扫阀；E_4—吹扫总阀；G_1、G_2—压力表阀；L_1—液位计上阀；

L_2—平衡阀；L_3—液位计下阀；LG—液位计；M_1—气源总阀；

M_2—后部进排气阀；M_3—前部进排气阀；M_4—气源总阀；M_5—后部进排气阀；

M_6—前部进排气阀；MV_1、MV_2—LNG 测满阀；N—易熔塞；P_1、P_2、P_3、P_4—压力表；

P_r—增压器；R—真空规管；S_1、S_2、S_3—安全阀；S_4—外筒防爆装置；

V_1—增压阀；V_2—增压回气阀；V_3—液体进出阀；V_4—上部进液阀；

V_5—气体通过阀＜1＞；V_6—气体通过阀＜2＞；V_7—气体进出阀；V_8、V_9—紧急截断阀；

VV—真空阀

6）紧急截断阀与气控系统。在液相和气相进出口管路上，分别设有下列紧急截断装置。

液相紧急截断装置。V_8 为液相紧急截断阀，在紧急情况下由气控系统实行紧急开启或截断作用，它也是液相管路的第二道安全防护措施；V_8 阀为气开式（控制气源无气时自动处于关闭状态）低温截止阀，且具有手动、气动（两者只允许选择一种）两种操作方式；M_1、M_2、M_3、B、N、P_3 为气控系统；M_1 为气源总阀；M_2、M_3 为三通排气阀，一只安装在 V_8 阀上，另一只安装在汽车底盘空气罐旁的储气罐 B 上；N 为易熔塞；P_3、P_4 为控制气源压力表，气源由汽车底盘提供。V_8 阀在 0.1MPa 气源压力下可打开，低于此压力即可关闭。

气相紧急截断装置。V_9 阀为气相紧急截断阀。

7）安全系统。此系统由安全阀 S_1、S_2、S_3 及控制阀 V_5、V_6、阻火器 D 组成。S_1 为容器安全阀；S_2、S_3 为管路安全阀，此为第一道安全防护措施；S_4 为外筒安全装置；阻火器 D 用于阻止放空管口处着火时火焰回窜。

8）抽空系统。VV 为真空阀，用于连接真空泵。R 为真空规管，与真空计配套，可测定夹层真空度。

9）测满分析取样系统。MV_1、MV_2 阀为测满分析取样阀。管口 f 喷出液体时，则液体容量已达设计规定的最大充装量，该阀并可用于取样分析 LNG 纯度。

（3）安全性设计

针对 LNG 的易燃易爆特点，设计有以下安全措施：

1）紧急截断控制措施。通过 M_2、M_3、M_5、M_6 阀可以在操作箱内或汽车底盘前部实施气动控制。

2）易熔塞。易熔塞为伍德合金，其融熔温度为 70±5℃。伍德合金浇注在螺塞的中心通孔内。螺塞便于更换。易熔塞直接装在紧急截断阀的气源控制气缸壁上，当易熔塞的温度达到 70±5℃ 时，伍德合金熔化，并在内部气压（0.1MPa）的作用下，将熔化了的伍德合金吹出并泄压。泄压后的紧急截断阀在弹簧的作用下迅速自动关闭，达到截断装卸车作业的目的。此为第三道安全防护措施。

3）阻火器。阻火器内装耐高温陶瓷环，阻火器安装在安全阀和放空阀的出口汇集总管路上。当放空口处出现着火时防止火焰回窜，起到阻隔火焰作用，保护设备安全。

4）吹扫置换系统。吹扫置换系统由阀 E_2、E_3 和 E_4 组成。由管口 g 送入纯氮气，可对内筒和管路整个系统进行吹扫置换，直至含氧量小于 2.0% 为止。随即转入用产品气进行置换至纯度符合要求。对包括输液或输气管路的吹除置换，同样应先用纯氮气吹扫管路至含氧量小于 2.0%，然后再用产品气置换至纯度符合要求。

5）导静电接地及灭火装置。槽车配有导静电接地装置，以消除装置静电；此外，在车的前后左右两侧均配有 4 只灭火器，以备有火灾险情时应急使用。

（4）主要技术特性

10.3.3 储罐

10.3.3.1 LNG 储罐分类

一般可按容量、隔热、形状、储存压力、放置、罐体材料、罐体围护结构分类。

（1）按容量分类

1）小型储罐：容量 5~50m³，用于民用 LNG 气化站，LNG 汽车加气站或撬装气化装置等。

2）中型储罐：容量 50~150m³，用于常规 LNG 气化站，工业 LNG 气化站。

LNG 半挂运输车（30m³/0.8MPa）技术特性　　　　表 10 - 3 - 3

设备	项目名称	内筒	外筒	备注
	容器类别	三类	—	
	充装介质	LNG	—	
	有效容积（m³）	27	—	内筒容积充装率 90%
	几何容积（m³）	30	18	外筒夹层容积
	最高工作压力（MPa）	0.8		
	设计压力（MPa）	1	-0.1	"-"指"外压"
	最低工作温度（℃）	-196		
储	设计温度（℃）	-196	常温	
槽	主体材质	0Cr18Ni9	16MnR	内筒 GB4327，外筒 GB6654
	安全阀开启压力（MPa）	0.88	—	
	隔热形式	真空纤维		简称：CB
	日蒸发率（%/d）	≤0.3	—	内筒 LNG
	自然升压速度（kPa/d）	≤17	—	内筒 LNG
	空质量（kg）	~14300		
	满质量（kg）	~25800		LCH₄
	型号	ND1926S		北方—奔驰
	发动机功率（kW）	188		
牵	最高车速（km/h）	86.4		
引	百公时油耗（L）	22.8		
车	允许列车总重（kg）	38000		
	自重（kg）	6550		
	允载总质量（kg）	36000		
	满载总质量（kg）	30700		
	型号	KQF9340GDYBTH		不含牵引车
列	充装质量（kg）	12500		LN₂
车	整车整备质量（kg）	~25100		
	允载总质量（kg）	38000		LNG
	满载总质量（kg）	~37600		LN₂

　　3）大型储罐：容量 200~5000m³，常用于城镇 LNG 气化站，电厂 LNG 气化站，小型 LNG 生产装置。

　　4）特大型储罐：容量 10000~40000m³，常用于基本负荷型和调峰型液化装置。

　　5）超大型储罐：容量 40000~200000m³，常用于 LNG 终端站。

　　（2）按储罐围护结构的隔热分类

　　1）真空粉末隔热：常用于 LNG 运输槽车、中小型 LNG 储罐。

　　2）正压堆积隔热：广泛应用于大中型 LNG 储罐和储槽。

　　3）高真空多层隔热：很少采用，限用于小型 LNG 储罐。

（3）按储罐储存压力分类

可分为压力储罐和常压储罐。

1）压力储罐。储存压力一般在 0.4MPa 以上。一般包括圆柱形储罐以及子母储罐、球形储罐等。

2）常压储罐。一般储存相对压力在 n×10Pa ~ n×100Pa 不等。

（4）按储罐（槽）的形状分类

1）球形罐：一般用于中小容量的储罐。

2）圆柱形罐（槽）：广泛用于各种容量的储罐。

（5）按罐（槽）的放置分类

1）地上型。

2）地下型。埋地储罐通常采用圆柱结构设计，其大部分位于地下。地下储罐由罐体、罐顶、薄膜内罐、绝热层、加热设备等组成。埋地储罐是一种安全的结构，具有以下特点：

① 由于整个储液存在于地下，液体不会泄漏到地面上来，安全性最好；

② 在储罐的拱顶周围可进行绿化，环境协调性较好；

③ 由于不需要防液堤，用地效率高；

④ 储罐投资较大，且建造周期长。

（6）按罐（槽）的材料分类

1）双层金属：内罐和外壳均用金属材料。一般内罐采用耐低温的不锈钢或铝合金。表 10-3-4 列出常用的几种内罐材料。外壳采用黑色金属。目前采用较多的是压力容器用钢。

常用的几种内罐材料　　　　　　　　　　　　　　表 10-3-4

材料	型号	许用应力（MPa）（应用于平底储槽）
不锈钢	A240	155.1
铝	AA5052	49.0
	AA5086	72.4
	AA5083	91.7
5%Ni 钢	A645	218.6
9%Ni 钢	A553	218.6

2）预应力混凝土：指大型储槽采用预应力混凝土外壳，而内筒采用耐低温的金属材料。

3）薄膜型：指内筒采用厚度为 0.8 ~ 1.2mm 的 36Ni 钢（又称殷钢）。

（7）按罐的围护结构分类

分为：1）单容积式储罐；2）双容积式储罐；3）全容积式储罐；4）薄膜型储罐。

双容积式储罐，全容积式储罐和薄膜型储罐，都有可靠的流体力学承载层，所以不必在储槽周围留出一块安全空间，土地利用效率高。薄膜型储罐，由于薄膜层不能承载，所以对外筒体要求很高。

10.3.3.2　LNG 压力储罐的流程和结构

（1）立式 LNG 储罐

立式 LNG 储罐结构示意图如图 10-3-11 所示。其容量为 100m³。技术特性如表 10-3-5 所示。

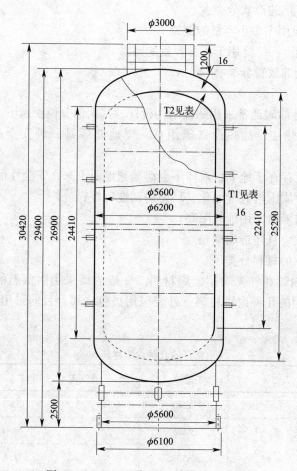

图 10-3-11　立式 LNG 储罐结构示意图

100m³ LNG 储罐技术特性　　　　　　　　　　　　　　　　表 10-3-5

项目	内筒	外筒	备注
容器类别	三类		
储存介质	LNG，LN$_2$		
最高工作压力（MPa）	0.5	-0.1	"-"指外压
设计压力（MPa）	0.75	-0.1	
安全阀启跳压力（MPa）	0.55		
最低工作温度（℃）	-196	常温	
设计温度（℃）	-196	常温	
几何容积（m³）	105.23	42	外筒指夹层容积

项目	内筒	外筒	备注
设计厚度（mm）	8.94	11.2	
封头（mm）	8.93	10.2	
主体材质	OCr18Ni9	20R	
主体焊材	HOCr21Ni10	H08A	
空重（kg）	39390		

隔热型式采用真空粉末隔热技术。理论计算 LNG 的日蒸发率为 ≤0.27%/d。

储槽内筒及管道材料用 OCr18Ni9 奥氏体不锈钢，外筒用优质碳素钢 20R 压力容器用钢板。内、外筒间支承用玻璃钢与 OCr18Ni9 钢板组合结构，以满足工作状态和运输状态强度及稳定性的要求。

内筒内直径 5.6m，外筒内直径 6.2m。内筒封头采用标准椭圆形封头，外封头选用标准碟形封头。支脚采用截面形状为"工"字形钢结构，并把支脚最大径向尺寸控制在外筒直径 6.2m 以内，以方便运输。操作阀门、仪表均安装在外下封头上；所有从内筒引出的管道均采用套管形式的保冷管段与外下封头焊接连接结构，以保证满足管道隔热及对阀门管道的支承要求。

立式 LNG 储罐的工艺流程见图 10-3-12。流程中包括进排液系统，进、排气系统，自增压系统，吹扫置换系统，仪表控制系统，紧急截断阀与气控系统，安全系统，抽真空系统，测满分析取样系统等。还设有易熔塞、阻火器等安全设施。容积 <200m³ 时，一般选用在制造厂整体制造完工后的圆筒罐产品。

（2）立式 LNG 子母型储罐

子母罐是指拥有多个（三个以上）子罐并联组成的内罐，以满足低温液体储存站大容量储液量的要求。多只子罐并列组装在一个大型外罐（即母罐）之中。子罐通常为立式圆筒形，外罐为立式平底拱盖圆筒形。由于外罐形状尺寸过大等原因不耐外压而无法抽真空，外罐为常压罐。隔热方式为粉末（珠光砂）堆积隔热。

子罐通常由制造厂制造完工后运抵现场吊装就位，外罐则加工成零部件运抵现场后，在现场组装。

单只子罐的几何容积通常在 100~150m³ 之间，单只子罐的容积不宜过大，过大会导致运输吊装困难。子罐的数量通常为 3~7 只，因此可以组建 300~1250m³ 的大型储槽。

子罐可以设计成压力容器，最大工作压力可达 1.8MPa，通常为 0.2~1.0MPa，视用户使用压力要求而定。

子母罐的优势在于：

1）依靠容器本身的压力可对外排液，而不需要输液泵排液。由此可获得操作简便和可靠性高的优点。

2）容器具备承压条件，可采用带压储存方式，减少储存期间的排放损失。

3）子母罐的制造安装较球罐容易实现，制造安装成本较低。

子母罐的不足之处在于：

1）由于外罐的结构尺寸原因夹层无法抽真空，夹层厚度通常选择 800mm 以上，导致

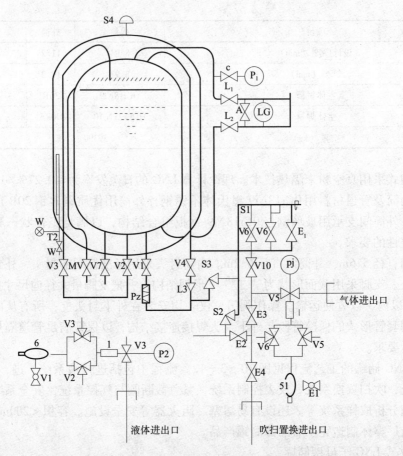

图 10 - 3 - 12　立式 LNG 储罐工艺流程图

A—单向阀；B—防爆膜；D—阻火器；$E_1 \sim E_4$—截止阀；G—压力表阀；

H—液位计；L_1，L_2—液位计阀；$M_1 \sim M_6$—放气阀；MV—测满阀；

N—紧急切断阀；P_z—增压阀；$P_1 \sim P_3$—压力表；R—连通阀；

$S_1 \sim S_3$—安全阀；S_4—外壳爆破膜；$V_1 \sim V_{10}$—截止阀；W—抽空阀

隔热性能与真空粉末隔热球罐相比较差。

2）由于夹层厚度较厚，且子罐排列的原因，设备的外形尺寸庞大。

立式 LNG 子母型储罐的典型结构如图 10 - 3 - 13 所示。它的容量为 600m^3，技术特性见表 10 - 3 - 6。

（3）球形 LNG 储罐

低温液体球罐的内外罐均为球状。工作状态下，内罐为内压力容器，外罐为真空外压容器。夹层通常为真空粉末隔热。

球罐的内外球壳板在压力容器制造厂加工成形后，在安装现场组装。球罐的优势在于：

1）相同容积条件下，球体具有最小的表面积，设备的净重最小。

2）球罐具有最小的表面积，则意味着传热面积最小，加之夹层可以抽真空，有利于获得最佳的隔热效果。

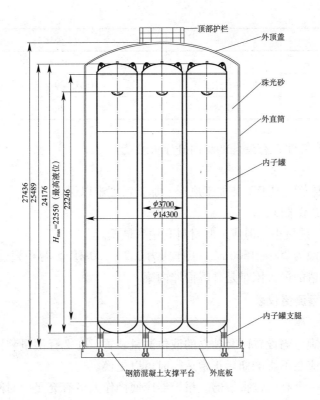

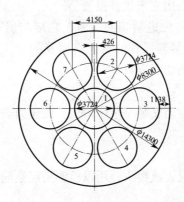

图 10-3-13 1750m³/0.53MPa LNG 子母罐结构简图

立式 LNG 子母型储罐的技术特性   表 10-3-6

项目	内罐	外罐	备注
压力容器类别	三类		
充装介质	液化天然气	氮气，珠光砂	
有效容积（m³）	7×88.5		
几何容积（m³）	7×98.4＝689	夹层 1550	
最高（低）工作温度（℃）	55（−162）	55（−162）	

项目	内罐	外罐	备注
最大工作压力（MPa）	0.2	0.003	
主体材质	0Cr18Ni9	Ocr19Ni9 + 16MnR	
场地类别	II 类	II 类	

3）球罐的球形特性具有最佳的耐内外压力性能。

球罐的不足之处在于：

1）球壳板需要专用加工工装加工成形，加工精度难以保证。

2）现场组装技术难度大。

3）球壳虽然净重最小，但成形时材料利用率最低。

球罐的使用范围为 $200 \sim 1500m^3$，工作压力 $0.2 \sim 1.0MPa$。容积超过 $1500m^3$ 时外罐的壁厚太厚，这时制造的最大困难是外罐而非内罐。

10.3.3.3 储罐测量仪表

（1）液位测量

液化天然气储罐应当设置两套独立的液位测量装置。在选择测量装置时要考虑密度的变化。这些液位计应在不影响储罐正常运行时可以更换。

储罐应当设置一个高液位报警器。报警器应使操作人员有充足的时间停止进料，使液位不致超过最大允许装料高度，并安装在控制装料人员能够听到报警声的地方。即使使用高液位进料切断装置，也不能用它来代替报警器。

LNG 储罐应设置一个高液位进料切断装置，它应与所有的控制计量表分离。容量为 $265m^3$ 及以下的储罐，如果在装料操作时有人员照管的话，允许设置一个液位测试阀门代替高液位报警器，并允许手动切断进料。

（2）压力表

每个液化天然气储罐都应当安装一个压力表。此压力表连接到储罐的最高预期液位上方的位置。

（3）真空表

真空夹套设备应当装备仪表或接头，用以检测夹层空间内的绝对压力。

（4）温度检测

当现场安装的液化天然气储罐投入使用时，应在储罐内配置温度检测装置，用来帮助控制温度，或作为检查和校正液位计的手段。

在储罐支座基础可能会受到冻结、大地冻胀等不利影响的场合，应当安装温度检测系统。

（5）检测仪表的紧急切断

在可能范围内，液化、储存和气化设备的仪表在出现电力或仪表气动故障时，应使系统处于失效保护状态，直到操作人员采取适当措施来重新启动或维护该系统。

10.3.3.4 典型的全封闭围护结构 LNG 储罐

全封闭围护系统 LNG 储罐较多地应用于 LNG 终端站，容量最大的可达 $20 \times 10^4 m^3$。

图 10 - 3 - 14 为大气压下温度为 - 162℃ 的 LNG 大型预应力混凝土储罐。容量为 160000m³。设计及建造标准为 BS-7777。LNG 存放在用低温 9% Ni 钢板焊接而成的内侧有刚性加强结构的开顶垂直圆柱体内罐中。内罐外设有预应力混凝土外壳即外罐。外罐的作用是增大储罐的总体安全，以保护内罐免受可能的外部冲击，和收集由于偶然原因从内罐中渗漏出的 LNG。

（1）预应力混凝土外罐结构的尺寸和构造

LNG 储罐支承在 360 根直径 1.2m、平均深度 13.6m 的钢筋混凝土灌注桩基上，桩底置于深入 1.5m 的坚硬岩石中，每个桩顶部安装有防震橡胶垫，其上是直径 86.6m、厚 0.9m、用以支承钢结构内罐及混凝土外罐的钢筋混凝土基础承台。预应力混凝土外罐内径 82m、墙高 38.55m、墙厚 0.8m，内置入预埋件以固定防潮衬板及罐顶承压环。混凝土墙内壁安装碳钢钢板内衬以防止漏气及防潮。混凝土墙体竖向采用由 19 根、每根直径 15.7mm（7 股）、强度 1860MPa 钢绞线组成的 VSL 预应力后张束，两端锚于混凝土墙底部及顶部。墙体环向采用同样规格的钢绞线组成的 VSL 预应力后张束，环向束每束围绕混凝土墙体半圈，分别锚固于布置成 90° 的四根竖向扶壁柱上。预张力采用专用液压设备拉伸到设计的应力后，进行水泥灌浆。罐顶盖为钢筋混凝土球面穹顶，内径 82m、厚 0.4m（穹顶顶点离混凝土基础台面高度 49.925m），支承于预应力混凝土圆形墙体上。穹顶 H 钢梁/顶板/预埋螺柱及钢筋构成混凝土的加强结构，顶面上还设有一操作平台，包括运行控制设备及仪表、管道、阀门等。混凝土穹顶内设有碳钢钢板内衬，施工时作为模板，使用时用以防止气体渗漏。罐顶钢梁外围安装两个单轨，轨道配置 4 个 10t 电动绞车，作为防潮板、壁板及绝热材料安装的吊装机具。

（2）9% Ni 内罐结构的尺寸和构造

LNG 储罐内罐用 9% Ni 钢，直接与 LNG 接触，具有良好的低温韧性（- 162℃）、抗裂纹能力以满足较高安全要求；并有较高的强度以减小壁厚，同时具有良好的焊接性能。内罐结构：内罐壁有 10 层，最底层厚度 24.9mm，上部逐层减薄，最上 4 层为 12mm。每层高 3.543m，周长 251m，由 22 张板拼接而成。上部有加强环，以抵抗绝热珍珠岩的压力。罐底有两层分别为 6mm 及 5mm 的 9% Ni 底板，底板最外圈为环板。底板中间层为绝热层、混凝土层、垫毡层及干沙层。内罐顶部为悬挂式铝合金甲板，支撑膨胀珍珠岩。内罐外壁用绝热钉固定三层弹性纤维棉，并在内、外罐的环形空间灌注满膨胀珍珠岩。

（3）绝热材料

为了限制热泄漏进入到 LNG 储罐内，储罐的不同部位使用不同类型的绝热材料。内层罐和外层罐之间的环形空间填充膨胀珍珠岩，此外，内层罐壁的外侧安装弹性玻璃纤维绝热毯，绝热毯为珍珠岩提供弹性，因为储罐由于温度变化而产生收缩，并且防止珍珠岩的沉降。绝热毯还有利于储罐惰性处理过程中，吹扫气体的流动。在吊顶上铺设厚度 1.2m 的膨胀珍珠岩防止 LNG 储罐罐顶的热泄漏。气密性试验合格后，进行内顶绝热层的安装及夹层填珍珠岩，首先在内罐壁外包一层纤维玻璃棉，绑轧好后用专用加热设备加热到 900℃ 后从顶部往下装填珍珠岩，分层装填、夯实，直至到顶。最后进行顶部甲板珍珠岩的铺设。在进行珍珠岩灌注时要选择良好的天气进行，以防受潮。

储罐绝热的另一个关键区域是储罐底板。应用泡沫玻璃砖作为底部绝热层，除了具有足够的绝热性能之外，这些材料具有足够的机械强度可以承受液体负荷。罐内外圈为钢筋

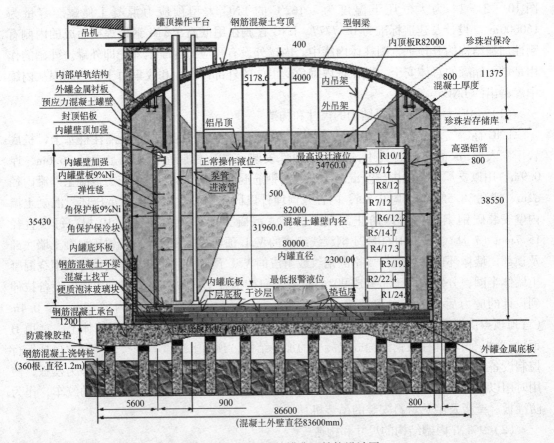

图 10 - 3 - 14　LNG 储罐典型结构设计图

混凝土环梁，在其下部的两层硬质泡沫玻璃保冷块，其密度为 140kg/m³，承载内罐壁重量，中间密度为 120kg/m³。最高容许液体高度受到泡沫玻璃机械强度的限制。储罐绝热由于设计复杂，层数较多，从下至上包括：防潮衬板→混凝土找平层→中间垫毡层→硬质泡沫玻璃绝热块→中间垫毡层→硬质泡沫玻璃绝热块→中间垫毡层→干沙层→罐底板（9%Ni）→混凝土找平层→中间垫毡层→硬质泡沫玻璃绝热块→中间垫毡层→干沙层→罐底板。

10.3.3.5　真空粉末（或纤维）低温储罐的绝热计算

（1）有效导热系数

因粉末和纤维中的传热相当复杂，以辐射传热为主导，包括辐射导热、气体或固体导热、固体接触导热。由于多孔材料的颗粒大小或纤维直径不等，分布也比较紊乱，难以用理论方法计算其导热系数，且实际使用中，多孔材料本身又是一种很好的吸气剂，会使该类绝热结构中的真空度进一步发生改变。因此，实用中采用有效导热系数表示，有效导热系数 λ_e 主要由实验测得，其形式如式（10-3-5）：

$$\lambda_e = B (T_1 + T_2) (T_1^2 + T_2^2) \qquad (10-3-5)$$

式中　λ_e——有效导热系数；

　　　　B——系数，对于膨胀珍珠岩约为 2.61×10^{-11}；硅胶为 2.1×10^{-11}；气凝胶

为 3.0×10^{-11} ；不同的绝热材料，可以通过实验得到 B 值；

　　T_1，T_2——绝热层的热、冷壁温，K。

　　计算出或实际求得有效导热系数之后，只要知道绝热层的厚度和两壁面的温度，便可以根据式（10-3-6）计算出单位面积的传热量：

$$q = \frac{\lambda_e}{\delta}（T_1 - T_2）\tag{10-3-6}$$

式中　q——单位面积的传热量，W/m^2；

　　　　λ_e——有效导热系数，W/（m·K）；

　　　　δ——绝热层厚度，m。

　　（2）绝热厚度

　　LNG 储罐中的传热工况非常复杂，包括参与气体分子的对流换热、绝热空间及管口的辐射传热、通过绝热体的导热、机械构件的漏热等。

　　工程设计中，一般简化为：绝热层为一维温度场，只在绝热层法向存在温度梯度，内罐和外壳的热阻忽略不计，储罐内的介质处于饱和均质状态。

　　按照储罐设计日蒸发率，由式（10-3-7）可以推算出储罐的最大漏热量值，然后根据式（10-3-8）计算绝热层的厚度：

$$Q = \alpha \cdot V_e \cdot \rho \cdot r\tag{10-3-7}$$
$$Q_s = Q/86.4$$
$$\delta = \frac{\lambda_e \cdot A_m \cdot \Delta T}{Q_s}\tag{10-3-8}$$

式中　Q——储罐日漏热量，包括绝热层漏热、管口漏热以及支承件漏热，kJ/d；

　　　　α——储罐设计日蒸发率，%；

　　　　V_e——储罐的有效容积，m^3；

　　　　ρ——LNG 的密度，kg/m^3；

　　　　r——LNG 的气化潜热，kJ/kg；

　　　　δ——储罐的绝热层厚度，m；

　　　　λ_e——绝热层有效导热系数，W/（m·K）；

　　　　A_m——绝热层传热计算面积，m^2；

　　　　ΔT——传热温差，K；

　　　　Q_s——漏热量，W。

10. 3. 3. 6　储罐质量和构造安全性

　　（1）储罐材料。材料的物理特性应适应在低温条件下工作，如材料在低温工作状态下的抗拉和抗压等机械强度、低温冲击韧性和热膨胀系数等。

　　（2）LNG 充注设计。储罐的充注管路设计应考虑在顶部和底部均能充灌，这样能防止 LNG 产生分层，或消除已经产生的分层现象。

　　（3）储罐的地基。应能经受得起与 LNG 直接接触的低温，在意外情况下万一 LNG 产生漏泄或溢出，LNG 与地基直接接触，地基应不会损坏。

　　（4）储罐绝热。绝热材料必须是不可燃的，并有足够的强度，能承受消防水的冲击力。当火蔓延到容器外壳时，绝热层不应出现熔化或沉降，绝热效果不应迅速下降。

（5）安全保护系统。应设可靠的储罐的安全防护系统，能实现对储罐液位、压力的控制和报警，必要时应该有多级保护。

10.3.3.7　储罐的安全运行

液化天然气在储存期间，无论绝热效果如何好，总要产生一定数量的蒸发气体。蒸发的气体继续增加，会使储罐内的压力超过设计压力。LNG 储罐的压力控制对安全储存有非常重要意义。此外要防止储罐发生储存中的分层与翻滚现象。

1. LNG 储罐的充注

对于任何需要充注 LNG 或其他可燃介质的储罐（或管路），如果储罐（或管路）中是空气，不能直接输入 LNG，需要对储罐（或管路）进行惰化处理，避免形成天然气与空气的混合物。如储罐（包括管路系统）在首次充注 LNG 之前和 LNG 储罐在需要进行内部检修时，修理人员作业之前，也不能直接将空气充入充满天然气气氛的储罐内，而是在停止使用以后，先向储罐内充入惰性气体，然后再充入空气。操作人员方能进入储罐内进行检修。惰化的目的是要用惰性气体将储罐内和管路系统内的空气或天然气置换出来，然后才能充注可燃介质。

用于惰化的惰性气体，可以是氮气、二氧化碳等。通常可以用液态氮或液态二氧化碳来产生惰性气体。LNG 船上则设置惰性气体发生装置。通常采用变压吸附、氨气裂解和燃油燃烧分离等方法制取惰性气体。

充注 LNG 之前，还有必要用 LNG 蒸气将储罐中的惰性气体置换出来，这个过程称为纯化。具体方法是用气化器将 LNG 气化并加热至常温状态，然后送入储罐，将储罐中的惰性气体置换出来，使储罐中不存在其他气体。纯化工作完成之后，方可进入冷却降温和 LNG 的加注过程。为了使惰化效果更好，惰化时需要考虑惰性气体密度与储罐内空气或可燃气体的密度，以确定正确的送气部位。

有关 LNG 的管路等设备也同样需要进行惰化处理，处理方法是一样的。

2. 储罐的最大充装容量

低温液化气体储罐必须留有一定的空间，作为介质受热膨胀之用。充灌低温液体的数量与介质特性，与设计工作压力有关，LNG 储罐的最大充注量对安全储存有着非常密切的关系。考虑到液体受热后的体积将会膨胀，可能引起液位超高导致 LNG 溢出，因此，必须留有一定的空间，需要根据储罐的安全排放阀的设定压力和充注时 LNG 的具体情况来确定。根据图 10-3-15，可查出 LNG 的最大充装量。图中的压力为表压力，如果 LNG 储罐的最大许用工作压力为 0.48MPa，充装时的压力为 0.14MPa，则查得最大充装容积是储罐有效容积的 94.3%。

LNG 充灌数量主要通过储罐内的液位来控制。在 LNG 储罐中设置了液位指示装置。控制最高液位对储罐的安全至关重要。液化天然气储罐应当装备有两套独立的液位测量装置。在选择测量装置时，应考虑密度变化对液位的影响。液位计的更换应能在不影响储罐正常运行的情况下进行。

除了液位测量装置以外，储罐还应装备高液位报警器，使操作人员有充足的时间停止充注。报警器应安装在操作人员能够听到的地方。

对于容量比较小的储罐（265m³ 以下），允许装备一个液位测试阀门来代替高液位报警器，通过人工手动的方法来控制。当液位达到液位测试阀门时，手动切断进料。

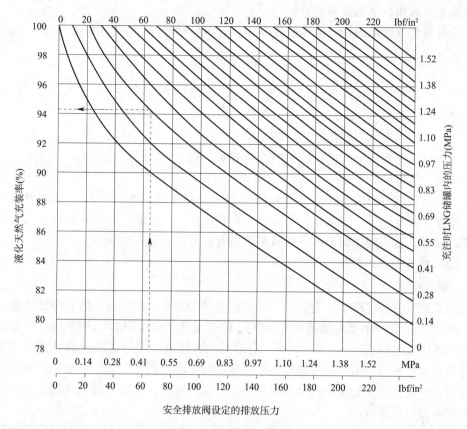

图 10-3-15 LNG 储罐的最大充装率

3. LNG 储罐的压力控制

LNG 储罐的内部压力控制是最重要的防护措施之一。罐内压力必须控制在允许的压力范围之内，过高或过低（出现负压），对储罐都是潜在的危险。影响储罐压力的因素很多，诸如热量进入引起液体的蒸发、充注期间液体的快速闪蒸、大气压下降或错误操作，都可能引起罐内压力上升。另外，如果以非常快的速度从储罐向外排液或抽气，有可能使罐内形成负压。

LNG 储罐内压力的形成主要是液态天然气受热蒸发所致，蒸发气体（BOG）会使储罐内的压力上升。必须有可靠的压力控制装置和保护装置来保障储罐的安全。使罐内的压力在允许范围之内。在正常操作时，压力控制装置将储罐内过多的蒸发气体输送到供气管网、再液化系统或燃料供应系统。但在蒸发气体骤增或外部无法消耗这些蒸发气体的意外情况下，压力安全保护装置应能自动开启，将蒸发气体送到火炬燃烧或放空。因此，LNG 储罐的安全保护装置必须具备足够的排放能力。

此外，有些储罐还应安装有真空安全装置。真空安全装置能感受储罐内的压力和当地的大气压，能够判断罐内是否出现真空。如果出现真空，安全装置应能及时地向储罐内部补充 LNG 蒸气。

安全保护装置（安全阀）不仅用于 LNG 储罐的防护，在 LNG 系统中，LNG 管路、LNG 泵、气化器等所有有可能产生超压的地方，都应该安装足够的安全阀。安全阀的排放能力应满足设计条件下的排放要求。

安全排放装置所需的排放能力按式（10-3-9）计算：

$$q_V = 49.5 \frac{\Phi}{r} \sqrt{\frac{T}{M_r}} \qquad (10-3-9)$$

式中　q_V——相对于空气的流量（在 15.5 ℃、101.35 kPa 条件下），m^3/h；

　　　　Φ——总热流量，kW；

　　　　r——储存液体的气化潜热，kJ/kg；

　　　　T——气体在安全阀进口处的热力学温度，K；

　　　　M_r——气体的分子量。

为了维修或其他目的，在安全阀和储罐之间安装有截止阀，将 LNG 储罐和压力安全阀、真空安全阀等隔开。但截止阀必须处在全开位置，并有锁定装置和铅封。只有在安全阀需要检修时，截止阀才能关闭，而且必须由有资质的专管人员操作。

4. LNG 储存中的涡旋预防

1）翻滚现象

液化天然气储运过程中，会发生一种被称为"翻滚"（rollover）的非稳性现象。翻滚是由于向已装有 LNG 的低温储罐中充注新的 LNG 液体，或由于 LNG 中的氮优先蒸发而使储罐内的液体发生分层（stratification）。分层后的各层液体在储罐周壁漏热的加热下，形成各自独立的自然对流循环。该循环使各层液体的密度不断发生变化，当相邻两层液体的密度近似相等时，分层失稳，两个液层就会发生强烈混合，从而引起储罐内过热的液化天然气大量蒸发引发事故。

翻滚是液化天然气储存过程中容易引发事故的一种现象。从 20 世纪 70 年代世界液化天然气工业兴起以来，已发生过多起由翻滚引发储存失稳的事故。其中影响最大的有两起：一起是 1971 年 8 月 21 日发生在意大利 La Spezia 的 SNAM LNG 储配站的事故，在储罐充注后 18h，罐内压力突然上升，安全阀打开，有 318m^3 液化天然气被气化放空；另一起有重要影响的是 1993 年 10 月发生在英国燃气公司（British Gas）一处 LNG 储配站的事故。在发生事故时，压力迅速上升，两个工艺阀门首先被开启，随后紧急放散阀也被开启，大约 150t 天然气被排空。此外，还有多起关于 LNG 翻滚事故的报道。

2）分层与翻滚现象的机理

翻滚这一术语用于描述这样一种现象，即在出现液体温度或密度分层的低温容器中，底部液体由于漏热而形成过热，在一定条件下迅速到达表面并产生大量蒸气的过程。翻滚现象通常出现在多组分液化气体中，没有迹象表明在近乎纯净的液体中会发生密度分层现象。

在半充满的 LNG 储罐内，充入密度不同的 LNG 时会形成分层。造成原有 LNG 与新充入 LNG 密度不同的原因有：LNG 产地不同使其组分不同；原有 LNG 与新充入 LNG 的温度不同；原有 LNG 由于老化使其组分发生变化。虽然老化过程本身导致分层的可能性不大（只有在氮的体积分数大于 1% 时才有必要考虑这种可能），但原有 LNG 发生的变化使得储罐内液体在新充入 LNG 时形成了分层。

当不同密度的层存在时，上部较轻的层可正常对流，并通过向汽相空间的蒸发释放热量。但是，如果在下层由浮升力驱动的对流太弱，不能使较重的下层液体穿透分界面达到上层的话，下层就只能处于一种内部对流模式。上下两层对流独立进行，直到两层间密度足够接近时发生快速混合，下层被抑制的蒸发量释放出来。往往同时伴随有表面蒸发率的骤增，大约可达正常情况下蒸发率的 250 倍。蒸发率的突然上升，会引起储罐内压力超过其安全设计压力，给储罐的安全运行带来严重威胁，即使不引发严重事故，至少也会导致大量天然气排空，形成严重浪费。

分析表明，很小的密度差就可导致翻滚的发生。LNG 成分改变对其密度的影响比液体温度改变的影响大。

影响两层液体密度达到相等的时间的因素有：上层液体因蒸发发生的成分变化；层间热质传递；底层的漏热。除非液体是纯甲烷，蒸发气体的组成与上层 LNG 不一样。如果LNG 由饱和甲烷和某些重碳氢化合物组成，蒸发气体基本上是纯甲烷。这样，上层液体的密度会随时间增大，导致两层液体密度相等。如果 LNG 中有较多的氮，则这一过程会被延迟，因氮将先于甲烷蒸发，而氮的蒸发导致液体密度减小。在计算时如忽略氮的影响，会使计算出的翻滚发生时间提前。

最后，从与下层液体接触的罐壁传入的热量在该层聚集。如果这一热量大于其向上层的传热量，则该层的温度会逐渐升高，密度也因热膨胀而减小，分层失稳促使翻滚发生。如果这一热量小于其向上层的传热量，则该层将趋于变冷，这将使分层更为稳定，并推迟翻滚的发生。

3）翻滚预防的技术措施

从以上分析可知：LNG 翻滚是由分层引起的，因此防止分层即可预防翻滚。

防止分层的方法。

① 不同产地、不同气源的 LNG 分开储存，可避免因密度差而引起的 LNG 分层。

② 根据需储存的 LNG 与储罐内原有的 LNG 密度的差异，选择正确的充注方法，可有效地防止分层，充注方法的选择一般应遵循以下原则：

密度相近时一般底部充注；

将轻质 LNG 充注到重质 LNG 储罐中时，宜底部充注；

将重质 LNG 充注到轻质 LNG 储罐中时，宜顶部充注；

③ 使用混合喷嘴和多孔管充注，可使充注的新 LNG 和原有的 LNG 充分混合，从而避免分层。

分层的探测与消除。

可以通过测量 LNG 储罐内垂直方向上的温度和密度来确定是否存在分层。一般情况下，当分层液体之间的温差大于 0.2K，密度差大于 $0.5kg/m^3$ 时，即认为发生了分层。

探测到确已形成分层后，可采用内部搅拌或输出部分液体的方法来消除分层。为防止分层和翻滚，LNG 储罐内一般都设计了一个专门的搅拌器，以破坏 LNG 稳定分层。但内部搅拌会引起蒸发量的增加。实践表明，快速输出部分液体是一种较好的消除分层的方法。

10.3.4 储存相关设备

10.3.4.1 LNG 潜液式电动泵

潜液式电动泵（Submerged Motor Pumps，SEMP）又称浸没式电动泵、潜液泵。LNG

潜液泵的泵体与电动机直连为一体，装在同一轴上，完全浸没在 LNG 液体中，无须轴封，不接触空气，因而很安全，且隔绝噪声；整体尺寸小，安装方便。典型的潜液泵见图 10 - 3 - 16。

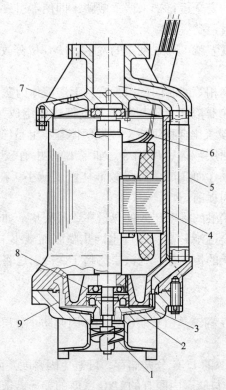

图 10 - 3 - 16 潜液泵

1—螺旋导流器；2—推力平衡机构；3—叶轮；4—电动机；

5—排出管；6—主轴；7、8—轴承；9—扩压器

按应用场合不同包括：①用于大型 LNG 储罐的罐内泵；②用于大型 LNG 供气系统的高压泵；③槽车卸车泵；④LNG 汽车加注泵。

1. 罐内泵

（1）应用

用于大型 LNG 储罐的潜液泵，通常用于低压输送 LNG 到再冷凝器；对终端站的输气系统来说也称其为低压泵（或前级泵），因为后面还有高压泵。LNG 低压泵运行包括以下方面：

① 在卸料管线、储罐进料管线、LNG 低压泵出口管线不使用时，循环 LNG 以维持管线低温。

② LNG 储罐内部的循环以防止翻滚。

③ 当没有气体输出时，维持整个系统的保冷循环（零输出循环）。

④ 或用于把 LNG 从终端站输送到运输船。

（2）工艺安装

大型 LNG 储罐的潜液泵，安装在储罐底部，采用专用的泵井。见图 10 - 3 - 17、图 10 - 3 - 18。

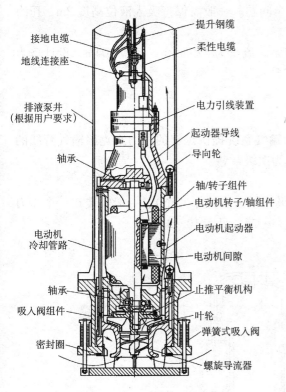

图 10-3-17 罐内泵结构

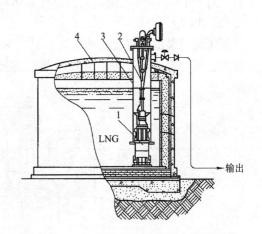

图 10-3-18 安装在储罐井内的潜液泵
1—潜液泵；2—电缆和升降缆；3—泵井；4—LNG 储罐

泵井是一根竖管，从储罐顶部直通储罐底部。LNG 泵安装在泵井的底部，储罐与泵井通过底部一个阀门隔开，泵的底座位于阀的上面，当泵安装到底座上以后，依靠泵的重力将阀门打开，使泵井与 LNG 储罐连通，LNG 泵井内充满 LNG。需维修潜液泵时，可将泵从泵井内取出。当泵提起以后，泵井底部的阀门失去了泵的重力作用，在弹簧的作用力和储罐内 LNG 的静压共同作用下，使阀门关闭。向泵井内充入氮气到一定的压力，将泵井内的 LNG 压入储罐内，再释放掉泵井内的压力，就可以利用起动装置将泵提起，对 LNG 泵进行维修。

在每个 LNG 储罐中，至少应安装一个备用泵井，以确保泵的维修不影响正常外输操作。在 LNG 储罐投入运行后，不能再安装泵井。

下游设备（高压泵或开架式气化器）突然关闭，这时，受影响的泵压力上升、流量减小，泵各自的最小流量控制器将保证泵的安全，而不管输出端的流量。为此，泵设有一条回流管线，回流通过 LNG 底部进料管线返回储罐。

储罐内的 LNG 温度接近它的沸点，即使很小幅度的温度升高或是压力下降，都会引起 LNG 蒸发量的增大。储罐需具有足够高的液位，以保证即使温度较高时的 LNG 进料，具有必需的泵的净正吸入压头（PSHR）。

（3）运行

泵在起动前，泵井内的空气必须置换出来。大多数泵井设计有排气通道，通过此通道，使储罐顶部和泵井之间的压力平衡。如果泵井中的压力太高，在泵井底下包括泵的位置将没有液体, 这种情况下泵的起动就可能出问题。一般需保持吸入液位高度 2m, 压力相当于 9kPa 以满足汽蚀余量要求。

罐内泵技术参数示例: LNG 储罐内潜液泵。流量为 $420m^3/h$, 扬程 304m, 设计压力 1.89MPa, 额定轴功率 212.5kW, 额定效率 76%。

2. 高压泵

(1) 应用

高压泵主要用于大型 LNG 供气系统, 为输气系统提供足够的压力来克服输气管线的阻力。对于 LNG 供气系统而言, 高压泵也称为次级泵。

(2) 构造

高压输送泵也是浸没式离心泵, 具有多级叶轮 (多达十几个), 一般安装在一个压力容器内, 压力容器通过法兰与 LNG 管路连接在一起, 见图 10-3-19。

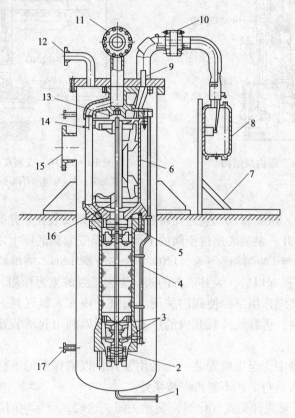

图 10-3-19　高压泵

1—排放口; 2—螺旋导流器; 3—叶轮; 4—冷却回气管; 5—推力平衡装置; 6—电动机定子;
7—支撑; 8—接线盒; 9—电缆; 10—电源连接装置; 11—排液口; 12—放气口; 13—轴承;
14—排出管; 15—吸入口; 16—主轴; 17—纯化气体口

为避免 LNG 气化对泵造成汽蚀, 高压输送泵 (含电动机) 被完全浸没在充满 LNG 的泵筒中, 保持一定液位, 泵和电动机的润滑是依靠 LNG 来实现的。气化的气体将返回系统。LNG 从连接在泵筒顶部的管线排出。通过泵筒的顶部进行电力供应。电力和仪表电缆被封装在一个氮气压力保护的套管中。仪表及电缆接线箱始终有氮气吹扫, 以防止空气或天然气进入。氮气来自最近的公用工程站。

（3）工艺安装

高压输送泵有最小流量回流管线来保证泵的安全运行。在正常操作中返回再冷凝器的回流管线，能连续处理泵的回流量；在维护再冷凝器时，回流回到 LNG 储罐。

高压泵在进口总管上有一条从低压输出总管到高压输出总管之间循环旁路。在下列情况中循环旁路也被使用：终端站和管线的第一次增压（主要在终端站开车时）；在零输出情况下维持终端站处于冷却状态。

每台泵维护时的蒸发气体，通过一条排气线返回到再冷凝器的顶部，或者经过低压排放管送回 LNG 储罐。这条专用的排气管线路，使每个泵筒的竖管被部分充满 LNG，泵的任何蒸发气将溢出，每根竖管都连接到相同的排气管线。气体通过排气管线直接返回到再冷凝器。

泵不设遥控启动命令，泵只能在现场启动。但可以在中控室或现场进行停泵。高压泵也安装了振动监测系统（VMS）。在泵和泵筒上都安装有振动探测器，在机柜间可得到显示数据，并且报警被传送给 DCS，但在振动高时无停泵的联锁。

泵筒安装有用于监测冷却的温度传感器，监测泵筒内 LNG 液位的液位变送器（在预冷时有现场指示）。

高压输送泵是输送系统中的重要设备，必须设置备用泵。泵的维修应不影响终端站的正常外输操作。

（4）运行

操作或试泵时，如果第一次未成功，一定不能立即连续再启动，必须有一定的时间间隔，待其充分预冷并查明原因后，才允许再启动。尤其第一次或大修完初次启动泵，需确保在其操作温度下预冷至少 3h。

（5）泵的设计参数和特性示例

设计（额定的）流量 419m³/h，

设计（额定的）扬程 2070m，

设计压力 13.65MPa，

设计温度 −170℃ ~ +60℃，

额定轴功率 1443.4kW，

额定效率 76%，

最佳效率点流量 440m³/h。

10.3.4.2 LNG 阀门

1. LNG 阀门特点

LNG 阀门是低温阀门。由于 LNG 工作温度低，易燃、易爆、渗透性强，所以阀门在材料选用、结构设计和制造上都有一些特殊要求。

一般铁和碳素钢在低温时会发生冷脆现象，不宜作为用材。合金钢的最低使用温度为：

镍钢（2.5%）　　　　≥ −56℃

镍钢（3.5%）　　　　≥ −100℃

18 – 8 不锈钢　　　≥ – 196℃

低温管道阀门一般采用截止阀、闸阀、止回阀、安全阀，不宜采用旋塞阀、球阀和蝶阀。而且要求使用特殊的密封结构及材料。

为了操作的需要，在加长低温阀门阀杆结构时，应考虑用弹簧加载阀体螺栓，以补偿阀门零部件造成的冷收缩；以及考虑阀杆安装间隙问题，即采用防涨出阀杆结构。

设备和管道上的安全阀入口和出口的切断阀若使用闸阀，则其阀杆必须处于水平位置。

2. LNG 阀门

（1）截止阀

技术参数示例：设计压力 4.0MPa，设计温度 – 196 ~ + 60℃

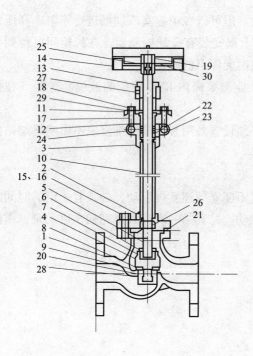

图 10 – 3 – 20　截止阀

1—阀体；2—阀盖；3—套圈；4—阀头；5—阀杆；6—螺套；7—锁定销钉；

8—阀头软密封；9—阀座垫圈；10—延伸套管；11—密封压盖法兰；12—密封压盖；

13—套圈轴衬；14—手轮；15—阀盖螺栓；16—阀盖螺母；17—密封压盖螺栓；

18—密封压盖螺母；19—手轮螺母；20—六角螺母；21—密封垫圈；22—填料；

23—承接垫；24—销钉；25—铭牌；26—轴衬；27—锁定销钉；28—开尾销；

29—弹性垫圈；30—弹性垫圈

尺度示例（mm）：80A，d = 80 d1 = 80 L = 318 D = 185 t = 18 H1 = 500 I = 25 H = 710 W = 200

（2）紧急截断阀

技术参数示例：设计压力 1.0MPa，设计温度 – 196 ~ + 60℃

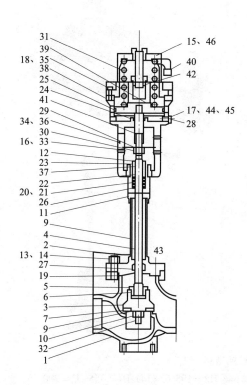

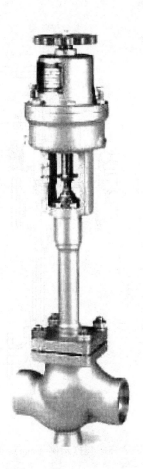

图 10 - 3 - 21　紧急截断阀

1—阀体；2—阀盖；3—阀头；4—阀杆；5—螺套；6—锁定销钉；7—阀头软密封；
8—阀座垫圈；9—延伸套管；10—六角螺母；11—填料套；12—密封压盖；13—阀盖螺栓；
14—阀盖螺母；15—六角螺母；16—六角螺母；17—六角螺母；18—六角螺母；
19—密封垫圈；20—填料；21—承接垫；22～25—O 型密封圈；26—填料环；27—轴衬；
28—插头；29—指示牌；30—指示牌；31—弹簧；32—开尾销；33—弹性垫圈；34—弹性垫圈；
35—垫圈；36—螺钉头；37—结合头；38—汽缸；39—活塞；40—汽缸盖；
41—活塞杆；42—排气插头；43—易熔金属；44—汽缸螺栓；45—轴；46—手轮
尺度示例（mm）：80A，d = 80 d1 = 92 L = 241 S = 116 H1 = 550 I = 32 H = 800

（3）控制阀

技术参数示例：设计压力 3.0MPa，设计温度 - 196 ~ + 60℃

（4）调节阀

技术参数示例：设计压力 3.0MPa，出口压力 0.17 ~ 1.7MPa，
设计温度 - 196 ~ + 60℃

（5）止回阀

技术参数示例：设计压力 3.0MPa，出口压力 0.17 ~ 1.7MPa，

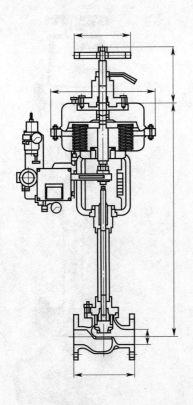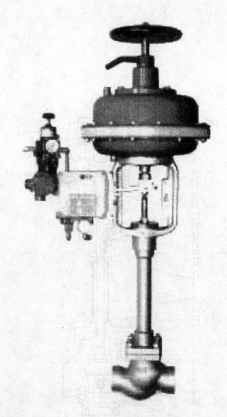

图 10 - 3 - 22 控制阀

尺度示例 (mm): 80A, d = 80 L = 365 H1 = 546 H2 = 195 G = 141 D1 = 355 D2 = 200

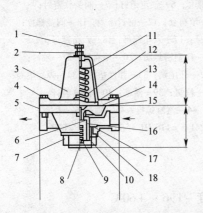

图 10 - 3 - 23 调节阀

1—调节螺丝; 2—锁母; 3—阀盖; 4—螺栓/螺母; 5—阀体; 6—阀头垫片;
7—膜片; 8—小弹簧; 9—弹簧; 10—阀头面; 11—弹簧座; 12—工作弹簧;
3—膜片隔片; 14—膜片; 15—膜片垫片; 16—带孔圆片; 17—过滤器; 18—填料

尺度示例 (mm): 1"(20A), A = 133 B = 83 C = 78

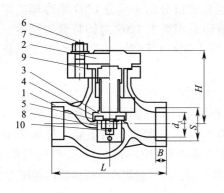

图 10-3-24　止回阀

1—阀体；2—阀盖；3—圆片；4—圆片软座；5—软座垫圈；6—阀盖螺栓；

7—阀盖螺母；8—六角螺母；9—密封垫圈；10—开尾销

尺度示例（mm）：20A，d = 20 d_1 = 28.5 L = 100 S = 38 B = 10 H = 75

10.4　液化天然气终端站

接收海运 LNG 的终端设施称为 LNG 终端站（或接收站。从这种设施具有接收、储存以及气化分配功能看，终端站名称更确切）。它接收从基本负荷型天然气液化工厂槽船运来的液化天然气，将其储存和再气化后分配给用户。接收终端的再气化能力很大，储罐容量也很大。对于城镇燃气系统，LNG 终端站是一种气源节点，又是一种储存基地。

LNG 终端站主要由专用码头、卸货装置（LNG 卸料臂）、LNG 输送管道、LNG 储罐、再气化装置及输气设备、气体计量和压力控制站、蒸发气体回收装置、控制及安全保护系统、维修保养系统等组成。LNG 终端站附近通常设有冷能利用系统。

10.4.1　终端站工艺流程

LNG 终端站工艺流程主要包括卸船、储存、LNG 蒸发气的处理、储罐防真空补气系统、火炬/放空系统、气化、计量外输。

由储罐中的潜液泵将 LNG 送到气化器中气化，气化后的天然气经计量站后送入天然气外输总管。

1. LNG 卸船工艺

卸船系统由卸料臂、卸船管线、蒸发气回流臂、LNG 取样器、蒸发气回流管线及 LNG 循环保冷管线组成。

LNG 运输船靠泊码头后，经码头上卸料臂将船上 LNG 输出管线与岸上卸船管线连接起来，由船上储罐内的输送泵（潜液泵）将 LNG 输送到终端站的储罐内。随着 LNG 不断输出，船上储罐内气相压力逐渐下降，为维持其一定的气相压力值，将岸上储罐内一部分蒸发气加压后，经回流管线及回流臂送至船上储罐内，以维持系统的压力平衡。

LNG 卸船管线一般采用双母管式设计。卸船时两根母管同时工作，各承担 50% 的输送量。当一根母管出现故障时，另一根母管仍可工作，不致使卸船中断。在非卸船期间，双母管可使卸船管线构成一个循环，便于对母管进行循环保冷，使其保持低温，减少因管线漏热使 LNG 蒸发量增加。通常，由岸上储罐输送泵出口分出一部分 LNG 来冷却需保冷的管线，再经循环保冷管线返回罐内。每次卸船前还需用船上 LNG 对卸料臂等预冷，预冷完毕后再将卸船量逐步增加至正常输量。卸船管线上配有取样器，在每次卸船前取样并分析 LNG 的组成、密度及热值。

2. LNG 储存

LNG 储存系统由低温储罐、附属管线及控制仪表组成。低温容器内液体在储存过程中，会产生 BOG。储罐的日蒸发率约为 0.06% ~ 0.08%。卸船时，由于船上储罐内输送泵运行时散热、船上储罐与终端储罐的压差、卸料臂漏热及 LNG 液体与蒸发气的置换等，蒸发气量可数倍增加。为了最大程度减少卸船时的蒸发气量，应尽量提高此时储罐内的压力。

储罐的压力取决于罐内气相（蒸发气）的压力。当储罐处于不同工作状态，例如储罐有 LNG 外输、正在接受 LNG 或既不外输也不接受 LNG 时，其蒸发气量有较大差别。因此，储罐中应设置压力开关，并分别设定几个等级的超压值及欠压值。当压力超过或低于各级设定值时，蒸发气处理系统按照压力开关进行相应动作，以控制储罐气相压力。

一般，接收终端站至少应有两个等容积的储罐。

3. LNG 蒸发气的处理

针对 BOG 的处理工艺流程有两种：一种是再冷凝式，另一种是直接输出式。

对 BOG 采用再冷凝工艺时，BOG 先通过压缩机加压到 1MPa 左右，然后与 LNG 低压泵送来的压力为 1MPa 的 LNG 过冷液体换热并重新液化为 LNG。若采用 BOG 直接压缩工艺，则由压缩机加压到用户所需压力后直接进入外输管网。BOG 直接压缩工艺需要将气体直接升压至管网压力，需要消耗大量压缩功；而 LNG 再液化工艺是将液体用泵升压，由于液体体积要小得多，且液体压缩性很小，因此液体升压过程的能耗比 BOG 直接升压过程可节约 50% 左右。另外，为了防止 LNG 在卸船过程中造成 LNG 船舱形成负压，一部分 BOG 需要返回 LNG 船以平衡压力。

LNG 在储罐的储存过程中和卸船期间产生的蒸发气体（BOG），处理系统包括蒸发气冷却器、分液罐、压缩机及再冷凝器等。此系统应保证 LNG 储罐在一定压力范围内正常工作。

（1）再冷凝工艺

BOG 再冷凝工艺是将蒸发气压缩到较高的压力与由 LNG 低压输送泵从 LNG 储罐送出的 LNG 在再冷凝器中混合。由于 LNG 加压后处于过冷状态，可以使蒸发气再冷凝，冷凝后的 LNG 经 LNG 高压输送泵加压后外输，这样可以有效利用 LNG 的冷量，并减少 BOG 压缩功的消耗，节省能量。再冷凝工艺流程简图见图 10-4-1。

（2）增压直接输送工艺

增压直接输送工艺是将蒸发气压缩到外输压力后直接送至输气管网。对于直接输送流程，在卸船的工况下，用户应能接收大量蒸发气。

增压直接输送工艺流程见图 10-4-2。

增压直接输送工艺流程在 LNG 卸船、气化等方面与再冷凝工艺基本相同，只是其将 BOG 直接通过压缩机加压到用户所需的压力后，直接进入天然气外输管道。

4. LNG 再气化/外输

LNG 再气化/外输系统包括 LNG 储罐内输送泵（潜液泵）、储罐外低/高压外输泵、开架式水淋蒸发器、浸没燃烧式蒸发器及计量设施等，见图 10-4-1、图 10-4-2。

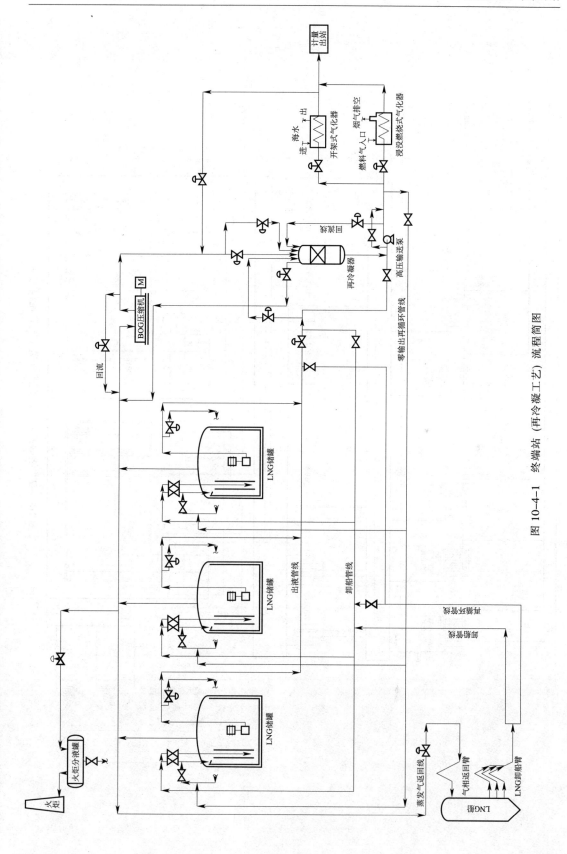

图 10-4-1　终端站（再冷凝工艺）流程简图

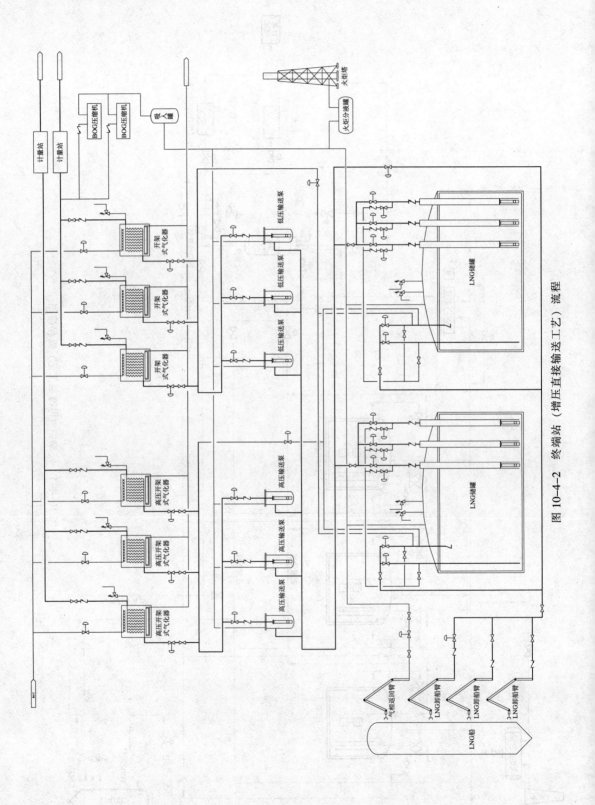

图 10-4-2　终端站（增压直接输送工艺）流程

储罐内 LNG 经罐内输送泵加压后进入再冷凝器，使来自储罐顶部的蒸发气液化。从再冷凝器中流出的 LNG 可根据不同用户要求，分别加压至不同压力。例如，一部分 LNG 经低压外输泵加压至 4.0MPa 后，进入低压水淋蒸发器中蒸发。水淋蒸发器在基本负荷下运行时，浸没燃烧式蒸发器作为备用设备，在水淋蒸发器维修时运行或在需要增加气量调峰时并联运行；另一部分 LNG 经高压外输泵加压至 7.0MPa 后，进入高压水淋蒸发器蒸发，以供远距离用户使用。高压水淋蒸发器也配有浸没燃烧式蒸发器备用。

再气化后的高、低压天然气（外输气）经计量设施分别计量后输往用户。为保证罐内输送泵、罐外低压和高压外输泵正常运行，泵出口均设有回流管线。当 LNG 输送量变化时，可利用回流管线调节流量。在停止输出时，可利用回流管线循环，以保证泵处于低温状态。

5. 储罐防真空补气

为防止 LNG 储罐在运行中产生真空，在流程中配有防真空补气系统。补气的气源通常为蒸发器出口管引出的天然气。有些储罐也采取安全阀直接连通大气，当储罐产生真空时，大气可直接由阀进入罐内补气。

6. 火炬/放空

当 LNG 储罐内气相空间超压，蒸发气压缩机不能控制且压力超过泄放阀设定值时，罐内多余蒸发气将通过泄放阀进入火炬中烧掉。当发生诸如翻滚现象等事故时，大量气体不能及时烧掉，则必须采取放空措施，及时把蒸发气排放掉。

10.4.2 终端站主要设备

10.4.2.1 蒸发气压缩机

蒸发气（BOG）压缩机由于流量小、压力高，采用由电动机驱动。由于进口温度低（−152℃）。过流部件采用铝合金及不锈钢。辅助设备有润滑油站和冷却水站。压缩机的负荷调节可通过四个入口卸荷阀和余隙调节阀来实现。卸荷阀调节 50% 的负荷，余隙阀调节 25% 的负荷，从而实现 0% →25% →50% →75% →100% 负荷调节，此调节可由 DCS 系统执行。

一种用于 LNG 终端站的处理蒸发气体的往复式 BOG 压缩机技术参数列于表 10-4-1，外形图示于图 10-4-3。

某往复式 BOG 压缩机技术参数　　　　　表 10-4-1

技术参数	数据
质量流量（kg/h）	7845
标准体积流量（m³/h）	10704
进气体积流量（m³/h）	4287
进口温度（℃）	−145
进气压力（MPa）	0.115
排气压力（MPa）	0.759
压缩机额定转速（r/min）	495
所需最大功率（kW）	487
电动机额定功率（kW）	575
压缩机输出功率（kW）	504

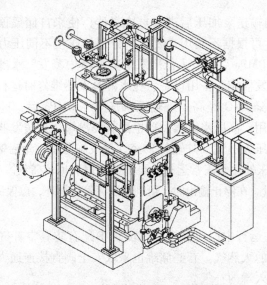

图 10 - 4 - 3　某往复式 BOG 压缩机外形图

蒸发气（BOG）压缩机需设两台，日常操作时使用一台：卸船时，BOG 大量增加，需同时启动两台。蒸发气压缩机维修的时间应安排在非卸船期间，此时将不会有蒸发气（BOG）放空。

10.4.2.2　再冷凝器

（1）构造

再冷凝器是一个竖向的容器，内部有一内筒，筒内装有鲍尔环（2in）填料，属于中压低温设备。材料须用适于低温性能的不锈钢，采取裙座式支承结构。BOG 和 LNG 从容器的顶部进入，并在填料床层接触混合。BOG 冷凝后的混合液体从再冷凝器的底部经管线进入高压输出泵。

该设备有两个作用。其主要作用是通过在填料床层中，与冷却的 LNG 进行接触，达到冷凝蒸发气的作用，通常情况是保持填料床层中液位高度，使两相介质在床层中充分接触，将气体完全冷凝。LNG 的流量将通过 BOG 的流量和再冷凝器压力来调节。第二个作用是作为高压输送泵的入口缓冲罐，控制再冷凝器的液位来确保高压泵筒总是充满 LNG。另外，高压泵的回流是进入再冷凝器。

（2）工艺

为冷凝 BOG 所需的 LNG 流量由控制器控制，控制设定点（体积流量）被比值计算模块串级控制。这个比值在 BOG 流量（m^3/h）和 LNG 流量（m^3/h）之间是常数。BOG 的流量通过流量计测量，并由计算模块根据温压补偿的输入对测量结果进行校正。这个比值初始设定是 9.2，其动态值是 BOG 的流量（m^3/h）、除以 LNG 流量（m^3/h）与再冷凝器底部压力的乘积。

按输送量、LNG 的组成，对再冷凝器的操作压力进行调整，压力越低能耗越低。再冷凝器底部的出口压力（即高压泵的进口压力），通过安装在再冷凝器旁路上的压力控制阀来维持恒定（通常是 800kPa）。另外，高压控制阀可释放天然气到 BOG 总管。

通常 LNG 的液位将保持稍高于填料层的高度。再冷凝器自身不能真正控制 LNG 液位，而取决于：一个高液位控制器，将使来自高压输出管线的天然气能够通过补气阀送入再冷凝器；一个低液位控制器，将限制 BOG 压缩机的负荷。这两个控制器将保持 LNG 的液位在可接受的范围内，保护再冷凝器和上下游设备的安全运转。

另外，有专门的控制器/选择器对 BOG 压缩机的生产负荷进行控制，以便保证再冷凝器和下游设备的安全运转。控制参数是通过控制调节器，对流过再冷凝器旁路的最小流量进行控制，通过压力控制阀来确保正确的控制。再冷凝器出口的 LNG 饱和压力裕量是通过控制器来控制的，保证 LNG 不会在高压泵进口管线内局部气化。

再冷凝器在维护检修期间可被旁路，从而不会影响输出。从低压泵出来的部分 LNG，从再冷凝器的旁路直接进入高压输出泵。

再冷凝器的设计参数示例：

设计压力 1.89MPa（-196℃）/1.05MPa（180℃）

设计温度 -196℃/180℃

再冷凝器保证速率 8.4 tLNG/tBOG

蒸发气设计流量 13.3 t/h（1800m³/h）

过冷 LNG 设计流量 107 t/h（232m³/h）

回流 LNG 设计流量 413 t/h（945m³/h）

内径×高度 1.9×5.7m，材料 SS304L

10.4.2.3　气化器

LNG 气化器按其热源的不同，可分为以下三种类型。

（1）加热气化器。气化装置的热量来源于燃料燃烧、电力、锅炉或内燃机废热。加热气化器包括整体加热气化器和远程加热气化器两种类型。整体加热气化器采用热源整体加热法使低温液体气化，最典型的即是浸没式燃烧气化器。远程加热气化器中的主要热源与实际气化器分开，并采用某种流体（如水、水蒸气、异戊烷、甘油）作为中间传热介质，由中间介质与 LNG 换热，使 LNG 气化。

（2）环境气化器。气化的热量来自自然环境的热源，如大气、海水、地热水。当然，自然环境的热量如果不是直接使 LNG 气化，而是通过加热一种中间介质，再由中间介质使 LNG 气化的话，则这就是一种远程加热气化器，而不是环境气化器。如果自然热源与实际的气化器是分开的并使用了可控制的传热介质，则认为这种气化器是远程加热气化器，应符合加热气化器的规定。

（3）工艺气化器。气化的热量来源于另外的热动力过程或化学过程，或有效利用液化天然气的制冷过程。实际上，在各种 LNG 冷能利用的综合流程，如发电、空分、化工等流程中，将需要排出热量的过程与 LNG 的吸热气化过程结合起来，可以节约用于 LNG 气化的能量，同时使各工艺过程的能量利用效率得到提高。

气化器基本要求：

（1）气化器的换热器的设计工作压力，至少等于液化天然气泵或供给液化天然气的压力容器系统的最大出口压力中较大的压力值。

（2）气化器组的各个气化器均应设置进口和排放切断阀。

（3）应提供恰当的自动化设备，以避免 LNG 或气化气体以高于或低于外送系统的温度进入输配系统。这类自动化设备应独立于所有其他流动控制系统，并应与仅用于紧急用途的管路阀门相配合。

（4）用于防止 LNG 进入空置气化器组的隔断设施，应包括两个进口阀，并且提供安全措施以排除两个阀门之间可能包容的 LNG 或气体。

（5）每台气化器应当安装减压阀，减压阀的口径按下列要求选取：加热或工艺气化器的减压阀的排出量，为额定的气化器天然气流量的 110%，不允许压力上升到超过最大许用压力的 10% 以上；环境气化器的减压阀的排出量，至少为额定的气化器天然气流量的 150%，不允许压力上升到超过最大许用压力的 10% 以上。加热气化器的减压阀在运行时温度不能超过 60℃，除非设计的阀门能承受高温。

（6）气化器应当安装温度指示器来检测液化天然气、蒸发气体以及加热介质流体的进口和出口温度，保证传热效率。

气化器安装要求：

（1）应能切断加热气化器的热源。

（2）在气化器与向其供液的储罐的 LNG 管路上应设置切断阀。

（3）连接 LNG 储罐的任何环境或加热气化器，均应在液体管路上设置自动切断阀。在管路失压时（过流），或气化器紧邻区域温度异常时（火灾），或气化器出口管路出现低温时，能自动关闭。在有人值班的地方，应能对此阀实现远程操作。

（4）如果在远程加热气化器中采用了可燃中间流体，应在中间流体系统管路的热端和冷端均设置切断阀。

（5）加热气化器用的一次热源在运行时燃烧所需要的空气，应从被完全封闭的建筑外部获得。在一次热源的地点，应防止燃烧后生成的有害气体积聚。

1. 开架式气化器（ORV）

开架式气化器（Open Rack Vaporizer，ORV）是 LNG 接收站的主要气化器类型，用海水作热源，因为很多 LNG 生产装置和接收装置都是靠海建设，海水温度比较稳定．热容量大，取之不尽。适合于基本负荷型的大型气化供气系统，最大天然气流量可达 180t/h，气化量可以在 0% ~ 100% 的负荷范围内运行。根据需求的变化遥控调整气化量。

（1）基本结构

整个气化器用铝合金支架固定安装。气化器的基本单元是传热管，由若干传热管组成板状排列，两端与集气管或集液管焊接形成一个管板，再由若干个管板组成气化器。气化器顶部有海水喷淋装置，海水喷淋在管板外表面上，依靠重力的作用自上而下流动。液化天然气在管内向上流动，在海水沿管板向下流动的过程中，LNG 被加热气化。气化器外形见图 10-4-4，其工作原理见图 10-4-5。

（2）工艺特性

这种气化器也称之为降膜式气化器（fallingfilm）。虽然水的流动是不停止的，但这种类型的气化器工作时，有些部位可能结冰，使传热系数有所降低。开架式气化器的投资较大，但运行费用较低，操作和维护容易，比较适用于基本负荷型的 LNG 终端站的供气系统。但这种气化器的气化能力，受气候等因素的影响比较大，随着水温的降低，气化能力下降。通常气化器的进口水温的下限大约为 5℃，设计时需要详细了解当地的水文资料。

ORV 气化器的技术参数示例：

气化量 100 t/h

设计压力 10.0MPa　　　　　运行压力 4.5MPa

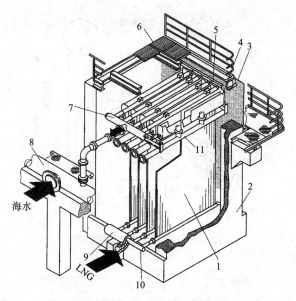

图 10-4-4 ORV 气化器外形图

平板型换热管；2—水泥基础；3—挡风屏；4—单侧流水槽；
5—双侧流水槽；6—平板换热器悬挂结构；7—多通道出口；
海水进口管；9—绝热材料；10—多通道进口；11—海水分配器

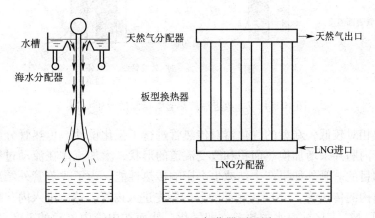

图 10-4-5 ORV 气化器原理图

液体温度 -162 ℃   气体温度 >0℃
海水流量 3500m³/h   海水温度 8℃
管板数量 18（高 6m）   尺寸（长×宽）14×7m

大型的气化器装置可由数个管板组组成，使气化能力达到预期的设计值。

（3）新型 ORV 气化器

改进了传热管结构，避免水在管外结冰和提高气化器的传热性能，使气化器的结构更加紧凑。见图 10-4-6 及图 10-4-7。

通过改进传热管的结构，加强单位管长的换热能力和避免外表结冰。水膜在沿管板下落的过程中，具有很高的传热系数，可达到 5800W/（m²·K）。在传热管内侧，LNG 蒸发

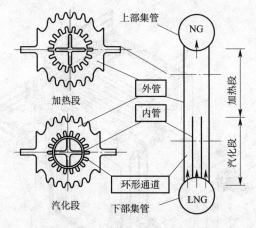

图 10 - 4 - 6　ORV 传热管结构

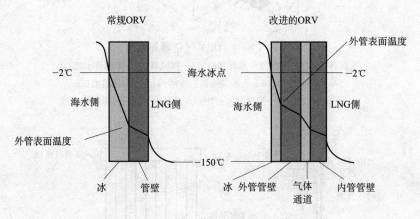

图 10 - 4 - 7　改进后传热管管壁温度分布 ORV

时的传热系数相对较低，新型的气化器对传热管进行了强化设计。传热管分成气化区和加热区，采用管内肋片来增加换热面积和改变流道的形状，增加流体在流动过程的扰动，达到增强换热的目的。管外如果产生结冰也会影响传热性能。为了改善管外结冰的问题，采用具有双层结构的传热管。LNG 从底部的分配器先进入内管，然后进入内、外管之间的夹套。夹套内的 LNG 直接被海水加热并立即气化，然而在内管内流动的 LNG 是通过夹套中已经气化的 LNG 蒸气来加热，气化是逐渐进行的。夹套虽然厚度较薄，但能提高传热管外表面的温度，所以能抑制传热管外表结冰，保持所有的传热面积都是有效的，提高了海水与 LNG 之间的传热效率。新型的 ORV 气化器具有以下特点：

1）紧凑型设计，节省空间。2）提高传热效率，需要的海水量大大减少，节约能源。3）可靠性增强。所有与天然气接触的组件都用铝合金制造，可承受很低的温度；所有与海水接触的平板表面镀以铝锌合金，防止锈蚀。4）LNG 管道连接处安装了过渡接头，减少了泄漏，加强了运行的安全性。5）能够快速启动，并可以根据需求的变化遥控调整天然气的流量，改善了运行操作性能。6）开放式管道输送水，易于维护和清洁。

（4）ORV 气化器对海水的要求

采用海水作热源的气化器对海水有比较高的要求：要求过滤器在海水取水处能够去除

10mm 以上的固体颗粒，对海水要进行过滤，对海水的理化指标有一定要求。

2. 中间传热流体气化器（IFV）

气化器采用丙烷、丁烷等中间流体在 LNG 与热流体（例如海水）之间换热，解决 LNG 气化器换热面结冰问题。IFV 广泛用于基本负荷型终端站的气化系统。也可用于 LNG 冷能发电系统，LNG 浮式储存和气化装置（FPSO），见图 10-4-8。

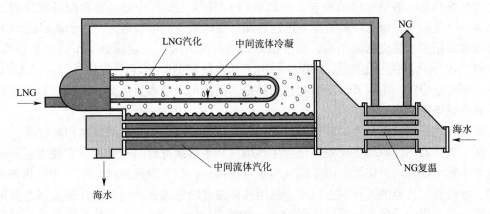

图 10-4-8　IFV 气化器

（1）结构

IFV 由卧式壳体及其内部的 LNG 蛇管束、下部的热流体列管束组成。在壳体端部设有气化了的 NG 复热部。

（2）工作原理

液相中间流体从下部热流体吸热气化进到上部，气相中间流体向 LNG 放热冷凝回到下部。由中间流体在壳体空间中的相变将热流体的热量传递给 LNG 使之气化。

3. 浸没式燃烧气化器（SCV）

浸没式燃烧加热型气化器是通过燃料燃烧的热烟气直接与水混合，进行热质交换。加热 LNG 的热交换盘管浸在热水中，热水使加热盘管内的 LNG 加热气化。见图 10-4-9。

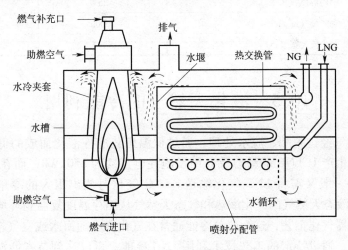

图 10-4-9　SCV 气化器

由于热水和 LNG 之间的温差更大（与常温海水相比），因此 SCV 气化器的气化能力更强，设备结构更紧凑，占地面积小。SCV 气化器可以是单个燃烧器或多个燃烧器。改变燃烧器的数量，可构成不同的气化量。

SCV 的气化量可以在 10%～100% 的范围内进行调节，能对负荷的突然变化作出反应，特别适合于负荷变化幅度比较大的情况。SCV 气化器的另一个特色是启动速度快，适合于紧急情况或调峰时的快速启动要求。在大型的 LNG 气化供气中心，通常配备相应的 SCV 气化器，以备用气负荷急增的情况下迅速启动，提高系统的应变能力。用于调峰的 SCV 气化器通常采用多个燃烧器的结构，便于根据调峰负荷的大小确定需要工作的燃烧器数量。典型的 SCV 气化器的气化能力为 90t/h。用于基本负荷型的 SCV 的气化能力可达 175t/h。由于负荷比较稳定，不需要改变燃烧器的数量，因此用于基本负荷型 SCV 气化器的燃烧器设计成单燃烧器结构。

SCV 气化器的缺点是要消耗燃料，燃烧器有排放的尾气，运行的成本相对较高。

SCV 气化器工作原理主要是燃烧产生热烟气和水直接进行热质交换，它使用了一个直接向水中排出烟气的燃烧器。由于烟气与水直接接触，烟气激烈地搅动水，使传热效率非常高。水沿着气化器的管路向上流动，运用气体提升的原理，在传热管外部获得激烈的循环水流，管外侧的传热系数可以达到 5800 − 8000W/（m^2·K）。气化装置的热效率可以达到 99%。

SCV 气化器参数示例见表 10 − 4 − 2。

SCV 气化器技术参数				表 10 − 4 − 2
气化量（t/h）			100	180
压力（MPa）	设计		10.0	2.5
	运行		4.5	0.85
温度（℃）	液体		−162	−162
	气体		>0	>0
燃烧器供热能力（kW）			2.3×10^3	$2.1 \times 10^3 \times$ 台
槽内温度（℃）			25	25
空气量（m³/h）			26000	47000
尺寸［长×宽（m）］			8 ×7	11 ×10

10.5 液化天然气的冷能利用

LNG 是天然气经过脱酸、脱水处理，通过低温工艺冷冻液化而成的低温（−162℃）液体混合物。每生产 1t LNG 的动力及公用设施耗电量约为 850kWh，而在 LNG 终端站或 LNG 气化站中，一般又需将 LNG 气化输送。LNG 气化时放出很大的冷量，其值大约为 830kJ/kg（包括液态天然气的气化潜热和气态天然气从储存温度复温到环境温度的显热）。若采用通过气化器气化工艺，这一部分冷能通常在气化器中随海水或空气被舍弃，造成能源的浪费。为此，通过特定的工艺技术利用 LNG 冷能，可以达到节省能源、提高经济效益的目的。国外已对 LNG 冷能的应用展开了广泛研究，并在低温发电、空气液化及冷冻食品等方面得到实用，经济效益和社会效益非常明显。

10.5.1 液化天然气冷能利用的㶲分析概念

1. LNG 冷量㶲

㶲分析是能量系统的一种重要分析方法，应用㶲分析可揭示能量系统内不可逆损失分布、成因及大小，为合理利用能量提供重要理论指导。天然气液化是高能耗过程，LNG 冷量有较大应用价值，因此对 LNG 实施㶲分析是高效设计天然气液化装置、冷能利用装置的前提。

LNG 是低温液体混合物，与外界环境存在着温度差和压力差。其冷量即为 LNG 变化到与外界平衡状态所能获得的能量。采用㶲的概念可以对 LNG 的冷量进行评价。

LNG 的冷量㶲 e_x 可分为压力 p 下由热不平衡引起的低温㶲 $e_{x,th}$ 和环境温度下由压力不平衡引起的压力㶲 $e_{x,p}$，即冷量㶲：

$$e_x(T,p) = e_{x,th} + e_{x,p} \tag{10-5-1}$$

其中

$$e_{x,th} = e_x(T,p) - e_x(T_0,p) \tag{10-5-2}$$

$$e_{x,p} = e_x(T_0, p) - e_x(T_0, p_0) \tag{10-5-3}$$

LNG 在定压下由低温 T_s 升高到 T_0 的过程中发生沸腾相变。设 LNG 为在温度 T_s 下处于平衡状态的两相物质，气化潜热为 r，相应潜热㶲为 $\left(\dfrac{T_0}{T_s} - 1\right)r$，加上从 T_s 到 T_0 气体吸热的显热㶲，则其低温㶲 $e_{x,th}$ 为

$$e_{x,th} = \left(\frac{T_0}{T_s} - 1\right)r + \int_{T_0}^{T_s} c_p\left(1 - \frac{T_0}{T}\right)dT \tag{10-5-4}$$

压力㶲 $e_{x,p}$ 为

$$e_{x,p} = e_x(T_0,p) = \int_{p_0,T_0}^{p,T_0} v dp \tag{10-5-5}$$

LNG 是低温多组分液体混合物，其相变潜热、平均泡点温度等与压力、组分等有密切关系。气化后的气体如压力较高，则性质偏离理想气体。因此要对式（10-5-4）和式（10-5-5）进行计算，必须建立 LNG 相平衡关系，采用实际流体状态方程进行分析。

2. 影响 LNG 冷量㶲的因素

许多因素影响到 LNG 冷量㶲的大小。下面对环境温度、系统压力及各组分含量等因素对 LNG 冷量㶲的影响进行分析。

（1）环境温度 T_0 的影响

图 10-5-1 示出压力不变时，某种典型 LNG 混合物冷量㶲随环境温度 T_0 的变化。随环境温度增大，LNG 低温㶲、压力㶲及总冷量㶲均随之增大，这与㶲的定义相一致。这也说明 LNG 冷量㶲应用效率与环境温度有较大关系，环境温度增高，LNG 冷量㶲应用值将随之增大。

（2）系统压力 p 的影响

图 10-5-2 示出环境温度不变时某种典型 LNG 混合物冷量㶲随系统压力的变化情况。

随 LNG 系统压力增大，其压力㶲随之增大，这与压力㶲定义相一致。同时还表明，随系统压力增大，LNG 低温㶲却随之降低。这有两个主要原因，其一是由于随压力增大，

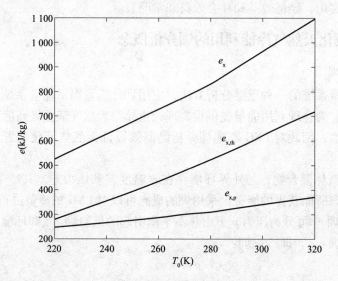

图 10 - 5 - 1　LNG 㶲随环境温度的变化（$p = 1.013\mathrm{MPa}$）

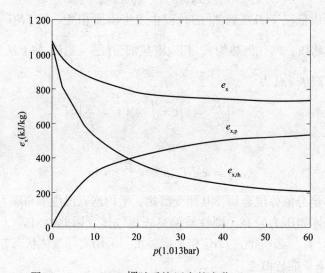

图 10 - 5 - 2　LNG 㶲随系统压力的变化（$T_0 = 283\mathrm{K}$）

液体混合物泡点温度升高，使达到环境热平衡温差降低；其二是由于随压力增大，液体混合物接近临界区，致使气化潜热降低。LNG 总冷量㶲可由低温㶲与压力㶲相加获得，其值随压力升高而呈降低趋势，但当 $p > 2\mathrm{MPa}$ 时其趋势趋于平缓。从图中还可看到，当 $p < 1.8\mathrm{MPa}$ 时，$e_{x,th} > e_{x,p}$；而当 $p > 1.8\mathrm{MPa}$ 时，$e_{x,th} < e_{x,p}$。这说明 LNG 冷量㶲构成中低温㶲与压力㶲相对值是变化的。LNG 的用途不同，低温㶲和压力㶲存在差异，回收途径也不同。通常，用作管道燃气时，天然气的输送压力较高（$2 \sim 10\mathrm{MPa}$），压力㶲大，低温㶲相对较小，可以有效利用其压力㶲。而供给电厂发电用的液化天然气，气化压力较低（$0.5 \sim 1.0\mathrm{MPa}$），所以压力㶲小，低温㶲大，可以充分利用其低温㶲。LNG 冷量的应用要根据 LNG 的具体用途，结合特定的工艺流程有效回收 LNG 冷能。

（3）LNG 组成的影响

LNG 是多组分液体混合物，混合物组成成分和各组分比例不同均会影响 LNG 冷量㶲。由于 LNG 组成成分和组分比例变化很大，这里仅讨论由甲烷和乙烷两种组分在不同比例下 LNG 的冷量㶲。图 10-5-3 表示 $p = 1.013MPa$，$T_0 = 283K$ 时，LNG 冷量㶲随混合物中甲烷含量的变化关系。

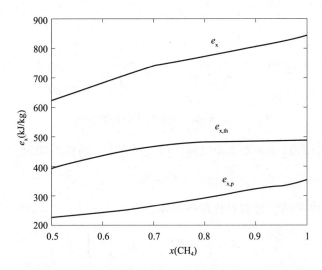

图 10-5-3　LNG 㶲随甲烷摩尔分数的变化（$T_0 = 283K$）

在系统压力、环境温度不变时，LNG 低温㶲、压力㶲及总冷量㶲均随甲烷的摩尔分数 $x(CH_4)$ 增加而增加。这是由于在系统压力不变时，甲烷摩尔分数增加，则混合物泡点温度可降低，增大了达到环境温度热平衡的温差，使低温㶲增大；而随着甲烷摩尔分数增加，气体混合物分子摩尔质量降低，这也使得单位质量混合物的压力㶲增大（对理想气体，单位摩尔体积压力㶲不变，与组成无关）。这样，随甲烷摩尔分数增加，LNG 总冷量㶲也随之增加。

10.5.2　液化天然气发电

要提高液化天然气发电系统的整体效率，必须考虑 LNG 冷量的利用，否则，发电系统与利用普通天然气的系统无异。

如前所述，LNG 㶲包括低温㶲和压力㶲两部分。LNG 冷量的应用要根据 LNG 的具体用途，结合特定的工艺流程有效回收 LNG 冷量。概括地说，LNG 冷能利用主要有 4 种方式：（1）直接膨胀发电；（2）降低蒸汽动力循环的冷凝温度；（3）降低气体动力循环的吸气温度。（4）以 LNG 的低温利用低位热源。

1. 天然气直接膨胀发电

本节首先分析天然气直接膨胀发电。在系统中 LNG 由泵进行加压，经加热气化为 NG，进入透平膨胀发电机组发电。

图 10-5-4 所示为利用高压天然气直接膨胀发电的基本循环。从 LNG 储罐来的 LNG 经低温泵加压后，在蒸发器受热气化为数兆帕的高压天然气，然后直接驱动透平膨胀机，带动发电机发电。

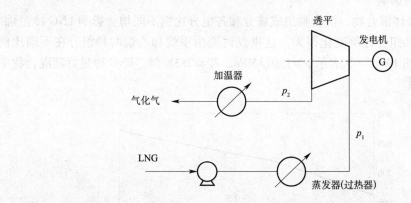

图 10 - 5 - 4　天然气直接膨胀发电

天然气从（p_1，T_1）等熵膨胀至（p_2，T_2）过程中，所作的功为

$$w_s = - \Delta h = h_1 - h_2 = - \int_{p_1}^{p_2} v \mathrm{d}p \qquad (10 - 5 - 6)$$

如果膨胀过程中天然气近似看作理想气体，则

$$w_s = \frac{\kappa}{\kappa - 1} R T_1 \left[1 - \left(\frac{p_2}{p_1} \right)^{\frac{\kappa - 1}{\kappa}} \right] \qquad (10 - 5 - 7)$$

如果忽略加压 LNG 的低温泵所耗的功，则 w_s 即为对外输出的功。可见，要增加天然气膨胀过程的发电量，可以采取以下三项措施：

（1）提高 T_1，即提高气化器出口温度。但这也意味着气化器将消耗更多的热量，应综合考虑对整个系统的经济性。

（2）提高 p_1，即提高低温泵出口压力。这就意味着气化器和膨胀机将在更高压力下工作，设备投资必然增加，也应综合考虑对整个系统的经济性。

（3）降低 p_2，即降低膨胀机出口压力。但膨胀机出口压力的降低受整个系统的制约，因为最终利用天然气的设备通常有进气压力的要求。气体压差决定了输出功率的大小，当天然气外输压力高时不利于发电。

这一方法的特点是原理简单，但是效率不高，发电功率较小，且在系统中增加了一套膨胀机设备。而且，如果单独使用这一方法，则 LNG 的冷能未能得到充分利用。因此，这一方法通常与其他 LNG 冷能利用的方法联合使用。除非天然气最终不是用于发电，这时可考虑利用此系统回收部分电能。

2. 利用 LNG 的蒸汽动力循环

最基本的蒸汽动力循环为朗肯（Rankine）循环，见图 10 - 5 - 5。

朗肯循环的发电设备由锅炉、汽轮机、冷凝器和水泵组成。在过程 4 - 1 中，水在锅炉和过热器中定压吸热，由未饱和水变为过热蒸汽；在过程 1 - 2 中，过热蒸汽在汽轮机中膨胀，对外做功；在过程 2 - 3 中，做功后的乏汽在冷凝器中定压放热，凝结为饱和水；在过程 3 - 4 中，水泵消耗外功，将凝结水压力提高，再次送入锅炉。

朗肯循环的对外净功为汽轮机做功 w_T 与水泵耗功 w_P 之差（后者相对来说很小）：

$$w = w_T - w_P = (h_1 - h_2) - (h_4 - h_3) \qquad (10 - 5 - 8)$$

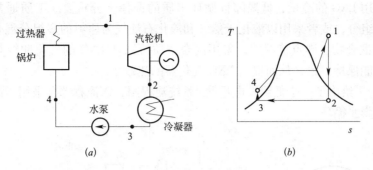

图 10-5-5　朗肯循环

（a）流程图　　（b）T-s 图

朗肯循环的效率为循环净功与从锅炉的吸热量之比：

$$\eta = \frac{(h_1 - h_2) - (h_4 - h_3)}{h_1 - h_4} \qquad (10-5-9)$$

通常，冷凝器采用冷却水作为冷源。这样，循环的最低温度就限制为环境温度。另一方面，蒸汽透平排出的水蒸气在冷凝器中由冷媒水冷却。对于朗肯循环来说，如果保持吸热过程不变而降低冷凝器放热温度，则 w_T 会显著增大。虽然 w_P 也会略有增大，但 w_T 的增加将远远大于 w_P 的增加。因此，随着冷凝温度的降低，相应冷凝压力降低，循环净功和循环效率都将增加，见图 10-5-6。

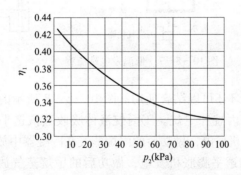

图 10-5-6　朗肯循环效率随冷凝压力的变化

（1）常规发电。LNG 的气化温度很低（-162℃），秋冬季由于海水本身温度较低，在常规采用的海水气化器大量放热，有结冰的危险。因此，对于 LNG 气化来说，可以利用冷媒水气化 LNG，既避免了结冰的危险，又降低了气化费用。LNG 用于朗肯循环发电中，LNG 的气化与乏汽的冷凝结合起来，LNG 气化后进入锅炉燃烧（在低温朗肯循环中天然气则送到其他用户使用），而乏汽在低温下冷凝。天然气直接膨胀是利用 LNG 的压力㶲，而朗肯循环则利用了 LNG 的低温㶲。

（2）低温热源发电。在冷凝温度显著降低的情况下，蒸发温度也可显著降低，因而可以用普遍存在的低品位能，如工业余热、地热能、海水、空气或太阳能等作为高温热源，利用 LNG 作为冷源，采用某种有机工质作为工作介质，组成闭式的低温蒸气动力循环，这就是在低温条件下工作的郎肯循环。这一种低温朗肯循环是利用 LNG 冷量的朗肯循环的主要方式。在低温朗肯循环中，循环几乎不需要外界输入功和有效热量。

要有效利用 LNG 的冷量，低温郎肯循环工质的选择十分重要。工质通常为甲烷、乙烷、丙烷等单组分，或者采用以液化天然气和液化石油气为原料的多组分混合工质。由于 LNG 是多组分混合物，沸点范围广，采用混合工质可以使 LNG 的气化曲线与工作媒体的冷凝曲线尽可能保持一致，从而提高 LNG 气化器的热效率。

图 10-5-7 给出了一个低温发电厂[①]的系统流程图，该流程综合采用了丙烷郎肯循环和天然气直接膨胀循环。

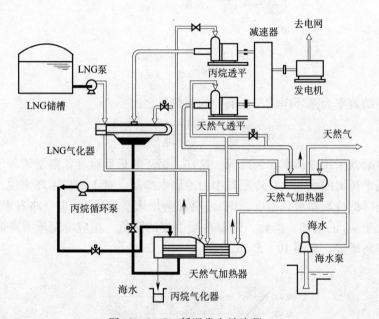

图 10-5-7　低温发电站流程

当然，以上两种朗肯循环还可以结合使用。图 10-5-8 所示的复合循环由两个朗肯循环组成，工作媒体分别为丙烷和甲烷。①丙烷液体吸收蒸汽透平排出蒸汽的废热而气化，高压蒸气驱动透平膨胀机发电，做功后的丙烷蒸气在冷凝器中放热被甲烷冷凝。②高压液体甲烷吸热气化，驱动透平膨胀机发电，做功后的甲烷蒸气放出热量被 LNG 冷凝。③LNG 气化，再经海水换热器升温，驱动透平膨胀机发电，做功后的 LNG 经海水换热器升温供向管网。通过这样一个复合循环，有效地利用蒸汽废热，气化 LNG 并发电，可以提高燃气轮机联合循环的热效率。

3. 利用 LNG 的气体动力循环

气体动力循环有多种形式，按其工作方式的不同，可分为燃气轮机循环、往复式内燃机循环和斯特林外燃机循环，以及喷气式发动机等。本节介绍气体动力循环中燃气轮机循环和斯特林外燃机循环利用 LNG 的基本方式。

（1）燃气轮机循环

最简单的燃气轮机装置主要由压气机、燃烧室、燃气轮机组成，其循环近似简化为如图 10-5-9 所示的燃气轮机布雷顿（Brayton）循环。理想的布雷顿循环由定熵压缩过

---

① 日本大阪煤气公司所属的泉北 LNG 基地。

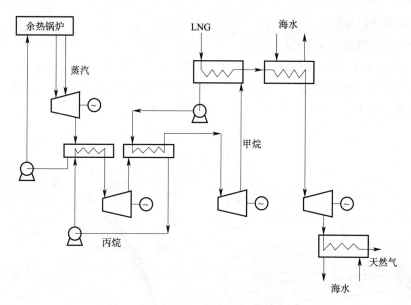

图 10-5-8 复合朗肯循环发电装置图

程 1—2_i、定压加热过程 2_i—3、定熵膨胀过程 3—4_i 和定压放热过程 4_i—1 组成。实际循环中，定熵过程实际上不可能达到，在图 10-5-9 中，点 2_i 和 4_i 分别变化为点 2 和 4。

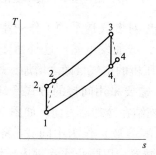

图 10-5-9　燃气轮机
定压加热循环

布雷顿循环的净功量为燃气轮机膨胀作功 w_T 与压气机消耗压缩功 w_C 之差：

$$w = w_T - w_C = (h_3 - h_4) - (h_2 - h_1) = (h_3 - h_{4i})\eta_{ri} - \frac{h_{2i} - h_1}{\eta_{C,s}}$$

$$(10-5-10)$$

式中　η_{ri}——燃气轮机相对内效率；

　　　$\eta_{C,s}$——压气机绝热效率。

如果燃气视为理想气体，则

$$w = \frac{\kappa}{\kappa-1}R\left\{T_3\left[1-\left(\frac{p_1}{p_2}\right)^{\frac{\kappa-1}{\kappa}}\right] - T_1\left[1-\left(\frac{p_2}{p_1}\right)^{\frac{\kappa-1}{\kappa}}\right]\right\} \qquad (10-5-11)$$

布雷顿循环的效率：

$$\eta = \left(\frac{\tau}{\pi^{\frac{\kappa-1}{\kappa}}}\eta_{ri} - \frac{1}{\eta_{C,s}}\right) \bigg/ \left(\frac{\tau-1}{\pi^{\frac{\kappa-1}{\kappa}}-1} - \frac{1}{\eta_{C,s}}\right) \qquad (10-5-12)$$

式中　　π——循环增压比 $\pi = p_2/p_1$；

τ——循环增温比 $\tau = T_3/T_1$。

显然，在 π 和 T_3 确定的情况下，降低 T_1（增大 τ），即降低燃气轮机的吸气温度，将会显著提高循环做功和循环效率。图 10-5-10 示出了燃气轮机循环净功、效率随增温比和增压比变化的趋势。

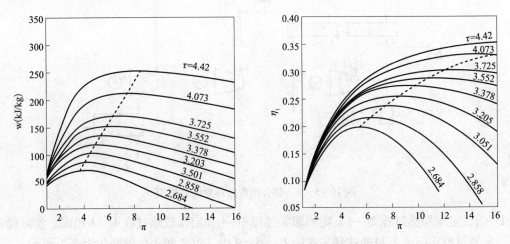

图 10-5-10　循环净功、效率变化曲线

既然燃气轮机入口的空气温度对燃气透平的工作效率有明显影响，则可以利用 LNG 冷量预冷空气，以提高机组效率，增加发电量。这是由于随着温度的降低，空气密度变大，相同体积下进入燃气轮机空压机的空气量随之增加，燃烧效果更佳。

由于 LNG 的气化温度较低，需要采用间接的方式冷却空气。空气冷却温度必须严格控制在 0℃ 以上，以防止水蒸气冻结在冷却器表面。如图 10-5-11 所示，以 LNG 作为冷源，用一种易挥发的物质（乙二醇溶液）作为中间载冷剂，将冷量由 LNG 传递给空气。在冷却装置以后，设置汽水分离装置，以防止水滴进入压缩机。如果直径大于 $40\mu m$ 的水滴进入压缩机，对压缩机叶片存在潜在的液体冲击腐蚀的可能，水滴冲击金属表面能导致金属表面微裂纹的发展，产生表面疤痕，并可能导致轴系振动加大。

以 LNG 为动力的燃气轮机当然还可以采取其他形式利用冷量。图 10-5-12 示出一个综合采用了低温朗肯循环、两级天然气直接膨胀等冷能利用方式的燃气轮机系统。状态为 $-162℃$、5.3MPa 的 LNG 的低温冷量通过三级设备得到利用。第一级是用于丙烷朗肯循环的冷凝器，循环以海水作为热源。通过冷凝器后，LNG 气化为 $-35℃$、5.0MPa 的天然气，先后通过两个膨胀机膨胀做功后，进入燃气轮机作为燃料。在膨胀机前后共有三个海水换热器来提高天然气温度。其所以能以海水为热源，是由于 LNG 的低温，即利用了 LNG 的冷量。这一系统设备增加较多，需进行热经济学分析确定其合理性。

假定一燃气轮机发电装置 2000MW，年运行 7000h，燃气轮机效率 33.89%。在采用图 10-5-12 所示冷能利用系统后，燃气轮机工质作功能力增大 4~8kW/kg（见图 10-5-13），增加电力 39MW，燃气轮机整体效率提高 0.7% 左右，年节省液化天然气 62595t。

（2）斯特林外燃机循环

燃气轮机循环中，燃料在装置内燃烧，燃烧形成的高温高压产物膨胀做功。本节讨论

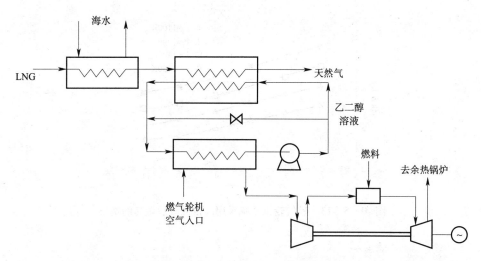

图 10-5-11 燃气轮机入口空气冷却装置图

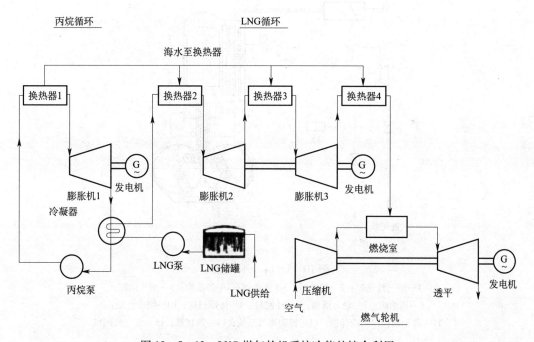

图 10-5-12 LNG 燃气轮机系统冷能的综合利用

的斯特林（Stirling）发动机则是一种外部加热的活塞式闭式循环燃气发动机，它将燃料的热能通过斯特林循环转化为机械功。

外燃机由气缸和位于气缸两端的两个活塞（动力活塞、配气活塞），三个换热器（加热器、回热器、冷却器）组成。配气活塞上部是膨胀腔，下部是压缩腔。工作气体是氢气。燃气发动机置于压力容器中。加上外部的燃烧室，以及传动机构，组成外燃机组。见图 10-5-14。

高温热量从外部供给循环，由低温介质从循环带走。加热器与冷却器由回热器分隔开。工作气体从加热器流过回热器时放热，从冷却器反流过回热器时吸热。

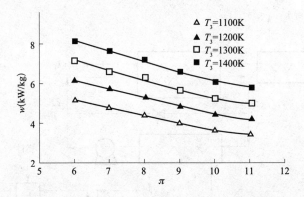

图 10－5－13　燃气轮机系统采用冷量回收后做功的增量

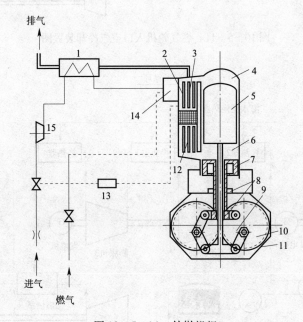

图 10－5－14　外燃机组

1—空气预热器；2—加热器；3—回热器；4—膨胀腔；5—配气活塞；
6—压缩腔；7—动力活塞；8—杆密封；9—传动机构；10—同步齿轮；
11—曲轴箱；12—冷却器；13—控制调节系统；14—燃烧器；15—空气鼓风机

在配气活塞下有一细轴杆，穿过动力活塞及其活塞杆。配气活塞杆与传动机构相连。斯特林外燃机的工作过程可用图 10－5－15 加以说明：

1）定温压缩。在下部的动力活塞向上运动，在低温下压缩工作气体，向冷源放热，比容减小，压力增大。

2）定容升压。在上部的配气活塞向下移动，将工作气体由冷空间移置向热空间。经过回热器吸热，温度升高，压力上升。

3）定温膨胀。燃料燃烧加热，在高温下工作气体膨胀，比容增加，推动动力活塞向下运动，比容增大，压力减小。

4）定容降压。配气活塞向上移动，将工作气体由热空间移置向冷空间。经过回热器放热，温度降低，压力下降。

图10-5-16示出这种外燃机的斯特林循环的状态变化。

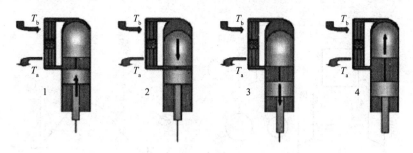

图10-5-15　外燃机的工作过程

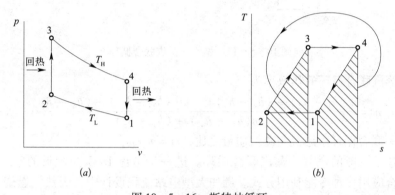

图10-5-16　斯特林循环

(*a*) *p* - *v* 图；(*b*) *T* - *s* 图

斯特林循环由两个定温过程及两个定容回热过程组成。在理想气体极限回热的情况下，循环只在定温（T_H）膨胀过程3-4从热源吸热，在定温（T_L）压缩过程1-2对冷源放热。

循环的净功为吸热量与放热量之差，即

$$w = (T_H - T_L)R\ln\frac{v_1}{v_2} \qquad (10-5-13)$$

循环的热效率为

$$\eta = 1 - \frac{T_L}{T_H} \qquad (10-5-14)$$

由于在斯特林外燃机中，设备的某些表面始终处于循环最高温度下，因此循环最高温度受金属耐热性能的限制，不能太高。这就限制了通过提高 T_H 来改善循环性能。如果以LNG为低温热源，则由于 T_L 的降低，循环净功和循环效率都会有所提高。这就使斯特林外燃机利用液化天然气冷量成为可能。

（3）利用LNG的燃气-蒸汽联合循环

采用朗肯循环的蒸汽动力循环中液体加热段需要相对高温的热源。燃气轮机装置的排气温度较高，因而可以利用废弃的余热来加热进入锅炉的给水，组成燃气-蒸汽联合循环。燃气-蒸汽联合循环可采用不同的组合方案，图10-5-17所示为采用正压锅炉的联合循环。由图右方的 $T - S$ 图可看到，1 - 2 - 3 - 4 - 5 - 1 描述了蒸汽轮机系统的朗肯循环；1′ - 2′ - 3′ - 4′ - 1′ 描述了燃气轮机系统的布雷顿循环。

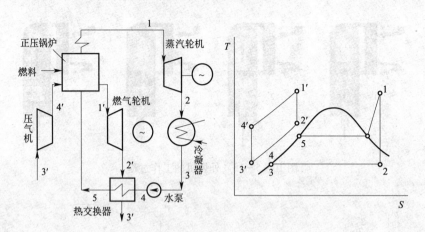

图 10 - 5 - 17　燃气 - 蒸汽联合循环

燃气 - 蒸汽联合循环的热效率为

$$\eta = \frac{[(h_1 - h_2) - (h_4 - h_3)] + m[(h_{1'} - h_{2'}) - (h_{4'} - h_{3'})]}{m(h_{1'} - h_{4'}) + (h_1 - h_5)} \quad (10 - 5 - 15)$$

式中　　m——联合循环中燃气与蒸汽质量之比，$m = m_g/m_s$。

　　上面简述了一般的燃气—蒸汽联合循环。进一步考虑 LNG 为燃料的联合循环发电。在其中，联合应用多种冷能利用方式。例如大型电站流程设计中，天然气燃烧驱动燃气透平发电，燃气透平排出的大量高温废气进入余热锅炉回收热量，产生蒸汽驱动蒸汽透平发电；LNG 冷却燃气轮机入口空气，蒸汽余热气化 LNG。综合利用 LNG 的冷量与燃气轮机联合循环中的废热，可以有效提高燃气轮机联合循环整个系统的热效率。该循环热效率高达 55%，而蒸汽轮机和燃气轮机发电的热效率则仅分别为 38% ~41% 和 35%。

　　图 10 - 5 - 18 是一个采用了压缩机进气冷却的 LNG 联合循环系统，循环最高温度按 1350℃ 设计。分析表明，在空气温度较高且湿度低于 30% 时，联合循环的做功能力在采用了压缩机进气冷却后，增加 8% 以上。如果空气湿度上升到 60%，这时空气吸收的冷量中，一部分将用于空气中水分的冷凝，造成空气温降减少，联合循环的做功能力只增加约 6%。

10.5.3　液化天然气冷量用于空气分离

1. 利用 LNG 冷量的空气分离流程

　　根据前述 LNG 冷量㶲分析的原理，工质的低温㶲在越远离环境温度时越大，因此应在尽可能低的温度下利用 LNG 冷量，才能充分利用其低温㶲。否则，在接近环境温度的范围内利用 LNG 冷量，大量宝贵的低温㶲已经耗散掉了。从这个角度来看，由于空分装置中所需达到的温度比 LNG 温度还低，因此，LNG 的冷量㶲能得到最佳的利用。如果说在发电装置中利用 LNG 冷量是可能最大规模实现的方式的话，在空分装置中利用 LNG 冷量应该是技术上最合理的方式。利用 LNG 的冷量冷却空气，不但大幅度降低了能耗，而且简化了空分流程，减少了建设费用。同时，LNG 气化的费用也可得到降低。

　　空分装置利用 LNG 冷量的流程可以有多种方式。目前主要有①LNG 冷却循环氮气；

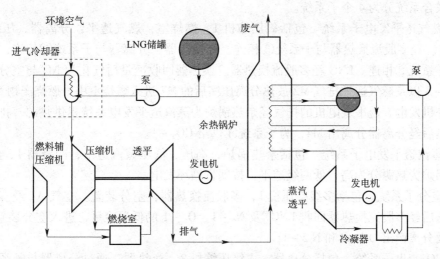

图 10-5-18 压缩机进气冷却的 LNG 联合循环系统

②LNG 冷却循环空气；③与空分装置联合运行的 LNG 发电系统三种方式。

2. 将发电、空分与 LNG 气化利用相结合的零排放系统

图 10-5-19 是一种 LNG 电站系统。在该系统中 LNG 与空分装置输出的冷氧气和冷氮气一起，被用来冷却空分子系统中的多级空压机供向空分装置的空气。根据分析，这一系统在输出氧气状态为 0.2MPa 时的单位能耗仅为 0.34kW·h/kg（O_2）。

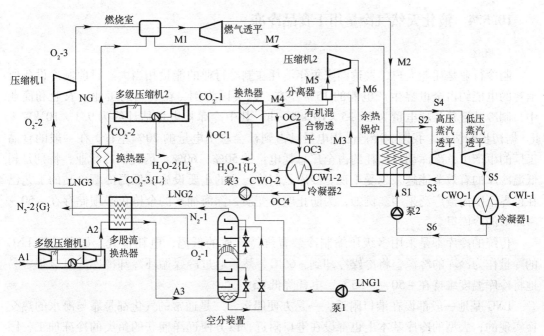

图 10-5-19 与空分装置联合运行的 LNG 发电系统

NG—天然气；LNG—液化天然气；A—空气；O_2—氧气；N_2—氮气；CO_2—二氧化碳；H_2O—水；
S—蒸汽；M—排气混合气；OC—有机混合物；CWI—冷却水进；CWO—冷却水出；L—液态

该联合系统分为 4 个子系统。

① 燃气透平发电子系统。包括氧压缩机 1，燃烧室，燃气透平，分离器，压缩机 2，LNG 泵 1。经多股流换热器与子系统③相连，经换热器、分离器与子系统⑤相连，经余热锅炉与子系统②相连。LNG 经多股流换热器、换热器回收冷量后气化为 NG 与空分子系统来的 $O_2 - 3$ 以及燃气透平排气 M2 放热分离压缩后的 M7 进入燃烧室中，燃烧产物 M1 进入燃气透平机发电。透平发电机的排气经余热锅炉为蒸汽透平发电系统提供热源。排气余热锅炉放热后经分离器分离出 M4，为子系统④供给 $CO_2 - 1$。

② 蒸汽透平发电子系统。包括余热锅炉，高压、低压蒸汽透平，冷凝器 1，水泵 2。以废热锅炉为热源分为高、低两级透平，按朗肯循环发电。

③ 空分子系统。包括多级空压机 1，多股流换热器，空分装置。空气 A1 经多级压缩机 1 升压后经多股流换热器回收 LNG_2 及 $N_2 - 1$、$O_2 - 1$ 的低温冷量，进入空分装置，经 3 次节流及分离产出 $O2 - 1$ 和 $N2 - 1$。

④ CO_2 产出子系统。包括分离器，多级压缩机 2，换热器。通过分离器与子系统①相连，通过换热器与子系统⑤相连，通过换热器与子系统①相连。燃气透平排气 M2 经余热锅炉回收热量，经分离器分离为 M4，M5。M4 在换热器中放出余热，分离为 $CO_2 - 1$ 和水分 $H_2O - 1$。经多级压缩机低压段压缩分离出水分 $H_2O - 2$，再经高压级压缩成 $CO_2 - 2$，经换热器 2 与 NG 交换热量，产出液态 $CO_2 - 3$。

⑤ 有机混合物透平发电子系统。由换热器 1（热源），有机混合物透平，冷凝器 2，泵 3 组成。进行朗肯循环发电。

10.5.4 液化天然气冷量用于食品冷冻

1. 概述

制冷行业是耗能大户，发达国家每年消耗在制冷行业的能量相当大。目前制冷设备所消耗的电能约占全世界生产电能的 15% 左右。以英国为例，在英国的工业，农业和商业中，制冷装置每年耗电量为 $76.35 \times 10^8 kW \cdot h$，其中冷库耗电量估计约为 $9.1 \times 10^8 kW \cdot h$。据初步的估算，我国制冷产品用电量已占到社会总用电量的 20% 左右。在一般的食品工厂的生产中，冷库动力消耗约占全厂总耗电量的 50% ~ 60%。因此制冷行业，特别是超低温冷库的有效节能越来越受重视。冷库是制冷行业的主要设施。低温冷藏食品的工艺已在世界范围内被广泛采用。例如，为防止腐坏变质，深海捕捞的金枪鱼必须储存在 -50 ~ -55℃的冷库里。

传统的冷库都是采用多级压缩制冷装置维持冷库的低温，电耗很大。如果采用 LNG 的冷量作为冷库的冷源，将冷媒冷却到 -65℃，然后通过冷媒循环冷却冷库，可以很容易地将冷库温度维持在 -50 ~ -55℃，电耗降低 65%。

LNG 基地一般都设在港口附近，一是方便船运，二是通常的气化都是靠与海水的热交换实现的；大型的冷库基本上也都设在港口附近，以方便远洋捕获的鱼类的冷冻加工，因此，在 LNG 终端站的旁边建低温冷库，可以利用 LNG 的冷能冷冻食品。将 LNG 与冷库冷媒在低温换热器中进行热交换，冷却后的冷媒经管道进入冷冻、冷藏库，通过冷却盘管释放冷量，实现对物品的冷冻冷藏。这种冷库不仅不用制冷机，节约了大量的初投资和运行费用，还可以节约 1/3 以上的电力。与传统低温冷库相比，采用 LNG 冷量的冷库具有占地少、投资省、温度梯度分明、维护方便等优点。

利用 LNG 冷能的冷库流程，按冷媒运行时是否有相变分为两种：冷媒无相变运行的流程；冷媒发生相变的流程。前者指整个运行过程中，冷媒保持液态不气化，冷量靠的是冷媒的显热来提供的；后者指的是冷媒在冷库的冷风机内蒸发，主要靠气化吸热来提供冷量。

2. 冷库流程

（1）冷媒无相变的流程

无相变方案的特点是流程、设备简单，控制方便．但冷媒是靠显热来携带冷量，相对于潜热来说还是小很多。这样使得在冷库负荷不变的情况下，要靠增大冷媒的质量流量来弥补，这样使得流程中的冷媒流量较大。由于运行过程中冷媒没有发生相变，其流程的控制相对较容易。

LNG 冷能利用于冷冻库的系统流程[27] 如图 10－5－20 所示。

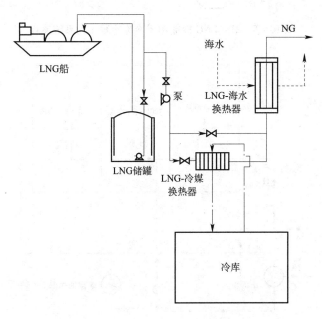

图 10－5－20　冷冻库的系统流程

LNG 经由 LNG－冷媒换热器加热后．再经由开架式气化器（ORV）再次加热，将 NG 过热到10℃以上。该系统采用60%质量分数的酒精溶液为冷媒。冷媒在获得 LNG 冷量后，进入到冷库的蒸发器中进行蒸发换热，完成整个循环。一方面将 LNG 气化成 NG，另一方面用于冷冻盘管内，将冷冻库降温。此外，采用储冷槽的设计可以应付负荷变动，保持一定的冷冻库温度，维持冷冻库内物品的品质。采用酒精是因为它是环保的冷媒，黏性小，输送容易；其缺点是凝固点较高，容易被凝固而阻塞管路，所以运行时需要小心。

文献［27］用13.5t/h 的 LNG 流量为设计基准，其冷冻能力约为500USRt（1USRt = 3.51685kW），要求每一个换热器单位的容许流量为8t/h，因此500USRt 所需要的换热器每级单位数为2个。其 LNG 冷能用于冷冻冷藏库的系统流程如图 10－5－21 所示，简化的冷媒系统流程如图 10－5－22 所示。

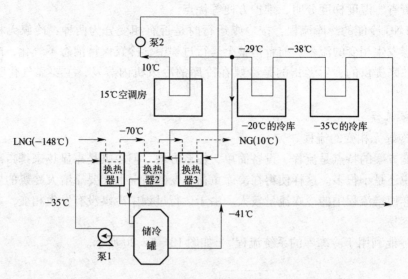

图 10 - 5 - 21 LNG 冷能用于冷冻冷藏库的系统流程

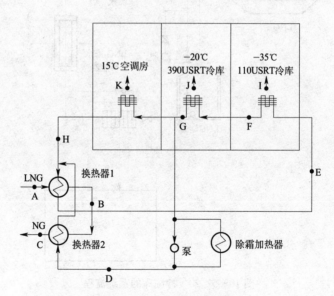

图 10 - 5 - 22 冷媒系统流程

该系统的冷媒回路分为两个主要的循环：常温循环和低温循环。在常温循环中，酒精冷媒被加压至 0.45MPa；之后经过加热器加热至 20℃；接着进入换热器 3，流量约为 20m³/h，温度降低到 -20℃。经过此换热器的 LNG 被加热到 10℃的 NG，排出后直接供给用户使用。从换热器 3 出来的 -20℃冷媒和来自于冷冻库的冷媒（温度为 -29℃，流量为 220m³/h）混合后进人换热器 2 中进行降温，温度降到 -35℃，出换热器 2 之后就进入了储冷罐（其作用是调节冷媒流量，使得能保持 LNG 出换热器 2 时能够到 -35℃）。在低温循环中，冷媒经泵加压到 0.35MPa，然后经过换热器 1，冷却到 -40℃，其中换热器 1 中的冷媒流量必须极为小心地控制，该系统利用了储冷槽来调节，保持换热器 1 的稳定流量。

在冷库内部的冷媒是先经过温度较低的 $-35℃$ 冷库；释放部分冷能后，再进入温度为 $-20℃$ 冷库，此时冷媒的温度达到 $-29℃$；之后冷媒分两股，一股作为空调房用，流量是 $20m^3/h$，另一股回到换热器 2 中完成循环。经济评估表明，该系统在 3.5 年就可以收回投资成本，显示了 LNG 冷能利用在冷冻冷藏库不仅可以达到节能的效果，也有极高的经济可行性。

LNG 冷能用于冷冻冷藏库冷媒系统参数 表 10-5-1

状态点	温度（℃）	压力（MPa）	焓（kJ/kg）
A（LNG）	-148	8.3	-5052.3
B（LNG）	-35	6.4	-4521.2
C（LNG）	10	6.2	-4377.3
D（60%酒精）	-29	0.22	-6217.8
E（60%酒精）	-41	0.32	-6251.4
F（60%酒精）	-38	0.27	-6243.9
G（60%酒精）	-29	0.22	-6217.8
H（60%酒精）	10	0.10	-6100.0
I（空气）	-36	0.10	-61.9
J（空气）	-24	0.10	-49.7
K（空气）	13	0.10	-12.4

（2）冷媒有相变的流程

流程中，冷媒在各冷库的换热器中是发生相变的，主要通过蒸发热来提供冷量。对同时运行几个温度要求不同的冷库时，其冷媒的蒸发温度不同，则对应的蒸发压力也不相等。如果采用串联流程，就会带来各冷库换热器中压力控制不均衡的问题，即不能保证各换热器中实际的运行压力正好是蒸发压力。还有可能造成某些换热器中冷媒是全液态或气态的情况。为此，考虑采用并联的流程，即把不同温度要求冷库的换热器并联在一起，通过节流阀来控制各自的蒸发压力的需求。现以金枪鱼冷藏库、鱼虾冻结库、鱼虾冷藏库为例说明，流程见图 10-5-23，冷媒 $p-h$ 图见图 10-5-24。

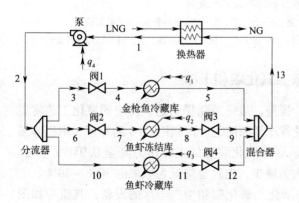

图 10-5-23 冷媒有相变的冷库流程

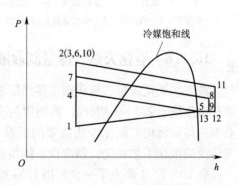

图 10-5-24 有相变的冷库的冷媒 $p-h$ 图

在冷库的三个并联换热器中，鱼虾冷藏库换热器的蒸发温度最高，对应的蒸发压力也最高，可以考虑作为并联起始端的压力，并用阀 4 节流降压到最低压力；鱼虾冻结库的蒸发压力较低，则用阀 2 节流降压到所需的蒸发压力，并用阀 3 节流降压到最低压力；金枪鱼冷藏库的蒸发温度最低，对应蒸发压力也最低，用阀 1 节流降压到所需的蒸发压力，相应于并联末端的最低压力。此时状态点 5，9，12，13 的压力相同但是其温度是不相等的，则焓值也不相同。有相变方案的特点是冷媒质量流量小，但流程、设备与控制均较复杂，发生相变后，其气相部分体积流量较大，使得气态管路直径较大和相应的换热器尺寸也会较大。

10.5.5 液化天然气冷量用于低温粉碎

大多数物质在一定温度下会失去延展性，突然变为脆性。低温工艺的进展可以利用物质的低温脆性，进行低温破碎和粉碎。低温破碎和粉碎具有以下特点：

① 室温下具有延展性和弹性的物质低温下变得很脆，可以很容易被粉碎。

② 低温粉碎后的微粒有极佳的尺寸分布和流动特性。

③ 食品和调料的味道和香味没有损失。

基于以上特点，低温破碎轮胎等废料的资源回收系统和食品、塑料的低温粉碎系统已投入使用。图 10-5-25 和图 10-5-26 分别示出液氮低温破碎装置和液氮低温粉碎装置的示意图。

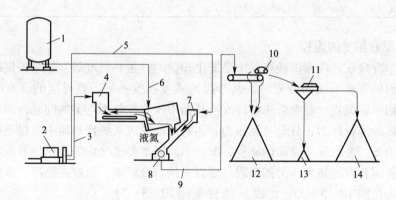

图 10-5-25 低温破碎装置的系统图

1—液氮罐；2—废物装置；3—低温破碎管路；4—预冷器；5—常温破碎管路；6—液氮管；
7—冷却器；8—破碎器；9—输出管路；10—磁分离器；11—屏；12—铁屑；13—釉尘埃；14—铜和铜合金碎片

10.5.6 液化天然气冷量制取液态二氧化碳和干冰

液态二氧化碳是二氧化碳气体经压缩、提纯，最终液化得到的。传统的液化工艺将二氧化碳压缩至 2.5~3.0MPa，再利用制冷设备冷却和液化。而利用 LNG 的冷量，则很容易获得冷却和液化二氧化碳所需要的低温，从而将液化装置的工作压力降至 0.9MPa 左右。与传统的液化工艺相比，制冷设备的负荷大为减少，电耗也降低为原来的 30%~40%。

表 10-5-2 简介了一套利用 LNG 冷量液化二氧化碳和生产干冰的设备，其流程如图 10-5-27 所示。

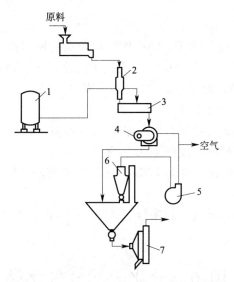

图 10 - 5 - 26　低温粉碎装置的系统图

1—液氮罐；2—磁体；3—冷却器；4—粉磨机；5—循环风机；6—分离器；7—过滤器

液态二氧化碳和干冰生产设备　　　　　　　　　　表 10 - 5 - 2

	液态二氧化碳	162（其中高纯度液态二氧化碳 85）
产量（t/d）	干冰	72
主要应用	液态二氧化碳	食品冷藏，焊接和铸造，苏打汽水
	干冰	食品的冷藏运输，其他工业应用

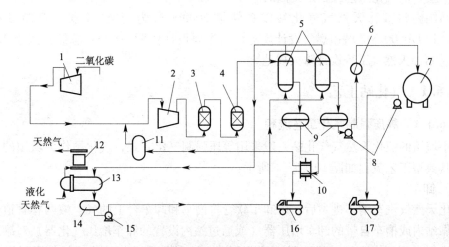

图 10 - 5 - 27　液态二氧化碳和干冰生产设备的系统图

1、2—压缩机；3—除臭容器；4—干燥器；5—液化设备；6—液态二氧化碳加热器；

7—液态二氧化碳储罐；8—液态二氧化碳泵；9—储罐；10—干冰机；11—收集器；

12—天然气加热器；13—LNG/氟利昂换热器；14—氟利昂储罐；15—氟利昂泵；

16—干冰储运车；17—液态二氧化碳储运车

10.5.7　蓄冷装置

LNG 主要用于发电和城市燃气，LNG 的气化负荷将随时间和季节发生波动。对天然气的需求是白昼和冬季多，所以 LNG 气化所提供的冷量多；而在夜晚和夏季对天然气的需求减少，可以利用的 LNG 冷量亦随之减少。LNG 冷量的波动，将会对冷能利用设备的运行产生不良影响，必须予以重视。

LNG 蓄冷装置可利用相变物质的潜热储存 LNG 冷量。原理如下：白天 LNG 冷量充裕时，相变物质吸收冷量而凝固；夜间 LNG 冷量供应不足时，相变物质熔解，释放冷量供给冷能利用设备。相变物质的选择是 LNG 蓄冷装置研究的关键，要充分考虑相变物质的熔点、沸点及安全性问题。

LNG 冷量还可用于轻烃回收、制冰与空调、海水淡化等诸多方面。在利用中尽量实现冷能梯级利用。

10.6　液化天然气气化站

天然气作为液体状态存在时有利于其储存和运输，但天然气最终被利用时的状态是气态。因此，液化天然气在被利用之前须先经过气化。

液化天然气气化站是一个接受、储存和分配的基地。其主要工艺包括卸气、储存、气化、调压、计量和加臭，将天然气送到输气管道。气化站也可设置灌装液化天然气钢瓶功能。

液化天然气气化站一般采用 LNG 槽车输入 LNG，卸车过程比大型终端站的卸船过程更简单一些，但气化工艺过程是类似的。

当前国内将液化天然气气化站以总储量 2000m³ 分为两类：1 类：总储量不大于 2000m³，以 GB50028《城镇燃气设计规范》为主要设计依据。2 类：总储量大于 2000m³，可执行《石油天然气工程设计防火规范》。

10.6.1　气化站工艺

10.6.1.1　等压强制气化工艺流程

中小城镇的液化天然气气化站一般采用等压强制气化方式，气化站作为城镇的主要气源站。其典型工艺流程如图 10-6-1 所示：

（1）卸车

液化天然气汽车槽车进站后，用卸车软管将槽车和卸车台上的气、液两相管道分别连接，依靠站内或槽车自带的卸车增压器（或通过站内设置的卸车增压气化器）对罐式集装箱槽车进行升压，使槽车与 LNG 储罐之间形成一定的压差，将液化天然气通过进液管道卸入储罐（V-101～V-104）。

槽车卸完后，切换气液相阀门，将槽车罐内残留的气相天然气通过卸车台气相管道进行回收。

卸车时，为防止 LNG 储罐内压力升高而影响卸车速度，当槽车中的 LNG 温度低于储罐中 LNG 的温度时，采用上进液方式。槽车中的低温 LNG 通过储罐上进液管喷嘴以喷淋

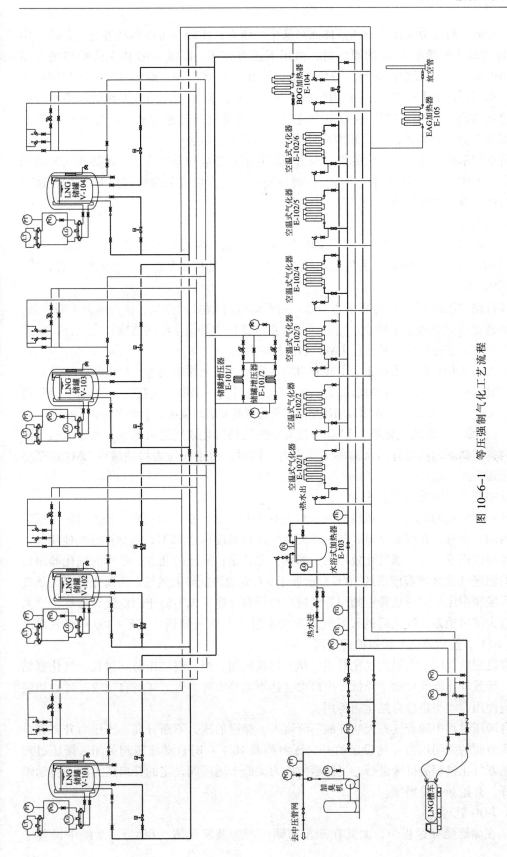

图 10-6-1　等压强制气化工艺流程

状态进入储罐，将部分气体冷却为液体而降低罐内压力，使卸车得以顺利进行。若槽车中的 LNG 温度高于储罐中 LNG 的温度时，采用下进液方式，高温 LNG 由下进液口进入储罐，与罐内低温 LNG 混合而降温，避免高温 LNG 由上进液口进入罐内蒸发而升高罐内压力导致卸车困难。当 LNG 气源地距用气城镇较远，长途运输到达用气城镇时，槽车内的 LNG 温度通常高于气化站储罐中 LNG 的温度，只能采用下进液方式。所以除首次充装 LNG 时采用上进液方式外，正常卸槽车时基本都采用下进液方式。

为防止卸车时急冷产生较大的温差应力损坏管道或影响卸车速度，每次卸车前都应当用储罐中的 LNG 对卸车管道进行预冷。同时应防止快速开启或关闭阀门使 LNG 的流速突然改变而产生液击损坏管道。

（2）气化供气

通过储罐增压器（E - 101/1 ~ E - 101/2）增压将储罐内的 LNG 送到 LNG 空温式气化器（E - 102/1 ~ E - 102/6）中去气化，再经过调压、计量和加臭进入出站天然气总管道，供中低压用户使用。

储罐自动增压与 LNG 气化靠压力推动。随着储罐内 LNG 的流出，罐内压力不断降低，LNG 出罐速度逐渐变慢直至停止。因此，正常供气操作中必须不断向储罐补充气体，将罐内压力维持在一定范围内，才能使 LNG 气化过程持续。

储罐的增压是利用自动增压调节阀和自增压空温式气化器实现的。包含两个过程。

1）当储罐内压力低于自动增压阀的设定开启值时，自动增压阀打开，储罐内 LNG 靠液位差流入自增压空温式气化器（自增压空温式气化器的安装高度应低于储罐的最低液位）。

2）在自增压空温式气化器中 LNG 经过与空气换热气化成气态天然气，气态天然气流入储罐内，将储罐内压力升至所需的工作压力。同时，由于该压力将储罐内 LNG 送至空温式气化器。

储罐增压器一般选用空温式。

由气化器气化的天然气经调压（通常调至 0.4MPa）、计量、加臭后，送入城镇中压输配管网为用户供气。在夏季空温式气化器天然气出口温度可达 15℃，直接进管网使用。

在冬季或雨季，气化器气化效率大大降低，尤其是在寒冷的北方，冬季时气化器出口天然气的温度（比环境温度低约 10℃）远低于 0℃ 而成为低温天然气。为防止低温天然气直接进入城镇中压管网导致管道阀门等设施产生低温冷脆，也为防止因低温天然气密度大而产生过大的供销差，气化后的天然气需再经水浴式天然气加热器（E - 103）将其温度升到 5 ~ 10℃，然后再送入城镇输配管网。

通常设置两组以上空温式气化器组，相互切换使用。当一组使用时间过长，气化器结霜严重，导致气化器气化效率降低，出口温度达不到要求时，人工（或自动或定时）切换到另一组使用，本组进行自然化霜备用。

在自增压过程中随着气态天然气的不断流入，储罐的压力不断升高，当压力升高到自动增压调节阀的关闭压力（比设定的开启压力约高 10%）时自动增压阀关闭，增压过程结束。随着气化过程的持续进行，当储罐内压力又低于增压阀设定的开启压力时，自动增压阀打开，开始新一轮增压。

（3）BOG 处理

LNG 在储罐储存过程中，尤其在卸车初期会产生蒸发气体（BOG），系统中设置了

BOG 加热器（E-104），加热后的 BOG 直接进入管网回收利用。

(4) 放散

在系统中必要的地方设置了安全阀，从安全阀排出的天然气以及非正常情况从储罐排出的天然气将进入 EAG 加热器（E-105）加热，再汇集到放散管集中放散。

此工艺流程一般用于中小型气化站，管网压力等级为中低压的系统中。

10.6.1.2 加压强制气化工艺流程

加压强制气化的工艺流程与等压气化流程基本相似，只是在系统中设置了低温输送泵，储罐中的 LNG 通过输送泵送到气化器中去气化。

此工艺流程适合于中高压系统，且天然气的处理量相对较大；LNG 储罐可以为带压储罐，也可以为常压储罐。加压强制气化的工艺流程见图 10-6-2。

10.6.1.3 液化天然气钢瓶的灌装

液化天然气钢瓶一般通过储罐增压器升压灌瓶，当要求日灌瓶量大时也可以设置低温灌装泵来灌装。灌装泵的流量根据日灌瓶量确定，其灌瓶压力一般可取 0.6～1.0MPa。灌装泵一般选择离心式 LNG 泵。在泵的出口设置液相回流调节阀，根据灌装区液相设定压力自动调节液相回流量。

10.6.2 气化站主要工艺设备

10.6.2.1 主要工艺设备

1. 储罐

当气化站内的储存规模不超过 1000m³ 时，一般采用 50～150m³ LNG 压力储罐，可根据现场地质和用地情况选择卧式罐和立式罐。

当气化站内的储存规模在 1000～3500m³ 时，一般采用子母罐形式。

当气化站内的储存规模在 3500m³ 以上时，宜采用常压储罐形式。

关于 LNG 储罐见本章 10.3.3。

气化站储存总容积的确定：

为了保证不间断供气，特别是在用气高峰季节也能保证正常供应，气化站中应储存一定数量的液化天然气。目前最广泛采用的储存方式是利用储罐储存。

气化站储罐设计总容积可按下式计算：

$$V = \frac{nKG_d}{\rho_l \varphi_b} \qquad (10-6-1)$$

式中　V——总储存容积 m³；

n——储存天数 d；

K——月高峰系数，推荐使用 $K = 1.2～1.4$；

G_d——年平均日用气量 kg/d；

ρ_l——最高工作温度下的液化天然气密度，kg/m³；

φ_b——最高工作温度下的储罐允许充装率。

储存天数主要取决于气源情况（气源厂个数、检修周期和时间、气源厂的远近等）和运输方式。

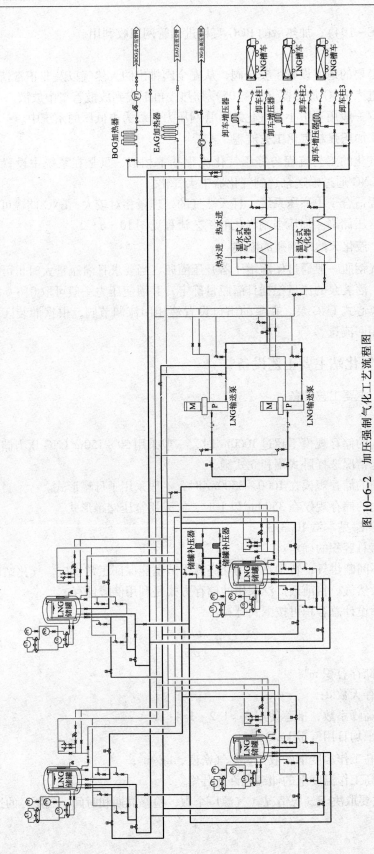

图 10-6-2　加压强制气化工艺流程图

2. 增压器

液化天然气气化站内的增压器包括卸车增压器和储罐增压器。增压器宜采用卧式。

（1）卸车增压器。

卸车增压器的气化能力根据日卸车量和卸车速度确定。卸车一般选择空温式增压器。空温式卸车增压器（流量350m^3/h）示例见图10-6-3。

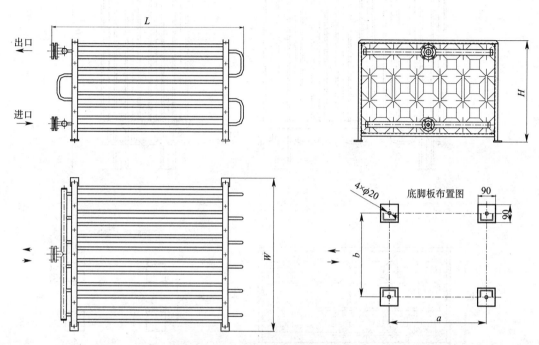

图10-6-3　空温式卸车增压器外形图

示例外形尺寸：L = 2370mm，W = 1615mm，H = 1580mm，a = 1935mm，b = 1525mm 进口，DN32，出口 DN50

（2）储罐增压器。

储罐增压器的气化能力根据气化站小时最大供气能力确定。储罐增压器宜联合设置，分组布置，一组工作，一组化霜备用。储罐增压器宜采用卧式。

空温式储罐增压器示例（流量350m^3/h）见图10-6-4。

增压器的传热面积按下式计算：

$$A = \frac{w \cdot q}{k \cdot \Delta t} \qquad (10-6-2)$$

$$q = h_2 - h_1$$

式中　A——增压器的换热面积，m^2；

　　w——增压器的气化能力，kg/s；

　　q——气化单位质量液化天然气所需的热量，kJ/kg；

　　h_1——进入增压器时液化天然气的比焓，kJ/kg；

　　h_2——离开增压器时气态天然气的比焓，kJ/kg；

　　k——增压器的传热系数，kW/（$m^2 \cdot$ K）；

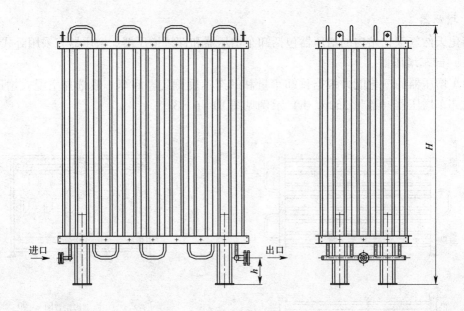

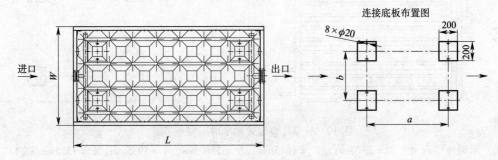

图 10-6-4　空温式储罐增压器外形图

示例外形尺寸：$L = 1715\text{mm}$，$W = 1715\text{mm}$，$H = 1960\text{mm}$，$a = 1140\text{mm}$，$b = 1140\text{mm}$，进口 $DN25$，出口 $DN40$

Δt——加热介质与液化天然气的平均温差，K。

3. 气化器

总储量 1 类气化站的气化器一般选用空温式，如站区周围有合适的蒸汽或热水资源时，在进行详细的经济技术分析后也可采用。

空温式气化器的总气化能力应按用气城镇高峰小时流量的 1.5 倍确定。当空温式气化器作为工业用户主气化器连续使用时，其总气化能力应按工业用户高峰小时流量的 2 倍考虑。

气化器的台数不应少于两台，其中应有 1 台备用。

空温式气化器构造及外形同空温式储罐增压器，见图 10-6-4。

强制通风型空温式气化器（流量 9500m³/h，功率 16kW），工作原理见图 10-6-5。其常规工作压力为 3.45MPa（表压）、最大可为 4.14MPa（表压）。

气化器的传热面积按下式计算：

$$A = \frac{wq}{k\Delta t} \tag{10-6-3}$$

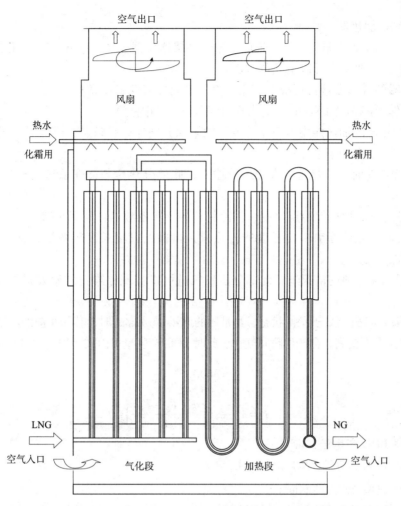

图 10-6-5 强制通风型空温式气化器工作原理图

$$q = h_2 - h_1$$

式中 A——气化器的换热面积，m^2；

w——气化器的气化能力，kg/s；

q——气化单位质量液化天然气所需的热量，kJ/kg

h_1——进入气化器时液化天然气的焓，kJ/kg；

h_2——离开气化器时气态天然气的焓，kJ/kg；

k——气化器的总传热系数，$kW/(m^2 \cdot K)$；

Δt——加热介质与液化天然气的平均温差 K。

关于加热式气化器见本章 10.4.2.3。

4. 加热器

液化天然气气化站内的加热器一般包括蒸发气体（BOG）加热器、放空气体（EAG）加热器和空温式气化器后置加热器（即 NG 加热器）。

BOG 和 EAG 加热器一般采用空温、立式结构，也可根据周围热源情况选用电加热式或热水循环式。

（1）BOG 加热器。

空温式 BOG 加热器构造及外形同空温式储罐增压器见图 10-6-4。气化站内 LNG 蒸发气（BOG）主要来源有以下几个方面：

1）储罐的日蒸发量：可根据厂家提供的最大日蒸发率计算；

2）向储罐内充装 LNG 时，会出现瞬时气化（即闪蒸）。

BOG 加热器的加热能力应根据蒸发气的来源分别计算后确定。通常可按照卸车作业产生的 BOG 量作为设计依据。

① 装卸作业时，从热管道来的热量输入；此部分热量与卸车管道的长度、管道保冷层效果有关。

在计算时可以根据保冷层厚度、保冷材料的导热系数等，利用文献 [28] 关于保冷计算的计算公式，先计算出单位长度的传热量，再根据管道长度等数据，计算此工况下的 BOG 产生量。

在缺乏相关资料的情况下，此部分蒸发气量可以按照储罐正常蒸发量的 10～20 倍近似计算。

② 如果 LNG 开始处于平衡状态，当带压的 LNG 进入储罐时，其膨胀前的温度比储罐内部压力下的沸点温度要高，会产生瞬间气化。此时 BOG 产生量可由式（10-6-4）近似计算：

$$q = 3600 \frac{q_m \cdot F}{\rho_g} \qquad (10-6-4)$$

$$F = 1 - \exp\left[\frac{c\ (T_2 - T_1)}{r}\right]$$

式中　q——BOG 产生量，m^3/h；

　　　q_m——进入储罐的 LNG 量，kg/h；

　　　ρ_g——BOG 密度，kg/m^3；

　　　c——LNG 比的热容，$J/(K \cdot kg)$；

　　　T_2——在储罐压力下 LNG 的沸点，K；

　　　T_1——LNG 膨胀前的温度，K；

　　　r——LNG 气化潜热，J/kg。

（2）EAG 加热器。

气化站内放空气体（EAG）主要来源于系统事故状态下的天然气泄放或安全阀超压释放。系统中产生的 EAG 宜集中放散。

泄放源通常包括 LNG 储罐、LNG 低温泵、气化器、液相管道系统两个切断阀之间安全阀的超压泄放。

EAG 加热器的加热能力应根据 EAG 气体最大的来源分别计算后确定。

液化天然气集中放散装置的汇总总管，应经加热将放散物加热成比空气轻的气体后方可排入放散总管。

空温式 EAG 加热器构造及外形同空温式储罐增压器，见图 10-6-4。

（3）NG 加热器。

为了满足出站天然气的温度要求，在空温式气化器后应设置天然气加热器。天然气加热器也可采用电加热式或水浴式。

在站区外部热水资源缺乏时，气化站内需设置燃气自动热水炉生产热水，热水炉宜采用常压热水炉，其出水水温一般为80℃，回水温度一般为65℃，在加热器水入口设置温度调节阀，根据加热器后天然气的温度自动调节热水的供应量，以达到节能的目的。

加热天然气需要的热量可按下式计算：

$$Q = cq(T_2 - T_1) \tag{10-6-5}$$

式中 Q——需要的热量，kJ/h；

c——天然气的比热容，kJ/（$m^3 \cdot K$）；

q——通过加热器的天然气高峰小时流量，m^3/h；

T_2——出加热器天然气的温度，K，可取278 K；

T_1——进加热器天然气的温度，K，可取气化器出口温度，如主气化器为空温式气化器，可取低于当地极限最低温度8 K~10 K。

5. 低温泵

液化天然气气化站内采用的低温泵主要是满足加压强制气化压力的要求或进行钢瓶的灌装。关于低温泵详见本章10.3.4.1。

LNG低温泵可在罐区外露天布置或设置在罐区防护墙内。

6. 蒸发气压缩机及再冷凝器

当采用BOG再冷凝工艺时需设置蒸发气压缩机及再冷凝器。关于这两种设备见本章10.4.2.1及10.4.2.2。

10.6.2.2 泵和压缩机的选择与安装

液化天然气气化站中的选择与安装应满足下列要求：

（1）阀门的安装应使每一台泵或压缩机都能单独维修。在泵或离心式压缩机因操作需要并列安装的场合，每一个出口管线上应配一个止回阀。

（2）泵和压缩机应当在出口管线上装备一个减压装置来限制压力，使之低于机壳和下游管道、设备的设计最大安全工作压力。

（3）每台泵装备有足够能力的释放阀，用以防止泵壳在冷却时产生最大流量期间超压。

（4）低温泵的地基和油池的设计和施工中，需防止冷冻膨胀。

（5）用于输送温度低于-29℃的液体的泵，应配备预冷装置，确保泵不被损坏或造成临时或永久失效。

（6）处理可燃气体的压缩设备，应在各个气体可能漏泄的点设排气道，使气体能排出到建筑物外部可供安全排放的地方。

10.6.3 气化站总平面与安全

10.6.3.1 气化站总平面

液化天然气气化站总平面应进行分区布置。一般分为生产区、生产辅助区。

生产区与辅助区之间宜采取措施间隔开，并设置联络通道，便于生产和安全管理。

1. 生产区

根据石油天然气火灾危险性分类，气化站生产区属甲类危险区。液化天然气气化站应设置高度不低于 2m 的不燃烧体实体围墙。

液化天然气气化站生产区一般分为储罐区、气化区、调压计量加臭区、卸车区和灌装区等。

储罐区、气化区、灌装区采取"一"字顺序排列，这样即能满足功能需要，又符合规范规定的防火间距的要求，节省用地。从安全考虑，平面布置时需注意下列两点：

1）生产区应设置消防通道，若消防通道为尽头式，则应设置消防车道回车场。灌瓶区的灌装台前应有较宽敞的汽车回车场地。

2）气化站生产区和辅助区至少应各设置 1 个对外的出入口。当液化天然气储罐的总容积超过 1000m³ 时，生产区应设 2 个对外出入口。

（1）储罐区

储罐区一般包括液化天然气储罐（组）、空温式储罐增压器和液化天然气低温泵等。

储罐宜选择立式储罐以减少占地面积；当地质条件不良或当地规划部门有特殊要求时应选择卧罐。空温式增压器布置在罐区内，以使入口管线最短。液化天然气低温泵宜露天放置在罐区内，以使泵吸入管段长度最短，管道附件最少，以增加泵前有效汽蚀余量。

储罐（组）四周须设置周边封闭的不燃烧体实体围堰。围堰区内不应设置其他可燃液体储罐。

液化天然气储罐的围堰区有最小允许容积，它包括排泄区的任何有用容积和为置换积雪、其他储罐和设备留出的余量。容积应符合有关规范的要求。

围堰区应当有排除雨水或其他水的措施。可以采用自动排水泵排水，但泵需配有自动切断装置以防在 LNG 温度下工作。如果利用重力来排水，要预防 LNG 通过排水系统溢流。

同时，工艺区，气化区，液化天然气、可燃制冷剂、可燃液体的输运区，以及邻近可燃制冷剂或可燃液体储罐周围的区域，应该具有一定的坡度，或具有排泄设施，或设置围堰。

储罐区内应设置集液池和导流槽。集液池四周应设置必要的护栏，在储罐区防护墙外应设置固定式抽水泵或潜水泵，以便及时抽取雨水。如果采取自流排水，应采取有效措施防止 LNG 通过排水系统外流。

集液池最小容积应等于任一事故泄漏源，在 10min 内可能排放到该池的最大液体体积。

储罐区布置实例见图 10 - 6 - 6。

（2）气化区

空温式气化器或温水循环式气化器属甲类厂房，宜与储罐区相邻，以减少液相管道的长度和阻损。

浸没燃烧式或火管式气化器应远离储罐区。

气化器的布置应满足操作和配管方便等方面的要求，空温式气化器其换热效果的好坏与风向有一定的关系，在可能的情况下，应考虑风向的影响，尤其是冬季的风向。空温式气化器宜单排布置。空温式气化器之间的间距应尽量放大，一般要求净距为 1.5m 以上，空温式气化器宜东西向布置，并尽量将气化器的气化段朝阳，以增加光照面积和光照时间。

空温式气化器还应考虑区域温度下降对周围环境的影响因素，强制通风式气化器还应

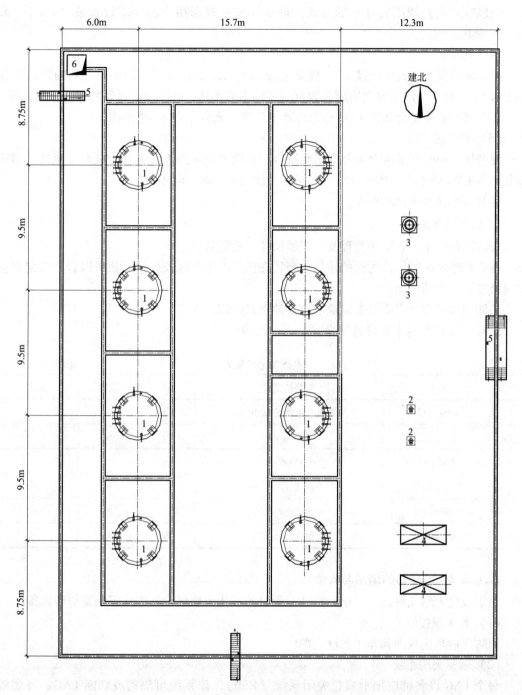

图 10-6-6 储罐区布置图实例

1—LNG 储罐；2—灌装泵；3—低温输送泵；4—储罐增压器；5—过梯；6—集液池

考虑噪声对周围设施或人员等的危害。

（3）调压计量加臭区

根据天然气管道出站的方位确定调压计量加臭区，宜与气化区临近，力求管道较短，出站气流顺畅。装置可露天放置或放置在简易罩棚中。

一般宜采取先调压后计量的方式，调压设施可根据用户的要求设置成"1＋1"或"1＋0"形式。

（4）卸车区

卸车区设置在靠近生产区 LNG 槽车主要出入口处，相邻两个卸车位之间的距离不宜小于 4.5m。槽车与卸车台之间应设置有明显标志的车挡，并应设置可靠的静电接地装置。

卸车区布置应结合站内 LNG 称重地衡的位置，充分考虑车辆的回转。

（5）灌装区

灌装区一般包括灌装台位和汽车装卸台，在灌装台位旁边设置空瓶区和实瓶区。钢瓶灌装台与 LNG 储罐、天然气放空管之间应保持应有的防火间距。

灌装可手动或半自动作业。

2. 生产辅助区

辅助区包括生产、生活管理及生产辅助建、构筑物。

在布置辅助区时，带明火的建筑应布置在离甲类生产区较远处。凡可以合并的建筑应尽量合建，以节约用地。

消防泵房可根据需要设置成地下或半地下式结构。

LNG 气化站工艺主要设备见表 10-6-1 示例。

主要工艺设备表　　　　　　　　　　　　　　　　　　　　　　　表 10-6-1

序号	名称	规格或型号	单位	数量	备注
1	LNG 储罐	粉末真空绝热 立式 100m³	台	4	
2	空温式气化器	2000m³/h	台	6	
3	水浴式加热器	8000m³/h	台	1	
4	BOG 加热器	空温式 400m³/h	台	1	立式
5	储罐增压器	空温式 200m³/h	台	2	立式
6	EAG 加热器	空温式 400m³/h	台	1	立式

10.6.3.2　气化站的消防与安全

鉴于液化天然气易燃、易爆的特性，所有的液化天然气设施中均应配置消防设备。

（1）着火源控制

消防区内禁止吸烟和非工艺性火源。

（2）紧急关闭系统

每个 LNG 设备都应加上紧急关闭系统（ESD），该系统可隔离或切断 LNG、可燃液体、可燃制冷剂或可燃气体的来源，并关闭一些如继续运行可能加大或维持灾情的设备。

紧急关闭系统可控制可燃或易燃液体连续释放的危害。如果某些设备的关闭会引起另外的危险，或导致重要部分机械损坏，这些设备或辅助设备的关闭可不包括在紧急关闭系统中。

如果盛放液体的储罐未受保护，则它暴露在火灾中时，应通过紧急关闭系统减压。

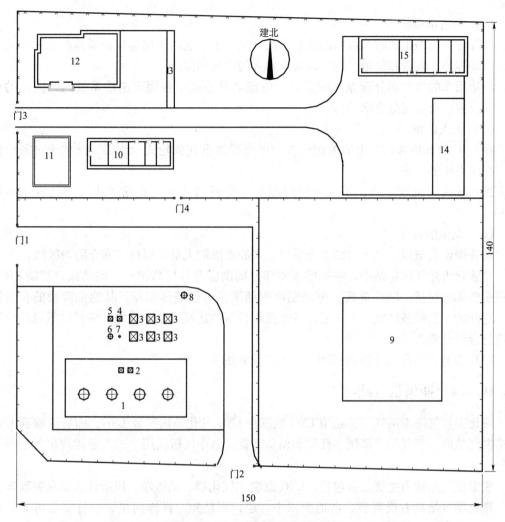

图 10 - 6 - 7　气化站总平面布置图

1—LNG 储罐；2—储罐增压器；3—空温式气化器；4—EAG 加热器；5—BOG 加热器；6—水浴式加热器；7—放空管；
8—卸车柱；9—加气站；10—辅助用房；11—消防水池；12—办公楼；13—车棚；14—料棚；15—备品备件库

　　紧急关闭系统应有失效保护，或者采取保护措施。没有失效保护的紧急关闭系统的部件，安装地点应符合规范要求。

　　紧急关闭系统的启动可以手动、自动或两者兼有。手动调节器（开关）安装地点应符合规范要求。

（3）火灾和泄漏监控

　　可能发生可燃气体聚集、LNG 或可燃制冷剂泄漏，以及发生火灾的地区，包括封闭的建筑物，均应进行火灾和泄漏监控。

　　连续监控低温传感器或可燃气体监测系统，应在现场或经常有人在的地点发出警报。当监控的气体或蒸气的浓度超过它们的爆炸下限的 25% 时，监测系统应启动一个可听或可视的警报。

　　火灾警报器应在现场或经常有人的地点发出警报。另外，允许火灾警报器激活紧急关闭系统。

（4）消防水系统

在气化区应提供消防水源和消防水系统。消防水系统的作用是保护暴露在火灾中的设备，冷却容器、装备和管道，并控制尚未着火的泄漏和溢流。

消防用水的供应和分配系统的设计，应能满足系统中各固定消防系统同时使用的要求，其设置应符合规范要求。

（5）灭火设备

在 LNG 设施内和槽车上的关键位置，可设置便携式或轮式灭火器，这些灭火器应能扑灭气体发生的火灾。

进入场区的机动车辆，最低限度应配备一个便携式干式化学灭火器，其容量不低于 9kg。

（6）安全措施

设备操作人员应控制入口的安全系统，未经批准的人员不得进入安全防护区域。

在液化天然气气化站中，在一些重要部分周围应有外层防护栏、围墙或自然防护栏。这些重要部分包括：LNG 储罐，可燃制冷剂储罐，可燃液体储罐，其他危险物的存放区域，室外的工艺设备区域，有工艺设备或控制设备的建筑，装卸设施。围栏设置及门口数量应符合规范要求。

LNG 设施应有尽可能好的照明，以提高设施的安全性。

10.6.4 瓶组供气站

液化天然气瓶组供气工艺是用 LNG 钢瓶在 LNG 气化站内灌装 LNG，而后运输到 LNG 瓶组供气站内，经气化、调压、计量和加臭后直接向小区居民用户或工业用户供气的一种供气方式。

瓶组供气站站内主要设备包括：LNG 瓶组、气化器、调压器、流量计、加臭装置等。

瓶组供气站具有投资省、占地面积小、建设周期短、操作简单、运行安全可靠等特点，可在较短的建设周期内向用户供气。另外也可作为城镇卫星站建设、投运之前的过渡供气方案。

供气能力。气化装置的总供气能力应根据高峰小时用气量确定。气化装置的台数不应少于 2 台，其中 1 台备用。

储存规模。瓶组供气站储气容积宜按计算月最大日供气量的 1.5 倍计算。气瓶组总储存容积不应大于 $4m^3$。

工艺流程。盛装液化天然气的钢瓶运到供气站内，连接好气、液相软管，用钢瓶自带的增压器给钢瓶增压，利用压差将钢瓶中的 LNG 送入外接气化器；在气化器中液态天然气气化并被加热至允许温度，然后通过调压器调压至所需压力，经计量、加臭后送往用户。

LNG 瓶组供气工艺与液化石油气瓶组供气相似，在气化站内设置使用和备用两组钢瓶，且数量相同，当使用侧的 LNG 钢瓶的液位下降到规定液面时，应及时切换到备用瓶组一侧，切换下来的空钢瓶也应及时灌装备用。如 LNG 瓶组供气工艺应用在北方寒冷地区，在天然气进管网之前还应设置加热器升温。

其工艺流程见图10-6-8所示。

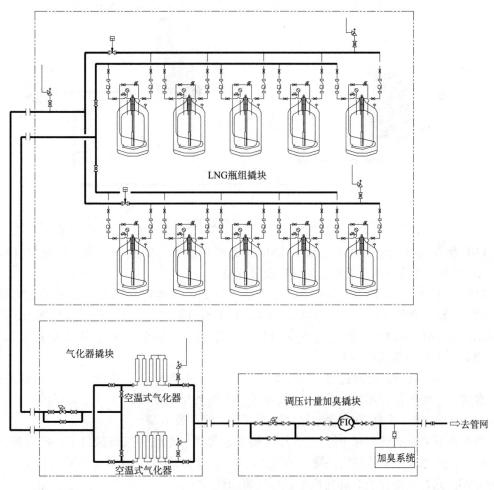

图10-6-8 瓶组气化站工艺流程

10.7 液化天然气加气站

　　天然气低温液化以后，其密度为标准状态下甲烷的600多倍，体积能量密度约为汽油的72%，为CNG的两倍多，因而LNG汽车的行程远。天然气在液化前经过严格的净化，因而LNG中的杂质含量远低于CNG，这为汽车尾气排放满足更加严格的标准创造了条件。LNG燃料储罐在低压下运行，避免了CNG因采用高压容器带来的潜在危险，同时也大大减轻了容器自身的重量。LNG的冷量还可用于汽车空调或冷藏运输。这些方面的优越性使LNG相对CNG具有较大的优势，因而LNG汽车是天然气汽车的一个重要发展方向。LNG汽车与LNG加气站构成LNG汽车运输系统。

10.7.1 加气站

　　LNG加气站的作用是以0.52～0.83MPa的压力将LNG加注进汽车燃料气瓶，这一压力是天然气发动机正常运转所需要的。图 10 - 7 - 1 是 LNG 加气站的简单工艺流程。

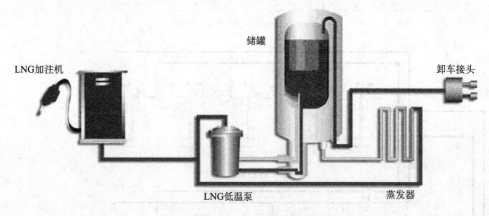

图 10 - 7 - 1　LNG 加气站工艺流程

LNG 加气站包括七种主要设备：LNG 低温绝热储罐、低温潜液泵、气化器（蒸发器）、真空夹套管路、卸车设施、加气机及控制盘。

LNG 运输槽车按一定周期向 LNG 加气站运送 LNG。通常到达加气站的是压力低于 0.35MPa、温度较低的 LNG。运输槽车上的 LNG 需通过泵或自增压系统升压后卸出，送进加气站内的 LNG 储罐内。卸车过程通过计算机监控，以确保 LNG 储罐不会过量加注。LNG 储罐通常的容积是 50 ~ 120m³。

储罐加注完成后，可通过启动控制盘上的按钮，对罐内 LNG 进行升压。升压过程是通过潜液泵，使部分 LNG 进入气化器气化后，再回到罐内实现的。升压后罐内压力一般为 0.55 ~ 0.69MPa。LNG 在低温绝热储罐内可无损储存数星期。

当有车辆需要加气 LNG 时，先将加气接头连接到汽车燃料气瓶接口上，启动加气机上的按钮，饱和液体就从站内储罐经加气机进入汽车燃料气瓶。通常加气机里也存有一定量的 LNG，这样可以保证立即向汽车燃料气瓶加注 LNG。

加气机在加液过程中不断检测液体流量。当液体流量明显减小时，加注过程会自动终止。加气机上会显示出累积的 LNG 加注量。加注过程通常需要 5 ~ 7min 左右。

设置 PLC 控制盘调节加气站的运行状况，监测流量、压力以及储罐液位等参数。PLC 具有启动升压过程、接收 LNG 输入、根据燃气和火焰监测数据启动报警等功能，也可将系统数据传送到远程控制室。

加注用的 LNG 低温泵是一种带压力容器的潜液泵，又称 LNG 加注泵。构造如图 10 - 7 - 2。泵的叶轮组、导流器和电动机都安装在不锈钢容器内，被液体浸没，防止汽蚀。入口的导流器可减小吸入流动阻力，防止吸入口产生汽蚀。容器具有气液分离作用。泵内产生的蒸气可经由回气管路返回供液储罐。LNG 加注泵一般流量大、扬程小，一种 LNG 加注泵的扬程流量特性范围见图 10 - 7 - 3。

LNG 加注泵技术参数示例：流量 8 ~ 340L/min，需要的进口正压 1 ~ 4m，扬程 15 ~ 488m，设计功率 11kW 或 18.5kW，转速范围 1500 ~ 6000r/min。

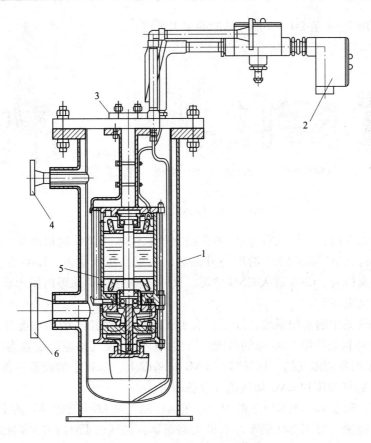

图 10-7-2   LNG 加注泵构造

1—压力容器壳体；2—接线盒；3—排出管法兰；4—回气管法兰；5—电动机；6—进液管法兰

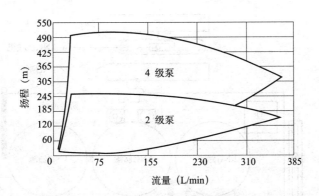

图 10-7-3   LNG 加注泵的扬程流量特性范围

10.7.2   液化天然气－压缩天然气加气站

在有 LNG 气源同时又使用 CNG 汽车的地方，可以建设液化天然气－压缩天然气加气站（L-CNG），为 CNG 汽车加气。液体压缩可以通过低温泵实现。在质量流量和压缩比相同的条件下，低温泵的投资、能耗和占地面积等，均远小于气体压缩机。因此，通过 LNG 泵，将 LNG 加压至 CNG 燃料罐所需压力后，再通过换热器使 LNG 气化，即可向 CNG 汽车加气。图 10 - 7 - 4 是 L-CNG 加气站的简单工艺流程。

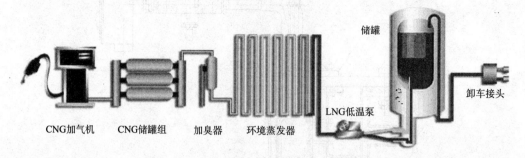

图 10 - 7 - 4　L-CNG 加气站工艺流程

在向车辆加气时，加气机首先从 CNG 储罐吸取气体。CNG 储罐内压力的下降，会自动启动 LNG 泵。LNG 泵将 LNG 的压力升高后，送至高压气化器，LNG 在其中气化为气体。在经过加臭以后，CNG 进入 CNG 储罐。这一过程在 CNG 储罐内压力重新达到正常储气压力后自动结束。

L-CNG 加气站中的监控系统，除了具有 LNG 加气站监控系统的功能外，还具有检测 CNG 储罐压力并自动启停 LNG 泵的功能。当然，L-CNG 加气站也可配置为同时为 LNG 汽车和 CNG 汽车服务的加气站。这只需在 LNG 站基础上，以较小的投资增加高压 LNG 泵、气化器、CNG 储气设施和 CNG 加气机等设备即可。

储存规模。对于 165 辆车以下的中大型车队，加气站 LNG 储罐容量约 110m³ 左右，一般设置为两个储罐。对于 200 辆车左右的大型车队，加气站 LNG 储罐容量约 160～170m³ 左右，可设置为三个储罐。

图 10 - 7 - 5 是一个 LNG L-CNG 加气站的平面布置简图。

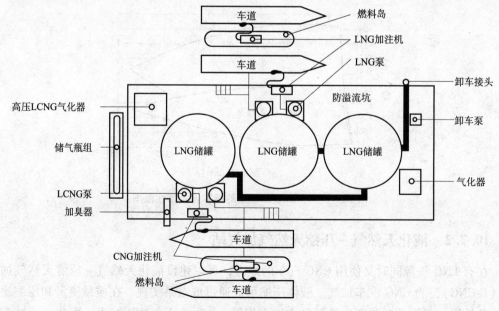

图 10 - 7 - 5　LNG L-CNG 加气站平面布置简图

参考文献

［1］顾安忠，鲁雪生．液化天然气技术手册［M］．北京：机械工业出版社，2010.

［2］王福安．化工数据导引［M］．北京：化学工业出版社，1995.

［3］K. S. 佩德森．石油与天然气的性质［M］．郭天民译．北京：中国石化出版社，1992.

［4］Hanley H. J. , McCarty R. D. Equations for the Viscosity and Thermal Conductivity Coefficients of Methane［J］. Cryogenics, 1975. 6：413～418.

［5］朱刚．天然气迁移性质与调峰型液化流程的优化研究（博士学位论文）［D］．上海交通大学，2002.

［6］公茂琼．用状态方程计算多元混合工质的热导率［J］．低温工程，1997. 5：18.

［7］童景山主编．化工热力学［M］．北京：清华大学出版社，1995.

［8］Germeles A E. A Model for LNG Tank Rollover［J］. Advances in Cryogenic Engineering, 1975, （21）：326-336.

［9］Heesatand J, Shipman C W, Meader J W. A Predictive Model for Rollover in Stratified LNG Tanks［J］. AIChE Journal, 1983, 29（2）：199-207.

［10］游立新．液化天然气分层及涡旋的传热传质研究（硕士学位论文）［D］．上海交通大学，1990.

［11］程栋．液化天然气分层涡旋现象的数值和实验研究（硕士学位论文）［D］．上海交通大学，1997.

［12］覃朝辉．液化天然气涡旋的理论研究与数值模拟（硕士学位论文）［D］．上海交通大学，1999.

［13］覃朝辉，顾安忠．液化天然气涡旋的模型研究［J］．上海交通大学学报，1999, 33（8）：954-958.

［14］李品友，顾安忠．液化天然气储存非稳性的理论研究［J］．中国学术期刊文摘（科学快报），1999, 5（2）：170-172.

［15］Lu X S, Lin W S, Gu A Z, Qin Z H. Numerical Modeling of Stratification and Rollover in LNG and the Improvements to Bates-Morrison Model［A］. Proceedings of the 6th ASME-JSME Thermal Engineering Joint Conference［D］, Hawaii, 2003：Paper TED-AJ03-606.

［16］杨世铭．传热学（第二版）［M］．北京：高等教育出版社，1987.

［17］游立新，顾安忠．液化天然气冷量㶲特性及其应用［J］．低温工程，1996, （3）：6～12.

［18］朱刚，顾安忠．液化天然气冷能的利用［J］．能源工程，1999, （3）：1～3.

［19］Liu H T, You L X. Characteristics and Applications of the Cold Heat Exergy of Liquefied Natural Gas［J］. Energy Conservation & Management, 1999, 40：1515～1525.

［20］Lee G S, Chang Y S, Kim M S, Ro S T. Thermodynamic Analysis of Extraction Processes for the Utilization of LNG Cold Energy［J］. Cryogenics, 1996, 36（1）：35-40.

［21］Kim C W, Chang S D, Ro S T. Analysis of the Power Cycle Utilizing the Cold Energy of LNG［J］. International Journal of Energy Research, 1995, 19：741～749.

［22］Miyazaki T, Kang Y T, Akisawa A, Kashiwagi T. A Combined Power Cycle Using Incineration and LNG Cold Energy［J］. Energy, 2000, 25：639～655.

［23］Hisazumi Y, Okamura T. The Development of High Power Output and High Generation Efficiency for Middle Class GTCC by Using LNG Cold［A］. Proceedings of the International Conference on Power Engineering［D］. Shanghai, 2001：91～98.

［24］Velautham S, Ito T, Takata Y. Zero-Emission Combined Power Cycle Using LNG Cold［J］. JSME International Journal（Series B）, 2001, 44（4）：668～674.

［25］沙拉（Ramesh K. Shah），塞库利克（Dusan P. Sekulic）. 换热器设计技术［M］. 陈林译. 北京：机械工业出版社，2010.

［26］顾安忠等. 液化天然气技术［M］. 北京：机械工业出版社，2005.

［27］吴胜琪. 利用 LNG 冷能于冷冻冷藏库与其他节能系统应用研究［D］. 高雄：国立中山大学，1992.

［28］严铭卿，宓亢琪，田冠三，黎光华等. 燃气工程设计手册［M］. 北京：中国建筑工业出版社，2009.

第11章 液化石油气输配

液化石油气（Liquefied Petrolium Gas，LPG）是由石油炼制厂炼油过程副产或油气田开采中副产的液态烃，经分馏以丙、丁烷为主要成分的碳氢化合物，常温及压力状态下为液态。作为燃料称为液化石油气。LPG 是一种可高效储存和运输的优质燃气。它是燃气系统的重要气源之一，适用作为中心城镇、边远地区的燃气气源，也可作为天然气供气系统的补充或调峰气源。

LPG 燃气系统包含生产、储存、运输、气化、应用等环节。广泛地作为燃料用于工业、商业、城镇居民生活、交通、采暖等领域。

LPG 在我国经历了较普及的发展，在广大地区曾经形成或仍然构成成熟的城镇燃气系统。

11.1 液化石油气运输

11.1.1 运输方式

由石油炼制厂或油气田生产的液化石油气在送到终端用户时要经过运输、储存和分配等环节。其中运输环节实现将液化石油气由产地向储存基地或向储存分配基地的转移，或由中间储存基地向储存分配基地的转移。运输的空间可按地域分为国外和国内两种范围。本章只讲述国内范围的运输。从运输方式及运输工具上可区分为陆路的铁路槽车（罐车）、汽车槽车（罐车）运输，液化石油气管道输送，以及水上的槽船运输。

各种运输方式有以下特点：

（1）管道输送。这种运输方式一次投资较大、管材用量多（金属耗量大），但运行安全、管理简单、运行费用低，适用于运输量大的液化石油气接收站。这种运输方式要求管道两端的液化石油气供气场站与接收站点之间有较长期且稳定的供需关系。

（2）铁路槽车运输。这种运输方式的运输能力较大、费用较低；当接收站距铁路线较近、具有较好接轨条件时，可选用；而当距铁路线较远、接轨投资较大、运距较远、编组次数多，加之铁路槽车检修频繁、费用高，则应慎重选用。

（3）汽车槽车运输。这种运输方式虽然运输量小，常年费用较高，但灵活性较大，便于调度，通常广泛用于各类中、小型液化石油气站；同时也可作为大中型液化石油气供应基地的辅助运输方式。

（4）槽船运输。这种运输方式运输量大，费用低，但需要有水道和装卸码头建设条件。是沿江、沿海液化石油气供应基地的首选运输方式。

运输方式和运输工具的采用主要与运输线路或航线条件，运输规模及运输距离有关。在具备多种可能途径的情况下，选择运输方式还需进行全面的技术经济比较。

11.1.2　管道输送

11.1.2.1　管道输送系统

1. 管道输送系统构成

液化石油气管道输送系统，是由起点站储罐、起点泵站、计量站、中间泵站、管道及终点站、储罐所组成，如图 11-1-1 所示。

用泵由起点站储罐抽出液化石油气（为了保证连续工作，泵站内应不少于两台泵），经计量站计量后，送到管道中，再经中间泵站将液化石油气压送到终点站储罐。如输送距离较短时，可不设中间泵站。

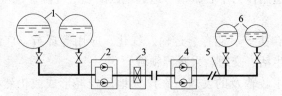

图 11-1-1　液化石油气管道输送系统

1—起点站储罐；2—起点泵站；3—计量站；4—中间泵站；5—管道；6—终点站储罐

输送管道压力分级。液化石油气输送管道按设计压力（p）分为 3 级，如表 11-1-1 的规定。

液化石油气输送管道设计压力（表压）分级　　　　表 11-1-1

管道级别	设计压力（MPa）
Ⅰ	$P > 4.0$
Ⅱ	$1.6 < P \leqslant 4.0$
Ⅲ	$P \leqslant 1.6$

2. 管材和泵设备

（1）液化石油气输送管道选用的钢管

一般情况下，液态液化石油气输送管道在沿途一、二级地段，选用 10、20 或具有同等以上性能的无缝钢管。管道附件不得采用螺旋焊缝钢管制作。

（2）阀门和阀室

液化石油气输送管道一般采用截止阀或球阀，当采用清管球工艺时，选用球阀。

（3）管输泵

输送液态液化石油气的泵一般选用多级离心泵。根据防液化石油气泄漏的方式分成两类机型，即泵-电机分离的常规双机械密封离心泵和泵-电机一体的两层防泄漏套无密封屏蔽式离心泵。屏蔽式泵的优点，密封性好，不需为联轴器中心找正及维修工作量小。可根据工艺管道的布置选择立式或卧式安装。

图 11-1-2 为立式结构（电机置于泵体上）屏蔽泵。按生产厂家向用户提供 H（泵扬程）q（流量）特性图选择泵的型号和规格，并根据泵的计算扬程可确定选单级泵还是

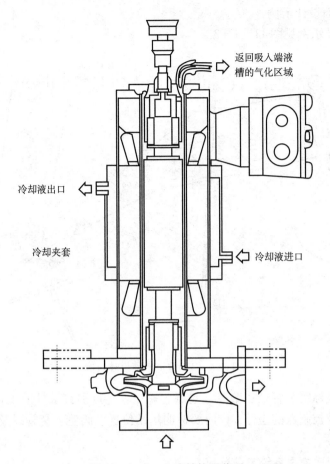

图 11-1-2 立式结构屏蔽泵

多级泵。

3. 液化石油气输送管道的敷设工程

液化石油气输送管道无论是短距离还是中长距离，路由都基本在野外环境。主要有三方面相关内容。

（1）液化石油气输送管道的选线

液化石油气输送管道通常采用埋地敷设。管道线路根据沿途城镇、交通、电力、通信、水网等现状和规划，沿途地形、地质、水文、气象、地震等自然条件，并考虑施工方便、运行安全等因素进行选择。选线原则如下：

1）不穿越居住区、村镇和公共建筑群等人员集中的地区；

2）尽量避免和减少穿越河、湖、沼泽和铁路等大型障碍物；

3）尽量避免与国家铁路和高速公路近距离平行敷设，宜与Ⅲ、Ⅳ级以下的公路平行敷设；

4）尽量避开沿途地质条件不良的地段敷设。

（2）安全间距

地下液态液化石油气管道与建、构筑物或相邻管道之间的水平净距和垂直净距分别应符合设计标准的规定。

（3）管道平面设计示例

管道平面设计示例见图 11 - 1 - 3。

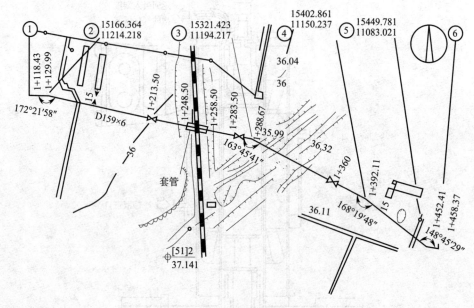

图 11 - 1 - 3　管道平面设计示例

图中设计管线标明了管径、壁厚，起点、拐点、终点和钉桩处的里程桩号或节点号，平面拐角角度以及控制点的坐标，同时要标明场站位置、阀室、套管以及其他设备、附件的位置或里程桩号。

11.1.2.2　管道输送系统工艺计算

1. 管道工艺计算

用管道输送液化石油气时，必须考虑液化石油气易于气化这一特点。在输送过程中，要求管道中任何一点的压力都必须高于管道中液化石油气所处温度下的饱和蒸气压，否则液化石油气在管道中气化形成"气塞"，将大大地降低管道的通过能力。管道工艺计算的主要内容是对已选定的管线线路按规定的液化石油气流量要求，计算选择管径以及计算出管道的压力以便确定管道壁厚和进行泵的选择。

1）液化石油气管道设计压力与摩擦阻力损失

输送液化石油气的管道系统可能设有中间泵站，管道由若干管段组成。确定输送液态液化石油气管道的设计压力时，应依据管道系统中起点压力最高管段的工作压力确定设计压力 p_D。管段起点工作压力可按下式计算：

$$p_q = H\rho g10^{-3} + p_s \qquad (11 - 1 - 1)$$

式中　p_q——管段起点工作压力，MPa；

　　　H——所需泵的扬程，m（液柱）；

　　　ρ——平均输送温度下的液态液化石油气密度，t/m³；

　　　p_s——始端储罐最高工作温度下的液化石油气饱和蒸气压力，MPa。

液化石油气采用管道输送时，泵的扬程 H 应大于下式计算的泵的计算扬程：

$$H_j = (\Delta p_Z + \Delta p_Y)10^3 / (\rho g) + \Delta H \qquad (11-1-2)$$

式中　H_j——泵的计算扬程，m（液柱）；

　　　Δp_Z——管段总阻力损失，可取为 (1.0~1.10) Δp，MPa；

　　　Δp——管段摩擦阻力损失，MPa；

　　　Δp_Y——管道终点进罐余压（对管道的中间管段，$\Delta P_Y = 0$），可取 0.2~0.3MPa；

　　　ΔH——管段终、起点高程差，m。

其中液化石油气管道摩擦阻力损失，按下式计算：

$$\Delta p = 10^{-3}\lambda \frac{Lw^2\rho}{2d} \qquad (11-1-3)$$

$$\lambda = 0.11\left(\frac{\Delta}{d} + \frac{68}{Re}\right)^{0.25} \qquad (11-1-4)$$

式中　Δp——管道摩擦阻力损失，MPa；

　　　L——管道计算长度，m；

　　　w——液化石油气在管道中的平均流速，m/s；

　　　d——管道内径，m；

　　　ρ——平均输送温度下的液态液化石油气密度，t/m^3；

　　　λ——管道的摩擦阻力系数，可取为 0.022~0.025。

注：平均输送温度可取管道中心埋深处，最冷月的平均地温。

2）管道日输送量

管道设计流量即管道的日输送量可以按计算月用气需求量的日平均值来计算：

$$q_{md} = K_{mmax}\frac{q_{ma} \times 10^4}{365} \qquad (11-1-5)$$

式中　q_{ma}——管道年设计供气规模，10^4t/a；

　　　q_{md}——管道设计日输送量，t/d；

　　　K_{mmax}——用气量月高峰系数。

3）管径的计算及其设计流量

管线上各管段管径的初步选择可以参照经济流速，由管段输送流量进行计算：

$$d_{mm} = 1000\sqrt{\frac{4q_{md}}{\tau\pi\rho w \times 3600}} = 33.3\sqrt{\frac{q_{md}}{\pi\rho w\tau}} \qquad (11-1-6)$$

式中　d_{mm}——管道内径，mm；

　　　w——管道内液化石油气流速，m/s；

　　　τ——管道日工作小时数，h。

管道设计流量：

$$q_{vS} = \frac{q_{md}}{3600\tau\rho} \qquad (11-1-7)$$

式中　q_{vS}——管道设计流量，m^3/s。

4）储罐的容量

在日输送量确定以后，要按液化石油气供给量的变动情况确定供给端储罐的容量；按需求量的变化情况来确定需求端储罐的容量。

供给端的计算月至少有两种情况，一种是供给端生产设备检修或液化石油气来源中断或减少最严重情况的发生月份。需用端的计算月是需用端需用量高峰月的月份。对这两种情况分别进行所需罐容计算。

2. 管道输送的经济流速[1]

经济规模和经济流速，是从经济角度确定的输送规模和合理流速。作为了解它们的基础，首先要研究管道系统的经济性。为此，考察表征经济性的系统年费用指标。

1）管道输送系统的年费用

管道输送系统的年费用包括管道和泵站设备及建筑的年折旧、年维修费、人员工资及管理费、液化石油气泵组设备的年运行电费及其他辅助消耗费。对一个 LPG 管道输送系统进行关于流速或管径为主要因素的经济比较，人员工资等某些项目费用在方案之间的差别很小甚至没有差别。因此在下面的分析中将略去这些因素的差异。

（1）泵设备运行年费用

$$E_p = e_0 n N \tau \tag{11-1-8}$$

$$N = \frac{pq}{3.6\eta} \tag{11-1-9}$$

$$p = 1.1 \frac{\lambda L_0 w^2 \rho}{2D} \cdot 10^{-3} \tag{11-1-10}$$

式中　E_p——泵设备运行年费用，万元/a；

e_0——电价，万元/（10^4kWh）；

n——泵站数；

N——泵站运行功率，kW；

τ——泵站年运行小时数，10^4h/a；

p——泵排送压力，MPa；

q——泵流率，即管道输送流率，m^3/h；

η——泵组效率；

λ——摩阻系数；

L_0——泵站输送平均距离，m；

D——管道内径，m；

w——管道内 LPG 流速，m/s；

ρ——液态 LPG 密度，t/m^3。

将式（9-1-9）及式（11-1-10）代入式（11-1-8），得

$$E_p = 1.1 e_0 \lambda L \, w^2 \rho q (2 \times 3.6\eta D)^{-1} \cdot 10^3 \tag{11-1-11}$$

$$D = \frac{1}{30} \sqrt{\frac{q}{\pi w}} \tag{11-1-12}$$

式中　L——管道全长，m。

$$L = nL_0$$

$$E_p = e_0 1.1 \frac{30}{7.2\eta} \lambda w^{2.5} \rho \, 10^{-3} \sqrt{\pi q} L \tau \tag{11-1-13}$$

（2）管道工程造价及管道工程折旧、维修费用

$$E_s = 1.5(C_t \mathrm{CRF}_t + C_c \mathrm{CRF}_c + C_p \mathrm{CRF}_p) \tag{11-1-14}$$

式中　　　　　　　E_s——管道系统的年折旧、维修费用，万元/a；

　　　C_t、C_c、C_p——分别为管道，管道防腐及保护、泵站的建造费，万元；

CRF_t、CRF_c、CRF_p——相应于管道、管道防腐、泵站建造费的资本回收因子；

　　　　　　　1.5——取维修费为折旧费的50%。

一般
$$\mathrm{CRF} = \frac{(1+i)^n i}{(1+i)^n - 1} \tag{11-1-15}$$

式中　i——贴现率（又称折现率）；

　　　n——折旧年限。

$$C_t = c_t \pi (D + \delta) \delta L \rho_m = 1.06 c_t \pi D \delta L \rho_m$$

式中　c_t——管道工程单位造价指标，万元/t；

　　　δ——管道壁厚度，m；

　　　ρ_m——钢材密度，t/m³；

　　1.06——取 $\dfrac{D+\delta}{D} = 1.06$。

$$\delta = \frac{p_d D}{2[\sigma]\varphi - P_d} + \delta_0$$

$$\delta \approx \frac{p_d D}{2[\sigma]} + \delta_0 \tag{11-1-16}$$

式中　p_d——管道设计压力，MPa；

　　　σ——管道材料许用应力，MPa；

　　　φ——焊接系数，$\varphi = 1$；

　　　δ——管道壁厚附加值，m。

$$C_c = c_c \pi D L \tag{11-1-17}$$

式中　c_c——管道防腐工程造价指标，万元/m²。

$$C_p = c_p c_N n N \tag{11-1-18}$$

式中　c_p——泵站工程单位造价指标，万元/kW；

　　　c_N——泵设备安装容量系数。

$$c_N = \frac{装机容量}{运行功率}$$

$$E_s = 1.5(1.06 c_t \pi D \delta L \rho_m \mathrm{CRF}_t + c_c \pi D L \mathrm{CRF}_c + c_p c_N n N \mathrm{CRF}_p)$$

$$= 1.5 \left[1.06 c_t \pi \frac{1}{30} \sqrt{\frac{q}{\pi w}} \left(\frac{p_d}{2[\sigma]} \sqrt{\frac{q}{\pi w}} + \delta_0 \right) L \rho_m \mathrm{CRF}_t + c_c \pi \frac{1}{30} \sqrt{\frac{q}{\pi w}} L \mathrm{CRF}_c + \right.$$

$$\left. c_p c_N \frac{q}{3.6\eta} 1.1 \lambda L 30 \sqrt{\frac{\pi w}{q}} \frac{w^2}{2} \rho \cdot 10^{-3} \mathrm{CRF}_p \right]$$

记 $\beta = \delta_0 + \dfrac{c_c}{1.06 c_t \rho_m} \dfrac{1}{\mathrm{CRF}_t} \dfrac{\mathrm{CRF}_c}{} = \delta_0 + \dfrac{\varepsilon_c}{1.06 \rho_m} \dfrac{1}{\mathrm{CRF}_t} \dfrac{\mathrm{CRF}_c}{}$

$L_{km} = L \cdot 10^{-3}$

$$E_s = 1.5 L_{km} \sqrt{\pi q} \left[1.06 c_t \frac{10^3}{30} \frac{1}{\sqrt{w}} \left(\frac{p_d \sqrt{q}}{2[\sigma] 30 \sqrt{\pi w}} + \beta \right) \rho_m \mathrm{CRF}_t + 1.1 \frac{30}{7.2\eta} c_p c_N \lambda w^{2.5} \rho \mathrm{CRF}_p \right]$$

$$\tag{11-1-19}$$

（3）合计年费用

$$E = E_s + E_p \tag{11-1-20}$$

将式 (11-1-13)、式 (11-1-19) 代入式 (11-1-20) 得

$$E = 1.5e_0 L_{km} \sqrt{\pi q} \left[35.3\varepsilon_t \rho_m \mathrm{CRF}_t \left(\frac{P_d \sqrt{q}}{106.3[\sigma]w} + \frac{\beta}{\sqrt{w}} \right) + 4.58 \frac{\lambda}{\eta} \rho w^{2.5} \left(\varepsilon_p c_N \mathrm{CRF}_p + \frac{\tau}{1.5} \right) \right] \tag{11-1-21}$$

式中　$\varepsilon_t = \dfrac{c_t}{e_0}, \varepsilon_P = \dfrac{c_P}{e_0}, \varepsilon_c = \dfrac{c_c}{c_t}$。

式 (11-2-21) 即为说明管道系统的经济性的年费用指标。可见年费用与管道流速 w 及输送能力 q 有关，与运距（管道全长）L_{km} 成正比。E 是一个基本指标，可以用于管道输送系统的经济性计算和分析。

2）经济流速

LPG 管道输送的经济流速概念，是从经济角度确定的合理流速，即按经济流速设计的输送管道、投资及运行费用的综合效益是最好的。用管道系统年费用指标作为衡量经济性的尺度，由式 (11-1-21)，令 $\dfrac{\mathrm{d}E}{\mathrm{d}w} = 0$，使年费用为最小的经济流速是：

$$w_{OP} = \left[\left(\frac{P_d \sqrt{q}}{[\sigma]} + 53.2\beta \sqrt{w_{OP}} \right) \frac{\eta}{34.5\lambda} \frac{\rho_m}{\rho} \frac{\varepsilon_t \mathrm{CRF}_t}{\left(\varepsilon_p c_N \mathrm{CRF}_p + \frac{\tau}{1.5} \right)} \right]^{0.2857} \tag{11-1-22}$$

$$\lambda = 0.11 \left(\frac{\Delta}{D} + \frac{68}{\mathrm{Re}} \right)^{0.25} \tag{11-1-23}$$

可以看到，计算 w_{OP} 需由式 (11-1-22) 及式 (11-1-23) 经迭代计算。

由式 (11-2-22) 可以看到，经济流速与输送能力 q 有关，与 e_0、c_t、c_c、c_p 无关，即与市场绝对物价无关，与管道工程单位造价与电价的相对比值 ε_t、ε_c（见 β 表达式）、ε_p 有关。采用单价比值对于经济问题的论证更有好处，因为相对比值比绝对物价要稳定得多。市场物价相对之间有着内在的投入产出关系，在一般情况下可认为是基本同步的。此外，经济流速还与 CRF_t、CRF_c、CRF_p 有关，即与金融环境有关。但是 w_{OP} 与运距 L_m 无关。经济流速 w_{OP} 与管道价格指标 ε_t 的关系见图 11-1-4。

管道输送流速除了从技术经济角度考虑，在设计中使设计流速尽量接近经济流速 w_{OP} 外，还应考虑防静电的要求。流速不应高于防静电的允许流速。若采用允许的防静电流速为 $\dfrac{0.5}{D}$ m/s（D 管道内径，m），实际 w_{OP} 都远低于允许流速，因而 w_{OP} 可以看为唯一的设计流速准则。

LPG 管道的日输送量：

$$q_d = q\rho\tau/365 \tag{11-1-24}$$

式中　q_d—平均日输送量，t/d。

利用式 (11-1-22) 及式 (11-1-23) 计算 w_{OP}，取：

$\rho_m = 7.8$ t/m³；$p_d = 4$ MPa；$[\sigma] = 114$ MPa；$\delta_0 = 2$ mm $= 0.002$ m；$\tau = 0.5 \cdot 10^4$ h/a；$\rho = 0.55$ t/m³；$\varepsilon_c = 0.006\varepsilon_t$；$\varepsilon_p = 0.5\varepsilon_t$；$c_N = 2$，对一系列的 $\varepsilon_t = \dfrac{c_t}{e_0}$ 值和日输送量 q_d（t/d）

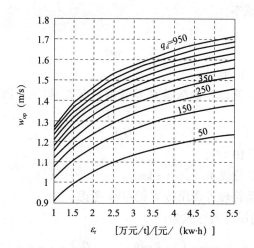

图 11-1-4   经济流速 w_{OP} 与管道价格指标 ε_t 的关系

计算得到 w_{OP} 表 11-1-2 供设计使用。

经济流速 w_{OP} （m/s）   表 11-1-2

q_d (t/d)	D (mm) / ε_t	1.0	3.0	5.0	5.5
50	w_{OP}	0.91	1.14	1.23	1.25
	D	46	41	40	40
100	w_{OP}	0.97	1.22	1.31	1.33
	D	63	57	54	54
500	w_{OP}	1.17	1.46	1.57	1.59
	D	128	116	112	111
1000	w_{OP}	1.28	1.59	1.71	1.73
	D	174	157	151	150

表 11-1-2 中 q_d 表示 LPG 管线的日输送量（t/d）

由计算结果可以看到 w_{OP} 与各因素的关系：

① 在很大的 q_d 的变化范围和 ε_t 的变化范围内，w_{OP} 变化不大，一般 w_{OP} =1.42m/s；

② 输送量 q_d 增大，w_{OP} 只略有增大，q_d 由 50t/d 增为 1000t/d，即增大为 20 倍时，w_{OP} 仅增大为 1.37 倍；

③ 从敏感性角度看，虽然 ε_t 增减，w_{OP} 相应增减，但 w_{OP} 对 ε_t 并不敏感。ε_t 由 1.0 变为 5.5 时，w_{OP} 增加仅为 1.33 倍。

3. 管道输送的经济规模[1]

管道输送的经济规模问题是指确定在经济上合理的管道输送量的界限。从一般的定性分析可以想象，存在某一经济上合理的管道输送量下限。可以用单位吨公里的液化石油气输送成本作为衡量经济性的尺度。

（1）管道输送单位成本

年输送量是：

$$G_a = q\rho\tau \tag{11-1-25}$$

式中　G_a——年输送量，10^4t/a。

由式（11-1-21），除以年输送量 G_a 及管道长度 L_{km} 得到管道输送单位成本：

$$y = \frac{1.1E}{G_a L_{km}} \tag{11-1-26}$$

式中　G_a——年输送量，10^4t/a。

y——管道输送单位成本　元/t·km

1.1——人员工资及管理等费用按 E 的 10% 考虑。

式（11-1-26）的展开表达式为：

$$y = \frac{1.1e_0 \times 1.5\sqrt{\pi}}{\rho\tau\sqrt{q} \cdot 10^4}\left[35.3\varepsilon_t\rho_m \text{CRF}_t\left(\frac{p_d\sqrt{q}}{106.3[\sigma]w} + \frac{\beta}{\sqrt{w}}\right) + 4.58\frac{\lambda}{\eta}\rho w^{2.5}\left(\varepsilon_p c_N \text{CRF}_p + \frac{\tau}{1.5}\right)\right] \tag{11-1-27}$$

由（11-1-27）式揭示出，y 与输送距离无关，以及在一定程度上与输送能力 q 的方根成反比。

（2）经济规模

若给定管道输送单位成本应小于或等于与之比较的其他运输方式（例如汽车槽车、铁路槽车、槽船水运等）的单位成本 y_0，并规定 $y \leqslant y_0$，则由式（11-1-27）代入 w_{OP}，并由式（11-1-25），可得出：

$$G_a \geqslant \left\{\frac{13.4e_0}{y_0\tau - 0.97e_0\varepsilon_t\frac{\rho_m}{\rho}\text{CRF}_t\frac{p_d}{[\sigma]w_{OP}}}\left[7.7\varepsilon_t\frac{\rho_m}{\rho}\frac{\beta\text{CRF}_t}{\sqrt{w_{OP}}} + \frac{\lambda w_{OP}^{2.5}}{\eta}\left(\varepsilon_p c_N\text{CRF}_p + \frac{\tau}{1.5}\right)\right]\right\}^2\rho\tau \tag{11-1-28}$$

输送规模的界限值与输送单价的关系见图 11-1-5。

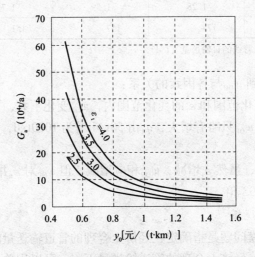

图 11-1-5　输送规模的界限值与输送单价的关系

经济规模 G_a 与主要因素的关系：①给定的单位运价 y_0 越高，则 G_a 越小。②管道工程单位造价与电价的相对比值 ε_t 越大，则 G_a 越大。

11.1.3 槽车运输

槽车的配置数量与所服务的储配基地站的规模、运距、检修等因素有关，可按式 (11-1-29) 计算：

$$n = \left\lceil \frac{K_1 K_2 q_d D}{\rho V} \right\rceil \qquad (11-1-29)$$

式中　n——槽车配置数量，辆；

　　　K_1——运输不均匀系数，可取 $K_1 = 1.1 \sim 1.2$；

　　　K_2——槽车检修附加系数，可取 $K_2 = 1.05 \sim 1.1$；

　　　q_d——计算月平均日供气量，kg；

　　　D——槽车往返一次所需时间，d；

　　　V——槽车储罐的几何容积，m^3；

　　　ρ——槽车单位容积计算充装质量密度，可取 $420 kg \cdot m^{-3}$；

　　　$\lceil x \rceil$——x 的天花板函数，大于 x 的最小正整数。

11.2 液化石油气分配与供应

液化石油气的分配与供应是指液化石油气提供给最终用户的环节，液化石油气供应方式可分为瓶装供应与管道集中供应两大类。这也就相应于液化石油气的两种分配工艺即灌瓶与气化。

液化石油气灌瓶需在储配站（或灌瓶站）进行。储配站是灌瓶分配的基地。充装了液化石油气的气瓶被运送到供应站经由供应站提供给用户。用户用完的空瓶再经由供应站送回储配站。液化石油气的气化需在气化站或混气站进行。在气化站中液化石油气从液相转化为气相后经由管道系统供给用户。在混气站中气化的液化石油气与一定比例的空气（或其他掺混气）相混合成为混合气再经由管道系统供给用户。

11.2.1 储配

城镇液化石油气在气源与终端用户之间有储配环节，储配工作在储配基地中进行。储配基地按其功能可分为：储存站、储配站和灌瓶站。

液化石油气有多种的储存方式，包括常温压力储存（简称压力储存）和低温储存（冷冻储存）。在常温下液化石油气需在压力容器中储存，为压力储存，储罐的形式有球形罐或圆柱形罐；冷冻的液化石油气可在压力容器或常压容器中储存，低温储存储罐的形式为球形罐或圆柱形平底罐。液化石油气普遍采取压力储存方式。

常温压力储存受罐容限制，国内最大球罐为 $5000\ m^3$，因此当储存达 $(2 \sim 3) \times 10^4 m^3$ 时，占地与投资均大。

低温储存是一种较经济的储存方式，分为低温常压储存与低温降压储存。

液化石油气低温降压储存（又称半冷冻储存）和压力储存结合起来，前者作为储存罐，后者作为运行罐，形成液化石油气低温降压储存系统。低温降压储存工作原理与低温常压储存（又称全冷冻储存）基本相同。

低温常压储存为饱和蒸气压接近常压（＜10 kP$_a$）下储存；低温降压储存的压力高于常压。

在北方地区的较大型储存基地，可考虑采取低温降压储存方式，采用减小了设计压力的球型罐。对大规模的储存基地（大型储库），则可考虑采取低温常压储存方式，采用常压圆柱形平底罐。

低温储存与常温储存的经济比较见表11-2-1，表中数据为储存量按 1×10^4 t 计算。

低温储存与常温储存的经济比较 表 11-2-1

储存方法	常温压力	常温压力（两地）	低温压力（0.8MPa）	低温压力（0.4MPa）	低温常压
球罐	直径12.3m，壁厚45mm，单罐容积1000m³，数量24	直径12.3m，壁厚45mm，单罐容积1000m³，数量12×2	直径15.7m，壁厚35mm，单罐容积2000m³，数量12	直径15.7m，壁厚28mm，单罐容积2000m³，数量12	直径20m，壁厚14mm，单罐容积4000m³，数量6
总投资比率	1	1.04	0.85	0.75	0.53
罐区投资比率	1	1	0.83	0.69	0.45
储存成本比率	1	1.1	0.98	0.94	1.38
年计算费用比率	1	1.04	0.86	0.76	0.57
年利润比率（售、进价比1.32）	1	0.94	1.01	1.04	0.76
耗钢比率	1	1	0.65	0.53	0.22
占地比率	1	1.22	0.79	0.79	0.51
年耗电比率	1	1.28	1.91	2.28	10.31

由表11-2-1可见，低温常压储存投资、耗钢、年计算费用与占地最低，但储存成本与耗电最高，而低温降压储存的投资储存成本与年计算费用均较常温压力储存低。

储存量大小是确定储罐类别的主要因素，同时也影响储存方式的选择，它们的关系见表11-2-2。

储存量与储罐类别、储存方式的关系 表 11-2-2

储存容量（m³）	储罐容积（m³）	储罐类别	储存方式
≤2000	≤120	圆筒卧式罐	常温压力
≤2000	＞120	球罐	常温压力
2000～4000		球罐	常温压力、低温压力
＞4000		平底储罐	低温常压储存

11.2.2 常温压力储存

在石油化工和城镇燃气系统中，液化石油气广泛地采用压力储罐的常温压力储存方式。

11.2.2.1 LPG常温压力储罐

常温压力储罐按安装位置可分为地上罐和地下罐；按形状可分为球形罐、卧式圆筒罐和立式圆筒罐。

储罐形式的选择主要决定于单罐的容积大小和加工条件。当储罐公称容积大于120m³时选用球形罐，小于120m³时选用圆筒罐。在液化石油气储配基地内圆筒罐大多选用卧式，只有在特殊情况下才选用立式。

与卧式罐相比，球形罐具有钢材耗量少、占地面积小等优点，但加工制造、安装比较复杂，焊接工作量大，安装费用高。

卧式罐的构造如图11-2-1所示。

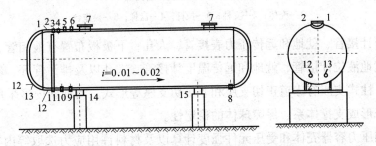

图11-2-1　卧式罐

1—就地液位计接管；2—远传液位计接管；3—就地压力表接管；
4—远传压力表接管；5—液相回流管接管；6—安全阀接管；7—人孔；
8—排污管；9、10—液相管接管；11—气相管接管；12—就地温度计接管；
13—远传温度计接管；14—固定鞍座；15—活动鞍座

卧式罐的壳体由筒体和封头组成。储罐上设有：液相管、气相管、液相回流管、排污管以及人孔、安全阀、压力表、液位计、温度计等接管。

为了安全和操作方便，容积较大的罐上除设有就地检测液位、压力、温度的仪表外，尚需考虑在仪表室内设置远传仪表和报警装置。当罐内液面超过容积85%和低于容积15%或压力达到设计压力时，能发出报警信号，以便操作人员采取应急措施。

卧式罐支承在两个鞍式支座上，一个为固定支座，另一个为活动支座。接管应集中设在固定支座的一端，但排污管设在活动支座一端。考虑接管、操作和检修方便，罐底距地面的高度一般不小于1.5m。罐底壁应坡向排污管，其坡度为0.01~0.02。

球形罐是按瓣片在工厂冲压成型的，一般成型的球壳瓣片按南北极、南北温带和赤道带分成许多块，便于试组装后运到现场拼装、焊接并热处理，其构造如图11-2-2。

球形罐的接管及附属设备与大容积的卧式罐类似，上极板布置有安全阀、放散管、就

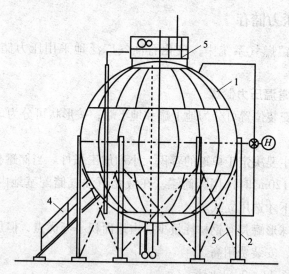

图 11－2－2　球形罐构造

1—壳体；2—支柱；3—拉杆；4—盘梯；5—操作台

地和远传液位计接管、就地和远传压力表接管、人孔；下极板布置有液相管、气相管、液相回流管；就地液位计接管、就地和远传温度计接管、人孔以及排污管等。球形罐一般采用柱式支座。柱式支座有赤道正切支座和非正切支座等形式。目前国内多采用赤道正切支座，它和拉杆形成支撑体系，保障球体的稳定性。

上述钢制压力容器壳体和受压元件强度计算以及材料许用应力选取等内容见本书第 5 章 5.5.2。

液化石油气储罐须设置安全阀和检修用放散管，安全阀的设置及计算见有关规范或规程。

11.2.2.2　LPG 管道及阀门

（1）管材

站内液态液化石油气管道和设计压力≥0.4MPa 的气态液化石油气管道应采用 10、20 或具有同等性能以上的无缝钢管。设计压力 <0.4MPa 的气态液化石油气和液化石油气—空气混合气管道可采用焊接钢管。

（2）阀门和附件

液化石油气储罐、容器和管道系统上配置的阀门及附件的公称压力应高于其设计压力。

液化石油气储罐、容器、设备和管道上严禁采用灰口铸铁阀门及附件，需采用钢质阀门及附件。阀门及附件应采用液化石油气专用产品。在管道系统上采用耐油胶管时，其最高允许工作压力不应小于6.4MPa。

（3）管道布置和敷设

站区工艺管道布置应走向简捷。尽量采用地上单排低支架敷设，其管底与地面的净距可取 0.3m 左右。跨越道路采用高支架时，其管底与地面的净距不应小于 4.5m。

管道局部埋地敷设时，其管顶距地面不小于 0.9m，应在冰冻线以下，并进行绝缘防腐。

（4）液相管道安全阀配置通用公式[2]

对地上敷设的液化石油气管道，需在可能封闭的管段上安装液相管道安全阀，可按下列管道安全阀配置通用公式[3]选用：

$$d_s = 0.035\sqrt{D_m L} \tag{11-2-1}$$

式中　d_s——管道安全阀阀口直径，mm；

　　　D_m——液态液化石油气管道内径，mm；

　　　L——液态液化石油气管道封闭管道长度，m。

对于长的液相管道，可分段设管道安全阀。

[例11-2-1]　计算 $D_m = 80$mm，$L = 100$m 的液态丙烷管道管段需配置的管道安全阀阀口直径。

[解]　按式（11-2-1）：

$$d_s = 0.035\sqrt{80 \times 100}$$
$$= 3.13\text{mm}。$$

11.2.3　储配站

11.2.3.1　LPG 储配站工艺及设备

各种形式和规模的液化石油气储配基地以储配站的功能最为齐全。储配站的功能包括：

① 接收以各种方式进站的液化石油气并加以储存；

② 灌装钢瓶或装卸汽车槽车；

③ 接收空瓶，向供应站（销售网点）或各类用户发送实瓶；

④ 回收和处理钢瓶中剩余残液，并可供本站作燃料或外供；

⑤ 检修钢瓶和储备待用新瓶；

⑥ 定期检查和日常维修站内设备。

在我国燃气行业中经营液化石油气的公司，日灌瓶量在 1000 瓶（年供应量约 5000 t/a）以下的小型储配站占多数，一般认为日灌瓶量在 3000 瓶（年供应量约 20000 t/a）以上者属于大型储配站，其间为中型储配站。

通常，小型储配站的气源依靠汽车槽车运输，多半采用简易的灌装方法；大、中型储配站气源依靠铁路槽车运输或管道输送，有条件的沿海和内河港口可考虑槽船运输，并采用机械化灌装方法和选用自控仪表，以提高生产效率和降低劳动强度。当城镇液化石油气供应规模很大时，必须远离城市中心区建立区域性液化石油气储存站。

大型储配站工艺流程如图 11-2-3 所示。

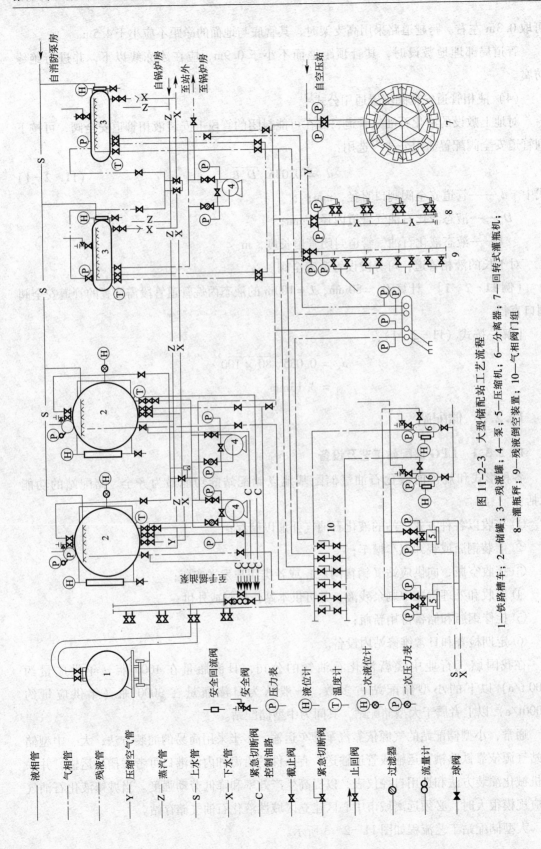

图 11-2-3　大型储配站工艺流程

1—铁路槽车；2—储罐；3—残液罐；4—泵；5—压缩机；6—分离器；7—回转式灌瓶机；
8—灌瓶秤；9—残液倒空装置；10—气相阀门组

液相管　————
气相管　—·—·—
残液管　—··—··—
Y— 压缩空气管
Z— 蒸汽管
S— 上水管
X— 下水管
C— 紧急切断阀
控制油路
载止阀　⧓
紧急切断阀　⧓
止回阀　↥
过滤器　⊘
流量计　∞
球阀　▶◀

安全回流阀
安全阀　⤉
压力表　Ⓟ
液位计　Ⓗ
温度计　Ⓣ
二次液位计　Ⓗ⊗
二次压力表　Ⓟ⊗
S —— 二
X —— 三

自消防泵房
自钢炉房
至站外
至锅炉房
自空压站

1. 铁路槽车装卸栈桥

铁路槽车装卸栈桥的工艺管道计有：液化石油气液相管、气相管和检修用蒸汽管、压缩空气管等。各种介质的干管布置在栈桥底部，液相和气相支管的立管穿过栈桥平台后接有装卸鹤管。装卸鹤管应设置机械吊装装置。

铁路装卸栈桥工艺管道布置示例见图11-2-4。

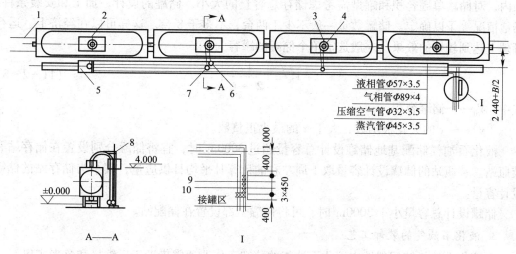

图11-2-4 铁路栈桥工艺管道布置

1—铁路槽车装卸线；2—铁路槽车；3—液相管；4—气相管；5—装卸栈桥；
6—液相鹤管；7—气相鹤管；8—鹤管吊架；9—过滤器；10—流量计

2. 储罐储存容量

储配站的储存容量大小应该联系整个城镇液化石油气供应大系统加以讨论。储配站的储存容量可能仅是大系统总储存容量的一部分。

首先储存容量的大小要依据气源条件。在液化石油气较成熟气源市场条件下，液化石油气供应可能具有多气源的特点，这有利于减小储存容量。

其次，储存容量大小要考虑运输条件因素。在管道运输、铁路槽车或汽车槽车运输和水运等运输方式中，管道运输的可用性最高，其运输能力不受外界自然的和社会经济因素的影响；而铁路槽车的运输方式，运输周期有可能不正常。汽车槽车运输则主要要估计到运距、路况等条件的影响。

影响储存容量的第三个因素是用气的季节不均匀性。从数量上由用气月不均匀系数反映出来。在技术文件中所指的储存天数就是相对于高峰月的日平均用量的储存天数。

影响储存容量的第四个因素是市场价格变化规律。在液化石油气用气低峰季节会出现销售淡季，液化石油气价可能下浮，可以利用大的储存能力购进液化石油气。扩大储存容量是否有利，要经过技术经济比较加以分析。

储罐设计总容积按下式计算：

$$V_T = \frac{q_d \tau}{\rho_1 \varphi} \tag{11-2-2}$$

式中　V_T——储罐设计总容积；m^3；

q_d——计算月平均日供气量，t/d；

τ——储存天数，d；

φ——最高工作温度下储罐容积充装系数，最高工作温度为 +40℃ 时，取 0.85；

ρ_1——最高工作温度下液化石油气液相密度，t/m³。

一般储配站的储存天数可以考虑为 10 ~ 15d，灌瓶站的储存天数约为 5 ~ 7 天。在储配站内，对储罐单罐容积和罐型需考虑储存总容量的大小，储罐的设计，加工和安装条件，场地情况等予以确定。储罐数量一般不少于两台，不多于 8 台。这样可以在经济上、运行管理上达到较好的效果。一般选定单个储罐的罐容为

$$V_0 = \left\lceil \frac{V_T}{2 \sim 6} \right\rceil \qquad (11-2-3)$$

式中　V_0——储罐容积，m³；

$\lceil x \rceil$——x 的天花板函数，大于 x 的最小正整数。

液化石油气储配基地储罐设计总容量超过 3000m³ 时，宜将储罐分别设置在储存站和装瓶站。装瓶站的储罐设计容量取 1 周左右的计算月平均日供应量，其余为储存站的储罐设计容量。

储罐设计总容量小于 3000m³ 时，可将储罐全部设置在储配站。

3. 液化石油气的装卸工艺

在液化石油气储配基地内液化石油气的装卸车作业通常借助于压缩机和泵来实现。

（1）用压缩机装卸液化石油气

在储配站、灌瓶站、储存站、气化站、混气站以及汽车加气站内，液化石油气运输槽车向储存容器转输液化石油气最普遍采用压缩机作为转输机械。由它们构成的卸车系统如图 11-2-5 所示。

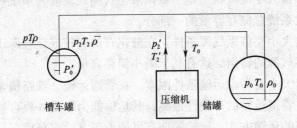

图 11-2-5　卸车系统

卸车时，压缩机从储罐抽出液化石油气气体，加压后送入槽车罐气相空间使其升压；在槽车罐与储罐之间形成压差（一般为 0.2MPa 左右），使槽车罐的液态液化石油气卸入储罐。可见，卸车是一个热力学非定常流动过程。

为推导卸车液化石油气压缩机负荷公式（简称卸车公式）[3][4][5]，需研究卸车中槽车气相空间的热力混合过程。由热力学第一定律：液化气由排气管道进入槽车气相空间发生混合，在时间段 $d\tau$ 内有如下方程：

$$du = dw - dq \qquad (11-2-4)$$

式中　du——气相空间内能增量；

dw——对气相空间作功；

dq——气相空间放热量。

结合图 11-2-5 所示各参数：

$$du = (M + L\rho_0 d\tau)c_v(T + dT) - (Mc_vT + c_vT_2L\rho_0 d\tau)$$

$$dw = v_2p_2L\rho_0 d\tau$$

$$dq = K_c(T - T_0)d\tau$$

$$K_c(T - T_0)d\tau + Mc_vdT + L\rho_0 d\tau(c_vT - c_vT_2 - P_2v_2) = 0 \quad (11-2-5)$$

式中　　M——气相空间液化气量，$M = M(\tau)$；

$L\rho_0 d\tau$——dτ 时间内由压缩机排气管送入的液化气量；

τ——时间；

L——压缩机的有效排量；

ρ_0——压缩机入口状态下液化气体密度；

T_2、v_2、p_2——从排气管进入槽车的液化气温度、比容和压力；

c_v——液化气气相定容比热容；

K_c——槽车气相空间通过罐壁上半部和半罐液面的综合放热系数（近似按半罐液体，且将通过壁面上半部放热折算为向液面放热）；

T_0——槽车气相卸车前温度，取与储罐液化气温度相同。

通过对方程组（11-2-5）进行展开的理论推导，得出理论公式。对其采用几个典型卸车系统的参数进行简化和实测验证，得到如下液化石油气压缩机卸车公式：

$$L_m = a(5 - 4y)q_L^b\left(\frac{100}{T}\right)^c/\eta_v \quad (11-2-6)$$

$$T = t + 273.15$$

式中　L_m——液化石油气压缩机活塞排气量，m^3/h；

y——在计算温度下液化石油气气相中 C_2 和 C_3 体积组成；

q_L——液态液化石油气卸车强度，一般汽车槽车卸车时间取 30~40min，而铁路槽车卸车时间取 120~150min，m^3/h；

η_v——压缩机容积效率；

t——计算温度，采用历年一月平均气温的平均值[6]，℃；

a、b、c——条件系数及幂指数，按表 11-2-3 取值。

液化石油气压缩机卸车条件系数及幂指数　　　　表 11-2-3

条件系数 槽车罐容（m³）	a	b	c	卸车强度 q_L 范围	
				$t < 0℃$ 时	$t \geq 0℃$ 时
61.9	11.88×10^3	1.19	10.17	$q_L \leq 50 + t$	$q_L > 20 + t$
51.7	11.03×10^3	1.19	10.20	$q_L \leq 50 + t$	$q_L \geq 20 + t$
22.4	18.18×10^3	1.22	10.14	$q_L \leq 25 + 0.5t$	$q_L \geq 15 + 0.5t$
11.9	13.37×10^3	1.17	10.17	$q_L \leq 12 + 0.2t$	$q_L \geq 6 + 0.2t$
5.7	6.04×10^3	1.20	9.87	$q_L \leq 12 + 0.2t$	$q_L \geq 6 + 0.2t$

（2）用泵装卸液化石油气

在液化石油气储配基地内小排量装卸车、倒罐或灌瓶作业普遍采用泵来完成。可把压缩机作为备用机或利用压缩机增加泵的吸程。一般情况下设备之间的距离不远，所以泵的扬程不需要很高，耗能也较少。为了避免发生气蚀现象和设备振动，液化石油气泵的安装力求将泵吸入口贴近被卸储罐，以减少吸入段的阻力损失。利用被卸储罐与泵的高程差能有效解决泵的吸入段汽蚀问题，满足泵对汽蚀余量的规定。

液化石油气泵进、出口管段上阀门及附件的设置有下列要求：

① 泵进、出口管设置操作阀和放气阀；

② 泵进口管设置过滤器；

③ 泵出口管位设置止回阀，并设置液相安全回流阀。

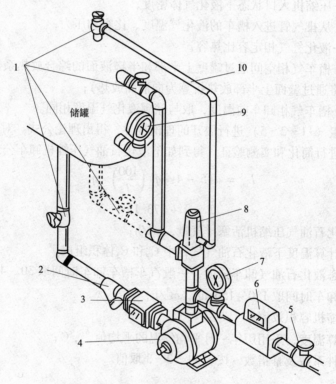

图 11-2-6　典型的泵-罐连接示意图

1—截止阀；2—过滤器；3—溢流阀；4—泵；5—出口截止阀；6—流量计；
7—出口压力表；8—安全回流旁通阀；9—储罐压力表；10—平衡管

对于灌瓶泵，大型灌瓶站一般选择离心式烃泵。其灌瓶压力一般取 1.0 ~ 1.2MPa，泵的排量根据灌瓶装置的灌瓶能力确定。而小型灌瓶站可选择容积式烃泵。

对于灌装槽车烃泵：灌装槽车所需烃泵流量较大，一般选择离心式烃泵。烃泵排送压力可取 0.5MPa 左右，流量则根据同时灌装车辆数（容积）和灌装时间确定。

液化石油气泵的安装高度按下式计算：

$$H_b \geqslant \frac{102}{\rho}\Sigma\Delta p + \frac{w^2}{2g} + \Delta h \qquad (11-2-7)$$

式中　H_b——储罐最低液面与泵中心线的高程差，m；

$\Sigma\Delta p$——罐出口至泵入口管段的总阻力损失，MPa；

Δh——泵的允许汽蚀余量，m；

w——液态液化石油气在管道中的平均流速，可取小于 1.2m/s；

g——重力加速度，9.81m/s^2；

ρ——液态液化石油气的密度，kg/m^3。

在液化石油气储配基地内一般可选用低扬程、大排量常规双端面机械密封或屏蔽式液化气自冷离心泵（见本章 11.1.2.1）；根据需要也可选小排量、小功率容积式叶片泵[23]作为灌瓶泵，其结构如图 11-2-7 所示。国产 YB 系列容积式叶片泵与美国 V-521 型泵相似，其特性曲线见图 11-2-8。

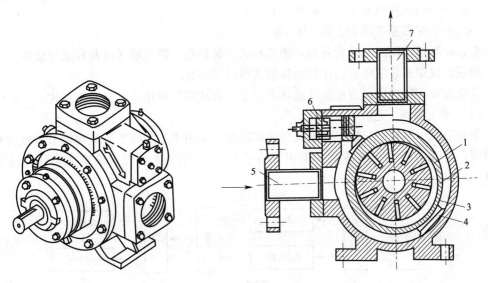

图 11-2-7　容积式叶片泵

1—转子；2—叶片；3—定子；4—泵壳；5—进口；6—安全阀；7—出口

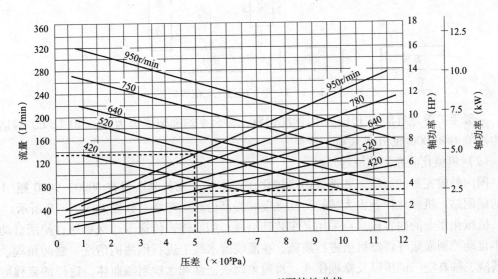

图 11-2-8　V-521 型泵特性曲线

4. 液化石油气的灌瓶工艺

瓶装液化石油气用户所使用的钢瓶在正常环境温度（-40℃~60℃）下其公称工作压力为 2.1MPa、公称容积 29.4L，31.4L，118L（即 10kg，15kg，50kg 气瓶）不大于 150L。

在灌瓶间（附有瓶库）接收空瓶，经检斤、倒残液后进行灌瓶，再经检漏、检斤合格后外运或送人瓶库。以灌装 15kg 家用标准钢瓶为例，日灌瓶量可按下式计算：

$$N_d = \frac{K_m m q_m}{30 q_{cld}} \qquad (11-2-8)$$

式中　N_d——计算月平均日灌瓶量，瓶/d；

　　　K_m——月用气高峰系数，可取 1.2~1.3；

　　　m——供气户数，户；

　　　q_m——居民用气量指标，kg/（月·户）

　　　q_{cld}——单瓶灌装质量，取 15kg/瓶。

布置在灌瓶车间的主要设备有：灌瓶秤、灌装转盘、链式输送机及其配套设备。

钢瓶按规定充装量灌装，任何时候都不得过量灌装。

灌瓶作业可依规模和劳动强度选择采用手工方式或机械化、半机械化方式。

（1）手工灌瓶工艺流程

灌瓶规模小、异型瓶较多的灌瓶站或储配站，采用手工灌瓶工艺流程可节省投资和运行费用，工人的劳动强度较大，但可配备手推车或直线链条式运输带来解决。流程见图 11-2-9。

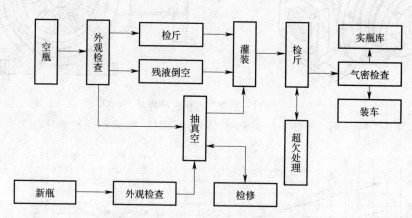

图 11-2-9　手工灌瓶工艺流程框图

一般手工灌瓶秤灌装 15kg 家用标准钢瓶，每台平均灌装能力为 30~40 瓶/h，较适用于生产能力 <1000 瓶/d 的规模。

（2）机械化灌瓶工艺流程

国内外较完善的灌瓶工艺都采用机械化作业方式，尤其灌瓶量在 3000~9000 瓶/d 以上的储配站，机械化作业大大减轻劳动强度和提高劳动生产率。如图 11-2-10 所示。

机械化作业的内容包括：采用叉车装卸钢瓶；用双链式传送带运送钢瓶；使用自动或者半自动控制灌瓶秤转盘机组进行灌瓶；在灌装流水线上进行钢瓶的清洗、装卸角阀、倒空残液、抽真空、试压以及修理作业；检验角阀气密性和水检钢瓶瓶体。这样的流程可以

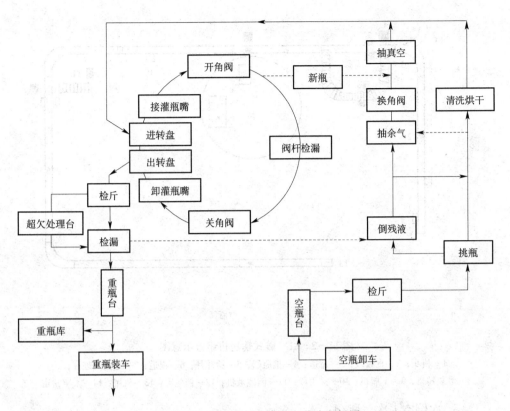

图 11-2-10 机械化灌瓶工艺流程框图

大大减少定员，提高灌装总合格率。机械化灌瓶工艺设备种类较多，维修工作量较大，备品备件用量较多，耗能较多。

机械化灌瓶，钢瓶的灌装量是由安装在灌装转盘机上的多位固定秤来控制的，故又称机械化转盘式工艺流程。

（3）链式输送机

国产人字链（节距62.3mm）能连接成较长的易拆卸的链条，可布置在灌瓶车间作为承载钢瓶的输送机。链式输送机由机头、弯道、岔道、直线段、接力段、连接段、机尾以及相配套的气动元件和管路等组成。输送机线速度为9m/min。

机头电动机功率为4.0kw。

机头驱动的运瓶段为直线段时，其长度不应超过30m，非直线和局部双线时不应超过20m。其组合示意图见图11-2-11。

残液倒空装置位数的确定。残液倒空装置分为气动翻转倒空装置和简易手动翻转式倒空架，前者可组合成4~8位在灌瓶流水线上操作。残液倒空装置位数根据每天需进行残液倒空的气瓶数量和每位倒空架的残液倒空能力，按下式计算：

$$N_{\text{j}} = \frac{N_{\text{cp}}}{n \tau n_{\text{c}}} \tag{11-2-9}$$

式中 N_{j}——残液倒空装置的位数，台；

N_{cp}——日残液倒空瓶数，可根据运行经验确定。按季节不同，可取气瓶每周转3~5

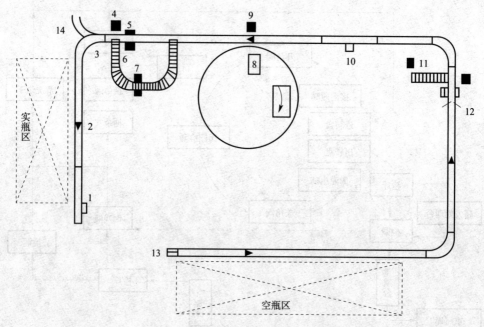

图 11-2-11　链式输送机组合示意图

1—机头；2—直线段；3—弯道；4—推瓶器；5—检斤秤；6—辊道；7—超欠处理秤；

8—灌装转盘；9—上瓶机；10—接力段；11—倒残液机；12—挡瓶器；13—机尾；14—人字岔道

次倒空 1 次，瓶/d；

n——生产班制，班/d；

τ——每班工作小时数，h/班；

n_c——每位倒空架倒空能力，一般取 20 瓶 ~ 30 瓶/（h·台）。

11.2.3.2　LPG 储配站总平面

液化石油气储配基地的总平面需按功能分区布置，即分为生产区和辅助区，见图 11-2-12。生产区宜布置在站区所在地区的全年最小频率风向的上风侧或上侧风侧。

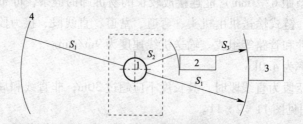

图 11-2-12　总平面分区关系示意图

1—储罐；2—灌瓶车间；3—辅助区设施；4—站外民用建筑设施界线；S_1、S_2、S_3—防火间距

总平面布置示例见图 11-2-13。

总平面布置中储罐区、灌装区和辅助区宜呈"一"字顺序排列。这样的排列既满足功能需要，又符合《城镇燃气设计规范》和《建筑设计防火规范》规定的防火间距的大小顺序要求，可节省用地，便于运行管理，又有发展余地。储罐与站内建、构筑物的防火间

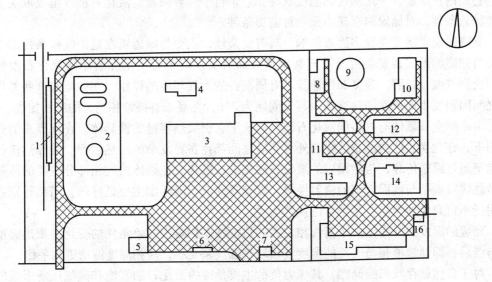

图 11-2-13 大型储配站总平面布置

1—铁路装卸线；2—罐区；3—灌瓶车间；4—压缩机、仪表控制室；5—油槽车库；6—汽车装卸台；
7—门卫；8—变配电，水泵房；9—消防水池；10—锅炉房；11—空压机、机修间；12—钢瓶修理间；
13—休息室；14—办公楼、食堂；15—汽车库；16—传达室

距应符合有关设计规范的规定。

平面交通。在生产区要有足够的回车场地提供空、实瓶装卸运输，使行车流畅。液化石油气储配基地的生产区要设置规定宽度的环形消防车道。当储罐总容积小于 $500m^3$，可设置尽头式消防车道和面积不小于 $12m \times 12m$ 的回车场。

液化石油气储配基地的生产区和辅助区至少各设置 1 个对外出入口。当液化石油气储罐总容积超过 $1000m^3$ 时，生产区要设置 2 个对外出入口，其间距不应小于 50m。

消防措施。总平面布置应充分考虑消防措施的有效性和消防器材完备无缺。首先必须在生产区内有畅通无阻的消防通道，保证消防车灭火剂射程都能达到生产设施的各个角落。消防水源与液化石油气储罐夏季喷淋降温水可统筹安排，并满足消防取水、供水便利和满足规范所要求的与灭火时间相应的水量。

11.2.3.3 瓶装液化石油气供应站

瓶装液化石油气供应站（简称瓶装供应站）按其气瓶总容积分级。

瓶装供应站的瓶库一般采用敞开或半敞开式建筑。瓶库内的气瓶分区存放，即分为实瓶区和空瓶区。瓶装供应站的瓶库与站外建、构筑物的防火间距应符合有关设计规范的规定。

11.2.4 储罐储存压力

11.2.4.1 LPG 储罐储存压力负荷

了解液化石油气储罐储存压力负荷从而合理地规定液化石油气储罐设计压力是关系技术和安全的重大问题[7][8][11][13][14][16]，且有很大的经济意义。液化石油气储罐设计压力要考虑各种运行工况下储罐的压力负荷。分析表明，自然储存是基本的不利工况。因而可设定储罐自然储存压力为最不利的压力负荷。它取决于两方面因素，一是液化石油气的组

分，它是内在因素，一是储罐的温度状况，它来自于外界因素。液化石油气组成取决于供应和经营条件，对储罐储存压力是一种前提条件。

储罐的温度状况受很多因素影响，具有复杂性，主要与储罐所在地的气候条件的变化以及与储罐的形式、安装情况及充装率诸方面有关。对于有一定充装率的液化石油气储罐，受到气温、日照、湿度和风速等具有周期性的大气环境的作用，在储罐与这些外界因素之间因而发生周期性的热交换。其短周期为 24h，在夏季有持续相当天的准稳定性。

由储罐金属罐体与内装的液化石油气构成了有很大热容量的换热体。在外界来的热流作用下，在此换热体内部及储罐与外界环境之间都存在着复杂的换热过程。外界热流作用于罐壁通过罐壁传导，与储罐内的液化石油气进行换热。在罐体内气相部分主要的传热方式是储罐穹顶壁与液面之间的辐射换热，在储罐的液相内部则主要是导热，当然特别在罐壁附近不可避免地伴随有某种对流换热形式。

储罐的温度状况变化由于其液相较大的热惰性而相对于气象条件的变化呈现出温度衰减与滞后；即储罐液相与气相的温度波幅较气温波幅要小，液相温度波动更为平稳。

对于自然储存状态的储罐，其压力负荷主要是罐内液化石油气饱和蒸气压所形成的内压；从热力学原理看，罐内液化石油气的饱和蒸气压取决于液面的温度状况。液面温度高则在液面上有更强的分子运动水平，即平均分子运动速度更高并且与气相空间的分子运动动态平衡建立在更高的分子浓度的水平上，因而形成了较高的气相空间的蒸气压力。

因此确定储罐压力负荷的问题最终归结为，在掌握自然储存状态下的储罐液面温度变化规律的基础上，结合对气象条件变化范围的推断，得到储罐内液面液化石油气饱和蒸气温度值。它将在确定储罐压力负荷时作为主要依据。

11.2.4.2 LPG 储罐设计压力

规定储罐设计压力要依据储罐压力负荷。从经济方面看，储罐压力负荷应该合理的规定，哪怕是稍有不必要的偏高，在全国范围内也会造成大量的资金浪费。从安全性方面看，储罐压力负荷直接决定了储罐的壁厚，它与储罐的安全程度有很密切关系。

在满足强度要求的前提下，盲目的增加罐壁厚度对于储罐安全是十分有害的。储罐结构中的裂纹间接地，然而关系重大地与储罐壁厚有关。研究表明：随着低合金高强钢的级别上升，在焊缝及热影响区均发现了焊接过程中氢的侵入而引起的冷裂纹。在储罐的焊接过程中还会形成焊缝热裂纹。大量试验表明，焊缝中的热裂纹不但与焊缝凝固过程中的锰硅酸盐夹杂、碳、硫、磷的含量有关，而且与氢的含量也有密切联系，尤其表现在埋弧焊方面。电弧区氢的侵入与焊接工艺、焊接材料有密切关系，也与板厚度有关。板厚越大，氢的含量越高。

计算开裂参数 P_C 的伊藤公式如下：

$$P_C = P_{cm} + \frac{\delta_n}{600} + \frac{H}{60}$$

$$P_{cm} = C + \frac{Si}{30} + \frac{Mn}{20} + \frac{Cu}{20} + \frac{Ni}{60} + \frac{Cr}{20} + \frac{Mo}{15} + \frac{V}{10} + 5B$$

式中 P_{cm}——伊藤碳当量%（又称合金元素的裂纹敏感系数[14]）；

     H——焊缝中的含氢量（可扩散氢），ml/100g；

     δ_n——板厚，mm。

意大利的 W·沙蒂尼（Santini）指出：上式中 P_C 值在 $\delta_n < 50mm$ 时，δ_n 值起主导作用，且当 $\delta_n > 50mm$ 时，则 P_{cm} 及氢起主导作用。

国内液化石油气储罐最通行的 16MnR400m³ 及 1000m³ 球罐，其壁厚分别为 30mm 及 45mm，即在 $\delta_n < 50mm$ 范围之内，且大都采用转胎埋弧自动焊接工艺。可见壁厚对于液化石油气储罐的裂纹形成是一个很主要的敏感因素。

一般来说，球罐的壁厚应控制在 36mm 以下。因为壁厚过大，焊缝中存在的三维残余应力往往就成为焊接结构发生脆断的主要原因。

从结构形式拘束应力来看，焊接时产生的拘束应力会直接影响到焊接接头的裂纹倾向。一般来讲，钢板的厚度越大，所造成的拘束度也大，因而拘束应力也大，其关系为

$$R = K_1\delta$$

式中　R——拘束度；

　　　K_1——拘束系数；

　　　δ——板厚。

弯矩作用下的弯曲拘束度为

$$R_B = \frac{E\delta^3}{6\varphi_B}$$

式中　φ_B——拘束长度。

可见 $R \propto \delta$，而 $R_B \propto \delta^3$。

综上所述，应该清醒地认识到，超出实际强度需要的壁厚带来的不是安全性，而是增加储罐壁材料裂纹形成的危险性。而储罐壁的裂纹是对储罐安全构成最主要威胁的内在因素。

当然，大的储罐壁厚可使材料应力水平下降。但是由于液化石油气储罐实际工作压力低，几乎整个储罐生命期都是在大大低于设计压力的条件下工作，运行中的材料应力水平很低，增加壁厚以图再降低应力水平就没有什么积极的意义了。

以 400m³ 球罐作为基准罐型，对其自然储存压力实测[14]结果表明，其饱和蒸汽温度 t_y 与空气温度 t_a，在每天的时间序列中有很强的相关关系。一日之内 t_y 最高值 t_{ym} 如与日小时最高气温 t_{am} 相比较，滞后约 2~3 小时；记一日之内 t_y 平均值为 t_{ya}，记一日之内 t_a 平均值为 t_{aa}，则 t_y 的波幅（$t_{ym} - t_{ya}$）为 t_a 的波幅（$t_{am} - t_{aa}$）的 0.5~0.9，说明液面层温度相对于空气温度变化有滞后及衰减，因此不能简单地用空气温度来代替储罐液面层的饱和蒸气温度。实测研究结果表明 t_{ym} 与 t_{am} 有较好的线性关系，由历年各城市实测的结果给出了如下线性关系：

$$t_{ym} = 1.6 + 1.073t_{am} \tag{11-2-10}$$

示于图 11-2-14。

由城市的历年气象资料，得到城市的夏季最高气温的统计分布。它们可以用皮尔逊Ⅲ型分布所描述，见图 11-2-15。因此，可由给定的保证率（1%）的情况下，得到对该城市的液化石油气储罐储存计算气温的值 t_{am}^*。

按照获知的 t_{ym} 与 t_{am} 的线性关系，由式（11-2-10）计算出设计计算液面温度 t_{ym}^*，及相应于 t_{ym}^* 的丙烷饱和蒸气压 p_{sm}^*。这一压力值即可作为储罐压力负荷的取值依据。对国内 15 个城市资料进行计算，结果见 11-2-4。

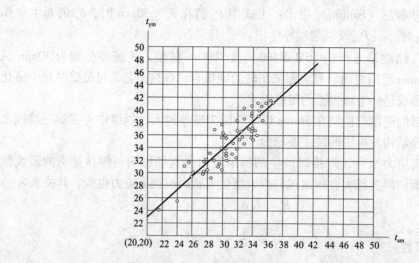

图 11 - 2 - 14　历年各城市实测 t_{ym} 与 t_{am} 的线性回归关系

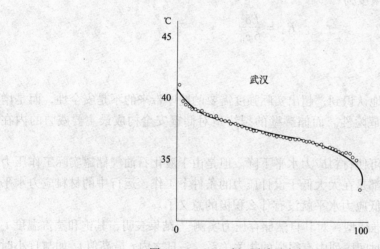

图 11 - 2 - 15　武汉夏季最高气温的统计分布

保证率为 1%，丙烷饱和蒸气压计算结果　　　　　　　　　　表 11 - 2 - 4

城市	齐齐哈尔	哈尔滨	长春	北京	银川	兰州	大同	武汉
$t_{am}*$（℃）	38.1	35.6	37.7	40.8	34.6	40.8	37.01	40.7
$t_{ym}*$（℃）	42.5	39.8	42.1	45.4	38.7	45.4	41.4	45.3
$P_{sm}*$（MPa）	1.41	1.33	1.40	1.51	1.29	1.51	1.38	1.50
城市	长沙	九江	南昌	杭州	厦门	成都	宜昌	
$t_{am}*$（℃）	39.6	40.5	41.7	39.4	36.9	36.4	41.7	
$t_{ym}*$（℃）	44.1	45.1	45.3	43.9	41.2	40.7	46.3	
$P_{sm}*$（MPa）	1.46	1.50	1.50	1.46	1.37	1.35	1.54	

　　上述研究表明，我国有关机构对液化石油气设计压力的规定（1.8MPa）明显偏高，是有待商榷的。

11.3 液化石油气低温储存

液化石油气低温储存是相对于常温压力储存（简称压力储存）而言的。低温储存的温度和压力受到控制并维持在某一规定状态的范围内。低温储存需采用人工制冷。按储存温度（及相应的压力）受控制情况的不同，低温储存又可区分为低温降压（简称降压储存）与低温常压（简称常压储存）两类系统。

降压储存的液化石油气被维持在低于某设计给定温度（压力）之下，即压力和温度可以向下变动。而常压储存的液化石油气则被维持在沸点并接近大气压力的状态。所以降压储存仍具有压力储存的一些特点，而常压储存则别具特色。

降低储存温度，是出于工程上的技术性、经济性考虑。可概括如下几点：

① 储存压力的降低能使储罐的金属耗用量及造价大为减少。同时在储罐建造工艺和施工上可采用大型容积的储罐，如平底圆筒形罐等，这样也可促使造价降低；

② 由于储存温度受到控制，所以可以提高储罐的充装率（一般常温压力储罐充装率为0.85，低温罐可以提高到0.90以上）。降低储存温度，液化石油气的液相密度变大，因而也改善了系统的经济性；

③ 在事故情况下较压力储存有更好的安全性；

④ 在我国纬度较高，年平均气温较低的地区，采用降压储存或常压储存的设备投资和运行费用均可较压力储存显著减小；

⑤ 对通过海运进口冷冻LPG，采用低温常压储存方式充分适应了LPG的冷冻状态。

低温降压系统一般是以储存的液化石油气作工质的单级制冷循环系统。其中降压储罐即是蒸发设备。储罐通常采用球型罐。罐体外用绝热层（保冷层）保冷。

低温常压系统与降压系统不同，一般采用常压平底圆筒型罐。由于储存温度低，维持和灌注制冷循环一般采用双级。这是结构上的基本不同点。此外由于温度低、储存压力接近大气压，在储罐的保冷和输入输出工艺等设计上都有一系列的专门要求。

11.3.1 液化石油气低温降压储存

11.3.1.1 低温降压储存工艺

低温降压储存一般接收常温LPG，工艺原理如图11-3-1所示。

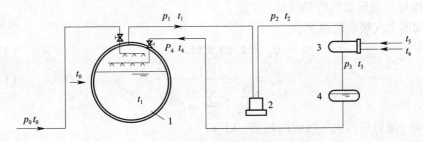

图11-3-1 液化石油气降压储存工艺原理

1—低温压力储罐；2—压缩机；3—冷凝器；4—储液罐

降压储存系统一般采取直接制冷形式，即由低温压力储罐作为蒸发器，与制冷压缩机、冷凝器、节流阀一起构成制冷循环系统。冷凝器一般用水做冷媒。降压储存系统的运行有三种工况：①维持低温压力储罐的压力保持在设计压力以下，即维持工况。②从铁路槽车卸车时，使一部分液相 LPG 进入缓冲罐，少量进入储罐，即卸车工况。③液化石油气以一定的灌注强度进入低温压力储罐，即灌注工况。

（1）维持工况

在夏季，低温压力罐自大气吸热，罐内的液化石油气温度升高，压力亦升高。为使罐维持在设计压力下运行，用压缩机将罐上部的气体抽出，加压后进入冷凝器冷凝并进入储液罐，然后再经节流送至低温压力罐顶部、喷淋进罐。部分液体重新气化（其气化量决定于节流压差）。依此循环，保持罐内的液化石油气的温度、压力维持在设计值上。在维持工况下压缩机排量应考虑两部分：一是因罐自大气吸热而引起的气化量，另一是因回流节流所引起的气化量。

（2）卸车工况

从铁路槽车卸车时，若直接卸入储罐，卸车强度（t/h）太大，则会在经节流后产生较大的气相 LPG。为此需要设置较大容量的 LPG 压缩机将其从储罐抽出，并进行冷凝。为减小制冷设备容量，可设置缓冲罐。卸车时，大部分液相 LPG，进入缓冲罐，少量进入储罐。LPG 压缩机从储罐抽取气相 LPG 加压后送入铁路槽车用于卸车。

（3）灌注工况

向储罐灌注液化石油气，经节流进罐时会有部分气化，促使罐压力升高。为维持罐的工作压力不超过设计压力，这部分气体应由压缩机抽出，经冷凝、节流、再喷淋入罐。

在灌注工况下，由于液态液化石油置换了罐内原有气体空间（等于实际灌注液体体积）。因此，在灌注工况下压缩机的排量应包括：吸热气化量、灌注节流气化量和灌注液体体积。

采用低温降压储存应对当地全年的气温变化规律作细致的调查，进行技术经济比较后确定最经济的设计温度、设计压力、灌注强度（即进入低温压力罐流量）和系统的工作制度，以使投资、钢耗和常年运行管理费用最少。同时，在设计时还应尽量考虑使灌注工况和维持工况所用压缩机的型号一致，以便于运行管理。

11.3.1.2 压缩机排气量的计算和压缩机台数的确定

低温降压储存系统压缩机排气量计算参数见图 11-3-1。

（1）维持工况压缩机的排气量。

罐自周围大气吸收的热量：

$$Q_{\mathrm{g}} = 1.2 A_{\mathrm{g}} k_{\mathrm{g}} (t_0 - t_1) \qquad (11-3-1)$$

$$k_{\mathrm{g}} = \cfrac{1}{\cfrac{1}{\alpha_1} + \sum \cfrac{\delta_{\mathrm{i}}}{\lambda_{\mathrm{i}}} + \cfrac{1}{\alpha_2}} \qquad (11-3-2)$$

式中 Q_{g}——罐自周围大气吸收的热量，kJ/h；

      A_{g}——罐的外表面积，m^2；

      t_0——大气温度，℃；

      t_1——罐内液相温度，℃；

1.2——附加系数；

k_g——罐内液化石油气与周围大气的总传热系数，kJ／（m² · h · ℃）；

α_1——罐与大气的对流换热系数，kJ／（m² · h · ℃）；

$\sum \dfrac{\delta_i}{\lambda_i}$——罐的总热阻，若罐设有保冷层，则钢板、涂料等热阻可以不计；

λ_i——保冷材料的导热系数，kJ／（m² · h · ℃）；

δ_i——保冷层厚度，m；

α_2——罐壁与液化石油气的对流换热系数，kJ／（m² · h · ℃）。

罐自周围大气吸热后，液化石油气的气化量为

$$q'_1 = \frac{nQ_g}{r} \tag{11-3-3}$$

式中 q'_1——罐自周围大气吸热后，液化石油气的气化量，kg/h；

n——罐数量；

r——温度为 t_1（压力为 p_1）时的液化石油气的气化热，kJ/kg。

气体 q_1' 经压缩、冷凝液化，再节流降压进入罐后，部分液体气化。其节流气化量为：

$$q_1 = \frac{q'_1}{1 - x_1} \frac{1}{\rho_g} \tag{11-3-4}$$

式中 q_1——维持工况下的气化量即压缩机排量，m³/h；

x_1——从罐前压力 p_4 降到压力 p_1 时，液化石油气的节流干度，kg/kg；

ρ_g——温度为 t_1（压力为 p_1）时气态液化石油气的密度，kg/m³。

（2）灌注工况下压缩机排气量

在灌注工况下压缩机排气量应包括两部分：一是维持工况的气化量，二是进料节流气化量和进料液体置换的气体量。

进料节流气化量按下式计算：

$$q_2 = \frac{x_2 G}{\rho_g} \tag{11-3-5}$$

式中 q_2——从进料压力 P_0 降至罐内压力 P_1 时的节流气化量，m³/h；

x_2——压力从 P_0 降至 P_1 时的液化石油气节流干度，kg/kg；

G——灌注强度（进料量），kg/h；

ρ_g——在 p_1 压力（温度为 t_1）下气态液化石油气的密度，kg/m³。

进料液体所置换的气体量：

$$q_3 = \frac{(1 - x_2) G}{\rho_1} \tag{11-3-6}$$

式中 q_3——被液体置换的气体量，m³/h；

ρ_1——温度为 t_1 的液态液化石油气密度，m³/h。

于是灌注状态下压缩机排气量：

$$q = q_1 + q_2 + q_3 \tag{11-3-7}$$

（3）压缩机台数的确定

压缩机台数按下式确定：

$$n_c = \frac{1.2q}{q_n\eta}$$

(11-3-8)

式中　q_n——压缩机额定排气量，m^3/h；

　　　η——压缩机的容积效率，可取 0.75~0.8；

　　　1.2——附加系数。

低温压力储罐在设计温度下其最大允许工作压力及其壁厚计算，与全压力常温储罐的强度计算方法相同。

11.3.2　低温常压储存

通过海运进口冷冻 LPG 需要借助大型冷冻 LPG 槽船；在沿海建设冷冻 LPG 接收终端等基础设施，在其中即需采用液化石油气常压储存。

由于低温常压储罐内液化石油气（C3 或 C4）介质饱和蒸气压很低，因此具有安全性高、建设费用低的优点。

11.3.2.1　常压储存工艺

液化石油气常压储存有两种类型。一种是常温 LPG 运入基地，LPG 经冷冻后低温储存；从储存基地供出时，对冷冻 LPG 升压加热，用槽船或槽车运出，或灌瓶供出。另一种是接收由槽船运入的冷冻 LPG，在储存基地保持低温储存；从储存基地供出时，对冷冻 LPG 升压加热，用槽船或槽车运出，或灌瓶供出。第一种类型针对 LPG 年供需很不平衡、作为季节调峰的储存基地。对 LPG 大量进口的国家或 LPG 储量小的情况，很少采用这种系统。

在设计液化石油气低温储存系统及工艺流程时，首先应该按原料来源、温度状态及其质量，确定储存系统、储存形式、冷冻方法及其设计条件（温度和压力）、储罐的形式、材料等。

两种基地类型原则上是相同的，都需设置维持储罐低温的制冷系统（LPG 储罐低温维持系统）；对于常温输入的类型，需有额外的 LPG 制冷系统（LPG 灌注制冷系统）。相应于低温维持系统运行，有维持工况；相应于 LPG 灌注系统运行，有灌注工况。

11.3.2.2　常温 LPG 运入常压储存工艺

常温 LPG 运入常压储存工艺典型的流程如图 11-3-2。

主要工艺过程有下列各项。

（1）卸车

常温 LPG 由槽车运入，经干燥器 1 干燥由常温 32℃节流到 -6.6℃进入蒸发冷凝换热器 2 的壳程，再经节流进入低温常压储罐 12。节流产生的气相出储罐经灌注制冷压缩机 6 加压到 0.625MPa 回到蒸发冷凝换热器壳程，得到液化。

（2）储存

低温储罐中的 LPG 储存温度为 -46.7℃。储罐受到储罐外传入热量发生气化，经维持制冷压缩机 6 加压到 0.625MPa 回到蒸发冷凝换热器壳程，得到液化，再经节流回低温储罐。低温储罐因而保持常压状态。

（3）不凝气体分离排放

经过蒸发冷凝换热器的 LPG 气体中的轻组分等不凝性气体经不凝性气体分离器 3 的壳程，排向放散火炬 5。排放操作由储罐压力上限控制器 4 控制，其余的丙烷在压力

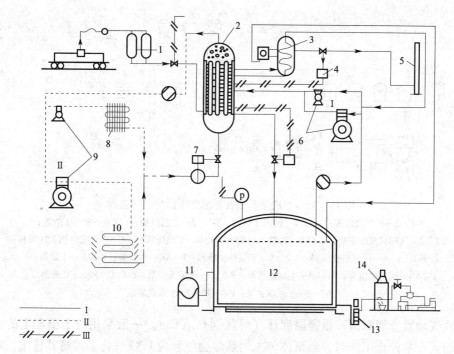

图 11-3-2 常温 LPG 运入常压储存[19]

1—干燥器；2—蒸发冷凝换热器；3—不凝气体分离器；4—储罐压力上限控制器；5—放散火炬；
6—储罐维持与灌注制冷压缩机；7—高压侧制冷节流阀；8—高压侧维持制冷冷凝器；
9—高压侧罐维持与灌注制冷压缩机；10—高压侧灌注制冷冷凝器；11—氮气呼吸罐；
12—低温常压储罐；13—LPG 低温泵；14—供出 LPG 加热器
Ⅰ—工业丙烷；Ⅱ—纯丙烷；Ⅲ—控制信号

0.625MPa 下冷凝，经节流到温度 −37.2℃ 进入储罐。由压缩机 6 排出的一部分 LPG 气体流经不凝性气体分离器管程，加热经分离器壳程放散的不凝性气体。

（4）卸出

储罐中的 LPG 经 LPG 低温泵 13 加压，LPG 加热器 14 加热为常温 4.4℃ 供出。

（5）丙烷制冷流程

丙烷制冷流程是整个低温常压储存系统的高压侧。当卸车工况或维持工况时丙烷制冷系统通过蒸发冷凝换热器为 LPG 提供冷量。相应于卸车工况或维持工况，设有两套压缩机、冷凝器。大容量的丙烷压缩机 9，水冷冷凝器 10 对应用于卸车工况，小容量的压缩机 9，风冷冷凝器 8 用于维持工况。在丙烷制冷流程中，蒸发冷凝换热器是蒸发器。丙烷经压缩、冷凝、节流（受液位调节器 7 调节）进蒸发冷凝换热器管程，温度为 −15℃。

11.3.2.3 低温 LPG 运入常压储存工艺

液化石油气低温常压储配基地流程见图 11-3-3。

1. 工艺

（1）LPG 卸船

在接收槽船卸 LPG 的前两天，要用基地储罐内 LPG 液体冷却卸船液相管道。所产生的蒸发气经压缩、冷凝、节流回罐。在卸船液相管上设有玻璃液面计用于观察冷管情况，

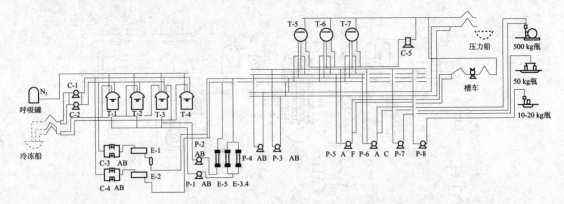

图 11-3-3　液化石油气低温常压储配基地流程

T-1、2—低温丙烷罐；T-3、4—低温丁烷罐；T-5、7—常温丙烷罐；T-6—常温丁烷罐；
C-1、2—气相回流压缩机；C-3AB—丙烷压缩机；C-4AB—丁烷压缩机；C-5—液化气回收压缩机；
E-1、3、4—丙烷热交换器；E-2、5—丁烷热交换器；P-1AB—丙烷泵；P-2AB—丁烷泵；
P-3AB—丙烷输出泵；P-4AB—丁烷输出泵；P-5AF—槽车灌装泵；P-6AC—500kg 瓶灌装泵；
P-7—50kg 瓶灌装泵；P-8—10～20kg 瓶灌装泵

设有 3 处气动紧急切断阀，报警温度计（可区别 C_3，C_4）。一般采用设于槽船上的立式低温泵卸船。在泵停止工作时，经泵体传入的热量会使泵内 LPG 气化，需将其排出。在泵的排出管上可设回流管将气化的 LPG 送回槽船罐体。在卸船过程中，由卸船气相管道上的鼓风机抽取基地储罐气相送入槽船储槽气相空间，用以补充卸船液相管道卸液产生的压降。

（2）LPG 预处理

对低温 LPG 运入常压储配基地的常温 LPG 运入情况，若液化石油气的组分不纯，则在冷冻储存之前，需经过预处理，把储液中所含的杂质（水和硫化氢）除去。

液化石油气脱水预处理工艺流程如图 11-3-4 所示。

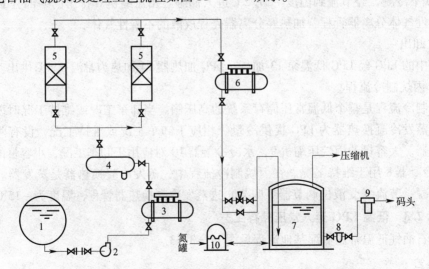

图 11-3-4　液化石油气脱水预处理工艺流程

1—常温压力丙烷（或丁烷）罐；2—丙烷（或丁烷）输送泵；3—丙烷（或丁烷）预冷器；
4—水分离器；5—干燥器；6—丙烷过冷器（或丁烷制冷器）；7—低温丙烷（或丁烷）罐；
8—泵前过滤器；9—装卸泵；10—氮呼吸罐

在环境温度和高压下进厂的丙烷或丁烷，经预冷器冷却至10℃以降低其溶解水含量。在水分离器中将游离水分离出来后，丙烷或丁烷在干燥器中分子筛吸附剂的作用下脱除水分，以防止结冰。干燥器为双联式，一个操作时另一个再生。干燥器操作计量时间为24h。此后，对于干燥后+10℃的丙烷需经过过冷到-20℃以下节流进入丙烷储罐；对于干燥后+10℃的丁烷，则经过过冷到-6℃以下节流进入丁烷储罐。

（3）储存

对维持运行，液化石油气的冷冻方法基本上有两种，一种是闭式循环间接冷冻法（图11-3-5a、b），区别是通过气相或液相循环得到冷量使储罐维持低温。都需设一套制冷系统提供冷量。

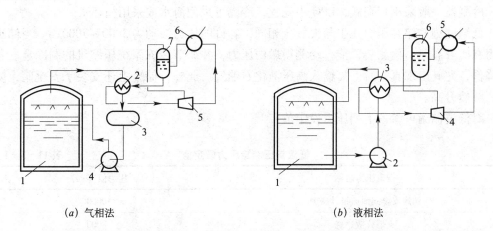

（a）气相法 　　　　　　　　　　　　　　（b）液相法

图 11-3-5　闭式循环间接冷冻流程

1—低温常压储罐；2—冷凝器；3—储液罐；4—液化　　1—低温常压储罐；2—泵；3—换热器；4—压缩机；
石油气泵；5—压缩机；6—冷凝器；7—气液分离器　　5—冷凝器；6—气液分离器

另一种是开式循环直接冷冻法。如图11-3-2系统。它是将液化石油气作为制冷工质、低温储罐作为制冷系统的蒸发器，低温储罐直接被制冷。这种系统为世界各国所普遍采用，其特点是设备简单，故障少，效率高，并且小容量与大容量还具有同等效率，但对原料变化的适应性差一些。

设计液化石油气冷冻系统时，须确切掌握储罐内介质的气化量。储罐的热量输入（Q_t）为罐顶、罐壁传入热量（Q_1）及罐底部传入热量（Q_2）之和，即

$$Q_t = Q_1 + Q_2 \qquad (11-3-9)$$

$$Q_1 = A_1 h_1 (t_1 - t) \qquad (11-3-10)$$

$$Q_2 = A_2 k_2 (t_2 - t) \qquad (11-3-11)$$

式中　A_1、A_2——分别为罐顶、罐壁及罐底的传热面积，m^2；

t_1、t_2——分别为大气和大地的温度，℃；

t——罐内介质温度，℃；

k_1、k_2——分别为罐顶、罐壁及罐底的传热系数，$kJ/（m^2 \cdot K \cdot h）$。

计算Q_t时要考虑太阳的辐射热，要对罐内温度进行修正。此外，以运输船接收液化石油气时，由于管道的阻力，有一定量的气相（热量记为Q_c）产生，并与液相一起进入

低温储罐。通常，卸 10000 ~ 20000t 液化石油气需 24h 左右，接收时产生的气相，用罗茨风机全部送回运输船，因此，这部分气体就可不作为冷冻系统的计算负荷。只有在装卸地与储配站相距很远而管道中压力损失很大时，由于气相不能返回运输船，需将其计入冷冻系统的计算负荷。

管道的热量输入（Q_P）及冷冻系统中经压缩、冷凝液化了的液相经过节流减压阀后发生的气量（热量记为 Q_f）等，都应算入冷冻系统的计算负荷。

通常，1000t 的丙烷（或丁烷）储罐需要配置 75kW（或 30kW）的压缩机。丙烷冷冻装置需采用二级压缩循环，丁烷冷冻装置采用一级压缩循环即可。压缩机选用往复式，系统还需配置气液分离器、冷凝器、储液罐及控制装置。

冷凝器一般采用管壳式，LPG 走壳程，冷媒可采用海水或采用循环水。

低温储罐的储存压力几乎与大气压相同，容许的压力波动为 3000 ~ 7000Pa。当储罐内压力有所升高时，检测装置能自动测得罐内压力，并调节冷冻系统压缩机的制冷量。若压力降低，尤其出现真空时，需输入高压液化石油气。此外，储罐上还安装了安全阀，防止压力突然升高。

对低温储罐可参考下列压力设定值：

低温常压储罐压力设定值　　　　　　　表 11 - 3 - 1

设定压力名称	压力值（Pa）
储罐安全阀泄流设计压力	10000
火炬放散燃烧	8000
仪表报警	7500
罐压变化上限并报警	7000
压缩机启动或停机	5000
罐压变化下限	3000
真空呼吸阀开启，补充高压液化石油气气体	2000

一般在夏季最热天气，维持工况压缩机一天开启 3 ~ 4 小时即可。

低温储存工艺不但适用于液化石油气输出或输入储存基地，也可用于具有分配、灌装等综合功能的储配站。

（4）LPG 的供出

储存的冷冻 LPG 可经由常温压力槽船、槽车、瓶装或在基地气化后由管道供出。

非冷冻供出时，从低温常压储罐经立式低温泵卸出。在泵停止工作时，经泵体传入的热量会使泵内 LPG 气化，需将其排出。在泵的排出管上可设回流管将气化的 LPG 送回储罐。低温泵卸出的 LPG 冷量可回收利用，使 LPG 得以升温；否则需对其加热，可设海水换热器。对泵入换热器的海水流加以空气鼓动，增强其换热。为消除海水中的杂菌，可用液氯，浓度* 为 $1 ~ 2 \times 10^{-6}$（体积）。LPG 经换热器由 -45℃ 被加热至 -5℃ ~ 0℃。

---

* 原资料为 1~2ppm，作者估计为体积相对值。

供出液化石油气中丙烷和丁烷的比例可采用槽车内混合方式或管道混合方式。用槽车内混合方式时，先灌装 C_4，然后灌装 C_3。经验表明槽车开车后 1 小时 C_3、C_4 在槽车罐内即可均匀混合。用管道混合方式时，C_3、C_4 分别流经安有流量计和阀门的管道汇合实现混合。C_4 管道上的阀门是调节阀，由 C_3 管道上的流量计信号控制，以调节混合比。

（5）加臭

为察觉泄漏，由加臭装置通过计量泵向输出的液化石油气加臭。

（6）储存系统开工冷却

冷冻 LPG 储存系统开工时，要逐渐冷却系统。冷却速度可取为 $1 \sim 3℃/h$。

图 11-3-6 所示为液化石油气低温常压储配基地操作程序图。

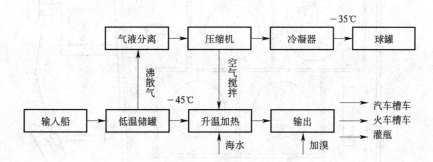

图 11-3-6 液化石油气低温常压储配基地操作程序图

2. 主要设备

某低温常压 LPG 储配基地主要设备及设施配置如下。

（1）低温常压储罐：

低温丙烷罐（$\phi37500mm \times 29000mm$）2 个，容量 20000t/个；

低温丁烷罐（$\phi37500mm \times 29000mm$）2 个，容量 20000t/个。

设计运行参数

设计温度：

丙烷罐 $-42 \sim -45℃$；丁烷罐 $-5 \sim -10℃$；

沸散率：每日 0.04% ~ 0.08%。

（2）常温压力储罐：

丙烷球罐 2 个，容量分别为 1000t 和 500t；

丁烷球罐 1 个，容量为 1000t；丁烯球罐 1 个，容量为 440t。

（3）氮气呼吸罐 1 个，包括 15t 液氮罐 1 个。

（4）泵：立式多级丙烷输出泵 2 台，每台输送能力为 150t/h；

立式多级丁烷输出泵 2 台，每台输送能力为 150t/h。

（5）压缩机：卧式二段无油润滑丙烷气体压缩机 2 台；

卧式二段无油润滑丁烷气体压缩机 2 台。

（6）液化石油气运输工具：7.5t 汽车槽车 13 辆；150t 槽船 2 艘。

（7）自控仪表：采用气动仪表（包括紧急切断阀）。设置空压机 1 台，若压缩空气系统出故障，则用氮气代替。仪表室控制各个阀门的开关，以及指示、控制低温储罐的温度和压力。

（8）加臭装置。配用一个 1140L 的甲基硫醇或其他加臭剂罐。

（9）安全设施。包括火炬，防溢堤，消防设施，备用发电所。

（10）基地输出设施。包括汽车灌装台，灌瓶站，槽船码头。

3. 总平面布置

某液化石油气低温常压储配基地占地面积为 50124m²，其总平面布置如图 11-3-7 所示。

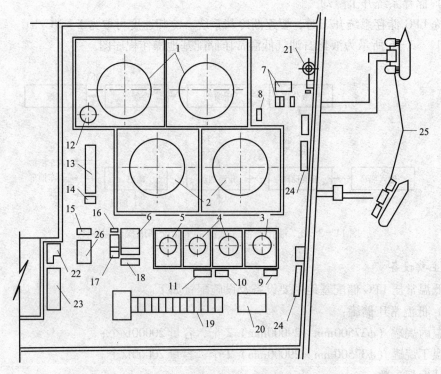

图 11-3-7　液化石油气常压储存储配基地布置图

1—丙烷低温罐；2—丁烷低温罐；3—丁烷常压罐；4—丙烷常压罐；5—丁烯常温罐；

6—地下水池；7—加热器；8—输送泵；9—海上装卸泵；10—汽车槽车装卸泵；

11—机器房；12—氮气呼吸罐；13—压缩机室；14—换热器；15—氮气蒸发器；

16—小量危险品库；17—消防泵房；18—新鲜水池；19—汽车槽车灌装台；

20—灌瓶站；21—火炬；22—高压配电室；23—办公室；24—消防车吸水处；

25—油轮码头；26—备用发电所

液化石油气常压储存储配基地的低温储罐与基地外建、构筑物、堆场的防火间距应符合有关规范的规定。

图 11-3-8 所示为液化石油气常压储存储配基地安全设备布置图。

11.3.2.4　LPG 低温常压储罐设施

低温常压液化石油气储罐分地上罐和地下罐两大类。

1）地上储罐

地上罐为钢制和混凝土制的，罐体设在地上。

例如丁烷低温常压储罐，储存温度：-33℃。外罐材质为混凝土，内罐材质为碳钢。

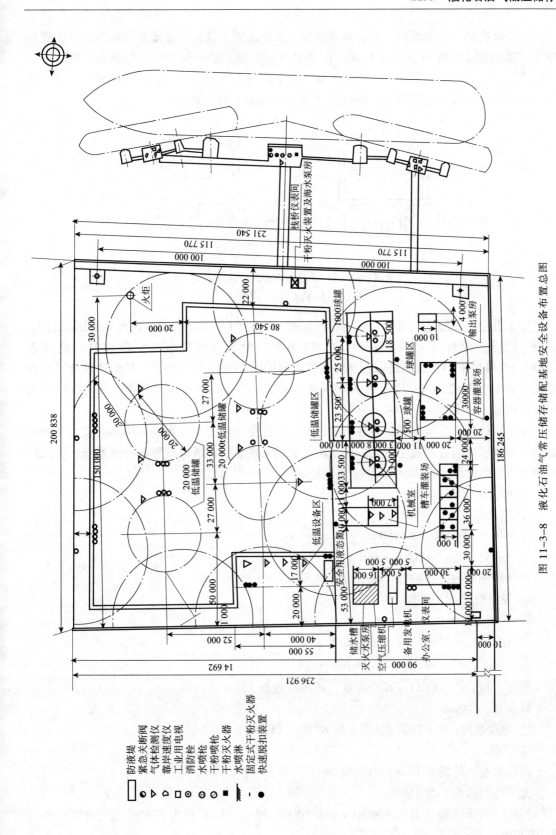

图 11-3-8　液化石油气常压储存储配基地安全设备布置总图

由于罐内储存物温度低，故必须考虑底盘下地面因土壤冻结膨胀的危险性。地上罐的防冻结措施通常如图 11-3-9 所示。由图可见，高架式地上罐的底盘与地面之间有一定的间隙，有空气对流，不必额外加热防冻。落地式地上罐的底盘直接坐落在地面上，此时混凝土底盘中要设置电热装置或加热管（通入热的不冻液）防冻。

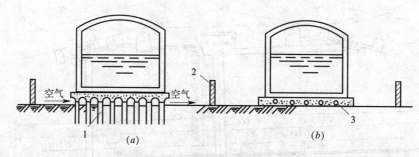

图 11-3-9　低温储罐底盘的防冻措施
1—柱；2—防溢堤；3—加热管

地上低温罐一般采用双重壳式结构，如图 11-3-9 所示。该罐由内外两层钢板制成，内层采用低温钢材（适用于 -60℃），内层不接触液相的罐顶用低温钢材（适用于 -45℃），外层采用普通钢材。内外层钢板之间的绝热材料为珍珠岩，其配置及绝热材料性能如表 11-3-2 所示。为了改善罐壁受力状况，夹层还外加玻璃棉毯，底盘部位有的还采用轻量发泡混凝土（ALC）材料。

由于罐体外壳受气温和日照等因素影响，内壳受液面变化等影响，罐体温度总会有所波动，使夹层空间容积发生变化，为了防止夹层出现负压，所以设置氮呼吸系统，用以随时调整夹层内的压力在 300~500Pa 之间波动。

罐体的设计参数如下：

① 设计压力。

工作压力：-500~30000Pa

氮气密封压力：-500~1000Pa

珍珠岩侧压力：7500Pa（从壁顶算起 5m 以下）

② 设计温度：-45℃

③ 气候条件。

大气温度：-15~35℃（平均 20℃）

大气压力：96~103kPa（平均 101.4kPa）

风压：$1187\sqrt[4]{H}$（Pa）（H 为高度，风压系数 0.7）

降雪量：500mm

④ 地震系数：0.3［罐的径高比按 D/H =（1.3~2）：1］

⑤ 其他。

腐蚀裕量：外罐取 1mm，内罐取 0mm。

允许应力：取 145.2MPa。

试压。耐压试验压力取 45000Pa（按 5000m³ 罐计，试水量为 3750t）；气密试验压力取 33000Pa。

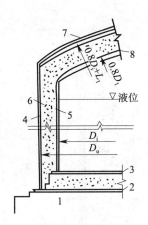

图 11 - 3 - 10 双重壳式低温储罐结构图

1—基座；2—外槽底板；3—内槽底板；4—外槽侧板；

5—内槽侧板；6—加强圈；7—外槽拱顶；8—内槽拱顶

低温罐绝热材料的性能   表 11 - 3 - 2

配置部位	材料名称	导热系数 ［W/（m·K）］	密度 （kg/m³）	抗压强度 （MPa）
罐顶、罐壁	珍珠岩粉	0.04245	50	
底　盘	珍珠岩预制块	0.1163	550	>0.183
底　盘	珍珠岩预制环	0.1163	550	>0.289

2）地下储罐

随着储存规模的增大，地上储罐周围防溢堤和建罐的造价明显提高，同时安全设备也庞大，因而容量较大的低温罐倾向于采用地下式，在经济上和安全上都有优势。

地下储罐又称膜式罐。地下储罐实际上是由直接与液化石油气接触的耐低温的薄膜内罐、保冷材料夹层及能承受土、液压等外力作用的外罐体所构成。该罐各部分的材料及其作用分述如下。

（1）薄膜内罐

薄膜内罐由具有良好液密性和可挠性的低温薄钢板制成，在日本一般选用9%镍钢、不锈钢 SVS - 304、铝合金 A5083 - 0 作为液化天然气地下低温罐的内罐材料，而液化石油气地下低温罐的内罐材料仍用碳钢 SLA - 33。为了使内罐吸收变形能力更大，即抵消来自薄膜的垂直断面负荷及温度变化引起的变形，使处于低温负荷状态的薄膜能保持最理想的形状，采取了薄膜上端悬挂在外罐的顶棚结构上的设计方法，使外罐（强度材料）与内罐（低温液体容器薄膜）处于完全分离状态，这样在强度材料受液体负荷作用时，可免受由温度变化引起的复杂约束力的作用，而且采用预应力混凝土材料，就具有更高的可靠性，如图 11 - 3 - 11 所示。此外，对于由于储罐基础冻结、不均匀下沉或地震等外因造成的变形，因薄膜内罐具有挠性，而保持很高的安全性。

另外，在装卸液化石油气时所引起的侧壁伸缩，可以设置波纹板加以吸收。

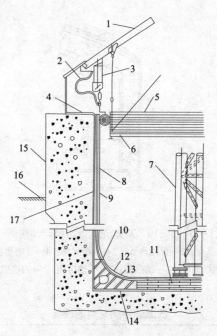

图 11－3－11　地下薄膜罐内部构造简图

1—外槽顶；2—气体密封；3—悬挂装置；4—肩部密封板；5—顶部绝热（玻璃棉）；
6—悬挂固定盖板；7—组合管道；8—侧部薄膜；9—侧部绝热（硬质氨基甲酸乙酯泡沫）；
10—拐角部绝热（硬质氨基甲酸乙酯泡沫）；11—底部绝热（硅轻质板）；12—底部薄膜；
13—合板；14—底部密封板；15—混凝土壳体；16—填土表面；17—侧部密封板

（2）保冷材料层

保冷材料紧贴薄膜，起到隔绝低温液化石油气吸收罐外传递的热量，减小罐壁内外温差、降低温度应力作用，同时通过它还将液压头传递给外罐和均匀支撑着薄膜的各个部位。故保冷材料要求导热系数小，并具有足够的强度。通常可选用硬质泡沫氨基甲酸乙酯、泡沫玻璃、珍珠岩及硬质泡沫酚醛树脂等。为了提高保冷材料的绝热特性和经济性，可混合使用由粉末状、纤维状、板状等成型的保冷材料。

在运行中，低温罐在储液注入后内罐就会冷缩，储液完全排出后，内罐就热胀，粉末珍珠岩砂保冷夹层因反复胀缩而变得密实，会导致内罐壁受力过大而损坏。故在内罐壁外侧还必须敷设一层伸缩性保冷材料（如矿渣棉毯），其厚度与内罐壁的胀缩程度相适应，使它起缓冲作用，保持内罐壁受力不变，运行安全。

（3）罐体

罐体是承受各种负荷的外壳，必须具有足够的强度。按所用构造材料可分以下几种：冻土壁、钢制壁、钢筋混凝土壁和预应力混凝土壁。

冻土壁罐体存在施工方式，内部安装、冻土层的蠕变、冻结方法及施工质量等问题，并且这种低温储罐因泄漏量大，安全性能较差。

钢制壁（包括合金、铝）只适用于双重壳地上罐，若作地下罐使用，除消耗大量钢材之外，并无任何优点，基本上不予采用。

混凝土和预应力混凝土具有耐低温、不变脆、抗老化、不受地下水腐蚀等特性，液密

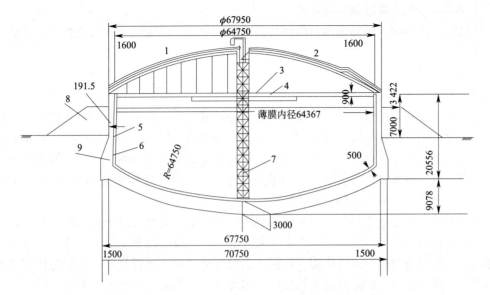

图 11-3-12　耐压型地下罐结构断面图

1—配管；2—过道；3—绝热材料；4—悬挂盖板；5—薄膜（不锈钢304）；
6—绝热材料；7—组合嘴；8—回填土；9—预应力混凝土侧壁

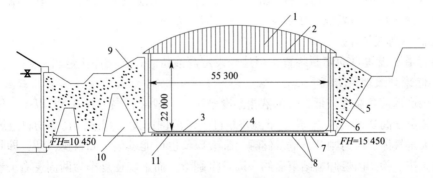

图 11-3-13　加热式地下罐结构断面图

1—钢制圆顶；2—绝热材料；3—薄膜；4—绝热材料；5—回填优质砂；6—预应力混凝土侧壁；
7—基础混凝土；8—供热管；9—回填优质砂；10—地下护墙；11—砂垫层

性和抗震性能也很好，故广泛用作地下低温储罐的罐体材料。

　　地下低温储罐根据基地的土质、地下水情况，可做成全地下罐或半地下罐。无论哪一种，对罐体受力分析设计来说大致分成两类罐体。一类是让罐体周围地盘冻结起来，与冻土层构成一体化的地下罐，它比本身的结构要坚固，因为随着冻土层的扩展，冻土特有的冰胀压力将作用于罐体侧壁和底盘，所以从外形上也采用侧壁和底盘大断面结构——耐压型地下罐，如图 11-3-12 所示。另一类是为了避免冰胀压力的作用，在地层中或罐体内设置加热系统，预防土壤冻结后体积扩展挤坏罐体，称之为加热式地下罐，如图 11-3-13 所示。相比之下，显然后者的结构断面小，本身造价低，但加热设备的运行管理费用较大，低温液化石油气的气化量也较大。

11.3.2.5　低温常压储存的安全

低温常压储存的主要安全措施除保持罐区安全间距、设置防火堤与消防装置外，有下列内容。

1. 运行安全

（1）储罐压力控制

储罐由于内外温差影响发生热量传入使部分储液气化，通常用循环压缩机抽出升压后再冷却使之液化，以维持罐内常压状态。当压缩机发生故障时，罐内升压，则安全阀开启，可把多余的气化气自动导入火炬燃烧或作为储配站加热设备的燃料，使罐内压力降低复原。当用罐内潜液泵往外供液时，若罐内压力趋于真空，则真空阀开启，可用管道导入较高压力的气体，使罐内保持一定的压力。

由于储罐内外温度变化时，内外夹层气体会胀缩，故在外罐上要设呼吸孔。但它在呼吸时，不得吸入空气，否则空气内水分易冷凝，可导致保冷材料失效。通常，呼吸孔接通氮气罐，氮气需维持一定的压力。呼吸孔上设有橡胶膜，此膜具有适应氮气体积波动的呼吸能力。此外，罐上的附件还有液位计、温度计、压力表、关断阀、大气阀等。

为防止储罐压力过低或过高，须设置控制压力值的安全装置、并自动连锁相关阀门、压缩机等。控制罐内的压力值由低至高的顺序为：罐顶真空阀开启压力值、向罐内充入气相液化石油气或氮气的压力值、低压时系统停止运行压力值、关闭全部进料阀门压力值、开放火炬排气压力值、高压时系统停止运行压力值、罐顶安全阀开启压力值。以上操作均自动控制，由三块压力表取二块值执行、即三取二表决。

（2）储罐高液位保护

进料管道上设置自动切断装置，当达到设定高液位时，自动停止进料。

（3）储罐翻滚现象防范

储罐内底部液相温度较低，上部液相温度较高，一般液相温差在 0.5℃ 以下，气相温度较上部液相温度高 0.5℃ 左右。当上下温差超过一定范围即发生翻滚，底部物料急剧向上涌动，产生大量气体、压力剧升，危及储罐。翻滚现象也可能发生于卸料操作后，即热的物料进罐造成。按经验，丙烷卸料结束后约一周发生翻滚，而丁烷在夏季为两周左右、春秋季约三周发生翻滚，冬季则不发生。也有卸料管线内剩留物料发生翻滚而影响罐内压力的情况。

翻滚防止措施：①在液位高度方向设置若干测温点，密切监视温差，当温差超过控制值即报警，并启动罐内泵进行回流倒罐。某 50000m³ 储罐在高度 32.5m 罐壁的吊顶下方设 9 个测温点，当任一测温点温度较相邻上方测温点温度高 1℃ 时，即报警、倒罐。②定期回流倒罐。③卸料操作前由罐内泵向管线泵入物料进行管线预冷。④卸料结束后关小卸料阀，如至 10% 左右，以减少对罐内压力影响。

（4）内外罐间检测

对于双壁罐，内罐可能泄漏，因此须由检测仪表对内外罐间参数进行检测，同时为避免内外夹层中气温过高而引起气体膨胀或过低形成真空，须以氮气充入以补偿温度引起的夹层压力变化。

2. 安全设施

（1）装卸料臂自动脱离装置与分隔水幕

对于船输罐站由于船体波动和漂移，设置卸料臂自动脱离装置，当达到不同设定值时发出报警并自动关阀、脱离。同时船与码头间须设置消防用分隔水幕。

（2）氮气供应装置

除储罐夹层须氮气注入控温外，作为罐站系统置换气源须设置氮气供应装置，以便对运行前所有容器与管道，以及运行中卸料管、火炬等作氮气置换。

（3）静电接地系统

设置静电接地系统，并与装卸料装置连锁，如接地不良立即停止物料装卸。

（4）防冻措施

当采用地上设置基础时，在基础内须设置加热装置，以防土壤中水分冻结而使地面隆起。加热装置可采用电热或热液等热源。对于放空与火炬系统出现的冻结，须排空管道中凝液以防止放空阀冻结。

（5）燃气泄漏、火灾与烟气报警系统

设置燃气泄漏、火灾与烟气报警系统，并与装卸料装置连锁，如报警或达到设定值立即停止物料装卸。当火灾与烟/热报警器报警时，装置自动连锁停运，当液化石油气在空气中浓度达爆炸下限的 1/4 时，泄漏报警器报警，达 1/2 时装置自动连锁停运。

（6）自动喷淋装置与固定水炮

在储罐与关键管道处设置自动喷淋装置，在罐区设置水炮，当温度达到设定值或火灾时，自动启动。

11.3.3　低温储存参数优化

11.3.3.1　低温储存的三个经济性影响因素

灌注强度。对常温 LPG 运入的液化石油气低温储存系统，设缓冲罐能减小灌注强度，在缓冲储罐与灌注制冷设备的容量之间要权衡采用合适的灌注强度以使费用最省。

保冷绝热层厚度。在保冷材料选定的条件下，增加绝热层厚度会增加造价，但可以减小冷负荷。

储存温度。对低温常压储存，其储存温度取决于液化气的沸点。组分已定，其沸点就不能随意选择。对低温降压储存，储存温度取得低，将使维持冷负荷加大，运行费和制冷设备费增加，但可减少储罐体的金属耗量及投资；对于灌注负荷则会使工质节流干度增加，因而使灌注制冷设备容量增加。储存温度的选择还会影响绝热层厚度的最佳值。

应该指出，这三个主要因素之间有着直接或间接的联系，所以应该综合地加以考虑，以寻求其最佳组合。

就典型系统，由低温储存技术原理建立若干表达式，综合构成求解的数学模型。以年费用为目标函数对降压储存形式采用优化方法求解；而对常压储存形式则可以简单地采用求极值的运算求解。

11.3.3.2　低温降压储存参数优化[21][22][23]

为建立 LPG 低温储存参数优化模型，需计算低温储存制冷循环的热力学能量。在进行热力学分析时，观察到工质状态图的几何学近似关系，作者设计了几何热力学方法。提出了假想临界点概念，建立了 3 个蒸发温度函数。

（1）假想临界点概念与干度蒸发温度函数。考察 LPG 的 T—s 图（图 11-3-14）。在 T—s 图上分别作 263~283K 范围的饱和液体和饱和气体线段的延长线，得交点 P

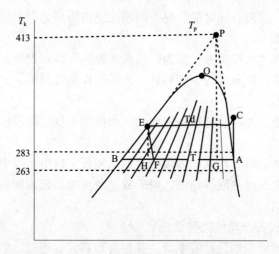

图 11 - 3 - 14　丙烷制冷循环与假想临界温度

（称为假想临界点），记其温度为假想临界温度 T_p。对丙烷其值为 $T_p = 413K$。

由 $T—s$ 图可以看到，EF 等焓线近似为直线且与 $\overline{PA}$ 平行，$\overline{PF}$ 为近似等干度线，在 263～283K 等温线范围内及其附近两相区，可以认为等间距的等干度线对等温线的截距相等，所以有 $\overline{BF}/\overline{BA} = x$。由 $\triangle EBF \sim \triangle PBA$ 有 $\overline{BF}/\overline{BA} = \overline{EH}/\overline{PG}$，即有关于干度的蒸发温度函数：

$$x = (T_d - T)/(T_p - T) \qquad (11-3-12)$$

式中　T_d——冷凝温度，K；

　　　　T_p——假想临界温度。

（2）压缩温度函数。设制冷压缩机工作的基准工况为 T_{d0}（318.15K）、T_0（273.15K），即冷凝温度 T_{d0}，蒸发温度 T_0。

设制冷压缩机工作的实际工况为 T_d、T。

由图 11 - 3 - 15 所示 $\lg p—h$ 图（lg 是 10 为底的对数）可以看到，在 0℃ 附近的负温区和常温区，饱和气为起点的等熵线互相近似平行。在 $\lg p—h$ 图上用 $\overline{h_0 h_{c0}}$ 表示温度为 T_0 的饱和气由 p_0 绝热压缩到冷凝压力 p_{d0} 的过程；用 $\overline{hh_c}$ 表示温度为 T 的饱和气由 p 绝热压缩到 p_d 的过程。

因为可以认为 $\overline{h_0 h_{c0}} // \overline{hh_c}$，由 $\triangle h_0 e_0 h_{c0} \sim \triangle heh_c$ 写出

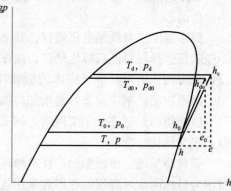

图 11 - 3 - 15　制冷循环工况

$$\frac{h_c - h}{h_{c0} - h_0} = \frac{\lg p_d - \lg p}{\lg p_{d0} - \lg p_0}$$

采用关联式 $\lg p = a - \dfrac{b}{T+c}$，有

$$h_c - h = (h_{c0} - h_0)\left[a - \frac{b}{T_d + c} - \left(a - \frac{b}{T + c} \right) \right] \Big/ \left[a - \frac{b}{T_{d0} + c} - \left(a - \frac{b}{T_0 + c} \right) \right]$$

$$= (h_{c0} - h_0) \frac{(T_d - T)(T_0 + c)(T_{d0} + c)}{(T_{d0} - T_0)(T + c)(T_d + c)}$$

记

$$\theta = (h_{c0} - h_0) \frac{(T_0 + c)(T_{d0} + c)}{T_{d0} - T_0}$$

$$h_c - h = \theta \frac{T_d - T}{(T + c)(T_d + c)} \qquad (11 - 3 - 13)$$

对丙烷 $c = 5.6\text{K}$,

$$\therefore \qquad \theta = (544.3 - 471.0) \frac{(273.15 + 5.6)(318.15 + 5.6)}{45} = 147 \times 10^3 \text{kJ/kg}$$

用于计算制冷压缩机的功率。

（3）冷凝温度函数。考虑冷凝器（包括过冷器）中工质的焓的变化。基准工况的冷凝温度为 T_{d0}, 蒸发温度为 T_0; 设运行冷凝温度为 T_d, 蒸发温度 T。用于计算制冷压缩机的功率。

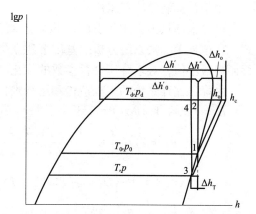

图 11 - 3 - 16 实际运行工况与额定运行工况的关系

由图 11 - 3 - 16 所示 $\lg p$—h 图上线段 $\overline{13}$ 可以写出

$$\Delta h_T = \alpha'(\lg p_0 - \lg p)$$

$$= \alpha'\left[a - \frac{b}{T_0 + c} - \left(a - \frac{b}{T + c}\right)\right]$$

$$= \frac{\alpha' b}{(T_0 + c)} \frac{(T_0 - T)}{(T + c)} = \alpha \frac{T_0 - T}{T + c}$$

$$\alpha = \frac{\alpha' b}{(T_0 + c)}$$

式中 α'——线段 $\overline{13}$ 与垂线夹角的正切。

对丙烷 α' 用 $-30 \sim +10$℃的上界线决定

$$\alpha' = \frac{481.5 - 435.4}{\lg 0.6375 - \lg 0.1662} = \frac{46.1}{0.5838} = 78.9 \text{kJ/(kg} \cdot \text{lgMPa)}$$

$$\therefore \qquad \alpha = 297 \text{ kJ/kg}$$

考虑到在工程范围内，接近饱和上界线附近等熵线互相近似平行，则有：$\Delta 12 h_{c0} \sim \Delta 34 h_c$

$$\therefore \qquad \Delta h_w = \Delta h' + \Delta h'' = \Delta h_0' - \Delta h_T + \Delta h''$$

$$\therefore \quad \Delta h_w = \Delta h_0' - \Delta h_T + \Delta h_0'' \frac{\lg p_d - \lg p}{\lg p_{d0} - \lg p_0}$$

$$= \Delta h_0' - \Delta h_T + \Delta h_0''\left[a - \frac{b}{T_d + c} - \left(a - \frac{b}{T + c}\right)\right] \Big/ \left[a - \frac{b}{T_d + c} - \left(a - \frac{b}{T_0 + c}\right)\right]$$

$$= \Delta h_0' - \Delta h_T + \Delta h_0''\left(1 + \frac{T_0 - T}{T_d - T_0}\right)\left(\frac{T_0 + c}{T + c}\right)$$

$$\Delta h_w = \Delta h_0' - \alpha \frac{T_0 - T}{T + c} + \Delta h_0''(T_0 + c)\left(1 + \frac{T_0 - T}{T_d - T_0}\right)\frac{1}{T + c} \qquad (11 - 3 - 14)$$

由 $\lg p$—h 图可以看出：由于在制冷工况范围下界线与过热区的等熵线接近平行，所以 T_d 的变化对 Δh_w 的影响很小，因之在以上的推导中即认为 $T_{d0} = T_d$。

记

$$\xi(T) = -\alpha(T_0 - T) + \Delta h_0''(T_0 + c)\left(1 + \frac{T_0 - T}{T_d - T_0}\right) \qquad (11-3-15)$$

$$\Delta = \Delta h_0'$$

则

$$\Delta h_w = \Delta + \frac{\xi(T)}{(T + c)} \qquad (11-3-16)$$

若　　　　　　　$T_d = 318.15\text{K}, \quad T_0 = 273.15\text{K}$

对丙烷

$$\Delta h_0' = 471.0 - 192.6 = 278.4\text{kJ/kg}$$

$$\Delta h_0'' = 544.3 - 471.0 = 73.3 \text{ kJ/kg}$$

用于计算制冷冷却水用量。

可见借助热力工质状态图的几何近似关系得到制冷过程的有关能量的温度函数表达式。在这种工况关系的分析的基础上建立降压储存年费用表达式。由降压储存年费用，目标函数最小值，寻求降压储存参数的优化。

由降压储存系统的工程造价和运行维护费用得到降压储存年费用表达式：

$$E = (a_1 + Y_1)b_1 H \exp 2.3[-b/(c + T)]$$

$$+ (a_2 + Y_2)b_2\left[M\frac{(T_e - T)(T_p - T)(T_d - T)}{(T + c)(S + S_0)} + XG\frac{(T_d - T)^2}{(T_p - T)(T + c)}\right]$$

$$+ (a_3 + Y_3)b_3\left\{O(T_e - T)(T_p - T)\left[\Delta + \frac{\xi(T)}{T + c}\right]\frac{1}{S + S_0} + \frac{T_d - T}{T_p - T}\frac{1}{\Delta t_w}G\left[\Delta + \frac{\xi(T)}{T + c}\right]\right\}$$

$$+ e\left[K_m M\frac{(T_e - T)(T_p - T)(T_d - T)}{(T + c)(S + S_0)} + \beta X\frac{(T_d - T)^2}{(T_p - T)(T + c)}\right]$$

$$+ u\left\{K_m O(T_e - T)(T_p - T)\left[\Delta + \frac{\xi(T)}{T + c}\right]\frac{1}{S + S_0} + \beta\frac{1}{\Delta t_w}\frac{T_d - T}{T_p - T}\left[\Delta + \frac{\xi(T)}{T + c}\right]\right\}$$

$$+ (a_4 + Y_4)\left[b_4\frac{B}{G} + b_{40}\upsilon\left(\frac{KG_a}{G} - 1\right)\right] + (a_5 + Y_5)b_5 F_m S \qquad (11-3-17)$$

$$H = n_T A_t R_t \exp(2.3a)/2\sigma\varphi$$

$$M = n_T A_m \frac{\lambda}{l(T_p - T_d)\eta}\theta\frac{1}{T_d + c}$$

$$X = 0.278\frac{\theta}{(T_d + c)\eta}$$

$$O = \frac{n_T A_m \lambda}{l(T_p - T_d)\Delta t_w \times 10^3}$$

$$n_T = \left\lceil\frac{V}{V_0}\right\rceil$$

$$B = \frac{3 \times 24 D_t G_a^2 p_b K_b}{0.85\rho \times 2\sigma\varphi}$$

$$S_0 = \frac{\lambda}{\alpha_1} + \frac{\lambda}{\alpha_2}$$

$$G_a = \frac{D_u}{D_t}G_u$$

$$v = K_b \frac{24 G_a D_t}{0.85 \rho}$$

$$\beta = N_p D_p G_a / 365$$

$$Y = \frac{(1+i)^n i}{(1+i)^n i - 1}$$

式中 T——液化石油气储存温度，K；

$\quad T_d$——制冷循环冷凝温度，K；

$\quad T_{d0}$——制冷循环基准工况的冷凝温度，K；

$\quad T_0$——制冷循环基准工况的蒸发温度，K；

$\quad T_p$——假想临界温度，对丙烷：$T_p = 413$ K；

$\quad T_e$——设计室外综合温度，K；

$\quad \Delta t_w$——冷凝器进排水温差，K；

$\quad \theta$——对丙烷：$\theta = 147 \times 10^3$ kJ/kg；

$\quad \alpha$——对丙烷：$\alpha = 297$ kJ/kg；

$\quad \Delta h_0''$——对丙烷：$\Delta h_0'' = 73.3$ kJ/kg；

$\quad G$——灌注强度，t/h；

$\quad G_u$——卸车强度，t/h；

$\quad G_a$——相应于全槽车运行周期的平均灌注强度，t/h；

$\quad b, c$——Antoine 蒸气压方程关联常数，对丙烷分别为

$\qquad b = 1048.9$（lgMPa）· K，$c = 5.6$K；

$\quad l$——液化石油气气化热，可按 $263 \sim 283$K 的范围取一平均值，kJ/kg；

$\quad x$——液化石油气节流后进低温压力球罐的干度；

$\quad 0.85$——缓冲罐容积充装度；

$\quad \rho$——液化石油气的液相密度，t/m³；

$\quad D_u$——卸车作业时间，d；

$\quad D_p$——灌注时间，d；

$\quad D_t$——平均灌注作业时间，即槽车运行周期，d；

$\quad R_t$——低温压力球罐半径，m；

$\quad A_t$——压力球罐体平均表面积，m²；

$\quad A_m$——低温压力球罐平均表面积（按球罐外径加保冷层厚度 S' 作计算直径）。计算时可先设一个 S 值，m²；

$\quad V$——低温压力球罐总容积，m³；

$\quad V_0$——单个低温压力球罐容积，m³；

$\quad n_T$——球罐个数；

$\quad S$——保冷材料厚度，m；

$\quad S_0$——罐内外介质热阻折算厚度，m；

$\quad K_b$——考虑其他因素的系数，$K_b \geqslant 1$；

$\quad a_i$——年维修费率，$i = 1, 2, 3, 4, 5$；

$\quad b_1$——罐体单位造价，元/m³；

b_2——制冷设备单位造价，元/kW；

b_3——冷却水设备单位造价，元/（m³/h）；

b_4——缓冲罐单位造价，元/m³；

b_5——绝热层单位造价，元/m³；

Y_i——资本回收因子；

n——折旧年限；

i——贴现率；

e——制冷压缩机单位安装功率的电、水、油年费用，按全年 8760 小时计，元/（kW·a）；

u——冷却水单价，按全年计，元/（m³·a）；

K_m——考虑实际维持冷负荷对设计冷负荷的修正，取 K_m 为常数值 0.5；

K_p——考虑灌注开车时数对全年时间的修正；

N_p——全年对储库进行灌注的期数；

V_b——缓冲罐容积，m³；

p_b——缓冲罐设计压力，一般为 $p_b = 1.8$ MPa；

K_b——考虑其他因素的系数，$K_b \geqslant 1$；

λ——保冷材料热导率，kJ/（m·s·K）；

α_1，α_2——罐内、罐外表面传热系数，kJ/（m²·s·K）。

式（11-3-17）是三元非线性函数，即是求解参数优化的数学模型。以 E 为目标函数，采用直接方法进行优化可以得到满足实际工程应用的优化解向量。

对低温降压储存设计参数优化模型，式（11-3-17）需编制计算程序求解。

实际工程表明，有绝热层的低温压力储罐，若绝热层防水隔湿不好，可导致储罐外壁面腐蚀；且频繁的储罐检查需更换绝热层，要很大的费用。因而工程界倾向对温度并不太低的低温压力储罐不设绝热层。当低温压力储罐不作绝热层、只设遮阳罩时，其 $S = 0$，模型只有两个优化变量。

对低温降压储存优化模型编制程序，可以得到优化的设计参数，也可以用来作经济敏感性分析。

[例 11-3-1]　某液化石油气（按丙烷设计）储库，采取降压储存方式。总储量 $V = 10000$ m³，每年储进一次（$N_p = 1$），低温压力储罐单罐容积 $V_0 = 2000$ m³。用铁路槽车运送进库，灌注期 30 天（$D_p = 30$），铁路槽车运行周期 7 天（$D_t = 7$）。低温压力储罐罐体单价 12500 元/t，制冷设备单价 9000 元/kW，冷却水设备单价 50 元/（m³/h），保温绝热材单价 600 元/m³，缓冲罐罐体单价 17500 元/t，电价 0.60 元/度，冷却水价 0.70 元/m³。

[解]　计算结果为

储存温度：$T = 276.3$ K（3.3℃）

灌注强度：$G = 24.6$ t/h

绝热材料厚度：$S = 34$ cm

储存压力：$P_t = 0.4$ MPa（表压）

缓冲罐容积：$V_b = 465$ m³

维持制冷：

压缩机功率：$W_m = 5.6kW$，冷却水量：$G_m = 5m^3/h$

灌注制冷：

压缩机功率：$W_p = 156kW$，冷却水量：$G_p = 138m^3/h$。

11.3.3.3　低温常压储存参数优化[21][22][23]

设常温液化石油气运入，低温常压储存。储罐采用最通用的双壁圆筒形罐。压缩制冷采用两级压缩。设两套系统，一套用于维持，一套用于灌注，并设置球形缓冲罐。

与处理降压储存优化问题类似，由低温常压储存年费用，寻求低温常压储存参数的优化。通过对低温常压储存系统的工程造价和运行维护费用的分析得到低温常压储存年费用表达式：

$$E = (a_2 + Y)b_2\left(\frac{M_cF_m}{S + S_0} + X_cG\right) + (a_3 + Y)b_3\left(\frac{O_c}{S + S_0} + Z_cG\right)$$

$$+ (a_4 + Y)b_4\frac{1}{G}(b_4B + b_{40}vKG_a) + (a_5 + Y)b_5F_mS \qquad (11-3-18)$$

$$+ e\frac{0.5M_cF_m}{S + S_0} + u\frac{0.5O_c}{S + S_0}$$

为了计算最佳参数值，令式（11-3-18）一阶偏导数等于零：

$$\begin{cases} \partial E/\partial G = 0 \\ \partial E/\partial S = 0 \end{cases}$$

得到低温常压储存最佳参数：

$$G = \left[\frac{(a_4 + Y)(b_4B + b_{40}vKG_a)}{(a_2 + Y)b_2X_c + (a_3 + Y)b_3Z_c}\right]^{1/2} \qquad (11-3-19)$$

$$S = \left[\frac{(a_2 + Y)b_2M_cF_m + (a_3 + Y)b_3O_c + 0.5eM_cF_m + 0.5uO_c}{(a_5 + Y)b_5F_m}\right]^{1/2} - S_0$$

$$(11-3-20)$$

11.4　液化石油气气化供气

液化石油气作为燃料是以气态形式应用，而输送至用户分为液态和气态两种形式。液态形式通过气瓶输送，气态形式通过管道输送，即气化供气。液化石油气的气化分为自然气化和强制气化两种方式。自然气化适于量小的就近供气，强制气化应用于量大的有一定距离和范围的供气。

11.4.1　自然气化供气

11.4.1.1　LPG气化

用气瓶LPG自然气化供气时，基本的气化过程可以描述为：以某种质量流率从容器引出液化石油气气体，气相空间质量相对减少，压力下降，导致液相相对过热而气化，液位下降，由容器外与液温的温差而传入热量维持气化。由于压力和温度条件的变化以及气相不断被引出，气液的平衡被破坏又不断趋向新的平衡。气化过程的进行与边值条件有关系。一是初始值，例如初始液化石油气组成、初始液量（液位）；另一是边界条件，例如容器外环境温度、换热条件。气化过程的进行与基本扰动有很大关系。这是指被引出气量的情况。气化过程的进行还要受到约束。例如在给定的环境条件下，液温不应低于或接近空气露点温度或土壤中水分冰点；容器内需具有一定的蒸气压等。这些约束条件给出了对用气量的限制。

为在数学上处理气化过程，我们需要做出若干假设，它们是：

（1）不考虑组分变化对气化热、气相和液相的密度、比热容以及压力状况的影响，在考虑热工现象时，这一简化是可以接受的；

（2）在平衡引出气相时，液相气化质量与之相等，在气化空间的压力 p 下降时，同时温度 T 因膨胀而下降，综合起来可以认为 p/T 保持一个常值，即气相密度 ρ_g 保持一个常值；

（3）假定在所考虑的气化过程中，环境温度保持不变。

通过对气瓶建立供气质量流及容器内气、液相质量平衡方程，容器内液相热平衡方程，得到液相温度变化的时间函数[25]。

供气质量流物料平衡：

$$-\rho \cdot \frac{\pi D^2}{4}dH + \rho_g \cdot \frac{\pi D^2}{4}dH = q_m d\tau \qquad (11-4-1)$$

式中　ρ——液相密度；

　　　ρ_g——气相密度；

　　　D——气瓶直径（内径）；

　　　H——气瓶内液位高度，$d\tau>0$ 时 $dH<0$；

　　　q_m——供气质量流率；

　　　τ——时间。

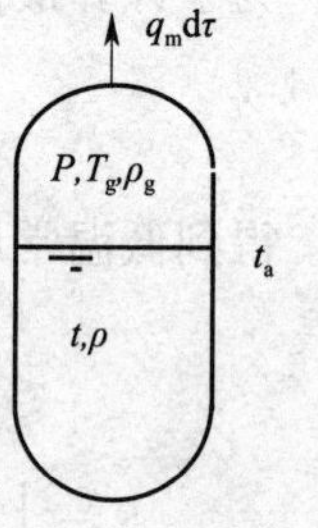

由式（11-4-1）得：

$$-(\rho - \rho_g) \cdot \frac{\pi D^2}{4}dH = q_m d\tau$$

图 11-4-1　气瓶示意图

因为 ρ 及 ρ_g 改变很小，设为常量。

记

$$A = (\rho - \rho_g) \cdot \frac{\pi D^2}{4}$$

∴

$$-AdH = q_m d\tau \qquad (11-4-2)$$

液相的热平衡：

$$q_m r d\tau = (t_a - t)\left(H\pi D + \frac{\pi}{4}D^2\right)k d\tau - H\frac{\pi}{4}D^2 \rho c dt \qquad (11-4-3)$$

式中　r——液化石油气汽化潜热；

　　　c——LPG 液相比热容；

记

$$\theta = t_a - t$$

式中　t_a——空气温度；

　　　t——气瓶内液体温度；

　　　k——空气到气瓶内 LPG 液相的传热系数。

得

$$\frac{d\theta}{d\tau} + \left(\frac{4}{D} + \frac{1}{H}\right)\frac{k}{\rho c} \cdot \theta - \frac{r}{H \cdot \frac{\pi}{4}D^2 \rho c}q_m = 0 \qquad (11-4-4)$$

式（11-4-3）与式（11-4-4）即是在尽可能少的简化条件下，对气瓶不定常气化过程进行分析，得到的气瓶温降对时间的线性微分方程。它是描述气瓶实际工作的基本方程。它是制定气瓶设计计算方法的基础。

11.4.1.2　气瓶工作的约束条件

在气瓶应用中首先要知道容许温降 θ_a 值。应该限制气瓶的温降 $\theta \leqslant \theta_a$。$\theta_a$ 值由气瓶最低供气压力或气瓶外表不结露条件予以确定。由气瓶最低供气压力条件确定的允许温降记为 θ_P。θ_P 与液化石油气组分及环境空气温度有关，可绘出下列计算用图（见图 11-4-2）。图中有不同丁烷（B）丙烷（P）比例的参数线。使用方法是：由横坐标给出的最低 LPG 供气压力 p 向上作垂线交于所给定的液化石油气组成线，由交点向 45°线作水平线得交点，由此交点向下作垂线与空气温度线相交，由交点作水平线，在纵坐标线上得到 θ_P。

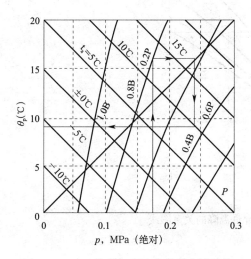

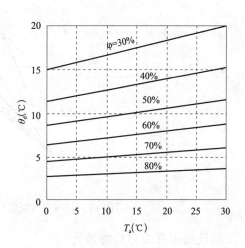

图 11-4-2　按供气压力条件的允许温降　　　　图 11-4-3　按不结露条件的允许温降

由气瓶外表不结露条件确定的允许温降记为 θ_d。θ_d 与空气相对湿度及环境空气温度有关，可利用湿空气温湿图绘出计算用图 11-4-3。

使用方法是由横坐标给出空气温度，向上作垂线交于所给定的空气相对湿度，由交点向左作水平线，在纵坐标轴上得到 θ_d。

θ_a 值按下列条件得出：

$$\theta_a = \mathrm{Min}\ (\theta_P, \ \theta_d)$$

即 θ_a 取 θ_P，θ_d 中较小值。

11.4.1.3　气瓶定用气量供气

商业或公共建筑用户的用气情况，一般为持续一段时间，用气量基本衡定，即定用气量，q_m 为常数。对这种情况求微分方程（11-4-4）的解析解[25]：

$$\theta = Rx\left[\frac{1}{\left(1 - \dfrac{\tau}{A} \cdot x\right)} - \mathrm{e}^{-\beta\tau}\left(1 - \frac{\tau}{A}x\right)^3\right] \tag{11-4-5}$$

记

$$R = \frac{r}{\pi Dk},\beta = \frac{4}{D}\frac{k}{\rho c},x = \frac{q_m}{H_0}$$

式（11-4-5）即是定用气量气瓶工作基本方程。用它可制定瓶组按定用气量设计方法。

用式（11-4-5）计算 $\theta = f\left(\dfrac{q_m}{H_0}, \tau\right)$。

式（11-4-4）在物理意义上是 θ 与 τ 的函数关系，公式是在 $q_m =$ 常数，$H_0 =$ 定数的条件下推导的，即 $x = \dfrac{q_m}{H_0}$ 是参变量。从实用考虑，确定将最长连续工作的延续时间 τ 作为计算参量，而将气瓶温降 θ 作为一种约束条件性的自变量，由条件 θ 求出允许的供气量 x。

将上述式（11-4-5）的有关计算数据 θ，x，τ 分别作为横坐标、纵坐标、参变量，绘成图线，即图 11-4-4，得到定用气量气瓶供气能力与允许温降的关系图线。

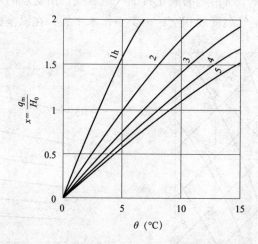

图 11-4-4　气瓶供气能力与允许温降的关系图线

图线所用有关 LPG 参数为

气化潜热　$r = 406 \text{kJ} \cdot \text{kg}^{-1}$；液相密度 $\rho = 565 \text{kg} \cdot \text{m}^{-3}$；

气相密度　$\rho_g = 2.35 \text{kg} \cdot \text{m}^{-3}$；液相比热容 $c = 2.2 \text{kJ} \cdot (\text{kg}℃)^{-1}$；

气瓶内径　$D = 0.4 \text{m}$。

通过气瓶由空气到液相的传热系数 $k = 8.17 \times 10^{-3} \text{kJ} / (\text{m}^2 \cdot \text{s} \cdot ℃)$

从实际气瓶组工作看，无论是自动切换或手动切换的系统，气瓶组内各气瓶都按同一状态工作，即液位、供气量或供气延续时间都基本一致。在给定 H_0 时需要考虑，气瓶不是从 $H_0 = 0.85 \text{m}$ 开始工作，也不能按最不利情况即 $H_0 = \dfrac{q_m \tau}{A}$ 开始工作，建议按 $H_0 = 0.5 \sim 0.6 \text{m}$ 考虑。

实用中可采用多液位气瓶组工作方式，即组内气瓶分为 2 或 3 小组，小组间液位不同，更换气瓶相应分为 2 次或 3 次完成。这样可获得气瓶组比较稳定的供气能力。此时，计算中相应采用 2 或 3 个不同的 H_0 值。

气瓶组由工作部分和替换部分组成，需要的气瓶数为：

$$n = 2 \frac{q_s}{q_m}$$

式中　n——总气瓶数，个；

q_s——供气负荷，$kg \cdot h^{-1}$；

q_m——单瓶供气量，$kg \cdot h^{-1} \cdot 个^{-1}$。

对于所制订的气瓶组按定用气量设计计算方法，给出下例。

[**例 11-4-1**]　液化石油气丙丁烷比为 2:8，供气压力 $p = 0.175MPa$（绝对），计算气温 $t_a = 10℃$，空气相对湿度 $\varphi = 50\%$，按气瓶起始液位 $H_0 = 0.6m$ 连续供气 4h 考虑，求气瓶供气能力。

[**解**]　由 P，t_a，及 φ 条件可确定，$\theta \le 9℃$，由 $\theta = 9℃$，$\tau = 4h$，在图线上求得 $x = \dfrac{q_m}{H_0} = 1.1$。

所以 $q_m = xH_0 = 1.1 \times 0.6 = 0.66kg \cdot h^{-1} \cdot 个^{-1}$

11.4.1.4　气瓶变用气量供气

当供气对象是有一定数量的居民用户时，应按气瓶组安装后连续供气，用气量连续数天周期性随时间变化予以考虑。这即是本节要分析的变用气量供气[26]。

有一定数量的居民用户用气量的变化与用户数量、用气特点（用户职业类型、生活方式、收入水平等）有关。单个的用户用气量具有某种规律性，若干用户集体所构成的用气也具有某种规律性。一般说，用户集体用气平日有三个高峰；但用气最高峰是晚高峰，持续时间约为 2~3h，即由平均小时用气量升到高峰小时用气量，再降回到平均小时用气量，约经历 2~3h。高峰小时用气量约为平均小时用气量的 3~3.5 倍。与三个高峰用气量相伴随，还有三个用气量低谷。

对用气量在一日内的变化，可以采用不同的方法加以表达。例如用离散的数列形式或连续的函数形式等。

在对气瓶组供气变用气量的设计方法研究中希望将用气量的变化以用气量时间函数来描述，便于数学上的处理和计算。为此对用气量高峰时段及用气量低谷时段近似地用分段幂函数来描述[23][26]。

$$q_m = q_m(\tau) = q_{mav}\{1 \pm S_i[1 - (1 - \tau/t_i)^{n_i}]\} \qquad (11-4-6)$$

在 11.4.1.1 中已经给出了气瓶内液位高度 H 随时间变化的关系式（11-4-2）。将式（11-4-6）代入式（11-4-2）：

$$-AdH = q_{mav}\{1 \pm S_i[1 - (1 - \tau/t_i)^{n_i}]\}d\tau$$

积分得：

$$H = H(\tau) = H_0 - \frac{q_{mav}}{A}\left\langle \tau \pm S_i\left\{\tau + \frac{t_i}{n_i + 1}\left[\left(1 - \frac{\tau_i}{t_i}\right)^{n_i+1} - 1\right]\right\}\right\rangle \qquad (11-4-7)$$

式（11-4-6）即是液位高度的时间函数 $H = H(\tau)$。

下面进一步推导液温变化微分方程。由式（11-4-4）：

$$\frac{d\theta}{d\tau} + \left(\frac{4}{D} + \frac{1}{H}\right)\frac{k}{\rho c} \cdot \theta - \frac{r}{\frac{\pi}{4} \cdot D^2 H\rho c} \cdot q_m = 0$$

记

$$K_0 = \frac{k}{\rho c}$$

$$R_c = \frac{r}{\frac{\pi}{4}D^2\rho c}$$

有
$$\frac{\mathrm{d}\theta}{\mathrm{d}\tau} + \left(\frac{4}{D} + \frac{1}{H}\right)K_0\theta - \frac{R_c}{H}q_m = 0 \tag{11-4-8}$$

式（11-4-6）~式（11-4-8）即变用气量情况下气瓶温降的数学模型式。对式（11-4-8）这一线性常微分方程采用数值解法求得其数值解 $\{\theta, \tau\}$。日平均用量 $q_{m\,av}$ 是给定的参数。求解范围是气瓶内液位降到某一最低预定值 H_{end}，例如 $H_{end} = 0.3$，0.2，0.1。从解 $\{\theta, \tau\}$ 可以找出最大的 θ_{max} 值，每一 θ_{max} 值各与一系列 q_{mav} 对应。由给定的初始液位 $H_0 = 0.85\mathrm{m}$ 及一系列 $q_{m\,av}$ 参数得到一系列的 θ_{max}

可以看到，最终剩余液位 H_{end} 不同的气瓶，在整个供气过程中可能出现的最低液温也不同，H_{end} 愈小，θ_{max} 更大，即更低的液温相应有更大的温降。

同时也可看到，一般情况是 $q_{m\,av}$ 愈大，则 θ_{max} 愈大，即用气量愈大，气瓶在供气过程中会出现更大的温降。

将上述式（11-4-8）的数值解有关计算数据 θ_{max}，$q_{m\,av}$，H_{end} 分别作为横坐标、纵坐标、参变量，绘成图线，即图 11-4-5，得到变用气量气瓶供气能力与允许温降的关系图线。

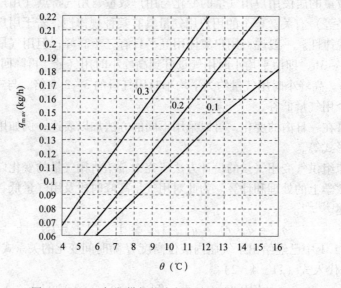

图 11-4-5　气瓶供气能力与允许温降的关系

设计计算即可利用图线，按给定的最终液位高度 H_{end}，由允许的气瓶温降 θ 值得到每个气瓶适应的平均小时供气量（简称气瓶供气量）$q_{m\,av}$。气瓶总数为

$$n = 2\frac{q_{av}}{q_{m\,av}} \tag{个}$$

式中　q_{av}——平均小时用气量，$\mathrm{kg \cdot h^{-1}}$；

　　　$q_{m\,av}$——单个气瓶能供给的平均小时用气量，$\mathrm{kg \cdot h^{-1}}$。

[例 11-4-2]　某系统供气 40 户，每户日平均用气 0.5kg，$C_3 : C_4 = 20 : 80$，

平均日用气量为 $0.5 \times 40 = 20\mathrm{kg \cdot d^{-1}}$，

平均小时用气量为 $\frac{20}{24} \approx 0.83\mathrm{kg \cdot h^{-1}}$，

用气负荷变化分段函数的参数见表 11-4-1，

用气负荷变化分段函数的参数　　　　　　　　　　表 11-4-1

时间	6~9	9~11	11~13	13~16:30	16:30~19:30	19:30~6
i	1	2	3	4	5	6
t_i (h)	1.5	1	1	1.75	1.5	5.25
S_i	1	0.3	2	0.5	3.0	0.97
n_i	2	4	2	4	2	6

气瓶最小液位为 0.3m，

[解] 瓶组室内温度 $t_a = 10℃$，空气湿度 $\varphi = 50\%$，由 $\theta_d - t_a$ 图得 $\theta_d = 9.5℃$

供气压力要求为 0.175MPa（绝对），由 $\theta_P - P$ 图得 $\theta_P = 9℃$

$\theta = \theta_a = Min(\theta_d, \theta_P) = Min(9.5, 9) = 9℃$。由 $q_{mav} - \theta$ 图查得 $q_{mav} = 0.16kg \cdot h^{-1}$，考虑附加系数 1.2，所以需瓶数为：$n = 1.2 \times 2 \dfrac{0.83}{0.16} \approx 12$ 个

取 $n = 12$ 个，分为两组，每组 6 个 50kg 气瓶。

11.4.1.5 卧式储罐供气

作为自然气化设备的卧式储罐，其液相的容积范围是介于 0 与 $0.85V_H$（V_H——储罐总容积）之间的。地下罐实际的工作容积范围可在 15%~85% 之间。注意到这一情况，在工程应用的精度范围内，完全可以将卧式储罐中的液相容积变化看为与液位高度之间是线性关系，避开液相容积与液位之间及液相容积与液相湿面之间极复杂的函数关系。其适用性通过图 11-4-6 可以了解。

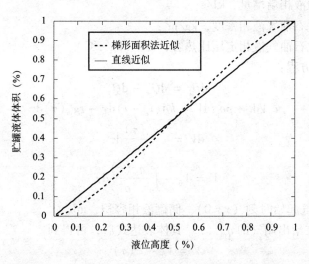

图 11-4-6　卧式储罐液相容积与液位高度的关系

$$V = \frac{\pi D}{4}Lh \tag{11-4-9}$$

式中　V——液相容积，m^3；

　　　D——储罐直径，m；

　　　L——储罐长度，m；

h——液位高度，m。

储罐液相与外部的换热主要通过湿表面积，不计端头部分，用下列线性式：

$$A = \pi h L$$

式中　A——储罐液相湿表面积，m^2。

所以有

$$A = \frac{4}{D} V \qquad (11-4-10)$$

对储罐液相进行热流分析。气化带走热量：

$$dQ_V = r q_m(\tau) d\tau \qquad (11-4-11)$$

式中　Q_V——气化带走热量，kJ/s；

$\quad\quad r$——气化潜热，kJ/kg；

$\quad q_m(\tau)$——气化质量流率，是时间的函数，kg/s；

$\quad\quad \tau$——时间，s。

通过罐壁湿表面传入热量：

$$dQ_W = k A (t_e - t) d\tau \qquad (11-4-12)$$

式中　dQ_W——通过罐壁湿表面传入热量，kJ/s；

$\quad\quad k$——通过罐壁湿表面传热系数，kJ/（$m^2 \cdot s \cdot ℃$）；

$\quad\quad t_e$——储罐壁外温度，℃；

$\quad\quad t$——液相温度，℃。

储罐液相焓增量：

$$dH_1 = \rho c_p V dt + \rho c_p t dV \qquad (11-4-13)$$

式中　dH_1——储罐液相焓增量，kJ/s；

$\quad\quad \rho$——液化石油气液相密度，kg/m^3；

$\quad\quad c_p$——液化石油气液相定压比热容，kJ/（kg·℃）。

建立能量平衡方程：

$$dH_1 = dQ_w - dQ_V \qquad (11-4-14)$$

有

$$\rho c_p V dt + \rho c_p t dV = k A (t_e - t) d\tau - r g_m(\tau) d\tau \qquad (11-4-15)$$

因为

$$dV = -\frac{q_m(\tau)}{\rho} d\tau \qquad (11-4-16)$$

$$V = V_0 - \int_0^\tau \frac{q_m(\tau)}{\rho} d\tau \qquad (11-4-17)$$

式中　V_0——在用气起始时刻（$\tau = 0$），储罐液相容积，m^3。

式（11-4-17）在给出用气的 $q_m(\tau)$ 具体表达式后，可得到

$$V = V_0 - U(\tau) \qquad (11-4-18)$$

$$U(\tau) = \int_0^\tau \frac{q_m(\tau)}{\rho} d\tau \qquad (11-4-19)$$

式中　$U(\tau)$——从 $\tau = 0$ 开始用气累计量，m^3。

式（11-4-10），式（11-4-16）及式（11-4-18）代入式（11-4-15），得

$$\rho c_p [V_0 - U(\tau)] \frac{dt}{d\tau} - \left[c_p q_m(\tau) - \frac{4k}{D} [V_0 - U(\tau)] \right] t + \left[r q_m(\tau) - \frac{4k}{D} [V_0 - U(\tau)] t_e \right] = 0$$

$$(11-4-20)$$

式（11-4-20）即是卧式储罐自然气化液相温度方程[23]，可用于解决卧式储罐自然气化的热工分析问题，或制定设计计算公式。

若给定用气量为常数即 $q_{\mathrm{m}}(\tau) = q_{\mathrm{c}}$，则式（11-4-20）简化为：

$$\rho c_{\mathrm{p}}[V_0 - q_{\mathrm{c}}\tau]\frac{\mathrm{d}t}{\mathrm{d}\tau} - \left[c_{\mathrm{p}}g(\tau) - \frac{4k}{D}[V_0 - q_{\mathrm{c}}\tau]\right]t + \left[rg(\tau) - \frac{4k}{D}[V_0 - q_{\mathrm{c}}\tau]t_{\mathrm{e}}\right] = 0$$

$$(11-4-21)$$

11.4.1.6 自然气化瓶组气化站

1. 自然气化瓶组（非独立瓶组间）系统。

自然气化瓶组（$<1\mathrm{m}^3$）供应系统应用于用气量较少用户。这种系统多采用 50kg 钢瓶，通常布置成两组，一组是使用部分，称为使用侧，另一组是待用部分，称为待用侧。

瓶组供应系统，分为设置高低压调压器的系统和设置高中压调压器的系统。

（1）设置高低压调压器的系统

这种系统适用于户数较少的场合。一般从调压器出口到管道末端的燃烧器之间的阻力损失在 300Pa 以下（包括燃气表的阻力损失在内）。这种系统是利用集气管下部的阀门来控制系统的开闭，阀门之所以必须设在集气管下部，是为夜间不用气时防止液化石油气冷凝留在集气管中。由调压器前后的压力表可以判断钢瓶内液化石油气量的多少。

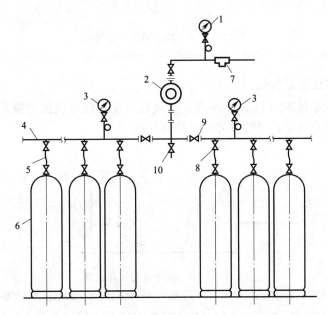

图 11-4-7　设置高低压调压器的系统

1—低压压力表；2—高低压调压器；3—高压压力表；4—集气管；
5—高压软管；6—钢瓶；7—备用供给口；8—阀门；9—切换阀；10—泄液阀

（2）设置高中压调压器的系统

当瓶组使用侧的钢瓶数超过 4 个时，通常设置专用的自动切换式调压器，以便于替换瓶组。系统形式与图 11-4-7 不同之处是系统中的调压器为高中压调压器，采用中压管道输气。

设置自动切换调压器的系统，均为二级调压。它适用于用户较多、输送距离较远（在200m 以上）的场合。

（3）自然气化独立瓶组间（站）系统

当自然气化能力要求布置总容积超过 $1m^3$，但少于 $4m^3$ 瓶组时，设在层高大于 2.2m 的独立瓶组内。该瓶组间的系统如图 11－4－8 所示。

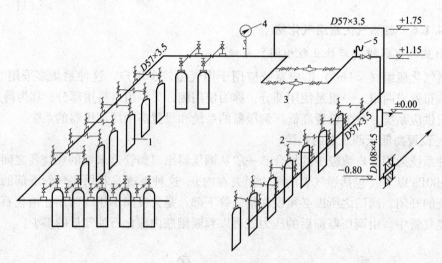

图 11－4－8　独立瓶组间系统图

1—使用瓶组；2—更换瓶组；3—调压器；4—弹簧压力表；5—U 形水柱压力计

11.4.1.7　减压常温气化

减压常温气化原理如图 11－4－9 所示。液化石油气储罐供出的液态液化石油气经减压节流后，依靠自身显热和吸收外界环境热而气化。

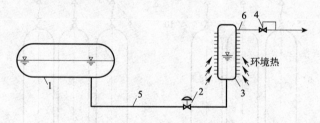

图 11－4－9　减压常温气化原理

1—储罐；2—调压器；3—空温式气化器；4—调压器；5—液相管；6—气相管

空温式气化器（图 11－4－9）换热部件是宽幅翼翅片式耐低温铝合金不锈钢管用超强梁式支架，组合成为竖向列管阵，其整体分成蒸发段组合列管和过热段组合列管。液相在蒸发段并联沿数个列管竖向下进上出，并由液相调压器（监控器）稳压控制液相的进口压力；气相离开蒸发段后串联通过数个组合列管继续换热，并由气相调压器稳压供气压力。为了安全，在末端过热段出口处设置安全阀。

11.4.2　强制气化供气

通过液化石油气罐壁湿周传热使液化石油气自然气化，其传热系数是很小的，只有

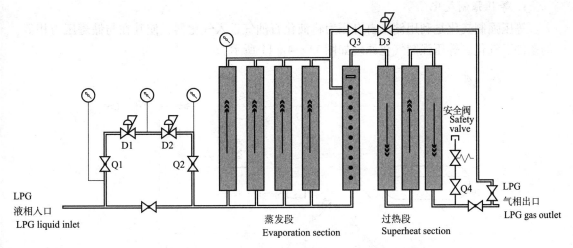

图 11-4-10 空温式气化器

Q_1、Q_2、Q_3、Q_4—截止阀；D_1、D_2—串联监控调压器

D_2给定值 0.07MPa，D_1略高于D_2；D_3—气相供气调压器

10.6×10^{-3}kJ/（$m^2 \cdot s \cdot K$），气化能力小。采用气化器将液态液化石油气进行间接加热，则每蒸发 1kg 的液态液化石油气约需 418kJ（或 100kcal）的热量，其传热系数可达 $232.5 \sim 520.5 \times 10^{-3}$kJ/（$m^2 \cdot s \cdot K$）[或 $200 \sim 400$kcal/（$m^2 \cdot h \cdot K$）]，可见强制气化可以提高气化能力。

液化石油气经气化器气化成气态后，用管道输送给用户作燃料，按其热值范围可分为高热值气态液化石油气供应和较低热值液化石油气–空气混合气供应。由于多组分（或沸点高的单一组分）液化石油气，在气化器用热媒强制气化后，向用户气态输送过程中，高沸点组分容易在管道节流处或降温时冷凝，所以高热值气态液化石油气，其输送及应用范围均受到限制。

在考虑燃气互换性和爆炸极限的基础上，将由气化器气化的液化石油气气体掺混空气，虽然其热值降低了，但送出混气站后的混合气在输送压力和温度下不会发生冷凝现象，因为混合气的露点低于环境温度。这种混合气可全天候供应，并且热值的调整可适应燃烧设备的性能。

液化石油气气相管道强制气化供应的两种方案的选择，主要考虑城镇的燃气规划，燃气系统规模，所在地区的地理气候条件；若作为替代气源或调峰补充气源时，需满足它与主气源之间的互换性。

11.4.2.1 LPG 强制气化类型

强制气化有气相导出和液相导出两种方式。气相导出方式是用热媒加热容器内的液化石油气使之气化。这种方式的气化过程中热损耗大，气化能力低，目前已很少采用。液相导出方式是从容器内将液态液化石油气送至专门的气化器气化。这种气化方式的气化能力大，同时自气化器供出的气体组分始终与罐中的液体组分相同，与储罐剩液量的多少无关，可以供应组分稳定的气体，在工程中一般都采用这种气化方式。

强制气化液相导出的气化方式按其工作原理可分为三种。

1. 等压强制气化

等压强制气化是利用储罐自身压力将液化石油气送入气化器，使其在与储罐压力相等的条件下气化。等压强制气化原理如图 11 - 4 - 11 所示。

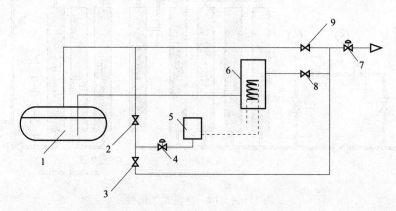

图 11 - 4 - 11　等压强制气化原理图

1—储罐；2、3、8、9—阀门；4、7—调压器；5—热水器；6—气化器

液化石油气由储罐在储存压力下送往气化器 6。气化器由气态液化石油气为燃料的热水器 5 供出的热水作热媒。在气化器启动时开阀门 2 由储罐气相向热水器供气。在气化器工作后开阀门 3，关阀门 2，由气化器生产的气态液化石油气向热水器供气。在用气低谷期间气化器不工作，可以开阀门 9，关阀门 8，由储罐气相直接向管网供气。

2. 加压强制气化

加压强制气化是将储罐内的液化石油气经泵加压后送入气化器，在高于储罐压力的条件下气化。为使气化器压力稳定，在气化器前装设减压阀。加压强制气化原理如图 11 - 4 - 12 所示。

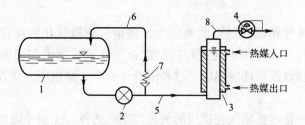

图 11 - 4 - 12　加压强制气化原理图

1—储罐；2—泵；3—气化器；4—调压器；5—液相管；6—回流管；7—回流阀；8—气相管

为使气化能力随用气量的变化有一定的适应性，在泵出口管上装设回流阀，当气化能力超过用气量时，气化器内压力升高，泵出口液化石油气经回流阀流回罐内。

气化器内的液面高度随用气量的增减而升降，气化能力可以适应用气量的变化。用气量减少时气化器内压力升高，使液面高度下降，从而减少液相换热面，气化量因而减少；反之，用气量增加时，气化量增加。这即是强制加热气化器的自调节特性。

为了防止用气突然停止时，气化器内的液体继续气化而导致气化器超压，对于加压强制气化方式，还应在气化器前与减压阀并联一个（出罐方向）回流阀。当停止用气时，气化器内压力高于供液管道压力，液体经回流阀流回罐内。

3. 减压强制气化

减压强制气化是液化石油气利用自身的压力从储罐经管道、减压阀进入气化器，产生的气体经调压器送至用户。

减压加热气化原理如图 11-4-13 所示。

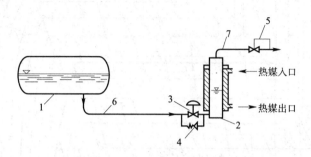

图 11-4-13 减压加热强制气化原理

1—储罐；2—气化器；3—减压阀；4—回流阀；5—调压器；6—液相管；7—气相管

减压后的液化石油气依靠人工热源加热气化。与加压强制气化的气化器一样，减压强制气化的气化器也有自调节特性；为防气化器超压，也应在气化器前与减压阀并联一个回流阀。

11.4.2.2 LPG 气化器强制气化

1. LPG 气化模型

考察一个典型的气化器系统（图 11-4-14），分析液化石油气经过这一气化系统的流程时发生的状态变化。利用液化石油气的状态参数图（压焓图）加以标示，从而给出气化器热负荷计算的方法[28]。

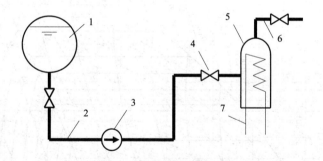

图 11-4-14 气化器系统

1—LPG 储罐；2—LPG 供液管道；3—LPG 泵；4—气化器前的阀门组；
5—气化器；6—LPG 供气管道；7-热水及回水管

液化石油气从储罐 1 经管道 2 由 LPG 泵 3 加压流过 LPG 气化器前的阀组 4 进入气化器 5。在气化器中由于受热发生沸腾而气化并进一步得到过热，成为有一定过热度的气态 LPG 由供气管道 6 供出。

为清晰地说明问题，我们设定 LPG 只由丙烷（C_3^0）和丁烷（C_4^0）组成。应用丙烷（C_3^0）的压焓图 11-4-15 和丁烷（C_4^0）的压焓图 11-4-16，从热力学过程和 LPG 的状态变化来说明上述由液态变为气态的流程。

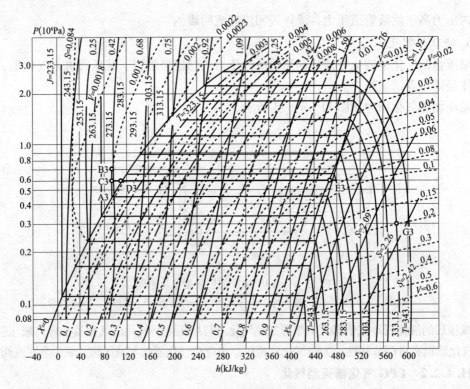

图 11 - 4 - 15 丙烷（C_3^0）压焓图

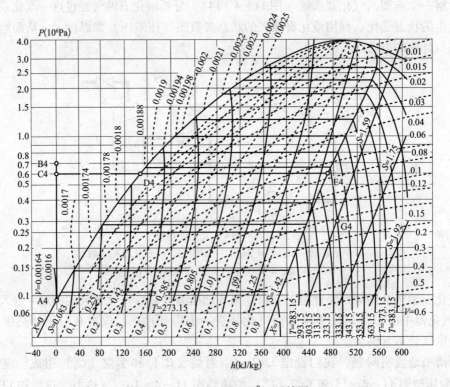

图 11 - 4 - 16 丁烷（C_4^0）压焓图

液相摩尔成分为 x_3，x_4 的 LPG 在储罐中处于自然储存的气液平衡状态。温度为 T_A（t_A），压力为 p_A。在 C_3^0 和 C_4^0 的压焓图上设想分别用 A_3，A_4 点表示。进入 LPG 泵，经过泵的加压，压力升高。由于压力升高值有限，并且液态 LPG 的压缩性很小，可以认为泵的加压使 LPG 经历近似等容过程，也近似于等焓过程。LPG 的状态由 p_A 升高为 p_B，成为过冷液体。分别用 B_3，B_4 点表示加压后的状态点。A_3B_3，A_4B_4 是等焓线。

在经由管道及气化器阀门组时，液态 LPG 会产生一定程度的节流。此时，压力降到气化器的压力 P_C。在热力学上节流前后焓相等。LPG 状态点因此分别位于 C_3 及 C_4 点。

液态 LPG 进入气化器后受到热媒加热分别先达到饱和状态 D_3，D_4 点，然后即发生沸腾汽化。沸腾是 LPG 由液态变为气态的相变过程。状态点分别为 E_3，E_4。需要指出，这一液气相变化是在 P_C 的压力下进行的。只是在气相进入沸腾生成的气泡时，进入全压为 P_C 的气相环境，LPG 的各组分分别变为各自分压下的气态。由于是加热强制气化，为简化，可以假定在沸腾的气泡中的气态 LPG 与其周边的主体液态 LPG 具有相同的摩尔组成：

$$y_3 = x_3, y_4 = x_4$$

气化了的气态 LPG 进入气化器上部气相空间，环境的全压仍为 P_C，但温度状态是气化器的过热温度。各组分的分压为

$$p_{G3} = y_3 p_C$$
$$p_{G4} = y_4 p_C$$

由此，我们可以分别由（T_G，p_{G3}）和（T_G，p_{G4}）得到表示气化器上部空间的气态 LPG 的状态点 G_3 和 G_4。

至此，我们得到了 LPG 气化过程在状态图上的各状态点和过程线。也即是气化器的气化过程的假想模型。由它们定量地考察气化器热负荷问题。

2. 气化器热负荷

LPG 气化过程，对 LPG 各组成来说，单位质量 LPG 气化的需热量分别为

$$q_3 = (h_{G3} - h_{C3})g_3$$
$$q_4 = (h_{G4} - h_{C4})g_4$$

式中　q_3，q_4——单位质量 LPG 中 C_3^0，C_4^0 的气化及过热所需热量；

h_{C3}，h_{C4}——C_3^0，C_4^0 进入气化器的焓；

h_{G3}，h_{G4}——C_3^0，C_4^0 离开气化器的焓；

g_3，g_4——C_3^0，C_4^0 的质量成分。

$$g_3 = \frac{x_3 \mu_3}{x_3 \mu_3 + x_4 \mu_4}$$

$$g_4 = \frac{x_4 \mu_4}{x_3 \mu_3 + x_4 \mu_4}$$

式中　μ_3，μ_4——C_3^0，C_4^0 的分子量；

x_3，x_4——液体 C_3^0，C_4^0 的摩尔分子成分。

进一步区分气化和过热两个阶段的需热量，则有

预热：

$$q_{p3} = (h_{D3} - h_{C3})g_3$$
$$q_{p4} = (h_{D4} - h_{C4})g_4$$

$$q_{\mathrm{p}} = q_{\mathrm{p3}} + q_{\mathrm{p4}}$$

$$Q_{\mathrm{p}} = q_{\mathrm{p}} \times G$$

式中　h_{Z3}，h_{Z4}——C_3^0，C_4^0 在 Z 点的比热焓，在式中 Z 分别为 D，C；

$\quad\quad\quad$ G——LPG 质量流量；

$\quad\quad\quad$ Q_{p}——LPG 预热所需热量。

气化：

$$q_{\mathrm{v3}} = (h_{\mathrm{E3}} - h_{\mathrm{D3}})g_3$$

$$q_{\mathrm{v4}} = (h_{\mathrm{E4}} - h_{\mathrm{D4}})g_4$$

$$q_{\mathrm{v}} = q_{\mathrm{v3}} + q_{\mathrm{v4}}$$

$$Q_{\mathrm{v}} = q_{\mathrm{v}} \times G$$

式中　q_{v3}，q_{v4}——单位质量 LPG 中 C_3^0，C_4^0 的气化所需热量；

$\quad\quad\quad$ h_{E4}，h_{E4}——气体 C_3^0，C_4^0 的焓；

$\quad\quad\quad$ Q_{v}——LPG 气化所需热量。

$\quad$过热：

$$q_{\mathrm{s3}} = (h_{\mathrm{G3}} - h_{\mathrm{E3}})g_3$$

$$q_{\mathrm{s4}} = (h_{\mathrm{G4}} - h_{\mathrm{E4}})g_4$$

$$q_{\mathrm{s}} = q_{\mathrm{s3}} + q_{\mathrm{s4}}$$

$$Q_{\mathrm{s}} = q_{\mathrm{s}} \times G$$

式中　q_{s3}，q_{s4}——单位质量 LPG 中 C_3^0，C_4^0 的过热所需热量；

$\quad\quad\quad$ Q_{s}——LPG 过热所需热量。

$\quad$利用已知的 LPG 各组分的状态图，由已知的储存温度，给定气化器的压力和过热温度，可以确定气化过程的需热量，从而计算出气化热负荷。

$\quad$气化器的热负荷除了上述气化热负荷外，还包括经由气化器外壁面的散热损失。对这一散热负荷的计算，要按一般传热计算进行。计算时要注意到区分气化器的液体部分和气体部分。这两部分的散热损失传热系数不同，液化石油气的温度也不同。

$\quad$液体部分散热：

$$Q_1 = K_1(t_{\mathrm{lav}} - t_{\mathrm{a}})A_1$$

式中　Q_1——通过气化器液体壁面的散热；

$\quad\quad\quad$ K_1——通过液体壁面的传热系数；

$\quad\quad\quad$ t_{lav}——液化石油气液体平均温度；

$\quad\quad\quad$ t_{a}——气化器外环境温度；

$\quad\quad\quad$ A_1——气化器液体壁面积。

$$t_{\mathrm{lav}} = \frac{(t_{\mathrm{C3}} + t_{\mathrm{D3}})c_3 g_3 + (t_{\mathrm{C4}} + t_{\mathrm{D4}})c_4 g_4}{2(c_3 g_3 + c_4 g_4)}$$

式中　c_3，c_4——C_3^0，C_4^0 的液体质量比热容。

$\quad$气体部分散热：

$$Q_{\mathrm{g}} = K_{\mathrm{g}}(t_{\mathrm{gav}} - t_{\mathrm{a}})A_{\mathrm{g}}$$

式中　Q_{g}——通过气化器气体壁面的散热；

$\quad\quad\quad$ K_{g}——通过气体壁面的传热系数；

t_{gav}——液化石油气气体平均温度；

A_g——气化器气体壁面积。

$$t_{gav} = \frac{(t_{E3} + t_G)c'_3 g_3 + (t_{E4} + t_G)c'_4 g_4}{2(c'_3 g_3 + c'_4 g_4)}$$

式中　c'_3，c'_4——C_3^0，C_4^0 饱和气态质量定压比热容。

最终得到气化器的总的热负荷：

$$Q = Q_p + Q_v + Q_s + Q_l + Q_g$$

3. 气化器热力设计与运行参数

在完成制订气化器计算方法的时候，还需对其中两个参数的确定给以规定。

（1）气化器的计算工作压力。工作压力取决于系统对气化器提出的压力要求。例如在自动比例混合系统中，气化器工作压力一般规定为 0.4～0.6MPa，气化器的压力在所谓等压系统中则是储罐的储存压力。

（2）过热温度。为保证供出的气态 LPG 保持气态，应使其在气化器中有一定程度的过热。其依据是，使 t_G 高于气化器压力条件下 LPG 的露点 t_d。

计算 t_d，采用本书第 2 章 2.7.4.2 的（温度段 20～55℃）露点直接计算公式（2-9-17b）：

$$t_d = 45\left[\left(p\Sigma\frac{y_i}{a_i}\right)^{\frac{1}{2.2}} - 1\right]$$

式中　t_d——气态 LPG 露点，℃；

p——LPG 压力，（绝对）；

y_i——LPG 第 i 组分体积分数；

a_i——第 i 组分系数，见下列表 11-4-2。

露点直接计算公式系数 a_i（温度段 20℃～55℃）　　　表 11-4-2

组分	乙烷	丙烯	丙烷	异丁烷	丁烷
a_i	1.4908	0.4011	0.3409	0.1265	0.0909
组分	丁烯—1	顺丁烯—2	反丁烯—2	异丁烯	异戊烷	戊烷
a_i	0.1102	0.0807	0.0879	0.1103	0.0359	0.0274

注：当 LPG 中有乙烯以上组分时（其总摩尔分数为 y_0）则在公式中取 $p = (1 - y_0)p$，
当 LPG 温度高于 35℃时，将乙烷的摩尔分数也计入 y_0，在公式中不计算乙烷项，取 $p = (1 - y_0)p$。

（3）考虑到防止 LPG 气体中烯烃（特别是二烯烃）发生聚合反应，t_G 应控制在 60℃以下。

综合（2）、（3）明确气化器过热温度的下限与上限为

$$t_d < t_G < 60℃ 。$$

（4）由于液态情况下烯烃聚合反应的温度界限是 45℃，因此合理控制气化器中的液温也是应考虑的问题。可用气化器内液体饱和温度 t_D 作为参数，使 $t_D < 45℃$。而液体饱和温度 t_D 与气化器压力有关。

由 t_D 的计算式可看到，对于某一给定的气化压力，若 LPG 中 C_3^0 组分较多，则会有较低的 t_D。

（5）气化器的工作有一定的压力、温度参数范围。

气化器没有达到应有的工作压力则气化器不能供气。例如，等压气化工作的气化器若采用的 LPG 中 C_4 组分多，因而饱和蒸汽压过低；气化器内液位抬高，超过规定值，从而切断供液电磁阀，并引起气化器停止工作。

按加压气化工作的气化器，在 LPG 泵未开动时，气化器不能供气。在泵开动使气化器升压后即可正常供气。原因在于在较低压力下，气化器内 LPG 饱和温度太低、气态 LPG 的温度低于系统规定的 45℃，从而关闭气相供出管上的电磁阀，使气化器停止供气。

（6）由计算过程可以看到，若 LPG 是单一组分丙烷或丁烷，在 0.6MPa 下气化，气化到相同的温度，分别过热到 27℃ 和 60℃，则总焓差之比是：

$$\frac{h_{C3} - h_{C3}}{h_{C4} - h_{C4}} = \frac{508 - 95}{480 - 0} \approx 0.86$$

因此，同一气化器气化热负荷对于丙烷与丁烷之比就大约是 86:100。

[例 11 - 4 - 3] 对于一台 5.5t/h 的气化器进行热负荷计算。LPG 由 C_3^0，C_4^0 各半组成。

储罐内储存温度为 $t_{str} = 0℃$，气化器设计工作压力为 $p_C = 0.6MPa$（绝压），气态 LPG 过热温度为 $t_s = 60℃$，采用热水温度 75℃，回水温度 70℃。

[解] 由已知条件，计算 LPG 在设计工作压力下的露点：

$$t_d = 45\left[\left[0.6\left(\frac{0.5}{0.3409} + \frac{0.5}{0.0909}\right)\right]^{\frac{1}{2.2}} - 1\right] = 41$$

（1）设具有过热度：

$$\Delta t = 60 - 41 = 19℃;$$

（2）由 C_3 及 C_4 的 $\log p - h$ 图，由储存温度 $t_A = t_{str} = 0℃$ 分别得到饱和液相点 A_3，A_4。储存压力为

$$p = x_3 p_{A3} + x_4 p_{A4} = 0.5 \times 0.45 + 0.5 \times 0.1 = 0.28MPa$$

LPG 的质量成分为

$$g_3 = \frac{x_3\mu_3}{x_3\mu_3 + x_4\mu_4} = \frac{0.5 \times 44.1}{0.5 \times 44.1 + 0.5 \times 58.1} = 0.43$$

$$g_4 = \frac{x_4\mu_4}{x_3\mu_3 + x_4\mu_4} = \frac{0.5 \times 0.81}{0.5 \times 44.1 + 0.5 \times 58.1} = 0.57$$

采取泵加压到 $P_B = 0.7MPa$。节流到气化器工作压力 $p_C = 0.6MPa$，在气化器内液相预热及气化经历 C - D - E。过热经历 E - G。

$$p_{G3} = y_3 p_C = 0.5 \times 0.6 = 0.3MPa$$
$$p_{G4} = y_4 p_C = 0.5 \times 0.6 = 0.3MPa$$
$$t_G = t_s = 60℃$$

分别由压焓图可得到 C_3，E_3，D_3，G_3，C_4，D_4，E_4，G_4 的焓值：

$$h_{C3} = 95, h_{D3} = 115, h_{E3} = 470, h_{G3} = 582kJ/kg$$
$$h_{C4} = 0, h_{D4} = 145, h_{E3} = 472, h_{G4} = 488kJ/kg$$

（3）气化器的气化负荷。

预热：

$$q_p = q_{p3} + q_{p4} = (h_{D3} - h_{C3})g_3 + (h_{D4} - h_{C4})g_4$$
$$= (115 - 95) \times 0.43 + (145 - 0) \times 0.57$$
$$= 91.25 \text{ kJ/kg}$$
$$Q_v = q_v G = 91.25 \times 5500 \times 10^{-3} = 501.9 \text{MJ/h}$$

气化：

$$q_v = q_{v3} + q_{v4} = (h_{E3} - h_{D3})g_3 + (h_{E4} - h_{D4})g_4$$
$$= (470 - 115) \times 0.43 + (472 - 145) \times 0.57$$
$$= 339.04 \text{ kJ/kg}$$
$$Q_v = q_v G = 339.04 \times 5500 \times 10^{-3} = 1864.7 \text{MJ/h}$$

过热：

$$q_s = q_{s3} + q_{s4} = (h_{G3} - h_{F3})g_3 + (h_{G4} - h_{F4})g_4$$
$$= (582 - 470) \times 0.43 + (488 - 472) \times 0.57$$
$$= 57.28 \text{kJ/kg}$$
$$Q_s = q_s G = 57.28 \times 5500 \times 10^{-3} = 315 \text{MJ/h}$$

可见过热负荷约为气化负荷的 12%。

气化合计负荷为

$$Q_p + Q_v + Q_s = 501.9 + 1864.7 + 315 = 2681.6 \text{MJ/h}$$

(4) 气化器的散热损失。

在计算气化器热负荷的时候，若没有气化器的具体尺寸，可先参照类似的气化器进行散热估算。在已有气化器资料进行设计选用时，则具有实际的计算条件。但对于如何区分气化器的气体和液体部分，则仍只能是一种估计。好在散热损失占气化器热负荷比重不大，采用估算应该是可以的。

$$t_{lav} = \frac{(0 + 18) \times 12 \times 0.43 + (0 + 59) \times 11.6 \times 0.57}{2(12 \times 0.43 + 11.6 \times 0.57)} = 17.6 \text{ ℃}$$

$$t_{gav} = \frac{(18 + 60) \times 1.6 \times 0.43 + (59 + 60) \times 1.5 \times 0.57}{2(1.6 \times 0.43 + 1.5 \times 0.57)} = 50.4 \text{ ℃}$$

由于 LPG 各组分间，液态比热容 c 或气态比热容 c' 都较接近，
所以可以采用同一值进行计算，使 t_{lav}，t_{gav} 计算简单一些。

$$t_{lav} = \frac{t_A + t_{D3}g_3 + t_{D4}g_4}{2} \text{℃}$$

$$t_{gav} = \frac{t_G + t_{F3}g_3 + t_{F4}g_4}{2} \text{℃}$$

气化器中过热与气化两部分的换热面之比为

$$\frac{f_s}{f_v} = \frac{q_s K_v \Delta t_v}{(q_p + q_v) K_s \Delta t_s} = \frac{57.28 \times 0.46 \times (72.5 - 17.6)}{430.29 \times 0.1 \times (72.5 - 50.4)} = 1.52$$

热水及回水平均温度为 $\frac{1}{2}$ (75 + 70) = 72.5℃

因此，由 $\frac{f_s}{f_v}$ 可以估计，对于气化器壳体体积，液体与气体部分之比约为 1:1.5 据此估算液体与气体部分的壳表面的散热面积。

已知 5.5t/h 气化器直径 $\phi750mm$，总高 $H = 2040mm$，其中椭圆封头高 200mm，所以液体部分直筒高取为 700mm。

液体部分表面积为

$$f_1 = 3.14 \times 0.75 \times 0.7 = 1.65m^2$$

气体部分的总表面积为

$$f_g \approx 3.14 \times 0.75 \times 1.3 + 0.44 = 3.5m^2$$

计算散热负荷。

液体部分：

$$\begin{aligned} Q_1 &= K_1 f_1 (t_{lav} - t_a) \\ &= 0.035 \times 3600 \times 1.65 \times (17.6 - 14) \\ &= 748kJ/h = 0.75MJ/h \end{aligned}$$

气体部分：

$$\begin{aligned} Q_g &= K_g f_g (t_{gav} - t_a) \\ &= 0.03 \times 3600 \times 3.5 \times (50.4 - 14) \\ &= 13759kJ/h = 13.8MJ/h \end{aligned}$$

可见液体与气体部分散热负荷之比约为 1:18。

（5）结果。

气化总热负荷：

$$Q_{vl} = Q_p + Q_v + Q_1 = 501.9 + 1864.7 + 0.75 = 2367.4MJ/h$$

过热总热负荷：

$$Q_{sg} = Q_s + Q_g = 315 + 13.8 = 328.8MJ/h$$

可见气化总热负荷与过热总热负荷之比约为 7:1。

气化器总热负荷：

$$Q = Q_{vl} + Q_{sg} = 2367.4 + 328.8 = 2696.2MJ/h$$

11.4.2.3 LPG 气化器

强制气化的主要设备是气化器。气化器是蒸发介质为液化石油气的一种蒸发设备。气化器可以按蒸发器的类型，分为各种形式。液化石油气气化器一般采用管壳式结构。按液化石油气在气化器中占据的空间，可以分为管程与壳程两大类。

按热源不同，气化器可分为热水、蒸汽或电热。采用电热作热源时，不应该使电热元件与液化石油气直接换热。应该采用中间传热介质（水或者其他液体）。目前在国内对负荷较小的系统一般采用电热式气化器，对负荷大的系统一般采用热水作热源的气化器。一种小容量（100～500kg/h）的电热式气化器构造示于图 11-4-17。

气化器由带保温材料的筒体、蛇形管、电加热器、气、液相连接管、安全阀及若干仪表及控制件所组成。液相液化石油气沿液体入口管道进入气化器，从上而下沿器内蛇形盘管流动，同时接受管外热水传给的热量气化，由中间的集气管上升，经气相管供出。

在筒体上安装有感温元件以控制水温。水温达到高限时关闭电源；水温到达低限时开通电源，使电加热器工作，对气化器内的热水进行加热。水温过低时，为防止液相进入气相供出管，控制阀将进液管关闭，切断供气。气化器对于液位的控制一般得到特别的重视。当气化器中的液体上升到一定位置时，控制阀将关闭液相管进液。气化器上的安全阀

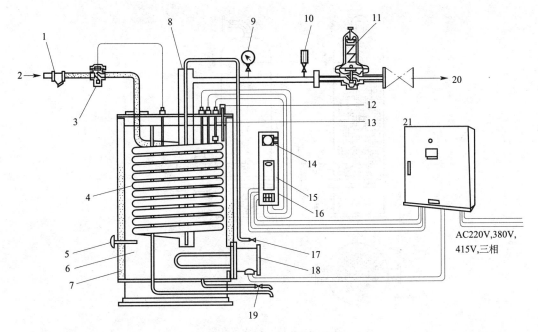

图 11-4-17 电热式气化器

1—液体过滤器；2—液体入口；3—温度液位控制阀；4—蛇形管；5—温度计；6—热水槽；

7—保温层；8—集气管；9—压力表；10—安全阀；11—调压阀；12—液位计；13—浮子开关；

14—温度保护恒温器开关；15—控温开关；16—温度控制箱；17—残液排放阀

18—电加热器；9—热水排放阀；20—气态液化石油气出口；21—控制盘

在气化器超压时将泄放。

气化器具有负荷自适应特性。用气量减少时，气化器的产出气相送出量减少，使气化器内液化石油气气相压力升高。在达到以至超过液相进入压力时，将阻止液相继续进入并将液相推回进液管，从而使气化器中液相传热面减少，气化量减小。当用气量增大时，则发生相反的过程。这即是气化器对于负荷变动相应自动调整产气量的一种适应特性。

较大型气化器采用热水或蒸汽作为热媒。从气化器对气化温度的要求看，不宜采用蒸汽作为热媒。

热水气化器的结构形式可以采用列管式、U 形管式、套管式或蛇管式。蒸发器的外壳及管束可以用普通碳钢制造，也可采用镍铬不锈钢材料。为防止激烈沸腾时产生的雾滴被带出气化器，在气化器的设计中要考虑液滴分离。

图 11-4-18 为一种典型的热水气化器。气化器由筒体、U 形管换热面、液相进入管、液位检测器及电磁阀、过滤器、止回阀、气相供出管、热水管及回水管等组成。

液化石油气经液相管进入气化器的筒体中，由 U 形管换热面加热气化。气相液化石油气经气相管送出。气化器由热水管供入热水，经 U 形管换热面放热后的回水由回水管导出。

为防止气化器出现满液，设有超声液位探测器。当气化器内液化石油气液位过高时，超声探测器即发出信号，经过控制电路使进液管上的电磁阀关闭，切断进液。气化器设有压力表。当气化器内压力达到报警值时，压力表即发出信号使控制台发出声光报警。

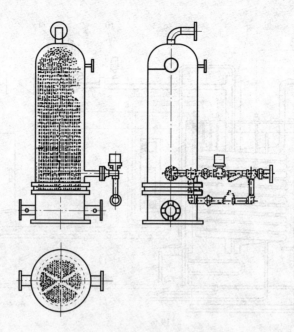

图 11 - 4 - 18　热水气化器

气化器的液化石油气进液管旁并联有一装有止回阀的旁通管。止回阀的安装方向是由气化器指向液相管上游。在气化器压力高于液相管道的压力时，气化器筒体内的液化石油气即可经由止回阀流向液相管。由此气化器压力得以降低，由于液位下降使气化量减少，也能减小气化器的压力。气化器上设有安全阀，可防止气化器超压。

上述 4 种仪表及部件都是气化器安全运行的保障。现代的气化器采用热水循环保温方式。即气化器中的热水始终保持循环流动。热水温度由热水器维持在一定的范围内。所以气化器内的液化石油气压力总保持在一定的水平上下变动。

给气化器供给热水热媒的设备可以是快速热水加热器，热水锅炉、蒸汽热水换热器或直接从集中锅炉房供给的热水。作为气化站、混气站的现场设备，采用快速热水加热器，安全性和运行经济性都较好。

快速加热器用气态液化石油气作为燃料。在回水温度低于一定值时，热水器的燃料供给阀开启，循环水得到加热升温，供向气化器。当气化器负荷减小，气化器用热减少，气化器的回水温度高于给定值时，加热器的气体燃料阀即被关闭，停止向加热器供给燃料气，停止对循环水的加热。

进出气化器的热水和回水温度测量仪表若采用带有可远传的标准电信号，则热水和回水温度可以在控制台上得到显示。

上述气化器向液化石油气的供热介质是热水。一般热水温度为 $60\sim80$ ℃，而液化石油气侧的气化压力则为 $0.4\sim0.5MPa$，液化石油气气化之后的过热温度达 $50\sim60$ ℃。

对于气态液化石油气系统，从气化器供出的气态液化石油气一般经过一级调压（中—中压）或两级调压（中—中，中—低压），经输配管道送往用户。而对于 LPG 混合气系统，从气化器供出的气态 LPG 也要经过调压，然后进入混气设备，在混气设备中与空气（或其他低热值燃气）形成混合燃气，经输配管道送往用户。

11.4.2.4 强制气化 LPG 气化站

（1）工艺流程。

气化站工艺流程示意图见图 11-4-19。

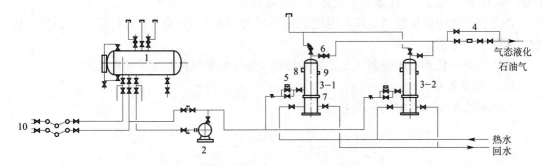

图 11-4-19 气化站工艺流程示意图

1—液化石油气储罐；2—烃泵；3—热水加热式气化器；4—调压、计量装置；

5—液相进口电磁阀；6—气相出口电磁阀；7—水流开关；8—高液位控制器；

9—低温安全控制器；10—汽车槽车装卸柱

储罐内的液态液化石油气利用烃泵加压后送入气化器。在气化器中经热水加热气化成气态液化石油气，再经调压、计量后送入管网向用户供气。

这种液化石油气泵组系统如图 11-4-20 所示：

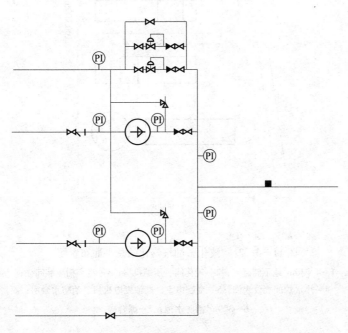

图 11-4-20 液化石油气泵组系统

在液化石油气泵的出口管上装有定压调压器。当泵出口压力过高时，液化石油气可经定压调压器回流入储罐。定压调压器是保证气化器正常工作参数的设备。在泵的出口管上一般装有安全回流阀，安全回流阀的作用是保证泵的进出口压差不超过一定值。当这一压差高于给定值时，泵出口的液体会通过被打开的安全回流阀回到储罐。安全回流阀是一种保护液化石油气泵本身工作不过载的设备。

采用加压或等压气化方式时，为防止气态液化石油气在供气管道内产生再液化，应在气化器出气管上或气化间的出气总管上设置调压器，将出站压力调节至较低压力（一般取 0.05 ~ 0.07MPa 以下），保证供出气体压力参数稳定。

在工程设计中应根据当地环境温度和出口压力按本章 11.4.2.6 进行液化石油气管道供气无凝动态分析。

等压强制气化和减压强制气化站工艺流程与加压强制气化站工艺流程类同。

（2）总平面布置。

气化站总平面布置示例见图 11 - 4 - 21。

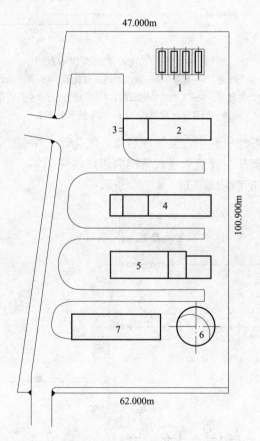

图 11 - 4 - 21　液化石油气气化站总平面布置图

1—4 ×30m³ 地下储罐室；2—气化间、压缩机房；3—汽车槽车装卸柱；

4—热水炉间、仪表间；5—变配电室、柴油发电机房、消防水泵房；

6—300m³ 消防水池；7—综合楼

11.4.2.5　强制气化 LPG 瓶组气化站

采用瓶组作储存设备的气化站得到大量采用。它是气化站的一种普遍模式。它相对于储罐储存气化站，设备和系统更简单。由于用便于更换的 50kg 气瓶组作为储存设备，气化站只需设瓶库，不需设储罐，不需卸车设备，因而投资更省，占地更少，更易于维护。瓶组储存与小规模的气化站相联系。在选址设站上便于在居住小区实现，能较好适应我国国情。因此瓶组储存气化站成为各种规模城镇发展以液化石油气为气源的城镇燃气的一种流行模式。

瓶组储存的气瓶数应按气化站储量为 2~3d 的规定计算确定。

瓶组气化站的主要配置如图 11‑4‑22。

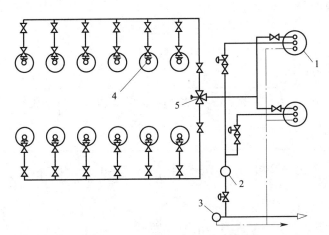

图 11‑4‑22 瓶组储存气化站
1—气化器；2—气液分离器；3—安全水封；4—气瓶组；5—液相自动切换阀

由图 11‑4‑22 所示流程中，除主要设备外，主要仪表及管件有调压阀、压力表、温度计，气瓶连接管及连接阀。

在系统中，液态石油气是在气瓶自然储存压力下通过管道流向气化器的。气化器的较低压力是由供气侧管网的较低压力所决定的。由于系统规模较小，所以系统向气化器供液可以只靠气瓶自然储存压力，而不需设泵或其他动力设备。同样由于规模较小，往往采用电加热作热源，而不采用制备热媒的热水加热器或锅炉。这些都是因规模大小不同而在工艺系统上的不同特点。

[例 11‑4‑4] 设供 800 户的气化站，采用瓶组储存，平均每户用气量为 0.5kg/d，求瓶组气化站气瓶数。

[解] 气化站日供量为 $0.5 \times 800 = 400$kg/d，储存天数为 2d，所以总储量为 $400 \times 2 = 800$kg，需 50kg 气瓶数为 $800/50 = 16$ 个。

设两组，一开一备。所以总气瓶数为 $16 \times 2 = 32$ 个，气瓶总容积为 $0.1 \times 32 = 3.2$m^3 < 4m^3。

11.4.2.6 LPG 管道供气无凝动态分析

在考虑 LPG 管道集中供气方案时，一个重要问题是：已经气化了的气态 LPG 气会不会在输送的管道系统中重新液化，即是否存在结露的可能性。无凝结是采用气态 LPG 供气方式的先决条件。

根据所输送的液化气组成，按照设计的压力条件计算出露点，将其与管道的环境温度进行比较。这种计算属于静态计算，即液化气的温度和压力参数是给定在一个状态上。但是在实际的管道集中供气系统中，压力、温度参数是变化的。一方面气态 LPG 沿管道流动时有水力损失，因而压力逐渐降低，气体露点是变化的。同时由于燃气与管道之间有热交换，气态 LPG 的温度随着流动而发生改变。管道温度不仅是作为露点比较的对象，同时要被考虑成实际使气态液化石油气温度和压力发生变化的一种外部条件。对这种气态 LPG 输送中温度和压力变化的过程和管道的传热影响，需进行综合因素的动态分析。

气态液化石油气参数沿管道的变化：

气态液化石油气温度：

$$t = t_a + \Delta t e^{-Kx} \qquad (11-4-22)$$

$$\Delta t = t_{st} - t_a \qquad (11-4-23)$$

气态液化石油气压力：

$$p = \sqrt{p_{st}^2 - 2\Phi\Big[(t_a + 273)x + \frac{\Delta t}{K}(e^{-Kx} - 1)\Big] \cdot 10^{-12}} \qquad (11-4-24)$$

气态液化石油气露点：

$$t_d = 55\Bigg\{ \sqrt{\Big[p_{st}^2 - 2\Phi\big[(t_a + 273)x + \frac{\Delta t}{K}(e^{-Kx} - 1)\big] \cdot 10^{-12}\Big]^{\frac{1}{2}}} \cdot \sum \frac{y_i}{a_i} - 1 \Bigg\}$$

$$(11-4-25)$$

$$\Phi = \lambda \frac{8 q_m^2 R}{D^5 \pi^2}$$

$$K = \frac{\pi D k}{q_m c}$$

式中　D——管径，m；

q_m——输送量，kg/s；

ρ——气态 LPG 密度，kg/m^3；

c——气态液化石油气定压比热容，J/kg·K；

t——气态液化石油气温度，℃；

p——气态液化石油气压力，MPa；

t_d——气态液化石油气露点，℃；

k——经过管壁的传热系数，W/（m^2·K）；

t_a——管道外侧环境温度，℃；

t_{st}——气态液化石油气起点温度，℃；

p_{st}——起点压力，MPa。

式（11-4-25）即气态 LPG 的露点 t_d 随输送距离 x 改变的函数关系，它即是气态 LPG 在输送中露点的动态变化情况。

这一关系只适用于管道中流动的气态 LPG 发生凝结之前的情况。

至此，可以利用式（11-4-22）和式（11-4-25）来判别在给定的输送距离 x 处是否会发生凝结，即进行无凝结动态分析。不发生凝结的设计条件是：$t \geq t_d + 5$ ℃。

[例 11-4-5]　设气态 LPG 为丙、丁烷混合物，$C_3 : C_4 = 50:50$，按加和规则计算得出 LPG 分子量 $M = 51$，定压比热容 $c = 1700$J/（kg·K），气体常数 $R = 163$J/（kg·k）。输送量 $q_m = 800$kg/h $= 0.222$kg/s，输送管道长 $1 = 1000$m，直径为 $D = 100$mm。管道起点压力 $p_{st} = 0.17$MPa（绝对），起点温度 $t_{st} = 60$℃，管道外壁环境温度 $t_a = 3$℃。经过管壁（包括绝缘层）的传热系数 $k = 11.63$ W/（m^2·K），管道摩阻系数 $\lambda = 0.03$。对此管道进行无

凝动态分析。

[**解**] 计算出：

$$K = \frac{\pi D k}{q_{\mathrm{m}} c} = 0.00967$$

$$\Phi = \lambda \frac{8 q_{\mathrm{m}}^2 R}{D^5 \pi^2} = 0.0196 \times 10^6$$

利用式（11-4-22）、式（11-4-24）和式（11-4-25）计算沿管长 x 的 t、p、t_{d} 值，得到图线结果（见图 11-4-23）。

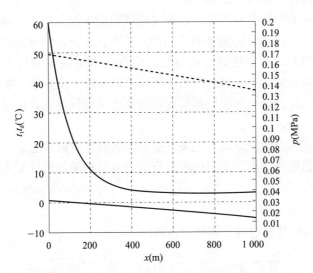

图 11-4-23　温度、压力、露点沿管长的变化

由计算结果可知：

（1）沿整个管长都有 $t > t_{\mathrm{d}}$，最小的温差 $(t - t_{\mathrm{d}})_{\min} = 5.47℃$ 出现在 $x = 480\mathrm{m}$ 处；之后随着 x 增大 Δt 单调增加。

（2）虽然环境温度为 3℃，气态 LPG 在起点压力 $p = 0.17\mathrm{MPa}$ 时的露点为 1℃，按现有静态计算会认为本管道供气 $t - t_{\mathrm{d}} = 3 - 1 = 2 < 5℃$，不能采用气态 LPG 集中管道供气方式，实际上，按动态分析的结果，本例的 $(t - t_{\mathrm{d}})_{\min} = 5.47℃$ 已大于规范规定的 5℃，表明本管道供气不会有 LPG 凝结的危险。

11.4.3　混合气供气

采用液化石油气-空气混合气（简称 LPG 混合气）通过管道系统供气，由于混合气的露点较低，混合气可以用中压燃气管网系统输送，因而系统可以有较大的供气规模；又由于适当混合比的混合气可以具有与天然气的互换性，因而可以作为城镇天然气系统的前期气源和天然气系统的辅助气源，或调峰、应急气源。

液化石油气混空气后露点温度将下降。设掺混空气量在混合气体中的体积成分为 Z%，则液化石油气在混合气中的分压力（绝对）按本书第 2 章式（2-9-18）计算：

$$p_{\mathrm{Par}} = \left(1 - \frac{Z}{100}\right) \cdot p$$

式中　p——液化石油气与空气混合物的压力（绝对），MPa；

　　　p_{Par}——液化石油气在混合气中的分压力（绝对），MPa；

　　　Z——空气在混合气体中的容积百分数，%。

LPG 混合气有两种压力级别、三种混气系统类型：低压级别引射器系统，中压级别的比例混合器系统和随动流量混气系统。

11.4.3.1　燃气引射混合器

在城市燃气系统中，燃气引射混合器得到了广泛的应用。特别在 LPG 混合气的生产中应用尤为普遍。国内外厂家都有系列产品。

在当今燃气引射混合器实际的运行参数（喷嘴前的喷射气压力，喷嘴出口处的背压环境）条件下，引射段的流动具有很强的自主性。具有相对很高的流动强度。喷射气流与被引射气流形成混合的射流，很接近自由射流。混合气经过混合段与扩压段的流动状态变化，形成具有供出参数的状态。混合段与扩压段流动只在一定阶段，在某种程度上回馈作用影响到引射段的工作。这也是引射器具有在很宽范围内保持混合比（引射比）接近不变的特性的流体力学原因。

基于混合器的流体力学规律及上述关于引射混合器特殊的概念，按引射段自由射流模型对燃气引射混合器进行分析，本书作者给出混合器结构参数的计算方法和推导出混合器工作的基本方程[34]。

1. 混合器自由射流模型

图 11 - 4 - 24 为燃气引射混合器的结构简图。

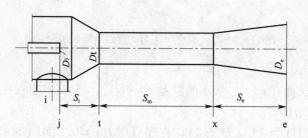

图 11 - 4 - 24　燃气引射混合器结构简图

混合器的引射段空间容积相对于喷嘴出口较大，被引射气流充斥其间，流速较小，因此喷射气流在引射段中形成自由射流。由于是自由射流，所以：

① 引射段中射流中各处压力相等；

② 射流的各截面，动量通量保持不变；

③ 喷射流出口气流的密度为 ρ_j，可由喷射气体绝热膨胀关系求得

$$\rho_j = \rho_0 \left(\frac{p_i}{p_0} \right)^{\frac{1}{k}} \qquad (11 - 4 - 26)$$

式中　ρ_j——喷射气喷嘴出口处密度（引射段压力状态），kg/m^3；

　　　ρ_0——喷射气流喷嘴前密度，kg/m^3；

　　　p_i——引射段空间压力，MPa；

　　　p_0——喷射气喷嘴前压力，MPa；

k——喷射气流的等熵指数。

引射器入口段被引射气压力为：

$$p_i = \psi p_a \qquad (11-4-27)$$

引射器入口段被引射气密度为

$$\rho_i = \rho_a \frac{p_i}{p_a} \qquad (11-4-28)$$

式中　ρ_i——引射器入口段被引射气密度，kg/m^3；

　　　ρ_a——被引射气进入引射器前的密度，kg/m^3；

　　　p_a——被引射气进入引射器前的压力，MPa；

　　　ψ——被引射气经引射器入口的压降系数。

④ 射流的各截面上沿截面的流速分布具有相似性，有如下半径验公式[37][38]

$$\frac{w}{w_m} = \left[1 - \left(\frac{r}{R} \right)^{1.5} \right]^2 \qquad (11-4-29)$$

式中　w——射流截面上 r 点处的速度，m/s；

　　　w_m——截面轴心处的速度，m/s；

　　　r——截面上任意点到轴心的距离（对初始段为到核心区边界的距离），m；

　　　R——截面上的射流半径（对初始段为截面上边界层厚度），m。

记：

$$\eta = \frac{r}{R}$$

则：

$$\frac{w}{w_m} = (1 - \eta^{1.5})^2 \qquad (11-4-30)$$

对燃气引射混合器的设计，要在给定喷射气量 q_{Vnj}，喷射气压力 p_0，被引射气量 q_{Vni}，被引射气压力 p_a 以及两种气体的温度等条件下确定混合器各部分的构造尺寸。

先定义标准体积混合比（即通常称的引射比）：

$$u_{Vn} = \frac{q_{Vni}}{q_{Vnj}} \qquad (11-4-31)$$

质量混合比为：

$$u = \frac{q_{Vni} \rho_{ni}}{q_{Vnj} \rho_{nj}} = u_{Vn} \frac{\rho_{ni}}{\rho_{nj}} \qquad (11-4-31a)$$

式中　u_{Vn}——标准体积混合比，一般由对混合气的燃烧特性的要求确定；

　　　q_{Vni}——被引射气的体积流率（标准状态），m^3/h；

　　　q_{Vnj}——喷射气的体积流率（标准状态），m^3/h。

　　　ρ_{ni}——被引射气的密度（标准状态），kg/m^3；

　　　ρ_{nj}——喷射气的密度（标准状态），kg/m^3

　　　u——质量混合比。

在引射段末端（喉部截面，即混合段始端）完成所规定的混合，即形成质量混合比为 u 的混合气。这是一个基本概念。

在引射段末端截面（标记为 t）的混合气平均密度为

$$\rho_t = \frac{1 + u}{\dfrac{1}{\rho_j} + \dfrac{u}{\rho_i}} \qquad (11-4-32)$$

式中　ρ_t——引射段末端截面的混合气平均密度，kg/m^3；

定义
$$\frac{q_{vi}}{q_{vj}} = u_v \tag{11-4-32a}$$

式中　u_v——体积混合比，引射段末端截面的被引射气体积与喷嘴出口处喷射气体积之比；

　　　q_{vi}——引射段末端截面的被引射气体积流率，m^3/s；

　　　q_{vj}——喷射气体积流率（引射段压力状态），m^3/s。

$$u_v = \frac{q_{vi}}{q_{vj}} = \frac{u\dfrac{1}{\rho_i}}{\dfrac{1}{\rho_j}} = \frac{u\rho_j}{\rho_i}$$

记
$$U = 1 + u \tag{11-4-32b}$$
$$U_v = 1 + u_v$$

由式（11-4-32），可得混合器自由射流模型的基本关系。

$$U_v = U\frac{\rho_j}{\rho_t} \tag{11-4-33}$$

式中　U——在引射段末端截面混合气质量与喷射气质量之比；

　　　U_v——在引射段末端截面混合气体积与喷嘴出口处喷射气体积之比。

2. 混合器的结构设计

取引射器喉管直径恰好等于自由紊流射流截面直径。

对所讨论的圆形截面的自由紊流射流可推导出下列满足给定的体积混合比 u_{vn} 的引射段末端喉管直径与喷嘴直径的比值的计算公式：

$$\frac{D_t}{D_j} = 1.42\omega_t\sqrt{UU_v} \tag{11-4-34}$$

式中　D_t——喉管（混合段）直径，mm；

　　　D_j——喷嘴直径，mm；

　　　ω_t——引射段空间修正系数，用于考虑在引射段空间实际射流偏离自由射流，$\omega_t > 1$。

而在引射段中喷嘴口截面到喉部截面的距离为

$$S_i = \frac{D_j}{5.65a}(1.42\omega_t\sqrt{UU_v} - 1) \tag{11-4-35}$$

式中　S_i——喷嘴口截面到喉部截面的距离，mm；

　　　a——喷嘴紊流结构系数，可取 $a = 0.078$。

混合器的其他结构尺寸相应为：

引射段直径　$D_i = 2D_t$

混合段长度　$S_m = 6D_t$

扩压段出口截面直径　$D_e = 1.58D_t$

扩压段长度　$S_e = 3D_e$

混合器的喷嘴结构要按被引射气压力与喷射气压力的比值 β 的情况分别处理。

$$\beta = \frac{p_i}{p_0} \tag{11-4-36}$$

式中　β——喷射压力比；

　　　p_i——引射段空间压力，Pa；

　　　p_0——进入喷嘴前的喷射气压力，Pa。

由式（11-4-27），$p_i = \psi p_a$，一般取 $\psi = 0.98 \sim 0.99$ 对 $p_a > 101300$Pa 的情况可取 $\psi \approx 1.0$；
临界压力比：

$$\beta_c = \left(\frac{2}{k+1}\right)^{\frac{k}{k-1}} \tag{11-4-37}$$

式中　β_c——临界压力比；

　　　k——喷射气等熵指数。

$\beta > \beta_c$ 则气体喷射为亚音速流动；$\beta \leqslant \beta_c$ 则气体喷射可为超音速流动；

对 $\beta > \beta_c$ 的情况，采用渐缩喷嘴，喷嘴出口截面积：

$$f_j = \frac{m_j}{\varphi_j \sqrt{2 \dfrac{k}{k-1} p_0 \rho_0 \left(\beta^{\frac{2}{k}} - \beta^{\frac{k+1}{k}}\right)}} \times 10^6 \tag{11-4-38}$$

式中　f_j——喷嘴口面积，mm^2；

　　　m_j——喷射气的质量流率，kg/s；

　　　φ_j——喷嘴流速系数，一般取，$\varphi_j = 0.85$；

　　　ρ_0——进入喷嘴前的喷射气密度，kg/m^3。

对 $\beta \leqslant \beta_c$ 的情况，若仍采用渐缩喷嘴，则在渐缩喷嘴口上喷射气流将是音速。喷嘴口的压力与环境压力（p_i）的压力差只在喷嘴口截面以外降低消失，此时喷射流量为最大流量。它只取决于喷射流动的临界参数，喷嘴截面仍采用式（11-4-38）计算，且取 $\beta = \beta_c$。因此也即是下面的式（11-4-39）。

若要充分利用能量，应该采用渐缩渐扩的缩扩喷嘴（拉伐尔喷嘴），喷嘴口流速可大于当地音速，喷嘴喉部面积为

$$f_{min} = \frac{m_j}{\varphi_j \sqrt{k\left(\dfrac{2}{k+1}\right)^{\frac{k+1}{k-1}} p_0 \rho_0}} \times 10^6 \tag{11-4-39}$$

式中　f_{min}——喷嘴喉部面积，mm^2。

喷嘴口面积仍采用式（11-4-38）计算。

记引射段末端喉管面积与喷嘴面积的比值：

$$\left(\frac{R_t}{R_j}\right)^2 = F$$

各种混合比参数及 F 的相对改变趋势见图 11-4-25。

3. 燃气引射混合器的基本方程

对于已设计的燃气引射混合器，只能肯定它能按给定的引射比工作，但还不清楚它是否能提供足够的供气压力。为了得到对这一问题的解答，需建立混合器的基本方程。由引射段动量守恒和混合段、扩压段能量方程得到

$$p_e = \psi p_a + 1.46 \times (\psi p_a)^{\frac{1}{k}} \varphi \frac{1}{F} YZ p_0^{\frac{k-1}{k}} \tag{11-4-40}$$

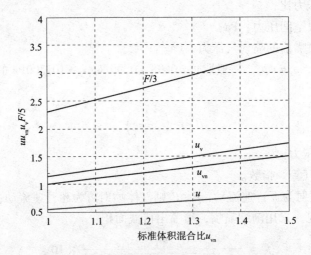

图 11 - 4 - 25 燃气引射混合器混合比参数

$$\varphi = \varphi_j^2 \frac{1}{\omega_t^2}$$

$$F = \left(\frac{D_t}{D_j}\right)^2$$

$$Y = \frac{k}{k-1}\left(1 - \beta^{\frac{k-1}{k}}\right)$$

$$Z = (1 - \zeta_m - b - \zeta_e)$$

式中　p_e——扩压段出口压力，Pa；

　　　F——喉管截面与喷嘴出口截面的比值，已知的按设计工况确定的值；

　　　Z——综合能量损失系数；

　　　ζ_m——混合段的流动阻力系数，取 $\zeta_m = 0.18$；

　　　ζ_e——扩压段的流动阻力系数，相应于扩压段进口截面动压头，取 $\zeta_e = 0.16$；

　　　Y——与 β 有关的综合参数。

利用方程（11 - 4 - 40）可以对已设计的燃气引射混合器的设计工况进行计算，得到混合器的供气压力值。不同标准体积混合比参量下，引射器出口压力与喷射气压力的关系见图 11 - 4 - 26。

理论上，对于结构一定的混合器，其引射段的体积混合比 u_v（U_v）是基本保持不变的。但在运行参数改变时，质量混合比 u 及标准体积混合比 u_{vn} 都会发生改变，参见式（11 - 4 - 48）。

4. 燃气引射混合器的供气压力极限与㶲效率

实践表明，燃气引射混合器的供气压力不是从能量平衡角度所推测的那样高，对于被引射气是大气的情况，供气压力一般只能达到接近 30kPa。原因何在？这需要从能量的品质方面加以分析才能清楚。为此考虑理想的燃气引射混合器，即在喷嘴中，引射段，混合段，扩压段中都没有能量损失，即 $\varphi_j = 1$，$\zeta_m = 0$，$\zeta_e = 0$。引射段的压力与被引射气的压力相同，即被引射气进引射段没有压力损失，即 $\psi = 1$。设混合过程为等温，对这样一种理想的混合器，由于上述无能量损失的设定：

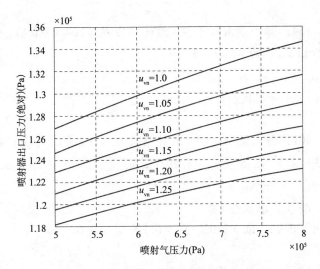

图 11-4-26 燃气引射混合器出口压力

$$\beta_a = \frac{p_a}{p_0}$$

及

$$Y_a = \frac{k}{k-1}(1 - \beta_a^{\frac{k-1}{k}})$$

由 (11-4-40) 得到的 p_e^* 即混合器可能达到的最大供出压力：

$$p_e^* = p_a + p_a^{\frac{1}{k}}\frac{1}{F}Y_a p_0^{\frac{k-1}{k}} \qquad (11-4-41)$$

考虑燃气引射混合器的㶲效率，由供出㶲对于输入的喷射气㶲与被引射气㶲之和的比值确定，只考虑压力㶲：

$$\eta_{ex}^* = \frac{UR_e T_{atm}\ln\dfrac{p_e}{p_{atm}}}{R_j T_{atm}\ln\dfrac{p_0}{p_{atm}} + uR_i T_{atm}\ln\dfrac{p_a}{p_{atm}}} \qquad (11-4-42)$$

式中　R_e——混合气的气体常数，J/(kg·k)；

　　　R_{jt}——喷射气的气体常数，J/(kg·k)；

　　　R_i——被引射气的气体常数，J/(kg·k)；

　　　T_{atm}——环境温度，K；

　　　p_{atm}——环境压力，Pa。

代入式 (11-4-41) 得到

$$\eta_{ex}^* = \frac{UR_e\ln\dfrac{p_a + p_a^{\frac{1}{k}}\frac{1}{F}Y_a p_0^{\frac{k-1}{k}}}{p_{atm}}}{R_j\ln\dfrac{p_0}{p_{atm}} + uR_i\ln\dfrac{p_a}{p_{atm}}} \qquad (11-4-43)$$

[例11-4-6]　计算实例，液化石油气与空气混合，液化石油气为喷射气，标准体积混合比：$u_{Vn} = 1.0$

液化石油气：

等熵指数 $k = 1.154$，分子量 $M = 55.9$，气体常数 $R_j = 164.47$ J/(kg·K)

压力 $p_0 = 5 \times 10^2$ kPa，密度 $\rho_0 = 11.5$ kg/m³

标准状态密度 $\rho_{0S} = 2.4$ kg/m³，温度 $t = 45$ ℃

气量 $V_0 = 500$ m³/h（标准状态）

空气：

等熵指数 $k = 1.401$，分子量 $M = 29$，气体常数 $R_i = 287.00$ J/(kg·K)

压力 $p_a = 1.013 \times 10^2$ kPa，密度 $\rho_a = 1.293$ kg/m³

标准状态密度 $\rho_{aS} = 1.293$ kg/m³，温度 $t = 15$ ℃

气量 $V_a = 500$ m³/h（标准状态）

取 $\varphi_j = 0.92$，$\Psi = 0.98$，$\omega_t = 1.02$，$\zeta_m = 0.10$，$\zeta_e = 0.05$

[解] 计算结果：

$p_0 = 7 \times 10^2$ kPa（绝对），$R_e = 207.37$ J/(kg·K)

实际供出压力：$p_e = 1.324 \times 10^2$ kPa（绝对）

喉部与喷嘴出口截面比：$F = 7.0$

引射器结构尺寸　　　　　　　　　　　　　　　　　　表 11-4-3

结构	D_C	D_j	S_j	D_i	S_i	D_t	S_m	D_e	S_e
尺寸（mm）	3.5	4.8	13.27	69.7	49.7	34.8	209.1	55.1	165.2

引射器不同工况计算结果　　　　　　　　　　　　　表 11-4-4

P_0 [10^2 kPa（绝对）]	5.0	5.2	5.4	5.6	5.8	6.0	6.2	6.4
P_e [10^2 kPa（绝对）]	1.2685	1.2750	1.2812	1.2872	1.2929	1.2985	1.3039	1.3092
U_V	1.1165	1.1223	1.1280	1.1335	1.1388	1.1439	1.1490	1.1538
P_0 [10^2 kPa（绝对）]	6.6	6.8	7.0	7.2	7.4	7.6	7.8	8.0
P_e [10^2 kPa（绝对）]	1.3142	1.3191	1.3239	1.3285	1.3330	1.3374	1.3417	1.3458
U_V	1.1586	1.1632	1.1677	1.1721	1.1764	1.1806	1.1847	1.1887

理论最大供气压力 $p_e^* = 1.479 \times 10^2$ kPa（绝对）[$p_e = 7 \times 10^2$ kPa（绝对），$F = 7$]

理论㶲效率 $\eta_{ex}^* = 27.5\%$ [$p_0 = 7 \times 10^2$ kPa（绝对），$F = 7$]

关于引射器的特性有下列几点结论：

（1）由式（11-4-34）和式（11-4-35）可以看到，在参与工作的气体热力参数一定时，不同容量的引射器在结构尺寸上具有几何相似性。

（2）由式（11-4-40）看到，被引射气压力 p_a 对于混合器供出压力 p_e 有直接的影响，几乎有同一样的增量或减量。提高被引射气压力 p_a 可直接提高供气压力 p_e。这即是助推式引射器的理论依据。

（3）计算表明，提高喷射气的压力 p_0 可使 p_e 相应有所提高，但效果比较有限，同时在给定标准混合气混合比 u_{vn} 条件下，体积混合比会随喷射气压力提高有所增加。这一结论也得到实际的验证。

（4）被引射气为大气的引射混合器的理想㶲效率略高于 50%，而实际㶲效率约为 35%。

5. 计算式的推导

（1）计算式（11-4-34）的推导

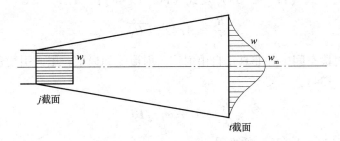

图 11-4-27　引射段自由射流

在 j 与 t 截面间动量不变，不考虑 ρ 在 R_t 上的变化，有

$$\pi R_j^2 w_j \rho_j w_j = \int_0^{R_t} 2\pi r w \rho_t w \mathrm{d}r$$

∵ 有半经验关系

$$\frac{w}{w_m} = (1 - \eta^{1.5})^2 \tag{11-4-44}$$

其中

$$\eta = \frac{r}{R_t}$$

以及

$$\int_0^1 (1 - \eta^{1.5})^4 \eta \mathrm{d}\eta = 0.06676 \tag{11-4-45}$$

得到

$$\frac{R_t}{R_j} = 2.7367 \frac{w_j}{w_m} \left(\frac{\rho_j}{\rho_t}\right)^{0.5} \tag{11-4-46}$$

式中　R_j——喷嘴出口半径；

$\quad\quad w_j$——喷嘴出口出流速度；

$\quad\quad \rho_j$——喷射气在喷嘴出口的密度；

$\quad\quad w$——在射流截面（t）半径 r 位置的混合气流速；

$\quad\quad w_m$——在射流截面（t）轴心处的混合气流速；

$\quad\quad r$——射流截面上的径向位置；

$\quad\quad R_t$——射流截面（t）的外边缘半径；

$\quad\quad \rho_t$——射流截面（t）上的混合气平均密度。

射流体积流率：

$$q_{Vt} = \int_0^{R_t} 2\pi r w \mathrm{d}r$$

$$q_{vj} = \pi R_j^2 w_j$$

式中　q_{Vt}——t 截面上的混合气体积流率；

$\quad\quad q_{vj}$——j 截面上的混合气体积流率。

∵

$$\frac{q_{Vt}}{q_{Vj}} = U_v$$

由式（11-4-44）以及：

$$\int_0^1 (1 - \eta^{1.5})^2 \eta \mathrm{d}\eta = 0.12857 \qquad (11-4-47)$$

可得

$$U_V = 0.257 \frac{w_m}{w_j} \left(\frac{R_t}{R_j}\right)^2 \qquad (11-4-48)$$

由式（11-4-46）、式（11-4-33）及式（11-4-48）：

得

$$\frac{R_t}{R_j} = 1.42\sqrt{UU_V} \qquad (11-4-48a)$$

考虑到在引射段空间中并非真正自由射流，射流受到局限，引入引射段空间修正系数 ω_t，得式（11-4-34）：

$$\frac{D_t}{D_j} = 1.42\omega_t \sqrt{UU_V} \qquad (11-4-34)$$

（2）计算式（11-4-35）的推导

由自由射流：

$$tg \frac{\alpha}{2} = \frac{R_t}{x} = \lambda a, \frac{R_j}{S_0} = \lambda a$$

式中 a——紊流系数。

由实验：$\alpha = 24°50'$，$tg \frac{\alpha}{2} = 0.22$，取 $a = 0.078$，$\therefore \lambda = 2.82$

$$X = S_t + S_0$$

$\therefore$

$$S_i = X - S_0 = \frac{R_t}{2.82a} - \frac{R_j}{2.82a}$$

由式（11-4-48a）得式（11-4-35）

$$S_i = \frac{D_j}{5.65a}(1.42\omega_t \sqrt{UU_V} - 1) \qquad (11-4-35)$$

（3）基本方程（11-4-40）的推导

1）引射段。由式（11-4-48）及

$$\left(\frac{R_t}{R_j}\right)^2 = F$$

有

$$U_V = 0.257 \frac{w_m}{w_j} F$$

得到引射段末端（即混合段始端）射流轴心速度：

$$w_m = w_j U_V \frac{1}{0.257F} \qquad (11-4-49)$$

$\therefore$

$$w_j = \frac{m_j}{f_j \rho_j}$$

$$\rho_j = \rho_0 \left(\frac{p_i}{p_0}\right)^{\frac{1}{k}} = \rho_0 \beta^{\frac{1}{k}}$$

以及式（11-4-38）代入式（11-4-49）：

$$w_m = U_V \frac{1}{0.257F} \varphi_j \sqrt{2 \frac{k}{k-1} p_0 \rho_0 (1 - \beta^{\frac{k-1}{k}}) \frac{1}{\rho_0}} \qquad (11-4-50)$$

考虑引射段末端的动能平均速度:

$$w_t^3 = \frac{1}{\pi R_t^2} \int_0^{R_t} w^3 2\pi r dr = \int_0^1 2 w_m^3 [(1 - \eta^{1.5})^2]^3 \eta d\eta$$

$$= 2 w_m^3 \int_0^1 (1 - \eta^{1.5})^6 \eta d\eta$$

$$\overline{w}_t^2 = 0.1948 w_m^2 \qquad (11-4-51)$$

2）混合段。在图 11-4-23 的 $t-x$ 截面之间建立能量方程:

$$p_t + \frac{1}{2} \overline{w}_t^2 \rho_t = p_x + \frac{1}{2} \overline{w}_x^2 \rho_x + \zeta_m \frac{1}{2} w_x^2 \rho_x$$

取
$$w_x^2 \rho_x \approx \overline{w}_t^2 \rho_t$$

$\therefore$
$$p_x = p_t - \zeta_m \frac{1}{2} w_t^2 \rho_t \qquad (11-4-52)$$

3）扩压段。计算扩压段的滞止压力，在扩压段截面之间建立能量方程:

$$p_x + \frac{1}{2} w_x^2 \rho_x = p_e + \zeta_e \frac{1}{2} w_x^2 \rho_x$$

$$p_e = p_x + \frac{1}{2} w_t^2 \rho_t - \zeta_e \frac{1}{2} w_t^2 \rho_t$$

$$p_e = p_x + \frac{1}{2} w_t^2 \rho_t (1 - \zeta_e)$$

由式 (11-4-52):

$$p_e = p_t + \frac{1}{2} w_t^2 \rho_t (1 - \zeta_m - \zeta_e) \qquad (11-4-53)$$

式 (11-4-51)，式 (11-4-50) 代入式 (11-4-53)

$$p_e = p_t + \frac{0.1948}{2} w_m^2 \rho_t (1 - \zeta_m - \zeta_e)$$

$$p_e = p_t + \frac{0.1948}{2} \left[U_V \frac{1}{0.257 F} \varphi_j \sqrt{2 \frac{k}{k-1} p_0 \rho_0 (1 - \beta^{\frac{k-1}{k}}) \frac{1}{\rho_0}} \right]^2 \rho_t (1 - \zeta_m - \zeta_e)$$

$$p_e = p_t + \frac{0.1948}{2} \frac{U_V^2}{0.257^2 F^2} \varphi_j^2 \times 2 \frac{k}{k-1} p_0 \rho_0 (1 - \beta^{\frac{k-1}{k}}) \frac{1}{\rho_0^2} \rho_t (1 - \zeta_m - \zeta_e)$$

由式 (11-4-34) 代入 F 表达式及式 (11-4-33)，式 (11-4-32b)

$$\frac{\rho_t}{\rho_0} = \frac{\rho_t}{\rho_j} \frac{\rho_j}{\rho_0} = \frac{1}{\rho_j} \frac{1+u}{\frac{1}{\rho_j} + \frac{u}{\rho_i}} \left(\frac{p_j}{p_0} \right)^{\frac{1}{k}} = \frac{1+u}{1+u_v} \left(\frac{p_j}{p_0} \right)^{\frac{1}{k}} = \frac{U}{U_V} \left(\frac{p_j}{p_0} \right)^{\frac{1}{k}}$$

$$p_e = p_t + \frac{0.1948}{2} \frac{U_V^2}{0.257^2 \times 1.42^2 \omega_t^2 U U_V F} \frac{U}{U_V} \varphi_j^2 \times 2 \frac{k}{k-1} p_0 \left(\frac{p_j}{p_0} \right)^{\frac{1}{k}} (1 - \beta^{\frac{k-1}{k}})(1 - \zeta_m - \zeta_e)$$

记 $\varphi = \left(\dfrac{\varphi_j}{\omega_t} \right)^2$，以及 $p_t = p_j = \psi p_a$，$Z = 1 - \zeta_m - \zeta_e$ 得到方程 (11-4-54)

$$p_e = \psi p_a + 1.46 \times (\psi p_a)^{\frac{1}{k}} \varphi \frac{1}{F} Z Y p_0^{\frac{k-1}{k}} \qquad (11-4-54)$$

11.4.3.2 引射混合器供气系统的供气调节

为了适应城镇燃气需用量调峰，一般采用引射混合器台数组合方式，实现不同的供气量。即按最大用气负荷设置若干个小供气量的混气单元，例如设置 4 个单元，每个单元供气能力为 1/4，即可组成成供 1/4，2/4，3/4，4/4 负荷，并且由于低压系统的混合气一般要进入低压管网，对供气量的波动有一定的缓冲容量，因而不要求对供气量进行光滑的调节来适应负荷变化。

另一种可供选择的解决方案就是二进制配置方法。二进制配置方法是将引射混合器系统的总设计容量按二进制方式分别配置基本供气能力，设计成 n 种大小不同的引射器，并按二进制组合方式运行。n 种引射器的基本供气能力分别是：

$$1^\# \Rightarrow \frac{2^{(1-1)}}{2^n - 1}q \cdots i^\# \Rightarrow \frac{2^{(i-1)}}{2^n - 1}q \cdots n^\# \Rightarrow \frac{2^{(n-1)}}{2^n - 1}q$$

对最大供气量为 q 可以开通不同的引射器，使之组合成具有 2^n 种大小按等差级数改变的供气量。

例如，$n = 3$ 的系统的基本供气能力可以组合成 0，$1q/7$，$2q/7 \cdots q$，共 8 种供气量情况。三种引射器的开停组合，如表 $11 - 4 - 5$ 所示。

二进制配置引射混合器供气量的开停组合　　　　　　　表 11 - 4 - 5

供气量	$1^\#$	$2^\#$	$3^\#$	供气量	$1^\#$	$2^\#$	$3^\#$
0	-	-	-	$4\,q/7$	-	-	+
$q/7$	+	-	-	$5\,q/7$	+	-	+
$2\,q/7$	-	+	-	$6\,q/7$	-	+	+
$3\,q/7$	+	+	-	q	+	+	+

注：+：开；-：停

两种供气量之间的用气量变化，则由引射混合器供气系统的弹性解决。显然，要实现二进制配置，在系统中要有一套开停控制系统与之配合。

11.4.3.3　混合装置

实现液化石油气与空气混合可以借助比例混合装置进行，有下列三种类型。

1. 浮动可变孔口混合阀

浮动可变孔口混合阀由置于阀体中的浮动活塞体及转轴构成混合调节机构。具有相同压力的液化石油气与空气分别从两侧接口进入，在阀体中混合，由下部的接口供出。如图 $11 - 4 - 28$ 所示。

浮动活塞体中部环形空间的压力等于液化石油气及空气的进口压力。混合气用量增加时，供出口压力下降，与其相连通的浮动活塞体顶部压力也下降，浮动活塞体在环形空间与顶部压力差作用下向上运动，在轴向增大两侧进口面积，从而增加混合气供量，即实现量调。由供出混合气的热值或含氧量信号经调节装置给出转轴转动命令，在圆周向改变两侧进口面积比，从而调节混合气混合比，即实现质调。

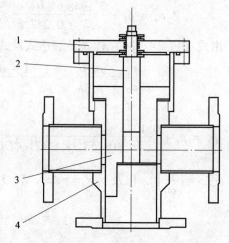

图 11 - 4 - 28　浮动可变孔口混合阀
1—阀盖；2—转轴；3—活塞体；4—阀体

浮动可变孔口混合阀构造简单，工作可靠性好。

2. 比例混合阀

比例混合阀有三个可调阀口，它们分别为空气入口空气调压器 2，燃气入口 LPG 调压器 4，和在外筒腔上的混合气出口，如图 11-4-29 所示。

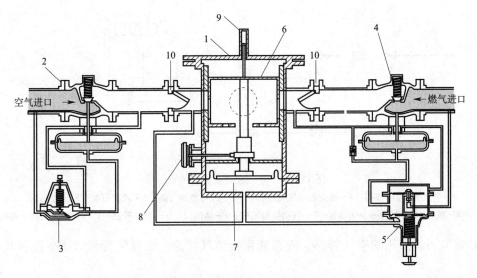

图 11-4-29　比例混合阀

1—混合阀外筒；2—空气调压器；3—空气调压器的控制器；4—LPG 调压器；5—LPG 调压器的控制器；

6—活塞筒；7—皮膜；8—比例调节器；9—活塞行程指示器；10—止回阀

混合比例阀的动作原理如下：经净化、干燥后的压缩空气和经一次调压后的气态液化石油气，通过主动调压的空气调压装置将空气和液化石油气调整成相同的设定压力进入混气阀。混气阀内设有可以上、下移动和左右旋转的空心活塞筒 6。活塞筒上左、右分别设有空气和液化石油气进口孔，后部设有混合气出口孔。混气阀的活塞筒底部皮膜将外筒腔分为上、下两部分，上部包括活塞筒和出口孔，并与其出口管相通，下部与空气调压装置后进口管相连。

量调：当管网压力低于其设计压力时，皮膜上腔压力降低，此时借助空气压力向上推动皮膜并带动活塞筒向上移动，使活塞筒后的出口孔与出口管部分重叠接通，开始向管网供气。用气量增加时，皮膜上腔压力继续下降，两开孔重叠面积增大，供气量增加。两孔口完全重叠时，供气量最大。

质调：当混合气出口燃气热值发生变化时，信号送至中央控制柜，发出指令，则混气阀上的伺服电动机驱动混气阀上的活塞筒转动，改变空气和液化石油气进口相对面积大小，调整进气比例，使其恢复至设计燃气热值。同时也可手动旋转比例调节器 8，调整燃气热值。

为了保证系统安全运行，该系统设有：混气阀进口液化石油气和空气之间的压差超限报警；空气和液化石油气调压器后压力高、低限报警等。同时，在空气和液化石油气的进口管上设有紧急截断装置，当其中一种气体中断时，自动停机。高压比例混合阀供气能力为 200～8000m³/h，混气比例（LPG/Air）为 1/4.5。整个装置设有双路紧急截断阀，多点全自动安全联锁，并具有 100% 流量跟随特性。

3. 随动流量混气装置

随动流量混气装置是一根 DN50 ~ DN1000 不锈钢管，内置涡流发生器能起到大比表面积折流混合作用，并配置液化石油气和压缩空气入口流量控制阀，可生产高精度比例的混合气。该混合气系统如图 11 - 4 - 30 所示。

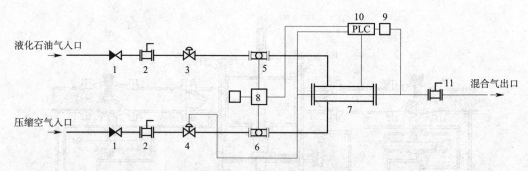

图 11 - 4 - 30　随动流量混气系统

1—止回阀；2—蝶阀；3—液化石油气调压器；4—空气压差调节阀；5—液化石油气流量控制阀；
6—空气流量控制阀；7—混气装置；8—气动执行机构；9—热值仪；10—PLC 控制柜；11—混合气出口蝶阀

该混气系统由压缩空气管路、气态液化石油气管路、混气装置和监测、控制装置等组成。

开始运行时，根据混合出口压力，设定 AIR 压差调节阀和 LPG 调压器出口压力，即可按设定的液化石油气和空气混气比向管网供气。

量调：当用气负荷发生变化时，混合器出口压力发生变化，此时经出口总管上的压力传感器将信号送至 PLC 控制柜。控制柜发出指令，气动执行机构启动 AIR 和 LPG 流量控制阀阀口同步开大或关小。在恢复正常出口压力的情况下，改变混合器出口流量满足用气负荷变化的需要。

质调：当混合气热值发生变化时，热值取样口将信号送至热值仪，经控制柜发出指令 AIR 压差控制阀改变其压差，使空气流量改变，液化石油气流量保持不变，从而调节液化石油气和空气的混合比，使混合气热值恢复至设定值。

11.4.3.4　液化石油气混气站

液化石油气—空气混合气管道供气方案的论证，主要考虑城镇的燃气规划，燃气系统规模，所在地区的地理气候条件；若作为替代气源或调峰补充气源时，须满足它与主气源之间的互换性。

1. 工艺流程

混气站所采用的混气方式基本上有两种，一是引射式，二是比例混合式。

引射式混气系统主要由气化器、引射器、空气过滤器和监测及控制仪表等组成。这种混气方式工艺流程简单，投资低，耗电少，运行费用也相对低，但其出口压力较低，供气范围受到限制，气质含湿量可能较高。

比例混合式系统主要由气化器、空气压缩机组、混合装置和监测及控制仪表等组成。这种混气方式工艺流程较复杂，投资较大，运行费用高，但其自动化程度较高，输配气压力可提高，混合气中含湿量可以控制。

（1）引射式混气系统的工艺流程

引射式混气系统工艺流程见图 11－4－31。

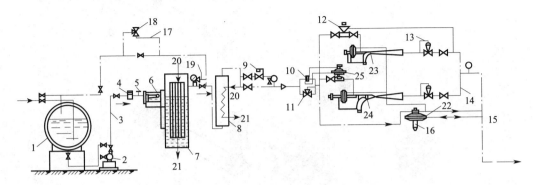

图 11－4－31　引射式混气系统工艺流程

1—储罐；2—泵；3—液相管；4—过滤器；5—调节阀；6—浮球式液位调节器；7—气化器；
8—过热器；9—调压器；10—孔板流量计；11—辅助调压器；12—薄膜控制阀；13—低压调压器；
14—集气管；15—混合气分配管；16—指挥器；17—气相管；18—泄流阀；19—安全阀；20—热媒入口；
21—热媒出口；22—调节阀；23—小生产率引射器；24—大生产率引射器；25—薄膜控制阀

利用烃泵将储罐内的液态液化石油气送入气化器将其加热气化生成气态液化石油气，经调压后以一定压力进入引射器从喷嘴喷出，将过滤后的空气带入混合管进行混合，从而获得一定混合比和一定压力的混合气。再经调压、计量后送至管网向用户供气。

为适应用气负荷的变化，每台混合器设有大、小生产率的引射器各 1 台。当用气量为零时，混气装置不工作，阀 12 关闭。当开始用气时，集气管 14 中的压力降低，经脉冲管传至阀 12 的薄膜上，使阀门 12 开启，小生产率引射器先开始运行。当用气量继续增大时，指挥器 16 开始工作，该脉冲传至小生产率引射器的针形阀，其薄膜传动机构使针形阀移动，从而增加引射器的喷嘴流通面积，提高生产率。当小生产率引射器的生产率达到最大负荷时，孔板流量计 10 产生的压差增大，使阀 25 打开，大生产率引射器开始投入运行。当流量继续增大时，大生产率引射器的针形阀开启程度增大，生产率提高。当用气量降低时，集气管 14 的压力升高，大、小生产率引射器依次停止运行。引射器出口混合气压力是由调压器 13 来调节和控制的。

在工程中通常采用设有多台引射式混合器的混合机组，由三支或更多支的引射器组成。采用监控系统根据负荷变化启闭引射器的支数和混合器的台数，以满足供气需要。

这种混气方式的混合器出口压力一般不超过 30kPa。欲制取较高压力（如中压）的混合气，可采用加压空气的压力助推方式。

（2）比例混合式混气系统的工艺流程。

该系统的混合装置可选浮动可变孔口混合阀、比例混合阀和随动流量混合装置。工艺流程见 11－4－32。

气化、混气装置的供气能力根据高峰小时用气量确定：

$$q_{m} = \frac{\gamma_{LPG} q_{vu} \rho_{g}}{100} \qquad (11-4-55)$$

式中　q_{m}——气化装置的总气化能力，kg/h；

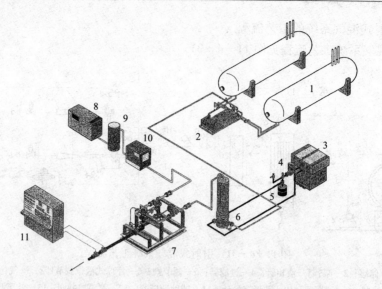

图 11－4－32　LPG/AIR 比例混合装置供气系统

1—储罐；2—烃泵；3—热水器；4—循环热水泵；5—膨胀水箱；6—气化器；

7—混合装置；8—螺杆式空压机；9—空气缓冲罐；10—空气干燥器；11—控制台

q_{vu}——高峰小时用气量，m^3/h；

γ_{LPG}——混合气中液化石油气的体积含量，%；

ρ_g——标准状态下气态液化石油气的密度，kg/m^3。

2. 总平面布置

混气站总平面布置原则与气化站类同。主要区别：气化间和混气间合而为一；另需设空气净化、干燥装置及空气压缩机组。液化石油气混气站总平面布置示例见图 11－4－33。

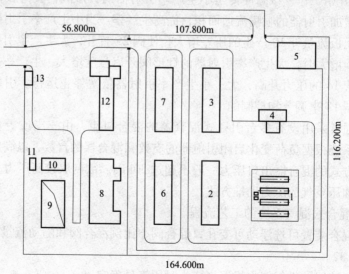

图 11－4－33　液化石油气混气站总平面布置图

1—4×100m^3储罐区；2—气化、混气间；3—热水炉间；4—LPG 压缩机室、汽车槽车装卸台；

5—汽车槽车库；6—空气压缩机间；7—库房；8—变配电室、柴油发电机房；9—1000m^3消防水池；

10—消防循环水泵房；11—循环水池；12—办公楼；13—门卫

11.5　液化石油气汽车加气站

11.5.1　汽车加气站规模

由 LPG 的性质及目前汽车运行经验表明 1L 液化石油气（液态）大致相当于 1L 汽油（PE）。因而，LPG 汽车加气站的设计规模可按下式确定：

$$V = \frac{q}{1000}SNn/\varphi \qquad (11-5-1)$$

式中　V——LPG 汽车加气站的设计规模，m^3；

　　　q——燃气汽车每百公里 LPG 耗量，$L/10^2km$；

　　　S——每辆车每日行驶里程，$10^2km/（辆·d）$

　　　φ——LPG 储罐体积充装率，取 0.8；

　　　N——汽车数量，辆；

　　　n——储罐储存 LPG 的天数，按液化石油气供应基地下属站的中间罐考虑，
　　　　　取 2～3d。

公共汽车专用加气站，一般每个站点平均分担加气车（铰接车）150 辆，每日满瓶充气一次，行驶的里程 250km，每百公里耗油量按 34L。

对 LPG/柴油双燃料车，确定 q 值时要考虑柴油车具体的 LPG 替代量（%），一般不超过 40%。

11.5.2　加气站主要设备

1. 储罐及管路系统

加气站内液化石油气储罐的设计压力不小于 1.77MPa。

储罐的管路系统和附属设备的管路系统设计压力不小于 2.5MPa。

储罐设首级关闭阀门。储罐的进液管、液相回流管和气相回流管上设止回阀，出液管和卸车用的气相平衡管上设过流阀。储罐设置全启封闭式弹簧安全阀。

储罐的排污管上设两道切断阀，阀间设排污箱及其防冻保温措施。

储罐设置就地指示的液位计、压力表和温度计以及液位上、下限报警装置。在一、二级站内，储罐液位和压力的测量设远传二次仪表。

在加油加气合建站和城镇建成区内的加气站，液化石油气罐埋地设置，且不宜布置在车行道下。埋地液化石油气罐采用的罐池，应采取防渗措施，池内应用中性细沙或沙包填实。池底一侧应设排水措施。

直接覆土埋设在地下的液化石油气储罐罐顶的覆土厚度不小于 0.5m；罐周围回填中性细沙，其厚度不小于 0.5m。

埋地液化石油气罐外表面采用最高级别防腐绝缘保护层。此外，还应采取阴极保护措施。在液化石油气罐引出管的阀门后，应安装绝缘法兰。

液化石油气罐严禁设在室内或地下室内。

2. 泵和压缩机

液化石油气卸车选用地上或车上（站内供电）卸车泵；液化石油气罐总容积大于 30m³ 时，卸车可选用风冷式液化石油气压缩机，加气站内所设的卸车泵流量不宜小于 300L/min。

泵的进、出口需安装挠性管或采取其他防震措施；从储罐引至泵进口的液相管道，坡向泵的进口，且不得有窝存气体的地方；在泵的出口管路上安装回流阀、止回阀和压力表。

安装潜液泵的罐体下部需设置切断阀和过流阀，切断阀应能在罐顶操作；潜液泵宜设超温自动停泵保护装置；电机运行温度至 45℃ 时，自动切断电源。

液化石油气压缩机进、出口管道应设置阀门及以下附件：进口管道过滤器；出口管道止回阀和安全阀；在进口管道和储罐的气相之间设旁通阀。

3. 加气机

加气机数量。依据加气汽车数量确定。每辆汽车加气时间可按 3～5min 计算。加气机应具有充装计算功能。

加气系统的技术参数：加气系统的设计压力不小于 2.5MPa；加气枪的流量不大于 60L/min；

加气机的计量精度不低于 1.0 级；加气软管上应设拉断阀，其分离拉力为 400～600N。

加气机工艺要求：加气枪上的加气嘴配置自密封阀，其卸开连接后的液体泄露量不大于 5mL。

加气机的液相管道上设事故切断阀或过流阀，当加气机被撞时，设置的事故切断阀能自行关闭。事故切断阀或过流阀与充装泵连接的管道必须牢固，当加气机被撞时，该管道系统不得受损坏。加气机附近设防撞柱（栏）。

11.5.3　加气站站址与总平面

LPG 汽车加气站的建设应按城镇总体规划的要求，首先要做好节能和环境效益评估，确定 LPG 替代汽油和柴油的总体规模。其次，根据市政规划，道路的车流密度及消防能力等因素，按站点等级划分原则，力求 LPG 汽车加气站选址安全合理、交通便利、投资较少、运营效益明显。

总平面布置。LPG 汽车加气站按功能分区为储运区和营业区。储运区包括储罐（地上或地下设置），卸车、充装设备及其工艺管线（地上或埋地敷设）等设施；营业区包括：加气岛（设罩棚）和营业管理站房等设施。整个站区均设置围墙，作为本站安全消防职责范围。站区具体布置时采取 3 分离原则：油罐与 LPG 罐分离；储罐与加气机分离；业务管理区与加气操作区分离。

加气站总平面设计示例见图 11-5-1。

图 11-5-1 为单一型 LPG 汽车加气站的总平面布置图。该站以 2.2m 高的实体围墙与外界隔开，站内设有 2×15m³ 卧式地下罐，加气岛（两台双枪加气机）。此种加气站的特点是管理简单，征地和用地较少，利用原有消防设施（南侧的配电室，泵房及附设地下消火栓），因此投资也较少。

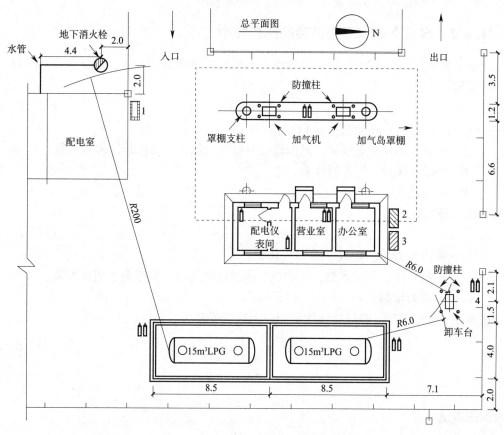

图 11-5-1　单一型 LPG 汽车加气站总平面布置
1—消防器材柜；2—消防器材架；3—35kg 手推式灭火器；4—8kg 手提式灭火器

11.6　液化石油气容器过量灌装危险分析[41]

11.6.1　容器过量灌装危险

液化石油气（LPG）容器（大的储罐或小的气瓶）都不应完全灌装到整个容积。一般，容积充装率需不高于 0.85。容积充装率的大小与充装时的温度、LPG 的组分组成和充装后可能的温升等有关。如能遵守规定的充装率则可保证容器在环境温度变化时的安全。

实际上可能发生过量灌装的情况。一旦有过量灌装，则会达到容积充装率为 100% 的状况。

液态 LPG 的体积膨胀系数很大（在 10~20℃ 区间为水的 17 倍）。完全充满 LPG 的容器，在环境温度升高的情况下，膨胀的液态 LPG 会引起容器壳体发生很大的应变，导致应力急剧地增大。当应力超过材料的强度极限时，即可引起容器破裂。大量泄漏的 LPG 将形成可导致火灾爆炸的气团。

本节将建立 LPG 容器全充满温胀破裂的解析模型。其中要建立容器壳体材料的弹塑性线性模型，即将材料塑性阶段由屈服极限点到强度极限点的应力应变曲线简化为斜率为常数的直线，用于讨论容器实际发生在塑性范围的破裂问题。

11.6.2　容器全充满温胀破裂的解析模型

设全充满液态 LPG（以下 LPG 皆指液态 LPG）的容器体积为 V，在温升 dt 时 LPG 的体积增量为

$$dV_t = \beta V dt \tag{11-6-1}$$

式中　dV_t——因温度升高而增加的 LPG 体积；

　　　　β——LPG 体积膨胀系数，近似设在所讨论的压力、温度范围内为常数；

　　　　V——LPG 体积，即容器体积；

　　　　dt——温升。

由 LPG 的压缩性有

$$- dV_p = \alpha V dp \tag{11-6-2}$$

式中　dV_p——因压力增加而减少的 LPG 体积；

　　　　α——LPG 体积压缩系数，近似设在所讨论的压力、温度范围内为常数；

　　　　dp——压力增加。

在弹性变化范围里，容器壳体钢材的应力应变关系为

$$\sigma = \frac{nE}{n-\mu}\varepsilon \tag{11-6-3}$$

$$\varepsilon = \frac{2\pi\Delta R}{2\pi R} = \frac{\Delta R}{R}$$

忽略高阶微量，有

$$d\varepsilon = \frac{dR}{R} \tag{11-6-4}$$

式中　σ——在 LPG 内压下容器壳体应力；

　　　　ε——在 LPG 内压下容器壳体应变；

　　　　E——容器壳体材料弹性模量；

　　　　μ——泊桑系数；

　　　　n——对圆筒容器 $n=2$，对球形容器 $n=1$；

　　　　R——圆筒或球形容器半径；

　　　　ΔR——容器半径增量。

由式（11-6-3）

$$d\sigma = \frac{nE}{n-\mu}d\varepsilon \tag{11-6-5}$$

由式（11-6-4）

$$d\sigma = \frac{nE}{n-\mu}\frac{dR}{R}$$

$$\therefore \quad \frac{dR}{R} = \frac{n-\mu}{nE}d\sigma \tag{11-6-6}$$

环境引起容器中 LPG 温升时，LPG 体积发生变化即容器容积发生变化为

$$dV = dV_t - dV_p$$

由式（11-6-1）及式（11-6-2）

$$dV = V(\beta dt - \alpha dp)$$

$$\frac{dV}{V} = \beta dt - \alpha dp$$

对圆筒形容器（简化为圆柱形，高为 H，H 为常数）

$$\frac{dV}{V} \approx \frac{2\pi RH dR}{\pi R^2 H} = \frac{2dR}{R}$$

对球形容器

$$\frac{dV}{V} = \frac{3dR}{R}$$

∴

$$\frac{m dR}{R} = \beta dt - \alpha dp \tag{11-6-7}$$

式中　m——对圆筒形容器 $m=2$，对球形容器 $m=3$。

对 LPG 容器有内压与容器壁应力的关系

$$p = \frac{xS\sigma}{R}$$

式中　S——容器壳体壁厚；

　　　x——对圆筒形容器 $x=1$，对球形容器 $x=2$。

∴ 有：

$$dp = \frac{xS}{R}d\sigma - \frac{xS}{R}\sigma\frac{dR}{R} \tag{11-6-8}$$

式（11-6-6），（11-6-8）代入式（11-6-7），可得

$$d\sigma = \frac{\beta}{\left[\alpha\dfrac{xS}{R} + \left(m - \alpha\dfrac{xS}{R}\sigma\right)\dfrac{n-\mu}{nE}\right]}dt$$

$$dt = \frac{1}{\beta}\left(\alpha\frac{xS}{R} + m\frac{n-\mu}{nE} - \alpha\frac{xS}{R}\frac{n-\mu}{nE}\sigma\right)d\sigma \tag{11-6-9}$$

$$\int_{t_0}^{t_S}dt = \int_{\sigma_0}^{\sigma_S}\frac{1}{\beta}\left(\alpha\frac{xS}{R} + m\frac{n-\mu}{nE} - \alpha\frac{xS}{R}\frac{n-\mu}{nE}\sigma\right)d\sigma$$

$$t_s = t_0 + \frac{1}{\beta}\left[\left(\alpha\frac{xS}{R} + m\frac{(n-\mu)}{nE}\right)(\sigma_s - \sigma_0) - \alpha\frac{xS}{2R}\frac{(n-\mu)}{nE}(\sigma_s^2 - \sigma_0^2)\right]$$

$$\tag{11-6-10}$$

式中　t_s——容器壳体应力达到弹性极限时的 LPG 温度；

　　　t_0——全充满时 LPG 温度；

　　　σ_s——容器壳体材料弹性极限；

　　　σ_0——全充满时 LPG 容器壳体材料应力。

考虑材料塑性段的应力应变关系。

因为在弹性阶段材料的应力应变关系符合胡克定律，即式（11-6-3），见图11-6-1。

图 11-6-1 中弹性阶段为 $0S$，$0S$ 段的斜率为 $\dfrac{nE}{n-\mu}$，即 $\dfrac{d\sigma}{d\varepsilon} = \dfrac{nE}{n-\mu}$。材料由弹性极限点开始在应变

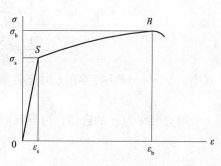

图 11-6-1　壳体钢材应力—应变曲线

增加时，应力应变关系变为 SB。B 点为断裂点。即 σ_b 为强度极限。设塑性阶段应力应变关系为二次曲线，即设

$$\frac{d^2\sigma}{d\varepsilon^2} = C_1$$

且

$$\frac{d\sigma}{d\varepsilon}\Big|_{\varepsilon=\varepsilon_b} = 0, \frac{d\sigma}{d\varepsilon}\Big|_{\varepsilon=\varepsilon_s} = \frac{nE}{n-\mu}$$

有

$$\frac{d\sigma}{d\varepsilon} = C_1\varepsilon + C_2$$

可得

$$d\sigma = \frac{nE}{n-\mu}\left(\frac{\varepsilon_b - \varepsilon}{\varepsilon_b - \varepsilon_s}\right)d\varepsilon$$

即

$$\frac{d\sigma}{d\varepsilon} = \eta(\varepsilon),$$

$$\eta(\varepsilon) = \frac{nE}{(n-\mu)}\frac{(\varepsilon_b - \varepsilon)}{(\varepsilon_b - \varepsilon_s)} \tag{11-6-11}$$

为简化取

$$\varepsilon = \frac{\varepsilon_s + \varepsilon_b}{2}$$

得

$$d\sigma = \frac{1}{2}\frac{nE}{(n-\mu)}d\varepsilon \tag{11-6-12}$$

此即容器壳体材料的弹塑性线性模型，即将材料塑性阶段由屈服极限点到强度极限点的应力应变曲线简化为斜率为常数的直线。

由式 (11-6-4) 代入式 (11-6-12) 有

$$\frac{dR}{R} = \frac{2(n-\mu)}{nE}d\sigma \tag{11-6-13}$$

式 (11-6-13)，(11-6-8) 代入式 (11-6-7)，可得

$$d\sigma = \frac{\beta}{\left[\alpha\dfrac{xS}{R} + 2\left(m - \alpha\dfrac{xS}{R}\sigma\right)\dfrac{n-\mu}{nE}\right]}dt \tag{11-6-14}$$

$$dt = \frac{1}{\beta}\left[\alpha\frac{xS}{R} + 2m\frac{(n-\mu)}{nE} - 2\alpha\frac{xS}{R}\frac{(n-\mu)}{nE}\sigma\right]d\sigma \tag{11-6-15}$$

$$t_b = t_s + \frac{1}{\beta}\left[\left(\alpha\frac{xS}{R} + 2m\frac{(n-\mu)}{nE}\right)(\sigma_b - \sigma_s) - \alpha\frac{xS}{R}\frac{(n-\mu)}{nE}(\sigma_b^2 - \sigma_s^2)\right] \tag{11-6-16}$$

式 (11-6-10) 代入得

$$\Delta t_f = t_b - t_0 = \frac{1}{\beta}\left[\alpha\frac{xS}{R}(\sigma_b - \sigma_0) + m\frac{(n-\mu)}{nE}(2\sigma_b - \sigma_s - \sigma_0)\right.$$
$$\left. - \frac{1}{2}\alpha\frac{xS}{R}\frac{(n-\mu)}{nE}(2\sigma_b^2 - \sigma_s^2 - \sigma_0^2)\right] \tag{11-6-17}$$

式中 Δt_f——LPG 容器在 t_0 时充装率为 100%，能引起 LPG 的体积膨胀将导致容器破裂的温升。

对充装率为 φ 的容器，可导致液态全充满的温升为

$$\Delta t_{pre} = \frac{1}{\beta}\left(\frac{1}{\varphi} - 1\right) \tag{11-6-18}$$

因而对充装率为 φ 的容器，能引起 LPG 的体积膨胀，先使液态全充满继而导致容器

破裂的温升为

$$\Delta t = \Delta t_{pre} + \Delta t_f \tag{11-6-19}$$

需要注意到，①容器全充满温胀破裂直接与温升有关；②其次，由于 α，β 等参数都与所设温度有关，所以对 Δt，Δt_{pre} 的计算与起始温度等条件有关；③本模型是对于整个容器的温度变化计算的。实际的较大型容器，在变化的外界环境条件下，温度场是不均匀的，同时容器内介质平均温度相对于外部温度、日照等条件变化有衰减和滞后。因此在应用本模型时，需对容器内介质平均温度与外部条件的关系加以适当近似的考虑。

11.6.3 事故模拟算例

[**例 11-6**] 计算全充满的 $400m^3$ LPG 球形储罐的胀裂。

已知球罐半径 $R = 4.6m$，球壳壁厚 $S = 0.030m$，钢材 16MnR，弹性模量 $E = 2.07 \times 10^5$ MPA，弹性极限 $\sigma_s = 330$MPa，强度极限 $\sigma_b = 490$MPa，$x = 2$，$m = 3$，$n = 1$；

LPG 液体膨胀系数 $\beta = 2.5 \times 10^{-3}$，液体压缩系数 $\alpha = 1.38 \times 10^{-3}$，起始温度 $t_0 = -15℃$，起始压力 $p_0 = 0.114$MPa（表压）。

[**解**] 起始时刻球壳壁应力，$\sigma_0 = \dfrac{p_0 R}{xS} = \dfrac{0.2 \times 4.600}{2 \times 0.030} = 8.73$MPa

由式（11-6-17）计算可导致球罐破裂的温升
$\Delta t_f = t_b - t_0$

$$= \frac{1}{2.5 \times 10^{-3}} \left[\begin{array}{l} 1.38 \times 10^{-3} \dfrac{2 \times 0.03}{4.6}(490 - 8.73) \\[2mm] + 3 \dfrac{(1 - 0.3)}{2.07 \times 10^5}(2 \times 490 - 330 - 8.73) \\[2mm] - \dfrac{1}{2} 1.38 \times 10^{-3} \dfrac{2 \times 0.03}{4.6} \dfrac{(1 - 0.3)}{2.07 \times 10^5}(2 \times 490^2 - 330^2 - 8.73^2) \end{array} \right]$$

$$= \frac{1}{2.5}(8.663 + 6.50 - 0.0113) = 6.07 ℃$$

[由上例计算看到，式（11-6-17）中第 3 项在计算中可忽略。]

我国大部分地区，冬季或夏季的昼夜温差为 10℃ 左右或更大，可见 LPG 容器一天经历 10℃ 以上的温度变化会是很经常的，过量灌装的危险是必然存在的。算例表明 LPG 等容器过量灌装极易导致容器胀裂、LPG 等大量外泄，引发火灾爆炸事故。

参考文献

[1] 严铭卿. 液化石油气管道输送经济规模与流速的确定 [J]. 煤气与热力，1994 (4)：24-26.

[2] 严铭卿，严禹卿. 液化石油气管道安全阀参数及选用 [J]. 煤气与热力，1994 (4)：24-26.

[3] 严铭卿. 液化石油气槽车卸车用压缩机排量计算公式的推导 [J]. 城市煤气，1980 (1).

[4] 严铭卿. 液化石油气卸车用压缩机排量计算公式的新推导 [J]. 城市煤气，1980 (4).

[5] 严铭卿. 液化石油气卸车用压缩机排量公式 [J]. 煤气与热力，1988 (5)：32-39.

[6] 严铭卿，宓亢琪，田冠三，黎光华等. 燃气工程设计手册 [M]. 北京：中国建筑工业出版社，2009.

[7] 城市煤气设计规范编制组. 120m³ 液化石油气球罐温度测定报告 [J]. 城市煤气，1978 (1).

[8] 严铭卿. 充装率为 50% 的液化石油气球罐贮存压力的计算 [J]. 煤气与热力，1994 (4)：

24-26.

　　[9] Якоб᛭, Перевод：Мотулевич В П. Вопросы Теплопередачи ［M］. Москва：Изд. Иностранной Литер. , 1960.

　　[10] Рябцев Н И. Жидкие Углеводородные Газы ［M］. Москва：Изд. Минстерства Комм Хозяи РСФСР，1957.

　　[11] 严铭卿，严尧卿，龚时霖等. 液化石油气贮罐设计压力合理确定的研究 ［D］. 中国市政工程华北设计研究院，1990.

　　[12] 严尧卿. 热传导方程的无初值问题 ［J］. 湘潭师范学院自然科学学报，1986（1）.

　　[13] 严铭卿. 液化石油气贮罐设计压力问题及实测研究方法 ［J］. 煤气与热力，1986（2）.

　　[14] 张金昌 主编，锅炉、压力容器的焊接裂纹与质量控制 ［M］. 出版社，1985.

　　[15] 《冶金建筑》编辑部 主编. 工业球罐的设计与制作 ［M］. 冶金工业出版社，1981.

　　[16] 丁伯民，蔡仁良. 压力容器设计 ［M］. 北京：中国石化出版社，1992.

　　[17] 克罗夫特 D. R.，利利 D. G. 著，张风禄 等译. 传热的有限差分计算 ［M］. 1982.

　　[18] Клименко А. Л. СжиженныйУглеводородный Газ ［M］. Москва：Изд. Нефтегаз，1965.

　　[19] Вещицкий В. А. Изотермические Хранилища Сжиженных Углеводных Газов（Обзор заружебной литературы）ЦНИИТЗ ［M］. Москва：Изд. Нефтегаз，1964.

　　[20] Вещицкий В. А. Изотермические Хранилища Сжиженных Газов ［M］. Москва：Изд. Нефтегаз，1970.

　　[21] 严铭卿. 液化石油气低温贮存的最佳参数 ［J］. 煤气与热力，1983（2）.

　　[22] 严铭卿. 液化石油气降压贮存设计参数优化模型的改进 ［J］. 煤气与热力，1984（2）.

　　[23] 严铭卿等. 燃气输配工程分析 ［M］. 北京：石油工业出版社，2007.

　　[24] 严铭卿. 论 LPG 管道供应的关键技术 ［J］. 煤气与热力，1995，15（4）：18-22.

　　[25] 严铭卿. 液化石油气瓶组供气非稳态分析 ［J］. 煤气与热力，1998，18（1）：24-26，36.

　　[26] 严铭卿等. LPG 瓶组供气能力的计算 ［J］. 煤气与热力，1998，18（2）：22-26.

　　[27] 金克新，赵传钧，马沛生. 化工热力学 ［M］. 天津：天津大学出版社，1992.

　　[28] 严铭卿. LPG 气化器气化模型及热负荷计算 ［J］. 煤气与热力 2000，（1）：51～53，56.

　　[29] 严铭卿. 液化石油气露点的直接计算 ［J］. 煤气与热力，1998，（3）：20-23.

　　[30] 严铭卿. 液化石油气管道供气无凝动态分析 ［J］. 煤气与热力，1998，（5）：23-26.

　　[31] 廉乐明等. 工程热力学（第四版）［M］. 北京：中国建筑工业出版社，1999.

　　[32] 寇虎. 热水循环式液化石油气气化器的研究（工学硕士学位论文）［D］. 哈尔滨：哈尔滨工业大学，2000.

　　[33] 索科洛夫 E. Я. 黄秋云译. 喷射器 ［M］. 北京：科学出版社，1997.

　　[34] 严铭卿. 燃气喷射混合器的自由射流模型 ［J］. 煤气与热力 2001，（4）：309～312，314.

　　[35] 袁惠英. 液化石油气混空气中压引射器优化设计与实验研究（工学硕士学位论文）［D］. 哈尔滨：哈尔滨建筑大学，1995.

　　[36] 谢伟光. 引射器混合室最佳长度的计算 ［J］，煤气与热力. 1997（7）：15-18，27.

　　[37] 罗惕乾等. 流体力学 ［M］. 机械工业出版社，1999.

　　[38] 章梓雄，董曾南. 黏性流体力学 ［M］. 北京：清华大学出版社，1998.

　　[39] 宓亢琪. 天然气引射器特性方程与工况的研究 ［J］. 煤气与热力，2006，（6）1-5.

　　[40] 樊元三. 液化石油气储罐的设计要点及安全性论证 ［J］. 煤气与热力，1994（4）：24-26.

　　[41] 严铭卿，曹琳，严长卿等. 液化石油气容器过量灌装危险分析 ［J］. 煤气与热力，2007（7）：17-19.

第12章　燃气泄漏与燃气系统安全风险评价

12.1　燃气泄漏危险性概述

燃气输配管网系统给城市带来清洁的能源的同时，也带来了一些安全问题。燃气输配管网系统由于各种原因可能发生失效，使得易燃、易爆（某些有毒）的燃气泄漏，泄漏的燃气在某些条件下可能进一步引起着火、爆炸或窒息中毒事故，导致人员伤亡和财产损失。另一种危险情况是燃气管道和储罐在置换过程中，燃气和空气混合物处于可燃范围且遇到点火源时，管道或储罐发生爆炸。

对于燃气输配系统的故障失效或运行失误导致发生危险或事故的安全问题，可以从三方面进行研究。这包括：①从工程实际和理论方面了解和分析关于燃气泄漏、扩散、火灾与爆炸等的流动、燃烧和爆炸的具体物理过程；②从宏观和系统整体上对系统的安全状况作出界定，即从战略层面上得到结论，作出决策，采取措施，消除燃气输配系统的故障和失效因素，从而改善系统的安全状态，这称为燃气系统安全风险评价。燃气系统安全风险评价是事前的，预测性的。③从具体运行和操作层面上考察管网系统的安全问题，特别是对出现了的故障问题及时查明和判断，以便采取维修和抢救措施，称为燃气管网故障诊断。故障诊断是事后的，确认性的。本章将阐述前两项内容。

燃气输配管网系统的安全性由燃气的危险性和输配管网系统的完整性两方面所决定。所谓输配管网系统的完整性是指系统在物理上和功能上都是完整的，始终处于安全可靠的工作状态。风险评价是完整性管理的核心内容。

燃气的危险性主要包括以下几个方面：

（1）可燃性。燃烧是一种化学连锁反应，是燃气在点火源的作用下，在空气或氧气中发生的氧化放热反应。燃烧时由于化学反应比较剧烈，常伴有发热发光现象，亦即出现火焰。燃气燃烧，产生高温火焰，放出大量热量，辐射强度很大，因而能对周围人或物造成热辐射伤害。

（2）爆炸性。燃气与空气以一定比例混合后，可形成一种可燃混合气体，当遇到点火源时就能发生燃烧。若可燃混合气体的燃烧发生在密闭容器或者闭塞的空间时，燃烧波在极短的时间内传播到其全部气体中，几乎是瞬间放出燃烧热，使得燃烧的气体急剧膨胀，形成高压，直至发生气体爆炸。容器或管道中的燃气泄漏在大气中，其浓度达到爆炸极限范围时，遇火源即可发生燃烧或爆炸。在容器或管道中，如果空气和燃气的混合气体浓度处于爆炸极限范围内时，一旦遇到火源，就会发生受限空间爆炸。

（3）扩散性。由于气体分子间的空隙很大，分子又在不断地运动。在存在浓度差的条件下，一种气体在另一种气体中的运动称为扩散。燃气一旦泄漏到大气中，就会在空气中扩散，其浓度从100%逐渐过渡到0，从而在大气中的局部形成可燃混合气体。

（4）自燃性。燃气加热到一定的温度，即使不与明火接触也能自行着火。发生自燃的最低温度称为自燃点。

（5）窒息性。当燃气泄漏到空气中并达到一定的浓度时，会使含氧量降低，尤其是在受限空间中或较大的泄漏源处，可能导致含氧量过低而导致人窒息死亡。

（6）有毒性。燃气中某些组分是有毒的，如 CO 和 H_2S 均是剧毒气体，一旦燃气泄漏或人停留在含有这些气体的空间中时，呼吸一定量剧毒气体后，会导致人中毒受伤或死亡。

（7）腐蚀性。燃气中的某些组分能导致输送管道设备的腐蚀，如燃气中含有一定量的 H_2S、CO_2 等酸性气体和一定量的水分，会形成具有腐蚀性的介质。严重时可导致管道和设备内腐蚀，降低管道设备的强度，甚至导致穿孔和断裂。

危险性的对立面是安全性。本章主要讲解燃气输配系统的危险性与对燃气输配系统的安全风险评价。

12.2　燃气泄漏与扩散

12.2.1　燃气泄漏

燃气泄漏是燃气供应系统中最典型的事故，燃气泄漏后扩散到大气中，在一定的条件下就可能发生火灾、爆炸或中毒事故。严重的燃气事故绝大部分情况下都是由燃气泄漏引起的。即使不造成人员伤亡，也会导致资源浪费和环境污染。

按泄漏燃气的物理化学性质、泄漏的部位、泄漏场所环境等因素的不同，泄漏和扩散的机理是不相同的，计算泄漏与扩散有关参数的模型也不一样，研究人员已经开发了各种计算模型。其中扩散模型可归纳为如图 12-2-1 所示。

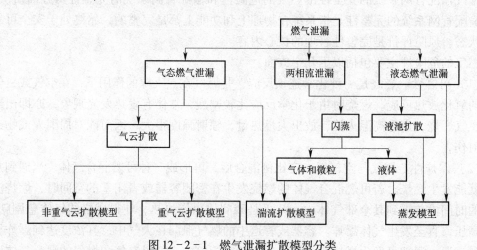

图 12-2-1　燃气泄漏扩散模型分类

12.2.1.1　燃气管网泄漏的原因与模式

1. 输气管道泄漏原因分类

长距离天然气输送管道采用高强度钢管焊接而成，附件相对较少。国际管道研究委员会（PRCI）对输气管道事故数据进行了分析并划分成 22 个造成管道泄漏的根本原因。按其性质和发展特点，可以划分为 9 种相关事故类型。

（1）与时间有关的危害

1）外腐蚀；2）内腐蚀；3）应力腐蚀开裂。

（2）固有因素

1）与管道制造有关的缺陷。①管体焊缝缺陷；②管体本身的缺陷。

2）与焊接、制造有关的缺陷。①管体环焊缝缺陷，②制造焊缝缺陷；③折皱弯头或弯曲；④螺纹磨损管子破损、管接头损坏。

3）设备因素。①O 型垫片损坏；②控制泄压设备故障；③密封泵填料失效。

4）其他。

（3）与时间无关的危害

1）第三方机械损坏。①甲方、乙方或第三方造成的损坏（瞬间、立即损坏）；②以前损伤的管子（滞后性失效）；③故意破坏。

2）误操作，操作程序不正确。

3）与自然环境有关的因素和其他因素。①天气过冷；②雷击；③暴雨或洪水；④土体移动。

还应考虑多种危险（即在一个管段上同时发生的一个以上的危险）的相互作用，例如出现腐蚀的部位又受到第三方破坏。如果管道的运行方式改变，运行压力将出现明显波动，还应将天然气管道的疲劳破坏作为一个附加因素来考虑。

2. 燃气管道泄漏模式

当泄漏的燃气与空气混合达到有害浓度范围时才会对人、物和环境产生危害。管道燃气的泄漏模式包括了燃气从管道系统泄漏到空气中的整个过程，此过程由管道失效的形式和管道所处的环境共同决定。根据管道失效的形式，可将燃气泄漏分为渗透（小孔）泄漏、穿孔泄漏和开裂泄漏三种泄漏形式，根据泄漏燃气进入空气中的方式，燃气泄漏可分为直接泄漏到空气中和经过土壤渗透泄漏到空气中两种方式，因而燃气泄漏模式共可分为六种。

渗透泄漏是指燃气通过管道系统的密封垫圈、填料等多孔介质的缝隙、孔隙而发生泄漏的泄漏形式；穿孔泄漏是指燃气从管道系统的当量直径较小的孔口（泄漏口面积远远小于管道截面积）泄漏的泄漏形式；开裂泄漏泛指燃气从管道系统的较大的缺口、裂缝、断口等的泄漏形式。

12. 2. 1. 2 燃气泄漏量计算

泄漏和扩散分析过程中选用的泄漏计算模型和扩散模型在很大程度上取决于泄漏模式和泄漏源的特征。

燃气泄漏源特征包括泄漏前的物态（气态或液态）、压力、温度、泄漏模式及泄漏尺寸等特征。

在建立泄漏模型时对所有这些因素都要给予适当考虑。由于条件不相同，燃气泄漏流量的计算复杂程度也不一样。下面讨论几种情况下的泄漏流量计算。

1. 燃气小孔连续泄漏模型

燃气从具有一定压力的管道或容器的破裂口持续泄漏到大气环境中时，可以通过理论推导计算其泄漏流量。考虑小孔泄漏，假设燃气从压力管道或压力容器的较小破裂口稳定持续向大气环境泄漏，外界背压为大气压力。不考虑泄漏流量导致管道或容器内的压力降低，建立泄漏流量计算式。根据容器或管道内燃气压力大小，破裂口流动状态主要有两种：亚临界状态和临界状态。记

$$\beta = \frac{p_a}{p_L} \tag{1}$$

式中　β——压力比；

p_a——大气压力（绝对），Pa；

p_L——破裂口前天然气压力（绝对），Pa。

$$\beta_c = \left(\frac{2}{\kappa+1}\right)^{\frac{\kappa}{\kappa-1}} \tag{2}$$

式中　β_c——临界压力比；

κ——天然气等熵指数。

对天然气 $\kappa = 1.309$，$\beta_c = 0.544$（相应压力 $p_L = 0.18 MPa$）。

在临界状态下（$\beta \ll \beta_c$），燃气从孔口流出的速度为临界流速。

$$a_c = a_0 \sqrt{\frac{2}{\kappa+1}} \tag{12-2-1}$$

$$a_0 = \sqrt{\kappa R T_0} = \sqrt{\kappa \frac{p_0}{\rho_0}} \tag{12-2-2}$$

式中　a_c——临界流速；

a_0，T_0，p_0，ρ_0——管道燃气破裂口前的滞止声速，滞止温度，滞止压力，滞止密度。

两种流动状态下的泄漏流量分别有计算式：

临界状态（$\beta \ll \beta_c$）：

$$q_L = \mu A_c a_0 \rho_L \left(\frac{2}{\kappa+1}\right)^{\frac{\kappa+1}{2(\kappa-1)}} \tag{12-2-3}$$

式中　q_L——破裂口处的天然气质量流量；

μ——考虑破裂口环境对泄漏流动阻碍的流量系数；

A_c——破裂口面积；

a_0——管道中天然气破裂口前的滞止声速；

亚临界状态（$\beta > \beta_c$）：

$$q_L = \mu A_c a_0 \rho_L \sqrt{\frac{2}{\kappa-1}\left(\beta^{\frac{2}{\kappa}} - \beta^{\frac{\kappa+1}{\kappa}}\right)} \tag{12-2-4}$$

破裂口面积：

$$A_c = \zeta A \tag{12-2-5}$$

式中　ζ——破裂口面积系数；

A——管道截面积。

某些时候需采用不规则孔口当量直径概念，按下式计算：

$$d_c = \sqrt{\frac{4A_c}{\pi}} \tag{12-2-6}$$

在小孔模型下，只要知道泄漏点处管道或压力容器的燃气压力，即可以根据式（12-2-3）或式（12-2-4）算出泄漏流量。小孔模型适用于燃气从压力管道或压力容器的较小泄漏口稳定持续向大气环境泄漏的场景。由于没有考虑泄漏流量导致压力管道或容器内压力降低，因此计算结果是最大的泄漏流量。

2. 天然气长输管道开裂连续泄漏模型[8]

对于具有一定长度的天然气管道，若管道出现较大破裂口或完全断裂时，发生较大量的天然气泄漏，即为开裂泄漏，本节简称泄漏。管道开裂泄漏属于不定常连续泄漏。

对开裂泄漏，显然不能简单地运用孔口临界出流公式，因为随泄漏过程，破裂口前的压力等参数都是在变化的，是不定常的出流（传统称为不稳定流动）。

对于高压天然气输送管道，当出现开裂泄漏造成较大量的天然气泄漏时，破裂口天然气流动将会较长时间都处于临界流动状态，即压力比值 $\beta \leqslant \beta_c$。

对于泄漏点上游持续供气的管道，当管道发生泄漏时，泄漏流量会导致管道内压力显著降低，同时管道内沿程阻力和局部阻力损失也会对破裂口前压力降低产生影响。总的效果是管道破裂口前的压力会随着泄漏的持续而降低。

本节按上游持续供气的高压天然气管道开裂泄漏造成天然气不定常流动，考虑管道阻力损失，推导连续泄漏模型，得到管道流量和压力沿长度的分布，以及破裂口泄流量计算结果。

实际天然气管道开裂泄漏，破裂口下游管道的天然气也会在一定程度上、在泄漏开始一段时间较显著参与泄漏。本节暂不考虑破裂口下游管道对泄漏的影响。

通过对下游用气负荷周期性变动的天然气管道不定常流动的分析可知，对长度超过一定距离的管道，用气负荷流量的波动传导到管道进口会有很大衰减[6]，管道供给的流量基本保持定值。

所以，对高压天然气管道开裂泄漏计算模型，以相应管道的进口流量为常量、破裂口泄漏流动是临界流动为边界条件，构成偏微分方程定解问题，分3个步骤进行推导。

（1）破裂口天然气泄漏临界流量

在破裂口，天然气大量泄出，致使管道压力发生显著下降。

考虑到天然气管道的原有高压状态，破裂口处的天然气泄漏流动会较长一段时间保持临界流动状态（$\beta \leqslant \beta_c$），随后转到亚临界流动状态（$\beta > \beta_c$）。计算见式（12-2-3），式（12-2-4）。

ρ_L，a_0 随发生泄漏的管道内压力、温度的降低而减小，因而临界流量会随时间有所减小。考虑到管道内流速有限，故在以下方程的推导中视破裂口前密度 ρ_L 为滞止密度。

（2）管道天然气泄漏流量衰减指数

对管道起点到破裂口的管段，建立天然气质量平衡方程，用以估计破裂口天然气泄漏质量流量衰减指数 β_b。

$$- \mathrm{d}m = (q_L - q_{in})\mathrm{d}t \qquad (12-2-7)$$

式中 m——管段内天然气质量，kg；

     q_L——管段破裂口天然气泄漏质量流量，kg/s；

     q_{in}——管段进口天然气流入质量流量，kg/s；

     t——时间，s。

以泄漏开始为时间起点，$t=0$，考虑足够长的管段（例如 $\geqslant 200\text{km}$），管段进口天然气流入质量流量 q_{in} 基本保持常量，管道内天然气密度采用平均值：

$$m = V\frac{\rho_{\text{in}} + \rho_{\text{L}}}{2} \tag{12-2-8}$$

$$V = \frac{\pi D^2}{4}L \tag{12-2-9}$$

式中　ρ_{in}——管段进口天然气密度，kg/m^3；

$\quad\quad V$——管段几何容积，m^3；

$\quad\quad D$——管道内径，m；

$\quad\quad L$——管段起点到破裂口的管段长度，m。

采用综合参数 Z_{c} 值，在开始 $\beta \leqslant \beta_{\text{c}}$ 时：

$$Z_{\text{c}} = \mu A_{\text{c}} a_0 \left(\frac{2}{\kappa+1}\right)^{\frac{k+1}{2(k-1)}} \tag{12-2-10}$$

式中　Z_{c}——综合参数，m^3/s。

在随后 $\beta > \beta_{\text{c}}$ 时：

$$Z_{\text{c}} = \mu A_{\text{c}} a_0 \sqrt{\frac{2}{k-1}(\beta^{\frac{2}{k}} - \beta^{\frac{k+1}{k}})} \tag{12-2-11}$$

对亚临界状态 $\beta > \beta_{\text{c}}$，式（12-2-11）中 β 不是常量，因而 Z_{c} 不是常量。对天然气，$\beta_{\text{c}} = 0.544$，临界压力（绝对）为 0.18MPa。近似认为天然气输气管道天然气泄漏始终保持临界流动状态。

管段破裂口天然气泄漏，由式（12-2-3），式（12-2-10）其质量流量为

$$q_{\text{L}} = Z_{\text{c}}\rho_{\text{L}} \tag{12-2-12}$$

对开始时刻写出

$$q_{\text{L0}} = Z_{\text{c}}\rho_{\text{L0}} \tag{12-2-13}$$

式中　q_{L0}——泄漏开始时刻破裂口泄漏质量流量，kg/s。

方程（12-2-7）的解为

$$q_{\text{L}} = Z_{\text{c}}\left[\rho_{\text{L0}}\text{e}^{-\beta_0 t} + \frac{W}{\beta_0}(1 - \text{e}^{-\beta_0 t})\right] \tag{12-2-14}$$

记

$$\beta_0 = \frac{2Z_{\text{c}}}{V} \tag{12-2-15}$$

$$W = \frac{2q_{\text{in}}}{V} \tag{12-2-16}$$

式中　ρ_{L0}——泄漏开始时刻破裂口前的天然气滞止密度，kg/m^3；

$\quad\quad \beta_0$——管段进口天然气流入质量流量 q_{in} 为零时的破裂口泄漏质量流量衰减指数；

$\quad\quad W$——参数，$\text{kg/(m}^3 \cdot \text{s)}$。

因而，由式（12-2-13），式（12-2-15），式（12-2-16），式（12-2-14）写为

$$q_{\text{L}} = q_{\text{L0}}\text{e}^{-\beta_0 t} + q_{\text{in}}(1 - \text{e}^{-\beta_0 t}) \tag{12-2-17}$$

设想 q_{L} 可用更简单的表达式给出

$$q_{\text{L}} = q_{\text{L0}}\text{e}^{-\beta_\text{b} t} \tag{12-2-18}$$

式中　β_b——破裂口泄漏质量流量衰减指数。

在实际计算时,设 β_b 初值,由式(12-2-32)计算得到的 q_{Li},用 n 组 q_{Li} 与 t_i 用最小二乘法由式(12-2-19)求出 β_b,经迭代计算逼近。

$$\beta_b = \frac{\sum_{i=1}^{n}\left(-\ln\frac{q_{Li}}{q_{L0}}t_i\right)}{\sum_{i=1}^{n}t_i^2} \tag{12-2-19}$$

式中　q_{Li}——第 i 次计算的泄漏质量流量,kg/s;

　　　　t_i——第 i 次计算的时间,s;

　　　　n——计算的时间点数。

(3)管段压力及泄漏量

研究管道气体连续泄漏的目的在于求得管段压力及泄漏量用于实际问题计算或用于理论分析。

考虑过余压力

$$p(x,t) = p_r(x,t) - p(x,0) \tag{12-2-20}$$

$$p(x,0) = f(x) \tag{12-2-21}$$

式中　x——管道轴向坐标,管段起点为原点,m;

　　　　t——时间,泄漏开始为起点,s;

　$p(x,t)$——管道过余压力(绝对),Pa;

　$p_r(x,t)$——管道实际压力(绝对),Pa;

　$p(x,0)$——管道初始压力(绝对),Pa;

　$f(x)$——管道初始压力分布(绝对),Pa。

$$p(x,t) = p_r(x,t) - p(x,0) = p_r(x,t) - f(x)$$

$$f(x) = p_r(0,0) - [p_r(0,0) - p_r(L,0)]\frac{x}{L} \tag{12-2-22}$$

管道始点压力 $p_r(0,t)$ 记为 p_{r0},按实际管道运行情况,一般 $p_{r0}=C$,$C=$ 常量。

采用长输管道流动抛物型方程

$$\frac{\partial p(x,t)}{\partial t} = \chi\frac{\partial^2 p(x,t)}{\partial x^2} \tag{12-2-23}$$

$$\chi = \frac{c^2}{k} \tag{12-2-24}$$

$$k = \frac{\lambda\bar{w}}{2D} \tag{12-2-25}$$

式中　χ——抛物方程系数,m²/s;

　　　　c——声速,m/s;

　　　　k——线性化系数,s^{-1};

　　　　λ——摩阻系数;

　　　　$\bar{w}$——管道内天然气线性化平均流速,m/s。

初始条件:$p(x,0) = p_r(x,0) - f(x) = 0$

边界条件：$\begin{cases} p(0,t) = 0 \\ -\dfrac{\partial\, p(L,t)}{\partial\, x} = \dfrac{k}{A}q_{L} = \dfrac{k}{A}q_{L0}e^{-\beta_{b}t} \end{cases}$

由于泄出质量流量衰减指数 β_{b} 隐含了待求函数 $p(x,t)$，因此破裂口边界条件未知。为解决此问题，采取了步骤（2）估计 β_{b}，使得破裂口边界条件成为已知函数。

采用拉普拉斯变换法求解。

记 $p(x,t)$ 的拉普拉斯变换（用 L 表示，注意与文中表示管道长度的 L 区分）

$$P(x,s) = L\{p(x,t)\} \tag{12-2-26}$$

记 $\dfrac{k}{A}q_{L0}e^{-\beta_{b}t}$ 的拉普拉斯变换

$$Q(s) = L\left\{\frac{k}{A}q_{L0}e^{-\beta_{b}t}\right\} = \frac{k}{A}q_{L0}L\{e^{-\beta_{b}t}\} = \frac{k}{A}q_{L0}\frac{1}{s+\beta_{b}} \tag{12-2-27}$$

对天然气管道流动方程作拉普拉斯变换

$$sP(x,s) - p(x,0) = \chi\frac{\partial^{2}P(x,s)}{\partial\, x^{2}}$$

由初始条件 $p(x,0) = 0$

$$\therefore \qquad \frac{\partial^{2}P(x,s)}{\partial\, x^{2}} - \frac{s}{\chi}P(x,s) = 0$$

此二阶齐次方程的解为

$$P(x,s) = B(s)e^{\sqrt{s/\chi}x} + C(s)e^{-\sqrt{s/\chi}x} \tag{12-2-28}$$

由边界条件代入上式，有

$$P(0,s) = B(s) + C(s) = 0$$

$$\therefore \qquad C = -B$$

式（12-2-28）及由边界条件

$$-\frac{\partial\, P(x,s)}{\partial\, x}\bigg|_{x=L} = -\sqrt{\frac{s}{\chi}}Be^{\sqrt{s/\chi}L} + \sqrt{\frac{s}{\chi}}Ce^{-\sqrt{s/\chi}L} = Q(S) = \frac{k}{A}q_{L0}\frac{1}{s+\beta_{b}}$$

$$B(s) = -\frac{k}{A}q_{L0}\frac{1}{(s+\beta_{b})}\frac{\sqrt{\chi}}{\sqrt{s}}\frac{1}{e^{\sqrt{s/\chi}L}+e^{-\sqrt{s/\chi}L}} = -\frac{k\sqrt{\chi}}{A}q_{L0}\frac{1}{\sqrt{s}(s+\beta_{b})}\cdot\frac{e^{-\sqrt{s/\chi}L}}{1+e^{-2\sqrt{s/\chi}L}}$$

$$\therefore \qquad e^{-2\sqrt{s/\chi}L} \ll 1$$

$$B(s) \approx -\frac{k\sqrt{\chi}}{A}q_{L0}\frac{1}{\sqrt{s}(s+\beta_{b})}e^{-\sqrt{s/\chi}L}$$

代入式（12-2-28）

$$P(x,s) = -\frac{k\sqrt{\chi}}{A}q_{L0}\frac{1}{\sqrt{s}(s+\beta_{b})}e^{-\sqrt{s/\chi}L}(e^{\sqrt{s/\chi}x} - e^{-\sqrt{s/\chi}x})$$

$$P(x,s) = -\frac{k\sqrt{\chi}}{A}q_{L0}\frac{1}{\sqrt{s}(s+\beta_{b})}(e^{-\sqrt{s/\chi}(L-x)} - e^{\sqrt{s/\chi}(L+x)}) \tag{12-2-29}$$

作拉普拉斯逆变换。

$$\therefore \qquad L^{-1}\left\{\frac{1}{\sqrt{s}(s+\beta_{b})}\right\} = (-\beta_{b})^{-3/2}e^{-\beta_{b}t}erf\sqrt{-\beta_{b}t} + \frac{2\sqrt{t}}{\beta_{b}\sqrt{\pi}}$$

$$= (-\beta_b)^{-3/2} e^{-\beta_b t} \left(\frac{2}{\sqrt{\pi}} i \sqrt{\beta_b t} \right) + \frac{2\sqrt{t}}{\beta_b \sqrt{\pi}} = \frac{2\sqrt{t}}{\beta_b \sqrt{\pi}} (1 - e^{-\beta_b t})$$

∵

$$L^{-1} \left\{ \exp\left[-\sqrt{s} \left(\frac{L-x}{\sqrt{\chi}} \right) \right] \right\} = \left[-\frac{L-x}{2\sqrt{\chi}\sqrt{\pi} t^{3/2}} \right] \exp\left[-\frac{(L-x)^2}{4\chi t} \right]$$

$$L^{-1} \left\{ \exp\left[-\sqrt{s} \left(\frac{L+x}{\sqrt{\chi}} \right) \right] \right\} = \left[-\frac{L+x}{2\sqrt{\chi}\sqrt{\pi} t^{3/2}} \right] \exp\left[-\frac{(L+x)^2}{4\chi t} \right]$$

∴ 由式 (12-2-29) 及上列 3 个拉普拉斯逆变换式按卷积定理*，有

$$p(x,t) = -\frac{k}{A\beta_b \pi} q_{L0} \int_0^t \{ 1 - \exp[-\beta_b (t - \bar{t})] \} \sqrt{t - \bar{t}}$$

$$\times \left\{ (L+x) \exp\left[-\frac{(L+x)^2}{4\chi \bar{t}} \right] - (L-x) \exp\left[-\frac{(L-x)^2}{4\chi \bar{t}} \right] \right\} \frac{1}{\bar{t}^{3/2}} d\bar{t} \qquad (12-2-30)$$

式中　$\bar{t}$——卷积积分的积分自变量。

对泄漏处 $x=L$，式 (12-2-30) 为

$$p(L,t) = -\frac{2Lk}{A\beta_b \pi} q_{L0} \int_0^t \{ 1 - \exp[-\beta_b (t - \bar{t})] \} \sqrt{t - \bar{t}} \times \frac{1}{\bar{t}^{3/2}} \exp\left[-\frac{L^2}{\chi \bar{t}} \right] d\bar{t}$$

$$(12-2-30a)$$

∴

$$p_r (L, t) = p (L, t) + f (L) \qquad (12-2-31)$$

$$q_L = \frac{1}{a_0^2} p_r(L,t) Z_c \qquad (12-2-32)$$

对式 (12-2-30) 作时间积分还可得到累计泄漏质量

$$m_b = \int_0^t q_{L0} e^{-\beta_b t} dt = \frac{1}{\beta_b} q_{L0} (1 - e^{-\beta_b t}) \qquad (12-2-33)$$

式中　m_b——累计泄漏质量，kg。

[例 12-2-1] 天然气加压站后一段长输管道 $L=200$km 处发生管道破裂泄露。管道内径 $D=0.7$m，加压站出口压力 6.4MPa，该管道运行平均压力 4.5MPa，破裂口管段初始压力 5.5MPa，管道年供气量 25×10^8m³/a。

天然气参数：温度 $T=293$K，天然气密度（标准状态）0.7471kg/m³，等熵指数 $\kappa = 1.309$，气体常数 R = 517.1J/(kg·K)，压缩因子 $Z=0.95$，摩阻系数 $\lambda = 0.02$，破裂口面积系数 $\zeta = 0.10$，破裂口流量系数 $\mu = 0.43$，设破裂口管段初始流量 70.09kg/s。

对式 (12-2-30a) ~ 式 (12-2-32) 编程计算得到结果，天然气长输管道破裂泄漏口流量及压力变化如图 12-2-2。计算结果 $\beta_b = 0.6843$。

3. 连续液态燃气泄漏模型

对于液态燃气，如果泄漏孔在加压或冷冻储存容器的液面以下，则泄漏速率取决于容器内部的压力、液压头以及孔的大小。单位时间内液体泄漏量，称为泄漏速率，可按流体力学的 Bernoulli 方程计算：

---

* 卷积定理：函数卷积的拉氏变换等于函数拉氏变换的乘积。

若函数 $p (x, t)$ 是函数 $h (t)$，$f (t)$ 的卷积：$p (x, t) = h (t) \times f (t)$，则函数的拉氏变换有 $P (x, s) = H (s) F (s)$。所以由 $P (x, s) = H (s) F (s)$，可得 $p(x,t) = h(t) \times f(t) = \int_0^t h(t - \bar{t}) f(t) d\bar{t}$

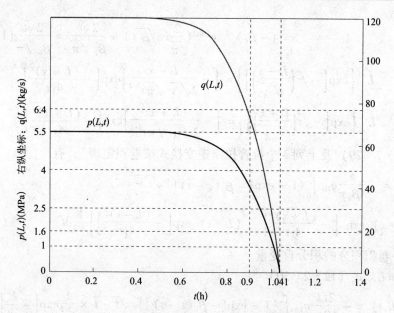

图 12 - 2 - 2　天然气长输管道破裂泄漏端流量及压力

$$q_{\mathrm{mL}} = C_{\mathrm{dl}} A\rho \sqrt{\frac{2(p - p_0)}{\rho} + 2gh} \qquad (12 - 2 - 34)$$

式中　A——泄漏口面积，m^2；

　　　C_{dl}——液体泄漏系数，与流体的雷诺数和泄漏口形状有关，取值参考表 12 - 2 - 1。
　　　　　　对于不明流体状况时，取 1；

　　　g——重力加速度，$9.8\mathrm{m/s}^2$；

　　　h——泄漏口之上液位高度，m；

　　　p——容器内介质压力，Pa；

　　　p_0——环境压力，Pa；

　　　q_{mL}——液体泄漏的质量流量，$\mathrm{kg/s}$；

　　　ρ——液体的密度，$\mathrm{kg/m}^3$。

　　式（12 - 2 - 34）中没有考虑泄漏速率对时间的依赖关系（压力随时间而降低以及液压头下降）。因此，计算出的泄漏速率是保守的最大可能泄漏速率。

液体泄漏系数			表 12 - 2 - 1
雷诺数 Re	裂口形状		
	圆形（多边形）	三角形	长方形
> 100	0.65	0.60	0.55
≤ 100	0.50	0.45	0.30

4. 燃气两相流泄漏模型

　　在过热液体发生泄漏时，有时会出现液、气两相流动。均匀两相流的质量泄漏速率可按下式计算：

$$q_{\mathrm{m}} = C_{\mathrm{d}} A \sqrt{2\rho_{\mathrm{m}}(p_{\mathrm{m}} - p_{\mathrm{c}})} \qquad (12 - 2 - 35)$$

$$\rho_{\mathrm{m}} = \frac{1}{\dfrac{F_{\mathrm{V}}}{\rho_{\mathrm{g}}} + \dfrac{1 - F_{\mathrm{V}}}{\rho_{\mathrm{l}}}} \qquad (12-2-36)$$

$$F_{\mathrm{V}} = \min\left[1, \frac{c_{\mathrm{p}}(T - T_{\mathrm{b}})}{r_{\mathrm{V}}}\right] \qquad (12-2-37)$$

式中　q_{m}——两相流泄漏速率，kg/s；

$\quad C_{\mathrm{d}}$——两相流泄漏系数；

$\quad A$——泄漏口面积，m^2；

$\quad p_{\mathrm{m}}$——两相混合物在容器内的压力，Pa；

$\quad p_{\mathrm{c}}$——临界压力，一般假设为 $0.55p_{\mathrm{m}}$，Pa；

$\quad \rho_{\mathrm{m}}$——两相混合物的平均密度，$\mathrm{kg/m}^3$；

$\quad \rho_{\mathrm{g}}$——液体蒸气的密度，$\mathrm{kg/m}^3$；

$\quad \rho_{\mathrm{l}}$——液体的密度；$\mathrm{kg/m}^3$；

$\quad F_{\mathrm{V}}$——闪蒸率，即蒸发的液体占液体总量的比例；

$\quad C_{\mathrm{p}}$——两相混合物的定压比热，$\mathrm{J/(kg \cdot K)}$；

$\quad T$——两相混合物的温度，K；

$\quad T_{\mathrm{b}}$——液体在常压下的沸点，K；

$\quad r_{\mathrm{V}}$——液体的蒸发热，J/kg。

当 $F_{\mathrm{V}} \ll 1$ 时，可认为泄漏的液体不会发生闪蒸，此时泄漏量按液体泄漏量公式计算；泄漏出来的液体会在地面上蔓延，遇到防液堤而聚集形成液池；

当 $F_{\mathrm{V}} < 1$ 时，泄漏量按两相流模型计算；

当 $F_{\mathrm{V}} = 1$ 时，泄漏出来的液体发生完全闪蒸，此时应按气体扩散处理。

12. 2. 2　泄漏燃气扩散

泄漏燃气在大气中的运动称为燃气扩散。泄漏燃气的扩散模型与泄漏燃气物理性质、泄漏管道系统的周边环境和气候条件有极大的关系。泄漏燃气温度、密度与大气温度、密度的差异及风速和泄漏现场各类障碍物等对燃气的扩散都有影响，这些因素使得泄漏燃气扩散计算十分复杂，很多计算模型均是一定条件下的实践经验式，因而有局限性。

12. 2. 2. 1　蒸发模型

1. 闪蒸模型

液态燃气（如液化天然气、液化石油气，简称液体）的沸点通常低于环境温度，当液态燃气从压力容器中泄漏出来时，由于压力突减，液态燃气会突然蒸发，称为闪蒸。闪蒸的蒸发速率由下式计算：

$$q_{\mathrm{tl}} = \frac{F_{\mathrm{V}}m}{t} \qquad (12-2-38)$$

式中　F_{V}——闪蒸率；

$\quad m$——泄漏的液态燃气总量，kg；

$\quad t$——液态燃气的闪蒸时间，s；

$\quad q_{\mathrm{tl}}$——液态燃气的闪蒸蒸发速率（即液态闪蒸的质量流量），kg/s。

2. 热量蒸发模型

如果闪蒸不完全，即 $F_V < 1$ 时，则发生热量蒸发，热量蒸发时液体蒸发速率为

$$q_{t2} = \frac{KA_t(T_0 - T_b)}{\Delta H \sqrt{\pi \alpha t}} + \frac{k}{\Delta H} Nu \frac{A_t}{L}(T_0 - T_b) \qquad (12 - 2 - 39)$$

式中　q_{t2}——液态燃气的蒸发速率，kg/s；

A_t——液池面积，m^2；

T_0——环境温度，K；

T_b——液体沸点，K；

ΔH——液态燃气的蒸发热，J/kg；

L——液池长，m；

α——热扩散率，m^2/s；

k——导热系数，$W/(m \cdot K)$；

t——蒸发时间，s；

Nu——努谢尔特数。

α 和 k 的值如表 12 - 2 - 2。

<table>
<tr><td colspan="3" align="center">α 和 k 的取值</td><td align="right">表 12 - 2 - 2</td></tr>
<tr><td align="center">地面情况</td><td align="center">k　[$W/(m \cdot K)$]</td><td align="center" colspan="2">α（m^2/s）</td></tr>
<tr><td align="center">水泥</td><td align="center">1.1</td><td align="center" colspan="2">1.29×10^{-7}</td></tr>
<tr><td align="center">地面（8% 水）</td><td align="center">0.9</td><td align="center" colspan="2">4.3×10^{-7}</td></tr>
<tr><td align="center">干涸土地</td><td align="center">0.3</td><td align="center" colspan="2">2.3×10^{-7}</td></tr>
<tr><td align="center">湿地</td><td align="center">0.6</td><td align="center" colspan="2">3.3×10^{-7}</td></tr>
<tr><td align="center">沙砾地</td><td align="center">2.5</td><td align="center" colspan="2">1.1×10^{-6}</td></tr>
</table>

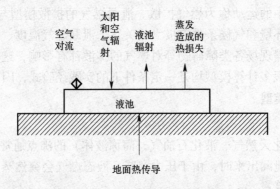

图 12 - 2 - 3　蒸发液池的热平衡

3. 质量蒸发模型

当地面向液体传热减少时，热量蒸发逐渐减弱；当地面传热停止时，由于液体分子的迁移作用使液体蒸发。这种场合液体的蒸发速率为

$$q_{t3} = \alpha S_h \frac{A}{L} \rho_l \qquad (12 - 2 - 40)$$

式中　q_{13}——液体的蒸发速率，kg/s；

　　　α——分子扩散系数，m^2/s；

　　　S_h——舍伍德（Sherwood）数；

　　　A——液池面积，m^2；

　　　L——液池长，m；

　　　ρ_1——液体密度，kg/m^3。

由于泄漏液体的物质性质不同，并非每种液体的蒸发都包含这三种蒸发，有些过热液体通过闪蒸或者热量蒸发而完成气化。

12. 2. 2. 2　液池扩散

液态燃气从设备中泄漏出来，将向四周扩散，遇到低洼处聚集并形成液池；液体蒸发的蒸气、泄漏的气体将在大气中形成弥散的气团（或称蒸气云）逐渐扩散。如果泄漏的液体已经达到人工边界（如堤坝等），则液池面积即为人工边界围成的面积。如果泄漏的液体没有到达人工边界，则利用下面的公式进行液池面积计算。

1. 液池瞬间泄漏

假设瞬间泄漏形成的液池为等圆柱体（高度等于底半径），任意时刻的液池面积可按下式计算：

$$A = \pi\left[\left(gV_0/\pi\right)^{1/2}2t + r_0^2\right] \qquad (12-2-41)$$

式中　A——液池面积，m^2；

　　　π——圆周率，3. 14；

　　　V_0——瞬时泄漏的液体体积，m^3；

　　　t——泄漏后的时间，s；

　　　r_0——液池初始半径，m；

　　　g——重力加速度，$9.8m/s^2$。

2. 液体连续泄漏

假设液池为圆柱形，泄漏源周围地面是理想平整地面。在任意时刻 t，液池体积为 $V(t)$，半径为 $R(t)$，高度为 $h(t)$，泄漏时刻到 t 时刻之间蒸发掉的液体质量为 $m(t)$。由于质量守恒，液池体积满足下式：

$$V(t) = V_c t - \frac{m(t)}{\rho} \qquad (12-2-42)$$

由于液池是圆柱形，则

$$V(t) = \pi r^2(t) h(t) \qquad (12-2-43)$$

液体漫延速率的计算公式为

$$dr(t)/d(t) = \left[eg\Delta h(t)\right]^{1/2} \qquad (12-2-44)$$

泄漏时刻到 t 时刻之间蒸发掉的总质量 $m(t)$ 为

$$m(t) = \int_0^t t\pi R^2(t) q dt \qquad (12-2-45)$$

式（12-2-42）至式（12-2-45）中

　　　$V(t)$——任意时刻 t 的液池体积，m^3；

　　　　V_c——液体连续泄漏速率，m^3/s；

$m\ (t)$ ——泄漏时刻到 t 时刻之间蒸发的液体总质量，kg；

ρ ——是指液体密度，kg/m^3；

q ——液体单位面积蒸发速率，kg/(m^2·s)；

Δ ——浮力指数，若液体泄漏到水面，$\Delta = \left(1 - \dfrac{\rho}{\rho_{\mathrm{W}}}\right)$，若液体泄漏到地面，$\Delta = 1$；

$h\ (t)$ ——任意时刻 t 的液池高度；

e ——经验常数，若液体泄漏到水面，取 1.6，

若液体泄漏到地面，取 2。

将上述几个公式联立成方程组，只要知道 t、$R\ (t)$、$h\ (t)$、$V\ (t)$、$m\ (t)$ 五个量中的任何一个量，就可以求出其他四个量。由于这是一个联立的微积分方程组，求分析解通常极其困难，一般利用计算机求数值解。

液池不会无限地扩展下去，而是趋于某一最大值。由于地面形状和性质通常不能很好描述，因此必须假设一个液池最小厚度以确定液池最大面积。表 12-2-3 列出了地面上液体的最小厚度。如果没有合适的数据，液池最小厚度可取典型值 10mm。但是，若泄漏源周围有防护堤，则液池最大面积不能大于防护堤的面积。

扩展液池在不同表面上的最小厚度　　　　　　　　　表 12-2-3

表面	最小厚度（mm）	表面	最小厚度（mm）
粗糙的沙壤或沙地	25	平整的石头地面、水泥地面	5
农业用地、草地	20	平静的水面	1.8
平整的砂石地	10		

3. 围堰区 LNG 储罐的设计流出量

对于液位以下有不带阀门接管的 LNG 储罐所在的围堰区，储罐充满时，通过在接管处且面积等于接管面积的开口流出的最大流出量定义为从储罐的设计流出量，设计流出量按下式确定：

$$q_{\mathrm{V}} = 0.236 d^2 \sqrt{h} \qquad\qquad (12-2-46)$$

式中　q_{V} ——LNG 的流出量，m^3/s；

d ——液位以下储罐接管直径，m；

h ——当储罐充满时接管以上的液体的高度，m。

持续时间应为在储罐充满时，排空开口处以上全部液体的时间。对于有多个储罐的围堰区，设计流出量根据能产生最大流出量的储罐计算。

对采用顶部充灌和排放，且液位以下没有接管的 LNG 储罐所在的围堰区，设计流出量为当储罐中出液泵满负荷运转时，管路向围堰区排放的最大流出量。流出时间一般为排空原先装满的储罐所需的时间。

对于液位以下有接管但装有内部切断阀的储罐所在的围堰区，设计流出量定义为储罐充满时，通过在接管处且面积等于接管面积的开口流出的最大流出量，流量按式（12-2-46）确定。如果切断措施被权威部门认可，持续时间可取为 1h，否则应为在储罐充满时排空开

口处以上全部液体的时间。

对于只用于气化工艺或 LNG 输运区的围堰区，设计流出量应为从任何单个事故泄漏源，在 10min 或更短时间内的流出量。

12.2.2.3 绝热扩散

闪蒸液体或加压气体瞬时释放时，假定该过程中泄漏物与周围环境之间没有热量交换，则该过程属于绝热扩散过程。泄漏气体（或液体闪蒸形成的蒸气）呈半球形向外扩散。根据浓度分布情况，把半球分成两层：内层浓度均匀分布，具有 50% 的泄漏量；外层浓度呈高斯分布，具有另外 50% 的泄漏量。绝热扩散过程分为两个阶段：首先气团向外扩散，压力达到大气压力；然后气团与周围空气混合，范围扩大，当内层扩散速度（dR/dt）低到一定程度时（假设为 1m/s 时），认为扩散过程结束。

随着时间的推移，气团内层半径 R_1 和浓度 C 的变化有如下规律：

$$R_1 = 1.36\sqrt{4K_d t} \tag{12-2-47}$$

$$C = \frac{0.0478V_0}{\sqrt{(4K_d t)^3}} \tag{12-2-48}$$

式中　t——扩散时间，s；

V_0——标准状况下气体体积，m^3；

K_d——紊流扩散系数，其计算公式为

$$K_d = 0.0137\sqrt[3]{V_0}\sqrt{E}\left(\frac{\sqrt[3]{V_0}}{t\sqrt{E}}\right)^{\frac{1}{3}} \tag{12-2-49}$$

式中　E——扩散能，J/kg。

扩散能计算公式如下。

（1）气体泄漏气团的扩散能：

$$E = c_V(T_1 - T_2) - p_0(V_2 - V_1) \tag{12-2-50}$$

式中　c_V——定容比热容，$J/(kg \cdot K)$；

p_0——环境压力，Pa；

T_1——气团初始温度，K；

T_2——气团压力降低到大气压力时的温度，K；

V_1——气团初始体积，m^3；

V_2——气团压力降低到大气压力时的体积，m^3。

（2）液体泄漏闪蒸蒸气团的扩散能：

$$E = h_1 - h_2 - (p - p_0)V_1 - T_b(s_1 - s_2) \tag{12-2-51}$$

式中　h_1——泄漏液体的初始焓，J/kg；

h_2——泄漏液体的最终焓，J/kg；

p——初始压力，Pa；

p_0——环境压力，Pa；

V_1——初始体积，m^3；

T_b——液体的沸点，K；

s_1——液体蒸发前的熵，$J/(kg \cdot K)$；

s_2——液体蒸发后的熵，$J/(kg \cdot K)$。

12. 2. 2. 4　射流扩散模型

燃气管道或燃气压力容器破裂、超压放散或人为放散时，会泄漏出高速气流。所谓射流是指泄漏出的高速气流与空气混合形成的轴向蔓延速度远远大于环境风速的云羽。射流扩散过程受泄漏源本身特征参数，如泄漏时的气体压力、温度、泄漏口面积等控制。

1. 基本假设

为了理解射流扩散的基本特征，方便射流扩散分析，射流扩散模型使用如下假设：

（1）射流的横截面为圆形，气流速度、浓度、密度、温度等参数沿横截面均匀分布。

（2）射流的横截面初始半径为 r_0（m），初始轴向速度为 w_0（m/s），密度为 ρ_0（kg/m³）。随着云羽的扩散，空气不断进入，射流的横截面尺寸增大。在下游距离 s（m）处，横截面半径为 r（m），轴向速度为 w（m/s），密度为 ρ_p（kg/m³）。

（3）过射流轴的垂直平面内，射流的轴向速度与环境风速夹角为 θ。环境风速远远小于射流的初始轴向速度。

高速云羽扩散过程如图 12-2-4 所示。

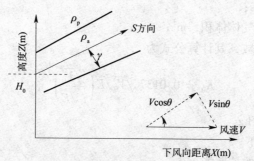

说明：高速云羽横截面为圆形，半径为r。

图 12-2-4　高速云羽扩散过程

2. 扩散分析

由于射流扩散过程中的动量守恒，因此下式成立：

$$\rho_0 r_0^2 w_0^2 = \rho_p r^2 w^2 \tag{12-2-52}$$

在下游距离足够大的地方，气流密度近似等于空气密度，即 $\rho_p = \rho_a$。由上式可知，云羽轴向速度和横截面半径之间，近似存在如下关系：

$$w = \sqrt{\frac{\rho_0}{\rho_a}} \frac{r_0}{r} w_0 \tag{12-2-53}$$

式中　ρ_a——空气密度，kg/m³。

从上式可以看出，随着空气的不断进入，云羽的横截面半径不断增大，轴向速度不断下降。

由于射流质量守恒，因此下式成立：

$$\frac{d(r^2 w \rho_p)}{ds} = 2arw\rho_a \tag{12-2-54}$$

式中　ρ_p——下游距离 s 处射流轴向混合气体密度，kg/m³

s——下游距离，m；

a——空气卷吸系数，定义为垂直于云羽轴线的空气进入速度与云羽轴向速度之比，近似等于0.08。

如果下游距离足够大以至于$\rho_P = \rho_a$，将式（12-2-53）代入式（12-2-54），得到：

$$r = r_0 + 2as \qquad (12-2-55)$$

将云羽轴向速度$w = ds/dt = (2a)^{-1}(dr/dt)$代入式（12-2-53），得到：

$$r dr = 2a\sqrt{\frac{\rho_0}{\rho_a}}w_0 r_0 dt$$

对上式积分，得到射流横截面半径：

$$r = r_0\left[1 + \frac{4a}{r_0}\sqrt{\frac{\rho_0}{\rho_a}}w_0 t\right]^{0.5} \qquad (12-2-56)$$

因而由式（12-2-55）有：

$$s = \frac{1}{2a}r_0\left\{\left[1 + \frac{4a}{r_0}\sqrt{\frac{\rho_0}{\rho_a}}w_0 t\right]^{0.5} - 1\right\} \qquad (12-2-57)$$

由于射流横截面上燃气通量守恒，因此下式成立：

$$C_0 w_0 r_0^2 = C w r^2 \qquad (12-2-58)$$

式中 C_0——射流中$s = 0$处燃气浓度，kg/m^3；

C——射流中s处燃气浓度，kg/m^3。

当下游距离足够大，$\rho_P = \rho_a$，将式（12-2-53）代入式（12-2-58）可以得到射流中燃气浓度计算公式：

$$C = C_0\sqrt{\frac{\rho_a}{\rho_0}}\frac{r_0}{r_0 + 2as} \qquad (12-2-59)$$

由式（12-2-57）可以推导出射流前锋到达任意位置所需时间

$$t = \frac{r_0\left[\dfrac{(2as + r_0)^2}{r_0^2} - 1\right]}{4aw_0\sqrt{\dfrac{\rho_0}{\rho_a}}} \qquad (12-2-60)$$

式中 t——射流前锋到达下游距离s所需要的时间，s。

为了计算射流中心线的运动轨道，除了考虑云羽初始轴向速度大小外，还必须考虑环境风速和浮力的影响。假设云羽轴向与风向的夹角为θ，x为下风向距离，z为垂直方向高度（见图12-2-2），则云羽中心线轨道坐标由下面的公式确定：

$$x(t) = \frac{r_0}{2a}A_1 A_2 + wt \qquad (12-2-61)$$

$$z(t) = H_0 + \frac{r_0}{2a}\sin\theta A_2 - \frac{g}{12a^2}\frac{r_0}{w_0}B_1 B_2 \qquad (12-2-62)$$

$$A_1 = \cos\theta - \frac{w_w}{w}\sqrt{\frac{\rho_a}{\rho_0}} \qquad (12-2-63)$$

$$A_2 = \left(1 + \frac{4aw_0 t}{r_0\sqrt{\dfrac{\rho_a}{\rho_0}}}\right)^{0.5} - 1 \qquad (12-2-64)$$

$$B_1 = \frac{\rho_0 - \rho_a}{\rho_0} \qquad (12-2-65)$$

$$B_2 = \left(1 + \frac{4aw_0t}{r_0\sqrt{\dfrac{\rho_a}{\rho_0}}}\right)^{1.5} - 1 \qquad (12-2-66)$$

式中　H_0——泄漏源高度，m；

　　　　w_w——环境风速，m/s。

3. 转变条件

随着空气的不断进入，云羽轴向速度将接近环境风速。一般来说，当云羽轴向速度等于环境风速时，机械湍流占主导地位的射流扩散阶段也就终止了。随后的扩散过程将主要由重力湍流或环境湍流占主导地位。如果是垂直向上喷射，高速扩散阶段终止时的云羽将变成水平状。将式（12-2-55）代入式（12-2-53）中，并令云羽轴向速度等于环境风速（$w = w_w$），可推导出射流扩散阶段终止时的下流距离 S_P（m）的计算公式：

$$s_P = \frac{r_0}{2a}\left(\sqrt{\frac{\rho_0}{\rho_a}}\frac{w_0}{w_w} - 1\right) \qquad (12-2-67)$$

令式（12-2-48）中的 $s = s_P$，即可得到射流扩散阶段的终止时间 t_P。

判断射流扩散阶段终止的另一准则是云羽轴向速度等于浮力效应引起的云羽上升或下降速。根据这一准则，射流扩散阶段终止时间由下式确定：

$$t'_P = \frac{w_0}{2g\sqrt{\dfrac{\rho_0}{\rho_a}}}\frac{|\rho_0 - \rho_a|}{\rho_0} \qquad (12-2-68)$$

将 t'_P 代入式（12-2-60）中，可以得到云羽轴向速度等于浮力效应引起的云羽上升或下降速度时下游距离的计算公式：

$$s'_P = \frac{r_0}{2a}\left[\left(\frac{4aw_0^2}{2gr_0}\sqrt{\frac{|\rho_0 - \rho_a|}{\rho_0}} + 1\right)^{\frac{1}{2}} - 1\right] \qquad (12-2-69)$$

建议将 t_P 和 t'_P 中的较小值作为射流扩散阶段终止时间。

射流扩散阶段结束以后，云羽中心线运动轨道和云羽的蔓延将受重力湍流或环境湍流控制。因此，下面我们将对重气云扩散和非重气云扩散进行讨论。

12.2.2.5　气云扩散模型

燃气泄漏后的空气扩散过程极其复杂，扩散过程中的一些现象和规律还没有被人们很好了解。问题复杂的根本原因是燃气可能的泄漏与扩散机理太多。装有压缩气体、冷冻液化气体、加压液化气体、常温常压液体的容器或管道可能发生瞬间泄漏，也可能发生连续泄漏。泄漏的气体可能比空气重，也可能比空气轻。从加压容器泄漏或液池蒸发气体的速率可能随时间变化，即是不定常的。燃气泄漏可能涉及相变，如液滴的蒸发和冷凝。泄漏形成的气云可能与环境发生热力学作用，气云中还可能产生液滴沉降现象。泄漏和扩散环境的气象条件复杂多变，阴雨晴天不定，风向和风速可能是不定常的。泄漏源周围可能是空旷的平整地面，也可能是建筑密集地区或地形很不规则的地区。

由泄漏气体和空气形成的气云在扩散过程中，一般受机械湍流、内部浮力湍流和环境湍流三者的共同作用。在不同的泄漏条件下和扩散的不同阶段，扩散可能受上述任一种作用或几种作用支配。这一切使得燃气的泄漏扩散分析十分复杂。

为了简化分析，特作如下假设：燃气泄漏速率不随时间变化；气云在平整、无障碍的地面上扩散；气云不发生化学反应和相变反应，也不发生液滴沉降现象；气云和环境之间无热量交换；风向为水平方向，风速和风向不随时间、地点和高度变化等。

1. 瞬间泄漏和连续泄漏的判断标准

泄漏源的类型直接关系到扩散模型的选择。简单的扩散模型将泄漏类型分为瞬间泄漏和连续泄漏两种。它们都是实际泄漏源的理想化。在分析任何具体的假想事故时，究竟应该使用哪种类型的泄漏模型？许多人提出了各自的区分瞬间泄漏和连续泄漏的标准。1987年，Britter 和 McQuaid 通过对实验数据的分析，提出了瞬间泄漏和连续泄漏的如下判断标准：

如果 $w_w t_0 / x \geq 2.5$，那么泄漏为连续泄漏；如果 $w_w t_0 / x \leq 0.6$，那么泄漏为瞬间泄漏。其中，w_w 为环境风速（m/s），t_0 为泄漏持续时间（s），x 为观察者离开泄漏的距离（m）。根据这样的准则，泄漏类型与观察者离开泄漏源的距离有关。对于一个泄漏源来说，近场观察者可能认为是连续泄漏；远场观察者可能认为是瞬时泄漏。

如果某一泄漏既不能视为瞬间泄漏，也不能视为连续泄漏，那么，为了保险起见，应该同时进行连续泄漏和瞬间泄漏扩散分析，并以危险性大的泄漏类型为最终选择的泄漏类型。

2. 重气云扩散与非重气云扩散判断准则

根据气云密度与空气密度的相对大小，将气云分成重气云、中性气云和轻气云三类。如果气云密度显著大于空气密度，气云将受到向下重力差的作用，这样的气云称为重气云。如果气云密度显著小于空气密度，气云将受到向上的浮力作用，这样的气云称为轻气云。如果气云密度与空气密度相当，气云将不受明显的浮力作用，这样的气云称为中性气云。轻气云和中性气云统称为非重气云。非重气云的空中扩散用高斯模型描述，重气云的空中扩散过程应该用 20 世纪 70 年代以后陆续提出的重气云扩散模型描述。

在进行危险气体泄漏扩散分析时，研究人员一般根据泄漏源 Richardson 数的大小来决定是使用非重气云扩散模型还是重气云扩散模型。Richardson 数是一个无量纲参数，定义为蒸气云势能与泄漏环境湍流能量之比。不同的研究人员对蒸气云势能和泄漏环境湍流能量的定义稍有区别。例如，Havens 和 Spicer 对 Richardson 数的定义为

对于瞬间泄漏：
$$Ri_0 = g' \frac{V_0^{1/3}}{w_*^2} \qquad (12-2-70)$$

对于连续泄漏：
$$Ri_0 = g' \frac{q_0}{w_w D w_*^2} \qquad (12-2-71)$$

$$g' = g \frac{\rho_0 - \rho_a}{\rho_a} \qquad (12-2-72)$$

式中　Ri_0——Richardson 数；

V_0——气体瞬间 泄漏形成的云团的初始体积，m^3；

q_0——气体连续泄漏形成的云团的初始体积通量，m^3/s；

w_w——环境风速，m/s；

  D——泄漏源的特征水平尺度，它取决于泄漏源的类型，m；

  w_*——摩擦速度，与地面粗糙度和大气稳定度有关，近似等于 10m 高度风速的 1/15，m/s；

  g'——折合引力常数；

  g——重力加速度，9.8m/s²；

  ρ_0——气云的初始密度，kg/m³；

  ρ_a——环境空气密度，kg/m³。

如果泄漏时的 Ri_0 小于或等于临界 Richardson 数，应使用非重气云扩散模型进行扩散分析，否则，使用重气云扩散模型进行扩散分析。临界 Ri_0 的取值有很大的不确定性，一般认为它在 1~10 之间。

  3. 非重气云扩散模型

  高斯模型用来描述危险物质泄漏形成的非重气云扩散行为，或描述重气云在重力作用消失后的远场扩散行为。为了便于分析，建立如下坐标系 $oxyz$：其中原点 o 是泄漏点在地面上的正投影，x 轴沿下风向水平延伸，y 轴在水平面上垂直于 x 轴，z 轴垂直向上延伸，见图 12-2-5。

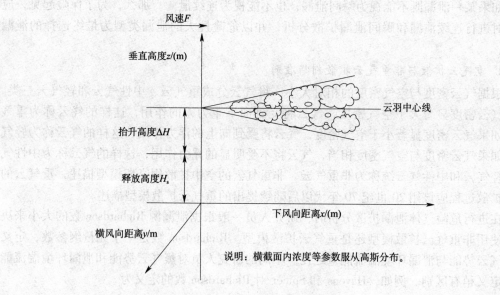

图 12-2-5 高斯模型示意图

高斯模型运用了如下假设：

（1）气云密度与空气密度相当，气云不受浮力作用；

（2）云团中心的移动速度或云羽轴向蔓延速度等于环境风速；

（3）云团内部或云羽横截面上浓度、密度等参数服从高斯分布（即正态分布）。

  瞬时泄漏采用高斯烟团模型，泄漏源下风向某点 $(x，y，z)$ 在 t 时刻的浓度用下面公式计算：

$$C(x,y,z,t) = \frac{2Q}{(2\pi)^{3/2}\sigma_x\sigma_y\sigma_z} \cdot \exp\left[-\frac{(x-w_wt)^2}{2\sigma_x^2}\right] \cdot \exp\left[-\frac{y^2}{2\sigma_y^2}\right] \cdot$$

$$\left\{ \exp\left[-\frac{(z-H)^2}{2\sigma_z^2} \right] + \exp\left[-\frac{(z+H)^2}{2\sigma_t^2} \right] \right\} \qquad (12-2-73)$$

$$H = H_s + \Delta H$$

式中　　　　Q——泄漏源的强度，kg/s；

$C(x, y, z)$——泄漏物质在空间点 (x, y, z) 处的浓度，kg/m³；

　　　　w_w——环境风速，m/s；

　　　　H——有效源高度，等于泄漏源高度 H_s 和抬升高度 ΔH 之和，m；

σ_x，σ_y，σ_z——x，y，z 方向上的扩散系数，m。

连续泄漏采用高斯烟羽模型，泄漏源下风向某点 (x, y, z) 在 t 时刻的浓度 C 用下面公式计算：

$$C(x,y,z) = \frac{Q}{2\pi\sigma_y\sigma_z w_w} \exp\left(-\frac{y^2}{2\sigma_y^2} \right) \left\{ \exp\left[-\frac{(z-H)^2}{2\sigma_z^2} \right] + \exp\left[-\frac{(z+H)^2}{2\sigma_z^2} \right] \right\}$$

$$(12-2-74)$$

扩散系数与大气的稳定度有关，扩散系数按表 12-2-4 确定。

扩散系数　　　　　　　　　　　　　　　　　　　表 12-2-4

稳定度	σ_y（m）	σ_z（m）
A	$0.22x(1+0.0001x)^{-1/2}$	$0.20x$
B	$0.16x(1+0.0001x)^{-1/2}$	$0.12x$
C	$0.11x(1+0.0001x)^{-1/2}$	$0.08x(1+0.0002x)^{1/2}$
D	$0.08x(1+0.0001x)^{-1/2}$	$0.06x(1+0.0015x)^{1/2}$
E	$0.06x(1+0.0001x)^{-1/2}$	$0.03x(1+0.0003x)^{-1}$
F	$0.04x(1+0.0001x)^{-1/2}$	$0.016x(1+0.0003x)^{-1}$

城市区域的扩散系数（100m≤x≤10000m）　　　　表 12-2-4A

稳定度	σ_y（m）	σ_z（m）
A、B	$0.32x(1+0.0004x)^{-1/2}$	$0.24x(1+0.001x)^{1/2}$
C	$0.22x(1+0.0004x)^{-1/2}$	$0.20x$
D	$0.16x(1+0.0004x)^{-1/2}$	$0.14x(1+0.0003x)^{1/2}$
E、F	$0.11x(1+0.0004x)^{-1/2}$	$0.08x(1+0.0015x)^{1/2}$

按照 Pasquill 的分类方法，随着气象条件稳定性的增加，大气稳定度分为 A、B、C、D、E、F 六类。其中 A、B 和 C 三类表示气象条件不稳定，E 和 F 表示气象条件稳定，D 表示中性气象条件。A、B 和 C 中，A 表示气象条件极不稳定，B 表示中等程度不稳定，C 表示弱不稳定。E 和 F 两类稳定度中，E 表示弱稳定，F 表示中等稳定。大气稳定性的具体分类见表 12-2-5 和表 12-2-6。

Pasquill 大气稳定度的确定　　　　　表 12 - 2 - 5

地面风速 (m/s)	白天日照			夜间条件	
	强	中等	弱	阴天且云层薄，或低空云量为 4/8	天空云量为 3/8
<2	A	A ~ B	B		
2 ~ 3	A ~ B	B	C	E	F
3 ~ 4	B	B ~ C	C	D	E
4 ~ 6	C	C ~ D	D	D	D
>6	D	D	D	D	D

日照强度的确定　　　　　表 12 - 2 - 6

天气云层情况	日照角 >60°	日照角 <60°，且 >35°	日照角 >15°，且 <35°
天空云量为 4/8，或高空有薄云	强	中等	弱
天空云量为 5/8 ~ 7/8，云层高度为 2134 ~ 4877m	中等	弱	弱
天空云量为 5/8 ~ 7/8，云层高度 <2134m	弱	弱	弱

云量是指当地天空的云层覆盖率。例如，云量为 3/8 是指当地 3/8 的天空有云层覆盖。日照角是指当地太阳光线与地平线之间的夹角。例如，阳光垂直照射地面时的日照角为 90°。

4. 重气云扩散模型

对于液化石油气等密度比空气大很多的气体泄漏，由于其重力作用，使用高斯模型计算的结果会是泄漏燃气扩散速度快，泄漏源附近的浓度偏小。为了模拟重气扩散，国外研究人员开发了许多的重气扩散模型，这里只介绍其中的一种：箱模型。

箱模型认为气云成箱形，箱内污染物物质守恒，且污染物在气云箱内均匀混合。对于瞬时的重气释放，Van Ulden 第一个提出了箱模型的概念，即将重气云团当作一个初始体积为 V_0，初始高度为 h_0，初始半径为 R_0 的圆柱形箱，与被动扩散的高斯模型相比，主要改进是考虑到气云的重力下沉现象，即在重力作用下，气云下沉，半径 R 增大，同时高度 h 减小。瞬时泄放重气云径向蔓延速度由下式计算：

$$\frac{\mathrm{d}R}{\mathrm{d}t} = a\left(gh\frac{\rho_a - \rho_0}{\rho_0}\right)^{\frac{1}{2}} \qquad (12 - 2 - 75)$$

式中　ρ_a, ρ_0——分别为气云密度和环境空气密度，kg/m^3；

　　　a——常数。

对于连续释放，初始源常假设为长方形，重气云羽横截面为矩形，横风向半宽为 b，垂直方向高度为 h。在初始源处，云羽半宽为高度的两倍；重气云羽横截面内，浓度、温度、密度等参数均匀分布；重气云羽的轴向蔓延速度等于风速。半径和高度随时间变化的微分方程变成半宽和高度随下风距离变化的方程，径向重力扩展速度变成了侧向重力扩展速度，而卷吸速度是同样的。连续泄放重气云横截面的变化速度用下式计算：

$$\frac{\mathrm{d}b}{\mathrm{d}x} = a\left(gh\frac{\rho_a - \rho_0}{\rho_0}\right)^{\frac{1}{2}} \qquad (12 - 2 - 76)$$

箱模型用于模拟物质瞬时泄漏形成重气云团的扩散过程，基于如下假设：

（1）重气云团为正立的坍塌圆柱体，瞬时泄漏形成的初始云团高度等于半径的 1/2；

（2）在重气云内部，温度、密度和气体浓度等参数均匀分布；

（3）重气云团中心的移动速度等于风速。

根据坍塌圆柱体的径向蔓延速度方程，应用能量守恒和质量守恒方程，对重气云的扩散分析如下。

（1）任意时刻重气云团的半径计算公式（12-2-75）积分化简为

$$R = \sqrt{R_0^2 + 2a\left(g\frac{\rho_a - \rho_0}{\rho_0}\frac{V_0}{\pi}\right)^{\frac{1}{2}}t} \qquad (12-2-77)$$

式中　R_0——重气云团的初始半径，m；

　　　V_0——泄漏形成重气云的初始体积，m^3；

　　ρ_a，ρ_0——分别为蒸气云密度和环境空气密度，kg/m^3；

　　　t——泄漏结束后初始云团的扩散时间，s。

　　　g——重力加速度。

（2）某时刻下风向距离 x 处重气云团的高度为

$$h = V_0\frac{\left(\frac{x}{V_0^{1/3}}\right)^{1.5}}{\pi R^2} \qquad (12-2-78)$$

式中　x——下风向距离，$x \geq V_0^{1/3}$，m。

（3）某时刻下风向距离 x 处重气云团内部泄漏气体的浓度为

$$C = C_0\left(\frac{x}{V_0^{1/3}}\right)^{-1.5} \qquad (12-2-79)$$

式中　C_0——初始云团密度，kg/m^3。

（4）根据泄漏气体爆炸上、下限、健康危害浓度，分别计算出相应的下风向距离及危害浓度面积。

$$x = V_0^{\frac{1}{3}}\left(\frac{C}{C_0}\right)^{-\frac{2}{3}} \qquad (12-2-80)$$

$$A = \pi R^2 \qquad (12-2-81)$$

式中　A——云团在各浓度时覆盖的面积；m^2。

5. 气体扩散模型的性能和不确定性

为了模拟燃气事故泄漏后的空中扩散机理，开发了各种各样的分析方法。尽管如此，大多数扩散模型离理想的进行燃气泄漏风险评价的要求还有很大差距。这主要是由这些过程固有的复杂性和随机性、描述泄漏机理的输入数据的缺乏和不确定性造成的。即使是那些最复杂的三维扩散模型，也受到湍流流动的随机性以及物理方程没有精确解的限制。同时，三维扩散模型需要的输入数据通常是不能得到的，而且模型求解需要大量机时，而这在多数应用情况下是不切实际的。在求简化解的过程中，在特定条件下得到的实验数据被推广到一般应用中去，因此不可避免地带来不准确。

前面描述的高斯模型就是求扩散问题的一种简化方法。通常使用的扩散系数 σ_y 和 σ_z 是在特定试验条件、地点、抽样频率下得到的，很可能对其他条件并不适用。另外，还有一些假设必须满足，例如风速、风向、大气稳定度在模拟期间保持稳定，气象参数在模拟地域保持空间均匀一致，地域平坦、开阔，在模拟时间内源泄漏机理保持恒定，在整个扩散过程中泄漏气体质量守恒等。

总之，在危险气体泄漏扩散模型中有许多简化和假设，通过泄漏扩散模型计算得到的危险物质的浓度只是一种估计值。

12.3　燃气火灾、爆炸与中毒

易燃、易爆的气体、液体泄漏后遇到引火源就会被点燃而着火燃烧。它们被点燃后的燃烧方式有池火、喷射火、火球和突发火四种。

12.3.1　燃气火灾

12.3.1.1　池火

可燃液体（如汽油、柴油等）泄漏后流到地面形成液池，或流到水面并覆盖水面，遇到火源燃烧而形成池火。

1. 燃烧速度

当液池中的可燃液体的沸点高于周围环境温度时，液池表面上的单位面积的燃烧速度为

$$\frac{dm}{dt} = \frac{0.001H_c}{C_p(T_b - T_0) + H} \qquad (12-3-1)$$

式中　$\dfrac{dm}{dt}$——单位表面积燃烧速度，kg/(m²·s)；

　　　　H_c——液体燃烧热，J/kg；

　　　　C_p——液体的定压比热，J (kg·K)；

　　　　T_b——液体的沸点，K；

　　　　T_0——环境温度，K；

　　　　H——液体的气化热，J/kg。

当液体的沸点低于环境温度时，如加压液化气或冷冻液化气，其单位面积的燃烧速度为

$$\frac{dm}{dt} = \frac{0.001H_c}{H} \qquad (12-3-2)$$

式中符号意义同前。

燃烧速度也可从手册中直接得到。表 12-3-1 列出了一些可燃液体的燃烧速度。

一些可燃液体的燃烧速度　　　　　　　　　　　　　　　　　表 12-3-1

物质名称	汽油	煤油	柴油	重油	苯	甲苯	乙醚	丙酮	甲醇
燃烧速度 [kg/(m²·s)]	92~81	55.11	49.33	78.1	65.37	38.29	125.84	66.36	57.6

2. 火焰高度

设液池为半径为 r 的圆池子，其火焰高度可按下式计算：

$$h = 84r \left[\frac{\mathrm{d}m/\mathrm{d}t}{\rho_0 \ (2gr)^{0.5}} \right]^{0.6} \qquad (12-3-3)$$

式中　　h——火焰高度，m；

　　　　r——液池半径，m；

　　　　ρ_0——周围空气密度，kg/m^3；

　　　　g——重力加速度，9.8m/s^2；

　　dm/dt——单位表面积燃烧速度，kg/(m$^2 \cdot$ s)。

3. 热辐射通量

液池燃烧时放出的热辐射通量为

$$Q = (\pi r^2 + 2\pi rh) \frac{\mathrm{d}m}{\mathrm{d}t} \varphi H_c \left[\left(\frac{\mathrm{d}m}{\mathrm{d}t} \right)^{0.61} + 1 \right] \qquad (12-3-4)$$

式中　　φ——效率因子，可取0.13 ~ 0.35。

其他符号意义同前。

4. 目标入射热辐射强度

假设全部辐射热量由液池中心点的小球面辐射出来，则在距液池中心某一距离（x）处的入射辐射强度为

$$I = \frac{Qk_c}{4\pi x^2} \qquad (12-3-5)$$

式中　　I——热辐射强度，W/m^2；

　　　　Q——总热辐射通量，W；

　　　　k_c——空气透热系数；

　　　　x——目标点到液池中心距离，m。

12.3.1.2 喷射火

加压的可燃物质泄漏时形成射流，如果在泄漏裂口处被点燃，则形成喷射火。这里所用的喷射火辐射热计算方法是包括气流效应在内的喷射扩散模式的扩展。把整个喷射火看成是由沿喷射中心线上的所有点热源组成，每个点热源的热辐射通量相等。

点热源的热辐射通量按下式计算：

$$Q = \varphi q_{m0} H_c \qquad (12-3-6)$$

式中　　Q——点热源热辐射通量，W；

　　　　φ——效率因子，可取0.35；

　　　　q_{m0}——泄漏速率，kg/s；

　　　　H_c——燃烧热，J/kg。

从理论上讲，喷射火的火焰长度等于从泄漏口到可燃混合气燃烧下限（LFL）的射流轴线处。对表面火焰热通量，则集中在 LFL/1.5 处。

射流轴线上某点热源 i 到距离该点 x 处一点的热辐射强度为

$$I_i = \frac{QR}{4\pi x^2} \qquad (12-3-7)$$

式中　　I_i——点热源 i 至目标点 x 处的热辐射强度，W/m^2；

　　　　Q——点热源的辐射通量，W；

R——辐射率，可取 0.2；

x——点热源到目标点的距离，m。

某一目标点处的入射热辐射强度等于喷射火的全部点热源对目标的热辐射强度的总和：

$$I = \sum_{i=1}^{n} I_i \qquad (12-3-8)$$

式中　n——计算时选取的点热源数，对危险评价分析一般取 $n=5$。

12. 3. 1. 3　火球和爆燃

低温可燃液化气体由于过热，容器内压增大，使容器爆炸，内容物释放并被点燃，发生剧烈的燃烧，产生大的火球，形成强烈的热辐射。

1. 火球半径

$$R = 2.665m^{0.322} \qquad (12-3-9)$$

式中　R——火球半径，m；

m——急剧蒸发的可燃物质的质量，kg。

2. 火球持续时间

$$t = 1.089m^{0.322} \qquad (12-3-10)$$

式中　t——火球持续时间，s。

3. 火球燃烧时释放出的辐射热通量

$$Q = \frac{\varphi H_c m}{t} \qquad (12-3-11)$$

$$\varphi = 0.27p^{0.32}$$

式中　m——急剧蒸发的可燃物质的质量，kg；

t——火球持续时间，s；

Q——火球燃烧时的辐射热通量，W；

H_c——燃烧热，J/kg；

φ——效率因子，取决于容器内可燃物质的饱和蒸汽压 p。

4. 目标接受到的入射热辐射强度

$$I_i = \frac{qk_c}{4\pi x^2} \qquad (12-3-12)$$

式中　k_c——空气透热系数；

x——目标距火球中心的水平距离，m。

其他符号同前。

12. 3. 1. 4　突发火

泄漏的可燃气体、液体蒸发的蒸气在空气中扩散，遇到火源发生突然燃烧，而没有爆炸的情况，称为突发火。

突发火后果分析，主要是确定可燃混合气体的燃烧上、下极限的轮廓及其下限随气团扩散到达的范围。为此，可按气团扩散模型计算气团大小和可燃混合气体的浓度。

12. 3. 1. 5　火灾损失

火灾通过辐射热的方式影响周围环境，当火灾产生的热辐射强度足够大时，可使周围的物体燃烧或变形，强烈的热辐射可能烧毁设备甚至造成人员伤亡等。

火灾损失估算建立在辐射通量与损失等级的相应关系的基础上。表 12-3-2 为不同入射通量造成伤害或损失的情况。

热辐射的不同入射通量所造成的损失　　　　　表 12-3-2

入射通量（kW/m²）	对设备的损害	对人的伤害
37.5	操作设备全部损坏	1% 死亡/10s 100% 死亡/1min
25	在无火焰时、长时间辐射下，木材燃烧的最小能量	重大损伤/10s 100% 死亡/1min
12.5	有火焰时，木材燃烧，塑料熔化的最低能量	1 度烧伤/10s 1% 死亡/1min
4.0		20s 以上感觉疼痛，未必起泡
1.6		长期辐射无不舒服感

从表中可看出，在较小辐射等级时，致人重伤需要一定的时间，这时人们可以逃离现场或掩蔽起来。

12.3.2　燃气爆炸

12.3.2.1　燃气爆炸概述

爆炸，一般指突然发生的现象，通常是不可预料的，伴有声响及火灾、破坏等情况出现。爆炸的形式可分为两种：化学爆炸和物理爆炸。燃气混合气体的爆炸属于化学爆炸。

化学爆炸一般具有如下特征：（1）爆炸过程的快速性；（2）爆炸点附近压力急剧升高，多数爆炸伴有温度升高；（3）周围介质发生震动或邻近的物质遭到破坏。

通常的化学爆炸包括爆燃和爆轰，是物质以极快的反应速度发生放热的化学反应，并产生高温、高压引起的爆炸，化学爆炸过程中同时发生化学变化和物理变化，如燃气爆炸、炸药爆炸、粉尘爆炸等。而物理爆炸则是物质状态发生突变而形成的爆炸，通常导致破裂，它只发生物理变化，如锅炉爆炸。

燃气混合气体的爆炸属于化学爆炸，是可燃气体和助燃气体以适当的浓度混合，由于燃烧波或爆轰波的传播而引起的，这种爆炸的过程极快，例如热值为 29.3MJ/m³ 的燃气与空气混合后，在 0.2s 的时间内便可以燃烧完全。

各种事故爆炸的过程中，都会产生高温爆炸气体，故伴有爆炸声响、空气冲击波、火焰，使建筑设施摧毁，造成碎片横飞，使人或物受到直接危害。此外，还有二次危害及事故造成的火灾。其结果，不仅对从事作业的员工，而且对周边居民的生命财产构成威胁。爆炸产生的后果是严重的。

城镇燃气工程中的常见爆炸现象，一般是由两种原因引起的：一是由于管道或管件损坏导致燃气泄漏并且聚集在受限空间，遇明火或电火花引起爆炸；二是由于过量灌装或压力容器缺陷导致压力容器破裂，进而引起燃气泄漏遇明火或电火花引起爆炸。

12.3.2.2　物理爆炸的爆炸能

物理爆炸如压力容器破裂时，气体膨胀所释放的能量不仅与气体压力和容器的容积有关，而且与介质在容器内的物性相态有关。因为有的介质以气态存在，如空气、氧气、氢气等；有的以液态存在，如液氨、液氯等液化气体、高温饱和水等。容积与压力相同而相态不同的介质，在容器破裂时产生的爆破能量也不同，而且爆炸过程也不完全相同，其能量计算公式也不同。

1. 压缩气体和水蒸气容器爆炸能

当压力容器中介质为压缩气体，即以气态形式存在而发生物理爆炸时，其释放的爆破能量为

$$E_\mathrm{K} = \frac{pV}{k-1}\left[1 - \left(\frac{0.1013}{p}\right)^{\frac{k-1}{k}}\right] \times 10^3 \qquad (12-3-13)$$

式中　E_K——气体的爆炸能量，kJ；

　　　p——容器内气体的绝对压力，MPa；

　　　V——容器的容积，m^3；

　　　κ——气体的等熵指数，即气体的定压比热容与定容比热容之比。

常用气体的等熵指数数值见表 12-3-3。

常用气体的绝热指数　　　　　　　　　　表 12-3-3

气体名称	空气	氮	氧	氢	甲烷	乙烷	乙烯	丙烷	一氧化碳
κ 值	1.4	1.4	1.397	1.412	1.316	1.18	1.22	1.13	1.395

气体名称	二氧化碳	一氧化氮	二氧化氮	氨气	氯气	过热蒸汽	干饱和蒸汽	氢氰酸
κ 值	1.295	1.4	1.31	1.32	1.35	1.3	1.135	1.31

从表中可看出，空气、氮、氧、氢及一氧化氮、一氧化碳等气体的绝热指数均为 1.4 或近似 1.4，若用 $\kappa = 1.4$ 代入式（12-3-13）中，得到这些气体的爆破能量为

$$E_\mathrm{K} = 2.5pV\left[1 - \left(\frac{0.1013}{p}\right)^{0.2857}\right] \times 10^3 \qquad (12-3-14)$$

令　　　　　$C_\mathrm{G} = 2.5p\left[1 - \left(\frac{0.1013}{p}\right)^{0.2857}\right] \times 10^3$

则式（12-3-14）可简化为

$$E_\mathrm{K} = C_\mathrm{G}V \qquad (12-3-15)$$

式中　C_G——常用压缩气体爆炸能量系数，$\mathrm{kJ/m}^3$。

压缩气体爆破能量系数 C_G 是压力 p 的函数，各种常用压力下的气体爆破能量系数列于表 12-3-4 中。

常用压力下的气体容器爆破能量系数（$\kappa = 1.4$）　　　表 12-3-4

表压力 p（MPa）	0.2	0.4	0.6	0.8	1.0	1.6	2.5
爆破能量系数 C_G（$\mathrm{kJ/m}^3$）	2×10^2	4.6×10^2	7.5×10^2	1.1×10^3	1.4×10^3	2.4×10^3	3.9×10^3
表压力 p（MPa）	4.0	5.0	6.4	15.0	32	40	
爆破能量系数 C_G（$\mathrm{kJ/m}^3$）	6.7×10^3	8.6×10^3	1.1×10^4	2.7×10^4	6.5×10^4	8.2×10^4	

若将 $\kappa = 1.135$ 代入式中，可得干饱和蒸汽容器爆炸能量为

$$E_S = 7.4pV\left[1 - \left(\frac{0.1013}{p}\right)^{0.1189}\right] \times 10^3 \qquad (12-3-16)$$

用上式计算有较大误差，因为没有考虑蒸汽干度的变化和其他的一些影响，但它可以不用查明蒸汽热力性质而直接计算，对危险性评价可提供参考。

对于常用压力下的干饱和蒸汽容器的爆炸能量可按下式计算：

$$E_S = C_S V \qquad (12-3-17)$$

式中　E_S——水蒸气的爆破能量，kJ；

　　　V——水蒸气的体积，m^3；

　　　C_S——干饱和水蒸气爆破能量系数，kJ/m^3。

各种常用压力下的干饱和水蒸气容器爆破能量系数列于表 12-3-5 中。

常用压力下的干饱和蒸汽容器爆破能量系数　　　　　表 12-3-5

表压力 p（MPa）	0.3	0.5	0.8	1.3	2.5	3.0
爆破能量系数 C_S（kJ/m^3）	4.37×10^2	8.31×10^2	1.5×10^3	2.75×10^3	6.24×10^3	7.77×10^3

2. 介质全部为液体时爆炸能量

通常用对液体加压时所做的功作为常温液体压力容器爆炸时释放的能量，计算公式如下：

$$E_L = \frac{(p-1)^2 V \beta_t}{2} \qquad (12-3-18)$$

式中　E_L——常温液体压力容器爆炸时释放的能量，kJ；

　　　p——液体的压力（绝），Pa；

　　　V——容器的体积，m^3；

　　　β_t——液体在压力 p 和温度 T 下的压缩系数，Pa^{-1}。

3. 液化气体与高温饱和水的爆炸能量

液化气体和高温饱和水一般在容器内以气液两相存在，当容器破裂发生爆炸时，除了气体的急剧膨胀做功外，还有过热液体激烈的蒸发过程。在大多数情况下，这类容器内的饱和液体占有容器介质质量的绝大部分，它的爆破能量比饱和气体大得多，一般计算时不考虑气体膨胀做功。过热状态下液体在容器破裂时释放出爆炸能量可按下式计算：

$$E_U = [(h_1 - h_2) - (s_1 - s_2)T_1]m \qquad (12-3-19)$$

式中　E_U——过热状态液体的爆炸能量，kJ；

　　　h_1——爆炸前液化气体的焓，kJ/kg；

　　　h_2——在大气压力不饱和液化气体的焓，kJ/kg；

　　　s_1——爆炸前液化气体的熵，$kJ/(Kg \cdot ℃)$；

　　　s_2——在大气压力下饱和液化气体的熵，$kJ/kg \cdot ℃$；

　　　T_1——介质在大气压力下的沸点，℃；

　　　m——饱和液化气体的质量，kg。

饱和水容器的爆破能量按下式计算：

$$E_{\mathrm{W}} = C_{\mathrm{W}} V \qquad\qquad (12 - 3 - 20)$$

式中　E_{W}——饱和水容器的爆破能量，kJ；

　　　V——容器内饱和水所占的容积，m^3；

　　　C_{W}——饱和水爆破能量系数，$\mathrm{kJ/m}^3$，其值见表 12 - 3 - 6。

常用压力下饱和水爆破能量系数　　　　　　　　表 12 - 3 - 6

表压力 p（MPa）	0.3	0.5	0.8	1.3	2.5	3.0
爆破能量系数 C_{W}（$\mathrm{kJ/m}^3$）	2.38×10^4	3.25×10^4	4.56×10^4	6.35×10^4	9.56×10^4	1.06×10^5

12.3.2.3　爆炸冲击波及其破坏效应评价

1. 冲击波超压的伤害/破坏作用

压力容器爆破时，爆破能量在向外释放时以冲击波的能量、碎片能量和容器残余变形能量三种形式表现出来。据介绍，后二者所消耗的能量只占总爆破能量的 3% ~ 15%，也就是说大部分能量是产生空气冲击波。

冲击波伤害/破坏作用准则有：超压准则、冲量准则、超压 – 冲量准则等。为了便于操作，下面仅介绍超压准则。超压准则认为，只要冲击波超压达到一定值，便会对目标造成一定的伤害或破坏。冲击波超压对人体的伤害和对建筑物的破坏作用见表 12 - 3 - 7 和表 12 - 3 - 8。

冲击波超压对人体的伤害作用　　　　　　　　表 12 - 3 - 7

超压 Δp（MPa）	伤害作用
0.02 ~ 0.03	轻微损伤
0.03 ~ 0.05	听觉器官损伤或骨折
0.05 ~ 0.10	内脏严重损伤或死亡
>0.10	大部分人员死亡

冲击波超压对建筑物的破坏作用　　　　　　　　表 12 - 3 - 8

超压 Δp（MPa）	破坏作用
0.005 ~ 0.006	门窗玻璃部分破碎
0.006 ~ 0.015	受压面的门窗玻璃大部分破碎
0.015 ~ 0.02	窗框损坏
0.02 ~ 0.03	墙裂缝
0.04 ~ 0.05	墙裂大缝，屋瓦掉下
0.06 ~ 0.07	木建筑厂房房柱折断，房架松动
0.07 ~ 0.10	砖墙倒塌
0.10 ~ 0.20	防震钢筋混凝土破坏，小房屋倒塌
0.20 ~ 0.30	大型钢架结构破坏

2. 冲击波的超压

冲击波波阵面上的超压与产生冲击波的能量有关，同时也与距离爆炸中心的远近有关。冲击波的超压与爆炸中心距离的关系：

$$\Delta p \propto R^{-n} \qquad (12-3-21)$$

式中 Δp——冲击波波阵面上的超压，MPa；

R——距爆炸中心的距离，m；

n——衰减系数。

衰减系数在空气中随着超压的大小而变化，在爆炸中心附近内 $2.5 \sim 3$；当超压在数个大气压以内时，$n=2$；小于一个大气压时，$n=1.5$。

实验数据表明，不同数量的同类炸药发生爆炸时，如果距离爆炸中心的距离 R 之比与炸药量 q 三次方根之比相等，则所产生的冲击波超压相同，即有：

$$\frac{R}{R_0} = \sqrt[3]{\frac{m}{m_0}} = \alpha \qquad (12-3-22)$$

则

$$R_0 = R/\alpha \qquad (12-3-23)$$

$$\Delta p = \Delta p_0 \qquad \Delta p(R) = \Delta p_0(R_0) \qquad (12-3-24)$$

式中 R——目标与爆炸中心距离，m；

R_0——目标与基准爆炸中心的相当距离，m；

m_0——基准爆炸能量，TNT，kg；

m——爆炸时产生冲击波所消耗的能量，TNT，kg；

Δp——目标处的超压，MPa；

Δp_0——基准目标处的超压，MPa；

α——炸药爆炸试验的模拟比。

利用式（12-3-23），式（12-3-24）就可以根据某些已知药量的试验所测得的超压来确定任意药量爆炸时在各种相应距离下的超压。表 12-3-9 是 1000kgTNT 炸药在空气中爆炸时产生的冲击波超压。

1000kgTNT 爆炸时的冲击波超压　　　　　　　　　　表 12-3-9

距离 R_0（m）	5	6	7	8	9	10	12	14
超压 Δp_0（MPa）	2.94	2.06	1.67	1.27	0.95	0.76	0.50	0.33
距离 R_0（m）	16	18	20	25	30	35	40	45
超压 Δp_0（MPa）	0.235	0.17	0.126	0.079	0.057	0.043	0.033	0.027

距离 R_0（m）	50	55	60	65	70	75
超压 Δp_0（MPa）	0.0235	0.021	0.018	0.016	0.014	0.013

综上所述，计算压力容器爆破时对目标的伤害/破坏作用按下列程序进行。

（1）首先根据容器内所装介质的特性，分别选用式（12-3-13）至式（12-3-20）计算出其爆破能量 E；

（2）将爆破能量 E 换算成 TNT 当量 e_q。因为 1kgTNT 爆炸时所放出的爆破能量为 $4230 \sim 4836$ kJ/kg，一般取平均爆破为 4500kJ/kg，故其关系为

$$e_q = E/E_{TNT} = E/4500 \qquad (12-3-25)$$

（3）按式（12-3-22）求出爆炸模拟比，即

$$\alpha = (e_q/e_{q0})^{\frac{1}{3}} = (e_q/1000)^{\frac{1}{3}} = 0.1 e_q^{\frac{1}{3}} \qquad (12-3-26)$$

（4）由给出的距离 R 求出在 1000kgTNT 爆炸实验中的相当距离 R_0，即 $R_0 = R/\alpha$；

（5）根据 R_0 的值在表 12-3-9 找出距离为 R_0 处的超压 Δp_0（中间值用插值法），此即所求距离为 R 处的超压，即 Δp（R）$= \Delta p_0$（R_0）。

（6）根据超压 Δp 值，从表 12-3-7、表 12-3-8 中找出对人员和建筑场的伤害和破坏作用。

3. 蒸气云爆炸的冲击波伤害与破坏半径

爆炸性气体液态储存，如果瞬态泄漏后遇到延迟点火或气态储存时泄漏到空气中，遇到火源，则可能发生蒸气云爆炸。导致蒸气云形成的力来自容器内含有的能量或可燃物含有的内能，或两者兼而有之。能量的主要形式是压缩能、化学能或热能。一般来说，只有压缩能和热能才能单独导致形成蒸气云。

根据荷兰应用科研院 TNO 建议，可按下式预测蒸气云爆炸的冲击波的损害半径：

$$R = C_S (N \cdot E)^{1/3} \tag{12-3-27}$$
$$E = V \cdot H_c \tag{12-3-28}$$

式中　R——损害半径，m；

E——爆炸能量，kJ；

V——参与反应的可燃气体的体积，m^3；

H_c——可燃气体的高燃烧值，取值情况见表 12-3-10，kJ/m^3；

N——效率因子，其值与燃料浓度持续展开所造成损耗比例和燃料燃烧所得机械能的数量有关，一般取 $N = 10\%$；

C_S——经验常数，取决于损害等级，其取值情况见表 12-3-11，$m/kJ^{1/3}$。

某些气体的高燃烧热值（kJ/m^3）　　　　　　表 12-3-10

气体名称		高热值	气体名称	高热值
氢气		12770	乙烯	64019
氨气		17250	乙炔	58985
苯		47843	丙烷	101828
一氧化碳		17250	丙烯	94375
硫化氨	生成 SO_2	25708	正丁烷	134026
	生成 SO_3	30146	异丁烷	132016
甲烷		39860	丁烯	121883
乙烷		70425		

损害等级表　　　　　　表 12-3-11

损害等级	C_S [m·(kJ)$^{-1/3}$]	设备损坏	人员伤害
1	0.03	重创建筑物和加工设备	1% 死亡于肺部伤害 >50% 耳膜破裂 >50% 被碎片击伤
2	0.06	损坏建筑物外表可修复性破坏	1% 耳膜破裂 1% 被碎片击伤
3	0.15	玻璃破碎	被碎玻璃击伤
4	0.4	10% 玻璃破碎	

12.3.3 燃气中毒

有毒燃气泄漏后生成有毒蒸气云,它在空气中漂移、扩散、直接影响现场工作人员并可能波及居民区。大量剧毒物质泄漏可能带来严重的人员伤亡和环境污染。

毒物对人员的危害程度取决于毒物的性质、毒物的浓度和人员与毒物的接触时间等因素。有毒物质泄漏初期,其毒气形成气团密集在泄漏源的周围,随后由于环境温度、地形、风力和湍流等影响气团漂移、扩散,扩散范围变大,浓度减小。在后果分析中,往往不考虑毒物泄漏的初期情况,即工厂范围内的现场情况,主要计算毒气气团在空气中漂移、扩散的范围、浓度、接触毒物的人数等。

概率函数法是通过人们在一定时间接触一定浓度毒物所造成影响的概率单位值来描述毒物泄漏后果的一种表示法。概率和中毒死亡百分率有直接关系,两者可以互相换算,见表12-3-12,表中列为死亡百分比的个位数,行为百分比的十位数,中间元素为该百分比所对应的概率单位值。

概率与死亡百分率的换算									表 12 - 3 - 12	
死亡百分率(%)	0	1	2	3	4	5	6	7	8	9
0		2.67	2.95	3.12	3.25	3.36	3.45	3.52	3.59	3.66
10	3.72	3.77	3.82	3.87	3.92	3.96	4.01	4.05	4.08	4.12
20	4.16	4.19	4.23	4.26	4.29	4.33	4.26	4.39	4.42	4.45
30	4.48	4.50	4.53	4.56	4.59	4.61	4.64	4.67	4.69	4.72
40	4.75	4.77	4.80	4.82	4.85	4.87	4.90	4.92	4.95	4.97
50	5.00	5.03	5.05	5.08	5.10	5.13	5.15	5.18	5.20	5.23
60	5.25	5.28	5.31	5.33	5.36	5.39	5.41	5.44	5.47	5.50
70	5.52	5.55	5.58	5.61	5.64	5.67	5.71	5.74	5.77	5.81
80	5.84	5.88	5.92	5.95	5.99	6.04	6.08	6.13	6.18	6.23
90	6.28	6.34	6.41	6.48	6.55	6.64	6.75	6.88	7.05	7.33
99	0.0	0.1	0.2	0.3	0.4	0.5	0.6	0.7	0.8	0.9
	7.33	7.37	7.41	7.46	7.51	7.58	7.58	7.65	7.88	8.09

概率单位值 Y 与接触毒物浓度及接触时间的关系如下:

$$Y = A + B\ln P \tag{12-3-29}$$

$$P = C^n \Delta t \tag{12-3-30}$$

式中　Y——概率单位值,%;

　　　P——毒性负荷;

A、B、n——取决于毒物性质的常数;

　　　C——接触毒物的浓度,ppm;

　　　Δt——接触毒物的时间,min。

人工燃气中主要有毒成分为 CO,对于 CO,A 取 -37.98,B 取 3.7,n 取 1。

天然气中主要有毒成分为 H_2S,对于 H_2S,A 取 -31.42,B 取 3.01,n 取 1.43。

使用概率表达式时，必须计算评价点的毒性负荷（$C^n \cdot \Delta t$），因为在一个已知点，其毒性浓度随气团的通过和稀释而不断变化，瞬时泄漏就是这种情况。确定毒物泄漏范围内某点的毒性负荷，可把气团经过该点的时间划分为若干区段，计算每个区段内该点的毒物浓度，得到各时间区段的毒性负荷，然后再求出总毒性负荷：

$$P_T = \sum P_i \tag{12-3-31}$$

式中　P_T——总毒性负荷；

　　　P_i——各时间区段内毒性负荷。

一般说来，接触毒物的时间不会超过30min。因为在这段时间里人员可以逃离现场或采取保护措施。

当毒物连续泄漏时，某点的毒物浓度在整个云团扩散期间没有变化。当设定某死亡百分率时，由表12-3-12查出相应的概率Y值，根据式（12-3-29），式（12-3-30）有

$$C = \left(\frac{1}{\Delta t} e^{\frac{Y-A}{B}} \right)^{\frac{1}{n}} \tag{12-3-32}$$

可以计算出C值，于是按扩散公式可以计算出中毒范围。

如果毒物泄漏是瞬时的，则有毒气团在某点通过时该点处毒物浓度是变化的。这种情况下，考虑浓度变化情况，计算气团通过该点的毒性负荷，算出该点的概率值Y，然后查表12-3-12就可得出相应的死亡率。

12.4　燃气输配系统安全风险评价

城镇燃气输配系统由不同压力级制的管网、储配站、调压站等组成。其中由于城镇燃气管网属隐蔽工程以及载体介质——燃气易燃易爆，对于煤制气还有毒，并处于一定的压力状态，因此城镇燃气输配管网更具有较大的危险性。燃气输配管网事故中，运输环节特别是管道的事故频率较高。燃气输配管网具有开放性（铺设在城市的大街小巷）、隐蔽性（埋设地下）、危险性（燃气泄漏后极易造成事故）和长期性（使用时间长）的特点。燃气输配管网敷设时的技术水平和敷设时的施工质量不高，运行管理疏忽，城镇管理不健全，安全意识薄弱都会导致燃气管网运行存在安全风险。据统计，燃气管网事故前几位原因是第三方破坏、管道腐蚀、管材缺陷、焊缝缺陷、操作失误、附属设备故障等。其中第三方破坏是主要原因，如机械施工、碰撞等外部事故，且造成事故最严重。引起第三方破坏的事故原因中人为因素居多。

严格地说，风险和危险是不同的，危险只是指坏现象或过程的客观存在性（属性），而风险则不仅意味着这种负面事物的客观存在性，而且还包含其发生的渠道和可能性（事件）。例如，城镇居民要使用燃气，当燃气必须通过管道输送时，埋地钢管就有受到腐蚀的危险，这种危险是客观固有的；若不采取有效措施尽量杜绝发生腐蚀的渠道，降低发生腐蚀的可能性，则就有发生埋地钢管受腐蚀的风险。

为了消除或抑制系统存在的风险，有必要在充分揭示危险的存在和它的发生可能性的基础上，进行分析评价，探究其危害后果，提出需采取的技术措施，以及采取这些措施后风险得到怎样的抑制或消除。这种评价称为风险评价（Risk Assessment），也称作安全评价（Safety Assessment）或危险度评价。通过风险评价这一现代安全管理的重要手段，可

以帮助我们建立一种科学的思维方式，运用系统方法，及时、全面、准确、系统地识别各种危险因素，评价潜在的风险并采取最佳方案，从而降低风险，以寻求最低的事故率、最少的损失和最优的安全投资效益。

12.4.1　风险概述

1. 风险的定义

对于风险的概念可以从经济学、管理学、保险学等不同的角度去认识。风险常被用于描述人们的财产受损和人员伤亡的危险情景；对风险的定义有多种，可以采用风险定义为：风险是损失的可能性。风险具有两个基本特征，即不确定性和损失性。

风险是可以科学度量的。风险可表示为事故发生的可能性（或概率）与事故后果的乘积。对单个风险：

$$R_i = P_{\mathrm{f}i} \times C_i \qquad (12-4-1)$$

总的风险：

$$R_{\mathrm{t}} = \sum R_i \qquad (12-4-2)$$

式中　$P_{\mathrm{f}i}$——第 i 个危险的失效概率；

$\quad\quad C_i$——第 i 个危险的失效后果，主要包括经济损失、人员伤亡、环境破坏；

$\quad\quad R_i$——第 i 个危险的风险值；

$\quad\quad R_{\mathrm{t}}$——总的风险值。

2. 风险的构成要素

为了进一步理解风险的含义，还必须理解风险的构成要素：风险因素、风险事件、风险损失，以及它们之间的关系。

风险因素是指能够增加或引起风险事故发生概率和大小的因素，它是风险事故发生的潜在原因，是造成损失的内在原因。

风险事件是直接造成损失或损害的风险条件，是酿成事故和损失的直接原因和条件。风险事件的发生引起损失的可能性转化为现实的损失，它的可能发生或不发生是不确定性的外在表现形式。例如因水灾中断交通而引起的巨大经济损失，水灾就成为风险事件。因此，风险事件是损失的媒介，它的偶然性是客观存在的不确定性所决定的。

风险损失是风险的结果，是指非故意的、非计划的和非预期的经济价值的减少。这种损失分为直接损失和间接损失两种：直接损失是指实质性的经济价值的减少，是可以观察、计量和测定的；间接损失是由直接损失引起的破坏事实。一般是指额外的费用损失，收入的减少和责任的追究。例如，由于机器损失导致生产线的中断所引起的直接损失的价值和产出的减少；而因未能按期交货而引起客户索赔及造成订单减少，就是间接损失。

风险因素、风险事件和风险损失三者之间是紧密相关的。风险因素引发风险事件，风险事件导致损失，总称为风险。

12.4.2　风险评价与风险管理

风险评价可以定义为，以系统安全为目的，按照系统科学的程序和方法，对系统中的危险因素、发生事故的可能性及损失与伤害程度进行调查研究，进行定性和定量分析，从而评价系统总体的安全性以及为制定基本预防和防护措施提供科学的依据。它的着眼点是危险因素产生的负效应，主要从损失和伤害的可能性、影响范围、严重程度及应采取的对策等方面进行分析评价。

归纳起来，风险评价主要包括以下内涵：

（1）采用系统的科学理论的方法；

（2）对系统的安全性进行预测和分析——辨识危险，先定性、后定量认识危险；

（3）寻求最佳的对策，控制事故（危险的控制与处理），达到系统安全的目的——控制危险性能力的评价。

按照风险评价结果的量化程度，风险评价方法可分为定性风险评价方法和定量风险评价方法。风险评价的基本流程如图 12-4-1。

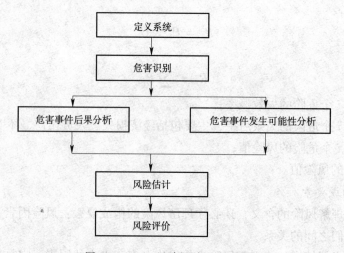

图 12-4-1　风险评价基本流程图

定义系统是指确定将要进行风险评价的对象；危害识别是指识别系统中的潜在危险因素。危害事件可能性方法大致分为两类：历史数据分析法和系统可靠性分析法；事故后果分析通常是指计算事故直接影响人员和环境的损失，如人员伤亡、经济损失；风险估计即是综合危害事故可能性分析和危害后果分析对风险做出估计；风险评价则是要对所估计得到的风险是否可以被接受以及有何种对策等进行评价。

在确定可接受风险标准时，最简单和最直接的方法是：对于社会风险来说，定义一定标准的描述事故发生概率与事故造成的人员受伤或致死数之间的相互关系，例如采用累积频率—死亡人数曲线（F-N 曲线），如图 12-4-2 所示为荷兰社会风险 F-N 曲线；如果社会风险水平在这个标准曲线以上，则认为这种风险是不可接受的，反之，则认为可以接受。这样指定的风险标准容易使用，但是在实际应用过程中，评价标准应当有一定的灵活性。目前普遍接受的风险评价标准一般都可分为上限、下限及其间的"灰色"区域 3 个部分，见图 12-4-3。"灰色区域"也称为"ALARP（As Low As Reasonable Practice）区域"，这个区域的风险需要根据具体情况采用，包括成本——效益分析等手段进行详细的分析，以确定合理可行的措施来尽可能降低风险。

所谓风险管理就是通过风险辨识、风险评价、风险对策及通过多种管理方法、技术和手段对所涉及的风险进行有效的控制，以消除风险因素或减少风险因素的危险性，在事故发生前降低事故发生的概率；在事故发生后，将损失减少到最低限度，从而达到降低风险承担主体预期财产损失的目的，以最少的成本保证系统的安全、可靠。

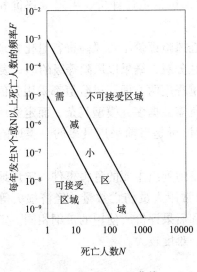

图 12-4-2　F-N 曲线

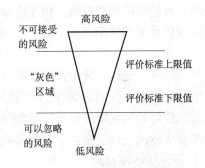

图 12-4-3　风险评价标准的构成

风险控制是风险管理过程中的后阶段，也是整个风险管理成败的关键所在。风险控制的目的在于改变生产单位所承受的风险程度，其主要功能是帮助生产单位怎样避免风险，预防损失，当损失无法避免的时候，降低损失的程度及不良影响。

12.4.3　燃气输配系统风险评价基本过程

燃气输配系统风险评价一般应包括系统划分和管道分段、基础数据收集、风险辨识、风险评价、风险可接受性判断、检测和检验、维护与改造对策、风险再评价等过程。

1. 系统划分和管道分段

燃气输配系统都是在不断的建设过程中，其规模不断扩大。输配系统的不同部分风险差别极大，因而首先就要对系统进行分类和分段；将燃气输配系统划分成不同的子系统，如管道系统、调压装置、站场、监控等系统，并确定哪些系统需要进行风险评价；管道系统是连续系统，也需要根据其本身性质和环境状况的不同划分成不同的管段，使得每一段具有相似的风险，管段的平均长度应根据计划投入的精力而定，管段划分越细，风险评价工作量越大，风险评价的结果一般而言也更为准确。燃气输配系统 GIS 系统是风险评价的有效工具，GIS 一般都具有管道分段功能。

2. 数据收集

燃气输配管网风险评价必须有足够的基础数据，其中最基本的数据就是评价对象的自身的属性数据（如材料、管径、壁厚、压力、防腐层类型等）和环境参数（如土壤类型、周边密闭空间的分布、重要建筑物的距离等）。燃气输配系统 GIS 系统一般都记录了每条管段的有关参数，根据风险评价的需要，可以对其进行完善。

3. 危险辨识

采取系统的方法，对管网潜在的危险因素进行识别。风险辨识可能需要进行管道巡线检查或借助某些仪器进行检测。关于危险辨识将在 12.4.5 中进一步阐述。

4. 风险评价

风险评价是指对管网所处的风险程度进行估计，包括定性评价、半定量评价和定量评价。

定性风险评价是一类简单实用的评价方法，定性风险评价不对风险进行量化处理，只对管道的事故可能性等级和后果的严重程度进行定性分级，结果以风险等级的形式表示。

半定量风险评价包含事故可能性、事故后果严重程度两方面；风险值都采用分值、指数等并不具有量纲的相对数值。由于定量风险评价所需数据多、模型复杂，而定性风险评价又不能提供足够的风险信息，因此，半定量风险评价是目前采用最多的一类风险评价方法。

定量风险评价是风险评价的高级阶段，要求完备地列出主要的危害事件，定量地计算出危害事件的概率，计算危害事件的后果。后果通常用人员伤亡数量、经济损失等来表示。定量风险评价的风险结果是有量纲的，其量纲和后果评价所使用的量纲相同。定量风险评价需要大量的失效、事故、危害等相关的数据，难度较大。

5. 风险可接受性判断

在定性评价或半定量、定量评价之后都可以对燃气输配系统的风险可接受水平进行评判，评判标准应由燃气公司根据其安全投入计划，安全目标而定，对于不同风险可接受水平的管道或设备，燃气公司应采取不同的反应，如某公司制定的风险可接受性标准如表 12-4-1 所示。

燃气输配系统风险等级划分标准　　　　　　　　　　　　　　　表 12-4-1

等级	可接受性	需要的措施
低	可忽略风险	无须增加措施
较低	可接受风险	日常巡线监视
中	可容忍风险	增加巡线频率，注意监控
较高	有条件的可容忍风险	增加巡线频率，严密监控，必要时实施验证检查检测措施
高	不能容忍风险	立即对管道进行验证检查检测，并严密监控，尽快改造
很高	无法接受风险	立即进行验证检查检测，核实后立即改造

6. 检查和检测

根据风险评价的结果，首先应安排对高风险管段或设备进行检查、监控，若日常巡线方法不能发现问题，则需要进行检测（如打孔测漏、防腐层质量检测等）检验，若检测检验正常，则将检测检验的结果数据纳入风险再评价中，从而调低管道风险水平。若检测发现情况更为严重，同样需要调高其风险水平。

7. 维护和改造对策

若经检查和检测，发现管道或设备确实存在问题，应制定维护、改造对策，并评价维护改造的成本与所获得收益（如管道可持续的寿命）是否值得，若效益大于成本，应进行维护、改造，否则可考虑废弃该管道或设备。

8. 风险再评价

经过检查、检验、检测或维护改造后，应对该管道或设备进行风险再评价，不断循环。

对燃气输配系统进行科学合理的风险评价有以下作用和意义：

（1）对燃气输配系统的不同管段等提供定性或定量的风险指标，并进行风险指标的大小排序，从而确定燃气输配系统的薄弱环节，为燃气输配系统的维护管理提供轻重缓急的顺序，最优地安排人力、物力和财力，确保安全的最大化和成本的最低化。

（2）定量的风险评价还能确定燃气输配系统各管段可能导致安全风险期望值，燃气经营企业可根据确切的风险期望值制订安全投入计划，确定维护的方法和频率，从而做到既安全，又不浪费。

（3）定量的后果评价能够确定燃气泄漏、爆炸的危害范围，可为抢险、应急疏散等提供决策依据。

（4）风险评价能找到风险的主要因素，从而做到有针对性的预防和维护。

（5）风险评价是完整性管理的核心内容，完整性管理是当今世界工业先进的管理理念和方法，它包含了设计、施工、维护、检测整个寿命过程的最优方案。

12.4.4 风险评价的基础数据

无论采取何种管道风险评价方法，都必须具备相应的资源，尤其是数据资源。燃气输配系统，例如对管道系统风险评价所需的数据来源有以下几类：

1. 管道在设计施工过程已经确定的基本参数

风险评价之前必须知道被评价对象的一些基本参数，这些参数大多在设计、施工过程中就被确定，数据越详细对风险评价的结果可信度越有利，这些数据包括：管道的位置、管径、壁厚、管材、运行压力、敷设方式、防腐层情况、埋深、地表覆盖层情况、土壤类型等参数以及设计、施工过程中保存的资料，如施工图、竣工图、焊接记录、无损检测记录、试压记录等，如果燃气公司建有 GIS 系统，这些数据部分已经在 GIS 中储存了，没有的也可以补充，如果燃气公司没有 GIS 系统，则可以建立一个信息系统来录入、储存这些数据。

2. 管道的日常巡检记录

管道的历史巡检记录是其风险评价时的重要参考，每次执行风险评价之前，也要进行仔细的巡线，检查其目前的各类情况，然后才能根据预先制定的方法、系统进行风险评价。巡检记录的内容越翔实越好，若无历史巡检记录，则燃气公司需要立即建立巡检报表制度，以收集风险评价所需的数据。

3. 管道的检测检验数据

检测检验数据能提供一些日常巡检所无法获取的重要数据，如防腐层绝缘层电阻率、防腐层破损点数量、土壤的各种理化性质、管道的试压记录等。这些数据往往是管道状况的重要标志，获取这些数据，可以提高风险评价结果的准确性。因此在风险评价时一般应采取一些检测手段，获得这些对管道风险有重大影响的参数数值；若存在一些以往的这类数据，风险评价中也是可以参考的。

4. 专家估计数据

风险评价过程，某些数据无法通过客观手段收集，或者成本太高而不能实施，这时就需要聘请专家进行估计。专家估计时，首先要设计好各种情景，如管道的具体情况、环境的具体情况等，设计好专家咨询调查表，聘请多名业内专家共同估计，采用一定的方法集中各位专家的意见，得到所需的数据参与风险评价。

12.4.5　燃气输配系统危险源辨识

危险源辨识是发现、识别系统中危险源的工作。只有辨识了危险源后才能有的放矢地考虑如何采取措施控制危险源。

危险源一般分两类：①在实际生产中往往把产生能量的能量源或拥有能量的能量载体以及产生、储存危险物质的设备、容器或场所称为第一类危险源；②为保证第一类危险源的安全运转，必须采取措施约束、限制能量。但约束限制能量的措施可能失效而发生事故，把导致能量或危险物的约束或限制措施破坏或失效的各种不安全因素称为第二类危险源。第一类危险源是事故发生的前提，决定事故后果的严重程度；第二类危险源是第一类危险源导致事故的必要条件，决定事故发生的可能性大小。两类危险源的危险性随着技术水平、管理水平和人员素质的不同而不同。

危险通常是潜在的、隐含的。由于燃气输配系统非常复杂，既有地下的又有地上的，且范围大场站多，各环节的危险源辨识需要实地调研，并通过一定的方法才能找到。常用的方法有：根据国家和行业的有关规程和标准进行大检查；根据以往事故案例寻找线索，根据危险工艺、设备普查表确定等。

燃气输配系统的危险源一般可归纳如下：

1. 燃气——燃气输配系统的主要危险源

燃气易燃易爆。燃气泄漏后与空气混合，当其浓度处于一定范围时，遇火即发生着火或爆炸。爆炸浓度极限范围越宽，爆炸下限浓度越低，则着火或爆炸危险性就越大。

燃气有毒性。天然气为烃类混合物，属低毒性物质，但长期接触可导致神经衰弱综合症状。天然气中的甲烷属"单纯窒息性"气体。人工燃气中的 CO 为剧毒物质。

另外，天然气和人工燃气中均含有少量硫化氢。硫化氢及经燃烧所生成的 SO_2 都有强烈臭味，对人的呼吸道和眼鼻黏膜有异常刺激作用，并严重危害神经系统。硫化氢又是一种活性腐蚀性物质，在高温、高压以及燃气中含有水分时腐蚀尤为严重。与燃气中二氧化碳和氧（两者本身也是腐蚀性物质）共存时腐蚀性更为加剧。SO_2 也具有腐蚀性，大气中常年累月积聚大量 SO_2 会造成"酸雨"，影响地区的土壤、作物和林木的生长，破坏生态。燃气含有的有机硫对燃具也有腐蚀性。

2. 工艺设计不合理

燃气输配系统工艺复杂，燃气输送量大，输送压力高，且所输送的介质为易燃易爆有毒性的燃气，因此，如果工艺设计不合理，就有可能因为燃气泄漏而导致火灾、爆炸事故。工艺设计不合理具体可以表现在以下方面：工艺流程、设备布置，系统工艺计算，管道强度计算，管道、储配站和调压站位置选择，材料选择、设备选型，防腐设计，结构设计，防雷、防静电设计等。

3. 材料缺陷

燃气输配系统由管道、管件、阀门、法兰、垫片、紧固件等管道元件、储存设备、泵、压缩机、电机、仪器仪表、安全附件等组成，其中任何一个元件或设备中的任何一个部件有质量方面的缺陷，就是一个危险源，是"潜在的"不安全因素，而且往往是非常隐蔽的。

4. 施工质量缺陷

城镇燃气输配系统施工的质量好坏，直接影响到管道的使用寿命、系统运行的经济效益，甚至燃气输配系统运行的安全性。施工质量问题具体表现在：施工队伍技术水平低、管理混乱，强制组装，焊接缺陷，补口、补损质量缺陷，管沟、管架质量缺陷，穿跨越质量缺陷，检验控制不严等。

5. 腐蚀

腐蚀是导致燃气管道失效的主要危险。腐蚀既会导致管道壁厚大面积减薄，使管道变形，甚至破裂；腐蚀也可能导致管道穿孔，引发漏气事故。腐蚀形式很多，一般有：电化学腐蚀，化学腐蚀，微生物腐蚀，应力腐蚀，电流干扰腐蚀。

6. 疲劳

管道、设备等在交变应力作用下的疲劳破坏，与静应力引起的破坏现象是不同的。由于压缩机经常性的开停或燃气负荷的变化，以及埋设于道路、铁路下管道因地基振动等原因，会在管道内部产生不规则的压力波动，这种交变应力即使小于材料屈服极限，如果是长时间反复作用，也会造成管道、设备等的突然破坏。

交变应力作用导致的疲劳破坏特别容易发生在管道开孔或支管连接以及焊缝存在错边、棱角、咬边或夹渣、气孔、裂纹、未焊透、未熔合等因几何不连续所造成的应力集中处。疲劳破坏导致的小裂纹会逐渐扩展并最终贯穿整个壁厚，引起燃气泄漏。

7. 第三方破坏

第三方破坏，是指机械或其他外力影响。外力因素分为自然外力和人为外力。这类事故的损失往往是巨大的，突发性的，涉及面广，且维修困难。

自然外力对燃气输配系统设施的破坏主要是由地震、洪水等自然灾害造成的。人为外力破坏可分为直接人为外力破坏和间接人为外力破坏。直接人为外力破坏是指人为因素直接作用于输配设施造成损坏而产生燃气泄漏等事故。近几年来，高层建筑工程地基施工引起地面下沉，导致燃气管道损坏，以及由于道路施工而挖坏、铲坏、压坏燃气管道及其辅助设施的现象，也屡见不鲜。

间接人为外力破坏是指人为因素间接作用于输配设施所造成的破坏，如在埋地管道上方构筑建筑物或堆积重物，日积月累对管道造成的损坏，一旦管道破裂，极有可能造成灾难性的事故。

近年来的统计数据表明，城镇燃气管道的泄漏事故主要是由第三方破坏，特别是人为外力破坏所造成的。

8. 管理缺陷

随着城镇燃气事业的迅速发展，管理方面缺陷所造成的危害性更加明显。违章作业依然出现在燃气输配系统的建设、运行等各个方面，由于系统越来越庞大和复杂，稍有差错都可能造成巨大危害；安全管理不规范，诸如规范落实不到位，缺乏巡线、检漏等成套设备，员工安全培训未按要求开展，规章制度形同虚设等。另外，由于燃气输配系统面广、线长、点多、隐蔽性强等特点，检测困难，加上检测手段落后，检测设备陈旧，检测人员素质不高等原因，使得定期检验结果不能真正反映实际情况，无法为决策提供科学依据。

9. 燃气用户安全意识淡薄

如果用户缺乏必要的安全知识，使用不当，麻痹大意，甚至私自改装燃气管线或改动燃气设施，必然留下安全隐患。每年都有因燃气泄漏导致着火爆炸，或使用不当造成的燃气中毒等事故发生。

12.5　燃气输配系统安全风险评价方法

12.5.1　风险评价方法分类

根据风险评价结果的定量程度，可以将风险评价方法分为定性方法、半定量方法和定量方法，其中定量风险评价也称为概率风险评价。

定性风险评价的主要作用是找出系统存在哪些危险源，诱发事故的各种因素，以及这些因素在何种条件下会导致系统失效及其对系统产生的影响程度，最终确定控制事故的措施。这种方法为合理分配系统维修资金提供了依据。在进行定性风险评价时，不必建立精确的数学模型和计算方法，其评价结果的精确性取决于分析人员的经验、划分事故因素的细致性、层次性等，具有直观、简便、快速、实用性强的特点。还可以根据专家的观点提供高、中、低风险的相对等级，但是危险性事故的发生频率和事故损失后果均不能量化。

燃气输配系统定性分析的可采用方法有安全检查表法（CL），危险性预分析法（PHA），危险和操作性研究（HAZOP）和风险矩阵法，故障类型与影响度分析法（FMEA，Failure Mode and Effects Analysis），以及故障类型、影响及致命度分析（FMECA，Failure Mode，Effects and Criticality Analysis）等，都属于定性方法。

半定量风险评价是以风险的数量指标为基础，对事故损失后果和事故发生概率按权重值各自分配一个指标，然后用加和除的方法将两个对应事故概率和后果严重程度的指标进行组合，从而形成一个相对风险指标。半定量法允许使用一种统一而有条理的处理方法把风险划分等级，其指标可以用来确定资金分配的优先权。这种方法综合了定性法的以图表为基础的 HAZOP 模型和定量的知识（譬如对某些事故分布概率模型的运用），排除了一些不可预见的事故后果，使人们的注意力集中到更可能发生的事故后果上。极大地提高了风险评价的实用性和准确性。

著名的 KENT 管道风险指数法（W. K. M 专家评分法），管道系统常用作业条件危险性分析（LEC 法）、影响及致命度分析（FMECA）都属于半定量风险评价。

定量风险评价是风险评价的高级阶段，也叫作概率风险评价（PRA），这是一种定量绝对事故频率的严密的数学和统计学方法。它将产生事故的各种因素处理成随机变量或随机过程，通过对单个事件概率的计算得出最终事故的发生概率，然后再结合量化的事故后果计算出系统的风险值。定量风险评价一般是在定性评价的基础上进行的，它主要是对定性评价中已识别出的风险水平较高的故障类型进行详细的定量评价。由于引起系统（如燃气管道等）失效的故障类型比较复杂，因此，定量风险评价技术需要利用概率结构力学、有限元法、断裂力学、可靠性技术和各种强度理论，同时根据大量的设计、施工、运行资料建立风险评价数据库，并掌握燃气管道裂纹缺陷的扩展规律和管材的腐蚀速率，由此运用确定性的和不确定性的方法建立评价的数学模型，最后进行分析求解，其结果的精确性取决于原始数据的完整性、数学模型的精确性和评价方法的合理性。

在管道工业上已经应用的定量风险评价方法有，基于断裂力学理论和实物评价半经验性公式（如 ASME B3lG）的管道剩余强度评价，基于腐蚀机制的剩余寿命预测评价，基于失效评估图（FAD）的概率失效分析，管道的可靠性评价，事件树分析法（ETA），故障树分析（FTA）等。

在风险评价技术中还运用了灰色理论方法、模糊数学方法等。如用灰色关联分析法判断风险评价各指标（要素）的权重系数即是应用一例。又如在处理风险等级评定中的以故障树分析法为基础的模糊综合评价法等。

上述三种风险评价方法，就其评价结果的准确性而言，定量评价最好，其次是半定量评价和定性评价，但就其评价成本而言，定量评价最高，定性评价最低。

12.5.2 安全检查表法

安全检查表法是将被评价的系统进行剖析，分成若干个单元或层次，列出各个单元或层次的危险因素和隐患，然后确定检查项目，把检查项目按单元或层次的组成顺序编制成表格，以提问或现场检查的方式确定各检查项目的状况并填写到相应的表格项目上，从而对系统进行安全评价。如管线安全检查表法和风险矩阵法可以结合使用，安全检查表作为获取数据来源的手段，而风险矩阵则作为风险评价结果的表征，从而完成较为完整的定性风险评价。

安全检查表 　　　　　　　　　　　　　　　表 12－5－1

序号	检查项目	检查内容	依据的法规标准	检查结果	检查时间	检查人	备注

12.5.3 危险性预分析法

危险性预分析法（Preliminary Hazard Analysis，PHA）是在工程活动之前，对系统存在的各种危险因素和事故可能造成的后果进行宏观、概略分析的系统安全分析方法。危险性预分析的步骤如图 12－5－1。

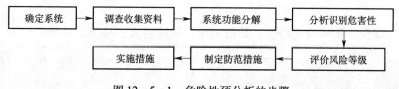

图 12－5－1　危险性预分析的步骤

编写危险性预分析表是危险性预分析的主要工作，典型的危险性预分析表如下表。

危险性预分析表 　　　　　　　　　　　　　　表 12－5－2

序号	危险有害因素	触发事件	现象	事故原因	危害事件	后果	风险等级	措施

触发事件是与危害因素现象直接联系的事件，是可以通过观察和测量等方法直接预测的事件。事故原因是导致触发事件的因素，要通过因果分析的方法得出。后果是实际事故发生后的后果或者推断可能的事故后果。风险等级划分为四级：1级，安全的，可以忽略；2级，临界的，处于事故边缘状态，很可能进一步发展成为事故；3级，危险的，会造成人员伤害和财产损失；4级，破坏性的，可能造成严重事故。

危险性预分析的优点是给出了危险因素的类型、潜在的危害事件、原因、后果、风险等级及对应的措施，表格简洁明了。其缺点是分析深度不够，确定风险等级的主观性较强。

12.5.4　风险矩阵法

风险矩阵法是通过采集输配系统的一些因素，根据因素情况确定输配系统发生事故可能性的级别和如果事故发生所造成的后果严重程度级别，用事故可能性级别和事故后果级别作为纵、横坐标构成一个"矩阵"，矩阵中的元素即代表风险的级别，如图 12-5-2 即为美国石油学会标准 API581 推荐的风险矩阵：

12.5.5　肯特管道风险指数法

肯特（W. Kent Muhlbauer）管道风险评价方法是以专家打分为基础，求取管道相对风险数大小的方法。该方法的基本步骤是：首先将管线按照其状况的不同分段，然后分析每个管段的详细情况，由专家结合管道的实际情况给出指数打分，最后通过指数间的运算计算出管段的相对风险数。

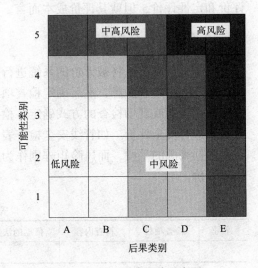

图 12-5-2　风险矩阵示意图

12.5.5.1　管道指数评价法基本模型

管道指数评价法的基本模型见图 12-5-3。管道指数评价法的实施分为两个部分（见图 12-5-3 中两个虚线框）。

从图 12-5-3 中，可以看出，相对风险评价值取决于两个数值：评价指数和；泄漏影响系数。评价指数之和与系统的完整性因素取值有关；泄漏影响系数与风险发生的后果取值有关。

用相对风险数衡量风险的程度，其值越小，风险越大，按下式计算：

$$R = \frac{I_R}{L_C} \qquad (12-5-1)$$

式中　R——相对风险系数；

　　　I_R——评价指数值之和；

　　　L_C——泄漏影响系数。

1. 评价指数值之和（I_R）

评价指数值之和按下式计算：

$$I_R = I_T + I_C + I_D + I_O \qquad (12-5-2)$$

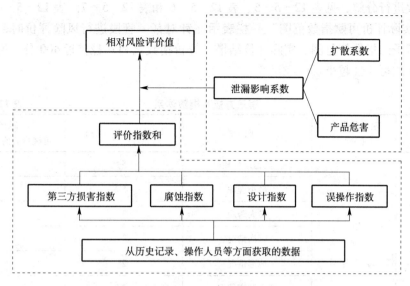

图 12-5-3　KENT 管道指数评价法的基本模型

式中　I_R——评价指数值之和；

I_T——第三方破坏指数；

I_C——腐蚀指数；

I_D——设计指数；

I_O——人为失误指数。

评价指数可以归纳为四类：第三方损害（破坏）指数、腐蚀指数、设计指数和误操作指数，根据该指数分类建立评价系统，见表 12-5-3。每一指数合计 100 分，四个指数总计 400 分。

管道风险指数评价体系　　　　　　　　　　　　　　　表 12-5-3

序号	评价指数名称	指数分值	实际评价时 可赋指数值范围（分）
1	第三方损坏指数	100	0~100
2	腐蚀指数	100	0~100
3	设计指数	100	0~100
4	误操作指数	100	0~100
合计		400	0~400

借助于故障树分析方法，表 12-5-3 中的各评价指数可以根据具体情况进行分解，如"第三方损坏指数"可以分解为表 12-5-4 中二级因素，二级因素的赋予指数值之和等于 100，各个二级因素的不同赋予指数值，表示它们对于"第三方损坏指数"具有不同的影响度。另外，各个二级因素还可以进一步分解为三级因素。某二级因素所分解的三级因素的赋予指数值之和等于该二级因素的赋予指数值。同样，可以将表 12-5-3 中的其

他评价指数进行分解，见表 12－5－5、表 12－5－6 和表 12－5－7。表 12－5－4～表 12－5－7 中"实际评价可赋指数范围"一栏表示在针对某一管段进行风险评价时，根据实际情况可以赋予的指数值范围。实际评价结果（评价指数之和）越接近 400 分，说明评价对象风险发生的可能性越小。

第三方损害指数体系　　　　　　　表 12－5－4

二级因素	赋予指数值（分）	三级因素	赋予指数值（分）	实际评价时可赋指数值范围（分）
覆盖层	20	覆盖层性质	5	
		最小埋深	5	
		最大跨距	3	
		管沟情况	3	
		地形情况	2	
		管道转弯情况	2	
活动	20	车辆活动	6	
		建筑活动	5	
		占压	5	
		自然活动	4	
地面设施	10	管道防护措施	5	
		抗破坏能力	5	
应答系统	15	操作时间	3	
		记录报告的一致性	3	
		通知方法	3	
		非工作时间的通知方法	3	
		通知时机	3	
公众教育	15	居民平均素质	3	
		流动人口情况	2	
		居民公共道德与财产意识	2	
		宣传力度	2	
		居民对管道法认识	3	
		维护者安全意识	3	
巡线	15	巡线手段	3	
		巡线规章	3	
		巡线频率	5	
		巡线员责任心	4	
管道用地标志	5			

注：本表原公众教育赋予指数值为 12（分），本书改为 15（分）

腐蚀指数体系　　　　　　　　　　　　　表 12-5-5

二级因素	赋予指数值（分）	三级因素	赋予指数值（分）	四级因素	赋予指数值（分）	实际评价时可赋指数值范围（分）
管内腐蚀	30	燃气腐蚀	15	H_2S 含量	5	
				H_2O 含量	5	
				CO_2 含量	5	
		管内保护	15	保护层种类质量	6	
				缓蚀措施	5	
				管内监控	4	
外腐蚀	50	阴极保护	10	阴保产品质量	3	
				阴保安装质量	2	
				全面检查频率	2	
				全面检查质量	3	
		外涂层情况	20	外涂层质量	6	
				外涂层施工质量	4	
				外涂层缺陷修补	2	
				全面检查频率	4	
				全面检查质量	4	
		土壤腐蚀性	8	土壤通气性	1	
				土壤电阻率	1	
				土壤含水量	2	
				土壤温度	1	
				土壤黏土矿物	1	
				pH 值	2	
		系统运行年限	4			
		其他金属	4			
		交流电流干扰	4			
应力腐蚀	10	腐蚀环境	4			
		温度变化	3			
		管材缺陷	3			
其他	10	腐蚀检测	5	检测手段	2	
				检测频率	2	
				员工素质	1	
		维修情况	5	人员素质	3	
				维修手段	2	

设计指数体系 表 12－5－6

二级因素	赋予指数值（分）	三级因素	赋予指数值（分）	实际评价时 可赋指数值范围（分）
管道安全系数	25	管道壁厚	5	
		连接种类	4	
		连接个数	3	
		管道修复	3	
		阀门设置	3	
		加强措施控制	3	
		净距控制	2	
		锚固件控制	2	
系统安全系数	15	设计压力/MAOP	5	
		应力控制	5	
		敷设线路	5	
疲劳	5	交通荷载	3	
		管材影响	2	
阀门室设计	10	防火防爆设计	4	
		供电设计	2	
		阀门室与周边安全间距	4	
调压室设计	10	防火防爆设计	4	
		供电设计	2	
		调压室与周边安全间距	4	
系统水压试验	20	试验压力等级	8	
		水压试验持续时间	4	
		距上次试验时间	4	
		试验工程师经验	4	
土壤移动	5	移动情况	3	
		减缓措施质量	1	
		减缓措施频率	1	
设计人员技术	10	设计人员资质	2	
		设计人员经验	2	
		设计规范选用	3	
		设计文件审查	3	

表 12 - 5 - 7

误操作指数体系

二级因素	赋予指数值（分）	三级因素	赋予指数值（分）	实际评价时可赋指数值范围（分）
设计	30	灾难识别	6	
		管道压力	8	
		安全系统	6	
		设计软件可靠性	5	
		设计验收	5	
施工	20	材料可靠性	4	
		施工管理措施	3	
		施工人员素质	3	
		施工人员培训	4	
		施工监督	3	
		施工验收	3	
运行	35	工艺过程	5	
		通信	2	
		运行检查	8	
		运行培训	15	
		运行监督	5	
维护	15	文件编制	2	
		维护规程	8	
		维护频率	3	
		维护工作人员素质	2	

2. 泄漏影响系数

泄漏影响系数为管道输送介质危险性评价分值与扩散系数之比，而扩散系数为泄漏分值与人口密度分值之比，即

$$L_C = \frac{G}{S_C} \qquad (12 - 5 - 3)$$

式中　L_C——泄漏影响系数；

　　　G——燃气危险性评价分值；

　　　S_C——扩散系数。

下面以燃气为例，分别说明燃气危险性评价分值、泄漏分值和人口密度分值的确定方法。

（1）燃气危险性评价分值

燃气的危害性包括急剧危害和长期危害。

燃气危险性评价分值为急剧危害分值和长期危害分值（R_Q）之和。前者又为可燃性分值（N_f）、反应性分值（N_r）及毒性分值（N_h）之和，急剧危害分值和长期危害分值可参考表 12 - 5 - 8。因此：

$$G = N_f + N_r + N_h + R_Q \qquad (12-5-4)$$

式中　N_f——可燃性分值；

$\quad\ \ N_r$——反应性分值；

$\quad\ \ N_h$——毒性分值；

$\quad\ \ R_Q$——长期危害分值。

　　燃气危害性最大分值为 22 分，其中急剧危害分值为 12 分，长期危害分值为 10 分。实际评价时，燃气危害性最小分值为 1，这是为了避免出现在计算相对风险评价值时出现被零除的可能。根据表 12-4-9，天然气、人工燃气和液化石油气的危险性评价分值可分别取 7，8 和 10。

典型气体的急剧危害分值和长期危害分值　　　　　表 12-5-8

燃气名称	毒性分值（N_h）	可燃性分值（N_f）	反应性分值（N_r）	长期危害分值（R_Q）
CO	2	4	0	2
Cl_2	3	0	0	8
C_2H_6	1	4	0	2
C_2H_4	1	4	2	2
H_2	0	4	0	0
H_2S	3	4	0	6
nC_4H_{10}	1	4	0	2
CH_4	1	4	0	2
N_2	0	0	0	0
C_3H_8	1	4	0	2
C_3H_6	1	4	1	2

　　（2）扩散系数

　　扩散系数用于反映燃气泄漏影响的范围及程度，用下式表达：

$$S_C = \frac{L}{P} \qquad (12-5-5)$$

式中　S_C——扩散系数；

$\quad\ \ L$——泄漏分值；

$\quad\ \ P$——人口密度分值。

　　1）泄漏分值。燃气泄漏后产生的气体云团，当遇到火源就会发生火灾和（或）爆炸事故。云团越大遇到火源的机会就越大，其潜在的破坏性也越大。燃气云团的大小与燃气泄漏速率有关，而不是泄漏总量。例如 10min 内 500kg 的燃气泄漏量所产生的云团可能要比 1h 内 2000kg 燃气泄漏量大得多。同样，对于相同的泄漏量，分子量小的燃气要比分子量大燃气危害性小。因此，综合考虑泄漏率和分子量，泄漏分值可以参考表 12-4-10。

燃气泄漏分值				表 12-5-9
分子量	10 分钟内燃气泄漏量（kg）			
	0~2270	2270~22700	22700~227000	>227000
≥50	4	3	2	1
28~49	5	4	3	2
≤27	6	5	4	3

2）人口密度分值。在进行事故后果分析中，人的伤亡总是考虑的重点。管道附近的人口密度越大，发生燃气泄漏事故的危害越大。因此，管道附近人口的密度与事故潜在的后果严重性相关联。根据 GB50251《输气管道工程设计规范》或 GB50028《城镇燃气设计规范》，地区等级划分为四级，相应的人口密度分值见表 12-5-10。

地区等级和人口密度分值		表 12-5-10
地区等级	人口密度	人口密度分值（min）
一级	区域内户数少于等于 15 户	1
二级	区域内户数大于 15 户小于 100 户	2
三级	区域内户数大于等 100 户，包括市郊居住区、商业区、工业区、发展区以及不够四级地区条件的人口稠密区	3
四级	区域内有四层及四层以上楼房（不计地下室层数）普遍集中、交通频繁、地下设施多	4

根据上述的取值结果，按式（12-5-3）~式（12-5-5）计算出泄漏影响系数。

最后，再根据式（12-5-2）的评价指数之和，由式（12-5-1）计算出相对风险评价值。

相对来说，管道指数评价法简单易懂，其主要缺陷是评分过程的主观性。在风险评价过程中，当完全凭借某些数据或数据不完整而无法判断风险情况时，往往需要利用经验、直觉等要素进行主观判断，特别是在实施风险评价的初期阶段。

12.5.5.2 管道指数评价法实施步骤

管道指数评价法的实施分为四个步骤，即评价管段的划分、数据采集、评价结果计算和评价结果的分析，见图 12-5-4。

1. 管段划分

一条管线或一个区域管网，其潜在危险性沿管线不会是相同的。因此，需要根据具体情况进行划分。这里就需要有一个管段划分标准。管段划分越多，风险评价结果越准确，但数据采集成本就会提高。

根据燃气输配管网的特点，通过检查每一条管道来进行风险评价可能是不切实际的。一般情况下可以参照建筑物密度、土壤腐蚀性、不同压力级制、不同管材、阴极保护设置与否等特征进行管网划分。

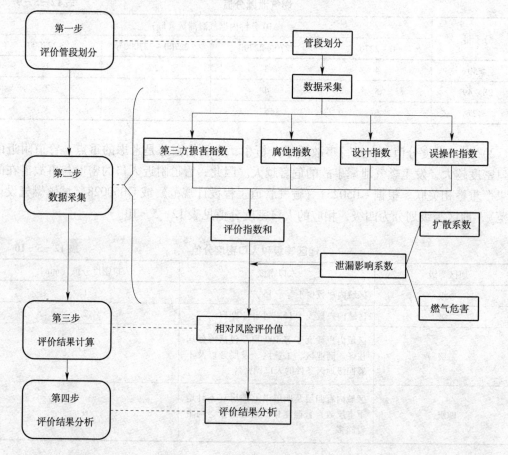

图 12 - 5 - 4　管道指数评价法的实施步骤

2. 数据采集

首先，建立指数评价系统及其相应的指数体系。指数体系中的二、三级因素及其赋予指数值主要通过专家（专业人员、操作人员等）的专业知识、经验、直觉判断等确定，并且随着评价过程的数据积累，随时可以进行调整，以更符合实际情况。

然后，针对具体的实际评价对象（一段管道或一个区域管网），对各指数体系的二、三级因素，逐项进行调查，并根据各二、三级因素的可取分值范围，进行打分。

最后，再根据管道输送介质的危害性、可能的泄漏量和评价对象附近的人口密度等确定相关的分值。

很重要的一点是，针对划分好的管段或区域管网采集完数据后，以最糟糕状况作为评分依据。如，管道某部位周围土壤的腐蚀性是整个划分段中最严重的，评分时，视整个划分段内管道周围的土壤与该部位周围土壤相同。

3. 评价结果计算

根据采集的数据，分别计算指数评价总值、扩散系数、泄漏影响系数以及最终的评价结果——相对风险评价值。

4. 评价结果分析

如上所述，管道指数评价法应用时分为两个部分，第一部分确定指数评价总值，第二部分分析与管道输送介质泄漏后果严重性有关的因素，以泄漏影响系数表示。指数评价总值越大，表明评价对象发生事故的可能越小，即安全性越高；泄漏影响系数越大，则表明一旦发生事故，造成的危害性越大。显然，指数评价总值越大，而泄漏影响系数越小，则评价对象的风险越小。因而用两者之比即相对风险评价值 R，来表示评价对象的风险度，R 值综合反映了事故发生的可能性和事故后果，体现了风险的内在含义。

12.5.5.3 管道指数评价法的性质

将评价结果称为相对风险评价值，是因为不存在绝对的风险值，这有两方面的原因。其一是，各评价指数的分解因素，并不能包含所有与事故发生可能性相关的信息。因此，事故发生可能性的分析仅仅是相对于确定的分解因素；同样，在分析事故可能造成的危害中，也只是将危害后果与管道输送介质本身有害性、泄漏率和人口密度相关联，实际造成的后果还与其他各种因素有关。其二，各分解因素的赋值只是体现了相对重要性。一个分解因素的重要性依据其在增加事故或减少事故发生可能性方面所起的作用。四个评价指数的总分为 400 分也是人为设定的。根据上述的评价系统，最小相对风险评价值（R_{min}）为 0（表示相对风险最大），最大的相对风险评价值（R_{max}）为 2000 分（表示相对风险最小）。对于不同的管道输送介质，最大相对风险评价值也是不同的。如，对天然气管道进行风险评价时，无论其他参数如何变化，天然气的危险性评价分值恒为 7 分，对于人工燃气危险性评价分值为 8 分，对这三种情况的最大相对风险评价值见表 12-5-11。

最大相对风险评价值　　　　　　　　　　　　　　表 12-5-11

燃气	L_{max}	P_{min}	S_{Cmax}	G_{min}	L_{Cmin}	I_{Rmax}	R_{max}
例	6	1	6	1	$0.167 \approx 0.2$	400	2000
天然气	6	1	6	7	1.67	400	240
人工燃气	6	1	6	8	1.33	400	300

表中：

$$S_{Cmax} = \frac{L_{max}}{P_{min}} = \frac{6}{1} = 6$$

$$L_{Cmin} = \frac{G_{min}}{S_{Cmax}} = \frac{1}{6} = 0.1667 \approx 0.2$$

$$R_{max} = \frac{I_{Rmax}}{L_{Cmin}} = \frac{400}{0.2} = 2000$$

W.K.M 专家评分法具有以下优点：是目前最完整和最系统的方法；容易掌握，便于推广；便于集中工程技术人员、管理人员、操作人员等多方意见。它的使用局限性主要体现在它的主观性上。对于各个项目的分值，有些显然不合理，比如该法中所考虑的第三方破坏、腐蚀因素等四个项目的分值均为 0~100 之间；再者，各因素对某特定管段的影响效果很可能不相同。因此，完全照搬原方法给定的数值是达不到评价效果的；W.K.M 评分法建立在一定规范的基础上，对于那些遵循不同设计运行规范的燃气管道，采用这种方法就显得根基不足了。所以针对不同的管道系统，有必要修改评分标准。

12.6　概率风险评价方法

概率风险评价（PRA）是定量风险评价，是风险评价的高级阶段。这是一种定量绝对事故频率的严密的数学和统计学方法。它将产生事故的各种因素处理成随机变量或随机过程，通过对单个事件概率的计算得出最终事故的发生概率，然后再结合量化后事故后果计算出系统的风险值。定量风险评价一般是在定性评价的基础上进行的，它主要是对定性评价中已识别出的风险水平较高的故障类型进行详细的定量评价。

12.6.1　事件树分析法

事件树分析法是一种逻辑演绎法，事件树从一个初始事件的原因开始，按时间进程追踪，分析构成系统的各要素的状态，分析初始事件可能导致的事件序列的结果。

12.6.1.1　事件树分析定义与步骤

事件树中各类事件的定义如下：

（1）初因事件—可能引发系统安全性后果的系统内部或外部事件；

（2）后续事件—在初因事件发生之后，可能相继发生的其他事件；后续事件一般按一定的顺序发生；初因事件和后续事件只取两种状态：发生（Y）或不发生（N）；

（3）后果事件—由于初因事件和后续事件的发生或不发生所构成的不同结果。

事件树的初因事件可能来自系统的内部失效或外部的非正常事件。在初因事件发生后的后续事件一般是由系统的设计、环境的影响和事件的发展进程所决定的，事件树分析一般应按以下步骤进行：

（1）确定或选择初因事件

确定或选择可能导致系统安全性严重后果的事件并进行分类，对那些可能导致相同事件树的初因事件应划分为一类。

（2）建造事件树

根据确定初因事件，找出可能相继发生的后续事件，并进一步确定这些事件发生的先后顺序，按后续事件发生或不发生分析各种可能的结果，找出后果事件。

（3）事件树定量分析

针对所建事件树，分析和计算初因事件和后续事件的发生概率及各事件之间的相互依赖关系，然后根据已知的初因事件和后续事件的概率定量计算后果事件的概率，从而可以进一步分析和评价其风险。

12.6.1.2　事件树定量分析

图 12-6-1 是对燃气输配系统系统所做的一株事件树，根据分析选择燃气泄漏为初因事件。所得后果事件见表 12-6-1。

事件树定量分析主要步骤为：

（1）确定初因事件和后续事件的概率

初因事件和后续事件的概率可以通过故障树分析、统计方法或专家估计法得出。

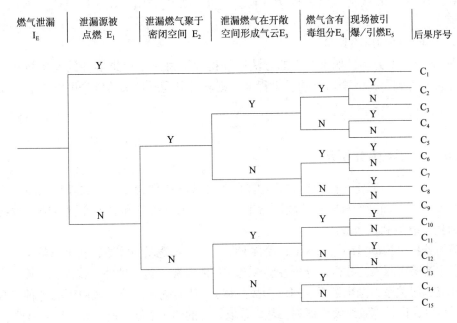

图 12-6-1 燃气输配系统系统事件树

后果事件列表　　　　　　　　　　　　　表 12-6-1

事件序号	事件描述	事件序号	事件描述
C_1	射流火灾、着火	C_9	爆炸隐患、窒息
C_2	密闭空间爆炸、气云爆炸、中毒	C_{10}	气云爆炸、火灾
C_3	中毒、窒息、爆炸隐患	C_{11}	中毒、爆炸隐患
C_4	密闭空间爆炸、气云爆炸	C_{12}	气云爆炸、火灾
C_5	窒息、爆炸隐患	C_{13}	燃气损耗、爆炸隐患
C_6	密闭空间爆炸、火灾、中毒	C_{14}	中毒、燃气损耗
C_7	中毒、爆炸隐患、窒息	C_{15}	燃气损耗
C_8	密闭空间爆炸、火灾		

（2）计算后果事件的概率

如果各事件相互独立或者可以近似认为相互独立，则后果事件概率是导致它发生的初因事件和后续事件发生（或不发生）概率的乘积。如果各事件之间不是相互独立的，则必须考虑各事件发生的条件概率。

以图 12-6-1 为例，可以认为初因事件、后续事件和后果事件是相互独立的，若 I_E、$E_1 \sim E_5$ 的发生概率已知分别为 $P(I_E)$、$P(E_1) \sim P(E_5)$，则后果事件 $C_1 \sim C_{11}$ 的概率为 $P(C_1) \sim P(C_{11})$，则根据事件树的结构，有：

$$P(C_1) = P(I_E) \cdot P(E_1)$$
$$P(C_2) = P(I_E) \cdot [1 - P(E_1)] \cdot P(E_2) \cdot P(E_3) \cdot P(E_4) \cdot P(E_5)$$
……

对于人工燃气，$P(E_4) = 1$，即 C_4、C_5、C_8、C_9、C_{12}、C_{13}、C_{15} 不发生；对于液化

石油气和天然气一般认为无毒，即 P（E_4）$=0$，则 C_2、C_3、C_6、C_7、C_{10}、C_{11}、C_{14} 不发生。

（3）后果事件的风险评价

以图 12 - 6 - 1 为例，如果上面的方法已经得到了每一个后果事件的发生概率，而经过后果分析又得到了每一个后果的后果程度，则燃气泄漏所带来的风险可以用下式计算：

$$R = \sum_{i=1}^{15} P_i C_i \qquad (12 - 6 - 1)$$

12.6.2　故障树分析法

产品或系统不能或将不能完成预定功能的事件或状态称为故障。故障按故障发生的规律可分为偶然故障和渐变故障；按故障后果可分为致命性故障和非致命性故障；按统计特性可分为独立故障和从属故障。

故障树分析（Fault Tree Analysis，简称 FTA）是一种逻辑演绎法，它可以就某些特定的故障状态作逐层次深入的分析，分析各层次之间各种因素（包括硬件、软件、环境、人为因素）的相互因果关系，画出逻辑框图（即故障树），从而确定系统失效原因的各种组合方式及其发生概率，以计算系统发生概率，从而采取相应的纠正措施，以提高系统可靠性。

12.6.2.1　故障树的分析流程

故障树分析流程框图如图 12 - 6 - 2 所示。

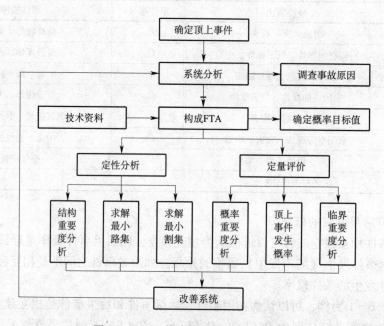

图 12 - 6 - 2　故障树分析程序流程框图

（1）确定顶事件

所谓顶事件，即人们所不期望发生的事件，也是我们所要分析的对象事件。顶事件的确定可依据我们所需分析的目的直接确定并在调查故障的基础上提出。除此，也可事先进行事件树分析或故障类型和影响分析，从中确定顶事件。

（2）理解系统

要确实了解掌握被分析系统的情况。如工作系统的工作程序、各种重要参数、作业情况及环境状况等。必要时，画出工艺流程图和布置图。

（3）调查事故、原因

应尽量广泛地了解所有故障。不仅要包括过去已发生的故障，而且也要包括未来可能发生的故障；不仅包括本系统发生的故障，也包括同类系统发生的故障。查明能造成故障的各种原因，包括机械故障、设备损坏、操作失误、管理和指挥错误、环境不良因素等。

（4）确定目标值

根据以往的故障经验和同类系统的故障资料，进行统计分析。得出故障的发生概率，然后根据这一故障的严重程度，确定要控制的故障发生概率的目标值。

（5）构造故障树

故障树的建造是 FTA 的核心之一，故障树正确、合理、完整与否直接决定了分析结果的准确性、有用性，故要求建树者必须具有本专业丰富知识和经验，仔细分析设计文件，运行文件，掌握系统的特性，慎重地对待每个细节，方能建造出较完善的故障树。

构造故障树时首先应广泛分析造成顶事件起因的中间事件及基本事件间的关系，并加以整理，而后从顶事件起，按照演绎分析的方法，一级一级地把所有直接原因事件，按其逻辑关系，用逻辑门符号给予连接，以构成故障树。

（6）定性评价

依据所构造出的故障树图，列出布尔表达式，求解出最小割集（顶事件发生所必需的最低限度的底事件的集合），确定出各基本事件的结构重要度（基本事件在故障树结构中所占的地位而造成的影响程度），从而发现系统的最薄弱环节。

（7）定量评价

根据各底事件发生概率来求出顶事件的发生概率。在求解出顶事件概率的基础上，进一步求出各底事件的概率重要系数和临界重要系数。即首先要收集到足够量的底事件的发生概率值，进而求取顶事件的概率值，再将所取得的顶事件发生的概率值与预定的目标值（社会能接受的顶事件发生的概率值）进行比较分析。若超过社会许可值，就应采取必要的系统改进措施，并再用故障树分析，验证其效果，使其降至目标值以下。如果事故的发生概率及其造成的损失为社会所许可，则不需投入更多的人力、物力进一步治理。

（8）制定预防事故（改进系统）的措施

在故障树定性或定量评价的基础上，根据各可能导致故障发生的底事件组合（最小割集）的可预防的难易程度和重要度，结合本企业的实际能力，订出具体、切实可行的预防措施，并付诸实行。

故障树分析是一种对复杂系统进行风险识别和评价的方法。在生产、使用阶段可帮助进行失效诊断，改进技术管理和维修方案。故障树分析也可以作为故障发生后的调查手段。故障树分析既适用于定性评价，又适用于定量评价，具有应用范围广和简明形象的特点，体现了以系统工程方法研究安全问题的系统性、准确性和预测性。实用价值较高。

故障树分析的过程比较烦琐，采用故障树对城镇燃气输配系统进行定量分析和评价时，则存在更大的困难。由于我国目前还缺乏城镇燃气输配系统各种设备的故障率和人的失误率等实际数据，所以给定量评价带来很大困难。

12.6.2.2 故障树分析的基本名词和符号体系

故障树分析所依存的故障树，是由逻辑门符号和事件符号组成的、描述导致系统故障和事故的各事件之间的因果关系的有向逻辑树。

在故障树分析中各种故障状态或不正常情况皆被称为故障事件，各种完好状态或正常情况皆被称为成功事件，两者均称为事件。事件符号是树的节点，常用符号见表 12-6-2。

事件符号　　　　　　　　　　　　　　　　　　　表 12-6-2

序号	事件名称	事件符号	符号含义
1	底事件		在特定的故障树分析中无须再探明发生原因的基本事件
2	未探明事件		原则上应进一步探明其原因但暂时不能探明其原因的底事件
3	结果事件		顶事件，或由其他事件或事件组合所导致的中间事件
4	中间事件		位于顶事件和底事件之间的结果事件
5	顶事件		故障树分析中所关心的结果事件
6	条件事件		描述逻辑门起作用的具体限制的事件

在故障树分析中，逻辑门是表示事件间逻辑连接关系的判别符号，常用符号见表 12-6-3。

逻辑门　　　　　　　　　　　　　　　　　　　表 12-6-3

序号	门的名称	门的符号	符号含义
1	或门		表示至少一个输入事件发生时，输出事件就发生
2	与门		表示仅当所有输入事件发生时，输出事件才发生

转移符号的作用是表示部分树的转入和转出。主要用在：当故障树规模很大，一张图纸不能画出树的全部内容，需要在其他图纸上继续完成时；或者整个树中多处包含同样的部分树，为简化起见，以转入、转出符号表明之。常用的转移符号有两种，见表 12-6-4。

转移符号　　　　　　　　　　　　　　　　　　　表 12-6-4

序号	转移的名称	转移的符号	符号含义
1	转入		表示需要继续完成的部分树由此转入
2	转出		表示这个部分树由此转出

12.6.2.3 故障树的最小割集及其算法

所谓割集就是导致故障树顶事件发生的基本事件的集合。最小割集是导致顶事件发生的充分的底事件集合。只有当最小割集内的所包含的底事件同时发生时，顶事件才会发生。最小割集内所包含的底事件数称为阶数，如：最小割集内含有两个底事件，称为二阶最小割集。

在求得最小割集之后，按其阶数从小到大顺序排列，就可以得到各基本事件的定性重要度，例如有故障树（图 12 - 6 - 3）：

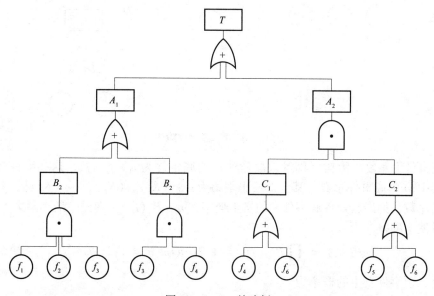

图 12 - 6 - 3　故障树

图 12 - 6 - 3 的故障树可以通过下面的布尔代数运算简化：

$$T = A_1 + A_2 = (B_1 + B_2) + (C_1 C_2) = \left[(f_1 f_2 f_3) + (f_3 f_4)\right] + \left[(f_4 + f_6)(f_5 + f_6)\right]$$

$$= \left[(f_1 f_2 f_3) + (f_3 f_4)\right] + \left[(f_4 f_5) + (f_4 f_6) + (f_6 f_5) + (f_6 f_6)\right] \qquad (12 - 6 - 2)$$

根据布尔代数吸收率：

$$(f_4 f_6) + (f_6 f_5) + (f_6 f_6) = f_6 \qquad (12 - 6 - 3)$$

则

$$T = (f_1 f_2 f_3) + (f_3 f_4) + (f_4 f_5) + (f_6) \qquad (12 - 6 - 4)$$

因此，图 12 - 6 - 3 故障树的所有最小割集为

$$\{(f_1 f_2 f_3), (f_3 f_4), (f_4 f_5), (f_6)\}$$

图 12 - 6 - 3 故障树有 1 个一阶最小割集，2 个二阶最小割集，1 个三阶最小割集。按阶数进行基本事件重要度的定性排序：基本事件 f_6 重要度最大，其次为基本事件 f_4，再是基本事件 f_3 和 f_5，基本事件 f_1 和 f_2 重要度最低。

同时可以将图 12 - 6 - 3 故障树改画为图 12 - 6 - 4 所示的等效故障树（无重复故障树）。

构建故障树并求得故障树的全部最小割集后，如果同时知道各种底事件发生的概率，就可以计算顶事件的发生概率。

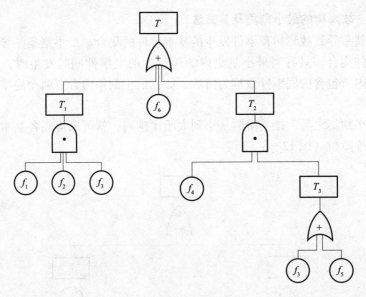

图 12-6-4　等效故障树

设底事件无重复故障树（即等效故障树）的底事件为 f_1，$f_2\cdots f_m$，这些事件是相互独立的，其中 m 为底事件总数，其全部最小割集为：$\{(K_1)，(K_2)，\cdots (K_n)\}$，其中 n 为最小割集总数，如果已知各底事件 f_h 的发生概率：$p_h = P(f_h)$，则任一最小割集 K_i 内各底事件同时发生的概率为

$$P(K_i) = \prod_{f_h \in K_i} P(f_h)(i = 1,2\cdots n)；(h = 1,2\cdots m) \tag{12-6-5}$$

因此，顶事件发生的概率为

$$P(T) = \sum_{i=1}^{n} P(K_i) - \sum_{i=1,j=2\ i<j}^{n} \left[P(K_i)P(K_j)\right] + \sum_{i=1,j=2,k=3,i<j<k}^{n} \left[P(K_i)P(K_j)P(K_k)\right] + \cdots$$

$$+ (-1)^{n-2} \sum_{\substack{i=1,j=2,\cdots s=n-1 \\ i<j<\cdots<s}}^{n} \underbrace{\left[P(K_i)P(K_j)\cdots P(K_s)\right]}_{n-1个} + (-1)^{n-1}\left[P(K_1)P(K_2)\cdots P(K_n)\right]$$

$$\tag{12-6-6}$$

图 12-6-4 等效故障树的全部最小割集为

$$\{K_1 = (f_1 f_2 f_3)，K_2 = (f_3 f_4)，K_3 = (f_4 f_5)，K_4 = (f_6)\}$$

如果假设各底事件的概率如表 12-6-5。

底事件的概率						表 12-6-5
底事件 f_h	f_1	f_2	f_3	f_4	f_5	f_6
底事件发生概率 p_h	0.6	0.5	0.4	0.3	0.2	0.1

则各最小割集内底事件同时发生的概率见表 12-6-6。

最小割集内底事件同时发生的概率				表 12-6-6
最小割集合 K_i	K_1	K_2	K_3	K_4
最小割集内底事件同时发生概率 $P(K_i)$	0.12	0.12	0.06	0.1

前面在定性分析各底事件重要度时，底事件 f_6（属于一阶割集 K_4 中的底事件）定性重要度最大，但通过上述的计算可知道，由于三阶割集 K_1 和二阶割集 K_2 中各底事件发生概率均比 f_6 的发生概率大，而且，他们同时发生的概率也比 f_6 的发生概率大。因此从定量分析角度看，这里高阶最小割集（K_1 和 K_2）重要度反而要比低阶最小割集（K_4）重要度大。在采用故障树分析法时必须注意到这一点。然后，将上表中的有关数据代入式（12-6-26），得

$$\begin{aligned}
P(T) &= \sum_{i=1}^{4} P(K_i) - \sum_{i=1, j=2, i<j}^{4} \left[P(K_i) P(K_j) \right] + \sum_{i=1, j=2, k=3, i<j<k}^{4} \left[P(K_i) P(K_j) P(K_k) \right] \\
&\quad - \left[P(K_1) P(K_2) P(K_3) P(K_4) \right] \\
&= \left[P(K_1) + P(K_2) + P(K_3) + P(K_4) \right] - \left[P(K_1) P(K_2) + P(K_1) P(K_3) \right. \\
&\quad \left. + P(K_1) P(K_4) \right] + \left[P(K_2) P(K_3) + P(K_2) P(K_4) + P(K_3) P(K_4) \right] \\
&\quad + \left[P(K_1) P(K_2) P(K_3) + P(K_1) P(K_2) P(K_4) + P(K_1) P(K_3) P(K_4) \right. \\
&\quad \left. + P(K_2) P(K_3) P(K_4) \right] - \left[P(K_1) P(K_2) P(K_3) P(K_4) \right] \\
&= 0.4 - 0.0588 + 0.003744 - 0.0000864 = 0.34486
\end{aligned}$$

实际工程或系统中，底事件或最小割集内各底事件同时发生的概率都非常小，所以在应用式（12-6-6）时，可以只取公式右边中的第一项即可。

例如，要分析一段燃气钢管（该钢管上连接有阀门）可能发生管段失效的原因，首先从管段失效（顶事件）出发，分析引发管段失效的所有可能直接事件（中间事件），并以这些可能的直接事件作为次一级顶事件，层层深入分析，直至找到引发该管段失效的最初原因（底事件），从而构建故障树如图 12-6-5 所示。

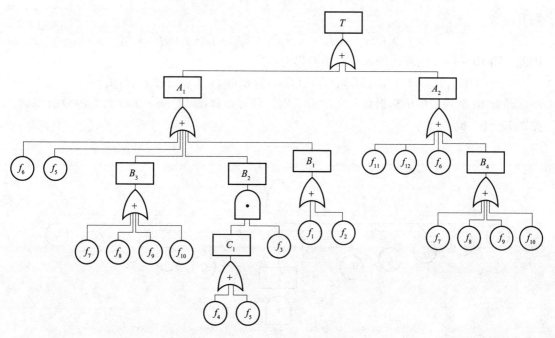

图 12-6-5　燃气管道故障（泄漏）树

图 12-6-5 中的符号说明见表 12-6-7。

燃气管道故障（泄漏）树符号　　　　　　　　表 12 - 6 - 7

符号	事　件	符号	事　件
T	管段失效	f_6	第三方破坏
A_1	管道泄漏	B_3	管基下沉
B_1	腐蚀穿孔	f_7	管壁厚度设计不当
f_1	防护层损坏	f_8	施工不规范
f_2	补口、补伤不合格	f_9	地质变化
B_2	疲劳破坏	f_{10}	路面过载
f_3	交变应力作用	A_2	管道附属设备失效
C_1	缺陷	f_{11}	附属设备质量缺陷
f_4	焊接缺陷	f_{12}	未定期更换
f_5	管材质量缺陷	B_4	阀基下沉

该故障树可以通过下面的布尔代数运算简化：

$$T = A_1 + A_2 = \{f_6 + f_5 + B_3 + B_2 + B_1\} + \{f_{11} + f_{12} + f_6 + B_4\}$$

$$= \{f_6 + f_5 + (f_7 + f_8 + f_9 + f_{10}) + [C_1 f_3] + f_1 + f_2\} + \{f_{11} + f_{12} + f_6 + (f_7 + f_8 + f_9 + f_{10})\}$$

$$= \{f_6 + f_5 + (f_7 + f_8 + f_9 + f_{10}) + [(f_4 + f_5)f_3] + f_1 + f_2\} + \{f_{11} + f_{12} + f_6 + (f_7 + f_8 + f_9 + f_{10})\}$$

$$= \{f_6 + f_5 + (f_7 + f_8 + f_9 + f_{10}) + [f_4 f_3 + f_5 f_3] + f_1 + f_2\} + \{f_{11} + f_{12} + f_6 + (f_7 + f_8 + f_9 + f_{10})\}$$

根据布尔代数吸收率：

$$f_6 + f_6 = f_6, \quad f_7 + f_7 = f_7, \quad f_8 + f_8 = f_8,$$
$$f_9 + f_9 = f_9, \quad f_{10} + f_{10} = f_{10}, \quad f_5 + f_5 f_3 = f_5$$

则有：

$$T = f_6 + f_5 + f_7 + f_8 + f_9 + f_{10} + f_4 f_3 + f_1 + f_2 + f_{11} + f_{12}$$

因此，图 10 - 4 - 4 故障树的所有最小割集为：

$$\{(f_1), (f_2), (f_5), (f_6), (f_7), (f_8), (f_9), (f_{10}), (f_{11}), (f_{12}), (f_3 f_4)\}$$

即有 10 个一阶最小割集和 1 个二阶割集，且可以将图 12 - 6 - 5 改画为等效故障树，见图 12 - 6 - 6。

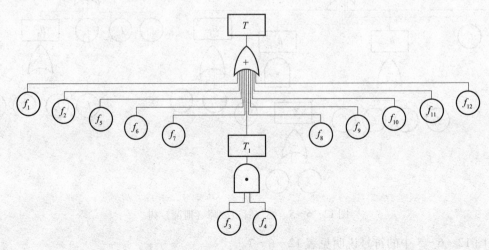

图 12 - 6 - 6　燃气管道等效故障树

通过分析可知该燃气管道故障树各底事件的重要度相对都很重要。除了底事件 f_3 和 f_4 需同时发生外，其他任一底事件的发生，将直接导致顶事件发生，即管道失效。

这里根据图 12-6-6，设最小割集分别为

$$K_1 = \{f_1\}, K_2 = \{f_2\}, K_3 = \{f_5\}, K_4 = \{f_6\}, K_5 = \{f_7\}, K_6 = \{f_8\},$$

$$K_7 = \{f_9\}, K_8 = \{f_{10}\}, K_9 = \{f_{11}\}, K_{10} = \{f_{12}\}, K_{11} = \{f_3 f_4\}$$

如果各底事件的发生概率如表 12-6-8 所示，则各最小割集内底事件同时发生的概率见表 12-6-9。

底事件的发生概率 表 12-6-8

底事件 f_h	f_1	f_2	f_3	f_4	f_5	f_6	f_7	f_8	f_9	f_{10}	f_{11}	f_{12}
底事件发生概率 $P_h \times 10^{-3}$	5.6	4.9	2.4	4.3	2.2	9.3	1.3	4.3	0.5	5.3	2.0	2.9

最小割集内底事件同时发生的概率 表 12-6-9

最小割集 K_i	K_1	K_2	K_3	K_4	K_5	K_6	K_7	K_8	K_9	K_{10}	K_{11}
最小割集内底事件同时发生概率 $P(K_i) \times 10^{-3}$	5.6	4.9	2.2	9.3	1.3	4.3	0.5	5.3	2.0	2.9	0.01

因此，管道泄漏事故的发生概率由式（12-6-6）可近似计算如下：

$$P(T) \approx \sum_{i=1}^{11} P(K_i) = 38.31 \times 10^{-3} = 0.03831$$

12.6.2.4 底事件概率确定方法

城市燃气输配系统故障树分析中底事件发生概率的确定非常困难。一是系统组成单元失效的原因不仅仅是由客观不确定因素造成的，而且还有一些是人为的主观原因；二是精确的概率值需要大量的数据供统计之用，而在一些高可靠性系统，故障发生频率很低，无法获取大量的数据；三是在复杂的人-机系统中，由于人的因素、相关失效、共因失效等造成系统建模的不精确性，纯概率方法难以奏效。此外，由于系统受外界环境的影响、上述概率值通常也会发生变化，因此，故障树底事件的概率具有一定的不确定性（随机性和模糊性）。

常用底事件概率确定方法有历史数据统计分析法、概率统计法、模糊数学法、灰色理论方法、突变理论方法、可靠性理论等。

1. 历史数据统计分析法

历史数据统计分析法是收集相应的历史数据后进行分析，得出底事件过去的发生频率，并以此预测现在或将来的发生概率。在进行数据分析时，可以使用回归预测，时间序列预测等方法。另外，还需注意历史数据的适用范围，并根据现在的具体情况做出相应的修正。历史数据的收集，不仅包括硬件的失效数据，还应包括各种初因事件的发生频率（偏离正常设计工况的频率）以及各种人为事物数据。历史数据的有效收集是进行定量风险评价的基础，也是政府和企业制定安全规范和制定风险决策的依据。现在世界上各个国

家和专业技术公司都已认识到基础数据的极端重要性，已经建立起了数百种由政府和企业资助的基础数据库。为了建立这些数据库，需要大量人力和资金、功能超强的计算机网络、复杂的管理信息系统和有效的组织形式，并综合利用各种概率统计方法。

2. 概率统计法

概率统计法是对各底事件分别给出其概率分布的形式给出底事件概率（由它利用计算机模拟计算，可给出结果事件的概率分布规律，并由此可计算出该结果的期望值、标准差及其有关概率）。概率统计法主要是指蒙特卡洛（Monte Carlo）模拟法，该方法能较好地反映底事件概率的不确定性，但是由于其先决条件是底事件的概率分布为已知，实际应用中，要得到底事件的概率分布并非易事。因此，限制了它的应用。

3. 可靠性理论

依据故障率数据计算出概率。在一个特定周期内元件的平均故障率由 λ 表示，在时间间隔 $(0, t)$ 内元件的可靠度 $R(t)$ 由指数分布导出，有 $R(t) = e^{-\lambda t}$（t 为时间）。当 t 增加时，可靠性降低。底事件概率 $P(t)$ 为 $P(t) = 1 - R(t)$。

4. 模糊数学法

对于不确定性因素分析最有力的工具就是模糊数学法。应用模糊数学中的相关理论和方法来求解故障树底事件的概率，既反映了概率本身的模糊性，又允许概率值有一定程度的误差，而且可以将现场的少量数据与工程技术人员的经验结合起来，使得分析结果更为接近工程实际。

关于利用模糊数学法确定故障树底事件概率的方法可参见参考文献 [10] [25]。

12.7　模糊综合评价方法

12.7.1　模糊数学基本概念

模糊数学是继经典数学和统计数学之后数学的一个新发展。经典数学是研究确定性现象，统计数学是研究随机性现象，而模糊数学则是研究模糊性现象。统计数学和模糊数学都属于不确定数学，相互既有联系，又有本质上的不同：

（1）统计数学是研究和处理随机性的问题。所谓随机性是对事件的发生与否而言，事件可能发生也可能不发生，即事件的发生存在一定的概率，但事件本身的含义是明确的。例如，根据预测"明天下雨"的概率为90%，"明天下雨"这一事件含义明确，不过这一事件尽管有90%发生的可能性，但是否会发生仍然具有偶然性和不确定性，用概率来刻画这种不确定性。

模糊数学是研究和处理模糊性现象的数学，即所研究事件本身的含义是不明确的，但事件发生与否则是明确的。例如"正在下大雨"，这一事件已经发生（雨正在下，且大），但"正在下大雨"这一事件本身的含义不明确，即雨大到什么程度是不明确的，需要用隶属函数来刻画这种不确定性；

（2）统计数学和经典数学一样，都是以经典集合论为理论基础，因此满足互补律，而模糊数学摈弃了"非此即彼"的确定性，表现出"亦此亦彼"的模糊性，因此是不满足互补律的；

（3）统计数学把数学应用的领域从必然现象扩大到偶然现象，而模糊数学则把数学应用的领域从清晰现象扩大到模糊现象。

我们知道经典集合具有两条最基本的的属性：元素彼此相异，范围边界分明，一个元素 x 对集合 A 的隶属度，只有两种状态，即要么属于 A，要么不属于 A，两者必居其一。设 X 是论域（将对其进行评价的元素 x 的集合）

论域中各元素对某一值域的对应关系称为映射，记为 χ_A，$X \rightarrow \{0, 1\}$

对元素 x 是否属于 A 的映射，$\qquad \chi_A(x) = \begin{cases} 1, x \in A, \\ 0, x \notin A \end{cases}$

决定了 X 上的经典子集 A。映射 $\chi_A(x)$ 是集合 A 的特征函数，其表明了 x 对 A 的隶属程度。

例如：记 x_1 ＝空气，x_2 ＝天然气，x_3 ＝二氧化碳，x_4 ＝水煤气，x_5 ＝氮气。

论域 X ＝ $\{x_1, x_2, x_3, x_4, x_5\}$。将可燃气体组成的集合记为 A，即 A ＝ {可燃气体}，则可以由映射：

$\qquad X \rightarrow \{\chi_A(x_1), \chi_A(x_2), \chi_A(x_3), \chi_A(x_4), \chi_A(x_5)\} = \{0, 1, 0, 1, 0\}$

得出：A ＝ $\{x_2, x_4\}$。

但是，如果以"爆炸极限范围宽"的可燃气体为元素，就不能构成一个经典集合，因为"爆炸极限范围宽"没有明确的界限。这时需要引入隶属函数的概念。

设论域 U（见图 12-7-1），把 U 上的模糊集合记为 $\tilde{A}$（圆圈），设各元素具有单位长度的线段，如果元素 x 完全位于 $\tilde{A}$ 内部，记为 1，如果元素 x 完全位于 $\tilde{A}$ 外部，记为 0，如元素 x 部分在 $\tilde{A}$ 内部，部分在 $\tilde{A}$ 外部，则元素 x 处于"中介状态"，元素 x 位于 $\tilde{A}$ 内的长度表示了 x 对于 $\tilde{A}$ 的隶属程度。为了描述这种"中介状态"，需要将经典集合 A 的特征函数 $\chi_A(x)$ 的值域 $\{0, 1\}$ 推广到闭区间 [0, 1] 上，这样，经典集合的特征函数就扩展为模糊集合的隶属函数，即：

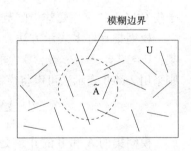

图 12-7-1　论域的概念

设 U 为论域，有映射 $\qquad \mu_A: U \rightarrow [0, 1]$

元素 x $\qquad\qquad \mu_A(x) \in [0, 1]$

确定了 U 的模糊子集 $\tilde{A}$，映射 μ_A 称为 $\tilde{A}$ 的隶属函数。

［例 12-7-1］　燃气爆炸极限范围是指燃气爆炸上限浓度减去燃气爆炸下限浓度。

记爆炸极限范围百分数：x_1 ＝10，x_2 ＝15，x_3 ＝20，x_4 ＝25，x_5 ＝30，x_6 ＝35。

对论域 U ＝ $\{x_1, x_2, x_3, x_4, x_5\}$，确定"燃气爆炸极限范围宽"的子集 $\tilde{A}$。

若各元素对"燃气爆炸极限范围宽"的隶属度：

$\mu_A(x_1) = 0$，$\mu_A(x_2) = 0.2$，$\mu_A(x_3) = 0.4$，$\mu_A(x_4) = 0.6$，$\mu_A(x_5) = 0.8$，$\mu_A(x_6) = 1$，

则可以由映射：

$U \rightarrow \{\mu_A(x_1), \mu_A(x_2), \mu_A(x_3), \mu_A(x_4), \mu_A(x_5), \mu_A(x_6)\} = \{0, 0.2, 0.4, 0.6, 0.8, 1\}$

得出：$\widetilde{A} = \left\{ \dfrac{\mu_A(x_1)}{x_1}, \dfrac{\mu_A(x_2)}{x_2}, \dfrac{\mu_A(x_3)}{x_3}, \dfrac{\mu_A(x_4)}{x_4}, \dfrac{\mu_A(x_5)}{x_5}, \dfrac{\mu_A(x_6)}{x_6} \right\}$

$\qquad\quad = \left\{ \dfrac{0}{x_1}, \dfrac{0.2}{x_2}, \dfrac{0.4}{x_3}, \dfrac{0.6}{x_4}, \dfrac{0.8}{x_5}, \dfrac{1}{x_6} \right\}$

即子集 $\widetilde{A}$ 由具有不同"燃气爆炸极限范围宽"隶属度的元素组成。

注意： ①关于论域 U 的模糊子集，基本上包含了部分元素，模糊子集的边界是模糊的；②子集中的元素是与其隶属度同时表示的，（上式中是 Zadeh 表示法，横线上是隶属度，横线下是子集中的元素，不是一般的分式）。这两点都与一般的集合不同。

若各元素对"燃气爆炸极限范围窄"的隶属度：

$\mu_C(x_1) = 1$，$\mu_C(x_2) = 0.8$，$\mu_C(x_3) = 0.6$，$\mu_C(x_4) = 0.4$，$\mu_C(x_5) = 0.2$，$\mu_C(x_6) = 0$，

则可以由映射：

$U \rightarrow \{\mu_C(x_1), \mu_C(x_2), \mu_C(x_3), \mu_C(x_4), \mu_C(x_5), \mu_C(x_6)\} = \{1, 0.8, 0.6, 0.4, 0.2, 0\}$

得出：$\widetilde{C} = \left\{ \dfrac{\mu_C(x_1)}{x_1}, \dfrac{\mu_C(x_2)}{x_2}, \dfrac{\mu_C(x_3)}{x_3}, \dfrac{\mu_C(x_4)}{x_4}, \dfrac{\mu_C(x_5)}{x_5}, \dfrac{\mu_V(x_6)}{x_6} \right\}$

$\qquad\quad = \left\{ \dfrac{1}{x_1}, \dfrac{0.8}{x_2}, \dfrac{0.6}{x_3}, \dfrac{0.4}{x_4}, \dfrac{0.2}{x_5}, \dfrac{0}{x_6} \right\}$

子集 $\widetilde{C}$ 属于"燃气爆炸极限范围窄"。

模糊集有许多表示方法，其中 Zadeh（札德）表示法用得比较多。设论域 U 是有限集，$U = \{x_1, x_2 \cdots x_n\}$，U 上的任一模糊集 $\widetilde{A}$，其隶属函数为 $\{\mu_A(x_i)\}$（$i = 1, 2 \cdots n$），则采用 Zadeh 表示法可以将模糊集 $\widetilde{A}$ 表示如下：

$$\widetilde{A} = \frac{\mu_{\widetilde{A}}(x_1)}{x_1} + \frac{\mu_{\widetilde{A}}(x_2)}{x_2} + \frac{\mu_{\widetilde{A}}(x_3)}{x_3} + \cdots + \frac{\mu_{\widetilde{A}}(x_n)}{x_n} \tag{12-7-1}$$

模糊集的 $\widetilde{A}$ 和 $\widetilde{B}$ 的并、交和余的运算*公式如下：

设论域 $U = \{x_1, x_2 \cdots x_n\}$，且

$$\widetilde{A} = \sum_{i=1}^{n} \frac{\mu_A(x_i)}{x_i}$$

$$\widetilde{B} = \sum_{i=1}^{n} \frac{\mu_B(x_i)}{x_i}$$

则

$$\widetilde{A} \cup \widetilde{B} = \sum_{i=1}^{n} \frac{\mu_A(x_i) \vee \mu_B(x_i)}{x_i} \tag{12-7-2}$$

$$\widetilde{A} \cap \widetilde{B} = \sum_{i=1}^{n} \frac{\mu_A(x_i) \wedge \mu_B(x_i)}{x_i} \tag{12-7-3}$$

$$A^c = \sum_{i=1}^{n} \frac{1 - \mu_A(x_i)}{x_i} \tag{12-7-4}$$

上面式子中"$\wedge$"和"$\vee$"是 Zadeh 算子，分别对隶属度取小（min, $\wedge$）和取大（max, $\vee$）

---

* 对模糊集的运算即是对隶属度的运算——本书作者注。

如果对于任意 $i = 1$，2，$\cdots$，m；$j = 1$，2，$\cdots$，n，都有 r_{ij} 的值域为 $[0, 1]$，则称 $R = (r_{ij})_{m \times n}$ 为模糊矩阵，如：

$$R = \begin{bmatrix} 1 & 0.5 \\ 0 & 0.7 \\ 0.2 & 0.1 \end{bmatrix}$$

是一个 3×2 阶的模糊矩阵。这里用 $\mathscr{R}_{m \times n}$ 表示 $m \times n$ 阶模糊矩阵的全体。

模糊矩阵的并、交、余运算公式如下，（为简便计，用 A 表示 $\tilde{A}$，B 表示 $\tilde{B}$）：

设 $A = (a_{ij})$，$B = (b_{ij}) \in \mathscr{R}_{m \times n}$，则

$$A \cup B \equiv (a_{ij} \vee b_{ij})_{m \times n} \tag{12-7-5}$$

$$A \cap B \equiv (a_{ij} \wedge b_{ij})_{m \times n} \tag{12-7-6}$$

$$A^c \equiv (1 - a_{ij})_{m \times n} \tag{12-7-7}$$

如

$$A = \begin{bmatrix} 1 & 0.5 \\ 0 & 0.7 \\ 0.2 & 0.1 \end{bmatrix}, \quad B = \begin{bmatrix} 1 & 0.1 \\ 0.8 & 0.3 \\ 0.9 & 0.5 \end{bmatrix}$$

则

$$A \cup B = \begin{bmatrix} 1 \vee 1 & 0.5 \vee 0.1 \\ 0 \vee 0.8 & 0.7 \vee 0.3 \\ 0.2 \vee 0.9 & 0.1 \vee 0.5 \end{bmatrix} = \begin{bmatrix} 1 & 0.5 \\ 0.8 & 0.7 \\ 0.9 & 0.5 \end{bmatrix}$$

$$A \cap B = \begin{bmatrix} 1 \wedge 1 & 0.5 \wedge 0.1 \\ 0 \wedge 0.8 & 0.7 \wedge 0.3 \\ 0.2 \wedge 0.9 & 0.1 \wedge 0.5 \end{bmatrix} = \begin{bmatrix} 1 & 0.1 \\ 0 & 0.3 \\ 0.2 & 0.1 \end{bmatrix}$$

$$A^c = \begin{bmatrix} 1 - 1 & 1 - 0.5 \\ 1 - 0 & 1 - 0.7 \\ 1 - 0.2 & 1 - 0.1 \end{bmatrix} = \begin{bmatrix} 0 & 0.5 \\ 1 & 0.3 \\ 0.8 & 0.9 \end{bmatrix}$$

模糊矩阵的合成运算公式如下：

设 $A = (a_{ij})_{m \times s}$，$B = (b_{ij})_{s \times n} \in \mathscr{R}_{m \times n}$，则称：

$$C = A \circ B = (c_{ij})_{m \times n} \tag{12-7-8}$$

为 A 和 B 的合成，其中"$\circ$"称为合成算子，这里介绍一种合成算子，$M(\bullet, \oplus)$ 算子采用算子 $M(\bullet, \oplus)$，则 C 中的元素为

$$c_{ij} = \sum_{k=1}^{s} (a_{ik} \bullet b_{kj}) = (a_{i1} \bullet b_{1j}) \oplus (a_{i2} \bullet b_{2j}) \oplus \cdots \oplus (a_{is} \bullet b_{sj}) \tag{12-7-9}$$

式中，$a \bullet b = ab$ 是乘积算子（代数积），$a \oplus b = (a + b) \wedge 1$ 是闭合加法算子（代数和），另外这里"$\sum$"表示对 s 个数在"$\oplus$"下求和。

如

$$A = \begin{pmatrix} 1 & 0.5 \\ 0 & 0.7 \\ 0.2 & 0.1 \end{pmatrix}, \quad B = \begin{pmatrix} 0.4 & 0.8 & 0 \\ 1 & 0.7 & 0.5 \end{pmatrix}$$

$$A \bullet B = \begin{pmatrix} (1 \times 0.4) \oplus (0.5 \times 1) & (1 \times 0.8) \oplus (0.5 \times 0.7) & (1 \times 0) \oplus (0.5 \times 0.5) \\ (0 \times 0.4) \oplus (0.7 \times 1) & (0 \times 0.8) \oplus (0.7 \times 0.7) & (0 \times 0) \oplus (0.7 \times 0.5) \\ (0.2 \times 0.4) \oplus (0.1 \times 1) & (0.2 \times 0.8) \oplus (0.1 \times 0.7) & (0.2 \times 0) \oplus (0.1 \times 0.5) \end{pmatrix}$$

$$= \begin{pmatrix} 0.9 & 1 & 0.25 \\ 0.7 & 0.49 & 0.35 \\ 0.18 & 0.23 & 0.05 \end{pmatrix}$$

根据模糊综合评价的特点，其中 M（•，$\oplus$）算子可以保证 R 信息的充分利用，具有较大程度的综合性；而且可以保证 A 具有权向量性质。所以，相比较而言 M（•，$\oplus$）算子是使用于模糊综合评价的优化算子。

12.7.2　模糊综合评价

所谓综合评价，就是对受到多种因素制约的事物或对象，作出一个总的评价。科技成果鉴定、产品质量评级、系统风险性评价等都属于综合评价范畴。对于评价一个事物或现象，如果考虑的因素只有一个，评价就很简单，只要给对象一个评价分数．按分数的高低，就可将评价的对象排出优劣性、重要性或风险性的次序。但是一个事物往往又有多种属性，评价事物必须同时考虑各种因素。这就是综合评价问题。由于在很多问题上，我们对事物的评价常常带有模糊性，因此，应用模糊数学的方法进行综合评价即模糊综合评价将会取得更好的实际效果。

模糊综合评价的数学模型可分为一级模型或多级模型两类。

应用一级模型进行综合评价，一般可归纳为以下几个步骤：

（1）建立评判对象的因素集 $U = \{u_1, u_2 \cdots u_n\}$，因素就是对象的各种属性、性能或引发事故的各种危险因素。就是根据这些因素对对象进行评价；

（2）建立评语集 $V = \{v_1, v_2 \cdots v_m\}$，评语集就是等级的集合。正是由于这一评语集的确定，才使得模糊综合评价得到一个模糊评价向量，被评价对象对各评价等级隶属程度的信息通过这个模糊向量表示出来，体现评价的模糊特性；

（3）建立单因素评价，即建立一个从 U 到 F（V）的模糊映射（隶属度）：

$$f : U \to F(V)$$

$$u_i | \to f(u_i) = \frac{r_{i1}}{v_1} + \frac{r_{i2}}{v_2} + \cdots + \frac{r_{ij}}{v_j} + \cdots + \frac{r_{im}}{v_m}$$

由 f 可诱导出模糊关系 R，得到模糊矩阵（行号相应于某因素 i，列号相应于某评语等级 j）：

$$R = \begin{pmatrix} r_{11} & r_{12} & \cdots & r_{1m} \\ r_{21} & r_{22} & \cdots & r_{2m} \\ \vdots & \ddots & \ddots & \vdots \\ r_{n1} & r_{n2} & \cdots & r_{nm} \end{pmatrix} \qquad (12-7-10)$$

R 也称为单因素评价矩阵；

（4）综合评价：由于对 U 中各因素有不同的侧重，需要对每个因素赋予不同的权重，它可表为 U 上的一个模糊子集 $A = \{a_1, a_2 \cdots a_n\}$，并且规定：

$$\sum_{i=1}^{n} a_i = 1$$

则综合评价为

$$B = A \circ R$$

记：$B = \{b_1, b_2 \cdots b_m\}$，如果：

$$\sum_{i=1}^{m} b_i \neq 1$$

则应该将其归一化。

城镇燃气输配系统的风险性与安全管理的好坏密切相关，良好的安全管理工作在一定程度上可以减少，甚至消除安全隐患，从而降低城镇燃气输配系统的风险。下面根据上述模糊综合评价的方法对城镇燃气输配系统安全管理状况进行评价。

设 U 为城镇燃气输配系统安全管理因素集：

U = {安全检查监督（u_1），相关法规执行（u_2），职业技能岗位培训（u_3），安全生产责任制落实（u_4），用户安全教育（u_5），安全管理结构和人员配备（u_6），燃气输配系统安全隐患整改（u_7)}

设 V 为评语集：

V = {好（v_1），较好（v_2），一般（v_3），较差（v_4），差（v_5)}

通过调查，将专家们对某城镇燃气输配系统安全管理各因素不同评语的比例归纳如表12-7-1（各行的6个数即是该因素相对于6种评语的隶属度）。

某城镇燃气输配系统安全管理各因素不同评语的比例　　　　表 12-7-1

r_{ij} $\diagdown$ v_i $\diagdown$ u_i	好	较好	一般	较差	差	Σ
安全检查监督	0.3684	0.2632	0.2632	0.1053	0	1
相关法规执行	0.2105	0.4211	0.3158	0.0526	0	1
职业技能岗位培训	0.1579	0.3684	0.4211	0.0526	0	1
安全生产责任制落实	0.3684	0.3158	0.3158	0	0	1
用户安全教育	0.1053	0.4211	0.3684	0.1053	0	1
安全管理结构和人员配备	0.1053	0.5789	0.3158	0	0	1
燃气输配系统安全隐患整改	0.2632	0.2632	0.4211		0.0526	1

因此得到模糊关系矩阵：

$$R = \begin{pmatrix} 0.3684 & 0.2632 & 0.2632 & 0.1052 & 0 \\ 0.2105 & 0.4211 & 0.3158 & 0.0526 & \\ 0.1579 & 0.3684 & 0.4211 & 0.0526 & \\ 0.3684 & 0.3158 & 0.3158 & 0 & 0 \\ 0.1053 & 0.4211 & 0.3684 & 0.1052 & 0 \\ 0.1053 & 0.5789 & 0.3158 & 0 & 0 \\ 0.2632 & 0.2632 & 0.4210 & 0 & 0.0526 \end{pmatrix}$$

如果因素权重分配为

A = (0.1484，0.1429，0.1336，0.1465，0.1336，0.1502，0.1447)

则综合评价如下：

B = A。R

$$= (0.1484, 0.1429, 0.1336, 0.1465, 0.1336, 0.1502, 0.1447)$$

$$\circ \begin{pmatrix} 0.3684 & 0.2632 & 0.2632 & 0.1052 & 0 \\ 0.2105 & 0.4211 & 0.3158 & 0.0526 & \\ 0.1579 & 0.3684 & 0.4211 & 0.0526 & 0 \\ 0.3684 & 0.3158 & 0.3158 & 0 & 0 \\ 0.1053 & 0.4211 & 0.3684 & 0.1052 & 0 \\ 0.1053 & 0.5789 & 0.3158 & 0 & 0 \\ 0.2632 & 0.2632 & 0.4210 & 0 & 0.0526 \end{pmatrix}$$

$$= (0.2278, 0.3760, 0.3443, 0.0442, 0.0076)$$

评价结果表明，对于该城镇燃气输配系统的安全管理，"好"占 22.78%，"较好"占 37.60%，"一般"占 34.43%，较差占 4.42%，"差"占 0.76%，根据最大隶属度原则，结论是"较好"。

在模糊综合评价中，各因素的权重是至关重要的，它反映了各因素在综合评价过程中所占有的地位或所起的作用。它直接影响到评价结果。权重通常是凭经验给出的，这在一定程度上能反映实际情况，且评价结果也比较符合实际。但由于是带有主观性，如果不能反映客观现实，就有可能使评价结果"失真"。下面就上述例子为例介绍一种权重的计算方法。

在上述关于某城镇燃气输配系统安全管理的评价中，需要确定各评价因素：{安全检查监督（u_1），相关法规执行（u_2），职业技能岗位培训（u_3），安全生产责任制落实（u_4），用户安全教育（u_5），安全管理结构和人员配备（u_6），燃气输配系统安全隐患整改（u_7)}的权重。为此，可以向有关专家咨询，例如，向所咨询的专家们发送咨询表（见表 12 - 7 - 2），请专家在认为合适的地方打上"√"。

专家咨询表　　　　　　　　　　　　表 12 - 7 - 2

序列	评价因素 u_i ($i = 1, 2 \cdots 7$)	重要性评价等级					
		很重要	重要	一般	不重要	最不重要	备注
1	安全检查监督						
2	相关法规执行						
3	职业技能岗位培训						
4	安全生产责任制落实						
5	用户安全教育						
6	安全管理机构和人员配备						
7	燃气输配系统安全隐患整改						

5 个评价等级的分值取：$b_1 = 9$ 表示"很重要"，$b_2 = 7$ 表示"重要"，$b_3 = 5$ 表示"一般"，$b_4 = 3$ 表示"不重要"，$b_5 = 1$ 表示"最不重要"。

根据专家咨询表的回收统计，设对第 i 个评价因素评价等级为 b_j 的专家人数为 k_{ij}，则可以计算出各评价因素的分值 m_i：

$$m_i = \sum_{j=1}^{5} k_{ij} b_j \quad (i = 1, 2 \cdots 7) \tag{12 - 7 - 11}$$

所有评价因素的总分值 m 为

$$m = \sum_{i=1}^{7} m_i \qquad (12-7-12)$$

则各评价因素的权重 a_i：

$$a_i = m_i/m(i = 1,2,3,\cdots,7) \qquad (12-7-13)$$

即得模糊权向量为

$$A = (a_1,a_2,a_3,a_4,a_5,a_6,a_7) \qquad (12-7-14)$$

例如：将 19 位专家的咨询结果量化并整理如表 12-7-3。所以上述关于某城镇燃气输配系统安全管理的评价中，各评价因素的权重向量为：

$$A = (0.1484, 0.1429, 0.1336, 0.1465, 0.1336, 0.1502, 0.1447)$$

专家的咨询结果量化   表 12-7-3

专家序号	安全检查监督	相关法规执行	职业技能岗位培训	安全生产责任制落实	用户安全教育	安全管理机构和人员配备	燃气输配系统安全隐患整改
1	9	9	7	9	7	9	9
2	9	9	9	9	9	9	9
3	9	9	7	7	7	9	7
...							
...							
17	9	9	7	9	7	9	9
18	9	9	9	9	9	7	9
19	7	9	9	9	9	7	9
m_i	161	155	145	159	145	163	157
m	1085						
a_i	0.1484	0.1429	0.1336	0.1465	0.1336	0.1502	0.1447

参考文献

[1] 陈国华. 风险工程学 [M]. 北京：国防工业出版社，2007.

[2] 杨立中. 工业热安全工程 [M]. 合肥：中国科学技术大学出版社，2001.

[3] 汪元辉. 安全系统工程 [M]. 天津：天津大学出版社，1999.

[4] Muhlbauer, W. Kent. Pipe Risk Management Manual：Ideas, Techniques and Resources, Third Edition [M]. Gulf Professional Publishing, 2004.

[5] 彭世尼. 燃气安全技术 [M]. 重庆：重庆大学出版社，2005.

[6] C. A. 博布罗夫斯基等. 天然气管路输送 [M]. 陈祖泽译. 北京：石油工业出版社，1985.

[7] 廖城. 基于降维模式识别方法的燃气管网泄漏检测研究（硕士学位论文）[D]. 天津城市建设学院，2012.

[8] 严铭卿. 天然气长输管道开裂连续泄漏模型 [J]. 煤气与热力，2013（11）B13-16.

[9] 中国石油化工股份有限公司青岛安全工程研究院. 石化装置定量风险评估指南 [M]. 北京：中国石化出版社，2007.

[10] 何淑静. 城市燃气输配系统风险评价体系的研究（博士学位论文）[D]. 同济大学，2004.

[11] 罗云，樊运晓等. 风险分析与安全评价 [M]. 北京：化学工业出版社，2004，116-120.

［12］郑津洋，马夏康等．长输管道安全风险辨识、评价、控制［M］．北京：化学工业出版社，2004，68-79.

［13］崔克清．安全工程燃烧爆炸理论与技术［M］．北京：中国计量出版社，2005.

［14］宇德明．易燃、易爆、有毒危险品储运过程定量分析评价［M］．北京：中国铁道出版社，2000.

［15］黄小美．城市燃气管网定量风险评价及其应用研究（博士学位论文）［D］．重庆大学，2008.

［16］王凯全，邵辉等．事故理论与分析技术［M］．北京：化学工业出版社，2004.

［17］高社生，张玲霞等．可靠性理论与工程应用［M］．北京：国防工业出版社，2002，166-173.

［18］肖位枢．模糊数学基础及应用［M］．北京：航空工业出版社，1992：1-4.

［19］谢季坚，刘承平．模糊数学方法应用［M］．武汉市：华中科技大学出版社，2000：19-37.

［20］方述诚，汪定伟．模糊数学与模糊优化［M］．北京：科学出版社，1997：34-55.

［21］何淑静，周伟国，严铭卿．燃气输配管网可靠性的故障树分析［J］．煤气与热力，2003（8）：459-461.

［22］何淑静，周伟国，严铭卿．城市燃气输配系统事故统计分析与对策［J］．煤气与热力，2003（12）：753-755.

［23］何淑静，周伟国．城市燃气安全管理状况的模糊综合评价［J］．上海煤气 2004（3）：

［24］何淑静，周伟国．上海城市燃气输配管网失效模糊故障树分析法［J］．同济大学学报（自然科学版），2005（6）：

［25］严铭卿等．燃气输配工程分析［M］．北京：石油工业出版社，2007.

［26］周伟国，张军，严铭卿．住宅燃气系统的安全评估［J］．煤气与热力，2005（7）：1-3.

［27］周伟国．城市燃气供应系统风险评价技术的研究［D］．上海：上海市自然科学基金项目（项目编号：02ZG14102）．2005.

［28］W. Kent Muhlbauer．管道风险管理手册［M］．杨嘉瑜等译．北京：中国石化出版社 2005.

第13章 燃气输配测控与信息系统

城镇燃气输配测控与调度管理是指对城镇燃气门站、储配站、调压站和管网重要节点等实施过程检测和运行监控，并通过通信网络与调度中心进行数据交互和运行监控。燃气输配测控与调度管理系统的基本任务是，对系统各节点实施过程检测和运行监控，对故障和紧急情况做出快速反应，保证燃气输配安全；及时进行用气负荷预测，合理实施运行调度，使燃气输配系统具有正常的运行参数。

监控和数据采集系统（Supervisory Control And Data Acquisition，SCADA）是实现燃气输配测控与调度管理自动化的合理方式，能够有效支持运行监控、输配调度和信息管理等基本应用需要；结合控制过程对象连接与嵌入标准（Object Linking and Embedding for Process Control，OPC），SCADA 系统主站服务器能够支持管理信息系统（Management Information System，MIS）和地理信息系统（Geograhpic Information System，GIS），与 GIS 的数据交互及系统集成。发展应用 SCADA 系统是我国燃气行业技术进步的一项重要技术措施。本章以 SCADA 系统为主干，面向燃气管网调度控制自动化和运行管理信息化的实际需要，介绍燃气输配测控与调度管理系统的实现方式和应用要点，以及系统的合理性与实用性问题。

13.1 监控和数据采集系统

13.1.1 燃气输配调度

1. 燃气输配调度的基本任务

燃气输配调度的对象是燃气管网及其输配站点，目标是保证输配工况合理，管网运行安全，并实现燃气产、供、耗的协调。燃气输配调度系统的基本功能包括：管网运行数据采集，数据处理与综合，数据存储和归档，运行报告和生产报表，报警处理和故障处理，负荷分析和预测，工况分析和预测，存量分析和预测，管道漏失分析和定位，管网运行优化与调度，关键设施的远程操作等。

2. 中心调度室和区域调度室

对于中小规模的城镇燃气管网，通常设置一个集中调度室，称为中心调度室或调度中心，由该中心调度室对整个管网进行运行调度和集中管理。对于特大规模的城市燃气管网，可根据管网地理分布区域特征，设置多个区域调度室。各区域调度室负责辖区内的管网运行调度和控制，并将主要数据信息上传到中心调度室；中心调度室通过各个区域调度室对整个城市管网进行运行协调和生产调度。

对于天然气长输管线，通常沿线设置多个区域调度室。各区域调度室负责辖区内的压气站、门站和管线运行调度和控制，并将主要数据信息上传中心调度室，中心调度室对整个长输管线进行协调和调度。

3. 燃气输配调度 SCADA 系统

SCADA 系统是以计算机、自动控制和网络通信为基础的生产过程控制与调度自动化系统，在结构上包括现场控制站、上位主站和数据传输网络系统，借助于城域或大区域数字通信网络实现调度控制中心对多个现场控制站的数据采集、数据存储、过程监控和远程操作。SCADA 系统广泛应用于电力系统和城镇基础设施，如电力系统运行调度、水利管网运行调度、供热系统运行调度、燃气管网运行调度。

SCADA 系统的主要特点是，能够有效支持燃气管网运行监控、输配调度和信息管理等基本应用需要；上层计算机系统能够为管网分析与模拟软件提供实时在线数据库，有利于调度系统的决策与优化；结合 OPC 标准，SCADA 系统主站服务器能够支持与管理信息系统 MIS 和地理信息系统 GIS 的数据交互，便于系统集成。因而 SCADA 系统是燃气输配测控与调度管理系统的基本平台。

13.1.2　SCADA 系统的结构体系

1. SCADA 系统结构

SCADA 系统在结构上由三大部分组成：SCADA 主站（MTS）及调度室工作站，远程从站系统（RTS），远程通信网络（SCADA Network），如图 13-1-1 所示。

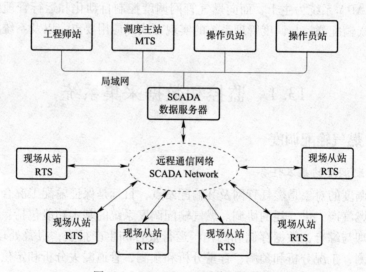

图 13-1-1　SCADA 系统组织结构

2. 从站和主站名称与内涵

在已有的 SCADA 系统文献中，从站 RTU 和主站 MTU 的名称被普遍采用，RTU（Remote Terminal Unit）意指远程终端单元，MTU（Main Terminal Unit）意指操控者本地终端单元。这对术语的理念是把设置在现场的远端 RTU 作为数据采集单元，把设置在调度室的计算机作为操作控制的主单元，体现了以调度控制中心为主的操作模式。这与现代过程控制系统的观点和方法有明显的差异。实际上，如果把控制权和操作行为过多地放在调度中心，所形成的系统模式是集中控制模式，即使系统在物理结构上是分散方式。对于燃气输配管网这种多变量、多站点、大区域的过程控制系统，集中控制模式将显著增加人工操作负担，而且不利于系统的快速性、稳定性和安全性。

SCS（Station Control System）是与 RTU 相似的另一个名称，称为站控系统。SCS 这个名字是基于集散控制系统 DCS（Distributed Control System）的观点，其中突出了站点的控制作用与自主特征。DCS 系统是现代过程控制系统的主导模式，其中的低层控制系统被称为现场控制站。现场控制站对所辖区域的设备和过程进行自主、完全、实时地控制，而上位主站的任务主要是数据存储和归档、过程监视和数据分析等。主站通过宏观命令如运行模式或给定值方式对现场控制站进行调度和协调，实现分散控制与集中管理。

鉴于系统结构与设计理念的需要，这里将 RTU 和 MTU 这两个名称分别引申为 RTS 和 MTS。其中，RTS（Remote Terminal System）意指远端系统或从站系统，MTS（Main Terminal System）意指主端系统或主站系统，对从站 RTS 的内涵描述和功能设计突出了从站集测量、控制和通信一体化的测控系统特征，更接近于 DCS 系统的现场控制站；对主站 MTS 的系统设计突出了调度与管理系统特征，更适合调度中心的功能特点和作业方式。这样的概念体系有利于 SCADA 系统的建设和发展。

13.2 监控和数据采集系统场站

13.2.1 SCADA 主站系统

13.2.1.1 MTS 基本功能

SCADA 主站系统 MTS 的基本任务是：网络通信处理、实时数据管理、调度命令管理；基本构成包括三部分：网络通信处理器，数据服务器，监控软件平台。SCADA 系统主站 MTS 的基本功能包括：

（1）与各个远程站点的 RTS 通信，采集站点过程数据和设备状态信息，存储到实时数据库中。

（2）运行监控软件，提供管网的过程动态界面、报警管理界面、操作控制界面和数据管理界面。

（3）接受调度人员的操作指令，下传到相应的远程站点的 RTS。

（4）为调度中心的工作站提供数据和信息。

值得指出，管网运行分析、动态模拟和数据处理等应用应该属于调度工作站的功能范畴，可以把这些软件安装在 MTS 的计算机上运行。系统组态、扩展、维护和培训等，都属于 MTS 的辅助功能。

13.2.1.2 调度工作站

1. 调度工作站的基本功能

调度工作站的基本任务是管网运行数据分析和调度措施生成。调度工作站作为主站数据服务器的客户机，运行在调度中心的局域网上。调度工作站的基本功能包括：

（1）管网动态数据分析，生产运行数据报表。

（2）工况分析和预测，负荷分析和预测，存量分析和预测。

（3）报警处理和故障处理，管网工况优化与调度，关键设施的远程操作。

（4）管道漏失监测与定位，管网运行安全管理。

2. 调度中心的硬件和软件配置

调度中心的最小配置是：一台服务器及其外部设备（显示器、打印机等）。在该服务器上安装 SCADA 主站的监控软件；数据采集和存储、调度分析和操作、系统组态和维护都在本机上进行。

调度中心的标准配置是：一台服务器，数台工作站（也称客户机）。该服务器提供数据服务和通信服务，主要安装数据库管理软件和通信驱动程序。工作站和服务器之间采用 C/S 结构的局域网络连接。SCADA 主站的监控软件、管网运行分析等应用软件安装在调度员工作站和工程师工作站上，调度中心作业在各个工作站上进行。一种有代表性的调度中心设备与网络组织结构，如图 13-2-1 所示。

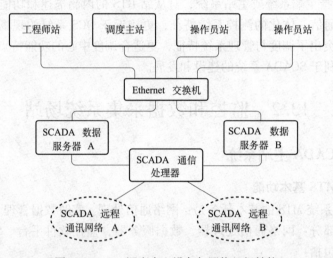

图 13-2-1 调度中心设备与网络组织结构

13.2.1.3 SCADA 服务器的冗余配置

SCADA 系统中的双机冗余，通常是指监控层服务器的冗余，也是最重要的应用模式。冗余配置是采用两台服务器，分别称为主服务器和从服务器。各自安装监控软件，都能够通过控制网络与 RTS 进行通信和数据传输。在冗余热备工作模式下，主服务器和控制站通信，从服务器通过主服务器获得数据进行备份和同步。当主服务器出现故障时，从服务器接管主服务器工作。待主服务器恢复之后，可以通过自动或手动方式将网络控制权移交给主服务器。

在热备工作模式下，从服务器应周期性地向主服务器发送数据同步请求，主服务器响应这些请求，以实现两台服务器之间的时钟同步和数据同步。

在 SCADA 系统中除了服务器冗余之外，还有其他方面的冗余配置，如现场控制器冗余、通信网络冗余、管理网络冗余、客户端冗余等多种冗余模式。应该指出，冗余配置为系统运行提供了备份，同时也增加了设备和技术的复杂性，甚至导致相反的结果。在设计和应用中，要注意分析故障的概率与故障的可维护性，设置必要的冗余，减少不必要的冗余。

13.2.1.4 MTS 主监控页面和窗口设计

系统监测页面是整个管网 SCADA 系统的主界面，也称为主监控平台。系统监测页面应以所辖的远程站点为主要对象，瞰视整个管网，突出管网的主要节点和主要变量，并为进入各个站点监测页面提供便捷途径。系统监测页面一般应设计以下功能窗口：

（1）主窗口

以整个管网的地理图为背景，显示各门站、储配站、调压站、流量计量站、压力监测点的位置和主要管网布局，并在各站点上显示主要工况数据和报警状态。

流量计量站旁显示瞬时流量和累计流量；调压站旁显示压力数值和紧急切断阀状态，当压力越限或紧急切断阀动作时该图标闪烁并弹出报警框；压力监测站旁应显示该站点压力状态，当压力越限时该图标闪烁并弹出报警框；储配站图标旁显示储配站的储量、压力、压送机开机台数等关联管网调度平衡的主要工况数据，当储量或压力越限时，该图标闪烁并弹出报警框。

（2）站点图标窗口

集合了各个站点的图标，点击图标进入站点监控页面，在各个站点监控页面上进行专门的监视和站点操作。

（3）全局数据表

以实时数据表的形式总览燃气输配管网的全局性动态变化状况。各个站的数据记录可包含压力、流量、储量等多列（字段）。

（4）全局报警表

按时间顺序记录事故报警及其操作情况，通过全局报警表，可查询所有的报警记录，也可分类查询相关的报警事件，供操作人员或维修部门检索。报警发生时，主窗口上该站点图标闪烁，计算机发出警报声，弹出报警对话框。直至调度人员确认该报警事件后解除报警。

（5）网络状态表

显示所有站点 RTS 当前通信状态和自诊断结果，并可设置为在线或离线模式。

13.2.2　SCADA 从站系统

13.2.2.1　RTS 的功能

从站 RTS 的基本任务是现场数据采集、数据上传、就地过程控制和执行调度命令。从站 RTS 的主要功能应包括下列方面：

（1）从现场测量仪表采集过程变量数据和设备状态信号，进行数据存储和数据显示。过程变量包括压力、流量和温度等。具有气质指标分析的站点还应包括发热量、密度、湿度、H_2S 含量等。

（2）对过程变量和设备运转进行上限、下限或变化率分析，生成过程报警信息和设备报警信息，并启动相应的控制措施。

（3）对现场设备进行既定的顺序控制、逻辑控制或反馈控制，保证站点运行工况安全与稳定。

（4）通过 SCADA 网络对主站 MTS 上传现场信息报文。报文方式可为主动式或被动式。

（5）接受调度中心和主站 MTS 的远程控制命令，对现场设备执行控制。远程控制方式包括：修改反馈控制的给定值或控制模式，执行主站对设备进行直接控制的操作指令。

值得指出，上述把 RTS 作为远程站点层面上的数据采集、数字化通信和过程控制装置，具有综合功能和独立运行能力。这符合现代过程控制系统的构想。而在城镇燃气和天然气行业既有的应用中，更多的做法是把 RTS 作为数据通信装置或数据终端，而过程控制功能和自主运行功能比较薄弱。RTS 的功能定位和结构设计，对于 SCADA 系统在行业中的健康发展具有明显的意义。

13.2.2.2 从站系统 RTS 的设置

燃气 SCADA 系统的 RTS 站点设置，应以输配管网的工艺场站为基础，结合整个管网运行监测和调度的实际需要，选择重要的和必要的输配设备和过程变量，确定 SCADA 站点的布局，并确定各站点内部的过程变量、控制设备及其信号接口。

对于城镇燃气输配管网，需要设置 RTS 站点的工艺场站通常包括：气源厂、储配站、门站、区域调压站、专用调压站、管网压力检测点等。

对于天然气输气管道，需要设置 RTS 站点的工艺场站通常包括：首站、加压站、中间气体接受站、气体分输站、增压站、末站、干线截止阀室、计量站、清管站、阴极保护站等。

在 RTS 站点的设置及其功能设计中，应考虑尽可能减小对 RTS 的测控容量要求，必要时可以在一个场站设置两个或多个 RTS。采用较小容量的 RTS，通常能够降低 RTS 的硬件和软件的技术要求，从而降低技术复杂性，降低系统造价。

13.2.2.3 RTS 的结构与配置

从站 RTS 的硬件配置，一般应包括多个功能模块（或单元）：CPU 和存储器模块、通信接口模块*、AI 模块、AO 模块、DI 模块、DO 模块和人机界面。对于只有检测功能的站点，可以省略 AO、DI、DO 等功能模块。

各个功能模块（单元）可以集成在一块主板上（All-in-one）或几块子板上，如嵌入式系统的结构；也可以采用单独的硬件模块组件，通过系统总线连接构成系统，如 PLC（Programmable Logic Controller）系统的结构。

需要指出，人机界面 HMI（Human Machine Interface）对于过程数据、设备状态和报警信息的显示是必要的，而且人机界面在功能上也包括参数设置和手动主令按键或按钮。在没有人机界面的黑模式下，现场人员无法进行过程监视和控制；当 SCADA 网络或主站 MTS 失灵时，可能导致现场失控。

如果 RTS 与本地计算机连接，允许使用显示器和键盘或鼠标等计算机外设实现人机界面的功能。

对于通常无人值守的站点，如阀门井、中低压调压站、管网监测点、清管站、阴极保护站等，其 RTS 也应配备人机界面，供现场测试、维修或事故处理时使用。

RTS 的供电，在可能的情况下应采用双交流电源，并配备自动切换装置。在单交流电源的情况下，应配置不间断电源 UPS，或通过蓄电池对 RTS 直流供电，备电时间应大于等于 12 小时。

13.2.2.4 监测页面和窗口设计

在主站调度计算机屏幕上，应对每一座储配站、调压站、流量计量站、测压点建立对应的站点监测页面。站点监测页面一般应设计以下窗口或功能：

（1）流程图窗口：显示站点的工艺流程图，在图上以数字方式显示压力、流量、温度

---

* A-模拟（Analog），D-数字（Digital），I-输入（Input），O-输出（Output）。AI-模拟信号输入，其余类推。

和储气量等过程变量,以图标方式显示压送机、切断阀状态等主要输配设备的状态。

(2) 趋势图窗口:以趋势图形式显示站点压力、流量和储气量等过程变量。

(3) 设备操作窗口:对站点压送机、切断阀和调节阀等输配设备的操作控制对话框或模拟面板。

(4) 参数设定窗口:对站点压力、流量、储气量等工况变量的控制设定值、上限值和下限值等进行设定的对话框或模拟面板。

(5) 报警事件框:接到站点报警事件后,应立即发出声或光警报信号,并在屏幕上弹出报警框。报警框内容应包括日期、时间、报警站点、报警说明。

(6) 站点 RTS 当前通信状态和自诊断结果的显示,并可设置为在线模式或离线模式。

(7) 操作活动记录:实时记录操作员的所有操作活动,并可调阅审查。

(8) 宜使用流程图窗口作为站点监控页面的主窗口(或默认窗口),并在其上添加各个功能窗口的工具图标,点击图标可激活窗口,操作结束时隐藏或关闭窗口。

13.2.2.5　RTS 系统的在线诊断

调度中心应能对远方站点的 RTS 进行远程在线诊断,通常可以采取两种方式。一种方式是,工程师在调度中心的计算机上启动诊断软件,通过网络将诊断命令下载到现场的 RTS,RTS 接受并执行诊断命令,然后将诊断结果报文上传到调度中心。另一种方式是,RTS 定时启动自诊断程序,在随后的上传报文中写入自诊断结果代码,上位主站根据报文中的故障代码分析诊断结果并采取相应的处理措施。

13.2.3　输配场站信号与测控设计

13.2.3.1　场站信号分类

在过程测量与控制系统中,变量是信号的数字形式。在各种站场中存在着多种信号,按照信号的功能和应用可分为三类:过程信号,设备信号,辅助信号。

过程信号是表征站场过程工况的信号组,如压力、温度和流量等。

设备信号是表征运转设备状态的信号组,如阀门开度或开闭状态、压缩机转速和燃气泄漏等。

辅助信号是指过程信号和设备信号之外的其他信号,也包括非重要信号,如过滤器的差压、阴极保护电位和电流等信号,通常处于相对稳定的状态,在无故障的情况不会影响过程工况。在有人值守的站点中,这些信号可以采用现场指示仪表就地显示,仅作为站点内部信号使用,不必报告调度中心。在无人值守的站点中,有必要把辅助信号上传到调度中心。

过程变量和设备变量是 SCADA 系统的基本变量。采用基本变量组可以简化 RTS 的信号设计,提高 RTS 的运行效率和通信效率,减低 RTS 的硬件造价。其他变量可以列为辅助变量。

13.2.3.2　场站流量计算

流量计算补偿中的压力和温度,可以分别采用出站压力和出站温度予以替代。流量计算涉及流速(或孔板差压)、压力和温度等三个基本变量,其中的压力和温度是流量计算的补偿参数。从动态过程看,相对于流速的变化,温度的变化通常是缓慢的,可以用出站温度替代各个流量计上的分支温度,在流量测量的精度范围内两者差异可以忽略不计。压力的传递是快速的,如果以各分支出口汇合管上的压力作为出站压力,则可以用出站压力替代各个分支流量计上的分支压力，不会影响流量的测量精度。

13.2.3.3 场站压力控制

调压阀可采用自力式压力调节阀，也可采用气动调节阀。自力式压力调节阀基于气体压力的直接反馈，结构简单。但其压力设定值是通过一个弹簧的预紧力给定的，不能使用外部模拟信号或数字信号来改变，所以自力式压力调节阀不适于本站的数字化控制和上位主站的调度控制。

在燃气输配 SCADA 系统的现场站点设计中，调压阀应当采用电动调节阀或气动调节阀。由此可以构成标准的反馈控制系统，而且可以通过外部信号来改变压力设定值。此外，电动调节阀或气动调节阀可以附带输出为 4～20mA 的阀位（开度）变送器，能更直接地反映阀门的实际开度。相应地，调压阀的开度应当采用连续信号。

传统的闭环反馈控制系统基于模拟信号和自动化仪表产品，采用伺服放大器输出 4～20mA 的电信号控制电动调节阀，或采用电/气转换器输出 0～10 kPa 的压缩空气驱动气动调节阀。在现代数字控制系统中，可以通过两个开关量输出（DO）直接控制调节阀的开度。比如，在以 PLC 为控制器的数字控制系统中，用开关量输出（DO）直接控制调节阀，可以降低硬件成本，或用较低的硬件配置实现多路调节阀控制。该方法也适合于 RTS 构成数字控制站的应用。

一体化智能调压器，外形接近于自力式压力调节阀，但其内部结构和原理属于数字化的闭环反馈控制系统，可以通过数字通信口改变压力设定值。所以，一体化智能调压器也适合于燃气输配 SCADA 系统的现场站点应用，但要求 RTS 作为一体化智能调压器的上位主站。

13.2.3.4 输配场站流程装备与测控设计

城镇天然气输配系统场站的 RTS 可分为三类：城镇天然气门站、次高压储配与分输站、中低压调压站。门站具有代表性。相应于城镇燃气管网规模和结构，门站规模与输配流程装备，设计不尽相同。这里给出一个典型设计，如图 13-2-2 所示。

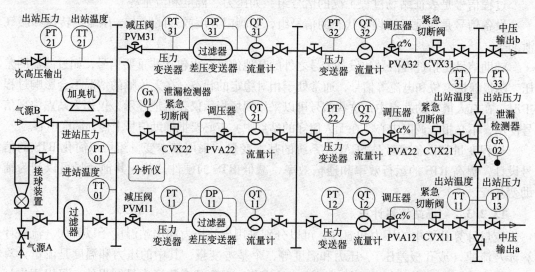

图 13-2-2 城市天然气门站流程与测控装置

TT—温度变送器；PT—压力变送器；DT—差压变送器；QT—流量计；Gx—泄漏检测器；

CVX—紧急切断阀；PVA—调压器

其中,允许接入两路气源(气源 A、气源 B),按一用一备切换使用;两路独立可调的中压输出(中压输出 a,中压输出 b),可分别供给城镇不同区域的中压管网及其调压站;一路次高压输出,可供给城镇储存站、分输站、加气站或次高压工业用户。

图中,紧急切断阀设置在调压器下游,当切断阀关闭后可使调压器自动关闭。表 13 - 2 - 1 给出了城镇天然气门站的基本变量及其报警状态。对于次高压储配站与分输站、中低压调压站等,可以参考上述设计,这里不一一列举。

城镇天然气门站的基本变量及其报警状态　　　　　　　　　　表 13 - 2 - 1

序号	变量名称	类型	数量	报警状态
1	高压进站温度 TT01	AI	1	maxT,minT
2	高压进站压力 PT01	AI	1	maxP,minP,max(-dP/dt)
3	高压流量 QT11,QT31	通信	2	maxQ,minQ,max(dQ/dt)
4	次高压出站温度 TT21	AI	2	maxT,minT
5	次高压出站压力 PT21	AI	1	maxP,minP,max(-dP/dt)
6	次高压流量 QT21	通信	1	maxQ,minQ,max(dQ/dt)
7	次高压调压器开度 α%	AI	1	maxα,minα
8	中压出站温度 TT11,TT21	AI	2	maxT,minT
9	中压出站压力 PT13,PT33	AI	2	maxP,minP,max(-dP/dt)
10	中压流量 QT12,QT22,QT32	通信	3	maxQ,minQ,max(dQ/dt)
11	中压调压器开度 α%	AI	3	maxα,minα
12	燃气泄漏浓度 Gx01,Gx02	AI	2	maxGx
合计			21	

注:通信类型的变量是指通过串行通信口传输的变量,如流量计或流量计算装置。

13.2.4　输配场站故障分类与报警响应

13.2.4.1　SCADA 的通信呼叫方式

(1) 主站 MTS 呼叫方式

调度中心为主站,各个远端 RTS 为从站,主站按照从站的地址顺序循环访问各个从站,称为轮询(Polling)。这种协议网络结构简单,适合于更多的总线协议(如 Modbus)产品作为 RTS 硬件产品,硬件造价经济。但由于访问过程是主站对多个从站的顺序轮询,RTS 端的故障信息传输不能立即发送,应用中受到限制(下文将提出,MTS 呼叫方式在故障报警传输上的局限性可以得到解决)。

(2) 从站 RTS 呼叫方式

调度中心为从站,各个远端 RTS 为主站,多个主站可并行地访问一个从站。场站 RTS 可随时呼叫 MTS 并上传数据报文,场站故障信息能够被立即发送。但是,这是一种星形网络结构,协议复杂,需要工业以太网等高端网络通信产品与其适配。

13.2.4.2　故障报警与响应的常规方式

为了及时上传报警信息,通常倾向于采用从站呼叫方式。常规的故障报警与响应方式步骤如下:

（1）当远端站点发生故障时，站点的 RTS 通过网络向 SCADA 调度中心发送报警信息；

（2）调度中心接收到故障报警信息后，先由操作人员确认故障报警信息，再将故障处理的措施以网络命令的形式下传到该站点的 RTS；

（3）RTS 按照接收到的命令输出相应的电气信号，以关闭截止阀或停止输送设备。

实际上，按照传统故障报警和故障响应方式进行故障处理，即便是调度中心及时地接收到 RTS 上传了报警信息，还需要调度员确认后，通过调度计算机向远端的 RTS 发送故障处理命令；RTS 接受命令后执行相应的设备操作或控制，关闭某台设备或阀门。从故障信息的上传，经故障处理命令的下传，到实施故障处理操作，整个过程所需要的时间并不是最短的。

13.2.4.3　故障分类的方法和目的

（1）故障分类的方法

从故障检测、故障原因和故障处理等方面，可将站场故障分为三种基本类型：

1）从故障检测的角度，故障可分为可测故障和不可测故障。

2）从故障控制的角度，故障可分为可控故障和不可控故障。

3）从故障原因和故障涉及的范围，故障可分为直接故障和间接故障。

（2）故障分类的目的

故障分类的目的是，针对不同的故障类型采取适当的报警与响应方式，保证报警处理的实际效果，并尽可能减低对网络实时性的要求。下列故障分类方法及其故障响应方式能够达到这个目的，并且可以解除主站呼叫方式在故障报警传输上的局限性。

13.2.4.4　故障的可测性及其响应方法

从故障检测的角度看，故障可分为可测故障和不可测故障，其定义和响应方法如下。

（1）可测故障的定义

可测故障是指通过在线传感器和变送器信号的数据进行判别的故障。如压力过高或压力过低、流量过高或流量过低、电机过电流等。对于可测故障，故障处理通常可以通过对现场设备的操作或控制来实现，如阀门的关闭或开启、电机的停止或启动等。

（2）不可测故障的定义

不可测故障是指没有测量信号作为依据的故障。如管线泄露、管道阻塞等，这些故障通常采用离线仪表测量或进行综合来识别。

（3）可测故障的响应方法

由于可测故障通常具有确定的处理措施，所以可以考虑将这些措施设置在 RTS 中，当故障发生时由 RTS 直接执行相应的操作和控制，然后将故障信息和所采取的处理措施代码上传到调度中心。当然，调度中心可以通过网络指令来命令 RTS 更换或解除已经采取的处理措施。如果采用这种方法，在通信方式的实时性设计上可以不考虑可测故障的信息上传和操作命令。

（4）不可测故障的响应方法

对于不可测故障，不能通过 RTS 上传到调度中心，调度中心也不能简单地通过网络指令来命令 RTS 执行某种操作使故障得以解除。换言之，在通信方式的实时性设计上可以不考虑不可测故障的信息上传和操作命令。

13.2.4.5 故障的可控性及其响应方法

从故障控制的角度，故障可分为可控故障和不可控故障，其定义和响应方法如下。

（1）可控故障的定义

可控故障是指通过设备的操作或控制可以解除的故障。设备的操作或控制包括阀门的关闭或开启、调节阀的开度变化、电机的停止或启动等。如压力过高或过低、流量过高或过低、电机过电流等，都属于典型的可控故障。显然，可控故障的处理完全可以通过 RTS 对设备的操控来实现。

（2）不可控故障的定义

不可控故障是指不能通过设备的操作或控制得到解除的故障。典型的不可控故障如管线泄露、管道阻塞等，这类故障发生后尽管可以关闭爆炸点两端或关联的阀门以限制故障幅度，但不能消除故障。

爆炸是一种特殊的故障情况，尽管对于爆炸的处理方法是及时关闭爆炸点两端或关联的阀门，以防止爆炸事故扩大，但爆炸已经发生，且设备和工况都不可能自然地复原。鉴于设备的操控并不能解除爆炸故障或使工况恢复正常，所以爆炸现象属于不可控故障，更应该列入事故的范畴。

（3）可控故障的响应方法

对于可控故障，可以将这些故障的处理措施设置在 RTS 中，当故障发生时由 RTS 直接执行相应的操作和控制，然后将故障信息和所采取的处理措施代码上传到调度中心。当然，调度中心可以通过网络指令来命令 RTS 更换或解除已经采取的处理措施。

（4）不可控故障的响应方法

由于不可控故障是不能通过设备的操作或控制得到解除的故障，所以，向调度中心报警的及时性对于故障处理的效果并非至关重要。可以首先通过 RTS 启动预置的处理措施，然后将故障信息和所采取的处理措施代码上传到调度中心。

13.2.4.6 故障的直接性及其响应方法

从故障原因和故障涉及的范围看，故障可分为直接故障和间接故障，其定义和响应方法如下。

（1）直接故障的定义

直接故障是指因本站某个设备原因导致的设备动作故障或因此导致的管网工况故障。典型的直接故障如：压气设备故障，截止阀动作失灵，调节阀控制失灵，或因此导致的压力或流量偏离允许工况。

（2）间接故障的定义

间接故障是指站点因外部原因导致的故障。对于调压站而言，由于上游管线爆裂泄漏导致本站输出压力过低，这是一种典型的间接故障。间接故障通常表现为工况故障。

对于间接故障的分析与处理，一种有代表性的情况是：当下游站和上游站之间的管线发生破裂泄漏事故时，导致相关站点发生的故障。此时，在下游站将导致进口压力过低和流量过低的故障报警，而在上游站将导致出口压力过低和流量过高的故障报警。按照上述定义，下游站出现的两种故障和上游站出现的两种故障，均属于间接故障。

从可控性的角度看，下游站的进口压力过低和流量过低的两种故障，均为不可控故障；上游站出口压力过低的故障为不可控故障，而上游站出口流量过大的故障为可控故障。

（3）直接故障的响应方法

直接故障属于现场站点的本地故障，而且直接故障与设备及其控制相关，直接故障的故障检测、信息传输和故障处理都可在本站内部完成。所以，可以考虑将直接故障的处理措施设置在 RTS 中，当故障发生时由 RTS 直接执行相应的操作和控制，然后将故障信息和所采取的处理措施代码上传到调度中心。如果采用这种方法，在通信方式的实时性设计上可以不考虑直接故障的信息上传和操作命令。

（4）间接故障的响应方法

对于间接故障，应结合可控性确定其报警响应的方法。

1）对于间接故障且为不可控故障，尽管出现在本站，但不能通过在本站采取措施使得故障得以消除，所以调度中心不必通过本站 RTS 实施故障处理措施，本站报警上传的实时性也无关紧要。

2）对于间接故障且为可控故障，虽然故障根源不在本站，但能够通过在本站采取措施使得故障得以消除，所以可以考虑将间接故障的处理措施设置在 RTS 中。当故障发生时由 RTS 直接执行相应的操作和控制，然后将故障信息和所采取的处理措施代码上传到调度中心。

13.3　网络与通信

13.3.1　调度中心局域网

13.3.1.1　计算机通信网络

计算机通信网络的拓扑结构主要分为三种类型：总线形、环形和星形拓扑结构。

（1）总线形网络的结构

总线形网络的物理结构和拓扑结构如图 13-3-1 所示。

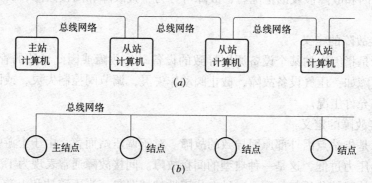

图 13-3-1　总线形网络的物理结构和拓扑结构

(a) 物理结构；(b) 拓扑结构

其主要特点是：

1）所有结点都连接到一条作为公共传输介质的总线上；

2）总线传输介质通常采用同轴电缆或双绞线；

3）多个结点的数据发送或接收都在同一条总线上传输，需要介质访问控制以防止传输冲突；

4）总线的介质访问控制（Medium Access Control，MAC）是通过总线协议实现的；

5）总线形拓扑的优点是结构简单，实现容易，易于扩展。

（2）环形网络的结构

环形网络的物理结构和拓扑结构如图13-3-2所示。

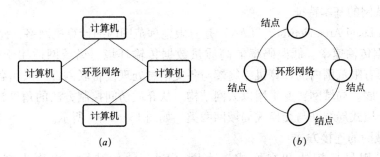

图13-3-2　环形网络的物理结构和拓扑结构

（*a*）物理结构；（*b*）拓扑结构

其主要特点是：

1）结点使用点—点线路连接，构成闭合的物理环形结构；

2）环中数据沿着一个方向绕环逐站传输；

3）多个结点共享一条环通路，各个结点可以访问其他任意结点，但需要对总线控制权进行控制；

4）环形总线的介质访问控制 MAC 是通过令牌（token）协议实现的；

5）环形拓扑结构适合于多主站系统，但传输效率不高。

（3）星形网络的结构

星形网络的物理结构和拓扑结构如图13-3-3所示。

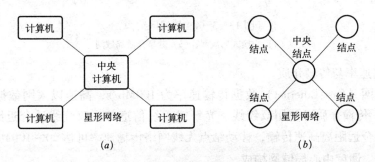

图13-3-3　星形网络的物理结构和拓扑结构

（*a*）物理结构；（*b*）拓扑结构

其主要特点是：

1）各个结点分别通过一条传输介质与中央结点连接；

2）总线传输介质通常采用同轴电缆或双绞线；

3）各个结点之间的相互访问通过中央结点予以中转和控制，中央结点也称为网络服

务器;

4）星形网络的介质访问控制 MAC 采取带冲突检测的载波侦听多路访问 CSMA/CD 方法;

5）星形拓扑结构便于支持多个结点并发访问，传输效率高，易于扩展，是局域网的主导结构。

13.3.1.2 局域网及其结构体系

（1）局域网的基本特征

局域网（Local Area Network，LAN）是有限地理范围内的计算机网络，提供 10Mb/s ~ 10Gb/s 高数据传输速率、低误码率的高质量数据传输环境。局域网适用于公司、机关、校园、工厂等有限范围内的计算机、终端与各类信息处理设备联网，一般由各单位自行建设、维护和扩展。局域网普遍采用以太网结构。从介质访问控制方法的角度，局域网结构可分为共享介质式局域网与交换式局域网两类，如图 13-3-4 所示。

（2）局域网的连接方式

局域网采用星形拓扑和交换式以太网（Ethernet）结构，也称为交换式以太网（Switched Ethernet）。交换式局域网的核心设备是以太网交换机（Ethernet Switch）。以太网交换机可以有多个端口，每个端口可以单独连接一个结点，多个端口之间可以建立多个并发连接，如图 13-3-4（a）。以太网集线器能够提供共享介质方式的连接，部分结点可以通过集线器连接到交换机的一个端口上，构成共享介质局域网，如图 13-3-4（b）。

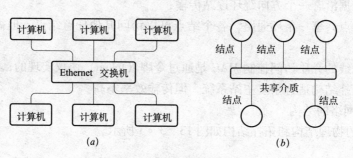

图 13-3-4 局域网结构

（a）交换式局域网；（b）共享介质局域网

（3）传输速率与传输介质

快速以太网（Fast Ethernet）数据传输速率为 100Mb/s，高速以太网数据传输速率可达 1000Mb/s。传输介质可使用双绞线、光纤或无线信道等。双绞线适合近距离 100Mb/s 传输，光纤适合远距离高速传输，移动结点无线网络传输速率可达 20 ~ 100Mb/s。

13.3.1.3 调度中心局域网构成

调度中心局域网的主要设备包括 SCADA 数据服务器、调度室工作站（调度主站、操作员站、工程师站）等，采用 Ethernet 交换机互联构成以太网结构，如图 13-3-5 所示。

调度控制和数据交换的主要过程包括:

（1）SCADA 通信处理器通过 SCADA 远程网络读取各个场站 RTS，获得管网运行工况和设备状态数据，发送到 SCADA 数据服务器的实时数据库和历史数据库。

（2）调度室工作站（调度主站、操作员站、工程师站）通过局域网访问 SCADA 数据

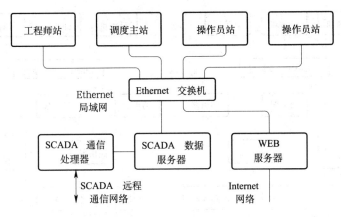

图13-3-5　调度中心局域网结构

服务器，共享受实时数据库，进行管网分析和调度管理。

（3）通过局域网、SCADA通信处理器和SCADA远程通信网络，调度室工作站向各场站RTS下达调度命令和故障处理命令。

（4）调度中心局域网与Internet网络互联，也可与燃气公司管理信息系统MIS的局域网或其服务器互联，实现燃气公司内部的数据交换和对外部的Internet Web访问。

13.3.2　城域网与SCADA应用

13.3.2.1　城域宽带网的基本特征

城域网（Metropolitan Area Network，MAN）是介于局域网LAN与广域网（Wide Area Network，WAN）之间的一种高速网络广域网，提供100Mb/s～10Gb/s高数据传输速率、低误码率、高质量数据传输环境。城域网也称为城域宽带网，由政府和地区网络运营商建设。其设计目标是满足几十公里范围内的大量企业、机关、公司的多个局域网互联需求，实现广泛的数据、语音、图形、视频信息传输。城域宽带网已成为地区和城镇的重要基础设施和公共资源，具有覆盖率高、设备先进、网络稳定和费率低等特点，用户数字业务用户可通过DDN、ISDN和ADSL等多种方式接入城域宽带网络。城域网技术与局域网相似，结构上采用路由器和大型服务器互联，其物理结构如图13-3-6所示。

13.3.2.2　城域网连接RTS

借助于非对称数字用户线路调制解调器ADSL Modem，可将燃气输配场站RTS系统就近接入城域网，实现RTS与MTS和调度中心的数据通信。该方案的优点是适合站场地理分散分布特点，无须建设SCADA专用网络，无须网络管理和维护，网络资费低，可靠性较高。如图13-3-7所示。

（1）场站RTS与ADSL连接：在局端机房，由服务商将用户原有的电话线串接到AD-SL局端设备；在用户端，将电话线接入分离器，滤波器的两个输出口分别连接电话机和ADSL Modem；ADSL Modem输出接入计算机网卡；在计算机上安装驱动程序，并设置TCP/IP协议中的IP、DNS和网关参数项；启动ADSL网络连接程序便可上线。

（2）主站MTS与ADSL连接：MTS服务器和工作站接入局域网集线器，ADSL输出口接到集线器，在服务器上安装驱动程序，并设置TCP/IP协议中的IP、DNS和网关参数项；

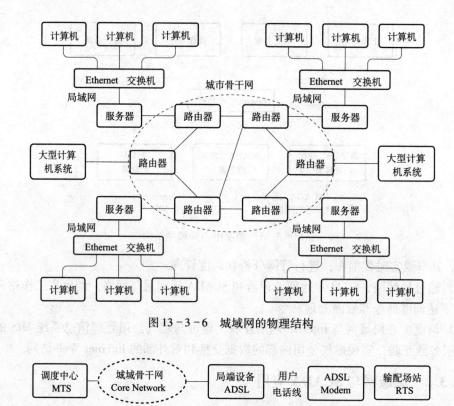

图 13－3－6　城域网的物理结构

调度中心 MTS ── 城域骨干网 Core Network ── 局端设备 ADSL ──用户电话线── ADSL Modem ── 输配场站 RTS

图 13－3－7　城域网 ADSL 连接方式

启动 ADSL 驱动程序便可上线。

13.3.2.3　ADSL 技术特征

非对称数字用户环路（Asymmetrical Digital Subscriber Line，ADSL）技术，借助普通电话线提供宽带数据业务。ADSL 是 DSL 的非对称版本，其核心技术是频分复用技术（Frequency Division Multiplexing，FDM）和回馈抑制技术（Echo Cancellation）。采用频分复用技术在一条电话线上创建三个信道：高速下行信道，中速双工信道，4KHz 语音信道。高速信道和中速信道用于数据传输业务，且可以复用以创建多个低速通道。采用回波抵消技术使上行通道和下行通道在频带上的重叠部分相互抵消，减小串音对信道的影响，实现信号高速传送。在 ADSL 连接失败时语音通信仍能正常使用。

ADSL 能够向终端用户提供 8Mbps 下行传输速率、1Mbps 上行传输速率。ADSL 直接利用普通铜质电话线作为传输介质，只要配上专用 ADSL Modem 即可实现数据高速传输，有效传输距离 3～5km。

13.3.2.4　工业以太网接口

工业以太网技术发展的目标是在工业控制器产品中植入以太网接口和 TCP/IP 通信协议，并按照工业标准设计制造，保证高可靠性和高效率。典型的工业以太网通信处理器如 PLC 产品 SIEMENS CP243、Rockwell Controllogix 等，它们可作为 RTS 与宽带网 ADSL 的接口。

13.3.3 无线网与SCADA应用

13.3.3.1 移动数字通信网络资源

以 GSM（Global System for Mobile Communication）、CDMA（Code Division Multiple Access）和 TD-SCDMA 为代表的移动通信系统已成为重要的公共无线通信网络资源，覆盖全国，漫游全球。借助于无线移动数字通信调制解调器 Mobilemodem，可将燃气输配场站 RTS 系统就近接入城域网，实现 RTS 与 MTS 和调度中心的数据通信。适合燃气站场地理分散分布特点，无须建设 SCADA 专用网络，应用简便，传输可靠。

13.3.3.2 GPRS数据传输网络

通用分组无线业务（General Packet Radio Service，GPRS）是全球移动通信系统 GSM 的扩展数据服务业务，其主要技术特征是：

（1）GPRS 是在 GSM 系统上扩展出来的数据传输信道，与 GSM 具有相同的无线调制标准、突发结构、跳频规则和 TDMA 帧结构。

（2）GPRS 支持与 Internet 连接，用户通过 GPRS 系统网关 GGSN 连接到互联网，GGSN 提供相应的动态地址分配、路由、名称解析、安全和计费等互联网功能。GPRS 使移动通信运营商成为互联网业务提供商，用户可以通过 GPRS 访问 Internet。

（3）用户启动 GPRS 终端，便可建立与 GPRS 网络的连接，并保持持续在线状态。

13.3.3.3 CDMA数据传输网络

码分多址无线通信方式（Code Division Multiple Access，CDMA）是基于数字扩频通信技术的一种高性能移动通信系统，主要技术特征是：

（1）CDMA 允许在一个信道上同时传输多个用户的信息。CDMA 的每个用户具有独立的代码，同一信道上允许同时传输多个用户信息。CDMA 允许用户之间的相互干扰，关键在于信息编码与解扩。

（2）CDMA 可在用户数量与服务级别之间协调，具有系统容量软调节功能。运营商在话务量高峰期可将误帧率稍加提高，增加可用信道数，提高系统容量。

（3）CDMA2000-1x 数据业务完全基于 IP 技术。根据接入 IP 网络的不同，CDMA2000-1x 分组网可提供多种接入业务，如互联网业务和基于 WAP/Brew/Java 的应用等。

（4）CDMA2000-1x 支持多媒体通信业务。随着传输速率的提高和可用带宽的增加，图像流媒体业务、视频会议业务、交互式游戏业务等的实现将成为可能。

13.3.3.4 GPRS和CDMA性能指标

移动通信系统的性能包括多方面，移动网络也在不断升级发展。SCADA 系统应用关注的主要性能指标是网络的传输速率、网络覆盖率、支持协议和租用费用等方面。表 13-3-1 给出了 GPRS 和 CDMA 现行系统的部分性能指标。

GPRS 和 CDMA 现行系统的部分性能指标　　　　　　　表 13-3-1

	GPRS	CDMA1x	CDMA2000-1X
理论速率	115.2 Kbps	153.6 Kbps	614 Kbps
实际速率	20~40Kbps	80~100Kbps	80~153Kbps

续表

	GPRS	CDMA1x	CDMA2000-1X
标准	GSM Phase2 +	IS-95A	IS-2000
支持协议	IP，X. 25	IP	mobileIP，Ipv6
在线方式	持续	持续	持续
使用波段	900，1800MHz	800MHz	800MHz
覆盖范围	大	较大	较大
技术等级	2.5G	2.5G	2.5G ~ 3G

13. 3. 3. 5　TD-SCDMA 数据传输网络

TD-SCDMA 是我国自主知识产权的 3G 移动通信系统，支持宽带无线数据传输网络和 IP 业务，代表第三代移动通信标准，传输速率为 2Mbps。TD-SCDMA 的主要技术特征是采用双工模式 TDD。

（1）时分双工传输模式（Time Division Duplex，TDD）

上行与下行传输使用同一频带，按时间区分上行与下行并进行切换。TDD 频谱利用率高，成本低廉。但因采用多时隙不连续传输方式，基站发射的峰值功率与平均功率的比值较高，基站功耗较大，抗衰减和抗多普勒频移性能较差。

（2）TD-SCDMA 的其相对优势

TDD 模式是 FDMA、CDMA、TDMA 技术的完美结合。能使用各种频率资源，不需要成对的频率；适用于不对称的上下行数据传输速率，特别适用于 IP 型的数据业务；上行和下行工作于同一频率，对称电波传播特性使其便于使用智能天线等新技术达到提高性能且低成本的目的；TDD 系统设备成本较低，比频分双工传输模式（Frequency Division Duplex，FDD）系统低 20% ~ 50%。

（3）TD-SCDMA 的适用性

1）TD-SCDMA 与 GSM 网络完全兼容，可以利用现有的移动 GSM 核心网络，实现从第二代移动通信技术到第三代移动通信技术平滑过渡，最大限度利用我国现有庞大的第二代移动通信网络资源，保护现有资本，节省演进成本。

2）TD-SCDMA 的 TDD 模式在时间和空间上有一定的局限性。终端的移动速度受现有 DSP 运算速度的限制只能做到 240 km/h；基站覆盖半径在 15 km 以内时频谱利用率和系统容量可达最佳，在用户容量不大的区域内基站覆盖半径可达到 30 ~ 40km。因此 TD-SCDMA 也适合在城镇和城郊使用。

3）相比之下，CDMA2000 基于 FDD，能够支持的终端移动时速可达 500km/h，基站最大覆盖半径在 30km 以上，可见，对于天然气长输干线的 SCADA 系统，CDMA2000 网络的支持性很好。

13. 3. 3. 6　移动通信网络的接入

可选择各种移动通信网络作为 SCADA 系统网络，可采用相同方式与 SCADA 系统的 RTS 和 MTS 连接：选择无线移动数据业务终端产品，购买并置入相应的移动通信卡；将数据业务终端的串行通信接口（RS232，RS485 或 USB）与 SCADA 系统从站 RTS（或主站 MTS）的串行通信接口连接即可。

SCADA 系统从站 RTS 与主站 MTS 之间的数据传输可采用 TCP/IP、Modbus 等协议。Modbus 是全球工业领域最流行的开放通信协议之一，支持 RS-232、RS-422、RS-485 和以太网设备，多数 PLC、HMI、燃气流量计算机等智能仪表都支持 Modbus 协议，不同制造商的工业控制器可以相互通信，实现网络化与集中监控。Modbus 作为 SCADA 系统的通信协议具有很好的应用基础。Modbus 协议是点对多点的主从协议，一条 Modbus 总线上允许一个主站 master 和多个从站 slave，从站数量最多为 247 个。主站地址 =0，从站地址 =1—247。通信方式为：主站发起通信，目标从站接收到主站的报文后返回一条确认消息，并执行报文。对于主站发送的广播报文（目标站地址 =0），每个从站都予以接收和响应，但不返回确认消息。按照传输数据的格式分为两种报文模式：ASCII（美国标准信息交换代码）模式和 RTU（Remote Terminal Unit）模式。最大报文长度为 256 个字节。Modbus 协议的初始化包括波特率和校验方式等串口通信参数，通信报文包括目标站地址、功能代码、数据数量、数据包和校验字等内容。

13.4 燃气输配管理信息系统

管理信息系统（Management Information System，MIS）。管理信息系统是基于计算机、数据库和管理软件的信息处理系统，信息处理包括信息收集、储存、计算，整理、传送和维护等。

企业信息管理系统的功能包括库存管理、生产管理、设备管理、销售管理、财务管理、人事管理、决策支持等方面。以下主要论及生产管理子系统和营业管理子系统的功能构成和硬件组织。

13.4.1 输配生产管理子系统

燃气输配生产管理子系统面向燃气生产过程，处理的主要业务包括日常工作、设备管理、抢险管理、安全管理、工程管理和物资管理等方面。各个岗位工作人员应及时登陆网络系统，填写有关记录和报表。信息和数据进入系统数据库后可为整个 MIS 系统的授权客户端共享。

（1）日常工作。包括人员上岗记录、巡线信息记录、设备运行记录、值班记录等。

（2）生产报表。包括用气量日报、用气量周报、用气量月报等。

（3）设备管理。包括设备档案、检查记录、维修报告、维修记录、表计检定等。

（4）抢险管理。包括抢险报告、抢险记录、责任调查报告、责任处理结论等。

（5）安全管理。包括安全工作日程、安全检查记录、隐患整改记录、安全管理记录等。

（6）工程管理。包括工程计划、工程设计、工程施工、工程验收等方面。

（7）物资管理。包括采购计划、入库管理、库存盘点、出库管理、消耗计量、质量跟踪等。

13.4.2 营业管理子系统

燃气营业管理子系统面向燃气消费用户，处理的主要业务内容包括用户档案管理、抄表管理、收费管理等。燃气营业管理子系统的主要应用功能包括：

（1）用户管理。以用户档案数据库为基础，主要内容包括开户受理、用户报修、搬迁受理、过户受理、报停受理等。

（2）费率管理。应支持多种气体费率、时段费率、定额定量（一表多价）等费率方式。

（3）抄表数据录入。用户表计的数据输入应支持两种方式：人工输入方式和抄表机输入方式。

（4）抄表数据分析。对用户的时段用气量数据进行对比分析，对异常用户进行核查或监察，对违章用气用户的查处情况进行登记处理，并对抄表人员和用气监察人员的报表进行审核。

（5）收费结算。收费结算应支持现款交费、刷卡收费和账户结算等多种结算方式。结算管理包括收费资料处理、对账处理、未缴费数据查询与修正、自动计算滞纳金、支持预付费和找零处理等。

（6）报表生成。提供统计报表和常规业务报表，所有报表应能按 Excel 表格文件的形式转发，以便于其他部门进行引用和加工。

13.4.3　输配管理信息系统结构组织

燃气输配管理信息系统结构组织如图 13-4-1 所示。

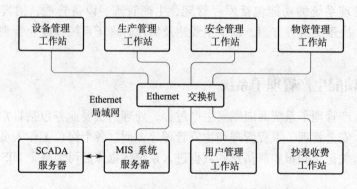

图 13-4-1　燃气输配管理信息系统结构组织

该系统基于以太结构的局域网，生产管理子系统由服务器、设备管理工作站、生产管理工作站、安全管理工作站和物资管理工作站等组成，营业管理子系统由服务器、用户管理工作站、抄表收费工作站等组成。两套子系统共享 MIS 服务器和 MIS 数据库。燃气输配MIS 系统可以与调度中心局域网或其服务器互联，也可以与地理信息系统 GIS 互联。通过Internet 接入，可实现对外 Internet Web 访问。

13.5　燃气管网地理信息系统

地理信息系统 GIS 是基于空间测量、数字通信和计算机等综合技术的地理与地图信息系统，其基本功能是获取、处理、分析和管理地理空间数据和城市设施信息。城市燃气输配系统的 GIS 系统属于城市基础设施信息管理的范畴，涉及城市的燃气管线、道路交通、电信管线、电力设施、自来水和排污管线等多方面的基础设施信息和建设规划信息。燃气管网地理信息系统 GIS 主要包括两个应用子系统：基础地理子系统，燃气管网子系统。

13.5.1 基础地理子系统

基础地理子系统面向管网的地理分布特征和地理信息管理，其主要构成包括地理图形库、拓扑结构库、地理信息数据库和地理信息管理平台。地理信息管理平台主要功能包括：

（1）图层管理功能。采用分层图形结构，支持地形图、燃气专题图、标记层等的叠加与拆分。

（2）地图编辑功能。支持图形编辑，如点、线、面及基本图形编辑，基本图形要素增加、删除与修改等。

（3）屏幕漫游功能。除了支持图形放大、缩小和平移等基本操作外，还可在整个地理区域的屏幕漫游显示，并可获取当前屏幕的经纬度坐标。

（4）距离与面积量算功能。距离量算功能是，通过鼠标点击选择一个起点和一个终点，调用距离量算工具可显示两点之间的直线距离；如果选择多个点则可显示连线距离之和。面积量算功能是，选择面状图形对象如宗地和建筑物等，调用面积计算工具，可直接显示出当前面状对象的面积等。

（5）开放式线型库和符号库。系统具有开放的基本线型库和基本符号库，并提供线型和符号编辑工具。允许用户调用或编辑线型和符号，生成自定义线型或符号，填加到基本线型库和符号库。

（6）地理图形库的对象化。在地理图形库的建设过程中，采用图形对象方式表征行政区界、宗地、街坊等面状图形，便于存储和调用，提高信息检索的效率和灵活性。

（7）地图信息检索功能。基于对象化的地理图形库，图形属性以子表的形式提供，支持快捷方便的信息检索、计算和信息统计等功能。如统计某个行政区界管网长度，实际是对该区域内管道对象的长度元素求和。

13.5.2 燃气管网子系统

燃气管网子系统面向管网的设备特征和设备信息管理，其主要构成包括管网拓扑结构库、管线信息数据库和管网信息管理平台。管网信息管理平台主要功能包括：

（1）管线设施管理功能。管线设施的图形基于对象方式，其属性包括设施名称、编号、型号、规格、数量、用途、管理单位、使用单位、维修记录等，允许编辑修改。

（2）设施查询功能。燃气管道资料查询可按口径、压力级别、影响范围、故障类别、维修日期、管龄和材质等进行；阀门资料查询可按阀门编号、维修日期等进行；调压器资料查询可按调压器编号、类型、维修日期等进行。

（3）统计功能。基于地图数据的统计，提供常用统计功能。统计关键字可选择管径尺寸、阀门规格或管段长度等。

（4）纵剖面分析。显示地下管网的埋深和相对位置，为管网的检修或改造提供参考

（5）故障隔离决策[6]。管段泄露或阀门故障时，协助快速找到应该关闭的阀门，给出下游管道及其相关的需要隔离的用户群。

（6）地图与表格输出功能。可输出纵剖面图、横剖面图和投影图等。地图输出包括指

定图幅输出和 1：500 或 1：1000 国家标准图纸输出。报表输出包括图库中各种属性信息。

（7）设施运行工况阅读。与调度中心联网，可通过中心服务器阅读管网燃气生产和输配方面的工况数据。

13.5.3 燃气管网地理信息系统结构组织

燃气管网地理信息系统（Geographic Information System，GIS）系统的局域网网络组织可采用图 13－5－1 所示的结构。

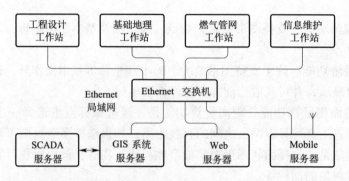

图 13－5－1 燃气管网 GIS 系统结构组织

图 13－5－1 所示是客户机/服务器（Client/Server）结构。该结构基于数据服务器，便于多个客户机并行地分别运行各类基本应用软件，保证 GIS 系统基本业务的处理速度和运行效率。

GIS 系统的城域网宜采用浏览器/服务器（Browse/Server）结构。在该结构下，城域网上的终端用户通过 Web 服务器访问 GIS 系统，主要适合于各场站和管线现场使用。用户计算机可采用有线接入方式或无线接入方式登陆 Web 服务器，用户计算机不需安装 GIS 应用软件。

GIS 系统的现场移动作业采用 GIS 移动终端/服务器（Mobile/Server）结构。GIS 移动终端的主体是掌上电脑，其中植入了卫星定位业务 GPS 和移动通信数据业务 GPRS 或 CD-MA 等专用功能，所以 GIS 移动终端也称为手持 GIS。手持 GIS 的主要功能包括地图和图形浏览、信息查询、现场测量、GPS 辅助定位、现场数据输入、信息管理等基本 GIS 业务。Mobile 服务器通过移动通信接口与现场 GIS 移动终端进行信息和数据交换。

参考文献

［1］严铭卿，宓亢琪，田贯三，黎光华．燃气工程设计手册［M］．北京：中国建筑工业出版社，2009.

［2］张尧学等．计算机网络与 Internet 教程（第 2 版）［M］．北京：清华大学出版社，2006.

［3］郝冉冉，宋永明等．SCADA 系统在城市燃气管网调度管理的应用［J］．煤气与热力，2009，29（1）：29-31.

［4］周旭，宋永明，田贯三等．基于 OPC 标准的燃气管网分析软件接口程序［J］．煤气与热力，2009，29（5）：35-38.

［5］Song Yongming，Zhou Xu，Zhu Zhaohu. Real-time Database Design in the System of Heat-network Measure and Control［J］，ISHVAC2011，1189-1194.

［6］严铭卿．燃气管网故障管段隔离决策算法［J］．煤气与热力，2010，（10）：A35-A39.

第 14 章　城镇燃气规划与工程文件

城镇燃气设施属于城镇基础设施。城镇燃气设施的建设应在城镇规划的指导和控制下进行。城镇燃气设施建设按基建程序一般要经过项目建议书、项目可行性研究、项目立案、工程初步设计、施工图设计、施工、验收投产等阶段。所有这些工作都需要燃气专业工程技术人员的担当和参与。实际经验表明，存在一些对于所有这些工作的作用、意义、特点、主要内容和重点的模糊认识。表现在编制相关文件的过程中，不注重实际调查和实际问题的分析研究，满足于套用文件格式，做表面文章。不懂得或在商业竞争压力下不区分不同阶段、不同工程文件的应有要求，盲目跨阶段加深文件，堆砌材料等等。为扭转不正常趋势，有必要充分说明究竟，使燃气规划与工程文件编制工作沿着正确的轨道进行。本书将通过本章阐述一系列观点并就如何开展工作提出指导性意见。

14.1　城镇燃气规划

（本节内容以天然气、液化石油气燃气气源为例）

14.1.1　燃气规划编制的意义与要求

城镇燃气设施是现代城镇基础设施的一个重要的组成部分。因而，城镇燃气专项规划是城镇发展规划的一个不可缺少的组成部分。编制好城镇燃气专项规划有助于城镇建设成为功能完备、有现代化能源系统支撑的基础设施体系。规划应满足下列要求。

规划燃气资源、优化城镇能源结构。

用城镇燃气专项规划指导城镇燃气发展，统筹考虑、远近结合，预留场站、管网布置用地，以及储气调峰、保障安全用气等。

城镇燃气专项规划应使燃气工程的建设有法可依，避免盲目建设造成的设施不足或资源浪费。

为城镇各类基础设施协调有序建设提供关联资料。

引导投资。为城镇燃气市场经营指明发展方向。

14.1.2　燃气规划工作内容

摸清燃气设施现状，对现有燃气质量、生产设施的状况和可利用价值进行分析评价。

调查各类燃气用户用气现状，对用气历史数据进行分析整理，总结各类用户的用气量指标、用气不均匀系数等主要参数及规律，并对其变化趋势进行预测。

科学的预测近、中、远期管道燃气和瓶装燃气的用气规模。包括年用气量、各种高峰用气量等。

根据我国燃气资源条件、开发状况和发展趋势按城镇总体规划对燃气发展的要求，结合城镇的实际情况，确定燃气气源供应可能渠道及主要燃气供气参数。

按城镇总体规划的要求，提出燃气输配系统框架方案。根据需要进行必要的专题研究、方案比选和优化工作。布置、调整和优化骨干燃气管网。对远期实施的高压管道和主干管网，控制预留管廊或管位。提出储气调峰方式。

确立瓶装供气的发展（控制）原则；统筹安排，规划（调整）瓶装液化石油气储配站、灌瓶站和供应站的数量和合理布局。

对汽车加气站布局规划或与汽车加油站布局规划进行协调。

对燃气输配测控与调度管理系统进行统一规划，提出燃气 SCADA 系统、GIS 系统和 MIS 系统的发展原则和框架。

对于全市性或区域性的燃气设施，如管理调度中心、天然气门站、调压站、压缩天然气加气站、供气站，液化石油气储存站、储配站、气化站和瓶装供应站等按防火、抗震等安全要求提出用地数量和规划站址。

对制定的规划方案，作投资匡算。进行国民经济效益和社会效益的分析。

提出规划实施步骤和必要的政策建议。包括对近期燃气工程的建设和发展提出现实的目标和具体的实施步骤。

14.1.3　燃气规划编制的要点

城镇燃气规划是城镇发展规划的重要组成部分，关系到城镇经济社会的协调发展，编制城镇燃气规划应把握好三个要点。

1. 城镇燃气专项规划需具有时间跨度的前瞻性

前瞻性主要体现在对城镇燃气需求给予恰当的预测，继而体现在对气源供应、设施建设的构想中。随着国家经济社会现代化进程，人民群众对生活质量提高，对优质气体燃料的需求，气化率会大幅增长。居民和商业用气会日趋普遍。此外，规划也需对工业用气及其他与国民经济发展相关的用气需求的增长有足够的估计。同时，对国家节能减排的政策实施导致对气体燃料的需求增加；对由于技术进步能效提高、经济结构调整导致单位产值能耗指标下降；对城镇发展规模存在限度，或城镇周边燃气供应的扩展可能性等各种变化因素作出恰当估计。这些都要求规划在用气负荷预测[4]、气源供应、设施建设等技术层面上有前瞻性的预计与安排。

2. 规划需要做到广泛的协调性

规划对气源的多种渠道，输配系统的多种方案需进行综合与优化。规划也可能要面临城镇现状的市场条件下的协调问题。例如城镇现有多家经营、多气源、输送与分配的工程技术设施多系统并存。规划不应局限于现状基础，应该提出将初期发展形成的相对无序的系统，在市场机制条件下，通过规划将城镇燃气设施整合成一个资源优化配置的统一体。

3. 需要尊重客观实际，从实际出发，又发扬主观能动性地进行编制工作以保证规划具有科学性

规划对一些特定问题或关系重大问题需进行相当深度的调查与研究。例如对用气负荷，能源替代可能性问题；对新气源渠道开辟；对气源压力参数，城镇燃气调峰、应急气源与储气等问题，规划编制不限于指出应对方式和途径，还应该在调查研究的基础上向上一级供气系统及有关业务主管部门进行反馈，争取城镇燃气原则攸关问题在更高层次效益

上有合理的解决。又如，对燃气汽车、冷热电联产、燃气采暖等燃气应用方式等问题，需放在对城镇当地经济发展水平、环境状况、气源条件、用户承担能力以及城镇基础设施建设政策导向的背景中进行深入探讨。将调查研究的定性、定量的成果反映在规划中。这些都会决定规划编制的深度。

14.1.4 规划工作步骤

明确规划的目的、任务和范围，领会国家、地方政府以及上级部门的有关法规、方针和政策，熟悉国家、行业有关规范和标准。

必要的基础资料收集（包括城镇总体规划文本，城镇经济社会统计资料等）。

有关燃气与能源现状调查，包括：

（1）城镇主要能源消耗结构调查；

（2）燃气经营企业、燃气质量、燃气设施资料；

（3）用户和用气量历史资料：

居民、商业、工业用户主要燃料构成；

适合发展管道供气的居民小区分布情况，小区内住宅建筑状况；

现有商业用户数量、分布及测算用气量；

重点工业耗能大户主要燃料消耗情况、生产班制及折算用气量；

公共交通及机动车主要燃料消耗；

电力消耗调查等；

潜在用户调查。

（4）气源资源与供应。现状与可预期的，相关天然气资源与开发以及大型燃气生产设施与建设前景，骨干长输管道条件，LNG 供给和建设终端站条件。

资料分析整理，进行必要的专题研究，确定主要供气参数。

形成规划方案，初步落实场站用地。

编制说明书，绘制图表，完成专项规划成果。

14.1.5 规划文件组成

专项规划编制委托书。

规划说明书。

规划图纸。

专题附件。

14.2 城镇燃气输配工程项目可行性研究

（本节以天然气输配工程项目为例）

14.2.1 可行性研究在工程项目建设中的作用与特点

城镇燃气输配工程项目的建设可分为三个阶段：可行性研究阶段，设计阶段（包括初步设计、施工图设计），施工与验收投产。可行性研究（简称可研）是工程项目建设的前期工作。

天然气输配工程属于城镇基础设施范畴，具有公共设施性质，因此天然气城镇输配工程项目的建设需要在城镇建设规划，特别是燃气专项规划的指导下进行。一般是在批准的项目建议书以后启动项目的可行性研究工作。

天然气城镇输配工程项目在城镇燃气专项规划的框架内进行，立足于当地，不论建设主体是谁，建设过程都需与当地市政当局密切沟通，建成后成为当地城镇的市政和能源系统的有机的一部分，服务于当地。为达到这样的目标，做好项目建设前期的可研是十分必要的。

在工程项目立项后，可研进一步全方位研究项目在建设条件、工艺方案和经济效益、环保和节能效益等方面是否能够成立，从而确定项目是否可行。在得到项目可行性肯定的结果后，可研成果即被作为从投资上，工艺方案上，建设进度和项目组织决策上的指导性技术文件。通过后续的初步设计、施工图设计以及施工、投产完成项目的建设。可研是基建程序中非常重要的环节。

对于一项城镇天然气输配工程项目的可研报告基本由三大部分构成。首先是关于城镇天然气输配工程的建设条件的研究。主要包括气源条件，天然气上游气源和中游具备的供给城镇天然气在气量、压力以及气质方面的条件。包括城镇社会和经济环境，对建设天然气工程的需求状况及市场条件。建设天然气设施的地理和场地条件等等。建设条件是项目可行的前提和依据。

第二是天然气项目的工艺和技术方案内容。这是关于项目实施的原则性的安排。在这一部分要确定天然气应用分配方案，用气负荷的特性和参数，供气与用气的工况及其平衡，输配管网和主要技术设施的配置，主要设备类型和管材等选择，以及仪表及控制的设置水平。这一部分有很强的技术性，并应进行技术经济方案比选。由这一部分内容即给出了项目的建设轮廓和主体结构框架。

第三部分是关于项目的投资估算及效益的评估、分析与计算。这一部分要充分展示城镇天然气输配工程在环境保护、节能以至社会生活方面能产生的影响和效益。特别要用重点篇幅给出关于项目的财务分析，即从企业经济性的角度揭示项目的经济效益。这一部分是项目建设的结果与归宿，由它衡量项目是否值得进行。

概言之，通过可研，对项目进行全面策划。确定项目建设的目标，对建设前提条件（特别是气源供给条件），依据（特别是市场需求，市场风险）进行论证，对技术方案、综合配套设施建设、人员准备、建设进度控制等提出安排，对项目建设效益，特别是企业经济条件和效益，节能和环保效益以及社会效益各方面进行评价。在这种综合研究分析与设计的基础上得出项目建设可行性的结果和结论。可行性研究的结果将作为项目建设的决策依据和下一阶段设计（特别是初步设计）工作的指导文件。

相对于城镇燃气专项规划有如下区分的特点：

（1）专项规划是从国民经济全局提出并制订的技术施政性文件，具有专业立法性质和导向作用。规划要进行国民经济效益分析。而可研是从城镇基础设施项目建设及企业经营角度提出，经过调查、研究确定项目的实施条件、方式和途径以及衡量利弊、确定项目得失而编制的技术与经济材料，进行企业经济效益分析，提供公司企业经营决策。

项目可研报告需在专项规划框架内受其指导约束。也允许在合理的范围内依据变化了的环境、条件和城镇经济社会发展趋势，调整实施方式、程度和范围，经过管理程序对专项规划作出反馈。这是出发点、目标和性质不同。

（2）规划从燃气是城镇基础设施的属性考虑燃气设施的配置、建设，特别是燃气作为城镇能源供应结构的一部分相协调的问题；着重考虑必要性和可能性。

而可研着重论证在城镇国民经济环境中具体项目兴建的可行性。这是背景和作用的不同。

（3）规划可以设想若干种与城镇可持续发展要求相协调的发展（规模、程度、速度）方案，并在比较中设定一种相对合理的规划方案。

可研则侧重对项目建设目标和效益权衡利弊，比较各技术实施方案，确定作为项目支撑的可行方案。这是在层次和内容上的不同。

14.2.2 燃气输配工程项目可研编制的要点

可研工作不同于其他的工程建设阶段。它具有极浓的研究工作色彩。这种研究不是采取实验的方法进行，也不是通过逻辑推理方式的分析或归纳，进行理性思维作理论的探索。这种研究是一种具体案例的分析研究。主要方式是对城镇燃气项目有关数据资料进行分析，计算得到说明项目的各种技术经济指标，从而全面地定性与定量地论证项目的可行性。

14.2.2.1 可研的研究特质

（1）在可研阶段，有很多内容需要进行案例研究，如用户及市场。针对当地社会、经济特点考虑用户及市场，在可研报告中不宜沿用按"原则"供气的观念，列出"供气原则"的章节，把用户发展仍然看为按计划分配天然气。切实认识到天然气供给用户是一种优质气体燃料商品进入市场。需要在可研时探讨项目如何开拓用气市场。例如对玻璃、陶瓷、食品、轻纺等工业用气，宾馆饭店等商业用气，CNG 车辆燃料用气，以及采暖、空调、分布式能源等用气，进行认真细致的调查研究，恰当估量这些用气的潜力，不能只专注于居民用户数量的发展，放弃了极具活力的一部分市场。

（2）用气市场是项目生存的基础。为进行用气市场分析，需要进行用气市场调查。在用气市场调查与分析的基础上进行用气负荷的预测和安排。

在用气市场方面应该有包括用气量和燃气价格承受能力，以及市场风险的研究。要进行城镇具体的需求结构分析，包括按用户类型，按市场类型（传统市场与新兴市场），按用气经济效益情况，从而得出用户发展进程。在各类用户的用气承受能力分析上最基本的是燃料替换（计入燃烧效率）燃料支出费用的比较，进行燃料替换产生的直接和间接经济效益分析。

应该指出，在一项新的天然气工程项目建设后，用气负荷的发展进程往往是主观策划和安排，因此只能采用经验预测的方法。经验预测不等于主观臆测。需要综合按照与城镇天然气发展相关的气源条件，城镇经济和社会发展规划，城镇能源结构和规模总的调整趋势做出。

（3）用气指标和用气工况是城镇天然气利用项目的基础数据。对已有燃气的城镇可能以现状数据为基础进行统计推断，例如对必要数量的用户随机抽样调查，用数理统计方法进行现状推断；经过回归分析估计用气指标的某些重要影响因素的变化，得出用气指标的相应改变。再由定性分析作出调整，形成可研计算的参数。对新建天然气城镇则往往要参照燃气设计规范或手册推荐值或类似城镇的数据经定性的分析制订出来。

对于用气工况对已有或新建燃气城镇也会有不同的制订方式。对已有燃气城镇可以对历史及现时分类用气数据建立描述模型。然后按各类用户的发展规模采用加权叠加的方法得到新的综合用气工况。对新建城镇则可利用相近类型城镇的各类用气的典型工况描述模型，同样地加权得到综合用气工况。

可研工作中，要努力避免用气工况数据形成的随意性，提高数据的可信度。

（4）数据与要论证的问题不要脱节。即数据不停留在给出一些绝对值，看不出如何导致所作出的结论。例如，可研报告中除列出由于天然气工程项目的实施可节煤 xx t，减少 NO_x，CO_2，CO，烟尘等等排放量 xx t 外，需要将已得到的这些绝对值进一步定量计算，给出环境指标改善的绝对值及相对值。一个最初步的方法是给出减排量相对于该城镇现状排废量的百分数，得出天然气利用可改善环境的程度的结论。

总之可研报告要从调查研究、科学处理数据，定量论证问题与多方案技术经济比选等方面进行工作，使之确实含有研究的内容。

14.2.2.2　天然气输配工程可行方案问题

1. 总体方案对比

可研报告要求有城镇天然气输配总体方案的对比。这种对比的主要内容则要因城镇而异。例如多气源（包括事故气源）方案，不同的压力级制，门站位置，调峰及储气方案，高压干线的配置，综合储气与管网系统的压力方案，管网系统的布局，建设分期等。可研报告除有若干单项工程的方案比较外，需有整体水平的方案比较，对所采用的技术方案的合理性进行旁证或反证。在设计方案时，需要有大局观。不妨运用换位思维方式，甚至用反向思维方式，开阔思路，丰富方案比选的内容。

2. 单项工程或专项内容的比较可以包括的内容

门站站址条件及效果。分输站到门站的输送管设计。管道穿、跨越方案。门站与储气站的分合（包括对置储罐）。储罐压力及罐型。分配管网干管的路由比较。管材选用。防腐涂层方案，强制电流阴极保护采用与否及方案以及穿跨越方案等。

3. 对已有燃气的城镇如何处理燃气转换问题

从技术方案上首要原则是如何充分利用原有设施，可节约投资而且可使天然气投产即有相当的用气规模。但对待原有设施上也不能绝对持肯定态度，需要辩证思维，用全面的发展的眼光权衡利弊。

原有设施一般指人工燃气或液化石油气设施。在天然气工程建成后，显然作为气源的人工燃气无论从质和量方面一般都无继续存在的理由。而液化石油气混空气气源则可视相对规模条件，确定是否用作调峰气源或事故备用气源。对于输配管网要因管材和管道状况而异。状况很差的管道，不论是什么材质，都应该及时被更换淘汰。状况较好的管道则要按情况分别对待。机械接口铸铁管可继续用于中压系统，但要论证接口泄漏问题。状况良好的钢管或 PE 管则在原设计压力的范围内仍可使用。对于低压储气罐，原则上只能在保留的原有低压系统中使用。可行性方案应明确低压罐的继续使用年限，最终予以淘汰。对于原有燃气设施可研应提出在天然气转换前对其进行质量和安全性检验的要求。

14.2.2.3 某些技术问题的处理原则

1. 适当考虑门站压力

充分利用门站运行压力，可使系统的高压管道储气和输气能力相应提高，这是应力争的。但这需有供气协议保证。因为天然气长输管线一般通过提高首站压力或增设中间压气站提高输气能力。对于输气管各终端，在增加供气量的同时不可能同时增加分输站的压力。系统设计在存在压力提高的可能性时，需留有发展余地，可按长输管线压力考虑门站出口储气管道的设计压力。

2. 优先采用高压输气管道储气

充分利用门站后高压管道的储气能力，解决日和小时调峰。

3. CNG 加气站的位置

为充分利用天然气压力，减少电耗，节省压缩机设备投资，CNG 加气站应优先连接在高压管线上。

4. 分配管网高压干管路由

1.6MPa 管道应避免敷设在市内交通干道上。城镇燃气设计规范已放开 4.0MPa 的使用条件，但毕竟缺乏实践，特别是在管道全面质量保证方面，有待提高。

5. 阴极保护问题

强制电流阴极保护无疑对燃气管网有保护作用，但有可能危害其他金属管道或设施。要全面考虑周围环境，权衡利弊。从城镇地下设施系统的角度对阴极保护的全面作用展开研究。

6. 销售价格

销售价格是决定项目经济效益的关键因素之一；可研报告中的销售价格虽不是项目实施后的最终定价，但它对于最终定价有参考与指导作用。因此要按客观的合理价格构成和经济规律进行制订。销售价格的制订应建立在成本计算的基础上并结合市场分析（其他燃料价格比较，用户承受能力及用气效益分析，社会经济环境衡量）加以调整。在企业和用户之间建立起一种利益平衡。合理的价格是用气市场发展的基本条件。销售价格也可以通过现金流量分析来确定，即利用设定的财务内部收益率，通过推算求得理论收费价格。

14.2.2.4 可研的反馈问题

（1）通过城镇输配系统可研的计算和论证对现有供气气价结构，有可能产生反馈调整意见。分析门站气价经由城镇天然气售价对工业用户及各类用户承受能力的影响，特别要考察门站气价对项目效益的敏感性。

（2）在供气方与城镇用气方签订的天然气销售和输送合同中规定管输损耗为 0.35%，其费用由买方承担。这是根据于《原油，天然气和稳定轻烃销售交接计量管理规定》。

这种规定在原则上是不合理的。对任何商品，交易价格和数量都是与时间、地点和质量以及其他技术条件相联系的。将漏损前的管输起点的天然气量作为在门站的天然气交易量是有悖于公平的。

此外，管输损耗在技术上和操作上完全取决于供气方的设备和操作状况。用气方完全不具备控制能力。这即意味着供方的任何造成管输损耗的后果（其数量定为实际供气量的0.35%）由用气方承担。这是权利与义务的不平衡。

以上两个问题需要在国家经济全局中，在部门、单位、地方之间加以协调和平衡。

14.2.3　可研报告的文件编制问题

1. 文件深度

由于燃气工程咨询设计市场竞争激烈，促使可研报告编制单位十分重视文件的编制质量，力争在设计市场中争取得到更多项目。由此也引发一些负面问题。其中之一是可研报告超内容、超深度，特别在输配技术内容上。例如，无疑 SCADA 和 GIS 是很重要的新技术内容，但要按项目实际需要和条件配置系统。不要盲目列出下阶段设计中项目不可能实施的内容。这样一方面会使投资估算增大失实，同时会给下阶段设计增加不必要的限制。

可研阶段的技术设计在于规定主要工艺流程和工程设施的配置框架，并为投资估算提供依据，因而应该是原则性的，粗线条的。可研报告内容无须细致到单体建筑及结构的设计方案。

同时，编制的超内容与超深度必然会影响到对其他内容的工作投入，结果造成重点失衡。

2. 防止可研报告编制的形式主义

不是可研报告版本愈厚内容就愈多，质量就愈好，水平就愈高。防止在可研报告中大量引用城镇历史、地理、人文资料，大篇幅的罗列某些非必要的原始计算过程或表格以及关于编制原则的空话套话等等。同时，从评审方面应该提倡着重从实质内容上予以评价，对内容的完整性、深度，以及遵循贯彻法规、标准规范的情况按可研报告编制的要求给以恰当的衡量。不应该误导助长可研报告编制的形式主义倾向。

3. 投资估算和财务评价

对投资估算和财务评价应该按规定格式和算法进行编制。特别在现有资产的正确列入，项目计价，费率采用，指标确定上按规定在合理的范围内尽量符合于实际。要排除出自主观意愿的人为干扰，防止投资估算失实和财务评价失真。从而保证可行性研究结果的可信性。

14.3　城镇燃气输配工程初步设计

（本节以天然气输配工程为例）

14.3.1　初步设计在工程建设中的作用与特点

燃气输配工程项目在经过可行性论证后，经过政府相关管理部门的批准，即可展开对项目的工程设计工作。设计一般分为初步设计与施工图设计两个阶段。初步设计属于项目建设的实施范畴，因而是具体的、确定的。由于初步设计是设计两阶段的前一部分，区别于后一部分的施工图设计，初步设计是从整体上确定工程项目，对系统规模、结构，工艺流程，主要设备、仪表、材料以及辅助设施的配置进行设定与计划安排。可见初步设计完成的文件和图纸成果应完整给出工程项目的内容。

相对于燃气输配工程项目建设的前期工作的可行性研究，有如下区分的特点：

（1）可行性研究回答项目能否进行建设的问题，是对项目的决策；初步设计则是确定对已决定要建设的项目如何实施。

在天然气城镇输配工程项目的建设过程中，初步设计是一个中间环节，起着将经过可行性研究原则性论证的项目的总体构思具体化，并为后续的施工图设计做出技术指导性和内容确定性的安排。在可行性研究中主要内容是研究项目的建设条件与环境，效益和可行工艺方案及其原则性比较。可行性研究要为项目决策提供依据。

（2）可行性研究是将项目放在建设所依存的经济、市场、社会、环境中进行评价衡量，因而相对是"中观"的；初步设计则是基本限定在工程技术的范围内，建构出具体的项目，因此相对是"微观"的。

（3）可研的重点在于气源的保障条件，市场发展的规模、确定程度与风险，经济效益的好坏，以及需要明确有适当的工程技术方案予以支持；而初设的重点在于具体技术方案的相对最优，工程技术条件的充分利用，工程的主体结构和构成的物质要素的恰当配置，确保项目功能的发挥。

14.3.2　燃气输配工程初步设计编制的要点

在城镇天然气输配工程关键的初步设计阶段有一系列实际的工作和技术问题。对它们如何在设计中应对，本节从初步设计内容的正确性、把握好设计的全局性和重点问题、进行必要的技术和方案比选，注意设计深度、一些技术问题的适当处理以及设计方法和态度等方面进行论述。

初步设计的重心在于将技术方案具体化，重大的技术问题要在初步设计中完全确定。在初步设计之后的施工图要解决的只是所有这些设计内容的具体实施细节。对初步设计的内涵，可以概括为：供气与用气的平衡，输配工程技术方案和流程，主要设备和材料，相关工程如公用工程、建筑工程、结构工程、消防和安全工程以及处理工程相关的技术措施如环保节能等，还要有工程概算和成本分析等经济性内容。

在文件构成和形式上，初步设计也有别于可行性研究，应该有其鲜明的特点。在初步设计中不应该列出资源章节而应代之以气源章节（关于气源的产地和输送的简要说明以及气源量和质的基础数据）。不应列出用气量预测章节而应代之以用气量计算及其平衡。同一内容在功能上也是有所区别的。如对整体工艺方案的比较选择，在可研中要从大门类中比较方案，着重探讨最合适的可行工艺方案及比较经济效益。而初步设计应在可研已确定的方案框架下，从技术上深入和细化。除非有新的因素、新的条件或新的需求，一般在初步设计阶段不应强调要重新全方位进行整体工艺方案比较。这一点也许还需要使各方面取得共识。

初步设计的内容除了通过系统的数据和计算表达外，还采取对多项工程技术进行必要的比较和选择的方式。因此在初步设计文件中会看到例行格式的条理性，又能看到丰富的对具体技术问题的处理的灵活性。初步设计要着重细化和优化整体方案设计，又要仔细安排每一项技术内容。

下面通过6方面进一步阐述如何做好天然气输配工程初步设计。

14.3.2.1　内容的正确性

内容的正确性无疑是最基本的。首先是数据和计算的正确性。

（1）初步设计首先要引用天然气气源资料。它已经以供气合同的形式作了规定。因此在安排项目的需用气年度进程时应该与合同的规定相一致。

（2）初步设计可能要在可研基础上对用气量进行补充调查与研究，进一步落实用气量和负荷分布（时间的和空间的）。但用气量不可能是完全客观实际的数据，必定具有相当的预测成分。特别对中远期用气量会有较大的不确定性。需要注意的是，用气总量对于可研的数据应该保持不超出一定的波动范围，除非有充分的需作大幅修改的理由。

（3）采用定额和高峰系数要注意到它们有很强的时间变化特性和地域差异性。定额和高峰系数是随时间推移而变化的参数，又是与城镇特性密切相关的。同时定额和高峰系数作为设计参数又具有一定的普遍性和时间稳定性。对于可研采用的数据，初步设计需要作进一步核实和分析。不能排除对其他城镇数据和历史数据的借鉴参考，也不能忽略城镇经济和社会是一种发展过程，轻易作大幅度的增减。

（4）各类用户的用气有不同的变化规律，因而有不同的高峰系数和高峰会出现在不同的时刻。因此在求整个工程的高峰小时流量时，不能简单地将高峰小时流量叠加。一些非市政行业设计单位往往出现此种问题。正确的做法是编制出一周 168h 的各类用户小时用气量表。逐时将各类用户用气量相加，得出 168h 的逐时总用气量。从而得到高峰小时用气量。由这种计算表也可以得出为平衡一周供气与用气的小时不均匀性所需的储气容量。若城镇燃气系统只担负一日之内小时不均匀性的平衡，则相应只需编制一日 24h 的用气量表。

内容的正确性第二部分是技术的正确性。

（5）城镇分配管网的管径配置要注意到管道敷设的半永久性质。特别对于 PE 管道，寿命可达 50 年。管道一经敷设不宜轻易更换。管网的扩展和改造宜采取增线不改管的原则。因此初步设计可据此考虑远近期的结合，适当配置管径。

（6）关于分配管网的设计问题。在管网结构上，设想按燃气在管网中从气源点流出经过的各管段的顺序标号，先经过的管段有高的段位号，末端管段的段位号最低，则管网的设计需考虑在管网故障中管段的段位会改变。某些低段位管段会具有高段位。因而要在设计中适当加大低段位管道的管径。这也是确定管网干管线路的一种方法。

（7）除非是设计的项目已确定利用城镇原有人工燃气管网，限于原人工燃气管网运行压力比新设计的中压管网设计压力低，因而要采用中压调压装置，将两者分隔。否则不必要在中压系统中采用中压调压装置增加系统的压力分级。这样一方面可减去调压装置的投资，而且可以充分利用能量，减小管径或提高系统的压力储备。

（8）有储罐（或其他储气设施）的门站流程。储罐不应该仅以单管（更无必要以双管）连向高压汇管。在这种流程中，储罐将形同虚设。正确的流程应该是储罐有连向高压端的进气管道，同时有通过调压器连向中压端的出气管道。

14.3.2.2　把握好设计方案全局性或重点问题

1. 技术方案的合理化

初步设计的作用不同于可研。可研用于项目的决策，而初步设计则进入对工程的技术设计。在可研中，技术方案或流程是用于支撑项目在技术上的可行性和为项目投资估算及经济分析提供计算的基本工程量。而在初步设计阶段，方案确定了工程的基本技术实施内容。也因为这种作用的阶段性区别，在初步设计阶段应该对技术方案进行细化和优化。这种变动是建立在深入细致工作基础之上的，是有利于改进工程的技术经济特性的。同时，对一项工程会存在某些影响较大的工程子项、工程内容，或影响投资，或影响系统发展潜力，或影响城镇环境协调等。初步设计要对之尽可能掌握资料、认真构思方案，多角度分析，通过技术经济比较客观地作出判断。但要注意，初步设计的工作重心是对方案的具体技术设计而非原则方案的比较。

2. 压力级制

在初步设计中对输配系统的压力级制系统要重点予以关注。原则是充分利用门站供气压力，要积极配置高压或次高压管道以充分利用门站天然气来气的压力能量。它有利于为中压分配管网提供多处供气点以提高中压管网的供气可靠性水平并降低造价。此外在高压—中压系统中高压输气管道的储气容量是设计应予充分考虑的。用它形成平衡小时用气不均匀性的调峰能力。但高压/次高压管道的敷设会受到安全距离条件的制约。在当前从城镇燃气设计规范关于高压 B 管道敷设的条件看，管道敷设与建筑物外墙净距在一定条件下在四级地区要求 10m，即 20m 宽的走廊，而对于三级地区为 6.5 ~ 7.5m。一般布置在城镇外围。次高压管道是极有可能在市区内敷设的，其与建筑物外墙净距要求为 4.5 ~ 6.5m。若将市区分为市中心区和非中心区（没有文件明确定义这种区分）作者认为当前在市中心区布置次高压管道要十分慎重。

3. 储气平衡

对城镇天然气输配系统一般需考虑一周内的小时供用气不均匀性的平衡问题（按城镇燃气设计规范，要争取只平衡 1 日内的小时不均匀性）。可用的储气方式有压力储罐、管道末段储气和管束储气等。或考虑采用主动型调峰气源（例如 LNG）的方案。需要结合工程具体的供气、压力级制系统，工程管道敷设，场地等条件进行客观的技术经济比较。一般这种方案问题应该在可研阶段予以确定，但有可能在初步设计阶段需要重新审视。

14.3.2.3 对若干技术内容进行方案比选是初步设计的重要内容和方式

1. 储气设施

若干工程初步设计的资料表明，当采用球形储罐为储气设施，采用 PE 管中压分配管网，管网与储罐的工程综合造价在中压 A 或中压 B 的方案对比中比较接近。采用较高的管网压力会有较大的压降，因而管径较小。管网压力的提高会使储罐的有效储气量减小，因而需设储罐容积较大。管网方案在中压 A 与中压 B 的比较中在综合造价上的关系会因工程而异。若考虑年费用指标，则可能 PE 管的中压 B 方案会在经济上占优势。在敷设条件方面，中压 B 与中压 A 对离建筑物基础的净距分别为 1.0m 或 1.5m。敷设中压 B 管道的条件更为宽松。但从管网的技术经济性能上全面衡量，也许会发现中压 A 优于中压 B 方案。

2. 分配管网的管材

在分配管网的管材应用方面，针对天然气分配管网是中压，并且推广采用 PE 管材这种基本定趋势。有普遍性的一个技术问题是需要确定一个 PE 管的经济界限管径规格。当管网管径大于此经济界限管径时，则采用钢管。等于或小于经济界限管径时采用 PE 管。经济界限管径一般需经过具体的经济核算对比后得出。它与管道的价格、有否防腐层造价、施工费用和使用年限等因素有关。作者认为本项比较应采用年费用作为比较指标。按管道的使用寿命不同计算年折旧费、维修费、和更新费等。用年费用指标确定经济界限管径会得到较大的界限管径值。这可能更符合天然气中压管道采用 PE 管材的趋势。若干设计资料对经济界限管径给出了不同的数值，如 DN200 甚至 DN250。这除由于所依据的基价等参数有差异外，所采用的比较指标和方法的不同可能是主要原因。关于此问题在本书第 6 章 6.3.3.2 有论述。

当钢管用量较少时，宜统一采用 PE 管，以利施工和维护。

3. 钢管类型

城镇天然气输配管网的高压/次高压输气或管网干管采用钢管，也存在钢管类型的比选问题。对此，不同的资料有不同的倾向性意见。有一种取法是小于 ϕ406 采用直缝电阻焊 ERW 钢管，大于 ϕ406 采用直缝双面埋弧焊钢管（例如 UOE，JCOE 成型工艺）。对此，应按所掌握的技术和价格资料作一番斟酌。

4. 钢管的防腐层

对钢管的防腐层材料和工艺，也存在多种选择。需从各种材料和工艺的特性以及全面的经济因素（耐用年限、维护费用等）作比较，一般可能首选三层 PE 防腐。

14.3.2.4　初步设计需要设计深度

1. 管网的水力分析

对管网的水力分析是管网设计的核心技术，也是基础性内容。在初步设计中除进行设计工况的计算外，还应该有对管网供气有效性的计算，即所谓事故工况计算。应该设想几种管网事故情况，核算管网在事故情况下的供气能力。此外，还应该对管网进行供气潜力的计算。做到对供气规模进一步增大时管网的适应程度有一定底数。

2. 管网优化

目前初步设计所确定的管网一般有很大的经验成分。现有的管网优化技术往往脱离工程实际，因而很少实用。初步设计一般经过方案比较才确定管网设计，但这种极为有限数目的枚举可能离较优方案甚远。作者建议在设计管网的基础上派生出若干个管径配置方案，参照作者在文献［8］、［11］中所倡导的管网综合优化原理及方法确定一个经济性和压力储备综合性更好的方案，见本书第 8 章 8.1.5。

3. 管网供气可靠性评价

对燃气输配管网系统的供气可靠性评价，目的即在于对已设计或建造的管网系统从其构成的部件和构成形式出发，由故障发生概率（和维修发生概率）计算出系统的故障或完好状态的概率，从而得出对管网系统供气能力可靠程度的评价。由这种评价结果可以引导改善设计或改进已建成的系统。管网供气可靠性评价采用供气可靠度指标。

输配管网系统的供气可靠度不等同于管网故障时供气量的维持分数，而是一种概率意义上的对供气量影响程度的评价。建议采用作者建立的基于水力工况的可靠性评价模型，见本书第 8 章 8.2 及参考文献［11］。

从技术发展的趋势看，管网供气可靠性应该进入实际工程的评价范围。

4. 管道强度

初步设计中有关管道强度或其他技术内容的计算，除应列出计算公式外，尚应代入计算条件和参数，并列出计算的结果。这有利于对计算结果正确性的检查，也是设计深度问题。

5. 管道穿越障碍设计

管道穿越障碍设计在初步设计中要具体化。特别穿越河流或立交桥等与具体的水文地质条件或地形地物条件有密切关系。初步设计要在具体资料的基础上进行定位和确定技术方案，这一方面是落实工程的可实施性，确定施工图的主要技术和工艺，为概算提供较准确的工程量，也是落实与城镇相关部门协调和得到认可所必需。

6. 阴极保护的设计

对管网采用阴极保护的设计应该有基本的设计计算，不能停留在指标估计上。经过具体设计计算才能有确切的工程量并提供数据对该项技术作出评价。

7. 公用系统的设计

对公用系统的设计应具体计算用水量、排水量、用电负荷和安装功率等。对消防工程部分除要计算消防水强度和水量外，还应对其他消防设施的配置进行计算。

8. 建筑物和构筑物设计

建筑物和构筑物设计应该有单体设计和主要构造的说明。

9. 概算

初步设计的概算是建立在完整对应工程量、正确采用定额和取费标准基础之上的。要防止漏项。概算的项目及工程量应与文件或图纸内容有一致性。

10. 安全设施设计专篇

在初步设计阶段对重大工程就安全措施与设施需作安全设施设计专篇。国家安全生产监督管理总局颁发的《陆上石油天然气长输管道建设项目初步设计安全专篇编写提纲》规定安全专篇应明确针对具体危险、有害因素采取的主要安全防护措施，如管道路由选定依据、沿线水工保护、埋深、安全间距、穿跨越工程、防腐、阀室设置、管道标志、抗震、特殊区域设计系数选用及特殊处理措施等，同时明确沿线站场的各项有关安全工程，如总图布置、可燃气体泄漏与火灾报警、防雷防静电、抗震、消防、安全设施投资等，并对安全预评价报告提出的对策措施采纳情况作出回应。

14.3.3 设计中技术的趋向性

1. 门站与分输计量站合建

门站与分输计量站合建可节省用地并便于管理。

2. 管网的管径配置

对管网的管径配置原则之一是适当留有余地，增线不换管。因为在管道敷设造价中管材费用并不占管网造价的很大的比例；管道具有耐用性且换管需付出破路费用并产生环境影响。

3. 管网阀门的设置

由于城镇天然气管网一般为中压或中压以上级别，并且中压管网具有分配管网的功能，因此在管网的管段上设置阀门是十分必要的。阀门的设置关系到管网的可靠性，维修性和工程造价。除从干管向下分出的支管段上应设阀门外，在多管段节点的连接管段上设阀门或在较长距离管道上（按规范规定）需设分段阀门。关于阀门设置设计，传统上完全是凭经验，随意性很大，不能科学地处理这一关系管网安全性和经济性的问题。本书作者完成的研究已经提出规则配置方法及管网阀门（数）计算公式。建议广泛应用。有关内容见本书第 6 章 6.3.2 及参考文献［13］。

4. 压力级制与调压装置形式

对于城区内分配管网系统进行区域供气的中低压调压装置宜采用单级中压系统的小区调压柜、楼栋调压箱或用户调压器。比之采用中低压系统的地区调压站，不但造价低而且与其他建筑物、构筑物的水平净距小，更节省用地，并可避免较多中低压管道平行敷设，且用户端压力更趋稳定。

5. 流量表类型

尽量保持全系统类型一致。门站一般与分输站流量表类型一致，以便于对流量计量的核对。但这不应是绝对的。在城镇燃气分配系统中应用的流量计应能适应燃气流量大范围变化的特性。

6. 管线跨越河流

燃气管线跨越河流时，不宜利用交通桥梁进行架设。对于≤0.4MPa 的管线虽然《城镇燃气设计规范》GB50028 和《城市工程管线综合规划规范》GB50289 都允许随桥架设，但作者以为，当有显著的经济上的理由时才选择随桥架设。对已建桥梁应慎重对待。而燃气管道直接敷设在桥面上则十分的不可取。

7. PE 管的应用

PE 管的应用已经成为趋势，但应用 PE 管时要注意到应用的温度条件。应该符合 CJJ63 聚乙烯燃气管道工程技术规程的有关规定。对于有更好温度性能的 PE 管道，则需依据厂家的技术资料核实应用的温度范围。

8. SCADA 系统

采用 SCADA 系统已经成为我国燃气工程的常规工程项目。它是我国燃气系统跨上新的科技台阶的内容之一。需要指出对 SCADA 的设计和装备水平应侧重于实用性和经济性。作为 SCADA 基础的计算机与通信技术，特别是硬件技术随时间发展更新很快，在初期把握适当投入，达到在资金运用上更好的效益。

但是对 GIS 系统则应给予足够的重视。设计应创造条件使 GIS 系统随着工程建设进程和投产同步的建立，更新和完善。因为从一开始就建立起 GIS 系统比之运营过程中再启动，对数据质量和工作效率提高更为有利，经济性也可能更好。

14.3.4　设计方法和态度

（1）首先，设计的方案比较应该是技术经济比较，不是单纯的经济比较。否则，会陷于片面性。其次，往往由于着眼于当前节省投资而只进行工程造价比较。在作经济比较时不能只比较工程造价，更应该比较年费用。这样才能使方案比较将短期效果与长期经济效益统一起来。

（2）比较方案需要实事求是的态度，辨证的方法。应该遵循工程技术实际，合理地处理市场经济条件下出现的问题。天然气工程项目投资主体和业主正在多元化。燃气系统已经不再是单纯国有企业。经济成分的变化会要影响到工程技术内容，影响到设计，但无论如何城镇燃气系统仍具有城镇基础设施的属性，关系到全民的利益。因此要使城镇燃气工程的建设既符合市场规则，又充分照顾公众利益；既要有好的近期经济指标，又要有长远的性能和效益。从根本上这些都是并行不悖的。

14.4　城镇燃气输配工程项目后评价

14.4.1　项目后评价的定义及作用

燃气输配工程项目的后评价，是对已经建成投产的燃气输配系统工程的审批决策、建设实施以及运行全过程进行总结评价，从而判断项目预期目标的实现程度，总结经验教训，提高未来项目投资管理水平的一系列工作的总称。

项目后评价应在项目建成投产、竣工验收以后一段时间，项目效益和影响逐步表现出来的时候进行。其主要作用为通过对照项目立项决策的项目目标、设计的技术经济要求，分析项目实施过程中的成绩以及存在的问题，评价项目达到的实际效果、效益、作用以及影响，判断项目目标的实现程度，总结经验教训，为指导新建工程、调整在建工程以及完善已建工程提出建议；也能够在项目后评价的基础上为项目的经营发展方向提供决策依据。

作者认为，进行项目后评价需掌握三项原则：

（1）使评价建立在充分的调查研究基础上。后评价具有展开充分的调查研究的条件和环境。进行后评价要从调查研究入手，包括以下多方面与多层次。与对象单位负责人座谈了解项目全局和全过程情况、与部门负责人员全面的了解项目的实施和运行过程。调阅项目档案、文件、图纸、账目和运行纪录。踏勘站场和车间现场、从基层人员和操作工人处获取第一手资料。从城镇有关主管单位获取城镇经济和社会发展背景资料。进行典型和重点用户市场调查等等。

（2）结论产生于调查研究之后。即应采取科学的态度，进行认真细致的分析（包括必要的原则性设计、计算），实事求是。要避免先入为主；对材料有鉴别，对人言有分析，即需要辩证的思维。要经过去粗取精、由表及里的认识上升过程。使后评价成果是调查材料经科学加工的结果。

（3）后评价的成果提供决策的依据，不等同于决策。这即是保持后评价成果的独立性和客观性。决策层按经营或管理的需要应用后评价的成果于决策，这不应影响到后评价的分析、讨论或结论。后评价的整个工作应保持客观性；决策层可以按自己的意向运用后评价成果，这才有可能使后评价正确有效的发挥其作用。

14.4.2　燃气项目后评价的内容

燃气项目后评价的内容包括项目目标的后评价、过程评价、经济效益评价、影响评价以及可持续性评价。

14.4.2.1　项目目标的后评价

项目目标的后评价主要任务是分析项目达到的项目目标，并与项目可行性研究以及项目评估关于项目目标的论述比较，找出变化，分析项目目标的实现程度以及成败的原因。

燃气输配项目的项目目标主要包括：该项目对当地能源消费结构的调整，降低能源消耗，改善居民生活质量，提高人民生活水平，增加就业，改善环境质量，减少环境污染以及对当地经济的发展，稳定经济和社会秩序等。

燃气输配工程项目目标和目的后评价的任务在于评价项目实施中或实施后，能否达到项目前期确定的目标并分析与预定目标产生偏离的主观和客观原因，并分析项目实施和运行以后，为保证达到或接近预定目标和目的，需要采取哪些措施和对策。

14.4.2.2　燃气项目的过程评价

燃气输配工程项目的过程评价包括对项目的前期决策后评价、项目准备阶段的后评价、项目实施过程后评价、项目生产运营评价、项目投资以及资金运用评价、项目技术后评价以及项目的财务后评价。

14.4.2.3　项目经济效益评价

项目的经济效益评价主要是分析项目的实际经济效益，并与项目前期决策预期取得的经济效益进行比较，分析产生偏差的原因，并提出为保证达到或接近预定目标，需要采取哪些措施和对策。

14.4.2.4　项目影响评价

项目影响评价主要包括项目的环境影响评价以及项目的社会影响评价。

14.4.2.5　可持续评价

项目的可持续性包含两层含义，一是项目对企业可持续发展的影响，二是项目对国家可持续发展的影响。

项目的可持续性评价是指对项目的可持续性发展因素进行分析和评价，并找出关键性因素，并对项目的可持续发展作出评价结论。对如何保证项目的可持续发展，提出相应的建议。

燃气项目可持续性评价就是对这两方面所涉及的可持续发展因素进行分析。

项目对国家或企业可持续性发展影响因素包括项目的规模因素、技术因素、市场竞争力因素、环境因素、机制因素、人才因素、资源因素、自然环境因素、社会环境因素、经济环境因素以及资金因素等。

14.5　城镇燃气项目安全评价

（本节针对工程项目安全评价的程序性问题，关于安全评价方法，见本书第12章）

安全评价是具有相应评价资质的单位对燃气输配系统的可行性研究、设计、施工与运行各阶段的安全设施、措施，以及事故隐患与其影响等进行科学、系统地检查与分析，并提出完善安全设施与措施，消除事故隐患的建议与意见，作出工程安全性评价结论。工程项目立项时，政府职能部门须组织专家对其评审。

安全评价按工程不同阶段分为安全预评价、安全验收评价、安全现状评价和专项安全评价。安全预评价是在工程项目可行性研究报告的基础上做预先安全评价，安全验收评价是在工程项目竣工验收前、试运行后作安全评价。为规范安全评价行为，确保其科学性、公正性和严肃性，国家颁布了《安全评价通则》、《安全预评价导则》、《安全验收评价导则》等文件。安全评价方法主要有定性评价法与定量评价法两类[*]。

---

[*]　本节将半定量方法归为定量方法一类。

14.5.1　评价依据

评价依据有三类，一是有关法律、法规与规划；二是有关规范与标准；三是工程项目文件，按不同阶段有评价委托书、项目可行性研究报告与安全设计专篇、前阶段安全评价报告、竣工验收报告以及检验报告等。

14.5.2　评价程序

按评价时段性质与对象特点，评价程序既有共性，又各有侧重。

安全予评价程序：准备阶段（现场勘查、资料收集等）、编制评价大纲、危险有害因素识别与分析（包括重大危险源辨识）、评价单元划分与评价方法选择、定性定量评价、安全管理组织、措施与应急预案评价、安全对策与建议、评价结论、编制报告、报告评审、修改完善报告。

安全验收评价程序：准备阶段（现场调查、资料收集等）、编制安全验收评价计划（分析危险有害因素与控制、确定评价重点和要求、选择评价方法、测算评价进度）、现场检查、安全运行管理评价、改进措施与建议、评价结论、企业整改（包括整改资料审查）、编制报告、报告评审、修改完善报告。

安全现状评价程序：准备阶段（现场调查、资料收集等）、危险有害因素识别与分析、初步确定危险有害因素与隐患部位、定量分析（包括重大事故模拟）、职业卫生评价、安全运行管理评价、风险级别划分、安全对策与建议、评价结论、企业整改、编制报告、报告评审、修改完善报告。

专项评价程序：准备阶段（现场调查、资料收集等）、定性定量评价（包括已有事故分析、相关检测、实验研究与事故模拟）、安全对策与建议、评价结论、编制报告、报告评审、修改完善报告。

14.5.3　危险有害因素与重大危险源

针对燃气输配系统的危险有害因素主要是燃气易燃易爆特性与压力特点、设计不合理、施工质量不合格、防腐失效、自然环境与社会环境危害（地质灾害、气候灾害、人为损害等）、火源影响、职业性危害等。危险有害物质包括燃气、加臭剂、制冷剂以及燃料油、润滑油等。

重大危险源辨识应按危险化学品标准、压力容器标准与压力管道进行辨识；前两者主要用于站场，按储存量，如天然气的临界量为50t，或压力与容积乘积量（pv）判断，后者对长输管道、公用管道与工业管道分别有辨识标准，如输送天然气的长输管道设计压力大于1.6MPa，或输送距离不小于200km且管道公称直径不小于300mm，以及中压与高压公用燃气管道，且公称直径不小于200mm均构成重大危险源，此外站场的工业管道也有可能构成重大危险源。重大危险源应向有关部门申报，并按规定管理。

14.5.4　评价单元划分

安全预评价须划分评价单元，一般可按周边环境与总图分布、工艺流程、管道（按压力）以及公用与辅助设施、安全管理与应急救援、职业卫生等划分。

当系统规模较大且构成较复杂，可划分主单元与其下属子单元。如天然气门站作为主单元，其下有站址与总图布置、工艺设备、公用工程、自动控制与安全设施等子单元。

14.5.5　评价方法选用

评价方法主要分定性分析与定量分析两大类，按照各类安全评价阶段性不同，评价方法各有侧重，但安全检查表法通常是各类评价都采用的方法，它定性地对法律、法规、规范与标准所要求的安全设施、措施以及安全组织机构、应急预案等逐项比对核查，最具体、直观。定量分析法有：事故树法与事件树法，用它们能定量地分析出产品事故或事件的基本因素与其重要度顺序，属于概率风险定量评价方法；预先危险分析法也可得到危险有害因素与其危害等级；美国道化学公司火灾、爆炸危险指数评价法可用于站场工艺系统安全评价，其定量地对装置与物料的火灾、爆炸危险程度进行分析，自 1964 年以来不断制订新版本；应用事故数学模型计算破坏程度与危害范围，如池火焰与辐射强度模型、蒸气云爆炸模型等。此外对于长输管道可采用肯特管道风险评价法定量确定危险程度。

14.5.6　定性定量分析项目

按不同的评价方法确定适用的评价项目，各有侧重，同时不同压力级制管线与各种站场也各有相符的评价项目。评价项目总括可分成两大类，第一类为安全设施与措施、包括有关安全的技术参数、材质等，第二类为安全事故与事件，以及其造成因素与危害程度。

14.5.6.1　安全设施与措施

1. 管线

主要评价项目有路由、安全间距、埋深、穿跨越工程、强度与稳定性设计、水力计算（包括事故工况）、管道类型与管材、防腐措施、截断阀门配置、抗震设计、自控系统、安全放散、管道标识与警示标志、施工质量、清管与试压、运行记录、现场检查状况、安全管理机构与应急救援予案等。

2. 站场

主要评价项目有周边环境与安全间距、总平面布置与安全间距、围墙、安全阀与放空系统、站内管道、绝缘法兰、紧急切断阀、室外进出口切断阀、设备备用、抗震设计、监控调压器、防爆设施、消防设施、防雷防静电设施、加臭装置、换热装置、天然气脱硫脱水装置、储气设施、气化装置、压缩装置、气质监测、供电系统、仪器仪表、泄漏火灾报警、自控系统、给水排水系统、建构筑物、施工质量、运行记录、现场检查状况、安全管理机构与应急救援予案、人员出入安全管理等。

14.5.6.2　安全事故与造成因素

作为顶事件的事故主要有泄漏、火灾、爆炸与窒息、中毒等，其中间事件为外力破坏、违章作业、施工与安装质量、设备与管线故障、腐蚀等，造成中间事件又有众多因素，可按项目深入分析。此外在施工与运行过程中产生的粉尘、高温、低温、噪声，坠落、接触毒物等也作为作业安全事故评价项目。

14.5.7　编制评价报告

评价报告按各类评价程序内容逐一编写，并附评价单位评价资质证书，封面按导则有格式要求，最后应有评价结论，以及按评价中未达要求项目提出建议与安全措施。

参考文献

[1] 严铭卿．城镇燃气规划与编制［J］．煤气与热力，2009，(1)：B54-B57.

[2] 严铭卿．城市天然气输配工程项目的可行性与研究［J］．城市燃气，2002，(11)：8-11.

[3] 严铭卿．城市天然气输配工程的初步设计与审查［J］．煤气与热力，2004，(1)：33-36.

[4] 严铭卿．燃气负荷中长期预测的方法［J］．城市燃气，2009，(10)：13-17.

[5] 严铭卿，宓亢琪，田贯三，黎光华等．燃气工程设计手册［M］．北京：中国建筑工业出版社，2009.

[6] 严铭卿．燃气管网水力分析中负荷分布模式［J］．煤气与热力，2004，(2)：80-82.

[7] 严铭卿等．燃气的储存和储备：储备［J］．煤气与热力，2012，(11)：A24-A28.

[8] 严铭卿．燃气管网综合优化原理［J］．煤气与热力，2003，(12)：741-745.

[9] 严铭卿，廉乐明等．天然气输配工程［M］．北京：中国建筑工业出版社，2005.

[10] 严铭卿，宓亢琪，黎光华等．天然气输配技术［M］．北京：化学工业出版社，2006.

[11] 严铭卿．燃气输配管网供气可靠性评价方法［J］．煤气与热力，2014，(1)：B01-B05.

[12] 严铭卿，廉乐明等．21世纪初我国城市燃气的转型［J］．煤气与热力，2002，(1)：12-15.

[13] 严铭卿．燃气管网阀门规则配置［J］．煤气与热力，2009，(10)：B01-B07.

[14] 郝建民．燃气工程招投标建设管理实用指南［M］．北京：中国大地出版社，2005.